研究生教学用书

教育部研究生工作办公室推荐

中国科学院研究生教学丛书

遥感应用分析原理与方法

（第二版）

赵英时 等 编著

科学出版社

北京

内 容 简 介

本书是一本全面系统论述遥感原理及其应用分析方法的基础理论著作。全书共16章，包括三大部分内容。

第一部分：第1至第5章为遥感基础。重点阐述遥感系统的基本理论、物理概念、遥感数据源的获取、传输机理、成像规律及各类遥感信息的特征；并分别介绍可见光-红外、热红外、微波遥感的特点及其研究进展等。第二部分：第6至第10章为遥感分析方法。主要阐述遥感图像的解译、数字图像处理、遥感综合分析方法、数据融合与同化、遥感变化检测；并着重介绍遥感定量分析的方法及其模型等。第三部分：第11至第16章为遥感应用专题。这一部分以理论、方法、实例相结合，择用国内外典型实例，从土地、植被、水体和海洋、地表能量与辐射平衡、土壤水分、地质等方面进行总结，反映遥感信息科学的广阔应用前景。

本书可作为地学、环境、空间信息等地球系统科学领域的研究生教材，也可作为有关高等学校师生及各专业领域的广大遥感科学工作者的参考书。

图书在版编目（CIP）数据

遥感应用分析原理与方法/赵英时等编著. —2版. —北京：科学出版社，2013
（中国科学院研究生教学丛书）
ISBN 978-7-03-036908-6

Ⅰ.①遥… Ⅱ.①赵… Ⅲ.①遥感技术-应用-研究生-教材 Ⅳ.①TP79

中国版本图书馆CIP数据核字（2013）第041487号

责任编辑：杨 红 王淑云/责任校对：张小霞
责任印制：赵 博/封面设计：陈 敬

科学出版社 出版
北京东黄城根北街16号
邮政编码：100717
http://www.sciencep.com
天津市新科印刷有限公司印刷
科学出版社发行 各地新华书店经销
*
2003年6月第 一 版 开本：787×1092 1/16
2013年4月第 二 版 印张：32 1/2 插页：2
2024年11月第二十七次印刷 字数：824 000

定价：79.00元

（如有印装质量问题，我社负责调换）

《中国科学院研究生教学丛书》序

在21世纪曙光初露，中国科技、教育面临重大改革和蓬勃发展之际，《中国科学院研究生教学丛书》——这套凝聚了中国科学院新老科学家、研究生导师们多年心血的研究生教材面世了。相信这套丛书的出版，会在一定程度上缓解研究生教材不足的困难，对提高研究生教育质量将起到积极的推动作用。

21世纪将是科学技术日新月异、迅猛发展的新世纪，科学技术将成为经济发展的最重要的资源和不竭的动力，成为经济和社会发展的首要推动力量。世界各国之间综合国力的竞争，实质上是科技实力的竞争。而一个国家科技实力的决定因素是它所拥有的科技人才的数量和质量。我国要想在21世纪顺利地实施"科教兴国"和"可持续发展"战略，实现小平同志规划的第三步战略目标——把我国建设成中等发达国家，关键在于培养造就一支数量宏大、素质优良、结构合理、有能力参与国际竞争与合作的科技大军。这是摆在我国高等教育面前的一项十分繁重而光荣的战略任务。

中国科学院作为我国自然科学与高新技术的综合研究与发展中心，在建院之初就明确了出成果出人才并举的办院宗旨，长期坚持走科研与教育相结合的道路，发挥了高级科技专家多、科研条件好、科研水平高的优势，结合科研工作，积极培养研究生；在出成果的同时，为国家培养了数以万计的研究生。当前，中国科学院正在按照江泽民同志关于中国科学院要努力建设好"三个基地"的指示，在建设具有国际先进水平的科学研究基地和促进高新技术产业发展基地的同时，加强研究生教育，努力建设好高级人才培养基地，在肩负起发展我国科学技术及促进高新技术产业发展重任的同时，为国家源源不断培养、输送大批高级科技人才。

质量是研究生教育的生命，全面提高研究生培养质量是当前我国研究生教育的首要任务。研究生教材建设是提高研究生培养质量的一项重要的基础性工作。由于各种原因，目前我国研究生教材的建设滞后于研究生教育的发展。为了改变这种情况，中国科学院组织了一批在科学前沿工作，同时又具有相当教学经验的科学家撰写研究生教材，并以专项资金资助优秀的研究生教材的出版。希望通过数年努力，出版一套面向21世纪科技发展，体现中国科学院特色的高水平的研究生教学丛书。本丛书内容力求具有科学性、系统性和基础性，同时也兼顾前沿性，使阅读者不仅能获得相关学科的比较系统的科学基础知识，也能被引导进入当代科学研究的前沿。这套研究生教学丛书，不仅适合于在校研究生学习使用，而且也可以作为高校教师和专业研究人员工作和学习的参考书。

“桃李不言，下自成蹊”。我相信，通过中国科学院一批科学家的辛勤耕耘，《中国科学院研究生教学丛书》将成为我国研究生教育园地的一丛鲜花，也将似润物春雨，滋养莘莘学子的心田，把他们引向科学的殿堂，不仅为科学院，而且也为全国研究生教育的发展作出重要贡献。

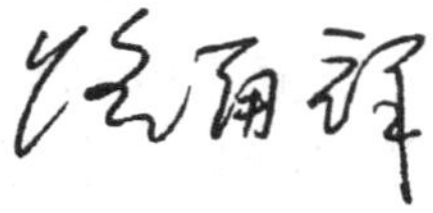

第二版前言

《遥感应用分析原理与方法》(2003年版)一书出版已有十年，重印11次。近年来，随着遥感定量化发展，以及在教学与科研过程中的积累，越发感到原书的内容急需补充与更新，只是苦于时间与精力不够，一直未敢触及改版之事。退休了，该是还“债”的时候了。我停了课，了结掉手中的科研项目，开始专心致志地改书。又是两三年过去了，终于完稿，也算是完成了自己一个心愿。说实在的，这是个庞大的工程，由于涉及面太广，本不该是一人可以完成的，更何况学科发展那么快，尽管尽心尽力了，但遗憾之处总是有的，只希望尽量少留下点遗憾，更希望能真正地对大家的学习和工作有所帮助。

此次修订工作从以下三方面进行。

一是，结构上的变动，力求更系统、科学。其中，部分章节进行了结构调整，如第4章“热红外遥感”中的“热辐射与地-气的相互作用”、第5章“微波遥感”中的“微波与地-气的相互作用”，原第7章的“遥感变化检测”、原第14章的“土壤水分遥感”分别扩充为独立章节(第9章、第15章)；部分内容进行了归并，如有关辐射定标、几何校正的内容集中在第6章，有关高光谱图像处理的内容集中在第3章等；部分章节进行了删除，如第2章的“数据格式与显示”、第5章的“星载雷达遥感系统”。此外，尽管地理信息系统(GIS)是遥感研究必不可少的手段，但由于GIS已有不少专门的论著，此次删除了书中原第9章GIS的内容等。

二是，内容上的修改与补充，力求更完善，并反映学科的新发展。其中，变动较大的章节有：第1章的大气校正模型与方法、BRDF与反照率等；第2章的光谱响应函数、角度(方向)特征等；第3章的高光谱特征参数提取等；第4章的热辐射与大气的相互作用、地表温度反演等；第5章的微波与地-气的相互作用、极化雷达与干涉雷达等；第6章的误差分析和精度评价；第8章的融合方法与效果评价；第9章的辐射匹配、变化检测方法、阈值确定与精度评价等；第10章的尺度效应与尺度转换、反演策略与方法、前向模型、先验知识的表达与应用等；第11章土地利用变化、土壤盐渍化等；第12章的植被遥感原理、植被参数遥感定量反演、遥感与生态系统模型的耦合等；第13章的水体遥感原理、水体参数的遥感定量反演等；第14章的地表能量平衡遥感基础、地表反照率与地表蒸散的遥感反演等。另外，在第8章增加了“数据同化”的内容；在第15章“土壤水分遥感”中，分别从可见光-红外、热红外、主被动微波遥感反演土壤水分三个方面加以系统地补充论述。

三是，文字上的修改与删减，力求更准确。

本书以遥感定量分析中的原理、方法、应用为主体，涉及许多数学物理问题、具体模型与算法等，根据本书的定位，不宜展开。这里主要介绍基本原理与方法，对方法的论述侧重于方法的思路及应用价值，尽量避免数学公式的推导和描述。书中列出不少相关参考文献，供有兴趣的读者进一步深入探讨和研究。

本书修订过程中，得到中国科学院研究生院的支持和帮助；周心铁教授审阅了全书，并提出许多宝贵意见，在此致以衷心的感谢。

由于作者水平有限，不足之处恳请批评指正。

赵英时

2012年11月30日

第一版前言

遥感的发展为人类提供了从多维和宏观角度去认识宇宙世界的新方法与新手段。遥感是把地球作为一个完整的系统，来研究地球各圈层的空间结构及相互作用，并通过遥感数据的定性、定量分析，为解决地球的资源与环境等问题服务。遥感应用对象往往具有十分复杂的环境背景，因此，遥感应用分析，尤其是定量分析，需要建立在对遥感信息获取与信息传输过程、应用对象的自身特点及其与周围环境的相互关系充分理解的基础上。遥感是多学科的综合，具有很强的"交叉性"。它既需要认识电磁辐射的基本原理，又需要熟悉地球科学及相关学科（空间科学、信息科学、生命科学等）的内容，还融合了数学、计算机科学等多种学科的知识。遥感特有的宏观、综合、动态、快速的特点，决定了它能被广泛地应用于国民经济与社会发展的各个领域，充分体现出它强大的生命力和广阔的前景。

随着遥感技术与应用的迅速发展，遥感理论在不断完善，遥感研究方法在不断充实与更新，遥感信息科学中的许多新内容、新方法急需系统地总结。编写此书的目的是从遥感作为立体的对地观测系统出发，以地球系统科学为基础，根据遥感研究对象的多样性及环境背景的复杂性，采用理论与实例相结合的方法，对遥感应用分析的理论与方法进行全面、系统地论述。书中加强了遥感定量分析方面的内容。

全书共 15 章，包括三大部分内容。

第一部分（第 1～5 章）：遥感基础。遥感的理论基础是电磁辐射与地表的相互作用，这也是遥感应用分析的前提。这一部分介绍遥感系统的基本原理、遥感数据的获取、传输机理、成像规律。并从可见光-反射红外遥感、热红外遥感、微波遥感三个方面来总结遥感信息的特点和它的新发展。只有充分地了解各种遥感信息的特点和它的局限性，才能在信息获取—处理—应用的全过程中，注意引入非遥感辅助信息和相关的先验知识，并通过与 GIS 的结合，充分发挥多源遥感信息与其他信息的综合应用优势。

第二部分（第 6～10 章）：遥感分析方法。如何将大量的遥感数据转换为应用所需的信息，需要经历数据处理、专题信息提取、综合分析等多种复杂的过程。随着遥感技术与应用的发展，人们对遥感科学理解的深化以及社会需求的不断增加，遥感分析方法在不断的充实和发展。在这里，我们从遥感图像分析、数字图像处理、遥感综合分析方法、数据融合、地理信息系统、定量遥感等方面进行总结。书中着重介绍了遥感定量分析的方法和模型，力图较为全面、系统地阐述遥感研究中的新方法、新进展。

第三部分（第 11～15 章）：遥感应用专题。遥感信息科学的发展拓宽了遥感应用研究的新领域和新方法，为各遥感应用领域赋予新的内容和生命。这里采用理论、方法、实例相结合的形式，选择国内外典型应用实例，从土地、植被、水体与海洋、地表能量平衡与土壤水分、地质等多个方面进行总结，力图通过最新资料说明运用遥感综合分析方法解决实际应用的策略和程序。本部分选取了领域广泛的应用实例，既是为了充分反映遥感信息科学的广阔应用现状和前景，也是为了引导更多的读者将遥感科学用于他们自身的领域，以推动遥感应用的新发展。

书中的算法力求简单明晰，一些比较复杂的原理、概念力求通过图表加以说明；所附图像、彩色图版力求有代表性地反映最新成果。每章后面列出了主要参考文献，以供读者们进一步深入探讨和研究。

本书是作者们在多年从事该领域教学、科研工作的基础上，参阅了国内外大量有关论著、专业刊物的优秀论文完成的。我们希望本书的问世，将有助于读者对遥感信息科学有个较系统的认识，能从更广的视角去看待我们的地球、地球的资源与环境。陈冬梅、杨立明等学有所成的留美学者参加了本书写作，使书中融入更多遥感发展前沿的内容和新的思想，这也体现了他们为祖国遥感事业多做贡献的心愿。

本书的编写分工是：绪论、第 1～5、7、8、12～14 章由赵英时编写，其中陈冬梅参加第 7 章"变化检测" 的编写；第 6 章由陈冬梅、赵英时编写，杨立明参加"误差和精度评价"的编写；第 9 章由周心铁编写；第 10 章由李小文、赵英时编写；第 11 章由杨立明、赵英时编写；第 15 章由唐文周、赵英时编写。

本书集科学性、系统性、基础性、前沿性、实用性为一体，涉及面广、内容跨度大，具有广泛的适用性，可作为研究生教材，也可供高等院校有关专业师生以及从事遥感技术和应用研究的科学工作者阅读参考。同时，我们还希望从事地球资源与环境研究、监测、管理的专业人员能够从此书得到有价值的参考。

本书编写和出版过程中，得到中国科学院教育局、中国科学院资源与环境局、中国科学院研究生院的大力支持和资助，并得到李小文教授、张琦娟女士的真诚帮助；徐希孺教授审阅了第 1、4 章内容，周心铁教授审阅了全书，承他们提出许多宝贵意见，在此一并致以衷心的感谢。

由于作者水平有限，书中不足之处恳请批评指正。

赵英时

2002 年 5 月 12 日

目　　录

绪　论

一、遥 感 概 念

遥感(remote sensing)即“遥远的感知”，从字面上理解，就是远距离不接触“物体”而获得其信息。它通过遥感器“遥远”地采集目标对象的数据，并通过对数据的分析来获取有关地物目标、或地区、或现象的信息的一门科学和技术。正如我们读“遥感”此词的本身就相当于一个简单的遥感过程。人眼作为“遥感器”，通过对这两个字的反射光谱响应(明暗差异)，作为一种字符形式反映到人脑，经过人脑的分析或解译而传达“遥感”这个信息。

遥感采集的数据可以有多种形式，包括电磁波(光、热、无线电等)、力(重力、磁力等)、声波等。例如，重力仪采集的是地球重力分布变化的数据，声呐测定声波的分布变化，人眼获得电磁波中可见光的分布变化数据……

本书的内容涉及的是电磁波遥感的范畴，即利用航天、航空(包括近地面)遥感平台上的遥感仪器，获取地球表层(包括陆圈、水圈、生物圈、大气圈)特征的反射或发射电磁辐射能的数据，通过数据处理和分析，定性、定量地研究地球表层的物理过程、化学过程、生物过程、地学过程，为资源调查、环境监测等服务。这里把地球作为遥感的研究对象。因此，可以说，遥感是以电磁波与地球表面物质相互作用为基础，探测、分析和研究地球资源与环境，揭示地球表面各要素的空间分布特征与时空变化规律的一门科学技术。

二、遥 感 过 程

绪图1为遥感过程示意图。它反映了遥感数据获取—数据处理、分析—数据应用的全过程[1]。现简单分述如下。

(1) 能源。所有的被动遥感所利用的能源均为太阳辐射能。太阳能的波谱范围包括紫外、可见光、红外等，是不同辐射波段的综合，它的强度随时间、地点而变化。被动遥感正是依赖于地表特征反射太阳辐射能或自身发射的能量。

(2) 在大气中传播。太阳辐射能通过大气层，部分被大气中的微粒(大气分子——CO_2、O_3、H_2O、N_2 等，气溶胶——水汽、烟、尘埃等)散射和吸收，使能量衰减。这种大气衰减效应随波长、时间、地点而变化，如多数散射与波长有关，蓝光散射最强，致使天空呈蓝色。大气吸收作用使连续的太阳辐射光谱变得“残缺不全”，其中有些大气吸收作用较弱、透过率较高的波段称为大气窗口。只有那些波长位于大气窗口的能量才能够通过大气层，并经大气衰减后到达地表。这使太阳辐射的连续光谱中部分波段不能到达地表，并使光谱分布发生变化。

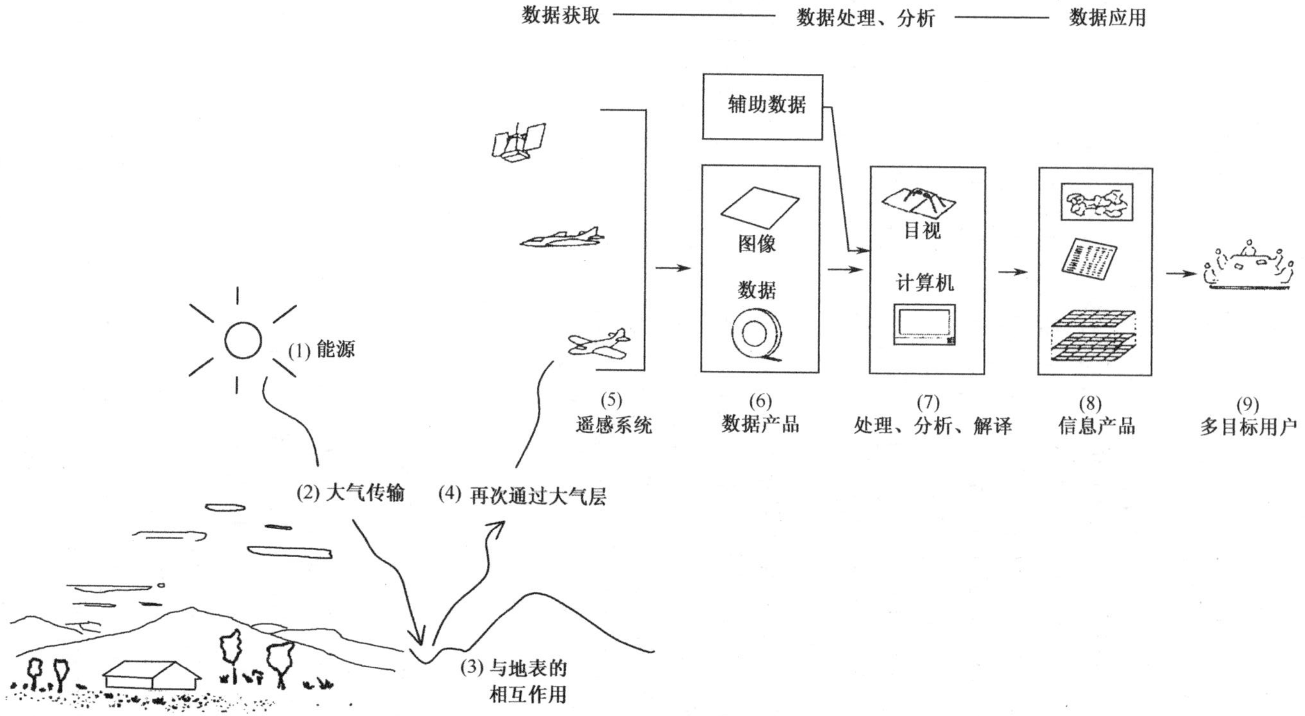
数据获取
数据处理、分析
数据应用
辅助数据
图像
数据
目视
计算机
(1) 能源
(2) 大气传输
(3) 与地表的
相互作用
(4) 再次通过大气层
(5)
遥感系统
(6)
数据产品
(7)
处理、分析、解译
(8)
信息产品
(9)
多目标用户

绪图1　遥感过程示意图

(3) 到达地表的能量与地表物质相互作用。地表特征是十分复杂的。它是由生物、地质、水文、地貌、人文等多种因素组成的综合体，即自然和人文经济景观。这些因素的大小、形状、排列、数量等均随时间、地点而变化。不同波长的能量到达地表后，被选择性地反射、吸收、透射、折射等。以树为例，树主要通过树叶内部的结构、组分，对不同的波长有不同的波谱响应。对红外波段高反射，对绿光低反射，对红光、蓝光吸收，并用于光合作用。

(4) 再次的大气传播。地表反射或发射的能量，再次通过大气，再次能量衰减。此时的能量已不同于进入大气层时的较为均一的能量，而是包含着不同地表特征波谱响应的能量。它再次经大气吸收、散射等作用而衰减。此次的大气效应，对遥感影响较大。它不仅使遥感器接收的地面辐射强度减弱，而且由于散射产生天空散射光使遥感影像反差降低并引起遥感数据的辐射、几何畸变、图像模糊，直接影响到图像清晰度、质量和解译精度。

(5) 遥感系统指不同的遥感平台和遥感器的组合。遥感通过不同的遥感系统采集数据。其中，被动遥感系统——记录地表反射或发射的电磁辐射，如照相机、多光谱扫描仪等；主动遥感系统——通过人为发出电磁能量，然后通过遥感系统记录其返回的辐射能，如微波雷达或声呐。通常是根据不同的应用目的组成不同的遥感系统。不同的遥感系统均有它自身的优势和局限性，并在数据获取过程中伴随有不同的几何、辐射畸变。因而，在运用各种遥感数据时，需要了解它们的成像特点和误差来源，并设法对误差加以纠正。

(6) 图像数据产品。遥感仪器所记录的地表反射、发射电磁波谱特征，主要有两种形式，一是模拟图像，如摄影图像；一是数字图像数据，如用扫描仪得到的亮度值矩阵。两者可以相互转换，或模数变换(A/D)或数模变换(D/A)。

(7) 数据处理、分析与解译。由于在遥感数据获取过程中，会产生误差，并丢失部分信息，因而遥感数据仅是应用分析中数据源的一部分。在遥感数据处理分析过程中非遥感的辅助数据是很有价值的。辅助数据不仅用于对遥感数据的补充与纠正，而且用于对遥感最终结果的分析与精度评价。辅助数据主要包括野外站点采集和调查数据、实验室数据，以及各类专题图，如土壤、土地利用、水文、地貌、行政区划图等，各类统计资料，如人口统计、作物统计等。这些空间和属性数据的利用需要借助 GIS 支持。

遥感派生出的“数据”，可以通过模拟和数字图像处理技术，变为可以解译的形式，并转换为有用的“信息”。当然，这需要经历数据处理、专题提取、综合分析等一系列复杂的过程。数据解译、分析主要有两种形式。

一是目视解译或模拟图像处理，指借助于不同的观测、解译设备，如立体镜、彩色合成仪、密度分割仪等，通过解译基本要素，如大小、形状、阴影、色调、纹理、图形位置、组合等，依据解译者的知识和经验(经验是隐含的知识)，来识别和提取、量测目标的类型、大小、形状、位置、范围及变化信息。

二是计算机数字图像处理，指在计算机的支持下，运用数理统计等多种数学方法，以及计算机领域的知识，来自动识别和提取各类信息。在这方面已经发展了许多成功的方法和商业化软件，其中主要是基于像元色调/颜色的统计识别技术。当然也用到纹理、组合等信息，并将人工智能、神经网络、模糊逻辑等方法引用到遥感数据分析中。

基于个人经验的目视图像解译的精度往往优于数据图像处理的精度。但前者有它的局限性，在一定的阈值界限之外，它不能区分图像上微弱的差异，如对于黑白航空像片，人眼仅能区分 8～16 个灰级，而对于 256 级记录的原始图像数据，其许多微细信息，目视解译无法提取。

(8) 信息产品。包括各种图形、图像、影像图、专题图、表格、各种地学参数(温度、湿度、生物量、植被覆盖度、地表粗糙度等)、数据库文件等。这些信息可以借助于 GIS 进行不同层次信息的综合分析，遥感与GIS的结合，可以显著提高信息产品的精度（质量）。这些遥感信息，对于成功地模拟和监测自然（如河流）和人文过程（如城市土地利用）是十分关键的。事实上，许多依赖于空间分布的信息模型，没有遥感数据是不行的。

（9）多目标用户。如资源调查、环境监测、国土整治、区域规划、全球研究等。遥感的最终目的在于应用，而遥感数据的成功应用关键在于“人”。只有当人们了解遥感数据的产生过程与特点，以及解译分析的方法，才可能将遥感系统产生的数据转换成有用的信息，应用于辅助决策过程。

纵观整个遥感过程的三个主要环节，数据获取过程中广泛运用到物理学、电子学、空间科学、信息科学等方面的内容；数据处理、分析过程中广泛运用到数学、计算机科学等方面的知识；数据应用则是以地学规律为基础的分析方法，广泛运用到地球科学、生命科学等方面的内容。所以，从这个角度讲，遥感又是一门以物理手段、数学方法和地学分析为基础的综合性应用科学。

遥感的多学科“交叉性”，及其所具有的宏观、综合、动态、快速的特点，决定了它能被广泛应用于地理、地质、测绘、气象、海洋、农林、水电、交通、军事等领域，并产生较大的社会和经济效益。

这里，用户的需求始终是遥感的基本出发点和归宿。遥感根据用户提出的各种要求（如空间、波谱、时间分辨率）来选择适当的获取手段，以得到所需的遥感数据；选择适当的处理分析方法，以突出用户所要的信息。遥感过程的三个环节是相辅相成，不可分割的。

事实上，没有一种遥感数据获取与数据处理分析程序的组合能适应所有用户，也就是说，它们都有着一定的针对性、局限性，一定的信息容量。这将在以后的有关章节中具体分析。

三、遥感的发展

我国遥感从20世纪70年代开始发展到现阶段，一个关键问题仍是进一步实用化，特别是航天遥感的实用化。现在虽然遥感广泛应用于许多方面，并在资源调查、灾害监测、海洋渔业、地质找矿等领域取得明显的经济效益。但总的看来，遥感应用的整体水平还不能满足实用的要求。突出地表现在两个方面：①实时监测与处理能力尚不能满足如灾害监测、渔情预报、精细农业等所要求的同步、准同步地完成数据获取、分析处理、快速提供连续不断的实用信息，也就是说遥感的时效性尚未充分体现，以达到实用；②遥感图像自动识别、专题特征提取，特别是遥感数据定量反演地学参数的能力和精度，尚不能达到实用要求。

这里有两方面的原因：一是遥感技术本身的局限性。例如，遥感数据的定标，遥感仪器所输出的遥感数据-辐射值是经过严格定标的，但由于仪器的老化，灵敏度将减弱，性能将发生变化。以NOAA/AVHRR为例，其可见光和近红外波段仪器的增益平均每年衰减5%左右。因而遥感仪器需要随时定标和校准，以保证遥感数据的可靠性。又如，遥感数据的定位，目前主要还是依赖于卫星跟踪系统所提供的轨道、姿态参数以及轨道公式，对卫星的姿态等变化进行定位纠正，这种定位精度的残余误差仍不小，尚不能达到实用要求。另外，任何遥感系统的空间分辨率是有限的，它所获取的遥感数据，多数是以混合像元的方式表达，这也限制了遥感定量化精度。还有，遥感数据处理方法的局限，如大气纠正中，大气参数的随机性难以测定与反演，这限制了大气纠正的精度和遥感定量化水平等。

二是人们认识上的局限性，即人们对遥感成像及传输机理、影像特征、地学规律的认识是随着遥感及各学科的发展而逐步深化的。我们所利用的遥感数据多是采用垂直对地观测方式来采集数据，即使是倾斜观测，也往往校正到垂直状态。对数据分析的前提多是把地物与电磁波的相互作用简化为各向同性、均匀的“朗伯体”(Lambertian)，而忽略了它明显的方向性特征。这显然是不恰当的。另外，在推断地表温度时，也因比辐射率难以测定，而忽略了比辐射率和环境辐照度的差异影响，简单地假设地表发射率为1(即为黑体)，用亮度温度来代替地表温度。但事实上地表发射率并非为1，而发射率0.01的误差(测量上1%的误差)，则可导致近1℃的温度误差。此外，在遥感定量反演和应用中，反演模型和应用分析模型的建立，往往对环境条件的复杂性、参数的多变性认识不足，建模的假设条件多，过于理想化、概念化，因而所得的结果多是不确定性的，其精度难以满足实用需求。

要解决遥感实用化的问题，涉及遥感过程每个环节的进展。

首先是遥感数据源的改善，涉及高空间分辨率、高光谱、高灵敏度、多角度、多类型遥感器的研制和运行。在高空间分辨率遥感器方面，除了目前的Landsat/TM-30m，SPOT-2.5～20m，Landsat/ETM(全色波段)-15m等外，美国已发射的一些商业卫星如QuickBird(1999)-0.61m、Qrbview-1(1997～2002)-1～2m、IKONOS(1999)-1m等，空间分辨率有很大的提高。近几年，我国及美、俄、法、日等国还发射一系列超高分辨率的遥感卫星和小卫星，其目标均在1～3m之内，直接用于大比例尺制图(参见彩图1)。

在多角度遥感器方面，除了已有的SPOT1～4的异轨侧视立体观测、JERS-1/OPS的同轨前后立体观测以及SPOT5的前后实时立体观测等外，还推出了一系列星载多角度遥感器，如ADEOS(日本)/Polder(法)、EOS-MISR、ASTER以及ADEOS-Ⅱ/Polder、GLI(Global Imager)等，可以实现从单一垂直观测向多角度观测的方向转化，不仅利用多光谱观测提取地物组分的波谱信息，而且利用多角度观测提取地物空间结构的三维信息进行精确的空间定位、定量遥感研究和多维分析。

高光谱、高灵敏度遥感器，指的是高光谱分辨率的成像光谱仪，可有几十至上百个波段，波段数越多，越能充分利用地物在不同波段光谱响应特征的差别，波段取样间隔可达5～10nm，可以显示每个像元的光谱曲线，以便直接针对地物特征峰值波长的微小差异来识别物质；以及采用综合对地观测系统，将多种遥感仪器载于同一大型平台上，构成一个自校、互校系统，以提高观测数据的灵敏度、准确度。例如，美国EOS计划将MODIS中分辨率星载成像光谱仪、ASTER先进的空间热辐射反射辐射计、MISR多角度成像光谱仪、CERES云和地球辐射能量系统、MOPITT对流层污染探测装置5种遥感器同时放置在一个极轨平台上；又如，TOPEX卫星(美、法，1993)用GPS加微波测高仪直接得海况的三维空间和高度数据，测高精度达±2cm，并用微波辐射计测大气参数用于大气纠正。

在多种类型遥感器的研制方面，除了光学遥感器外，还有成像雷达，以它全天时、全天候、高分辨率、穿透性等独特的优势，从航天飞机成像雷达单波段、单极化、单入射角的SIR-A发展到多波段、多极化、多入射角的SIR-C/X-SAR(1994)、加拿大雷达卫星(1995)等，并进一步发展到干涉雷达实时获得地表三维信息，极化雷达同时获得地物不同极化特征信息，以便更准确地探测目标特征；并进一步开拓新的工作波段，如毫米波(30～300 GHz)和亚毫米波(300～3000 GHz)；研制新的遥感器，如微波扫描仪、激光雷达、智能化遥感器等；再加上遥感仪器内外定标精度的提高，大气探测仪器精度的提高等。以上多方面的改进，使所获得的遥感数据质量有很大的改善。

其次是遥感数据处理分析方法和手段的发展，以提高遥感的时效性和精度。随着遥感的发展，采集数据的手段增多，所获得数据量剧增，给数据的处理分析带来一系列新问题，如大容量数据的处理、多源数据的融合，以及从各类遥感数据(成像光谱、成像雷达、多角度遥感等)中快速、高精度地处理、识别和提取有用信息等。显然，过去计算机数字图像处理中那种以像元为最小处理单元，以光谱亮度值为基本处理对象，以二维空间的数学模型为理论基础的常规方法，已不能满足实用化需求，需发展混合像元的分解模型，将最小处理单元由像元向亚像元过渡，发展纹理特征分析和以空间特征为基础的遥感数据处理分析，提高图像识别的智能化水平，发展神经网络、小波理论、模糊数学、专家系统、认知科学等新科学方法在遥感数字图像处理中的应用，同时还需借助 GIS，引入大量非遥感数据(DEM、自然和人文经济信息等)，建立环境背景数据库，并在 GPS 快速准确定位基础上，实现在分析决策模型支持下，快速地多源、多维复合分析。

最后是遥感定量反演方法的研究。遥感应用实质上是个"反演"问题。这里涉及两方面的问题，一是从遥感原始测量值中模拟和反演各类有价值的地表参数，如地表反照率、地表真实温度、土壤水分、植被结构、植被覆盖度、叶面指数、生物量、地表粗糙度等；二是建立有价值的遥感应用分析模型。

遥感的成像过程是十分复杂的。它经历从辐射源—大气层—地球表面—大气层—探测器等一系列复杂过程。这一过程中的每个环节都受到多种因素的干扰。因而对这些过程的定量描述——即遥感建模，涉及许多的参数以及一系列理论问题，如方向性、尺度效应与转换、"不定解"、敏感度等。这正是目前遥感基础理论研究的热点、难点问题。它吸引着国内外不少学者的关注，并取得不少可喜的成果[2]。

至于遥感应用分析模型的深化，这里有个学科带动遥感的问题。只有对学科现象充分理解(认识)的前提下，才能把地学(生物学)规律、过程，经过一种"抽象"转换成有效的数学物理模型。例如，遥感研究洪水预报问题，必须要建立一个合适的水文模型。它涉及水量、含沙量、流速、河床坡度形态、河床粗糙度、河网密度等一系列因子以及它们之间的关系。研究水土流失，要有土壤侵蚀模型(水土流失模型)，它涉及降雨因子(雨量、强度)、土壤可蚀性因子(土壤质地、组成、结构等)、地形因子(坡度、坡长)、生物学因子(植被覆盖度、作物类别等)、人为因子(耕作条件，植树、种草等保护性措施)等多种环境因子，且每个因子所起的作用大小又不同。研究作物估产涉及作物类型、长势、农业小气候、水文、土壤、叶面指数、叶倾角分布、生物量等大量因子，相应建立有关的绿度指数模型、作物估产模型、农田蒸散估算模型、土壤水分监测模型、干旱指数模型等。又如，全球环流模型、天气数值预报及气候预报模型的深化，除了需要揭示大气运动变化规律外，还需要了解其初始场和下垫面边界条件，即海洋及陆地表面特征，如山川、冰雪、植被、裸地、沙漠、城镇等的变化(年、月、日变化)对地表反照率、温度、降雨等的动态影响。所有这些均涉及大量因子和知识。它们有的可以通过遥感数据的反演或遥感图像数据的提取而获得，有的则是实验数据、定点测量数据、统计调查数据，以及其他先验知识等。大量的数据需要在 GIS 支持下，进行综合集成，方可实现综合处理分析、建立应用分析模型。可见，应用模型的深化涉及的问题很复杂、难度很大。而遥感定量反演研究的深化，势必推动相关学科定量化的进程，并将进一步带动遥感和地球科学的发展。

参考文献

[1] Lillesand T M, Kiefer R W. Remote Sensing and Image Interpretation (3rd). New York: John Wiley & Sons, 1994.
[2] 李小文，王锦地，朱重光. 遥感模型的定量反演研究. 北京：科学出版社，1995.

第1章　遥感原理

遥感图像是电磁辐射与地表相互作用的一种记录。为了更好地理解与认识这些图像，我们首先必须了解电磁辐射原理以及它通过大气层再被地表反射辐射的过程，这是遥感的基础，也是这一章将讨论的内容。

§1.1　遥感电磁辐射原理

1.1.1　电磁辐射

1. 概念

假设在空间某处有一个电磁振源（电磁辐射源），那么在它的周围便有交变的电流或电场，它是由变速运动的带电粒子引起的。这一交变电场周围将激发起交变的磁场，而交变磁场周围又激起交变电场。这种变化的电场和磁场，相互激发交替产生，形成电磁场。

电磁场是物质存在的一种形式，具有质量、能量和动量。这种交变电磁场在空间的传播，形成电磁波。不同类型的电磁振源会产生不同波长、频率和能量的电磁波。电磁波是一种伴随变化的电场和磁场的横波，其传播方向与交变的电场、磁场三者互相垂直。电场振幅变化的方向垂直于它的传播方向，而磁场随电场传播方位在电场的右侧（图1.1）。

电磁辐射是电磁波传递能量的过程，是能量的一种动态形式，只有当它与物质相互作用（包括发射、吸收、反射、透射）时才表现出来。电磁波的传输规律可以从麦克斯韦（Maxwell）方程式中推导出来。只需其中一个场（通常是电场）的方向和幅度，就可以从Maxwell方程确定另一个场的方向和幅度。麦克斯韦方程是在研究和总结宏观电磁现象中建立起来的，表达电磁辐射与物质的相互作用依赖于物质的电和磁的性质，所提出的方程不受这些辐射的频率、波长或振幅的限制。

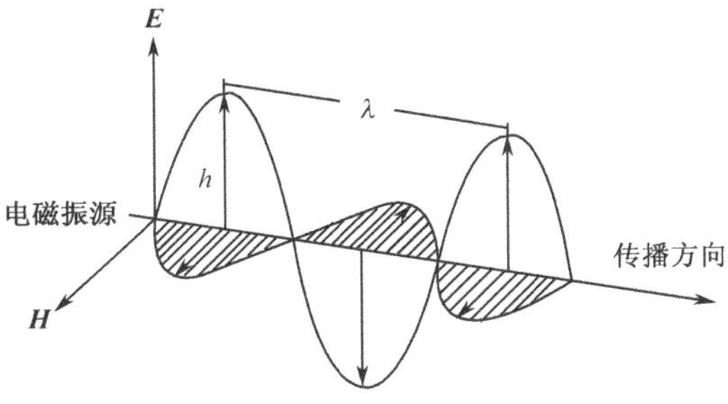

图1.1　电磁波[1]

E：电场；H：磁场；λ：波长；h：振幅

Maxwell用四个方程式描述电磁现象的基本规律，在方程式中引入几个物理量：电场强度矢量 $\boldsymbol{E}$，电位移矢量 $\boldsymbol{D}$，磁场强度矢量 $\boldsymbol{H}$，磁感应矢量 $\boldsymbol{B}$，电荷密度 ρ，电流密度 $\boldsymbol{J}$。对线性各向同性介质，上述物理量之间有下述关系，即[2]

$$\begin{aligned}\boldsymbol{D} &= \varepsilon \boldsymbol{E} \\ \boldsymbol{B} &= \mu \boldsymbol{H} \\ \boldsymbol{J} &= \sigma \boldsymbol{E}\end{aligned} \tag{1.1}$$

式中：ε 为物质的介电常数，$\varepsilon \geqslant 1$；μ 为物质的磁导率，$\mu \geqslant 1$；σ 为物质的电导率。在各向同性介质中，$\boldsymbol{D}$ 的方向与 $\boldsymbol{E}$ 一致，$\boldsymbol{B}$ 的方向与 $\boldsymbol{H}$ 一致，电流密度 $\boldsymbol{J}$ 的方向与电场 $\boldsymbol{E}$ 的方向一致。

Maxwell 方程的微分形式为

$$\begin{aligned}
&\nabla \cdot \boldsymbol{D} = 4\pi\rho \\
&\nabla \cdot \boldsymbol{B} = 0 \\
&\nabla \times \boldsymbol{E} = -\frac{1}{C}\frac{\partial \boldsymbol{B}}{\partial t} \\
&\nabla \times \boldsymbol{H} = \frac{4\pi}{C}\boldsymbol{J} + \frac{1}{C}\frac{\partial \boldsymbol{D}}{\partial t}
\end{aligned} \tag{1.2}$$

式中：C 为光速，$C=2.998\times10^8\text{m/s}$。

在真空中，因为没有 ρ、J，且 $\varepsilon=\mu=1$，则 Maxwell 方程表示为

$$\begin{aligned}
&\nabla \cdot \boldsymbol{E} = 0 \\
&\nabla \cdot \boldsymbol{H} = 0 \\
&\nabla \times \boldsymbol{E} = -\frac{1}{C}\frac{\partial \boldsymbol{H}}{\partial t} \\
&\nabla \times \boldsymbol{H} = \frac{1}{C}\frac{\partial \boldsymbol{E}}{\partial t}
\end{aligned} \tag{1.3}$$

Maxwell 方程将电场、磁场、电荷、电流联系起来。

若 x 轴方向传播的是平面电磁波，电场矢量 $\boldsymbol{E}$ 沿 y 轴方向，可以证明磁场矢量 $\boldsymbol{H}$ 在 y 轴方向的分量为零，则磁场矢量必然是沿 z 轴方向，三者相互垂直，则得

$$\begin{aligned}
\frac{\partial \boldsymbol{E}_y}{\partial x} &= -\frac{1}{c}\frac{\partial \boldsymbol{H}_z}{\partial t} \\
\frac{\partial \boldsymbol{H}_z}{\partial x} &= -\frac{1}{c}\frac{\partial \boldsymbol{E}_y}{\partial t}
\end{aligned} \tag{1.4}$$

式(1.4)说明随时间变化的磁场能激发电场，反之随时间变化的电场能激发磁场。这便是 Maxwell 方程组所表达的思想。

经分别对 x 和 t 微分，消去 $\boldsymbol{H}$ 项，电磁波在介质中传播速度则为

$$V = \frac{C}{\sqrt{\varepsilon\mu}} \quad \varepsilon \geqslant 1, \mu \geqslant 1 \tag{1.5}$$

可见，电磁波在介质中的传播速度总小于光速 C，但在真空中的传播速度等于 C。

2. 波粒二象性

电磁辐射与物质相互作用中，既反映波动性，又反映出粒子性。光是电磁波的一个特例。光的波动性充分表现在光的干涉、衍射、偏振等现象中；而光在光电效应、黑体辐射中，则显示出粒子性。

1) 波动性

从电磁辐射的概念和上述方程，已说明了电磁波的波动性，即电磁波以波动的形式(光滑连续的波)在空间传播，用波长、频率、振幅等来描述。电磁波是一种伴随电场和磁场的横波。许多电磁辐射特征可以很容易地用波动理论来加以描述，而干涉和衍射均是由于波的叠加导致振幅和强度的重新分布。根据波的叠加原理，又可从合成波中分离出不同的电磁波谱信息。

A. 干涉(interference)

一列波在空间传播时，将引起空间各点的振动，两列(或多列)波在同一空间传播时，每列

波对各点的振动都有贡献，因此空间各点的振动就是各列波单独在该点产生的振动的矢量和。同振幅、频率和初位相(具固定位相关系)的两列(或多列)波的叠加合成而引起振动强度重新分布的现象称干涉现象。干涉现象中，在波的交叠区，有的地方振幅增大，有的地方振幅减小，振动强度在空间出现强弱相间的固定分布，形成干涉条纹。其合振动强度的变化完全取决于程差(两光程之差)。当所有程差为波长的整数倍($\Delta=h\lambda$)，则对应振动强度极大；而所有程差为半波长奇数倍$\left[\Delta=(2n+1)\frac{\lambda}{2}\right]$时，则对应振幅极小处。干涉现象普遍存在，它是波的一个重要特性，但只有相干波(具有固定位相关系的波束)才能产生干涉现象。

光波的干涉图样是一系列明暗相间的条纹或曲线。图 1.2 显示著名的光的干涉实验——杨氏双缝实验：用强光照射单缝 S，前方与 S 平行的开两个缝 S_1、S_2，它们成为两个新光源，光源间满足同频率、同方向、同振幅、有固定初位相差等相干条件，两者为相干光。干涉结果在屏幕 P 上能看到一系列明暗相间的条纹，条纹的宽度与波长成正比。若光源为白光，则屏幕中央为白光亮纹，两侧为彩色干涉条纹，其中蓝光的间距最小，红光条纹的间距最大。光的干涉现象说明光是一种波。常见的油膜、肥皂泡的彩色也是一种分振幅的薄膜干涉现象。

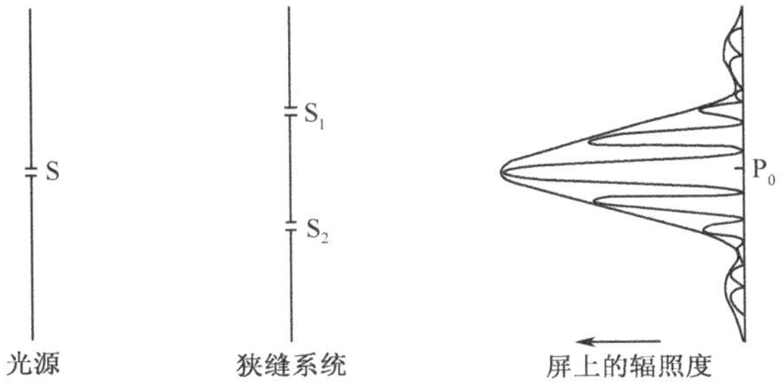

图 1.2　光的干涉[2]

在光学器件与仪器中，大量应用光的干涉原理，如为了减少反射、增加透射，可以制作干涉滤光片、增透膜、透镜组等，也可以利用电磁波的干涉制作定向的发射天线。

B. 衍射(diffraction)

波在传播过程中遇到障碍物时，在障碍物的边缘一些波偏离直线传播而进入障碍物后面的"阴影区"的现象称为衍射现象。它是由于障碍物引起波的振幅或相位的变化，导致波在空间上振幅或强度的重新分布。衍射现象也是波的重要特性之一。例如，声波可传到拐角后面；光通过小孔，在孔后的屏上出现的不是一个亮点，而是一个亮斑。其亮斑周围有逐渐减弱的明暗相间的圆环。其亮斑的大小(衍射角 θ)与小孔的直径 d 成反比，与波长 λ 成正比，即 $\Delta\theta=1.22\lambda/d$。图 1.3 显示了小孔的衍射现象，一束平面波通过一个直径比波长还小的小孔后，成为球面波向前传播。

遥感中部分光谱仪的分光器件，正是运用多缝衍射原理，用一组相互平行，宽度相同、间隙相同的狭缝组成衍射光栅，使光发生色散以达到分光的目的。照相机的光阑、望远镜的物镜成像，以及光学仪器的分辨能力都与圆孔衍射有关。

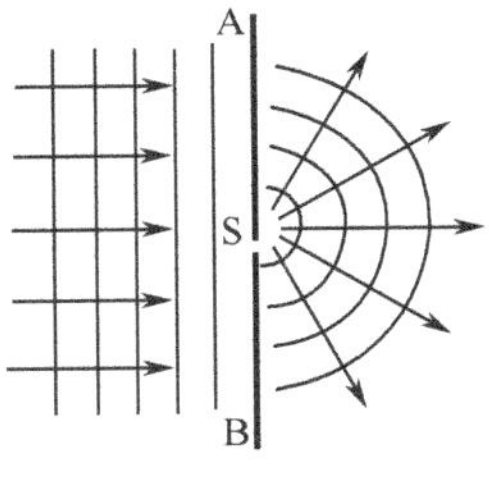

图 1.3　小孔的衍射[2]

C. 偏振(polarization)

偏振又称为极化，表示电磁波的电场振动方向的变化。偏振是横波中呈现出的一种特殊现象。电磁波作为一种横波，其相互垂直的电场和磁场的振动方向是与传播方向垂直的。传播方向确定后，其振动方向并不是唯一的。它可以是垂直于传播方向(x 轴)的任何方向(即 y、z 平面内的任一方向)。它可以是不变的,也可以随时间按一定方式变化或按一定规律旋转。任一振动方向的电磁波总可以分解为水平与垂直两个特定的偏振方向。纵波则不同,其振动方向与传播方向一致,传播方向确定后其振动方向便是唯一的,所以不会有偏振现象。

通常把包含电场振动方向的平面称为偏振面,也就是用电场方向确定波的偏振方向。如果振动方向是唯一的,不随时间而改变,即偏振面方向固定,则为线性偏振(线性极化或平面极化)。在一个固定平面内仅沿一个固定方向振动的光为偏振光,线偏振光也称为全偏振光;太阳光是非偏振光,它在所有可能的方向上,其振幅可以认为是相等的,而不可能保持一个优势方向;介于自然光(非偏振光)与偏振光之间的称为部分偏振光。许多散射光、反射光、透射光均属部分偏振光,其部分能量有明确的极化状态,而一些人造光源(如激光和无线电、雷达发射)通常有明确的极化状态。

电磁波在反射、折射、吸收、散射过程中,不仅其强度发生变化,其偏振状态也往往发生变化,这与目标的形状及特性密切相关,所以电磁波与物体相互作用的偏振状态的改变也是一种可以利用的遥感信息。在光学波段可以用偏振片产生线偏振光。偏振在微波技术中称为"极化"。它对微波雷达是非常重要的,因为水平极化与垂直极化所得到的图像是不同的。在雷达成像技术中,利用了电磁波的不同极化特性,获取更丰富的遥感信息。

电磁波可用以下几个参量描述。

(1) 波长(wavelength):波长指波在一个振动周期内传播的距离,即沿波的传播方向,两个相邻的同相位点(如波峰或波谷)间的距离,用 λ 表示,如图 1.1 所示。波长常用人们熟悉的长度单位来度量,只是往往将之划分得很小,如 m、cm、mm、μm、nm 等。

(2) 频率(frequency):频率指单位时间内完成振动或振荡的次数或周期,即在给定时间内,通过一个固定点的波峰数,它常以赫兹(Hz)为单位,用 ν 表示。

在真空中电磁波以光速传播,且它们的波长(λ)与频率(ν)满足如下关系,即

$$C = \nu\lambda \tag{1.6}$$

式中:光速 $C=2.998\times10^8$ m/s。在大气中电磁波小于光速但接近于光速传播。

一般可用波长或频率来描述或定义电磁波谱的范围。例如,在可见光-红外遥感中,多用波长来描述波谱范围,如 μm、nm 等;而在微波遥感中,多用频率来描述波谱范围,如 Hz、kHz、MHz、GHz 等。当波进入物体时,其频率是不会改变的,但波长将随传播速度的改变而变化。除了用波长、频率表示波谱外,还可以用"波数"来描述,波数被定义为在波的传播方向单位长度内所含波长的数目,即波长的倒数($1/\lambda$),常用 $\bar{\nu}$ 表示,单位常取厘米$^{-1}$(cm^{-1})。

(3) 振幅(amplitude):振幅表示电场振动的强度。它被定义为振动物理量偏离平衡位置的最大值,即每个波峰的高度,或每个波长间隔的能量级。振幅的平方与振动的能量成正比。

(4) 其他,如偏振面、传播方向、相位等:所谓相位或称位相(phase)表示某物理量随时间或空间位置作正弦变化时,该量在任一时刻或位置的状态的一个数值。例如,某一作谐振动的量 A,按照 $A=A_0\sin(\omega t+\theta)$ 的规律发生变化时,其中 $\omega t+\theta$ 就称"相位",它确定 A 在 t 时刻的数值。θ 是 $t=0$ 时的相位,称为"初相位",A_0 和 ω 分别表示 A 的振幅和角频率。

2) 粒子性

电磁波的粒子性是指电磁辐射能除了它的连续波动状态外还能以离散形式存在。其离散单元称为光子(photo)或量子(quanta)。光子或量子是由原子和分子状态改变而释放出的一种稳定、不带电、具有动能的基本粒子。大量实验证明,光照射在金属上能激发出电子,称为光

电子。且光电子的能量与光的强度、光照的时间的长短无关，而仅与入射光的频率有关。即光强仅增加光电子的数量（光子流密度），而光电子的动能只与入射光的频率有关。许多光电器件，如光电倍增管、电视摄像管等，正是运用光电效应原理制作的。

光电效应的这些现象用电磁波理论是无法解释的。按电磁波理论，电子的能量与光强度、光照时间的长短有关，而与频率无关；只要有足够的光强或光照时间总会发生光电效应，这与实验结果不符。但光电效应却是对电磁波“粒子性”的最好说明。

普朗克（Max Planck）发现电磁辐射能量以离散单元形式（光子、量子）被吸收和发射，并用模型来说明光电效应，指出电磁辐射能量的大小直接与电磁辐射的频率成正比，可表示为

$$Q = h\nu \tag{1.7}$$

式中：Q 为辐射能量(J)；ν 为辐射频率；h 为普朗克常数，取值为 6.626×10^{-34}(J·s)。

代入反映频率与波长关系的式(1.6)，则可以把电磁辐射的波模式与量子模式联系起来，表示为

$$Q = hc/\lambda \tag{1.8}$$

此式表明，辐射能量与它的波长成反比，即电磁辐射波长越长，其辐射能量越低。这对遥感是有重要意义的，如地表特征的微波发射要比波长相对短的热红外辐射更难感应。因此对于长波的低能辐射，遥感系统必须采取相应的对策，以尽量获得可探测的能量信号。

电磁波的波动性把电磁振动的传播作为光滑连续的波对待，用强度（振幅）、波长（频率）、偏振（极化）等参量来描述。麦克斯韦理论定义了电磁辐射的波模型，成功地解释了电磁波传播过程的各种现象，如透镜和棱镜的折射与绕射等。对于波动性而言，其强度（光强度）与振幅、频率、光照时间等呈正相关。

电磁波的粒子性把电磁辐射能分解为非常小的微粒子，即离散化、量子化为光子。光子具有一定的能量和动量。对于粒子性而言，其能量的大小与光的强度、光照的时间无关，而仅与入射光的频率有关。光强度决定于单位时间内通过截面的光子数目的多少（即光子流密度）。它只影响光电流的大小，却不改变光电子的最大动能。

经典物理学中，“波”与“粒子”是截然不同的概念——“粒子”是有一定大小和质量的实体，它的运动可以用轨迹来描述；“波”在空间的分布是连续的，它服从叠加原理，从而会产生干涉、衍射等现象；两者难以相互转化。但对于电磁波而言，波动性与粒子性却是对立的统一。电磁波的离散与连续现象往往伴生，或在一定条件下可以相互转化。这便是电磁波的波粒二象性。例如，同一波长的电磁波，在一些实验中粒子性表现得很突出，而在另一些实验中波动性又表现得很突出。即使在光的粒子性很明显的光电效应中，也还保留着某些波动的特性，如频率、波长等概念。又如，电子束和光的单缝衍射实验，我们可以变换为将电子束强度减弱到呈一个个电子通过单缝，或将光子流的强度（光强）减弱到呈一个个光子通过单缝。实验证明，不管是大量电子、光子同时通过还是一个个地通过，只要电子或光子的数量足够大，它们的分布与衍射花纹的分布便存在波动理论所预言的关系，这是一种统计平均的分布。按概率论，波在某时刻，在空间某点的强度就是该时刻在该点找到粒子的几率，即波是粒子流的统计平均；而波动的粒子性反映在波动场的能量、动量的量子化上，即粒子是波的量子化。从统计的观点，可把波与粒子的二象性联系起来。一般说来，电磁波在传播过程中，主要表现为波动性；在与介质相互作用时，主要表现为粒子性；波长较长的电磁波（如微波、无线电波）波动性较为突出，多用Maxwell方程组来描述电磁波与介质的相互作用；而波长较短的电磁波（如光学范畴）更多地表现为粒子性，多用辐射传输方程来描述电磁波与介质的相互作用。

由于电磁辐射传输过程中的量子化和统计学本性，测量辐射能速率的精度总有一定的内

在限制，这种固有的局限性，常迫使人们在辐射定量的遥感测量中对速率与精确度之间采取一定的折中。

3. 电磁辐射的度量

电磁辐射源（电磁振源）以电磁波的形式向外传送能量。任何物体都可以是辐射源。它既可能自身发射能量（即发射辐射，又称热辐射，将在第 4 章详细论述），又可能被外部能源激发而辐射能量（即反射辐射，将在第 3 章详细论述）。另外还有紫外辐射、微波辐射等。这就是说，不同辐射源可以向外辐射不同强度和不同波长的辐射能量。电磁辐射是能量的一种动态形式，当它与物质相互作用时，所具有的能量则表现出来，如使被辐照的物体升温、改变物体的内部状态、使带电物体受力而运动等。利用遥感手段探测物体，实际上是对物体辐射能量的测定与分析。它涉及一系列复杂的过程。这里首先对一些常用的基本概念与术语的物理意义作一说明。

• 辐射能量，指物体以电磁波形式向外传送的能量，常用 Q 表示，单位为J、cal。

• 辐射通量（radiant flux），又称辐射功率，指单位时间内，通过某一表面的辐射能量，常用 ϕ 表示，单位 W，即 J/s，表达式为：$\phi = \mathrm{d}Q/\mathrm{d}t$ 。

• 辐射出射度（radiant exitance、emittance），又称辐射通量密度，指面辐射源在单位时间内，从单位面积上辐射出的辐射能量，即物体单位面积上发出的辐射通量[图 1.4(a)]，常用 M 表示，单位为 W/m^2，表达式为：$M = \mathrm{d}\phi/\mathrm{d}A$ 。

• 辐射照度（irradiance），简称辐照度，指面辐射源在单位时间内，从单位面积上接收的辐射能量，即照射到物体单位面积上的辐射通量[图 1.4(b)]，常用 E 表示，单位为 W/m^2，表达式为：$E = \mathrm{d}\phi/\mathrm{d}A$ 。

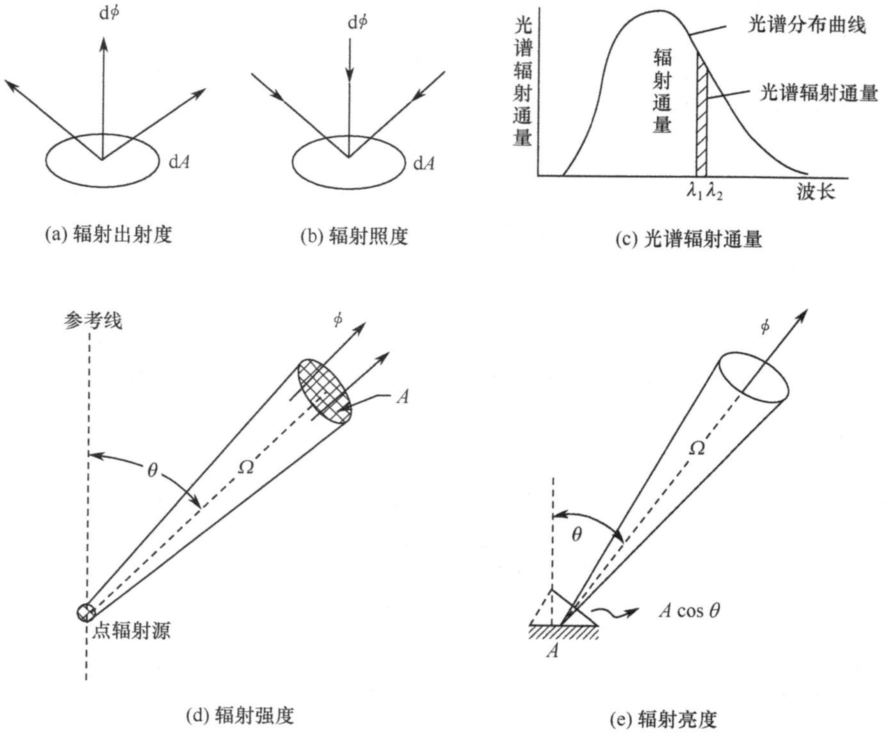

图 1.4　电磁辐射的度量

• 辐射强度(radiant intensity),指点辐射源在单位立体角、单位时间内,向某一方向发出的辐射能量,即点辐射源在单位立体角内发出的辐射通量[图 1.4(d)],常用 I 表示,单位为 W/sr,表达为:$I = \mathrm{d}\phi/\mathrm{d}\Omega$ 。若各向同性的辐射源,则 $I=E/4\pi$。

• 辐射亮度(radiance),简称辐亮度,指面辐射源在单位立体角、单位时间内,在某一垂直于辐射方向单位面积(法向面积)上辐射出的辐射能量,即辐射源在单位投影面积上、单位立体角内的辐射通量,如图 1.4(e)所示,常用 L 表示,单位为 $\mathrm{W/(m^2 \cdot sr)}$,表达为:$L=d^2\phi/\mathrm{d}A\cos\theta\mathrm{d}\Omega$。遥感观测的是辐射亮度值 L 。

需要说明的是,①"立体角"指一个锥面所围成的空间部分。它以锥的顶点为圆心,半径为 1 的球面被锥面所截的面积来度量,常用 Ω 表示,其度量单位为球面度(sr)。$\Omega=A/R^2$(R 为球半径,A 为球面积)。一个球体由球心对全球面所张立体角为 4π 球面角($\Omega=4\pi$);半球面所张立体角为 2π 球面角($\Omega=2\pi$)。②以上涉及的"面积"均指垂直于入射方向的"法向面积",严格地说应是 $\cos\theta$ 的关系。③上述各辐射量均是波长的函数。

图 1.4(c)表示单位波长间隔内的辐射通量,称为光谱辐射通量,表达为:$\phi(\lambda)=\mathrm{d}\phi/\mathrm{d}\lambda$,单位为 W/μm。上述各辐射量前面的"光谱"二字常可省略。

辐射亮度 L 与辐射出射度 M 的关系如下。

已知 $L_\lambda = \dfrac{\mathrm{d}^3\phi}{\mathrm{d}A\cos\theta\,\mathrm{d}\lambda\,\mathrm{d}\Omega}$,$M_\lambda = \dfrac{\mathrm{d}^2\phi}{\mathrm{d}A\mathrm{d}\lambda}$,在极坐标中,微小立体角元(图 1.5):$\mathrm{d}\Omega = \mathrm{d}A/R^2 = \sin\theta\ \mathrm{d}\theta\,\mathrm{d}\phi$。则 M_λ 与 L_λ 的关系,可表示为

$$M_\lambda = \int_\Omega L_\lambda\cos\theta\mathrm{d}\Omega = \int_0^{2\pi}\int_0^{\pi/2} L_\lambda\cos\theta\sin\theta\,\mathrm{d}\theta\,\mathrm{d}\phi \tag{1.9}$$

即 M_λ 相当于辐射亮度的法向分量对整个半球面立体角($\Omega=2\pi$)积分。对于各向同性辐射(朗伯体),L_λ 各向同性,则

$$M_\lambda = L_\lambda\int_{2\pi}\cos\theta\mathrm{d}\Omega = \pi L_\lambda \tag{1.10}$$

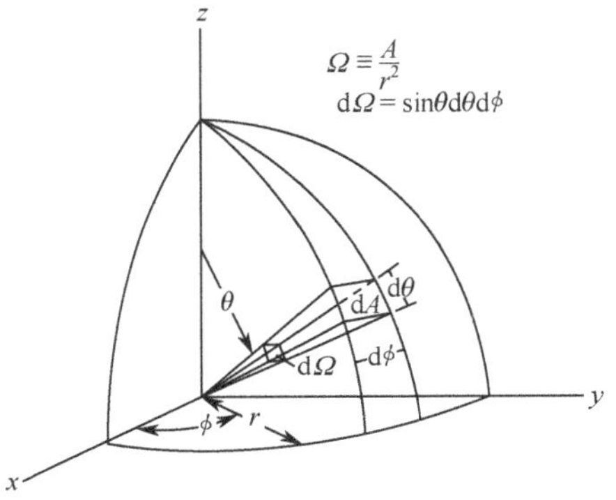

图 1.5 极坐标中的立体角[3]

1.1.2 电磁辐射定律

为了便于论述,需要简单地了解一下黑体(blackbody)的概念。黑体是个假设的理想辐射体,它既是完全的吸收体,又是完全的辐射体。黑体是朗伯源,其辐射各向同性。自然界的物体仅接近于黑体,进一步的讨论将放在第 4 章进行。电磁辐射遵循以下物理定律。

1. 普朗克(Planck)辐射定律

对于黑体辐射源,普朗克(1900)成功地给出了其辐射出射度(M)与温度(T)、波长(λ)的关系。黑体辐射能量随波长的分布函数可表示为

$$M(\lambda,T) = \frac{2\pi hc^2}{\lambda^5}\frac{1}{\mathrm{e}^{hc/kT\lambda}-1} \tag{1.11}$$

式中:h 为普朗克常数,取值 $6.626\times10^{-34}\mathrm{J\cdot s}$;$k$ 为玻耳兹曼常数,取值 $1.3806\times10^{-23}\mathrm{J/K}$;$c$ 为光速,取值 $2.998\times10^8\mathrm{m/s}$;$\lambda$ 为波长(m);T 为热力学温度(K)。

这里的 $M(\lambda,T)$ 也就是所指的普朗克辐射函数 $B(\lambda,T)$,表征波长(λ)、物理温度(T)下的黑体辐射亮度 L。普朗克辐射定律是热辐射理论中最基本的定律,它表明黑体辐射只取决于温度与波长,而与发射角、内部特征无关。

2. 斯蒂芬-玻耳兹曼(Stefan-Boltzmann)定律

任一物体辐射能量的大小是物体表面温度的函数。斯-玻定律表达了物体的这一性质。此定律将黑体的总辐射出射度与温度的定量关系表示为

$$M(T)=\sigma T^4 \tag{1.12}$$

式中:$M(T)$为黑体表面发射的总能量,即总辐射出射度(W/m^2);σ 为斯-玻常数,取值 $5.6697\times10^{-8}[W/(m^2\cdot K^4)]$;$T$ 为发射体的热力学温度,即黑体温度(K)。

此式表明,物体发射的总能量与物体绝对温度的四次方成正比。因此,随着温度的增加,辐射能增加是很迅速的。当黑体温度增高 1 倍时,其总辐射出射度将增为原来的 16 倍。在这里我们仅强调黑体的发射能量是温度的函数。

该式是以普朗克公式(1.11)对全波长积分得出温度的指数 $n_\lambda=4$。但对于具体的遥感窄波段,指数 n_λ 是随着波长和物体表面温度而变化,如在 10～12.5μm 的大气窗口处,n_λ 的平均值等于 4[4];而 3μm 处则 $n_{3\mu m}\approx13$[5]。这在运用中红外波段数据(3～5μm)进行地表温度反演时需要注意。

以上的讨论已说明了一个物体的发射能量既随温度变化又随波长变化,如图 1.6 所示。图中显示了各种温度(200～6000K)的黑体表面辐射能量的波谱分布曲线。纵坐标表示单位波长间隔的辐射出射度。图中曲线以下的面积相当于总辐射出射度 M。曲线说明斯-玻定律所表达的物理意义,辐射温度越高,发射的辐射总量越大。曲线还说明,这些不同温度的黑体辐射曲线形式相似,且它们的能量峰值的分布随着温度的升高,向短波方向移动。

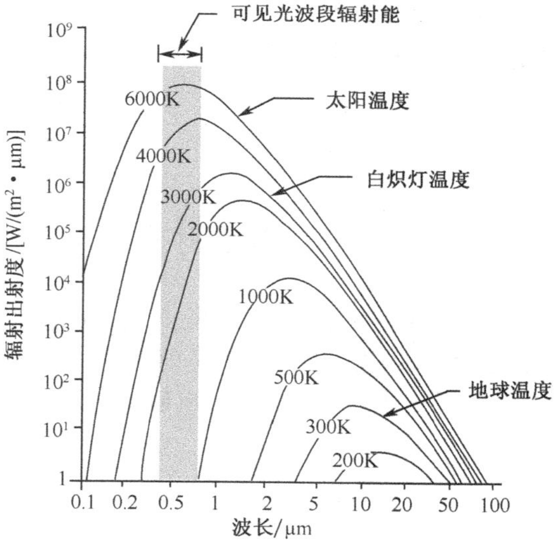

图 1.6 不同温度黑体辐射波谱曲线[6]

从图 1.6 还可见,太阳的发射约相当于温度 6000K 黑体的辐射曲线,白炽灯的发射约相当于温度 3000K 黑体的辐射曲线。两者辐射能量差异较大,且后者蓝光能量较低,而不同于太阳光的连续光谱。因此在摄影遥感中,人们研制不同的胶片,以适应不同的光照条件。“日光型”是针对户外光照下的,若将之用于室内灯光下,因光源不同所得照片显得发黄,但用上闪光灯,因补充了高强的蓝光能量,则照片的效果明显改善。

3. 维恩(Wien)位移定律

维恩位移定律,描述了物体辐射最大能量的峰值波长与温度的定量关系,表示为

$$\lambda_{max} = A/T \tag{1.13}$$

式中:λ_{max}为辐射强度最大的波长(μm);A 为常数,取值为 2898μm·K;T 为热力学温度(K)。

式(1.13)表明,黑体最大辐射强度所对应的波长 λ_{max}与黑体的绝对温度 T 成反比,如当对一块铁加热时,我们可以观察到随着铁块的逐渐变热铁块的颜色也从暗红→橙→黄→白色,向短波变化的现象。

表 1.1 列出不同温度 T 所对应的λ_{max}。由表中数据可见,随着黑体温度的升高(或降低),黑体最大辐射峰值波长 λ_{max}向短波(或长波)方向变化。例如,地球表层(包括土壤、水、植被等)的平均温度约 300K(27℃),根据维恩位移定律,其相应的最大辐射峰值波长约为 9.66μm。这部分辐射与热相关,故称为热红外能。人眼虽看不见热辐射能量,也无法对其摄影,但它能被特殊的热仪器如辐射计、扫描仪所感应。这部分内容将在第 4 章专门讨论。太阳的表面温度近似 6000K,其最大能量峰值波长约为 0.48μm,这部分辐射是人眼和摄影胶片均敏感的部位,因而在日光下,我们可以观察到地球特征。

表 1.1　不同温度 T 所对应的 λ_{max}

T/K	300	500	1000	2000	3000	4000	5000	6000	7000	8000
λ_{max}/μm	9.66	5.76	2.88	1.44	0.96	0.72	0.58	0.48	0.41	0.36

4. 基尔霍夫(Kirchhoff)定律

基尔霍夫定律可表述为,在任一给定温度下,物体单位面积上的出射度 $M(\lambda,T)$和吸收率 $\alpha(\lambda,T)$之比,对于任何地物都是一个常数,并等于该温度下同面积黑体辐射出射度 $M_b(\lambda,T)$,即

$$M(\lambda,T)/\alpha(\lambda,T)=M_b(\lambda,T) \tag{1.14}$$

也就是说,在一定的温度下,任何物体的辐射出射度与其吸收率的比值是一个普适函数,即黑体的辐射出射度。这个比值是温度、波长的函数,与物体本身的性质无关。

式(1.14)也可表示为

$$\alpha(\lambda,T)=\frac{M(\lambda,T)}{M_b(\lambda,T)}=\varepsilon(\lambda,T) \tag{1.15}$$

基尔霍夫定律也可表述为,在热平衡条件下,物体的吸收率等于其比辐射率 $\varepsilon(\lambda,T)$,又称发射率(参见第 4 章热红外遥感的相关内容)。

§1.2　电磁波与地-气的相互作用

电磁波从辐射源到遥感器之间的传输过程中,要经历吸收、再辐射、反射、散射、偏振及波谱重新分布等一系列过程。电磁波传输中的变化取决于它与有关介质所发生的相互作用。电磁波与大气的相互作用可认为是体效应,而与地表的相互作用则主要是与地表或浅层地表的表面效应。了解这种相互作用的机理和过程,对我们认识所获得的遥感数据以及地物目标的特性是至关重要的。

1.2.1 能源——太阳辐射与地球辐射

1. 太阳辐射

太阳是一个电磁辐射源，是遥感的主要能量来源。作为一个炽热气体球的太阳，其中心温度约 15×10^6K，表面温度约 6000K。太阳辐射的总功率为 3.826×10^{26}W，太阳表面的辐射出射度为 $6.284\times10^7\text{W/m}^2$。太阳的辐射波谱从 X 射线一直延伸到无线电波，是个综合波谱。

表 1.2 是太阳辐射能各谱段的百分比。从表中可见，太阳辐射的大部分能量集中于近紫外-中红外（0.31～5.6μm）区内，占全部能量的 97.5%，其中可见光占 43.5%、近红外占 36.8%。而近紫外-短波红外（0.31～2.5μm），占全部能量的 95%左右。由此可见，太阳辐射主要为短波辐射。在此光谱区内太阳辐射的强度变化很小，可以当做很稳定的辐射源；而 X 射线、γ 射线、远紫外及微波波段的太阳辐射能小于 1%，它们受太阳黑子及耀斑的影响，强度变化很大，主要影响地球电离层或通信，这里不予讨论。

表 1.2 太阳辐射能各谱段的比例[2]

λ	波 段	比例%
<10Å	X 射线、γ 射线	0.02
10～2000Å	远紫外	
0.20～0.31μm	中紫外	1.95
0.31～0.38μm	近紫外	5.32
0.38～0.72μm	可见	43.50
0.72～1.5μm	近红外	36.80
1.5～5.6μm	中红外	12.00
5.6～1000μm	远红外	0.41
>1000μm	微波	

到达地球大气外边界的太阳辐射，约 30%被云层和其他大气成分反射返回太空；约有 17%的太阳能入射辐射被地球大气吸收；还有 22%被散射并成为漫射辐射到达地球表面。因此，在进入地球外边界的太阳辐射中仅有 31%作为直射太阳辐射到达地球表面[7]。

从图 1.7 可见，地球大气层以外的太阳光谱辐照度曲线为平滑的连续光谱曲线，它近似于 6000K 的黑体辐射曲线。但由于大气的影响（主要指大气成分的吸收作用），使太阳的光谱结构变得复杂。

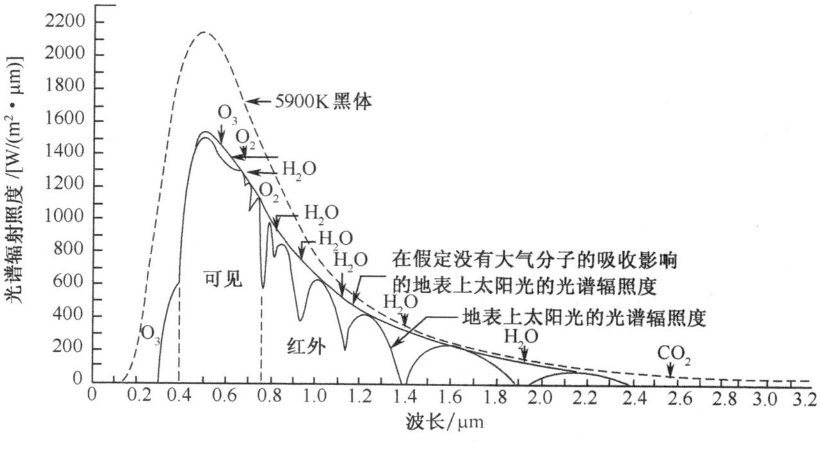

图 1.7 地球表面的太阳辐照度曲线[2]

地面接收的太阳辐照度与太阳天顶角 θ 有关。在忽略大气损失的情况下，可近似认为地面辐照度 E 与 $\cos\theta$ 成正比。

$$E = \frac{E_0}{D^2}\cos\theta \tag{1.16}$$

式中：E_0 是太阳常数，一个描述太阳辐射能流密度的物理量。它指地球处于日地平均距离处，单位时间内，垂直于太阳射线的单位面积上，所接收到的全部太阳辐射能，其平均值为 $1.36\times10^3\mathrm{W/m^2}$。此值实际为大气层顶部（TOA）太阳光的光谱辐照度在全波段范围内的积分值。D 是以日地平均距离为单位的日地之间的距离（一个天文单位）。θ 是太阳天顶角（与法线的夹角）。当 θ 为某地正午时分太阳天顶角时，E 为到达某地的最大地面辐照度 E_{max}。

由于地球的公转与自转，到达地球任一点的太阳总辐射随时间呈近似正弦形式的变化，即[2]

$$E_i = E_{max}\sin(\pi t/N) \tag{1.17}$$

式中：t 为日出到 E_i 时刻的时间间隔；N 为理论日照时数。

太阳天顶角随纬度、季节、时间等因素而变化，可通过式（1.18）计算，即

$$\cos\theta = \sin\varphi \cdot \sin\delta + \cos\varphi \cdot \cos\delta \cdot \cos t \tag{1.18}$$

式中：φ 为地理纬度；δ 为太阳赤纬，赤纬指太阳光与地球赤道平面的夹角，一年内 δ 在 $\pm23°27'$ 范围内变动，春分、秋分时，太阳直射赤道，$\delta=0$；夏至时太阳直射北回归线，$\delta=23°27'$；冬至时太阳直射南回归线 $\delta=-23°27'$。一年内赤纬的变化值可从有关表中查得。t 为太阳的时角，定义为地方时 12 点的时角 t 为 0，6 点 t 为 $-\frac{\pi}{2}$，18 点 t 为 $+\frac{\pi}{2}$。

式（1.18）中，第一项表示季节变化对天顶角的影响；第二项则表示一天内天顶角随时间 t 的变化。高纬度地区 $\sin\varphi$ 大，所以天顶角随季节的变化较大，而随日变化较小；低纬度地区则相反，$\sin\varphi$ 小，$\cos\varphi$ 大，天顶角随季节变化不大，而随日变化较大[2]。这就是说，太阳辐照度是太阳天顶角 θ 和纬度 φ 的函数。地面接收的太阳辐照度还与大气的吸收及散射有关。

到达地面的太阳入射辐射分为：太阳直接辐射（sunlight or beam，E_s）和大气散射辐射（diffuse radiation，E_d）。地面接收的太阳总入射辐射为 $E_t=E_s+E_d=Q$。因此也可以说，太阳总辐射 Q 是纬度、时间及云的函数。入射到地面的太阳总辐射 Q 可利用气象台站的太阳光度计、太阳直射辐射表、天空辐射表来确定，也可通过理论太阳辐射及日照率的计算获得，即

$$Q=Q'(0.1144+0.5683C/C_0) \tag{1.19}$$

式中：Q' 为大气层顶的理论太阳总辐射，与气象台站经纬度、太阳赤纬、日地距离和太阳常数有关；C/C_0 为日照率，C 为日照时数，C_0 为最大可能日照时数。

2. 地球辐射

地球辐射可分为：①长波辐射（6μm 以上），指地表物体自身的热辐射，在此区域内太阳辐照的影响极小；②短波辐射（0.3～2.5μm），指地球表面对太阳的反射辐射，地球自身的热辐射可忽略不计；③介于两者之间的中红外辐射（2.5～6μm），既有对太阳辐射的反射又有地球自身的热辐射，其影响均不能忽略（图 1.8）。对于地球的短波辐射的反射辐射而言，其辐射出射度 M 与太阳辐照度 E、地物反射率 ρ 及波长 λ 有关，即 $M(\lambda)=\rho(\lambda)E(\lambda)$。这部分内容将在后面专门讨论。

被地表吸收的太阳辐射能，又重新被地表辐射。从维恩位移定律可知，比太阳温度低得多的地球必然辐射更长波段的辐射。太阳在 6000K 最大辐射强度在 0.48μm（可见光绿波段），地球在 300K 最大辐射强度在 10μm 附近（远红外波段）。

对于地球的长波辐射而言，其辐射出射度 M 与地物的比辐射率 ε、地物的温度 T 及波长 λ

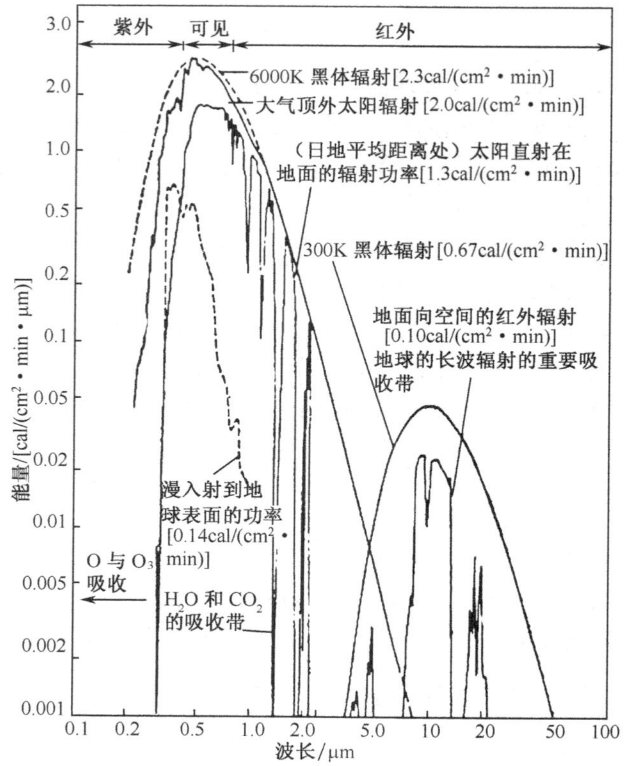

图 1.8　太阳与地球的辐射波谱[2]

1cal=4.1868J

有关，可用式(1.20)表示：

$$M(\lambda,T)=\varepsilon(\lambda,T)\cdot M_b(\lambda,T)=\varepsilon(\lambda T)\cdot\sigma T^4 \tag{1.20}$$

式中：M_b 为黑体的辐射出射度；σ 为斯-玻常数。

地球上的能源来自太阳辐射，包括太阳直射能量(太阳直射光)与天空漫入射的能量(天空光或天空漫射光)。但入射到地面的太阳短波辐射能量($R_s\downarrow$ 或 Q)中的一部分被地面反射($R_s\uparrow$)，地面实际吸收的太阳短波辐射能量为

$$R_s\downarrow - R_s\uparrow = (1-\alpha)R_s\downarrow = (1-\alpha)Q \tag{1.21}$$

式中：α 为地表全波段的反射率(即反照率)。在吸收太阳辐射能的同时，地表也向外界发射长波辐射能量 $R_L\uparrow$，而大气的长波辐射 $R_L\downarrow$ 对地表也有贡献。因此地表的净辐射收入 R_n(或 Q_n)为

$$R_n = (1-\alpha)R_s\downarrow + R_L\downarrow - R_L\uparrow \tag{1.22}$$

一般说来，白天地面收入大于支出，净收入 R_n 为正，地面温度不断升高。净收入的大小与地表的反射率有关。辐射的净收入能量不全用于地表加热，其中一部分能量以传导与对流形式使大气加热，一部分能量供给水在物态转换时(如蒸发、凝结、升华、融化、结冰等)所需的潜热，其能量大小与微气候因素，如风速、湿度、温度等有关。若地面有植被，还需考虑植物光合作用吸收的能量，扣除上述的这几部分能量，才是真正的地表温度变化的能量。地表温度的变化除与地面能量收支情况有关外，还与物质本身的热学性质有关。这部分内容将在第 4 章和第 14 章专门讨论。

1.2.2 电磁波与大气的相互作用

1. 大气概况

地球的大气层并没有一个确切的界限。只是离地球越远，空气越稀薄，以至于近似真空而进入星际太空。大气层的厚度一般可取 1000km，约相当于地球直径的 1/12。大气按热力学性质可垂直分为对流层、平流层、中间层、电离层。

对流层(troposphere)的上界往往随纬度、季节等因素而变化，极地上空仅 7～8km，赤道上空 16～19km。对流层有明显的上下混合作用，主要的大气现象几乎都集中于此。在该层内每上升 1km，温度下降约 6.5K，空气密度和气压也随高度上升而下降。

平流层(stratosphere)的范围是从对流层顶至 50km。它包括底部的“同温层”(延至 20km)和随高度上升温度缓慢上升的“暖层”。这是因为臭氧吸收紫外光的缘故。层内除季节性的风外，几乎没有什么天气现象。

中间层(mesosphere)的范围约 50～80km。它们介于上下两个暖层之间，又称“冷层”。其温度随高度的增加而递减，平均每上升 1km 温度下降约 3K。大约在 80km 处降到最低点，约 −95℃，也是整个大气层温度最低点。

电离层(thermosphere)，又称增温层，是大气的最外层，高度 80～1000km。层内空气稀薄，温度很高，可达 1500K。因太阳辐射作用而发生电离现象，无线电波在该层发生全反射现象。

大气主要由多种气体和悬浮微粒组成。大气中的气体主要有氮、氧(约占 99%)和各种微量气体，如二氧化碳、甲烷、氧化氮、氢、臭氧等。除臭氧外，这些气体分子在 80km 以下相对比例基本不变；水汽约占大气总量的 0.3%，在大气中浓度变化很大，尤其是在低层大气。悬浮微粒具有重要光学效应的悬浮微粒指半径 0.01～20μm，比分子大得多的大气粒子，如霾、尘埃、液态水(水滴——云雾、降雨)和固态水(冰粒)等，其中大气气溶胶是指悬浮于地球大气之中，具有一定稳定性、沉降速度小、尺度在 10^{-3}～10μm 的液态及固体粒子，主要集中在紧靠地面 0～4km 范围的大气层中。

大气的密度和压力随着高度上升几乎均按指数率下降。高度每增加 16km，其大气密度和压力都下降约 10%。在 32km 以上，大气质量仅剩下 1%，所以在 32km 以上的大气影响可以忽略不计。因此可以认为，有效大气层是紧贴地球表面的薄薄一层。

2. 大气效应

所有用于遥感的辐射能均要通过地球的大气层。其路径长度变化很大，若空中摄影利用太阳光源，则需要二次通过大气层；而红外辐射仪直接探测地物的发射能量，它仅一次通过大气层，且路径的长度取决于遥感器距离地面的高度。若遥感器载于低空飞机上，大气对图像质量的影响往往可以忽略；但星载遥感器所获得的能量均需穿过整个大气层，经大气传输后，其强度和光谱分布均会发生变化。大气净效应取决于路径长度、电磁辐射能量信号的强弱、大气条件以及波长等，它对遥感图像和数据质量均有重要的影响。因此，遥感应用研究必须了解电磁波与大气的相互作用。电磁波与大气的相互作用主要有两种基本的物理过程——大气散射和大气吸收，其他作用如大气折射等，可忽略不计。至于大气本身的热辐射将在第 4 章“热红外遥感”中专门讨论。

1）大气散射

电磁波在非均匀介质或各向异性介质中传播时，改变原来传播方向的现象称为散射。大气散射是电磁辐射能受到大气中微粒（大气分子或气溶胶等）的影响而改变传播方向的现象。其散射强度依赖于微粒的大小、微粒的含量、辐射波长和能量传播穿过大气的厚度。散射的结果改变辐射方向，产生天空散射光，其中一部分上行被空中遥感器接收，一部分下行到达地表。

大气的散射主要有以下几种形式。

A. 选择性散射——散射强度与波长有关

（1）瑞利（Rayleigh）散射。当引起散射的大气粒子直径远小于入射电磁波波长（$d \ll \lambda$）时，出现瑞利散射。大气中的气体分子 O_2、N_2 等对可见光的散射属此类。它的散射强度与波长的 4 次方成反比。波长越短、散射越强，且前向散射（指散射方向与入射方向夹角小于 90°，即顺入射方向的散射）与后向散射（逆入射方向的散射）强度相同。瑞利散射多在 9～10km 的晴朗（无云、能见度很好）高空发生。其辐射衰减几乎全是由它引起的。“蓝天”正是瑞利散射的一种表现。当日光与大气相互作用时，其可见光的蓝光散射要比可见光其他波段的散射强得多（表 1.3），因而天空呈现天蓝色。然而当日出、日落时，太阳接近地平线，太阳高度角低，太阳光线穿过大气层路径变长，大气衰减作用增强，以至于人们仅能看到波长较长的太阳透射光（橙红光），因而天空呈现橙红色。

表 1.3　波长与散射率的关系

颜色	红	橙黄	黄	绿	青蓝	紫	紫外线
波长/μm	0.7	0.62	0.57	0.53	0.47	0.4	0.3
散射率	1	1.6	2.2	3.3	4.9	5.4	30.0

瑞利散射是造成遥感图像辐射畸变、图像模糊的主要原因。它降低了图像的“清晰度”或“对比度”。对于彩色图像则使其带蓝灰色，特别是对高空摄影图像影响更为明显。因此，摄影像机等遥感仪器多利用特制的滤光片，阻止蓝紫光透过以消除或减少图像模糊，提高影像的灵敏度和清晰度。当然也有某些特定的遥感应用专门采用紫外辐射。

（2）米氏（Mie）散射。当引起散射的大气粒子的直径约等于入射波长（$d \cong \lambda$）时，出现米氏散射。大气中的悬浮微粒——霾、水滴、尘埃、烟、花粉、微生物、海上盐粒、火山灰等气溶胶的散射属此类。米氏散射往往影响到比瑞利散射更长的波段，可见光及可见光以外的广大范围。它的效果依赖于波长，但不同于瑞利散射的模式，其前向散射大于后向散射。

米氏散射与大气中微粒的结构、数量有关，其强度受气候影响较大。在大气低层0～5km范围内，散射最强，这儿微粒更大，数量更多。尽管在一般大气条件下，瑞利散射起主导作用，但米氏散射能叠加于瑞利散射之上，使天空变得阴暗。

B. 无选择性散射——散射强度与波长无关

当引起散射的大气粒子的直径远大于入射波长（$d \gg \lambda$）时，出现无选择性散射，其散射强度与波长无关。大气中云、雾、水滴、尘埃的散射属此类。它们一般直径为5～100μm，并大约同等地散射所有可见光、近红外波段。正因为此类散射对所有可见光区段蓝、绿、红光的散射是等量的，因而，我们观察云、雾呈白色、灰白色。

大气散射辐射对遥感、遥感数据传输的影响极大。大气散射降低了太阳光直射的强度，改变了太阳辐射的方向，造成遥感图像辐射畸变，削弱了到达地面或地面向外的辐射，产生了漫反射的天空散射光（又叫天空光或天空辐射），增强了地面的辐照和大气层本身的“亮度”，使地面阴影呈现暗色而不是黑色，使人们有可能在阴影处得到物体的部分信息，并使暗色物体表现得比它自身的要亮，使亮物体表现得比它自身的要暗。因此，它降低了遥感影像的反差（对比度），降低了图像的质量（清晰度）以及图像上空间信息的表达能力。

大气散射对低层大气（约低于 3km）尤为重要。这是与大气粒子的粒径、含量及有效性的增加密切相关的。例如，大气中的吸湿性粒子是一种强散射体，随着大气湿度的增加，散射作用大大增强，大气透明度变差。此外，大气团和气压系统的变化，使大气的湿度、温度及循环模式发生变化，影响到大气中灰尘、污染物和其他散射体的集中或分散，从而造成大气透明度发生明显变化。

2）大气吸收与大气窗口

除大气散射外，电磁辐射能穿过大气时，还受到大气分子等的吸收作用，而使能量衰减。大气中有 3 种气体对太阳辐射能的吸收最有效。它们是臭氧（O_3）、二氧化碳（CO_2）和水汽（H_2O）。

臭氧（O_3）主要集中于 20～30km 高度的平流层。它是由高能的紫外辐射与大气中的氧分子（O_2）相互作用生成的。O_3 除了在紫外区段（0.22～0.32μm）有个很强的吸收带外，在 0.6μm 附近有一个弱吸收带，在远红外 9.6μm 附近也有个强吸收带。虽然 O_3 在大气中含量很低，只占 0.01%～0.1%，但是 O_3 对地球能量平衡起重要作用，O_3 的吸收，阻碍了低层大气的辐射传输。

二氧化碳（CO_2）主要分布于低层大气。其在大气中的含量仅占 0.03%左右，人类的活动使之含量有所增加。CO_2 在中—远红外区段（2.7μm、4.3μm、14.5μm 附近）均有强吸收带。其中最强的吸收带出现在 13.5～17.5μm 的远红外段。

水汽（H_2O）一般出现在低空。大气中水汽的作用不同于 O_3、CO_2。它的含量随时间、地点的变化很大（0.1%～3%），而且水汽的吸收辐射是所有其他大气组分的吸收辐射的几倍。最重要的吸收带在 2.5～3.0μm，5.5～7.0μm 和＞27.0μm（在这些区段，水汽的吸收可超 80%），其中以 6.3μm 为中心的强吸收成为遥测大气水汽廓线的主要手段。在微波波段水汽在 0.94mm、1.63mm 及 1.35cm 处有三个吸收峰。

由于这些气体往往以特定的波长范围吸收电磁能量。因此，它们对任何给定的遥感系统影响很大，吸收的多少与波长有关。大气的选择性吸收，不仅使能量衰减、气温升高，而且使太阳发射的连续光谱中的某些波段不能传播到地球表面。

图 1.9 为大气吸收与大气窗口示意图。图中表示地球大气的吸收作用引起的透过率与波长的关系。大气分子的吸收，使大气的透过率下降。考虑到各种气体吸收的综合影响，仅有某些波段大气的吸收作用相对较弱，透过率较高。这些使能量较易透过的波段叫大气窗口。大气窗口的位置、范围及有效性取决于大气中主要吸收气体的吸收光谱。对于地面遥感而言，只有位于大气窗口的波段才能被用于生成遥感图像。在可见光—红外区段，常用的大气窗口有：0.3～1.3μm、1.5～1.8μm、2.0～2.6μm、3.0～4.2μm、4.3～5.0μm、8～14μm。在微波区段，主要采用的大气窗口为 8mm 附近和频率低于 20GHz 的波段。但对于大气遥感而言，这些大气吸收波段可以提供大气自身的温度、水汽、臭氧等随高度的分布等状态信息，是大气科学研究的重要信息源之一。

3）大气衰减

大气衰减指电磁波在大气中传播时，因大气的吸收和散射作用使强度减弱。由此而引起

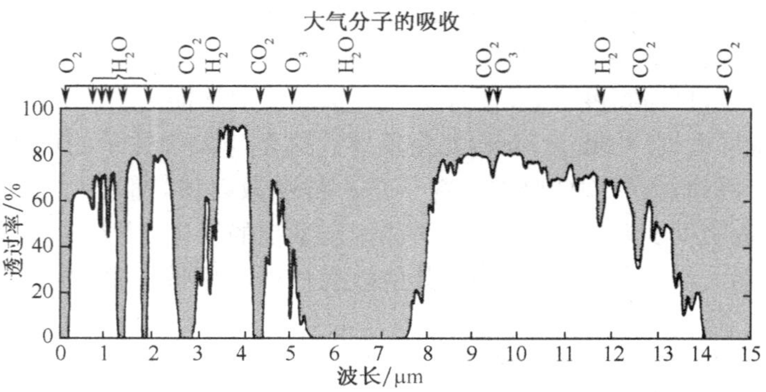

图 1.9 大气吸收与大气窗口[6]

的光线强度的衰减，又称消光，可用衰减系数 k 和透过率 τ 表示为

$$\tau=\frac{E'}{E_0}=e^{-kx} \tag{1.23}$$

式中：E_0 为太阳辐照度；E'为经大气路径 $x(x=h/\cos\theta)$ 衰减后的辐照强度，$E'=E_0e^{-kx}$；k 为衰减系数(即消光系数)，单位为 m^{-1}，它是吸收系数 α 与散射系数 r 之和；kx 为光学厚度或光学深度，当辐射强度减弱到 1/e 时，光学厚度定义为 1。大气透过率 τ，一般晴天时约为 0.7，阴天时约为 0.4。在定量遥感中，大气对太阳辐射的衰减也常以光学厚度表示。

大气衰减的数值取决于大气状况及电磁波的波长。对于可见光波段而言，在大气窗口内的能量衰减主要因散射引起，其吸收的能量仅占衰减能量的 3%；但对更长的波段，大气的主要影响是吸收，而不是散射；对于热红外波段，大气自身的发射是大气效应中重要的部分，对信号的影响也很大(将在第 4 章另作说明)。

图 1.10 显示了太阳辐射与大气、地面相互作用后到达遥感器的太阳反射辐射能的基本状况。对于太阳短波辐射而言，大气效应以两种方式影响着遥感器所记录的地面目标的辐射亮度值。一是大气的吸收、散射作用使到达地面目标的太阳辐射能量和从目标反射的能量均衰减；二是大气本身作为一个散射体的程辐射(path radiance)使能量增加，它与所探测的地面信息无关。

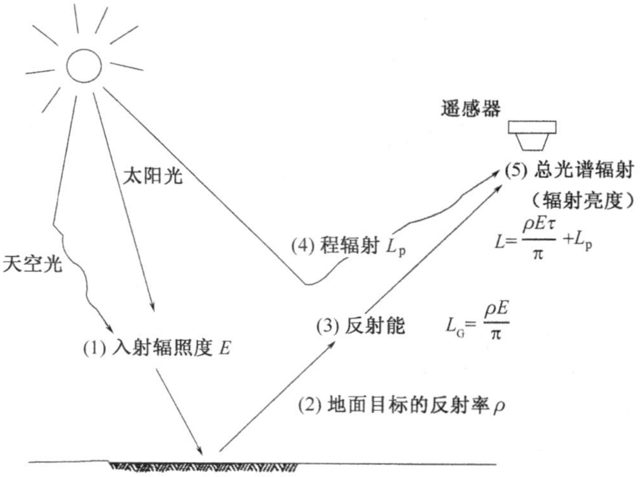

图 1.10 太阳辐射与大气的相互作用[6]

空中遥感器所测得的地面目标的总辐射亮度 L，应是经大气衰减后的地面目标辐射亮度 $L_G\tau$ 和大气本身的程辐射 L_p 之和。可用数学的方式来表达这两种大气效应，其表达式为

$$L = L_G\tau + L_p \tag{1.24}$$

式(1.24)忽略了天空辐射对地面的多次散射。考虑到太阳辐射在光学波段可以看作各向同性，若地面为朗伯体(L_G 各向同性)，地面辐射出射度 M 与辐射亮度 L_G 的关系为 $M=\pi L_G$，已知$M=\rho E$，则地面目标辐射亮度为 $L_G=\rho E/\pi$，代入式(1.24)则得

$$L = \frac{\rho E\tau}{\pi} + L_p \tag{1.25}$$

式中：L 为被遥感器测得的总光谱辐射值(辐射亮度)；L_G 为地面目标的辐射亮度；ρ 为地面目标的半球反射率；τ 为大气透过率；E 为地面目标的辐照度；L_p 为大气的程辐射(与目标无关)。

图 1.10 还说明，经大气衰减的地面辐照度 E 来源于太阳直射光 E_s 和天空漫射光 E_d，即 $E=E_s+E_d$。后者为被大气散射的太阳光。它们与天气状况(如晴朗、多雾、多云等)、大气层厚度等有关。此外，辐照度还随太阳天顶角及日地距离的变化而变化。根据式(1.16)，再考虑大气衰减作用，则得

$$E_s = \frac{E_0}{D^2}\cos\theta \cdot \tau \tag{1.26}$$

式中：E_0 为太阳常数；D 为以日地平均距离为单位的日地距离；τ 为整个大气的透过率；θ 为太阳天顶角。

则

$$L_G = \frac{\rho}{\pi}\left(\frac{E_0}{D^2}\cos\theta \cdot \tau + E_d\right) \tag{1.27}$$

这里的 E_0、E_s、E_d、τ、ρ 等大多数参数均是波长、空间、时间的函数，且部分与大气状况及观察角度等有关。

需要说明的是：①天空散射光(E_d)也是一种辐射源。它与地面的多次散射，往往在大气纠正中被忽略。但事实上，它对地面目标反射的影响并不小，如雪被覆盖区反射率高达 90%，地面上总辐照度的 1/4 是积雪表面反射再经大气散射回到地面的[4]。②相邻像元的交叉辐射对目标像元辐射亮度的影响，称之为邻近效应(adjacency effects)。它的大小不仅取决于像元的大小和像元间的亮度反差，还与波长有关。③严格地说，大气效应包含大气自身的热辐射作用，只是大气长波辐射与短波辐射的传输机理不同，且更为复杂，因此分别加以论述。

3. 大气校正

遥感所利用的各种辐射能(这里主要指太阳短波辐射能)均要与地球大气层发生相互作用，或散射、或吸收，而使能量衰减，并使光谱分布发生变化。大气的衰减作用对不同波长的光是有选择性的，因而大气对不同波段的图像的影响是不同的。另外，太阳—目标—遥感器之间的几何关系不同，则所穿越的大气路径长度不同，使图像中不同地区地物的像元灰度值所受大气影响程度不同，且同一地物的像元灰度值在不同获取时间所受大气影响程度也不同。这对于大扫描角度遥感数据尤为明显。消除大气对遥感信号影响的处理，称为大气校正，或大气纠正。大气校正是遥感影像辐射校正的主要内容，是获得地表真实信息必不可少的一步，对定量遥感尤为重要。当然，在有些图像分类、专题提取、变化检测等遥感应用研究中，往往大气校正并非必要。

目前，国内外已提出了不少大气校正模型与方法，大致可以归纳为以下几种。

1）基于图像特征模型

此类大气校正方法，通过简单的假设（假设整幅图像的大气散射影响均一），不需要进行实际地面光谱及大气环境参数的测量，而仅利用遥感图像自身的信息对遥感数据进行“标定”。

A. 暗目标法（dark-object subtraction method，DOS）（或“零反射地表假设”）

暗目标法假设待校正的遥感图像上存在暗目标（反射率为 0 或者非常小）区域。例如，把图像中“清水”当做暗目标，假设“清水”的反射率为 0（$L_G=0$），则遥感器接收到的“清水”辐射（L）全部来自大气，将水体的像元值直接取代大气程辐射（L_p），便可将遥感图像中来自地表的辐射和来自大气的辐射分离。若图像中无“清水”，也可把“浓密植被”当做暗目标，其红、蓝波段的反射率很低（或为 0），并与中红外波段的反射率有相关性（近似固定的比率），则可大大简化大气校正模型。例如，DDV 法假设浓密植物在 Landsat 蓝波段 TM1 和红光波段 TM3 是黑体，TM7（2.2μm）对多数气溶胶是透明的，则 TM7 表面反射和大气层顶部（TOA）的表面反射相等[9]；再如，MODIS-7 波段（2.1μm）气溶胶的影响可忽略不计，且第 3 波段（0.47μm）、第 1 波段（0.66μm）的反射率分别是第 7 波段的 1/2 和 1/4，由此可推断出逐个像元的反射率，并进一步反演气溶胶光学厚度。

B. 直方图调整

直方图调整又称简单的大气散射补偿法，即全图像像元亮度值减去一个辐射偏置量，该值或是图像直方图的最小亮度值，或是直方图的开端与非零辐射值的第一个 0.01%之间的距离，将该辐射偏置值作为该图像的程辐射值。

以一幅图像的直方图为基础，使原图像的灰度（亮度值）分布与参考图像的灰度分布情况相近（即转换一幅图像的直方图，使其和另一幅图像的直方图形状相似，称之为直方图匹配）。从算法设计上是寻找一个灰度级变换函数。一般是建立两个图像均值和方差之间的线性关系，如

$$DN_{corr}=\mu_1+(DN_2-\mu_2)\cdot\sigma_1/\sigma_2 \tag{1.28}$$

式中：DN_{corr} 为校正后图像的亮度值；DN_2 为参考图像的亮度值；μ_1、σ_1 分别为原始图像的均值和方差；μ_2、σ_2 分别为参考图像的均值和方差。

C. 图像波段间的数学变换

如 NDVI、ARVI（大气阻抗植被指数）等，均经亮度值的归一化处理，可部分纠正大气程辐射和因大气路径长度不同而产生的变形差异；内在平均相对反射率模型（IARR），根据整幅图像的光谱平均值对图像归一化处理，再计算每个像元光谱曲线和平均光谱曲线的比值等。

基于图像特征方法往往假设地表为朗伯体、大气水平均一，不同时间、不同波段的图像间存在线性相关等，因此仅适于较小范围，且校正后的图像均存在不同程度的噪声，如暗目标法未考虑透过率的影响，未考虑气溶胶厚度的空间异质性，未考虑观测角度（大气散射是观测角的函数），未考虑暗目标地表的方向反射率，因此不能用于宽视场的图像。

大气校正是相当复杂的。但是，在许多遥感应用中，或者假如有关大气状况的信息不足的情况下，往往并不一定需要绝对的辐射校正，这种基于图像的相对校正，可满足多时相图像数据间的可比性，满足部分应用的需求，但不能满足定量遥感（参数反演等）的要求。

2）地面线性回归经验模型（又称地面同步法）

即获取遥感影像上特定地物的灰度值及其成像时（同步）相应的地面目标反射光谱的测量

值，建立两者之间的线性回归方程式，在此基础上对整幅遥感图像进行辐射灰度纠正。该模型计算简单、适用性强，但需进行实地同步定标点的光谱测量，且对地面定标点的要求较严格。一般定标点（特定地物）选取要求是反射率或温度“不变”的目标，如高温、高反射率的裸露沙地，中温、中反射率的均匀草地，低温、低反射率的水体等；且目标为均匀平坦表面、面积足够大，一般面积大于 1 个像元，2×2 像元为好，但不宜过大；天气条件要求总云量小于 2，风速小于 3m/s，能见度大于 5km。此法未考虑多次散射作用和邻近效应，不适用于混浊大气。

若无地面同步实测数据，可以采用“不变地物”的相对纠正法（invariant-object methods），即假设图像上有若干个（3 个以上）空间明确、光谱辐射稳定的“不变地物”（pseudo-invariant features，PIFs），且对应不同时相、不同波段图像的这些“不变地物”反射率之间存在线性相关，则可以通过求解线性方程组得到大气参数，进而达到整幅图像大气校正的目的。需要注意的是，为了避免方程的相关性，需要选择高、中、低反射率的“不变地物”。该方法假设整幅图像的大气状况相同，图像的观测角也相似，适用于多时相序列影像的标准化校正（参看第 9 章“变化检测”的辐射纠正）。

3）大气辐射传输理论模型

大气辐射传输方程是描述电磁波在大气散射、吸收、发射等过程中传输的基本方程。电磁辐射能量在大气辐射传输过程中产生的正、负变化，可以分别表示为如下[10]。

A. 大气吸收与散射的消光作用（能量减少）——大气衰减效应

$$\mathrm{d}I = -\rho \cdot k \cdot I \cdot \mathrm{d}s \tag{1.29}$$

式中：$\mathrm{d}I$ 为辐射亮度的变化部分（能量的变化量）；I 为入射辐射亮度；ρ 为吸收/散射物质的密度；k 为消光系数（即衰减系数），包括吸收系数与散射系数之和；$\mathrm{d}s$ 为光路长。

B. 大气热辐射作用（能量增加）

$$\mathrm{d}I = +\rho \cdot j \cdot \mathrm{d}s = +\rho^2 \cdot B(T) \cdot \mathrm{d}s \tag{1.30}$$

式中：B 为普朗克函数；ρ 为吸收物质密度；T 为大气的热力学温度（K）；j 为发射系数，$j=\rho \cdot B(T)$。

C. 天空散射作用，使非目标物能量被接收（能量增加）——大气程辐射效应

$$\mathrm{d}I = +\omega_0 \frac{k}{4\pi} \rho^2 \cdot \mathrm{d}s \int_0^{4\pi} P(\Omega, \Omega') I(\Omega') \mathrm{d}\Omega' \tag{1.31}$$

式中：ω_0 为单次散射反照率；ρ 为散射物质密度；P 为散射相位函数（描述散射场角分布的散射相函数）；Ω 为入射方向立体角；Ω' 为散射方向立体角；k 为消光系数。

实际上，这里的大气程辐射效应包括了大气对太阳的单次（后向）散射及与目标相互作用的多次散射。对于可见光与近红外波段，大气程辐射项主要来源于大气对太阳辐射的多次散射；对于热红外波段，多次散射可以忽略不计；对于中红外波段，则既需要考虑地表与大气自身的发射，同时又要考虑大气的多次散射作用，更为复杂（暂不讨论）。大气程辐射是波长 λ、大气路径 x、光学厚度 kx、入射和观测角度、大气状况（散射体大小）的函数。

归纳式（1.29）～式（1.31），可得

$$\frac{\mathrm{d}I}{\mathrm{d}s} = \rho^2 B(T) + \omega_0 \frac{k}{4\pi} \rho^2 \int_0^{4\pi} P(\Omega, \Omega') \cdot I(\Omega') \cdot \mathrm{d}\Omega' - \rho \cdot k \cdot I \tag{1.32}$$

大气辐射传输模型能较合理地描述大气散射、大气吸收、发射等过程。通常可以从大气辐射传输方程中，反演出被探测参数的数值或沿路径的分布。若大气状态已知（消光、发射可计算的话），就可求出地表状态（垂直地面的辐射亮度）；若已知地面状态，则可求出大气状态。但

是，它需要对一系列的大气环境参数(如大气光学厚度、温度、气压、湿度、大气分布状况等)进行测量，且校正模式的准确性决定于输入的大气参数的准确性。

由于大气参数的随机性和非均匀分布，尤其是在大气散射中起决定作用的气溶胶含量，以及在大气吸收中起决定作用的水汽含量这两个关键参数时空变化很大，给大气参数的精确测定与计算增加了难度。目前，大气校正中大气参数的获取途径有：通过大气垂直探测器(TOVS 等)专门采集大气参数(如大气水汽、温度、气压的垂直分布等)，其反演的大气温度垂直廓线误差小于+2.0K、大气水汽垂直廓线误差小于+20%[11]；通过地面气象台站、空中气球的仪器测量来确定部分大气参数；用不同的标准大气模型(如“中纬度夏季模型”)、气溶胶模型(由长期实验数据积累和理论研究归纳而成)；借助大气辐射传输方程来推算大气参数(如 τ、L_p、气溶胶光学厚度)[12,13]等。为了提高大气参数的测定精度，还设计和发射了一系列有针对性、专门采集大气参数的遥感器。

在遥感实际应用中，大气辐射传输模型常需要被简化，如假设大气是水平均匀的、假设地面为朗伯面(完全漫反射)、排除云的存在、运用各种条件下的标准大气模式及大气气溶胶模式(由长期实验数据积累和理论研究归纳而成)等。一旦模式确定，将大气参数(大气模型、气溶胶模型)输入到大气辐射传输方程中，便可计算一些重要的大气校正参数(如大气透过率、大气程辐射等)，再通过计算每个像元的反射值，以完成对整幅图像的大气校正。

目前国内外学者已发展了多种不同类型的大气辐射传输模型，如 RADFIELD 模型 MODTRAN 模型系列、6S 模型系列等。下面通过对应用最广的 6S、MODTRAN 大气辐射传输模型的简单介绍来说明大气校正的具体过程。

6S 大气校正模型[14]适用于可见光—短波红外(波长 0.25～4μm)范畴。它对不同情况下(不同遥感器、不同地面状况)太阳光在太阳—地面目标—遥感器整个传输路径中所受到的大气影响进行了描述，考虑了地气之间的多次散射和地面二向反射特性，能够将大气层顶的光谱反射率直接转换为地表反射率。在基于地面 BRDF(二向性反射率分布函数，详见本章“电磁波与地表的相互作用”的“方向反射”一节)的大气校正算法中，大气层顶部的可见光与近红外波段反射率可表示为：

$$\rho_{\text{toa}} = \rho_0 + T_g \Big\{ e^{-\tau/\mu_v} e^{-\tau/\mu_s} \rho_s + e^{-\tau/\mu_v} t_d(\mu_s) \overline{\rho} + e^{-\tau/\mu_v} t_d(\mu_v) \overline{\rho}' + t_d(\mu_s) t_d(\mu_v) \overline{\overline{\rho}} + \frac{[e^{-\tau/\mu_s} + t_d(\mu_s)][e^{-\tau/\mu_v} + t_d(\mu_v)] S (\overline{\overline{\rho}})^2}{1 - S\overline{\overline{\rho}}} \Big\} \tag{1.33}$$

式中：ρ_{toa} 为遥感器在大气层顶部观测到的反射率；ρ_0 为大气程辐射反射率；ρ_s 为地面目标反射率；S 为大气底层向下的半球反射率；μ_s 为太阳天顶角的余弦值；μ_v 为卫星天顶角的余弦值；$e^{-\tau/\mu_s}$ 和 $t_d(\mu_s)$ 分别为太阳直射光和大气漫射光到达地面的大气透过率；$e^{-\tau/\mu_v}$ 和 $t_d(\mu_v)$ 分别为观测方向地面反射直达遥感器和经大气漫射光到达遥感器的大气透过率；τ 为大气光学厚度；$\overline{\rho}$、$\overline{\rho}'$、$\overline{\overline{\rho}}$ 分别为大气散射到地面的半球反射率、经地面散射到大气的地面半球反射率和经大气与地面两次散射后的地面半球反射率，它们依赖于大气光学参数和地表反射特性；T_g 为大气中 O_3、H_2O 等气体对可见光、近红外波段的吸收率。

从式(1.33)可见，要求解地面反射率 ρ_s，必须要得到一系列中间计算结果。其中地面目标对遥感器在大气层顶部(TOA)接受到信号的贡献可分解为以下 4 个部分(图 1.11)。

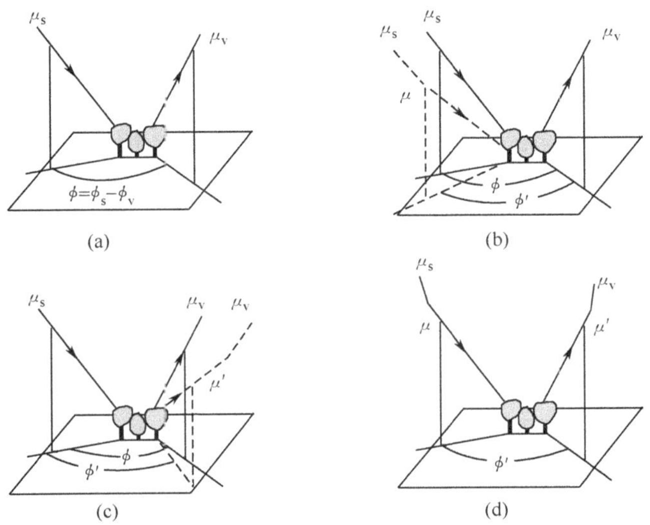

图 1.11 地-气相互作用示意图[15]

(1) 光线直接入射到地面并经地面直接反射到遥感器的部分 $e^{-\tau/\mu_v}\rho_s e^{-\tau/\mu_s}$。

(2) 光线经大气散射到达地面并经地面直接反射到遥感器的部分 $t_d(\mu_s)\overline{\rho}\,e^{-\tau/\mu_v}$。

(3) 光线直接入射到地面并经地面反射和大气散射到遥感器的部分 $e^{-\tau/\mu_v}\overline{\rho}'t_d(\mu_v)$。

(4) 光线经大气散射到地面，并经地面反射和大气散射到遥感器的部分，以及地面与大气经多次相互散射到达遥感器的部分，即

$$t_d(\mu_s)t_d(\mu_v)\overline{\overline{\rho}}+\frac{[e^{-\tau/\mu_s}+t_d(\mu_s)][e^{-\tau/\mu_v}+t_d(\mu_v)]S(\overline{\overline{\rho}})^2}{1-S\overline{\overline{\rho}}}$$

这 4 个不同的辐射传输过程，能较好地解决大气-地面的耦合效应。4 部分之和表示了地面目标对遥感器信号的总贡献。式(1.33)中，$e^{-\tau/\mu_s}$、$t_d(\mu_s)$、$e^{-\tau/\mu_v}$、$t_d(\mu_v)$、S 这 5 个参数只与大气条件有关，而与具体的每个像元无关；$\overline{\rho}$、$\overline{\rho}'$、$\overline{\overline{\rho}}$ 则与具体的像元有关，对于每个像元都有对应的这 3 个值需要记录，它们在 6S 软件中由输入的 BRDF 值计算出来；另两个参数 T_g、ρ_0 也与像元无关，而只与大气条件有关。获得以上这些参数就可求得 ρ_s。

考虑到土地覆盖类型的变化，胡宝新等[16]为了提高实际观测值的权重，将式(1.33)改为

$$\begin{aligned}\rho_{toa}=&\rho_0+T_g\Big\{e^{-\tau/\mu_v}e^{-\tau/\mu_s}\rho_s\\&+\rho_s\Big[e^{-\tau/\mu_v}t_d(\mu_s)\overline{\rho}^*+e^{-\tau/\mu_v}t_d(\mu_v)\overline{\rho}'^*+t_d(\mu_s)t_d(\mu_v)\overline{\overline{\rho}}^*\\&+\rho_s\frac{(e^{-\tau/\mu_s}+t_d(\mu_s))(e^{-\tau/\mu_v}+t_d(\mu_v))S(\overline{\overline{\rho}}^*)^2}{1-S\overline{\overline{\rho}}}\Big]\Big\}\end{aligned}\tag{1.34}$$

式中：$\overline{\rho}^*=\dfrac{\overline{\rho}}{\rho_s^m}$，$\overline{\rho}'^*=\dfrac{\overline{\rho}'}{\rho_s^m}$，$\overline{\overline{\rho}}^*=\dfrac{\overline{\overline{\rho}}}{\rho_s^m}$。

在此，ρ_s^m 是一个预测的地面反射率值，由上一步反演的 BRDF 模型推算求得。式(1.34)是一个一元二次方程，在得到式(1.33)中的参数与 ρ_s^m 后，则可解出 ρ_s 值。当地面假定为朗伯体时，$\overline{\rho}^*=\overline{\rho}'^*=\overline{\overline{\rho}}^*=1$，$\overline{\overline{\rho}}=\rho_s$，方程(1.34)可改为

$$\rho_{toa}=\rho_0+T_g\left[\rho_s\frac{(e^{-\tau/\mu_s}+t_d(\mu_s))(e^{-\tau/\mu_v}+t_d(\mu_v))}{1-S\rho_s}\right]\tag{1.35}$$

式(1.35)中的 ρ_s 在 6S 软件中可以通过基于朗伯体地面的大气校正反演模式来获得。

在 6S 大气校正软件中需要输入的主要参数有以下几个。

- 几何参数(用以计算太阳和遥感器的位置),包括太阳天顶角、卫星天顶角、太阳方位角、卫星方位角,也可以输入卫星轨道与时间参数来替代。
- 大气组分参数,包括水汽、灰尘颗粒度等参数。若缺乏精确的实况数据,可以根据卫星数据的地理位置和时间,选用 6S 提供的标准模型(如热带、中纬度夏天、中纬度冬天、副寒带夏天、副寒带冬天、美国标准模型等)的标准大气组分来替代。
- 气溶胶组分参数,包括水分含量以及烟尘、灰尘等在空气中的百分比等参数。若缺乏精确的实况数据,可以选用 6S 提供的标准模型(如大陆、海洋、城市、有机体燃烧、同温层等模式)的标准大气的气溶胶组分来替代。
- 气溶胶的大气路径长度,一般可用当地的能见度参数表示。
- 被观测目标的海拔高度及遥感器高度。
- 光谱条件,可以直接输入光谱波段范围,也可以将遥感器波段作为输入条件。
- 其他参数。

若是基于朗伯体大气校正,则采用式(1.35)直接输入像元的光谱值可得到经过朗伯体大气校正后的地面反射率;若是基于 BRDF 大气校正,在选择了二向性反射模型(如 Ambrals、Rahman 模型等)后,则需要输入像元所对应的模型参数值,并将反演的模型参数与其他大气参数(地-气耦合因子、大气透过率、大气吸收率等)一起作为输入,通过 6S 大气校正模型软件经过迭代计算,最终得到基于 BRDF 的大气校正图像,推算出相应的方向反射率与反照率[16,17]。

MODTRAN 大气辐射传输模型适用于可见光—热红外(波长0.25～10 000μm)范畴,考虑了几种典型地物的二向反射特性,采用的是正演方法,即已知地面信息来获得遥感器所接收到的辐射信息。在假设地表为朗伯体、大气为各向同性的条件下,大气层顶部(TOA)的光谱辐射亮度 $L(\mu_v)$ 可由式(1.36)表达[18]为

$$L(\mu_v)=L_p(\mu_v)+\rho_s/(1-\rho_s S)\mu_s F_0\tau(\mu_s)\tau(\mu_v) \tag{1.36}$$

式中:$L_p(\mu_v)$ 为大气程辐射;ρ_s 为地表反射率;S 是大气层底向下的大气半球反射率;F_0 为大气层顶的辐射通量密度;$\tau(\mu)$ 为从地表到传感器或到太阳的大气透过率;μ_s、μ_v 分别为太阳天顶角和卫星天顶角的余弦,设 $F=\mu_s F_0\tau(\mu_s)\tau(\mu_v)$。

MODTRAN 4 模型提供了光谱透射比、热辐射率、光谱辐射亮度和光谱辐射照度四类光谱模式,“热带”、“中纬度夏天”、“中纬度冬天”、“标准大气模式”等 7 种不同大气组分模式,水平、垂直、倾斜 3 种大气光学路径,其他输入参数与 6S 软件相仿。模型考虑了地面二向反射特性,引入多种 BRDF 模型,使地表特征的参数化输入成为可能,提高了计算精度。

MODTRAN 大气校正基本步骤[19]:①选用光谱辐射亮度模式,输入三个地表反射率值 ρ_s 及一系列相关参量,运行 MODTRAN 程序后,得到某一特定大气条件下的三个相应的大气层顶(TOA)光谱辐射亮度值 $L(\mu_v)$;②将三组 ρ_s、$L(\mu_v)$ 代入大气传输方程[式(1.36)],可以得到一组 L_p、S、F 值;③对短波而言,假设大气条件的变化主要依赖于气溶胶光学厚度(能见度 V_0)的变化,则调整能见度,以确定多组 L_p、S、F 值,建立相应的查找表(LUT);并查找与地表值对应像元最为接近的大气层顶光谱辐射亮度值及其所对应的一组 L_p、S、F 值(即某一特定大气条件下);④根据选取的大气传输方程和某一具体大气条件,代入式:$\rho_s=(L-L_p)/[F+(L-L_p)\times S]$,求解相关的大气参数(如 τ、L_p 等);最终完成整幅图像的大气校正。

6S、MODTRAN 大气辐射传输模型在描述非均一地表的空间分布特性、方向反射特性、

邻近效应对大气的影响方面尚显不足。由于大气、地表之间的多次散射(即交叉辐射),使邻近像元的辐射混入目标像元。因此特别是对于高空间分辨率的图像,不均匀地表的邻近效应往往是不可回避的,一般通过求大气点扩散函数来消除[20]。

1.2.3 电磁波与地表的相互作用

电磁辐射能与地表的相互作用,主要有三种基本的物理过程——反射、吸收、透射。图 1.12 以水体表面为例来说明这个基本过程。依据能量守恒原理,我们可将三者关系描述为:

$$E_{\mathrm{I}}(\lambda) = E_{\mathrm{R}}(\lambda) + E_{\mathrm{A}}(\lambda) + E_{\mathrm{T}}(\lambda) \tag{1.37}$$

式中:E_{I} 为入射能;E_{R} 为反射能;E_{A} 为吸收能;E_{T} 为透射能。它们均是波长的函数。这里能量反射、吸收、透射的比例及每个过程的性质对于不同的地表特征是变化的。这种变化既依赖于地表特征的性质与状态,如物质组成、几何特征、光照角度等,又依赖于波长。因此可以通过不同波谱段地物间的差异来识别地物。

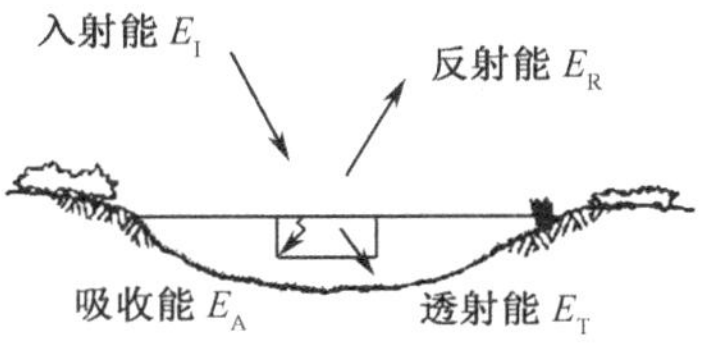

图 1.12 电磁辐射与地表的相互作用[6]

1. 反射(Reflection)

当电磁辐射能到达两种不同介质的分界面时,入射能量的一部分或全部返回原介质的现象,称之为反射。反射的特征可以用反射率表示。反射率 ρ 为反射能与入射能之比。它是波长的函数,又称为光谱反射率 $\rho(\lambda)$,被定义为

$$\rho(\lambda) = \frac{E_{\mathrm{R}}(\lambda)}{E_{\mathrm{I}}(\lambda)} = \frac{\pi L(\lambda)}{E_I(\lambda)} \tag{1.38}$$

式中:$\rho(\lambda)$以百分数表示,其值为 0～1,为无量纲的量;$E(\lambda)$为到达介质表面的入射辐射照度;$L(\lambda)$为介质表面反射的辐射亮度。

影响物体光谱反射率的因素除了波长外,还包括物质类别、组成、结构、入射角、物体的电学性质(电导、介电、磁学性质)及其表面特征(粗糙质、质地)等。因此,对于遥感应用而言,物体的反射性质是揭示目标本质的最有用的信息。地物反射波谱特征的研究,对遥感是十分重要的。这将在第 2 章中作专门讨论。

任一表面的反射特性是由其表面几何形态——粗糙度支配的,而表面粗糙度是相对于入射能的波长而言的,也就是依据表面几何形态与入辐射波长的比例关系而定的。表面粗糙度是入射波长的函数,并与入射角关系密切。

关于表面粗糙度的瑞利判别准则是

$$h \leqslant \lambda / 8\cos\theta \tag{1.39}$$

式中:h 为某一平面以上的高度度量,以波长计;λ 为波长;θ 为入射角。满足以上判别准则的表面为光滑表面;反之,为粗糙表面。这将在微波遥感中进一步加以讨论。

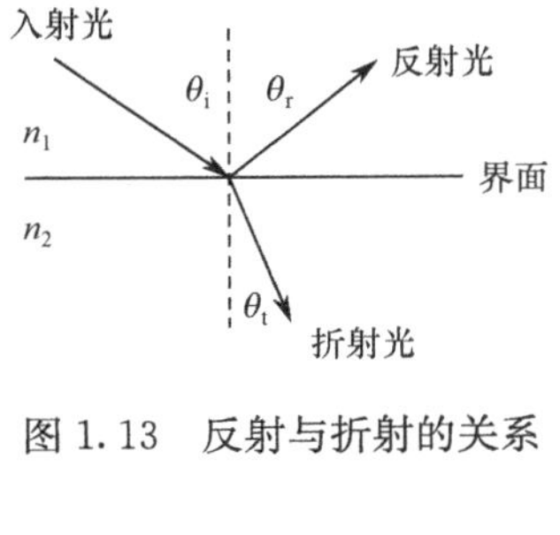

图 1.13 反射与折射的关系

当电磁波到达两种不同介质的分界面时,除了有一部分入射能量被反射外,另一部分能量将偏离原入射方向而进入另一介质中的现象,称为折射。偏离的大小取决于电磁波在这两种介质中的传播速度之比及入射角。折射定律(斯涅耳定律)表征了入射角 θ_{i} 与折射角 θ_{t} 的关系(图 1.13),即

$$n_1 \sin\theta_i = n_2 \sin\theta_t \tag{1.40}$$

式中：n 为折射率。

物体对电磁波的反射可表现为三种形式，如图 1.14 所示。

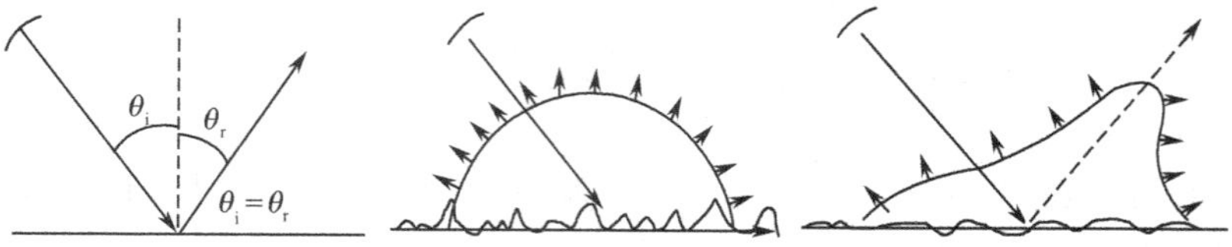

(a) 镜面反射　(b) 漫反射　(c) 方向反射

图 1.14　反射的三种形式

1）镜面反射

当入射能量全部或几乎全部按相反方向反射，且反射角等于入射角，称为镜面反射（specular reflection）。镜面反射分量是相位相干的，且振幅变化小，并有极化（偏振）。假若表面相对于入射波长是光滑的（$\lambda \gg$ 界面粗糙度），则出现镜面反射。对可见光而言，在镜面、光滑金属表面、平静水体表面均可发生镜面反射；而对微波而言，由于波长较长，故马路面也符合镜面反射规律。

2）漫反射

当入射能量在所有方向均匀反射，即入射能量以入射点为中心，在整个半球空间内向四周各向同性的反射能量的现象，称为漫反射（diffuse reflection），又称朗伯（Lambert）反射或各向同性反射。漫反射相位和振幅的变化无规律，且无极化（偏振）。一个完全的漫射体称为朗伯体。若表面相对于入射波长是粗糙的，即当入射波长比地表高度小或比地表组成物质粒度小时，则表面发生漫反射。对可见光而言，土石路面、均一的草地表面均属漫射体。

漫反射面按朗伯余弦定律反射。朗伯余弦定律的表达式为

$$I(\theta) = I_0 \cdot \cos\theta \tag{1.41}$$

式中：θ 为观测方向与法线的夹角；$I(\theta)$ 为 θ 方向的辐射强度；I_0 为法线方向的辐射强度。也就是说，若辐射亮度 L（面辐射）在 2π 空间上各向同性（朗伯反射），则辐射强度 I（点辐射）在 2π 空间中的变化服从于朗伯余弦定律，即单位辐射面积发出的辐射能，落到空间不同单位立体角内的能量的数值不等，其值正比于该方向与辐射面法线方向夹角的余弦。

3）方向反射

朗伯体表面实际上是一个理想化的表面。它被假定为介质是均匀的、各向同性的，并在遥感中多用以作为近似的自然表面。但事实上，自然界大多数地表既不完全是粗糙的朗伯表面，也不完全是光滑的“镜面”，而是介于两者之间的非朗伯表面（非均一，各向异性）。其反射并非各向同性，而具有明显的方向性，即方向反射（directional reflection）。镜面反射可以认为是方向反射的一个特例。

方向反射率是指对入射和反射方向严格定义的反射率，即特定反射能量与其面上的特定入射能量之比。入射和反射方向的确定方法分别有微小立体角、任意立体角、半球全方向等 3 种。当入射、反射均为微小立体角时称为二向性反射（或双向反射）。二向性反射是自然界中物体表面反射的基本宏观现象。物体表面二向性反射现象的存在，使物体表面对太阳入射的

反射具有方向性，且这种方向性还随着太阳入射角及观测角度的变化而有明显的差异，特别是在热点方向(即观测方向与太阳入射方向一致时所对应的点)和入射方向的反方向的反射信号明显增强。这种差异不仅与两种角度有关，还随物体空间结构要素的变化而变化。

为了描述这种二向性反射现象，Nicodemus (1977) 给出了二向性反射率分布函数 BRDF (bidirectional reflectance distribution function)这一描述表面反射特性空间分布的基本参数。它被定义为[21]

$$\mathrm{BRDF}(\theta,\phi_i;\theta_r,\phi_r)=\frac{\mathrm{d}L(\Omega_r)}{\mathrm{d}E(\Omega_i)}=\frac{\mathrm{d}L(\theta_r,\phi_r)}{\mathrm{d}E(\theta_i,\phi_i)} \tag{1.42}$$

式中：θ_i 表示入射辐射天顶角；ϕ_i 表示入射辐射方位角；θ_r 表示反射辐射天顶角；ϕ_r 表示反射辐射方位角；Ω_i、Ω_r 分别表示在入射和反射方向上的两个微小立体角；$\mathrm{d}E(\Omega_i)$表示在一个微小面积元 $\mathrm{d}A$ 上，特定入射光(θ_i,ϕ_i)的辐照度(入射的辐射通量)，单位为 $\mathrm{W/m^2}$；$\mathrm{d}L(\Omega_r)$表示在一个微小面积元 $\mathrm{d}A$ 上，特定反射光(θ_r,ϕ_r)的辐亮度(反射的辐射通量)，单位为 $\mathrm{W/(m^2\cdot sr)}$。其中 BRDF 的单位为1/sr。BRDF、$\mathrm{d}E(\Omega_i)$、$\mathrm{d}L(\Omega_r)$均为波长的函数。

BRDF 的物理意义是：来自入射$\bar{i}$方向(其天顶角为 θ_i，方位角为 ϕ_i)地表辐照度的微增量与其所引起的观测$\bar{r}$方向(其天顶角为 θ_r，方位角为 ϕ_r)上反射辐射亮度增量之间的比值[20]。图 1.15 显示了二向性反射现象的图解以及各参量的含义。

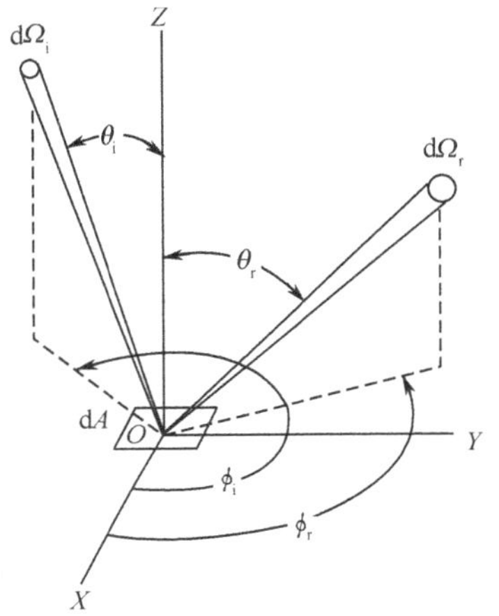

图 1.15　二向性反射(BRDF)图解[22]

BRDF 也可表达为在给定方向上每单位立体角内的反射率(即双向反射率)，即

$$\rho_{b,\lambda}(\theta_s,\phi_s,\theta_v,\phi_v)=\mathrm{BRDF}=\frac{L_\lambda(\theta_v,\phi_v)}{E_\lambda(\theta_s,\phi_s)}\mathrm{sr}^{-1} \tag{1.43}$$

BRDF 是入射、反射两个方向的函数，而空间的每一方向需要两个变量(θ 和 ϕ)来表征。为了简洁表达“二向因子”，则以一个矢量形式表达 2π 立体角中某一 θ 天顶角、ϕ 方位角所示方向，即 i 表示为入射方向(θ_i,ϕ_i)的矢量；r 表示为反射方向(θ_r,ϕ_r)的矢量。则 BRDF 模型可概念地表示为

$$\mathrm{BRDF}(i,r,\lambda)=f[i,r,\rho(\lambda),s] \tag{1.44}$$

式中：λ 为波段(或波长)；s 为描述空间结构的参数集合；$\rho(\lambda)$为组分材料波谱特征，它往往为遥感像元内几种材料波谱构成的矢量。

可见，BRDF 只取决于地物本身[波谱特征 $\rho(\lambda)$、空间结构 s]、两个方向的变量(i,r)以及入射辐射通量空间分布函数。BRDF 虽能较好地描述非朗伯体表面反射特性的空间变化特征，但很难测量。这是因为，BRDF 是两个方向——θ_i、ϕ_i、θ_r、ϕ_r 以及波长 λ 五个变量的函数，在 2π 空间中无论是入射还是反射均有无穷多个方向。严格地说，要完整地表达一个物体的非朗伯体特性需要有无穷多个测量数据，而这组无穷多个测量数据仅与一个具体对象相联系。例如，对某一棵树的 BRDF 测量结果一般不同于对另一棵树的测量结果[20]。因而，往往采用另一种描写表面二向反射特性的物理量——二向反射率因子(BRF)来替代。它被定义为：在一定的辐照和观测条件下，目标的反射辐射通量 L_T 与处于同一辐照和观测条件的标准参考面(理想朗伯反射面)的反射辐射通量 L_p 之比。即

$$\mathrm{BRF}=\frac{\mathrm{d}L_{\mathrm{T}}(\theta,\varphi,\lambda)}{\mathrm{d}L_{\mathrm{P}}(\theta,\varphi,\lambda)} \tag{1.45}$$

BRF 较易被测量，且在一定假定条件还可与 BRDF 联系。当 Ω_i 与 Ω_r 均趋于无穷小时，则在数值上 BRF 为 BRDF 的 π 倍，即

$$\mathrm{BRF}=\frac{\mathrm{d}L_{\mathrm{T}}}{\mathrm{d}L_{\mathrm{P}}}=\frac{\mathrm{d}L_{\mathrm{T}}}{\mathrm{d}E/\pi}=\pi(\mathrm{BRDF}) \tag{1.46}$$

这为测定目标物的 BRDF 值提供了一条现实可行的通道。

既然，BRDF 包含有地物本身——波谱特征 $\rho(\lambda)$、空间结构 s 的信息。那么，人们可以通过 BRDF 模型（前向模型）以及参数反演模型（反向模型），从多角度遥感数据中，反演、分离、提取地表物理参数[$\rho(\lambda)$]和空间结构参数(s)，如地表方向反射率、地表反照率、地表粗糙度、植被覆盖度以及植冠的叶面指数、叶面倾角分布等。此外，在给定入射光(θ_i，ϕ_i)和观测方向(θ_r，ϕ_r)的条件下，由于地物的空间结构信息对于不同波段的电磁波具有相同的特性，因而地物结构参数往往可以成为多波段遥感信息与多角度遥感信息之间相联系的纽带，是定量遥感必须研究的重要参数。

为了进一步研究二向性反射过程，国内外学者发展了一系列 BRDF 模型，并着重研究了植物冠层的 BRDF 模型。这些研究涉及多方面内容，是遥感前沿性的基础研究，许多问题还有待于深入探讨。在这里我们主要说明方向反射的概念及在多角度定量遥感研究中的重要性，进一步的论述请参看第 10 章“定量遥感”的有关内容。

4) 反照率

反射的特征也可表示为反照率(albedo)，又称半球反射率，被定义为目标物向各个方向反射的全部辐射能量 M 与入射的总辐射能量 E 之比，常用 α 表示为

$$\alpha=M/E \tag{1.47}$$

地表反照率 α 指以太阳光作为入射光的地表半球反射率，它可以看做是地表反射各方向的积分。地表反照率是地表能量平衡中的一个重要参数，可以通过遥感所提供的辐射亮度值 L 或反射率 ρ、二向反射率分布函数 BRDF 来反演获得。

在具体应用中，根据入射能的照射方式及反射能的测定方式，地表反射率（或反照率）又可进一步划分为：①方向-半球反射率(directional hemispherical reflectance，DHR)，指以太阳直射光作为入射光的地表半球反射率，也称直入扇出反照率；在 MODIS 产品中被称为黑空(black-sky)反照率；②双半球反射率(bihemispherical reflectance，BHR)指以太阳直射光和天空散射光作为入射光的地表半球反射率，也称扇入扇出反照率；在 MODIS 产品中被称为白空(white-sky)反照率；③半球-方向反射率(hemispherical directional reflectance，HDR)指以太阳直射光和天空散射光作为入射光的地表方向反射率。

有了二向反射率分布函数 BRDF，对应一定光线入射方向，把观测方向的二向反射函数 BRDF 进行半球空间的积分，就得所谓的“直入扇出反照率”，即方向-半球反射率。天空晴朗无云时，直入扇出反照率可近似为地表的真实反照率。若把直入扇出反照率在光线入射方向进行半球空间积分，则得“扇入扇出反照率”，即双半球反照率。阴天或天空光均匀时，地表的反照率可近似用扇入扇出反照率来描述。“地表反照率的反演”参见第 14 章的有关内容。

2. 透射(Transmission)

当电磁波入射到两种介质的分界面时，部分入射能穿越两介质的分界面的现象，称为透

射。透射的能量穿越介质时，往往部分被介质吸收并转换成热能再发射。这将在第 4 章"热红外遥感"中加以讨论。

介质透射能量的能力，用透射率 τ 来表示。它被定义为透过物体的电磁波强度（透射能）与入射能量之比。对同一物体，透射率是波长的函数。

对于摄影遥感系统，胶片和滤光片的透射率是个十分关键的参数。自然界中，人们最熟悉的是水体的透射能力。这是因为人们可以直接观察到可见光谱段辐射能的透射现象。然而，可见光以外的透射，虽人眼看不见，但它是客观存在的，如植物叶子对可见光辐射是不透明的，但它能透射一定量的红外辐射。微波的透射能力强，它与地面的相互作用常表现为体散射，这将在第 5 章"微波遥感"中加以讨论。

参考文献

[1] Campbell J B . Introduction to Remote Sensing . New York：The Guilford Press，1987.

[2] 吕斯骅. 遥感物理基础. 北京：商务印书馆，1981.

[3] 李小文，等. 遥感原理与应用. 北京：科学出版社，2008.

[4] 张仁华. 实验遥感模型及地面基础. 北京：科学出版社，1996.

[5] Price J C. Quantitive aspects of remote sensing in the thermal inrared. *In*：Asrar G. Theory of Application of Optical Remote Sensing. New York：John Wiley & Sons，1989.

[6] Lillesand T M，Kiefer R W. Remote Sensing and Image Interpretation (3rd). New York：John Wiley & Sons，1994.

[7] 摄影测量学会. 遥感手册(第一分册). 汤定元，陈宁锵，等译. 北京：国防工业出版社，1979.

[8] Hudson R D. Infrared System Engineering，New York：John Wiley & Sons，1969.

[9] Kaufman Y J，Wald A，Remer L A，et al. The MODIS 2. 1μm channel—correlation with visiblere flectance for use in remote sensing of aerosol. IEEE Trans Geosci Remote Sens，1997，35：1-13.

[10] 遥感研究会. 遥感精解. 刘勇卫，贺雪鸿译. 北京：测绘出版社，1993.

[11] Zhao B L，Zhu Y G，et al. Meteorological satsllite TIROS-N/TOVS remote sensing of atmospheric property and cloude. Advance in Atmospheric Science，1993，10(4)：387-392.

[12] Liang S L，Fang H L，Chen M Z. Atmospheric correction of landsat ETM+ land surface imagery-part Ⅰ：methods IEEE Trans Geosci Remote Sens，2001，39 (11)：2490-2498.

[13] Xue Y，Guo J P，Zhang X Y. Aerosol optical thickness retrieval over non-Lambertian land surface with synergistic use of AATSR radiance measurements and MODIS derived Albedo Model Parameters. Atmospheric Research，2009，93：736-746.

[14] Vermote E F，Tanre D，Deuze J L，et al. Second Simulation of the Satellite Signal in the Solar Spectrum，6S：an overview. IEEE Trans Geosci Remote Sens，1997，35：675-686.

[15] Vermote E F，Tanre D，Deuze J L，et al. Second Simulation of the Satellite Signal in the Solar Spectrum(6s) User Guide Version 01. NASA Goddard Space Flight Center-Code 923 Greenbelt MD 207711. 1994.

[16] 胡宝新，Wanner W，李小文，等. 表面 BRDF 反射率大气校正的敏感度分析. 遥感学报，1997，1(增刊)：191-196.

[17] 龙飞，赵英时. 多角度 NOAA 卫星数据地面 BRDF 反射率的大气校正. 遥感学报，2002，6(3)：173-178.

[18] Berk A，Anderson G P，Acharya P K，et al. MODTRAN User's Manual，Version 4. 1，1999.

[19] Liu Z H，Zhao Y S. Application of MODTRAN and 6S models to atmospheric correction of MODIS image data. Journal of Remote Sensing，2002，6(suppl)：117-122.

[20] 徐希孺. 遥感物理. 北京：北京大学出版社，2005.

[21] Nicodemus F E，Richmond J C，Hsia J J，et al. Geometrical Consideration and Nomenclature for Reflectance，National Burea of Standards Report，1977.

[22] 李小文，王锦地. 植被光学遥感模型与植被结构参数化. 北京：科学出版社，1995.

第2章 遥感数据源

地表目标反射、发射的电磁辐射能经与大气、地表相互作用后,被各种遥感仪器所接收并记录下来。这些记录着地表目标电磁辐射强度与性质变化的遥感数据,直接或间接地提供了许多基本的生物、物理、地学变量和变量组合,如地理位置、地形高度、植被、水体、人工建筑、表面温度、表面湿度、表面粗糙度、土地覆盖度等,成为解释目标性质和现象的很有价值的数据源。

各种遥感系统以主动或被动方式采集数据,在评价和讨论它们各自的特点之前,有必要就遥感数据及遥感研究对象的特征作一个概括的论述。

§2.1 遥感数据的特征

遥感技术的发展、遥感采集手段的多样性、观测条件的可控性,确保了所获得的遥感数据的多源性,即多平台、多波段、多视场、多时相、多角度、多极化等。

从这个意义上可以认为遥感数据是"多维的",这种多维性可以通过不同的分辨率和特性来度量和描述。

2.1.1 空间分辨率与空间特征

1. 空间分辨率(Spatial Resolution)

遥感器可以放置在太空站、轨道卫星、航天飞机、航空飞机、高塔、遥感车等不同的遥感平台上。这些不同平台的高度、运行速度、观察范围、图像分辨率、应用目的等均不相同,它们构成了一个对地球表面观测的立体观测系统。

遥感数据的空间特征主要依据地面分辨率或空间分辨率来描述。前者是针对地面而言,指可以识别的最小地面距离或最小目标物的大小。后者是针对遥感器或图像而言的,指图像上能够详细区分的最小单元的尺寸或大小,或指遥感器区分两个目标的最小角度或线性距离的度量。它们均反映对两个非常靠近的目标物的识别、区分能力,有时也称分辨力或解像力。一般可有三种表示法[1]。

(1) 像元(pixel)。指单个像元所对应的地面面积大小,单位为m或km。例如,美国QuickBird商业卫星一个像元相当地面面积0.61m×0.61m,其空间分辨率为0.61m;Landsat/TM一个像元相当地面面积28.5m×28.5m,简称空间分辨率30m;NOAA/AVHRR一个像元约相当地面面积1100m×1100m,简称空间分辨率1.1km(或1km)。像元是扫描影像的基本单元,是成像过程中或用计算机处理时的基本采样点,由亮度值表示。

对于光电扫描成像系统,像元在扫描线方向的尺寸大小取决于系统几何光学特征的测定,而飞行方向的尺寸大小取决于探测器连续电信号的采样速率。

(2) 线对数(line pairs)。对于摄影系统而言,影像最小单元常通过1mm间隔内包含的线对数确定，单位为线对/mm。所谓线对指一对同等大小的明暗条纹或规则间隔的明暗条对。

(3) 瞬时视场(IFOV)。指遥感器内单个探测元件的受光角度或观测视野，单位为毫弧度(mrad)。IFOV越小，最小可分辨单元(可分像素)越小，空间分辨率越高。IFOV取决于遥感器光学系统和探测器的大小。一个瞬时视场内的信息，表示一个像元。

这三种表示方法意义相仿，只是考虑问题的角度不同，它们可以相互转换。例如，若IFOV为2.5mrad时，从1000m高度上拍摄的图像的地面投影单元的大小为2.5m×2.5m。事实上，空间分辨率所表示的尺寸、大小，在图像上是离散的、独立的，是可以识别的。它反映了图像的空间详细程度，而这种空间详细程度受到选择的遥感器、记录图像的高度等因素的影响。

一般说来，遥感系统的空间分辨率越高，其识别物体的能力越强。但是，实际上每一目标在图像的可分辨程度不完全决定于空间分辨率的具体值，而是和目标的形状、大小，以及它与周围物体亮度、结构的相对差异有关。例如，Landsat/MSS的空间分辨率为80m，但是宽度仅15～20m的铁路甚至仅10m宽的公路，当它们通过沙漠、水域、草原、农作区等背景光谱较单调或与道路光谱差异大的地区，往往清晰可辨。这是因为它独特的形状和较单一的背景值所致。可见，空间分辨率的大小仅表明影像细节的可见程度，但真正的识别效果，还要考虑环境背景复杂性等因素的影响。

设计成像遥感系统时，选择空间分辨率是必须考虑的重点。例如，空间分辨率1km的MODIS数据可以用于分析农、林、牧等信息类别；而Landsat/TM空间分辨率30m的数据可以对上述的林地的子类别，如针叶林、阔叶林、混交林等进行分析。

2. 空间特征

遥感图像与所表示的地表景观特征之间有特定的空间关系。这种空间关系是由遥感仪器的设计、特定的观测条件、地形起伏和其他因素决定的。

地面目标是个复杂的多维模型。它有其一定的空间分布特征(位置、形状、大小、相互关系)。从地面原型(一个无限的、连续的多维信息源)，经遥感过程转为遥感信息(一个有限化、离散化的二维平面记录)后，受大气传输效应和遥感器成像特征的影响，这些地面目标的空间特征被部分歪曲，发生变形。

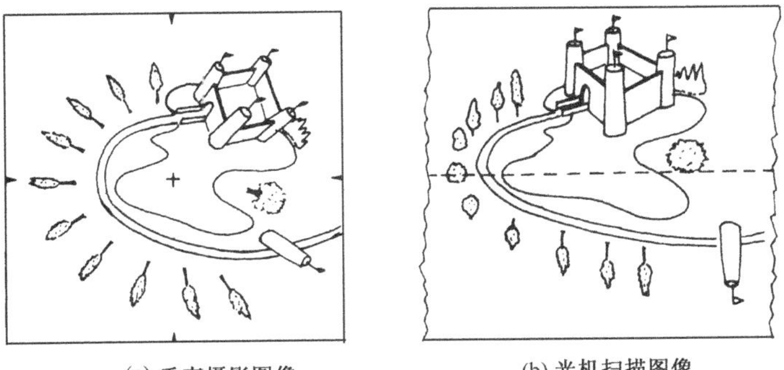

(a) 垂直摄影图像　　(b) 光机扫描图像

图2.1　不同遥感系统图像变形[2]

图2.1显示了摄影图像与扫描图像上像点位移的差别。图2.1(a)为垂直摄影的图像，属地面中心投影，像点位移是从中心点向四周发射状，且越往边缘变形越大；图2.1(b)为扫描图像，属多中心投影。由于扫描仪往返扫描，像点位移主要在与天底线垂直方向上变化，且越往

扫描角边缘变形越大。可见，不同遥感器的几何成像机理不同，图像的几何畸变的性质也不同，与地面目标的几何形态关系也不同，构成了遥感图像不同的空间特性。这种几何畸变是可以通过一定的数学变换加以纠正。有关遥感图像的几何纠正，将在第6章中加以讨论。

遥感数据可以通过遥感图像像元间灰度差异来表征地物位置、大小、形状、空间关系等空间分布特征。遥感数据的空间特征是遥感图像上最直观、最基础的信息，可通过目视解译或数字图像处理，如边缘提取、纹理结构分析等进行识别、提取、处理分析。

2.1.2 光谱分辨率与光谱特征

1. 电磁波谱

电磁波谱是按电磁波在真空中的波长或频率来划分的。它包括从无线电波、微波、红外光、可见光、紫外光、X射线、γ射线、宇宙射线等。波谱段的划分没有明确的物理定义，因而界线并非严格、固定，是一种相互渗透的过渡关系。

不同波长的电磁波产生的方式及与物质的相互作用有很大差异。例如，微波是分子转动引起的；红外光是靠分子振动-转动跃迁辐射引起的；近紫外到近红外的辐射是原子及分子的外层电子能量跃迁所造成的；远紫外与X射线是分子或原子的内层电子跃迁所产生的；γ射线是原子核内状态的变化所造成的。

图2.2显示了电磁辐射能与大气、遥感系统之间的相互关系。图2.2(a)显示太阳辐射和黑体辐射能量的光谱分布；图2.2(b)反映大气效应与大气窗口；图2.2(c)显示遥感系统所利用的波段范围，它必须位于大气窗口内，并对应于相关的电磁辐射能。

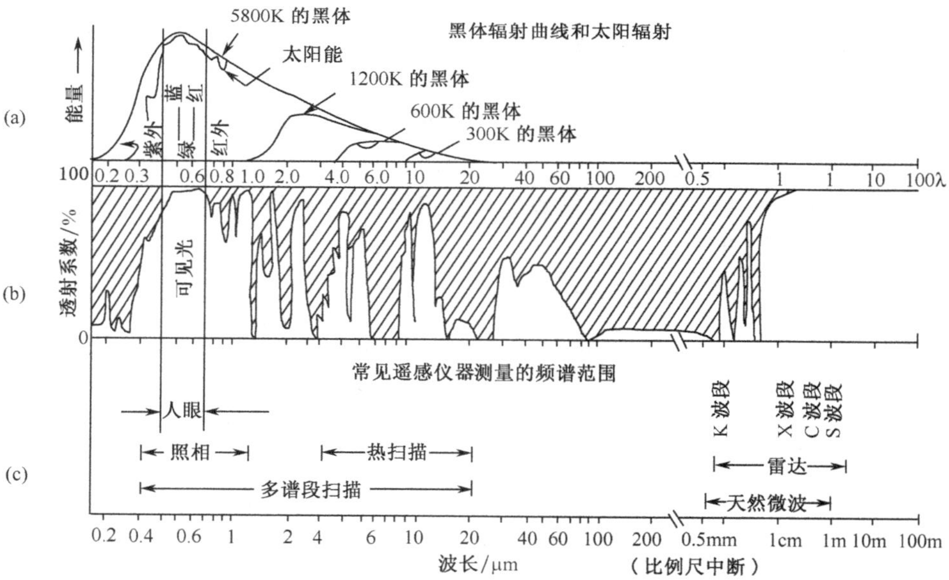

图2.2 遥感系统的电磁波谱范围[2]

遥感所利用的电磁波谱范围主要是紫外UV(0.3～0.38μm)、可见光VIS(0.38～0.76μm)、近红外NIR(0.76～1.3μm)、短波红外SWIR(1.3～3μm)、中红外(3～6μm)、远红外FIR(6～15μm)、微波MW(1mm～1m)。其中，紫外-远红外(0.3～15μm)为光学波段，它又包括紫外-中红外的反射波段(0.3～6μm)以及发射红外波段(3～15μm)。前者，遥感器所接收的能量主要来自太阳辐射与地面物体的反射辐射，这里的紫外-近红外波段（0.3～0.9μm）又称摄影波段，可用之直接摄影成像，只是紫外（UV）容易被大气吸收与散射，遥感用得不多，而短波红外 SWIR（1.3～3μm）实属广义中红外范畴；后者，遥感器所接收的能量主要来自地面物体自身的发射辐射，它直接与热有关，所以又被称为热红外波段。其中，中红外 MIR（3～6μm）反射辐射与发射辐射部分处于同等水平；6.0～8.0μm 由于水汽的强吸收而非大气窗口可用于大气遥感，但地面遥感难以利用。

正因为不同波长的电磁波与物质的相互作用有很大差异。人们设计研制不同谱段（通道）遥感器采集信息。如用发射红外谱段的两个窗口（3～5μm 和 8～14μm）设计热扫描仪等遥感器来探测和感应目标辐射能量的光谱差异；用可见光-红外不同狭窄谱段设计多光谱扫描仪来探测和感应目标反射能量；用微波谱段设计雷达和被动微波系统等。

2. 光谱分辨率

遥感信息的光谱特性，多用光谱分辨率（Spectral Resolution）来描述。光谱分辨率指遥感器所选用的波段数量的多少、各波段的波长位置及波段间隔的大小，即选择的通道数、每个通道的中心波长（遥感器最大光谱响应所对应的波长）、带宽（用最大光谱响应的半宽度来表示），这三个因素共同确定光谱分辨率。光谱波段的中心波长与光谱响应函数的最大值相对应（图 2.3）。狭义的光谱分辨率仅指波段宽度（带宽）。

例如，对于黑/白全色航空像片，照相机用一个综合的宽波段（0.4～0.7μm，波段间隔为0.3μm）记录下整个可见光红、绿、蓝的反射辐射；Landsat/TM 有 7 个波段，能较好地区分同一物体或不同物体在 7 个不同波段的光谱响应特性的差异，如 TM3 用一个较窄的波段（0.63～0.69μm，波段间隔为 0.06μm）记录下红光区内的一个特定范围的反射辐射；而航空可见、红外成像光谱仪 AVIRIS，有 224 个波段（0.4～2.45μm，波段间隔近 10nm），可以捕捉到多种物质特征谱段的微小差异。可见，光谱分辨率越高，专题研究的针对性越强，对物体的识别精度越高，遥感应用分析的效果也就可能越好。但是，面对大量多波段信息以及它所提供的这些微小的差异，人们要直接地将它们与地物特征联系起来，综合解译是比较困难的，而多波段的数据分析，可以改善识别和提取信息特征的概率和精度。

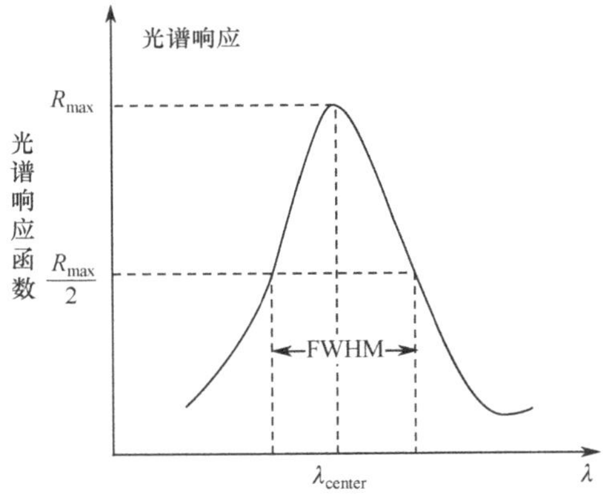

图 2.3　光谱响应曲线[3]

分波段记录的遥感数字图像，可以构成一个多维向量空间，空间的维数就是采用的波段数。例如，选用 3 个波段，构成一个三维特征空间。图像上的一个像元，在各波段上均有一个光谱数值 a_{ij}，b_{ij}，c_{ij}（i、j 分别为该像元的行、列号）。每个像元在各波段的图像数据（亮度值）构成一个多维向量，它们对应于多维空间上的一个点，用 X_{ij} 向量表示[图 2.4(a)]。相同类型的地物则形成空间中的点集，不同类型的地物构成空间上不同的点集[图 2.4(b)]。遥感图像分类、模式识别的实质就是选择有效的判别函数来区分这些不同的点集，也就是把不同类型的目标区别开来。

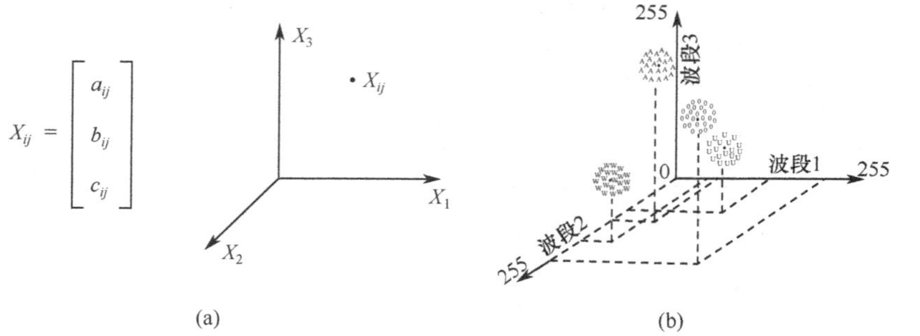

图 2.4　多波段遥感图像数据的空间描述

图 2.5 说明多光谱数据的处理与分析过程[3]。

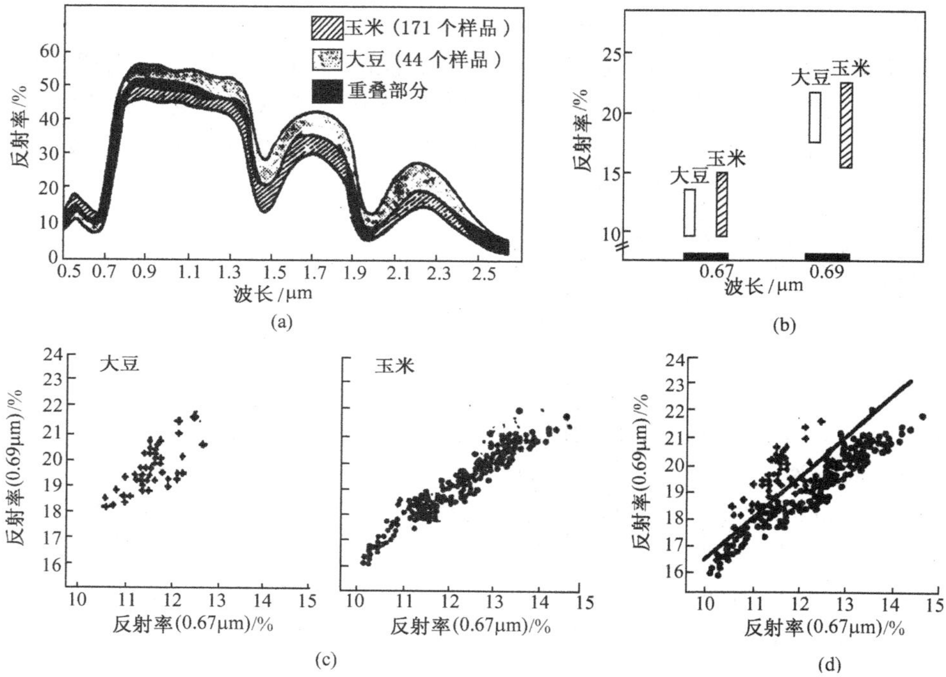

图 2.5　多光谱数据的处理分析[3]

图 2.5(a) 是玉米和大豆叶子反射率的实验室测量结果。由图可见，玉米和大豆的光谱特征十分相似，并有相当部分的重叠。可是，在 1.7μm 区间，两者光谱数值有明显的分离。若利用 1.7μm 区间的光谱数据进行分类时，只需通过一个简单的“密度分割”处理，把反射率大于 37%的数据点作为大豆，小于 37%的数据点作为玉米，便将它们区分开来。这是单波段数据的单变量分析方法。但是在 0.7μm 附近，这两种作物光谱重叠最大，显然用这种简单方法无法区分。

图 2.5(b) 是玉米和大豆在两个波段(0.67μm、0.69μm)的数据分布。两种作物在这两个区间内重叠很大，若将它们各以相应的单波段影像显示，必然十分相似而难以区分。但是，若利用这两个波段数据进行统计分析情况就不同了。尽管它们在各单波段内重叠很大，仅有微弱的差异，还是能够将它们区分开来。

图 2.5(c) 是把这两种作物的数据分别绘制在多变量空间(二维特征空间)中，便能观察到

两者在多维空间的实际分布状况。同一类作物在多维空间中构成空间中的点集。

图 2.5(d) 是将这两组数据绘制在同一个坐标系统中。这样通过多波段数据的多变量处理后，原有的微小差异得到部分增强，则大豆、玉米在二维空间中的点集分别分布在坐标系的偏左上方和中部，只要用一个线性判别函数就可以将它们基本区分开来。这是因为把数据表示在多变量空间内，通过多波段数据的多变量分析处理，能反映这两个波段光谱数据间的内在关系，从而能区分；而前者则是把数据表示在多个单变量空间内，无法表示光谱波段间的这种内在关系，故无法区分。可见，多光谱数据的利用，是进行专题特征提取和定量分析的前提，它大大提高了目标识别与提取能力，提高了遥感应用分析的效果。显然，遥感数据的光谱特征是遥感应用的最基本信息。

这里要说明的是，多波段并非简单得越多越好，而要区别对待。波段分得越细，各波段数据间的相关性可能越大，增加数据的冗余度，往往相邻波段区间内的数据相互交叉、重复，而未必能达到预期的识别效果。同时，波段越多，数据量越大，也给数据传输、处理和鉴别带来新的困难。因而，对于航天遥感，成本比航空遥感高得多，往往要考虑多方受益，要有一定的应用范围，则遥感器光谱分辨率的确定必须要综合考虑多种因素，通过大量实验数据，最后总结归纳而成。如 TM 波段选择，便是美国 NASA 委托密执安环境研究所及普渡大学遥感实验室对 TM 的波段设计和应用效果进行大量的预研究。他们利用美国 289 个试验场进行各种应用目的的遥感模拟飞行试验，较系统地对遥感器最佳波段、空间分辨率、辐射响应等主要参数进行评价，从而保证了 TM 数据的科学性、先进性。

下面的例子也可从理论和实验中证明这一点[3]。这里，我们引入测量复杂度的概念。在多波段情况下，测量复杂度对应于被记录到的亮度级数 m 的 k 次方，其中 k 为波段数。也就是说，所采用的波段数和每个波段内的亮度级数越多，则测量复杂度越高。

在不同先验概率条件下，测量复杂度是测量精度(即平均识别准确度)的度量，而平均识别准确度是测量复杂度的函数[图2.6(a)]。研究结果表明，当不断提高测量复杂度时，平均识别准确度也将随之增高，但是会发生饱和效应。也就是说，在测量复杂度提高到一定程度后，测量复杂度再提高，对测量精度几乎无影响。

上述研究是以可获得无穷多的训练样本进行分类作为前提条件的。那么，当在有限训练样本条件下，研究结果表明，当训练样本一定时，存在着一个最佳的测量复杂度[图 2.6(b)]，也就是说，过多的光谱波段数和每一波段内过多的亮度级数并不能提高预期的分类准确度。可见，关键不在于测量复杂度的不断提高，而在于选择最佳测量复杂度，即找出曲线极大值的位置。

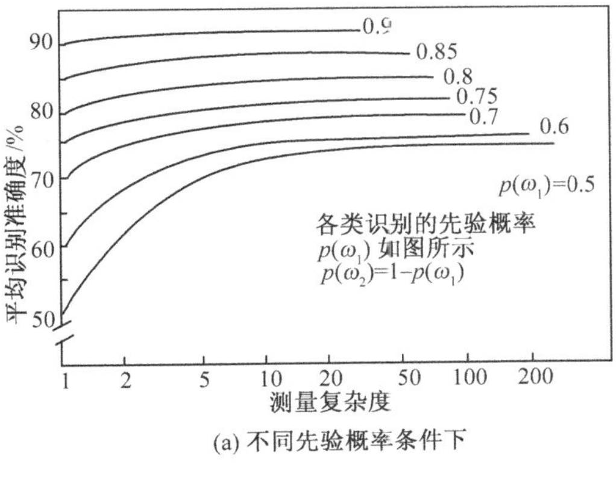

(a) 不同先验概率条件下

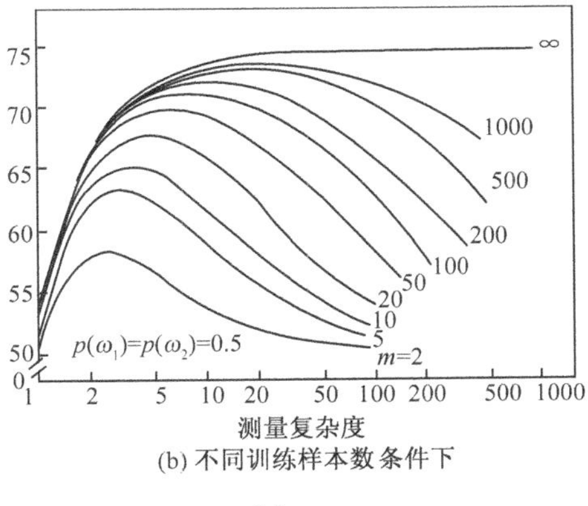

(b) 不同训练样本数条件下

图 2.6 平均识别准确度与测量复杂度的关系[3]

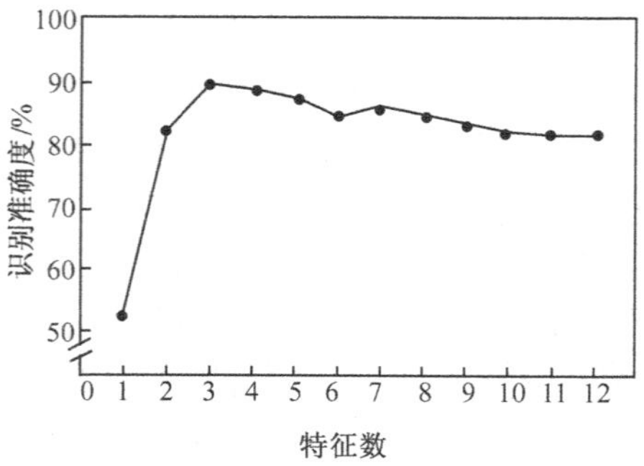

图 2.7　识别准确度与特征数的关系[3]

以上的理论推导在实践中也得到了证实。

图 2.7 表示利用 12 个波段的遥感数据进行分类的结果。先用一组给定的训练样本对 12 个波段数据进行分类，再用同一组训练样本，分别对 12 个波段中数据最优方式确定的不同子集进行分类。图上表示的是识别准确度与特征数之间的关系曲线。可见，曲线确实有一个极大值，此处当特征值为 3 时识别准确度最高，而且明显大于 12 个波段全被采用时的识别准确度。

遥感器某个指定波段范围内（带宽）的（平均）光谱辐射亮度 L_b，应是遥感探测器的光谱辐射 L_s 在该波段范围内的积分与光谱响应函数（spectral response functions，SRF）的乘积，即[4]

$$L_b(x,y)=\frac{\int_{\lambda_{\min}}^{\lambda_{\max}}L_{s,\lambda}(x,y)f(\lambda)\mathrm{d}\lambda}{\int_{\lambda_{\min}}^{\lambda_{\max}}f(\lambda)\mathrm{d}\lambda} \tag{2.1}$$

式中：x、y 表示像元位置；$f(\lambda)$为光谱响应函数，它多保存在遥感图像的头文件中。

Trishchenko 等（2002）[5]研究了遥感器的不同光谱响应函数（SRF）对地表反射率的敏感性。研究结果表明：在同样的大气状态和相似的地表反射率条件下，地表反射率对于遥感器的 SRF 是很敏感的；在大气状态（气溶胶、水蒸气、臭氧）变化条件下，SRF 对不同大气变量影响较小，程度有异（其中气溶胶的影响最大）。由不同遥感器的 SRF 导致的地表反射率的不一致性，可用二次多项式函数来纠正。图 2.8 是 NOAA-6～16 上的 AVHRR 和 MODIS、VGT/SPOT、GLI/ADEOS-Ⅱ在可见光和近红外波段的 SRF 函数形式。其中，图（a）表示上午星 NOAA-6、NOAA-8、NOAA-10 的 AVHRR（通道 1、2）；图（b）表示下午星 NOAA-7、NOAA-9、NOAA-11、NOAA-14 以及上午星 NOAA-12 的 AVHRR；图（c）表示 NOAA-15、NOAA-16 的 AVHRR，以及 MODIS、VGT/SPOT 和 GLI/ADEOS-Ⅱ；粗线是绿色植物的标准波谱曲线。图中可见，尽管不同遥感器的 SRF 函数形式很相似，但在中心波长位置、波段宽度、通道之间的重叠程度等方面仍有明显不同。尤其是从叶绿素吸收到叶片反射的过渡带（0.68～0.72μm），不同 AVHRR 之间、MODIS 与 AVHRR 之间存在显著的差异。这直接影响到不同遥感器之间的地表反射率、NDVI 及地表其他参数反演。因此，在运用不同遥感器数据源时，需要考虑光谱响应函数的影响。

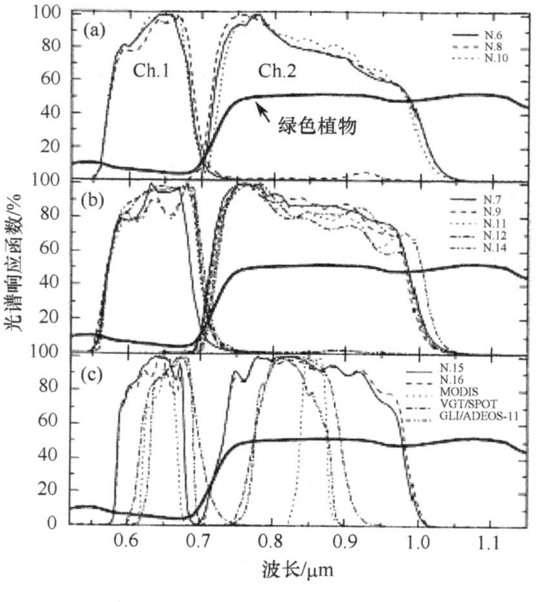

图 2.8　不同遥感器的光谱响应函数形式[5]

2.1.3 时间分辨率与时间特征

时间分辨率(temporal resolution)是关于遥感影像时间间隔的一项性能指标。遥感探测器按一定的时间周期重复采集数据，这种重复周期又称回归周期。它是由飞行器的轨道高度、轨道倾角、运行周期、轨道间隔、偏移系数等参数所决定。这种重复观测的最小时间间隔称为时间分辨率。

时间分辨率的大小，除了主要决定于飞行器的回归周期外，还与遥感的设计等因素直接相关。例如，法国 SPOT 卫星虽重复周期为 26 天，但 SPOT/HRV 遥感器具有倾斜观测能力(倾角±27°)，这样便可以从不同轨道上，以不同的角度来观测地面上同一点。因而，地表特定地区的重复观测的时间间隔比其回归周期 26 天大大缩短。在 26 天的周期内，中纬度地区可以观测约 12 次，赤道可观测约 7 次，纬度 70°处可观测约 28 次。而极轨气象卫星 NOAA 由于采用双星系统，即同时有两颗在轨道运行，虽每颗星的重复周期为 1/2 天，但在双星系统下，同一地点每天有 4 次过境资料。静止气象卫星，采用与地球同步轨道，轨道高度 36000km，轨道倾角为 0°，卫星公转角速度和地球自转角速度相等，因而，从地球上看卫星似固定在天空某一点，观测着约 1/4 的地球。对同一地点每隔 20～30 分钟可获得一次观测资料。因此，对于遥感系统的时间分辨率，我们可以认为 Landsat 4、5 为 16 天，SPOT 为 1～4 天，NOAA 为若干小时，静止气象卫星为几十分钟。至于航空摄影、人工摄影等则可按应用需求人为控制。

根据遥感系统探测周期的长短可将时间分辨率划分为三种类型。

(1) 超短或短周期时间分辨率：主要指气象卫星系列(极轨和静止气象卫星)，以“小时”为单位，可以用来反映一天以内的变化，如探测大气海洋物理现象、突发性灾害监测(地震、火山爆发、森林火灾等)、污染源监测等。

(2) 中周期时间分辨率：主要指对地观测的资源环境卫星系列(Landsat、SPOT、ERS、JERS、CBERS-1 等)，以“天”为单位，可以用来反映月、旬、年内的变化。例如，探测植物的季相节律，捕捉某地域农时历关键时刻的遥感数据，以获取一定的农学参数，进行作物估产与动态监测、农林牧等再生资源的调查、旱涝灾害监测及气候学、大气、海洋动力学分析等。

(3) 长周期时间分辨率：主要指较长时间间隔的各类遥感信息，用以反映“年”为单位的变化，如湖泊消长、河道迁徙、海岸进退、城市扩展、灾情调查、资源变化等。至于数百年、上千年的自然环境历史变迁，则需要参照历史考古等信息研究遥感影像上留下的痕迹，寻找其周围环境因子的差异，以恢复当时的古地理环境。

遥感按一定的时间间隔采集数据，则遥感数据具有明显的时间特征。多时相遥感信息可以提供目标变量的动态变化信息，用于资源、环境、灾害的监测、预报，并为更新数据库提供保证，还可以根据地物目标不同时期的不同特征，提高目标识别能力和精度。

2.1.4 辐射分辨率与辐射测量特征

1. 辐射分辨率

任何图像目标的识别，最终依赖于探测目标和特征的亮度差异。这里有两个前提条件[6]，一是地面景物本身必须有充足的对比度(指在一定波谱范围内亮度上的对比度)；二是遥感仪器必须有能力记录下这个对比度。因此，在遥感调查中，仪器的灵敏度以及地面目标与背景间存在的对比度总是至关重要的。

辐射分辨率(Radiant Resolution)指遥感器对光谱信号强弱的敏感程度、区分能力。即探测器的灵敏度——遥感器感测元件在接收光谱信号时能分辨的最小辐射度差，或指对两个不同辐射源的辐射量的分辨能力。一般用灰度的分级数来表示，即最暗—最亮灰度值(亮度值)间分级的数目——量化级数。它对于目标识别是一个很有意义的元素。例如，Landsat/MSS起初以6 bits(取值范围0～63)记录反射辐射值，经数据处理把其中3个波段扩展到7 bits(取值范围0～127)；而Landsat/TM，6个反射波段以8 bits(取值范围0～255)记录数据，显然TM比MSS的辐射分辨率提高，图像的可检测能力增强。

对于空间分辨率与辐射分辨率而言，一般瞬时视场IFOV越大，最小可分像素越大，空间分辨率越低；但是，IFOV越大，光通量即瞬时获得的入射能量越大，辐射测量越敏感，对微弱能量差异的检测能力越强，则辐射分辨率越高。因此，空间分辨率的增大，将伴之以辐射分辨率的降低。可见，高空间分辨率与高辐射分辨率难以两全，它们之间必须有个折中。

2. 辐射测量特征

光学遥感器的辐射测量特征，指的是用光学遥感器测量时，来自目标反射或辐射的电磁波中的物理量在通过光学系统后会发生何种变化。一般用以下指标描述。

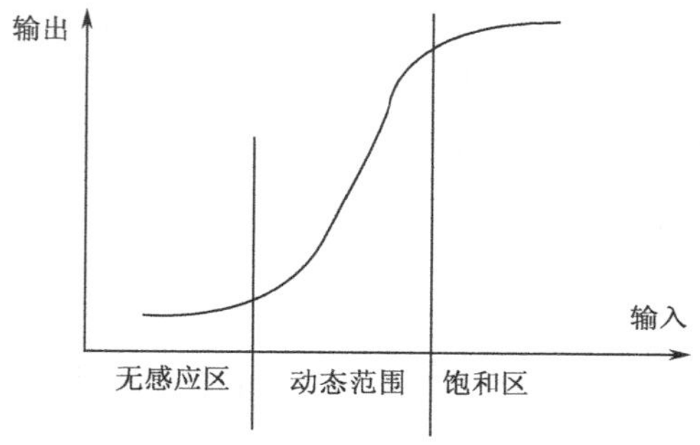

图2.9　输入与输出特征曲线[7]

(1) 遥感器的测量精度：包括所测亮度的绝对精度和二点间亮度差的相对精度。

(2) 探测灵敏度：通常用噪声等效功率(NEP)表示。NEP指信号输出与噪声输出相等时的输入信号的大小，即探测器产生数值等于1的信噪比所需的功率。它是衡量探测器接收弱信号能力的性能参数，与元件的面积、频带宽度等直接相关。NEP越小，探测器性能越好。它决定其最大探测距离、最小可测温差或可探测目标的最小尺度。

(3) 动态范围：指遥感器可测量的最大信号与可检测的最小信号之比。所谓最大信号指在此值以外无论输入的信号多强，响应也无变化的饱和区；所谓最小信号指在此值以外，对输入的弱信号无响应的无感应区；两者之间为动态范围区，在此区间内，输入与输出信号几乎呈线性关系(图2.9)。

(4) 信噪比S/N：指有效信号(signal)与噪声(noise)之比，即信号功率与噪声功率之比。为了实用方便，信噪比常定义为信号均方根电压和噪声均方根电压之比，单位均为分贝(dB)。信噪比和图像的空间分辨率、光谱分辨率是相互制约的。

$$\mathrm{S/N} = 10\lg\frac{P_S}{P_N} = 20\lg\frac{V_S}{V_N} \tag{2.2}$$

式中：P_S、P_N分别为信号、噪声的平均功率；V_S、V_N分别为信号、噪声的均方根电压。

对于红外系统，接收的信号功率与目标的光谱辐射亮度、系统的孔径、瞬时视场、光学效率及系统接收元件的性能等有关。噪声功率较复杂，通常应考虑入射通量起伏引起的辐射或光学噪声及探测器产生的内部固有噪声(后者是由热诱导而随机产生的暗电流)等。

(5) 调制传递函数(modulation transfer function,MTF):不同空间频率正弦波通过光学系统后强度会发生变化。这种变化是正弦信号空间频率的函数,此函数称为调制传递函数。它是光学成像系统传递信息的一种数学表达方式,相当于对像点进行傅里叶变换并求出其功率谱。MTF 可在频率域对图像细节和对比度进行精确的计量。它是影响图像分辨率和清晰度的重要因素。例如,我国 CBERS-02 的 CCD 相机空间分辨率为 20m,美国 Landsat-TM、ETM 空间分辨率为 30m,然而前者的图像却不如后者的图像清晰,这正是由于仪器光学性能(折射、聚焦等)、电荷漫射、图像振动等因素所致,可以通过不同方法的 MTF 补偿改善图像质量。

遥感器的有效量化级数一般是由动态范围和 S/N 所确定的。

2.1.5 角度(方向)特征

第 1 章"方向反射"一节已说明了二向性反射率分布函数 BRDF 方向信息中不仅包含地物方向谱特征,还包含地物的空间结构信息。地物的方向特征用以描述地物对太阳辐射的反射、散射能力在方向空间的变化,这种空间变化特征主要取决于物体的表面粗糙度,它不仅取决于表面平均粗糙高度值与电磁波波长之间的比例关系,而且还与视角关系密切。多角度遥感数据包含有丰富的地表信息,尤其是对植被形态、三维结构等植被遥感方面,是任何其他遥感数据所无法替代的。它被应用于植被结构参数(叶面积指数 LAI、叶片聚集度系数等)反演以及获取地表反照率等。遥感数据的角度特征为多角度遥感数据定量反演、分离、提取地物的组分波谱和空间结构参数,以及地物反射各向异性行为的研究提供了新的十分重要的信息源。

目前,多角度遥感数据的获取有两种方式。

一是多角度遥感器准同步的直接获得同一地区多个角度遥感观测数据。以多角度遥感数据 EOS-MISR(Multiangle Imaging Spectro-Radiometer)为例,MISR 数据有 4 个光谱通道(中心波段为 446nm、558nm、672nm、867nm)、9 个角度(0°、±26.1°、±60.0°、±45.6°、±70.5°),9 个角度沿卫星飞行路径方向向前或向后展开。约 7 分钟内,获得的 9 个角度约 360 千米宽的地表图像条带,空间分辨率有 1.1km,在赤道附近大约 9 天可以覆盖一次全球(北纬 82°～南纬 82°)[8]。MISR 数据可从 9 个方向观测地球,可进行月、季节、长周期的变化监测,如地表覆盖的分布、植被冠层结构等,大气气溶胶的数量及微粒大小与构成,云的结构、属性等。一般说来,大角度对大气气溶胶和云的影响更敏感,而中等角度用于地表观测。此外,ADEOS-POLDER、EOS-ASTER 等星载多角度数据、国产机载的 AMTIS 多角度数据等,均提供了星-机多角度观测的地物反射数据(BRDF),可描述地表方向反射特性,为遥感基础理论研究与地表参数的精确反演提供了条件。

二是利用 EOS-MODIS、NOAA-AVHRR 等卫星数据的宽视域(扫描角度±55.4°)和高时间分辨率特点,选用单星连续多天获得多轨数据,通过轨道飘移所产生的角度差异,经 BRDF 模型反演(如 Ambrals、Rahmanhe 核驱动模型,将在第 10 章专门介绍),获得多角度图像(图 2.10)。MODIS 的 BRDF 产品(MCD43A1)就是采用半经验的核驱动模型(Ross-Li 模型)对 16 天连续观测的 MODIS(Terra+Aqua)反射率数据进行拟合生成的。

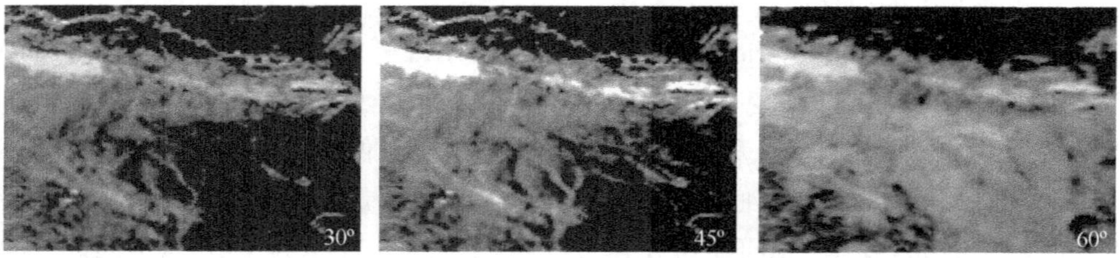

图 2.10　多轨 NOAA 数据的方向信息提取[9]

多角度图像中不同观测角的重叠数据间存在着差异，其差异的原因在于[10]：①目标的非朗伯体效应（方向反射及空间结构变化）；②大气的非朗伯体效应；③不同观测角度像元大小（即空间分辨率）不同。后两者可暂不考虑。假设连续几天内，大气条件相似以及地面目标变化不大，则反射光谱值的变化，可认为是入射方向（θ_i、ϕ_i）、观测方向（θ_r、ϕ_r）及方向反射变化引起的。若"纠正"了 θ_i、ϕ_i，θ_r、ϕ_r 的影响，则主要反映的是方向反射特征，包含地表反射光谱特征和结构信息，可用以进行多角度遥感的研究。

2.1.6　遥感系统的信息容量

量化的遥感数据，其信息量是用比特（bit）表示的，1 比特可以表示成 0 或 1 两个状态的信息量。假设图像上像元取各灰度值的概率相同（即图像上各像元所取的灰度值不同，而各灰度值出现的概率相同），设数据的量化级数为 m，根据信息论的研究公式，则每个像元所能包含的最大信息量应为 $\log_2 m$(bit)。

一幅单波段图像内有 n 个像元，则一个单波段图像所包含的最大信息量为[11]

$$I_m = n \cdot \log_2 m \quad \text{(bit)}$$

一个遥感系统可以有 K 个波段。这个遥感系统所能容纳的最大信息量（I_S）为

$$I_S = K \cdot I_m = K \cdot n \cdot \log_2 m = K \cdot \frac{C}{G^2} \cdot \log_2 m \quad \text{(bit)} \tag{2.3}$$

式中：C 为一景图像所对应的地面面积；G 为地面分辨率（即空间分辨率）；n 为像元数；K 为波段数（可理解为光谱分辨率）；m 为量化级数（辐射分辨率）。

可见，遥感系统的最大信息容量（I_S）取决于它的空间分辨率、光谱分辨率、辐射分辨率的大小。

此外，该遥感系统对同一地区要重复覆盖多次采集数据；若为多角度遥感系统，还将多角度地采集数据。因而考虑其信息量时，还应考虑它的时间分辨率、角度特征。也就是说，任何一个遥感系统都有它一定的信息容量。它的最大信息容量与它的空间、光谱、时间、辐射分辨率、角度特征有关。在具体应用分析时，人们必须通过研究对象的特征来选择遥感信息，并使之与遥感系统的信息能力相一致。

§2.2　遥感研究对象的特征

众所周知，作为遥感研究对象的各种地面目标都具有空间分布特性、波谱反射与辐射特征，以及时间变化规律，研究地面目标的特征是进行遥感应用分析的必要前提。

2.2.1 空间分布特征

任何地学研究对象均有一定的空间分布特征。根据空间分布的平面形态，把地面对象分为三类：面状、线状、点状。可以从四个方面来确定地物的空间分布特征：空间位置、大小（对于面状目标）、形状（对于面状或线状目标）、空间关系（对于集合体）。前三者是针对单个目标而言，可以通过数字形式来表示。例如，面状目标的空间位置可由其界线的一组 x、y 坐标对来确定，并可相应地求得其大小和形状参数。目标大小参数指面积（S）和边界间距。边界间距由一组数值（l_1，l_2，…，l_n）组成。形状参数 M 的确定可以有不同方法，通常可用 $M=L/S$ 来确定（L 为周长）。线状目标的空间位置可由线性形迹的一组 x、y 坐标对确定；点状目标的空间位置由其实际位置或中心位置的 x，y 坐标确定。

地面目标往往受某种空间分异规律的影响，在分布上呈现一定的空间组合关系，即具有一定的空间结构。这是指集合体而言，对单一目标难以反映。例如，区域内不同地质体——脊柱、马蹄形盾地、前弧、反射弧等有规律地排列，形成独特的“山”字形构造；由海湾海岸和阻隔沙堤组成潟湖地貌特有的空间结构；根据不同城市特点，道路、建筑、工农业布局等可有四方形城墙包围的传统古都式结构（北京、南京、西安），也有如同鞍山市沿铁路南北伸展的工业带状结构等。

地物的空间分布特性、空间组合关系往往受地域分异规律的控制。例如，我国南方地形、构造较为复杂，造成其他环境要素组合（水系、植被、土壤等）的复杂化，土地资源条件和土地利用类型差异较大。因而从北往南自然景观的分异越来越明显，类型增多，基本景观单元变小，形状复杂程度增加。

不同的地面对象有着不同的空间分布特征。地物的空间分布特征是在遥感图像上鉴别该地物的极重要依据。这点在目视解译中体现得更充分、更直接。例如，飞机场、导弹基地、雷达站的识别，是直接通过色调（或颜色）变化所体现的独特形状、大小、图形结构等来认识的，河流也是通过其特有的河曲形态直观地认识的。

在遥感数字图像处理中，地物的空间特征——大小、形状等，主要是通过光谱特征的变化，即色调（或颜色）变化来体现的。例如，一定宽度的水泥公路，当它两边是水、草、林荫大道时，易于识别，但当两侧是沙地时，识别它便有一定难度。可见这条公路是借助于它与周围色调（或颜色）的带状差异而衬托出来的。西北干旱区的间隙性辫状河流，往往是通过河两旁的胡杨林所呈现出的河曲状条纹而加以识别的。也就是说，地物的形状、大小这种空间几何特征，主要是依赖于该目标与周围物体间的光谱差异来反映的。至于另一重要的空间特征——纹理结构，它是通过较小区域内光谱特征（色调）的变化频率来反映的。例如，农田、森林、牧草地，对于一定空间分辨率的遥感图像（航空像片、TM、SPOT 等）而言，可以根据它们纹理结构上的差异区分出来，但对于空间分辨率较低的遥感数据，要区分它们，只有更多地依赖于色调的变化和一些很粗的空间特征。对数字图像来说，一般采用计算小窗口内若干像素的统计特征或者采用自相关函数和功率谱等直接或间接地对区域的空间频率特征进行度量，以表达图像的纹理特征。可见，在数字图像处理中，空间特征的有效利用率远不如光谱特征。因而，图像处理与 GIS 结合，建立以空间特征为基础的图像数据分析系统已成必然。

表 2.1 环境特征的地面分辨率要求[12]

环境特征	地面分辨率要求	环境特征	地面分辨率要求
Ⅰ. **巨型环境特征**		水土保持	50m
地壳	10km	植物群落	50m
成矿带	2km	土种识别	20m
大陆架	2km	洪水灾害	50m
洋流	5km	径流模式	50m
自然地带	2km	水库水面监测	50m
生长季节	2km	城市、工业用水	20m
		地热开发	50m
Ⅱ. **大型环境特征**		地球化学性质、过程	50m
区域地理	400m	森林火灾预报	50m
矿产资源	100m	森林病害探测	50m
海洋地质	100m	港湾悬浮质运动	50m
石油普查	1km	污染监测	50m
地热资源	1km	城区地质研究	50m
环境质量评价	100m	交通道路规划	50m
土壤识别	75m		
土壤水分	140m	Ⅳ. **小型环境特征**	
土壤保护	75m	污染源识别	10m
灌溉计划	100m	海洋化学	10m
森林清查	400m	水污染控制	10～20m
山区植被	200m	港湾动态	10m
山区土地类型	200m	水库建设	10～50m
海岸带变化	100m	航行设计	5m
渔业资源管理与保护	100m	港口工程	10m
		渔群分布与迁移	10m
Ⅲ. **中型环境特征**		城市工业发展规划	10m
作物估产	50m	城市居住密度分析	10m
作物长势	25m	城市交通密度分析	5m
天气状况	20m		

地物空间分布特征的研究也是选择适当空间分辨率的遥感资料的依据。表 2.1 反映不同空间尺度的环境特征对地面分辨率的要求。表中的巨型环境特征，如大陆漂移、洋流、自然地带等均属千米级(1000～1500m)的宏观现象，选用千米级空间分辨率的气象卫星、海洋卫星数据可以满足需求；大型环境特征，如资源调查、环境质量评价、土地类型等，均属百米级(80～100m)的环境问题，选用陆地卫星系列的空间分辨率可以保证；中型环境特征，如作物估产、土种识别、林火监测、污染监测、交通规划等，空间尺度约在 50m 以下，属区域范围的环境问题，一般选用较高空间分辨率的陆地卫星系列(如 TM、SPOT CBERS-1 等)完成；小型环境特征，如港湾、水库、工程设计、城市规划等，空间尺度为 5～10m，属地区性环境或环境工程问题，主要依赖于航空遥感资料，高空间分辨率的 SPOT、ETM 等卫星资料也可完成。

2.2.2 波谱反射与辐射特征

1. 原理

自然界的任何物体自身都具有反射、吸收、发射电磁波的能力和特征。物质的这种基本特征是由组成物质的最小微粒电子、原子、分子的不同运动状态造成的。

电子跃迁——电子分层分布、各层电子激发或电离，其能量有变化；

原子振动——原子偏离其平衡位置的微小位移；

分子转动——原子通过化学键连接组成分子，改变键角、伸长、收缩、旋转等不同方向的运动，均辐射或吸收不同能量。

从高能向低能状态的转动，将释放（发射）能量；从低能向高能状态的转化，将吸收外来能量。

不同物质的分子结构、原子组成、运动方式不同，发出的光的频率也就不同。这就是说，每个物体都发射和吸收固定波长和频率的电磁波。相同的物体具有相同的电磁波谱特性；不同的物质由于物质组成和内部结构、表面状态不同，具有相异的电磁波谱特性。

遥感的一个基本前提是人们可以通过对地表目标发射、反射辐射的研究来认识目标。在遥感研究中，对于发射辐射（远红外），物体本身是其辐射源；对于反射辐射，其辐射源可以是太阳、大气（借助太阳辐射的散射）或人造辐射（成像雷达）。从这个角度看，遥感就是依据遥感仪器所接收到的探测目标反射、发射能量的电磁波谱特征差异来识别不同的物体。

2. 地物波谱特征

地物的反射、吸收、发射电磁波的强度是随波长而变化的。人们往往以波谱曲线的形式表示地物波谱特征，简称地物波谱或地物光谱。地物波谱可以通过各种光谱测量仪器，如分光光度计、光谱仪、摄谱仪、光谱辐射计等，经实验室或野外测得。

图 2.11 表示四种典型地物的光谱反射率曲线，其形态差异很大。以其中的可见光谱段为例，雪在蓝光 0.49μm 附近有个峰值，随着波长增加，反射率逐渐降低，但可见光的蓝、绿、红谱段反射率均较高；沙漠在橙光 0.6μm 附近有个峰值；小麦在绿光 0.54μm 附近有个峰值；而湿地反射较弱呈暗灰色。四种地物在可见光谱段内反射率差异十分明显，而分别呈现蓝白、浅黄、绿、暗灰色。严格地说，每条曲线不应是一条线而应是呈带状。这是因为在一个特定类型中，光谱反射率也是有些变化的。图中的曲线是通过测量大量样品综合而成的，它仅代表平均反射率曲线。每种类型均具有它区别于其他类型的代表性曲线。应该说，这些曲线的形状，特别是几个具有重要意义的光谱响应区间，是它们各自类型和状态的指标。

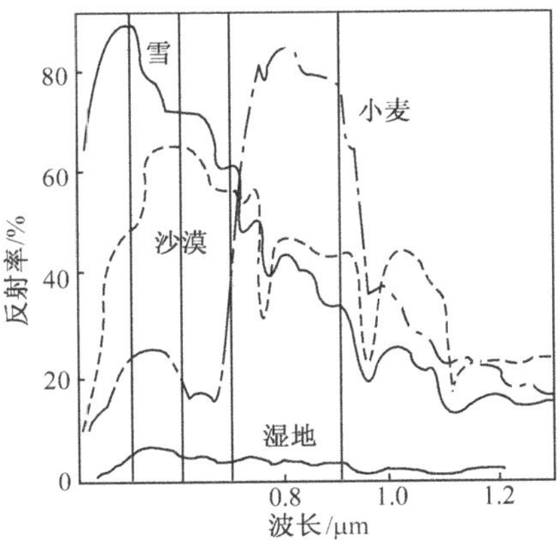

图 2.11　典型地物的反射波谱曲线

下面以植物、土壤光谱为例说明典型地物波谱特征及影响因素（水体的光谱特征在第 13 章中论述）。

1）植物的光谱特征

健康绿色植物的光谱特征主要取决于它的叶子。图 2.12 显示了绿色植物的主要光谱响应特征。在可见光谱段内，植物光谱主要受叶的各种色素（叶绿素、胡萝卜素、叶黄素等）的支配，其中叶绿素起着最重要的作用。由于色素的强烈吸收，叶的反射和透射很低。在以 0.45μm 为中心的蓝波段及以 0.67μm 为中心的红波段叶绿素强烈吸收辐射能（＞90％）而呈吸收谷。在这两个吸收谷之间(0.54μm 附近)吸收相对减少,形成绿色反射峰(10%～20%)而呈现绿色植物。假若植物受到某种形式的抑制,阻止它正常生长发育,导致叶绿素含量降低,叶绿素在蓝、红波段的吸收减少反射增强,特别是红反射率升高,以至于植物转为黄色(绿色 ＋ 红色 ＝ 黄色)。当植物衰老时,由于叶绿素逐渐消失,叶黄素、叶红素、花菁苷素(红色素)在叶子的光谱响应中起主导作用,因而秋天树叶变黄或枫叶变红(图 2.13)。

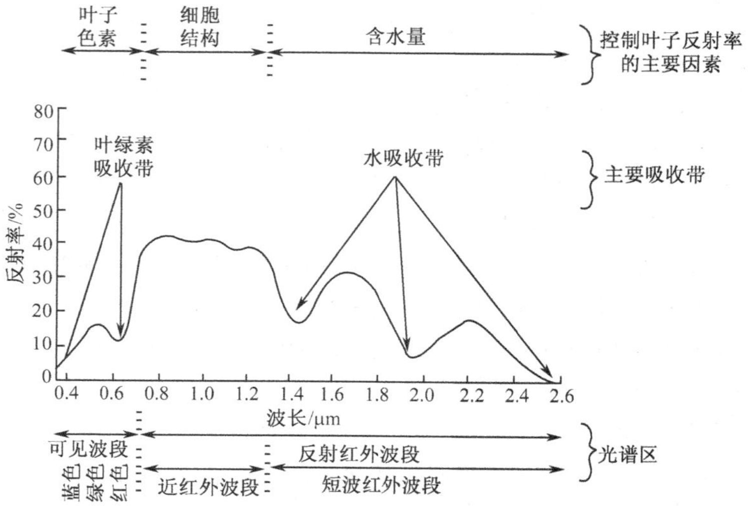

图 2.12　绿色植物的光谱响应特征[3]

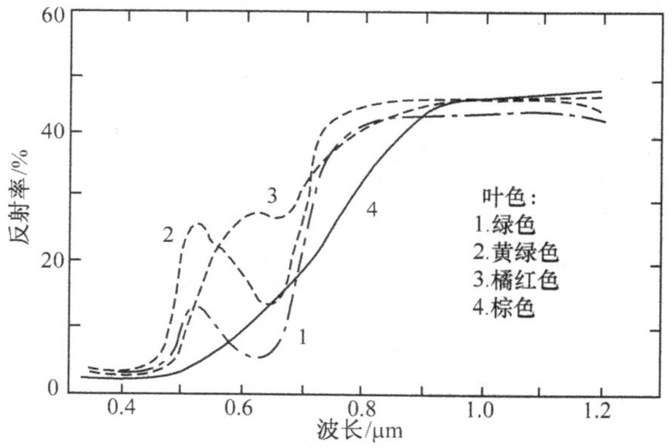

图 2.13　树叶不同生长阶段的波谱曲线

在近红外谱段内,植物的光谱特征取决于叶片内部的细胞结构。叶的反射及透射能相近(各占入射能的 45%～50%),而吸收能量很低(＜5%)。在 0.74μm 附近,反射率急剧增加。在近红外 0.74～1.3μm 谱段内形成高反射。这是由于叶子的细胞壁和细胞空隙间折射率不同,导致多重反射引起的。由于植物类别间叶子内部结构变化大,故植物在近红外的反射差异比在可见光区域大得多,这样我们就可以通过近红外谱段内反射率的测量来区分不同的植物类别(图 2.14)。此外,在近红外谱段内,植物光谱往往表现出以 0.97μm、1.2μm 处的两个水吸收带,虽然强度不大,但在多层叶片下,对反射率仍有显著影响,这对植被受水分胁迫状况的研究是有意义的。

在短波红外谱段内(1.3～2.5μm),植物的入射能基本上均吸收或反射,透射极少。植物的光谱特性受叶子总含水量的控制,叶子的反射率与叶内总含水量约呈负相关,即反射总量是

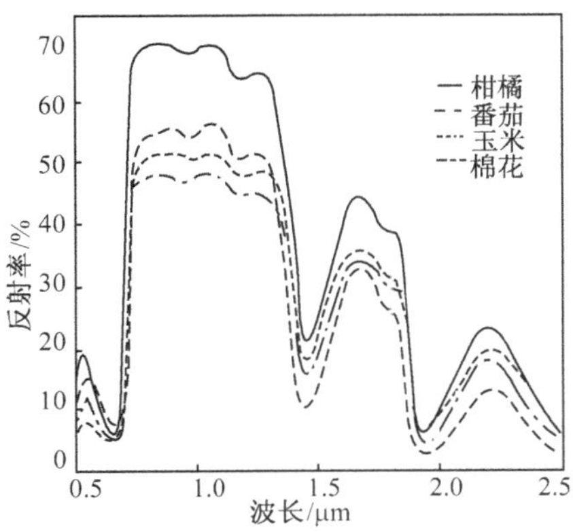

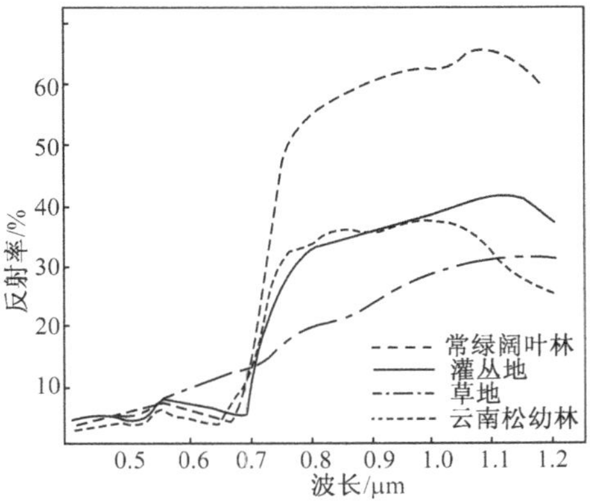

图 2.14　不同植物波谱曲线的比较[13]

叶内水分含量及叶片厚度的函数。由于叶子细胞间及内部的水分含量，绿色植物的光谱反射率受到以 1.4μm、1.9μm、2.7μm 为中心的水吸收带的控制而呈跌落状态的衰减曲线。其中 1.4μm 和 1.9μm 处的两个水吸收带是影响叶子短波红外波段光谱响应的主要谱带。位于三个水吸收带之间的 1.6μm 和 2.2μm 处有两个反射峰。此外，植被短波红外光谱（0.8～2.5μm）还受到淀粉（starches）、蛋白质（proteins）、油质（oils）、糖（sugars）、木质素（lignin）、纤维素（cellulose）有关的 C-H、N-H 等含量的影响；这将在第 3 章“成像光谱”和第 12 章“植被生化组分的遥感反演”中讨论。

图 2.15 显示水分含量对玉米叶子反射率的影响（图中曲线均为几次测量的平均结果）。可见，只要叶内含水量不低于 54%，随含水量降低，反射率普遍增高，且曲线形态差别不大。但当水分含量降到 40%左右，玉米近于干枯，叶绿素大量消失，水的各吸收带反射率大增，导致吸收带间的反射率普遍增加，整个反射光谱区域内反射率都有显著提高。

从以上的分析可知，所有的健康绿色植物均具有基本的光谱特性，其光谱响应曲线虽有一定的变化范围，而呈一定宽度的光谱带，但总的“峰-谷”形态变化是基本相似的。这是因为影响其光谱特性的主导控制因素一致。但是，不同的植物类别，其叶子的色素含量、细胞结构、含水量均有不同。因而光谱响应曲线总存在着一定的差异。即使同一植物，随叶的新老、疏密、季节不同、土壤水分及组分含量差异，或受大气污染、病虫害影响等状态不同，均会导致植物叶子的组分、结构发生变化，使植物或叶子整个谱段或个别谱段内光谱特性的变化，而且往往近红外波段比可见光波段能更清楚地观测到这些变化（图 2.16）。这种变化和差异，是人们鉴别和监测植物的依据。

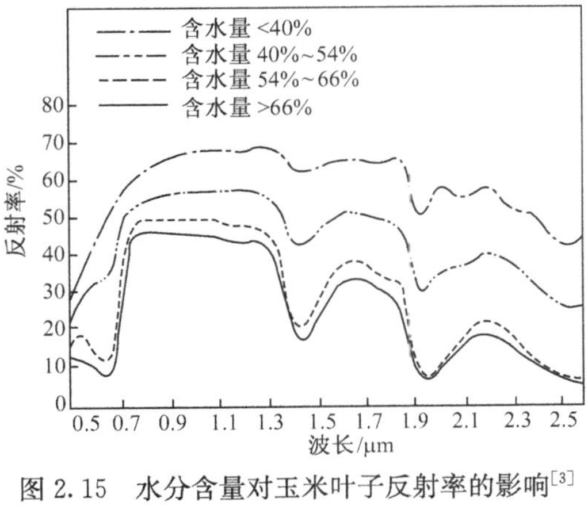

图 2.15　水分含量对玉米叶子反射率的影响[3]

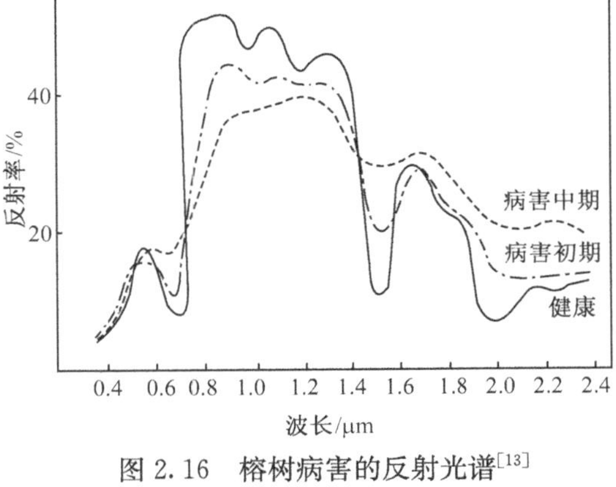

图 2.16　榕树病害的反射光谱[13]

需要说明的是，在植物光谱红光波段的叶绿素吸收谷与近红外高反射肩之间(0.70～0.75μm)，健康植物的光谱响应陡然增加(亮度增加约10倍)，这一窄条带区称之为“红边”。它是植物的敏感特征光谱段，它的移动反映了叶绿素含量、物候期、健康状况及类别等多种信息。Collins[14]研究作物不同生长期内的高光谱扫描数据发现，作物快成熟时，其叶绿素吸收边(红边)向长波方向移动，即“红移”。这种“红移”现象除了作物外，其他植物也有，且红移量随植物类型而变化，因而可以通过对作物红边移动的观察来评价作物间的差异以及某一特定作物成熟期的开始。Collins还认为选择约在0.745μm和0.78μm很窄的波段，可观察这一特定期的“红移”现象。“红移”出现的原因虽很复杂，但其重要原因是由于作物成熟叶绿素a大量增加(即叶黄素代替叶绿素)所致。Horler等[15]通过实验研究认为红边可以作为植物受压抑(胁迫状态)的光谱指示波段区(图2.17)。植物光谱的“红边”红移或蓝移，可参看第3章“成像光谱”的有关内容。

2) 土壤的光谱特征

土壤是一种由物理和化学性质各不相同的物质组成的复杂混合物，这些物质均不同程度地影响着土壤的光谱特性。图2.18显示不同土壤光谱反射率的差异。总的来看，土壤的反射率一般都是随着波长的增加而增加，并且此趋势在可见光和近红外波段尤为明显。土壤对电磁波的作用主要表现为吸收和反射，透射少。但是，土壤反射波谱曲线的“峰-谷”变化较弱，曲线的形态远没有植物那么复杂。影响土壤反射率的因素很多，包括土壤组分(水分含量、有机质含量、氧化铁的存在、其他矿物质成分与含量等)、土壤颜色、土壤结构(砂、粉砂、黏土的比例，聚集度等)、表面粗糙度以及观测条件(太阳、目标地物、遥感器三者的几何关系)等。另外，植物残体或生长着的植被也会干扰土壤的光谱响应。这些因素是复杂的、变化的和相关的。

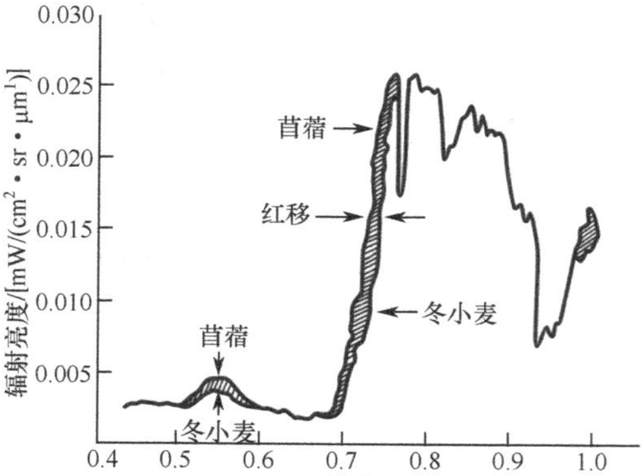

图2.17 植物光谱的“红边”红移[15]

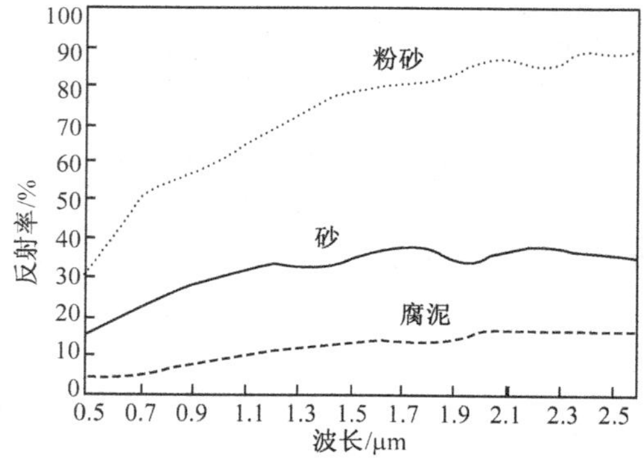

图2.18 不同土壤的反射波谱曲线[3]

土壤反射率是土壤水分的函数。研究表明：一般情况下，土壤反射率是随着土壤水分的增加而减少，这在水的吸收带处(1.42μm、1.96μm、2.21μm)，反射率下降尤为明显。土壤水分含量还与土壤结构密切相关。一般情况下，粗砂质土壤因易于排水，水分含量较低，反射率相对较高；而排水能力差的细结构土壤，则反射率较低。但是在水分缺乏的情况下，土壤本身则显示相反的趋势，即粗结构土壤比细结构土壤色调更暗。可见，一种土壤的反射率特性仅反映某特定状态下的特性。至于黏土由于颗粒细、粒间空隙小，即使干燥黏土因持水能力较强，一般也能保存相当的水分。因此，干燥黏土的反射光谱曲线仍能较明显地出现水吸收带处的凹陷。除了水的吸收带外，大部分黏土在 1.4μm 和 2.2μm 处还有较强的羟基(OH^-)吸收带。这些也是区分土壤类型的依据之一(图 2.19、图 2.20)。

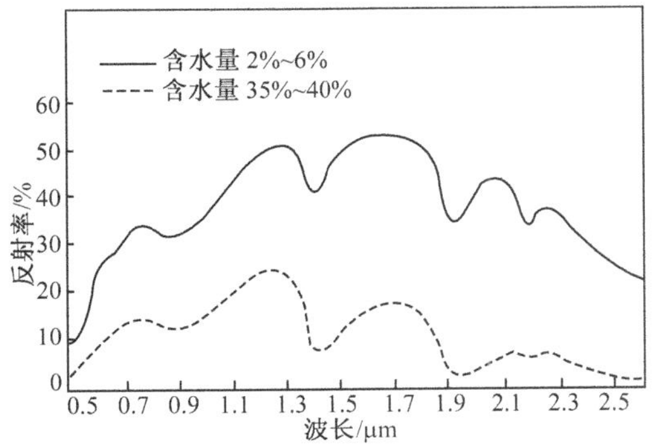

图 2.19　土壤湿度对反射率的影响[3]

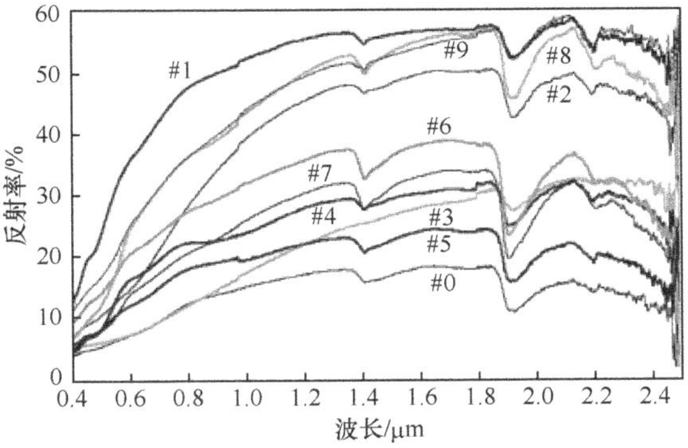

图 2.20　10 种不同类型干土样的反射率[16]

土壤有机质含量也是影响土壤光谱特性的一个重要参数。一般说来，有机质含量增加会导致土壤反射率下降。但研究证明，有机质含量和整个可见光段的土壤反射率是非线性关系。不同的气候环境及有机质分解程度等均对反射率有影响。因此，当研究两者关系时，必须考虑到土壤所处的气候区和土壤本身的排水条件。此外，氧化铁含量也会导致土壤反射率明显下降，至少在可见光波段内是如此。土壤表面粗糙度的减少会导致反射率上升，土壤颗粒细会使土壤表面更趋平滑，使更多的入射能被反射。

当然，影响土壤光谱特性的情况是很复杂的，多种影响因素之间是密切相关的。以上的讨论只是很一般的土壤反射光谱模式，仅在一定的条件范围内才是有效的。在具体工作中，分析者需要熟悉土壤的性状及各种影响因素进行综合分析。

3. 地物波谱的影响因素

地物波谱特性是复杂的，它是受多种因素控制的，本身也是因时因地在变化着。

以植物光谱为例，前面我们已经分析过健康绿色植物光谱响应特征的一般规律。但事实上，植物光谱特性是十分敏感的，受多种因素的控制和干扰，变化十分复杂。植物冠层的光谱特性主要受三方面因素的控制：一是植物冠层本身组分——叶子的光学特性；二是植物冠层的形状结构；三是辐照及观测方向。而这些因素又依赖于叶的类型、植物生长阶段及环境的控制。

叶子的类型不同，其叶内结构不一，必然导致反射率的明显变化。植物生长期的变化，意味着成熟度、叶绿素含量、水分含量以及叶子内部结构也发生相应变化。植物的这种生理变化必将导致光谱特性的改变。

环境因素对植物光谱的影响是多方面的。事实上，野外植物波谱不应理解为植物的生理波谱，而应是植物的环境波谱。这里的环境背景主要指土壤，也就是说，土壤是野外植物波谱的组成部分。土壤湿度、土壤有机质含量等的变化均引起土壤反射率的明显变化，也必然影响到土壤上生长的植物光谱特性。在这方面国内外均做了大量工作。中国科学院山东禹城实验场、河南封丘实验场等均进行了定点、定时的长期观测，通过光谱测试、土壤水分和有机质含量等参数测定与分析，从大量数据中寻找其相关性，为作物生态指标的定量表达提供依据。

在地形起伏的山地，同一种植物类别的反射率还受太阳高度角、坡度、坡向的影响。一方面改变了辐照方向，引起入射照度的变化，同时影响植物叶的反射层数，实际上影响到植冠的形态结构；另一方面它使植物阴影及土壤的反射率的影响程度发生变化，即植物-土壤的相对比例有所改变，导致植物野外光谱特性的变化。为了使测得的植物光谱有价值，必须在测定植冠光谱的同时，测定其坡度、坡向、太阳高度角及方位角，作为所记录的辐射数据的修正参数。

此外，大气状况、气候变化、大气透过率等均产生光谱值的变化，而这种干扰是因时因地变化的，很难有一个统一的修正参数。

以上分析说明植物光谱和许多因素密切相关，如果忽略了对其他环境因子的相关研究，植物光谱研究也就失去实用价值。其他地物波谱也是一样，正是这种地物波谱特征的复杂性构成了遥感影像解译具有一定的不确定性。因而一方面要充分认识地物波谱的复杂性，注意尽量减少外界因素的干扰；另一方面应当看到，由于难以将以上干扰因素逐项加以定量消除，因而要提高定量遥感的精度是项艰巨的工作，需要通过大量地面样本分析建立先验知识，确定遥感模型的约束条件，以便提高定量遥感的精度。

在谈及地物波谱特征时，有两个概念是需要说明的，这就是光谱标志（spectral signature）与光谱响应模式（spectral response pattern）。既然地物波谱特性是随时间、地点、环境背景等的变化而变化，影响因素很多，是一种综合作用的结果。那么，对于任一特定的地表特征（或覆盖类型）就不可能存在一种唯一的、不变的"光谱标志"——标准光谱值。例如，玉米在播种、发芽生长、成熟、收获的不同阶段，均各有它不同的光谱响应。这种光谱响应是实际存在的，可以通过仪器测得。这就是说，任何地物的波谱特性的针对性都是很强的，它针对某个特定的观测波段，针对目标的某一特定状态，针对某个具体的环境背景条件等。尽管它显示出区别于其他类型的独特光谱特性，但它是有变化的。而"光谱标志"这一词往往隐含着一种绝对的、唯一的模式的意思。我们知道遥感器所测得的光谱响应可以定量，但它们不是绝对的；它们可以是特定的，但不一定是唯一的。因此，为了避免错误，人们常避开"光谱标志"一词，而代之以"光谱响应模式"这一概念。它不那么强调唯一性，但又可用以识别地物或获得有关地物形状、大小及物化性质的信息。"光谱响应模式"表示一组定量的，却又是相对的测量值（即一组观测或测量值）。这组测量值可以通过一组特定的多波段遥感仪器测得，并与某种特定的目标相对应[3]。但有人为了强调地物波谱的独特性，以便识别或分离不同对象如植物、土壤、水体等，往往仍用"光谱标志"。

地物波谱特征的研究是遥感基础研究的重要组成部分，它是人们研究遥感成像机理，选择遥感仪器最佳探测波段、研制遥感仪器，以及遥感图像分析、数字图像处理中最佳波段组合选择、专题信息提取、提高遥感精度等的重要依据。同时它也是遥感应用分析的基础。

早期的地物波谱研究主要集中在长期、系统地对不同的地面覆盖类型和地物进行光谱测试，并建立相应的波谱数据库、地物电磁波谱信息系统。例如，美国 NASA 20 世纪 70 年代初建立的地球资源波谱信息系统（ERSIS），美国普渡大学（1980）建立的美国土壤反射特征数据库，美国喷气实验室——JPL（1981）建立的野外地质波谱数据库等。

我国早在 80 年代就对典型地物光谱测试做了大量工作。90 年代又在原有基础上，建立了典型地物波谱数据库和地物波谱信息系统[17]。从波段范围看，包括可见光-近红外-短波红外（0.4～2.5μm）的反射特性以及热红外辐射特性、微波辐射特性（3mm、8mm、3cm、8cm）等，几乎全部覆盖，且光谱分辨率不断提高；从测量方式看，除实验室、野外地面测量外，还进行航空光谱仪测量，建立空中测量与地面测量的关系。此外，为了进行动态的地物波谱特征测量遥感基础实验和应用研究，建立了 13 个不同自然景观单元、不同类型及应用目的的遥感试验场，构成我国航天、航空遥感的地面支持系统。但是，在地物波谱数据库建设和波谱数据应用中，由于不同观测尺度测定的波谱数据之间的关系不清，实验室和野外点测量的地物波谱数据与遥感图像信号难以关联，使波谱数据在遥感应用中不能有效发挥作用。

随着定量遥感基础理论与应用研究的深入，在国家高技术研究发展计划（“863”计划）支持建立的“我国典型地物标准波谱数据库”中，明确材料波谱、端元（组分）波谱和遥感像元波谱之间的区别，将地物波谱测量数据、配套环境参数与遥感观测数据、相关知识、遥感模型相结合，建立中国典型地物波谱知识库[18]。其中，典型农作物波谱包括冬小麦、水稻、玉米、棉花、油菜等我国主要农作物的不同品种、主要生育期、不同水肥处理条件下的作物冠层、组分和像元波谱及相关的遥感机理、应用模型，使波谱数据与遥感应用之间建立联系。例如，研究遥感观测波谱与地面测量波谱、配套参数的关系，为遥感模型反演地表参数提供依据；通过波谱数据库中已有的波谱、相关的模型、先验知识等，模拟出用户所需的波谱模拟数据；提供模型参数的可能取值；提取地表参数的变化信息（知识）；研究植物波谱动态变化与覆盖率、叶面指数等的关系，为建立农田蒸散模型、作物估产模型提供依据；研究红外辐射温度变化与土壤水分热惯量模型、地表能量交换模型的联系；研究植物冠层的温度、反射率、表面结构，与植物方向性反射、发射模型的关系；研究微波辐射、散射、穿透、极化特性等。

2.2.3 时相变化

地面对象都有时相变化过程，即它的发生、发展和演化的自然发展过程。同时，有些地物或自然现象在它发展的时间序列中表现出某种周期性重复的规律，如植物生长有它的季节变化规律（称之为季相节律），太阳黑子 11 年一周期的活动规律等。

遥感信息是瞬时记录。在遥感研究中，必须考虑研究对象的时相变化特性，抓住合适的遥感信息获取时机，以达到专题应用目的，如进行土地资源调查需要抓住土地资源反映最丰富且光谱反射差异最大的时期。这就不可避免地需要详细研究各土地资源类型的时相变化特性、农事历状态（各种农作物播种—拍穗—开花—成熟事历）、物候期（自然植被的物候差异）、耕作制度（一年一作或一年二作，轮作或间作等）。而这些信息是因时因地而异的，在北方与南方、干旱区与湿润区、春季与冬季都有很大差异。即使在复种指数较高的东南地区或干湿季明显、垂直带复杂的西南山区都有同样的问题。

表 2.2 华北地区农事历

		月	1	2	3	4	5	6	7	8	9	10	11	12
		旬	上 中 下	上 中 下	上 中 下	上 中 下	上 中 下	上 中 下	上 中 下	上 中 下	上 中 下	上 中 下	上 中 下	上 中 下
谷物类	一年一作	早稻						插秧	拔节	抽穗	灌浆	黄熟		
		春玉米				播种	出苗 拔节	抽穗	灌浆		黄熟			
		春高粱				播种	出苗 拔节	抽穗	灌浆		黄熟			
	非一年一作	冬小麦			返青	拔节	抽穗 灌浆	黄熟			播种	出苗		
		春小麦			播种 出苗	拔节	抽穗 灌浆	黄熟						
		晚稻							插秧 拔节	抽穗	灌浆	黄熟		
		秋玉米						播种	拔节	抽穗	灌浆 黄熟			
		秋高粱						播种	拔节	抽穗	灌浆 黄熟			
不同茬口的蔬菜		根茬菜		全年生长，一年收割 3~4 次										
		越冬菜			返青	初上市		全收割				播种		
		早春菜			播种	初上市		全收割						
		春夏菜				定植		初上市		全收割				
		连秋菜						定植		初上市		全收割		
		秋菜								播种	初上市		全收割	
苇田					芽出土	展叶盛期				开花期		始枯黄	全枯黄	收割

从表 2.2 中可见，进行华北地区土地资源遥感调查时，选择 9 月上旬的遥感资料为宜。此时大田作物较齐全，且早稻、晚稻、秋粮均处于不同的抽穗阶段，春粮已黄熟尚未收割。“三北”森林资源调查是以识别各类树种为目标，则选择树种差异最大的9～10月为宜。从物候资料可知，此时落叶松开始落叶，杨桦树叶已变色，可与其他阔叶树种区分，而处于低山和河谷平原的刺槐及杨树仍保持绿色。再如，泰国热带雨林区，柚木是一种很珍贵的木材，尽管它长得高大，也难在热带茂密的雨林中识别出来。若抓住它有别于其他树种的重要物候期，即每年 4 月上旬至 5 月下旬开小白花——“万绿丛中一点白”，则不难在丛林中把它识别出来。

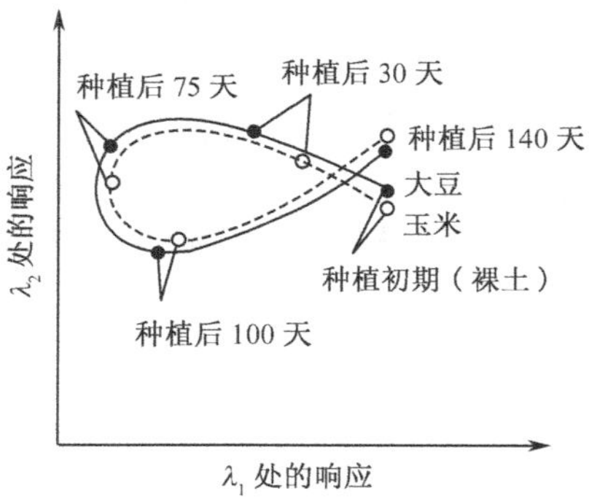

图 2.21　二维空间的时间变化[3]

图 2.21 表示在二维空间中，玉米和大豆光谱响应随时间的变化。在美国中部地区玉米和大豆两种作物都春季播种，秋季收获，整个生长期约 140 天。两者生长周期相同，光谱特性也很相似，又行间种植，较难区分。但是相比而言，玉米细而高，大豆矮而密，植株几何形状的差异导致不同的阴影效果和“植-土”比例，再加上两种作物叶子本身光谱特性的微小差异，使两种作物光谱特性间仍存在微弱差异。这种差异是随时间而变化的。从图上可见，在作物种植后的 30 天，两种作物的光谱响应差异最大。那么利用第 30 天的光谱数据，则区分效果相对较好。这说明我们不仅要熟悉研究对象本身的时相变化以及光谱特性随时间的变化规律，还应熟悉周围易于混淆作物的有关特征差异才能有效地区分它们。

遥感研究时相变化主要反映在地物目标光谱特性的时间变化上。这种光谱特性随时间的变化称为“光谱特性的时间效应”(temporal effects)。这种时间尺度可以是几小时也可以是几个月(季相变化)或年变化，如植物在它整个一年的生长周期中光谱特性几乎处于连续的变化状态中。这种变化可能属于自然变化，也可能由于翻耕、灌溉等人为因素造成的。不同种类的植物在不同时期内所发生的变化也是很不同的。这种光谱特性的时间效应可以通过遥感动态监测来了解它的变化过程和变化范围。充分认识地物的时间变化特性以及地物光谱的时间效应，有利于选择有效时段的遥感数据，提高目标识别能力和遥感应用效果。

与之相对应的是，光谱特性随地点的变化称为“光谱特性的空间效应”(spatial effects)。即在同一时刻，在不同地理区域的同种地物也具有不同的光谱响应，如森林中某树种的光谱特性随地点迁移而变化。这里不同地点可以只有几米，如作物行距或植物形态变化造成“植-土”相对比例的变化，但更多情况下是指几千米、几百千米较大地理范围的空间变化。

事实上，在对遥感数据有效解译中，遇到的最大难点之一，便是掌握被研究对象的光谱特性的时间和空间变化规律。从某种意义上可以说，光谱特性的时间和空间效应几乎影响整个遥感作业过程。它使分析地球资源的光谱反射率更为复杂化，但人们必须了解它，因为它们是在应用分析中选择合适信息的关键。

以上讨论了遥感研究对象有它的地学属性——空间分布、波谱反射与辐射特性、时相变化；与之相对应的遥感信息有它的物理属性——空间分辨率(空间特征)、光谱分辨率(光谱特征)、时间分辨率(时间特征)、辐射分辨率(辐射特征)、角度特征。在遥感应用研究中，要正确判断地物及现象，就必须对研究对象的地学属性以及光谱特性的时间、空间效应进行深入研究，并把它与遥感信息的物理属性对应起来。这就是说，你所取得的遥感数据是否足以反映对象的空间分布规律，是否符合其波谱特性，是否符合其时相变化规律，两者如果符合，就有可能取得较好的应用效果。反之，基本条件不具备，则不可能成功。

§2.3 遥感数据的获取与显示

前面已提到过，遥感过程中电磁辐射能经与大气层及与地表的相互作用后，带着大量地表信息被遥感仪器所探测、记录。这就是说，遥感过程是一个信息传递过程，一个从地表信息（多维、无限的真实体）到遥感信息（二维、有限、离散化的模拟信息）的遥感数据获取及成像过程。而遥感成像是将地物的电磁波谱特征，用不同的探测方式——摄影或电子扫描方式，分别生成各种模拟的或数字的影像，再以不同的记录方式获得模拟图像和数字图像。

2.3.1 遥感影像记录方式

1. 影像记录方式——模拟图像

影像记录方式主要指摄影乳胶的光学记录方式。它是以感光材料——乳胶（以 AgBr 为主，也有 AgCl、AgI）作为探测元件，运用光敏胶片表面的化学反应（即感光物质遇到光能发生分解反应：$Ag^+Br^- \xrightarrow{\text{光能}} Ag^+ + Br + \text{电子}^-$，$Ag^+ + \text{显影剂} \rightarrow Ag\downarrow$，黑色银粒沉淀），来直接探测地物能量变化，并记录下来。不同物质的电磁辐射能量差别，在胶片（或照片）上是以影像的密度差（一种模拟量）来表示的。图像是以银粒作为最基本的采样点，构成影像的最小单元——像点。

对于摄影系统（波谱范围：近紫外-可见光-近红外，0.3～0.9μm），胶片既是探测媒介又是记录的介质。同一幅图像为同一瞬间的成像，多属中心投影，空间分辨率高、几何完整性好。

对于摄影以外的其他遥感系统，其电信号也可以被转换成影像形式被胶片记录。在这种情况下胶片仅作为信号记录的介质。例如，热红外遥感器是一种电子遥感器。它所记录的热红外图像虽然也是通过胶片上的灰度变化来记录信息，但它是通过特殊的探测元件——热敏探测器来探测物体的热红外能量（发射能量），而胶片仅作为一种显示图像的介质。这与摄影图像有本质的差异。

除了摄影照片、胶片记录的图片以外，模拟图像还可以包括各种硬拷贝方式记录的图像，如不同类型黑/白或彩色打印机、绘图仪等输出的图像。可见，广义的“图像”也指图像数据的任何图片表示形式。它适用于计算机屏幕显示的数字图像。

2. 数字记录方式——数字图像

数字记录方式主要指扫描磁带、磁盘等的电子记录方式。它是以光电二极管等作为探测元件，将地物的反射或发射能量，经光电转换过程，把光的辐射能量差转换为模拟的电压差或电位差（模拟电信号），再经过模数变换（A/D），将模拟量变换为数值（亮度值），存储于数字磁带、磁盘、光盘等介质上。构成数字影像的最小单元为像元。一个像元只有一个亮度值，它是像元内所有地物辐射能量的积分值（或平均值）。同一幅图像里成像时间不一，属多中心投影。

扫描成像的电磁波谱段可包括从紫外到远红外整个光学波段。由于可以灵活地分割为许多狭窄谱段。故光谱分辨率高，信息量大，并适于数据传输和各种数值运算。

数字图像可以是各种遥感器直接获得的遥感图像数据，如用分离的探测器或扫描镜多波段成像的 Landsat/TM、NOAA/AVHRR 等数据，用线阵 CCD 多波段成像的 SPOT/HRV

数据，用线阵或面阵CCD多波段成像的多种成像光谱仪数据等。数字图像也可以是各种遥感（甚至非遥感辅助信息）经数字化过程变换而成的数字图像。数字图像数据的基本特点可用图2.22加以说明[19]。其中，图(a)显示连续色调的图片。但事实上它是由分离的像素或像元的二维矩阵组成的，每个像元的亮度是该像元对应的地面面积的平均亮度或辐射亮度；图(b)为图(a)中局部的放大而显示出单个像元；图(c)为图(a)的亮度直方图；图(d)显示每个像元的平均辐射亮度所对应的数值(digital number, DN)。它是由遥感器的原始电信号经模数变换处理后的正整数值。

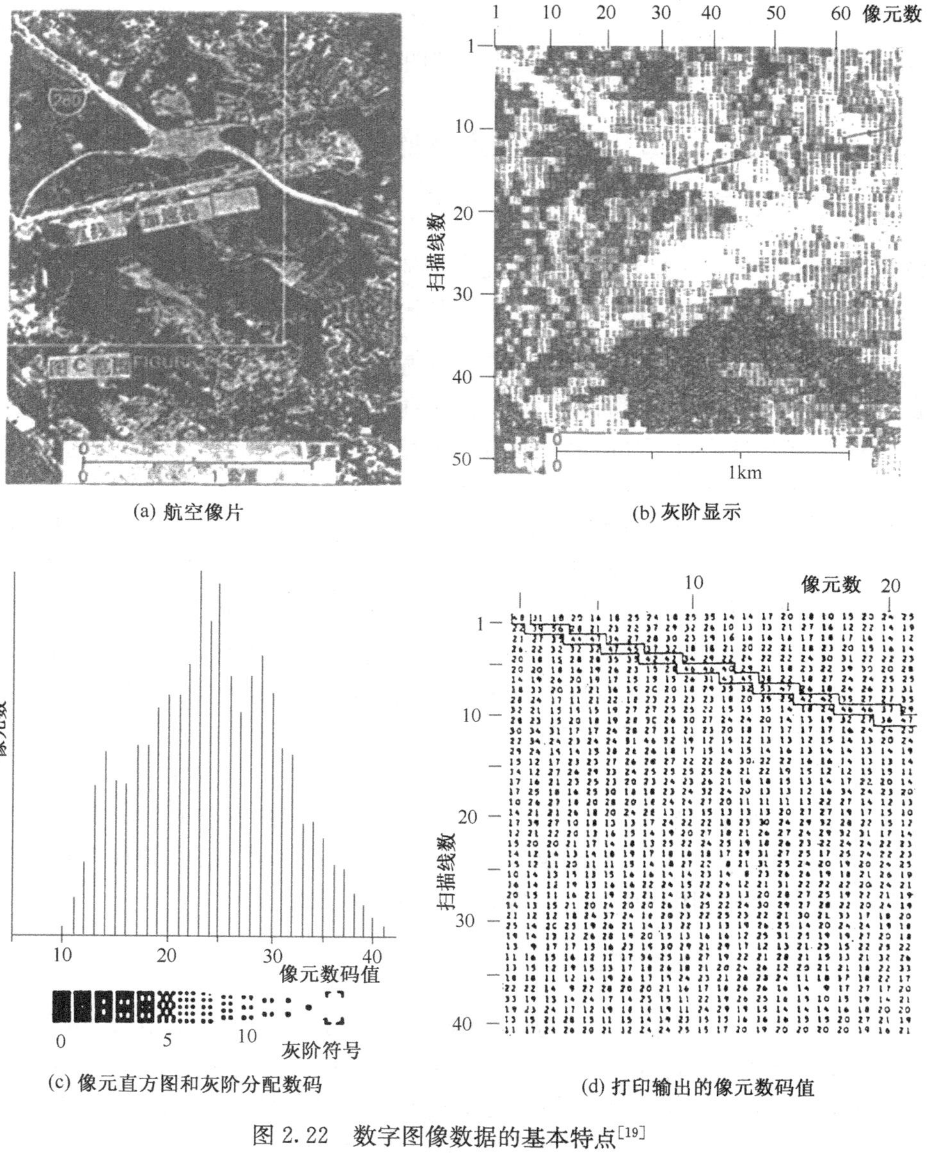

(a) 航空像片 (b) 灰阶显示

(c) 像元直方图和灰阶分配数码 (d) 打印输出的像元数码值

图2.22 数字图像数据的基本特点[19]

2.3.2 模数变换与数模变换

1. 模数变换(analog to digital, A/D)

地物反射波谱信号（或待处理的图像）都是连续变化的模拟量。遥感器接收并记录下这些模拟信号(往往是与测量的物理量有关的电压变量)。为了分析处理及传输存储的方便,需要把这些模拟信号通过 A/D 模数转换器转换成数据值。

模数变换即模拟信号与数字的转换,是将连续变化的模拟量转换为离散数字点集的过程。它包括两个主要过程——抽样和量化。所谓"抽样"(采样)是指在连续变化的模拟信号的变化轴上,按均匀或非均匀的空间间隔(采样间隔),读取或测量连续信号值,即把模拟图像分割成同样形式的小单元——像元/像素的空间离散化处理过程。为了使模拟信号的数字表示能以足够的精度再现这种信号的信息量,必须对信号进行足够数量的采样。所谓"量化"是指按一定规则(均匀或非均匀取值)将模拟样本值转换为一系列离散点值(像元的亮度值-灰度值),即离散化处理、编码过程。

图 2.23 是 A/D 变换过程的示意图。从遥感器得到的电信号是连续的模拟信号(在图上为连续的曲线)。这个连续信号被按一定时间间隔(ΔT)采样并数字记录每个样点(a、b、…、j、k)。对一特定信号的采样速率是由信号的高频变化决定的。为了正确表示信号的变化,采样速率必须至少高于原始信号最高频率出现的 2 倍。在图中输入的遥感器信号的电压值在 0～2V 范围内,输出的 DN 值在 0～255 值范围内。图中的 a 采样点,遥感器记录为 0.46V,它的 DN 值为 59(图右边显示了各采样点测出的 DN 值)。

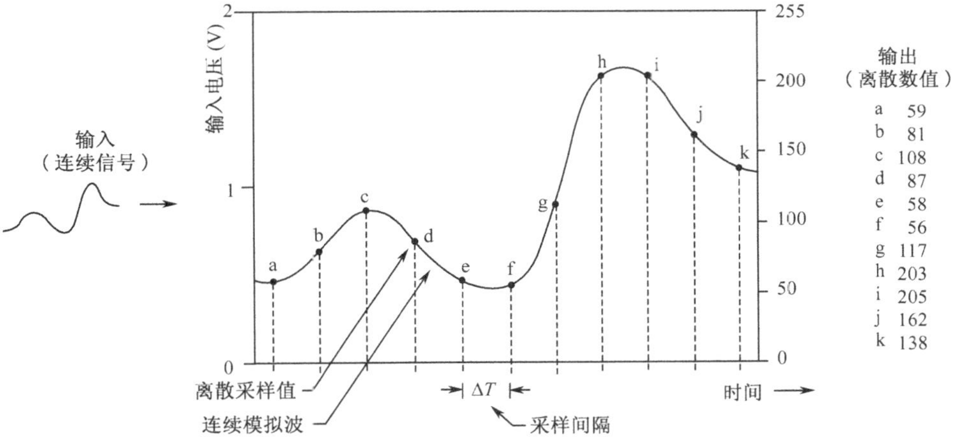

图 2.23 模数变换过程[2]

由于计算机以二进制记录数据,所以量化等级以二进制来划分,即 2^n。考虑量化引起的误差,n 取值不应低于 6。一般来说,一幅数字图像的 DN 值在 0～63、0～127、0～255、0～511、0～1023 数值范围。这些范围分别表示为用 6bit、7bit、8bit、9bit、10bit记录的一组整数(即 $2^6=64$、$2^7=128$、$2^8=256$、$2^9=512$、$2^{10}=1024$)。一般遥感数据以 8bit 数据取 $2^8=256$ 灰度级(其值 0～255)。这种数字格式的图像数据易于借助计算机来分析。模数变换的精度(即信号再现的保真性)表现为离散的图像与原连续变化的图像的均方误差,这是数字图像恢复为原图像的精确程度的度量。它与抽样间隔、数字化级数 n(即量化级)有关。而量化层次的取值与数字格式(6、8、10bit 数据等)有关,如 Landsat/TM 以 8bit 数据格式,取 256 量化级,即由最暗→最亮的亮度值变化在 0～255 范围内。

2. 数模变换(D/A)

数模变换是模数变换(A/D)的逆过程,是将离散的数据值恢复为模拟量的过程。数字图像的屏幕显示或扫描输出就是一种数模变换过程,即把离散的数字信号转变为连续变化的模拟图像。这种重构的模拟图像常受输出设备的精度指标、一些随机因素(如记录材料——胶片、相纸、绘图纸、记录设备、胶片曝光量等)的影响。因此,D/A 变换过程往往总有信息丢失,其精度往往不如原数字图像。

数模变换常通过数字图像处理系统的输出设备产生亮度图来完成的。其一般采用两种基本形式:①硬拷贝图像显示:主要指打印机、绘图仪或胶片产生的具体、有形的硬拷贝图像,用于目视解译;②视频图像显示:主要指通过显示器屏幕显示的图像,这种视频显示,可以修改或放弃,也可以转为硬拷贝输出。

图 2.24 表示视频图像显示过程。CPU 从存储介质中读取遥感数据,并以 bit 形式存于图像处理器的缓冲存储器内。存储器里的 bit 数据通过读数器读取每个像元的亮度值,然后将此值指派为彩色一览表(CLUT)的 RGB 值,并提供给数模变换器(DAC),将分离的 R、G、B 数据值变为适当的模拟信号(连续的电信号)。此模拟信号用以调整 R、G、B 枪的强度,即控制着每个像元在视频 CRT(阴极摄像管)屏幕显示的亮度。因此,分析人员观察屏幕图像,实际上是看存储于图像处理显示装置里的数值的视频显示。

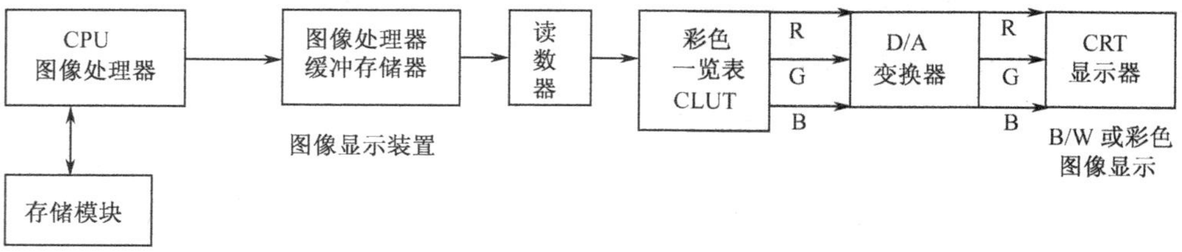

图 2.24 视频图像显示过程

可见,缓冲存储器以及相连的 CLUT,构成了视频图像不同的显示方式,从而生成不同的图像(如黑/白图像、伪彩色图像、假彩色合成图像、真彩色图像等)显示在彩色视频屏幕上。

数字图像的不同显示方式如下。

(1) 黑/白图像显示(B/W),即在 8bit 图像处理器的 LUT 中每个像素对应相同的 R、G、B 值。若某单波段图像中的一个像元对应的 R、G、B 值为(0、0、0),则呈黑色像元,为(127、127、127)则呈灰色,为(255、255、255)则呈白色。同理该图像的其他像元值在 0~255,最后生成一幅黑/白图像。

人眼只能区分 20 余种不同等级的灰度,却可辨别几千种不同的色度与不同亮度,显然把 B/W 图像变换为彩色,可以提高图像的可鉴别度。数字图像的彩色显示一般采用红绿蓝(RGB)彩色坐标系统和加色理论。

(2) 伪彩色图像显示(pseudo-color),实际上是把黑白图像的各灰度值按一定的线性或非线性函数关系映射成相应的彩色。它是作为单色图像存储的,如存储器存有一幅 8bit 的单版图像,每个像元值对应 CLUT 的 R、G、B 值。它们分别提供给三个分离的"DAC"转换为适当的强度。由于在给定范围内,LUT 仅能存储有限的选择色,因此限制了在屏幕上显示的色彩范围,最终生成一幅伪彩色图像。

(3) 彩色合成图像显示,即三幅 8bit 图像以 R、G、B 方式存于存储器内,通过三个 8bit 分离的数模变换器(DAC)连续读每个 R、G、B 图像的同一像元亮度值,并变换为模拟信号。这个信号用以调整 CRT 屏幕上 R、G、B 枪的强度,生成彩色合成图像。若红波段(R)、绿波段(G)、蓝波段(B)三幅图像分别赋予 R、G、B 三色,所生成的是"真彩色"(true)或"天然"(quasi-natural)彩色合成图像,如 TM3、2、1(RGB);若三幅其他任何波段图像赋予 R、G、B 三色,则得假彩色(False)合成图像，如 TM1、2、3(RGB)，TM3、5、4(RGB)等；若近红外波段(NIR)、红波段(R)、绿波段(G)三幅图像分别赋予 R、G、B 三色，则得标准假彩色合成图像，如 TM4、3、2(RGB)，SPOT3、2、1(RGB)等；在标准假彩色合成图像中，三种主要的地表覆盖类型：植被呈红色系列，水体呈蓝色系列，裸地呈浅色系列，易于识别。

参考文献

[1] 陈述彭，赵英时. 遥感地学分析. 北京：测绘出版社，1990.

[2] Lillesand T M, Kiefer R W, Remote Sensing and Image Interpretation (3rd). New York: John Wiley & Sons, 1994.

[3] Swain P H, Davis S M. 遥感定量方法. 朱振福，童寿彬，张晋，等译. 北京：科学出版社，1984.

[4] Liang S L. 定量遥感. 范闻捷，等译. 北京：科学出版社，2008.

[5] Trishchenko A P, Cihlar J, Li Z Q. Effects of spectral response function on surface reflectance and NDVI measured with moderate resolution satellite sensors. Remote Sensing of Environ, 2002, 81(1):1-18.

[6] Campbell J B. Introduction to Remote Sensing. New York: the Guilford Press, 1987.

[7] 遥感研究会. 遥感精解. 刘勇卫，贺雪鸿译，北京：测绘出版社，1993.

[8] A General Introduction to MISR: http://www-misr. jpl. nasa. gov/introduction/introduction. html.

[9] 龙飞，赵英时，徐建春. 多角度 NOAA 数据方向信息提取的方法研究. 遥感学报，2000，4(增刊)：101-105.

[10] 徐希孺，柳钦火，李兵. NOAA-AVHRR 在植被动态监测中的非朗伯体问题. 遥感学报，1997，1(增刊)：31-35.

[11] 周心铁. 遥感考题制图的信息单元特征和专题信息的数学化分析. 见：陈述彭. 区域地理信息分析方法与应用. 北京：科学出版社，1990.

[12] Krawitz L, et al. Earth Resources Program Scope and Information Needs, NASA, CR. 141767, Nov, 1974.

[13] 卡农公司图像研究室. 遥感-遥感技术的发展及其应用研究. 北京：科学出版社，1983.

[14] Collins W. Remote Sensing of Crop type and maturity. Phote Engin & Remote Sens, 1978, 44:43-45.

[15] Horler D N H, et al. The red edge of plant leaf reflectance. Int J Remote Sens, 1983, 4:273-288.

[16] Liu W D, Baret F, Gu X F, et al. Relating soil surface moisture to reflectance. Remote Sensing of Environ, 2002, 81(2-3):238-246.

[17] 童庆禧，等. 中国典型地物波谱及其特征分析. 北京：科学出版社，1990.

[18] 王锦地，张立新，柳钦火，等. 中国典型地物波谱知识库. 北京：科学出版社，2009.

[19] 萨宾 F. 遥感原理与解译. 北京：地质出版社，1980.

第 3 章　可见光-反射红外遥感

遥感可以根据探测能量的波长和探测方式、应用目的分为可见光-反射红外遥感、热红外遥感、微波遥感三种基本形式，前两者可统称为光学遥感。

(1) 可见光-反射红外遥感：记录的是地球表面对太阳辐射能的反射辐射能。其关键变量包括大气纯洁度、地物波谱特性、太阳辐射强度、太阳高度角及其他变量。按采集数据的方式，一般可分为摄影系统与扫描系统。这是本章要详细讨论的内容。

(2) 热红外遥感：记录的是地球表面的发射辐射能。地表发射的能量主要来自吸收太阳短波辐射能，并转换为热能，然后再辐射较长波段能量。这部分内容将在第 4 章讨论。

(3) 微波遥感：有主动、被动之分。记录地球表面对人为微波辐射能的反射辐射能，属于主动遥感，其主动在于它自身提供能源，而不依赖太阳和地球辐射，最有代表性的主动遥感器为成像雷达。而记录地球表面发射的微波辐射能的属于被动遥感。这部分内容将在第 5 章讨论。

§3.1　摄影系统

摄影系统选用了光学摄影波段，即紫外-近红外(0.3～0.9μm)谱段的电磁辐射能量，通过照相机(摄影机)直接成像。这里除了可见光外，还有不可见的紫外光和近红外光被探测，并以可见的图像形式被记录。但事实上，短波的紫外多被大气吸收与散射，在遥感中很少被利用。因此，人们常把可见光-近红外(0.38～0.9μm)谱段作为光学摄影波段。摄影系统是一种分幅成像系统，一幅像片的所有内容都是瞬间同时获得的。

尽管摄影系统与多波段扫描系统相比，其起探测作用的胶片的光谱响应范围要窄得多，但它的空间分辨率高，几何完整性好，视场角也比线扫描系统大，便于人们利用摄影图像进行较精确的测量、分析，且它具有高度的灵活性、实用性、成本低等优势，因而仍有很大的吸引力，被人们广泛应用。

航天摄影系统较航空摄影相比，由于平台高度大，环境条件有所变化，无论是工作温度、曝光量，还是飞行器运动引起的像移等均有不同，需要采用一些相应的措施，如自动曝光控制装置、高感光度胶片、运动补偿、像移改正装置等。美国航天飞机曾多次用到航天摄影机 RMK A30/23、大像幅相机(LFC)拍摄到高质量的像片。前苏联的摄影机 KFA-1000 可从航天平台取回空间分辨率高达5～10m 的高质量摄影图像。尽管航天摄影系统得到许多国家的重视。但是一般说来，遥感摄影系统还是以航空摄影为主。这是因为摄影相机依赖于太阳辐射，胶片记录的是感兴趣目标对太阳光的反射辐射，其中除了接收地面直接反射的能量外，还接收未达地面的大气散射光以及由地面反射后经大气散射的天空漫射光，因而大气效应不能忽视。而航天平台高，大气层的干扰因素强，直接影响到摄影像片的质量。相比之下，航空摄影精度更高，实用性更强，优势更为明显。

下面我们着重讨论航空摄影像片的几何特征和光学特征。

3.1.1 航空像片的几何特征

航空像片分倾斜和垂直两种。遥感应用中一般用垂直摄影的像片。所谓垂直摄影并非绝对垂直。飞机在飞行中，其飞行高度、飞行姿态总不可避免地会有变化，造成相机光轴的微倾斜($1°\sim3°$)，使所成的像片也有微弱倾斜。这种近似的"垂直"像片，正是我们要讨论的对象。

1. 像点位移

摄影图像多为地面中心投影，即反射光线通过固定点(相机物镜中心)投射到投影面上。地面常有起伏，物体多有高度，像片又有倾斜(近似垂直、倾角小于3°)，则导致像点位移、图像变形。其变形规律是以像主点(指相机主光轴所对应的地面点的构像或像片上框标连线的交点)为中心呈辐射状，越往边缘变形越大，地形起伏越大变形越大，正地形向外移，负地形向内移。位于像主点的物体，仅见其顶部，位于其他部位的物体可以见到其顶和边部(图2.1)。像点位移量(d)与物体高度(h)成正比，与物体距像主点的距离(r)成正比，与飞行高度(H)成反比。即 $d=hr/H$ 。同时，位移量还依赖于相机焦距(f)及飞行高度，但这对于特定摄影系统的一组像片可以认为是常量。像点位移是测量物体高度的基础，也是航空像片几何误差的主要来源。

2. 空间分辨率

空间分辨率用以表示一个特定摄影系统所生成图像的光学质量，反映像片上分辨地物的能力。分辨率受一系列参数的影响，如胶片解像能力、用以获取图像的相机透镜、曝光时任何非补偿图像运动、曝光时的大气条件、胶片处理条件等。其中部分因素是可以定量的。

空间分辨率与像片分辨率、像片比例尺有关。像片分辨率受制于镜头分辨率(与光学性能、尺寸有关)和胶片分辨率。胶片分辨率被表示为每毫米的线对数(l/mm)。它受到像片对比度的很大影响。对比度越强，分辨率越高。如在1.6∶1的对比度下，一个给定的全色片可以有50l/mm的分辨率；而当对比度为1000∶1时，同样胶片则可以有100l/mm的分辨率。

像片比例尺表示像片上的单位距离所代表的地面实际距离。比例尺的计算可以通过像片上两点间距离(d)与地面实际距离(D)之比，或者用相机焦距(f)与地面以上的飞行高度(H')之比，严格地说，H'为相对高度，它是飞行航高(海拔)H与所测地形的海拔高度(h)之差。由于像片总有少量的倾斜，像点位移也引起图像变形，所以一幅摄影图像的比例尺是不均匀的。

对于一个摄影系统而言，系统分辨率确定后，空间分辨率则与比例尺有关，比例尺越大，分辨率越高。两者的关系可表示为

$$G=\frac{\text{图像比例尺的倒数}}{\text{系统分辨率}}$$

式中：G为地面分辨距离，即像片上能被分辨出的地面上两个目标间的最小距离，也就是地面分辨率。例如，一幅像片的比例尺为1∶50000，系统分辨率为40l/mm，则地面分辨率G=50000/40=1250 mm=1.25 m。

3. 立体成像与度量

飞机携带相机沿飞行线获取垂直航空像片。由于实际应用中多选用航空像片的立体像对，因而成功的飞行，航向重叠应为55%～65%，至少50%，一般为60%；旁向重叠大致为30%。像片重叠则意味着在相隔一定距离的不同位置拍摄同一目标。存在视差可以构成立体像对，并进一步获得三维立体模型。

要获得正确的立体观察，必须具备以下条件：①存在立体像对，且像对的比例尺之差不得超过 15%；②像对上同名点距离不可大于眼基距(约 0.6m)，否则光线不汇聚；③像对正确定向；④分视，左眼看左像，右眼看右像。立体镜的作用既帮助观察者改变平时交会观察的习惯使左右眼分视，又帮助扩大视野，使像对同名点距可以大于眼基距。

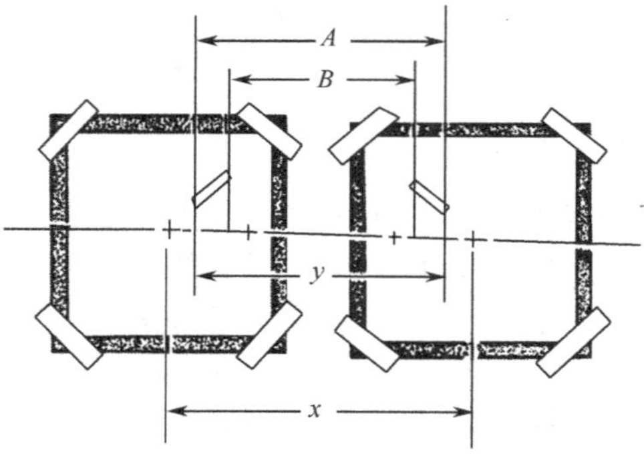

图 3.1　立体像对的度量[1]

立体观测还可以量测物体的相对高度。图 3.1 表示在物体相对高度测量中，将立体像对定位，其像主点连线为飞行线。测量两像对的像主点间距离 x，以及被测物体底部距离 y，测量两像对中，该物体的顶距 B 与底距 $A(A=y)$，则

$$h=\frac{\Delta P}{P+\Delta P}\cdot H \qquad (3.1)$$

式中：h 为物体的相对高度；H 为航高；P 为视差，取值 $x-y$；ΔP 为视差较(即视差之差)，取值 $A-B$。

像对立体观察时往往有垂直夸大。它指一个立体模型垂直比例尺大于水平比例尺，取决于摄影系统与立体观测系统的几何关系。两张连续叠复像片各中心点间的地面距离称为航摄基线。航摄基线与飞行高度之比称为基线-高度比，它决定了立体模型垂直夸大程度。基高比越小，垂直夸张越小。例如，若航摄基线 5400m，航高 9000m 时，基线-高度比为 0.6，则在立体镜下它的垂直夸大系数为 4。

摄影图像存在几何误差，特别是像点位移。立体像对可以通过正射投影仪或软件处理产生影像图的纠正形式——正射影像图。正射投影处理将中心投影的像片转换为正射投影的图像，纠正了摄影像片倾斜与高度的位移，因此正射影像图是以地图形式存在的不带标注、比例尺和地理坐标的“地图”。它比一般地图制作周期短、费用低，且显示了更详细和直观的信息，被广泛应用于摄影测量。特别是它可在没有地形图的地方代替地形图或作为地形图的重要补充。图 3.2 表示正射投影与中心投影的差异。图中，(a) 地图：正射投影，无地形位移，顶视物

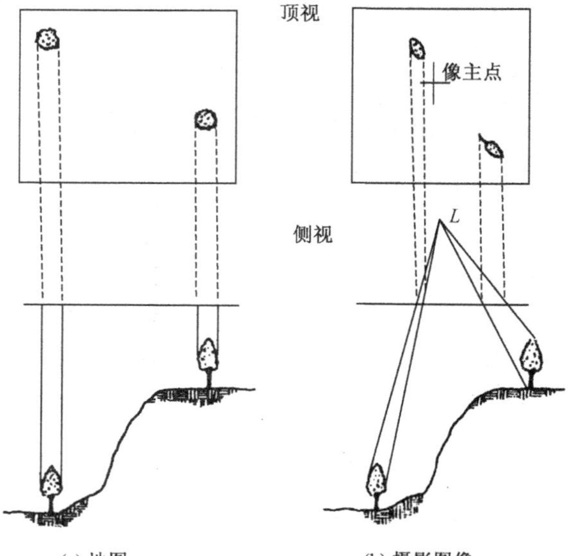

(a) 地图　　(b) 摄影图像

图 3.2　正射投影与中心投影[2]

体;(b) 照片:中心投影,又称透视投影,比例尺变化,图像变形。地形起伏导致地形位移,地形越高,距相机越近,变形越大,其表现出的面积比地形低处相应面积大,且物体顶部向外辐射状位移量大,故又称地形位移。可见,对于高物体、图像边缘及飞行高度低时,均出现位移量大的像点位移。

摄影系统的视场比线扫描系统的大得多,可达 80°,甚至更大。图 3.3 给出计算透镜视场(FOV)的几何关系图[3],即

$$\beta = \text{FOV} = 2\arctan\left(\frac{d}{f}\right) \quad (\text{度或弧度}) \qquad (3.2)$$

式中:d 为位于焦平面上的场光阑的半径;f 为透镜的焦距。

图中透镜的直径 D 并不影响透镜视场的大小。举个例子,对于一个焦距为 50mm 的典型 35mm 相机的透镜系统。若 35mm 胶片的对角线距离(即有效场光阑的直径,或理解为透镜的有效探测面积的直径)为 41.6mm,则视场

$$\text{FOV} = 2\arctan\left(\frac{20.8}{50}\right) = 2 \times 22.5° = 45°$$

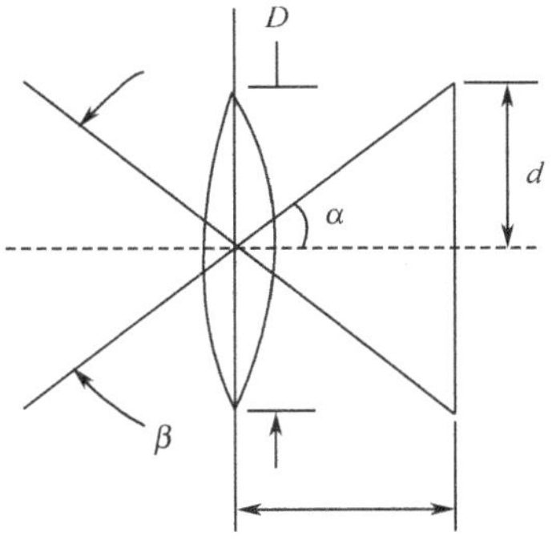

图 3.3　简单透镜的视场[3]

3.1.2　航空像片的光学特征

根据胶片的结构,可将航空像片分为多种。

1. 黑白全色片与黑白红外片

黑白全色片:感光乳剂中加有全色增感剂,对整个可见光波段的各感光乳胶层均可能有响应。

黑白红外片:感光乳剂中加入红外增感剂,加滤光片后,仅对近红外波段的感光乳胶层有响应。

图 3.4 为天然草地与人造草皮的反射光谱曲线。在 B、G、R 的可见光谱段,天然草地和人造草皮反射率曲线是相似的。但在近红外谱段,两者却差异很大,草地为高反射,人造草皮为低反射。图 3.5 黑白全色片(a)与黑白红外片(b)显示的是美国威斯康星大学校园。图中足球场是人造草皮,在黑白全色片中与校园绿地难以区分,但在黑白红外片中,由于近红外的低反射率,与校园绿地区分十分明显。黑白航空像片多用于高分辨率摄影测量中,侧重于几何方面的分析。

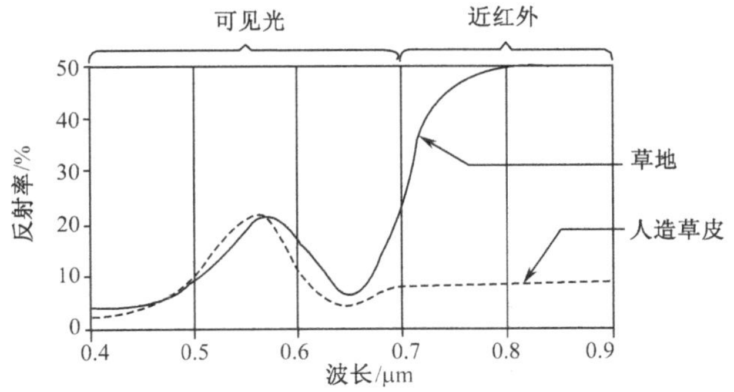

图 3.4　草地与人造草皮的反射光谱曲线[2]

(a) 全色片(B/W)

(b) 红外片(B/W)

图 3.5　草地与人造草皮在不同图像上的不同表现[2]
(美国威斯康星大学校园)

2. 天然彩色片与彩色红外片

天然彩色片:天然彩色胶片的感光膜是由三层乳胶层组成。片基以上依次为感红层、感绿层、感蓝层。胶片对整个可见光波段的光线敏感,所得的彩色图像近于人的视觉效果。

彩色红外片:彩红外胶片的三层感光乳胶层中,以感红外光层替代了天然彩色胶片的感蓝光层,因此,片基以上依次为感红层、感绿层、感红外层。当目标反射0.5～0.9μm 波长范围内的电磁波能量入射到胶片上时,其中的红外分量、绿光分量、红光分量分别在相应的乳胶层感光,经显影、定影处理后,在胶片(负片)上分别呈青、黄、品红影像,而在像片(正片)上分别呈现红、蓝、绿(负片色彩的互补色)的彩色影像(图 3.6)。在彩色红外像片上,"绿色"物体呈蓝色,"红色"物体呈绿色,"反射强红外"的物体则显示红色。可见,彩红外像片上重现的"物体颜色"均向短波段方向移动了一个色位。自然界的大多数物体同时反射几个谱段的光,因而彩红外像片显示多种反射而产生的多种色彩,基本色源蓝、绿、红以及它们叠加后的各种间色、复色。再加上彩红外胶片的三层乳胶层感光度不同,使它们的成色差别较大,色反差增大。因而,彩红外像片较一般彩色像片色彩更鲜艳,层次更丰富,地物对比更明显,微弱的色差更易分辨。

另外,由于彩红外胶片上三个感光层对蓝光均有反应,而蓝光为强散射波段,它所产生的大气散射光和天空漫射光并不含地面信息,只能增加图像灰度、模糊感,降低图像反差,从而降低了图像的空间分辨率和检出能力。因而,在相机上均加上一个吸收蓝光的黄色滤光片(或胶片上直接加上黄色),滤去散射蓝光,以改善图像反差。所以,彩红外像片较一般彩色像片图像更清晰,有较强的透雾能力,利于图像判读。彩红外像片还有一个突出特点就是信息量丰富。它把感光范围从可见光扩展到近红外(0.7～0.9μm),增加了地物在近红外波段的信息特征。而地表几个基本的覆盖类型——植被、土壤、岩石、水体等的反射波谱特性均在近红外波段表现出较大的差异。所以,彩红外像片不仅比一般彩色像片信息更丰富,而且识别地物的能力更强。这些特点正是彩红外像片在资源、环境、航空遥感调查中被如此广泛应用的原因所在。

地物在彩红外像片上的影像色彩主要取决于它对红、绿、红外光的反射特性。例如,绿色植物叶子在光合作用中吸收红光、蓝光,反射绿光(约 20%)和近红外光(约 50%)。在正片上绿光呈蓝色,红外光呈红色,两者叠加合成品红色影像。但由于红外光的反射率远大于绿光反射率,则正片上的红色远强于蓝色,因而健康绿色植物在彩红外像片上多呈突出的红色系列。

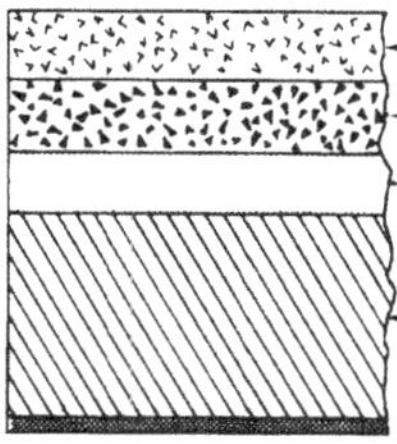

(a) 结构

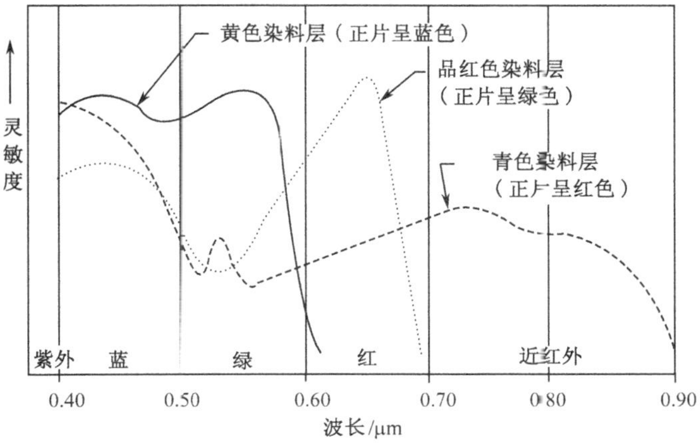

(b)负片的感光性

图 3.6　彩色红外像片的结构与感光度[2]

只是随着绿色植物的种类不同，对绿光、红外光反射的差异，色彩中红、蓝成色比例有所变化。例如，水稻多呈暗红色，幼年作物多呈粉红色，旺盛生长期作物多呈鲜红色，针叶林呈紫红色，阔叶林呈红色等；而枫叶、红果实等因反射红光、红外光，在正片上呈绿＋红的黄色。植物发生病虫害或死亡，其红光反射增强，绿光、红外光反射大大减弱，正片呈绿或蓝绿色，所以彩红外片被用于森林病虫害的调查。水体强烈吸收红外光，并吸收红光而反射蓝绿光，在正片上呈黑＋蓝的蓝黑色、蓝灰色。当水体含泥沙或被污染时，便较多地反射红光、红外光，则影像色彩呈现蓝→青→黄色变化。因此，彩红外像片对清水、浊水、污染水及土壤湿度等易于判别。裸地或土壤对红外、红、绿、蓝光均有反射。随着水分和有机质含量的不同，颜色变化较大。若水分含量少，则蓝、绿光反射少，而呈淡黄、棕色；若湿度大些则红外光被吸收，蓝、绿光反射增强，而呈不同的灰青色。盐碱地、沙地为白色、黄白色。云和雪均呈亮白色，人们借助于云的阴影来加以区别；居民地（城区），因多为水泥材料，青灰屋顶反射蓝、绿光且反射率较低，而呈灰蓝色，若为红瓦房反射较强的红光、红外光而呈淡黄色。

以上的分析只说明遥感图像的影像色彩与地物反射波谱特性具有一定的对应关系。但是，实际上因受多种因素干扰，情况要复杂得多。首先地物波谱本身是因时因地而异的变化值。另外彩色像片的色彩不仅与地物波谱、感光材料有关，还与摄影条件、彩色处理过程（曝光量、显影时间等）相关，往往出现偏色等现象，需要实地验证，建立判读标志[4]。

3. 多光谱摄影像片

摄影系统中，除了采用多层乳剂来实现光谱分离外，还采用了多光谱技术，即用几台摄影相机的多透镜系统和不同的胶片-滤光片组合来实现光谱分离，同时成像，得到同一景物的多波段图像。

§3.2 多光谱遥感系统

虽然多光谱扫描成像系统较多光谱摄影系统结构复杂，但有其固有的优势：

(1) 多波段扫描系统运用电子探测器，可将感应波段扩展到 0.3～15μm，包括紫外、可见光、近红外、中红外、热红外谱区，且可以感应很窄的光谱波段；而摄影系统的波谱区域仅局限在 0.3～0.9μm 的光学摄影波段内。

(2) 扫描系统是数字记录形式，能根据要求迅速发送、记录、分析或处理输出的电信号，并可实时显示；而摄影系统以回收胶片方式为主，而胶片和图像的转换需由地面完成。

(3) 扫描系统的数据是由电子产生，更适于定标，可给出定量的辐射数据；而摄影系统的图像是由胶片光化学过程获得，辐射定标困难。

(4) 扫描系统的电子格式允许记录很宽范围的值，即探测器的动态范围，通常比摄影胶片大，且在探测过程中，探测器并不损耗。

(5) 多光谱扫描系统用同一光电系统同时采集整个光谱波段的数据，再经分光系统分解成不同波长的光；而多光谱摄影系统用多个分离的光学系统独立地采集每个波段图像，这导致各分波段图像在空间和辐射方面存在可比性问题。

多光谱扫描成像遥感系统主要有：① 用分离探测器和扫描镜的光机扫描系统；② 为线性阵列扫描系统；③ 线阵或面阵成像光谱系统，下面我们将分别加以讨论。

3.2.1 光-机扫描系统

1. 成像原理

光-机扫描系统(optical-mechanical scanning)，利用平台的行进和旋转扫描镜对与平台行进的垂直方向的地面(物平面)进行扫描，获得二维遥感数据，故又称物面扫描系统(across-track)。

光-机扫描系统是由扫描系统(旋转扫描镜)、聚焦系统(反射镜组)、分光系统(棱镜、光栅)、检测系统(探测元件——光电转换系统、放大器)、记录系统(磁带记录仪)等组成。

图 3.7 显示一个 5 通道光机扫描仪的成像过程。入射光束通过一个二色镜分离成可见光与红外能量。可见光部分再通过棱镜进一步分离为三个子波段，同时红外能量被分为两个子波段。分离后的这 5 个较窄波段(或通道)的光分别感应相应的探测器产生不同的电信号并被放大和记录在多波段磁带记录仪上。

从光-机扫描系统的成像过程可知，光机扫描是行扫描，每条扫描线均有一个投影中心，所得的影像是多中心投影影像。影像的飞行方向和扫描方向的比例尺是不一致的。在一条扫描线上，因中心投影及地面起伏会产生像点位移，且离投影中心越远，像点位移量越大。这构成了光机扫描影像的最基本的几何特征。

2. 陆地卫星 Landsat 系列

美国 NASA 的陆地卫星(Landsat)计划，从 1972 年 7 月 23 日以来，已发射 7 颗(第 6 颗发射失败)。Landsat 1～4 均相继失效，Landsat 5 仍在超期运行(从 1984 年 3 月 1 日发射至今，但数据已出问题)。目前主要依靠 Landsat 7(1999 年 4 月 15 日发射至今)所获得数据。陆地卫星的轨道设计为与太阳同步的近极地圆形轨道，以确保北半球中纬度地区获得中等太阳高度角(25°～30°)的上午成像，而且卫星以同一地方时、同一方向通过同一地点，保证遥感观测

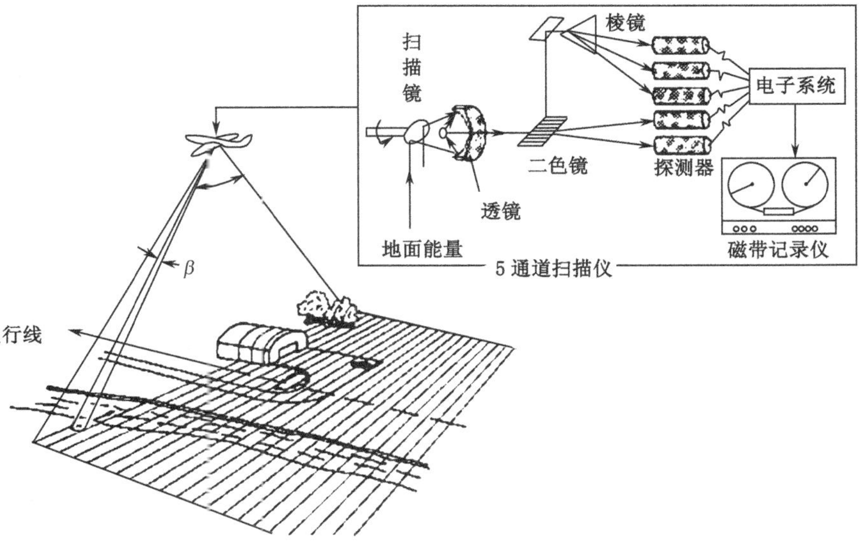

图 3.7 光-机扫描仪的成像原理与工作过程[2]

条件的基本一致，利于图像的对比。例如，Landsat 4～7 轨道高度 705km，轨道倾角 98.2°，卫星由北向南运行，地球自西向东旋转，卫星每天绕地球 14.5 圈，每天在赤道西移 2752km，每 16 天重复覆盖一次，穿过赤道的地方时为 9 时 45 分，覆盖地球范围 N81°～S81.5°。

Landsat 6 / ETM，在原 TM 7 个波段的基础上，除加了一个全色波段 0.5～0.9μm，空间分辨率 15m 外，还改善了探测器设计，使所有波段数据可自动配准，并有一个 9bit 的 A/D 转换器提供高、低增益。高增益用于低反射区(如水)，低增益用于高反射区(如沙漠)。遗憾的是，Landsat 6 因技术问题发射失败。Landsat 7/ETM+，在原 ETM 的基础上，设置了太阳定标器和内部灯定标，以改善辐射定标，且热红外谱段空间分辨率提高到 60m。

TM(thematic mapper)为专题制图仪，ETM(enhanced thematic mapper)为改进型的专题制图仪，均属多光谱光-机扫描仪。陆地卫星在波段选择上，均考虑到在各自的条件下最大限度地区分和监测不同类型的地球资源，特别是对主要地面覆盖植被、土壤、水体等的区分能力。TM 选用可见光—热红外(0.45～12.5μm)谱段，共分 7 个波段；ETM+在 TM 的基础上，增加一个全色波段(pan)，0.5～0.9μm，共分 8 个波段。下面以最具代表性的 TM 为例，对照地表主要覆盖类型——植、土、水的反射波谱曲线(图 3.8)，简述 TM 数据的特点。

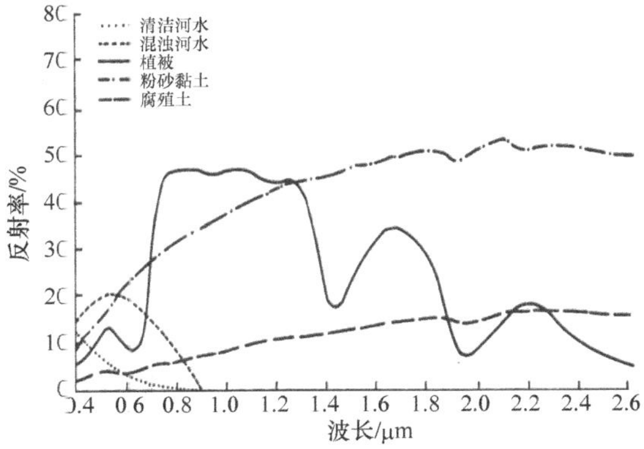

图 3.8 植被、土壤、水体的反射波谱曲线[5]

TM1：0.45～0.52μm，蓝波段。该波段位于水体衰减系数最小、散射最弱的部位（0.45～0.55μm），对水的穿透力最大（对清水可达 30m），可获得更多水下细节，用于判别水深、浅海水下地形、水体浑浊度、沿岸水、地表水等，进行水系及浅海水域制图。同时它位于绿色植物叶绿素的吸收区（0.45～0.50μm），对叶绿素浓度反应敏感，用于海水叶绿素含量监测，特别是常绿与落叶植被的识别，森林类型制图以及土壤与植被的区分，也有助于植物胁迫（stress）的识别。

TM2：0.52～0.60μm，绿波段。该波段位于健康绿色植物的绿色反射峰（0.54～0.55μm）附近，对植物的绿反射敏感，可用以识别植物类别和评价植物生产力。对水体有一定穿透力（一般为 10～20m），可反映水下特征、水体浑浊度、沿岸泥沙流、水下地形、沙洲、沿岸沙地等，并对水体污染特别是金属和化学污染的研究效果好。

TM3：0.63～0.69μm，红波段。该波段位于叶绿素的主要吸收谷（0.67～0.69μm）附近，可根据对不同植物叶绿素的吸收来区分植物类型、覆盖度，判断植物生长状况、健康状况等。同时它位于含沙浓度不同水体辐射峰值（0.58～0.68μm）附近，对水中悬浮泥沙反应敏感，用于研究泥沙流范围及迁移规律。对水体的穿透力约为 2m 左右。此外，该波段对裸露地表、植被、土壤、岩性、地层、构造、地貌、人文特征等可提供丰富的信息，为可见光最佳波段。

TM2、3 较原 MSS 4、5 波段为窄，更集中地反映出叶绿素的绿光次反射和红光吸收，以提高对植物光谱检测的灵敏度（图 3.9）。

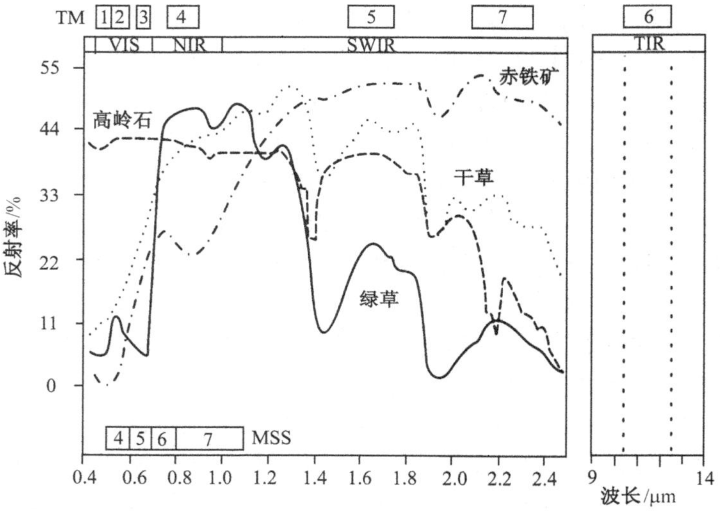

图 3.9 Landsat/TM 对植物、矿物的检测能力[6]

TM4：0.76～0.90μm，近红外波段。该波段位于植物的高反射区，光谱特征受植物细胞结构控制，反映大量植物信息，故对植物的类别、密度、生长力、病虫害等的变化最敏感，用于植物识别分类、生物量调查及作物长势测定，为植物通用波段。同时，它处于水体强吸收区，水体轮廓清晰，用于勾绘水体、区分土壤湿度及寻找地下水、识别与水有关的地质构造、地貌（潮间带、潮水沟、古河道、边滩等）、土壤岩石类型等。

TM5：1.55～1.75μm，短波红外波段。该波段位于水的吸收带（1.4、1.9μm）之间，受两个吸收带的控制，反映植物和土壤水分含量敏感，利于植物水分状况研究和作物长势分析，并可增强土壤与绿色植物之间的反差，提高对植物的识别能力（图 3.9）。对岩性及土壤类型的判定也有一定作用。此外，该波段雪比云反射率低，色调暗而形成较大反差，易于区分雪和云，特别是那些可见光、近红外、热红外波段均难以区分的小而薄的云。一般说来，TM5 信息量大，利用率高。

TM7：2.08～2.35μm，短波红外波段。该波段位于水的吸收带（1.9、2.7μm）之间，受两个吸收带的控制，对植物水分敏感。它包含黏土化蚀变矿物吸收谷（2.2μm 附近）及碳酸盐化蚀变矿物吸收谷（2.35μm 附近），对岩石、特定矿物反应敏感，用于区分主要岩石类型、岩石的水热蚀变、探测与交代岩石有关的黏土矿物等，以增加地质探矿方面的应用，是地质学家追加的波段（图 3.9）。

TM5.7 均受水吸收带的影响，对植物叶子的含水量及由于水分过量引起的病变反应灵敏，并可增强土壤与绿色植物之间的反差，提高对植物的识别能力（图 3.9）。

TM6：10.4～12.5μm 热红外波段。探测常温的热辐射差异。根据辐射响应的差异，可进行植物胁迫分析、土壤湿度研究、农业与森林区分、水体、岩石等地表特征识别以及监测与人类活动有关的热特征，进行热测定与热制图。

Landsat/TM 的可见光-短波红外（TM 1～5、7）波段的空间分辨率为 30m；TM6 热红外波段的空间分辨率为 120m。ETM＋的全色波段（pan）空间分辨率为 15m；ETM＋的热红外波段空间分辨率提高到 60m。一幅陆地卫星图像的地面覆盖为 185km×185km。

Landsat 4、5、7 的重复覆盖周期（时间分辨率）为 16 天。TM 的辐射分辨率为 256 量级（8bit）。一景 TM 图像的总数据量增至约 250～300MB。即每个反射波段 16 个探测器，6 个反射波段共 96 个探测器，再加上热辐射波段 4 个探测器，则任一瞬间有 100 个探测器感应地表的辐射亮度。ETM＋的全色波段有 32 个探测器，该波段数据约为 TM 其他波段（除 TM6）的 4 倍，而 ETM 的热红外波段按增益方式分为 6L、6H 波段，故一景 ETM 的总数据量约 600～670MB。

TM 改进了姿态控制系统，使平台稳定性改善；改进扫描方式，降低扫描速率，改善系统的光学效率等，因而 TM 数据的几何精度提高，更利于图像配准和制图，可用于编制1∶10万，甚至 1∶5 万的专题图。

通过对 TM 7 个波段数据的分析，可获得 5 个具有明确物理意义的特征变量。

(1) 亮度（brightness），主要反映地物的反射辐射水平，不同地物构成亮度的主要波段是有不同的。一般说来，TM1～7 对亮度都有不同程度的贡献。

(2) 绿度（greenness），主要反映植被信息，对绿度贡献最大的是对植物高反射的 TM4 和对叶绿素强吸收的 TM3。植被指数多为 TM3、4 的各种组合（如 NDVI、RVI 等）（参见第 12 章“植被遥感”有关内容）。

(3) 湿度（wetness），主要反映水分信息，对湿度贡献最大的是 TM5、7。它们均处于两个水的强吸收带之间，受到水吸收带的控制，对湿度反应最灵敏。湿度指数多为 TM5、7 的各种组合（如 NDWI 等）。

(4) 透射度（degree of transmission），就水体透射可见光而言，对透射度贡献最大的是 TM1、2，可研究水深、水下地形等。

(5) 热度（thermoness），主要反映物体常温下的热辐射差异，也可反映高温的“热度”，构成热度的主要是热红外波段的 TM6，它与湿度也有一定相关性。

对于不同的应用目的和研究对象，其最有意义的特征变量是不同的。如土地资源调查中，最有用的是亮度、绿度、湿度，而对于地质体的研究则亮度、湿度、热度意义更大。另外，由于存在地域差异，可根据不同的区域特征和不同的目标，进行不同波段数据的各种变换处理，获得新的特征空间数据集。

3. 气象卫星 NOAA 与“风云”系列

美国 NOAA 极轨气象卫星从 1970 年 12 月第一颗发射以来，已经发射了 19 颗，最新的 NOAA-19 于 2009 年 2 月 6 日发射升空。NOAA 气象卫星系列采用双星系统，与 Landsat 相似的轨道——与太阳同步近极地圆形轨道，以确保同一地点、同一地方时的上午、下午成像。轨道平均高度分别为 833km 和 870km，轨道倾角 98.7°和 98.9°。

从 NOAA6（1979 年 6 月 27 日）开始，NOAA 卫星系列带上改进型甚高分辨率辐射仪 AVHRR（advanced very high resolution radiometer）、垂直探测器（TOVS）、空间环境监测器（SEM）、数据采集系统（DCS）等仪器设备。第五代 NOAA-15～19 的遥感器采用改进型甚高分辨率辐射仪（AVHRR/3），和先进 TIROS 业务垂直探测器（ATOVS），包括：①高分辨率红外辐射探测仪（HIRS-3），20 通道，星下点分辨率约 20km，主要测量红外辐射以计算地表到 10 毫巴气压高度的温度廓线、大气水汽含量、臭氧总含量等；②微波探测装置 A 型（AMSU-A），15 通道（23.8～89GHz），星下点分辨率 45km，用于对地表到 45km 的大气垂直温度廓线的反演计算；③微波探测装置 B 型（AMSU-B），5 通道（89～183GHz），星下点分辨率为 15km，用于对地表到 20km 的大气垂直湿度廓线的反演计算。

气象卫星可提供多种多样的遥感资料，包括：①可见光与红外云图；②一系列气象及环境数据，如云量、云分布、大气垂直温度、大气水汽含量、臭氧含量、云顶温度、海面温度、地面温度、太阳的短波辐射、地球表面和大气系统发射的长波辐射等；③由以上资料派生的气象要素，如根据云的运移计算的高低空风场，根据云分布、云量及大气水汽含量计算的降雨分布和强度，由海面温度分布推算的洋流速度、海冰覆盖范围的变化，由地面温度推算的土壤湿度、冰雪覆盖范围等；④空间环境监测资料，如太阳质子、γ 射线和 X 射线的高能粒子流等高空大气物理参数。因而，气象卫星除了应用于天气分析、气象预报、气候学研究等以外，还广泛应用于资源与环境科学的各个领域，如水文学、海洋学、植物学、资源与环境监测、区域土壤水分分析、灾害监测等。

气象卫星从轨道特征可以分为：①低轨的极轨气象卫星——与太阳同步的近极地圆形轨道（轨道高度约 800～1600km），如 NOAA（美）、Fy-1（中）等；②高轨的静止气象卫星——与地球同步轨道（轨道高度约 36000km），如 GOES（美）、GMS（日）、GOMS（前苏联）、INSAT（印度）、Fy-2（中）、Metosat（欧洲空间局）等。

1）NOAA/AVHRR 数据的特点

改进型甚高分辨率辐射仪为一台旋转平面镜式光-机扫描仪。AVHRR/3 选用可见光-热红外（0.58～12.5μm）6 个波段，见表 3.1。

表 3.1 NOAA、Fy-1 极轨气象卫星的波段（μm）与应用领域

NOAA/AVHRR/3	Fy-1A/1B	Fy-1C/1D	Fy-3	主要应用领域
0.58～0.68	0.48～0.53 0.53～0.58 0.58～0.68	0.43～0.48 0.48～0.53 0.53～0.58 0.58～0.68	0.43～0.48 0.48～0.53 0.53～0.58 0.58～0.68	海洋水色、叶绿素、泥沙、海冰、海洋污染 陆地表面、植被、冰雪… 植被（叶绿素吸收带）
0.725～1.10	0.725～1.10	0.84～0.89 0.90～0.965	0.84～0.89 1.325～1.395	植被、水陆边界 海冰、滩涂、大气状况、云特征（水汽吸收带）

NOAA/AVHRR/3	Fy-1A/1B	Fy-1C/1D	Fy-3	主要应用领域
1.58～1.68(白天) 3.55～3.93(夜间)		1.58～1.64 3.55～3.93	1.55～1.64 3.55～3.93	土壤湿度、植物含水量、云雪识别 高温火点、夜间成像
10.5～11.3 11.5～12.5	10.5～12.5	10.3～11.3 11.5～12.5	10.3～11.3 11.5～12.5	地球背景温度场、热污染、海温、海流和涡旋、土壤湿度，云顶温度

AVHRR 的空间分辨率是变化的，星下点处为 1.1km，远离星下点处约为 4km。

对于每颗 NOAA 卫星，重复观测周期为一天 2 次，在双星系统下，同一地面点每天有 4 次过境资料。我国北京气象卫星地面站的观测时间，一颗约为 7 时 30 分与 19 时 30 分；另一颗约为 3 时与 15 时。一般选用白天（早晨和午后）两个时间的数据。因而，其时间分辨率为 2～4 次/天，重复观测周期短，利于多时相高密度的动态监测。

AVHRR 具有较高的辐射分辨率，其数据的量化等级为 1024（10bit 数据结构）。可见光和近红外通道的灵敏度在反射率为 0.5%时，信噪比大于 3。热红外通道的噪声等效温度差（NEAT）小于 0.12K，温度分辨率达 1℃。

NOAA/AVHRR 的扫描角大（±55.4°），扫描带宽（约 2800km），成像面积大，利于获得宏观同步信息。但因扫描宽度内地球曲率、大气和目标的方向反射特征，以及遥感器扫描角和太阳高度角的差异等均对数据影响较大，因而 AVHRR 的数据变形较大，几何畸变较严重，尤其在扫描带两侧更为明显。图 3.10(a)、(b) 显示了内蒙古西部黄河大拐弯处 NOAA/AVHRR 图像几何纠正前后的对比。同时，因扫描角大，若选取相邻轨道或连续几天的 NOAA 数据，则构成不同观测角的重叠数据。图 3.10(c)、(d)、(e) 显示同一地区相邻不同轨道 NOAA 数据几何变形的差异，其中图 3.10(d) 为垂直观测的图像，图 3.10(c)、(e) 分别位于它的两侧。这些数据对于多角度遥感研究是有意义的。

气象卫星的轨道每天向东飘移 6°。三条轨道可以完全覆盖我国国土。这三条相邻轨道的时间约 6 小时，在这段时间间隔内，太阳高度角及目标的光照强度均会有明显的变化，卫星遥感器所接收到的地面目标反射辐射能量也会有较大差异。因而，一方面需要对数据进行归一化处理；另一方面考虑到方向反射特性，还需要进行太阳高度角、方位角的纠正。

2) “风云”气象卫星系列

“风云 1 号”(Fy-1) 气象卫星是我国首次自行设计和发射的试验型极轨气象卫星，共 4 颗。其中 Fy-1A、1B、1C 分别于 1988 年 9 月 7 日、1990 年 9 月 3 日、1999 年 5 月 10 日发射升空。Fy-1D 于 2002 年 5 月 15 日成功发射，是我国第一代与太阳同步轨道业务应用气象卫星。

Fy-1 系列也采用近圆形太阳同步轨道，以 Fy-1C 为例，轨道高度 863km、轨道倾角 98.79°，轨道周期 102.33 分，每昼夜绕地球运行 14 圈，每天在固定地方时经过同一地点上空 2 次，轨道回归周期为 10.61 天。卫星上载有 2 台可见光和红外扫描辐射仪 AVHRR，对地扫描角为±55.4°，瞬时视场角 IFOV 为 1.2mrad，星下点地面分辨率为 1.1km，其扫描范围在轨道两侧各 1500km，总扫描宽度约 3000km。相邻两轨道云图可以相接，从而获得全球气象卫星云图。Fy-1A、1B 的 AVHRR 也有 5 个波段，与 NOAA/AVHRR 相比，增设了可见光蓝波段（0.48～0.53μm）和绿波段（0.53～0.58μm），加强了海洋水色环境探测，以分析海洋叶绿素浓度分布、海洋初期生产力等，且由它的可见光蓝、绿、红波段合成的天然彩色图像增强了对地表特征的识别分析能力，但由于它缺少中红外波段，且热红外波段较宽，故对地球表面温度场的

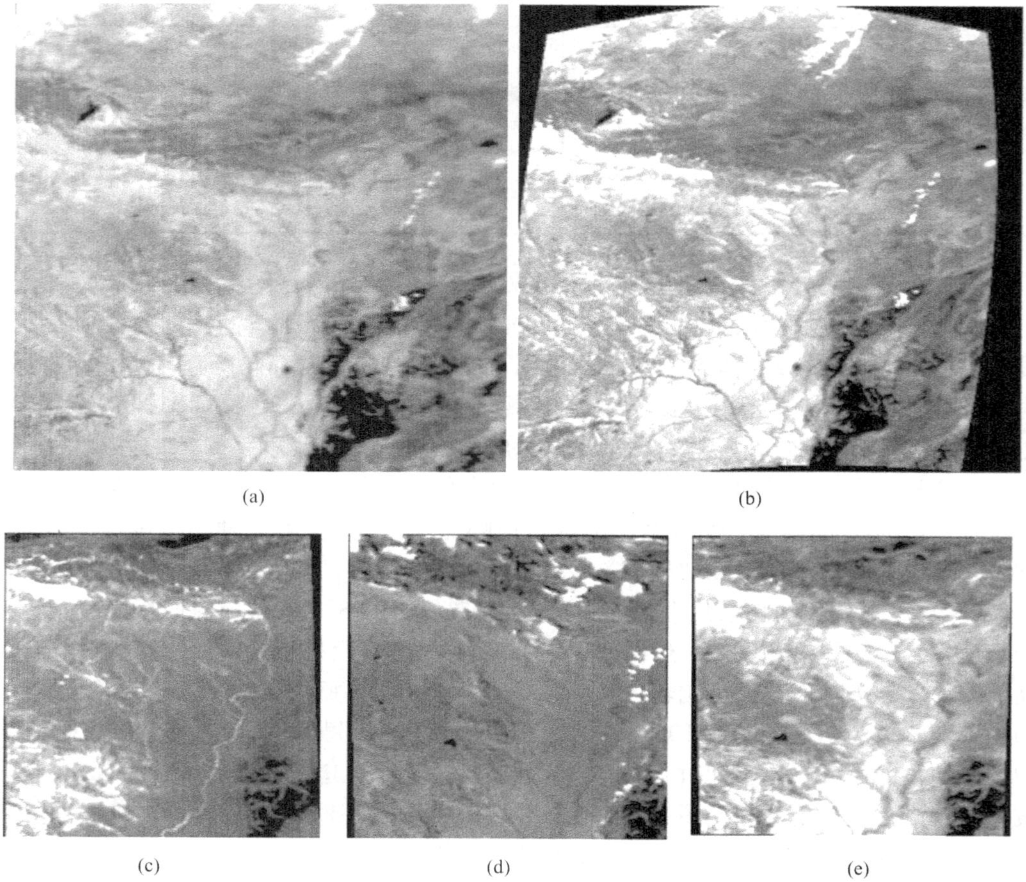

图 3.10 NOAA 图像几何纠正前后及相邻不同轨道数据几何变形的差异[7]
（内蒙古西部黄河大拐弯处）

探测能力有所减弱。Fy-1C 的 AVHRR 通道由原来的 5 个增加到 10 个，既包含了 NOAA 卫星的所有 6 个通道，还包含了海洋水色卫星的 4 个通道（表 3.1）。它对于获取全球气象、环境参数进行中长期天气预报和气候预测提供必要的基础数据，已在海洋水色研究（测量海洋初级生产力、研究海洋浑浊度、海洋污染等）、陆地环境与灾害、全球环境监测等方面发挥巨大作用。另外，星上磁带机存储改为数字信号，每天可以获得一次 4 通道 4km 分辨率的全球观测数据，以及获得 20 分钟 10 通道 1.1km 分辨率的地区数据。Fy-1D 星上还装有空间粒子成分监测器和数据收集与分发器等，可实时与延时发送数字云图，进行陆地、海洋和空间环境研究。

“风云 2 号”（Fy-2）是我国首次自行研制的静止气象卫星系列，共 5 颗。Fy-2A于 1997 年 6 月 10 日发射，送入地球准同步轨道。卫星从西向东绕地球公转角速度与地球自转角速度相等，故对地相对静止，定位于东经 105°的赤道上空，卫星轨道高度约 35800km。2004 年 10 月 19 日 Fy-2C 发射，在轨运行。星上携带多种仪器，其主要遥感器为 3 通道可见光、红外和水汽自旋扫描辐射计（VIWSSR），可获得白天的可见光云图、昼夜红外云图和水汽分布图像，可见光-近红外通道为 0.55～1.05μm，星下点分辨率为 1.25km；水汽通道为 6.2～7.6μm，用于获得对流层中上部水汽分布图像；红外通道为 10.5～12.5μm，用于获得昼夜云和下垫面辐射信息。水汽和红外通道图像的星下点分辨率为 5km，每半小时可以获取一幅全景原始云图。星上还带有 3 个卫星云图转发器，可转发高、低分辨率云图，并进行天气图传播等；数据收集系统可提供133个通道的数据传输(其中100个国内通道、33个国际通道),用于收集地球表面监测台站的气象、水文、海洋等数据;空间环境监测器用于监测太阳活动和空间环境。

我国国家气象局卫星气象中心的气象卫星地面站接收处理系统(简称MSGS),可以实时接收、实时和延时处理我国风云气象卫星、美国NOAA、MODIS极轨卫星和日本GMS静止气象卫星等的各种图像和数据(HRPT数据),并输出多种形式的产品。此外,部分应用领域也有了相应的产品或运行系统,如全国植被指数和植被状况的旬月报分析产品、森林草场火灾监测及警报系统、洪涝灾害的监测与评估、作物估产与灾情分析、海冰动态监测与洋面温度场反演、震前地面异常监测等。

“风云3号”(Fy-3)是在Fy-1基础上发展的我国第二代极轨气象卫星,计划发射试用星2颗,业务星6颗(命名为风云3号02批卫星)。Fy-3的太阳同步轨道高度836km、轨道倾角98.75°,轨道周期101.6分,每昼夜绕地球运行14圈,每天在固定地方时经过同一地点上空2次,轨道回归周期约6天。两颗试用星分别于2008年5月27日和2010年11月5日成功发射。星上携带10种探测仪器,除了10通道可见光红外扫描辐射仪VIRR(表3.1)外,还有红外分光计IRAS(0.69～15μm,26通道)、4通道微波温度计MWTS、5通道微波湿度计MWHS、中分辨率光谱成像仪MERSI(0.47～11.25μm,20通道)、微波成像仪MWRI、紫外臭氧探测仪(SBUS-垂直、TOU-总量)、太阳辐照监测仪SIM、地球辐射探测仪ERM、空间环境监测器SEM等,具有全天候、多谱段、三维等高性能综合探测全球或区域陆地、海洋、空间环境参数的能力。并与美国的NPOESS和欧洲空间局的MetOp一起被世界气象组织(WMO)纳入新一代世界极轨气象网,形成对地球大气、海洋和地表环境连续的全天候、立体观测。

3.2.2 推扫式扫描系统

1. 成像原理

推扫式扫描(push-broom scanning)系统,又称“像面”(along-track)扫描系统,用广角光学系统在整个视场内成像,它所记录的多光谱图像数据是沿着飞行方向的条幅。与光机扫描系统相似的是,它也利用飞行器的前向运动,借助于与飞行方向垂直的“扫描”线记录而构成二维图像。也就是说,它通过飞行器与探测器成正交方向的移动获得目标的二维信息。但是推扫式扫描系统与光机扫描系统对每行数据的记录方式有明显差异。后者是利用旋转扫描镜,一个像元一个像元的轮流采光,即沿扫描线逐点扫描成像;前者(推扫式扫描系统)不用扫描镜,而是把探测器按扫描方向(垂直于飞行方向)阵列式排列来感应地面响应,以替代机械的真扫描。具体地说,就是通过仪器中的广角光学系统——平面反射镜采集地面辐射能,并将之反射到反射镜组,再通过聚焦投射到焦平面的阵列探测元件上。这些光电转换元件同时感应地面响应,同时采光,同时转换为电信号,同时成像。若探测器按线性阵列排列,则可以同时得到整行数据;若面阵式排列,则同时得到的是整幅图像。

一般线性阵列由许多CCD电荷耦合器件组成。CCD为一种固态光电转换元件。每个探测器元件感应相应“扫描”行上一个唯一的地面分辨单元的能量。图像上每行数据是由沿线性阵列的每个探测器元件采样得到的。探测器的大小决定了每个地面分辨单元的大小。因此,CCD被设计得很小,一个线性阵列可以包含上千、上万个分离的探测器。每个光谱波段或通道均有它自己的线性阵列。一般阵列位于遥感器的焦平面上,以确保所有阵列同时观测所有的“扫描”线。

线性阵列的推扫式扫描系统较镜扫描的光机扫描系统有许多优点。

(1) 线性阵列系统可以为每个探测器提供较长的停留时间,以便更充分地测量每个地面分辨单元的能量。因此，它能够有更强的记录信号和更大的感应范围(动态范围)，增加了相对信噪比，从而得到更高的空间和辐射分辨率。

(2) 由于记录每行数据的探测器元件间有固定的关系，且它消除了因扫描过程中扫描镜速度变化所引起的几何误差，具有更大的稳定性。因此，线性阵列系统的几何完整性更好、几何精度更高。

(3) 由于 CCD 是固态微电子装置，一般它们体积小、重量轻、能耗低。

(4) 由于没有光机扫描仪的机械运动部件，线性系统稳定性更好，且结构的可靠性高，使用寿命更长。

推扫式扫描系统也有它固有的问题，如：大量探测器之间灵敏度的差异，往往会产生带状噪声，需要进行校准；目前长于近红外波段的 CCD 探测器的光谱灵敏度尚受到限制；推扫式扫描仪的总视场一般不如光机扫描仪。

2. SPOT 卫星系列

法国 SPOT 地球观测卫星系统由法国国家空间研究中心(CNES)设计制造。SPOT1 于 1986 年 3 月 22 日发射升空。它首次运用了线性阵列传感器和推扫式扫描技术，并首次具有旋转式平面镜，可获得倾斜图像而使它具有倾斜观察能力和立体成像能力。SPOT 卫星已发射 5 颗，SPOT5 于 2002 年 5 月 4 日发射，目前在轨运行正常。SPOT 也采用与太阳同步的近极地圆形轨道，轨道高度约 832km，轨道倾角 98.7°，每天绕地球 14+5/25 圈，重复覆盖周期为 26 天，通过赤道的地方时为 10 时 30 分±15 分。

SPOT 卫星系列为典型的推扫式扫描成像系统，其数据特点简述如下。

SPOT1～3 携带两台高分辨率可见光扫描仪 HRV(high resolution visible sensor)，HRV 有两种工作方式：一是全色单波段(PA)，0.51～0.73μm，空间分辨率 10m；二是多波段(XS)，可见光-近红外(0.50～0.89μm)共分 3 个波段，空间分辨率 20m。工作方式的选择可以通过地面站控制。其 3 个波段的划分为：XS1，0.50～0.59μm(G)；XS2，0.61～0.68μm(R)；XS3，0.79～0.89μm(NIR)。此波段的选择是总结了多年研究成果，认为仅用上述 3 个波段便足以取得辨别作物种类和植物类型的最佳效果。其波段不超过 0.9μm，是为了避免大气水汽吸收所引起的衰减作用以及探测器电子扩散产生的模糊作用。SPOT4、5 增加了一个短波红外波段 1.58～1.75μm，空间分辨率为 20m，以提高对植物监测能力和矿物识别能力；并调整了原全色波段和提高了相应的分辨率(表 3.2)。

表 3.2 SPOT 数据的特点

SPOT1～3		SPOT4			SPOT5			
波段/μm	HRV	波段/μm	HRG	VEG	波段/μm	HRG	VEG	HRS
0.51～0.73	10m	0.49～0.73	10m		PA:0.49～0.69	2.5 或 5m		10m
		0.43～0.47		1.15km	B:0.43～0.47		1km	
0.50～0.59	20m	0.50～0.59	20m	1.15km	VIS:0.49～0.61	10m		
0.61～0.68	20m	0.61～0.68		1.15km	R:0.61～0.68	10m	1km	
0.79～0.89	20m	0.78～0.89	20m	1.15km	NIR:0.78～0.89	10m	1km	
		1.58～1.78	20m	1.15km	SWIR:1.58～1.75	20m	1km	
视场(km)	60	视场(km)	60	2250	视场(km)	60	2250	120

数据按 8bit 记录(256 个量化级)。由于探测器在 IFOVs 内有较长停留时间,可记录更强的信号和更宽的动态范围,所以探测器的灵敏度高、辐射分辨率高,在良好的光照条件下,可以探测出低于 0.5%的地面反射变化。

HRV 带有定向的旋转式平面镜,可借助于地面站的命令控制平面镜的方位,除了垂直观察外,还具有偏离天底点倾斜观察能力,可以获得几何特性不同的垂直和倾斜图像。

• 垂直观察(即天底观察):两台 HRV 两相邻的垂直扫描带宽各 60km,中间重叠 3km,总的扫描宽度为 117km。但是在赤道因相邻轨道的集中最大扫描宽度仅 108km。

• 倾斜观察:HRV 最大倾角为±27°,按 0.6°的步进,可以有 45 种不同角度,若考虑到地球曲率,最大地面观察角度可达 33°,可观察轨道一侧的地面条带宽 475km,两台 HRV 则能观察 950km 宽度内的任何地区。但是,实际的地面覆盖带宽随观察角度而变化,当最大 27°时地面扫描带宽 80km。

• 立体观测:SPOT1～3 的 HRV 由于具有倾斜观察能力,则两台 HRV 可以处于不同的工作状态,或垂直、或倾斜观察。因而可以在不同轨道上用不同观察角记录同一地区图像,而产生立体像对,进行立体观测,并获得三维空间数据,为勾绘等高线、建立 DTM 提供可能。纬度 45°处,26 天内可成功获得 6 次立体像对;而纬度 0°(赤道)仅可以获得 2 次立体像对。基线-高度比也随纬度变化,纬度 45°处约为 0.5,纬度 0°处约为 0.75。SPOT5 增加的高分辨率立体成像装置(HRS)采用两个相机沿轨道向前、向后实时获取立体图像,这与先前的旁向立体成像模式(即轨道间立体成像)相比,几乎能在同一时刻、同一辐射条件获得立体像对,避免了像对间由于获得时间不同而存在的辐射差,提高了所获取立体像对的质量,可广泛应用于制图、虚拟现实等领域。

正因为 SPOT 具有倾斜观察能力,可以从不同轨道,以不同角度观察地面上的同一点,使卫星重复覆盖周期 26 天内,实际重复感测周期大大提高,如赤道处可观测 7 次(重复感测周期 3～4 天),纬度 45°处,可观测 11 次(重复感测周期 2～3 天),纬度 70°处可观测 28 次(重复感测周期约 1 天),因而 SPOT 卫星的时间分辨率随纬度变化达 1～4 天。这种有效覆盖率的提高,对于探测较短周期变化的地表现象十分有利。

SPOT 数据由于卫星姿态控制系统改进,提高了姿态稳定性,定位精度高,且推扫式 CCD 扫描成像,简化了遥感器的机构部件,结构上可靠性高,确保获得高精度几何图像,加上提供 3 维空间数据,可进行高程测量等。因而,它可以用于编制 1∶5 万、1∶10万地形图,甚至更新 1∶2.5万地形图以及编制各种专题图。它作为一种新型的遥感测图工具,大大缩短了 1∶5 万、1∶10 万基本地形图的编制和更新周期。

SPOT4、5 增加了一个多角度遥感仪器,即宽视域植被探测仪 Vegetation(VGT),垂直方向的空间分辨率 1.15km,扫描宽度 2250km,可见光-短波红外波段 0.43～1.75μm 共 5 个波段(表 3.2)。VGT 用于全球和区域两个层次上,对自然植被和农作物进行连续监测,对大范围的环境变化、气象、海洋等应用研究很有意义。SPOT4 中的 VGT 和高分辨率几何成像装置(HRG)使同一区域有可能同时获得较大范围的粗分辨率数据和小范围的细分辨率数据。

SPOT5 载有 2 台 HRG、1 台 VGT、1 台高分辨率立体成像装置(HRS)。其数据特色在于:多重分辨率 2.5m、5m、10m、20m、1km,大覆盖范围 60km、120km、2250km,高精度立体像对 2.5×2.5m、5×5m、5×10m(实时前后模式),高定位精度 50m(原始数据)、15m(正射影像)。它更多地应用于军事、测绘及资源环境大比例尺遥感制图等。

SPOT 提供不同观察条件和不同波谱模式。由法国的图卢兹(Toulouse)地面站独立控制着每台遥感器的观察角度、波段工作方式、图像获取时间、数据转换模式等操作。

3. 中巴地球资源卫星系列

中巴地球资源卫星(CBERS)是中国与巴西合作研制的数据传输型遥感卫星。01 星于 1999 年 10 月 14 日发射升空,02 星于 2003 年 10 月 21 日发射,02B 星于 2007 年 9 月 19 日发射。中巴资源卫星设计为:与太阳同步轨道,轨道高度 778km,重复覆盖周期 26 天,设计工作寿命 2 年。星上载有 3 种遥感器:①高分辨率 CCD 相机,(0.45～0.89μm) 5 波段,空间分辨率 20m,具有侧视立体观测功能,同一地区最短观测周期为 3 天,广角相机由于覆盖面积大,5 天可覆盖我国国土一遍;②红外多光谱扫描仪(IRMSS),4 波段,分别为全色-近红外波段(0.50～1.1μm)、短波红外波段(1.55～1.75μm、2.08～2.35μm)、热红外波段(10.4～12.5μm),空间分辨率 80m 和160m(TIR),扫描宽度 120km;③宽视成像仪(WFI),(0.63～0.89μm) 2 波段,空间分辨率 256m,扫描宽度 885km,重复周期3～5天,可以短期内对同一地区进行监测。02B 星增加了高分辨率 HR 相机,全色波段(0.5～0.8μm),空间分辨率 2.5m(表 3.3)。

表 3.3　我国资源卫星和环境小卫星数据的特点

<table>
<tr><th>平台</th><th>遥感器</th><th>波段号</th><th>光谱范围/μm</th><th>空间分辨率/m</th><th>幅宽/km</th><th>侧摆能力</th><th>重访时间/天</th></tr>
<tr><td rowspan="12">CBERS
01-02B</td><td rowspan="5">CCD 相机</td><td>1</td><td>0.45～0.52</td><td rowspan="5">20</td><td rowspan="5">113</td><td rowspan="5">±32°</td><td rowspan="5">26</td></tr>
<tr><td>2</td><td>0.52～0.59</td></tr>
<tr><td>3</td><td>0.63～0.69</td></tr>
<tr><td>4</td><td>0.77～0.89</td></tr>
<tr><td>5</td><td>0.51～0.73</td></tr>
<tr><td>HR 相机</td><td>6′</td><td>0.5～0.8</td><td>2.5</td><td>27</td><td>±4°</td><td>104</td></tr>
<tr><td rowspan="4">红外多光谱
扫描仪(IRMSS)</td><td>6</td><td>0.50～1.1</td><td rowspan="3">80</td><td rowspan="4">120</td><td rowspan="4">—</td><td rowspan="4">26</td></tr>
<tr><td>7</td><td>1.55～1.75</td></tr>
<tr><td>8</td><td>2.08～2.35</td></tr>
<tr><td>9</td><td>10.4～12.5</td><td>160</td></tr>
<tr><td rowspan="2">宽视成像仪
(WFI)</td><td>10　7′</td><td>0.63～0.69</td><td rowspan="2">256</td><td rowspan="2">885</td><td rowspan="2">—</td><td rowspan="2">3～5</td></tr>
<tr><td>11　8′</td><td>0.77～0.89</td></tr>
<tr><td rowspan="5">HJ-1A</td><td rowspan="4">CCD 相机</td><td>1</td><td>0.43～0.52</td><td rowspan="4">30</td><td rowspan="4">360(单台),
700(二台)</td><td rowspan="4">—</td><td rowspan="4">4</td></tr>
<tr><td>2</td><td>0.52～0.60</td></tr>
<tr><td>3</td><td>0.63～0.69</td></tr>
<tr><td>4</td><td>0.76～0.90</td></tr>
<tr><td>高光谱成像仪
(HSI)</td><td>—</td><td>0.45～0.95
(110～128 谱段)</td><td>100</td><td>50</td><td>±30°</td><td>4～31</td></tr>
</table>

续表

平台	遥感器	波段号	光谱范围/μm	空间分辨率/m	幅宽/km	侧摆能力	重访时间/天
HJ-1B	CCD相机	1	0.43～0.52	30	360(单台),700(二台)	—	4
		2	0.52～0.60				
		3	0.63～0.69				
		4	0.76～0.90				
	红外多光谱相机(IRS)	5	0.75～1.10	150	720	—	4
		6	1.55～1.75				
		7	3.50～3.90				
		8	10.5～12.5	300			
HJ-1C	合成孔径雷达(SAR)		S波段	20	100		4～31

注:上标′为CBERS-02B的波段号

资源三号测绘卫星于2012年1月9日发射,星上载有四台相机:1台2.5m分辨率正视全色CCD相机,覆盖宽度51km;2台4m分辨率的前后视全色相机,覆盖宽度52km;1台10m分辨率的正视多光谱相机,覆盖宽度52km。其图像分辨率高、几何精度、定位精度较高,具有1∶5万比例尺的立体测图能力,为资源、环境、灾害监测等提供准确、及时、可靠的地理信息。卫星具有测摆功能,可对地球南北纬84°以内的地区实现影像覆盖,每59天实现对我国领土和全球范围的一次影像覆盖,在特殊情况下,能够在5天之内对同一地点进行重访拍摄。

我国研制的环境减灾系列卫星(HJ-1)由2颗光学卫星和1颗雷达卫星组成,用以提高我国环境和灾害监测的综合能力。光学卫星(HJ-1A/1B星)于2008年9月6日发射,星上各载有一台4谱段宽视场CCD相机(0.43～0.90μm),30m分辨率,单台CCD相机的幅宽为360km,两台CCD相机以星下点平分视场、并行推扫成像,联合幅宽为710km;另外,HJ-1A携带一台110～128谱段高光谱成像仪(HSI)(0.45～0.95μm),100m分辨率,幅宽50km,具有±30°侧视能力和星上定标功能;HJ-1B携带一台4谱段红外相机(IRS),中近红外和远红外分辨率分别为150m和300m,幅宽720km(表3.3)。HJ-1-A卫星和HJ-1-B卫星的轨道完全相同,相位相差180°,两台CCD相机组网后重访周期仅为2天。另一颗雷达卫星(HJ-1C)携带一台S波段合成孔径雷达,20m分辨率,幅宽100km。

"北京一号"是中国与英国SURREY公司合作研制的遥感小卫星,于2005年10月27日发射,轨道高度686km,卫星质量仅有166.4kg。星上载有2个遥感器,一是可见光-近红外3谱段(520～620nm、630～690nm、760～900nm)中分辨率遥感器,32m分辨率,幅宽600km(相当于9幅以上TM图像);二是全色高分辨率遥感器,4m分辨率、幅宽24km,所获得的清晰图像已在多方面得到应用。

§3.3　高光谱遥感系统

3.3.1　概　　况

虽然多光谱遥感较摄影遥感有许多优势。但是,它们十分有限的波段(TM波段最多,也仅有 7 个)、较宽的波段间隔(60～200nm)均难以真实反映地表物质的光谱反射辐射特性的细微差异,更无法用光谱维的空间信息来直接识别地物的类别,特别是地物的组成、成分等。而高光谱遥感可用大量“连续”的波段(几十至上百个)、很窄的波段间隔(5～10nm)的光谱数据,对地面物体进行遥感成像,以便探测与识别地物的类别、组分等细节特征。这种高光谱数据采集仪器又称成像光谱仪。

1983 年美国喷气推动实验室(JPL)研制出第一台试验型航空成像光谱仪 AIS -1,共 128 个波段,光谱范围 1.2～2.4μm,波段间隔 9.3nm,在找矿、水体、生态、大气等定量研究中显示了巨大的潜力。之后,美国和其他国家相继推出航空成像光谱仪,如美国的 AVIRIS 航空可见红外成像光谱仪共 224 个波段(0.4～2.45μm,波段间隔 9.6nm),加拿大的 CASI (288 个波段,0.4 ～ 0.9μm, 波段间隔 2.9nm, IFOV1.2mrad, GPS),德国的 ROSIS,澳大利亚的 AMSS 等。

随着成像光谱(imaging spectrometry)技术的发展,一系列航天成像光谱仪也应运而生(表 3.4),如美国第一个极轨平台 EOS -A 的 MODIS 中分辨率成像光谱仪(表 3.5)、ASTER 先进的空间热辐射反射辐射计(表 3.6)。美国的 EO-1 卫星的 Hyperion 高光谱成像仪,0.4～2.5μm,共 220 个波段(其中 0.4～1.0μm 范围内 60 个波段,0.9～2.5μm 范围内 160 个波段),波段间隔 10±0.1nm,空间分辨率 30m,重复观测周期 16 天;它无论从空间、光谱分辨率还是信噪比等方面均十分出色,该星还配有一台先进陆地成像仪(ALI,与 Landsat/ETM+ 相似)和一台大气纠正仪(LAC,0.89～1.60μm,256 个波段,空间分辨率 250m,扫描宽度 185km)。欧洲空间局第一个极轨平台 ENVSAT 的 MERIS 中分辨率成像光谱仪,以及欧洲空间局的 PROBA 小卫星上的 CHRIS 高分辨率成像光谱仪,415～1050nm,18、34、62 个波段,波段间隔 5～33nm,空间分辨率 17m 或 34m,扫描宽度 13km,5 种成像模式,5 个观测角度(0°、±55°、±36°),属高空间、高光谱、多角度遥感器;日本 ADEOS-Ⅱ卫星的 GLI,共 36 个波段(其中可见光-近红外 23 个波段,短波红外 6 个波段,中红外和热红外 7 个波段),有利于海洋水色、陆地、大气观测,并首次运用了 0.38μm(近紫外)、0.76μm(氧气吸收波段)、1.4μm(水汽吸收波段)[8]。

表 3.4　主要航天成像光谱仪系统的特点

参 数	MODIS	ASTER	Hyperion	CHRIS	MERIS	GLI
发射日期(年.月.日)	1999.12.18		2000.11.21	2001.10	2002.3.1	2002.12
波段数	36	14	220	18、34、62	15	36
波段范围/μm	0.4～14.3	0.52～11.65	0.4～2.5	0.415～1.05	0.4～1.05	VNIR、SWIR、MIR、TIR
波段宽度/nm	10～500	30～700	10±0.1	5～33	5～10	—
空间分辨率/m	250、500、1000	15、30、90	30	17 或 34	250(天底)	250
覆盖宽度/km	2330	60	7.5	13	1150	1600
视域/扫描角	±55°	NIR:0°、−27.6°	—	0°、±55°、±36°	68.5°	—
发射国家/平台	美国 EOS-Terra		美国 EO-1	欧洲空间局 PROBA	欧洲空间局 ENVSAT	日本 ADEOS-Ⅱ
轨道高度/km	705		705	615	799.8	802.9

续表

参 数	MODIS	ASTER	Hyperion	CHRIS	MERIS	GLI
其他遥感器	云和地球辐射能量系统 CERES、多角度成像光谱仪 MISR、对流层污染探测装置 MOPITT		先进陆地成像仪 ALI、大气纠正仪 LAC	5 种工作模式	AATSR、ASAR、RA2、MWR、LRR、GOMOS 等	AMSR、POLAR、ILSS-II、SeaWinds

MODIS 数据的主要特点如下(表 3.5)。

(1) 36 个光谱波段(0.4～14.3μm),其中可见光-短波红外 20 个波段,热红外 16 个波段;谱带窄,可见光-短波红外波段除 0.659μm 和 2.1μm 外,谱带宽度10～35nm;除了针对地球表面的波段外,还有许多大气纠正的特征波段,便于大气参数的反演。

(2) 空间分辨率,波段 1、2 为 250m;波段 3～7 为 500m,其余为 1000m;像元大小随视角而增加,边缘像元可比星下点像元大 4 倍。

(3) 宽视域(扫描角±55°),太阳天顶角与观测天顶角变化大,扫描宽度为 2330km。考虑到地球曲率,在轨道边缘的地面实际视角约±(60°～65°),太阳天顶角也会有 20°的变化,且此变化与纬度、季节有关。由于太阳、目标、遥感器之间几何关系的变化、大气和目标的方向反射特征,使后向散射较前向散射有更大的太阳天顶角。

(4) 每 1～2 天可获得一次全球观测数据(包括白天的可见光图像及白天/夜间的红外图像)。我国的观测时间一般为白天10:30～12:00,夜间21:30～23:00。每个 MODIS 仪器设计寿命 5 年,计划发射 4 颗。这样利用 MODIS 则可获得 15 年以上来自大气、海洋、陆地表面的信息,为全球资源、环境、气候变化等综合研究服务。

表 3.5 MODIS 的波段与应用领域

波段	光谱范围	光谱带宽	地面分辨率/m	信噪比	主要应用领域
1	620～670nm	50nm	250	128snr	植物叶绿素吸收
2	841～876nm	35nm	250	201snr	云和植物、土地覆盖
3	459～479nm	20nm	500	243snr	土壤、植被差异
4	545～565nm	20nm	500	228snr	绿色植物
5	1230～1250nm	20nm	500	74snr	叶子/冠层差异
6	1628～1652nm	20nm	500	275snr	雪/云差异
7	2105～2155nm	50nm	500	110snr	土地和云特性
8	405～420nm	15nm	1000	880snr	海洋水色 浮游生物
9	438～448nm	10nm	1000	8380snr	
10	483～493nm	10nm	1000	802snr	
11	526～536nm	10nm	1000	754snr	
12	546～556nm	10nm	1000	750snr	海洋水色,沉积物
13	662～672nm	10nm	1000	910snr	沉积物,大气
14	673～683nm	10nm	1000	1087snr	叶绿素荧光
15	743～753nm	10nm	1000	586snr	气溶胶特性
16	862～877nm	15nm	1000	516snr	气溶胶/大气特性

续表

波段	光谱范围	光谱带宽	地面分辨率/m	信噪比	主要应用领域
17	890～920nm	30nm	1000	167snr	云/大气特性
18	931～941nm	10nm	1000	57snr	
19	915～965nm	50nm	1000	250snr	
20	3.660～3.840μm	0.18μm	1000	0.05NEΔT	海面温度
21	3.929～3.989μm	0.05μm	1000	2.00NEΔT	林火/火山
22	3.929～3.989μm	0.05μm	1000	0.07NEΔT	云/表面温度
23	4.020～4.080μm	0.05μm	1000	0.07NEΔT	
24	4.433～4.498μm	0.05μm	1000	0.25NEΔT	大气温度/云
25	4.482～4.549μm	0.05μm	1000	0.25NEΔT	
26	1.360～1.390μm	0.30μm	1000	1504NEΔT	卷云、气溶胶
27	6.535～6.895μm	0.36μm	1000	0.25NEΔT	大气湿度
28	7.175～7.475μm	0.30μm	1000	0.25NEΔT	
29	8.400～8.700μm	0.30μm	1000	0.05NEΔT	表面温度
30	9.580～9.880μm	0.30μm	1000	0.25NEΔT	臭氧
31	10.780～11.280μm	0.50μm	1000	0.05NEΔT	云/表面温度
32	11.770～12.270μm	0.50μm	1000	0.05NEΔT	云顶高度/表面温度
33	13.185～13.485μm	0.30μm	1000	0.25NEΔT	云顶高度
34	13.485～13.785μm	0.30μm	1000	0.25NEΔT	
35	13.785～14.085μm	0.30μm	1000	0.25NEΔT	
36	14.085～14.385μm	0.30μm	1000	0.25NEΔT	

表 3.6　ASTER 数据的特点

子系统	通道号	光谱宽度/μm	空间分辨率/m	扫描宽度/km	数据类型
VNIR	1	0.52～0.60	15	60	8bits
	2	0.63～0.69			
	3N	0.78～0.86			
	3B	0.78～0.86			
SWIR	4	1.60～1.70	30	60	8bits
	5	2.145～2.185			
	6	2.185～2.225			
	7	2.235～2.285			
	8	2.295～2.365			
	9	2.360～2.430			
TIR	10	8.125～8.475	90	60	12bits
	11	8.475～8.825			
	12	8.925～9.275			
	13	10.25～10.95			
	14	10.95～11.65			

注：近红外波段有两个观测角度（天底－N，后向－B、－27.6°），可产生立体图像

(5) 具有较高的辐射分辨率，数据的量化等级为 2048(12bit 记录)。MODIS 探测仪在对地扫描的同时，都对冷空和黑体进行探测，有较高的校正精度和灵敏度。

(6)针对关键地球科学研究领域已发展了多种 MODIS 产品，如用于研究全球水循环和能量平衡的反照率(albedo)、地表温度(T_S)、植被指数(NDVI)、土地利用与土地覆盖(LULC)等[9]；用于研究全球生态系统与碳循环的叶面积指数(LAI)、光合有效辐射吸收率(FPAR)、净第一生产力(NPP)等；用于研究大气化学与气溶胶的大气光学厚度(AOD)，以及针对人类和极端自然事件所引起的土地覆盖变化，用 MODIS 250m 分辨率生成的月季植被覆盖变化(VCC)产品等。

MODIS 与 NOAA/AVHRR 具有同样的高时间分辨率、宽视域，但 MODIS 在空间、光谱、辐射分辨率等方面更佳，加之可以在网络(http:// modis. gsfc. nasa. gov)上免费获得，因此，目前许多应用研究中已将 MODIS 替代 NOAA/AVHRR。

我国成像光谱仪的发展几乎与国际同步。1983 年，中国科学院上海技术物理研究所与美国 GER 合作研制红外细分光谱仪 FIMS，2. 0～2. 5μm 分 6 个波段，波段间隔 30～50nm，后改为 12 波段，并在新疆找金矿、油气藏中得以应用。之后，又研制了多种航空成像光谱仪，如：MAIS，64 个波段(0. 45～2. 50μm)或 71 个波段(0. 4～12. 5μm)；热红外多光谱扫描仪 TIMS，7 个波段(8～12. 5μm)等。1996 年研制了机载 128 波段实用型模块式成像光谱仪 OMIS，0. 46～12. 5μm(其中 0. 46～1. 1μm、64 波段、波段间隔 10nm，1. 06～1. 70μm、16 波段、波段间隔 40nm，2～2. 5μm、32 波段、波段间隔 15nm，3. 5～5. 0μm、8 波段、波段间隔 0. 25μm，8～12. 5μm、8 波段、波段间隔 0. 5μm)和 224 波段推扫式高光谱成像仪 PHI，0. 4～0. 95μm，波段间隔小于 5nm，空间分辨率 1. 5mrad。它们已多次参与国际合作与飞行任务。我国研制的航天成像光谱仪有：神舟 3 号无人飞船(2002 年 3 月发射)的中分辨率成像光谱仪(CMODIS)，0. 4～12. 5μm，34 个波段；FY-3气象卫星的中分辨率光谱成像仪(MERSI)，可见光-热红外 20 个波段；环境与减灾小卫星星座的高光谱成像仪(HSI)，0. 45～0. 95μm，110～128 波段。

3. 3. 2 高光谱遥感的成像特点

高光谱遥感的成像光谱技术把成像技术和分光谱技术有机地结合起来。前者是把地面目标的光能量通过扫描镜或反射镜、反射镜组、聚光元件等光学系统，采集并汇聚到视场光阑上，决定了成像光谱仪的空间分辨率；后者是将地物的辐射能量分离成不同波长的谱能量，再聚焦投射于焦平面的探测元件上直接成像，由光栅、棱镜等分光和汇聚(聚焦)系统组成，决定了成像光谱仪的光谱间隔。

高光谱遥感的突出特点如下。

1. 高光谱分辨率

成像光谱仪能获得整个可见光、近红外、短波红外、热红外波段的多而很窄的连续的光谱波段。波段数(或通道数)多至几十甚至数百个，波段间隔在纳米(nm)级内，一般为 5～10～20nm，个别达 2. 5nm(如加拿大的 FLI/PMI、CASI)、<5nm(德国的 ROSIS 和中国的 PHI)，因而称之为高光谱。

2. 图谱合一

成像光谱仪在获得数十、数百个光谱图像的同时，可以获得图像中每个像元的连续光谱数据，“图谱合一”可以反映目标的精细光谱差异，因而称之为成像光谱(图 3.11)。

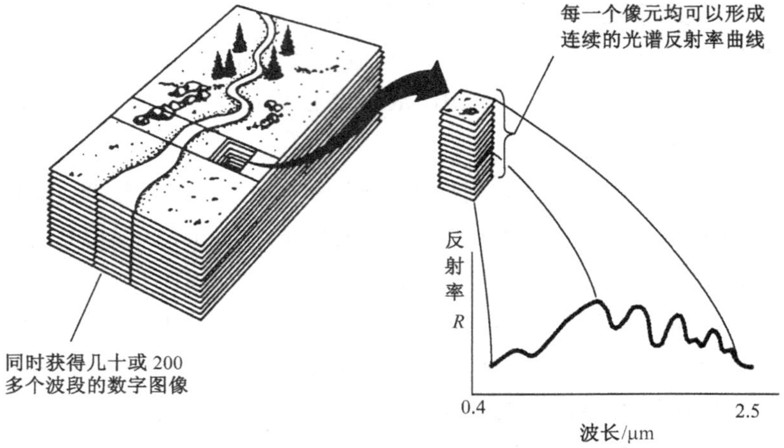

图 3.11 成像光谱的概念[10]

地物波谱研究表明，地表物质在 0.4～2.45μm 光谱区间内均有可以作为识别标志的光谱吸收带，其带宽约 20～40nm，成像光谱仪的高分辨率可以捕捉到这一信息。它所提供的这种每个像元或像元组的连续光谱，较客观地反映了地物光谱特征以及光谱特征的微弱变化，可以进行光谱波形形态分析，并与实验室、野外及波谱数据库的光谱匹配，从而检测出具有诊断意义的地物光谱特征——一些特殊的窄波段间隔的吸收/反射特征，使利用光谱信息直接识别地物成为可能。

图 3.12 显示美国内华达州 Cuprite 矿区某蚀变带的航空成像光谱仪 AIS(1.2～2.4μm 共 128 个波段)数据，经规一化处理后的反射波谱曲线。此曲线清晰地显示了高岭石矿物在 2.16μm 和 2.2μm 的双吸收特征和明矾石在 2.17μm 的光谱吸收特征。这与实验室的光谱测量结果十分相似。

图 3.13 显示新疆阿克苏地区的航空成像光谱仪 GER(0.4～2.45μm 共 63 个波段)数据与 TM、FIMS(2.0～2.5μm、6～12 波段)及实验室光谱测量数据的比较。图中显示，常规的多光谱扫描仪如 TM 等相对较宽的波段间隔易于丢失地物光谱的特征变化，而 63 波段的 GER 可以较大程度地拟合实验室的光谱波形形态。倘若成像光谱仪光谱分辨率更高，光谱数据更多，间隔更窄，其波形形态便与波谱数据库里的实验室或野外的地物光谱形态特征拟合得更好，所反映的地物光谱就更详细、更逼真，以至于可以根据成像光谱仪提供的地物光谱信息直接判断和识别地物及地物的物质成分等，如识别岩石矿物成分、生物地球化学过程等。

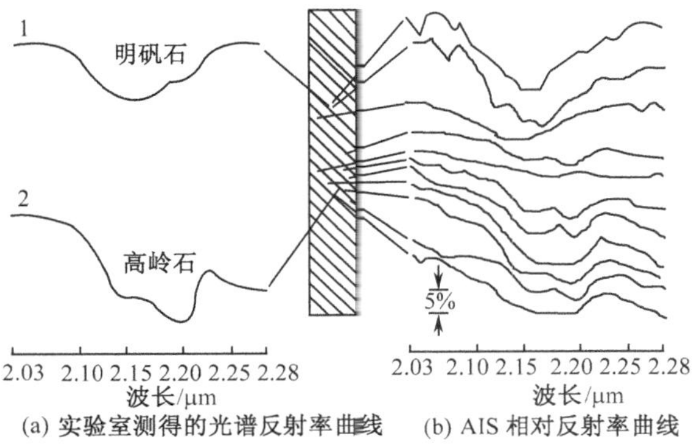

图 3.12 AIS 图像及反射波谱曲线[11]

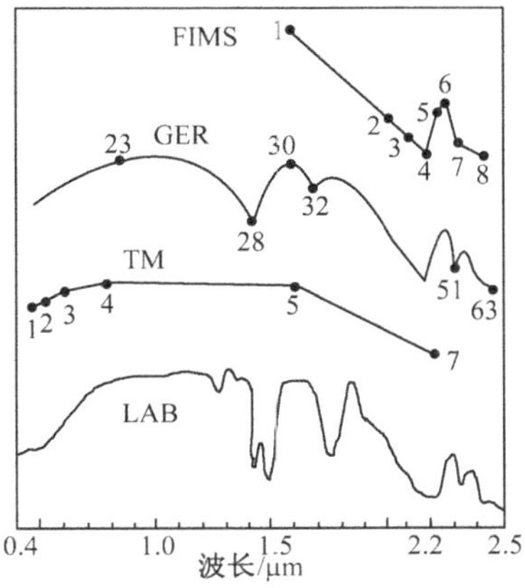

图 3.13 明矾石的 FIMS,GER,TM 图像光谱曲线与实验室光谱比较[12]

图 3.14 为几种常见矿物在 2.0～2.5μm 范围内实验室测量的反射波谱曲线。它显示了在这波段范围内这些不同矿物的诊断性光谱吸收特征。研究结果表明:含羟基(—OH和 H_2O 基团)的黏土类矿物,如 Al-CH 基团矿物在 2.16～2.20μm 有典型的吸收光谱特征(高岭石在 2.16 和 2.2μm 为双峰吸收,绢云母在 2.208μm,明矾石在 2.16μm,叶蜡石在 2.17μm 等);Mg-OH 基团矿物(绿泥石、滑石、蒙脱石、蛇纹石、阳起石、绿帘石等)分别在 2.20 和 2.30μm 产生较强吸收光谱,其中含 Fe-OH 基团的矿物在 2.29μm 有典型吸收光谱特征。而含碳酸根 CO_3^{2-} 基团的矿物在 2.30～2.35μm 形成吸收谱特征(方解石,2.33μm,白云石,2.30～2.315μm 等),吸收带宽约 1Cnm,但要识别含镁灰岩、白云岩等矿物岩石,用波段间隔 20nm 的

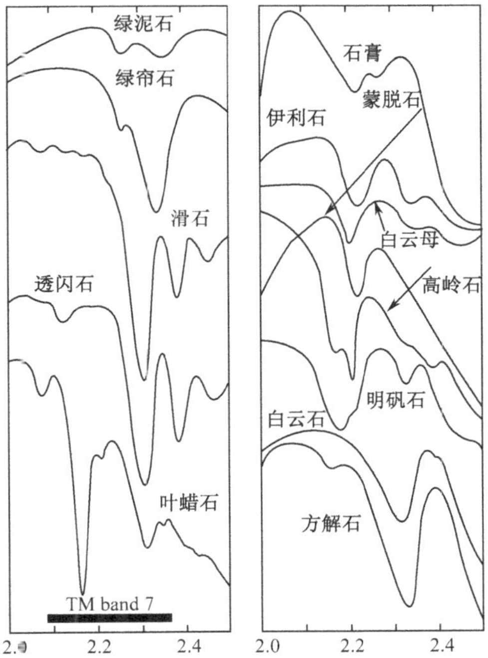

图 3.14 蚀变矿物的反射波谱曲线(实验室)[2]

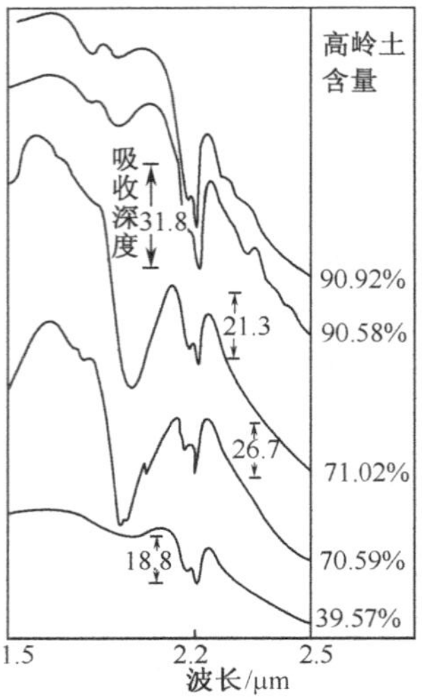

图 3.15　不同含量高岭土反射波谱曲线

数据即可达到效果。含铵根(NH_4^+)基团的矿物在 2.02～2.12μm 有吸收光谱特征。而 TM7 在 2.08～2.35μm 的波段宽度内仅有一个数据点,它对应着 270nm 波段间隔内的综合波谱响应。显然它无法检测这些具诊断性吸收光谱的差异,而仅能用以识别矿物、岩石类型间的一般差异。而成像光谱仪在这个波段范围内可以用 10nm 的波段间隔得到许多数据点,这种高分辨率的数据足以直接判断矿物类型以及它们的含量。

图 3.15 显示不同含量高岭土反射波谱曲线。图中可见,随高岭土含量的增加,其 2.20μm 吸收深度值增加,可以通过一系列波形形态参数建立起光谱吸收与岩石矿物成分间的定量关系。Christensen 等[13]研究指出,热红外谱段各矿物大类之间发射光谱特征差异较大,易于区分硅酸盐(Si_nO_k)(包括不含水造岩矿物)、硫酸盐(SO_4^{2-})、碳酸盐(CO_3^{2-})、磷酸盐(PO_4^{3-})、氧化物、氢氧化物等。图 3.16 为各矿物大类发射波谱曲线。图中可见,硅酸盐矿物在 8.5～12.0μm 与4.0～6.0μm 范围内分别有两个宽缓复杂的复合吸收特征;硫酸盐矿物在 11.5μm 处有一吸收特征;碳酸盐矿物在 15.0μm 处有一宽吸收特征,在 9.0μm 处有一窄吸收特征;磷酸盐矿物在 5.5～6.5μm 范围内有一弱的双吸收特征,在 10.0～11.5μm 范围内有一强的双吸收特征;氧化物在 4.0～8.0μm 范围内有一宽缓的双吸收特征;卤化物在 11.5～15.0μm 范围内有一宽缓的双吸收特征。这些岩矿的特征吸收光谱及它们的微弱差异,需要波谱间隔 5～20nm 的高光谱遥感数据加以识别与提取。

在第 2 章"植物光谱特征"中提及红边红移现象,实验证明[15],作物从生长发育到成熟期(开花结果期),其光谱红边会发生红移(向长波方向偏移);而植物因地球化学效应,即受地球化学元素异常的影响(如受金属毒害作用等),会诱发植物出现中毒性病变,其光谱红边则发生蓝移(向短波方向偏移)。红移与蓝移的幅度基本相似,大致 7～10nm,在严重受压抑情况下,蓝移可达 40nm。检测这种因元素迁移、富集等生物地球化学效应引起的植物光谱异常现象以及识别和提取植物的含氮量和纤维素、干生物量信息,均需要 10nm 的高光谱分辨率的遥感数据。图 3.17 表明实验室生长的高粱的双反射光谱受硫化物等金属毒害作用,在可见光区和光谱"红边"的变化。由于实验室测量数据不受野外背景值的干扰,其红边蓝移更为明显,达 10～40nm。

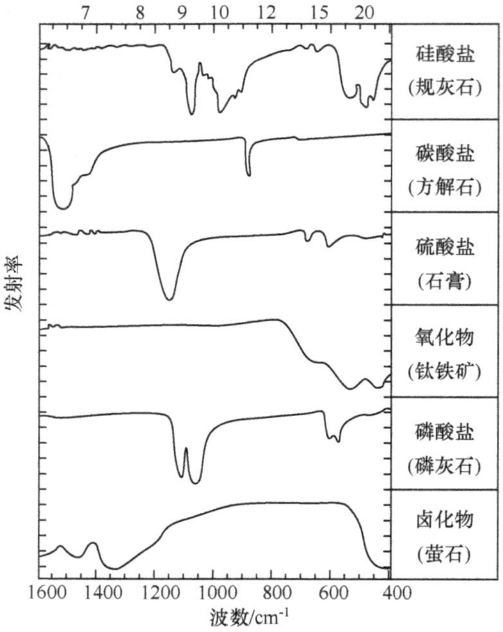

图 3.16　矿物大类发射波谱曲线[14]

图 3.18 显示绿叶、干叶(刚死的绿叶)、干树皮、干树木、落叶等波谱曲线形状与变幅的差异。图中可见,干植物光谱缺乏绿叶特征光谱中的叶绿素吸收和水分吸收,因而在 0.68μm 的叶绿素吸收峰和 1.4μm、1.9μm 的水分吸收峰,绿叶与所有干植物之间存在明显的光谱差异。而在 1.3~2.5μm 区间内,所有干植物显示了由于木质素和纤维素所造成的相类似的光谱吸收特征;但在 1.65~1.80μm 区间内的 1.73μm 处仅有干叶与落叶有一特征光谱吸收峰。绿色植物与不同的干植物之间光谱特征的这些差异,只有通过成像光谱仪的高光谱分辨率才能加以区分。而监测干植物、绿色植物与干植物的比例,在识别植物群落、物候条件、植被生态胁迫,估算植物叶绿素含量、生物量,测量林火损失,监测碳循环和其他生物-大气相互作用方面均是十分有价值的。

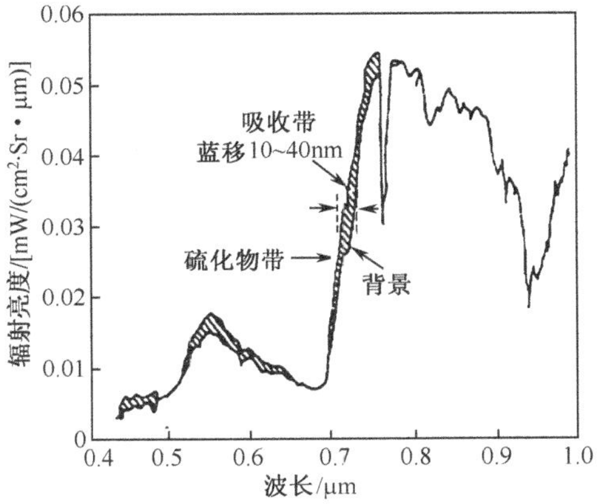

图 3.17　植物光谱的红边"蓝移"

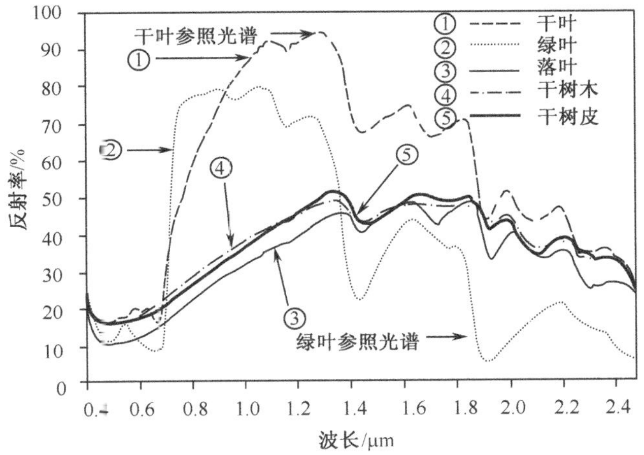

图 3.18　绿叶与不同干植物的波谱曲线[16]

图 3.19 显示 27 种盐沼植被在可见光谱段内的中值反射率曲线。由图可见,虽然植被类型的光谱特征的大体形状是相同的,但由于不同的光谱吸收深度,曲线表现出许多的交叉和明显的不同。这是因不同盐沼植被内各种色素、氮、木质素、纤维素、水分等植物生化组分的变化,导致植物反射波谱曲线中特征吸收谷、反射峰的位置、深度的细微差异。这种纳米量级的变化,只有运用高光谱遥感数据方能加以精确识别与反演。

3. 空间分辨率

成像光谱仪的空间分辨率由其瞬时视场(IFOV)决定。航空成像光谱仪均具有较高的空间分辨率,一般瞬时视场角(IFOV)为 1.0~3.0mrad,个别小于 1mrad,如 FLI/PMI、ASAS、SFSI、HYDICE 等。若飞行高度 2km,则 SFSI 图像的地面分辨率可达 0.8m;AIS 航空成像光谱仪的 IFOV 为 1.9mrad,一般航高 4200m,空间分辨率近 8m。1990 年在新疆阿克苏地区飞行时,航高 5000m,美国 GER 航空成像光谱仪的空间分辨率为 23m。航天成像光谱仪可分为中分辨率(千米级)和高分辨率(几十米)两类。前者,如 MODIS 空间分辨率分别为 250m、500m、1000m;后者,如 Hyperion 空间分辨率为 30m。

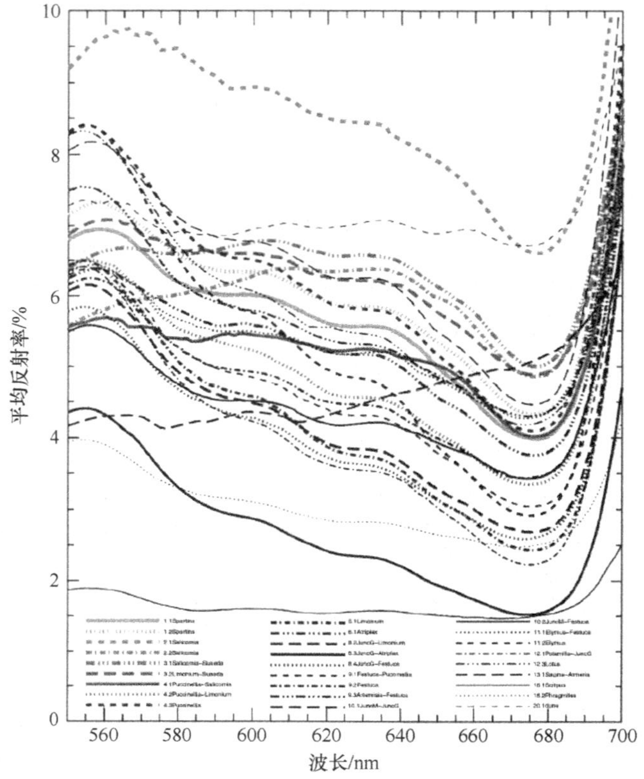

图 3.19　27 种盐沼植被的中值反射率曲线[17]

4. 辐射分辨率与信噪比

当光谱分辨率和空间分辨率确定后，信噪比便是系统的主要技术指标。为了保证仪器有足够的辐射分辨率，就必须使探测器有足够的积分时间(停留时间)。

一般用仪器的噪声等效反射比(NE$\Delta\rho$)来表征仪器的辐射分辨率。它最终体现为仪器的信噪比。信噪比的高低直接影响成像光谱图像对地物的识别能力。例如，在成像光谱图像上，探测高岭土矿物在 2.0～2.4μm 波段的"吸收双峰"现象，S/N 至少为 50；而探测植被在 0.7μm 附近的"红边蓝移"现象，至少要满足 S/N 为 100[11]。

成像光谱仪所获得的地球表面图像中包含了丰富的空间、辐射、光谱三重信息，为"目标识别"提供直接的信息源，因而被广泛应用于精细农业(如作物精细分类、作物生化组分提取等)、城市遥感(如城市规划、人工地物识别等)、地质填图与找矿(如矿物种类、含量、成分识别等)、灾害调查、水色遥感、军事侦察等多方面。

3.3.3　高光谱数据处理与分析方法

多光谱数据处理主要运用光谱灰度值，采用多元统计的方法进行专题信息提取，如指数法、图像变换、图像自动分类等。高光谱遥感数据波段特多，波带特窄，数据量特大，如一景 10km×10km 图像的 AVIRIS(224 个波段)数据量约 140MB；GER(63 个波段)飞行 1 小时的数据量高达千兆以上。同时，数据输出率特高(从每秒数兆到数百兆)，在数据传输中必须先予以压缩。因此，常规的数据处理方法显然已不能适应高光谱数据处理的要求，需要发展一些专门的技术方法，如数据高比例压缩技术、数据显示模式、图像数据-光谱的转换、光谱特征参量化，以及专门针对光谱形状、波长位置、特征吸收带等的地物光谱特征提取、目标识别与分类等方法和建立不同的应用分析模型。

1. 图像数据-光谱转换

成像光谱的原始数据，除了反映地物光谱反射辐射信息外，还受到多种因素的干扰，如大气辐射传输效应、地形效应（地形、地面阴影）、扫描系统的系统误差、混合像元等，使得从成像光谱图像上获得的光谱失真。因此，在图像光谱重建前，必须先解决成像光谱数据的定标、大气纠正等问题，才能真正实现成像光谱信息的图像数据-光谱转换。

1）成像光谱仪的光谱和辐射定标

“光谱定标”指确定系统各波段的光谱响应函数——中心波长、谱带宽度等。“辐射定标”指确定系统各波段对辐射量的响应能力，即建立成像光谱仪输入的光谱辐射亮度值（L）与成像光谱仪输出的数字量化值（DN）之间的定量关系，确定成像光谱仪各光谱通道的响应，求得定标系数，对实际图像进行辐射校正。

定标工作可包括发射前仪器实验室定标、发射后机上或星上定标、场地定标三个部分。发射前定标主要在实验室进行各像元的光谱响应度、中心波长、谱带宽度等的绝对和相对预定标；发射后定标是通过机上或星上内部定标参考标准（如低压汞灯、积分球等）进行仪器光谱特性和辐射特性的标定；场地定标是通过地面辐射校正实验场等的同步观测进行遥感器光谱校正和辐射校正（参见第 6 章的相关内容）。

由于高光谱图像光谱分辨率高，其狭窄波段一般对应于很窄的大气吸收段或较宽的光谱吸收段的边缘，故每个波段受大气影响的程度和它相邻的波段是不一样的；不同的操作条件下（特别是航空遥感器），整个图像光谱系统中光谱波段会有小的位移。因而，高光谱图像的校准和归一化有别于一般多波段图像，其辐射校正更为复杂，常利用光谱分析技术进行图像数据归一化处理和反射率数据的分离。一般采用基于图像内在统计特征的方法，其中较实用的方法如下。

(1) 残差图像法（residual），即按一定规则调节每个像元值，如用光谱矢量的几何平均值，对图像数据进行归一化处理，以获得相对反射率；或选择整个图像中每个波段的最大值（代表100％反射的测量值），对每一个波段的最大值减去其归一化后的平均辐射值[18]。

(2) 连续值去除法（continun removal），即先产生一个穿过图像光谱峰值的分段线性或多项式的连续值，然后对每个像元的实际光谱值除以其对应的连续值（即对原始波谱曲线作归一化处理）[19,20]。

(3) 内部平均相对反射法（IARR），即对每个像元的光谱值除以整个图像的平均值（代表当时大气条件下的太阳光谱），作为相对反射率[21]。

(4) 经验线性回归法（empirical line，EL），即建立每个波段的图像记录值和实际测量值（两个以上的地面定标点——亮目标和暗目标）之间的线性回归关系式，求其线性增量系数和偏差值，从而校正其他值[22]。

(5) 平滑域法（flat field，FF），选一块光谱均一的高反射区取其平均值（代表当时大气条件下的太阳光谱），然后对每一个像元的光谱值除以这个平均值，作为地表反射率[23]。

以上多数方法都没有使用大气数据和模型，因此确切地说仅对高光谱图像作了归一化处理。表 3.7 列出了不同归一化技术对遥感辐射中的各种外部影响因素的补偿情况。表中可见，只有残差图像法是真正意义上的辐射校正，其次是线性回归法，但它们都需要大量野外实地测量。

表 3.7 高光谱图像归一化技术对各种影响辐射的物理因素的补偿能力的比较

方法名称	程辐射	地形	太阳辐照	太阳光路大气透射
残差图像法	√	√	√	√
连续值去除法	×	×	√	×
内部平均相对反射法	×	×	√	√
经验线性回归法	√	×	√	√
平滑域法	×	×	√	√

应当指出的是，从逻辑上讲，精确的遥感图像辐射校正是很难的，因此，辐射校正常被忽视，或者仅运用一些基于图像本身的技术进行部分校准。庆幸的是，许多遥感应用分析都只需要做相对的辐射校正，而不是绝对的辐射校正。

2）成像光谱数据转换为反射率

经上述定标后，便可获得各波段范围内遥感器读出的辐射量，此辐射量经大气纠正得地表光谱辐射数据(L_i)，再将其转换为地物反射率。

2. 成像光谱图像的波谱曲线提取

成像光谱图谱合一的特点，使同时显示图像和光谱数据成为可能。图像上任一特定点的光谱特征可以用二维波谱曲线来形象、直观地表达。直角坐标的横轴表波长，纵坐标表示相对反射率(由原始数据变换而来)。

成像光谱图像的光谱信息提取技术还包括：显示光标任意指定像元的波谱曲线或特定区域的平均波谱曲线；快速确定具有相同或相似光谱特征的像元等。

彩图 3 显示了我国 224 波段航空成像光谱仪 PHI 在北京沙河地区所获得的高光谱图像以及反演所得的典型城市地物波谱曲线。图中可见，根据光谱特征，除了识别出不同地类外，还可识别出部分城市建筑材料属性，如青瓦屋顶、油毡屋顶、石棉瓦屋顶等(由中国科学院遥感应用研究所高光谱研究室提供)。

3. 光谱特征参数提取

1）光谱吸收指数

光谱吸收峰的存在是识别地物，尤其是蚀变矿物、植物理化组分的理论依据。光谱吸收特征可用一系列波形形态参数来表达。它包括吸收峰的波长位置(P)、宽度(W)、深度(H)、斜率(K)、对称度(D)、面积(A)，以及吸收的数目(n)、排序等。图 3.20 为地物光谱吸收特征参数示意图。图中显示任一光谱吸收特征可由光谱吸收谷与光谱吸收两个肩部 S_1、S_2 组成。其中，ρ_1、λ_1，ρ_2、λ_2，ρ_M、λ_M 分别为 S_1、S_2、M 的反射率和波长位置。

光谱吸收深度被定义为吸收谷点 M 与两个肩端连线 S_1S_2 的距离，或反射率最低点到归一化包络线的距离；吸收宽度被定义为光谱吸收深度一半处的光谱带宽；斜率被定义为 $K=\tan^{-1}[(\rho_2-\rho_1)/(\lambda_2-\lambda_1)]$；对称度被定义为 $d=A_1/A$(A_1 为吸收峰左半端面积，A 为吸收峰

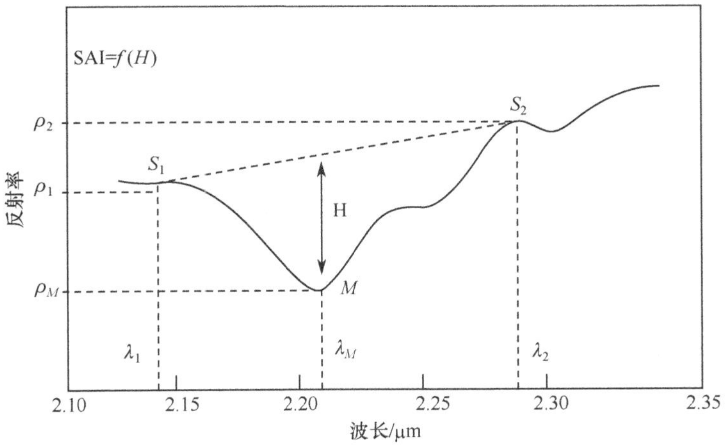

图 3.20　光谱吸收特征参数示意图[11]

整体面积)，或 $d=(\lambda_2-\lambda_M)/(\lambda_2-\lambda_1)$。光谱吸收指数(SAI)被定义为

$$SAI=\rho/\rho_M=\frac{d\rho_1+(1-d)\rho_2}{\rho_M} \tag{3.3}$$

通过这些光谱特征参数，可以定量描述各种光谱吸收形态，并进行波形的匹配识别。

实际应用中，也可采用连续值去除法(类似于光谱包络线去除法)获取反射光谱吸收特征参数 P、H、W、D、A 等。图 3.21 显示经连续值去除法调整(归一化处理)的明矾石反射光谱特征。图中可见，经连续值去除，并将其归一化到一致的光谱背景后，原波谱曲线峰值的相对值均为 1，而非峰值的相对值均小于 1，可以有效地突出波谱曲线的吸收和反射特征，利于获得 P、H、W、D、A 参数值。

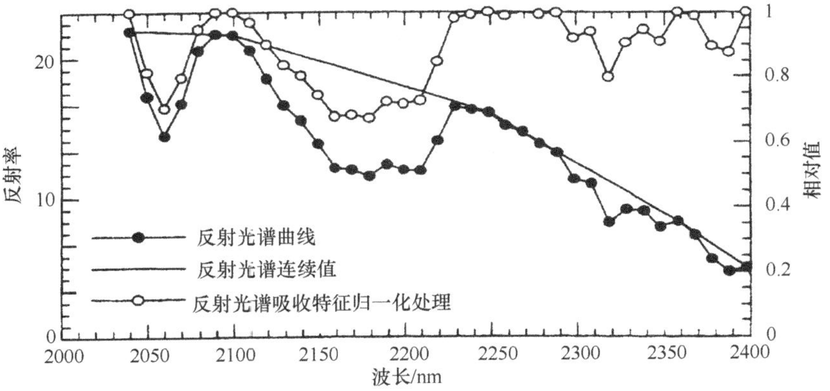

图 3.21　经归一化处理的明巩石反射光谱特征[22,24]

2) 导数光谱

导数光谱也是一种重要的光谱特征参数提取方法。利用导数光谱方法对反射光谱进行数学模拟和计算不同阶数的微分(导数)值，可迅速地确定光谱拐点及最大最小反射率的波长位置。由于太阳辐照度的变化、大气效应、噪声、光谱分辨率等因素的影响，地物所固有的光谱吸收特征在图像上往往有很大的失真，尤其是当地物缺乏强吸收特征点而遥感数据本身又有较低的信噪比时[22]。研究证明，导数光谱可以部分消除上述因素的影响，如四阶导数光谱可消除大气瑞利散射的影响，而一阶或二阶导数在很大程度上可消除土壤背景的影响。同时，导数

光谱可增强波谱曲线在坡度上的细微变化，对植被来说，这种变化与植被的生物化学吸收特性有关[25]。这里的一阶导数光谱可表示为

$$\rho'(\lambda_i)=\frac{\rho(\lambda_{i+1})-\rho(\lambda_{i-1})}{\lambda_{i+1}-\lambda_{i-1}}=\frac{\mathrm{d}\rho(\lambda)}{\mathrm{d}\lambda} \tag{3.4}$$

二阶导数光谱可表示为

$$\rho''(\lambda_i)=\frac{\rho'(\lambda_{i+1})-\rho'(\lambda_{i-1})}{\lambda_{i+1}-\lambda_{i-1}}=\frac{\rho(\lambda_{i+1})-2\rho(\lambda_i)+\rho(\lambda_{i-1})}{(\lambda_{i+1}-\lambda_{i-1})^2}=\frac{\mathrm{d}\rho'(\lambda)}{\mathrm{d}\lambda} \tag{3.5}$$

导数光谱被应用于提取不同的光谱吸收特征参数如波长位置、宽度、深度，以及分解重叠的吸收波段和提取各种目标参数，它对光谱信噪比非常敏感。研究表明，光谱的低阶导数对噪声影响敏感性较低，因而在实际应用中更有效。一般认为可用一阶导数去除线性或接近线性的背景、噪声光谱对目标光谱的影响[26,27]。

图 3.22 为小麦冠层光谱和土壤背景光谱以及它们的一阶导数光谱。从图中可见，经一阶导数处理后的导数光谱可清晰地显示原波谱曲线拐点及最大最小反射率的波长位置；并在光谱变化区域(尤其在植被红边处)，能够植、土光谱分离，消除土壤背景的影响；且对光谱信噪比非常敏感，如植被光谱的近红外高反射区，经一阶导数处理后，丢失了绝大部分植被信息，仅残留下噪声信息[28]。

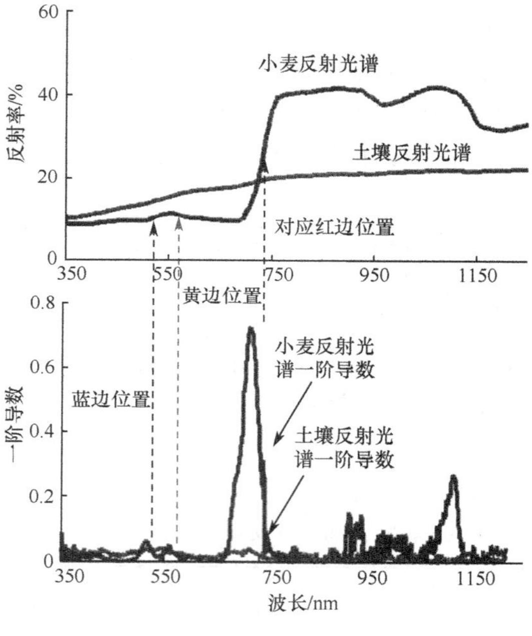

图 3.22　小麦与土壤反射光谱及其一阶导数[28]

4. 光谱匹配识别方法

实现由成像光谱数据提取的地物波谱曲线与由实验室或野外测量生成的典型地物参考光谱或“标准”波谱曲线两者的匹配分析，是进行地物识别和分类的基础。成像光谱数据在增加地物特征细节的同时也增加了数据的冗余度。这往往影响到识别分类的精度。因此发展了一些新的光谱匹配识别方法。例如，针对光谱吸收特征，用最小二乘法拟合或用最小平方残差实现最佳光谱匹配识别，用两波谱曲线的相关系数或均方差来表征相似度等。下面简单介绍几种方法。

1）光谱数据编码匹配

对成像光谱的大量冗余度较大的数据，首先进行分段二值编码，或多阈值编码、多子区编码，使数据的表述简单化，再利用基于最小哈明距离算法等实现图像光谱与数据库光谱的匹配识别[29,30]。该方法能提高光谱数据的分析处理效率，但因编码方法所限，将丢失部分光谱细节。

2）光谱角度匹配(SAM)

光谱角度匹配法又称光谱角度填图法，即以实验室测量的标准光谱或从图像上提取的已知点的平均光谱为参考，求算图像中每个像元矢量(将像元 n 个波段的光谱响应作为 n 维空间的矢量)与参考光谱矢量之间的广义夹角。

设有两个 n 波段的光谱矢量 $\boldsymbol{T}=(t_1,t_2,\cdots,t_n)$，$\boldsymbol{R}=(r_1,r_2,\cdots,r_n)$，$\boldsymbol{X},\boldsymbol{Y}$ 不是零向量，它们的广义夹角 θ 定义为

$$\theta=\arccos\frac{\boldsymbol{X}\cdot\boldsymbol{Y}}{|\boldsymbol{X}|\cdot|\boldsymbol{Y}|} \tag{3.6}$$

即

$$\theta=\arccos\frac{\sum_{i=1}^{n}x_i\cdot y_i}{\sqrt{\sum_{i=1}^{n}x_i^2}\sqrt{\sum_{i=1}^{n}y_i^2}},\quad \theta\in\left[0,\frac{\pi}{2}\right]$$

此广义夹角表征两光谱的匹配程度，夹角越小，两者相似性越大。实际应用时往往从图像中选取已知类型的区域，以其平均光谱作为样本中心进行分类。此法压缩了图像光谱信息，提高了图像分类算法效率，同时对图像的增益不敏感，与光谱的绝对值无关，只比较光谱在形状上的相似性，便于图像光谱与地物测量光谱的比较匹配。改进的 SAM 法引入了样区的统计参数，能更好地反映已知样区的特征，提高了识别分类精度。Meer 和 Bakker[31]建立的交叉相关光谱匹配技术(CCSM)考虑了图像光谱与参考光谱之间的相关系数、偏度和相关显著性标准，通过计算图像光谱与参考光谱在不同光谱位置的交叉相关系数，绘制交叉相关曲线图，计算曲线峰值的偏度，发现相同地类光谱的交叉相关曲线匹配最好，相似性越大。

3）导数光谱波形匹配识别法

这里的导数光谱是指图像某基本组分(endmember)的光谱矢量与图像上该基本组分的光谱矢量的导数。第 i 类基本组分的最终光谱波形曲线可用其各波段反射率集合来表示，即

$$[\rho_i]=[\rho(i,\lambda_1),\rho(i,\lambda_2),\cdots,\rho(i,\lambda_n)] \tag{3.7}$$

式中：n 为波段数。用两个光谱矢量的导数波形矢量，进行光谱夹角匹配，可得到每一类型的光谱波形相似度，再通过自动分类算法对植被进行精准分类。

此外，光谱特征匹配技术也可用光谱反射率模型模拟波谱曲线[8,26]，或用专家系统将未知地物光谱与波谱库中已知地物光谱进行比较。例如，美国地质调查局 Tetracorder 专家系统[20]，通过最小二乘法计算各个特征的最佳拟合效果，将未知地物光谱与波谱库中参考光谱的相关系数(r)，作为最佳拟合值的评价指标；再选择几个典型光谱吸收波段(如 0.67μm 处的叶绿素吸收特征、0.97μm 和 1.2μm 处的叶片水分吸收特征)的不同权重作为最佳匹配“系数”(w)；总的加权拟合值 r_{total} 作为两者的最佳匹配吻合度，表示为 $r_{\text{total}}=w_1r_1+w_2r_2+w_3r_3$。权

重系数可用户自定义(如上述三个光谱吸收波段的权重分别为 0.70、0.15、0.15),或用描述各光谱特征的某种光谱特征参数,如光谱特征区的面积 A/总面积、波段深度的起始值等。总相关系数越大,说明未知地物光谱与波谱库中已知地物光谱相似性越大,拟合效果越好。

参考文献

[1] Campbell J B. Introduction to Remote Sensing. New York: the Guilford Press, 1987.

[2] Lillesand T M, Kiefer R W. Remote Sensing and Image Interpretation (3rd). New York: John Wiley & Sons, Inc,1994.

[3] Swain P H, Davis S M. 遥感定量方法. 朱振福,童寿彬,张晋,等译. 北京:科学出版社,1984.

[4] 陈述彭,赵英时. 遥感地学分析. 北京:测绘出版社,1990.

[5] 陈述彭. 遥感大辞典. 北京:科学出版社,1990.

[6] Jensen J R. Introductory Digital Image Processing: A Remote Sensing Perspective (2nd). Englewood Cliffs: Prentice-Hall, 1996.

[7] 龙飞,赵英时,徐建春. 多角度 NOAA 数据方向信息提取的方法研究. 遥感学报,2000,4(增刊):101-105.

[8] 童庆禧,张兵,郑兰芬. 高光谱遥感——原理. 技术与应用. 北京:高等教育出版社,2006.

[9] 刘玉洁,杨忠东,等. MODIS 遥感信息处理原理与算法. 北京:科学出版社,2001.

[10] Vane G. High spectral resolution remote sensing of the Earth. Sensors, 1985, 2:11-20.

[11] 郑兰芬,王晋年. 成像光谱遥感技术及其图像光谱信息提取的分析研究. 环境遥感,1992,7(1):49-58.

[12] 王晋年,郑兰芬,童庆禧. 成像光谱图像吸收鉴别模型与矿物填图研究. 环境遥感,1996,11(1):20-31.

[13] Christensen P R, Bandfield J L, Hamilton V E. A thermal emission spectral library of rock-forming minerals. Journal of Geophysical Research, 2000,105(E4):9735-9739.

[14] 闫柏琨. 热红外遥感岩矿波谱机理及信息提取技术方法研究. 中国地质大学博士学位论文,2006.

[15] Elachi C. 遥感的物理学和技术概论. 王松皋,等译. 北京:气象出版社,1995.

[16] Datt B. Identification of green and dry vegetation components with a cross-correlogram spectral matching technique. International Journal of Remote Sensing, 2000, 21(10): 2133-2139.

[17] Schmidt K S, Skidmore A K. Spectral discrimination of vegetation types in a coastal wetland. Remote Sensing of Environ, 2003, 85(1): 92-108.

[18] Marsh S E, McKeon J B. Integrated analysis of high-resolution field and airborne spectroradiometer data for alteration mapping. Economic Geology, 1983, 78(4): 618-632.

[19] Clark R N, Roush T L. Reflectance spectroscopy: quantitative analysis techniques for remote sensing application. Journal of Geophysical Research, 1984, 89: 6329-6340.

[20] Kokaly R F, Despain D G, et al. Mapping vegetation in Yellowstone National Park using spectral feature analysis of AVIRIS data. Remote Sensing of Environ, 2003,84:437-456.

[21] Kruse F A. Use of Airborne Imaging Spectrometer data to map minerals associated with hydrothermally altered rocks in the northern Grapevine Mountains, Nevada and California. Remote Sens Environ, 1988, 24(1): 31-51.

[22] Kruse F A, Kierein-Young K S, Boardman J W. Mineral mapping at Cuprite, Nevada with a 63-channel imaging spectrometer. Photo Engin & Remote Sens, 1990, 56(1): 83-92.

[23] Rast M, Hook S J , Elvidge C D, et al. An evaluation of techniques for the extraction of mineral absorption features from high spectral resolution remote sensing data. Photo Engin & Remote Sens, 1991, 57(10): 1303-1309.

[24] Schowengerdt R A. Remote Sensing odels and Methods fir Image Processing. 2nd Edition. New York: Academic Press, 1997.

[25] Johnson L F, Billow C R. Spectrometric estimation of total nitrogen concentration in Douglas-fir foliage. Int J Remote Sensing, 1996,17(3):489-500.

[26] 浦瑞良,宫鹏. 高光谱遥感及其应用. 北京:高等教育出版社,2000.

[27] 王长耀,牛铮,唐华俊,等. 对地观测技术与精细农业. 北京:科学出版社,2001.

[28] 王纪华,赵春江,黄文江,等. 农业定量遥感基础与应用. 北京:科学出版社,2008.

[29] Goetz A F H, et al. Estimation of biochemical constituents from fresh, green leaves by spectrum matching techniques, Proceedings of the International Geoscience and Remote Sensing Symposium(IGARSS'90). College Park Maryland, 1990: 971-973.

[30] Jia X, Richards J A. Binary coding of imaging spectrometry data for fast spectral matching and classification. Remote Sensing Environ, 1993, 43: 47-53.
[31] van der Meer F, Bakker W. Cross correlogram spectral matching: application to surface mineralogical mapping by using AVIRIS data from Cuprite, Nevada. Remote Sensing Environ, 1997, 61: 371-382.

第 4 章 热红外遥感

红外谱段指的是频率低于(或波长高于)可见光红谱段以外,波长在 0.76～1000μm 范围内,位于可见光和微波之间的区域。在这一范围内,辐射性质有很大差异,既有反射红外波段(波长 0.76～6.0μm),又有发射红外波段(波长 3～15μm),后者又称"热红外"。但严格地说,"热红外"谱段内,物体也有少量的能量反射,只不过物体的热辐射能量大于太阳的反射能量而已。其中,波长 6～15μm 的"热红外"谱段内,以热辐射为主,反射部分往往可以忽略不计;而波长 3～6μm 的中红外谱段内,热辐射与太阳辐射的反射部分须同时考虑(处于同一数量级)。另外,"热红外"谱段外的许多其他谱段也可以有少量的热能发射,所以有人更愿意把"热红外"用"远红外"来表达。

第 3 章我们介绍了可见光-反射红外遥感,它主要是研究、检测、对比地面物体直接反射太阳辐射能的差异。而本章所讨论的热红外遥感,则是用遥感手段感应地面物体发射辐射能的差异。应该说,后者比前者更为复杂。其复杂性主要表现在以下几方面。

(1) 热红外遥感的大气影响更为复杂。它的大气效应除了有大气吸收、散射外,还有大气自身的发射。尽管远红外谱段波长较长,大气的散射作用远不如紫外和可见光谱段显得那么重要。但是,在热红外谱段内大气分子与悬浮粒的吸收作用却是明显的。在有限的大气窗口内,最主要的影响因素是大气的水汽和气溶胶,它们既要吸收能量,又要自身发射热辐射能。这种大气自身的热辐射,叠加于地面物体的热辐射信号之上,使问题复杂化。

(2) 地物本身的热过程是复杂的。地物从吸收能量(增温)到发射能量(降温),存在着一个热储存和热释放的过程。这个过程不仅与地物本身的热学性质(热传导率、热容量、热惯量等)有关,还与环境条件及地表热状况(如微气象参数——风速、风向、空气温度、湿度等,土壤参数——土壤水分、组成、结构等,植物覆盖状况、地表粗糙度、地形地貌)等多因素有关。整个热过程存在着"滞后"效应,要定量表达这一过程,是相当复杂的。

(3) 改变地物温度的因素,除了地物本身的热过程(热吸收与热辐射)外,还有能量与质量的输送(显热交换与潜热交换)。所谓"显热交换"(sensible heat),是指由温度差导致的热量传递,即指地表内部热量与大气的交换(加热空气),它与许多微气象参数有关,热量传递中的传导、对流、辐射都属于显热(又称感热)交换。而"潜热交换"(latent heat)是指由物质的相变导致的热量传输,即指地表水分蒸发的能量交换(如蒸发耗热、水汽凝结散热,降低地表温度),它除了与微气象参数有关外,还与土壤物理参数、植物生态生理参数有关[1]。这几种热交换过程交织在一起,人们很难加以分解和建立它们与温度改变的定量关系。

(4) 热探测器所获得的物体发射辐射信息包含了两个重要的信息,即物体的温度以及表示物体辐射能力的比辐射率。温度与比辐射率的分离(temperature emissivity separation, TES)是热红外遥感的一个难点。

(5) 热红外遥感图像的空间分辨率一般低于可见光-近红外遥感图像,因此"混合像元"(非同温像元)的问题,显得相当突出。

(6) 在热红外波段,目标物与周围物体互为辐射源,目标物与周围环境之间的关系需通过多次散射来描述。

由于热红外遥感本身的复杂性，它的许多理论问题均未很好地解决，如地表热红外辐射及比辐射率的方向性问题、温度与比辐射率的分离问题、非同温混合像元的分解问题等。然而，与人类生存息息相关的植物生长、水分循环、气候与环境变化，以及全球变化等均离不开地球系统水热平衡的研究，离不开对综合反映地-气相互作用过程中物质和能量交换的关键物理参数“地表温度(T_s)”的研究。热红外遥感是获取地表温度、地表热状况信息的一种非常重要的手段。因此，热红外遥感研究至关重要。目前，国内外许多学者正在致力于对热辐射与地面相互作用机理、热红外大气辐射传输、温度/比辐射率的分离、热辐射方向性、地表真实温度反演等疑难问题的攻克以及热红外遥感应用研究的进一步开拓。

§4.1 热红外遥感原理

研究热红外遥感、解译热图像，首先必须了解热辐射的本质。以下我们复习和扩展一下第1章介绍的黑体辐射原理及热辐射与大气、与地表的相互作用。

从理论上讲，自然界中任何温度高于热力学温度(0K 或－273℃)的物体都不断地向外发射电磁波，即向外辐射具有一定能量和波谱分布位置的电磁波。其辐射能量的强度和波谱分布位置与物质的表面状态有关，它是物质内部组成和温度的函数。正因为这种辐射依赖于温度，因而称“热辐射”。如同光波一样，热辐射也是一种电磁波振动，遵循光的所有规律——在真空中以光速直接传播，传播速度等于辐射波长同频率的乘积，即 $C=\lambda\nu$；以不连续的量子形式传播，每个量子的能量为 $Q=h\nu$(h 为普朗克常数)等。

4.1.1 黑体辐射

在一定温度下物体向外界辐射能量，物体的辐射出射度是波长与温度的函数。随着温度的增加，总发射能量也增加，发射的最大波长(峰)变短，这种关系可用黑体概念来表达。

黑体概念是理解热辐射的基础。黑体被定义为完全的吸收体和发射体，它吸收和重新发射它所接收到的所有能量(没有反射)。它的吸收率和发射率均为1，也就是说，在任何温度下，对各种波长的电磁辐射能的吸收系数恒等于1的物体称为黑体。黑体辐射只取决于黑体的温度，而与黑体的物质材料无关。

实际上，自然界并不存在黑体，自然界所有物体至少都会反射少量的入射能，而不是完全的吸收体。只是由于热辐射是随着构成物体的物质和条件的不同而变化，因而需要引入黑体这一概念作为热辐射定量研究的基准。尽管黑体是一个物理学上的理想体，但它的行为表现能够被实验室设备所模拟，人们可以通过对黑体热辐射行为的描述，来研究物体热辐射过程与基本规律、温度与发射能的关系等。

在第1章中介绍了电磁波辐射的基本定律。普朗克定律给出了黑体辐射的出射度与温度、波长的定量关系[式(1.11)]。维恩位移定律给出了黑体的发射峰值波长与温度的定量关系，指出随着黑体温度的增加、发射峰值波长减小，两者呈反比关系[式(1.13)]$\lambda_{max}=A/T$。而斯特藩-玻耳兹曼定律描述了随着黑体温度的增加，总发射辐射也增加，即黑体的辐射强度与温度的4次方成正比[式(1.12)]$M=\sigma T^4$。这就是说，物体热辐射的强度和峰值波长都是随物体的温度而变化的。那么，温度确定后，从普朗克公式、维恩定律可以确定辐射源的光谱分布，推算出物体的峰值波长；从斯-玻定律可以计算出物体辐射的总功率。反之，从物体的光谱分布及辐射总功率也可推算出物体的“实际温度”。显然这些推论对黑体是严格成立的，由此人们通过对地表辐射能量的测量或运用遥感热辐射数据，可以间接获得目标对象的“温度”信息。但是对于非黑体的真实物体，由于比辐射率的影响，要获得地表真实温度的难度便大得多。

4.1.2 真实物体的辐射

1. 比辐射率

黑体的概念是采用一个简便的理论工具来描述辐射原理，而真实物体并非如同黑体，它的辐射出射度小于同温下黑体的辐射出射度。因而引出了“比辐射率”的概念。

所谓比辐射率，又称发射率，用 $\varepsilon(T,\lambda)$ 表示。比辐射率被定义为，物体（非黑体）在温度 T、波长 λ 处的辐射出射度 $M_S(T,\lambda)$ 与同温度、同波长下的黑体辐射出射度 $M_B(T,\lambda)$ 的比值，即

$$\varepsilon(T,\lambda)=\frac{M_S(T,\lambda)}{M_B(T,\lambda)} \tag{4.1}$$

比辐射率是一个无量纲的量，ε 的取值为 0～1，它是波长 λ 的函数，由材料性质决定的。实验研究表明，除金属表面外，通常比辐射率在较大的温度变化范围内为常数，故常不标注为温度的函数。因为黑体辐射全部的入射能量，则黑体的辐射能量应等同于它的入射能量，所以式(4.1)可以看做发射能占入射能之比，即发射率的概念。

单从比辐射率的定义看，若运用红外辐射计测出物体的辐射出射度以及相同表面温度下黑体的辐射出射度，则可得到比辐射率。但事实上，在自然环境下要证明被测物和一个黑体的表面温度相同是很困难的。更何况所测的被测物的出射辐射度中还包含有部分环境辐射，若不知比辐射率则无法将它们分开[1]。

考虑到比辐射率的存在，当计算真实物体的总辐射出射度时，把斯特藩-玻耳兹曼定律修正为

$$M(T)=\varepsilon\sigma T^4 \tag{4.2}$$

式中：$M(T)$ 为总辐射出射度（W/m^2）；T 为物体真实温度（K）；σ 为斯-玻常数，取值 $5.6697\times10^{-8}W/(m^2\cdot K^4)$；$\varepsilon$ 为物体的比辐射率。

式(4.2)说明，物体不断辐射电磁波能量的强度 $M(T)$，与物体的比辐射率 ε 以及物体的表面温度 T 及波长 λ 有关。同时也说明，即使从遥感器或从地表测量获得辐射能量 $M(T)$，若不知道比辐射率 ε，仍然不能得到目标对象的温度信息。

2. 比辐射率的影响因素

物体的比辐射率是地物本身内在的一种物理属性，是物体发射能力的表征。它不仅依赖于地表物体的组成成分，而且与物体的表面状态（表面粗糙度等）及物理性质（介电常数，含水量等）有关，并随着所测定的辐射能的波长(λ)、观测角度(θ)等条件的变化而变化。

表 4.1 各种常用物质的比辐射率[2]

物　质	典型平均比辐射率（8～14μm）	物　质	典型平均比辐射率（8～14μm）
清　水	0.98～0.99	水泥混凝土	0.92～0.94
湿　雪	0.98～0.99	油　漆	0.90～0.96
人的皮肤	0.97～0.99	干植被	0.88～0.94

续表

物　质	典型平均比辐射率（8～14μm）	物　质	典型平均比辐射率（8～14μm）
粗　冰	0.97～0.98	干　雪	0.85～0.90
健康绿色植被	0.96～0.99	花岗岩	0.83～0.87
湿　土	0.95～0.98	玻　璃	0.77～0.81
沥青混凝土	0.94～0.97	粗铁片	0.63～0.70
砖	0.93～0.94	光滑金属	0.16～0.21
木	0.93～0.94	铝　箔	0.03～0.07
玄武岩	0.92～0.96	亮　金	0.02～0.03
干矿物质土	0.92～0.94		

表4.1列出各种常见物质在8～14μm谱段内的典型比辐射率。表中可见，常温下不同的地表物质在8～14μm谱段内的比辐射率可以变化很大。然而，大部分自然地物10～12.5μm波长范围内地表比辐射率在0.90～0.99μm范围内变化(图4.1)。

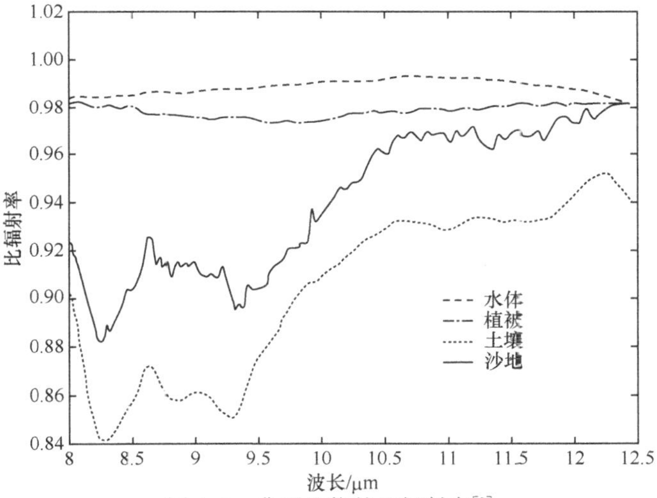

图4.1　典型地物的比辐射率[3]

图4.2显示了各种岩浆岩的发射率，随岩石中SiO_2含量的降低，发射光谱曲线的吸收谷值向长波方向移动。

常温下，白云石的比辐射率随表面状态而变化，磨光面为0.929，而粗糙面为0.958；在20℃时土壤的比辐射率随着土壤水分含量而变化，干土为0.92、湿土为0.95～0.98、沙为0.90；落叶树的比辐射率随状态而变化，单叶为0.96、整个树冠为0.98[2]。

严格地说，只有绝对黑体才是朗伯源，其辐射强度与观察角度θ无关。太阳可近似为一个朗伯源。而自然界的真实物体并不是朗伯源，它们的表面辐射亮度L与出射方向(观察角度)θ是有关的。这里，温度不具有方向性，物体热辐射的方向性主要是由比辐射率的方向性引起的。也就是说，比辐射率ε不仅是λ的函数，还是出射角θ的函数。图4.3是典型光滑电介质表面的比辐射率ε的角分布图。比辐射率的方向性除与物体本身性质有关外，还受表面粗糙度的影响。对于光滑表面，比辐射率随观测角的增加逐渐增加，到布儒斯特(Brewster)角(又称起偏角，指电矢量位于入射面的光线在介质表面的反射率为零时所对应的入射角)时达到最大，然后迅速下降，到 90°时降为 0；粗糙表面为朗伯面，其发射各向同性，比辐射率不随角度变化；介于两者间的一般粗糙面并非朗伯体特征，其发射各向异性，比辐射率随角度变化的规律很复杂。但实验已证明，随着粗糙度增大，比辐射率随观测角度变化要小些。研究表明[5]，当传感器的观测角小于 40°时，比辐射率随角度变化很小；当传感器的观测角大于 40°时，比辐射率随角度变化增大而迅速减小。

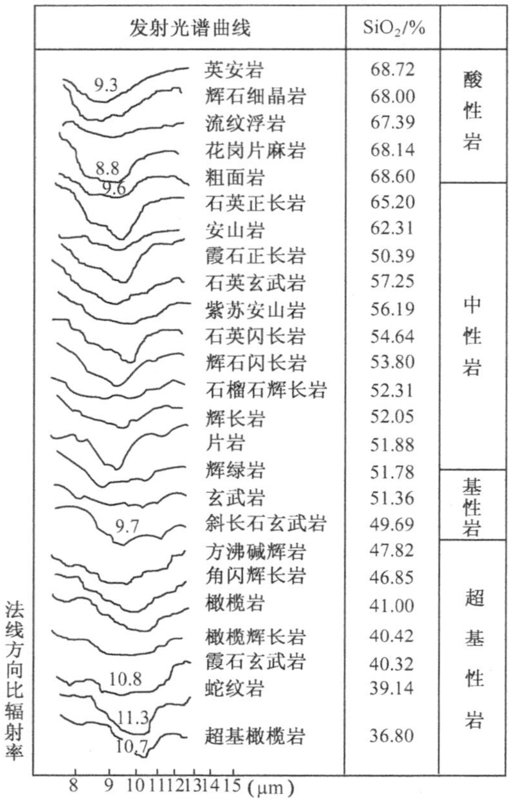

图 4.2　岩浆岩的比辐射率[4]

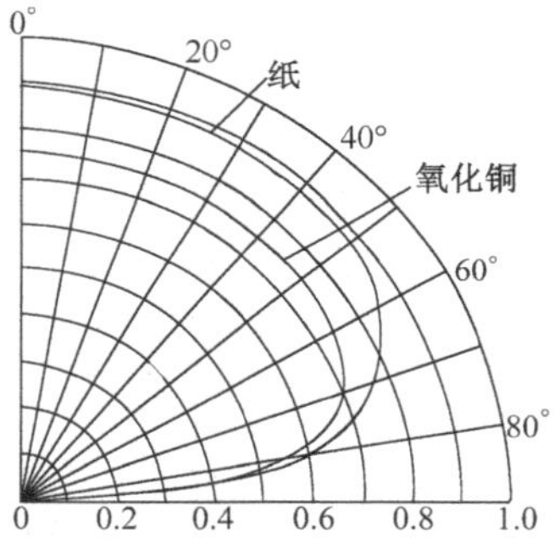

图 4.3　电解质比辐射率的角分布[4]

综上所述，影响比辐射率的因素很多。若忽略比辐射率的影响，可产生较大的温度反演误差，如作物冠层温度误差可达 3～5℃，土壤表面的误差可达 10℃以上[1]；Price[6]指出，当温度为 300K 时，0.01 的 ε 误差可引起 2K 的温度误差；若再考虑比辐射率的方向性则误差更大。可见，在定量热红外遥感中，对“比辐射率”的精确测量与估计至关重要。

3. 比辐射率的测量与计算

比辐射率可通过实验测量或模型计算来获得。实验测量主要采用以下三种方法[1,7]。

(1) 主动法：根据比辐射率与反射率的关系（即基尔霍夫定律，对不透明体 $\varepsilon_\lambda = 1-\rho$），通过测定方向-半球反射率 ρ（2π 空间各方向上二向反射率的半球积分值）来测目标的方向比辐射率，如积分球法，或利用 CO_2 激光作为主动辐射源远距离测定，以避开自身发射的干扰。

(2) 被动法：运用黑体辐射公式，通过光谱辐射仪测定目标表面温度 T 和热辐射强度 $M(T)$，并基于比辐射率的定义求得比辐射率值。此法所测得的 $M(T)$ 值中包含自身发射、环境辐射以及反射部分，很难将之区分。例如，“双温度法”根据不同温度下的比辐射率基本不变的前提，通过测“白天”与“黑夜”不同温度条件下的观测数据来求算比辐射率，此法对岩石、干土壤有效，但不适于含水量变化的目标；“双通道双温度法”通过两个通道（3～5μm、8～14μm）的昼夜温度值来求算比辐射率，可避免接触测量目标物的温度等。

（3）主动＋被动法：辐射仪结合 CO_2 激光仪的测量方法，用“双通道双温度法”测温，用主动法测二向性反射分布函数 BRDF，再改变环境辐照度将两者分开。这里假设在改变环境辐照度的极短时间内，物体表面温度和比辐射率在测量过程中不变化。

比辐射率是热红外遥感研究中的一个关键参数，对它的具体测量方法，这里不作详述。目前已有一些常用地物比辐射率数据库（如 ASTER）可供查找。

至于对比辐射率的计算，目前尚无完善的数值解法和模型，多是基于某些假设而获得比辐射率的相对值，主要采用以下三种途径[8]。

（1）根据可见光和近红外光谱信息（如 NDVI）与比辐射率之间的统计关系来估计[9～11]。

（2）根据热红外多通道光谱仪里最小比辐射率 ε_{min} 与最大最小相对比辐射率之差 $[\mathrm{MMD}=\max(\varepsilon_i)-\min(\varepsilon_i)]$ 的统计关系来确定[12]。

（3）假定不同时相比辐射率不变（$\varepsilon_{白天}=\varepsilon_{夜晚}$ 或 $\varepsilon_{t_1}=\varepsilon_{t_2}$），或与温度无关的热红外光谱指数（$\mathrm{TISI}_{白天}=\mathrm{TISI}_{夜晚}$）不变的条件下，利用多时相数据来确定[13～16]。

需要说明的是，随着热红外遥感的发展，人们已不仅仅是要测量和积累不同材料和地物的比辐射率及研究它的特点，还要探索地表热辐射及比辐射率各向异性的产生机理，并建立地物比辐射率方向模型。

通常，考虑到比辐射率的大小及与波长的关系，把物体的热辐射分为 3 类（图 4.4）。

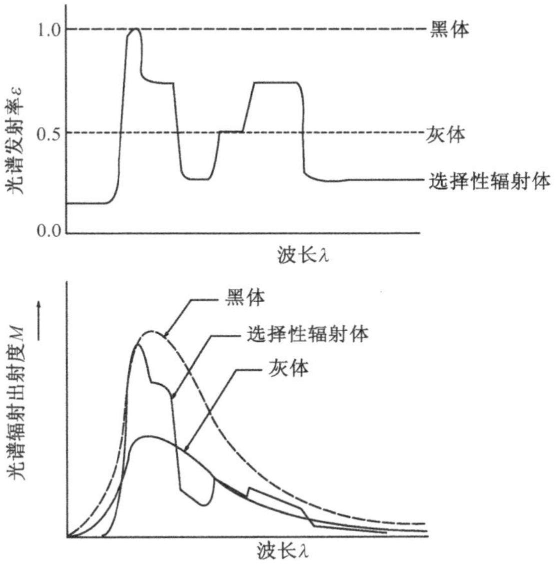

图 4.4　物体热辐射的三种类型[2]

（1）接近于黑体的物体，发射率近于 1。许多物质在某一特定波长范围内的辐射如同黑体，如水在 6～14μm 段辐射特征很接近黑体，发射率为 0.98～0.99。

（2）发射率与波长无关的灰体，发射率小于 1。自然界大多数物体为接近于黑体的灰体。

（3）发射率随波长变化的物体，称为选择性辐射体，如氙灯、水银灯、火焰或气体中的电气放电等。

4.1.3　热辐射与地-气的相互作用

1. 热辐射与地表的相互作用

在第 1 章中，我们曾介绍了能量入射到地表物体表面被吸收、反射、透射的基本过程。按照能量守恒定律，它们之间的关系为

$$E_{\mathrm{I}}=E_{\mathrm{A}}+E_{\mathrm{R}}+E_{\mathrm{T}} \tag{4.3}$$

式中：E_{I} 为入射能；E_{A} 为吸收能；E_{R} 为反射能；E_{T} 为透射能。它们都是波长的函数。式(4.3)分别除以入射能 E_{I}，得

$$\frac{E_I}{E_I}=\frac{E_A}{E_I}+\frac{E_R}{E_I}+\frac{E_T}{E_I}$$

式中:定义 $\alpha(\lambda)=\frac{E_A}{E_I}$;$\rho(\lambda)=\frac{E_R}{E_I}$;$\tau(\lambda)=\frac{E_T}{E_I}$;$\alpha(\lambda)$、$\rho(\lambda)$、$\tau(\lambda)$分别表示地面因子的吸收率、反射率、透射率。

则式(4.3)可改为

$$\alpha(\lambda)+\rho(\lambda)+\tau(\lambda)=1 \tag{4.4}$$

对于地表热辐射,人们关心的是地表特征的发射辐射,即地表物体吸收部分入射能量转变为物体的内能、升温,并以长波形式向外发射。

基尔霍夫定律指出,在热平衡条件下,物体的光谱发射率等于它的光谱吸收率,即 $\varepsilon(\lambda)=\alpha(\lambda)$。可见,发射率既是物体辐射能力的量度,也是物体吸收能力的量度。虽说绝对的热平衡状态并不存在,但"局地热平衡"却是普遍存在的。所谓局地热平衡指瞬时间热交换非常缓慢,以致物体中的内能的分布来得及变化均匀,物体向外辐射的能量基本等于从外界吸收的能量,此时物体处于热平衡状态,可用一定的温度来描述它[7]。经验证明,基尔霍夫定律对大多数地面条件都能适用。因此,在实践中可以用物体的光谱发射率来代替光谱吸收率,则式(4.4)变为

$$\varepsilon(\lambda)+\rho(\lambda)+\tau(\lambda)=1 \tag{4.5}$$

一般情况下,在遥感应用中,我们研究的目标被假定为对热辐射是不透明体。也就是说,$\tau(\lambda)=0$,则式(4.5)可写为

$$\varepsilon(\lambda)+\rho(\lambda)=1 \tag{4.6}$$

式(4.6)说明,在热辐射光谱区段,物体的发射率和它的反射率之间具有直接关系,物体的反射率越低,其发射率越高;反之,物体的反射率越高,发射率越低。例如,在热红外谱段,水的反射率几乎微不足道,因此它的发射率近似于1;相反,金属片则具有高反射热能,因而它的发射率远小于1。

式(4.6)还说明可以通过测反射率 $\rho(\lambda)$来测定发射率 $\varepsilon(\lambda)$。但是,这里应该说明的是,物体的发射率与反射率均是测定波长(λ)和观测角度(θ)、观测方向(ϕ)的函数。因此,方向发射率可表示为[1]

$$\varepsilon(\lambda,\theta,\phi)=1-\int_0^{2\pi}\int_0^{\frac{\pi}{2}}\rho(\lambda,\theta,\phi)\sin\theta\cdot\mathrm{d}\theta\cdot\mathrm{d}\phi \tag{4.7}$$

这里,ρ 为方向-半球反射率(2π 空间各方向上二向反射率的半球积分值)。

大量观测表明,被地球表层系统所吸收的短波辐射能量与地球自身发射的长波辐射能量大致相当,这正是地球环境温度相对稳定的缘由[7]。

2. 热辐射与大气的相互作用

大气的短波辐射指大气对太阳辐射的散射(在第1章已有论述)。大气的长波辐射指大气的热辐射效应,与大气的吸收率密切相关,而吸收率又是波长的函数。在热红外谱段,大气分子与悬浮粒的吸收作用是明显的,其中对大气吸收作用影响最大的是大气的水汽、CO_2 和气溶胶。它们既要吸收能量又要自身发射热辐射能。图4.5显示了大气透过率与大气吸收及再发射的对应关系。由图可见,有些波段(如 5～8μm、14～17μm、22μm 以上)大气的辐射谱与黑体辐射谱相似,对热辐射是不透明的,相当于黑体。因此,地面 14μm 以上的长波辐射不能透过大气层。大气的热辐射性质很复杂,除了与大气的吸收物质分布有关,还与大气温度、压

力有关。图 4.5 还显示经 MODTRAN 模型计算的热红外波段(3～15μm)大气透过率。从图中可见,热红外波段的大气窗口位于 3.4～4.2μm、4.5～5μm、8.0～9.4μm 和 10～13μm。其中,5～8μm 为水汽红外强吸收带;9.6μm 处有一个窄的 O_3 吸收带。在这些大气窗口内,由于大气吸收率很小,对大气长波辐射的影响小。McClutchey(1971)研究表明,除非有云或尘埃等大颗粒质点较多,否则大气的长波辐射的散射作用极小,一般可忽略不计。即使在有云时,由于云对长波的吸收作用很大,较薄的云层也可视为黑体。因而在热红外谱段内,一般只考虑大气吸收以及大气自身的热辐射,忽略大气散射作用。但是,在地表热量平衡研究中,计算大气总辐照度时,气溶胶散射作用的影响不能忽略。

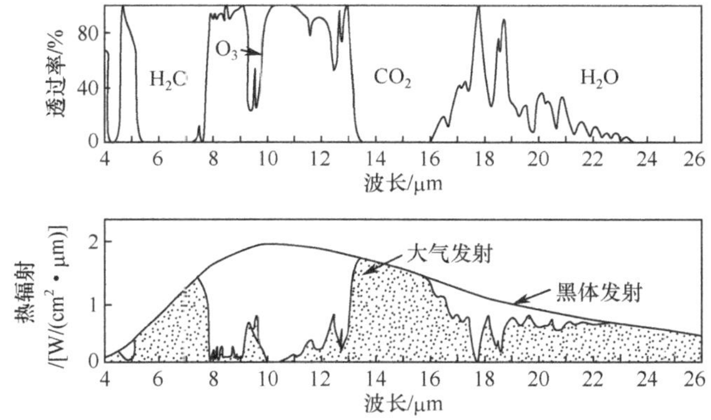

图 4.5　红外大气透过率及大气发射[1]

由以上分析可见,在热红外遥感中,大气层对热遥感器系统所记录的辐射能量的光谱组成和强度均有明显影响。即使在任一给定的大气窗口内,大气并非完全透明,介于热遥感器与地表之间的大气层能增加或减少来自地表辐射的表观水平。

大气层对地表热信号的影响将依赖于感应时间和地点的大气层吸收、散射、发射的程度。一方面大气层的气体和悬浮微粒可吸收地面物体的发射辐射,导致到达热遥感器的能量减少;悬浮粒子的存在引起散射,使地面信号减弱,当然热红外大气散射作用较紫外、可见光谱区小得多。另一方面,大气层中的气体、悬浮微粒自身能发散辐射能,叠加于地表热辐射信号之上。因此,大气的吸收和散射往往使地面物体的热信号减弱,表现出比物体应有的温度低些;而大气的发射往往使地面物体的热信号增强,表现出比物体应有的温度高些,有时甚至发射辐射超过吸收部分。

这正反两方面大气影响的综合效果与成像时的大气条件(大气成分和热结构等)以及感应辐射的大气路径长度或距离直接有关。例如,当获取信息的高度低于 300m 时,热遥感器的温度测量可能有 2℃或更多的偏差。当然,气象条件对大气热效应的大小和形式也有很大的影响。雾和云对热辐射基本上是不透明的,即使是晴朗天气,气溶胶也能造成热响应信号的较大改变。灰尘、碳微粒、烟和水滴能完全改变热辐射测量。这些大气的组成随着位置、高度、时间及地方天气条件的变化而变化。

3. 热辐射传输方程

在第 1 章里我们曾讨论过太阳辐射。谈到太阳辐射能是以短波为主,在热红外谱区相对很小。作为地球万物的能源,太阳辐射是地表发射能量的主要来源。地表吸收太阳短波能量(包括太阳直射光和天空漫射光)开始升温,将部分太阳能转为热能,然后,地表再向外辐射较长波段的热红外辐射能量。在热红外遥感的地-气辐射传输中，地表与大气都是热红外辐射的辐射源，辐射能多次通过大气层，被大气吸收与发射。因此，研究地表热红外辐射需要对大气的干扰进行纠正。图 4.6 为热红外遥感的地-气辐射传输示意图，它表达了热红外辐射的传播方向及与地表、大气的相互作用过程。

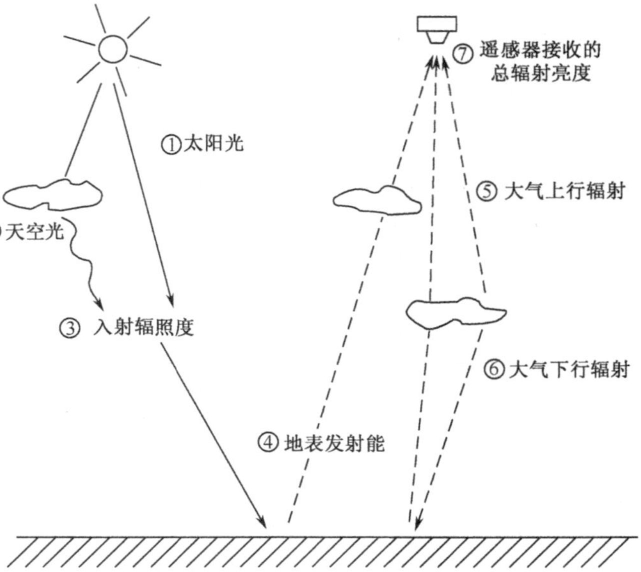

图 4.6　地-气间热辐射传输示意图

假设地表和大气对热辐射具有朗伯体性质，大气下行辐射强度在半球空间内为常数，则热辐射传输方程可简化为[17]

$$L_\lambda = B_\lambda(T_S)\varepsilon_\lambda\tau_{0\lambda} + L_{0\lambda}^{\uparrow} + (1-\varepsilon_\lambda)L_{0\lambda}^{\downarrow}\tau_{0\lambda} \tag{4.8}$$

式中：L_λ 为遥感器所接收的波长 λ 的热红外辐射亮度；$B_\lambda(T_S)$ 为地表物理温度 T_S（单位为 K）时的普朗克黑体辐射亮度；ε_λ 为波长 λ 的地表比辐射率；$\tau_{0\lambda}$ 为从地面到遥感器的大气透过率；$L_{0\lambda}^{\uparrow}$、$L_{0\lambda}^{\downarrow}$ 为波长 λ 的大气上行辐射、大气下行辐射。

式(4.8)中，第一项为地表热辐射经大气衰减后被遥感器接收的热辐射亮度（即被测目标本身的辐射），第二项为大气上行辐射亮度（大气直接热辐射），第三项为大气下行辐射（大气向地面的热辐射）经地表反射后又被大气衰减最终被遥感器接收的辐射亮度。

若考虑到热辐射的方向性，则式(4.8)可表示为[18]

$$L_\lambda = B_\lambda(T_S)\varepsilon_\lambda\tau_{0\lambda} + L_{0\lambda}^{\uparrow} + \tau_{0\lambda}\int_{2\pi}\rho(\Omega' \to \Omega)L_{0\lambda}^{\downarrow}(\theta)\cos\theta \mathrm{d}\Omega' \tag{4.9}$$

式中：$L_{0\lambda}^{\downarrow}(\theta)$ 为观测天顶角为 θ 时波长 λ 的大气下行辐射；$\rho(\Omega' \to \Omega)$ 为地表二向反射分布函数；积分符号 $\int_{2\pi}$ 代表半球积分；$\mathrm{d}\Omega'$ 代表微分立体角。

实际上，式(4.8)的两个假设与实际并不相符。因此，要获得高精度的地表温度，必须进行热红外遥感数据的大气纠正，精确地计算出大气透过率和大气上行、下行辐射。若已知与热红外图像同步获取的大气状况，则可通过大气纠正软件（如 Modtran 等）计算出大气透过率和大气上行、下行辐射；若利用地面测量的空气温度和空气湿度值，即常规气象观测的百叶箱空气温湿度，也可通过大气有效发射率和大气有效温度经斯-玻定律近似估算大气下行辐射。研究表明，大气上行辐射较大，湿度较大时可达总辐射亮度值的 60%；而大气下行辐射对总辐射亮度值的贡献最小，一般为 1%～3%[17]。

对于可见光-近红外波段，大气纠正中气溶胶是最主要的因素。但对于晴空条件下的热红外波段，往往只有少量的气溶胶散射和气体吸收，大气透过率约为 0.95～0.98。辐射模拟也表明，晴空条件下的热红外波段气溶胶对传递函数的影响很小。因此，大气气溶胶状态一般可以用平均气溶胶分布模型来描述[19]。

热红外波段的大气纠正，主要应考虑的是大气吸收所引起的地表热辐射的衰减、大气自身的热辐射（包括地表对大气下行辐射的反射），正如式(4.8)和式(4.9)所示，这里需要考虑大气传递函数、路径辐射率，需要测量大气温度、大气湿度的垂直分布廓线、大气成分、气溶胶含量、云分布、大气下行辐射及太阳参数等。其最大的难点在于获取与遥感数据同步的一系列大气参数。NOAA 的大气垂直探测器（TOVS）、MODIS 的垂直探测通道可用以反演大气温度和水汽廓线的形状。当给定了大气温度和水汽廓线的形状，则任一层次的大气温度和水汽资料可以通过插值计算获得；也可以用 9km 以下大气温度廓线的形状（平移）和水汽廓线的形状与比例因子这两个变量来描述晴空条件下大气的变化。

目前，常用的热红外大气纠正方法有运用 Lowtran-7、Modtran-4 等大气辐射传输模型、大气订正环算法、热红外多波段劈窗法等。具体操作时往往可用标准大气剖面作为基础，根据研究区域的情况进行适当的参数调整（即模拟量），也可以通过与遥感平台上遥感器的同步观测试验，来获得各种同步的大气探测资料和地面辐射值。至于气溶胶的测量，由于它的成分、颗粒大小、含量、分布均随时间、地点、高度等波动很大，人们往往以气溶胶在可见光波段所体现的能见度，作为热红外遥感中气溶胶影响程度的指标。

需要说明的是，对于中红外谱段（3～5μm），白天地表反射太阳辐射能量与地物自身发射的中红外波段热辐射能量处于同一数量级，两者须同时考虑。因此，式(4.8)需要增加太阳辐射经过地表反射对遥感器信号的贡献项。实际上，要从遥感器所接受的辐射能量中把“反射与发射”这两部区分出来是很困难的。因此，白天中红外波段的应用比较复杂。

4.1.4 热红外遥感的波段选择

由上节“热辐射与大气的相互作用”的讨论可知，在热红外区间内，存在着 3～5μm 及 8～14μm 两个大气窗口。地面物体的温度一般为－40℃～＋40℃，平均环境温度为 27℃（相当于 300K）。根据维恩位移定律，地面物体（±40℃间）的辐射峰值波长为 9.26～12.43μm，其辐射峰顶值波长在 9.7μm 附近，正是在热红外谱段 8～14μm 的大气窗口内；且随温度升高发射辐射的峰值向短波方向移动。对于地面高温目标，如火燃等，其温度达 600K 以上，其辐射峰值波长为 4.8μm，正是在热红外谱段 3～5μm 的大气窗口内。所以，通常热红外遥感波段的选择在波长 8～14μm 和 3～5μm 两个区间内（图 4.7）。

8～14μm 热红外谱段的大气窗口，不仅集中了大多数地表特征的辐射峰值波长，而且在此区间内，不同物体的发射率随着物质类型的不同有较大的差异。但是，作为一个宽波段，在这个区间内，对于任何特定的物质类型，它的发射率往往是不变的。也就是说，在这个宽波段范围内，物质常可以作为“灰体”对待。进一步的研究还表明，在 8～14μm 谱段内，物质的发射率随着波长的变化仍有细微的变化。因此，在热红外遥感的具体应用中，往往又将此热红外谱段进一步分为 11μm 附近和 12μm 附近等不同的通道来分别感应物质发射特征的微弱差异，如 NOAA 气象卫星 AVHRR 的第 4、5 通道（10.5～11.5μm 和 11.5～12.5μm），MODIS 的第 31、32 通道（10.78～11.28μm 和 11.77～12.27μm）等。

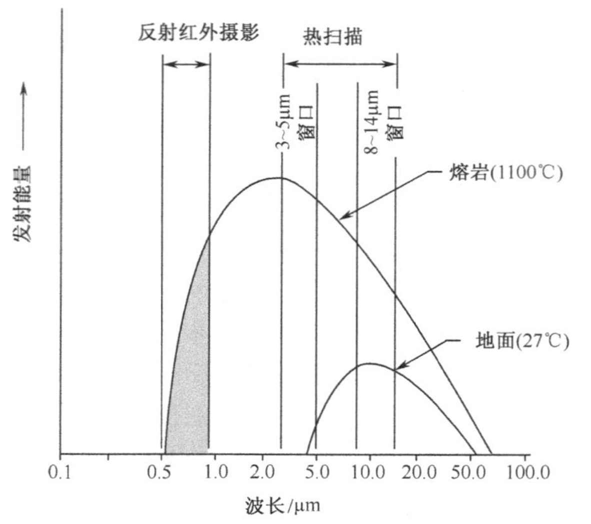

图 4.7 热红外遥感的波段选择[2]

热红外遥感的 8～14μm 谱段，主要用于调查地表一般物体的热辐射特性，探测常温下的温度分布、目标的温度场，进行热制图等，如地热调查、土壤分类、水资源考察、城市热岛、地质找矿、海洋渔群探测、海洋油污染等。对于森林火灾也可识别，但是对那些小的火点、暗火、火线等高于红外遥感器温度标定上限的目标，则不便区分。

热红外遥感中 3～5μm 的中红外谱段，对火灾、活火山等高温目标的识别敏感，常用于捕捉高温信息，进行各类火灾、活火山、火箭发射等高温目标的识别、监测。特别是对于森林火灾，它不仅可以清楚地显示火点、火线的形状、大小、位置，而且对小的隐火、残火，也有很强的识别能力。

§4.2 温度的遥感反演

4.2.1 热作用与温度

热是物质内部能量的一种表现形式，这种能量是由组成物质的原子、分子运动引起的。这种不规则运动引起的质点碰撞，导致能态的改变，并从物质表面发射出电磁辐射。物质内部的能量(分子运动热能)可以转变为辐射能。热量的单位是卡。一卡指的是一克水温度升高 1°所需的热量。

热能有以下三种热传递：①传导是通过组成物质的分子、原子等基本粒子相互作用(热运动)来传递热(其内部并无相对位移)，如烹调食物；②对流是通过流体中受热物质的物理运动来传递热，如水热循环；③辐射是以电磁波的形式传热，如太阳辐射，与前两者不同的是热辐射可以在真空中传递。

地球表面的物质主要吸收太阳辐射能，然后再发射，其强度既取决于太阳能持续时间和强度的昼夜及年度周期变化，又取决于地表性质。当然，地表物质也可接受地球内部的地热能，具有明显的区域性。

温度是物质分子热运动平均动能的度量，描述了物质内部分子热运动的剧烈程度，即物体相对冷暖的一种度量。常用的温度尺度有：华氏温标，用℉表示；摄氏温标，用℃表示；开氏温标(绝对温标)，用 K 表示。这三者之间可以相互转换：℉＝9/5℃＋32；℃＝5/9(℉－32)；K＝℃＋273。在标准大气压下，把水的冰点温度定为 0℃，水的沸点温度定为 100℃。

1. 真实温度

真实温度即动力学温度(kinetic temperature)或热力学温度(thermo-dynamic temperature)。它是物质内部分子的平均热能，是物体分子不规则运动的平均传递能量的一种"内部"表现形式。由于物体之间的热传递，物体的真实温度难以准确测量。传统的测量法是通过仪器(主要指温度计)直接放置在被测物体上或埋于被测物体中来获得。这种传统的接触测温法，往往因测温感应元件接触物体表面而破坏了原表面的热状态。例如，温度计的点测法，既有温度计本身量测时遮挡太阳辐射的降温作用，又有温度计自身散热的增温作用，还有温度计感应部的薄层玻璃的吸热作用，同时还应考虑微气象、环境条件等的影响。

2. 辐射温度

辐射温度(radiant temperature)又称为表观温度(apparent temperature)。除了上述这种内部现象外，物体还辐射能量，其辐射能量是物体能量状态的一种“外部”表现形式。这种物体能量的外部表现形式可用热遥感器来探测。辐射能量常被用来测量地表特征的辐射温度。大多数热红外遥感系统记录的是地面物质的辐射出射度(辐射通量密度)，而不是辐射通量(辐射功率)。

我们再回过头看一下斯-玻定律及此定律用于真实物体的修正式 $M=\varepsilon\sigma T^4$[式(4.2)]，它描述了热遥感器所获得的测量信号 M 与真实温度 T、发射率 ε 之间的关系。这就是说，即使地表特征具有相同的温度，但由于它们的发射率不同，则可以有完全不同的辐射出射度。

问题的关键在于，热遥感器所记录的辐射温度与物体的真实温度之间究竟有着什么样的关系。对于黑体而言，物体的辐射温度(T_{rad})等于它的动力学温度(T_{kin})，但对于真实物体而言，两者的关系为

$$T_{rad}=\varepsilon^{1/4}T_{kin}\quad(0\leqslant\varepsilon\leqslant1)\tag{4.10}$$

式(4.10)说明由于“发射率”这一热学性质的存在，物质的辐射温度总小于它的动力学温度。也就是说，对任何给定物体，热遥感器所记录的辐射温度将小于它的真实温度。同时还说明，在分析热感应数据时，若物体的发射率是未知数，就无法估算物体的真实温度。

表4.2显示了四种典型物体真实温度与辐射温度的对比关系，这四种物体(黑体、植被、湿土、干土)虽然真实温度相同，但因发射率不同，其辐射温度各异。

表4.2 四个典型地物的真实温度与辐射温度[2]

对象	发射率	真实温度 T_{kin}		辐射温度 $T_{rad}=\varepsilon^{1/4}\cdot T_{kin}$	
	ε	/K	/℃	/K	/℃
黑体	1.00	300	27	300	27.0
植被	0.98	300	27	298.5	25.5
湿土	0.95	300	27	296.2	23.2
干土	0.92	300	27	293.8	20.8

需要说明的是，热红外遥感器探测的是地面物体表面(约 50μm)的辐射，这种辐射可能标志也可能并不标志物体的内部真实温度。例如，低湿度的条件下，在高温水体的表面将出现蒸发制冷效应，尽管水体内部的真实温度比表面温度暖，但是热红外遥感器仅记录它的表面辐射温度[2]。

3. 亮度温度

物体的亮度温度(brightness temperature，T_b)是指当一个物体与某一黑体的辐射出射度相等时，该黑体的温度就被称为该物体的“亮度温度”，即辐射出与观测物体相等辐射能量的黑体温度。即$M=\varepsilon\sigma T_{kin}^4$、$\varepsilon\sigma T_{kin}^4=M=\sigma T_b^4$、$T_b=\varepsilon^{1/4}T_{kin}$。由于自然界的物体不是完全的黑体，因而习惯上用一个具有比该物体的真实温度低的等效黑体温度来表征物体的温度。亮度温度是衡量物体温度的一个指标，但不是物体的真实温度。与公式(4.10)对照可知，$T_b=T_{rad}$。

也就是说，亮度温度与前述的辐射温度、表观温度在数值上是一致的，其物理意义更加严格。在微波遥感中常用亮度温度，而在红外遥感中较多地用辐射温度。

以上讨论的热辐射主要是把目标当做朗伯源考虑的。但事实上，自然界的物体非朗伯源，热辐射是具有方向性的。Kimes 等[20,21]观测到作物表面的亮度温度，从天顶角 0°～80°可以相差 13℃，而这种差异是由作物的几何结构及真实温度的垂直分布造成的。可见，地表温度是由物质的热特性及几何结构共同决定的。以植被为例，遥感所得的表面温度实质上是植被群体几何结构、温度垂直廓线和土壤表面温度的函数，并受总体比辐射率、太阳高度角和仪器视角大小，以及微气象（风速、风向、空气温度、湿度）、地形等环境因素的影响。很显然，简单地把辐射温度，亮度温度代替地表温度以及把单一观测角的测量值当做整个上半球的热红外出射辐射均是缺乏科学性的。只有同时获得亮度温度、方向比辐射率和环境辐照度这三个基本要素，才能反演出真正的地表温度。

由此可知，要从热红外遥感数据反演地表真实温度是相当复杂的。这是目前热红外遥感研究的热点，是一个亟待解决的科学难题。

4.2.2 地表温度反演

从热遥感器输出的是物体辐射温度的量度。但是在许多热红外遥感应用研究中，人们的兴趣在于物体的真实温度，而不是表观温度（即辐射温度）。这是因为地表真实温度是地表物质的热红外辐射的综合定量形式，是地表热量平衡的结果[参见式(4.8)]。它不仅取决于净辐射，而且取决于热量平衡各分量（大气湍流所引起的显热通量、地表水分蒸发蒸腾所引起的潜热通量和土壤性质控制的热通量）。因此，只有地表的真实温度才能与水热能量交换相联系，作为一个重要的基本参数直接参与相关模型的计算，如“全球环流模型”(GCM)、地表潜热方程、显热通量方程、土壤热流量方程等。

1. 地表温度反演基础

针对均匀、同温的物体表面，由热红外遥感器获得的物体表面辐射能量[$M(\lambda)$或$L(\lambda)$]，与温度(T)及发射率(ε)的关系，满足于普朗克定律和斯-玻定律，可表示为

$$M(\lambda)=\bar{\varepsilon}_\lambda\cdot B_\lambda(\bar{T}) \quad 或 \quad L(\lambda)=\varepsilon_\lambda B_\lambda(T) \tag{4.11}$$

式中：$B_\lambda(T)$为波长(λ)、物理温度(T)下的黑体辐射亮度（只取决于温度、波长，而与内部特征无关），$B_\lambda(T)\approx T^{n_\lambda}$，$n_\lambda$ 取决于波长和物体表面温度，$n_{11\mu m}\approx 4.5$，$n_{3\mu m}\approx 13$。$B_\lambda(T)$即普朗克函数，依据普朗克辐射定律可表达为

$$B_\lambda(T)=\frac{C_1}{\lambda^5(e^{C_2/\lambda T}-1)} \tag{4.12}$$

式中：$C_1=1.191\times10^8\,W/(m^2\cdot sr\cdot\mu m)$，$C_2=1.439\times10^4\,\mu m\cdot K$。

由于用于遥感的红外测温仪的输出值是通过黑体源定标的，这意味着它代表黑体源全波段的发射能量，则仪器所测的 M_B 及 E_e 均是全波段黑体等效辐射出射度。因此，地表真实温度 T_s 可以表示为[1]

$$T_s=\sqrt[4]{\frac{M_B-(1-\varepsilon_B)\bar{E}_e}{\sigma\varepsilon_B}} \quad 或 \quad T_S\approx\sqrt[4]{\frac{T_B^4-(1-\varepsilon_B)\varepsilon_e T_e^4}{\varepsilon_B}} \tag{4.13}$$

式中：M_B 为遥感器接收到的目标物表观辐射出射度（包含部分反射的环境辐射）；$\bar{E}_e$ 为平均环境辐照度；T_B、T_e 分别为红外测温仪所测得的目标物及环境（主要指野外测定时的天空）温

度；ε_B、ε_e 分别为目标物及环境的比辐射率；σ 为斯-玻常数。

这里，首先得利用热遥感器（如红外测温仪、红外辐射扫描仪）获得地表辐射亮度（包含有环境辐照度）。此遥感数据经辐射纠正、几何纠正、大气纠正后，可获得地表发射的热红外辐射信息，它等效于地表的辐射温度。但是，由地表等效辐射温度转换为地表真实温度则必须有地表比辐射率及其非朗伯面的角分布特征信息[1]。

前面已论述过，地表比辐射率不但与地表的物质组成有关，而且与地表的结构状态等多种因素有关，如地表含水量变化、地表植被覆盖度变化、地表粗糙度以及观测波长和角度等，对地表比辐射率的精确测量与估计直接影响到对地表温度反演精度（参见 4.2.2 中的“比辐射率的影响因素”）。

自然环境下的环境辐照度主要是指大气、云的辐射，偶尔也有高大地物的辐射。它基本上是由大气下行辐射所造成，其总贡献应是各种下行辐射在 2π 半球范围内的积分。大气下行辐射也是各向异性，即使在无云的晴天，天空的辐照度也非常不均匀。加之，测环境辐照度的方向与遥感器的探测方向相反，不能通过遥感平台直接测定，这使对它的测量也是非常困难的。现阶段往往简化为在稳定的天气条件下，利用窄视场角的红外测温仪由地面向上以不同方位角、不同高度角的对天空测量，并加权平均获得天空辐射出射度，再用外延法获得天空温度，来表征环境辐照度[1]。

在上述这些过程中，往往要进行热红外遥感与地面同步的测量或地面同步定标，建立起两者数据间的线性回归方程，以确定它们的定量关系。

2. 地表温度反演方法

目前，在已知比辐射率的前提下，利用各种对大气辐射传输方程的近似和假设，学者们相继提出了多种地表温度反演算法，如单通道法、多通道法、单通道多角度法、多通道多角度法、日夜多时相法等。以下讨论的方法是以同温像元的平均温度表征地表温度，暂不考虑非同温混合像元。

1）单通道法

选用卫星遥感的热红外单波段数据，借助于无线电探空或卫星遥感提供的大气垂直廓线数据（温度、湿度、压力等），结合大气辐射传输方程计算大气辐射和大气透过率等参数，以修正大气对比辐射率的影响，从而得到地表温度。单通道法可根据地表热辐射传输方程，在已知地表比辐射率、大气廓线（或大气透过率、大气平均温度）的基础上，反演地表温度；也可运用经验统计方法，即从大气辐射传输方程出发，考虑大气水汽含量和观测角度的影响，建立遥感亮度温度与地表温度的经验公式，并通过同步实测资料回归经验系数[22]；或通过热红外单波段数据中最大、最小辐射亮度值与其灰度值之间的关系，求算对应像元的亮度温度[23]。显然，单通道法反演的表面温度的精度取决于辐射模型、地表比辐射率、大气廓线的精度。由于获得同步精确的大气垂直廓线较困难，因而在实际运行系统中该方法较少采用。

2）多通道法

多通道法（又称分裂窗法、劈窗法，split window algorithm）利用 10～13μm 的大气窗口内，两个相邻通道（一般取波长在 11μm 附近和 12μm 附近）对大气吸收作用的不同（尤其对大气中水汽吸收作用的差异），通过两个通道测量值（亮度温度）的各种线性组合来剔除大气的影响，反演地表温度。

分裂窗法最初是用于海面温度的反演。由于水体近似黑体，温度及比辐射率满足于普朗克定律，且大气与海面温度相差不大，使温度反演相对简单，仅要考虑消除大气效应的影响即可。因此，分裂窗法在海面温度（SST）反演中较为成功，其反演误差可小于 0.7℃，在全球范围内精度可达 1K[24]。在实际应用中误差往往要大些。这是因为海水并非简单的黑体，其比辐射率是随水中悬浮泥沙、叶绿素和表面物理状态的不同而改变的；两通道亮度温度也并非简单的线性关系；再加上热辐射存在"皮肤"效应，需要海面风场、海面温度及水汽含量等参数。

陆面比海洋复杂得多，学者们从理论上分析了大气和比辐射率等因素对陆面温度反演的影响，提出了多种不同的分裂窗算法，其一般公式为[8]

$$T_s = T_i + A(T_i - T_j) + B \tag{4.14}$$

或

$$T_s = aT_i + bT_j + c \tag{4.15}$$

式中：T_s 为地表温度；T_i、T_j 分别为两个相邻波段的亮度温度；A、B 或 a、b、c 为待定系数，取决于大气和地面因素的综合影响，与两通道的地表比辐射率、大气状态（主要是水汽含量）以及观测角度有关。其值一般通过星-地同步观测，对亮度温度和地面实测温度采用统计回归的经验方法获得；也可通过数值模拟方法，通过大气辐射传输模型对不同条件（大气、地面、观测角度）模拟数据的拟合来确定[8]。不同处理方法所得系数略有不同，它直接影响反演精度。由于陆面比辐射率随时空变化，不同像元的比辐射率不同，相应有不同系数，因而在陆面温度反演中劈窗法又被称为"局地劈窗法"。

不同的分裂窗法对系数 A、B 的处理也各不相同。有的引入相邻波段比辐射率的相关值，有的用 NDVI 替代地表比辐射率，还可通过地表分类给出两通道的地表比辐射率等，如 Ulivieri 等[25]提出

$$T_s = T_4 + 1.8(T_4 - T_5) + 48(1 - \varepsilon) - 75\Delta\varepsilon \tag{4.16}$$

式中：T_4、T_5、ε_4、ε_5 分别为 NOAA/AVHRR 第 4、5 波段的亮度温度和比辐射率；$\varepsilon = \varepsilon_4 + \varepsilon_5$；$\Delta\varepsilon = \varepsilon_4 - \varepsilon_5$。

Kerr 等[26]用 NDVI 替代地表比辐射率，得到一个半经验算法，即

$$T = CT_v + (1 - C)T_{bs} \tag{4.17}$$

式中：T_v、T_{bs}分别为植被全覆盖和裸地的表面温度，$T_v = -2.4 + 3.6T_4 - 2.6T_5$、$T_{bs} = 3.1 + 3.1T_4 - 2.1T_5$；$C$ 为系数，$C = (\text{NDVI} - \text{NDVI}_{bs})/(\text{NDVI}_v - \text{NDVI}_{bs})$；$\text{NDVI}_v$为植被全覆盖的最大 NDVI 值；$\text{NDVI}_{bs}$为裸地的最小 NDVI 值。

目前分裂窗法应用广泛，反演地表温度的精度可为 1～2°C，取决于大气和比辐射率的校正误差，而大气和比辐射率的校正误差又取决于大气水汽含量和比辐射率的测定误差。研究表明，地表比辐射率校正带来的误差至少是大气校正带来的误差的两倍[8]。Wan 和 Dozier[27]通过把大气水汽、低层大气温度和地表温度的变化范围分成几段来优化分裂窗算法。实验表明，该方法能提高地表温度的反演精度，降低分裂窗法对地表比辐射率不确定的灵敏度。

3）单通道多角度法

此法的依据在于同一物体从不同角度观测时所经过的大气路径不同，产生的大气吸收也不同，大气的作用可以通过单通道在不同角度观察下所获得的亮温的线性组合来消除。研究表明，利用 ERS-1 上的 ATSR 辐射计所获得的数据（θ 为 0°、55°），通过双角度法来反演海洋表面温度精

度可达 0.3℃或者更好[28]。由于不同角度的地面分辨率不同，以及陆地表面状况很不均匀且地物类型复杂，因而很少用于陆面温度反演的研究。

4）多通道多角度法

此法是多通道法和多角度法的结合。它的依据在于，无论是多通道还是多角度分窗法，地表真实温度是一致的。利用不同通道、不同角度对大气效应的不同反应来消除大气的影响，反演地表温度。例如，同时利用 ATSR 遥感器的 11μm、12μm 通道的垂直观测 $\theta=0°$和前向观测 $\theta=55°$数据，可得多通道多角度的分裂窗方程，即[29]

$$T_s = A_{0,\theta} + A_{1,\theta} T_\theta^{11} + A_{2,\theta} T_\theta^{11} \tag{4.18}$$
$$T_s = A_{0,\theta} + A_{1,\theta} T_\theta^{12} + A_{2,\theta} T_\theta^{12}$$

式中：T_θ^{11} 、T_θ^{12} 分别表示 11μm、12μm 通道的亮度温度；$A_{0,\theta}$，$A_{1,\theta}$，$A_{2,\theta}$ 是当地的分窗系数，取决于地表发射率和大气状态。解方程组[式(4.18)]得出表面温度 T_s，这里假设两通道的发射率变化都为 0。

5）日夜多通道法

日夜多通道法又可称为双温多通道法。所谓双温指应用昼、夜两个不同时相的数据；所谓多通道指应用 3.5～4.5μm 的中红外波段数据，以及多个热红外数据。由于分裂窗法中 10～13μm 两个相邻通道辐射特征的差别较小，数据相关性高，影响反演精度，于是考虑引入中红外波段数据和昼、夜数据，既可增加波段数据之间以及昼、夜数据之间的差异，又增加了信息源。双温多通道法假设昼、夜两次观测时目标的比辐射率不变，而温度不同。

Becker 和 Li[13,14]在地表温度反演中，在 NOAA/AVHRR 第 4、5 热红外通道数据的基础上，加入了第 3 通道（3.55～3.93μm）的中红外信息，并应用昼、夜数据提出一个与温度无关的独立因子（TISI）。该指数是在对 Planck 函数作某种近似的情况下，通过对大气纠正后的波段数据（辐射亮度）的变换，消除表面温度的影响，得到仅与发射率有关，而与温度无关的 TISI 指数。由于 TISI 对大气纠正的误差敏感性较弱，计算出的地表发射率精度有所提高，最后再通过分裂窗法反演地表温度。

Wan 和 Li[16]利用白天和夜晚的 MODIS 7 个热红外通道（其中 8～14μm 窗口内的 4 个远红外通道，3.5～4.5μm 窗口内的 3 个中红外通道）数据，建立由 14 个方程构成的方程组，同步反演像元尺度上的地表温度、通道平均比辐射率和大气参数（大气水汽含量和大气温度），此法为 MODIS 温度产品的改进算法。

该模型可表达为[16,22]

$$L(i) = \tau(i)\varepsilon(i)B(T_s) + L_a(i) + L_s(i) + \frac{1-\varepsilon(i)}{\pi}$$
$$[\tau_2(i)\alpha\mu_0 E_0(i) + \tau_3(i)E_d(i) + \tau_4(i)E_t(i)] \tag{4.19}$$

式中：$\varepsilon(i)$为通道 i 的平均发射率；$B(T_s)$为通道 i 的黑体辐射亮度；T_s 为地表温度；α 为地表二向反射因子；τ_1～τ_4 分别为相应的大气透过率，其中 τ_1、τ_3、τ_4 数值相等，都表示地表到遥感器之间大气透过率，τ_2 为太阳到地表再到遥感器的大气透过率；$L_a(i)$、$L_s(i)$分别表示观测方向上大气上行程辐射亮度和地表反射的太阳辐射亮度；$E_0(i)$为太阳辐射通量，$E_d(i)$、$E_t(i)$分别表示大气下行辐射通量中来自太阳辐射的分量和来自大气自身热辐射的分量；μ_0 为太阳天顶角的余弦值。

3. 陆面温度反演面临的主要问题

由于陆地表面温度(LST)变化大,难于满足均匀、同温的要求,温度的反演要比海面复杂得多。陆面温度反演面临的主要问题如下。

(1) 陆地表面比辐射率具不确定性。它依赖于地表组分,并与物理状态(如含水量、粗糙度)和观测角等因素有关,在时空域上变化大,且陆面比辐射率随波长变化。例如,10～12.5μm 波长范围内地表比辐射率可在 0.90～0.99 变化,3～5μm 波长范围内地表比辐射率变化范围更大[3,14]。且陆面一般非均质,像元尺度内比辐射率整体差异大,因此,陆地表面比辐射率一般只能作为未知量,不宜事先设定。

更何况,陆地表面多为非同温的混合像元,过去反演中用的以像元尺度为基础的"复合比辐射率"或"有效发射率"的概念是否恰当?"像元尺度比辐射率"究竟该如何定义、如何计算?这一系列理论问题需要进行深入研究。

李小文等[30]指出了地表非同温像元发射率应同时考虑混合像元不同组分材料发射率($\varepsilon_1, \varepsilon_2$)、多次散射($\Delta\varepsilon_m$)以及组分之间的温差[$\Delta\varepsilon(\Delta T)$],可表示为

$$\varepsilon_0 = \varepsilon_{\mathrm{BRDF}} + \Delta\varepsilon(\Delta T) = a_1\varepsilon_1 + a_2\varepsilon_2 + \Delta\varepsilon_m + \Delta\varepsilon(\Delta T) \tag{4.20}$$

式中:a_1、a_2 分别为像元内不同组分材料的面积比例;ε_1、ε_2 分别为像元内不同组分材料的有效发射率。

式(4.20)前两项可表达为不同材料发射率的面积加权平均,它取决于表面材料和结构特征;而后两项则可分别表达为由多次散射或温差引起的两项"视在发射率增量"。这个概念模型既保持了 Planck 函数的普适性和材料发射率的独立性,又用温差引起的"视在发射率增量"来处理由于表面非同温而引起热辐射的波谱和方向性变异。它不要求异于传统测量方法的新方法,而只给予测量结果以新解释[30]。

陈良富和徐希孺[31]在材料比辐射率不随温度发生变化和局地热平衡两个前提条件下,从非同温像元热辐射机理的分析出发,对非同温组分像元提出了组分有效发射率 $\varepsilon_{\mathrm{ei}}(\theta)$ 的概念,定义为有效组分发射率只与组分的材料光学特性及组分间的几何结构有关,而与各组分温度 T_i 无关。组分温度只改变各组分辐射亮度值 $\varepsilon_{\mathrm{ei}}(\theta) \cdot B_{\mathrm{b}}(T_i)$ 在总辐射亮度值 $L(\theta)$ 中的比例。像元的总有效发射率 $\varepsilon_{\mathrm{e}}(\theta)$ 为各组分有效发射率 $\varepsilon_{\mathrm{ei}}(\theta)$ 的和,它与方向-半球反射率 $\rho(\theta-\Omega)$ 的和恒等于 1。因而得出非同温混合像元热辐射模型为[31]

$$\varepsilon_{\mathrm{e}}(\theta) = \sum_{i=1}^{n} \varepsilon_{\mathrm{ei}}(\theta)$$

$$L(\theta) = \sum_{i=1}^{n} \varepsilon_{\mathrm{ei}}(\theta) \cdot B_{\mathrm{b}}(T_i) \tag{4.21}$$

式中:$L(\theta)$ 为不同视角目标的辐射亮度值;n 为像元的组分数;$B_{\mathrm{b}}(T_i)$ 为温度 T_i 时的黑体光谱辐射。

(2) 温度与比辐射率的分离(TES)很复杂。要从热遥感器所获得的地物辐射信号中,将温度与比辐射率分离,国内外学者提出多种不同方法和温度反演策略,如运用多通道、双温度(昼/夜数据)、相邻像元等方法,同时反演像元的温度和比辐射率;或运用先验知识和相应的反演技巧或策略,提高地表温度遥感反演精度,如 Xu 等[17]用双通道法对大气进行非线性纠正,并用"双温度相邻像元"进行比辐射率和地表温度的同步反演。

(3) 对大气的吸收和热发射等影响的纠正。由于遥感热红外测温仪所测的地表辐射亮度 L 包含有环境辐照度,因此在陆面温度遥感反演的大气效应中,必须考虑到大气下行

辐射效应(环境辐照度)、陆面上方气溶胶的局地变化,并把大气状态作为温度反演中的信息。显然,简单地用某“大气模式”替代是很不够的。研究表明在反演算法中引入两通道的透过率之比或大气水汽含量会大大地减小地表温度的反演误差(特别是对潮湿的大气)。Francois 和 Ottle[32] 指出在已知的条件下,考虑水汽修正可使地表温度反演的精度达到 0.1～0.2K。

(4) 对地表热辐射的方向性以及大多数非同温混合像元,需要从亚像元结构和组分温度/波谱尺度加以解释[33～35]。陆地表面多为非同温的混合像元,陆地表面温度在一个像元内变化很大。对于精确的地表温度反演而言,像元尺度的平均温度已意义不大,需要反演像元内的组分温度。运用地物辐射的多角度信息,进行非同温像元热辐射特性和比辐射率方向性研究,建立非同温混合像元辐射方向性模型与经验表达式等。

Li 等[33] 提出 LSF 概念模型,从理论上考虑了像元内组分温度的分布和热辐射方向性的关系,可表示为

$$L_\lambda(u,T_0)=\varepsilon_{\mathrm{BRDF}}B_\lambda(T_0)+\sum_i f_i(u)\varepsilon_i\cdot\Delta T_i\cdot K_\lambda(T_0)\cdot B_\lambda(T_0) \tag{4.22}$$

式中:$L_\lambda(u,T_0)$是假设 u 方向的光谱辐射;$B_\lambda(T_0)$是 T_0 温度的黑体光谱辐射;$K_\lambda(T_0)$为波长 λ 和 T_0 的函数;$f_i(u)$是像元中第 i 个组分所占的比例;$\varepsilon_{\mathrm{BRDF}}$为组分方向发射率,考虑了多次散射仅由地表组分发射率和几何结构决定;ε_i 为组分发射率;ΔT_i 是对应的组分温度与参考温度 T_0 的差别。

式(4.22)由两项辐射组成,第一项可以认为来源于地表的不均匀性,第二项则考虑了不同组分温度的分布,是对不均匀、不同温地表方向性光谱热辐射的定量描述。

(5) 地表温度是由物质的热特性及几何结构共同决定的。同时,它还受到微气象(空气温度、湿度、风)、生态环境(高度、坡度、坡向、植被种类、水分状况、叶面指数、叶角分布、株高等)、土壤物理参数(土壤水分、组分、结构、类型、表面粗糙度)等的影响。因此,地表温度的最终反演,还需要运用非遥感获得的微气象、植物生理生态、土壤物理等参数,进行区域校正,方可得到具有实际应用价值的地表温度。

§4.3 热红外遥感器与辐射定标

4.3.1 热红外遥感器

1. 热探测器

红外探测器将辐射能转化成与红外辐射强度成正比的电信号。探测器由一些对特定波长有能量响应的物质组成。随着热红外探测器的类型不同,在不同波谱段(紫外、可见光、近红外)灵敏度各不同。例如,lnSb 在中红外与微米附近有个敏感峰;Ge：Hg 在远红外 10μm 附近有个敏感峰;MCT 在 8～14μm 范围内敏感。为了保持最大敏感度,热探测器必须冷却到很低温度(−196℃或−243℃),一般用固态的氮和氦作为制冷剂。

探测器的灵敏度,即系统的辐射分辨率,在系统的操作和设计中是可变的,低灵敏度意味着仅记录地物辐射亮度的较大差异,许多地物的细节被丢失;高灵敏度意味着地物辐射亮度的较小差异均被记录。信噪比表达了这一概念。

图 4.8 为信号与噪声的图示。信号指由景物亮度的实际变化造成的图像亮度差异;而噪声所表示的变化与景物的亮度无关,它表现为随意性,可以由景观、大气或仪器本身引起的。

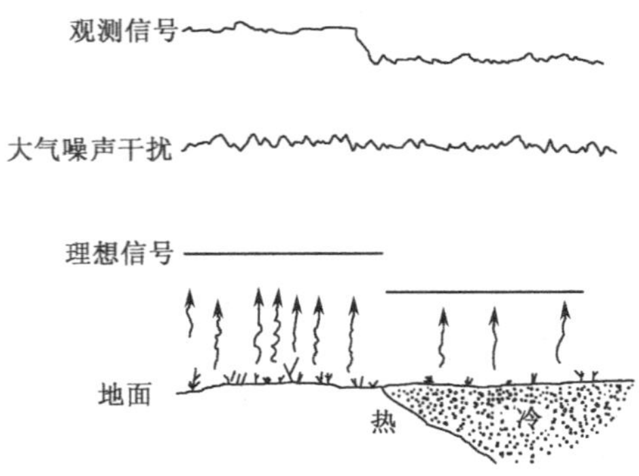

图 4.8　信号与噪声[36]

若噪声大于信号，图像不提供有意义的信息。显然高噪声将阻碍目标特征成像；而若噪声低，即使目标与其背景间只有很小的对比度，也能成像。

2. 热辐射计

热辐射计是一种定量测定辐射温度的非成像装置。它用红外光敏探测器和滤色镜来测量特定波长的辐射，通常采用 8～14μm 波段。它的工作原理是将从地面接收的辐射能被压缩到一个内部标定源（参考源）上，通过一个断电器控制使来自目标的辐射（未知量）与辐射参考源的数据流（已知量）交替投射到探测器上，通过测量两者的辐射差异来估算目标的辐射。

辐射计可以被设计为不同波段的，如红外辐射计、紫外辐射计、微波辐射计等。

3. 热扫描仪

热红外扫描仪是在热红外遥感中应用最多的成像仪器。它沿飞行线路获得景物辐射特征差异的数字或模拟图像。热红外扫描仪与前述的可见光-近红外扫描系统组成十分相似，仅探测器为热敏探测元件，多采用碲-镉-汞（Te-Cd-Hg）型热探测器，将光能转换为电信号。

4.3.2　热红外遥感器的辐射定标

热图像显示的是目标对象的辐射信息。热遥感器所获得的地物辐射信息（辐射亮度）除了受到大气效应的干扰外，还存在着一系列系统误差，如记录噪声、参考温度的变化和探测器误差等。为了从扫描数据中获得精确的辐射信息，扫描仪必须被辐射定标，即在热遥感器输出值（DN 值）与入射的辐射亮度值之间建立定量转换关系。遥感器定标（校准）可分绝对定标与相对定标两种方式。绝对定标需知道目标辐射的绝对值；相对定标只需知道目标中某一点辐射与其他点辐射的相对数值。目前有多种扫描仪定标方法，每种均有它自身的精度和效率。在任何给定的情况下，使用何种辐射定标形式，不仅与现有数据获取与处理设备的功能有关，而且与应用需求有关。在这里，我们仅讨论三种最常用的定标方法。

1. 内部温度参考源（内定标）

目前所用的热扫描仪均附有内部温度参考源，多采用在旋转扫描镜角视场的两侧放置两个黑体辐射源的形式。这两个黑体源的温度被精确控制，并设置为地面监测目标的“最冷”与“最热”[图 4.9(a)]。对于每一条扫描线，扫描器先记录冷参考源的辐射温度，然后扫描地面，最后再记录热参考源的辐射温度，所有的信号记录在磁带上，两个温度源也随图像数据被记录下来，以便推算整幅热图像的辐射温度以及当与其他热扫描仪输出值对比时，有一个绝对辐射值作为参考[图 4.9(b)]。

经温度定标的热图像显示是定量的温度，其等值线便是等温线，也可以根据需要对某一温度范围作进一步的细化处理，以显示更细致的温度变化细节，提高图像的温度分辨率。

内定标法不能计算大气效应，往往测温误差较大。在晴朗干燥的天气条件下，飞行高度 600m，所测温度与实际温度相差小于 0.3℃，但大多数飞行条件下，大气效应能使扫描仪所测

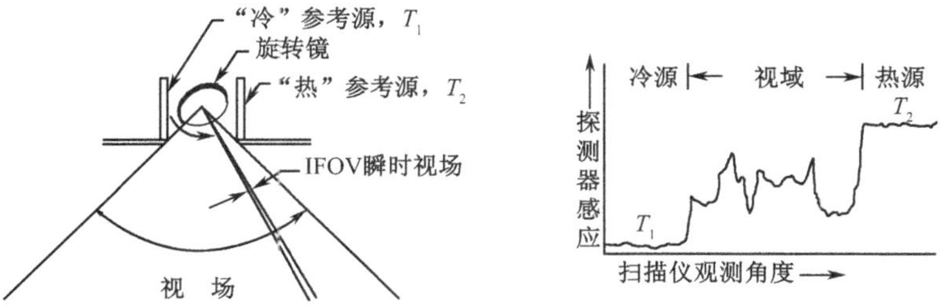

(a) 参考板设置　　(b) 典型探测器输出的一条扫描线

图 4.9　热扫描仪的内定标[2]

温度与实际温度相差 2℃[2]。对于那些仅需地物间相对温度变化的应用，可以采用内定标法；但内定标法对于精确的定量研究并不适合。

2. 空-地同步

对于热扫描仪定标，可运用大气辐射传输模型（如 MODTRAN 等）计算大气透过率和大气程辐射，来预测大气对遥感信号的影响。由于对影响大气效应因子的测量和建模是很复杂的，往往通过建立地面同步测量值与相应扫描数据之间的相关关系来消除大气的影响，获得图像上所有像元点的温度。这就是空-地同步定标法。

3. 空-空相关（交叉定标）

交叉定标是将待标定的在轨遥感器与定标好的在轨遥感器同时观测同一目标时，用后者来标定前者，即建立不同遥感器热辐射值之间的转换关系。不同的星载热红外遥感器，其相关通道的光谱信息和空间响应信息有差异，过境的时间也不匹配。因此，在不同热红外数据的综合应用中，必须通过辐射定标和时间订正，才能得到相对统一的辐射量值。

交叉定标一般式为[37]

$$L_{1i} = a_i \cdot (\mathrm{DN}_{1i} - b_i) \tag{4.23}$$
$$L_{2i} = A \cdot B \cdot C \cdot K \cdot L_{1i}$$

式中：L_{1i}为标定好的遥感器第 i 通道的辐射亮度；L_{2i}为待标定的遥感器第 i 通道的辐射亮度；a_i、b_i 为定标系数（增益量、偏移量）；A、B、C、K 表示两遥感器观测角度、大气条件、地表特性、光谱响应不同而产生的影响。

以 Landsat/TM 第 6 波段与 NOAA/AVHRR 第 4 波段的辐射定标为例加以说明[38]。

选取同一地区同年同月、天气形势和大气状况相近的两景图像。对于大视场角的 AVHRR 图像，为了避免图像变形过大，需要选用星下点附近的成像，则往往会出现 TM 图像与 AVHRR 图像时间上的不匹配。例如，黄河三角洲一带，选取 1996 年 9 月 20 日的 TM 图像，则与之相对应的只能是 1996 年 9 月 26 日下午的 AVHRR 图像。两者成像日期差 6 天，成像时段差 5 小时，必须进行时间的订正。

对于不同热红外数据应用中的时间订正，一般认为海面温度的日变化不明显，可以忽略不计，而陆面温度的日变化应遵循正弦变化规律。因此，选 AVHRR 第 4 波段（CH4）陆面亮度温度，采用日变化的正弦订正关系式，即

$$T = T_0 + (T_{\max} - T_0) \cdot \sin(t) \tag{4.24}$$

式中：T_0 为当日平均温度，即 $T_0 = (T_{\max} + T_{\min})/2$；$t$ 为当地时间相位差；日最高温度一般认为

出现在 14 时，日最低温度一般认为出现在子夜 2 时。

根据 AVHRR/CH4 数据（辐射值），用普朗克函数转换得到亮度温度。此亮度温度经正弦变化订正得到与 TM 观测时间相近的 AVHRR 亮度温度，再一次经普朗克函数反算得到经时间校正后的 AVHRR 辐射值。最后，计算 AVHRR/CH4 与 TM6 辐射值间的模拟关系，即从大气廓线库中选取晴空条件下的 200 条标准大气廓线资料，利用大气辐射传输模式 Lowtran 7，进行辐射传输的模拟计算，得到天底观测时，TM6 与 AVHRR/CH4 辐射率之间的模拟关系为 $R_{TM} = 0.99255 \times R_{AVHRR} - 4.10172$。再进行匹配数据的统计计算，以建立两者数据间的关系。结合模拟关系式，便可以得到两者中任一数据相对于另一数据的相对定标结果。

目前，许多卫星遥感器设置了红外通道，这些通道对黑体辐射温度的测量有相当高的精度。EOS/MODIS 的红外通道具自定标性，即通过对冷的太空目标以及星上黑体标靶的测量，把来自对地扫描的红外观测结果量化，产生了系统响应函数定义的每个通道的辐射值。其探测仪可获得高于 1% 的红外绝对校正精度，其中 CH_{20} 为 0.75%，CH_{31} 和 CH_{32} 为 0.5%，经大气纠正后，可提取地表温度（海面或陆面温度）。ERS 的 ATSR-2 遥感器的两个红外通道（11μm、12μm）对温度测量的误差在 0.1 度以内[39]。

§4.4 热红外图像的特征与解译

4.4.1 热红外图像的特征

热红外图像记录了地物的热辐射特性——一种人眼看不见的性质。它依赖于地物的昼夜辐射能量而成像，因而它不受日照条件的限制，可以在白天、夜间成像，提供其他波段所无法提供的信息。

热图像可以简单地被认为是地物辐射温度分布的记录图像，它用黑—白色调的变化来描述地面景物的热反差，图像色调深浅与温度分布是对应的。色调与色差是温度与温差的显示与反映。由于不同物体间温度或辐射特征的差异，可以根据图像上的色差所反映的温差来识别物体。一般说来，热图像（正片）上的浅色调代表强辐射体，表明其表面温度高；深色调代表弱辐射体，表明其表面温度低。

由于热扩散作用的影响，热红外图像中反映目标的信息往往偏大，且边界不十分清晰。热红外图像中水的信息与其他陆地景物有明显不同，因此热图像对环境中水分含量等信息反映敏感。

热红外扫描图像具有所有扫描图像所固有的几何畸变，这种几何畸变主要来自扫描成像系统本身和平台飞行姿态变化的影响。例如，扫描镜旋转速度变化，使像点间隔不恒定；弧形扫描与平面记录的对应几何关系，使边缘像点压缩或伸长；飞行姿态的滚动、倾斜，使图像弯曲变形或比例尺变化等。

热红外扫描图像具有不规则性，这种不规则性可以是由多种因素引起的。例如，天气条件的干扰，云将降低热反差，雨将产生平行纹理，风将产生污迹或条纹图示，冷气流将引起不同形状的冷异常等；电子噪声的影响，无线电干扰将产生电子噪声带和波状云纹的干扰图式；后处理的影响，包括曝光，显影将产生显影剂条纹，胶片质量、受潮等将引起不规则污迹[40]。这一切均可以使图像出现一些“热”假象。在图像解译中，必须注意识别图像上的各种假异常、排除它的干扰。

4.4.2 热红外图像成像时段的选择

热图像的获取时段是很重要的,有许多因素影响到热数据获取时段的选择。对于不同的应用研究目的,最佳成像时段也是有变化的,这里首先必须考虑的是周日温度变化效应。

图 4.10 说明了周日温度变化效应的重要性。图中显示一天 24 小时内不同土地覆盖类型(沙地、草地、林地、湖泊)的相对辐射温度变化曲线。从曲线看,黎明前各条温度曲线坡度较小,近于均衡状态温度相对恒定;黎明后,这种均衡状态被打破,沙、草、林、水均变暖,往往在午后达到峰值,景物间的最大温差也往往出现于此时,以后景物又转为变凉。各条曲线均在黎明(日出)后和黄昏(日落)前温度变化最快,尤其是沙地(土壤/岩石的代表类别)曲线。而温度峰值及温度变化速率均能提供一些关于物质类型和条件的有用信息。例如,水的温度曲线表明一方面它的温度变化范围相比土壤/岩石曲线十分小,另一方面它到达最大温度的时间较沙、草、林等物质要滞后 1～2 小时,因而白天水温比周围地面温度低,而晚上,水温较周围地面温度高。仅在黎明后和日落附近,位于各曲线交叉点时,水和其他物质间辐射温度无差异。一般说来,黎明前(约在午夜2～3 时)多反映一天中的最低温度(图像 1);而午间 2 时左右,多反映一天中的最高温度(图像 2),因而多采用这两个时段热红外成像的温度数据,构成日温差最大值,可以估算物体的热惯量,进行热制图。

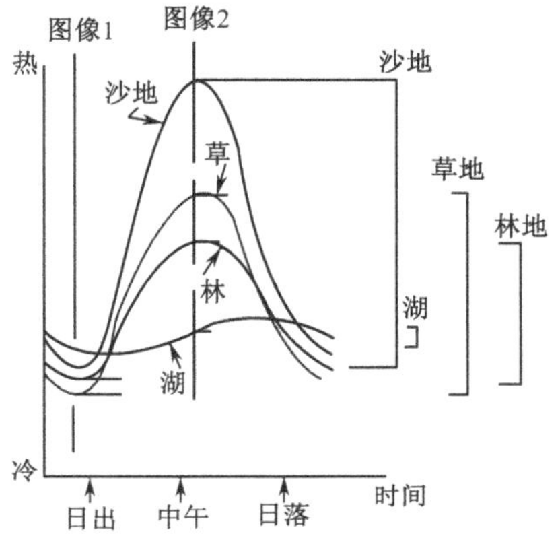

图 4.10 热红外遥感成像时段选择[36]

白天阳光直接加热物体,物体温度的差异主要取决于物体的热特征和它对阳光(主要是可见光、近红外谱段部分)的吸收,或者说物体对太阳热不同的响应。热红外遥感主要选用 3～5μm 和 8～14μm 两个谱段。在 3～5μm 谱区,遥感器可以同时记录反射及发射的热辐射;在 8～14μm 谱区的热图像虽然没有直接的日光反射效应,但白天的图像上均可以记录由于“阴影”造成的热模式,即由于太阳直射光的方向性,不同方向的物体如树、建筑物、地形等接受不同的热量而形成热“阴影”,尤其在图像中温度较凉的区域内,这种热阴影更加明显。虽然这种热阴影在图像解译中有时是有用的,有助于目标识别和地形感的加强,但是它更可能使热图像分析复杂化。

为了避免白天图像所引起的一系列问题,许多地质学家更偏爱用黎明前的热图像。它可以提供长时间适宜而稳定的温度,且“阴影”和坡向效应最小,便于地层、构造的识别。但是,黎明前虽物体温度较稳定,但不同物体间的热反差较低,又有解译不利的一面,何况夜间作业,飞机导航、寻找地面参照物等也是问题,因而热红外成像时段的选择,还得根据研究目的、区域特点、周日温度效应及其他因素等全面考虑而定。

应该说明的是,反射过程仅涉及地表最上层,而热变化过程可延伸到地表以下一定深度,如基岩平均温度的日变化可延伸到地表以下 10m 左右,一般在一天的周期内,近地表层的冷热交替为 50～100cm;地表日平均温度通常近于空气平均温度;观测昼夜热循环引起的温度变化时,应注意温度季节差异和局地气候条件对日变化的影响[41]。

图 4.11 为典型大城市(美国亚特兰大市中心)昼夜热变化的航空热图像。白天图像(左)中,热建筑物(亮白色)、道路(浅灰色)和阴影、水体(黑色)构成似航空摄影照片的景观效果。

夜间图像(右)中,除了有几块水体为亮白色,整体温差明显减小;建筑群中尽管有些较亮处(代表着局地"热岛"效应),但因无阴影,无立体感,温度差异显著减弱;沥青街道也更为明显(主要因为白天吸热多,夜间虽散热仍保存较多的余热)。

图 4.11　典型大城市(美国亚特兰大市中心)昼(左)夜(右)航空热图像[41]

4.4.3　物体的热学性质

地表任一物体的温度变化极限(峰值)和变化速率均是由物质本身的热学性质决定的,并可以通过它的热传导率、热容量、热惯量等来测定。为了更好地理解这些问题,有必要先介绍有关遥感热学研究中涉及的几个物理概念和基本参数。

1. 概念

1) 热传导率

热传导率(thermal conductivity)又称导热系数,是对热量通过物体的速率的量度。它指单位时间(dt)内通过单位面积(dS)的热量(dQ)与垂直于表面方向上的温度梯度(dT/dz)的负值之比[42]。热传导的基本规律可表示为 $dQ=-k(dT/dz)dSdt$,其中的负值表明热量沿温度减小的方向传递。热传导率常用 K 表示,单位为 cal/(cm·s·℃)或 J/(m·s·K)。常温下,水的热导率为 0.0013cal/(cm·s·℃)。

金属具有高的热导率,而绝缘材料则具有低的热导率。岩石通常是热的不良导体。热通过金属比通过岩石快得多。对于任何岩石类型而言,其热导率可在所给数值的±20%之间变动。对于土壤或多孔岩石,其热导率还与充填物有关,孔隙中的空气和水分将大大改变其热导率。

2) 热扩散率

热扩散率(thermal diffusivity)是物体内部温度变化速率的量度,常用 k 表示,单位为 m^2/s。其值决定于单位时间内沿法线方向通过单位面积的热量与物质的比热容、密度、法向上温度梯度三者的乘积之比[42]，可表示为 $k=K/(c\rho)$，c 为物质的比热容，ρ 为物质的密度。在 0℃时，水的热扩散率为 $1.34\times10^{-7}m^2/s$，而空气的热扩散率为 $1.826\times10^{-5}m^2/s$。

3）热容量与比热容

热容量(thermal capacity)与比热容(specific heat)均是物质储存热能力的量度。物质所吸收的热量是根据温度变化来计量的。热容量是指在一定条件下，如定压或定容条件下，物体温度升高 1℃(或 1K)所需要吸收的热量，常用 C 表示，单位为 J/℃或 cal/℃。

对于一定的物质而言，热容量与质量成正比。因此，单位质量的热容量叫做比热容，常用 c 表示，单位为 cal/(g・℃)。

热容量与比热容是随温度变化的，所以必须指定测量温度，一般常用 15℃。净水的比热容为 1cal/(g・℃)，即意味着 1 克 15℃的净水温度升高 1℃所需 1 卡热量。在有限的温度范围内，物质的比热容可以认为是常数。均匀物质的热容量等于其比热容(c)与质量(m)的乘积。地表土壤、岩石、金属、木、水等常见物质中水的比热容最大。

4）热惯量

热惯量(thermal inertia)是一种综合指标，是物质对温度变化热反应的一种量度，即量度物质热惰性(阻止物理温度变化)大小的物理量。高热惯量的物质对温度的变化阻力较大。热惯量常用 P 表示，单位为 $cal/(cm^2\cdot s^{1/2}\cdot ℃)$ 或 $J/(m^2\cdot s^{1/2}\cdot L)$。物质热惯量 P 由式(4.25)给出，即

$$P=[K\rho c]^{1/2} \tag{4.25}$$

式中：K 为热导率[cal/(cm・s・℃)]；c 为比热容[cal/(g・℃)]；ρ 为密度(g/cm^3)。

20℃时，水的热惯量为 $0.037cal/(cm^2\cdot s^{1/2}\cdot ℃)$，灰岩的热惯量为 $0.045cal/(cm\cdot s^{1/2}\cdot ℃)$。一般说来，物体在一个太阳日内，温度的变化与热惯量成反比。热惯量 P 大，昼夜温差小，表面温度较均一。表 4.3 给出常见物质的热惯量值。

表 4.3　常见物质的热特性[36]

名　称	热导率 K /[cal/(cm・s・℃)]	密度 ρ /(g/cm^3)	比热容 c /[cal/(g・℃)]	热惯量 P /[$cal/(cm^2\cdot s^{1/2}\cdot ℃)$]
玄武岩	0.0050	2.8	0.20	0.053
湿黏土	0.0030	1.7	0.35	0.042
白云岩	0.012	2.6	0.18	0.075
花岗岩	0.0065	2.6	0.16	0.052
灰岩	0.0048	2.5	0.17	0.045
沙土	0.0014	1.8	0.24	0.024
页岩	0.0030	2.3	0.17	0.034
板岩	0.0050	2.8	0.17	0.049
铝	0.538	2.69	0.215	0.544
铜	0.941	8.93	0.092	0.879
纯铁	0.18	7.86	0.107	0.389
铅	0.083	11.34	0.031	0.171
银	1.00	10.42	0.056	0.764
碳钢	0.150	7.86	0.110	0.360
玻璃	0.0021	2.6	0.16	0.029
木	0.0005	0.5	0.327	0.009
水	0.0013	1.0	1.01	0.037

2. 典型地物的热特性

一般地物白天受太阳辐射影响，温度较高、呈暖色调；夜间物质散热，温度较低，呈冷色调。土壤、岩石尤为明显。

水体具有比热容大、热惯量大的特性，对红外几乎全吸收，自身辐射发射率高，以及水体内部以热对流方式传递温度等特点，使水体表面温度较为均一，昼夜温度变化慢而小。因而白天水热容量大，升温慢，比周围土壤岩石温度低，呈冷色调（暗色调）；夜晚，水的储热能力强，热量不易很快散失，比周围土壤、岩石温度高，呈暖色调（浅色调）。这一现象主要是水体周围地面物体的温度变化，而水本身温度变化小。正因为如此，水体的热标记可作为判断热红外成像时间的可靠标志。即当热红外图像未注明成像时段时，如果水体具有比邻近地物较暖的标记，则为夜间成像；反之，为白天的成像。仅当开放水体周围被冰雪覆盖的地面包围时，情况有所不同，水体昼夜均较周围冰雪更暖。

图 4.12 显示 4 张不同时间水体与陆地的航空热红外扫描图像（冬季）。其中，图(a)为清晨 6 时（空气温度−9℃）的图像，图中水体比陆地明显要暖（水上有结冰）；图(b)为上午 8 时的图像，图中水体仍比陆地要暖，在陆岸的左上角有一亮条纹，是发电厂排出的热水；图(c)为午后 14 时（空气温度升至−2℃）的图像，此时水陆温度差异最小，发电厂热效应明显，且正赶上退潮；图(d)为第二天上午 11 时（空气温度为−4℃）的图像，发电厂热效应仍明显，但热水流方向受潮水影响而变化。此图说明不同时间水陆温度的不同变化，且陆地的温度变幅要小些。

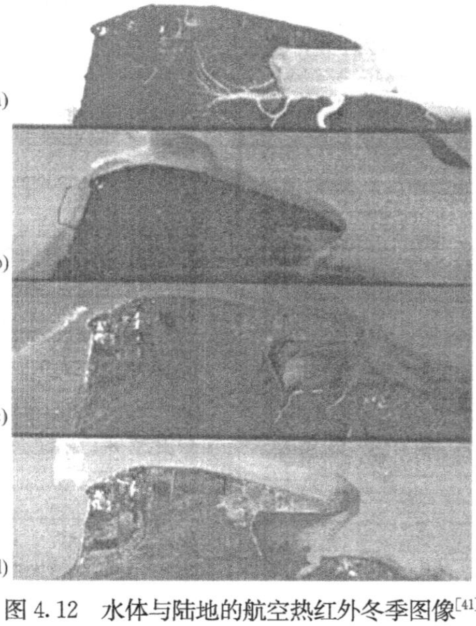

图 4.12 水体与陆地的航空热红外冬季图像[41]
(a) 清晨 6 时；(b) 上午 8 时；
(c) 午后 14 时；(d) 第二天上午 11 时

湿地，昼夜均较干燥地面冷，这是因为水分蒸发时的冷却效应。

绿色林地（树）辐射温度较高，夜间图像具暖标记，而白天虽受阳光照射，但因水分蒸腾作用降低叶的温度，升温不甚明显，使植被较周围土壤温度低。不过针叶林有些例外，这是因为其树冠针叶丛束的合成发射率高。

对农作物覆盖区，遥感器感应的是土壤上作物的辐射温度，而不是裸土本身。由于干燥作物隔开了地面，使之保持热量，从而造成农作区夜间也呈暖色，与裸露土壤的冷色调相对照。

人工铺设区如街道、停车场，白天比周围区域加热得温度更高，而夜里因散热较慢，仍保持比周围温度高些。

研究岩石、植被、土壤和水体的热红外特性，以及红外辐射温度的日变化特性等，是热图像判读的基础，也是建立各种热模型（如土壤水分的热惯量模型等），反演地表相关参数的必要条件。

4.4.4 热图像的解译与应用

在许多热红外扫描图像的应用中，如地质、土壤热制图等，一般仅需要定性地研究地面景物间辐射温度的相对差异，而不产生真正意义上的定量信息。往往人们习惯于将热红外的黑白图像进行密度分割、彩色编码或其他增强处理。这些简单的处理仅是为了突出目标的辐射温度差异，以提取由温度表征的相关信息。

这里需要说明的是，对任何热图像的解译必须首先确定图像是正片还是负片，是白天还是夜间成像，否则有可能对图像做出错误的判断。热图像显示的往往是地表的“热”景观——地貌、植被、水的混合体。不同岩石、土壤和其他表面物质对太阳热有不同的响应，其热特征差异可反映在热图像上。但是，表面物质的热行为也可受到其他因素的影响，如地貌中的阴阳坡的热图像差异，除因不同地表物质引起外，还可能因接收太阳能的差异引起。因此，热景观的综合影响会造成很复杂的图像模式，在解译中需特别注意，并加以分离。由于物体发射率的不同，观测的辐射能量的差异，往往不能直接转换为相应的温度差。例如，金属片顶的库房，可能与周围其他材料的库房表面温度相似，但由于发射率低其辐射能量低，而在热图像上表现为不同色调；而表现为同一色调的两个物体，可能地表温度并不相同。因此在热图像解译中需要了解物体发射率变化的有关信息，以便更好地进行定性、定量分析。另外，在一些热红外遥感应用中，还需要进行严格的定量数据分析，以测定绝对温度——物体的真实温度。例如，环境保护和监测部门作为执法工具的定量指标，来监测发电厂排出的热废水的表面温度。再如，地表能量交换、植物蒸散作用的研究均需要地表真实温度这一参数，这就必须要了解地面景物的发射率，辐射温度及环境辐照度等。

热图像已被成功地应用于许多领域。

(1) 地表通量及土壤水分研究：由于地表温度与地表水热能量平衡与交换的各分量密切相关，热图像数据对地表水分含量等信息反映敏感，可用于土壤分类、土壤水分反演、作物旱情监测、地表蒸散等地表水热过程，以及地-气耦合过程研究等(参见第 14、第 15 章的有关内容)。

(2) 区域地质、水文地质、地热调查、地质找矿等：由于岩石粒度、密度、粗糙度、孔隙度、含水性、颜色等直接影响其发射率和热力学性质，且地质体的热惯量大小，主要控制其表面温度，因此可以根据其表面状态与热学性质来区分岩性、构造，寻找放射性矿、煤、油气、热泉及矿化蚀变带等，进行地质填图(参见第 16 章的有关内容)。

(3) 环境污染监测：烟尘使地面蒙上“薄纱”，影响探测器记录，而形成冷异常；油污染，因油膜辐射率低于水而呈冷异常；热污染，包括工业热流、热管道及建筑物的热泄漏、污水热异常、城市热岛效应监测等。

(4) 灾害调查：森林草原火灾监测，热图像可清晰地显示出林区、草原、山脉、河流、公路、迹地以及火点、火线的位置、形状，火情的范围等；地下煤层自燃，即地下煤层受阳光照射后，氧化发热，聚热增温，最后达到自燃。这种自燃现象在我国北部煤田较为普遍。自燃区往往温度高出正常区 12～250℃，地表也出现热异常区，煤层上面岩石在高温中烘烤而呈现紫红色系列的烧变岩，一般可以采用热红外图像及彩红外像片结合的遥感方法进行调查。此外，火山活化、地震临震前的热异常等灾害监测。

(5) 海洋调查：包括海流、渔情、海冰、滩涂等。

(6) 军事方面：红外技术在现代战争、军事侦察、夜视、目标与飞行器制导方面的应用。

参考文献

[1] 张仁华. 定量热红外遥感模型及地面实验基础. 北京：科学出版社，2009.

[2] Lillesand T M, Kiefer R W. Remote Sensing and Image Interpretation (3rd). New York: John Wiley & Sons, 1994.

[3] Salisbury J W, D'Aria D M. Emissivity of terrestrial materials in the 8～14 um atmospheric window. Remote Sens Environ, 1992, 42: 83-106.

[4] 吕斯骅. 遥感物理基础. 北京:商务印书馆,1981.

[5] Labed J, Stoll M P. Angular variation of land surface spectral emissivity in the thermal infrared: laboratory investigations on bare soils. Int J Remote Sens, 1991, 12(11): 2299-2310.

[6] Price J C. Land surface temperature measurements from the split windows channel of NOAA7 Advance Very High Resolution Radiometer. J Geoph Resear, 1984, 89(D5): 7231-7237.

[7] 徐希孺. 遥感物理. 北京:北京大学出版社,2005.

[8] 李召良. 地表温度反演算法. 见:先进对地观测技术与应用学术研讨会材料汇编(一). 1999.

[9] Van de Griend A A, Owe M. On the relationship between thermal emissivity and the normalized difference vegetation index for natural surfaces. Int J Remote Sens, 1993, 14(6): 1119-1131.

[10] Valor E, Caselles V. Mapping land surface emissivity from NDVI: application to European, African, and South American Areas. Remote Sens Environ, 1996, 57: 167-184.

[11] Snyder W C, et al. Classification-based emissivity for land surface temperature measurement from space. Int J Remote Sens, 1998, 19(14): 2753-2774.

[12] Gillespie A R, et al. A Temperature and emissivity separation algorithm for Advanced Spaceborne Thermal Emission and Reflection Radiometer (ASTER) images. IEEE Trans Geosci Remote Sens, 1998, 36(4): 1113-1126.

[13] Becker F, Li Z L. Temperature-independent spectral indices in thermal infrared bands. Remote Sens Environ, 1990, 32: 17-33.

[14] Li Z L, Becker F. Feasibility of land surface temperature and emissivity determination from AVHRR data. Remote Sens Environ, 1993, 43: 67-85.

[15] Goita K, Royer A. Surface temperature and emissivity over land surface from combined TIR and SWIR AVHRR data. IEEE Trans Geosci Remote Sens, 1997, 35(3): 718-733.

[16] Wan Z, Li Z L. A physics-based algorithm for retrieving land-surface emssivity and temperature from EOS/MODIS data. IEEE Trans Geosci Remote Sens, 1997, 35(4): 980-996.

[17] Xu X R, Liu Q H, Chen J Y. Synchronous retrieval of land surface temperature and emissivity. Science in China (Series D), 1998, 6: 658-668.

[18] 陈良富. 非同温混合像元热辐射方向性模型. 北京大学博士学位论文,1999.

[19] 刘玉洁,杨忠东,等. MODIS遥感信息处理原理与算法. 北京:科学出版社,2001.

[20] Kimes D S. View angle effects in the radiometric measurement of plant canopy temperatures. Remote Sensing Environ, 1980, 10: 273-284.

[21] Kimes D S, Smith J A, Link L E. Thermal IR extiance model of a plant canopy. Applied Optics, 1981, 20: 623-632.

[22] 田国良,等. 热红外遥感. 北京:电子工业出版社,2006.

[23] 覃志豪,Zhang M, Karnieli A, et al. 用陆地卫星TM6数据演算地表温度的单窗算法. 地理学报,2001,56(4):456-466.

[24] Becker F. The impact of emissivity on the measurement of land surface temperature from a satellite. Int J Remote Sens, 1987, 8(10): 1509-1522.

[25] Ulivieri C, Castronuovo M M, Francioni R, et al. A split window algorithm for estimating land surface temperature from satellites. Adv Space Res, 1994, 14(3): 59-65.

[26] Kerr Y H, Lagouarde J P, Imbernon J. Accurate land surface temperature retrieval from AVHRR data with use of an improved Split Window algorithm. Remote Sens Environ, 1992, 41: 197-209.

[27] Wan Z, Dozier J. A generalized split-window algorithm for retrieving land-surface temperature from space. IEEE Trans Geosci Remote Sens, 1996, 34(4): 892-905.

[28] Zavody A M, Mutlow C T, Llewellyn-Jones D T. A radiative transfer model for sea surface temperature retrieval for the along-track scanning radiometer. J Geophys Res, 1995, 100(C1): 937-952.

[29] Becker F, Li Z L. Towards a local split window method over land surface. Int J Remote Sens, 1990, 11(3): 369-393.

[30] 李小文,王锦地. 地表非同温像元发射率的定义问题. 科学通报,1999,44(15):1612-1616.

[31] 陈良富,徐希孺. 陆面温度反演的新进展,国土资源遥感,1999,41(3):47-50.

[32] Francois C, Ottle C. Atmospheric corrections in the thermal infrared: global and water vapor dependent split-window algorithms—applications to ATSR and AVHRR data. IEEE Trans Geosci Remote Sens, 1996, 34(2): 457-470.

[32] Li X W, Strahler A, Friedl M. A Conceptual model for effective directional emissivity form non-isothermal surface. IEEE Trans Geosci Remote Sens, 1999, 37(5): 2508-2517.

[34] 徐希孺,陈良富,庄家礼.基于多角度热红外遥感的混合像元组分温度演化反演方法.中国科学(D辑),2001,31(1):81-88.
[35] 范闻捷,徐希孺.陆面组分温度的综合反演研究.中国科学(D辑),2005,35(10):989-996.
[36] Campbell J B. Introduction to Remote Sensing. New York: The Guilford Press,1987.
[37] Zhang Y,Gu X F,Yu T,et al. Absolute radiometric calibration of CBERS-02 IRMSS thermal band. Science in China(Ser E),2005,48(supp. I):70-88.
[38] 刘玉洁,范天锡.黄河三角洲的辐射定标.863项目.
[39] Chris M. ATSR-1/2 User Guide. http://www.atsr.rl.ac.uk,1999.
[40] 陈述彭,赵英时.遥感地学分析.北京:测绘出版社,1990.
[41] Short N M,et al. The Remote Sensing Tutorial. CD-ROM,2000.
[42] 陈述彭.遥感大辞典.北京:科学出版社,1990.

第5章 微波遥感

微波是指波长 1mm～1m(即频率 300MHz～300GHz)的电磁波,包括毫米波、厘米波、分米波,它比可见光-红外(0.38～15μm)波长要大得多。最长的微波波长可以是最短的光学波长的 250 万倍。地面物质的微波反射、发射与它们对可见光或热红外的反射、发射无直接关系。一般说来,微波响应使人们从一个完全不同于光和热的视角去观察世界。微波遥感与可见光-红外遥感在技术上也有很大的差别。微波遥感用的是无线电技术,而可见光-红外遥感用的是光学技术,通过摄影或扫描来获取信息。

微波遥感系统有主动、被动之分。所谓主动微波遥感系统,指遥感器自身发射能源。“雷达”(radio detection and ranging radar)是一种主动微波遥感仪器。从其英文名上看,雷达是用无线电波探测物体并测定物体距离(位置)。这个过程需要它主动发射某一频率的微波信号(短脉冲),再接收这些信号与地面相互作用后的回波反射信号,并对这两种信号的探测频率和极化位移等进行比较,生成地表的数字图像或模拟图像。微波辐射计是一种被动微波遥感仪器,记录的是在自然状况下,地面发射、反射的微弱的微波能量。

微波遥感的发展可以追溯到 20 世纪 50 年代早期,由于军事侦察的需求,美国军方发展了侧视机载雷达(side-looking airborne radar SLAR)。之后,侧视机载雷达 SLAR 逐步用于非军事领域,成为获取自然资源与环境数据的有力工具。1978 年美国发射的 Seasat 海洋卫星以及随后发射的航天飞机成像雷达计划(shuttle imaging radar,SIR)、苏联发射的 Cosmos-1870,标志着航天雷达遥感的开始。20 世纪 90 年代以来,各国相继发射了一系列的星载雷达,如苏联的 Almaz-1、欧洲空间局的 ERS-1/2、日本的 JERS-1 以及加拿大的 Radarsat 等,单波段单极化雷达遥感得到了很大的发展。另有一系列先进的雷达遥感计划实施,如 2000 年美国航天飞机干涉雷达的地形测图计划 STRM 以及 2002 年欧洲空间局的 ENVISAT-1(ASAR,C 波段、多极化)、2006 年日本的 ALOS-PALSAR(L 波段、多极化)和加拿大的 Radarsat-2(C 波段、多极化)等,多波段多极化雷达遥感得到了很大的发展。这一系列计划的实施大大推动了极化雷达和干涉雷达等新型雷达的发展,使卫星雷达遥感进入一个新时代。

我国自行研制的机载合成孔径雷达也成功地获得 SAR-C、L 波段图像,并在多方面得以应用;我国研制的环境与灾害卫星(HJ-1),由 2 颗光学卫星和 1 颗雷达卫星组成,其中的雷达卫星(HJ-1C)携带一台 S 波段合成孔径雷达(20m 分辨率,幅宽 100km),其主、被动遥感信息的融合,将明显地提高对环境和灾害的监测综合能力。

与可见光-红外遥感相比,应该说微波遥感的起步较晚、数据获取较难、实际应用也不如可见光-红外遥感普遍。然而与传统的光学遥感相比,微波遥感的独特优势在于以下几个方面。

(1) 微波遥感具有全天时、全天候的工作能力。雷达遥感不依赖于太阳光,而利用自身发射的电磁波,因此可昼夜全天时工作;微波对大气衰减小,能在任何气候条件(云、雾、小雨)下全天候工作。

(2) 微波具有很强的穿透能力,不仅能穿云破雾,而且能穿透一定厚度的植被、土壤、冰雪等,提供部分地表以下的信息。

(3) 主动微波遥感(SAR)记录电磁波的后向散射强度(振幅)、极化、相位(是干涉测量的基础)三方面的信息。

(4) 对地表粗糙度、地物几何形状、介电性质(土壤水分等)敏感。

(5) 可获得多波段、多极化、多角度的散射特征。

(6) 主动微波遥感(SAR)可用于精确测距、定位;且不依赖于距离,可获得高空间分辨率数据。

因而,微波遥感可以通过测量目标在不同频率、不同极化条件下的后向散射特性、多普勒效应等,来反演目标的物理特性——介电常数、湿度等,以及几何特性——目标大小、形状、结构、粗糙度等多种有用信息,从而成为对地观测中十分重要的前沿领域。它在地质构造、找矿,海洋、海冰调查,土壤水分动态监测、洪涝灾害调查,干旱区找水,农、林、土地资源调查研究以及军事研究等方面越来越显示出广阔的应用前景。

§5.1 微波遥感原理

在第1章中已论述到电磁辐射原理以及电磁波与大气、与地表的相互作用。微波是比光波波长大得多的电磁波。它具备电磁波的基本特征,如叠加、干涉、衍射、偏振等;微波在与目标的相互作用中也存在散射、吸收、透射、发射等物理过程。在这一章里,着重介绍微波遥感所独有的特性。

5.1.1 微波与地表的相互作用

1. 微波的散射

1) 表面散射

表面散射指在介质表面产生的散射。影响表面散射的因素有介电常数和表面粗糙度。自然表面可以分解为一系列具有小尺度几何形状(即粗糙度)的平面元。对于这种表面小尺度的几何形状可以用统计学中的高度标准差(均方根高度)和表面相关长度来表示,它们分别从垂直和水平两个方向上对粗糙度进行描述。

(1) 高度标准差(h)指该表面与平均表面高度间偏差的均方根,可表示为

$$h = (\overline{z^2} - \bar{z}^2)^{1/2} \tag{5.1}$$

式中:z 为表面某点的高度,$\overline{z^2} = \dfrac{1}{N}\sum_{i=1}^{N} Z_i^2$,$\bar{z} = \dfrac{1}{N}\sum_{i=1}^{N} z_i$,N 为取样数目。

(2) 表面自相关长度(l)指表面上两点在统计学上相互独立的尺度。它是对表面某 x 点的高度 $z(x)$ 与偏离 x 的另一点 x' 的高度 $z(x+x')$ 之间相似性的一种度量,多用归一化自相关函数 $\rho(l)$ 表示。表面自相关函数描述了水平距离上两个点的高度之间的自相关系数。当两个点的相关系数等于 1/e 时,定义这两点之间的距离为该表面相关长度 l,即 $\rho(l) = e^{-1}$ 。若两点之间的水平距离大于相关长度 l,则这两点的高度值在统计意义上是近似独立的。

此外,表面均方根斜度(h/l)等,也可以作为表征随机表面几何特征的参数。这些函数作为微波散射理论模型(如小扰动模型、基尔霍夫模型等)的参数,用以描述介质表面的粗糙度和散射特征。

图 5.1 显示 5 个平面元产生的再辐射方向,箭头方向的波加起来构成后向散射波。表面散射的强度随介质表面的复介电常数的增加而增大,其散射角特征由表面的粗糙度决定。

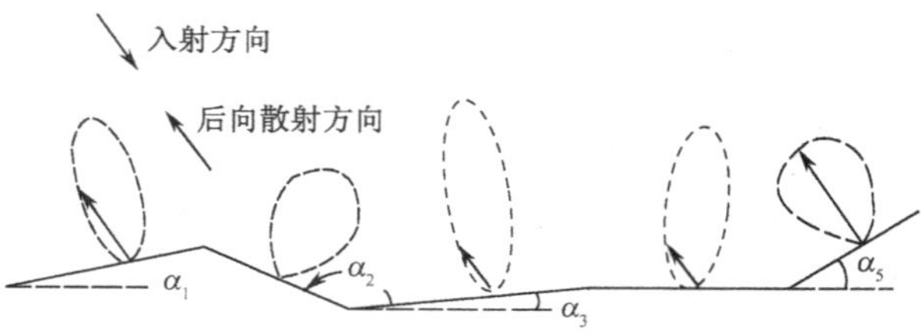

图 5.1 表面散射的概念[1]

在表面散射中，散射面的表面粗糙度影响微波能量的反射。若表面是光滑的，入射的能量与表面相互作用后形成两束平面波[图 5.2(a)]，一束为表面向上的反射波，它几乎反射所有入射能量，其反射角与入射角相同，方向相反(呈“镜面反射”)；另一束为表面向下的折射波或透射波。

若表面是粗糙的，入射能量与表面相互作用后，向各个方向散射，形成散射场[图 5.2(b)]。除菲涅尔(Fresnel)反射方向外，其他方向上散射能量的大小取决于表面粗糙度相对入射波的大小。这在后面的“表面粗糙度”中将进一步讨论。

若表面由两个或三个相互垂直的镜状反射面组成(即角反射效应)，则可产生多次散射，增强后向散射能量[图 5.2(c)]。其中，两面角反射使雷达图像上出现一条相应于两平面交线的亮线；而三面角反射使雷达图像上出现一个相应于三个面交点的亮点。

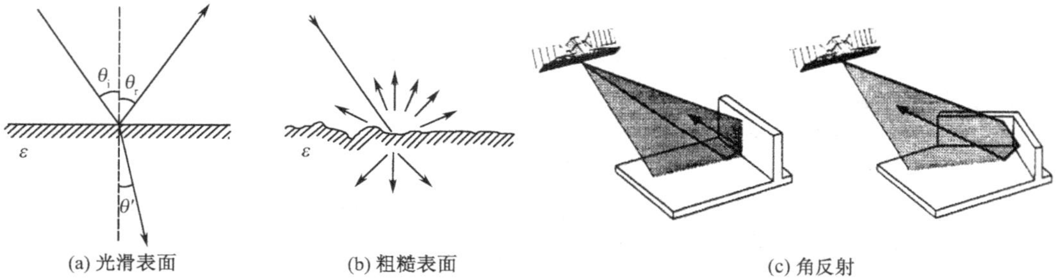

图 5.2 不同类型的表面散射

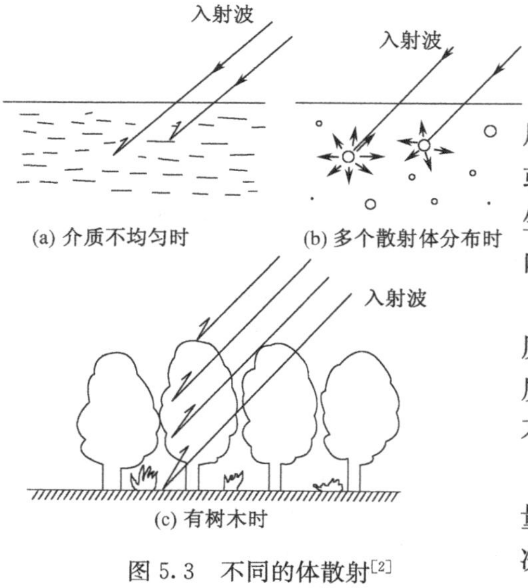

图 5.3 不同的体散射[2]

2) 体散射

体散射指在介质内部产生的散射，为经多次散射后所产生的总有效散射。在介质不均匀[图 5.3(a)]或不同介质混合[图 5.3(b)、(c)]的情况下，往往发生体散射，如降雨(属多个散射体分布)、土壤或积雪内部、植被等。图 5.3 显示几种不同的体散射。

体散射的强度与介质体内的不连续性和介质密度的不均匀性成正比。它的散射角度特性取决于介质表面的粗糙度、介质的平均介电常数及介质内的不连续性与波长的关系[2]。

由图 5.3(c)可见，对于树木而言，雷达接收的能量信号应是树冠的表面散射，树叶、树枝、树干的多次体散射，以及树下地面的表面散射的综合。事实上，对于复杂地表植被，其散射特征是相当复杂的，可看作是多层次多成分散射介质、多次散射的结果。

由于微波的体散射特征以及微波通过介质(土壤、水、积雪、岩石等)时有能量衰减，因此微波辐射亮度不仅与介质表面粗糙度有关，也与辐射深度(厚度)内的物质的介电特性、密度和均匀性有关。

一般说来，自然表面的后向散射可描述为面元模型(表面散射)和点散射体模型(体散射)的叠加。学者们相继提出了各种理论模型及数值模拟方法，以定量描述和理解微波与地表目标相互作用的机理，开展微波遥感地表参数反演、结构重建等方面的研究。

3) 散射截面与散射系数

“散射截面”与“散射系数”是用以描述和测量地物散射特征的两个参数。

(1) 散射截面(scattering cross section)：指散射波的全功率与入射功率密度之比，用有效散射面积表示，单位为 m^2。它不等于几何面积，而是波长或频率的函数，即表示雷达目标截获并散射入射能量的能力，是散射传输的重要参数。

雷达散射截面(radar cross section，RCS)又称后向散射截面，是雷达入射方向上目标散射雷达信号能力的度量，用入射场的功率密度归一化表示。RCS 是指雷达入射方向上单位立体角内返回散射功率与目标截获的(入射)功率密度之比。它是一个标量，用 σ 表示，单位为 m^2，通常以对数形式给出，即相当于 $1m^2$ 的分贝数，$\sigma_{dB} = 10\lg\sigma$。雷达散射截面是目标结构(即目标形状、尺寸和材料的电参数)、入射波的频率和波形、天线的极化形式、雷达入射角和散射方位角等因素的函数。因后向散射截面 σ 是指逆入射方向的散射截面，故散射截面是后向散射截面的 4π 倍。

(2) 散射系数：指单位截面积上雷达的反射率，或单位照射面积上的雷达散射截面。它是入射电磁波与地面目标相互作用结果的度量。

雷达散射系数又称后向散射系数，是指入射方向目标单位截面积的雷达的反射率，表示入射方向上的散射强度的参数或目标单位面积的平均雷达散射截面，用 σ° 表示，通常以分贝表示。对于面目标而言，$\sigma^0 = \langle\sigma\rangle/A_0$ (其中，$\langle\rangle$ 表示统计平均；A_0 为照射面积)，为无量纲的量。目标的雷达散射系数 σ° 也可看做是单位截面、反射率、方向性 3 个要素的结合。它除了与雷达系统参数(入射角、频率、极化方式)有关外，主要取决于物体的复介电常数、表面粗糙度、几何特性等。我们将在后面专门讨论。

2. 微波的透射

微波的透射是指微波入射到地物(介质)界面时，除了出现微波散射、反射外，还有部分微波能量会渗入地物内部的物理现象。也就是说，微波除了能穿云破雾以外，对一些地物(介质)，如岩石、土壤、松散沉积物、植被、冰层等，有穿透一定深度的能力(又称穿透能力)。

微波透射的能量在介质内部传播时，会引起能量的衰减。“穿透深度”即“趋肤深度”(skin depth)，是指电磁波在介质内部传播过程中，其强度衰减到在介质表面强度的 1/e 时的深度(或降至 37%的深度)。电磁波对介质的穿透深度 d 可表示为[3]

$$d = 1/\alpha = \sqrt{1/(\omega\mu\sigma)} \tag{5.2}$$

式中：α 为介质的衰减常数(dB/m)；ω 为电磁波的角频率；μ 为介质的磁导率(H/m)；σ 为介质的电导率(s/m)。

“穿透深度”提供了一种指示雷达信号随不同物质穿透能力变化的方法，它与介质的电学性质和波长有关。但是对于积雪、土壤这种连续体而言，评价散射引起的雷达信号功率损耗很难，因此常用由电场强度的衰减引起的损耗来评价。

雷达信号的穿透深度与地物（介质）的介电常数 ε 成反比，与雷达波长 λ 成正比。表 5.1 为不同含水量土壤穿透深度的计算值。该表说明，湿度和波长是影响穿透深度的关键因素。随着土壤含水量的增加，其介电常数增大，穿透深度明显下降；随着波长的增加，穿透深度明显增加。图 5.4 显示穿透深度与频率、土壤湿度、土壤类型的关系。一般说来，在雷达遥感光谱范围内，大多数物质的穿透深度与雷达波长呈线性关系。例如，波长为 20cm 的 L 波段信号比波长为 2cm 的 Ku 波段信号的穿透深度大 10 倍。当表面被 2m 厚的纯雪覆盖时，频率高于 10GHz（X 波段）的雷达信号就只能探测到表面，但对于频率 1.2GHz（L 波段）的雷达信号来说，则基本是透明的。

表 5.1　土壤穿透深度的计算值[4]

土壤的种类	水/%	λ/m		
		1	0.1	0.03
沙　土	0	20	3.3	1.6
	3.88	5	0.33	0.046
	16.8	2.4	0.063	0.01
泥	0	31	18	4.8
	2.2	2.8	0.43	0.19
	13.77	0.44	0.059	0.016
黏　土	0	10.3	1.4	0.55
	20	0.14	0.038	

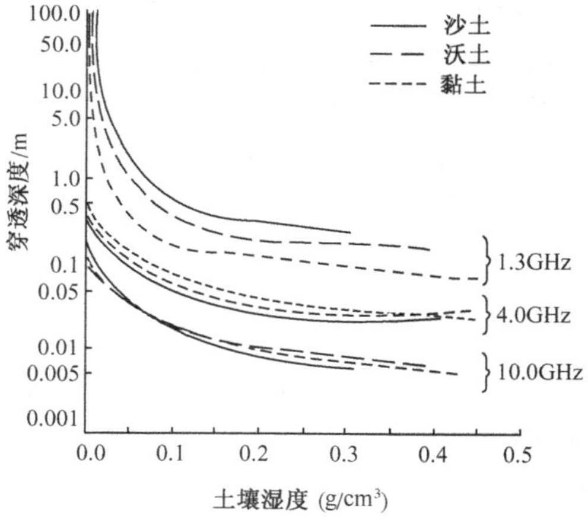

图 5.4　穿透深度与频率、土壤湿度、土壤类型的关系（引自 Cthlar and Ulaby，1974）

此外，潮湿的岩石、土壤，其介电常数大，穿透能力仅达地表；而松散沉积物（沙、砂砾等），介电常数较基岩小，故穿透能力较基岩大，一般可穿透地表以下数厘米至数米。美国 JPL 实验室同步研究表明，埋于 2m 沙层下的雷达响应器对 SIR-B 脉冲有尖锐的响应。我国学者在内蒙古沙漠戈壁区开展与航天飞机 SIR-C/X-SAR 的同步试验[5]，将 12 个角反射器分别埋于 0.88～2.73m 不同深度的干沙中，在 SIR-C 的 L 波段雷达图像上这些角反射器均有响应，并以亮点形式出现。这说明了 L 波段的雷达信号对干沙的穿透能力达 2m 以上。试验还证明，穿透深度随极化方式而有变化，VV 极化比 HH 极化穿透能力强。

雷达信号的穿透能力也与地表粗糙度、入射角有关。图 5.5 显示穿透深度受入射角的影响。一般说来，入射角越小、穿透能力越强。因此，仅从入射角这点考虑，在雷达图像上，近射程点穿透能力最大，远射程点最小。实际上，在雷达图像解译的实际应用中，要估计雷达穿透深度，并从对雷达后向散射有贡献的分量中分离出穿透力的影响是十分困难的。

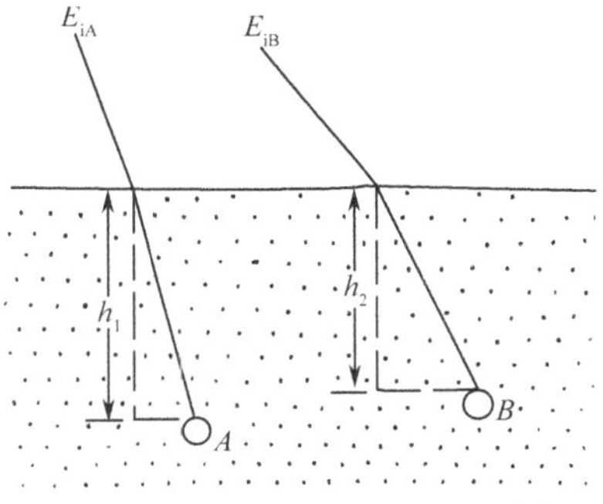

图 5.5 穿透深度受入射角影响[6]

对于植被而言，微波穿透深度取决于植被的含水量、密度、使用的波长和入射角。研究表明，微波短波的 K 波段（8～11mm），甚至 X 波段信号仅记录植被第一层面（多数情况下为冠层叶片）的信息；而微波长波的 P 波段（30cm～1m）能穿透植被，既记录植被信息（树顶、树干反射的信号），又记录植被以下的土壤表面信息而介于 K、P 之间的 L 波段（21～23cm）能反映植被类型的差异（至少是对植被形态而言）。因而改变雷达波长和入射角，可以得到植被上层、下层甚至表层土壤的信息。因此，即使在高植被覆盖区（热带雨林地区），雷达也有很强的探测能力，可以进行地质、地貌等调查。图 5.6 为美国航天飞机 SIR-C 的 SAR 图像，它显示 L 波段雷达穿透热带雨林地区（巴西的亚马孙流域）稠密的植被覆盖层，而反映出植被层以下的河流地貌特征。

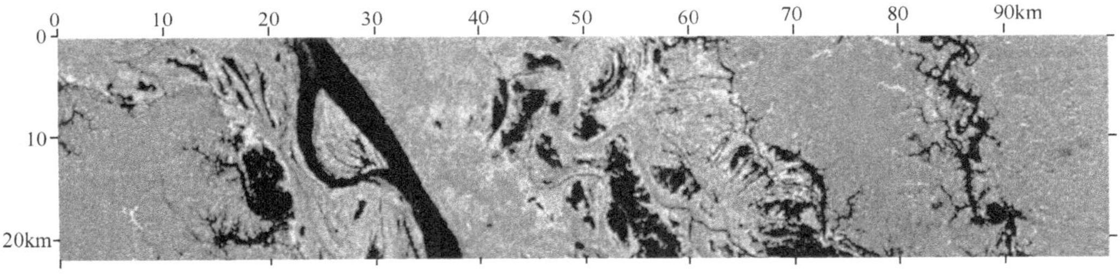

图 5.6 热带雨林地区的 SIR-C/SAR-L 图像[7]

既然穿透深度随波长的增加和水分的减少而增加，那么观察高穿透能力的最佳条件是在干旱地区，用长波段的雷达系统。1981 年美国哥伦比亚航天飞机的 SIR-A，在非洲撒哈拉大沙漠至阿拉伯沙漠的干旱地区，寻找埋藏地下的古河道获得成功。SIR-A 的 L 波段雷达信号穿透沙漠的沙层、流沙、沙丘，揭示出埋深 5m 左右的地下古河道和古地下水系。这个地下残存的瓣状水系，在 Landsat/MSS 以及摄影图像上均无反映，地面观察也未见任何河流泛滥的痕迹，但在雷达图像上却十分明显。这一地下古水系的发现对研究该区的地质历史、古气候、古地理环境以及干旱地区的水资源开发均有重要的科学和现实意义。

综上所述，微波的透射作用使微波对介质具有一定的穿透能力。因而，微波遥感信息不仅反映地球表面、植被冠层的信息，还可以在一定程度上反映地表以下、植被冠层以下的信息，较可见光、红外遥感有更大的优势。

3. 微波的辐射

在第 4 章中，就电磁波热红外谱段，讨论了地-气间的辐射传输（图 4.6）和热辐射传输方程［式(4.8)］。事实上，微波的辐射类似于红外辐射，只是微波谱段长，具有穿透性，且辐射能量较热红外谱段弱。这个能量与介质表面的温度和水分等性质有关。物体微波辐射的总功率，或在某一频谱上的辐射功率，随着温度的增加而增大；微波的黑体辐射与其温度的关系，以及按波长的分布，均遵循电磁波辐射的基本物理定律。若物体处于热平衡状态，则它辐射的能量等于它吸收的能量。

微波的辐射依赖于被动微波遥感仪器——“微波辐射计”的测量，它记录的是在自然状况下，地面辐射的微弱的微波能量。从理论上讲，微波与热红外谱段具有相似的辐射传输过程，微波辐射计所接收的辐射亮度或亮度温度也包括 3 个基本部分：①地表微波辐射经大气衰减后被遥感器接收的部分（即被测目标本身的辐射）；②大气自身的上行辐射经大气衰减后被遥感器接收的部分；③大气下行辐射经地表反射后又被大气衰减最终被遥感器接收的部分。

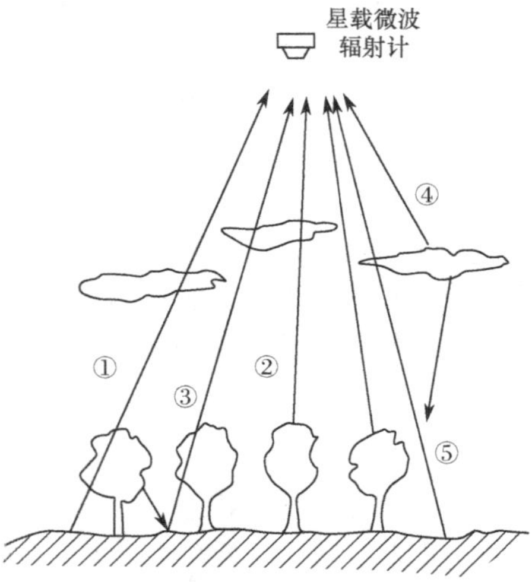

图 5.7　植被覆盖地表的微波辐射

对于植被覆盖区，考虑到地表的植被、土壤覆盖以及植-土间的相互作用，微波辐射计所记录的地面微波辐射能量（亮温 T_B），可具体表示为（图 5.7）

$$T_B = T_1 + T_2 + T_3 + T_4 + T_5 \tag{5.3}$$

式中：T_1 为经植冠和大气衰减后的土壤-地表发射；T_2 为经大气衰减后的植被自身的上行发射；T_3 为经植冠和大气衰减后的地表对植被下行发射的反射（即植被和地表的相互作用项）；T_4 为大气的上行发射；T_5 为大气的下行发射的地表反射。

尽管地面物体的热辐射谱段主要集中在热红外波段，而微波辐射能量弱（低于 TIR 许多数量级），但是微波遥感器的测量敏感度高于热红外探测器，因而利用微波辐射计也可探测视场内的微波辐射能量，进而测量目标温度和水分，只是两者与地物相互作用机理不同。有关被动微波辐射的更多内容请参看第 15 章“土壤水反演”部分。

5.1.2　微波与大气的相互作用

1. 微波的大气散射

根据瑞利散射原理，散射波的强度与波长的四次方成反比。微波的波长比可见光—红外波长要长得多，则它的散射要比可见光—红外波段小得多。由水粒组成的云粒子直径一般不超过 100μm（比微波波长要小一两个量级），满足瑞利散射条件，其散射作用很小，一般可以忽略。但降水云层主要由雨滴、冰粒、雪花、冰雹等粒子组成，其直径超过 100μm（雨滴可达几毫米、冰雹可达几厘米），满足米氏散射条件，此时大气对微波的散射作用一般不能忽略[3]。

2. 微波的大气吸收

图 5.8 显示在晴空条件下（无云、雾等），微波垂直穿过地球大气层的透射率。从图中可见，大气对微波的吸收主要是氧分子和水汽所致。其中，氧分子的吸收中心位于 60GHz 附近，水汽的吸收中心位于 20GHz 附近。虽然微波波长范围在 0.1～100cm（频率 300～0.3GHz），但是以对地观测为目标的微波遥感主要工作范围波长在 0.8～30cm（频率 40～1GHz）。在此范围内（除了 20GHz 附近水汽的吸收带外），大气透过率大多在 95%以上，可见微波对大气具有较好的透过性。至于对大气辐射和大气降水的观测研究，则专门需要用到水汽吸收波段。因此，需要选择不同的微波波段分别对地面或大气进行观测。

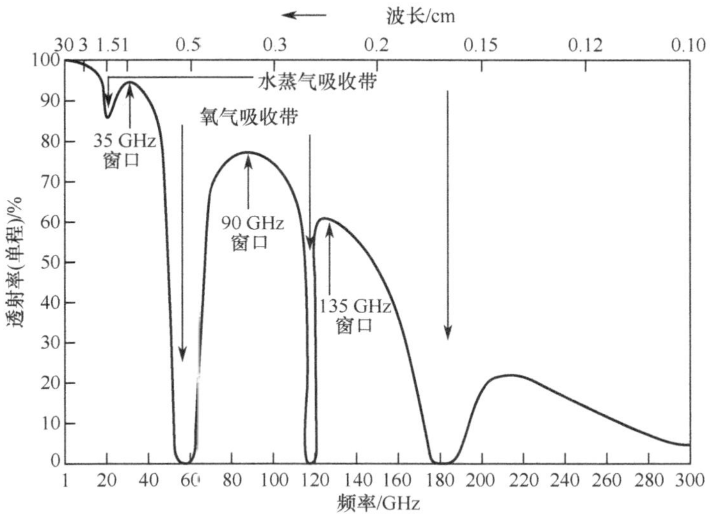

图 5.8 微波的大气透射率[8]

在晴空条件下,沿铅垂方向穿过地球大气层的透射率

3. 微波的大气衰减

尽管在微波遥感的工作范围内,只要不处于微波的大气吸收波段(即水汽和氧分子的吸收谐振带),大气对微波的吸收与散射作用就很小,一般情况下大气对微波传输的影响几乎可以忽略不计。但是,大气对微波的衰减作用(主要指大气中微粒和雨滴对微波的吸收与散射作用)还是存在的,且随着微波波长的减小,大气对微波能量传输的衰减作用将增大。表 5.2 显示在不同能见度(云、雾)条件下,海平面水平路径的大气衰减率。由表可见,随着波长的增大或频率的减小(可见光—红外—微波),大气衰减率明显减小,可见光波段的大气衰减率可以是微波的近千倍;随着能见度的增大(即大气浑浊度减小),大气衰减率也明显减小。

表 5.2 不同能见度(云、雾)下海平面水平路径的大气衰减率[8]

能见度/m	可见光/(dB/km)	红外/(dB/km)	94GHz/(dB/km)	37GHz/(dB/km)
152	120	24	0.88	0.19
305	60	12	0.32	0.062
610	30	6	0.13	0.022
1219	10	3	0.044	0.009

图 5.9 说明云、雨对微波传输的影响。其中,图 5.9(a)显示微波对云的穿透性,当微波波长大于 2 或 3cm 时,云层覆盖已无明显影响,且冰云对微波的传输几乎没有影响;图 5.9(b)显示微波对雨的穿透性,当微波波长大于 4cm 时,雨对微波的影响可以忽略。研究表明,波长 3.2cm(X 波段)的微波波束,穿过 4000m 厚的浓云,只衰减 1dB[1];而频率大于 10.69GHz(X 波段)的微波波束,对雨中的水滴的散射作用则完全不能忽略[3]。研究还表明,当雷达波长为 2cm 或更小时,云、雨能影响雷达的返回信号;当波长大于 4cm 时,雨对雷达信号的影响最小;而对于 K、X 波段的雷达,雨可能极大地衰减和散射雷达信号[4]。由此可见,一般说来,微波受大气的影响只限于较短的波长(小于 4cm),而在多数工作条件下大气对微波信号(波长大于 4cm)的衰减作用只是轻微的。

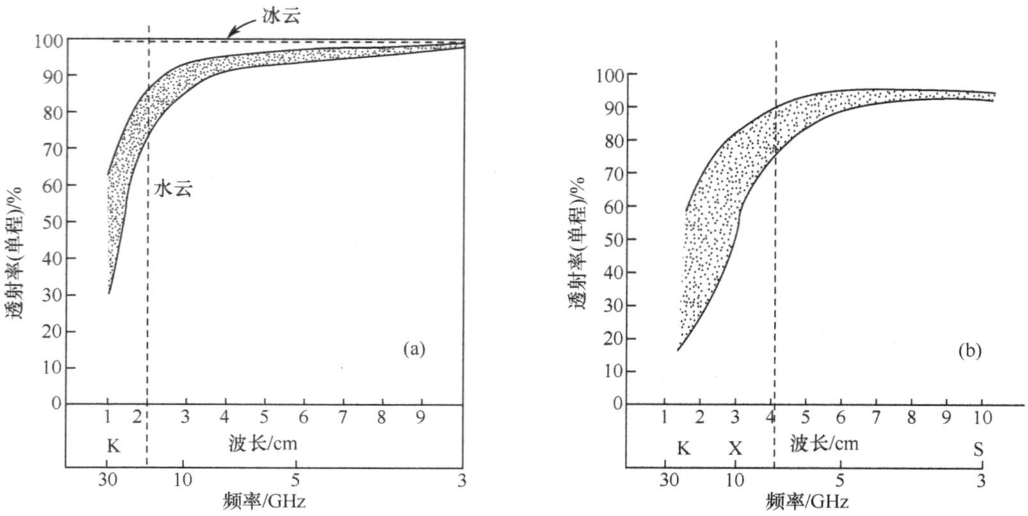

图 5.9 云、雨对微波传输的影响[8]

还应该指出的是，云层对微波能量传输的影响除了吸收与散射外，还有云层本身的微波辐射，这种辐射亮度温度作为随机干扰噪声叠加在目标亮温上，影响微波辐射计对目标微波辐射亮温的测量。

以上分析表明，微波对大气具有较好的透过性，它能够穿过浓厚的云层和一定程度的雨区，在任何气候条件(云、雾、小雨、雪等)下，全天候地工作。这正是可见光、红外波段所无法比拟的，它弥补了可见光、红外波段的不足，保证了地面数据的连续采集。

5.1.3 雷达成像原理

1. 侧视雷达成像原理

在这里，我们以机载侧视雷达为例，对侧视雷达的成像原理加以讨论。侧视成像雷达是一种主动微波遥感系统。它是测量目标物对雷达波束后向散射回波强度的成像设备。

图 5.10 说明了侧视雷达的成像原理和工作过程。一个雷达成像系统基本包含发射器、雷达天线、接收器、记录器等四个部分。由脉冲发生器产生高功率调频信号(即电磁波计时脉冲)；经发射器，以一定的时间间隔(脉冲长度)反复发射具有特定波长的微波脉冲；通过发射天线向飞行器的一侧沿扇状波束宽度发射雷达信号照射与飞行方向垂直的狭长地面条带，此波束在方位方向上窄，在距离方向上很宽；借助于发射/接收转换开关(它使天线处于发射/接收轮换工作状态)，再通过天线接收地面返回的能量(即地物对雷达波束的后向散射能，它是发射脉冲与地面相互作用的产物，带有大量的地物特征信息)；接收器将接收的能量处理成一种振幅/时间视频信号；这种信号再通过胶片记录仪产生图像(其回波信号的强度以扫描线的灰度色调来表示)或数字胶片。因为雷达的原始数据是将地物的后向散射能以时间序列记录下来的数据，所以，输出的是既有回波振幅信息又有相位信息的光学全息片。这种数字胶片必须经过光学相干处理器进行数/模变换(D/A)的成像处理，方能重建雷达图像。可见，雷达是根据微波传播、接收的时差和多普勒变化以及回波的振幅、相位和极化方式来探测目标的距离及目标的物理性质的。图 5.10 中，树因表面粗糙，多呈各方向的散射，其后向散射较强，为中等强度回波；河流的水体表面平滑，多呈镜面散射，天线接收不到回波；山体正面强回波，山背面因被山体阻挡为雷达阴影区，无回波。

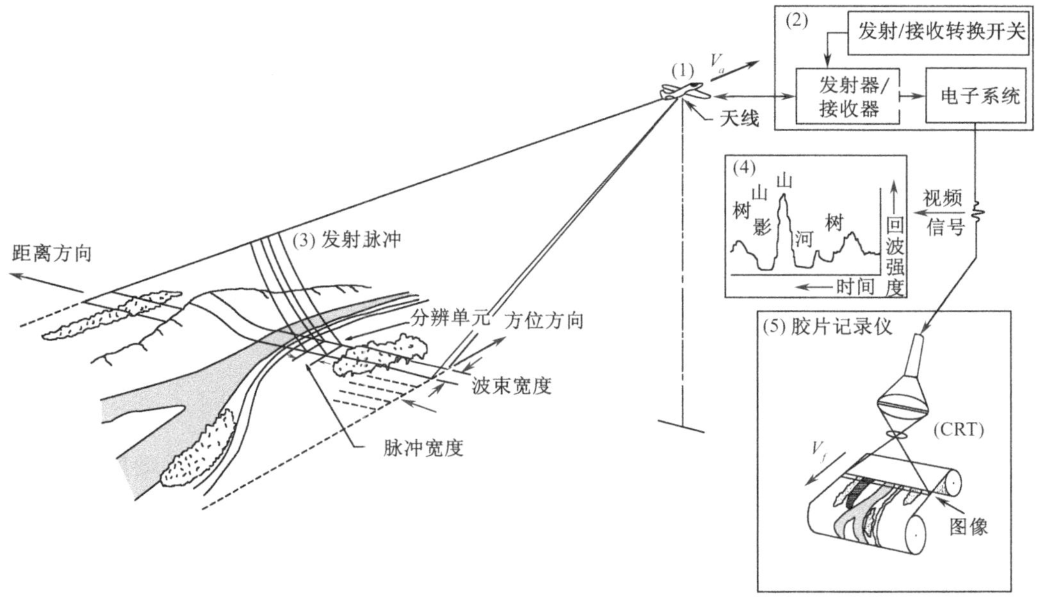

图 5.10 侧视雷达成像原理与工作过程[9]

雷达成像需要有一个基本条件，即雷达发射出来的波束照在目标不同部位时，要有时间先后差异，就如同电视机中电子束的扫描一样。这样，从目标反射的回波也同时出现时间差，才有可能区分目标的不同部位。要实现这一点就必须具备二维方向上的扫描。雷达天线在飞行器上，与飞行器同方向前进，发出的波束依次向前扫描，即航向扫描；天线发出的能量脉冲指向飞行器的一侧，地面物体同航线垂直方向的各部分反射的回波便可产生时间差，即距离向扫描。侧视成像雷达就是以这种连续带状形式对地表进行二维扫描，逐行成像。

因为电磁波以光速(3×10^8m/s)近直线传播，雷达与目标的距离(斜距)可以通过发射脉冲到接收回波的时间(行程时间 $J/2$)与电磁波传播速度(C)的乘积获得，即斜距$=CJ/2$，所以侧视雷达系统又是个测距系统。

2. 雷达方程

雷达方程是描述由雷达天线接收到的回波功率与雷达系统参数及目标散射特征(目标参数)的关系的数学表达式。雷达天线发射的是以天线为中心的球面波，地物目标反射的回波也是以地物目标为中心的球面波。若忽略大气等因素的影响，则雷达天线接收到的回波功率(W_r)可表示为

$$W_r = \frac{W_t G}{4\pi R^2}\sigma \frac{1}{4\pi R^2}A_r \tag{5.4}$$

式中：W_r 为接收的回波功率；W_t 为发射功率；G 为天线增益(反映实际天线的功率衰减率，表示天线的方向性特性)；R 为目标离雷达天线的距离；σ 为目标的雷达散射截面；A_r 为接收天线孔径的有效面积，$A_r=G\lambda^2/4\pi$。

式(5.4)的第一项为地物目标单位面积上所接收的功率；乘以 σ 后，为地物目标散射的全部功率(即雷达接收机返回的总功率)；再除以 $4\pi R^2$ 后，得地物目标单位面积上的后向散射功率，即接收天线单位面积上的后向回波功率。代入 A_r，则由式(5.4)可得

$$W_r = \frac{W_t G^2\lambda^2\sigma}{(4\pi)^3 R^4} \tag{5.5}$$

式(5.5)是针对点目标而言，由于实际地物多为面状目标，则对于面目标

$$\sigma = \sigma^{\circ} A \tag{5.6}$$

式中：σ°为后向散射系数；A 为雷达波束照射面积，即地面一个可分辨单元的面积。

则面目标的回波功率，用积分表示为

$$W_{\mathrm{r}} = \int_A \frac{W_{\mathrm{t}} G^2 \lambda^2}{(4\pi)^3 R^4} \sigma^{\circ} \mathrm{d}A \tag{5.7}$$

若目标为散射体，则 σ°为单位体积的散射截面，A 则对应辐照体内的体积分。

从雷达方程可知，当雷达系统参数 W_{t}、G、λ 及雷达与目标距离 R 确定后，雷达天线接收的回波功率 W_{r} 与后向散射系数 σ°直接相关。

3. 多普勒效应

多普勒效应(Doppler)指由观察者和辐射源(或目标与遥感器)的相对运动所引起的电磁发射频率与回波频率的变化。当一个频率为 r 的电磁辐射源和观察者之间的距离 l(随时间)变化时，观察者接收的信号频率 r'不等于 r，其差 $\Delta r = r' - r$ 称为多普勒频移。若 $l<0$，两者距离缩小，则 $\Delta r>0$；若 $l>0$，则 $\Delta r<0$，多普勒频移为负的。其关系可表达为

$$\Delta r = r \frac{u}{c} \cos\theta \tag{5.8}$$

式中：u 为辐射源和观察者之间的相对速度；c 为光速，即电磁辐射的速度；θ 为辐射源—观察者间连线与运动方向的夹角。

对于成像雷达这种主动遥感而言，飞行器与地面相对运动，雷达的发射频率为 r，由于多普勒效应，到达地面的频率已改变为 r'，而最终遥感器所接收的回波频率，已是又经过 1 次多普勒频移的 r''了。尽管对于飞机或空间飞行器的运动速度来说，此频率的改变是很小的，但它对遥感是有用的。

遥感利用频率上表现的多普勒效应，可以观测目标的运动，得到地表物体的信息，并可以通过外差技术测出和区分多普勒频移，以避免产生图像模糊和分辨率下降的现象，确保合成孔径成像雷达能获得高分辨率的雷达图像。例如，一个微波雷达装在以 300m/s 的速度快速飞行的飞机上，若发射频率为 3×10^{10} Hz 或波长为 1cm，则飞机上接收到的从飞机正前方地面反射回来的频率将增加到 6×10^{4} Hz[10]。频率相对变化虽仅为百万分之一，但用外差技术仍可很容易地被测量、识别与区分并通过相关处理，避免图像模糊。

5.1.4 雷达回波强度的影响因素

雷达回波(即雷达后向散射)的强度可简单地理解为雷达图像的亮度值。从雷达方程的理论分析表明，雷达回波强度与雷达遥感系统参数、后向散射系数直接相关。后者常以雷达后向散射截面(σ)或雷达后向散射系数(σ°)来表达。所谓雷达遥感系统参数，是指波长/频率、入射角/俯角、极化方式/探测方向等；而雷达后向散射系数表征地表特性，包括物理特性——介电常数、表面粗糙度、散射特点(表面散射与体散射等)，以及几何特性——雷达图像获得时的几何关系(阴影、叠掩、前缩)、坡度、形状、局地入射角等。其中任何一个参数的变化都可能影响到后向散射的强度，即造成图像亮度的变化。目前，虽还不能给出它们之间的具体解析表达式，但可以根据理论分析和大量实验，对它进行定性和部分定量的描述。

1. 雷达遥感系统参数

1）波长或频率

从雷达方程可知，雷达回波强度与入射波长直接相关。雷达遥感系统所选择的波长长短，一方面决定了表面粗糙度的大小和入射波穿透深度的能力，波长越长，对地物的穿透能力越强；另一方面，波长不同，地物目标的复介电常数不同。这一切都直接影响到雷达回波的强弱。因此，对于不同的雷达波长，同一目标的影像特征不一样。

实际情况表明，当波长为1cm时，大多数表面都被认为是粗糙面，而当波长接近1m时，则很少有显得粗糙的。当波长为1cm时，穿透能力可以忽略不计；而当波长为1m时，对潮湿土壤的穿透能力为0.3m，对干燥的土壤则为1m或1m以上[3]。

微波（波长1mm～1m，即频率300～0.3GHz）是无线电波中最短的部分，遥感中常用的微波范围为0.8～30cm（即频率40～1GHz）。表5.3列出了遥感常用的微波Ka、K、Ku、X、C、S、L、P以及它们的波长、频率范围。

表 5.3　微波波段划分

波段（常用波长）	波长 λ/cm	频率 ν/GHz　ν=c/λ
Ka(0.86cm)	0.8～1.1	40.0～26.5
K	1.1～1.7	26.5～18.0
Ku	1.7～2.4	18.0～12.5
X(3.0cm、3.2cm)	2.4～3.8	12.5～8.0
C(6.0cm、7.5cm)	3.8～7.5	8.0～4.0
S(8.0cm、9.6cm、12.6cm)	7.5～15	4.0～2.0
L(23.5cm、24.0cm、25.0cm)	15～30	2.0～1.0
P(68.0cm)	30～100	1.0～0.3

2）入射角θ（或俯角α）和照射带宽度

雷达系统的入射角θ是雷达波束与飞行水平地面法线间的夹角；俯角α是雷达波束与飞行水平面（或水平地面）间的夹角；它们互为余角。局地入射角是雷达波束与实际地面法线间的夹角。俯角α或入射角θ与后向散射强度密切相关，构成一个立于地面的椭球体，$\theta\to$小（或$\alpha\to$大），则回波强度$I\to$大（图5.11）。

图5.12给出后向散射截面$\sigma(\theta)$作为θ的函数与散射面尺寸(L)的关系图。图中的L是波长的倍数，它决定着主瓣宽度。主瓣周围还分布着一些能量很小的辐射，称为旁瓣。从图中可见，仅在垂直入射时出现最大的后向散射截面。

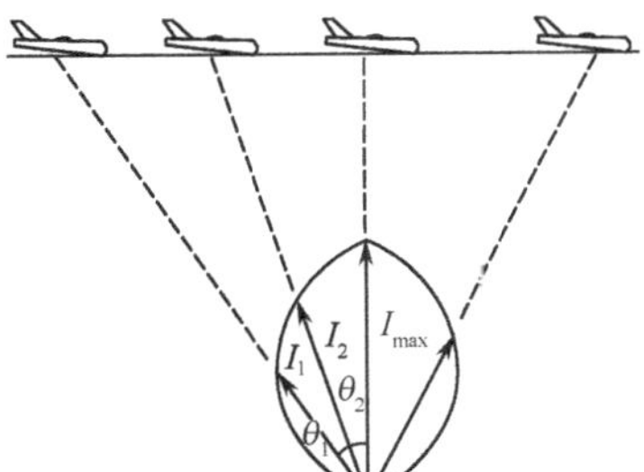

图5.11　回波强度与入射角的关系[10]

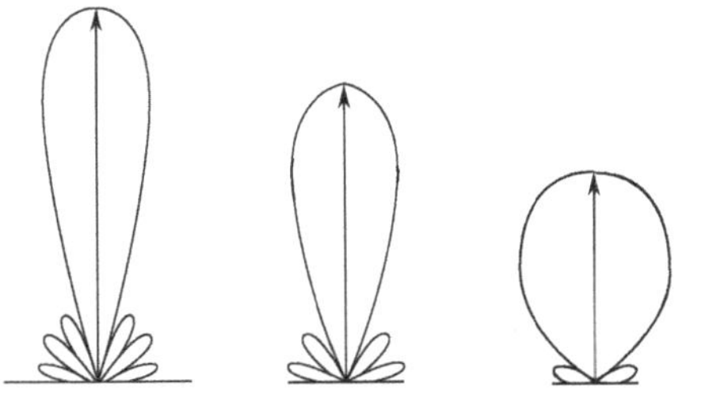

图5.12　后向散射截面随入射角和散射面尺寸变化的关系[10]

雷达波束的宽度，在其距离向（侧视向）上，对应于一定的俯角范围。在这一范围内，雷达波束照射的地面宽度称为照射带宽度，它可有几十至几百千米宽。图像的近距点对应波束的俯角大，回波强度大；远距点对应波束的俯角小，回波强度小。同一目标处于雷达波束的不同俯角区时，其回波大小可能不同，在雷达图像上的表现也可能很不同。此外，根据瑞利准则，俯

角 α（或入射角 θ）还决定着入射波的表面粗糙程度，从而影响到表面散射特征。因而，多视向（视角）是丰富雷达遥感资料的一种重要手段。

3）极化方式

雷达遥感系统的极化方式影响到回波强度和对不同方位信息的表现能力。雷达波束具偏振性（又称极化）。雷达（电磁波）与目标相互作用时，会使雷达的偏振产生不同方向的旋转，产生水平、垂直两个分量。若雷达波的偏振（电场矢量）方向与地面平行，或垂直于入射面（指地表法线与雷达距离方向所组成的平面），则称为水平极化，用 H 表示；若雷达波的偏振方向与地面垂直，或平行于入射面，则称为垂直极化，用 V 表示（图 5.13）。目前的雷达遥感系统天线被设计为以不同极化方式发射和接收线极化的电磁波。常用四种极化方式，即水平发射、水平接收（HH），垂直发射、垂直接收（VV），水平发射、垂直接收（HV），垂直发射、水平接收（VH）。前两者为同向极化（或参考极化），后两者为异向极化（或交叉极化、正交极化）。

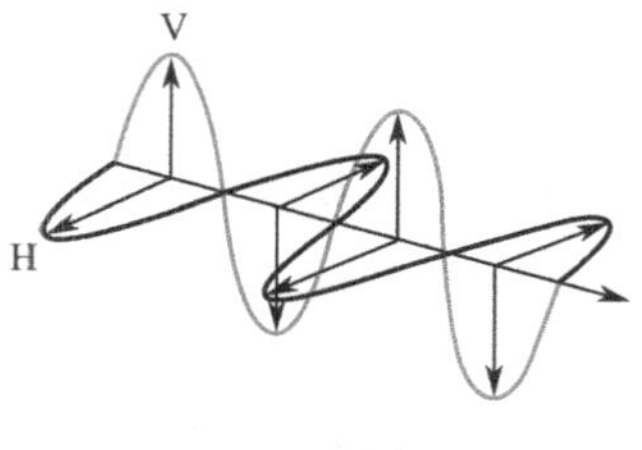

图 5.13　不同线极化类型

由同向极化到异向极化的转换过程称为去极化。极化方式是否改变取决于被照射目标的物理和电特性。目标表面粗糙造成的多次散射、非均质物体引起的体散射等，都可能产生交叉极化的回波，并导致相对弱的后向散射。

不同极化方向会导致目标对电磁波的不同响应，使雷达回波强度不同，并影响到对不同方位信息的表现能力。利用不同极化方式图像的差异，可以更好地观测和确定目标的特性和结构，提高图像的识别能力和精度。例如，对 7 种类别的大田作物，用同一图像的 VV、HH 和 HV 取代仅用 VV 极化的分类，精度将从 55%提高到 85%[11]；海水和海冰在 HH 图像下比在 VV 图像下更易区分，冰在两种图像中都表现得比较明亮，而水面在 HH 图像中更暗。

此外，同样的地物（特别是排成一组线状的农作物或地质构造），从不同的方向进行探测时，雷达图像差别很大。探测方向（距离方向）与线状平行时，后向散射较弱，图像较暗；探测方向与线状垂直时，后向散射较强，图像较亮。

图 5.14 为西非 Harrisburg 地区的机载侧视雷达图像，由于波段（K、X 波段）不同、极化（HH、HV）方式不同、探测方向不同，图像之间地物的回波强度、清晰度和不同方位信息的表现能力均存在明显差异[图(c)为 X 波段雷达条带的镶嵌图像]，从而增加了识别地物目标的信息量。

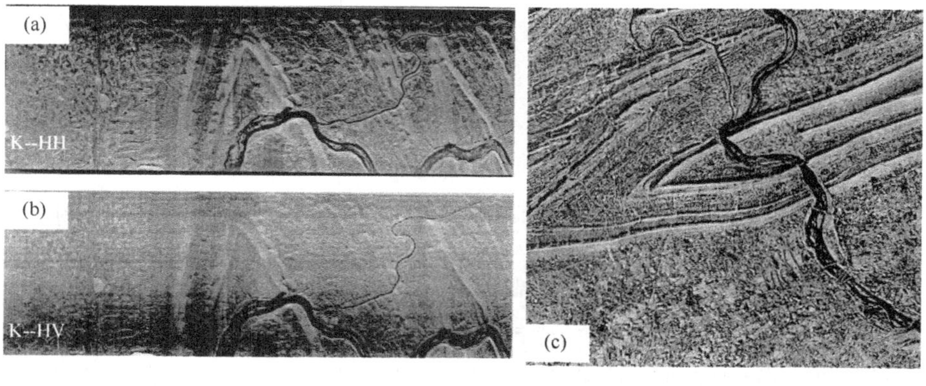

图 5.14　不同波段、不同极化、不同探测方向的机载侧视雷达图像[7]

4）雷达系统类型

成像雷达系统可分为真实孔径雷达（real aperture radar，RAR）和合成孔径雷达（synthetic aperture radar，SAR）两种，下面将会分别加以介绍。

上述的雷达遥感参数一旦确定（如 SIR-C、ERS-1/2 等），则雷达回波强度主要与地表特性——物理性质与几何性质有关。

2. 地表特性

1）复介电常数

物体的复介电常数 ε 描述物体表面电学性质，是由物质组成及温度决定的，是温度、波长（频率）的函数。例如，水的复介电常数在可见光波段约为 1.77dB，而在微波波段约为 80dB。复介电常数是由表示介电常数的实部和表示能量损耗与衰减的虚部组成的复数常数。微波能量的损耗与衰减是材料电导率和电磁波波长的函数，波长越小，衰减越大。

复介电常数直接影响了物体对电磁能量的反射。介电常数 ε 越大，回波强度越强，雷达图像上色调越浅。例如，基岩的介电常数大于沙丘的介电常数，因而在雷达图像上，基岩较沙、沙丘色浅；水的介电常数较大，约 80dB，呈浅色，但若呈镜面反射则雷达天线接收不到回波而在图像上呈现黑色。大部分自然界的干燥物体的介电常数一般在 3～8dB 范围内变化。例如，干沙土介电常数仅 2～5dB，随着物体含水量（湿度）的增加，其介电常数几乎呈线性增加，而产生 20～80dB 的变化。图 5.15 为喷灌农作区的雷达图像，图中灌溉后的耕地比不灌溉的耕地更亮（其色调深浅与光学图像正相反）。又如，植被样品（如新鲜麦苗、油菜），介电常数测量为 40dB 左右；各类岩石的介电常数变化不大，只是 Fe、Mg 元素含量高时，介电常数高些（约 4.8～6.2dB），但若为矿化岩石，则介电常数可达 10.7～28dB（一般在 20dB 以上），显著高于围岩，有较强的雷达回波，利于地质找矿中矿化带的识别。

图 5.15 喷灌农作区的雷达图像[7]

自然界的地物是复杂的，基本上是由几种物质组成的混合介质。例如，土壤、植被（植被可粗看做以空气为基质、以植物为杂质组成的混合物）等均是非均匀（有耗）介质，其介电常数 ε 往往由每个组分的 ε_i 及其所占的体积比决定的。我们可以认为介电常数 ε 是一个由介质自身性质及周围环境所决定的表示介质特性的物理量。在宏观上，ε 反映介质对电磁波的辐射、散射、吸收、传输等特性，可以通过 ε 建立电磁波特性与介质物理参数间的定量联系，从而获得介质的性质、状态、形状等的具体参数；从微观上，ε 是表明介质的化学组成、物理结构的物理量，通过 ε 可以把介质的微观结构和极化宏观现象联系起来。

可见，介电常数的研究是微波遥感基础理论研究的重要组成部分，也是微波遥感应用分析的基础。目前多采用仪器测量地物的介电常数。

2）地形坡度

首先，地形坡度影响到雷达波束的局地入射角 θ，影响对表面粗糙度的判断以及表面散射特征，从而影响雷达回波强度，如图 5.16 所示。一般说来，斜坡较平地或陡坡的入射角小，回波强度大。其次，地形坡度产生阴影效果，增强了图像的表面形状。这在雷达图像特征中有专门的论述。

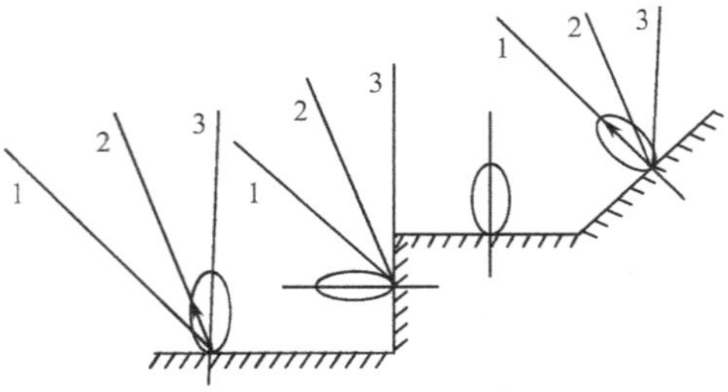

图 5.16 回波强度与坡度的关系

3) 表面粗糙度

表面粗糙度对雷达回波有明显反映。它可以使雷达回波产生 40dB 的变化。例如，油菜与麦苗，其介电常数相仿，但表面粗糙度不同(油菜为 19.4，麦苗为 7.9)，其雷达图像密度也不同(油菜为 1.09，麦苗为 0.10)。

表面粗糙度反映了辐射区域的散射程度，它与雷达系统的波长及入射角(或俯角)有关。Peak 和 Oliver(1971)对瑞利准则进行了修改，提出了一个判别粗糙度的表达式，即

$$h \leqslant \frac{\lambda}{25\cos\theta} \quad \text{为光滑表面}$$
$$h \geqslant \frac{\lambda}{4.4\cos\theta} \quad \text{为粗糙表面} \tag{5.9}$$

式中：h 为表面粗糙度(即高度标准差)；λ 为入射波的波长；θ 为天线入射角。h 值介于光滑表面和粗糙表面之间的为中等粗糙表面。

以航天飞机成像雷达 SIR-A 为例，采用 L 波段(波长约 23.5cm)俯角 40°，则 $h \leqslant 1.46$cm 为光滑表面，$h \geqslant 8.3$cm 为粗糙面，介于两者之间($1.46 < h < 8.3$cm)为中等粗糙面。图 5.17 表示不同粗糙表面的反射与散射。

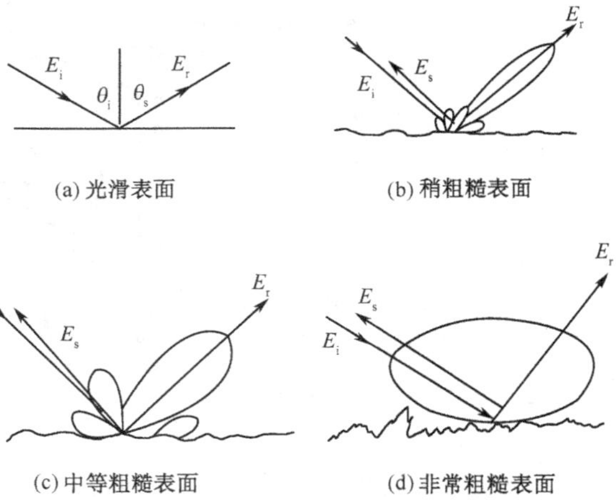

图 5.17 不同粗糙表面的反射和散射

E_i：入射能量；E_s：散射能量；E_r：反射能量

(1) 光滑表面：呈镜面反射特征，即反射全部入射能，且反射角等于入射角，方向相反，雷达天线几乎不接收回波，图像色调暗，如静止水面、机场跑道、平铺的道路等。

(2) 中等粗糙表面：产生各方向的散射(即漫反射)，其镜向方向上有一个较强的反射，即镜向分量，也称相干散射分量；其余方向则称非相干散射分量，雷达天线接收较强回波，图像色调浅，如裸地、低矮植物、荒芜的农田等。

(3) 非常粗糙表面：入射能几乎向所有方向同性散射，造成较强的后向散射，雷达图像

上呈浅灰色，且由于地面单元内物质的不均匀性，其回波幅度具有随机性，因而图像呈现一系列亮点与暗点相间的“光斑”，如因风而泛起波浪的水面、布满鹅卵石的河床等。

一般说来，随着表面粗糙度的增加，雷达回波强度受入射角的影响程度减弱(图 5.18)；但是粗糙表面对频率的依赖性却很强。图 5.18 还表明，一般情况下对于光滑表面雷达回波信号较弱或无信号，但在接近垂直入射时，则信号非常强，超过了粗糙表面。

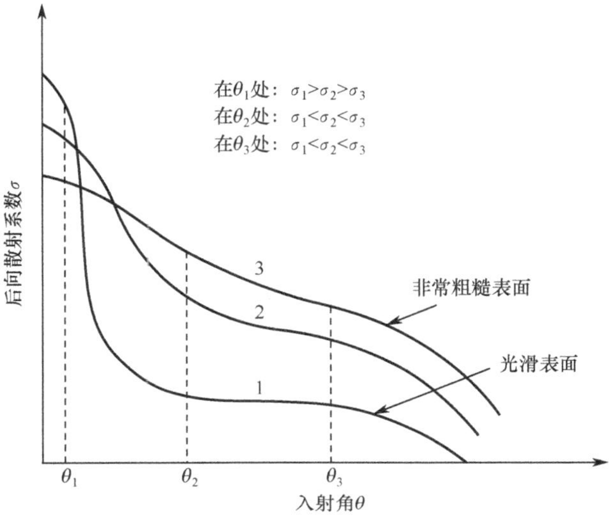

图 5.18　不同表面的 σ 与 θ 的关系[1]

表 5.4 说明不同波长(Ka、X、L)、不同入射角(20°、45°、70°)的雷达脉冲对表面粗糙度的判别。表 5.5 说明同一入射角(45°)条件下，对于同样的高度方差(均方根)，不同波长的雷达波束，其表面粗糙度类型是不同的。例如，高度方差为 0.5cm 时，对 Ka 波段为粗糙面，对 X 波段为中等粗糙表面，对 L 波段为光滑表面。由此可见，粗糙面主要受地表物质微起伏(表面结构形迹——砂粒、砾石等，以及植被覆盖层、细微地形的高差等)的影响，它是这些表面要素的几何形状、相互之间的垂直起伏、间隔距离及水平位置等几何特征的综合反映。它与地形起伏(如山丘、高原、河谷等几米至几百米以上)是两个完全不同的尺度概念。

表 5.4　表面粗糙度与波长、入射角的关系[12]

类　型	高　度　方　差		
	Ka (λ=0.86cm)	X (λ=3.2cm)	L (λ=23.5cm)
(a)入射角	20°		
光滑	<0.04	<0.14	<1.00
中等	0.04～0.21	0.14～0.77	1.00～5.68
粗糙	>0.21	>0.77	>5.68
(b)入射角	45°		
光滑	<0.05	<0.18	<1.33
中等	0.05～0.28	0.18～1.03	1.33～7.55
粗糙	>0.28	>1.03	>7.55
(c)入射角	70°		
光滑	<0.10	<0.37	<2.75
中等	0.10～0.57	0.37～2.13	2.75～15.6
粗糙	>0.57	>2.13	>15.6

表 5.5 入射角 45°时 SLAR 不同波段表面粗糙度的判别[12]

高度方差 /cm	Ka (λ=0.86cm)	X (λ=3.2cm)	L (λ=23.5cm)
0.05	光滑	光滑	光滑
0.10	中等	光滑	光滑
0.5	粗糙	中等	光滑
1.5	粗糙	粗糙	中等
10.0	粗糙	粗糙	粗糙

地表粗糙度是微波遥感理论与应用研究中不可或缺的重要参数。地表粗糙度主要用高度标准差(RMS 高度)h 和表面相关长度 l 两个关键变量表示(参看"微波的表面散射"部分),目前多采用同步地面测量来获得。

§5.2 雷达图像的特征

雷达遥感不同于可见光和红外遥感,它主动发射电磁波,并侧视成像。这种特殊的成像方式导致雷达图像特有的几何特征、辐射特征、影像特征等。

5.2.1 空间分辨率

雷达图像的空间分辨率由雷达系统和遥感器决定。雷达遥感可以获得高分辨率的雷达图像,主要有三方面原因。

(1) 雷达以时间序列来记录数据,而不像相机、光机扫描仪是根据透镜的角距离来记录数据。成像雷达由于反射和接收信号的时延正比于到目标的距离,因此只要精确地分辨回波信号的时间关系,即使长距离也能够获得高分辨率的雷达图像。

(2) 地物目标对微波的散射性能好,而地球表面自身的微波辐射能小。这种微弱的微波辐射对雷达系统发射出的雷达波束及回波散射干扰小。

(3) 除了个别特定频率对水汽和氧分子的吸收外,大气对微波的吸收与散射均较小,微波通过大气的衰减量小。

雷达图像的分辨率一般表示为距离分辨率×方位分辨率,可称为面分辨率。它代表地面分辨单元的大小。只要分辨单元的面积相同,不论组成分辨单元的两个方向的分辨率相同与否,对雷达图像的解译效果总起来说是相同的。

1. 距离分辨率

距离分辨率(range resolution)又称射向、横向或侧向分辨率,是指沿距离向可分辨的两点间的最小距离。脉冲的带宽(即持续时间)是决定脉冲分辨相邻目标能力(即遥感器距离分辨率)的关键。目标在距离上的位置是由脉冲回波从目标至雷达天线间传播的时间决定的。要区分两个近距离目标。必须要求目标反射的各部分能量能在不同时间内到达天线。可见,距离分辨率 R_r 取决于脉冲持续时间,即脉冲宽度(也有称之为脉冲长度)。

应该说明的是,脉冲宽度与雷达波长是两个完全不同的概念。例如,X 波段的波长约 3cm,而脉冲长度则为几米。脉冲的不同部分被不同位置的目标反射[4]。脉冲宽度是由雷达发射机决定的。雷达发射机以一定的时间间隔发射一定波长的雷达脉冲。要提高 R_r,就必须要求发射波是很窄的脉冲。只有这样才能使两个靠得很近的物体的回波脉冲在显示器上不至于相互重叠,而区分开来。

图 5.19 显示了雷达在射向上的距离分辨率 R_r,可表示为

$$R_r = \frac{\tau C}{2\cos\alpha} \tag{5.10}$$

式中:τ 为脉冲宽度;C 为光速,$C=300\text{cm}/\mu\text{s}$;$\alpha$ 为雷达天线俯角。

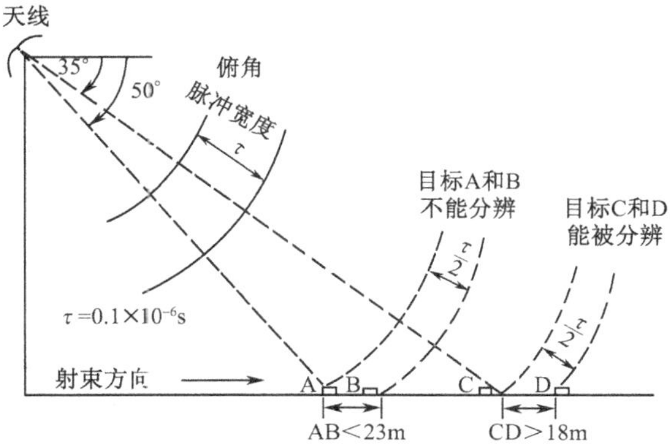

图 5.19　雷达的距离分辨率

由式(5.10)可知,R_r 与脉冲宽度及雷达俯角有关,但与距离(或高度)无关。若 τ 为 0.1μs,当$\alpha=50°$时,$R_r=23$m;$\alpha=35°$时,$R_r=18$m。图中对应于俯角 35°的 C、D 两点间距大于 18m,两点的回波脉冲不重叠,在图像上分别记录,可以识别;而对应于俯角 50°的 A、B 点间距小于 23m,在图像上不能识别。可见,俯角 α 越大、距离分辨率 R_r 值越大,分辨能力越差。这就是说,在雷达照射宽度内,距离分辨率 R_r 是变化的,它是雷达天线俯角 α 的函数,且近距点比远距点距离上的分辨能力差。因而,有时用近距点和远距点的平均值来表示距离分辨率。

式(5.10)还说明,脉冲持续时间(脉冲宽度)τ 越小,距离分辨率 R_r 值越小,分辨能力越强。但是当 τ 过小时,发射功率下降,反射脉冲的信噪比降低。为了保证有足够能量的回波,目前采用了线性调频调制的"脉冲压缩"技术,即通过脉冲压缩和频率调制,改变振幅和脉冲宽度,使距离分辨率 R_r 和信噪比 S/N 均有提高。这种方法又叫"距离压缩",在真实孔径雷达和合成孔径雷达中均用来提高距离分辨率。

2. 方位分辨率

方位分辨率(azimuth resolution)又称航向、纵向或几何分辨率,是指沿一条航向线(方位线)可以分辨的两点间的最小距离。航向上只有当目标在波束内才能接收到目标的回波能量。要区分两个目标,必须要求两个目标间的距离大于一个波束宽度,只有这样才能在图像上记录为两个点。若两个目标间的距离在同一波束内,只能作为一个点记录在图像上。可见,方位分辨率 R_a 取决于雷达波束照射的地面条带的角宽度,即波束宽度 β(图 5.20)。波束宽度 β 与波长成正比,与天线尺寸(雷达孔径)D 成反比,即 $\beta=\lambda/D$。而波束宽度越小,方位分辨率 R_a 越小,分辨能力越强。由于雷达波束为扇状波束,近距点的波束宽度小于远距点的波束宽度,因而近距点较远距点方位上的分辨能力强,这与距离分辨率正好相反。图 5.20 中 AB=CD,但近射程的目标 A、B 间距大于一个波束宽度,可以分辨;而远射程的目标 C、D 间距小于一个波束宽度,则不能分辨。

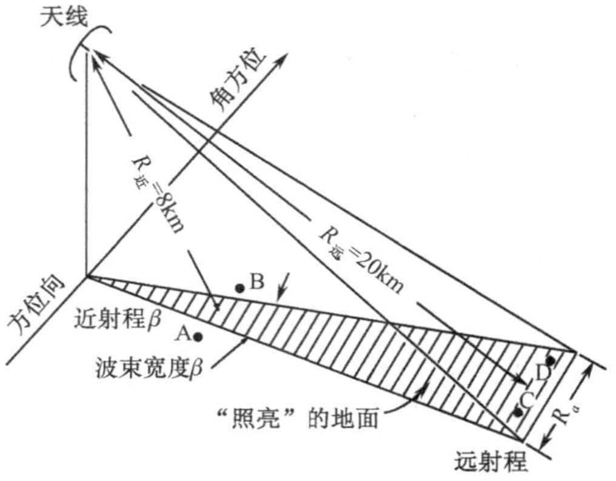

图 5.20　真实孔径雷达的方位分辨率

对于真实孔径雷达(RAR)而言

$$R_a = \beta R_s = \frac{R_s \lambda}{D} \tag{5.11}$$

从式(5.11)可知,真实孔径雷达的方位分辨率 R_a 与波长 λ 和观测距离(斜距 R_s)成正比,与天线孔径 D 成反比。

若要提高方位分辨率,须获得较窄的波束宽度,即须增大天线孔径 D、限制斜距 R_s 及采用波长较短的电磁波 λ。对于真实孔径雷达系统,采用的是真实的大尺度天线;而对于合成孔径雷达系统,则采用一种“合成天线”技术。这种技术考虑到在雷达探测过程中,由于目标与飞行器的相对运动,目标在雷达波束中将有一段停留时间,同时雷达可在飞行轨道的不同位置对目标进行观测。因此,可以通过线性调频调制的“方位压缩技术”,构成“合成天线”。它如同一个沿直线方向运动着的线列小天线,移动到每个位置(或时间)发射一个信号,接收并分别存储每点的目标回波信号的振幅和相位信息,然后把存储的不同时刻的全部回波信号进行方位方向的合成处理(补偿因时间和距离不同所引起的相位差),方能得到地面的实际图像。这个处理过程相当于组成一个比实际天线大得多的合成天线,以获得高的方位分辨率。

图 5.21 表示天线的实际孔径与合成孔径的关系。

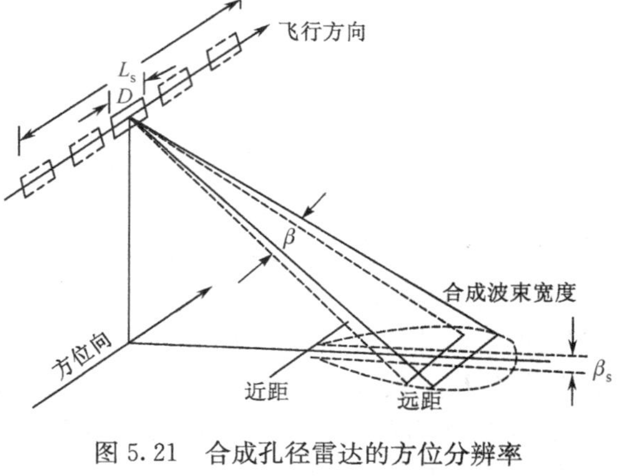

图 5.21　合成孔径雷达的方位分辨率

实际波束宽度:$\beta = \lambda / D$

实际分辨率:$\Delta L = L_s = \beta R = \lambda R / D$　　(合成孔径长度)

合成波束宽度(双程距离差而导致的波束宽度):$\beta_s = \lambda/2L_s = D/2R$

合成分辨率:$\Delta L_s = \beta_s \cdot R = D/2$　　(5.12)

式中:λ 为波长;D 为实际天线孔径;R 为斜距。

通过式(5.12)[2]可以从理论上证明:合成孔径雷达的方位分辨率为雷达天线实际孔径长度的 1/2,它与距离、波长、平台飞行高度无关。孔径 D 越小,方位分辨率的值越小,分辨能力越强。这与真实孔径雷达的情况正好相反。

应该说明的是,雷达图像的实际可分辨程度,除了决定于其空间分辨率外,还与图像对比度、几何精度等图像质量因素有关。

5.2.2 几何特征

1. 斜距图像的比例失真(scale distortion)

雷达系统的图像记录有两种类型:斜距图像(slant-range)和地距图像(ground-range)。前者指雷达与目标的距离,是天线到目标点的距离的直接度量;后者指雷达的星下点到地面点的水平地面距离,即斜距在地平面的投影。

雷达侧视带状成像,发射脉冲与接收回波之间有一个时间"滞后",雷达回波信号的间隔直接与相邻地面特征的斜距成正比。因而,在斜距图像上各目标点间的相对距离与目标间的地面实际距离并不保持恒定的比例关系,图像产生不均匀畸变。

图 5.22 说明两种图像记录的特点。A、B、C 代表三个等间距等宽度的物体,分别位于雷达的近距点、中距点、远距点上。它们的地距分别为 GR_A、GR_B、GR_C。在斜距图像上,原地面起点 0,成像于 0′点,其成像前存在一个时间滞后的"空隙带";原等间距、等宽的 A、B、C 成像后表现不等,即 $A_1 < B_1 < C_1$,距离 $A_1B_1 < B_1C_1$。显然,近距点部位比远距点部位被压缩得更大,图像距离方向的比例尺不均匀,致使图像失真。其失真方向与航空摄影图像正相反。为了得到无几何失真的图像,往往采用地距显示形式。即在雷达成像过程中进行运动补偿成像处理——在雷达显示器内,加延时电路补偿,用这种时间滞后来补偿传输信号的时差,以进行逐行校正得到地距图像,使在地距图像上,$A_2 = B_2 = C_2$,$A_2B_2 = B_2C_2$,比例尺基本不变。

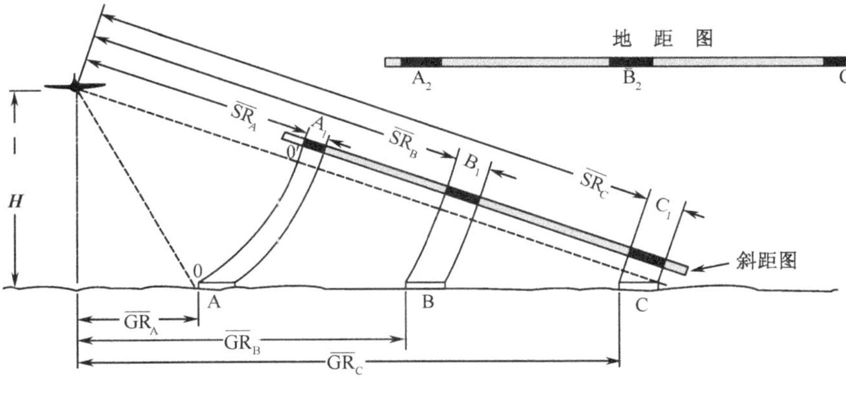

图 5.22　斜距图像的比例失真[9]

应该指出的是,飞行参数也会影响航向和方位向的比例。因而校正时还需考虑到飞行姿态及速度、高度等变化，可以用飞行姿态参数等进行系统几何纠正。

2. 透视收缩

透视收缩(foreshortening)是指雷达图像上面向雷达波束的坡面(地面斜坡)被明显压缩的现象。由于雷达按时间序列记录回波信号，因而入射角与地面坡角的不同组合，使其出现不同程度的透视收缩现象。

图 5.23 显示 3 种不同起伏地形的前坡坡长在像平面上均小于实际长度。斜坡实际长度 L，图像显示坡长 ΔR，则 $\Delta R = L\sin\theta$(θ 为入射角)，它的大小取决于雷达俯角与斜坡坡角的相对大小。图 5.23(a)中，$R_B < R_M < R_T$，$\Delta R < L$；图 5.23(b)中，$R_B = R_M = R_T$，$\Delta R = 0$，三点在图像上呈一亮点；图 5.23(c)，$R_B > R_M > R_T$，$\Delta R < L$。“收缩”意味着回波能量相对集中，回波信号更强。

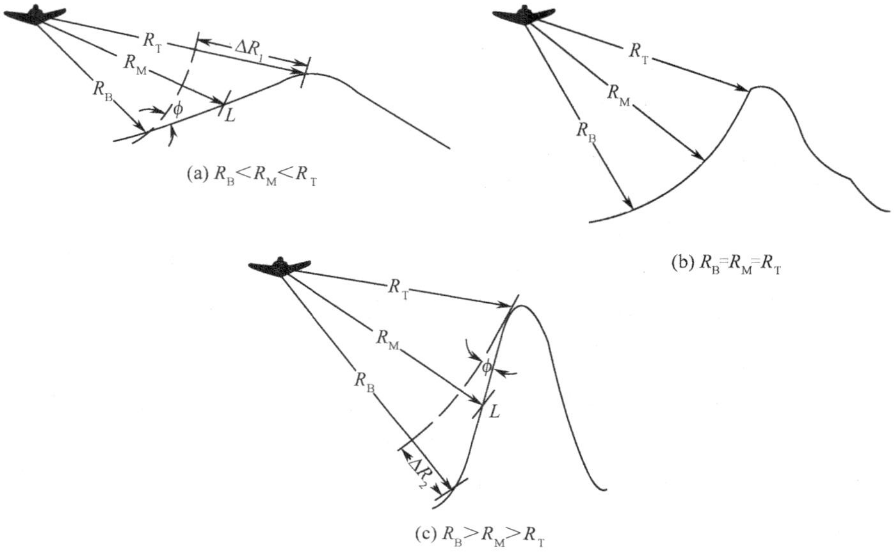

(a) $R_B < R_M < R_T$

(b) $R_B = R_M = R_T$

(c) $R_B > R_M > R_T$

图 5.23　前坡收缩[10]

图 5.24 中地面 A、B、C(AB′=B′C)投影到像平面上 a、b、c(ab<bc)，且前坡(ab)比它自身表现得更短、更陡、更亮；后坡(bc)则比它自身表现得更缓、更暗，若阴影坡则更长(参见图 5.26)。若地入射角为零，则出现最大的透视收缩。雷达透视收缩现象往往造成图像上地形特征的变形，若地形是已知的(数字高程模型 DEM)，则可以对畸变进行订正。

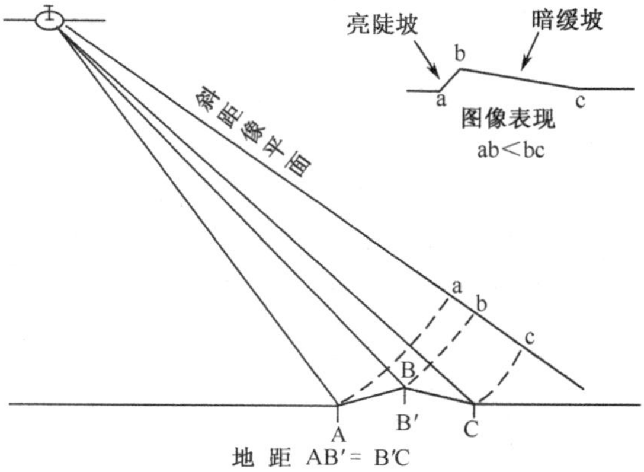

图 5.24　前视收缩[13]

3. 叠掩现象

雷达是一个测距系统。发射雷达脉冲的曲率使近目标(即高目标的顶部)回波先到达，远目标(即高目标的底部)回波后到达。因而顶部先成像，并向近距点方向位移，在图像的距离方向，形成顶底倒置。这种雷达回波的超前现象称为“叠掩”(layover)或“顶底位移”(图 5.25)。

雷达图像上因回波超前的位移方向与航空摄影图像正相反，如旗杆的顶在前、底在后。并不是所有高出地面的目标都会产生叠掩，只有当雷达波束俯角与坡度角之和大于 90°时，或入射角小于局部地形倾角时才有此现象。因此，叠掩现象多在近距离点发生(图 5.26)。

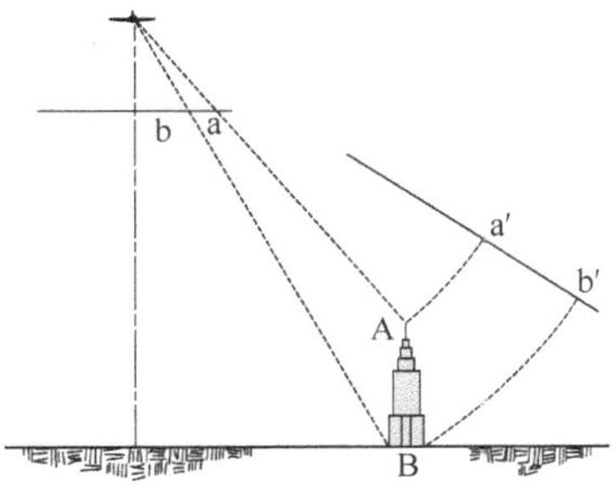

图 5.25 叠掩现象[9]

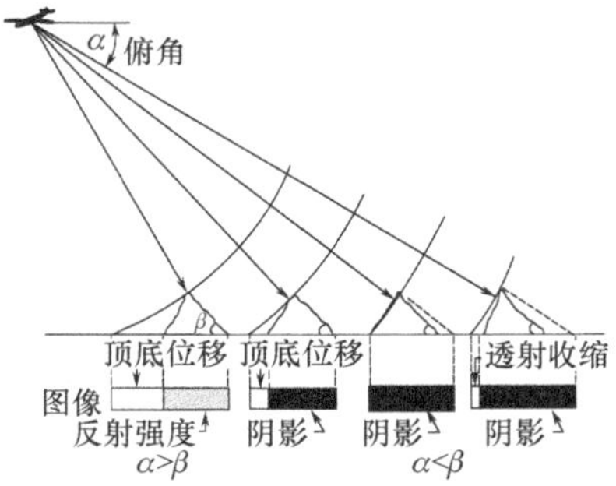

图 5.26 雷达阴影[9]

4. 阴影

雷达散射及雷达波束对地面倾斜照射，在山脉、高大目标的背面因接收不到雷达信号，而产生雷达阴影(shadow)，在图像上呈暗区。

图 5.26 显示雷达阴影的出现及其宽度与目标在雷达波束中所处的位置及背坡的坡度角(β)大小有关。当雷达俯角 $\alpha>\beta$ 时，后坡被辐照，无阴影；当 $\alpha<\beta$ 时，后坡被掩盖，产生阴影，且距天线越远、俯角 α 越小，阴影越长。由此可知，雷达阴影出现在距离方向并与地形有关；图像中阴影的范围是雷达和地形参数两者共同作用的结果；远处阴影变得更明显；阴影区几乎不含信息(或掩盖，丢失不少信息)，但却是一种很好的观测方向和地形信息的指示器。

雷达图像上适当的阴影所出现的明暗效应能增强图像的立体感，对地形、地貌及地质构造等信息有较强的表现力和较好的探测效果。如新疆柯坪断层，在雷达图像上不仅能形象地识别断层，而且可以根据岩层倾斜和坡度不同所引起的后向散射的差异反映和判断出其单斜构造单面山和岩层倾斜方向(图 5.27)。

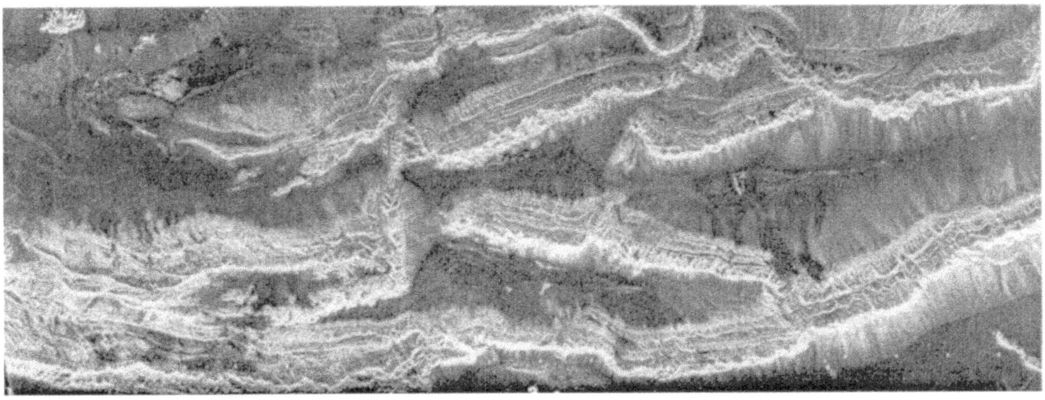

图 5.27 新疆柯坪断层雷达图像(SIR-A)(NASA/JPL)

需要指出的是，在山区雷达后向散射的差异主要来自于目标的形状差异。也就是说，图像上目标的“形状效应”要比目标介电特征等“物性效应”更为明显。这是因为地形坡度不仅影响入射角、影响阴影大小，而且影响其透视收缩和叠掩位移现象等。这些形态特征集中表现在山区的雷达图像上，可以通过图像增强和纹理分析处理，有效地提取目标的形态特征，对断层、构造、岩矿脉及地貌等的识别十分有效。因此，在山区多采用斜距图像，以保留这些原本有规律可循的畸变。此外，雷达视向对目标的表达(色调与形状)影响很大，尤其是雷达图像上的线形形迹(山川、断层、沟渠、道路等)。若两者垂直，则明暗效应最明显，信息被突出；若两者平行则相反，信息被减弱。因而，对同一地区(尤其在山区)通常采用不同的观测角度和不同极化方式，以增强特定方向的线状地物、地貌、构造以及阴影下掩盖的信息，提高图像对目标的检测能力。另外，为了正确判读雷达图像，应将近距离端朝上，阴影对自己，以便获得正立体的效果。

以上分析的雷达图像的几何特征——近距离压缩、顶底位移、透视收缩等均属原理性几何失真。一方面它可以用于进行地形、地物的测量和分析；另一方面它严重影响到与其他遥感图像的配准，并使雷达图像的几何纠正和数据分析比其他遥感图像更为复杂。

5.2.3 辐射特征

雷达成像中，当遥感器接收到从地表某一给定位置返回的微波信号时，该信号是许多散射点的回波(包含幅度和相位)矢量相加后得到的总回波，即各个散射点回波的相干叠加。每一散射点回波的相位同遥感器与该点之间的距离有关，因此，当遥感器稍有移动时，所有的相位都要发生变化，从而引起合成的幅度发生变化，该点的回波信号也会发生变化。同样的，相邻两个同质观测单元回波信号也会不同，像元间会出现亮度变化，则在雷达图像上出现许多看似随机、呈颗粒状散布的亮、暗斑点(speckle)。可见，雷达图像的斑点是由于雷达波的相关干涉产生的，是雷达图像固有的辐射特征。

光斑噪声(即相干噪声，coherent noise)是一种与信号有关的噪声。它对雷达图像的解译影响很大，不仅限制了辐射分辨率，影响到对不同信号强度的分辨能力，而且降低了对地面目标、结构的识别能力，并对专题特征而提取和分类造成障碍。因此在雷达图像解译和分析之前需要先进行光斑噪声去除。“去斑点方法”将在“雷达图像的处理”中专门讨论。

5.2.4 影像特征

1. 对与水有关信息的识别能力更强

随着水分含量的变化，物体的介电常数变化明显，使雷达后向回波出现 20～80dB 的显著变化，因此，雷达图像突出水体信息，并对土壤水分、地表湿度、物质的含水量等反应明显(参见图 5.6、图 5.15、图 15.4)。由图可见，土壤含水量越高，介电常数越高，后向散射越强，后向散射主要取决于表面散射和含水量的组合。因此，可以运用多时相雷达图像进行土壤水分的动态监测。当然，雷达后向散射还与表面粗糙度、植被、散射特点、地形等因素有关，这将在第 15 章的相关部分讨论。

2. 对松散沉积物的表面结构反应明显

由于以地表形态结构为特征的表面粗糙度对雷达回波强度的影响很大(可有 40dB 变化)，松散沉积物的不同物质组成往往构成对微波波长不同粗糙度的表面，造成雷达回波强度的明显差异。例如，航天飞机成像雷达 SIR-A，L 波段对小于 1.46cm 的表面起伏可视为镜面而忽略不计，这样可以舍去一些细节，不受矮小植被的干扰；而数厘米的表面起伏（如砾石大小的变化等），被视为粗糙面，回波加强，反应敏感。因而，在缺乏植被的干旱、半干旱地区，对洪积扇带及松散沉积物等的分类、组成物质、颗粒大小、表面结构、叠置关系等均反映清晰，利于研究。

3. 对居民点及线状地物的表现尤为明显

地物的形状对微波的反射方向和强度产生显著的影响。居民点中建筑物的墙、堤坝的壁等与地面构成二面或多面角反射体（即相互垂直的光滑表面），产生角反射效应，造成雷达波束双向或多次角反射，且反射方向相同或相交，使回波大大增强（图 5.2）。同时，建筑物等含金属结构，使物质的介电常数 ε 增大，产生强烈的雷达后向散射。因而在雷达图像上，居民点多呈明显亮斑，易于识别（图 5.28）。

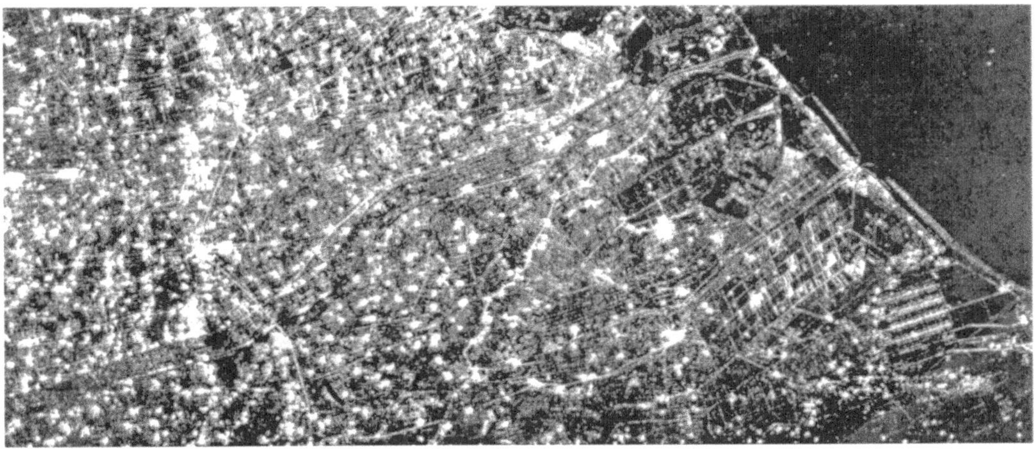

图 5.28　天津南部雷达图像（SIR-A）（NASA/JPL）

至于线状地物（如公路、铁路、渠道等），除了上述原因外，它的走向与雷达波束方向的夹角也会影响其在图像上的表现。当坡面迎着雷达波束时，不仅阴影的明暗效应能提高识别能力，而且产生的角反射效应，使回波大大增强，更利于识别（图 5.28）。

彩图 4 为典型光学图像与雷达图像的对比。彩色部分为我国华北地区渤海湾蓟运河口一带的 Landsat/TM4、3、2（RGB）假彩色合成图像（1990 年 5 月 13 日），图中丰富的色彩主要反映了不同地面覆盖类型的物质组成等差异导致光谱特征明显差异。其中，水体（包括海洋、河流、湖泊、水库、池塘、海边盐池等）为深浅不同的蓝黑色系列，绿色植被（包括农作物、草地、芦苇等）为深浅不同的红色系列，图中的浅色系列（浅灰、淡绿、淡蓝）包括裸地、休闲地、刚出苗的春粮等，蓝灰色为居民点（不明显），灰白色为盐碱地；而黑白部分为 SIR-C 的 L 波段雷达图像（1994 年 10 月 8 日），图中星散状的亮白斑点为居民点（其中在两图像交界处蓟运河东侧的汉沽城镇呈亮白色与蓝灰色各半），白色条纹为沟渠、堤坝、道路等线状地物，农田呈现出深浅不同的灰-黑色系列。这是由不同地面覆盖类型介电常数、水分含量及植物覆盖的表面粗糙度差异等造成雷达后向回波强度的差异所致。

彩图 5 为美国航天飞机 SIR-C 在伏尔加河畔所获得的不同波段、不同极化方式、不同视向的彩色合成雷达图像（X、C、L 波段分别赋予 B、G、R 色）[7]。该图像对地形、地貌、植被、城市居民点、地表湿度、农田结构等也都表现出丰富的信息。但是，雷达图像与光学图像从成像机理上有本质的不同，它是通过不同目标介电常数、湿度、表面粗糙度等的差异所反映的地物散射特征的差异来区分、识别目标的。

微波谱带宽(波长 1mm～1m)可以提供宽频谱范围(300MHz～300GHz)的信息。加之，雷达遥感为人工源，在雷达接收和发射装置中，改变极化方向或调整雷达波束视向均是很容易实现的。因而人们可以采用多角度(多视向)、多波段(多频段)、多极化等方式进行观测，以增加信息量，使雷达图像具有相当强的检测和分辨目标的能力。

§5.3 雷达图像的解译与处理

5.3.1 典型地物的散射特性

雷达图像与光学图像从成像机理上有本质的不同，图像上所反映的信息也有很大的区别。光学图像主要反映地表物质组成、水分含量等不同所导致的光谱特征差异；雷达图像主要反映地物介电常数、湿度、表面粗糙度等不同所体现的后向散射特性差异。雷达图像实质上是地面目标对雷达发射信号散射的回波强度和相位的记录图像。显然，地物散射特性的研究是雷达图像解译的依据，也是成像雷达微波遥感定量化研究的基础。地物散射特性通常用散射系数 σ° 来描述。以下介绍几种典型地物的散射特性及图像特征。

1. 裸地、土壤、岩石

1) 裸地

裸岩山地、戈壁、海边沙滩、干河床、矿山采掘场、收割后的耕地等主要裸地类型，多以杂乱的颗粒状态存在，为典型的粗糙表面。它对入射电磁波的散射作用强，在雷达图像上呈亮色调，较易识别。当然随着其湿度的变化，其图像色调有明暗的变化。

至于水泥路面、柏油广场等裸地，一般为光滑表面，对微波产生镜面反射，雷达天线接收不到回波信号，图像呈暗黑色调，仅在近于垂直入射时信号强。

图 5.29 为不同地类表面散射特性的比较。由图可见，随着表面粗糙度的增加(混凝土路面—沥青路面—草地)，雷达回波强度受入射角的影响程度减弱，散射系数曲线趋于平缓。

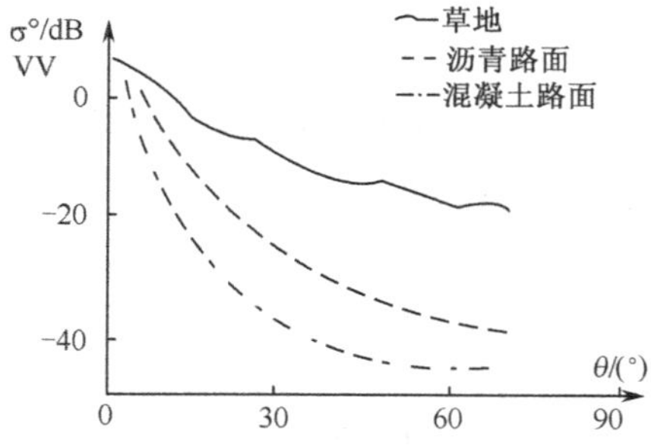

图 5.29 不同地类表面散射特性[4]

2) 土壤

前面已提到，土壤的介电常数 ε 随土壤含水量的变化十分明显，如 SIR-B 对土壤水分的研究表明，$1cm^3$ 土壤中若水分增加 0.1g，雷达回波将增加 2.3dB[15]。此外，土壤的后向散射系数，除受含水量影响外，还同时受土壤表面粗糙度、土壤结构、土壤化学组成、植被等的影响，并与雷达系统参数有关。但是，大量实验表明，在雷达参数和土壤性质相同的条件下，土壤散射系数的变化主要受土壤水分变化的影响。这一特征正是用雷达探测土壤水分的基础(将在第 15 章专门讨论)。

3) 岩石

岩石的散射特性与元素组成、表面形状和粗糙度、入射角和观测方向等多种因素有关。暗色矿物(Fe、Mn 等)含量高的岩石,介电常数 ε 高(约 4.8~6.2dB),若岩石矿化,则 ε 可高达 10.7~28dB,散射回波明显高于围岩。岩石的吸附水严重干扰矿物岩石的介电常数。岩石的介电常数还与它的亮度温度之间存在较明显的负相关关系,相关系数可达 0.94。通常情况下,由于岩石表面形状的随意性或上覆有土壤或植被盖层,很难在实地测量中得到理想的单一岩性的散射系数值。

在雷达图像上,对岩石地层及地质构造的判断、识别,主要是借助于对岩石的元素组成、表面粗糙度、风化特点、地貌形态等差异所造成的雷达图像色调和纹理结构的差异加以区分,并效果明显。例如,新疆柯坪地区的裸露山区(图 5.27),可分出六种不同的地质地貌单元,包括奥陶系(O)、志留系(S)、泥盆系(D)、二叠系(P)地层以及冲洪积扇、盐湖相沉积、第四纪沉积物(Q_4);新疆恰奔地区,在由较高介电常数而引起的强回波以及特征地质背景下,可揭示其独特的弧形构造以及一条长达 10km 多的含金构造蚀变带,并经采样证实[15]。

2. 植被、农作物

1) 植被

对于微波,植被为体散射体,包含叶、枝、干等多个散射组分,且冠层之下的土壤会对穿过冠层的能量进行反射。一般情况下,较短的微波(波长 2~6cm 的 X、C 波段)适于探测作物冠层和树叶,其下的土壤反射很小,可以忽略。然而,较长的波段(波长 10~30cm 的 L 波段)适于探测树干,其下的土壤反射不可忽略。例如,L 波段可穿透森林的树叶、树枝,而得到树干的回波,对森林蓄积量的估算有特殊能力。

植被的微波散射特性除受入射波长、土壤影响外,还主要受它的含水量、粗糙度、密度、结构等因素的影响。赵立平[16]按地面实际尺度大小,将植被粗糙度分为三类:①微粗糙度:尺度小于 1 个分辨单元,仅与植被本身参数(叶子、树冠的空间尺寸)有关,图像亮度主要受波长、入射角影响;②中等粗糙度:尺度有数十至数百个分辨单元,与植物的密度、高差及分布有关,多与图像纹理有直接关系;③宏粗糙度:为前两者与地形起伏叠加的综合反映,其图像强度主要受地面坡度影响。

观测方向和入射角也是植物分析的重要参数。合适的观测方向可以在图像上清晰地显示出自然植被的界线、耕地的图形,并可利用阴影估计植株的高度;合适的入射角可减少土壤特性对植被分析的影响。图 5.30 显示不同波长、不同含水量的草(绿草、干草)对散射的影响:波长增大,散射系数减小;含水量增加,散射系数增大;且一般情况下入射角 θ 对 σ 的影响不大,但接近垂直入射时,σ 陡然增大。

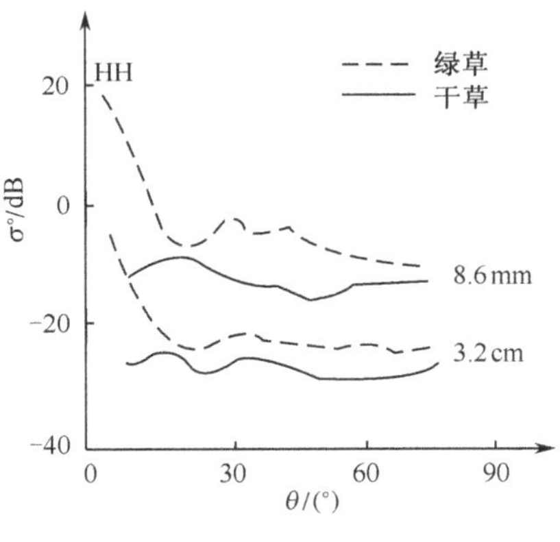

图 5.30 不同波长、不同含水量的草对散射的影响[4]

此外,极化是影响植被后向散射的一个重要因素。同极化波比交叉极化波穿透植被的比例要大。由于植被特殊的去极化效应(即由于表面粗糙和非均质体引起的多次散射与体散射可造成极化方式的转换而产生正交极化的回波),后向散射相对减弱,使多极化图像鉴别植物类型更为有效。例如,对不同极化图像进行主成分变换,第一主成分(PC_1)主要反映土壤、农田、树木等反差较大的地物；第二主成分(PC_2)增强了地物的差异；第三主成分(PC_3)突出了弱回波目标和阴影，而它们的合成图像有效地增强了植物信息。

2）农作物

农作物的微波后向散射是复杂的，它是地表土壤、作物冠层以及两者间多次散射的结果，依赖于微波频率(或波长)、入射角、作物形状、水分含量、土壤等因素。一般来说，不同农作物的散射回波差异较小，但是农作物表面常常是粗糙表面，具有去极化作用，故利用其多极化信息，再结合多波段及多时相的变化信息能较好地区分不同农作物。研究表明，在整个电磁波入射角变化范围内，作物的散射特性呈现出对入射角变化不灵敏的趋势；不同作物因叶穗形状、密度、取向及含水量不同，散射强度值有所差异；许多情况下，作物的散射回波是植物和土壤的回波的叠加，土壤的影响集中表现在近垂直入射区；严重的病虫害对作物的散射特性常有较明显的影响。

图 5.31 为不同极化方式对不同作物和草地散射特性的影响。从图中可以看出，同一地类对同向极化(HH、VV)或交叉极化(HV、VH)散射特性差异很小；而在同向与交叉极化之间存在 5～15dB 的差异；曲线之间基本平行，对入射角不甚敏感，仅水稻、草地在接近垂直入射时散射系数增大，这可能是由于背景物(土壤、水)回波叠加引起的[14]。

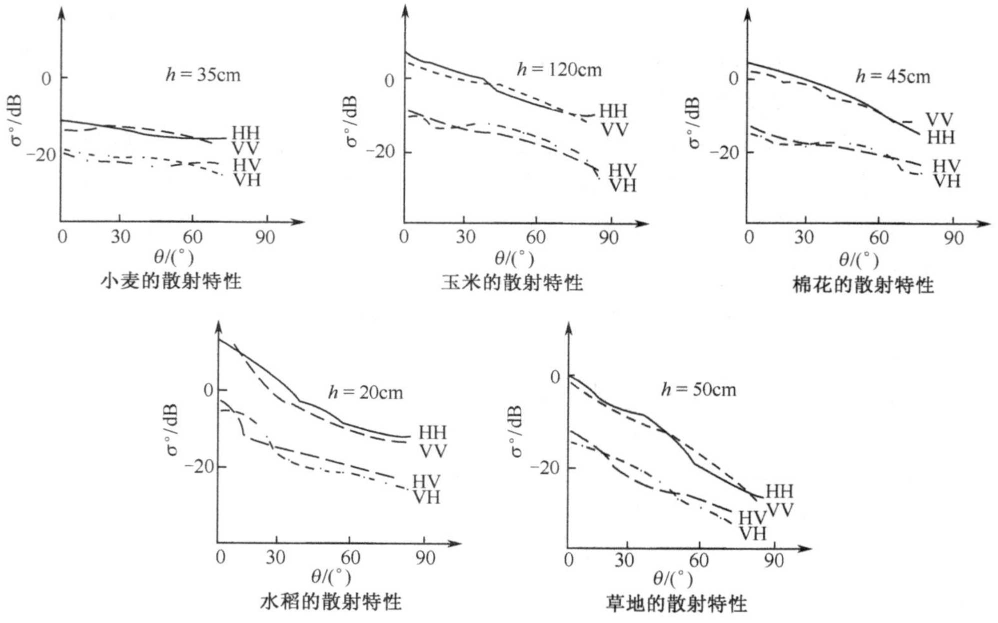

图 5.31　不同极化方式对不同作物和草地散射特性的影响[14]

3. 冰雪

冰雪状态下，微波具有相当的穿透深度，因此冰雪的散射特征不仅与表面散射有关，还与体散射与面散射之比有关。而该比值还受微波频率、入射角、冰雪颗粒大小等因素影响。

通常海冰的后向散射强度取决于其介电常数及其空间分布，可以根据不同类型冰的介电常数不同探测海冰的结构和分类。海冰的年龄、表面粗糙度、内部几何特征、温度和表层雪盖等均对其后向散射有影响。海冰有一年冰与多年冰之分，一年冰最上层为质地疏松且粗糙的薄冰，而多年冰盐溶泡减少、气泡含量增加。当微波频率及 10GHz 时，一年冰的衰减系数高达 300～500dB/m，多年冰的衰减系数仅 10dB/m[17]。一般说来，冰层为光滑表面，因镜面反射而呈黑色；融冰期水面的浮冰破坏了镜面反射使雷达回波显著增强，在雷达图像上呈黑色条带或斑块上夹杂着亮点的影像特征。

雪是地物表面的覆盖层，对地物的粗糙度有平滑作用，在雷达图像上多呈暗灰色。雪的微波反射小，易被微波穿透，因而雷达图像可显示积雪层以下的地面回波信息。也就是说，雪的散射回波中叠加着地物回波的背景噪声。雪有干雪与湿雪之分，干雪只是冰和空气的混合体，而湿雪含自由水。当微波频率为 10GHz 时，低密度干雪的穿透深度可达 8m，而体积含水量 $m_v=4\%$ 的湿雪只能穿透 4cm[17]。可见，干雪的微波后向散射主要来自体散射，而湿雪的微波后向散射主要来自表面散射。积雪的回波强度随雪中含水量的增加而增加。新雪可被看做是空气和冰的混合物，而多年积雪则形成雪粒及冰川。两者色调和纹理均有差异，并可以利用 400MHz(P 波段)和 13.3GHz(Ku 波段)的微波对冰层的不同散射特征进行冰层分类。

此外，在红外波段，水与冰的比辐射率分别为 0.98～0.99 和 0.97～0.98，两者相差甚微，因而在红外图像上，水与冰差别不甚明显。然而，在微波波段，水的比辐射率为 0.4，而冰的比辐射率为 0.99，在常温下两者的亮度温度相差大，因而微波辐射计得到的微波图像中，海上浮冰非常明显。

需要说明的是，雷达微波遥感的目的在于通过遥感器所记录的散射功率的分布来探知地面目标的性质。微波与地面目标的相互作用是复杂的，它受多方面因素的控制。因而通过电磁波的散射特征来反演求解地面目标是一个非常复杂的问题。

首先，地面目标的散射特性，不仅受几何特征(形状、大小、结构、粗糙度等)和物理特征(介电常数、湿度等)的影响，而且地物的几何特征参数与物理特征参数同时包含在散射场的信息中，两者关系极其复杂。目前对它的认识还很不够，要分离它们更是困难。

其次，即使在给定的地面几何参数及电学参数情况下，要研究空间散射场或散射功率的分布特征，需要考虑地物界面的粗糙度、地物介质的均匀性以及体散射等问题。这就需要建立各种散射理论模型和数值模拟方法，如采用几何光学、物理光学等多种方法求解表面散射问题，并通过辐射传递方程等方法解决体散射问题。

显然，加强对介电特性、微波辐射特性、散射特性、穿透特性、极化特性等的基础理论研究，建立起一套不同地面目标、不同条件下的各种参数(地面粗糙度、介电常数、散射系数等)数据库，以及研究自动识别、解译地面目标的新方法，是微波遥感定量化发展必须解决的核心问题。

5.3.2 雷达图像的处理

雷达图像在成像机理、图像特性等方面与光学遥感图像有很大的不同，因而在图像处理方法上也存在许多差异，如特殊的辐射和几何纠正、天线方向图校正、去斑点噪声，以及通过分维、小波等算法提取其丰富的纹理信息，用神经网络、上下文分类等处理进行雷达图像分类等。目前一些较完备的遥感图像处理软件系统均具备专门的雷达图像处理模块。下面仅就应用分析中常遇到的基本问题作一简单地讨论。

1. 辐射定标与辐射纠正

未经辐射标定的图像，虽然能够满足一般定性分析的精度要求，但要进一步定量研究，必须对雷达数据进行辐射定标。所谓辐射定标，是指对雷达图像的灰度级相对于标准雷达截面积进行标定，以便由图像灰度级得到目标回波的定量值。由于雷达系统输入的是目标回波能量，输出的是图像亮度，输入量与输出量之间的关系用传递函数表达，因此，严格地说，只有确定了这一传递函数，才能利用雷达图像进行定量分析。但雷达系统总传递函数是由各个子系统的传递函数组成的，目前的雷达图像定标一般采用标准反射器和标准信号源相结合的方法来解决。

在图像处理中，则是利用图像参数和现成的算法，重新计算雷达图像的亮度值和后向散射系数 σ°，如

$$B_{ij} = \lg[(\mathrm{DN}^2 + A_0)/A_j] \tag{5.13}$$

式中：B_{ij} 为纠正后图像 i 行 j 列像元灰度值；DN 为原始图像 i 行 j 列像元灰度值；A_0 为增益偏移量；A_j 为增益比率查找表值。A_0、A_j 由头文件给出。

由 B_{ij} 转换为后向散射系数 σ°值，即

$$\sigma_{ij}{}^{\circ} = B_{ij} + 10\lg[\sin(\theta_j)] \tag{5.14}$$

式中：θ_j 为第 j 个像元的入射角。

$$\theta_j = \arcsin[(R_{\mathrm{t}} + H)(\sin\varphi_j)/R_j] \tag{5.15}$$

式中，R_{t} 为地球半径；H 为轨道高度；φ_j 为第 j 像元的球心角；R_j 为第 j 像元的斜距。这些均可通过头文件所提供的参数和现成的算法计算。

图像亮度值 DN 与后向散射系数 σ^0 的转换关系，也可表示为

$$\sigma^0 = \frac{\langle DN^2 \rangle}{K}\sin\theta \tag{5.16}$$

式中：θ 为像元的雷达入射角；K 为雷达数据的定标因子。K 和 θ 由头文件给出。

2. 去斑点噪声

从前面介绍的雷达图像"斑点"形成机理可知，雷达图像的斑点是由雷达成像过程中相干处理造成的，是雷达图像固有的特征。它影响到对雷达图像的分析与应用，因此必须进行去光斑噪声。斑点属于高频噪声，不宜通过提高信噪比来改善，而应通过成像过程中的多次观测技术(多视处理)或滤波方法来压制噪声。

所谓多视处理，指的是在成像前或数据获取过程中，通过多频率或同频率多次观测，用平均法来减少相干观测系统上特有的乘法性随机噪声光斑。即将 N 次的图像进行非相干相加，可降低斑纹噪声的 $\sqrt{N}$ 倍(N 称为视数，取 2～4 最佳)。这种处理虽降低了图像的方位分辨率，但提高了图像的可读性。

所谓噪声压制滤波法，是在成像后或雷达图像的应用分析中，通过选用适当的空间滤波技术等来达到去斑点噪声的效果。滤波方法很多，一般用中值、均值滤波等传统方法，但它在平滑噪声的同时损失了边缘信息。另外还有模型法、局域统计自适应滤波、几何滤波、分级滤波等方法[6,18]。

3. 几何纠正

由于雷达图像存在着多种几何畸变，雷达图像的几何纠正一般采用雷达图像模拟法(即控制点库方法)。具体方法是利用数字地形模型 DTM 和雷达成像参数(平台高度、雷达入射角、飞行方位角、航迹参考点、信号的延迟等)，按照雷达的构像规律，产生一幅无畸变的雷达模拟图像；再用多项式拟合法，根据选定的控制点和控制线对实际雷达图像进行初步校正，并与几

何模拟的雷达图像进行配准；然后对雷达图像进行地形畸变校正；最后对阴影、叠掩、透视收缩区域分别进行灰度处理。

需要说明的是，与光学图像相比，SAR图像上由高程引起的几何位置误差要严重得多，是SPOT卫星影像的4～5倍（相同观测角下），也就是说在高差为400～500m的地区，高程引起的视差将是主要几何误差，而同等条件下的Landsat和SPOT影像的误差主要是由系统误差引起的[6]。因而在许多情况下，SAR图像的地形畸变校正（几何精校正），尤其是在雷达与光学遥感协同研究中两者的几何配准是十分重要的。

雷达图像处理是复杂的，尤其是对非平坦地区由于地形所引起的几何和辐射干扰的校正处理，国内外学者做了许多前沿性的研究，有兴趣者可进一步看相关文献。

§5.4 极化雷达与干涉雷达

多波段、多极化的合成孔径雷达可以获得地物不同波段雷达的回波响应，及线极化状态下同极化与交叉极化信息，可以更准确地探测目标特征。下面我们简单介绍一下极化雷达和干涉雷达。

5.4.1 极 化 雷 达

极化雷达是指在极短的间隔中发射H、V极化波脉冲，并同时接收H、V回波。因此，它既记录了相干回波信号的振幅变化，又记录了不同极化回波间的相位变化（相位差）。也就是说，它记录了地面每个分辨单元的后向回波散射信息，包括每种极化状态的散射振幅和相位差（图5.32）。

通过极化合成，可以获得被测地物像元的极化散射矩阵；再通过极化响应的数据分析，采用目标分解方法，可以分离出目标的散射特性，求得目标的散射系数，以及地物不同极化特征的散射系数的变化。由于极化散射矩阵将目标散射的能量特性、相位特性和极化特性统一起来，相对完整地描述了雷达目标的电磁散射特性，增强了成像雷达对目标信息的获取能力。因而，极化雷达能获得比常规成像雷达更多的回波信息，更有利于解释地物散射特性。

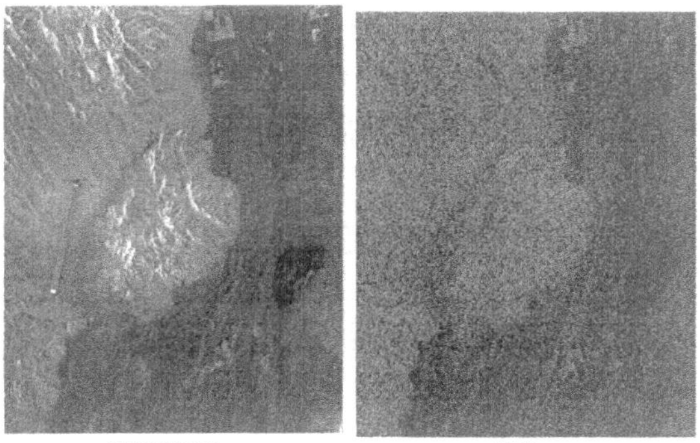

图5.32 雷达的振幅和相位图像
（加利福尼亚，死谷，CSA1996）

为了更好地解释地表散射特征，往往还可对所获得的各种极化信息进行特征提取，如极化度（指部分极化波中极化回波部分功率所占的比例）、相位差（描述H波与V波同极化后向散射回波的时间差异)、同极化率与交叉极化率(反映地表粗糙度对地面散射的影响,是地表参数反演模型中的两个重要输入因子)等(图 5.33),进而自动识别分类,并提取地表参数(如介电常数、表面粗糙度等),研究地物的极化响应特征。

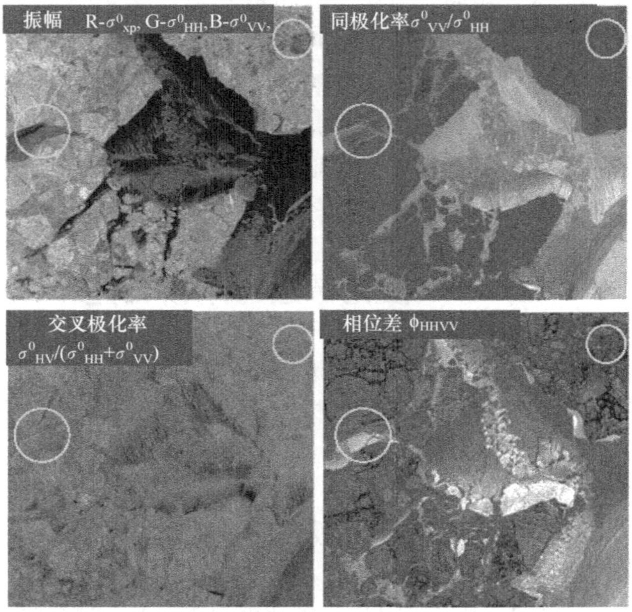

图 5.33 SAR图像的特征提取(Greenland Sea,C波段)

5.4.2 干涉雷达

干涉雷达指采用干涉测量技术的合成孔径雷达(InSAR),也有称双天线 SAR 或相干 SAR。它通过两条侧视天线同时对目标进行观测(单轨道双天线模式),或一定时间间隔的两次平行观测(单天线重复轨道模式),来获得地面同一区域两次成像的复图像对(包括强度信息和相位信息)。由于目标与两天线位置的几何关系,地面目标回波形成相位差信号,经两个复图像的复相关形成干涉纹图(interferogram)。

干涉纹图包含了斜距方向上的图像点与两天线位置差的精确信息(回波相位的改变)。因此,利用遥感器高度、雷达波长、波束视向及天线基线距之间的几何关系,可以获取距离信息,精确地测量出图像上每一点的高程信息,从而获得高分辨率的地表三维图像。在航天平台往往用重复轨道来实现双天线达到的效果。

干涉雷达可分为距离向(across-track,或称空间模式)、方位向(along-track,或称时间模式)、重轨(repeat-pass)三种工作模式。

距离向模式指干涉雷达两个天线的基线距与飞行方向垂直,重轨模式的成像几何关系实际与距离向模式相仿。如图 5.34 所示,图中 x 轴为方位方向,y 轴为距离方向,假设有两条天线接收同一目标产生的回波信号,且视向相同,则两条天线接收信号的路径分别为 r_1、r_2,则其路径差 Δr 为 $\Delta r=|r_2-r_1|$。若考虑系统使用同一天线作为发射源(如重复轨道干涉处理),则路径差产生的相位差 ϕ 为[6,20]

$$\phi=4\pi/\lambda\cdot\Delta r=4\pi f/c\cdot\Delta r \qquad \Delta r=B\cos(\theta-\theta_b) \tag{5.17}$$

式中:λ 为波长;f 为频率;c 为雷达传播速度,即光速;B 为两天线间基线距;θ 为入射角;θ_b 为天线基线与飞行水平面法线间的夹角。

由此,可根据成像几何参数推出地面任一点的高度,即

$$h = H - r\cos\theta \quad (5.18)$$

式中:h 为目标高程;H 为雷达平台高度;r 为斜距。

方位向模式指干涉雷达两个天线的基线距与飞行方向平行。此模式下相位差是由观测期间地面目标的移动引起的,常用于运动目标探测、海流速度和定向波浪谱的测量等。其相位差 ϕ 可表示为[6,20]

$$\phi = 4\pi uB/\lambda v \quad (5.19)$$

式中:u 为地面目标的运动速度;v 为平台的飞行速度;其他参数同上。

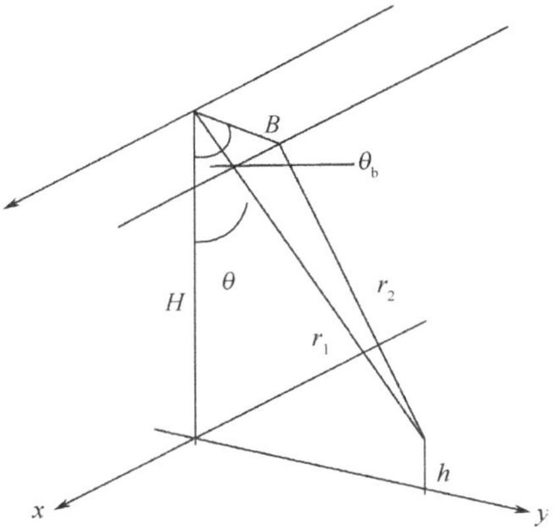

图 5.34　干涉雷达成像原理示意[6]

干涉雷达数据提取三维信息(数字高程模型)的主要步骤[6,20,21]如下(图 5.35):①干涉雷达原始信号处理、几何分析;②图像高精度几何配准——将辅图像(或称从图像)配准到主图像[图 5.35(a)];③计算干涉纹图,即根据几何关系获得回波相位差和图像相关,生成干涉图,它是总相位差经 2π 调制得到的结果[图 5.35(b)];④去平地效应,即平坦地形相位纠正(减去平地相位),则原始干涉图经去平处理后得到去平干涉相位图[图 5.35(c)];⑤增强干涉图和计算相干图,即对整个干涉图中的各局部区域计算主辅图像间的相关性[图 5.35(d)];⑥相位解缠(prase Unwrapping),即求解相位的 2π 模糊性问题,从而算出影像的真实相位值[图 5.35(e)];⑦变换解开的相位到高度,以获得数字高程模型 DEM[图 5.35(f)];⑧地形高度畸变的校正和地理编码;⑨地面控制点的高度偏差等校正;⑩生成合成图像产品——地理编码的主 SAR 图像和配准的辅 SAR 图像、地理编码的相干图像等。

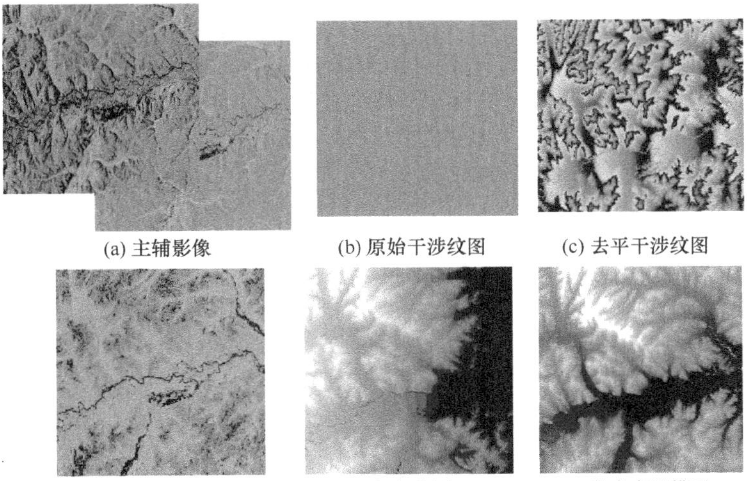
(a) 主辅影像　(b) 原始干涉纹图　(c) 去平干涉纹图

(d) 干涉相关值图像　(e) 解相位图　(f) 数字高程模型

图 5.35　干涉雷达数据提取数字高程模型[21](L 波段干涉像对)

在干涉测量中,干涉相位的精度是影响 DEM 精度的重要因素,而两幅图像的相干性或相关度是决定相位差精度的重要因素。

干涉雷达可以全天时、全天候、近实时地获得大面积地球表面三维地形信息,空间分辨率高,对大气和季节的影响不敏感。尤其是差分干涉雷达技术(D-InSAR)——利用三次观测(两

张干涉图)，进行微小运动或变化测量，对地表垂向运动和运动目标十分敏感，精度可达毫米量级[22]，在地形变测量、地形制图、军事应用、海况监测、冰川运动监测、地质灾害(滑坡、泥石流、地震、火山)监测、森林高度测量、作物生长变化等方面具有很大的应用潜力。

一系列星载 InSAR 计划的实施，例如，美国的航天飞机干涉雷达地形测图 SRTM，获得除极区以外约占地球表面 80%的三维雷达数据，测量地形精度达 16m(C 波段垂直精度为 10m，X 波段垂直精度为 6m)，这是首次对全球表面最精确、最全面的一次测图；美国 NASA 的地形卫星(TOPSAT)利用 InSAR 技术获取全球高精度的数字高程数据库，地面精度为 2m(高度)和 30m(水平)；欧洲空间局的 Light SAR 为 L 波段、多极化、具有干涉测量、扫描模式的实用化成像雷达等。这些星载多波段、多极化干涉雷达可以方便地生成描述地形的数字高程模型及研究地表三维形变，将大大推动雷达遥感和遥测制图的新发展。

参 考 文 献

[1] Elachi C. 遥感的物理学和技术概论. 王松皋，等译. 北京：气象出版社，1995.
[2] 遥感研究会. 遥感精解. 刘勇卫，贺雪鸿译. 北京：测绘出版社，1993.
[3] 舒宁. 微波遥感原理. 武汉：武汉大学出版社，2001.
[4] Lillesand T M, Kiefer R W. Remote Sensing and Image Interpretation(3rd). New York: John Wiley & Sons, 1994.
[5] 邵芸，郭华东，刘浩. 航天飞机成像雷达 SIR-C/X-SAR 穿透试验研究. 见：遥感科学新进展. 北京：科学出版社，1995.
[6] 陈述彭，童庆禧，郭华东. 遥感信息机理研究. 北京：科学出版社，1998.
[7] Short N M, et al. The Remote Sensing Tutorial. CD-ROM, 2000.
[8] Ulaby F T, Moore R K, Fung A K. 微波遥感(第一卷). 微波遥感基础和辐射测量学. 候世昌，马锡冠，等译. 北京：科学出版社，1988.
[9] Lewis A J. Geoscience Applications of Imaging Radar Systems. Remote Sensing of the Electromagnetic Spectrum, 1986, 3(3): 17-25.
[10] Reeves R G. Manual of Remote Sensing(2nd). Falls Church: American Society of Photogrammetry(ASP), 1983.
[11] Del Frate F, Schiavon G, Solimini D, et al. Crop classification using multiconfiguration C-band SAR data. IEEE Trans-Geosci and Remote Sensing, 2003, 41(7): 1611-1619.
[12] Sabins F F. Remote Sensing: Principle and Interpretation(2nd). New York: Freeman, 1986.
[13] Campbell J B. Introduction to Remote Sensing. New York: The Guilford Press, 1987.
[14] 舒士畏，赵立平. 雷达图像及其应用. 北京：中国铁道出版社，1988.
[15] 郭华东，等. 雷达对地观测理论与应用. 北京：科学出版社，2000.
[16] 赵立平. 微波遥感中的散射特性研究. 环境遥感，1987，2(3)：229-234.
[17] 曹梅盛，李新，陈贤章，等. 冰冻圈遥感. 北京：科学出版社，2006.
[18] 戴昌达，姜小光，唐伶俐. 遥感图像应用处理与分析. 北京：清华大学出版社，2004.
[19] 王超，张红，陈曦，等. 全极化合成孔径雷达图像处理. 北京：科学出版社，2008.
[20] 王超，张红，刘智. 星载 SAR 干涉测量：原理、方法与应用. 北京：科学出版社，2002.
[21] 陈尔学，李增元，车学俭. SAR 干涉测量数字高程模型提取与高程误差校正. 高科技通讯，2000，7：57-63.
[22] Didier M. Satellite Dadar Interferometry. Scientific American, 1997.

第6章　遥感图像解译与处理

§6.1　遥感图像解译

遥感图像是地物电磁波谱特征的实时记录。人们可以根据记录在图像上的影像特征——地物的光谱特征、空间特征、时间特征等，来推断地物的电磁波谱性质。不同地物，这些特征和性质不同，在图像上的表现不一，因而可根据它们的变化和差异进行识别和区分。也就是说，遥感图像的解译是通过遥感图像所提供的各种识别目标的特征信息进行分析、推理与判断，最终达到识别目标或现象的目的。但是，图像上所提供的这些信息并非直接地呈现在我们的面前，而是通过图像上复杂形式的色调、结构及其变化表现出来。为了解译这些信息，我们必须具备图像解译方面的背景知识。这就是专业知识、区域背景知识、遥感系统知识。

所谓专业知识，指需要熟悉所解译的学科及相关学科的知识，包括对地物成因联系、空间分布规律、时相变化以及地物与其他环境要素间的联系等知识。例如，遥感地质找矿，首先需具备地层、构造、蚀变带等与找矿直接相关的地质知识和经验。此外，由于图像记录的是多种信息的综合，且往往有意义的地质现象被植被、土壤覆盖，因而还需要了解植物、土壤等相关知识，并能将这些知识有机地联系起来。可见，图像解译人员需要具备应用学科之间较综合的知识。

所谓区域背景知识，指区域特点、人文-自然景观特征等。每个区域均有其独特的区域特征，即地域性，它影响到图像上的图形结构等。因而，图像解译时，解译者对这一地区的了解是相当重要的，它能帮助直接识别、认识地物或现象。

当然，遥感系统知识是最基本的。解译者必须了解每张图像是怎样生成的，不同的遥感器是如何描述景观特征的，它采用了何种电磁波谱段，具有多大的分辨率，用什么方式记录图像，以及这些因素是如何影响图像的，怎样从影像中得到有用信息等。

人们在日常生活中，看报、看杂志、看电视等，多已具备解译图像的基本经验，如识别明暗的复杂差异，区别图像的不同结构，识别大小关系、复杂的形状与特征等。这是人们所固有的图像分析能力。但是，遥感图像解译与我们日常的观察习惯有所不同：一是遥感图像通常为顶视，而不同于平日里的透视；二是遥感图像常用可见光以外的电磁波谱段，而大多数我们所熟悉的特征在可见光内外谱段，可以表现得十分不同；三是遥感图像常以一种不熟悉或变化的比例和分辨率描述地球表面。因此，对于初学者需要多对照地形图、实地或熟悉地物的观测，以增强立体感和景深印象，纠正视觉误差，积累图像判读经验。可见，遥感图像的解译过程是一个经验积累的过程。为了提高识别物体和特征的能力，需要训练、学习和经验。这对初学者尤为重要。

遥感图像的解译过程可以说是遥感成像过程的逆过程，即从遥感对地面实况的模拟影像中提取遥感信息、反演地面原型的过程。遥感信息的提取主要有两个途径：一是目视解译，一是计算机的数字图像处理。对于前者，解译者的知识和经验在识别判读中起主要作用，但难以实现对海量空间信息的定量化分析。对于后者，尽管它是对遥感原始数据的计算机处理，速度快，数据处理方式灵活多样，但是它的整个处理过程多是以人机交互方式进行的，各种处理算法的“好与坏”往往离不开人工判读或人的经验与知识的介入；并且它主要利用地物的光谱特征，多以训练区或数据的统计分析为基础的，往往难以突出遥感信息所包含的地学内涵，因而对复杂的地理环境要素难以进行有效的综合分析，且对地物空间特征的利用不够。两种方法各有利弊，两者的结合才更为有效。这部分内容将在本章加以讨论。

遥感信息提取主要包括图像识别、图像量测、图像分析三方面内容。

6.1.1 图像识别

图像解译的首要一步是图像识别，其实质是个分类的过程，即根据遥感图像的光谱特征、空间特征、时相特征，按照解译者的认识程度，或自信程度和准确度，逐步进行目标的探测、识别和鉴定的过程。这里的所谓探测，是指首先确定一个目标或特征的客观存在。例如，图像上这儿有个不规则的暗斑，那儿有个规则亮斑等。所谓狭义的识别，是指在更高一层的认识水平上去理解目标或特征，并把它粗略地确定为某个十分普通的、大类别中的一个实体。例如，确定那个不规则的暗斑为水体，另一个规则亮斑为植被等。所谓鉴定，是指进一步根据图像上目标的细微特征，以足够的自信度和准确度，将上述“识别”的这个实体划归某一种特定的类别中。例如，该植被实体或是林地，或是草地，或是农田，甚至可能细分为农田中的水浇地或麦田等。可见，上述的“探测”—“识别”—“鉴定”的分类过程本身就是解译者自信度与准确度（或指“正确”的概率）不断提高的认识深化过程。事实上，人们正是遵循着这一认识规律去观察、识别周围的事物和现象的。面对复杂的遥感图像，人们不仅能通过色调、形态等去认识、理解它，而且能熟练地运用个人的背景知识、相关信息、多种概念和多学科分析来认识事物和现象，并进一步推导出它们之间的关系。

遥感图像的解译是从遥感影像特征入手的。影像特征不外乎色、形两个方面。前者指影像的色调、颜色、阴影等，其中色调与颜色反映了地物的物理性质，是地物电磁波能量的记录，而阴影则是地物三维空间特征在影像色调上的反映；后者指影像的图形结构特征，如大小、形状、纹理结构、图形格式、位置、组合等，它是色调、颜色的空间排列，反映了地物的几何性质和空间关系。遥感图像的解译依赖于具体应用目的和任务。但是，任何目的的解译均要通过基本解译要素和具体解译标志来完成。

图像识别就是指根据人的经验和知识，通过图像解译的基本要素和具体的解译标志来识别目标或现象。

1. 解译要素

遥感影像特征的色与形，可具体划分为遥感解译的 8 个基本要素。即色调或颜色、阴影、大小、形状、纹理、图案、位置、组合等，分别说明如下。

（1）色调或颜色（tone or color），指图像的相对明暗程度（相对亮度），在彩色图像上色调表现为颜色。色调是地物反射、辐射能量强弱在影像上的表现。地物的属性、几何形状、分布范围和规律都通过色调差异反映在遥感图像上，因而可以通过色调差异来识别目标。色调的差异多用灰阶表示，即以白→黑不同灰度表示，一般分为 10～15 级。由于人眼识别色彩的能力远强于灰度，因而往往利用彩色图像的不同颜色来提高识别能力和精度。这里有两点需要说明。一是解译者必须了解该解译图像中影像色调的支配因素。例如，可见光—近红外的摄影或扫描图像均反映地物反射波谱特征的差异，涉及地物的物质组成、水分含量等；而热红外图像则反映地物发射特征的差异，是地物温度差的记录；雷达图像反映地物后向散射能量的差异，涉及地物介电常数、表面粗糙度等物理性质。二是影像色调受多种因素影响，除了受目标本身的波谱特征因时因地、因环境变化而变化的影响外，还受到成像高度、成像时间(光照角度、强度)、观察角度、遥感器、成像材料、成像后处理等多种因素的影响。因而，用色调解译要特别小心，且色调一般仅能在同一像片上进行比较。对于多张像片的比较，色调不能作为稳定而可靠的解译标志。

(2) 阴影(shadow)，指因倾斜照射，地物自身遮挡能源而造成影像上的暗色调，它反映了地物的空间结构特征。阴影不仅增强了立体感，而且它的形状和轮廓还显示了地物的高度和侧面形状，有助于地物的识别，如铁塔、高层建筑等，这对识别人文景观的高度和结构等尤为重要。地物的阴影可以分为本影和落影，前者反映地物顶面形态，迎面与背面的色调差异；后者反映地物侧面形态，可根据侧影的长度和照射角度，推算出地物的高度。当然阴影也会掩盖一些信息，给解译工作带来麻烦。

(3) 大小(size)，指地物尺寸、面积、体积在图像上的记录，是地物识别的重要标志。它直观地反映地物(目标)相对于其他目标的大小。解译时往往从熟悉的地物(如房屋、高速公路、河流等)入手，建立起直观的大小概念，再推测和识别那些不太熟悉目标的大小。若提供图像的比例尺或空间分辨率，则可直接测得目标的长度、面积甚至运动速度(车辆、海浪等)等定量信息，以辅助判别。

(4) 形状(shape)，指地物目标的外形、轮廓。遥感图像上记录的多为地物的平面、顶面形状，侧视成像雷达则得到侧视的斜像。地物的形状是识别它们的重要而明显的标志。不少地物往往可以直接根据它特殊的形状加以判定，如河曲、冲洪积扇、果园、火山锥、雷达站等。

(5) 纹理(texture)，即图像的细部结构，指图像上色调变化的频率，是一种单一细小特征的组合。这种单一特征可以很小，以至于不能在图像上单独识别，如叶片、叶部阴影、海滩的砂粒、河床的卵石等。目视解译中，纹理指图像上地物表面的质感(平滑、粗糙、细腻等印象)，一般以平滑/粗糙度划分不同层次。纹理不仅依赖于表面特征，且与光照角度有关，是一个变化值。同时对纹理的解译还依赖于图像对比度。对于光谱特征相似的物体，往往通过它们的纹理差异加以识别，如在中比例尺航空像片上的林、灌、草，针叶林粗糙、灌丛较粗糙、幼林有绒感(绒状影纹)、草地细腻、平滑感等。

(6) 图案(pattern)，即图形结构，指个体目标重复排列的空间形式，反映地物的空间分布特征。许多目标都具有一定的重复关系，构成特殊的组合形式。它可以是自然的，也可以是人为构造的。这些特征有助于图像的识别，如住宅区的建筑群、水田与旱地的不同垄块、果园排列整齐的树冠等。

(7) 位置(site)，指地理位置，它反映地物所处的地点与环境。地物与周边的空间关系。例如，菜地多分布于居民点周围及河流两侧；机场多在大城市郊区平坦地；堤坝与道路的色形难分，但堤在河渠两侧，并与之平行，而道路与居民点相连；河漫滩与阶地在河谷两侧高低、远近不同部位等。地理及地形部位对植物识别尤为重要。例如，有的植被生长于高地，有的植被只能生长于湿地等。

(8) 组合(association)，指某些目标的特殊表现和空间组合关系。它不同于那种严格按图形结构显示的空间排列，而指物体间一定的位置关系和排列方式，即空间配置和布局。例如，砖场由砖窑的高烟囱、取土坑、堆砖场等组合而成，军事目标可能有雷达站、军车、军营及周围配套的军事设施等。

2. 解译标志

解译标志是指在遥感图像上能具体反映和判别地物或现象的影像特征。根据上述 8 个解译要素的综合，结合摄影时间、季节、图像的种类、比例尺、地理区域和研究对象等，可以整理出不同目标在该图像上所特有的表现形式，即建立识别目标所依据的影像特征——解译标志。

解译标志可分为直接解译标志和间接解译标志两种。直接解译标志指图像上可以直接反映出来的影像标志；间接解译标志指运用某些直接解译标志，根据地物的相关属性等地学知识，间接推断出的影像标志。例如，根据道路与河流相交处的特殊影像特征，可以判断渡口；根据植被、地貌与土壤的关系，来识别土壤类型和分布（如温带针叶林区多为灰化土等）；根据水系的分布格局与地貌、构造、岩性的关系，来判断构造、岩性，如树枝状水系多发育在黄土区或构造单一、坡度平缓的花岗岩低山丘陵区，放射状、环状水系多与环状构造有关，格状水系多受断裂构造、节理裂隙的控制等；通过采石场、灰窑、水泥厂，推断其位于石灰岩地区；通过运动场的大小，推断学校及其规模等。

需要说明的是，“解译标志”是随着不同地区、不同时段、不同片种等多种因素而变化的，因而解译标志的建立必须有明确的针对性，通过典型样片，对典型标志进行实地对照、详细观察与描述。表 6.1 显示三北防护林地区部分土地利用类型在 TM 4、5、3 假彩色合成图像上的解译标志。

表 6.1　三北防护林土地利用类型解译标志[1]

代号	地　类	TM 4、5、3 假彩色合成图像	代号	地　类	TM 4、5、3 假彩色合成图像
11	水稻田	暗红（稻熟期）或蓝黑色（未种稻，但有水），边界清晰，色调均匀，规则块状	14	菜地	红、黄、浅红等颜色小块相混杂，各小块内色调均匀，形状规则（城镇、居民点周围）
12	水浇地	鲜红、紫红或青灰色条块分明，边界清晰，大面积呈网格状，规则块状	21	果园	红色、橘红色，内部色调较均匀，形状不规则为多
13	旱地	多为浅红或黄红色斑块，色调不均，形状不规则	31	有林地	深红、紫红、暗红色，内部色调较均匀，形状不规则或规则（人工片林）
32	灌木林	棕红色或红褐色，或青灰色中带“红雾”，内部色调不均，形状不规则	72	湖泊	从蓝色到深黑色，边界清晰，常与白色条带（滩地）相邻，形状不规则
35	苗圃	浅红或橘红色，内部色调均匀，边界清晰，形状规则	81	荒草地	浅黄色，灰白色中夹青色，内部色调不均，有少许红点，形状不规则
41	天然草地	红（优质草场）、浅红、棕红、黄红等各种色调相混杂，内部色调不均匀，边界不明显，形状不规则	82	盐碱地	白色、灰白色中带黄点或红、黄条，内部色调较均匀，边界不明显，形状不规则
43	人工草地	淡黄色，内部色调不均匀，边缘整齐，形状规则	84	沙地	黄白色、灰白色，色调不均匀，有明显波状起伏或蜂窝状，形状不规则
51	城镇用地	青灰、灰黑色，折线轮廓明显，内部色调不均，形状有规则	86	裸土地	灰白色或白色片状，内部色调较均匀，边界不明显，形状不规则
52	农村居民点	紫红色中夹青灰色，内部色调不均，形状不规则的斑块	87	戈壁	墨绿或黑色中带绿色条带，呈明显冲积扇形，色调较均匀，边界明显
61	铁路	灰黑色曲线条（直线条）			
62	公路	紫红色或紫褐色直线（曲线）条			
71	河流	蓝褐色，宽窄不一，色调不均，或蓝色色调较均匀，流线状弯曲长条状	88	裸岩	青灰色中有明显沟状，立体感强，内部色调不均，形状不规则

6.1.2 图像量测

图像量测主要指在已知图像比例尺的基础上，应用图像的几何关系，借助简单工具、设备（如立体镜、测图仪等）或软件，测量和计算目标物的大小、长度、相对高度等，以获得精确的距离、高度、面积、体积、形状、位置等信息。这方面的发展已派生出一门独立的学科——数字摄影测量学。它不仅已从摄影像片延伸到对各类数字遥感图像的相应量测，而且量测工作从二维延伸到三维立体及仿真模型。

此外，图像量测还包括对光学反射波段图像，借助于光度学的知识和特殊设备（如密度计）量测光的密度，即通过测定图像的色调（密度）来估算目标物的亮度；对光学辐射波段图像，应用地物辐射原理和光谱辐射计，量测可见光以外的辐射强度等方面。

对于各项量测结果，一般需要进行列表、统计计算，以获得精确的数据和总体概念，提供进一步定量分析和应用。

6.1.3 图像分析与专题特征提取

图像分析是指在图像识别、图像量测的基础上，通过综合、分析、归纳，从目标物的相互联系中解译图像或提取专题特征信息，即定性、定量地提取和分析各种信息。

图像分析及专题特征提取包括特定地物及状态的提取、指标提取、物理量的提取、变化检测等[2]。

(1) 特定地物及状态的提取。例如，通过线性构造、环形构造及构造玫瑰统计图等的绘制，分析区域的构造格局、构造应力场；通过矿化蚀变带的提取，指导找矿；通过考古遗迹、古岸线痕迹的提取，研究古地理环境及其变化；通过火点、火线、林火范围以及洪水淹没区等灾害状态的识别，了解灾情及研究对策等。

(2) 物理量的提取。例如，由遥感立体像对测得的高程数据，派生出坡度、坡向、相对高差、地表粗糙度等一系列地形因子；通过对可见光-近红外波段图像光密度值的测量，推算目标的相对反射率；通过对热红外图像测量的辐射值，推算目标的表面温度、湿度等。

(3) 指标提取。即根据量测、估算的亮度、辐射值，通过数值的各种运算提取有特征意义的指数，如植被指数、泥沙流混浊指数、亮度指数、土地覆盖指数、沙化指数、温度指数、湿度指数等。

(4) 变化检测。从多时相遥感信息中检测目标的变化，如土地覆盖变化、海岸河口变化、河道变迁、城市发展、环境变化等。变化检测信息的提取有多种方法，将在第 9 章专门论述。

综上所述，遥感图像的目视解译是遥感应用分析中最基本的工作和必不可少的研究手段。它是把解译者的专业知识、区域知识、遥感知识及经验介入到图像分析中去，根据遥感图像上目标及周围的影像特征——色调、形状、大小、纹理、图形等以及影像上目标的空间组合关系等，经推理、分析来识别目标。它不仅仅限于对各种地物本身的识别，还能利用影像的综合性、宏观性，通过地物间的相互关系，对各自然要素进行综合分析。也就是说，它将图斑信息置于整幅图像中，分析它与各类信息间的属性和空间关系，引出判读者的多种知识（地理学、地貌学、土壤学、地质学、生态学、农学、气象学等知识），进行综合推理、分析比较，最后作出判断。

从这个意义上讲，由于它充分利用了判读者的知识、经验，这要比单纯计算机的判断更为高明，因而目视解译是遥感图像解译最基本的方法，是区域景观分析的主要手段。但是，目视解译速度慢，定量精度受到限制，且往往带有解译者的主观随意性。为了提高图像解译的水平，不仅要求解译者掌握、分析研究对象的波谱特征、空间特征、时间特征等，了解遥感图像的成像机理和影像特征，而且离不开对地物地学规律的认识以及对地面实况的了解。只有这样，才能从影像提供的大量信息中去伪存真，提取出所需要的专题特征信息。事实上，从遥感图像上所获得信息的类型和数量，除了与研究对象的性质、图像质量密切相关以外，还与解译者的专业知识、经验、使用方法及对干扰因素的了解程度等直接相关。

6.1.4 遥感解译过程的复杂性

遥感解译过程是复杂的，它是由许多因素决定的。

首先，遥感图像所显示的是某一区域特定地理环境的综合体。遥感提供的是一种综合信息。这种“综合”表现在两个方面，一是地理要素的综合，反映的是地质、地貌、水文、土壤、植被、社会生态等多种自然、人文要素的综合，这些因子密切相关、交织在一起，往往难以区分；二是遥感信息本身的综合，它可以是不同空间分辨率、波谱分辨率、时间分辨率、辐射分辨率遥感信息的综合。

其次，遥感数据所对应的地理环境又是一个复杂的、多要素的、多层次的、具动态结构和明显地域差异的开放巨系统，在时间和空间上是不断变化的，因而遥感信息中的各要素是相互关联、复杂变化的。

既然遥感图像解译过程是从遥感图像上获取专题信息的过程，而遥感信息又具有复杂的综合性和相关性，那么可以认为遥感图像解译过程是对遥感这一“综合信息”进行层层分解的过程。这个过程是相当复杂的，它的难度可以从以下几方面加以说明[3]。

一是，地物波谱特征是复杂的，受多种因素控制，本身也是因时因地在变化着。这个问题已在第 2 章的地物波谱中得以充分论述。

二是，自然界存在着大量“同物异谱”与“异物同谱”现象。即同一种地物由于地理区位不同、环境影响因素不同等，在影像上的表现形式可以不一；而影像上表现形式相同的未必是同一地物或现象。例如，同一地貌类型——干旱地区山麓洪积扇，可以因物质组成不同（花岗岩——多石英、长石等浅色矿物，或基性岩、变质岩——多辉石、闪长石等暗色矿物）、粒度不同（卵石、砂砾）、表面覆沙状况不同（沙、沙丘、洪漫层）、有否荒漠植被覆盖等，在图像上表现为不同的色调、纹理结构等；再如，不同的作物类别，如玉米与大豆、南方的竹与甘蔗等，影像特征相同或相似，难以区分。这样的例子举不胜举。

三是，地物的时空属性和地学规律是错综复杂的，各要素、各类别之间的关系是多种类型的。有的具有明显的规律性，如地带性规律——太阳辐射随纬度分布的规律性造成沿纬度的水平地带性现象，温度、湿度等随地形高度分布的规律性造成沿高度的垂直地带性现象，植物从播种到成熟的季节变化规律等；有的具随机性、不确定性，如自然灾害（旱涝、火山地震、森林火灾等）的随机性、突发性，河流建闸所引起上、下游环境和水文条件的不确定性变化等；有的具有模糊性，存在过渡渐变关系，如气候带、自然地带、草场类型的变化均呈过渡渐变关系，且过渡带随季节变动而移动。

可见，地物本身存在着不同的复杂关系。这种关系往往掩盖了被研究类别的特征差异，再加上“同物异谱、异物同谱”现象及环境因素的干扰等，使遥感解译过程具有多解性、不确定性。为了提高解译结果的正确性、可靠性，必须补充必要的辅助数据(ancillary 或 collateral)、先验知识(priori knowledge，指地学、生物学、物理学、数学等专业知识)，在 GIS 支持下，发展一系列相关的、多层次的、综合的应用分析方法，进行遥感与地学综合分析。这两者的结合不但可扩大地学本身的视野，促进地学的数量化发展，而且可改善遥感解译、分析精度，因而被广泛应用。在此基础上可进一步探索地学分析的专家思维模型，进行人工智能模拟，建立专家系统等。这部分内容将在第 7～10 章加以讨论。

§6.2 遥感数字图像预处理

遥感数字图像处理是指用计算机对遥感数字图像的操作和解译，它是遥感应用分析中十分重要的部分。数字图像由一系列像元组成，每个像元有一数值表示，称为像元的亮度值或灰度值。通常我们用 x 和 y 方向上的像元数、光谱波段数，以及用来记录每个波段及像元的灰度级所需要的比特(bit)数来概括一幅遥感数字图像。例如，一幅 6 个波段、256 个灰度级、在 x 和 y 方向上分别有 256 和 512 个像元的图像被称为 256×512、6 波段 8bit 的图像。

遥感图像处理涉及的内容很宽，包括许多较复杂的数学模型、算法和软件，并与应用目标紧密相关。这里，我们主要介绍最基本的数字图像处理原理和一些经常用到的处理方法，如图像预处理、图像增强及专题特征提取、图像分类以及精度评价，并尽量避免数学及统计公式的推导和描述。

由于遥感系统空间、波谱、时间以及辐射分辨率的限制，很难精确地记录复杂地表的信息，因而误差不可避免地存在于数据获取过程中。这些误差降低了遥感数据的质量，从而影响了图像分析的精度。因此在实际的图像分析和处理之前，有必要对遥感原始图像进行预处理。图像的预处理又被称作图像纠正和重建，其主要目的是纠正原始图像中的几何与辐射变形，即通过对图像获取过程中产生的变形、扭曲、模糊(递降)和噪音的纠正，得到一个尽可能在几何和辐射上真实的图像。

6.2.1 辐射校正

利用遥感器观测目标物辐射或反射的电磁能量时，从遥感器得到的测量值与目标物的光谱反射率或光谱辐射亮度等物理量是不一致的，遥感器本身的光电系统特征、太阳高度、地形以及大气条件等都会引起光谱亮度的失真。为了正确评价地物的反射特征及辐射特征，必须尽量消除这些失真。这种消除图像数据中依附在辐射亮度里的各种失真的过程称为辐射校正。

完整的辐射校正包括遥感器校准、大气校正，以及太阳高度和地形校正。图 6.1 显示了对遥感图像辐射校正的数据流和基本方法。通常大气校正比较困难，因为大气校正要求获取图像时的大气条件。这些信息一般都因时因地而异。这部分内容已在第 1 章“大气校正”中详细论述，不再赘述。

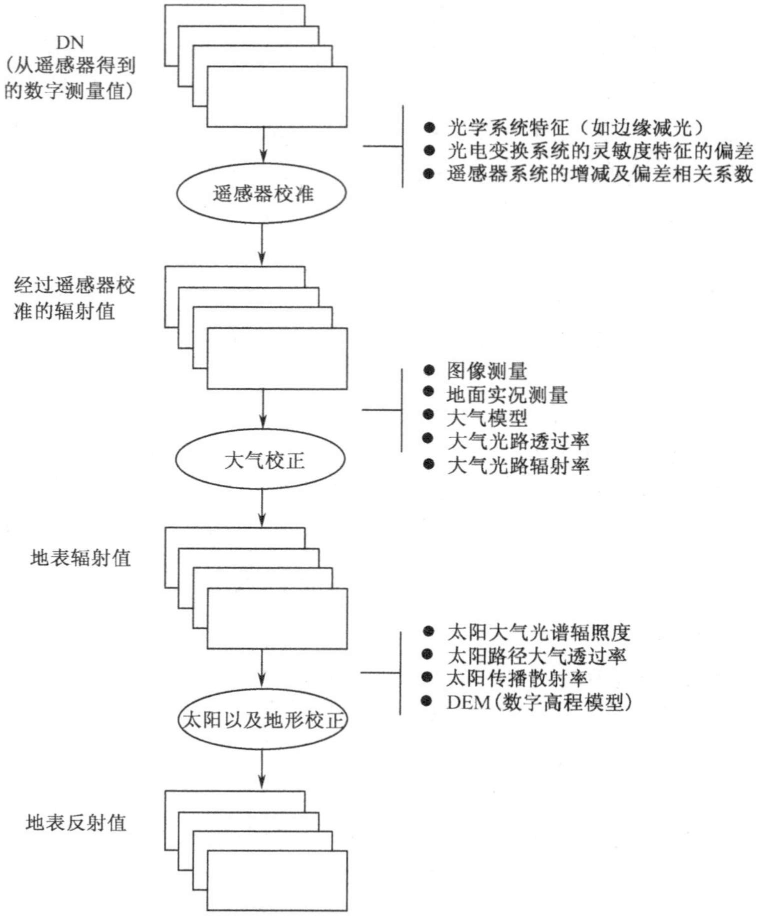

图 6.1　遥感图像辐射校正的数据流程

1. 遥感器校准

遥感器校准(定标)是将遥感器所得的测量值变换为绝对亮度值(绝对定标)或变换为与地表反射率、表面温度等物理量有关的相对值(相对定标)的处理过程。或者说,遥感器校准(定标)就是建立遥感器每个探测器输出值与该探测器对应的实际地物辐射亮度之间的定量关系,它是遥感定量化的前提。定标数据中除了由探测器的灵敏度特性引起的偏差外,还包含路程的大气及遥感器的测量系统混入的各种失真。

由遥感器的灵敏度特征引起的畸变主要是由其光学系统(滤光片或其他光学元件等)或光电变换系统(电子漂移信号等)的特征所造成的。这种畸变直接影响通道的光谱响应。例如,在使用透镜的光学系统中,其摄像面存在着边缘部分比中心部分发暗的现象(边缘减光)。如果以光轴到摄像面边缘的视场角为 θ,理想的光学系统中某点的光量与 $\cos^n\theta$ 成正比,利用这一性质可以进行 $\cos^n\theta$ 校准。

遥感中常用的定标(校准)技术有实验室定标及飞行定标。实验室定标是指在遥感器发射前必须进行的实验室光谱定标与辐射定标,将仪器的输出值转换为辐射值,有的在仪器内设有内定标系统。例如,NOAA/AVHRR 3、4、5 通道就装有内定标系统。

以星载辐射计为例[4],在卫星发射前,要对辐射计进行模拟太空环境的实验室定标,以确定光谱响应的灵敏度和稳定性、辐射计的输出电压与仪器接收到的辐射能之间的关系,以及星内校准源的稳定性和精度等。卫星运行后，在空间环境中的系统性能的衰退、感应元件的老化、污染等会使光学效率降低；探测器工作温度的变化及探测器的老化会影响探测器的响应率；电子元件的老化会影响电子线路的放大增益等。这都使遥感器的探测精度、灵敏度减弱。例如，NOAA/AVHRR 仪器在可见光和近红外波段仪器的增益平均每年衰减 5%左右。这样原有的定标系统不再适用，必须随时进行飞行中的定标和校准，飞行中的校准包括星上定标和地面定标。

星上定标，对于可见光和近红外通道多采用太阳或标定的钨丝灯作为校准源，而对于热红外通道则多用黑体定标。由于标准参考源的光谱辐照度与波长之间的关系曲线是精确已知的，因此在任一光谱波段内，与反射辐射探测器的输出信号相对应的数据值就可以利用标准源在该波段的平均光谱辐照度来进行校准。星上定标是实时、连续的定标。但不能确切知道大气层外的太阳辐射特性，以及星上定标系统不够稳定等因素影响到星上定标的精度。

地面定标，设立地面遥感辐射定标试验场，如美国的白沙(White Sands)，法国的 La Crau，我国的敦煌、青海湖、青藏高原的纳木错湖、华北的禹城等遥感定标试验场，通过选择典型的大面积均匀稳定目标，用高精度仪器在地面进行同步测量，并利用遥感方程，建立空-地遥感数据间的数学关系，将遥感数据转换为直接反映地物特性的地面有效辐射亮度值，以消除遥感数据中大气和仪器等的影响，来进行在轨遥感仪器的辐射定标。法国的 SPOT 图像的地面定标精度已达 97%[5]。但是地面定标由于包含了路程大气的影响，必须要有大量的同步测量数据(如大气光学厚度、大气廓线、地物反射率等)，而各种测量误差将直接影响到辐射定标的精度。

可见，星上定标、地面定标各有其特点，两者的结合可提高定标精度，适应不同遥感应用的需求。实际应用中，一般是通过定期地面测定，建立地面测量值(如辐射亮度、反射率)与遥感器输出值(灰度值)之间的线性转换关系。例如，Landsat 4、5 的遥感器纠正是通过飞行前实地测量各波段的辐射值(L_b)和记录值(DN_b)之间的校正增量系数(A)和校正偏差量(B)，其纠正的公式为

$$L_b = A \cdot DN_b + B \tag{6.1}$$

式中：定标系数 A(gain)、B(offset)可从遥感数据头文件中读取，并假设它们在遥感器使用期内固定不变，但事实上它们会随时间有很小的衰减。

以上多属于绝对辐射校正(绝对定标)。至于相对辐射校正(相对定标)，主要是采用基于图像的辐射校正方法，避开了实际地面光谱、大气参数测量和遥感器校准，仅利用图像自身的信息，如暗目标法、直方图匹配法、“不变特征点”法、自动散点控制回归法、主成分分析法等。此类方法假定整幅图像的大气条件水平均一，不同时间、不同波段的图像间存在线性相关，因而有一定的局限性。具体方法请参见第 1 章“大气纠正”及第 9 章的相关内容；有关“热辐射定标”参见第 4 章的相关内容。

2. 太阳高度和地形校正

为了获得每个像元真实的光谱反射，经过遥感器和大气校正的图像还需要更多的外部信息进行太阳高度和地形校正。通常这些外部信息包括大气透过率、太阳直射光辐照度和瞬时入射角(取决于太阳入射角和地形)。太阳直射光辐照度在进入大气层以前是一个已知的常量。在理想情况下，大气透过率应当在获取图像的同时实地测量，但是对于可见光，在不同大气条件下，也可以合理地预测。当地形平坦时，瞬时入射角比较容易计算，但是对于倾斜的地形，经过地表散射、反射到遥感器的太阳辐射量就会依倾斜度而变化，因此需要用 DEM 计算每个像元的太阳瞬时入射角来校正其辐射亮度值。

通常在太阳高度和地形校正中，我们都假设地球表面是一个朗伯反射面。但事实上，这个假设并不成立，最典型的如森林表面，其反射率就不是各向同性的，因此需要更复杂的反射模型(参见第10章有关内容)。

6.2.2 几何纠正

原始遥感图像通常包含严重的几何变形。图6.2显示了MSS图像几何畸变的主要原因及大小。从图中可见，这些几何畸变有的是由于卫星的姿态、轨道以及地球的运动和形状等外部因素引起的，有的是由于遥感器本身结构性能和扫描镜的不规则运动、检测器采样延迟、探测器的配置、波段间的配准失调等内部因素引起的，也有的则是由于纠正上述误差而进行的一系列换算和模拟而产生的处理误差。这些误差有的是系统的，有的是随机的；有的是连续的，有的是非连续性的，十分复杂。尽管遥感图像的几何误差原因多种多样，并且不断变化，但一般可分为系统性和非系统性的两大类。系统性几何变形是有规律和可以预测的，因此可以应用模拟遥感平台及遥感器内部变形的数学公式或模型来预测。非系统性几何变形是不规律的，它可以是遥感器平台的高度、经纬度、速度和姿态等的不稳定，地球曲率及空气折射的变化等，一般很难预测。几何校正的目的就是要纠正这些系统性及非系统性因素引起的图像变形，从而实现与标准图像或地图的几何配准。

畸变原因	几何畸变	畸变大小/m	畸变原因	几何畸变	畸变大小/m
滚动	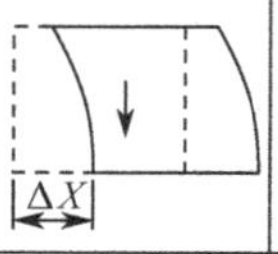	$\Delta X\leqslant 6400$	地球自转引起的歪斜	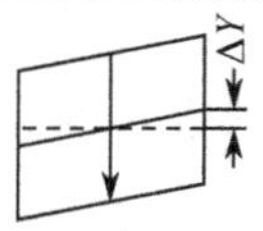	$\Delta Y\leqslant 6480$
俯仰	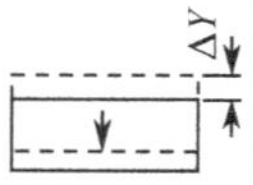	$\Delta Y\leqslant 6400$	扫描时间内的歪斜	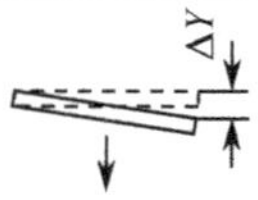	$\Delta Y\backsimeq 210$
航偏	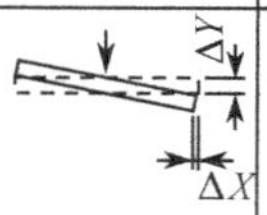	$\Delta Y\leqslant 960$ $\Delta X\leqslant 5$	扫描镜旋转速度	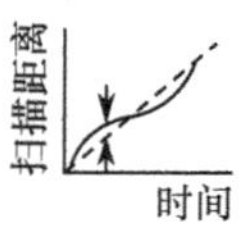	$\Delta X\backsimeq 400$

图6.2 陆地卫星MSS图像的几何畸变

在这里，介绍几个基本术语。

(1) 图像配准(registration)：同一区域里一幅图像(基准图像)对另一幅图像的校准，以使两幅图像中的同名像元配准。

(2) 图像纠正(rectification)：借助于一组地面控制点，对一幅图像进行地理坐标的校正。这一过程又被称为地理参照(geo-referencing)。

(3) 图像地理编码(geo-coding)：是一种特殊的图像纠正方式，把图像纠正到一种统一标准的坐标系，以使地理信息系统中来自不同遥感器的图像和地图能方便地进行不同层之间的操作运算和分析。

(4) 图像正射投影校正(ortho-rectification)：借助于地形高程模型(DEM)，对图像中每个像元进行地形变形的校正，使图像符合正射投影的要求。

图像的几何纠正需要根据图像中几何变形的性质、可用的校正数据、图像的应用目的来确定合适的几何纠正方法。一般卫星地面站的粗加工产品仅对辐射误差、系统几何误差进行校正和部分校正。即主要通过卫星跟踪系统提供的卫星参数(姿态与轨道),根据卫星轨道公式,进行图幅定位及多种畸变的校正。例如,根据卫星滚动和俯仰角,确定每条扫描线中心点的坐标;根据偏航角和卫星航向,确定扫描线方向;根据扫描镜旋转速度、地球曲率的改正数,确定扫描线上任一点的地理坐标等。粗加工处理后的产品仍有不小的残余误差(如姿态误差,地形、扫描仪内部结构及加工处理产生的误差等),这说明仅用卫星参数,尚不足以精确地确定每个像元的地理位置,其定位精度不够。为了提高定位精度,需要进行精加工处理,即借助于一组地面控制点(一般在地形图上选取)和多项式纠正模型,来进行“地面实况”的几何纠正。具体步骤包括地面控制点的选取、像元坐标变换、像元亮度值的重采样三方面。

1. 地面控制点的选取

在地形图和待纠正的图像上分别选取若干对地面控制点。这是几何纠正中最重要的一步。地面控制点(GCP)应当具有以下特征。

(1) 地面控制点在图像上有明显的、清晰的定位识别标志,如道路交叉点、河流汊口、建筑物边界、农田界线等;

(2) 地面控制点上的地物不随时间而变化,以保证当对两幅不同时段的图像或地图进行几何纠正时,可以同时识别出来;

(3) 在没有做过地形纠正的图像上选控制点时,应尽量在同一地形高度上进行;

(4) 地面控制点应当均匀地分布在整幅图像内,这是因为图像变形是非线性,部分变形具有周期性;

(5) 地面控制点要有一定的数量保证,否则不足以作为纠正误差的依据。

地面控制点的数量、分布和精度直接影响几何纠正的效果。控制点的精度和选取的难易程度与图像的质量、地物的特征及图像的空间分辨率密切相关。

2. 像元坐标变换

地面控制点确定后,要在待纠正的图像与图像或地图上分别读出各个控制点在图像上的像元坐标(x,y)及其参考图像或地图上的坐标(X,Y)。其参考图上的坐标可以是经纬度,也可以是统一的平面投影坐标(如高斯-克吕格投影、横轴麦卡托投影);图像上的像元坐标一般是其行、列号,也可以是变形的地理坐标。图 6.3 是遥感图像几何纠正的示意图。图中把原始变形图像看成是某种曲面,输出图像(参考图)作为规则平面。从理论上讲,任何曲面都能以适当高次的多项式来拟合,因而可以用一个合适的多项式来描述两者的坐标关系。通过 GCP,建立地图空间-图像空间之间的数学换算关系,以求出图像像元的正确坐标位置。

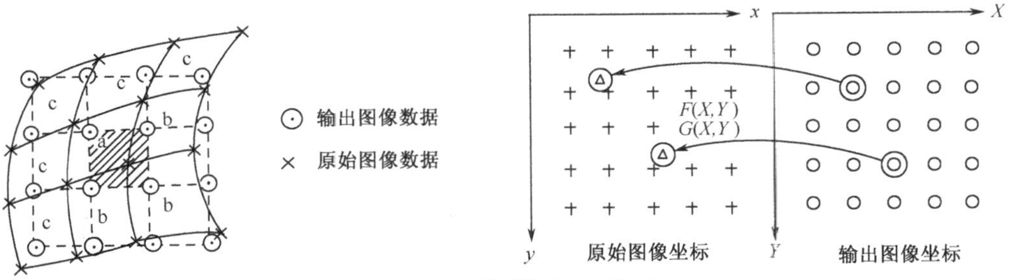

图 6.3　遥感图像的几何纠正

下一步是选择合适的坐标变换函数式，建立图像坐标(x,y)与其参考坐标(X,Y)之间的关系式，通常又称为多项式纠正模型。其数学表达式为

$$
\begin{aligned}
x &= \sum_{i=0}^{N}\sum_{j=0}^{N-i} a_{ij} X^i Y^j \\
y &= \sum_{i=0}^{N}\sum_{j=0}^{N-i} b_{ij} X^i Y^j
\end{aligned}
\tag{6.2}
$$

式中：a_{ij}，b_{ij}为多项式系数；N是多项式的次数，取决于图像变形的程度、地面控制点的数量和地形位移的大小，一般2次即可，或采用3次。

$$
\begin{aligned}
x &= a_0 + a_1 X + a_2 Y + a_3 X^2 + a_4 XY + a_5 Y^2 + \cdots \\
y &= b_0 + b_1 X + b_2 Y + b_3 X^2 + b_4 XY + b_5 Y^2 + \cdots
\end{aligned}
\tag{6.3}
$$

当多项式的次数(N)选定后，用所选定的地面控制点坐标，按最小二乘法回归求出多项式系数(又称换算参数)。然后用以下公式计算每个地面控制点的均方根误差($\mathrm{RMS_{error}}$)，来验证校正方法及纠正模型的有效性。

$$
\mathrm{RMS_{error}} = \sqrt{(x'-x)^2 + (y'-y)^2} \tag{6.4}
$$

式中：x、y为地面控制点在原图像中的坐标；x'、y'为对应于相应的多项式计算的控制点坐标。估算坐标和原坐标之间的差值大小代表了每个控制点几何纠正的精度。通过计算每个控制点的均方根误差，既可检查有较大误差的地面控制点，又可得到累积的总均方根误差，探讨换算精度。

通常用户会指定一个可以接受的最大总均方根误差，如果控制点的实际总均方根误差超过了这个值，则需要删除具有最大均方根误差的地面控制点，在必要时，选取新的控制点或调整旧的控制点，改选坐标变换函数式重新计算多项式系数，重新计算RMS误差。重复以上过程，直至达到所要求的精度为止。

利用求得的换算参数，代入确定的多项式纠正模型，对全幅图像的各像元进行坐标变换，解算每个像元点的位量，对像元点重新定位，以达到纠正的目的。

3. 像元亮度的重采样

原变形图像经坐标变换、重新定位后的像元在原图像中的分布是不均匀的，即在原图像中的行列号不是或不全是整数关系。因此需要根据重新定位的各像元在原图像中的位置，对原始图像按一定规则重新采样，进行亮度值的插值计算，建立新的图像矩阵(图6.3)。

常用的内插方法如下所述。

(1) 最邻近法是将最邻近的像元值赋予新像元。如图6.3所示，将原图像中a像元的亮度值赋给输出的图像中带阴影的像元。该方法的优点是输出图像仍然保持原来的像元值，简单，处理速度快。但这种方法最大可产生半个像元的位置偏移，可能造成输出图像中某些地物的不连贯，视觉效果较差。

(2) 双线性内插法是使用邻近4个点的像元值(图6.3中有a和b标志的像元)，按照其距内插点的距离赋予不同的权重，进行线性内插。该方法具有平均化的低通滤波效果，边缘受到平滑作用，而产生一个比较连贯的输出图像，其缺点是破坏了原来的像元值，在后来的波谱识别分类分析中，会引起一些问题。

(3) 三次卷积内插法较为复杂，它是使用内插点周围的16个像元值(图6.3中有a、b和c标志的像元)，用三次卷积函数进行内插。这种方法对边缘有所增强，并具有均衡化和清晰化的效果，视觉效果好。但是它仍然破坏了原来的像元值，且计算量较大。

值得指出的是，重采样方法不仅是几何校正中的重要一步，而且在一些图像处理中也是需要的，如在对不同时段、不同空间分辨率的图像之间，以及与 GIS 中其他数据进行配准和图层之间复合。在多数的应用中，运用地面控制点进行几何纠正可达到要求的精度，是应用得最广的一种几何纠正方法。但它也有缺点，主要问题在于：①对图像亮度值的重新采样，改变了原图像数据，将对后续的波谱识别分类、定量分析产生影响，这种影响随采样间隔的增大而增大；②应用多项式纠正模型无法纠正地形引起的位移；③为了得到较小的残余误差(即高精度的几何校正)，一般需要选取大量高精度的地面控制点，这需要较多的人工时间，对低空间分辨率图像的地面控制点选取尤其困难。

对于短周期、较低空间分辨率的卫星数据，如 NOAA/AVHRR、MODIS 等，往往因分辨率低及部分被云覆盖，合格的地面控制点(GCP)的选取有相当难度，可以采用数据影像匹配与相关技术方法。它分为基于灰度的影像匹配和基于特征的影像匹配两种。前者需先从参考图像中提取目标区作为匹配的模板，再将其在待配准的图像中滑动，通过相似性度量来寻找最佳匹配点；后者是先从两幅图像中提取出灰度变化明显的某些特征作为匹配基元，再在两幅图像对应的特征集中利用特征匹配算法将存在匹配关系的特征对选择出来，对于非特征像素点利用插值等方法做处理，以实现两幅图像间的逐像素的配准。后者较前者计算量小，速度快[6]。

4. DTM 用于遥感数据的几何精纠正

数字地形模型(digital terrain model，DTM)是地表形态的数字描述，地形表面用 x、y、z 坐标的数字形式来表达。数据存储多为等距格网模式(矩阵形式)，这与遥感数据的存储形式类似。

通过地面控制点的几何纠正，并不包括对地形起伏而造成的位移的改正。而对于多光谱扫描数据的精确纠正，在地形起伏地区必须考虑因地形起伏造成的像元位移。图 6.4 显示了 DTM 数据用于遥感图像几何精纠正的基本方法[7]。

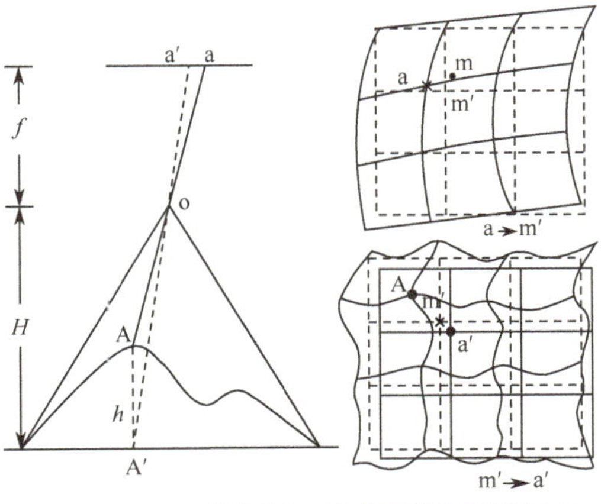

图 6.4　DTM 数据用于遥感图像几何精纠正

(1) 地表面的 A 点，其理想的像元位置应为 a′点。但由于地形起伏(高程 h)引起的误差，像点发生位移，则在图像上记录为 a 点。

(2) 此图像(因有变形，可以看做一个曲面)在通过地面控制点进行纠正时，把 a 点校正到一个地图坐标系统上，设 a 点在地图上的对应点是 m 点(m 点的地图坐标为 x、y)(用 m 校正 a)，经几何纠正、坐标变换后，a 点被重新定位到 m 点(而在新产生的图像格网中不处于行列号的整数位置)。

(3) 再重新采样到一个新的格网点 m′上，并得到其相应像元 m′的图像坐标(和亮度值)，即 a 点→m′点。这是用地面控制点纠正的结果(见本章“几何纠正”的相关内容)。

(4) 而 m′点与 a′点间的误差，是由地形起伏引起的，它和高程 h 直接相关(也与 H、f 相关)。如果地表形态用一个数字地形模型(DTM)的数字曲面来表示的话，那么 A 点的坐标 x、y、z 是可以查得的。DTM 曲面可以用适当高次的多项式来拟合。那么 a′的图像位置则可以通过曲面与图像平面的关系计算出来。也就是建立两图像数据间的变换函数关系式，计算其纠正参数以及由地形起伏引起的误差内插等过程，从而计算出 a′的图像位置，使高程误差得以纠正，而得到经高程误差纠正和重采样的几何精纠正图像。所以在地形起伏地区遥感图像的精纠正中，应考虑到 DTM 的参与。这里 DTM 实际起着加密控制点的作用。

6.2.3 图 像 镶 嵌

当研究区超出单幅遥感图像所覆盖的范围时，通常需要将两幅或多幅图像拼接起来，形成一幅或一系列覆盖全区的较大图像，这个过程就是图像镶嵌。进行图像镶嵌时，首先要指定一幅参照图像，作为镶嵌过程中对比度匹配以及镶嵌后输出图像的地理投影、像元大小、数据类型的基准；在重复覆盖区，各图像之间应有较高的配准精度，必要时要在图像之间利用控制点进行配准。

为便于图像镶嵌，一般均要保证相邻图幅间有一定的重复覆盖区。由于其获取时间的差异，太阳光强及大气状态的变化，或者遥感器本身的不稳定，其在不同图像上的对比度及亮度值会有差异，因而有必要对各镶嵌图像之间在全幅或重复覆盖区上进行亮度值的匹配，以便均衡化镶嵌后输出图像的亮度值和对比度。最常用的图像匹配方法有直方图匹配和彩色亮度匹配。直方图匹配就是建立数学上的检索表，转换一幅图像的直方图，使其和另一幅图像的直方图形状相似。彩色亮度匹配是将两幅要匹配的图像从彩色空间(RGB)变换为光强、色相和饱和度(IHS)，然后用参考图像的光强替换要匹配图像的光强，再进行由 IHS 到 RGB 的彩色空间反变换。

图像匹配及相互配准后，需要选取合适的方法来决定重复覆盖区上的输出亮度值，常用的方法包括取覆盖同一区域图像之间：①平均值；②最小值；③最大值；④指定一条切割线，切割线两侧的输出值对应于其邻近图像上的亮度值；⑤线性插值，根据重复覆盖区上像元离两幅邻接图像的距离指定权重进行线性插值，如位于重复覆盖区中间线上的像元取其平均值。

要实现高精度的图像镶嵌是相当复杂的，它需要在镶嵌的图像间选取控制点进行匹配及配准，这往往需要大量的时间和计算量。随着获取高精度的航空航天遥感图像技术的快速发展，特别是近几年高分辨率(0.5～2m)遥感图像的广泛应用，已发展了图像镶嵌的自动化技术。

6.2.4 图 像 统 计

对多光谱遥感数据进行基本的单元和多元统计分析，通常会对显示和分析遥感数据提供许多必要的有用信息。它是图像处理的基础性工作。这些统计分析通常包括计算图像各波段的最大值、最小值、亮度值的范围，平均值、方差、中间值、峰值，以及波段之间的方差、协方差矩阵、相关系数和各波段的直方图。

通常在对区域的某种特性进行遥感研究时，图像处理只对其中的一部分数据(即样本)进行处理。大量的随机样本通常会产生一个对称性的频率分布。例如,图 6.5(a)中,大量数据集中在中央,往两边数值频率减少,通常属于正态分布。在图像处理中的许多统计测试都假设图像的亮度值是正态分布,如最大似然分类法。但很多情况下遥感数据并非正态分布,因此分析者应检查其分布是否和所用方法的分布假设一致,若不是正态分布,则应选用非参数统计分析方法[8]。

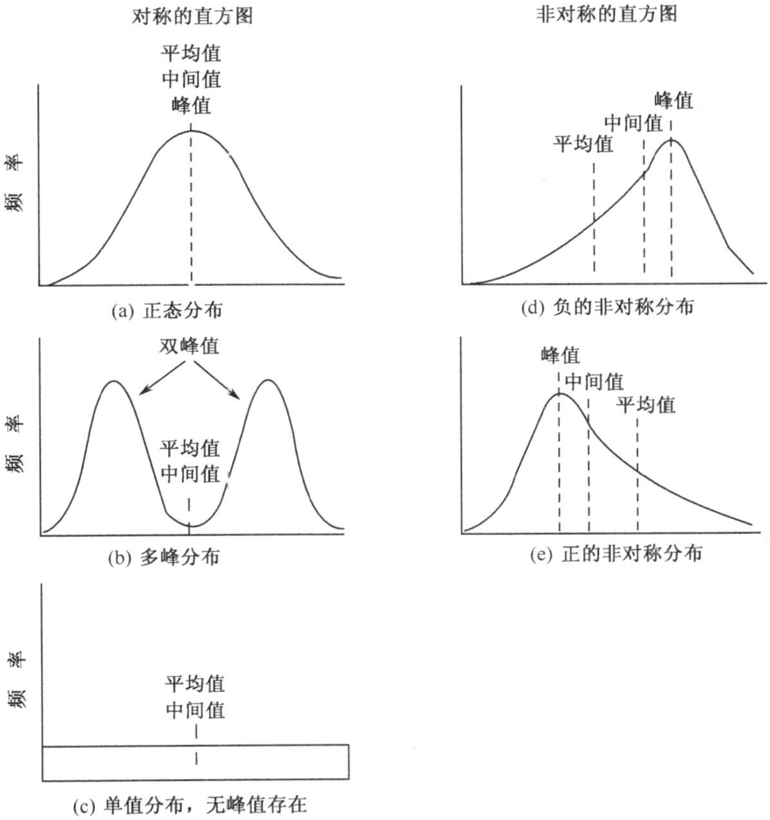

图 6.5　常见的直方图

1. 直方图

图像直方图描述了图像中每个亮度值的像元数量的统计分布。它是通过每个亮度值的像元数除以图像中总的像元数,即频率直方图。它既直观地反映了亮度值的最大、最小值,也反映了大部分值的分布范围,是对遥感图像亮度值——这种随机变量概率分布状况较完整的描述。在很多遥感应用中,直方图是遥感图像中所包含的信息的一种有用的图示。每个波段的直方图能提供关于原始图像质量的信息,如其对比度的强弱、是否多峰值等。实际上很多图像增强技术都提供处理前和处理后图像直方图的变化。图 6.5为几种常见的直方图。

2. 单元统计

单元统计(univariate statistics)主要包括计算各波段的峰值、中值、均值、方差、亮度值范围(图 6.5)。

(1) 峰值,是出现的频率最高的亮度值,即直方图曲线上的最高点,常会遇到多个峰值。

(2) 中值,是在频率分布上的中间,其左边一半的面积等于右边一半的面积。

(3) 均值，是整个图像的算术平均值，反映亮度值的总体水平。它是最普遍应用的描述各波段的中心趋势的值。样本均值是对整体均值的无偏差估计。对于系统性的分布，其均值比其他无偏差估计（如峰值、中值）更接近整体平均值；但对非系统分布，均值是一个较差的检查中心趋势的值。当峰值偏离均值很远时，其频率分布被称为非对称的；当峰值在均值右边时，称为负非对称的；当峰值在均值左边时，称为正非对称[图 6.5(d)和图 6.5(e)]。

(4) 方差、标准差，均反映亮度值作为随机变量取值的离散程度，即变量与均值的偏差程度。方差是所有像元亮度值和均值之差的平均平方值，其平方根值为标准差（又称均方根差）。例如，n 个像元点，各取亮度值 x_i，其方差 σ^2、标准差 σ 分别可表示为

$$\sigma^2 = \frac{\sum_{i=1}^{n}(x_i - \overline{x})^2}{n} = \frac{\sum_{i=1}^{n}x_i^2}{n} - \overline{x}^2 = \overline{x^2} - \overline{x}^2 \tag{6.5}$$

$$\sigma = \sqrt{\frac{\sum_{i=1}^{n}(x_i - \overline{x})^2}{n}} \tag{6.6}$$

标准差越小，图像中像元亮度值就越集中于某个中心值；反之，其标准差越大，亮度值就越分散。对于正态分布，68.27%的像元亮度值位于离平均值±1 的标准差之间，95%位于离平均值±2 的标准差之间。标准差是普遍应用于数字图像处理的一个统计值，如线性对比度增强、相似分类法，以及精度评估等。

(5) 亮度值范围是每个波段中最大值和最小值之差，可反映图像中亮度值的离散程度。当最大值或最小值是特殊或超常的目标时，从亮度值范围看其离散程度可能会引起误差。但在多数情况下，这种异值不会出现，因此亮度值范围变成了一个重要的统计值，经常被用在一些图像增强功能中，如最大-最小对比度拉伸（见 6.3 节）。

3. 多元统计

遥感图像多数是多波段的，且各波段之间往往是相关的。因此常用一些统计值来定量地表示其相关的程度。多元统计（multivariate statistics）主要包括计算各波段之间的协方差、相关系数、协方差矩阵、相关矩阵，从而检查各波段之间的相关性，为进一步的图像处理及分类提供许多有用的信息。

多波段图像中，每个像元点各个波段的图像数据（亮度值）构成一个多维向量。它是一个多维随机变量所取的值。多维随机变量的协方差矩阵 Σ，由各个变量的方差和每两个不同变量的协方差（相关矩）组成，可表示为

$$\Sigma = \begin{bmatrix} \sigma_{11}^2 & \sigma_{12}^2 & \cdots & \sigma_{1n}^2 \\ \sigma_{21}^2 & \sigma_{22}^2 & \cdots & \sigma_{2n}^2 \\ \vdots & \vdots & & \vdots \\ \sigma_{n1}^2 & \sigma_{n2}^2 & \cdots & \sigma_{nn}^2 \end{bmatrix} \tag{6.7}$$

式中：σ_{ii}^2 为第 i 分量 x_i 的方差，$\sigma_{ii}^2 = \frac{1}{n}\sum_{k=1}^{n}(x_{ik} - \overline{x}_i)^2$；$\sigma_{ij}^2$ 为 x_i 和 x_j 的协方差，$\sigma_{ij}^2 = \frac{1}{n}\sum_{k=1}^{n}(x_{ik} - \overline{x}_i)(x_{jk} - \overline{x}_j)$；$\overline{x}_i$ 为第 i 分量 x_i 各波段取值 x_{ik} 的平均值矢量，$\overline{x}_i = \frac{1}{n}\sum_{k=1}^{n}x_{ik}(k = 1,2,\cdots,n)$。

协方差矩阵 Σ 为对称矩阵，它既能反映各个分量各自取值的离散程度，又能反映不同变

量间的相关密切程度。

相关矩阵 R 是反映多维随机变量各个分量两者间相关密切程度的另一种方式。它的主对角线元素是1,其他元素则是某两个变量间的相关系数 r_{ij} ——反映两个随机变量之间线性关系密切程度,可表示为

$$R=\begin{bmatrix}1 & r_{12} & \cdots & r_{1n}\\ r_{21} & 1 & \cdots & r_{2n}\\ \vdots & \vdots & & \vdots\\ r_{n1} & r_{n2} & \cdots & 1\end{bmatrix} \tag{6.8}$$

式中:r_{ij} 为 x_i 和 x_j 的相关系数,$r_{ij}=\sigma_{ij}^2/(\sigma_{ii}\cdot\sigma_{jj})$。相关系数一般介于−1～1,如果两波段的相关系数大于0,则说明两波段间,一个波段的亮度值增加会引起另一个波段上亮度的增加,相关系数越接近1,这种依赖性越明显;反之,如果相关系数小于0,则一个波段上亮度值的增加会引起另一个波段上亮度的减小。相关矩阵 R 可以从协方差矩阵 Σ 得到,R 也是对称矩阵,通常只有矩阵对角线左下角被列出。

§6.3 图像增强和变换

图像校正的目的是消除伴随数据获取过程中的误差及变形,使遥感器记录的数据更接近于真实值。而图像增强和变换则是为了突出相关的专题信息,提高图像的视觉效果,使分析者能更容易地识别图像内容,从图像中提取更有用的定量化信息。前者侧重于图像增强,后者侧重于变换和主要的特征信息提取。图像增强和变换通常都在图像校正和重建后进行,特别是必须要消除原始图像中的各种噪声,否则分析者面对的只是各种增强的噪声。

图像增强和变换按其作用的空间一般分为光谱增强和空间增强两类。

(1) 光谱增强和变换对应于每个像元,与像元的空间排列和结构无关,因此又叫点操作。它是对目标物的光谱特征——像元的对比度、波段间的亮度比进行增强和转换。其主要包括对比度增强、各种指标提取、光谱转换等。

(2) 空间增强主要集中于图像的空间特征,即考虑每个像元及其周围像元亮度之间的关系,从而使图像的空间几何特征如边缘、目标物的形状、大小、线性特征等突出或者降低,其中包括各种空间滤波、傅里叶变换,以及比例空间的各种变换如小波变换等。我们将对主要方法加以介绍。

6.3.1 对比度增强

遥感器记录来自地表各种物质反射和散射的辐射能量。由于有些区域(如海洋)的辐射强度很低,有些区域如积雪和沙地,则具有很高的辐射强度,因此遥感器的整个动态记录范围必须设计成能记录各种物质的辐射能量(或亮度值)的较大范围。目前多数显示系统利用8字节(即0～255),然而多数单幅图像上的亮度范围通常都小于遥感器的整个记录范围。其有效亮度值区域未达到其全部亮度值范围,导致图像显示时的低对比度。另外,由于一些地物在可见光、近红外或中红外波段具有相似的辐射强度,当一幅图像中具有相似辐射强度的地物比较集中时,也会导致图像中的低对比度。

对比度增强是将图像中的亮度值范围拉伸或压缩成显示系统指定的亮度显示范围,从而提高图像全部或局部的对比度。输入图像中的每个亮度值通过一定的转换函数,对应于输出

(或显示)图像中的一个显示值。

1. 灰度阈值

灰度阈值是将图像中的所有亮度值根据指定的亮度值(即阈值)分成高于阈值和低于阈值的两类。用这种方法产生的黑白掩膜图像可以分开对比度差异较大的地物,如陆地和水体,从而对陆地或水体分别作进一步的处理。

2. 灰度级分割

灰度级分割是将图像的亮度值划分成一系列用户指定的间隔(或段),并将每一个间隔范围内的不同的亮度值显示为相同的值[图 6.6(b)]。如果将一幅图像的亮度值分成八段,则输出(或显示)图像上有八个灰度级。其输出图像有些类似等值线图。灰度级分割被广泛地用于显示热红外图像中不同的温度范围。

3. 线性拉伸

如果用 MIN 和 MAX 代表一幅图像中最小和最大的亮度值,最简单的线性拉伸算法将其亮度值范围扩展到整个输出显示范围(如 0～255),可用式(6.7)将原图像中的每个亮度值转换成显示图像中的亮度值(DN′),即

$$\mathrm{DN}' = \left(\frac{\mathrm{DN}-\mathrm{MIN}}{\mathrm{MAX}-\mathrm{MIN}}\right)\times 255 \tag{6.9}$$

这种拉伸算法通常被称作最大-最小对比度拉伸。由于同样的函数应用于所有的亮度值,其输入和输出亮度值之间的线性关系受输入图像中最大和最小值的影响,若图像中最大或最小值偏离太远,这种线性拉伸方法的效果就不会很好。因此,有时也了解原图像中亮度值的直方图分布指定位于某个累积百分比上的值来代替式(6.9)中的最大值及最小值(百分比线性拉伸),或者根据图像亮度值的标准方差(σ)和均值(μ),用$\mu+\sigma$和 $\mu-\sigma$ 代替公式中的最大值和最小值。

以上的线性拉伸适合于正态分布或接近正态分布,图像亮度值比较集中,只有一个峰值的图像。当图像亮度值不是正态分布时,可以用分段线性拉伸。将原图像亮度值划分为几段,将每段亮度拉伸到指定的亮度显示范围[图 6.6(d)]。但这种拉伸方法需根据图像直方图的峰值范围所代表的地物有的放矢地进行,且经过这种分段线性拉伸后的图像不能用于进一步图像分类。

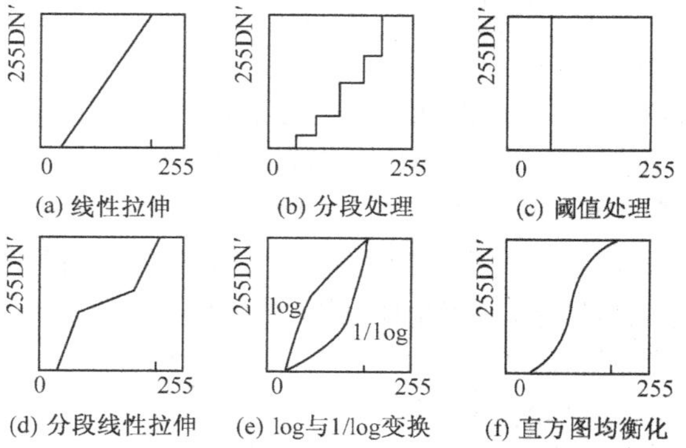

图 6.6　对比度增强算法中的亮度值转换

4. 非线性拉伸

直方图均衡化是广泛应用的非线性拉伸方法。这种算法根据原图像各亮度值出现的频率,使输出图像中亮度也具有相同的频率。这种算法与其他对比度增强方法的不同在于图像中亮度根据其累积频率而重新分配。

图 6.7 显示是一幅 SPOT-PAN 图像的直方图以及均衡化之后的直方图及图像。值得注意的是,经过直方图均衡化后,原图像的一些原来具有不同亮度值的像元具有了相同的亮度值,同时,原来一些相似的亮度值被拉开,从而增加了它们之间的对比度。对于具有正态分布直方图的图像,直方图均衡可以增强亮度值集中部分的对比度,而减弱图像中亮度值很低或很高部分的对比度。因此直方图均衡可以提高图像中细节部分的分辨度,改变亮度值和图像纹理结构之间的关系。经过直方图均衡化的图像一般不能用来提取纹理结构或者生态物理(如 NDVI)方面的信息。

另一类非线性拉伸算法则是利用原图像亮度值的对数或指数值[图 6.6(e)]。这种算法对于图像中亮度很低部分(对数——log)或很高部分(指数——1/log)有很大改变,从而用来增强图像暗的部分或很亮部分的细节。

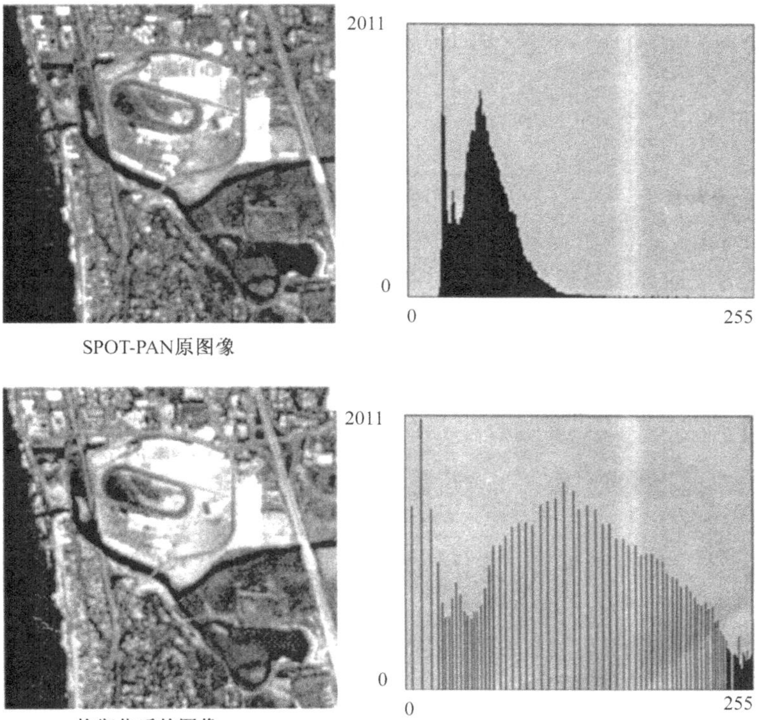

图 6.7　SPOT-PAN 图像和均衡化前后的直方图

选择怎样的对比度增强算法主要取决于原始图像的直方图特征和图像中哪一部分信息是用户最感兴趣和需要的。一个有经验的图像分析者,选择合适的算法之前通常要先检查图像的直方图,然后试着看用不同的算法和不同的参数对图像进行增强处理,直到得到满意的结果。多数算法都会引起部分信息丢失,因此对比度增强主要用于提高图像的视觉显示,而不适合于对增强后的图像作图像分类、变化检测以及定量反演等。

6.3.2 图像比值运算

由于地形坡度、坡向、阴影或者太阳高度和强度季节性变换，地表同样物质或目标物的亮度值会不一样。图像波段之间的比值运算是为了尽量减小这些环境条件的影响，使图像解译者或机助分类算法能正确地识别地球表面物质或土地利用类型。由于波段之间的比值运算提供了任何单波段都不具有的独特信息，这对于难以区分的土壤和植被非常有用。

最简单的比值运算的数学表达式为

$$R_{mn}(x,y)=\frac{\mathrm{DN}_m(x,y)}{\mathrm{DN}_n(x,y)} \tag{6.10}$$

式中：$\mathrm{DN}_m(x,y)$、$\mathrm{DN}_n(x,y)$分别为像元(x,y)在 m 和 n 波段上的亮度值；$R_{mn}(x,y)$为输出的比值。由于在很多情况下，$\mathrm{DN}_n(x,y)$可能为 0，因此，为了克服计算上分母为 0 的情况，通常当分母为 0 时，会加上一个很小的值(如 0.01)。

由于真实的比值介于 1/255 到 255 之间，为了显示和处理方便，一般会将其归一化到标准的亮度值范围 0～255。

比值及各种指数提取方法对于具体遥感应用分析中多种专题信息的提取是十分有价值的。我们将在后面的有关章节中多处运用。

6.3.3 主成分分析

多光谱图像的各波段之间存在一定程度的相关性和数据冗余，它们的数值以及显示出来的视觉效果往往相似。图像各波段之间的相关可能是以下几个因素相结合而引起的。

(1) 地物波谱反射相关性。例如，植被在所有可见光波段的相对低反射，造成各可见光波段上相似的特性值。

(2) 地形。地形阴影在所有太阳光反射波段上都是一样，在山区和低太阳角时，地形阴影甚至是图像的主导成分。这导致了在太阳反射光谱区内波段和波段之间的相关性。这种效果在热红外区是不一样的。

(3) 遥感器波段之间的重叠。在理想情况下，这种因素在遥感器设计阶段被尽可能地减小了，但仍难以避免。

如果图像各波段之间高度相关，分析所有的波段是不必要的。主成分分析(principal components analysis，PCA)(又称 K-L 变换)就是一种除去波段之间的多余信息，将多波段的图像信息压缩到比原波段更有效的少数几个转换波段的方法。这意味着利用波段之间的相互关系，在尽可能地不丢失信息的条件下，用几个综合性波段代表多波段的原图像，使处理的数据量减少。也就是说，主成分分析是将相关的多波段信息通过数学转换变成不相关的信息。

这里可以通过图 6.8 来解释其基本概念。假设我们有 b_1、b_2 两个波段的图像。其波段的亮度值之间有相关性，如图 6.8(a)所示的分布形状，两个波段的平均值分别为 μ_1、μ_2，其数据的分散程度显示两个波段的相关程度。如果两波段的二维点状分布图中所有点都集中于一个特别小的区域，这些数据一般难以提供大量有用的信息。主成分分析的目的就是通过平移及旋转原图像的轴 b_1 和 b_2，使原图像的亮度值重新分布到新的轴 b'_1 和 b'_2 上[9]。最简单的平移就是将新轴 b'_1 和 b'_2 的原点移到其平均值(μ_1,μ_2)上，使新轴的亮度值为 $b'_1=b_1-\mu_1$，$b'_2=b_2-\mu_2$[图 6.8(b)]。

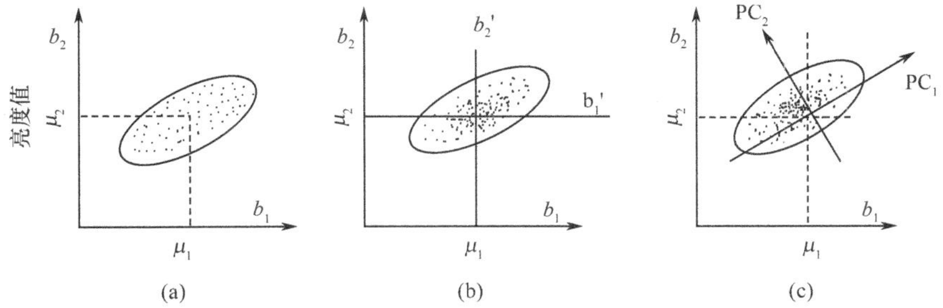

图 6.8　主成分分析中主成分和原图像之间的空间关系

为了使原数据的一维数据更真实地表示出来，可以将新轴绕着新的原点(μ_1,μ_2)旋转一定角度，使 b'_1 轴落在原始数据方差最大的方向[图 6.8(c)]。这个新轴就是第一主成分(PC_1)，与 PC_1 正交的轴叫第二主成分(PC_2)。在这个例子中，原数据是二维的，则 PC_1、PC_2 就可以表示全部的信息。在多维图像数据中，主成分数可以小于或等于其维数，序号越小的主成分，其包含的信息量(即数据方差)越大。

在实际的主成分分析中，这些主成分是通过对原始数据进行线性变换而获得的。经过变换使新变量与原变量的总方差相等，并使新变量的方差重新分配，使第一主变量占主要方差量，其他变量占次要方差量。主成分分析中，各主成分由各波段协方差矩阵的特征向量为加权系数的线性组合而成。因而，首先计算各波段之间的协方差矩阵，然后求出协方差矩阵的特征值和特征向量。如果我们有几个波段的图像，用 λ_p 代表第 p 波段特征值($p=1,\cdots,n$)，则各主成分中所包含的原数据总方差的百分比($\%_p$)可表示为

$$\%_p = \frac{\lambda_p \times 100}{\sum_{i=1}^{n} \lambda_p} \tag{6.11}$$

如果所有特征值的总和 $\sum_{i=1}^{n} \lambda_p$ 是 200，第一特征(λ_1)是 160，则第一主成分(PC_1)包含了所有波段中 80%的方差信息。

用 a_{kp} 代表第 k 波段和第 p 波段主成分之间的特征向量，则第 k 波段和第 p 波段主成分之间的相关系数 R_{kp}，可表示为

$$R_{kp} = \frac{a_{kp} \times \sqrt{\lambda_p}}{\sqrt{V_{\text{ark}}}} \tag{6.12}$$

式中：V_{ark} 为第 k 波段的方差。一般各波段和第一主成分(PC_1)的相关系数较高，和后面的主成分的相关系数则逐渐变小。因此在实际应用主成分分析时，如对 TM 的主成分分析时，一般 PC_1、PC_2、PC_3 就包含了 95%以上的信息，而后面的主成分几乎多数是噪声，无法提供有用的信息。由于主成分图像能大量地压缩数据量，一些多波段图像分类和增强处理可以在主成分图像上进行，从而节省特征提取的处理时间。

除了以上方法计算特征值外，一些研究者认为利用相关矩阵比协方差矩阵有优势。因为利用相关矩阵，可以有效地将原波段的方差标准化为 1，当各波段的亮度范围值变化较大时，这种标准化是有优势的，当然这种标准化的主成分(SPC)不能获得最优化的信息压缩。

6.3.4　穗帽变换

主成分分析的相关系数是原数据波段间协方差或相关系数的函数。这个特征使得主成分分析可以根据实际的图像产生从数据压缩角度看来最好的转换，但却使得从不同图像得到的

主成分难以进行互相比较。通常可以按照实际图像上的物理特征对主成分图像进行解译，但这种解译对每幅图像都是不同的。显然研究一种基于图像物理特征上的固定转换，对于数据分析是非常有用的。这种固定转换最早由 Kauth 和 Thomas(1976)提出[10]。他们在用 MSS 数据研究农作物生长时，注意到 MSS 图像 DN 值的散点图表现出一定的连续性，如一个三角形的分布存在于第二和第四波段之间。随着作物生长，这个分布显示出一个似“穗帽”的形状和一个后来被称作“土壤面”的底部。随着作物生长，农作物像元值移到穗帽区；当作物成熟及凋落时，像元值回到土壤面。他们用一种线性变换将四个波段的 MSS 进行转换产生 4 个新轴，分别定义为一个由非植被特性决定的“土壤亮度指数”(soil brightness)，一个与土壤亮度轴相垂直的、由植被特性决定的“绿度指数”(greenness)，以及“黄度指数”(yellow stuff)和“噪声”(non-such)，后者往往指示大气条件。这种转换就是“穗帽变换”(tasseledcap trasform, TC)(参见第 12 章的有关内容)。

穗帽变换(又称 K-T 变换)是一种特殊的主成分分析，与主成分分析不同的是，其转换系数是固定的，因此它独立于单个图像，不同图像产生的土壤亮度和绿度可以互相比较。随着植被生长在绿度图像上的信息增强，土壤亮度上的信息减弱；当植被成熟和逐渐凋落时，其在绿度图像上的特征减少，在黄度上的信息增强。这种解释可以应用于不同区域上的不同植被和作物，但穗帽变换无法包含一些不是绿色的植被和不同的土壤类型的信息。

图 6.9 提供了 TM 图像经过穗帽变换后的土壤亮度和绿度图像。比较这几个图像和其主要的两个主成分图像(PC_1，PC_2)，总体上，我们可以说穗帽变换能较好地分离土壤和植被。穗帽变换的一个缺点是它依赖于遥感器(主要是波段)，因此其转换系数对于每种遥感器是不同的。

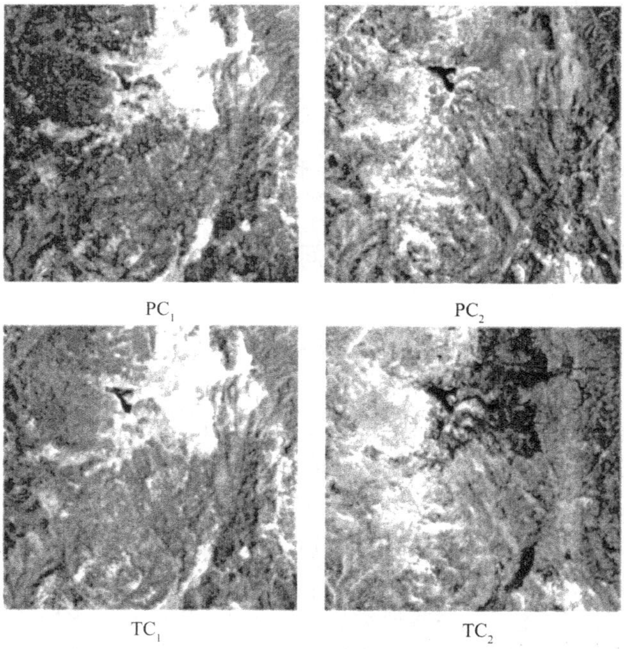

图 6.9　穗帽变换与主成分变换的图像比较(Cuyamaca 的 TM 图像)

6.3.5　空间变换

光谱增强与变换是通过对图像的亮度值的改变，来增强或减弱一些特征的信息，而空间变换侧重于图像的空间特征或频率。空间频率主要是指图像的平滑或粗糙程度。一般来说，高空间频率区域被称为“粗糙”，即图像的亮度值在小范围内变化很大(如道路及房屋的边界)；而在“平滑”区，图像的亮度值变化相对较小，如平静的水体表面、大面积的农田、人工草地等。低通滤波主要用于加强图像中的低频成分，减弱图像中的高频成分。高通滤波则相反，即加强高频细节，减弱低频信息。空间变换主要有空间卷积、傅里叶变换、空间尺度变换等。

1. 空间卷积

空间卷积只处理小范围的图像信息，即图像空间频率的增强(或减弱)是通过对每个像元周围的邻近像元的处理来实现的。对一幅图像进行空间卷积有两步。首先是建立一个包含一系列相关系数或权重因子的移动窗口。这些窗口的大小通常是一个奇数，如3×3、5×5、7×7 等。然后，将这个窗口在整幅图像上移动，用窗口所覆盖的每个像元的亮度值乘上其对应的相关系数或权重所得到的总和(或像元平均值)，代替其窗口中心像元的亮度值，从而得到一幅新的图像。

图 6.10 是一个简单的低通滤波示例，图 6.10(a)是一个 3×3 的窗口所有的权重因子都是1/9，图 6.10(b)是一个 3×3 窗口内图像的亮度值，卷积图 6.10(a)和图 6.10(b)得到了一个简单的平均值的图 6.10(c)。

1/9	1/9	1/9
1/9	1/9	1/9
1/9	1/9	1/9

(a) 3×3 窗口

70	80	83
85	90	65
105	100	87

(b) 像元值

	85	

(c) 卷积图像的像元值

空间卷积：70/9+80/9+83/9+85/9+90/9+65/9+105/9+100/9+87/9=85

图 6.10　卷积概念

图 6.11 是对一幅圣的亚哥(San Diego)SPOT-PAN 图像的几幅有代表性的各种滤波图像。由图可见，低通滤波通过窗口内的平均，平滑或模糊了原图像的细节，但强调了原图像大范围上的亮度；高通滤波强调了空间细节，但失去了大范围上的亮度。事实上，高通滤波图像图 6.11(d)是原图像图 6.11(a)减去低通滤波图像图 6.11(b)后得来的。

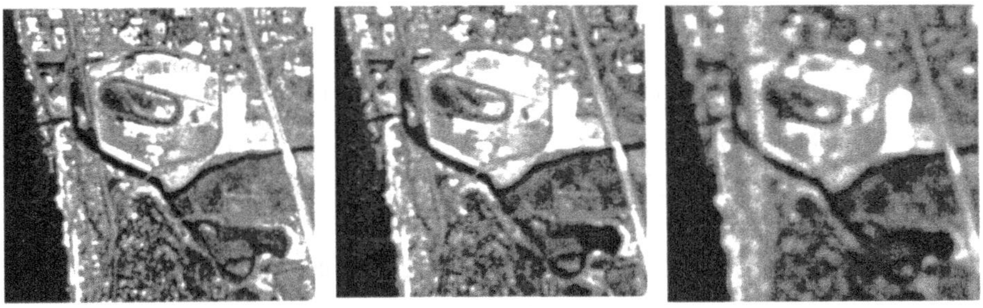

(a) 原图像　(b) 3×3低通滤波　(c) 7×7低通滤波

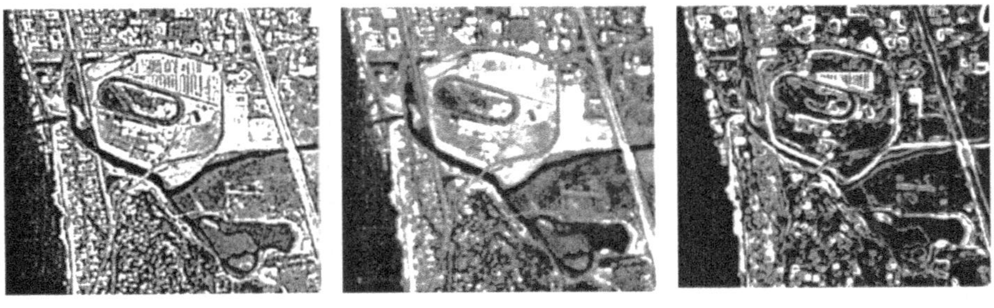

(d) 3×3高通滤波　(e) 3×3边缘增强　(f) 3×3 Sobel 滤波

图 6.11　各种有代表性的滤波图像(San Diego 的 SPOT 图像)

空间卷积对一幅图像的影响直接取决于移动窗口大小及其对应的相关系数(或权重)。理论上可选择窗口的大小和权重组合是无限的。可以选择单一权重,或者根据某种统计模型(如高斯分布)来确实权重,或者根据想要强调的信息来选择。下面我们主要讨论一下对图像边缘增强和提取的滤波器。

边缘增强,从图 6.11(d)可见,高频成分的图像突出了图像的空间细节,夸大局部的对比度,比原图像能更好地突出线性特征。但是高频成分图像并不保留原图像的低频成分。边缘增强图像[图 6.11(e)]则侧重于保留低频成分的同时增强局部对比度,将部分或全部原图像的亮度值加到其高频成分图像上。

边缘检测,是通过有方向性的差值技术增强图像中的边缘,主要是通过系统性地比较每个像元和其指定方向上邻近像元的亮度值,产生一个亮度差值的新图像。这个方向可以是水平的、垂直的或对角的。图 6.12 描述了一个简单的一阶差值,即主像元(A)以及用于一阶差值的像元(B、C 及 D)。

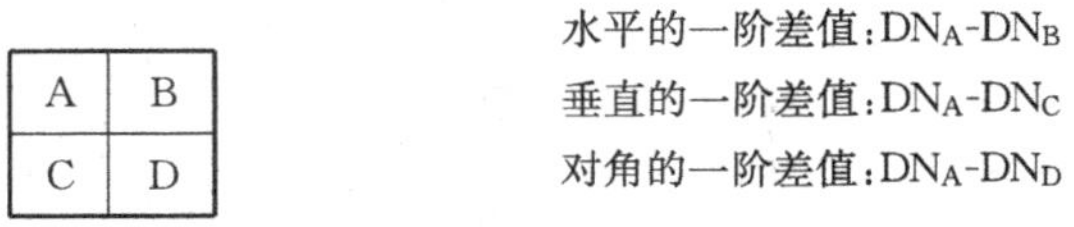

图 6.12　像元(A)的一阶差值

一阶差值可以是正的或者负的,因此正常情况下,会在差值图像上加一个常数,以便于显示。另外,因为像元对像元的差值一般会比较小,因此其差值图像的亮度值范围会较小,显示时都必须做对比度拉伸。较为复杂的差值则是通过计算其左上角到右下角像元的差值,来增强图像中的边缘。

统计滤波器,测量图像的局部统计特征,然后用其统计值作为输出图像的像元值。其主要是通过计算小的邻近区(窗口范围内)的统计值,如其均值、中值、最大值、最小值等的改变来消除噪声或者提取纹理特征。

2. 傅里叶变换

前面讨论的空间变换是在空间域(spatial domain)即图像(x,y)坐标空间上的操作。另一类坐标空间可以用于图像分析的则是频谱域(frequency domain)的操作。这种方法作用的是整幅图像,一幅图像通过傅里叶变换可分解成不同频谱上的成分的线性组合。傅里叶变换有其严格的数学公式,在这里我们不做具体描述。

从概念上,傅里叶变换是利用不同振幅、不同频率和周期的正弦和余弦曲线上的值,组合图像上每个可能的空间频率。当一幅图像被分解成其频谱空间成分后,就可以将其显示在一个二维的散度图(通常被称为傅里叶谱)上。

图 6.13(b)显示了图像图 6.13(a)经过傅里叶变换后的谱图。其中低频成分集中于中心,越向外其频谱越高。原图像中的水平特征显示在傅里叶谱图的垂直方向,原图像的垂直特征则显示在傅里叶谱图的水平方向。根据一幅图像的傅里叶谱图,可以进行反傅里叶变换,从而产生其原来的图像,因而图像的傅里叶谱图可以用来进行一系列的处理操作。例如,空间滤波器可以直接用在傅里叶谱图上,然后进行反傅里叶变换,如图像(e)类似于在原图像上直接进行低通滤波;图像图 6.13(f)则是通过应用一个圆形的高通屏蔽滤波器,产生一个类似高通滤波的边缘提取图像。

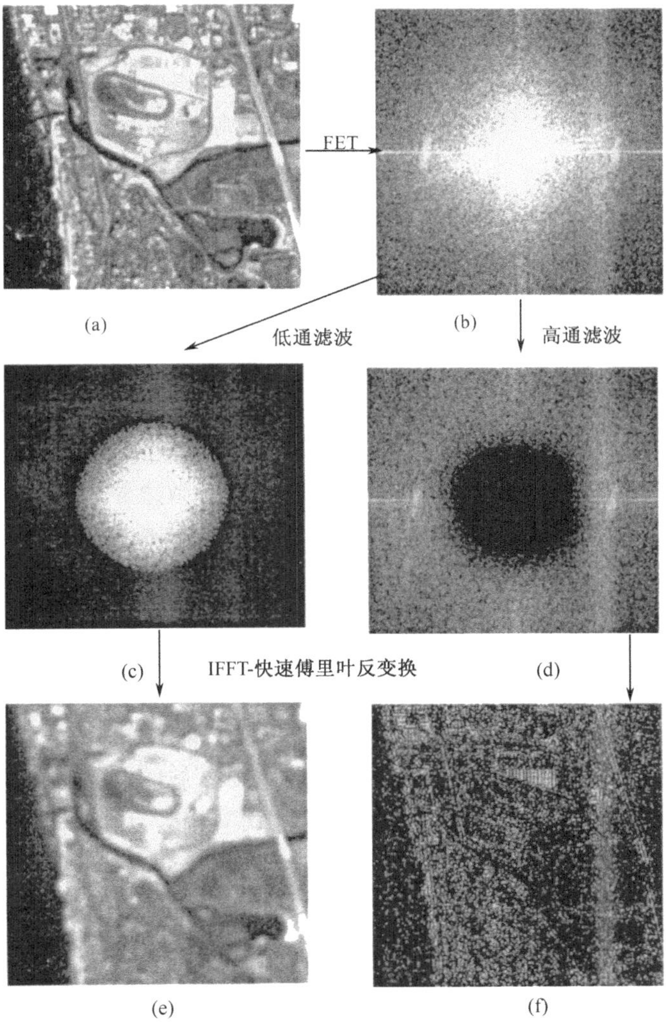

图 6.13　频谱域中的傅里叶变换及反变换

3. 空间尺度变换

在许多情况下,我们希望能在一系列的空间尺度上提取一幅图像的空间信息,从而得到从小区域的细节到图像中大的特征信息。人类视觉系统能够轻易地做到这一点,但安装一个类似的系统在计算机算法中则是一个极具挑战性的任务。对此,提出了许多源自人的视觉系统模型和识别的算法。这些算法类似于过滤器,被重复地用于不同空间尺度(尺度金字塔)上,或者过滤器本身被尺度化,可以把它们归于一系列空间尺度滤波器。这类滤波器逐渐受到较高的重视,是因为它们将遥感图像的空间信息从局部到整体表现在一系列不同的空间尺度上,从而提供了一种表达图像信息的方法。最典型的这类滤波器有高斯(Gaussian)、拉普拉斯(LapLacian Pyramids)以及小波变换(wavelet transforms)。

图像多分辨率金字塔(image resolution pyramids)是一种高效地在全局及局部尺度上对图像进行分析的方法。其主要是通过某种算法产生一系列不同空间尺度上的新图像系列。一种尺度金字塔可定义为:$I_L = \text{Aggregate}(I_{L-1})$。其中 I_L 是在 L 层上的图像,Aggregate 是任何一种将 $L-1$ 层上的图像大小减小到 L 层图像大小的操作。最简单的可以是沿着每行每列，对 2×2 邻近像元均匀地向下采样，其在 L 层上图像的像元大小和原图像大小的关系为：$N_L=N_0/2^L$。

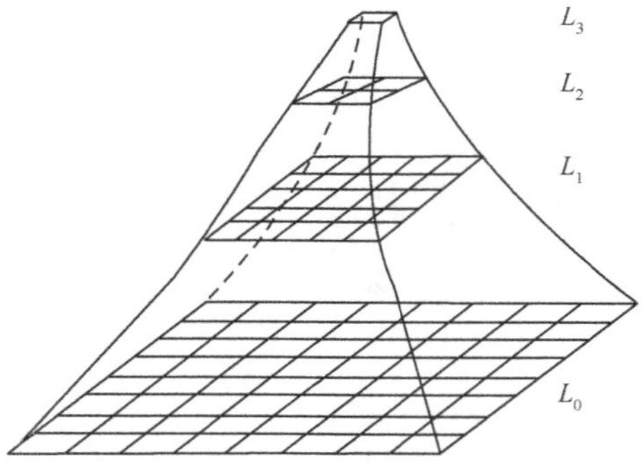

图 6.14　四层金字塔

图 6.14 是一个四层金字塔的示例。

另一类较常用的 Aggregate 操作，是利用高斯参数的窗口，将图像卷积产生高斯金字塔。这种卷积不是对整幅图像，而是只对下一个层中所用到的像元，故较为高效。对应的扩展操作则对 L 层上的图像在每个行和列之间插入一行一列，进行反卷积而产生在 $L-1$ 层上的图像。

零交叉滤波(zero-crossing filters)。前面提到的局部边缘提取滤波器的一个主要局限是，只利用每个像元周围的邻接像元的信息，而大比例尺上的边界往往跨越许多像元，仅通过连接单个边缘像元来识别，往往导致边界不易被提取。零交叉滤波金字塔则是一种在多尺度上识别边缘的方法。其具体运算是利用一个 Laplacian-of-Gaussian (LOG)滤波器，计算其变化值的二阶导数，来识别其重要变化。

小波变换。尺度金字塔和尺度空间过滤是小波转换的基础。小波变换理论提供了将图像分解成不同尺度组成的一种数学框架。它主要是用于决定卷积的特定窗口函数。成百种不同的小波函数被提出用来增强或模糊特定的特征。二维的离散傅里叶变换是将图像分解成不同全局正弦和余弦函数的和，而二维离散的小波变换是将一幅图像在每个尺度层上分解为四个组成部分之和。这四个组成部分可以认为是一个低通滤波后的低频成分、一个高频成分，以及一个水平高频成分和一个垂直高频成分，即一个低通滤波和三个高通滤波的图像。每个小波图像都可以通过反小波变换重建原图像(参见第 8 章的有关内容)。小波图像通常被用来描绘高频特征如点、线和边缘，这对于两幅图像的自动配准等非常有用。

§6.4　图 像 分 类

图像分类的目的是将图像中每个像元根据其在不同波段的光谱亮度、空间结构特征或者其他信息，按照某种规则或算法划分为不同的类别。最简单的分类是只利用不同波段的光谱亮度值进行单像元自动分类。另一种分类不仅考虑像元的光谱亮度值，还利用像元和其周围像元之间的空间关系，如图像纹理、特征大小、形状、方向性、复杂性和结构，对像元进行分类。因此，它比单纯的单像元光谱分类复杂，且计算量也大。对于多时相图像，由于时间变化引起的光谱及空间特征的变化也是非常有用的信息。例如，在对农作物的分类中，单时相图像无论其具有多少波段，都较难区分不同作物，但是利用多时相信息，由于不同作物生长季节的差别，则比较容易区分。另外，在分类中，也经常会利用一些来自地理信息系统或其他来源的辅助信息。例如，在对城市土地利用分类中，往往会参考城市规划图、城市人口密度图等，以便于更精确地区分居住区和商业区。

根据分类过程中人工参与程度，图像分类可分为监督分类、非监督分类以及两者结合的混合分类等。我们将分别予以讨论。值得提到的是，在实际分类中，并不存在一个单一“正确”的分类形式。选择哪种方法取决于图像的特征、应用要求和能利用的计算机资源。

6.4.1 监 督 分 类

监督分类(supervised classification)又称训练分类法,即用被确认类别的样本像元去识别其他未知类别像元的过程。已被确认类别的样本像元是指那些位于训练区的像元。在这种分类中,分析者在图像上对每一种类别选取一定数量的训练区,计算机计算每种训练样区的统计或其他信息,每个像元和训练样本作比较,按照不同规则将其划分到和其最相似的样本类。监督分类可分两个基本步骤:选择训练样本和提取统计信息,以及选择分类算法。

1. 选择训练样本和提取统计信息

训练样本的选择需要分析者对待分类的图像所在区域有所了解,或进行过初步的野外调查,或研究过有关图件和高精度的航空照片。其最终选择的训练样本应能准确地代表整个区域内每个类别的光谱特征差异。显然,训练样本的选择是监督分类的关键。因此,同一类别训练样本必须是均质的,不能包含其他类别,也不能是和其他类别之间的边界或混合像元;其大小、形状和位置必须能同时在图像和实地(或其他参考图)容易识别和定位。例如,若整个区域的土壤类型和湿度因地而异,则选择针叶林训练样本必须考虑到不同土壤类型和湿度的针叶林。

另外,在选择训练样本时,还必须考虑每一类别训练样本的总数量。作为一个普遍的规则,如果图像有 N 波段,则每一类别应该至少有 $10N$ 个训练样本,才能满足一些分类算法中计算方差及协方差矩阵的要求。当然总的样本数量应根据区域的异质程度而有所不同。

训练样本的来源可以是:①实地收集,即通过全球定位系统(GPS)定位,实地记录的样本;②屏幕选择,利用先验知识直接从图像中提取训练数据的做法比较普遍和合理。分析者通过参考其他图或根据对该区的了解,在屏幕上数字化每一类别有代表性的像元或区域,或指定一个中心像元,机器自动评价其周边像元,选择与其相似的像元。由于空间自相关性存在于邻近像元,邻近像元有很大可能具有相似的亮度值。一些研究结果表明从空间自相关数据中得到的训练样本往往会平滑图像灰度差异,造成各个类别的训练标志不具代表性,从而引起较高的分类误差。Gong 和 Howarth[11] 曾比较不同的采样策略,认为每间隔 N 个像元采集一个像元样本能得到最高分类精度。但这种方法需要大量人工时间,为了节省时间,小数量成组采样比较普遍,即每隔一定间隔采集几个连续的样本像元。对于环境异质的区域,普遍运用地理分层采样,即在进行分类前,将区域所有相关的引起像元光谱变化的重要环境因子都收集起来,如土壤类型、湿度、大气条件等。在图像上划出不同的环境因子空间分布,然后基于不同的环境因子(即地理层)选择训练样本。

选择训练样本后,为了比较和评价样本的好坏,需要计算各类别训练样本的基本光谱特征信息,通过每个样本的基本统计值(如均值、标准方差、最大值、最小值、方差、协方差矩阵、相关矩阵等),检查训练样本的代表性,评价训练样本的好坏,选择合适的波段。评价训练样本的好坏一般有两种方法:图表显示和统计测量。

1) 图表显示

图表显示是将训练样本的直方图、均值、方差、最大值及最小值绘制成线状、散状等图,目视评价各类别训练样本的分布、离散度和相关性。最简单的方法就是均值图(图 6.15)。直方图则可以显示不同样本的亮度值分布,通常训练样本的亮度值越集中,其代表性越好。由于多数参数分类器都假设正态分布，因此每类训练样本在每个波段的直方图应该趋于正态分布，只能有一个峰值。当其直方图有两个峰值时，则说明所选的训练样本中包含两种不同的类别，需要重新选择训练样本，或者对所选的训练样本重新赋予类别。有时也同时显示不同类别的样本在同一波段上的直方图，来检查各样本之间的分散性，如果在同一波段上不同类别的样本直方图互相重叠，则说明所选类别难以区分，需要重新选择或者确定类别。

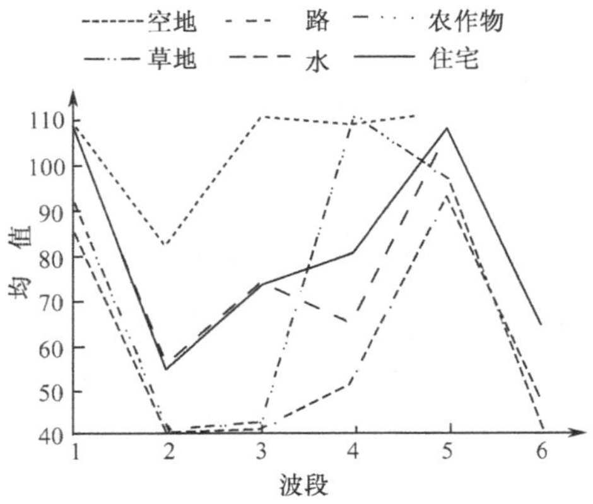

图 6.15　各类别在不同波段的均值

特征空间二维图是另一种广泛用于评价训练样本的方法。此图同时显示图像中两个波段所有像元的分布，从而作为不同图像特征选择的背景。在特征空间二维图上越亮的区域所对应的像元越多，因此这种图能提供各波段之间相关度和一些非常有趣的亮度位置。图像的两个波段相关性越强，其对应的特征空间二维图上亮度的分布就越集中。

相关波谱的平行六面体或椭圆形图是在二维特征空间内基于训练样本在每个波段的均值和方差而绘制的。图 6.16(a)为 6 种训练样本在 TM 第 3、4 波段的特征空间利用$u\pm 3\sigma$(u 为均值)作出的相关波谱的椭圆形散度图。由图可见，若仅用第 3 波段分类，道路和居住区就容易被混淆；若仅用第 4 波段分类，空地和草地就会被混淆；而同时使用第 3、4 两个波段，这些类别则有较好的区分。从图中还可以看出，其主要的亮度区域基本上被训练样本覆盖，但草地、居住区和空地的标准方差很大，这说明这几类的训练样本并非是很好的均质样本，而其他的训练样本也许能有更好的均质性。图 6.16(b)为 3 种训练样本（湿地、水体、沙地）在第 1、2 主成分特征空间中的散度图。

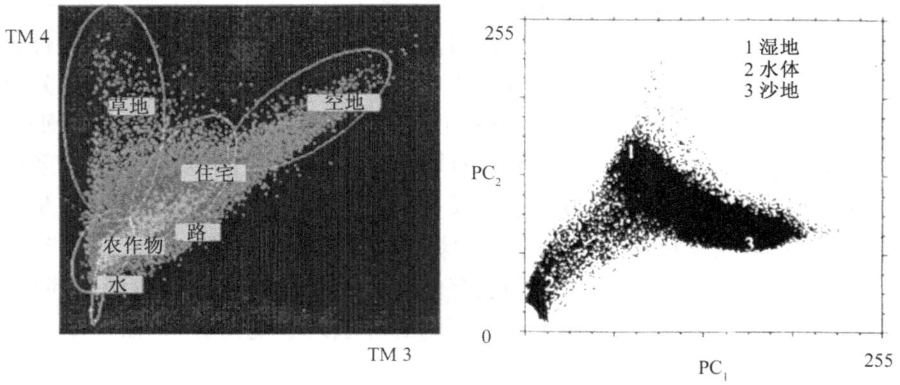

(a) TM 3、TM 4 特征空间　　(b) PC_1、PC_2 特征空间

图 6.16　二维特征空间内不同类别的散度图

2）统计测量

统计测量是利用统计方法来定量衡量训练样本之间的分离度。对于任何一个多波段图像，我们总希望用最少的波段来区分不同类别，从而达到最高分类精度。通常对于训练样本，要按照一定的决策规则检查两种类型的误差：①错分误差（commission error），即像元被分到一个错误的类别；②漏分误差（omission error），即像元没有被分到其对应的类别。此外，转换

的离散度、J-M 距离、Bhattacharyya 距离，也是常用于决定不同样本在分类中优化波段组合的方法，它们一般都适用于正态分布的样本（参见第 7 章相关内容）。

对于不同的应用环境，监督分类中训练样本的选择及对其统计评价的步骤和方法都会有所不同。下面是一个基本的操作过程。

(1) 收集有关分类区的信息，包括地图、航空像片或实地资料等，以了解该区主要的分类类别及分布状况。

(2) 对图像进行检查，对照已有的参考数据或者实地考察经验，评价图像质量，检查其直方图，决定是否需要别的预处理，如地形纠正、配准等，并确定其分类系统。

(3) 在图像上对每一类别按照前面提到的标准选择训练样本，训练样本必须是容易识别的，均匀分布于全图。

(4) 对每一类别的训练样本，显示和检查其直方图，计算和检查其均值、方差、协方差矩阵，以及其对应的特征空间相关波谱椭圆形图和指示其分离度的不同统计指数等，从而评估其训练样本的有效性。

(5) 根据上面(4)中的检查和评估，修改训练样本，必要时可重新选择和评估训练样本。

(6) 将训练样本的信息运用于合适的分类过程中。

2. 选择合适的分类算法

在监督分类中可以采用许多不同的算法，将一个未知类别的像元划分到一个类别中。下面主要介绍其常用的几种算法。

1) 平行算法

平行算法又称为盒式决策规则，是根据训练样本的亮度值范围形成一个多维数据空间。其他像元的光谱值如果落在训练样本的亮度值所对应的区域，就被划分到其对应的类别中（图 6.17）。图中显示 A、B 两个类别的训练样本在第 1 波段上的最小值和最大值分别为 A_{min1}、A_{max1} 和 B_{min1}、B_{max1}，在第 2 波段上为 A_{min2}、A_{max2} 和 B_{min2}、B_{max2}，则由这些值分别定义的亮度区域为 A 和 B。所有其他像元在这两个波段的亮度值如果落在 A，则这个像元就划分为 A 类。这个过程可以扩展到两个以上的波段和类别。

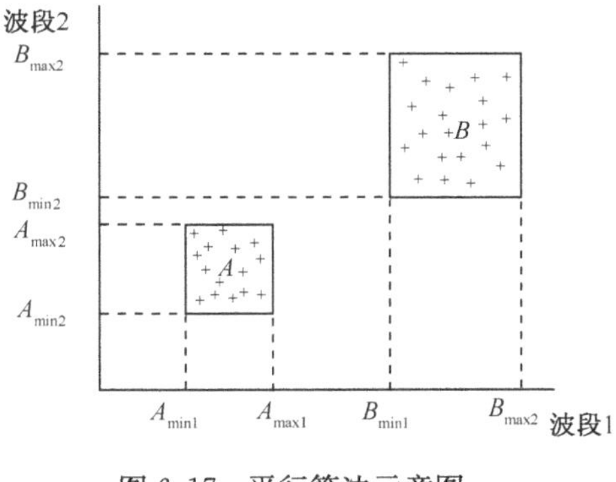

图 6.17　平行算法示意图

另外，区域 A 和 B 也可以不用其最大值和最小值来表示，而是用其平均值和标准方差。这种算法简明、直接，能将大多数像元划分到一个类别。但是其缺点是当类别较多时，各类别所定义的区域容易重叠。由于存在选择误差，训练样本的亮度范围可能大大低于其实际的亮度范围，从而造成很多像元不属于任何一类。在这种情况下，必须采用其他规则来将这些没有被分类的像元划分到一个类别中。

2) 最小距离法

最小距离法是利用训练样本中各类别在各波段的均值，根据各像元离训练样本平均值的距离的大小来决定其类别。如图 6.18 在第 1、2 波段的散点图中所示，类别 A 和 B 训练样本形成了两个类别集群 A 和 B，其在两个波段的均值位于两个集群的中心（A_1，

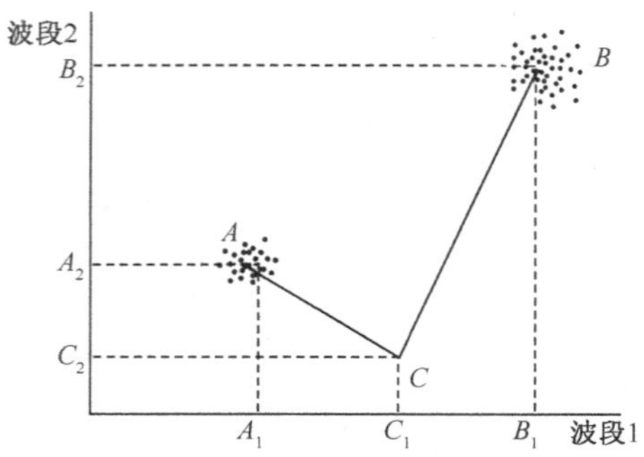

图 6.18　最小距离法示意图

A_2)，(B_1，B_2)。假设有一个像元 C，其光谱亮度值(C_1，C_2)，分别计算其离类别集群 A 和 B 均值(A_1，A_2)、(B_1，B_2)的大小，由于其距离 $AC<BC$，则将其划分到类别 A 中。最小距离法在遥感分类中的应用并不广泛。其主要缺点是此方法没有考虑不同类别内部方差的不同，从而造成一些类别在其边界上的重叠，引起分类误差，因此需要一些更有效的测量距离的方法。

3）最大似然法

平行算法和最小距离法都没有考虑到各类别在不同波段上的内部方差，以及不同类别其直方图重叠部分的频率分布。假设类别 A 和 B 的均值亮度不同，但其整个亮度分布之间有重叠，在其重叠部分两类的频率是不同的。假设亮度值 C 落在其重叠区，按照平行算法或最小距离法，则 C 很难被归于 A 或 B，除非我们定一个随意的阈值。最大似然法则是采用一个有效的决策规则来决定 C 是更相似于类别 A 或者类别 B。这种算法是根据训练样本的均值和方差来评价其他像元和训练类别之间的相似性。

最大似然法可以同时定量地考虑两个以上的波段和类别，是一种广泛应用的分类器。但是这种算法的计算量比前面提到的算法大，同时对不同类别的方差变化比较敏感。其基本的数学公式是基于正态分布的假设。

除了上面提到的三种算法，还有许多其他算法，包括基于概率分布的贝叶斯(Bayes)分类器，基于同质基础的 ECHO(extraction and classification of homogeneous objects)等。

3. 监督分类的优缺点

监督分类的主要优点如下。

(1) 可根据应用目的和区域，充分利用对研究区的先验知识，有选择地决定分类类别，避免出现一些不必要的类别。

(2) 可控制训练样本的选择。

(3) 可通过反复检验训练样本，来提高分类精度，避免分类中的严重错误。

(4) 避免了非监督分类中对光谱集群组的重新归类。

监督分类的缺点如下。

(1) 其分类系统的确定、训练样本的选择，均人为主观因素较强，分析者定义的类别也许并不是图像中存在的自然类别，导致多维数据空间中各类别间并非独一无二，而是有重叠；分析者所选择的训练样本也可能并不代表图像中的真实情形。

(2) 由于图像中同一类别的光谱差异，如同一森林类，因森林密度、年龄、阴影等的差异，其森林类的内部方差大，造成训练样本并没有很好的代表性。

(3) 训练样本的选取和评估需花费较多的人力、时间。

(4) 只能识别训练样本中所定义的类别，若某类别由于训练者不知道或者其数量太少未被定义，则监督分类不能识别。

6.4.2 非监督分类

非监督分类(unsupervised classification)也称为聚类分析或点群分析，即在多光谱图像中搜寻、定义其自然相似光谱集群组的过程。非监督分类不需要人工选择训练样本，仅需极少的人工初始输入，计算机按一定规则自动地根据像元光谱或空间等特征组成集群组，然后分析者将每个组与参考数据比较，将其划分到某一类别中去。长期以来，已经发展了近百种不同的自然集群算法，如ISODATA、链状方法等。这里仅简述最常用的ISODATA算法。

1. ISODATA算法

ISODATA(iterative self-organizing data analysis technique)即迭代自组织数据分析技术。一般ISODATA需要分析者定义(即输入的初始参数)如下内容。

(1) 最大的集群组数量 C_{max}(如40个)，通常这个数量都应该比最后的分类图中的类别多。

(2) 在循环中，最大的类别不变的像元百分比，即各类集群中心变化的阈值。当达到此值，算法停止。但对于有些图像而言，这个百分比可能永远也达不到，因此需要其他参数来中断这个计算。

(3) 最大迭代次数或最长运行时间，当达到此值，算法中止，即使未达(2)的变化阈值。

(4) 每个集群组中最小的像元数量、最大的标准方差。

(5) 集群合并标准——两集群均值间容许的最小距离，如果两个集群之间的距离小于这个值，则这两个集群合并。

(6) 集群分裂标准——每类集群所容许的最大标准方差，此值通常为0。

ISODATA算法是个循环过程，其初始的集群组是随机地在整幅图像的特征空间选择 C_{max}。其基本的步骤为：①初始随机地选择 C_{max} 中心，作为分类的基础；②计算其他像元离这些中心的距离，按照最小距离规则划分到其对应的集群中；③重新计算每个集群的均值，按照前面定义的参数合并或分开集群组；④重复②和③，直到其达到最大不变像元百分比，或者最长运转时间。

经过ISODATA算法得到的集群组只是一些自然光谱组，需要分析者将每个集群组归到其对应的类别中，这个过程通常需要参考其他的图，如航片以及其他有关该区的图，或者分析者对该区的了解。有时一些自然组可能是混合的，不一定会对应于一个类别，因此在实际应用中，经过ISODATA算法得到的图，分析者将一些易于识别的组归类后，做成一个黑白掩膜图像，用到原图像中，过滤掉归类的部分，留下难以归类的图像，对这个残余图像重新运行ISODATA算法，直到所有的集群组都能归类。

2. 非监督分类的优缺点

和监督分类相比，非监督分类的主要优点表现在以下方面。

(1) 非监督分类不需要预先对所要分类的区域有广泛的了解和熟悉，仅需一定的知识来解释分类出的集群组；而监督分类则需要分析者对所研究区域有很好的了解，从而才能选择训练样本。

(2) 人为误差的机会减少。非监督分类只需要定义几个预先的参数，如集群组的数量、计算迭代次数、分类误差的阈值等，监督分类中所要求的决策细节在非监督分类中都不需要，因此大大减少了人为误差；且非监督分类产生的类别比监督分类所产生的更均质。

（3）独特的、覆盖量小的类别均能够被识别，而不会像监督分类那样由于分析者的失误而丢失。

非监督分类的主要缺点来自于对其“自然”的依赖性。①非监督分类产生的光谱集群组需进行大量分析及后处理，将其结果与研究区的“类别”相匹配，才可能得到最终分类结果。②分析者较难对产生的类别进行控制。分类出的集群与地类之间，或对应，或不对应，加上普遍存在的“同物异谱”及“异物同谱”现象，使集群组与类别的匹配难度大，甚至无法做到一对一的对应关系，因此其产生的类别也许并不能让分析者满意。③图像中各类别的光谱特征会随时间、地形等变化，不同图像以及不同时段的图像之间的光谱集群组无法保持其连续性，从而使其不同图像之间的对比变得困难。

鉴于监督与非监督分类各自的限制，人们往往采用两者结合的混合方法。即先对光谱数据进行非监督聚类，以取得光谱特征较为均一的集群；再对集群进行监督分类，以获得所需的土地类型图。

以数理统计理论为基础的遥感图像数据的自动分类，具有算法成熟、充分利用人机交互等特点；但其用时多，对解译分析人员依赖性强，其结果往往因地因时因人而异，难以相互比较和转换，很大程度上不具备可重复性。这些局限性影响了迅速、准确、客观地获取大面积陆地表面的专题信息。尽管如此，这一方法仍是目前大尺度遥感分类的主导方法。

6.4.3 其他分类

1. 模糊分类

前面讲到的各种分类方法都是假设每个像元只能被归入一个类型中，像元和类型之间只能是一对一的关系。但在事实上，由于遥感图像分辨率及其他因素的影响，图像中的像元所对应的地面实体并不只是一个类别，而是两个或两个以上类别的混合体。例如，TM 30m×30m 的像元所对应的居住区也许是由房屋、草地、道路组成的，将其归到单一的房屋、草地或道路会明显地引起分类中很大误差。

模糊分类就是允许根据其混合类型的百分比将一个像元归到几个类型。例如，区分上面提到的房屋、道路和草地，如果一个像元 50%是草地、20%是房屋、30%是道路，则在模糊分类中，这个像元属于这三种类型的成分分别为 0.5、0.2 和 0.3，而在传统的分类中，这个像元往往被归为草地。

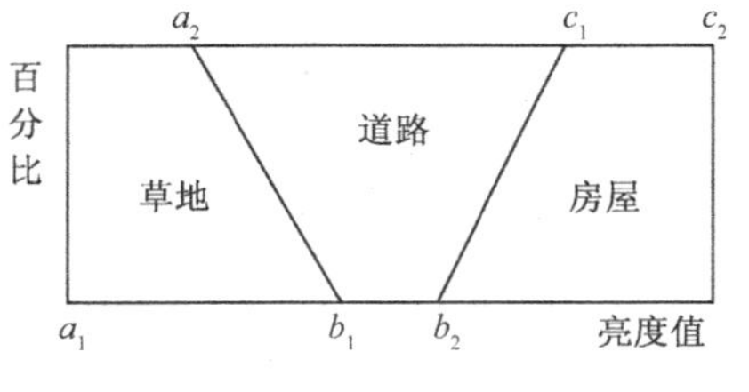

图 6.19 模糊分类中各成分百分比函数

一般其像元中所对应的各类型百分比是由一个各类型百分比函数来决定的。图 6.19 是一个简单的三种类型示意图，图中横轴上代表的是像元亮度值，纵轴代表的是各类型的百分比。如果像元亮度值在 a_1 和 a_2 之间，则被划到草地类，在 b_1 和 b_2 之间则归为道路，在 c_1 和 c_2 之间则归为房屋，这与传统分类法相似。但在其他亮度范围的像元则按照其百分比划到几种类型中。

模糊分类的原理被广泛地应用于许多领域，在遥感图像分类中尤其重要，从理论上，模糊分类提高了图像分类的精度。由于模糊分类仍需要利用传统的分类规划，在实际应用中其对分类精度的提高因情况而异。

2. 空间结构纹理分类

单纯的光谱分类器只考虑图像的光谱特征，但在实际景观中，地物是具有一定空间结构特征的。例如，城市的居住区多是由树木、草地、道路、房屋顶、停车地等组成的。因此在分类中，利用其空间特征纹理的差异可以比较容易地区分不同类型，而单纯的亮度信息则不一定能很好地区分不同类型。人类眼睛具有很好的区分不同空间特征的能力，利用不同的定量化方法计算其空间特征，然后用于分类中，为许多人所提倡。而实际的研究结果也表明利用空间结构对于许多城市土地利用分类，以及一些高精度图像分类尤其重要。

空间结构分类器主要是利用一些测量空间纹理结构的函数得到新的层。一般这些函数都是利用一定的窗口测量像元和其周边像元之间的关系，如在 5×5 窗口内像元之间的方差、空间相关系数等。将这些层加到原始图像的光谱层中，从而对混合图像进行分类。

一般将较多的邻接像元运用于空间纹理结构计算中，其相对的分类精度提高比较明显(如 32×32 个像元)。但大量邻接像元的使用会混合不同类型边缘像元的数量，同时较大的窗口也会降低图像的分辨率。

3. 人工智能神经元网络方法

人工智能神经元网络方法(简称神经网络法)是利用计算器模拟人类学习的过程，建立输入和输出数据之间联系的程序。这种程序模仿人脑学习的过程，通过重复地输入和输出训练，来增强和修改输入和输出数据之间的联系。通常人工神经元网格包括三个层，即输入层、输出层和隐含层，将在第 11 章中作较详细的介绍，这里就不再赘述。

6.4.4 用于分类的辅助数据

辅助数据是指用于帮助图像分析和分类的非图像信息，包括航空像片、地图、各类专题图、野外考察、报告等。在数字化图像分析中，辅助数据通常被转化成数字化的格式，如 GIS 中的各种地形图、土壤图、植被图等。

数字化的辅助数据一般有两种使用方式。一是将辅助层简单地加到图像现有的光谱数据中，将辅助层看成是另一个单一的图像波段，并将这种复合的图像进行监督或非监督分类。二是使用分层分类策略，将光谱图像先进行分类，然后利用辅助数据将其分成几个层，将每个层按照一定的规则重新分类或者精确化初始的分类结果。这种方法可以根据辅助数据将所研究的重点类别或者难以分类的类别孤立出来，允许复杂的分类算法有效地运用于这些类别中，从而提高分类精度。

利用辅助数据的一个主要障碍是辅助数据和遥感数据之间的不匹配。由于多数辅助数据并不是用来为遥感数据应用服务的，因此其数字化辅助数据对应的比例尺、分辨率、时间、精度以及记录格式很少与遥感图像相匹配。当其应用于遥感图像分类时，有时必须对其进行预处理，以保证其与图像之间的物理匹配。但这种处理往往会引起额外的误差，阻碍了辅助数据的有效应用。

另外，随着越来越多数字化的辅助数据增多，特别是各种地理信息库的建立，选择哪种辅助数据也成为一个重要的决策问题。例如，对于山区的植物分类，其地形高度、坡度和坡向是一些有用的辅助信息，帮助确定植被的类型。但在其他分类中，地形也许就不是一个关键的因素。仔细地选择和有效地利用辅助数据是提高分类精度的重要环节。

在前面我们只简单地介绍了几种常用的分类方法，但需要提到的是，在实际应用中远不止以上提到的几种选择。目前多数的分类软件中都有十几种分类方法可供选择，但采用何种分类器应根据具体应用目的以及算法的便易性等进行选择。

虽然每个分析者对于选择不同的分类方法都会有一个感性的认识，但是系统而定量地检查由于不同分类器带来的误差却不是很容易的。典型的精度评估可以在保持其他因素（如训练样本）不变的情况，运用不同的分类方法对同一图像进行分类，其分类精度的差异可以看成是不同分类方法引起的。

§6.5 误差分析和精度评价

在遥感过程的各个环节均会产生误差或错误。例如，遥感数据获取过程中由于卫星姿态不稳定、太阳高度、大气、地形等引起的几何和光谱变形；在数据处理过程中由于模型不完善或者不适当运用，或者使用者人为错误；在数据分析过程中分类方法的选择、训练样本的提取、各种参数的选择；由矢量数据与栅格数据相互转换时所引起的位置或属性误差等。这里着重讨论图像分类过程中的精度评价。

图像精度指的是一幅不知道其质量的图像和一幅假设准确的图像（参考图）之间的吻合度。分类精度是指所获得的图像分类与“现实”吻合的程度。一幅遥感分类图提供了一种对现实的典型简化，在制图过程中进行了一定的概括，许多信息被丢失。精度评价对于遥感分类很重要，这不仅表现在提供一种关于图像质量的指南以及基于特定目的（如用于资源与环境监测与管理）的适用性，而且还表现在对误差的理解及其可能隐含的含义。

精度评价必须客观地通过某种方法，定量地将一幅图像和另一幅同一区域的参考图像或其他参考数据进行对比。任何用户都不会在没有足够证据前提下，接受对一幅遥感成图的科学性、质量与精度的评价。事实上，精度评价不是一项容易的事，因为要取得合理的精度评价数据往往是困难的。

6.5.1 误差分析

分类误差来源和特征的分析既是对分类过程的检验，也是对分类结果进行改进的重要前提。任何图像分类过程中都会有误差，通常造成分类误差的原因是多样的，如所研究区域内土地覆盖类型与自然景观的多样性、遥感数据空间分辨率的影响，分类时所采用的分类系统与数据资料的匹配程度，以及分类所采用的算法与步骤等。总的来说，误差主要有两类：一类是位置误差，即各类别边界不准确；另一类是属性误差，即类别识别错误。在目视解译中，往往由于解译者的错误判断、过度的边界平滑、图像配准误差或者不同解译者的标准不同以及其他因素，引起位置误差。不同地物由于其光谱反射相似，而很容易造成属性识别错误。另外一些是略为复杂的错误，如位于不同类别边界上的一些混合像元，由于其像元亮度值不接近任何一类有代表性的类别，在多数分类过程中都容易引起分类错误。

图像中各类别的特性直接影响分类精度。一般来说，简单、均一的地表景观比较容易取得高的分类精度，而复杂、异质、破碎的地表景观则容易形成高的分类误差。因此图像各类别的大小、数目、形状、组合方式，各类别之间的差异性、对比度等，都会影响分类精度。通常，这些因素在不同区域、不同时间是不一样的，因此一幅图像的分类精度是很难从不同区域的其他图像，或者同一区域、不同时期的图像分类中来预测的。这些因素在时间与空间上均可变化，进而影响到分类的精度与误差的分布。

Jonathan 等[12]、Smith 等[13]结合景观特征分析，运用"斑块大小"、"景观异质性"等景观变量来描述景观的空间特征，以及验证和确定景观特征对分类精度的影响。研究结果表明，分类精度随着斑块尺度的增加而增加，随着异质性的增加而降低；且影响程度在不同类型中有相当大的差异。

就遥感器的因素而言，其空间、辐射、光谱分辨率以及相互作用也可能成为产生分类误差的重要原因。在遥感图像预处理中进行的辐射和几何校正有可能对后续分类引入某些误差。例如，几何校正的重采样可能会改变某些像元的原始数据，从而引入原始数据中并不具有的特征，进而影响分类结果的准确性。

分类误差在一幅图像上并不是随机分布的，而是显示出一定的系统性和规则性。误差分布往往与不同类别(某一类或某几类)的分布相关联；误差的出现与类别中的形状大小、空间排列组合的方式相联系。另外，被错误分类的像元并不是孤立的，相互之间有一定的联系，其形状和分布位置往往有一定规律，如误差往往集中于几种不同类别过渡的边界上，或误差的大小和出现几率与类别的均一程度相关；多数边界误差与数据不匹配、混合像元有关。

就误差传播来说，误差的空间可变性是需要特别关注的问题。人们已用不同的方法对分类精度的空间分布加以研究和表达。例如，用地统计学方法来模拟整个制图区的精度变化[14]；通过计算类别单元的后验概率来检验或表达分类的不确定性，并获得一幅描述分类精度和不确定性空间分布的图像，作为对分类本身的有用补充[15]。

总之，了解和分析分类误差产生的原因和分布特征，无论对已分类的结果进行修订，还是对以后的分类方法加以改进，都具有十分重要的作用。

6.5.2 精度评价方法

精度评价是对两幅图像进行比较，其中一幅是要进行评价的遥感分类图像，另一幅是假设精确的参考图。显然，参考图本身的准确性很重要，如果一幅参考图本身有误差，那么基于参考图的精度评价也不会准确。由于地表信息是随时间、地点而变化的，因此参考图也应随时间而变。如果我们只想比较两幅图之间的不同，而不想比较其绝对的精度，那么就不必假设一幅图(参考图)比另一幅图更精确。例如，当我们比较同一区域由不同遥感器、或者由不同分类方法、或者由不同人分析的两幅分类图，我们就不需要假设其中一幅图比另一幅图精度高。

精度评价最好是比较两幅图像中每个像元之间的一致性。但在多数情况下，我们很难取得一整幅精确的参考图，因此大多数精度评价都是对图像随机选取一些具有确定位置的样本(像元)进行评价，其参考类别可以通过野外考察、从更详细的航空像片，或更高分辨率的遥感图像，或者其他来源的分类图上得到。通常把训练样本分为两部分，一部分用于分类，另一部分用于精度评价。值得提到的是，精度评价的不同采样方法以及分类方法对分类精度有很大的影响。

1. 采样方法

由于遥感观测涉及的空间广大、类型复杂，如何设计既有可靠的统计理论基础又能在实践中可行的采样方法是进行精度评价的一个关键问题。首先，采样设计应当采用概率采样，以确保样本的代表性和有效性，使利用样本估计总体参数建立在可靠的基础之上。

精度评价中有不同的采样方法，常用的概率采样方法包括简单随机采样、分层采样、聚点或集群采样以及系统采样等。不同的采样方法所采用的参数估计的具体形式和计算公式不同，它们各自具有一定的优缺点。具体采用哪种方法，应考虑分类系统和应用目标的影响，依据精度评价的目标而定。

1）简单随机采样

简单随机采样的最大优点在于其统计上和参数估计上的简易性。即在分类图上随机地选择一定数量的像元，然后比较这些像元的类别与其标准(或实际)类别之间的一致性。应用此设计，所有样本空间中的单元被选中的概率都是相同的。在此基础上所计算出的有关总体的参数估计也是无偏的，但是其对应的时间花费相对较多。如果所研究区域内各种类型分布均匀，且面积差异不大，则简单随机采样应予以优先考虑；相反，如果地域内类型的空间分布不均匀，或出现空间上稀少并群集的类型，采用简单随机采样就有可能遗漏这些类型，或抽取不到足够数量的样本。

2）分层采样

当图像中某些类别的数量很小时，随机采样往往会丢掉这些类别。为了保证每个类别都能在采样中出现，可以用分层采样，即分别对每个类别进行随机采样。分层采样往往是为保证在采样空间或类型选取上的均匀性及代表性所采用的方法。分层的依据可因精度评价的目标而异，常用的分层有地理区、自然生态区、行政区域或分类后的类别等。

在每层内采样的方式可以是简单随机或系统采样，如没有特殊需要，随机采样可取得较好的样本，但在野外调查或采样时有可能遇到能否到达采样地点等问题。若在层内系统采样往往也可获得区域中具代表性的样本，且较容易进行野外作业。

利用分层系统采样时应注意的一个问题是类别在空间分布上的自相关性。因为如果系统采样的样本的空间分布正好与某些类别的空间分布具有相关关系，则所抽取样本的独立性便不能得到保证，这将直接影响由样本估计总体参数的可靠性。因此在设计分层系统采样时，应细心考察类别空间分布的自相关性，并在采样设计时予以注意。

3）聚点或集群采样

聚点采样也是一种经常采用的较为经济的采样方法。聚点采样往往先在样本空间内抽取一定数量的主样本(每个主样本可以是一个多边形、一平方千米范围或一张航空像片等)，然后在每一个主样本内再抽取若干个二级样本作为地面实地考察的对象。例如，在每个多边形或每张航片之内抽取一定数量的样本，这种采样方式能够在有限的空间范围内取得更多的样本，以利于野外调查和样本数据的收集。

相对于简单随机或系统采样，聚点采样可节省一定的人力物力资源，若设计合理，也可以取得能够满足需要的总体参数估计。与系统采样类似，聚点采样也可能遇到空间自相关的问题。因为第二级样本的抽取都限定在所选的主样本范围之内，所以处在同一主样本内的二级样本在空间上距离相近。如果类别的空间分布具有明显的自相关性，则某些二级样本可能不具有独立代表性。

采样数量：用于精度评价的像元数量通常难以统一决定，但是对每个类别应有一定的数量保证。Congalton(1991)曾经建议精度评价的每个类别至少有50个像元；当区域很大或者分类类别较多时，每类的最小数量应增加到75～100个；当然这个数量需要根据每个类别各占多少而有所调整[16]。

对于样本的正确描述和评估是保证精度评价质量的关键一环。在对地面单元样本进行野外勘察或航片解译时，事先一定要设定好统一的关于样本描述和评估的步骤方法，对各类别的特征进行定性和定量的描述。

2. 误差矩阵与精度指标

样本是分类精度评价的基本单元，可靠的样本数据将给计算统计量和进行精度评价提供必要的基础资料。在有了良好的采样方案和可靠的样本数据的基础上，便可讨论如何进行精度评价中统计量的选择和分析，以最终获取精度评价指标。最常采用的是建立误差矩阵，以此计算各种统计量，并进行统计检验，最终给出对于总体的和基于各种类别的分类精度值。

1）误差矩阵

误差矩阵（也称混淆矩阵）是用来表示精度评价的一种标准格式。误差矩阵是 n 行 n 列的矩阵，其中 n 代表类别的数量，一般可表达为表 6.2 的形式。

表 6.2　误差矩阵表

实测数据类型	分类数据类型					实测总和
	1	2	…	…	n	
1	p_{11}	p_{21}	…	…	p_{n1}	p_{+1}
2	p_{12}	p_{22}	…	…	p_{n2}	p_{+2}
…	…	…	…	…	…	…
…	…	…	…	…	…	…
n	p_{1n}	p_{2n}	…	…	p_{nn}	p_{+n}
分类总和	p_{1+}	p_{2+}	…	…	p_{n+}	p

注：p_{ij} 是分类数据类型中第 i 类和实测数据类型第 j 类所占的组成成分；$p_{i+}=\sum_{j=1}^{n}p_{ij}$ 为分类所得到的第 i 类的总和；$p_{+j}=\sum_{i=1}^{n}p_{ij}$ 为实际观测的第 j 类的总和；p 为样本总数

表 6.3 是一个误差矩阵的示例。一般误差矩阵的左边（y 轴）代表的是参考图上的类别，上部（x 轴）代表的是待评价图像上的类别。当然有时 x 轴和 y 轴也可交换。在矩阵中列出的是像元数量（或者像元所占的百分比）。表中，总共有 181 个像元是居住区，这些像元都被正确地分类，即参考图像上居住区的 181 个像元均在被评价图像上被识别区分出来；在第一行列出的其他像元数表示在参考图上的居住区被错误地指定为其他类的像元数量；而在第一列中的其他像元数表示在被评价图像上被错误地指定为居住区的其他类别的数量。显然，误差矩阵中对角线上列出的是正确分类的像元数量。最右边一列是每类别在参考图上的总数量，而底部的一行显示的是每类别在所要评价图上的总数量。

表 6.3　误差矩阵实例

		被评价的图像				
		居住区	空　地	植　被	道　路	总　和
参考图像	居住区	181	11	65	5	262
	空　地	10	1	3	0	14
	植　被	48	3	96	1	148
	道　路	5	1	8	62	76
	总　和	244	16	172	68	500

总体精度＝(181＋1＋96＋62)/500＝69.4％				
	制图精度	漏分误差	用户精度	错分误差
居住区	181/262＝69.08％	30.92％	181/244＝74.18％	25.82％
空　地	1/14＝7.14％	92.86％	1/16＝6.25％	93.75％
植　被	96/148＝64.86％	35.14％	96/172＝55.81％	44.19％
道　路	62/76＝81.58％	18.42％	62/68＝91.18％	8.82％

2）精度指标

针对误差矩阵的基本统计量包括以下三个。

(1) 总体精度：

$$p_c = \sum_{k=1}^{n} p_{kk} / p \tag{6.13}$$

它是一个具有概率意义的统计量，表述的是对每一个随机样本，所分类的结果与地面所对应区域的实际类型相一致的概率。

(2) 用户精度(对于第 i 类)：

$$p_{u_i} = p_{ii} / p_{i+} \tag{6.14}$$

它表示从分类结果(如分类产生的类型图)中任取一个随机样本，其所具有的类型与地面实际类型相同的条件概率。

(3) 制图精度(对于第 j 类)：

$$p_{A_j} = p_{jj} / p_{+j} \tag{6.15}$$

它表示相对于地面获得的实际资料中的任意一个随机样本，分类图上同一地点的分类结果与其相一致的条件概率。

总体精度、用户精度和制图精度从不同的侧面描述了分类精度，是简便易行并具有统计意义的精度指标。与这些统计量相关联的度量还有经常提到的漏分与错分误差。所谓漏分误差(omission)指对于地面观测的某种类型，在分类图上任取一样本，其被错划分为其他不同类型的概率，也就是实际的某一类地物有多少被错误地分到其他类别。而错分误差(commission)则指对于所分出的某一类型，任取一个样本，它与实际地面观测类型不同的概率，也就是图像中被划为某一类地物实际上有多少应该是别的类别。漏分误差与制图精度为互补，而错分误差与用户精度为互补。

当检查误差矩阵中各数据关系时，其地图用户看到的是分类图中各类别的可信度，而制图分析者关心的是用于产生这张分类图的方法的好坏。从用户角度看，误差矩阵显示的是用户精度，从制图者角度看，其显示的是制图精度。在计算两者时，其主要的区别是精度计算时的基数。对制图精度，其基数是参照图像上各类别的总数量；对用户精度，其基数是被评价图像上各类别的总数量。例如，表 6.3 中，对居住区，其制图精度为181/262，即 69.08％；而其用户精度为 181/244，即 74.18％。用户精度指示的是这幅图的可靠性。表中表示被评价图像中标明为居住区的像元中，有 74.18％对应于实际的居住区；而制图精度则告诉制图者在实际为居住区的地表，有 69.08％被正确地分到居住区这一类。

3. Kappa 分析

在对误差矩阵进行分析得出其总体精度、用户和制图精度后，我们往往仍需要一个更客观的指标来评价分类质量，如两幅图之间的吻合度。利用总体精度、用户精度或制图精度的一个缺点是像元类别的小变动可能导致其百分比变化。运用这些指标的客观性依赖于采样样本以及方法。

Kappa 分析（Kappa 系数法）采用另一种离散的多元技术，考虑了矩阵的所有因素，用以克服以上的缺点。Kappa 分析产生的评价指标被称为 K_{hat} 统计。K_{hat} 是一种测定两幅图之间吻合度或精度的指标，其公式为[16]

$$K_{\mathrm{hat}} = \frac{N\sum_{i=1}^{r} x_{ii} - \sum_{i=1}^{r}(x_{i+}x_{+i})}{N^2 - \sum_{i=1}^{r}(x_{i+}x_{+i})} \tag{6.16}$$

式中：r 为误差矩阵中总列数（即总的类别数）；x_{ii} 为误差矩阵中第 i 行、第 i 列上像元数量（即正确分类的数目）；x_{i+} 和 x_{+i} 分别为第 i 行和第 i 列的总像元数量；N 为总的用于精度评估的像元数量。

将表 6.3 中的相关数据代入公式(6.16)，得出的 K_{hat} 统计值即

$$K_{\mathrm{hat}} = \frac{500\times(181+1+95+62)-(244\times262+16\times14+172\times148+68\times76)}{500^2-(244\times262+16\times14+172\times148+68\times76)}$$
$$=48.5\% \quad (N=500)$$

表 6.3 总精度为 69.4%。其总精度只用到了位于对角线上的像元数量，而 K_{hat} 则既考虑到了对角线上被正确分类的像元，同时也考虑到了不在对角线上各种漏分和错分误差。因此，这两个指标往往并不一致。在一般精度评价中，应同时计算以上各种指标，以便尽可能地得到更多的精度信息。

目前，尽管误差矩阵是精度评价的核心方法，它既可以描述分类精度，又可以揭示出类别之间的混淆性。但是，误差矩阵的假设条件（如纯像元、分离的类别等）往往是很难满足的。事实上，由于存在混合像元、所定义类别的代表性，以及地面数据和遥感数据的匹配等问题，对于大尺度的区域遥感制图，这些假设条件就更是难以达到。为了满足全球和区域大尺度土地覆盖准确数据的科学需求，学者们围绕影响遥感制图精度评价的因素，如采样方案、采样尺寸、分类方案、地面实况精度或参考数据、空间误差分布和空间自相关等展开研究，并提出相应对策[15~18]。例如，对误差矩阵所揭示出的类别之间混淆性，可通过其他相关信息对误分类图斑进行处理。Latifovic 和 Olthof[18] 在对加拿大四幅不同来源的土地覆盖分类图的精度评价中，以中等分辨率 TM 作为参考数据来计算低分辨率 NOAA 制图单元内不同土地覆盖类型所占的比例，由此建立了“亚像元组分误差矩阵”。例如，一个低分辨率的 NOAA 像元（1000m）被认为是针叶林，而与之对应的中等分辨率（TM，30m）参考图像的 990 个像元内，有 500 个是针叶林，300 个是混交林，190 个是灌木丛。那么，误差矩阵中与低分辨率针叶林对应的类就应含有 500 个、300 个和 190 个像素分别与参考数据列中的针叶林、混交林和灌木丛相对应。这个像元的精度就应是参考像元和低分辨率像元吻合的比例，也就是 500/990×100%，约为 50.5%。这样，分类精度就反映了低分辨率的分类和实地亚像元土地覆盖之间的一致性。矩阵中引入了次优势成分，能定量评价低分辨率图中每种类别的平均组分含量，并可对低空间分辨率、大尺度的土地覆盖图的一些缺陷进行定量描述与校正。

精度评价是一个复杂的过程，尽管精度评价过程中一些重要的问题已经得到了一致公认，但仍有许多没有解决的问题，如精度评价中不同采样方法的客观性，是否存在更好的采样方法；如何比较两个由不同采样方法得到的误差矩阵等。为了满足不同的目的和要求，出现了一

些精度评价的新方法，如利用模糊集合理论进行模糊评价，利用多元分析的合成统计量对复杂土地类型进行定量描述与分析，并给出在概率意义上的精度估计等。有兴趣者可进一步参考有关文献。

参考文献

[1] 徐冠华. 三北防护林地区——再生资源遥感的理论及其技术应用. 北京：中国林业出版社，1994.

[2] 遥感研究会. 遥感精解. 刘勇卫，贺雪鸿译. 北京：测绘出版社，1993.

[3] 陈述彭，赵英时. 遥感地学分析(修订本). 台北：中国文化大学出版部，1992.

[4] 陈述彭. 遥感大辞典. 北京：科学出版社，1990.

[5] 田庆久，郑兰芬，童庆禧. SPOT 地面场定标与星上定标结果的比较分析. 遥感学报，1998，2(1)：13-18.

[6] Motrena P, Rebordao J M. Invariant models for ground control points in high resolution images. Int J Remote Sens, 1998, 19(7): 1359-1375.

[7] Larsson J. The use of a DTM in a digital multispectral analysis. *In*: Proceeding of the First Scandinavian Conference on Image Analysis, 1980.

[8] Griffith D A, Amrhein C G. Statistical analysis for geographers. Englewodd Cliffs: Prentice Hall, 1991.

[9] Wang F. A knowledge-based Vision System for Detecting Land changes at Urban Fringes. IEEE Trans Geosci Remote Sens, 1993, 33: 136-145.

[10] Kauth R J, Thomas G S. The Tasseled Cap—A Graphic Description of the Spectral-Temporal Development of Agricultural Crops as Seen by Landsat, Proceedings, Symposium on Machine Processing of Remotely Sensed Data. West Lafayette. *In*: Laboratory for Applications of Remote Sensing. 1976: 41-51.

[11] Gong P, Howarth P. Frequency-based contextual classification and gray-level vector reduction for land-use identification. Photo Engin & Remoto Sens, 1992, 58(4): 423-437.

[12] Jonathan H S, James D W, Steven V S, et al. Impacts of patch size and land-cover heterogeneity on thematic image classification accuracy. Photo Engin & Remote Sens, 2002, 68(1): 65-70.

[13] Smith J H, Stehman S V, Wickham J D, et al. Effects of landscape characteristics on land-cover class accuracy. Remote Sensing of Environ, 2003, 84(3): 342-349.

[14] Kyriakidis P C, Dungan J L. A geostatistical approach for mapping thematic classification accuracy and evaluating the impact of inaccurate spatial data on ecological model predictions. Environmental and Ecological Statistics, 2001, 8(4): 311-330.

[15] Foody G M. Status of land cover classification accuracy assessment. Remote Sensing of Environ, 2002, 80: 185-201.

[16] Congalton R G. A review of assessing the accuracy of classifications of remotely sensed data. Remote Sensing of Environ, 1991, 37: 35-46.

[17] Cihlar J, Latifovic R, Beaubien J, et al. TM-based accuracy assessment of a land cover produce for Canada derived from SPOT VEGETATION data. Canadian J Remote Sens, 2003, 29(2): 154-170.

[18] Latifovic R, Olthof I. Accuracy assessment using sub-pixel fractional error matrices of global land cover products derived from satellite data. Remote Sensing of Environ, 2004, 90: 153-165.

[19] 戴昌达，姜小光，唐伶俐. 遥感图像应用处理与分析. 北京：清华大学出版社，2004.

[20] 马建文，赵忠明，布和敖斯尔. 遥感数据模型与处理方法. 北京：中国科学技术出版社，2003.

[21] Jensen J R. Introductory Digital Image Processing: A Remote Sensing Perspective(2nd). Upper Saddle River: Prentice Hall, 1996.

[22] Castleman K R. Digital Image Processing. Englewood Cliffs: Prentice Hall, 1996.

[23] Schowengerdt R A. Remote Sensing Models and Methods for Image Processing(2nd). San Diego: Academic Press, 1997.

[24] Treitz P, Howarth P. Integrating spectral, spatial, and terrain variables for forest ecosystem classification. Photo Engin & R S, 2000, 66(3): 305-317.

[25] Walter V. Object-based classification of remote sensing data for change detection. Photo & Remote Sens, 2004, 58(3-4): 225-238.

[26] Cetin H, Levandowski D. Interactive classification and mapping of multi-dimensional remotely sensed data using *n*-dimensional probability density functions(nPDF). Photo Engin & Remote Sens, 1991, 57(12): 1579-1587.

[27] Clark C, Canas A. Spectral identification by artifical neural network and genetic algorithm. Int J Remote Sens, 1995, 16(12): 2255-2275.

[28] Bruin S de. 2000. Predicting the areal extent of land-cover types using classified imagery and geostatistics. Remote Sensing of Environ, 74(2): 387-396.

[29] Steele B M. Combining multiple classifiers—an application using spatial and remotely sensed information for land cover type mapping. Remote Sensing of Environ, 2000, 74(3): 545-556.

[30] Kontoes C C, Rokos D. 1996. The integration of spatial context information in an experimental knowledge-based system and the supervised relaxation algorithms—two successful approaches to improving SPOT-XS classification. Int J Remote Sensing, 17(16): 3093-3106.

[31] Ehlschlaeger C, Goodchild M F. Uncertainty in spatial data: defining, visualizing, and managing data errors. Proceedings of GIS/LIS. 1994: 246-253.

第 7 章 遥感综合分析方法

§7.1 地学相关分析法

遥感图像反映的是某一区域特定地理环境的综合体，它是由相互依存、相互制约的各种自然-人文景观、地理要素等构成的，同时包含了地球各圈层间的能量、物质交换。既然遥感信息综合地反映了地球系统各要素的相互作用、相互关联，那么，各种要素或地物的遥感信息特征之间也就必然具有一定的相关性。这使人们在利用遥感技术手段认识地球时，就有可能考虑和利用这种信息相关。

所谓遥感地学相关分析，指的是充分认识地物之间以及地物与遥感信息之间的相关性，并借助这种相关性，在遥感图像上寻找目标识别的相关因子，即间接解译标志，通过图像处理与分析，提取出这些相关因子，从而推断和识别目标本身[1]。例如，我们对某一要素（土壤）进行分类或识别时，往往这一要素在图像上表现得并非明显，而与它相关的其他要素（植被、地貌）可能在图像上表现得更为明显；那么，考虑到区域内这些要素间的相关特征，可以通过某种或某些相关要素（植被、地貌）来推断出所研究的对象本身（土壤），或在分类时充分考虑到这种关系，以提高分类精度，避免错误。

在遥感实际应用中，无论是目视解译还是图像数据分析过程中，地学相关分析法都被十分广泛地采用。

为了取得较好的遥感分析效果，在地学相关分析中，首先要考虑与目标信息关系最密切的主导因子。当主导因素在遥感图像上反映不明显，或一时还难以判断时，则可以进一步寻找与目标有关的其他相关因子。但不管如何，选择的因子必须具备以下条件：一是与目标的相关性明显；二是在图像上有明显的显示或通过图像分析处理可以提取和识别。

7.1.1 主导因子相关分析法

在影响地表生态环境形成的各因素中，地形无疑是一个主导性因素，它决定了地表水、热、能量等的重新分配，从而引起地表结构的分异。地形因子包括高程、坡度、坡向等地形特征因素，也可以表达为综合性的地貌类型。地貌类型的划分与所在地理区域有关，不同的区域会有不同的地貌类型划分原则。例如，黄土高原地区主要分为塬、梁、峁和各类沟谷等地貌类型；沿江地区河流的侵蚀与堆积形成河床、河漫滩、阶地、冲积平原等地貌类型。地形因子的影响或差别造成区域土壤、植被分布的差异。在区域图像分析过程中，地形部位的差别往往造成同物异谱或异物同谱现象，以致解译识别发生错误。地形主导因子相关分析方法的目的就是根据地形因子影响某些地物类型光谱变异的先验知识，建立相关分析模型，提高识别相关地物的能力与正确率。

1. 地形因子相关分析

以土壤自动分类为例，说明地形因子相关分析方法的工作原理与应用过程。土壤是岩石风化物，是在生物、气候、地貌、水文等因素综合作用下形成和发展的，是各种因素的综合反映。一般说来，仅凭遥感图像数据，直接进行土壤遥感自动分类，难以取得好的分类效果。这是因为土壤的光谱数据受到许多因素的干扰，如植被覆盖、大气条件、太阳高度角的变化、土壤表层性质的季节变化（如灌溉、施肥、返盐、翻耕等）、地表形态等，这些都影响到多光谱数据直接识别土壤的精度。何况，单纯光谱分析尚不能有效地表达一些重要的成土因子，如地表形态等。因此，在土壤遥感分类中，往往要把遥感光谱数据与常规的土壤分析方法结合起来，利用土壤形成与成土因子、成土环境间的密切关系，进行相关因子分析，以识别土壤类型。美国农业部利用山区土壤与地形因子的密切关系，通过数字地形数据（DTM）计算得到的定量地形因子（如平均坡度、水网密度、高程偏差等）来自动识别土壤类型，取得较好的识别效果。其具体做法如下所述[2]。

1）确定分类系统

选择 10 个样区，根据土壤的母质、颜色、质地、厚度（即发育程度）、植被覆盖状况及土壤自然排水能力等，把试验区土壤分为不同种类的黄土、冰碛土、砂、砂砾石等 9 种组合类型，分别用英文代码 A、G、I、J、K、L、Q、R、X 来表示。

2）选择相关变量

由于地形是影响土壤发育的主导因素，需建立一组能用于描述地表形态几何特征的数量因子，这些因子要能反映出它与土壤类型间的相关性。这里选择了 11 个地形因子，并分别给予明确的涵义。

其中，6 个地表几何特征地形因子分别为：①平均坡度（AS）——取周围 4 个方向（或 8 个方向）的坡度平均值（%）；②平均坡度变化（MSDC）——周围高程值的拟合面的法线指向（坡度变化/千米）；③粗糙指数（RI）——计算单元内地表面积与底面程之差（或之比）；④地形高程比（ERR）——计算单元内高程之比；⑤地势（SR）——平均高度与最低点之差（米）；⑥高程偏差（SV）——计算单元内最大与最小高程值之差（米）。

5 个水系特征地形因子为：①水网密度（DD）——总沟谷长度/相应地面积（单位：千米/平方千米）；②崎岖数（RN）——局部高差×水网密度；③河网分叉度（BA）（度）；④结构（T）——分叉数/沟谷长度（分叉/千米）；⑤平均河谷深度（MVD）——计算单元内河谷的平均深度（米）。

3）建立数学分析模型

在对以上 11 个变量进行定义的同时，建立由 DEM 计算出这些地形因子适用的计算方法。

4）数字高程数据 DEM 的采集

DEM 的采集可以有多种方法，如由摄影测量系统对遥感立体像对（SPOT、航空影像等）采集输出，或从地形图上人工采样等。这里，DEM 的采集是选用地形图和航空像片完成的。在 1∶2.4 万的地形图上，按 10cm×10cm 的格网取样，每个样区内地形起伏数据约 400 个；水系数据通过数字化记录其 x、y 坐标对来表示。

5）确定不同土壤类型的定量地形因子和判别指标

在 10 个样区内计算已知的 9 种土壤组合类型的 11 种地形因子的平均值。即通过已知样区，可得到变量 y 及 $x_1, x_2, \cdots, x_m$ 的 n 组观测值（$m=11, n \geqslant m$），把它们近似地描述为具有线性相关关系，则可用线性回归方程表示为

$$y = a_0 + \sum_{i=1}^{11} (a_i \cdot x_i) \tag{7.1}$$

式中：y 为土壤类型值（或灰度值）；$x_1, x_2, \cdots, x_m$ 为相关地形因子（已知）；a_0 为回归常数项；$a_1, a_2, \cdots, a_m$ 为回归系数（权重）。用最小二乘法可求模型系数。

经统计分析，建立判别函数，即寻找出各种土壤类型有明显特征的数量地形因子，作为定量判别它的指标。

6）分层分类

在以上分析的基础上，建立分类树（图 7.1），对遥感数据逐级进行土壤专题要素的自动分类。通过 11 个因子参与的 5 级分类，最终 9 种土壤类型均被区分出来。

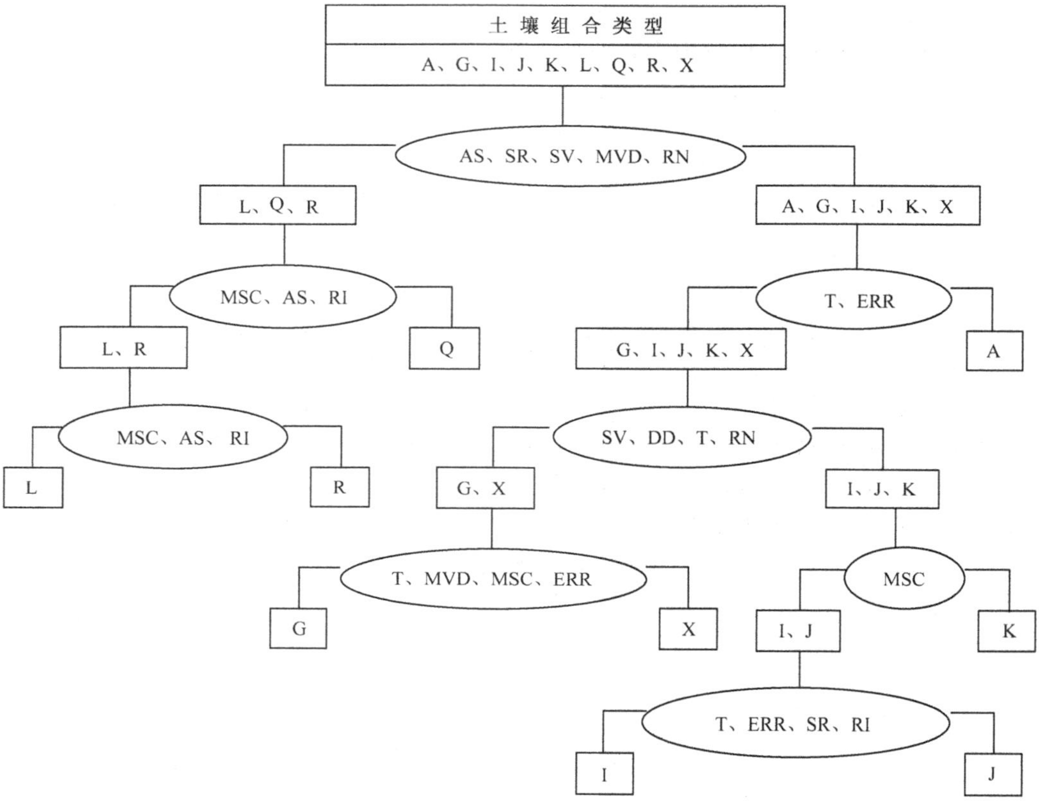

图 7.1　地形因子参与的土壤自动分类[2]

7）分类精度及因子有效性分析

运用现有的大比例尺的土壤图、地形图、航空像片来检验分类精度，并对 11 个定量地形因子进行有效性评价。分析结果表明，在 11 个定量地形因子中，相对地形（即高程偏差 SV）和水网密度 DD 对区分土壤类型最为重要。也就是说，地形和水系是控制景观几何特征的两个主要形态参数，对土壤分类最有意义。

以上的实例说明，对于某些特定地区（即地形是影响土壤的主导因素的地区），从地形与土

壤形成的内在联系出发，采用由遥感信息提供的数字高程数据（DEM）计算出的相关地形因子，作为土壤分类的唯一指标，而不用任何土壤本身的指标，也可以较好地区分出不同的土壤类型以及土壤特征的颇小差异。

2. 地貌类型相关分析

以盐碱土识别为例，说明地貌类型相关分析方法的工作原理与应用过程。

我国华北大平原上，地貌类型比较简单，主要表现为岗地、坡地、洼地。这种“微”地貌导致平原水、盐、土、植等一系列相关的规律性变化：“微”地貌（岗、坡、洼）→影响着地下水的分布与埋深→控制着水盐动态变化→制约土壤的形成过程与盐渍化，呈现出“岗旱、洼涝、二坡碱”的地学规律→控制着作物、植被分布及村落的集聚等。这里3～4月多为干旱、多风的气候，促使地下盐分运移到地表，使地面返盐，出现盐霜、盐壳，地表反射率高，则在陆地卫星MSS黑白图像上，重盐碱土一般应该为白色斑块，易于识别。但是在山东惠民县李庄一带图像上出现了一块异常的黑灰色斑块（图7.2）。它究竟是什么？从“微”地貌上看，它位于徒骇河与黄河之间，三面被黄河决口扇包围，似地下水位高的河间、扇间洼地，则应属“洼地-潮土-大田作物”或“洼地-潮土-芦苇”组合关系，则在9月初的标准假彩色合成图像上，应相应出现反映作物或芦苇生长期的红色，然而却实际呈现反映荒地的灰绿、灰蓝色。这说明它并不符合上述的“洼地-潮土-大田作物”或“洼地-潮土-芦苇”的组合关系。进一步研究可知，黄河为地上河，该处紧靠黄河与徒骇河，受河水的侧渗作用，地下水位高，水盐上升而呈重盐碱土，因而呈现没有生机的荒地景观，即符合于“地下水位浅-缓平坡地-盐碱土-荒地”这一组合关系。只是因为土壤中含大量吸湿性较强的镁、钙离子（$MgCl_2$、$CaCl_2$），常年呈潮湿状态，因而旱季影像上仍显暗色调（黑灰色），当地把这种盐碱土（卤碱）称为“黑油碱”、“万年湿”[1]。可见，把遥感影像分析与地貌、土地利用、水文状况等相联系的地学分析结合起来，可以减少误判，提高分类精度。

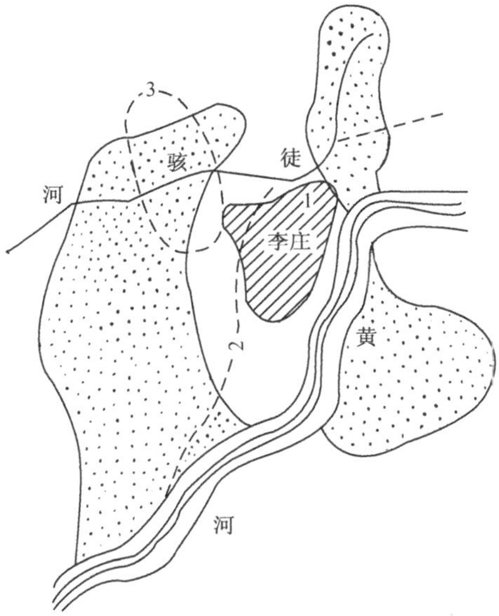

图7.2　山东惠民县李庄一带的盐碱图斑

事实上，对于遥感解译，地物间的复杂相关性是作为一种先验知识融入到整个解译过程中。地学相关分析法也就十分自然地被广泛应用。例如，8月的标准假彩色合成图像（即将可见光绿、红及近红外波段分别赋予B、G、R色）上，红色系列反映地表植被覆盖，包括耕地（水田、水浇地、旱地、菜地等）、林地（天然林地、人造林地）、灌丛地、草地、沼泽芦苇和低湿草甸等。首先根据农事历、物候差，通过不同时相的对比（如与9月下旬作物收割季节卫星图像的比较）可以区分出耕地与林、草。而林、草、低湿草甸又可运用地貌相关法予以区分。林地多在山地阴坡，呈红色；灌丛多在山地阳坡、色暗发黄；草地在较平坦地面，呈浅红、黄绿色；低湿草甸、沼泽芦苇多与水体有关，而后者为鲜红色，色调均匀。浅黄-白色系列包括裸沙、干裸土、盐碱地、休闲地、道路等。其中裸沙多呈斑点状、垄状，与风向或河道有关，呈黄-浅黄-黄白系列；而白色多为盐碱土与沙土，它们又可依据地貌部位、地下水埋深、土地利用状况等相关特征的差异加以区分。由此可见，尽管地类在图像上的反映是复杂的，受多种因素的影响，但若了解它与地理环境其他要素的相关性与组合特征，就有可能通过环境因子的相关分析来识别它们。

7.1.2 多因子相关分析法

在遥感图像分析过程中，由于需识别对象受到多种因素的影响与干扰，影像特征往往不明显，而且相关因素较多，难以确定相对于影像特征较明显的主导因子。为此采用多因子统计分析方法，通过因子分析，从多个因子中选择有明显效果的相关变量，再通过相关变量分析，来识别目标对象。

下面以遥感地质找矿为例[3]，说明多因子相关分析方法的工作原理与应用过程。

试验区为湖北变质岩系地层广为出露的地区，地质构造较复杂，岩浆活动频繁、强烈，矿种多，矿化普遍，与成矿有关的因素很多，相互之间关系复杂，一时难以判断出最主要的相关因素。区内已做过大量常规地质工作，但尚未发现有一定规模的矿床。

遥感地质找矿是在现有物化探、地质、地震等资料及遥感图像构造解译的基础上，采用多因子的点群分析方法，寻找各因子与成矿的内在关系，并通过多变量分析，找出有希望的矿点、矿区。

具体做法如下所述。

(1) 把全区格网化，划分为 161 个网格单元，每网格相当于地面 $1000km^2$。

(2) 确定与找矿有关的变量。共选出 45 种变量，将它们归纳为线形影像特征密度、矿床矿点密度、航空磁异常、岩浆岩、地层、地震参数、化探异常元素、重砂异常元素等八大类。

(3) 变量测定。以格网为单位，进行 45 种变量数据的测定。由于这些变量已有相应的专题图，变量的测定便可在图上进行。对于有些变量要用平均值表示，如线形形迹的平均密度表示为单位面积中的线形形迹的总长度。这样，每类变量有 161 个样品值。

(4) 多因子点群分析。经以上变量测定，161 个样品，每个样品均由 8 个变量组成。每个样品可以看做由 8 个变量组成的 8 维空间中的一个点，则 161 个点在 8 维空间内均有各自确定的位置。对这些数据按一定的规则进行统计分类，根据各点相似性程度的大小，逐一把 161 个样点归类成群。这里需要注意的是，在统计计算前，为了避免测量单位及标准不一而引起的错误，使每个变量统一于同一标准范围变化之内，必须对数据进行标准化处理。

样品聚类分析的结果，把有希望的矿区分为 4 类，每一类成矿条件区又进一步划分为数个亚区，为进一步找矿提供依据。同时，对 8 类变量的有效性进行分析评价，通过求算复相关系数 R，来说明各变量与成矿的关系。研究结果表明，断裂构造起控岩、控矿的重要作用，与成矿关系最密切；岩体、地层、物化探异常均与成矿有关；唯有地震与成矿无关，说明地震构造是成矿后发生的。

7.1.3 指示标志分析法

地球表面环境的形成与发展是地球大气圈、水圈、生物圈、岩石圈等各圈层相互作用的综合表现。区域环境本底体现出一定的规律性特点。环境各组分相互关系的变化，往往造成局部区域内自然环境"正常"的组合关系、空间分布规律等会遭到"破坏"，从而引起一系列生物地球化学异常现象。在遥感中，对这些"异常"现象的研究主要通过各环境要素间的相关性，在图像上寻找相关因子和"异常"标志。这在遥感生物地球化学找矿及地植物学找矿、地热、油气藏的识别，以及对环境污染、植物病虫害的监测等方面有广泛应用。

1. 生物地球化学异常与地植物学指示

近地表的矿床和矿化地层，经风化后，地球化学元素发生迁移、集中，往往形成元素富集的分散流和分散晕（矿化晕），从而造成一定范围内的地球化学元素异常。这种异常也会引起土壤化学性质的变化（如微量元素的过量或缺少）以及地表植被异常（如引起植物体内化学成分、水分、结构及其他生理机制的相应变化，以至于某些植物生长受压抑、病变或特别茂盛、植物群体分布特别稀疏或集中等），形成“生物地球化学异常”或“地植物学异常”。

这种异常往往导致出现一些特有的指示植物。例如，中非的“铜花”、我国的“铜草”（又称海洲香薷）都是铜的典型指示植物，可以准确地追踪富铜区、铜矿的踪迹；杜松是探铀的指示植物；波希米亚的七瓣莲为锡的指示植物等。

另外，研究表明[4]，微量元素能促进植物体中酶的活化，对细胞新陈代谢有催化作用，可以促进植物正常生长。这些元素若过量或缺少，都将使植物发生病变，表现出植物生理特征、形态、色泽等的明显异常，植物反射光谱也发生变异。例如，当植物体中缺少氮、磷、钾、锌、镁、钙、铜、铁、锰、钼、硼、硫等元素（超出植物所能适应的范围）时，则对植物起毒害和抑制作用，植物将出现顶芽萎缩枯死、叶子褪色、生育期延长、叶柄变粗、变脆、叶面出现多种色斑等不同的生态变异现象；当植物体中含过量的金、银、铜、铅、锌、镉、汞、砷、锑、硫、硅等元素时，植物将出现枝杆变脆、叶子发黄、根系短少、生长缓慢、植株矮小甚至叶片脱落枯死等不同生态变异现象；或土壤中过量的锌，引起植物叶形发生变化，色变黄或变红，过量的硼使某些植物叶变暗绿，过量的铜使某些植物叶变浅，过量的锰使某些植物叶变灰蓝色，铀矿引起植物的白叶病或矮化症，油田的瓦斯逸出引起植物开花异常或巨型化等。初步研究认为，由于植物体内某些微量元素过量，阻止了根部对营养元素和水的吸收，降低酶的活性，减少根分裂速度，抑制光合作用和细胞代谢作用，因而阻碍了植物正常生长发育，甚至使根叶坏死（表 7.1、表 7.2）。

表 7.1　植物体中缺少某些元素生态变化特征表[4]

<table>
<tr><th>缺少元素种类</th><th>植物生态变化</th><th>叶片上斑点出现情况</th><th>缺少元素种　类</th><th>植物病变出现部位</th></tr>
<tr><td>N</td><td>新叶呈淡绿色，老叶黄化枯焦，有早衰现象</td><td rowspan="3">易出现</td><td rowspan="3">N
P
K</td><td rowspan="5">老组织先出现</td></tr>
<tr><td>P</td><td>茎叶呈暗绿色或紫红色，生育期延迟</td></tr>
<tr><td>K</td><td>叶尖及边缘先焦枯，叶面出现斑点症状，随生长发育而加重，有早衰斑</td></tr>
<tr><td>Zn</td><td>叶小簇生，叶面斑点在叶主脉两侧先出现，生长发育期延长、推迟</td><td></td><td></td></tr>
<tr><td>Mg</td><td>叶脉间明显失绿，网状叶脉清晰，出现多种颜色斑点或斑块</td><td>不易出现</td><td>Mg</td></tr>
<tr><td>Ca</td><td>叶尖呈弯钩状，且相互黏连，不易伸展</td><td rowspan="2">顶芽易枯死</td><td rowspan="2">Ca
B</td><td rowspan="7">新组织先出现</td></tr>
<tr><td>B</td><td>茎叶柄变粗、变脆，易开裂，花器官发育不正常，生育期延长</td></tr>
<tr><td>S</td><td>新叶黄化，失绿均一，生育期延迟，阻碍叶绿素合成</td><td rowspan="5">顶芽不易枯死</td><td rowspan="5">S
Mn
Cu
Fe
Mo</td></tr>
<tr><td>Mn</td><td>叶脉间失绿，并出现细小棕色斑点，组织坏死</td></tr>
<tr><td>Cu</td><td>叶脉萎缩，叶面出现白色斑，果穗发育不正常</td></tr>
<tr><td>Fe</td><td>叶脉间失绿，逐渐整个叶片呈淡黄或白色</td></tr>
<tr><td>Mo</td><td>叶片生长畸形，斑点散布于整个叶片</td></tr>
</table>

除了出现植物生理生态特征异常外，这些异常还会导致植物长势、密度、植物组合等明显

异常，可能使一些植物属种消失，而出现另一些特有的属种。这些现象均可导致植物反射光谱产生变异，并引起植物群落波谱特征的变化（光谱曲线形态、位置等）。这些在遥感图像的色调、形态、纹理结构上均会有所反映。因而，可通过波谱、植物组分、地球化学元素等测量，以及遥感异常提取，对“植物景观遥感异常”发生的时间、范围、强度等作出判断，同时进行圈定，以绘制植物异常图，并分析它与生物地球化学效应、生理生态特征的成像关系，以指导找矿或寻找污染源。

表 7.2　金及伴生元素过量植物生态变化特征[4]

元素	植物体中正常含量	植物体过量吸收导致的生态变化
Au		过量使枝杆变脆和叶片失水；叶片整体呈黄色，并出现黄色斑
Ag		系有毒元素，微量即抑制根部吸收营养元素，使根坏死，甚至导致植物死亡
Cu	$(3\sim20)\times10^{-9}$	过量将使植物生长发育受阻，叶片出现退绿现象，且光合作用减弱，并抑制其他有益元素吸收，致使植物缺铁；并使根尖硬化，主根生长尖细胞分裂，使支根减少，严重时导致缺水和叶枯，直至植物死亡
Pb		过量将影响植物生长，降低根细胞分裂速度，减弱植物光合作用强度导致植物生物量下降（主要由于抑制了细胞的新陈代谢和 CO_2 的固定以及糖-二膦酸酯的合成）；其作用主要抑制细胞光合作用的电子传递及光合系统Ⅱ的活性，阻碍生物化学过程的氧化还原作用
Zn	$(18\sim200)\times10^{-9}$	过量会伤害根系，使根生长受阻，导致老叶出现褐色、紫红色斑点，直至植物死亡
Cd		系有毒元素，微量即能破坏叶绿素结构，降低叶片中叶绿素含量，使叶体发黄退绿，叶脉呈酱色，且使叶片变脆、萎缩（表现为缺锌病症）、生长缓慢，植株矮小，使植物根系生长受抑制，导致植物生理作用发生障碍
Hg		汞气将使植物叶茎、花瓣、花梗、幼蕾花冠变成棕色或黑色，严重者将使叶和幼蕾掉落
As	$<75\times10^{-9}$	过量将阻碍植物生长发育，使根生长受阻，甚至破坏根叶细胞，导致叶片发黄、脱落，其机理是阻碍植物对水和氮的吸收，阻碍吲哚酸的形成，抑制植物呼吸和磷的代谢
Sb		与砷类似
S		过量使植物叶发黄、枯死
Si		减少叶的蒸腾强度，起调节水蒸发的作用，还可提高根对某些元素的氧化能力，减少根对铁锰的过量吸收

注：植物体中含量实指植物灰分中含量

图 7.3 反映了铜矿脉的生物地球化学指标，说明植物密度的异常和表土化学元素的异常，揭示出其本质在于铜元素的富集、铜矿脉的存在。再结合地面调查、化探、采样分析等追根求源，不仅可以寻找矿源及新矿化带，而且可以研究植物分布与地下矿带间的关系，为进一步找矿服务。

金矿区的生物地球化学标志也是很明显的。例如，秦岭、太白、广东河台金矿区等，从表面外观特征看，地表植被景观与周围背景区植被相比色调有差异，矿区内呈黄绿色、区外呈绿色，且金矿区内植物长势差，叶面变得小而粗糙，多色斑；采样植物的灰分分析表明，矿区内的植物灰分中金含量不同程度地增高，形成强度不等的含金生物地球化学异常。植物光谱特征分析显示，不仅金矿区内植物的光谱反射率较矿区外植物高，如广东河台金矿区内[6]，植物光谱反射率较正常值高出 5%～20%（图 7.4）；而且反射光谱曲线形态也发生部分变异，尤其是“红边”（红-近红外陡坡段）斜率增大，且向短波方向移动 5～10nm，即出现“红边蓝移”现象。进一

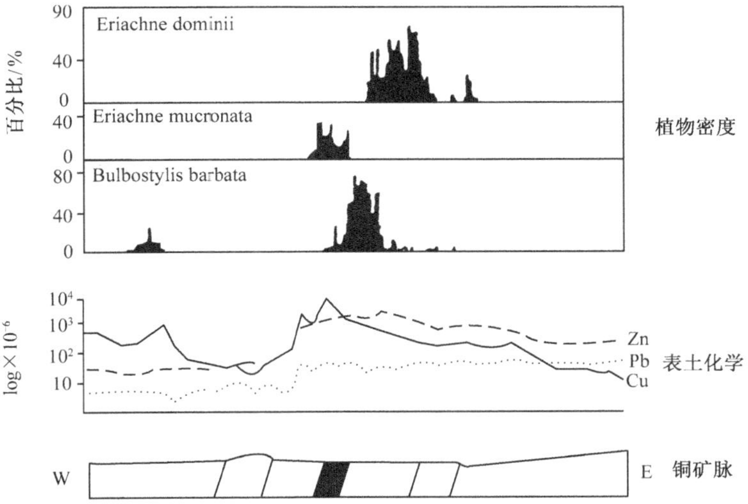

图 7.3　铜矿脉的生物地球化学指标[5]

步研究还发现，金矿区内叶体含水量低 22.5%，叶面温度低 1～2℃，叶体色素含量高，电镜下叶体细胞结构也发生变异。正是这些叶冠结构、叶体色素、叶体水分、温度等的变化，导致了植物光谱特征的变化。同时，与金矿化直接有关的热液蚀变，如钾化、硅化及黄铁绢英岩化等交代作用往往使暗色矿物分解流失，浅色矿物增多，岩石色调变浅，结构构造被破坏变细，常形成光谱反射率较高的浅色调异常带(段)。根据以上微观与宏观特征的变化，就可以通过遥感生物地球化学方法寻找金矿体。

同样，在广东鼎湖斑岩钼矿区[7]，钼矿体及各围岩蚀变带内土壤与植物体内钼含量的分布及其变化是一致的，有很高的相关性(相关系数在 0.90 以上)。由于土壤中 Mo 含量过高，导致植物体内 Mo 含量过高，引起 Mg、Fe、Cu、Ze 等元素的吸收和输导受阻，使 Fe/Mg、Mg/Mo、Cu/Mo、Zn/Mo、Mn/Mo 在植物体内不平衡，尤其是 Mg 含量显著降低，影响叶绿素的代谢、更新和光合作用，叶绿素含量下降，并使叶细胞受破坏，植物叶片普遍褪绿发黄，严重出现黄褐色斑点、叶尖枯黄等一系列病变。受钼的毒害作用，植物生理、生态发生变化，导致了植物光谱特征的变化。即在可见光-近红外波段，受害植物的反射率一般高于正常植物；在红外波段则相反，受害植被的光谱曲线普遍出现“红边蓝移”现象，且蓝移量 5～10nm。植物含钼量越高，毒害越深，其光谱曲线与正常曲线的差异越大。对研究区岩矿、土壤与植物中的钼含量、植物叶色素、水分含量、植物波谱特征以及影像特征等进行相关分析的结果表明，植物波谱特征及影像特征的变化主要是受土壤、叶片中钼含量的制约，其次是受植物叶片的色素和水分含量影响。

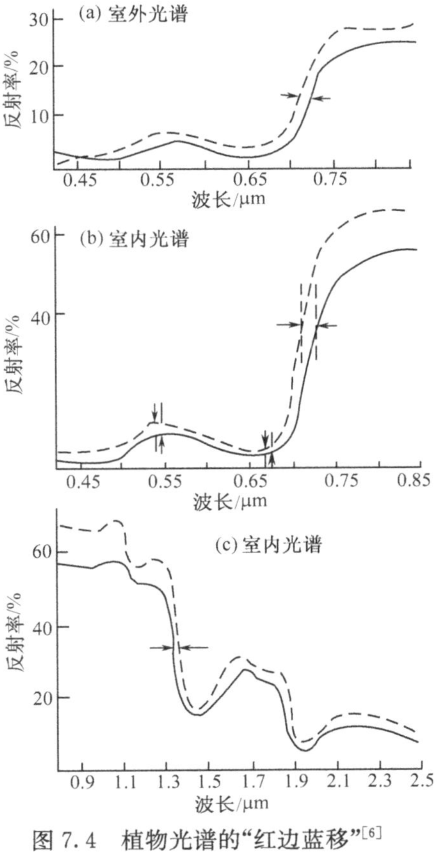

图 7.4　植物光谱的“红边蓝移”[6]

2. 油气藏指示标志综合分析

油气藏遥感探测可以说是遥感生物地球化学探矿的又一种重要体现。油气藏是深埋于地下的非固态矿床(流体状态),内部具有很大的压力,与地表间存在巨大的压力差。油气藏的烃类(液态烃、气态烃)及伴生物(水及惰性气体)沿着压力梯度方向,通过地层孔隙、裂隙、节理、断层等向上渗透、扩散运移,产生"烃类微渗漏现象"。应该说油气藏的烃类微渗漏是以渗透运移为主,另有水动力运移和扩散运移等,且运移过程中受到岩性、构造、水文和热力学等因素的综合制约。运移到地表的烃类物质,其中常温下气态烃的一部分逸散到大气(常温下的气态烃),一部分储藏在土壤孔隙中,并部分被喜烃菌类"吃掉";还有部分烃类(包括重烃)被土壤的矿物颗粒吸附或与地下水结合形成碳酸,以致形成次生盐类[8]。

烃类微渗漏现象造成油气藏上方的地表或近地表物质的物化性质发生变化,出现地球化学异常和一系列烃类微渗漏的"蚀变现象"。这种异常和蚀变现象表现在以下方面。

(1) 土壤吸附烃类异常。烃类物质在 1.72μm 附近(1.68～1.84μm)、2.27～2.47μm 波段的吸收带以及在 3.33～3.53μm 的强吸收带,均位于遥感"窗口"内,且均无其他油气组分的特征波谱干扰,为油气藏烃类渗漏遥感探测的有用波段,可以通过红外高光谱扫描来获取有关信息[9,10]。

(2) 土壤碳酸盐化。研究表明[11],微生物(细菌)垂直迁移烃类的氧化作用,会造成油气藏上方沉积层、土壤及近地表土壤中方解石或其他碳酸盐的沉淀,即碳酸盐总含量异常,碳酸盐矿物的吸收峰在 2.35μm 附近,在 2.50μm 处也有吸收。

(3) 红色岩层褪色。研究表明[11],微生物对烃类的氧化作用消耗游离氧(O_2)和化学结合态的氧(如 SO_4^{2-} 或 NO_2^{3-}),硫酸盐还原菌产生的硫化氢,则烃类与硫化氢等伴生组分在岩层、土壤中迁移时产生一种还原环境,使铁、锰等元素还原成较低价态(如 $Fe^{3+}\rightarrow Fe^{2+}$),在油气藏上方形成磁铁矿、磁赤铁矿、褐铁矿、黄铁矿沉淀,或碳酸盐铁锰物质与方解石沉淀。经测定,磁铁矿在 0.4～1.1μm 波谱范围内最大反射率值为 15%左右,含锰砂岩的反射率也在 15%左右,即还原环境形成的铁锰等物质会极大地降低反射率。$Fe^{3+}\rightarrow Fe^{2+}$ 吸收峰分别在 0.9μm 和 1.1μm 附近。

(4) 土壤黏土矿化。即黏土矿物丰度异常,高岭石、绿泥石等黏土化矿物的吸收峰在 2.2μm 附近。

(5) 地表磁性异常。使非磁性的赤铁矿、褐铁矿、针铁矿、黄铁矿变为具磁性的磁铁矿、磁黄铁矿,而使岩石具有磁性,可以通过航空磁力仪探测。

(6) 地表层放射性矿化异常。可以通过航空伽玛能谱仪探测航空放射性异常。

(7) 地热梯度异常。油藏上方的地面辐射温度可高于背景区 1～3℃,气藏上方则低于背景区 0.5～2℃,可以通过热红外遥感探测。例如,陕北油藏区地面温度场值为 11℃左右,高于非油藏区 0.2～1.0℃[12]。

(8) 地植物异常。即烃类微渗漏所造成的地球化学元素异常,致使植物的生理、生态变异,地植物病变或优势种群分布异常等。它对植物的影响虽是长期的、低浓度的,但也能使植物各波段反射率有所增减(可见光反射率增高,近红外反射率降低),反射曲线峰值减弱,造成光谱曲线中的"红边蓝移"。地植物异常以乔木更为明显,可以通过植物受抑制状态时的可见光—近红外遥感探测。

由以上分析可见,油气藏的烃类微渗漏过程会发生一系列化学作用。这些化学作用主要表现为还原、热降解、化合和氧化作用,在微生物参与下,促使烃类物质加速分解、化合形成一些新的物质[13]。这些新物质使局部地球物理场、化学场、生物场发生较大变化，致使地表自然景观、土壤、水质、地物波谱特征等也发生相应变化。这是产生独特的晕环状、云雾状等遥感影像异常的原因所在，也是遥感探测油气藏的理论依据。

我国内蒙古白音都蓝含油凹陷，为一个埋藏很浅的油气藏，赋存于白垩系含油沙层中，埋藏最浅处距地面仅 90m 深，油层总厚度达 70m。油气的渗漏与扩散运移，造成陆地卫星 MSS 图像上的圆形色调异常[14]。通过植物反射光谱(0.688μm)测定表明，图像异常圈内反射率较高，边缘出现最高值窄带，而异常圈外，植物反射率较低。采用 MSS5/(MSS4＋MSS5＋MSS7)的比值分析所出现的边缘陡变现象与 MSS5(0.6～0.7μm)图像上色调异常清晰的边界相对应(图 7.5)。这是由于油气藏的烃类微渗漏致使油气藏上方的植物受毒害，而导致生理、生态发生变异所造成的。对羊草、冷蒿、针茅的全植株灰分分析表明：图像异常圈内微量元素 Cu、Zn、Mn、Ni 均有明显增高，其中以 Mn 增高最为明显。石油地球化学探勘中，土壤气测结果证明：色调异常圈内有明显的重烃(乙烷、丙烷、丁烷)气体异常。土壤沥青分析结果表明：沥青 A 含量在异常圈内为 50×10^{-6} 以上，在异常圈外为 35×10^{-6}。可见，遥感图像的圆形色调异常与植物光谱异常、植物微量元素异常、地表地球化学元素异常，及油气藏的吻合，正反映了地下油气渗透、扩散作用所引起的一系列异常现象。而这些异常在遥感图像上有着明显的指示标志。指示标志分析法为遥感找油气提供一条新路。

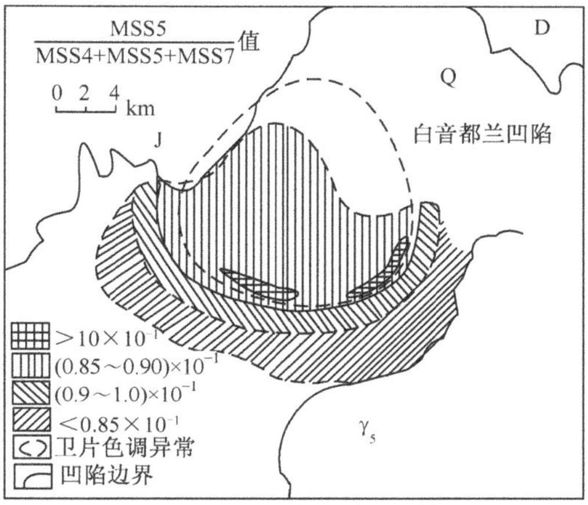

图 7.5　内蒙古白音都兰含油凹陷的遥感影像异常

油气藏的烃类微渗漏的遥感影像异常信息往往是较微弱的。因而，一方面需要研究图像异常形成的机制，即烃类微渗漏引起的蚀变现象的光谱行为，加强不同成油条件、不同环境背景下遥感异常与油气微渗漏两者间相关性研究；另一方面要加强遥感图像异常信息提取方法研究，运用多种图像处理方法，如比值分析、主成分分析、穗帽变换、矿物吸收指数等，以排除其他信息的干扰，突出和提取与油气藏有关的“异常”信息。此外，还应注意遥感技术与油气化探、地面波谱测试、地磁、地温、能谱测量、地电化学勘探手段结合，将遥感图像异常特征分析与地质构造/地貌特征分析结合起来，并融合各种非遥感信息，以提高遥感油气探测的水平。

§7.2　分层分类法

7.2.1　概　　念

1. 分类树的建立

自然界的地面景物是多种多样的。这些地物本身处于不断的运动变化中，加上自然和人为因素的影响，更增加了地物的复杂多变性。

在遥感图像上，这种景物或现象的复杂性表现在它们的影像特征和组合关系是多变的。它们的可分性与不可分性也时刻在变化，有的情况下是可分的，有的情况下又是不可分的。如图 2.5 所述的美国中部行间种植的玉米与大豆，因光谱特征、生长周期十分相似，就单波段、单时相而言一般是不可分的，但是在 1.7μm 波段处，或播种约 30 天时，因光谱特征有差异而可以区分，倘若采用多波段数据多变量分析，则更是可分的。再如，云和雪一般是可分的，虽然它们均为高反射，光谱特征相似，但可通过云的阴影加以区分；但是对于低空薄云，则无论在可见光、近红外还是热红外波段都是难以区分的，然而在 Landsat/TM 5 波长 1.55～1.75μm 的短波红外波段，雪被为低反射率，云为高反射率，两者反差较大，可以区分。可见，由于景物的复杂多变性，给遥感图像识别带来许多难题。显然面对这些复杂的景物或现象，人们不可能用一个统一的分类模式来描述或进行区域景物的识别与分类。因而，对于这些看似“杂乱无章，错综复杂”的景物，往往需要深入研究它们的总体规律及内在联系，理顺其主次或因果关系，建立一种树状结构的框架。即建立所谓的分类树，来说明它们的复杂关系，并根据分类树的结构逐级分层次地把所研究的目标一一区分、识别出来。这就是我们所指的分层分类法。

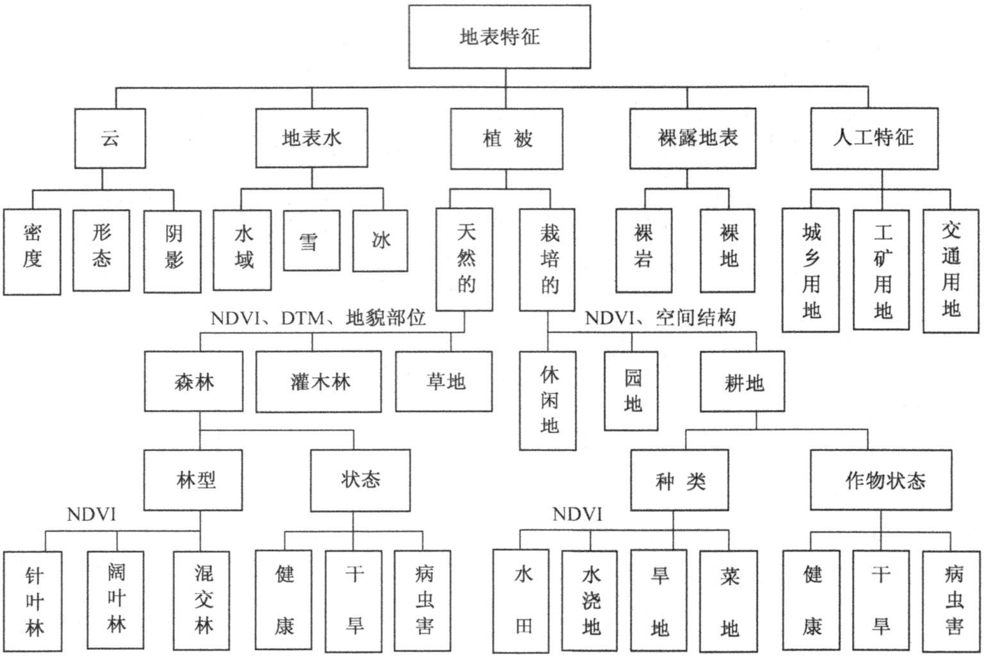

图 7.6 典型地表特征类别的信息树

这种建立分类树的方法常被用于处理复杂的景物、现象或一组复杂的数据等，如图书分类、学科分类、动植物属种分类等。图 7.6 是从遥感应用的角度，以分类树的形式表示地表特征类别的总体结构与分层关系。此分类树是根据具有信息价值的各种类别的内在关系绘制的，它看似一棵倒立的树，顶部是一般地表特征类别(云、地表水体、植被、裸地、人工特征)。它们又被进一步划分为适当的子类，如植被又分为天然植被与人工栽培植被(农作物)；天然植被又分为森林、灌丛、草地……如此继续分下去。也可以根据特定的目的，把分类树中感兴趣的部分描述得更为详细。应该说，目前遥感的发展已经使我们有可能在分类树的不同节点上，选择不同的遥感数据和适宜的数据分析方法，来最终实现各类别的区分和信息提取。

2. 分层分类法的含义

遥感分层分类法包含三层含义。

(1) 根据景观分异规律和对景物总体规律及内在关系的认识，设计分类树。这种不同类别间的相互关系、内在联系，有的可以根据理论分析和实际知识与经验来直接确定；有的需要通过大量计算或统计分析、间接指标来发现。

(2) 根据分类树所描述的景物总体结构和分层结构，进行逐级分类。实际上，对于目视解译而言，就是在分类树的每个节点上，建立类别间的解译标志来区分它们；而对于数字图像处理而言，则是按一定的分类规则(如最小距离、最大似然法等)分别设计各种分类器，对图像中的各像元进行逐层的识别、归类，通过若干次中间判别最终得到判别分类的结果。也就是通过一组独立变量，将一个复杂数据集逐步分解为一些更纯、更同质(均匀)的子集。

(3) 分类过程中，在结构层次间可以不断加入遥感或非遥感的决策函数、专家知识及有关资料(如一些边界条件、分类参数等)，以进一步改善分类条件、提高分类精度。这种辅助决策函数的加入，使分类树的结构更为合理，而组成一个最佳逻辑决策树，可以得到更为满意的分类结果。

3. 分层分类法的特点

(1) 用逐级逻辑判别的方式，使人的知识及判别思维能力与图像处理有机地结合起来，避免出现逻辑上的分类错误。例如，由于参考地貌部位等知识，已将林、灌、草、农田分开，因而即使某块农田中的像元与某块草地的个别像元亮度值相近，也不会将它们错误地混淆为一类。

(2) 运用分层分类法，把复杂景物或现象按一定原则作了层层分解后，它们的关系被简单化了。由于在分类树的各个中间节点上，只存在较少的类别，面对较少的对象就有可能选择更有效的判别函数或有针对性的分类方法，如选择合适的波段与波段组合、采用不同的算法，或加一些辅助数据进行复合处理等，其针对性更强，可优化结构树，提高分类精度。当然对于个别对总体精度贡献小的低层节点(权重小的变量)，也可进行“反向调整”(修枝)，使之合并到上一层节点(父节点)(参见第 11 章有关内容)。

(3) 根据不同目的要求进行层层深化，相互关系明确，局部细节描述得更为清楚，每个节点上只需考虑与区分目标有关的最佳变量，这就避免了数据的冗余，减少了数据的维数，能更充分地挖掘数据的潜能。

(4) 由于分类树法对训练区内的数据统计并非基于任何“正态或中心趋势”假设，因而分类树法比传统的统计分类法更适于处理非正态、非同质(分布不均)的数据集，并对于特定的类别可以产生不止 1 个(多个)终端节点。这种节点描述了非正态训练区的类间方差[15]。

(5) 知识的参与灵活方便，可以在不同层次间、以不同形式(逻辑判断或物理参数，数学表达式等)介入，便于遥感与地学知识的融合。

(6) 分类树法能一目了然地显示任何独立变量的层次特性、相互关系及其在分类中的相对重要性(权重)等，操作者可以实实在在地看到分类过程中所发生的一切，始终控制着整个分类过程，避免“暗箱”操作，减少“不确定性”，提高了分类结果的可信度。

显然这种逻辑判别算法可以提高信息提取能力、分类精度和计算效率，且在数据分析和解译方法上表现出更大的灵活性。因此分层分类法在遥感数据分析中得到广泛的应用。

Hansen 等[16]利用 NOAA/AVHRR 1°×1°经纬格网的全球数据(空间分辨率 8km)，选用 1987 年 12 个月的 NDVI、月平均 NDVI、最大 NDVI 以及相关的 CH1、CH2 反射率(ρ_1，ρ_2)和 CH4、CH5 亮度温度(T_4、T_5)，推导出植被的 16 种生物物理特征参数(表 7.3)，并从全球土地覆盖数据集中选择反映全球主要生物群系的 13 种植被类型，圈定训练区，进行最大似然分类法和分类树法的比较分析。结果显示，分类树法的精度优于最大似然分类法的精度，且区分的类别具更高的验证比例(8/12)。

表 7.3　生物物理特征参数[16]

序　号	参　数
1	NDVI 的最大值($NDVI_{max}$)
2	NDVI 的平均值($\overline{NDVI}$)
3	NDVI 数值范围
4	植被生长季的 NDVI 阈值
5	植被生长季的长度
6	生长季中绿度开始的分量
7	生长率(即绿度开始的速率)
8	衰老率(Senescence)
9	生长季的总 NDVI
10	绿度开始的总 NDVI 占衰老期总 NDVI 的比率
11	对应 $NDVI_{max}$的红波段反射
12	对应 $NDVI_{max}$的近红外波段反射
13	最大地表温度
14	最大 NDVI 时的温度
15	最大温度——最大 NDVI 时的温度
16	最大温度——生长期 NDVI 取阈值时的温度

图 7.7 显示全球主要生物群系(13 种)的分类树(部分)。当偏差最大时,出现第一个分枝。它采用平均 NDVI 为 0.164(或采用亮度值 148.5),将初始节点分为两个非终端节点,分别确认为冻土带(类 1)和常绿阔叶林(类 9),然后以同样的方式对这两个节点进行进一步分解。整个决策树的最终结束是依据最小终端节点的大小(它是由像元数人为决定的,可以是 1 个像元,2×2、3×3 等)。图中还显示,从根节点开始,对于任一给定的覆盖类型,人们可以有一个或多个终端节点。变化少的类别如裸地(沙漠),其终端节点少;若选用平均 NDVI 低(N_2)、最大温度高(N_{13})、最大 NDVI 的红反射高(N_{11})3 个判别变量,可将裸地(类 13)分为两类(即两种裸地的终端节点);相反,耕地由于有较大的内部差异(即同质类变化大),因而可分为 7 类(即有 7 个终端节点)。

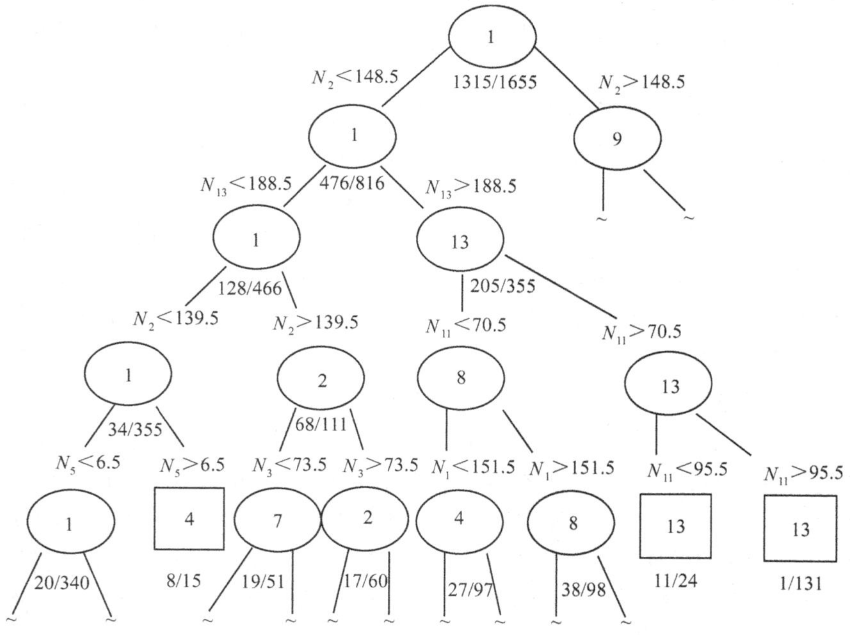

图 7.7　全球 1°×1°数据集的分类树示意[16]

(椭圆为中间节点,方形为特定类别的终端节点,错分率表示在节点之下,指标数及相关阈值显示在节点的连线上)

4. 建立分类树的基本条件

(1) 所要表达的类别在各层次中均无遗漏。

(2) 各类别均必须具有信息价值,即必须与识别的目标对象有关联、有意义,在分类中能起到作用。也就是说,与研究对象相关性明显。

(3) 所列类别必须通过遥感图像处理能加以识别、区分。也就是在图像上有明确的显示或可以通过图像数据来表达。

对于某一景物或现象而言,同时满足以上三个条件的分类树可以有多种。不同的人考虑问题的角度和理解程度不同,所建立的分类树、寻找的分类途径均不同。但是,一个分类树设计得好坏在于,各分类结点上的类别间差异越大,遥感的可分性越高,分类精度才会越高。这里有个特征选择问题,即波段与方法的选择。选用何种遥感数据源,采用何种分类方法,以及分析者的水平均直接影响到识别与分类的结果。

7.2.2 建立分类树的基本方法

1. 遥感数据统计分析和可分性研究

地物反射波谱信号是个连续变化的模拟量,经过模数变换(A/D)——抽样、量化,转换为离散的数字点集。也就是说,它在量化前是连续的随机变量,可以在某个连续区间上任意取值;而在量化后,则成为离散的随机变量,只能在有限的或可数的数值集上取值,即连续的模拟量转变为区间值(图 2.23)。遥感数据的随机性往往掩盖了波段间或研究类别间的内在差异。遥感图像的统计特征能揭示和反映遥感数据内部及各波段间内在的规律性。实际上,遥感图像的统计特征(如均值、方差等)是图像本身所固有的特征,只是人们不能直接观察到,而需要通过统计分析计算获得。建立分类树首先需要了解地物间的总体规律、内在联系,因而对遥感数据的统计特征分析是建立分类树过程中不可缺少的基础性工作。

1) 各波段、各类别间数据的统计分析

对训练区内各已知类别进行各波段数据的统计分析,应包括绘制各波段直方图,计算各像元亮度值的均值、方差、标准差,以及计算各波段间的协方差矩阵、相关矩阵等(参见第 6 章相关内容)。

一般说来,每个类别频率分布的几维直方图均可近似地用正态概率密度函数来表示,因此可以用某一类别的统计特征值——均值、方差、均值矢量、协方差等来描述它。这样便只需存储每个类别的这些统计特征值,而不必存全部直方图。一旦需要某一数据值的对应概率函数值时,利用相关方程便可计算出来。

2) 各波段及波段组合的类别可分性分析

统计可分性可以有多种定量描述方法。这里介绍 3 种可分性度量法[1]。

- 均值间标准化距离(d):反映两个密度函数的可分性,即计算类别间的统计距离,可表示为

$$d = \frac{|\mu_1 - \mu_2|}{\sigma_1 + \sigma_2} \tag{7.2}$$

式中:μ_1、μ_2 分别为两类样本区域的光谱均值;σ_1、σ_2 分别为两类样本区域的标准方差。

"均值间标准化距离"被定义为均值之差的绝对值除以标准差之和，是相应的两个概率密度函数可分性的一种度量。图 7.8 显示了三对具有不同重叠程度的正态概率密度函数。假设模式类别均具有相同的先验概率，则判别界线位于概率函数曲线中间的交点处。若方差相同[图 7.8(a)、(b)]，均值间的距离($\mu_2-\mu_1$)越大，重叠面积越小，可分性越大；若均值间距离相等[图 7.8(b)、(c)]，则方差越大(即测量空间的数据越分散)，重叠面积越大，可分性越小。可见，统计可分性与错误概率间呈反比关系，类别间的统计可分性越大，分类的错误概率越小。

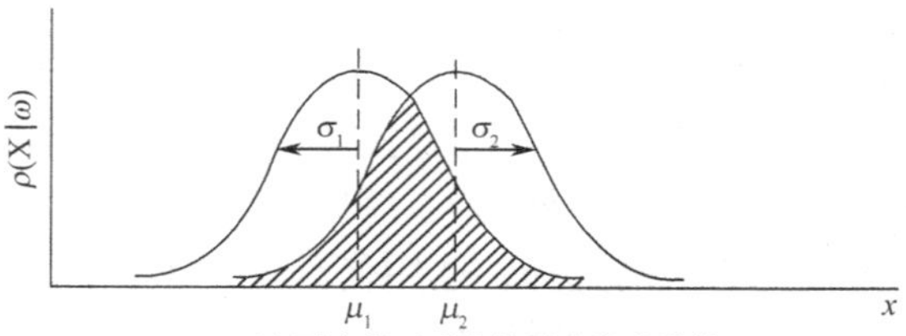

(a) 两个相互重叠的正态密度函数

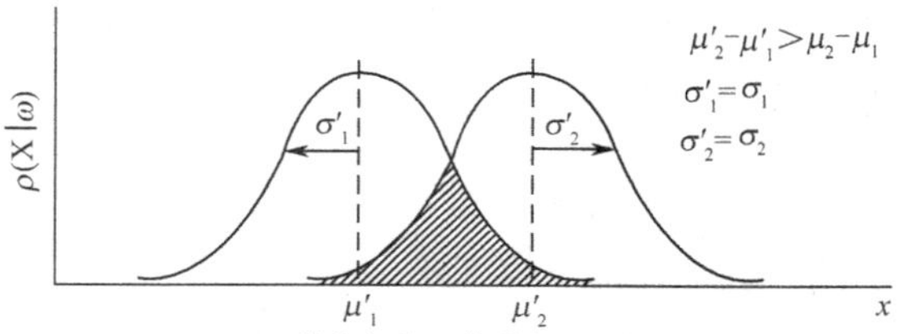

(b) 均值间的距离增大，则错误概率

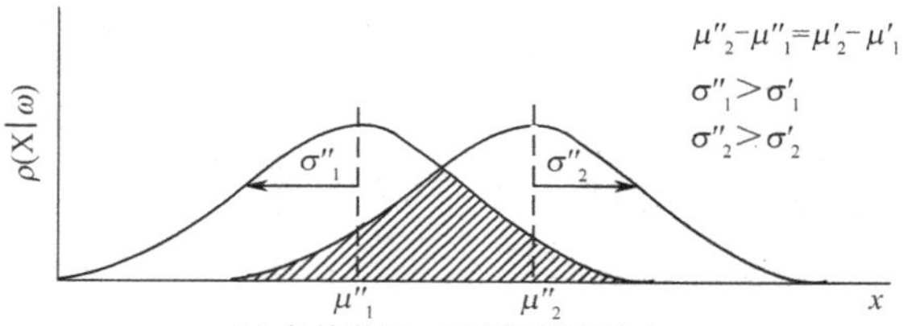

(c) 方差增加，则错误概率增大

图 7.8　错误概率和"标准化距离"之间的关系[15]

此种方法的不足之处在于，尽管用重叠面积大小所表示的可分性是随着密度函数方差的变化而变化的，但是当两个密度函数均值相等时，不管方差如何变化，d 的数值均为零，反映不出可分性大小。此外，此法是一维特征空间的一种度量，不适于进行多变量的研究。

对于多维特征空间，多变量统计可分性的度量可以用离散度、J-M 距离等方法，即计算每一可能的子空间中每个类对之间的统计距离或统计分散度，用以间接表征类别间的可分性大小。

- 离散度(D)：两个类别间统计可分性的一种度量，可表示为

$$D_{ij}=\frac{1}{2}t_r[(\Sigma_i-\Sigma_j)\cdot(\Sigma_i^{-1}-\Sigma_j^{-1})]$$

$$+\frac{1}{2}t_r[(\Sigma_i^{-1}+\Sigma_j^{-1})(U_i-U_j)\cdot(U_i-U_j)^{\mathrm{T}}] \qquad (7.3)$$

式中：U_i、U_j 分别为 i、j 类的均值矢量；$\sum_i$，$\sum_j$ 分别为 i、j 类的协方差矩阵；$t_r[A]$表示矩阵 A 对角线元素之和。

式(7.3)前部分表示各协方差矩阵的差别,后部分为均值间的标准化距离在多变量情况下的推广形式。式中只含均值矢量和协方差矩阵,看上去虽复杂,但可以通过计算机直接计算。可见,在两个类别特征选择时,离散度越大,可分性越大,分类的错误概率越小。离散度是两个类对间的距离度量,是错误概率大小的间接指示。

• J-M 距离(Jeffries-Matusita distance):也是类对间统计可分性的一种度量,是两个类别的密度函数之间的平均差异的一种度量。

假定各个类别均具有正态的密度函数,则 J-M 距离被定义为

$$J_{ij}=\left[C(1-e^{-\alpha})\right]^{1/2} \tag{7.4}$$

式中:$\alpha=\frac{1}{8}(U_i-U_j)^{\mathrm{T}}\left(\frac{\Sigma_i+\Sigma_j}{2}\right)^{-1}(U_i-U_j)+\frac{1}{2}\ln\left[\frac{|(\Sigma_i+\Sigma_j)/2|}{(|\Sigma_i|\cdot|\Sigma_j|)^{1/2}}\right]$

和离散度一样,式(7.4)中只含有均值和协方差,且也是两类对间的距离度量。

可见,离散度与 J-M 距离均是针对两个类别而言的,是一种"类对间"的距离度量。对于任何一对给定的波段(候选波段组合或称特征子集),进行两个类别特征选择时,离散度和 J-M 距离均是表示它们相对有效性的一种度量。只要算出这两个不同类别在给定波段组合中的离散度或 J-M 距离,并选取其最大者,便是区分这两个类别的最佳波段组合(即最优子集)。

以上讨论的是两个类别间的选择。至于多类别问题(m 为类别数),一个常用的办法是计算平均离散度($\overline{D}$)或平均 J-M 距离($\overline{J}$)。也就是计算全部类对的离散度或 J-M 距离的平均值。它们分别被定义为

$$\overline{D}=\sum_{i=1}^{m}\sum_{j=1}^{m}p(w_i)p(w_j)D_{ij} \tag{7.5}$$

$$\overline{J}=\sum_{i=1}^{m}\sum_{j=1}^{m}p(w_i)p(w_j)J_{ij} \tag{7.6}$$

它们均是一个以 i、j 类别的先验概率 $p(w_i)$、$p(w_j)$为权重的平均值。

这种平均类对可分性,需先计算每一可能的子空间中,每个类对之间的统计距离或统计离散度,再计算这些类对间统计可分性度量的平均值,并按其平均值大小排列所有被评价的子集顺序,从而选择最佳波段和波段组合,并设计分类树,如表 7.4 所示。表中假定选用了陆地卫星 TM 7 个波段的数据,经特征选择算法来评价所有 3 个波段组合形成的各种子集对于不同作物类别的可分性和平均可分性,并根据平均可分性的大小,将子集顺序排列,以评价和确定出最优子集。考虑的作物类别用大写字母缩写表示,包括大豆 S(soybean)、玉米 C(corn)、小麦 W(wheat)、苜蓿 A(alfalfa)、水稻 R(rice)、山芋 Y(yam)等。从表中可见,选用 TM3、4、5 波段数据的平均可分性最大,说明它对区分大多数类别有效,是识别以上作物类别的首选波段组合(即最优子集)。由于作物类别较多,往往并不存在一种最佳波段组合对所有地类的区分效果均最佳,对于第一次分类混淆的类别,可以重复以上过程,进行第二次分类、第三次分类……

表 7.4 特征选择的类别可分性[15]

顺 序	类别可分性度量(无最大值限制)							
	波段组合	平 均 可分性	特 定 类 对 的 可 分 性					
			SC	SW	SA	WR	WY	…
1	3、4、5	448	25	196	188	620	58	⋮
2	2、3、4	428	26	177	229	630	208	
3	1、4、7	423	24	151	182	619	58	
⋮	⋮	⋮	⋮	⋮	⋮	⋮	⋮	

以美国印第安纳州 Pigeon 河地区湿地分类为例[17]，当地淡水湿地类型多样，其中的高位、低位湿地因植被类型相似(硬木)、光谱特征相近，按常规的遥感监督、非监督分类法，两者难以区分。考虑到因地形高低不一，影响到排水条件及土壤类型，造成沼泽湿地类型的差异，加入高、低的地形信息(或由地形高低引起的土壤信息差异)，运用分层分类法对各层的分类节点进行光谱特征统计分析与可分性研究，寻找区分类别的最佳波段或波段组合，以此设计分类树，可以明显改善湿地的分类精度，有效地区分出具同一植物类型的低位湿地与高位湿地。具体步骤如下所述。

(1) 分类系统的确定：根据 Pigeon 河地区的区域特点，确定待区分的深沼泽湿地、浅沼泽湿地、灌丛沼泽、高位沼地硬木、低位硬木沼泽，以及农田、针叶林、水体等 8 种主要类别。

(2) 训练区光谱特征的统计分析和可分性研究：通过各波段、各地类信息的统计分析(均值、方差、协方差等)以及波段间地类统计可分性(离散度等)与平均可分性，以选择区分类别的最佳波段组合方案。

(3) 最佳逻辑决策树的设计：在对区域充分认识的基础上，引入非遥感决策函数——高地、低地地形部位信息，运用上一步骤的统计分析结果，和所选择的分类波段，设计湿地分类的分层决策树。

(4) 决策树结构的描述：第一层高、低地信息的输入是根据土壤类型与高、低地形的相关性，通过数字化高、低地土壤界线的人工输入，叠置在遥感数据上，从而分出高地与低地两大类。随后，根据对训练区进行光谱统计分析和可分性研究所确定的对不同类型区分的最佳波段组合，设计湿地分类的分层决策树。

(5) 分层分类：按照最佳逻辑决策树的设计，采用最大似然法，对全区进行逐级分类，输出 8 种不同地类。

(6) 结果分析与评价：分析结果表明，仅用光谱数据，不采用分层分类法及辅助参数，高位沼地硬木与低位硬木沼泽难以区分。但若在光谱数据的基础上，仅增加一个“高”与“低”的地学概念，把卫星数据与土壤界线数据叠加在一起进行多层分类，便可将 8 种地类区分出来，提高了图像的识别能力，可信度从单层分类的 71.7%提高到多层分类的 84.3%，可区分的类别也从 6 类增加到 8 类。

2. 叠合光谱图

叠合光谱图(coincident spectral plot)又称多波段响应图表，建立在光谱数据统计分析的基础上。首先进行各波段各类别光谱特征的统计分析，主要计算均值、方差，再将分析计算结果表示在图表上。如图 7.9 所示，在此图中，绘出每种类别在每个波段中的平均光谱响应，用各种字母分别表示不同类型，并算出各类别相对于均值的标准偏差(σ)，以均值为中点的星线长度表示为$\pm\sigma$，即表示该类别亮度值取值的离散程度。因此，星号线越长，表示数据的方差越大，变量与均值的偏差(离散程度)越大；反之，方差较小的类别(和波段)，则星线较短。

叠合光谱图直观地显示了不同类别在每一波段中的位置、分布范围、离散程度、可分性大小等，是一种以定量方式对类别数据的光谱特征进行分析与比较，选择最佳波段和波段组合，建立分类树的直观、简便、有效的方法。

以山区雪被分类为例来说明[18]。为了进行水资源研究，需要对一个流域内的雪被进行分类和制图，即区分出积雪区内不同雪被类型(不同含水量的雪)。此项工作是在叠合光谱图分析的基础上，运用遥感分层分类法完成的。

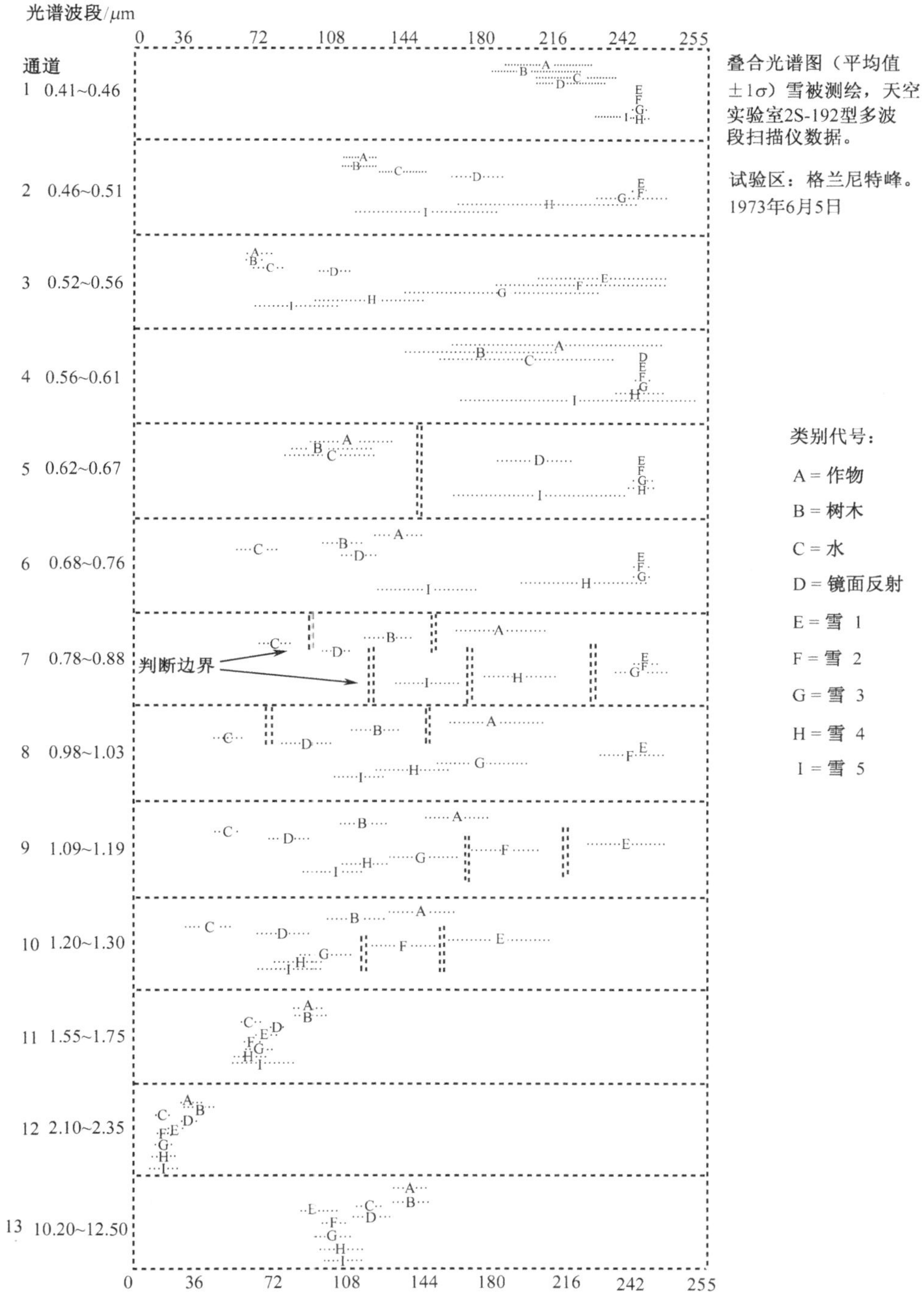

图 7.9　雪被分类的叠合光谱图[18]

工作区位于美国西南部山区，根据不同含水量雪的光谱特征差异以及考虑到一些基本的地面覆盖类型，确定了待区分的九种类别：5 种雪（雪 1～雪 5）、水体、森林、农业区、镜面反射的水体，并分别用字母 A～I 表示。所选用的数据源为美国天空实验室 13 通道多光谱扫描仪的数据，它包括 5 个可见光通道、3 个近红外通道、4 个短波红外通道、1 个热红外通道。

选择 9 种不同类别的训练区，并对训练区 9 种不同类别的光谱特征进行统计分析，计算均值、标准差σ。绘制叠合光谱图(图7.9),将9种类别(A~I)在每个通道中的平均光谱响应范围表示在图上。即字母的位置表示对应类别在该波段中的均值位置,以均值为中点的星线长度为±σ。于是各类别在各波段所处的位置、分布范围、离散程度,以及各类别之间取值的重叠状况、可分性大小均一目了然地呈现在叠合光谱图上。图中显示5通道是把A、B、C(作物、树、水)与其他类别区分开的最佳通道,可以建立明显的判别界线;7或8通道是区分A、B、C类的最佳通道。对于其他六种类别,可以先通过7通道将D、H、I三类别分出来,再利用9或10通道把最后的E、F、G分出。根据叠合光谱图的分析、对比,以及所表述的分类过程,也正是设计分类树,并进行逐级分类的过程。图7.10显示采用分层分类法,仅需三个分类步骤(5、7、9通道)即可完成全部分类。由于分析人员始终操纵着分类的全过程,因而分类精度可高达99.7%,比标准监督分类法的分类精度(97.5%)高2.2%,计算时间减少15.75%。

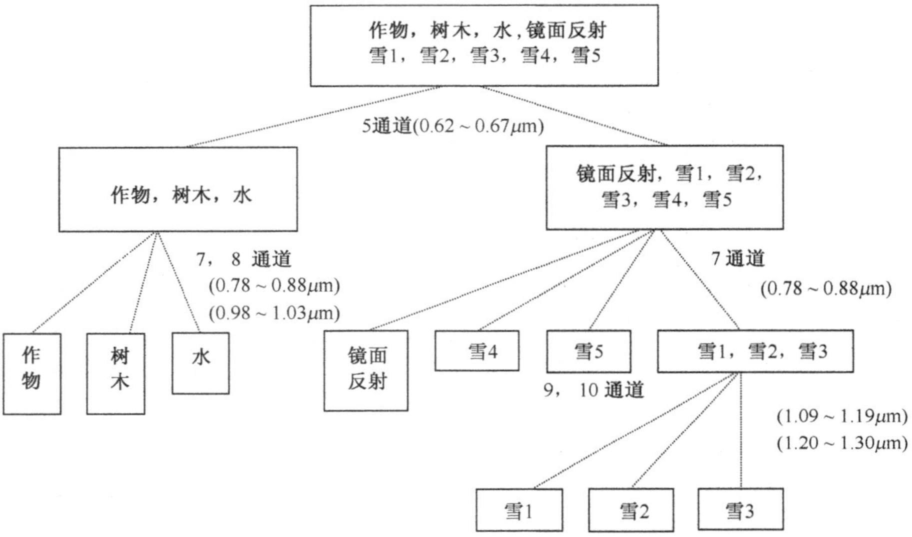

图7.10 雪被分类的判决树[18]

最后输出5种不同雪被分类图及相应的面积表等。若将该区的数字地形数据(DTM)与光谱数据复合,则可以了解不同雪被随高度而变化的规律;再结合必要的地面资料和应用分析模型,方可对该地区各流域内的径流量作出预测。

叠合光谱图在选择最佳波段组合中还有一个作用,这就是结合方差大小及光谱"反向"现象,来判断目标的分离度(可分性)。图7.11给出了一个应用实例,图上绘出了6种不同类别:阔叶林A、针叶林B、水C、牧场D、玉米E、大豆F,在5个不同波段:可见光(0.52~0.57μm、0.61~0.70μm)、近红外(0.72~0.92μm)、短波红外(1.50~1.80μm)、热红外(9.30~11.70μm)的分布情况。一方面该图直观地显示了区分类别的有用波段或波段组合。例如,近红外波段易区分水和大豆,可见光波段易区分牧场,短波红外波段各类别均值间的离散度大。因而采用以上三个波段合成的图像区分类别优于其他波段组合。该图表也可以设计分类树,分阶段地选用不同波段,以更好地区分类别。另一方面,对于难以区分的类别,如阔叶树A与针叶树B、玉米E与大豆F,它们在各个单波段均因光谱响应特征重叠量大,而无法区分。但是,在可见光及热红外波段亮度值A<B,而近红外、短波红外波段A>B;在可见光的0.61~0.70μm波段亮度值E>F,而近红外、短波红外波段E<F。这种现象称为光谱响应的反向(reversal)现象,图7.12表明这种反向现象在多光谱图像处理中的应用价值。A、B类在波段1上有部分重叠,这个重叠部分在波段2上易于区分。因此,利用这种光谱的反向现象,单波

段不能区分的类别，将可以通过具有光谱反向现象的两个波段的结合加以区分。

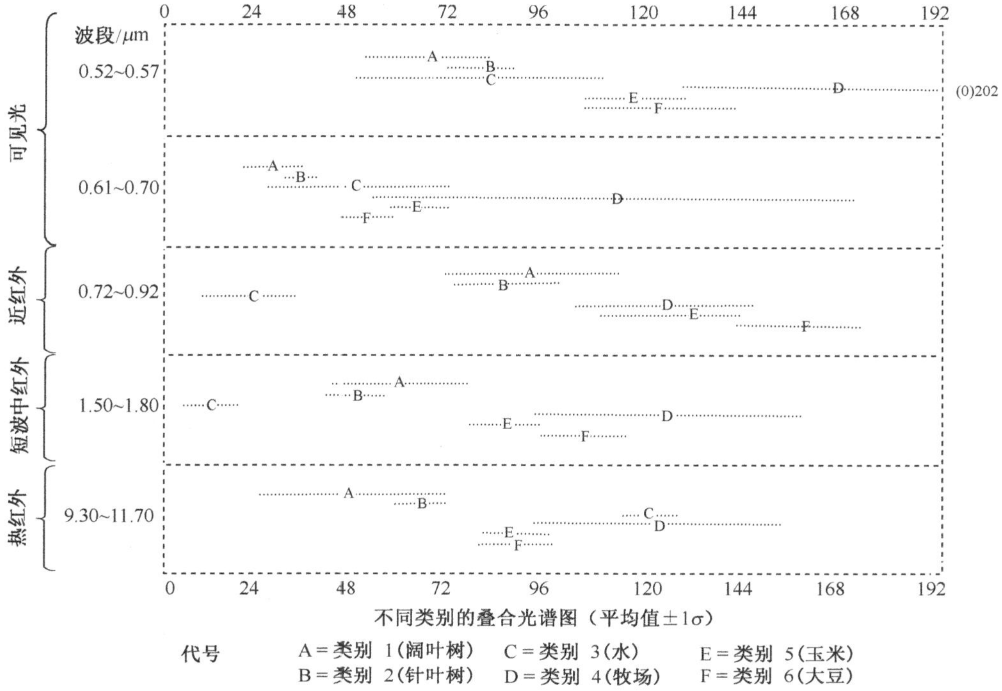

图 7.11　叠合光谱图[19]

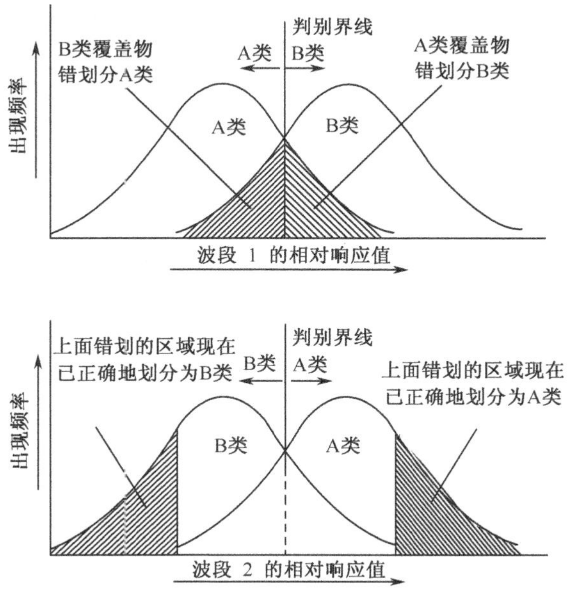

图 7.12　光谱响应的反向现象[19]

3. 基于知识的分层分类

地理环境是十分复杂的。在许多情况下，对于目标的分类，仅靠光谱信息的统计分析和自动分类，会产生较大的分类误差。为了提高计算机辅助自动分类的精度，往往要引入相关信息或知识，包括光谱知识——光谱数据、光谱指数、第一主成分PC1、亮度TC1、绿度TC2等以及空间知识——空间属性、空间分布、DTM等，根据一定的知识规则，参与遥感的分层分类，以有效地提高分类精度。以下通过几个应用实例加以说明。

1）洞庭湖区专题信息分层分类中地域因子及知识的应用[20]

研究区地处长江与洞庭湖之间易受洪水威胁的君山农场。为了配合洪水灾情研究，需进行不同类型水体、洪水淹没区及芦苇、芦草等与洪水灾害有关的专题信息的提取。这些信息往往差异不大，仅用亮度值难以区分或保证精度。因此根据洞庭湖区的地域分异规律，引入地域因子作为辅助信息，并加入相关的光谱知识，进行遥感分层分类，提高了分类精度，取得了较好的效果。

根据应用目的和研究区的特点，确定了待区分的9种类别，即农田（水田、旱地）、不同水体（江水、湖水、堤垸内水体、淹没区、湖水边缘区）、芦苇地、芦苇-芦草地、泥沙滩地；选择训练区，进行各类别光谱值的统计分析；分析各地类在TM各波段的亮度特征，绘制地类在TM各波段的亮度均值分布曲线，以显示各波段、各类别均值分布范围。均值离散度最大的波段，区分类别的可能性也最大。但是因为各类别方差大小不同，所以均值分布的离散度并不能完全表达类别的可分性。由于研究区的特殊性，为了利于区分光谱特征相近的类别，引入辅助参数，即根据研究区地物的地域分布规律，划分三个地域因子——堤垸内、堤垸外过渡区、水区。每个地域类别又包含若干个地类，如堤垸内包含农田、生活用地、园地、水体、水渠、公路、堤垸；堤垸外过渡区包含芦苇地、芦草混生地、泥沙滩地、淹没区、湖水边缘区；水区包含江水、湖水等。

结合地域因子，设计分层分类树。在分类树的每个结点上，运用光谱数据和光谱知识，采用多种光谱指数提取专题特征信息，并运用阈值法，根据像元亮度与阈值的关系来确定像元的类别，进行专题分类，如图7.13所示。结合该地区和相关图像的特点，首先用TM1/TM5＋TM7将水陆区分，以提取各种水体信息；用TM5/TM4值图像来区分不同泥沙含量的水

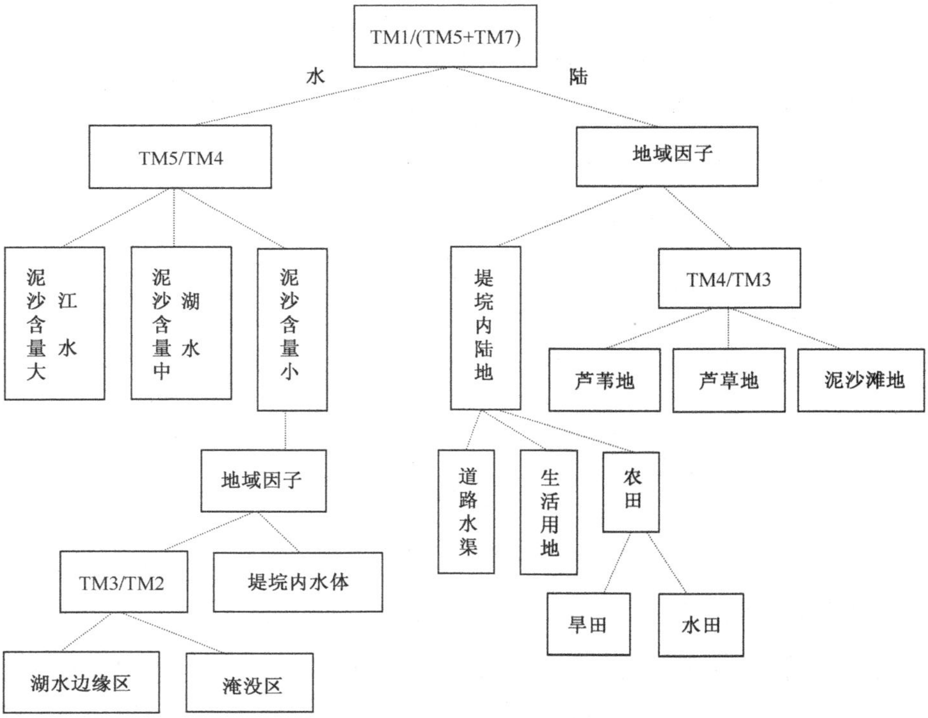

图7.13　洞庭湖区专题信息分层分类[20]

体——泥沙含量大的江水、泥沙含量中等的湖水以及泥沙含量少的水体。在泥沙含量少的水体中，由于堤外洪水淹没区水流动小，泥沙大量沉积，其光谱特征与堤垸内的水体十分相似。因而加上地域因子(堤垸内、外)，则易于将它们区分开；再用 TM3/TM2 区分淹没区与湖水边缘区。农田与芦苇光谱相似，用地域因子(堤垸内、堤垸外过渡区)将之区分；用 TM4/TM3 比值植被指数把芦苇地与芦草地区分开来。按分层分类原则，由地域因子和光谱特征交叉灵活应用，逐级提取各种不同的专题信息。方法简便、运算量少、效果明显。

2) 黄土丘陵区基于知识的土地覆盖分层分类[21]

研究区为陕北子长县黄土丘蒌区。此处地形破碎，植被覆盖度低，地物类型在 TM 图像上色调单一，传统的遥感自动分类精度较低。为了提高分类精度，在自动分类的基础上，利用光谱、空间属性、DTM 等信息，按一定的知识规则，分层提取各类型要素，生成分类专题图。经验证，其分类精度提高了 19.06%。具体做法如下所述。

(1) 最佳时段的选择和分类系统的建立：根据研究区的特点(包括农事历、耕作制度等)选择最佳时段的遥感资料并确定待区分的七种地类，即河流、城区、裸地、林地、草地、坡耕地及川耕地。

(2) 自动分类：根据各类别、各波段的光谱响应特征，进行监督或非监督分类，因存在大量的混合像元和光谱混淆(即同物异谱、异物同谱)现象，错分现象明显，分类精度较低。

(3) 辅助数据的介入：寻找与土地覆盖类型密切相关的因子——DTM，并将之与 TM 数据复合。取 TM 第 1、3、4、7 四个波段数据，用 1∶5 万地形图选地面控制点与 DTM 匹配复合。高程数据可以部分修改由光谱混淆而引起的错分现象。

(4) 基于知识的分层分类：研究中，通过训练样本计算每个类别的 6 个特征值，即 TM 第 1、3、4、7 波段的亮度值、TM4/TM3 比值植被指数 RVI，以及 DTM 高程值。在具体分类时，根据不同研究对象选用不同的特征值，采用阈值法按一定阈值范围、知识规则、设计分类树进行各专题信息的分层提取，如图 7.14 所示。首先将比值植被指数 RVI 取阈值 1.2，用以识别植被与非植被区；取阈值 2.5，用以识别林地与非林地。其阈值的选取是经试验而得的经验值。其次利用波谱递减特征提取水域。这是因为水是唯一的随着波段序号增加、光谱亮度值(反射率)减小的类别，因而在自动分类基础上，用此法可以提高水域边界的检测精度。对于非水域区的城区与裸地，因光谱响应特征差异明显易于区分。对于鉴别林地，除了选用平均植被指数 $R>2.5$ 外，还辅以 DTM 高程值介于 49～100m，TM1 的光谱值 $\rho_1<80$，满足这三个条件的为林地。对于非林地，仅根据空间几何形态、纹理特征便可以区分出是耕地还是草地；再根据空间属性、形态及 DTM 等来区分川耕地与坡耕地，前者较后者纹理清晰、地形低而平坦，呈条块状等。最后将以上结果合并为分类专题图，并在 GIS 支持下自动制图输出栅格或矢量图。

3) 土地覆盖分层分类中空间知识的应用

常规的统计分类往往在有限区域内(如训练区)光谱变化不大时，能获得较好的结果。但是，随着遥感器光谱敏感度及环境、地形、物候等因素的变化，以及大量“同物异谱，异物同谱”现象的存在，纯像素光谱特征的聚类归并会产生较大的分类误差。于是人们往往将空间异质的大区域划分为几个相对均匀的子区，再对每个区域分别分类。这是利用区域知识和相关的光谱知识来有效地提高分类精度。以上两个例子均说明了这一问题。

这里所谓“区域知识”，可以是判别者的实际知识和经验，并通过 DEM 或专题图的界线等

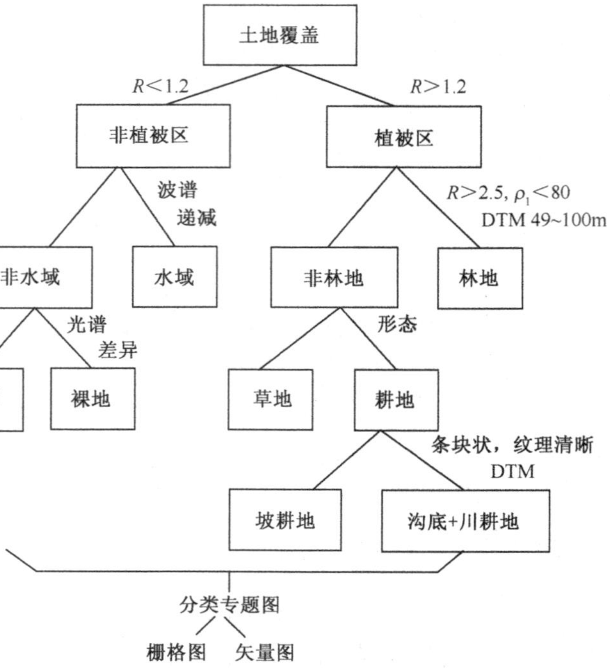

图 7.14　黄土丘陵区土地覆盖分层分类[21]

辅助信息引入的；也可以是图像直接提取的空间信息，并将它参与到光谱信息的辅助分类中。所谓“空间信息”，是指影像本身所固有的特征，如影像纹理、像素的相似性，特征的大小、形状、方向、重复性和空间关系等。它可以被提取用于辅助不同阶段的光谱分类。

美国中西部内布拉斯加的 Platte 河谷平原区以农田为主，主要作物有玉米、高粱、大豆等，另有天然草地以及分割破碎的林地、湿地、灌木等。常规的光谱自动分类结果中，城市绿地与农田、城市混凝土与裸地，河边林地与湿农业用地等之间混分现象严重。为了解决光谱混淆问题，引入被探测目标的形状指数，将光谱和空间知识结合，并融入分层分类中，取得了较好的分类结果。具体做法如下所述[22]。

(1) 用边缘检测技术确定相同的区域：即运用梯度的一阶差分算法，对原始影像进行边缘增强。通过网络和边缘特征检测出相对相同的区域(检测出线形地物和边缘)。一阶差分算法指逐个有规律地比较每个像素与其最邻近像素亮度值的差值的处理过程。若一个像素的方向差分(水平或垂直的)大于等于阈值 10，则视为边界像素，否则忽略。阈值由试验确定，并采用不同的值检查效果。对于不同的图像、不同的应用目标，阈值不同。在输出图像上，所有边界像素为 1，非边缘像素为 0。采用此方法来检测相同性质像素组成的区域边界或线形地物，将这些区域隔离，即每个地块作为一个单元用唯一的标记加以区分，以便测量后续形状参数。

(2) 分类前的分层处理：提取的边界像素组成一定形状的地块(区域)。形状指数是通过计算周长与面积的比值来表示。按区域形状指数将影像分为两层——简单规则形状的地块层和复杂形状的地块层。前者形状指数较小，多为农田、裸地、部分湿草地，后者形状指数较大，检测的边缘很不规则，包括城镇用地、道路、河流、林地、湿地灌木等。分层后，光谱相似的不同地类，如城区绿草地与低红外反射的农田、湿地与河边林地等被分到不同的图像层中，减少了混淆的可能性。

(3) 分层分类：对每一图像层独立分类，选用 TM 2、3、4、5 进行非监督分类。再将两个图层的分类结果叠合生成最终土地覆盖分类图，由 8 类组成：水域、湿地灌木、林地、湿草地、草地、农田、城镇和裸地。分类效果明显提高。

4) GIS 支持下的分层分类

Oetter 等[23]利用 1992 年 5 个时相、多波段 TM 的指数提取(TC——亮度、绿度、湿度)图像数据，在 GIS 背景数据库(DEM、彩色航空图像、辅助数据——土地覆盖图、森林图、气象数据等)的支持下，按三个基本覆盖类型(城市、森林、农作区)设计分层分类步骤，对美国俄勒冈西部 Willamette 盆地进行分层与自动分类制图，输出包括农作物、果园、森林、自然覆被类型和城镇建筑等 20 个类别的土地覆盖图。具体做法如下所述。

(1) 遥感数据预处理。首先进行 5 个不同时相的 TM 图像数据的几何配准和辐射归一化。这 5 幅图代表了该流域主要农作物的几乎整个物候学生长过程。辐射归一化是基于对森林、城市和水体单元上不变像元的识别，使用半自动方法来实现的。为了减少数据量，只使用穗帽变换的前三个成分(亮度、绿度和湿度)进行进一步分析。

(2) 图像分层分类。利用 15 个波段 5 个时相的 TC 数据集，按三个基本覆盖类型(城市、森林、农作区)设计图像分层分类步骤：①城区分类：在 GIS 辅助数据(行政边界、地铁交通网)下，先将城区监督分类为高密度建筑区、中密度建筑区、水以及一个待分的混合类(城市其他区)；再结合 GIS 的人口普查数据，最终分出 7 类城市土地利用类型，能更好地反映城市发展、人口密度、植被覆盖的关系；②城区之外的分类：用非监督分类分出森林区与非森林区；对森林覆盖≥70%的森林区，参考彩色航空图像和森林图，进行监督分类，进一步分出郁闭的冷杉林、混合林、硬木林，并将郁闭冷杉林分成 3 个龄类(0～80 年、81～200 年、>200 年)；③在 GIS、DEM、农事历以及气候资料等支持下，对所有剩余的像元主要为谷地(<315m)的农作区、部分草地、低覆盖林地、果园等进行监督分类，分出多种作物、牧场、天然覆被、裸地、建筑物、季节性洪水区、灌溉地、水域等 10 种土地覆盖类别；④专门处理个别有云而模糊不清的地域。

(3) 生成 20 个类别的土地覆盖图。该图在 GIS 辅助数据参与下，可分出 3 个层次的建筑，如高密度建筑——大建筑物、停车场及其他人工建筑(植被覆盖最小)；中密度建筑——公寓、居民生活环境、植被覆盖适中；低密度建筑——植被覆盖较好的郊区(植被光谱信息几乎与道路、房顶信息等同)等。经验证，多时相数据、GIS 辅助数据参与分类，能明显提高分类精度。

4. 目视解译中的分层分类

在遥感目视解译中，分类树的设计主要依据设计者对各待分类别特点及类别间内在规律性的认识。根据理论分析和实际知识与经验，在分类树的每个结点上，建立类别间的解译标志，从而识别、区分它们。

下面以腾冲地区植被分类为例加以说明[24]。

腾冲位于亚热带山区、气候湿润、植被茂密、种类繁多。植物分布的水平及垂直地带性明显，这给植物分类带来一定的难度。若单靠植物光谱响应特征的差异分类，仅能分出十来种便难以再分下去。但是，若根据地学相关特征，以植物群落的生态系统为背景，建立分类树，并利用一系列遥感解译标志和引入一些辅助参数(如高程、地貌等)，则可以分出 10 个层次、40 多种植物类别，同时分类精度也有明显提高。如图 7.15 所示。整项工作是在 1∶3.5 万的彩红外航空像片上进行的。首先，根据植被-地貌相关的特点，把与一级地貌单元相对应的植被分为三类：山地-林地、高原-草地、盆地-耕地，其影纹、色调各有差异。其次，以植物群落的生态系统为依托，在分类树的每个结点上，建立相应的解译识别标志。具体可分为五种直接解译标志和五种间接解译标志。它们分别或重复出现在不同的分类结点上。

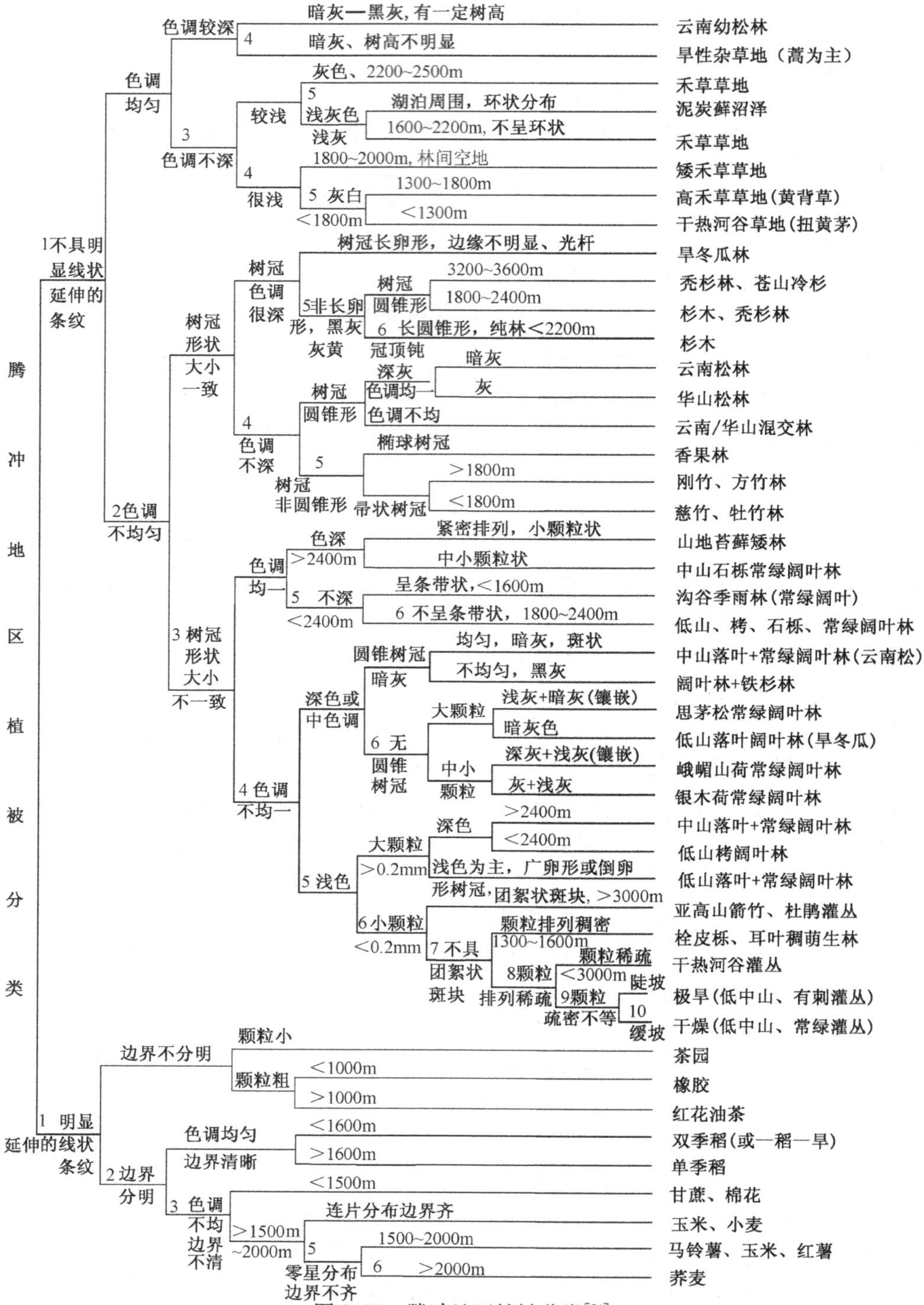

图 7.15　腾冲地区植被分类[24]

(1) 直接解译标志。包括:色调，如林地因属种、高度、密度等变化大，其色调及均匀度较草地等有明显差异;影纹结构，如耕地具明显的线状延伸条纹;形状，如针叶林多为圆锥状，阔叶林多为椭圆形、卵形、半球形;大小，如乔木树冠颗粒大(＞0.2mm)，灌木冠部颗粒小(＜0.2mm);

高度，可以通过阴影来判断目标个体的高度，如乔木高、灌木低。

(2) 间接解译标志。包括：海拔高度，如可以把海拔高度 1800m 作为矮禾草与高禾草草地的分类界线，把海拔高度 1600m 作为水稻中双季稻与单季稻的分类界线；地貌部位，如对于低中山灌丛又进一步分出干燥缓坡的常绿灌丛和极干陡坡的有刺灌丛；地理位置，它决定了水热条件的变化，如对于常绿阔叶林的木荷，在腾冲县城以南以峨嵋木荷为主，以北以银木荷为主；土壤母质，如灰岩成壤多分布草地，花岗岩、砂页岩成壤多分布常绿阔叶林；人类活动，如人造林多为木荷为主的常绿阔叶林，天然林多以栲、石栎为主。山区的"立体农业"如甘蔗、水稻、竹等光谱响应特征十分相似，更是需要根据其生态组合，它们的共生和差异指标，并加入高程等辅助信息，逐级分类方可区分。

参考文献

[1] 陈述彭，赵英时. 遥感地学分析(修订本). 台北：中国文化大学出版部，1992.

[2] Wong K W, et al. 用遥感数据自动识别土壤. 遥感技术在土壤和水资源研究中的应用. 北京：科学出版社，1991.

[3] 周志强. 鄂北变质岩系地区线性影像特征与地质. 物化探特征的点群分析. 冶金遥感地质，1983，N4.

[4] 马建伟，徐瑞松，奥和会，等. 秦岭金矿区植物景观异常影像特征及其影响植物反射光谱变异原因初步分析. 国土资源遥感，1996，4：23-29.

[5] 郑威. 遥感信息的综合分析与系统分析——资源遥感信息特征之三. 遥感信息，1987，3：30-32.

[6] 徐瑞松. 粤西—海南金矿遥感生地化效应的研究——以广东河台金矿为例. 地质学报，1992，66(2)：170-181.

[7] 徐火盛，等. 广东鼎湖钼矿区地植被遥感探矿应用研究. 北京：万国学术出版社，1992.

[8] 丁暄. 遥感技术在油气资源探测应用中的关键问题. 遥感技术与应用，1992，7(4)：59-64.

[9] 朱振海，王文彦，彭希龄. 遥感技术直接探测烃类微渗漏的方法研究. 科学通报，1990，N16.

[10] 高来之，杨柏林. 应用于油气资源遥感的近红外石油物质光谱特征研究. 国土资源遥感，1991，4：9-12.

[11] Kartsev, Donovan, Dalziel. 油气化探的理论与方法. 吴传璧，周书欣译. 北京：地质出版社，1989.

[12] 靳秀良. 陕北油田烃类微渗漏遥感化探特征. 国土资源遥感，1999，4：23-25.

[13] 王福印. 油气微渗漏遥感影像异常形成的化学机理. 国土资源遥感，1993，1：59-62.

[14] 陈传霖. 内蒙白音都兰凹陷植物反射光谱和油气藏的关系. 北京：科学出版社，1981.

[15] Swain P H, Davis S M. Remote Sensing: the Quantitative Approach. McGraw-Hill, 1978.

[16] Hansen M, Dubayah R, Defries R. Classification tress: an alternative to traditional land cover classifers. Int J Remote Sens, 1996, 17(5): 1075-1081.

[17] Ernst C L, Hoffer R M. Using landsat mass data with soil information to identify wetland habitats. Satellite Hydrology, 1979, 25: 119-132.

[18] Hoffer R M, et al. Computer-Aided Analysis of SkyLAB Multispectral scanner Data in Mountainous Terrain for Land use, Forestry, Water Resource, and Geologic Applications, LARS Information Note 121275. Laboratory for Applications of Remote Sensing Purdue University, West Lafayette, Ind, 1975.

[19] Coggeshall M E, Hoffer R M. Basic Forest Cover Mapping Using Digitized Remote Sensing Data and ADP Techniques, LARS Information Note 030573, 1973.

[20] 陈铭臻，等. 地域因子在 TM 图像专题信息提取中的应用. 北京：万国学术出版社，1992.

[21] 张渊智. 1993. 基于知识的土地覆盖分层分类及 GIS 辅助制图研究.

[22] Zhou Y, Sunil Narumalan, et al. Improving Remote Sensing-Derived Land Use/Land Cover Classification with the Aid of Spatial Information, 1994.

[23] Oetter D R, Cohen W B, et al. Land cover mapping in an agricultural setting using multiseasonal Thematic Mapper data. Remote Sensing of Environ. 2001, 76(2): 139-155.

[24] 王绍庆. 1979. 遥感信息在编制植被图的应用.

第 8 章　数据融合与数据同化

随着遥感技术的发展，越来越多的不同类型(光学、红外、微波等)遥感器被用于对地观测。这些多遥感器、多时相、多分辨率、多波段、多极化、多角度的遥感图像数据，各自显示了自身的优势和局限。为了更充分地利用和开发这些数据资源，多源遥感数据的融合与同化技术便应运而生。它作为遥感图像分析的一种有效工具，成为遥感研究的前沿，并得以迅速发展。

§8.1　数据融合

8.1.1　数据融合的基本概念

遥感是以不同空间、时间、波谱、辐射分辨率提供电磁波谱不同谱段的数据。由于成像原理不同和技术条件的限制，任何一个单一遥感器的遥感数据都不能全面反映目标对象的特征，也就是都有一定的应用范围和局限性。各类非遥感数据(包括地学常规手段获得的信息)也有它自身的特点和局限性。倘若将多种不同特征的数据(包括各种遥感及非遥感的)结合起来，相互取长补短，便可以发挥各自的优势，弥补各自不足，有可能更全面地反映地面目标，提供更强的信息解译能力和更可靠的分析结果。这样不仅扩大了各数据的应用范围，而且提高了分析精度、应用效果和实用价值。

早期的“信息复合”着重于同一区域内各遥感信息之间或遥感与非遥感信息之间的匹配复合，包括空间配准和内容复合，以便在统一的地理坐标系统下构成一组新的空间信息或合成一幅新的图像。最初是对同一遥感器多波段、多时相数据的复合，以提高遥感解译能力和进行动态分析。后来发展为对不同类型遥感数据的复合，如 Landsat/MSS 与 SIR-A、SAR 等，以扩大应用范围，提高分析精度。考虑到遥感自身的局限性，发展了遥感与非遥感数据的复合，如与专题地图信息，与数字地形模型，与气象、水文、地球物理、地球化学信息等，进行综合分析以获得更好的应用效果。但是总的看来，前期的图像融合(信息复合)主要还是不同数据间的简单合并、叠合，多停留在视觉效果的改善，来提高图像处理、分析的效果。随着遥感应用的深入和图像处理技术的发展，图像融合的概念和技术也有了新的发展。

图像数据融合是一个对多遥感器的图像数据和其他信息的处理过程。它着重于把那些在空间或时间上冗余或互补的多源数据，按一定的规则(或算法)进行运算处理，获得比任何单一数据更精确、更丰富的信息，生成一幅具有新的空间、波谱、时间特征的合成图像。它不仅仅是数据间的简单复合，更强调信息的优化，以突出有用的专题信息，消除或抑制无关的信息，改善目标识别的图像环境，从而增强解译的可靠性，减少模糊性(即多义性、不完全性、不确定性和误差)，改善分类，扩大应用范围和效果。

1. 融合目标

通常，人们进行数据融合是为了达到以下目标。

(1) 提高图像的空间分辨能力，即图像锐化。图像数据融合作为提高图像空间分辨率的一种手段，常被用于高、低空间分辨率图像数据的融合，最典型的应用是高分辨率全色图像与低分辨率多光谱图像数据的融合，如 Landsat/TM(30m)与 IRS/P(5m)的融合(彩图 6)。它既保留了多光谱图像的较高光谱分辨率，又保留了全色图像的高空间分辨率，增强图像空间细节信息，以便更详细地显示图像信息，提高图像的空间分辨率和视觉效果。但往往忽略了原图像本身光谱信息的失真。

(2) 增强专题特征识别能力：图像数据融合往往能产生单一数据所不具备的或难以显示的特征，并增强图像的语义能力，从而最大限度地提取专题特征信息。例如，利用微波与光学遥感系统的不同物理特征、各自的优势进行数据融合，以使各种专题特征(如土壤水等)得到增强。

(3) 提高分类精度、应用效果。利用多源的、互补的图像数据融合来改善遥感图像的分类精度、应用效果。例如，可见光—红外图像数据主要反映地面目标光谱特征，但大田作物往往具有相似的光谱响应，仅从多光谱数据难以区分，而利用雷达图像数据在地表粗糙度、形状、水分含量等方面的不同表现，可以从另一个侧面提高对不同作物类别的识别能力，明显提高分类精度和效果。再如，多光谱数据与 DTM 数据的融合，可以改善山区森林资源分类精度；激光雷达 LiDAR 与多角度数据融合，可以提高森林生物量、树高估算精度；高光谱数据与多角度遥感数据融合，可以提高农作物生化组分估算精度等。

(4) 提供变化检测能力。多时相图像数据融合，包括同一遥感器的数据和多遥感器数据，主要用于变化检测，也可以利用目标波谱特征的时间效应提高对目标的识别能力。由于被融合的数据来源不同、所处的大气条件等的差异，有必要对输入的图像进行大气纠正和辐射纠正等预处理，以便创造可相互兼容的数据集，便于对比分析。多时相图像融合进行变化检测的方法很多，请参见第 9 章的有关内容。

(5) 替代或修补图像数据的缺陷。不同的遥感图像数据，由于成像机理、所用波段、影响因素的不同均会出现不同的缺陷，如多光谱图像数据常被云层及云的阴影遮挡，损失部分地面目标的信息。SAR 雷达图像数据又因侧视成像和地形影响，造成前视收缩、叠掩、阴影等严重几何变形。这都影响到图像的可读性。为了消除这些影响，往往需要用另一遥感器的图像数据来替代和修补这幅图像遗失或有缺陷的信息，实现不同图像数据的融合。例如，用多光谱数据与 SAR 雷达数据的融合来修补被云及云的阴影遮挡的信息，用雷达数据与 DEM 数据的融合来纠正雷达图像数据的地形变形等。

(6) 除了以上针对具体应用目标的图像融合外，还有一些基于优化图像整体信息的融合，即根据对图像成像机理及特征的分析，利用谱分析、小波变换、分形分维等数学方法，提取图像中的显著特征信息，并建立相应的融合模型，以优化图像整体信息。

2. 融合类型

图像数据融合可在 3 个不同的层次上进行，一是像元(pixel)，二是特征(feature)，三是决策层(decision level)，如图 8.1 所示[1]。

1) 基于像元的图像数据融合

基于像元的图像数据融合是指对测量的物理参数的合并，即直接在采集的原始数据层上进行融合。它强调不同图像信息在像元基础上的综合，强调必须进行图像数据间的几何配准，在各像元一一对应的前提下进行图像像元级的合并处理，以改善图像处理的效果，使图像分

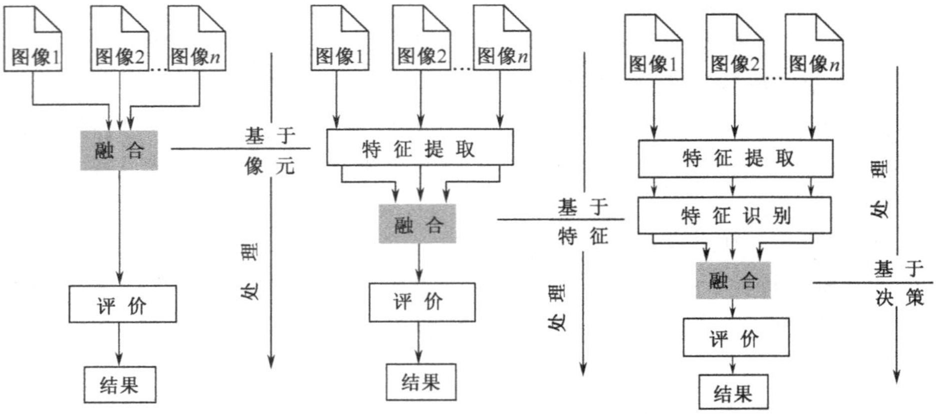

图 8.1　图像数据融合[1]

割、特征提取等工作在更准确的基础上进行，并可能获得更好的图像视觉效果。

这就是说，基于像元的图像融合必须解决以几何纠正为基础的空间匹配问题，包括像元坐标变换、像元重采样、投影变换等。用同一映射方法对待不同类型影像，显然会有误差；而按一定规则对图像像元重新赋值的重采样过程，也会造成采样点地物光谱特征的人为变化，导致后续图像应用分析的误差，甚至错误。若考虑高度变化，则还需用数字高程模型，这对合成孔径成像雷达 SAR 数据处理尤为重要。此外，它是对每个像元进行运算，涉及的数据处理量大。再说，由于对多种遥感器原始数据所包含的特征难以进行一致性检验，基于像元的图像融合往往具有一定的盲目性。尽管基于像元的图像融合有一定的局限性，但由于它是基于最原始的图像数据，能更多地保留图像原有的真实感，提供其他融合层次所不能提供的细微信息，因而被广泛应用。

2）基于特征的图像数据融合

基于特征的图像数据融合是指运用不同算法，对各种数据源进行目标识别的特征提取，如边缘提取、分类等，在特征层上进行融合。即首先根据目标的几何与光谱特征，采用多种方法如彩色变换、空间域到频率域的变换、模式识别等，从初始图像中提取特征信息——空间结构信息[如范围、形状(线、边缘、脊、角等)、邻域、纹理、相对定位(方向、速度)等]，光谱特征信息(如色彩、亮度、温度、光谱指数等)；然后对这些特征信息进行综合分析与特征级的融合处理。这些多种来源的相似目标或区域，它们空间上一一对应，但并非一个个像元对应，并被相互指派，然后运用统计方法或小波尺度变换、神经网络、模糊积分等方法进行融合，以进一步分类、评价。

基于特征的图像数据融合，强调“特征”(结构信息)之间的对应，并不突出像元的对应，在处理上避免了像元重采样等造成的人为误差。由于它强调对“特征”进行关联处理，把“特征”分类成有意义的组合，因而它对特征属性的判断具有更高的可信度和准确性，围绕辅助决策的针对性更强，结果的应用更有效，且数据处理量大大减少，有利于实时处理。但正因为它不是基于原始图像数据而是特征，则在特征提取过程中不可避免地会出现信息的部分丢失，从而难以提供细微信息。例如，TM 和 SAR 图像特征层融合中，运用小波理论、分形分维、马尔可夫(Markov)随机场模型、BP 神经网络模型等非线性理论方法，提取或增强空间特征后进行融合，建立面向特征的影像融合模型，使融合后的影像既保留原高分辨率遥感影像的结构信息，又融合多光谱影像丰富的光谱信息，图像识别环境得以改善，遥感分类精度得以提高[2,3]。

3）基于决策层的图像数据融合

基于决策层的图像数据融合是指在图像理解和图像识别基础上的融合，也就是，经“特征提取”和“特征识别”过程后的融合。它是一种高层次的融合，往往直接面向应用，为决策支持服务。这种融合先经图像数据的特征提取以及一些辅助信息的参与，再对其有价值的复合数据运用判别准则、决策规则加以判别、综合与推理，然后在一个更为抽象的层次上，将这些有价值的信息进行融合，获得综合的决策结果，以提高识别和解译能力，更好地理解研究目标。它具有很高的灵活性，对融合前期的处理要求高。常用的方法有：用马尔可夫随机场（MRF）模型方法加入多源决策分类、贝叶斯法则（Bayes）的分类理论与方法、模糊集理论、广义推理法、专家系统方法等[4~7]。

数据融合可以在单层次上进行，也可以在多层次上进行，但往往是从低层到高层，逐步抽象的数据处理过程。

图像数据融合涉及很宽的领域、多方面的内容，如数字信号处理、计算机科学、模式识别、最优化技术、图像处理、人工智能、地学分析等，是个很复杂的问题。随着图像数据融合技术的发展，也相应地带来了一系列新问题，如庞大的数据量及数据处理的工作量等。人们不但要逐一从各种遥感器数据中提取感兴趣的信息，还要将多组不同特征的信息进行匹配、演算、比较和分析，以达到研究目的。这就要求研究人员既要能从应用的角度熟悉各种遥感器对地物特性的不同反映，又要具有相当的数据处理能力，能够通过不同的算法从复杂的数据中提取出所需的信息。这种要求是相当高的。

图像数据融合涉及的关键技术问题主要有数据配准（包括空间配准与数据关联）、融合模型的建立与优化以及融合方法的选择。

（1）数据配准。包括两部分。①空间配准：各类不同来源的遥感图像数据，因轨道、平台、观测角度、成像机理等不同，其几何特征相差很大。在图像数据融合前，必须首先进行空间配准，即解决各类遥感图像的几何畸变问题，实现以几何纠正为基础的空间配准，以达到同一区域不同图像数据地理坐标的统一。它涉及几何纠正模型、重采样方法、投影变换、变形误差分析等问题（参见第 6 章的相关内容）。②数据关联：指各类数据变换成统一的数据表达形式（即相同数据结构），以保证融合数据的一致性，从而较客观地表达同一目标、同一现象。

（2）融合模型的建立与优化。在确定融合模型时，首先必须回答——融合的目的是什么？而融合数据集的选择，则取决于应用目标。它包含三方面的内容。①充分认识研究对象的地学规律和信息特征，如地质找矿→确定与找矿有关的地质体（地层、岩体、控矿构造、蚀变带等），找地下水→寻找古河道、断层破碎带等赋水条件好的地段等，以及充分认识研究对象的地学属性（空间分布特征、波谱反射辐射特征、时相变化规律）等。②充分了解每种融合数据的特性（空间、光谱、时间、辐射分辨率等）及适用性、局限性，通过多源数据的相互补充，提供更多更好的数据源（在第 2～5 章中已有论述）。③充分考虑到不同遥感数据的相关性以及数据融合中所引起的噪声误差的增加，确定融合模型以提取有用信息、消除无用信息，实现融合后数据的互补与信息富集。这里涉及最佳波段选择的理论与方法（在第 7 章“分层分类法”中已有论述）。

（3）融合方法的选择。在实际应用中，应根据融合目标、数据源类型与特点、融合算法本身特点，选择适当的融合层次及融合方法。不同类型的图像数据间差异很大，这种差异表现在多个方面，如对地物表现的亮度差异、不同波段数据间的差异、空间尺度差异、波段相关性差异等。因而，可以通过对不同类型、不同波段图像数据的多种形式的数学组合，来提取有用信息，抑制噪声，把有利的识别环境体现和显示给用户。图像数据融合的技术方法多种多样，大致可归结为彩色相关技术和数学方法。前者包括彩色合成、彩色空间变换等；后者包括加减乘除的算术运算、基于统计的分析方法（如相关分析、最小方差估计、回归分析、主成分分析、滤波等），以及小波分析等非线性方法（图 8.2）。也可以按光谱分量替代技术和空间域技术划分：前者主要运用高分辨率图像替代多光谱图像的某一个光谱分量，如 IHS 彩色变换、主成分分析等；后者主要运用低分辨率图像上加上高分辨率图像的高频信息，如高通滤波、小波变换等。当然，两者的结合往往效果更佳。此外还有基于金字塔式的多分辨分析融合方法以及基于知识的融合方法等。

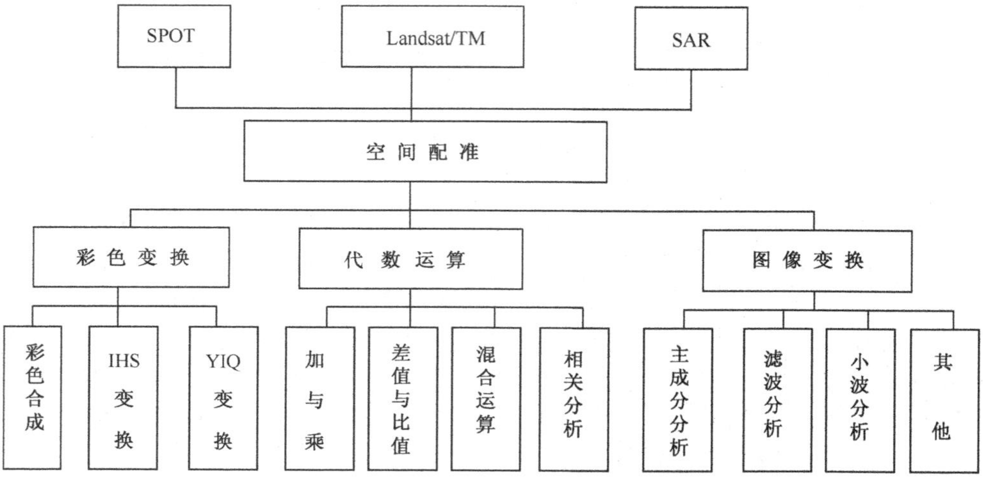

图 8.2　图像数据融合方法

需要说明的是，除了用“融合”（fusion）一词外，人们还常用“复合/整合”（integration）、“合成”（composition）、“结合”（combination）、“合并”（merging）、“叠合”（overlay）、“同化”（assimilation）等，严格说它们是有差异的。若强调“数据融合”，则不仅是针对遥感图像数据，还可针对各类辅助数据，如地形图、GPS 坐标、地球物理信息等，它着重用不同特征的多源数据，以增加这些数据所包含的信息量。当然，一切有地理空间的数据都可以图像化为数字图像（这将在下面论述）。“数据整合”习惯上多用于 GIS，强调通过编辑算法实现遥感的栅格数据与 GIS 的矢量数据间的相互转换或有机结合。“数据同化”则强调观测数据与过程模型的动态“融合”（将在下面专门论述）。至于“信息复合”或“信息融合”，则更强调图像数据在融合前已被解译达到了“信息”或“知识”的水平。但目前的应用并不严格，许多人更习惯用“信息融合”一词。

8.1.2　数据融合方法

1. 彩色变换

彩色的数字表达主要有两种方式：一是红（R）、绿（G）、蓝（B）三原色坐标系统，即 RGB 混色系统，包括 RGB 加色系统（如电视或计算机屏幕等），和黄（Y）、品红（M）、青（C）减色系统（如绘画、印染、摄影等）；二是明度（I）、色调（H）、饱和度（S）坐标系统，即显色系统，其中明度或强度（intensity）表示色彩的亮度，色调（hue）表示红（R）、黄（Y）、绿（G）、蓝（B）、紫（P）5 种基本颜色特性，饱和度（saturation）表示色彩的纯洁度。IHS 构成了颜色的三个属性。彩色技术（即彩色变换）指采用不同的彩色坐标系统，把不同遥感数据或不同性质的数据融合起来，产生彩色合成图像。

1) RGB 彩色合成

RGB 彩色合成即指定 3 个不同类型的图像（如 3 个波段图像），分别赋予 RGB 三原色进行彩色合成，生成一幅彩色合成图像。它可以通过一般介质如 CRT（阴极射线管）显示器加以显示（参见图 2.24）。

彩色合成有利于对多波段图像的解译。首先根据单波段亮度值的变化调整彩色值，确定 RGB 亮度的数据集，并存于 LUT（look-up table）一览表中，再操作 LUT 和图像直方图以增强彩色合成的视觉效果。彩色合成中色彩的改变是人为的，可以根据感兴趣目标的需要，将 RGB 每个波段数据在 0～255 有效灰度值分布范围内调整、变换或对特征指派某种颜色（如水赋予蓝色，裸地赋予浅色，植被赋予红色），这对特征的可视性及目视解译效果均有影响。

2) IHS 变换

事实上，通常用彩色显示器所显示的彩色是由 RGB 信号的亮度值确定的。但因 RGB 彩色坐标系统中 R、G、B 呈非线性关系，使调整色调的定量操作较为困难。而 IHS 彩色坐标系统对颜色属性易于识别和量化，色彩的调整（数学变换）方便、灵活，因而往往进行 RGB 系统→IHS 系统的彩色空间变换。所谓 IHS 彩色变换，是指将标准 RGB 图像有效地分离为代表空间信息的明度（I）和代表波谱信息的色调（H）、饱和度（S）。它对应于彩色百分比参数。其变换公式表示为

$$\begin{aligned} I &= R+G+B \\ H &= (G-B)/(I-3B) \\ S &= (I-3B)/I \end{aligned} \tag{8.1}$$

式中：$0<H<1$ 扩展到 $1<H<3$。

其数学表达式为[8]

$$\begin{pmatrix} I \\ \nu_1 \\ \nu_2 \end{pmatrix} = \begin{pmatrix} \frac{1}{\sqrt{3}} & \frac{1}{\sqrt{3}} & \frac{1}{\sqrt{3}} \\ \frac{1}{\sqrt{6}} & \frac{1}{\sqrt{6}} & -\frac{2}{\sqrt{6}} \\ \frac{1}{\sqrt{2}} & -\frac{1}{\sqrt{2}} & 0 \end{pmatrix} \begin{pmatrix} R \\ G \\ B \end{pmatrix} \tag{8.2}$$

$$H = \arctan\left(\frac{\nu_2}{\nu_1}\right); \quad S = \sqrt{\nu_1^2 + \nu_2^2}$$

式中：ν_1、ν_2 为彩色变换中的中间变量。

在图像数据融合中，主要有两种应用 IHS 技术的方式。一是直接法，将 3 波段图像直接变换到指定的 IHS 空间。二是替代法，首先将由 RGB 3 个波段数据组成的数据集变换到相互分离的 IHS 彩色空间中，可用上述公式，也可以用 3 波段数据集的平均亮度表示 I，用主导波长值表示 H，用纯度表示 S；再将 IHS 三个成分之一被另一个波段图像所替代。这第 4 个波段图像可以是综合波段（如 PC_1）或特征波段（如高空间分辨率图像、雷达图像等），但往往需要经过对比度拉伸的图像增强处理，以便于获得与将要被替代的图像几乎相同的方差或均值，即两直方图匹配。替代的方式可以多种多样，但大多数情况下是强度（I）图像被更高分辨率的数据替代。最后还得经过 IHS 反变换，即替代后的 IHS 数据再返回到 RGB 图像空间生成融合图像。

IHS技术中，用综合的第4波段替代3波段数据集的能力是RGB合成技术所不具备的。此外，RGB彩色合成的图像常缺乏色彩的饱和度(即使事先各波段已对比度拉伸)，而采用IHS技术，可对S图像进行对比度拉伸，再经IHS反变换回到RGB彩色系统中，经彩色增强后的RGB新图像的可解译性明显得以改善。事实上，对于特定的融合目标，往往可以针对不同的需求，将已提取的目标信息、先验知识加入到变换公式中，对图像的参数进行灵活修正，以得到更好的融合结果(参看后面的实例)。目前，IHS变换已成为彩色增强、特征增强、改善空间分辨率、镶嵌时的对比度调整、融合分离的数据集等图像处理和分析的一种有效方法，被广泛应用。

3) YIQ变换

另一种彩色编码系统为YIQ，它可以从RGB系统不丢失信息地直接变换而来。其中Y指图像亮度，是RGB信号的组合，与人的视觉相适应；I指红色减去青色(cyan)；Q指品红色(magenta)减去绿色。由于YIQ三成分间相关性比RGB三成分间减小，因而YIQ变换常用于增强图像。

2. 图像代数运算

1) "加"与"乘"

为了增加图像的对比度，将图像相加或相乘往往是有效的，可表示为

$$\begin{aligned} DN_f &= A(W_1 \cdot DN_a + W_2 \cdot DN_b) + B \\ DN_f &= A \cdot DN_a \cdot DN_b + B \end{aligned} \tag{8.3}$$

式中：DN_f为融合图像的数据值；DN_a、DN_b为a、b输入图像的数据值；A、B为经验常数；W_1、W_2为权重系数。

此法曾成功应用于Landsat/TM和SPOT/pan数据的融合，生成高分辨率的多光谱影像。但要注意和避免图像数据相加时可能产生的亮度值"填平补齐"现象，即部分地物的波段差异减少。

2) 差值与比值图像

差值图像处理往往抑制背景值而增强差值，对与背景值反差小的目标的信息提取有利，如滩涂分带、河口水下漕沟等。差值图像有时会出现负值，此时必须加一个常数，以产生正数。另外，由于多种因素影响，如大气条件、太阳光照、遥感器校准、地面水分条件等，两图像配准会产生辐射差值，因而差值图像的值并不总表示目标的变化。

比值图像是不同波段图像数据相除所得。由于太阳高度角、地形光照变化对影像密度值的影响，比值运算可以消除或抑制地形坡度和坡向引起的辐射量变化(地形效应)、乘法性噪声的影响等，并对辐射差异有一定的归一化作用。它突出了波段间斜率不同的地物，但易混淆斜率相同的不同地物，因而常采用比值合成图像加以弥补。为了克服相除后分母为0的情况，通常会加上一个很小的值(如0.01)。

差值与比值图像对变化检测是很有效的，尤其是比值方法对微弱的信号变化有更强的增强能力，且比值处理对地质信息尤为敏感，被广泛用于增强岩性和蚀变岩信息等。

3) 混合运算

在许多情况下，采用加减乘除的混合运算，可以不同程度地消除大气影响，增强相关信息

特征。例如，为了空间增强或融入其他特征信息，往往先对多波段数据进行归一化处理，再乘以高分辨率数据（如全色图像数据）或任一个需要的数据（如雷达数据等），即

$$
\begin{aligned}
DN_{f_1} &= \frac{DN_1}{DN_1 + DN_2 + DN_3} \cdot DN_h \\
DN_{f_2} &= \frac{DN_2}{DN_1 + DN_2 + DN_3} \cdot DN_h \\
DN_{f_3} &= \frac{DN_3}{DN_1 + DN_2 + DN_3} \cdot DN_h
\end{aligned}
\tag{8.4}
$$

式中：$DN_{1\sim3}$ 为多波段图像数据值；DN_h 为高分辨率图像数据值或其他特征图像数据值。此法又称为 Brovey 变换，可以增加图像的亮度、空间分辨率或其他信息等。

4）统计加权法

统计加权法是基于对被融合图像之间波谱特性的相关统计分析。通过对各类型图像数据间的相关性研究，建立线性方程，求解方程并修改系数，运用权重法实现基于像元的图像加权融合，可表达为

$$I_{ij} = A(aI_i + bI_j) + B \tag{8.5}$$

式中：I_i、I_j 分别为融合前后的图像像元值；A、B 为经验常数；a、b 为权重系数，分别表示两个被融合图像在融合中的贡献大小。它可以由相关系数 r_{ij} 按一定规则确定，或根据经验来判断；也可以选择局域融合函数，如光谱函数取多光谱图像局域均值，空间结构函数取原始图像局域方差，局域尺度根据两个被融合图像数据之间的相关性确定[9]。

以 SPOT"P＋XS"融合为例，由于 SPOT 的全色波段 SPOT-P 与多光谱波段 SPOT-XS 的谱特性存在很大的相关性，则可以通过线性方程求解或简单地改正系数（如依据波段间相关性的差异，选用不同的权重系数），直接用 SPOT-P 的灰度值来估算 SPOT-XS 的灰度值[10]。

当然也可将 20m 分辨率的 SPOT-XS 重采样到 10m×10m，考虑到 SPOT-P（0.51～0.73μm）与 SPOT1、2 波段（0.50～0.59μm，0.61～0.68μm）特征密切相关，则可直接替代 SPOT1、2，而不改变其辐射特征。SPOT"P＋XS"融合图像，既提高了原 SPOT-XS 的空间分辨率（20m→10m）及纹理特性，图像细节增强，又保留了多光谱信息。该融合图像被广泛应用于城市遥感，以改善城市分类。

3. 图像变换

图像变换的方法很多，如主成分分析、空间变换（滤波）、小波变换等，这些图像处理方法在第 6 章中已有阐述。在这里仅从图像数据融合的角度加以补充说明。

1）主成分分析

主成分分析（PCA）又称 KL 变换，对图像编辑、图像数据压缩、图像增强、变化检测、图像融合等均是十分有效的方法（参看第 6 章有关内容）。在图像数据融合中，主成分分析常采用两种方法：一是用一幅高分辨率图像（或另一需要的图像数据）来替代多波段图像的第一主成分 PC_1；二是对所有待融合的多种遥感数据进行 PCA。前者是通过高分辨率的图像（A）来提高多波段图像的空间分辨率。即先将高分辨率的图像（A）拉伸到 PC_1 的方差和均值，然后用拉伸后的图像（A′）替代多波段图像数据的 PC_1，最后再进行 PCA 反变换。由于 PC_1 的方差最大，它包含了所有波段绝大部分信息，因此融合后的图像中既有多光谱信息又具高分辨率。

第二种方法是对多遥感器图像数据或单遥感器多波段数据的所有波段经 PCA 后，将相关特征空间变换为一组互不相关的因子或成分。这些因子的子集在更少维的空间里保留了原数据的大多数方差，即保留了输入数据的不同特征，由此生成一幅图像文件(PC_{123})，以减少数据的冗余度和维数，在此基础上，还可以进行 IHS 等方法的进一步融合处理。

2) 空间滤波分析

空间滤波多用于不同空间分辨率的图像数据融合，可分为高通与低通滤波(参见第 6 章有关内容)。它的一个显著特点是可以分波段独立进行，这有利于图像光谱特征的分析。

"高通滤波"把空间信息加到波谱信息中，是又一种提高多波段数据空间分辨率的方法。即对高空间分辨率图像(如 SPOT-P)用一个小的高通滤波器处理，以生成与空间特征信息相关的高频(成分)数据，滤去绝大部分的光谱信息，这种数据按像元对像元地被加到低分辨率波段(如 TM 数据)中。这种融合图像既有高分辨率数据的空间信息，又有低分辨率数据的高光谱分辨率信息，但这种从高分辨率波段到低分辨率数据的滤波，虽增强了空间细节，却扭曲了光谱特征。为了改善融合效果，一般需要对高、低频信息作适当的调整，如归一化处理[11]，或适当取舍，或给予不同的权重等。彩图 7 为我国新疆吐鲁番地区中巴资源一号卫星(CBERS-1)的多光谱数据(空间分辨率 20m)与 SPOT 全色数据(空间分辨率 10m)经高通滤波融合的结果(由中国科学院遥感应用研究所提供)。

"低通滤波"把高分辨率的图像通过对窗口内像元亮度值的平均，平滑或模糊掉原图像的细节，使之粗化，再与低分辨率的图像融合。常被应用于高低不同空间分辨率图像的空间配准，如用高空间分辨率图像数据(TM)来检验或评价较低空间分辨率的遥感图像(MODIS)的分类结果(参见后面的实例)。

3) 小波变换

Genderen 和 Van(1994)指出依据像元并通过映射变换的融合方法的局限性在于[12]：①不同类型影像之间兼容性差；②处理数据量剧增；③获取同一地区影像的时间不同。由于同一目标在不同遥感器影像数据之间呈非线性关系，显然仅用线性关系来融合不同类型图像数据是不充分的，需要引入非线性理论和模型。

小波变换具有变焦性、信息保持性和小波基选择的灵活性等优点。经小波变换可将图像分解为一些具有不同空间分辨率、频率特性和方向特性的子信号(图像)。它的分频特征，相当于高、低双频滤波器，能够将一信号分解为一个低频信息(图像)和三个高频细节/纹理信息(垂直高频、水平高频、对角线高频)的图像，同时又不失原信号所包含的信息。对于由小波变换分解的各频谱分量，可以灵活采用不同的融合方案，以非线性的对数映射方式融合不同类型的图像数据，使融合后的图像既保留原高分辨率遥感影像的结构信息，又融合多光谱影像丰富的光谱信息，提高影像的解译能力、分类精度。在图像数据融合中，选择不同长度的小波基和算法会影响到图像高、低频部分构成比例的不同，会对融合图像的质量有所影响[13]。小波变换能实现对数据的无损压缩和图像的完全重构，即由小波变换分解的各频带信号，可经过小波反变换重构"原"图像。

这里以 TM 与 SPOT-P 数据融合为例加以说明[13]。融合前，首先进行两图像的几何配准。为了保证精度，需注意两点：一是控制点对的选取应在两图像的相应波段进行，相似的频谱(灰阶)便于准确定位；二是应以高分辨率的 SPOT-P 为基础，对 TM 重采样到 10m，以保证空间配准精度在 1 个像元以内。

采用离散正交小波变换模型进行两图像的数据融合，基本步骤如下所述（图 8.3）。

（1）对配准后的 TM 和 SPOT-P 图像分别进行小波正变换，获得各自的低频图像和高频细节/纹理图像。

（2）用 TM 的低频图像（含丰富的波谱信息）替代 SPOT-P 的低频图像。

（3）用替换后的 TM 低频图象与 SPOT-P 的细节图像进行小波逆变换得融合结果图像。

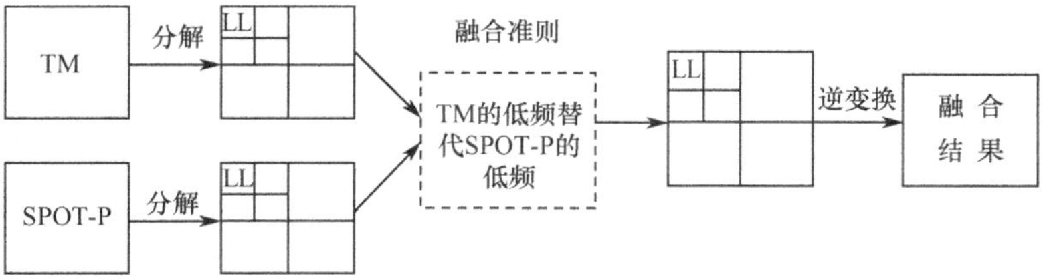

图 8.3　小波变换的图像数据融合[13]

小波变换法能有效地增强多光谱图像的空间细节表现能力，融合图像的光谱保真性也较好，但经高通和低通滤波器变换及替代处理后，由于舍弃了 TM 的高频信息和 SPOT-P 的低频信息，仍会引起被融合图像原有信息的部分丢失，或出现分块现象。此外，因两图像成像时间总有差异，也会引起 TM 光谱信息的变化，甚至出现噪声。为了减少或避免这方面误差，常需要先进行比值处理或直方图配准等相关处理，并通过先验知识或统计分析选择和控制小波系数，以获得满意的融合效果。

在实际应用中，上述的融合算法往往会导致融合数据在特征空间内的分布结构与原始数据有较大的改变，从而影响到后续的处理、研究、应用效果。显然有必要研究保持特征空间结构的遥感图像融合方法。至于不同空间尺度图像数据融合，多采用小波变换、金字塔分解等方法（参见第 6 章的相关内容）。一般首先进行多源图像的多尺度分解；然后在不同图层分别进行融合处理；最后将融合后的图像层进行相应的逆变换，构成新整合的融合图像。

事实上，随着对遥感光谱、辐射、几何、方向、重复观测等特征信息理解的深入，面对各具特色的多遥感器、多时相、多尺度、多频段、多角度的遥感数据，学者们运用 Bayes 估计、Markov 理论、神经网络、模糊集理论、统计决策等多种方法，研究特征级和决策级融合以及主、被动遥感协同的理论与方法，以更充分地利用和挖掘这些数据资源，获取更高质量的数据信息，为应用、决策提供信息支持。

8.1.3　融合效果评价

多遥感器图像融合，因涉及不同数据源，其数据获取方式、图像融合方法十分不同，因而对融合结果的评价也是复杂的。目前，一般通过多种统计分析方法来评判融合图像的质量。例如，用“熵与联合熵”来评定其信息量的大小，用“梯度和平均梯度”来评定融合图像的清晰度，计算图像均值、标准差（方差）、协方差、相关系数、相对偏差、逼真度、相对误差（归一化均方根误差）等作为图像质量的数学评判标准等。

1. 基于信息量的评价

Price（1984）从四个方面来衡量图像的信息量：①图像本身所包含的信息量，用熵与联合熵来评定；②图像在波段之间的信息冗余，由原图像信息量与 PC 变换后的信息量的差值计算获得；③图像在空间上的信息冗余，可通过比较原图像与其差分图像（即每个像素灰度值分别减去其相邻像素灰度值）信息量的计算获得；④遥感器在信息的产生、转换、传输、存储过程中的总效率，它等于图像每个波段的信息量与图像灰度值的量化级之比。

图像融合的目的之一，是要增加有效信息量，因而需要对融合后的图像进行信息量大小的评定。熵是衡量信息丰富程度的一个重要指标，一般可选用对融合前后图像求熵和联合熵的方法，来求算信息量的大小。熵越大，图像所含的信息越丰富。

根据仙农（Shannon）信息论的原理，一幅 8bit 表示的图像 x 的熵为

$$H(x) = -\sum_{i=0}^{255} P_i \log_2 P_i \tag{8.6}$$

式中：x 为输入的图像变量；P_i 为图像像元灰度值为 i 的分布概率。

同理，2～4 个波段图像的联合熵为

$$H(x_1, x_2, x_3, x_4) = -\sum_{i_1, i_2, \cdots, i_4 = 0}^{255} P_{i_1, i_2, \cdots, i_4} \log_2 P_{i_1, i_2, \cdots, i_4} \tag{8.7}$$

式中：$P_{i_1, i_2, \cdots, i_4}$ 为图像 x_1 像元灰度为 i_1、图像 x_2 像元灰度为 i_2、图像 x_3 像元灰度为 i_3、图像 x_4 像元灰度为 i_4 的联合概率。

此外，也可用由美国查维茨 Chavez 等（1984）提出的最佳指数（OIF）的概念，其数学表达式为

$$\text{OIF} = \sum_{i=1}^{3} \sigma_i \Big/ \sum_{j=1}^{3} |R_{ij}| \tag{8.8}$$

式中：σ_i 为第 i 波段的标准差；R_{ij} 为 i，j 波段的相关系数。它是在数据统计分析的基础上，选择标准差大、相关性小的数据。因为标准差越大，所包含的信息量越大，而波段间相关系数越小，表明图像数据的独立性越强、信息的冗余度越小。因此，OIF 越大，则该组合波段的信息量越大。

2. 基于清晰度的评价

影像清晰度是指影像的边界或影线两侧附近灰度有明显差异，即灰度变化率大，这种变化率的大小可用梯度来表示。它反映图像微小细节反差变化的速率，即图像多维方向上密度变化的速率，表征图像的相对清晰程度。边缘信息是图像的高频信息，反映图像的细节。边缘越明显，图像的清晰度越高，图像质量越好。影像的清晰度可采用梯度和平均梯度来衡量，可定义为[14]

$$\overline{g} = \frac{1}{(M-1)(N-1)} \sum_{i=1}^{M-1} \sum_{j=1}^{N-1} \sqrt{\frac{[D(i,j) - D(i+1,j)]^2 + [D(i,j) - D(i,j+1)]^2}{2}} \tag{8.9}$$

式中：$D(i,j)$ 为遥感图像在第 i 行、第 j 列上的灰度值；M、N 分别为遥感图像的总行、列数。一般说来，$\overline{g}$ 越大，图像越清晰。

影像的清晰度也可采用空间频率来描述，空间频率越高，边缘越明显，图像的清晰度越高。空间频率可表示为[15]

$$\text{SF} = \sqrt{(\text{RF})^2 + (\text{CF})^2} \tag{8.10}$$

式中：RF、CF 分别为行、列频率，$\text{RF} = \sqrt{\frac{1}{MN} \sum_{i=0}^{M-1} \sum_{j=1}^{N-1} [F(i,j) - F(i,j-1)]^2}$，CF =

$\sqrt{\frac{1}{MN}\sum_{j=0}^{N-1}\sum_{i=1}^{M-1}[F(i,j)-F(i-1,j)]^2}$；其他符号同上。

边缘信息还可通过反映图像小区域灰度波动情况的局部均值和方差来表达。前者反映了该区域的平均亮度；后者反映了该区域中细节信号的丰富程度。由此，定义了一个图像细节信号的平均能量参数，可表示为[16]

$$\sigma_f^2=\frac{1}{MN}\sum_{i=1}^{M}\sum_{j=1}^{N}\sigma_f^2(i,j) \tag{8.11}$$

式中：$\sigma_f^2(i,j)$为该图像在小区域中的方差。该参数通过计算图像每一个区域的方差值，并求其总和的平均值得到。它反映图像总体上细节区域的图像灰度波动情况。该值越大，说明图像提供的细节信息越丰富，图像越清晰。

图像的清晰度还可以通过图像的对比度(反差)来表达。图像对比度与遥感器的调制传递函数 MTF 有关，反映图像目标与背景之间亮度值的差异程度。通过 MTF 的修正可以提高图像的清晰度。标准差也可用来评价影像反差的大小。标准差小，影像反差小，对比度不大，则色调较单一均匀，清晰度受到限制，信息相应较少。

3. 基于逼真度的评价

逼真度是指融合图像与原始图像的偏离程度，常用归一化均方根误差值，或均值、方差、相关系数、相对偏差等来表达，其涵义正好相反。

归一化均方根误差 S 可表达为

$$S=\frac{\sqrt{\sum_{i=1}^{M}\sum_{j=1}^{N}[R(i,j)-F(i,j)]^2}}{\sum_{i=1}^{M}\sum_{j=1}^{N}[R(i,j)]^2} \tag{8.12}$$

而相关系数 r 可表达为

$$r=\frac{\sum_{i=0}^{M-1}\sum_{j=0}^{N-1}\left\{[R(i,j)-e_R][F(i,j)-e_F]\right\}}{\sqrt{\sum_{i=0}^{M-1}\sum_{j=0}^{N-1}\left\{[R(i,j)-e_R]^2\right\}\times\sum_{i=0}^{M-1}\sum_{j=0}^{N-1}\left\{[F(i,j)-e_F]^2\right\}}} \tag{8.13}$$

式中：$R(i,j)$ 、$F(i,j)$ 分别为原始图像与融合图像在第 i 行、第 j 列上的灰度值；e_R 、e_F 分别为原始图像与融合图像的均值；M、N 分别为图像的总行、列数。

一般说来，归一化均方根误差值 S 越小，或相关系数 r 越大，相对偏差越小，表示融合图像与原始图像的偏离程度越小。对于多光谱图像而言，表示融合图像的光谱保真度越好，即较好地保留了原图像的光谱信息；而对于高空间分辨率图像而言，表示融合图像的空间信息融入效果越好，即较好地保留了原图像的空间纹理信息。

事实上，由于上述方法多是建立在对图像数据统计分析的基础上，融合效果评价仅用上述各种量化指标是不够的，还需要进行定性的视觉效果评价(即主观评价)，如配准(重影)、图像的解像力、清晰度、色调协调、色彩表现，以及典型地物的光谱特征比较等。

8.1.4 数据融合的应用实例

1. 多波段遥感数据融合

遥感分波段记录了地物波谱的微弱差异，显然充分利用地物在不同波段的差异，可以更有效地识别物体。但是,多波段数据之间往往存在较大的相关性。这种数据的冗余在多波段数据融合中必须予以考虑。此外,人们习惯于用彩色来显示一幅图像。彩色显示由红、绿、蓝三原色组成,它限制了波段选取的数量,即仅能用 3 个波段组合。为了达到满意的融合效果,融合前必须进行最佳波段组合方案的选择。最佳波段的选择可以有多种方法。在前一节“分层分类法”中,谈到建立最佳信息树时,介绍了根据地物光谱特征的统计分析和可分性、平均可分性研究来确定最佳波段和波段组合的方法;并可以在光谱统计分析的基础上,通过绘制叠合光谱图,根据各类别在各波段实际分布状态(位置、范围、离散程度、可分性大小等)的分析和对比,较直观地选取区分各类别的最佳波段和波段组合。在“融合效果评价中”,对于信息量的评价,介绍了熵与联合熵、协方差矩阵行列式及最佳指数等方法。它们也是在最佳波段和波段组合选择中常用到的方法。目的都在于找出那些对同类像元的聚集性和异类像元的离散性都相对较好的特征波段,以构成图像处理的最佳波段空间。

对于陆地卫星 TM 7 个波段组合而言,每 3 个波段一组合,可以有许多合成方案。应用目的不同,研究对象不同,所要求的组合方案也不同。以土地覆盖/土地利用为例。为了使遥感图像能提供更多的类别和更高的分类精度,要求 3 波段合成图像信息量大,相关性小,冗余度小,整体改善图像质量。因而需要对研究区的 TM 7 个波段的信息特征加以分析。下面以辽河平原新城区 512×512 像元范围的样区为例加以说明[17]。

1) 各波段数据的统计特征分析

TM 7 个波段的亮度直方图直观地显示了波段内亮度的最大、最小值、大部分值的分布范围等,为统计测量(如均值、方差、值域、斜率、峰度等)提供依据。

表 8.1 显示样区 TM 7 个波段数据的统计分析结果。从表中可见,TM 7 个波段中,亮度值覆盖范围(等级),TM 5 最宽(达 187 级),其次是 TM 7(达 119 级)、TM 4(达 107 级)、TM 3(达 67 级)、…、TM 6 最窄(仅 35 级);标准差也是 TM 5 最大(达 42.75),其次是 TM7、TM4、TM3 等。标准差最大,表明该波段内地物的亮度取值距均值的离散程度最大,即地物间的差异可能表现最明显,信息量最丰富。

表 8.1　样区 TM 各波段数据统计资料[17]

波段	TM1	TM2	TM 3	TM4	TM5	TM7	TM6
最小值	84	32	28	16	8	4	136
最大值	132	72	94	122	194	122	170
均　值	101.4	43.6	49.2	51.2	54.4	26.4	151.2
标准差	5.14	3.88	7.72	15.14	42.75	24.26	3.96

2) 各波段数据的主成分分析

主成分分析(又称 KL 变换)是在统计特征基础上的多维正交线性变换。它是将多波段空间中的图像数据映射到所选取的主成分空间中,由各主成分以各波段协方差矩阵的特征向量为加权系数的线性组合而成。也就是将各波段有用信息压缩到尽可能少的主成分中,各主成分间具独立性,信息不重复,故又称为“去相关变换”。因而它起到信息压缩(减少维数)和信息分离、集中的效果,便于各波段信息量的计算(参看第 6 章有关内容)。经过主成分变换,新变量与原变量的总方差相等,但方差重新分配,使 PC_1 占主要方差量,其他变量占次要方差量。

表 8.2 显示样区 TM 7 个波段数据主成分分析结果。从表中可见,第一主成分分量(PC_1)的信息占 TM 7 个波段总信息量的 94.6%,构成第一主成分的向量中,TM 5 最高(为 0.835),

占各波段特征向量和的46%。这说明第一主成分中TM 5贡献最大，其次是TM 7(25.8%)、TM 4(13.9%)、TM 3(5.7%)等。可见，TM影像7个波段中，TM 5包含的地物信息量最丰富，约占各波段总信息量的43.5%(46%×94.6%)，其余各波段信息量大小依次为TM 7(24.4%)、TM 4(13.1%)、TM 3(5.4%)，TM 1、2、6三波段合计仅占总信息量的13.6%。计算结果表明，TM 7个波段间所包含的信息量相差很大。

表 8.2　样区 TM 各波段数据主成分分析结果[17]

成分	方差百分比/%	特征向量						
		TM1	TM2	TM 3	TM4	TM5	TM7	TM6
第一主成分	94.6	−0.047	−0.050	−0.104	−0.253	−0.835	−0.469	−0.057
第二主成分	2.8	−0.285	−0.138	−0.388	0.790	0.033	−0.350	−0.050
第三主成分	2.0	−0.474	−0.336	−0.576	−0.507	0.250	0.049	−0.076
第四主成分	0.3	−0.223	−0.095	−0.072	0.124	−0.309	0.436	0.797

3）各波段数据的相关分析

表8.3显示样区TM 7个波段数据相关分析结果。从表中可见，TM5与TM 7波段间相关系数最高(r=0.985)，其次是TM2与TM3波段(r=0.952)。这说明这些波段数据间彼此重叠较多。可见光三波段(TM 1、2、3)间相关性也较大，而TM 4、6波段的数据有较大独立性，尤其是TM4。

表 8.3　样区 TM 各波段数据相关分析结果[17]

波　段	TM1	TM2	TM 3	TM4	TM5	TM7	TM6
TM1	1.000						
TM2	0.899	1.000					
TM3	0.894	0.952	1.000				
TM4	0.354	0.580	0.528	1.000			
TM5	0.435	0.629	0.663	0.843	1.000		
TM7	0.503	0.676	0.726	0.786	0.985	1.000	
TM6	0.451	0.579	0.622	0.614	0.719	0.742	1.000

以上分析表明，针对这一地区、这一时段的TM 7个波段数据中，TM 5信息量最大，其次是TM 7、4、3，但由于TM 5、7波段相关性大，数据重叠过多，因而该区土地资源调查中，波段的选择以TM5、4、3为最佳。具体实践也证明，采用TM4、3、5赋予R、G、B的假彩色合成方案要比“常规”的TM2、3、4具有更好的解译效果。

为了进一步验证以上结论的有效性和普遍意义，又分析了北从黑龙江寒温带缓岗平原、南到广东亚热带丘陵等9种不同景观类型样区的TM图像数据，其最佳波段组合多为TM5、4、3，个别地区以TM1代替TM3，或TM7代替TM5。

以上是针对土地覆盖和土地利用这种多目标应用而言的。但是，信息融合的目的在于改善目标识别的图像环境，则最佳波段的选择应主要取决于专题内容及信息质量，而不能完全以信息总量的多寡为依据。例如，对于遥感地质找矿，其最佳波段组合中离不开TM7；对于识别与水有关的信息，多离不开短波红外TM5或TM7，以及近红外TM4，往往还需热红外TM6。

2. 多时相遥感数据融合

多时相遥感数据的融合主要有两个目标：一是利用光谱特征时间效应(即地物光谱特征随时间变化的特征)，来提高专题信息的识别能力和分类精度；二是利用地面目标不同时序的变化信息，进行动态分析、变化检测，如资源与环境的变化、城市的扩展、湖泊的消涨、河流的迁徙等。

下面以多时相 TM 图像进行土地利用的计算机分类研究为例加以说明[18]。

1) 多时相遥感图像的选择与分析

试验区位于华北平原的天津城郊区，土地类型丰富。为了避免因不同年份间作物种植结构调整或耕作条件变化而使作物失去可比性或增加计算机自动识别的复杂性的问题，根据作物的农事历表和地方物候历，选择了作物一年生长期内，光谱特征变化较为明显的春(1987 年 5 月 14 日)、夏(1987 年 7 月 8 日)两季的 TM 图像数据。由于受数据源的限制，均采用了 TM 2、3、4 波段组合。

遥感图像的土地利用分类主要依据地物灰度值的差异。对于光谱特征相似的不同地类，利用单一时相的遥感图像数据往往难以区分，但利用地物光谱特征的时间效应，不同时相的图像数据能提供地物光谱特征间的差异，从而获得区分地类的有用信息。

表 8.4 显示不同地类在春、夏两季的不同生长状态及在假彩色合成图像中的不同色彩。从表中可见，任一个单时相图像中均有几类难以区分的地类。例如，春季图像中，存在冬小麦与芦苇(鲜红)、春粮与休耕地(浅灰)、水稻与水体(深蓝)3 对不易区分的地类；夏季图像中，春粮与水稻、芦苇均为鲜红色，而原冬小麦田与休耕地同为浅灰色等也难以区分。但若将春、夏两季图像进行对比分析，则利用它们的色彩变化，目视分析也能将它们大致加以区分。

表 8.4　不同地类在不同生长季节图像的色彩表现

项别 \ 地类	春季(5 月 14 日)		夏季(7 月 8 日)	
	生长期及状态	图像色彩	生长期及状态	图像色彩
冬小麦	灌浆期	鲜红	已收割、翻耕	浅灰
春粮(玉米、高粱)	刚出苗	浅灰	抽穗期	鲜红
秋粮(玉米、高粱)			刚出苗	浅灰
水稻	插秧	深蓝	拔节期	鲜红
菜地	零散、不均匀	粉红	零散、不均匀	粉红
芦苇	生长旺期	鲜红	生长旺期	鲜红
休耕地		浅灰		浅灰
水体		蓝、深蓝		蓝、深蓝
居民地		蓝、蓝灰		蓝、蓝灰

2) 图像预处理与分类系统的确定

通过选择控制点对，进行图像对图像的几何配准，配准误差不超过 1 个像元，从而得到一个 6 波段(2 个时相各 3 个波段的 TM 数据)的数据集。

根据该区的土地利用特点，确定了玉米(包括高粱)、小麦、菜地、水稻、芦苇、城市、村镇、水域、裸地、树木等 11 个地类。为了避免选择训练区时同一地类直方图出现明显的多峰现象而降低分类精度，对一些光谱特征有较明显差异的同一地类分别划分了子类。例如，玉米地因湿度不同而深浅有别，分为玉米 1、2；水稻田因插秧前后，水背景的作用大小不一，分为水田 1、2；菜地因生长期与菜类的不同，色调有异，分为菜地 1、2。因而初分类时，共划分 14 类，待分类结束后再将子类归并。

3）训练区的选择和光谱特征的统计分析

监督分类中训练区的选择十分重要，根据由彩红外航空像片所编制的 1∶1 万的土地利用现状图，与两个时相 TM 图像对照分析，选择各地类的训练区，绘制各类地物的直方图，并计算各地类的统计参数（均值与方差）。为了更直观地显示各地类灰度值分布情况，绘制了各地类在 TM 各波段的亮度均值分布图（图 8.4）和叠合光谱图。从图 8.4可见，两个时相的 TM4 波段的均值分布范围较大。其次是春季的 TM3、TM2。而夏季图像的 TM2、TM3 各地类均值间分布范围小、难以区分。当然，由于各类地物灰度值的方差大小不同，这种均值分布的离散程度并不能完全表示类别间的可分离性，叠合光谱图可说明这一点。人们可以根据叠合光谱图上各类别在各波段的均值、方差的实际分布及类别光谱的反向现象，选出可以区分各类别的波段或波段组合（参见第 7 章相关内容）。

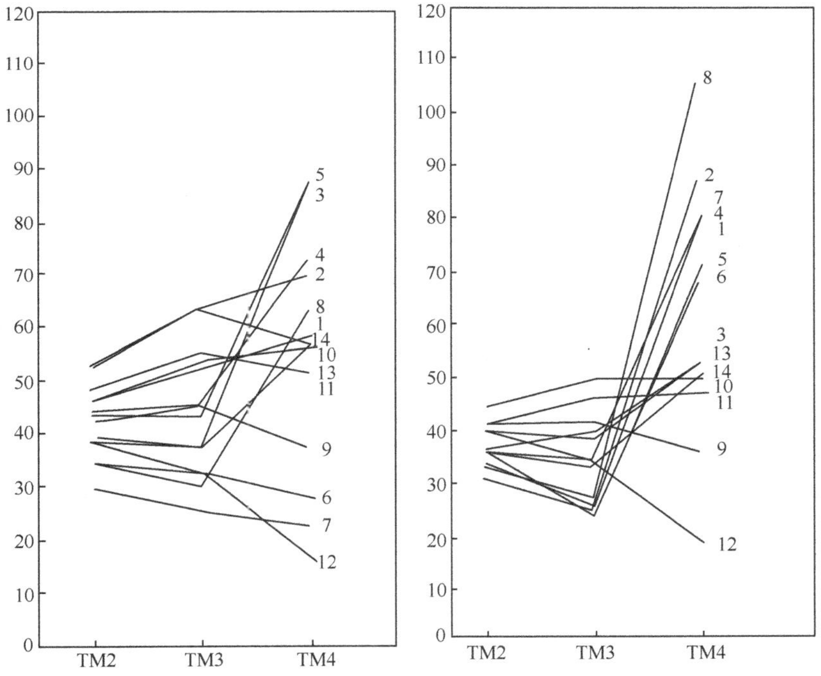

(a) 春季　　(b) 秋季

图 8.4　各地类在 TM 各波段的亮度均值分布图[18]

4）多时相遥感图像的分类

对由两个时相 6 个波段组成的数据集进行分类时，必须进行最佳组合波段的选择。从该区的叠合光谱图中可以直观显示出各类均值分布的离散程度。但要定量地描述，还需进行地物可分性的定量计算。离散度作为多变量的统计可分性的一种变量，可以间接指示出分类的错误概率的大小(参见第 7 章的有关内容)。对于多个类别,分别计算各种候选波段组合(每两个类别间)的离散度和(各类别间的)平均离散度。离散度值越大,地物光谱差异越大、地物间可分性越大,波段组合越佳。因而可以依据平均离散度的大小,依次序得到 TM3(5 月)、TM4(5 月)、TM3(7 月)波段组合“最佳”,TM3(5 月)、TM3(7 月)、TM4(7 月)波段组合次之,或 TM3(5 月)、TM4(5 月)、TM4(7 月)波段组合较好等。但是,事实上并不存在一种最佳波段组合对所有地类的区分效果均最佳,而只能是对大多数类别的区分效果好,总还有一些地类的区分效果不满意。因而往往需要在固定那些“满意”类别的基础上,对一些未很好区分的类别,另行选择适合于它们的“最佳波段组合”进行第二次分类。当然这可能会伴生新的地类混分现象,有必要的话还可重复上述过程进行三次分类等。

采用最大似然法进行图像监督分类,并依据大比例尺土地利用现状图进行分类精度的评价。结果表明,用两个时相 TM 融合图像分类比任一单时相、多波段 TM 图像的土地利用分类精度可以提高 10%～20%。

在土地覆盖与土地利用多年变化小的情况下,人们可以用多时相的遥感图像数据,充分利用地物光谱特征的时间变化效应和空间结构变化特征所提供的信息,有效地提高地物识别能力和分类精度。例如,Solberg 等在 ERS-1 SAR 与 TM 数据融合过程中,通过融入两时段间地类特征变化的先验知识,采用 Bayesian 算法进行土地利用分类,使得融合图像的错分率降低了 7%～11%[19]。

至于用于动态分析、变化检测方面的图像数据融合,应用十分广泛。在变化检测、土地遥感等章节均有论述。

3. 多源遥感数据融合

多源遥感数据融合主要有两个目标:一是利用不同类型、不同平台的遥感数据的优势,以扩大遥感应用的范围与效果;二是利用各类遥感数据的局限性与互补性,修补图像数据的缺陷。它包括多光谱遥感数据与成像雷达数据的融合、高低分辨率遥感数据的融合等。

1) 多光谱遥感图像数据与成像雷达数据的融合

多光谱遥感图像数据与成像雷达数据各有优势与不足,信息的互补性十分明显,两者的融合是遥感数据融合的一个重要方面。由于两者之间成像机理、几何特征、波谱范围、分辨能力等均差异较大,反映的地物特征有很大不同,因而其融合更为复杂。

多光谱遥感系统分波段记录地物波谱反射、辐射特征的微弱差异,具有较高的光谱分辨率,可以提供地表物质组分等大量信息,有助于识别各种不同的地物类别,是目前遥感应用研究的最主要的信息源。但是多光谱遥感系统(即可见光—红外光学遥感系统)受大气层的干扰,对天气的要求高,由于云层覆盖及云阴影的影响,只有在晴天无云情况下其数据才能被有效地利用,这使其数据的应用受到极大的限制。为了弥补这一缺陷,需要有其他遥感数据来补充。

成像雷达是不依赖日光的主动遥感系统。雷达波束可以穿透云层,不受昼夜及云层因素的影响,全天时、全天候地获取数据,这恰好弥补了光学遥感的不足。更重要的是雷达信息提供了地物的物理特征信息,即反映地物的复介电常数和表面粗糙度。前者主要取决于地物本身的电学性质,受物质组成、湿度、温度影响;后者主要取决于目标的几何形态、表面结构形迹,如植物覆盖层、松散沉积物(砂、砾、卵石)等。由于雷达的这些特点,它在地质构造、地形地貌、地表水分、土壤湿度、植被覆盖、居民点、线状地物、海况的识别等方面均有很大的应用潜力。

多光谱(VIR)与雷达(SAR)不同特征信息的互补与融合,其目的在于:一是综合反映目标的光学和微波的反射特性,扩大应用范围,提高地物识别能力、分类精度、应用效果;二是以SAR为辅助信息,对多光谱图像中被云及云阴影覆盖的区域进行估计,消除影响并填补或修复信息的空缺。

图8.5显示卫星光学和雷达系统基于像元的图像数据融合过程的流程,其中包括数据预处理和融合方法选择。

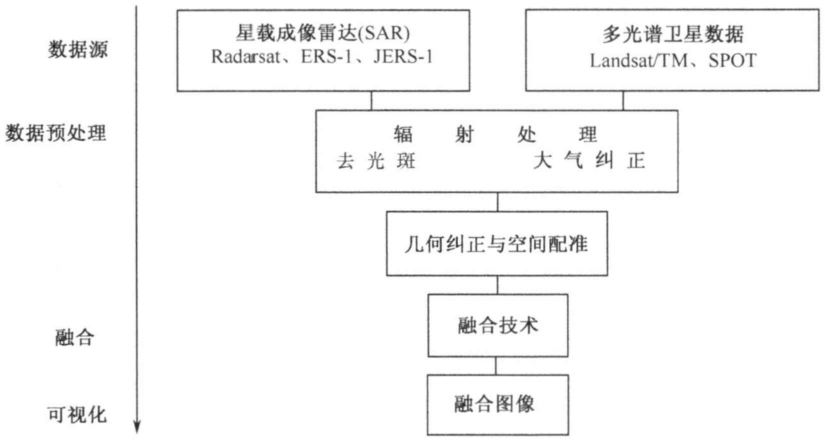

图8.5 卫星光学和雷达系统基于像元的图像数据融合处理过程[1]

A. 遥感数据预处理(主要指辐射处理、几何纠正、图像增强)

(1) 辐射处理。由于SAR图像数据光斑噪声大,其辐射处理的最基本操作为去光斑处理,一般采用滤波方法。根据不同的应用要求,去光斑处理可以在各个不同阶段进行。例如,在几何纠正前去光斑,可为选择地面控制点提供更好的目标识别环境,或在几何纠正、地理编码中去光斑,以减少重采样、滤波的次数。此外,对于SAR,还需考虑进行16bit到8bit的数据转换,以减少信息的丢失。

由于光学图像获取过程中受大气的干扰大,需进行大气纠正或其他辐射增强处理,如边缘增强、对比度扩展、滤波、色调调整等,以改善图像的清晰度,扩大图像亮度值的动态范围。

(2) 几何纠正。由于SAR图像几何变形大,其几何纠正随不同的地形起伏状况而有所不同。对于平坦地区,多采用多项式逼近法,依赖于地面控制点进行地形图对图像的地理编码或仅需进行图像对图像的相互配准;而对于起伏山地,往往需要借助于数字高程模型(DEM),采用几何模型校正法(参见第5章相关内容)。

空间配准是像元水平图像融合的必要步骤,它往往导致人为误差。特别是当图像间空间分辨率差异大,按高分辨率图像的像元大小对低分辨率图像进行重采样时,为了避免造成数据出现块状结构,可以在图像融合前,先进行光谱滤波处理等,为了保证融合后图像的清晰度和像解力,配准误差应控制在1个像元以内。

B. 融合方法的选择

经预处理后的SAR与多光谱数据方可进行融合技术处理。融合处理的方法可以多样,一般可归纳如下。

(1) 注重对SAR灰度特征(后向散射强度)的融合,如采用算术运算法将TM 3、4、5与SAR直接比值合成,或将光学三波段数据与SAR数据经归一化的比值处理产生三幅新的融合图像,融合后的图像在分类的类别和精度上均有明显提高[20];运用相关性加权的方法融合;

有的采用 IHS 变换的替代法，用 SAR 图像替代经 TM 彩色图像 IHS 变换后的明度分量(I)，再经 IHS 反变换，得到既空间信息丰富又保留多光谱特征的 TM+SAR 的融合图像[8,21]。

(2) 注重对 SAR 纹理特征的融合，即从灰度共生矩阵提取的特征(如熵、相关、能量等)、局部统计的特征(如对比度、均匀性、能量均值比、非对称性等)、分形特征和随机场模型参数等[22]。例如，采用小波变换法，利用它的分频特征将图像作多次小波分解，再通过对融合图像数据的统计分析，确定融合值重建融合图像[13,23]；或采用 BP 神经网络和马尔可夫(Markov)随机场法等[2]，特别是应用马尔可夫随机场理论，排除离散分布的点对显著特征的干扰，在一定程度上抑制了 SAR 散斑噪声的影响，改善融合图像的识别环境。

(3) 采用主成分分析等图像变换法压缩维数、提取特征，进行多光谱与雷达数据融合。

研究表明，融合中 SAR 图像的特征不宜选取过多，且选用合适的纹理特征比仅用灰度特征分类精度高、融合效果更佳[22]。

C. 应用案例

下面通过两个应用实例加以说明。

(1) 高光谱与雷达数据融合研究城市地面特征。在城市遥感研究中[24]，许多土地覆盖类型/表面物质，如沥青和水、阴影，树木、灌丛和草坪，裸土和混凝土等的光谱特征十分相似，难以识别。但是，其中的有些特征却可借助于雷达图像对介电常数和表面粗糙度的敏感加以区分，如建筑物的墙面、金属结构的屋顶、树、裸地、湿地等。选用高光谱 AVIRIS 数据(224 个波段，20m 分辨率)与机载 SAR 数据(TOPSAR 数据：L 波段、HV 极化、3.3m 分辨率)，进行上述的预处理。为了减少 AVIRIS 数据维数和分离数据中的噪声，对 AVIRIS 数据进行 MNF 变换(minimun noise fraction)，用 MNF 变换的 1、2、3 分量彩色合成图像进行 IHS 变换；用机载 SAR 图像作为高分辨率图像替代 IHS 变换的 AVIRIS 图像中的明度(I)，替代前对雷达图像进行对比度拉伸，使之具有与明度(I)图像相似的方差，替代后再进行 IHS 反变换到 RGB 彩色空间。最后，将融合图像叠加在 DEM 上用于构建该区域的三维透视显示。融合结果表明，原 AVIRIS 图像上建筑物与采矿残渣、树与建筑物之间的波谱混淆，均为机载 SAR 图像上的亮度差异所区分；原机载 SAR 图像上滑雪痕迹与高速公路混淆，被三维透视图所揭示的地形和纹理信息区分。可见，高光谱数据与雷达数据的融合可有效地应用于城市细节信息的提取分析。

事实上，用 SAR 影像直接替代多光谱(XS)影像 IHS 变换中的 I 分量的方法，是最常用的方法，简便易行。但融合过程中丢失了一些图像特征，且不可避免地会导致所获融合图像(XS-SAR)出现较明显的光谱信息失真。为了对融合的 SAR 特征信息量进行控制，一个重要措施是设置一个可调整的阈值，有选择地只将较为重要的 SAR 特征融合到多光谱图像中去。这个阈值可以通过 IHS 变换后每个像元的新亮度 I 分量值与初始亮度值的比率来局部调整 XS 图像的亮度；也可以通过小波变换获得 SAR 的低频图像，再利用原去噪 SAR 图像与其低频图像的比率(阈值)来对亮度分量 I 进行调整；或将所获高频小波分量(各个像元在各个小波分解尺度上的小波系数)叠加到 XS 图像的初始亮度值上得新的亮度值；从而避免将所有的 SAR 图像特征信息融合到 XS 图像中，生成一幅新的 XS-SAR 融合图像。最后，通过视觉效果和统计计算的比较结果表明，该方法通过不同大小阈值的选取，能相对灵活地控制参与融合的 SAR 特征的信息量，并根据具体的应用目标选择阈值，其融合图像具有更好的光谱保真度，且在特征提取等方面更符合用户需求[23,25]。

(2) 上海市浦东新区 TM 和 SAR 图像融合去云[26]。

选用了 Landsat TM 图像数据(1997 年 9 月 18 日)和 Radarsat SAR(S_2)图像数据(1997

年 9 月 6 日)。首先进行两幅图像的空间配准,使两幅图像上地物间对应关系的误差限制在一个像元范围内;然后将 16bits 的 SAR 图像通过压缩的方法转换为 8bits 的图像,将两幅图像的数据统一为相同的类型,以便于同 8bits 的 TM 图像进行比较和计算。

该研究区的 TM 图像上有几朵零星分布的云及阴影,SAR 和 TM 图像融合的目的之一,是用 SAR 作为辅助信息来消除 TM 图像上因云及阴影造成的影响和填补其信息空缺。在 TM 图像上云的灰度值往往远高于整幅图像中的绝大部分区域的灰度值,因而显现为灰度的剧烈变化。这种信息在小波分析中往往会作为显著特征而检测出来。但由于这种特征的显著性有可能高于 SAR 图像上对应区域信息的显著性,从而在特征选择时被误选为有用信息加入到合成图像中。因此,需要对云及其阴影的影响作相应的特殊处理,使云及其阴影的影响在复合图像时被排除在外或受到一定程度的抑制。

需要指出的是,由于 TM 图像中被云层遮盖的地物是未知的,而相同的地物在 TM 和 SAR 图像上的反映是各不相同的,两者间并不具备严格的一一对应关系,仅依靠 SAR 图像上的信息和 TM 图像上未被云遮盖的区域作为辅助,难以完全如实地将该区域未知地物恢复出来。但是,根据同一类地物在不同波段的遥感器图像上往往具有其特定的明暗分布规律这一事实,利用 SAR 图像上对应区域的信息以及 TM 图像上该区域邻近部分的信息建立两图像间近似的对应关系,即找出两图像上明暗分布的大致规律,并据此反推或估计出 TM 图像上云层覆盖区下可能表现出的特征,为进一步的数据融合奠定基础。具体做法如下。

首先,对云覆盖区及其邻近区域进行最小距离法的非监督分类。其次根据先验知识(事先对该区的调查),在 TM 图像上找出与云覆盖区(A_T)有相邻关系并具有类似地物分布的区域(B_T)。同时在配准好的 SAR 图像上找出与 A_T、B_T 相对应的区域 A_S、B_S(要求 A_T 和 A_S、B_T 和 B_S 有严格对应的相同位置和大小)。再次建立 B_T 与 B_S 灰度值间的大致对应关系,根据这一关系,由 SAR 图像上 A_S 区域的各像元所属的类别,反推 TM 图像上对应的 A_T 区域各像元的类别归属,根据类别不同,以其邻近区域 B_T 为参照,对 A_T 的像元赋值。最后,为了提高估计的准确性和消除 SAR 图像上光斑噪声的影响,采用中值滤波法对估计结果进行平滑化处理。

以上对云层及其阴影区的处理,不仅减少了云盖区(或阴影区)与周边区的显著差异,而且估计了云盖区(或阴影)的地物特征,使后期融合图像排除了云层干扰的影响,提高了融合结果的准确性。在融合图像上,原 TM 图像上云盖区及阴影区被 SAR 信息弥补了信息的空白。但此法仅适用于小面积的云盖区,若云块面积大,则所选取的邻近区域具有相似地物分布的假设便不能成立。

在以上图像预处理和去云处理的基础上,运用小波分析法对图像中的显著特征进行提取,保留了原始图像中的细节信息(如边界等),以保证融合图像的分辨率不因处理而降低;同时应用马尔可夫随机场理论,排除了离散分布的点对显著特征的干扰,在一定程度上抑制了散斑噪声的影响,改善了融合图像的效果(图 8.6)。

2) 高、低分辨率遥感数据的融合

高、低空间分辨率遥感数据融合的主要目标如下。

(1) 专题提取和应用。NOAA/AVHRR 数据空间分辨率较低(仅 1.1km),往往限制了它在区域资源与环境调查中的应用。但对于地理景观较为简单的区域(如我国西北的广大干旱-半干旱地区),将 NOAA 数据与 TM 数据融合,融合后的 NOAA+TM 图像空间分辨率可达 300m,可以提取出农田、林地、草地、沙地、滩地、城镇、居民点等一级土地利用类型和大的地貌

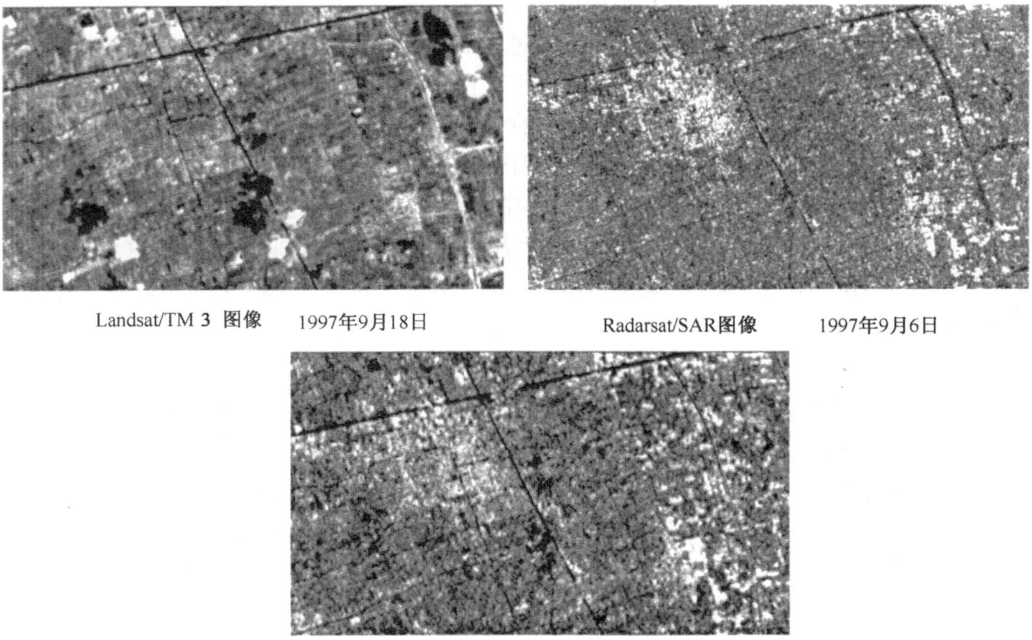

图 8.6 上海市浦东新区 TM 和 SAR 的(去云)图像融合[26]

单元,同时对平原地区大片农作物的长势监测也有明显效果,适用于资源与环境的宏观调查。此外,陆地卫星多光谱数据(如 TM)与航空图像数据的融合,往往是先用低分辨率的图像数据进行宏观分析研究、特征信息提取,以缩小研究范围、确定研究“靶区”,再对重点区域进行高低不同分辨率图像融合,以进行细部研究。这在工程选址、地质找矿、城市找水等方面均有不少的应用[27]。

(2) 分类精度评价。即用较高空间分辨率的遥感图像数据来检验或评价相对低空间分辨率的遥感图像分类结果的正确性,如用航空影像检验 TM 的分类结果或用 TM 影像来检验 NOAA 图像的分类结果等。这里一个十分关键的问题是两幅不同空间分辨率的遥感影像必须进行准确的空间配准。事实上,低空间分辨率图像的一个像元往往可以对应于高空间分辨率图像的许多像元。例如,TM 图像的 1 个像元(空间分辨率 30m)可对应航空像片(空间分辨率按 4m 估算)的数十个像元,NOAA 图像的 1 个像元(空间分辨率 1.1km)可对应 TM 图像的数百个像元。空间尺度如此悬殊,往往使两者在空间域上难以得到可比的共同基准,在空间域上强行叠合显然是不成功的。但人们可以设法使空间尺度不同的两幅遥感影像在空间频谱上具有一致性,从而成为它们相互比较的基础。尽管遥感影像上灰度值的空间变化具随机特征,似乎杂乱无章,但是就同一地区而言,不同空间分辨率的影像的空间频谱却具有一定的相似性。这是因为所谓不同空间分辨率的影像,是指其采样尺度不同,而采样过程中主要是平滑掉“低”频波。也就是说不同空间分辨率影像的差异主要集中在图像的高频部分,因而只要对高分辨率影像进行适当的低通滤波,则可使两者在空间频谱上具有最大的相似性。这种将空间域变换成空间频率域的方法,既保留了原图像的信息,又使变换后的新频谱域有两者可比的共同标准[28]。

下面通过两个应用实例加以说明。

A. 高空间分辨率全色图像数据与低空间分辨率多光谱图像数据融合

目前,许多遥感器均同时具有高空间分辨率、低光谱分辨率的全色图像数据(A)和低空间分辨率、高光谱分辨率的多光谱图像数据(B)，如 SPOT、Landsat/ETM、CBERS、Beijing-1、IKONOS、QuickBird 等。为了获得对观测景物更完整而准确的描述，通常将两者结合起来，通过光谱分量替代法(彩色变换、主成分分析等)或空间域变换(空间滤波、小波变换等)多种数据融合方法，使融合后图像具有 A 的空间分辨率和 B 的多光谱。但是，融合后的图像往往丢失部分信息。

Thierry 等[29]提出一种通过注入结构信息提高空间分辨率的融合方法。考虑到常规融合所丢失的信息与图像 A、B 中的高频信息有关联(此为假设前提)，首先寻找多光谱系列 B 和影像 A 两者高频信息之间的关系，并建立关系模型，提取高频信息(高频信息模型往往由傅里叶系数或小波系数或其他合适的空间变换来表达，也可通过高通滤波的移动窗口来执行)；通过图像 A 的高频信息来推测图像 B 的丢失信息(高频细节)；再通过在多光谱数据中内插结构信息(高频信息)来提高空间分辨率，即可通过小波变换得到两幅图像之间细节(高频信息)的不同之处，并把多光谱分析引进来就可以通过对图像之间的相似性及它们之间的细节差别，对两幅图像信息及高频的丢失信息进行不同的合成处理；最后进行图像的重建，由低空间分辨率的多光谱图像 B 变成具有高空间分辨率、高光谱融合图像，以提高影像的可视性和解译能力。

B. 航空影像检验 TM 影像估算的冬小麦面积精度

选取河南省长葛县 1988 年 3 月的 TM 影像和同期 1：10000 的黑白航空像片(空间分辨率 4m)。具体做法如下所述[28]。

(1) 遥感数据的预处理。预处理包括消除几何畸变及各种噪声的影响，以提高估算和配准精度。在地形图上选取地面控制点(GCP)对航空影像进行纠正，并根据其地面坐标镶嵌成一幅区域的航空影像。3 月的影像上农田冬小麦作物单一，易于识别和进行面积计算。对于 TM 影像，除了选取控制点几何纠正外，需要进行辐射纠正，消除大气中大气分子和气溶胶等对可见光-近红外的散射作用。

(2) 用空间频谱相关方法进行配准。在两种分辨率影像上分别选取大致相同的区域，对相对高分辨率的航空影像进行适当的低通滤波使之粗化，可以通过傅里叶变换及逆变换来完成遥感影像从空间域到空间频率域的相互变换。为简化起见，只做一个方向的傅里叶变换，将二维谱简化为一维谱，分别以 $x(n)$和 $y(n)$代表航空影像与 TM 影像的空间频谱。其中 n 代表空间频率，再通过 $x(n)$与 $y(n)$进行两影像的共同中心位置的错动；用 i 表达偏移值，影像的取域区域随偏移值作相应变动，并求取相关系数值$R(i)$，即

$$R(i) = \sum_{n=0}^{N-1} x_i(n) y(n) \tag{8.14}$$

当相关系数 $R(i)$达到最大值时，认为此 i 为最优匹配位置，则两影像处于最佳配准状态。最后再通过傅里叶反变换将空间频率域反变换到空间域，从而实现了两幅高低不同分辨率遥感影像的准确空间配准，为航空影像评定 TM 影像冬小麦面积精度奠定基础。

TM 影像冬小麦面积估算选用了三种方法，即传统的监督分类、K-T 变换和混合像元分解方法。评价结果表明，在这三种方法中混合像元分解方法估算的冬小麦面积与作为标准的航空影像的冬小麦面积值最接近，也就是它相比其他两种方法精度最高。

4. 遥感信息与地学信息的融合

地球科学研究的手段是多种多样的。不同的地学研究方法，从各自不同的角度提供各种不同的地学信息。例如，地球物理信息(地球内部的地震波、重力、磁性、温度等)反映了不同深

度地壳物质的物理性质——内部结构、物理组成、基底表面起伏等；地球化学信息反映了不同深度地壳物质的化学性质——组成成分、化学元素的含量、分布、赋存形式等；多种地理信息（地貌、水文、气象、土地、土壤、植被、人文、社会经济、生态等）反映了地球表层自然环境与人文环境的相互作用过程与关系。地学信息是丰富的。但是任何一种单一地学方法所获得的信息都仅能反映地面物体或现象的某个侧面或某种物理、化学、生物、地学属性或过程。地学信息之间往往是密切相关的。例如，地球化学元素的集散，不仅涉及化学元素内部电子跃迁、原子振动、分子转动，引起地物本身物化性质、波谱反射与辐射等微观变化，还会引起土壤、植被（密度及类型）等的宏观变化，控制着地物的空间组合与空间分布特征。这些变化均可以通过遥感图像的影像特征部分地反映出来，因而往往需要将它们结合起来综合考虑，以更全面、科学地表达所研究的内容。例如，遥感影像与地图复合生成影像地图——既利用了遥感影像直观、形象的丰富信息，又利用了地图的数学基础和地理要素；在地形起伏的山区，遥感图像数据与数字高程模型(DEM)的融合，不仅可以用来纠正因地形起伏所造成的图像畸变，还可以用来提高遥感对土地覆盖、森林覆盖等的分类精度。

此外，地物的地学属性往往与它们的影像特征之间具有明显的相关性，如断裂构造、山脉走向与遥感影像的线形形迹之间的相关，火山、侵入岩体、穹窿构造、油气藏与遥感影像的环形形迹之间的相关等。这些相关性在不同地区有不同表现，一些学者对此进行过专门的研究。利用这些遥感信息与地学信息的相关性，可以将遥感图像数据与地质、物探、化探、地形等地学数据融合，进行相关研究、综合分析，以指导找矿[30]；或将遥感提取的与生态环境有关的专题信息——绿度、温度、湿度、亮度等与气象台站提供的气温、降水、蒸发量、干旱指数等气象气候信息融合，以反映区域环境变化及气候与环境的关系等[31]。

这里的地学信息主要通过专题地图和专题数据表达。前者如土地利用图、植被图、土壤图、行政区划图等各类专题图，以及等值线图、地形图等；后者如各种采样分析数据、野外测量数据、调查统计数据、DEM 等。当然也可以由以上基本数据派生出一系列相关数据或图件，如断裂密度、化学元素比值、气候干燥度等。这些来源不同、尺度不一、形式格式多种多样的地学信息，具有多等级、多量纲形式，并往往根据各自统计特征来反映某一特定状态。尽管如此，这些二维数据集或图件是可以通过数字化、格网化、地学编码、空间量化等方法，以数字图像（灰度图像）的形式予以表示的。图像化的地学信息不仅易于与遥感图像匹配复合进行综合分析，而且可以使图像中的每个像元均有具体数值，便于进行地学定量研究及遥感应用分析模型的计算。因此，在进行遥感与地学信息融合前，必须对各类地学信息进行预处理，按一定的规则转换成数字图像形式，构成各种地学数据集。这包括了专题图数字化与专题数据图像化。具体做法如下所述。

(1) 专题图→数字化（格网化或矢量化、地学编码）→数字图像：专题图由不同的地学界线分隔成不同的区域（图斑）组成，每个分区代表不同的地学涵义。由专题图转换成数字图像就是对其地学界线进行数字化（可以矢量形式，也可以栅格形式），并对每个分区进行地学属性编码。

(2) 专题数据（非图像数据）→图像化（空间量化）→数字图像：这些专题数据有空间分布的概念，即为空间数据，可用图件表示，并进行空间量化。其方法为根据专题内容和区域特点，按一定间隔将图形划分为格网子区，即相当于 $m \times n$ 个小方格（像元）的矩阵，并根据各个格网子区（像元）所代表的内容予以赋值，生成数字图像。也就是将新的格网数据按一定的间隔赋予一定的灰度值或彩色编码。例如，若有某区域某种地球化学元素 1000 个采样点的分析数据，因每个采样点均有空间位置，则可以将分析结果表示在图件上而得常规地学工作所用的该化学元素分布图，或派生出该元素的等值线图。可将图件格网化——划分成若干个小格网（相当于图像的像元），凡有样点的像元，都赋以 1～255 的值，浓度在检出限内的像元赋以最小值 1，浓度大于 95%的像元赋以最大值 255，中间浓度则线性拉伸成值 2～254，并附上元素图像转换表，列出每一给定值所对应的元素浓度，便生成一个以像元值表示元素浓度的数据文件。对于采样点以外像元的赋值多采用"内插法"（空间插值），则可生成一幅元素分布的数字图像。

空间量化赋值的内插方法有多种。只有选择适当的插值算法，才能使其内插效果更符合实际地域分布的规律。例如，对于化学元素采样点数据而言，由于化学元素的分布并非连续，若采用均匀内插法赋值，显然是不合适的。根据元素富集的特点，一般采用膨胀法赋值，即把样品值赋予距采样异常点一定距离或一定范围内的那些点[27]。

一旦完成了地学信息到数字图像的转换，接下去便是空间配准，包括地学数据之间及地学与遥感数据之间的空间配准。即运用图像处理技术，将不同地学数据集配准到统一的地理坐标系统上，形成以图像为基础的综合数据库。在此基础上，便可进行遥感数据与地学数据多种形式的融合。这种融合有时是分阶段进行的，或先用遥感数据定量判别，而对于难以区分的模糊部分再辅以地学信息作为判别的补充依据；或先对地学信息（如坡度、海拔高度、地下水埋深等）划分等级，再对划分出的区域用遥感数据进行分类，避免不同级别间"异物同谱"地物的混淆。有时又是直接进行的，或根据地物要素的相关性，将其数字图像直接叠合分析，以直观、形象地反映各要素间的内在联系；或将各种待融合数据作为参数变量直接代入模型分析、计算，以定量研究地学规律。

遥感信息与地学信息的融合有许多工作是可以在地理信息系统（GIS）的支持下完成，即所谓的遥感与地理信息系统的结合（参见第 9 章相关内容）。

下面举两个应用实例。

1）多种信息源的土壤盐渍化定量分析

山西雁北阳高地区是温带半干旱草原地带，土壤类型以草甸土、盐化草甸土为主。受气候、地貌、人为因素等影响，该地土壤多有不同程度的盐渍化，且盐渍程度与植物种类、长势关系密切。尽管仅用遥感的综合光谱信息可以进行土壤的部分识别、分类，但因难以区分各种成土因素的影响，分类精度不理想。根据土壤发生学原理，土壤盐渍化与水盐运动条件密切相关，则地下水位和地下水矿化度是该区土壤盐渍化的两个最主要的环境因素。于是选用遥感数据（TM 图像数据）及地学数据（地下水埋深和地下水矿化度）进行多种信息源的数据融合。具体做法如下所述[32]。

(1) 遥感图像数据的专题信息提取。对 TM 影像（1986 年 6 月下旬）分别进行主成分分析（KL 变换）、K-T 变换等。通过对 KL 变换三分量合成图像、K-T 变换三分量合成图像，以及 TM4、3、2 假彩色合成三类图像的比较分析，确定 K-T 变换的亮度、绿度、湿度三分量，识别地类及分类结果最优。将之作为信息融合中遥感信息的主要数据源。

(2) 非遥感数据的预处理。选取地下水埋深与地下水矿化度作为信息融合中非遥感信息源。通过实地考察和经验判断（专家知识），将这两个因素分等分级，并绘制它们与土壤盐渍化程度的对应关系表（表 8.5），作为进一步统计分析的基础。同时将这两个要素的等值线图分别数字化、网格化，生成数字图像，并与 TM 影像配准。

表 8.5　地下水信息与盐渍化程度对照表[32]

等级 \ 指标/% \ 类别		盐化和重度盐渍化	中度盐渍化	轻度盐渍化	非盐渍化
地下水埋深/m	>2.4	0	0	20～30	70～80
	2.0～2.4	0	5～10	30～40	50～60
	1.8～2.0	5	10～20	60～70	15
	1.4～1.8	10	60～70	20～30	0
	1.0～1.4	60～70	20～30	10	0
地下水矿化度/(mg/L)	<600	0	0	10～20	80～90
	600～800	0	0	60～70	30～40
	800～1000	0	10～20	70～80	5～10
	1000～3000	20～30	70～80	0	0
	3000～6000	70～80	20～30	0	0
	>6000	80～90	10～20	0	0

(3) 多信息源融合分类。采用广义 Bayes 分类方法，在设定各信息源相互独立的前提下，利用全局从属关系函数，用概率值把多种信息联系起来，对像元运算、判别分类。

对经 K-T 变换的 TM 数据，选择训练区进行最大似然法的监督分类，将光谱数据转为土壤盐渍化程度的 4 个等级类别，即先验概率 $P^{TM}_{(W_j)}$（这里 W_j 为像元所属的信息类别，$j=1,2,\cdots,m$，m 为信息类别数，此处 $m=4$）；对非遥感数据，根据表 8.5 的对应关系，在训练区中每个级别范围内各类别出现的比例，也得出土壤盐渍化程度的 4 个等级类别，即先验概率 $P^{D}_{(W_j)}$ 和 $P^{M}_{(W_j)}$（这里 D、M 分别表示地下水埋深数据和地下水矿化度数据）。

Bayes 判别准则是，当后验概率 $P(W_j/X)$ 为后验概率中最大者时，则判定 X 归属于 W 类。由 Bayes 分类理论，数据类与信息类之间的关系，用从属关系函数表示，而全局从属关系函数为

$$F_j(X) = P(W_j/X) = P(W_j/x_1, x_2, \cdots, x_n) \tag{8.15}$$

式中：n 为独立的信息源个数，此处 $n=3$。

按照最大似然分类法则，在先验概率相同的条件下，后验概率 $P^{TM}_{(W_j/X)}$ 的判别式可简化为

$$P^{TM} = -\ln|\Sigma_j| - (X-U_j)^T\Sigma_j^{-1}(X-U_j) \tag{8.16}$$

式中：U_j、Σ_j 分别代表第 j 类的均值向量与协方差矩阵。

根据各数据源之间相互独立的假定，且不考虑数据源权重，则可将判别式简化为

$$F_j(X) = P^{TM} + \ln[P^D(W_j/X)] + \ln[P^M(W_j/X)] \tag{8.17}$$

(4) 分类结果评价。以 1∶10 万的土壤盐渍度图为参考数据、评价依据，比较 TM 影像分类与多信息融合分类的结果。结果表明，多信息分类结果的可信度提高。

2）遥感地质找矿

安徽铜陵地区是我国重要的铜铁产地。区内地质工作程度高，积累了不少地质、物化探等地学资料，并有多处已知矿床和矿点分布。主要矿产为矽卡岩型和斑岩型铜铁硫矿床及多金属矿床。遥感地质找矿中，对陆地卫星图像、地层、断裂、矿产、航磁和航空放射性等 8 种资料进行了配准叠合，并进行了若干融合处理与叠合显示，取得了较好的地质效果。具体步骤如下所述。

(1) 对地质图、矿产图等非数字形式的资料进行数字化和格网化：地质图（1∶20 万）可分解为地层、矿产分布、断裂构造三个数字图像。

(2) 非图像数据的图像化：将物化探数据(航空磁测 ΔT 数据和 K、U、TH 航空放射性数据)转变成数字图像。它较等值线图更直观地表现出物理场的分布及其细微特征。

(3) 空间配准以地形图为基础，选择控制点进行几何配准。在统一的坐标系统下形成一个由遥感与多种非遥感数据组成的多维图像数据文件库。最后拟合精度为 1.5 个像元。

(4) MSS 图像处理——反差扩展、比值增强、线性变换、空间滤波、多时相处理等，以进行图像解译分析，绘制出线形影像与环形影像图。

(5) 图像专题信息提取：线形体数量化分析(提取线形体、绘制统计玫瑰图等)；位场图像及航磁、重力综合图像处理等。

(6) 数据综合处理：对多维图像数据进行各种方式的叠合显示和综合处理。例如，以地层资料为背景，对航磁、航空放射性资料作三维透视立体显示，可形象地反映航磁异常的位置、范围、强弱及其与不同地层单元的关系；航磁资料的彩色密度分割，即给某一强度间隔的磁场赋以某一色彩，不仅提高了磁场的分辨率，而且对构造线的延伸趋势也更一目了然。此外，对三种以上的数据和图像进行多种形式的复合而呈多种综合图，如线、环形体-断层-矿点综合图、地质-磁法-卫星像片构造解译综合图、卫星图像-矿点-构造解译综合图、磁法-MSS5-线形体合成图像等。这种复合图像有利于多种数据的对比分析，能直观形象、定位准确地显示数据间的相互关系，有助于成像机理和成矿规律的研究。

§8.2 数 据 同 化

8.2.1 数据同化的基本概念

人们认识世界，主要采用观测和模拟两种研究手段。其中，观测包括地面观测和遥感观测。

(1) 地面观测：指在某地面点通过专门仪器设备直接测量当时当地的地表参数“真值”。但是，这些分布稀少而离散的点源数据难以表达所测参数的大范围空间变异特征(空间上不连续)，在时间上也往往不连续(固定观测站点除外)，而且还存在观测误差、仪器误差、算法误差等。

(2) 遥感观测：指在不同遥感平台上通过遥感仪器获取一定范围的测量值(原始辐射亮度)或由此定量反演的地表参数。它具有宏观、动态、实时的特点，但它有限的时间分辨率仅能反映时间上不连续的某瞬间的浅层地表信息，且遥感模型的定量反演带有较大的不确定性。

就观测而言，地面观测和遥感观测是相辅相成、缺一不可的，地面“点”观测依赖于遥感“面”观测实现空间尺度的扩展；而遥感反演结果也依赖于地面“真值”的验证。

(3) 模型模拟：由于模型具有较明确的物理机制和时空尺度，可在固定的时空尺度下长时间地连续运行，因而模型可模拟过去、现在和预测未来。但是，由于模型本身是对实际物理过程的简化和抽象，并受到数值计算和过程理解的限制，且模型参数、驱动和初始条件等具有不确定性，随着模型向前运行，误差会不断积累，影响到模型模拟效果。

观测(地面观测与遥感观测)和模拟是互补的，它们各有优势与不足。数据同化的目的是充分利用地面实测数据在精度上、遥感观测在空间上和模型模拟在时间上各自的优势，有效地将观测数据与模型融合。一方面，利用观测数据来调整模型的运行轨迹，校正和优化模型的参数，以减少各自的不确定性，控制模拟误差的积累，提高模型的预测能力；另一方面，利用过程模型来约束遥感模型的反演，实现遥感信息由瞬时到连续(反映趋势)、由浅层至深层的时空扩展，提高遥感反演精度，以获得更准确、时空连续性更好的信息。

随着地球系统科学与全球变化研究的逐步深入，一系列对地观测计划的实施，对区域、全球数据的需求更加迫切,数据同化方法应运而生。数据同化的理论、概念和方法来源于大气和海洋科学,在数学上主要借助于估计理论、控制论、优化方法和误差估计理论[33,34]。它作为地球系统科学研究的重要方法与手段,已成为国内外研究的热点,并开展了一系列大型科学研究计划,如对地观测计划中的数据同化(GEOSS)、地球科学计划中的数据同化(CEOP)、北美的陆面数据同化系统(NLDAS)、欧洲陆面数据同化系统(ELDAS)、中国西部陆面数据同化系统(WCLDAS)等。

1. 概念

“数据同化”(data assimilation)是指在考虑数据时空分布以及观测场和背景场误差的基础上,在数值模型的动态运行过程中融合新的观测数据的方法[33]。它是在过程模型的动态框架内,通过数据同化算法不断融合时空上离散分布的不同来源和不同分辨率的直接或间接观测信息来自动调整模型轨迹,以改善动态模型状态的估计精度,提高模型预测能力;而对于遥感反演过程而言,通过地表过程模型的时间演变和物理属性规律的一致性约束(这种物理约束在遥感反演中可起到先验知识的作用),融入多源遥感数据和先验知识,实现遥感反演的时间过程扩展,提高地表参数的反演精度;最终获得具有时空一致性、物理一致性和高可靠度的数据集[35,36]。

图 8.7 为数据同化概念的示意图。图中的黑点表示观测数据,实线表示同化后模型模拟的轨迹,虚线箭头表示模型预测值经过同化分析后重新初始化的取值。对于序贯数据同化算法,该值一般是根据模型预报误差的方差和观测误差的方差之间相对大小导出状态的最小方差估计。由图可见,实际上数据同化的基本假设是模型的模拟结果和观测都存在误差,而通过不同的同化算法可以把两者在动态运行过程中融合,不断调整模型的运行轨迹,尽可能准确地估计出某一时刻的状态、过程。所以,同化不仅是一个数据处理过程,而且是一个预报过程。

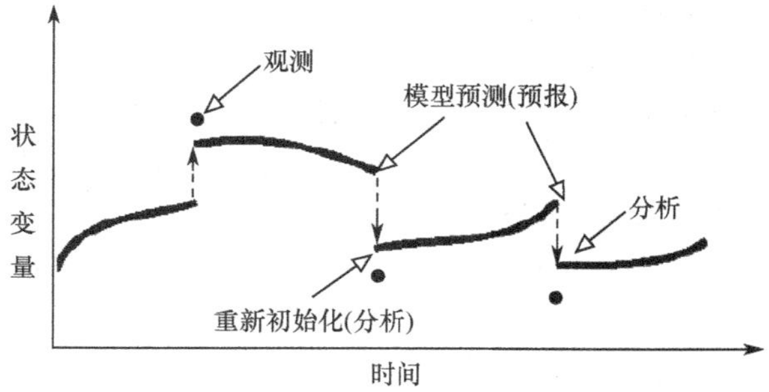

图 8.7　数据同化概念的示意

所谓四维数据同化,指空间三维(x,y,z)和时间维数据的同化,即将异质的、不规则分布的、时间上不一致、精度不同的观测数据整合到一个数值模型的动态运行过程中,来推测动态系统的状态,以获得更为真实的地表参数[36]。

数据同化涉及三个基本内容。①数据,包括:驱动数据——通常指大气状态数据(如长-短波辐射、降水、风速、近地表气温、气压、相对湿度等);地表参数集——指过程模型中所需要的各类参数(如植被、土壤、反照率等);观测数据——指各种地面观测数据、各类遥感数据(如可见光-反射红外、热红外、微波的辐射信号),以及遥感反演的产品(如叶面积指数、地表温度、土壤水分等);输出数据——主要指具体过程模型的目标参数,如叶面积指数、土壤水分、地表通量、径流、蒸散发等。②模型,包括:过程模型(又称模型算子或预报算子),如水文模型、生态模型、作物生长模型等;遥感模型(又称观测算子),如辐射传输模型等。③同化算法,如集合卡尔曼滤波 EnKF、四维变分 4DVA、粒子滤波、模拟退火算法等。

2. 同化策略

依据遥感观测数据在同化中的不同角色，可归纳出以下不同的同化策略[36~38]（图 8.8）。

1）替代法（又称驱动法，forcing）[图 8.8(a)]

基于观测值比相应的模型模拟值更准确的假设，将遥感观测值（ρ）或遥感反演的参数值（LAI、T_S、W_S等）直接代入过程模型（替代地表过程模型的状态变量）来驱动模型运行，强迫模型系统更接近现实，以防止模型误差的积累；或通过提供模型的初始和边界条件，对模型起着驱动、控制作用，以改进模型的预测能力。但是驱动法由于模型忽略了自身信息，跟随观测状态变量运行，往往把观测误差带入模型中。另外，遥感数据的时间分辨率与过程模型的时间步长（如一天或数小时）难以直接匹配，因而常需要采用不同的插值技术（如线性插值、小波方法等），或引入地面先验知识，通过调整地面经验曲线使其符合遥感观测数据的估算值，然后根据模型运行时间步长进行插值。例如，Delecolle 等（1988）利用几个时相 SPOT 数据反演的 LAI，建立相应的统计模型，经内插得到与作物生长模型模拟步长一致的日 LAI 值，代入作物生长模型中，以提高模型预测产量的能力[39~41]。

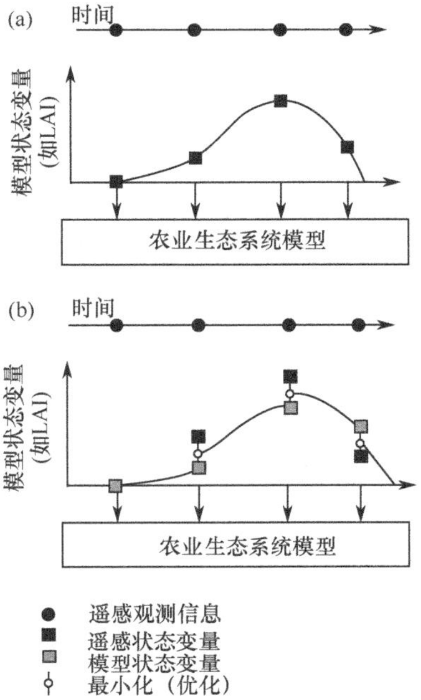

图 8.8　数据同化策略[37]

显然，在数据-模型同化中，遥感数据不仅仅是用于模型验证（calibration），或作为地表过程模型的输入参数（或初始值），对模型起着校正、驱动、控制（forcing）作用；而是需要互为补充、融为一体，在过程模型中融入时空新数据（可为多源数据、先验知识），并不断调整、更新参数，达到最佳效果。也就是说，单纯的“校正、替代”均非真正意义的同化，仅可作为广义“同化”来考虑。

2）同化法（又称更新法，updating）[图 8.8(b)]

考虑到“观测值”与“模型模拟值”均有误差，将遥感观测值作为地表过程模型模拟的参照，来构建代价函数（cost function），通过同化算法来不断地调整模型的模拟值（状态变量），实时更新、纠正模拟过程，使模拟误差减少，以提高模型的预测能力，并实现遥感反演的时间扩展，改善遥感反演精度。依据是否对过程模型重新参数化以及代价函数的构建方式，这里可以将同化法分为三类。

（1）一般同化法（即初始化法），运用同化算法，将遥感观测值（ρ）或遥感反演的参数值（LAI、T_S、W_S等）仅作为外部观测数据同化进入过程模型，用以不断地调整、更新模型的模拟值，使模型在重新初始化的条件下继续运行，而过程模型的内部参数不变（未重新参数化）。例如，Pellenq 等（2004）将遥感提取的温度和 NDVI 作为外部观测数据，采用集合卡尔曼滤波算法（EnKF）同化进入作物生长模型，以实时纠正作物生长模拟过程[42,43]。

（2）遥感反演参数的同化法（初始化/参数化法），将遥感反演的状态变量（LAI、T_S、W_S等）与模型模拟值进行对比，构建代价函数，并采用优化算法调整模型的初始条件（初始值）或部分模型参数，即对模型重新初始化/参数化，使遥感观测值与相应模型模拟值之间的差距最小，从而优化模型的模拟结果，提高遥感反演精度[图 8.9(a)]。例如，赵艳霞等（2005）采用 SCE-UA 算法将 MODIS LAI 产品数据同化进入棉花生长模型 COSIM 和作物生长模型 DSSAT,反演的参数为棉花模型所需的初始数据和参数,如播种期、种植密度、生育期施氮量和灌溉量等,结果显示同化后棉花产量预报达到较高精度[44,45]。

(3) 模型耦合的同化法(初始化/参数化法),将过程模型与遥感模型耦合,即由过程模型的输出值作为遥感模型的输入值,再将遥感正演所得的模拟反射率 ρ(辐射亮度或雷达后向散射系数 σ 等),直接与遥感观测值(反射率 ρ、辐射亮度或雷达后向散射系数 σ 等)进行比较,构建代价函数,并采用优化算法来调整或优化模型的初始值或关键模型参数,使模型模拟值与观测值之间的差距最小化[图 8.9(b)]。例如,Bouman[46]将一个模拟冠层 VIS-NIR 光谱的辐射传输模型和一个模拟雷达后向散射的模型与 SUCROS 作物生长模型耦合,通过最小化观测反射率和耦合模型输出的反射率之间的差异,来调整模拟过程的参数;Weiss 等[47]通过几个状态变量如 LAI、叶绿素含量、干物质重、相对水分含量,将 SAIL 冠层反射率模型与作物生长模型耦合,作物生长模型的输出值和冠层反射率模型的输入值用不同气候和胁迫条件下的冬小麦试验资料进行校验,结果表明该耦合方案下模拟的冠层反射数据与经校正的 SPOT 图像提供的反射数据吻合得很好;Liu 等[48]选用 ASAR 星载雷达和地面观测数据,将二维水文过程模型(DHSVM)和微波散射模型(Oh)耦合,利用耦合模型模拟的后向散射系数和 ASAR 观测的后向散射系数构建代价函数,选择集合卡尔曼滤波(EnKF)和遗传算法(GA)分别对模拟过程进行重新初始化、重新参数化,以提高土壤水分的模拟精度。甘肃黑河流域的同化实验研究的结果表明,基于 EnKF 和 GA 算法的 ASAR 数据和水文-微波辐射耦合模型同化方案是可行的,能明显提高土壤水分的估算精度。

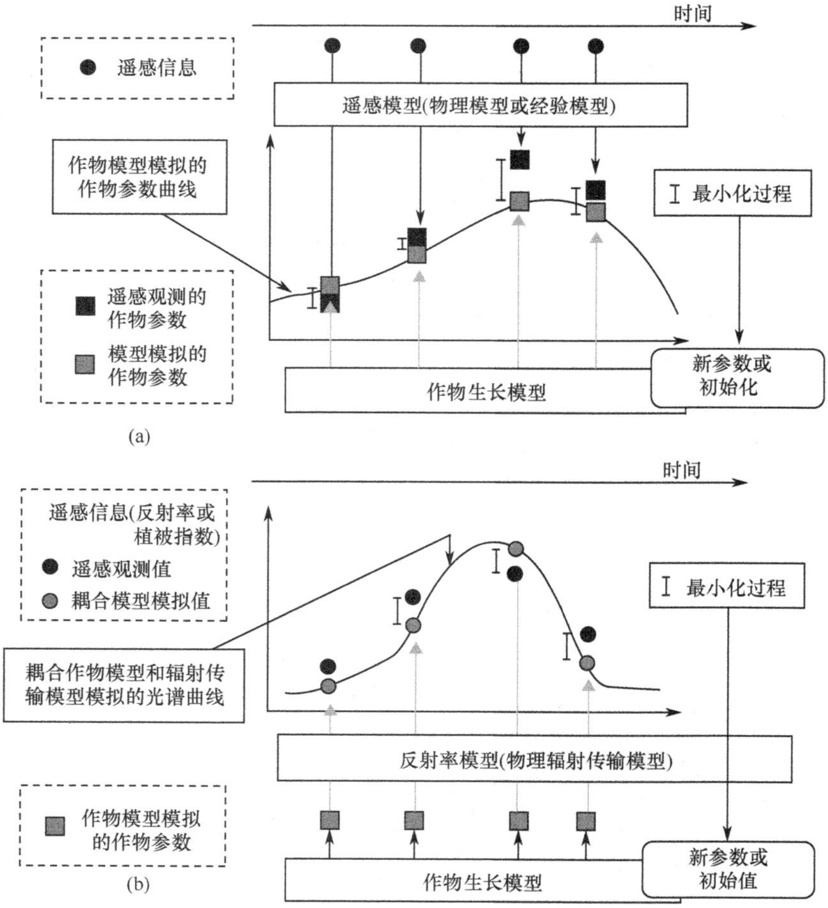

图 8.9 数据同化法(a)与模型融合同化法(b)[49]

8.2.2 数据同化方法

数据同化技术是综合利用不同信息的一种数学方法。从纯算法的角度，现有的同化算法可以分为两类：序贯同化和变分同化。序贯同化(sequential)指动态模型仅着眼于求解单个观测数据前一时刻的最优分析值，不断地用新的观测数据更新模型的预报场，从而形成下一时刻模型预报的初始场(背景信息)，并从更新的状态重新开始新的预报，如此按顺序向前推进，直到应用了所有观测值。序贯同化仅仅考虑了过去到分析时间点的观测值，且每个观测值仅仅使用一次。变分同化(variational)指动态模型在全同化时段，利用所有可用的观测值从全局调整模型解。所有的观测值影响状态调整的整个过程。它以最优控制理论为基础，以分析值与观测值以及背景场之间偏差为目标函数，通过对其最小化寻求整个同化时段的最优解[33,36]。

目前常用的数据同化方法有直接替代、最优插值、松弛逼近法、变分同化法、Kalman(卡尔曼)滤波、集合卡尔曼滤波、启发式优化算法(模拟退火法)、贝叶斯估计法、马尔可夫链、蒙特卡罗等随机优化算法等。在将观测与陆面过程模型进行同化的研究中，直接插值法、客观分析法、变分同化方法、Kalman 滤波方法运用得较多。以下对几种应用较广的同化方法仅作概念性的简要介绍，具体算法和进一步说明可参看相关文献[50~52]。

1. 直接替代法(又称直接插值法)

它是最简单的数据同化方法，认为所有观测值都准确，将观测值直接替代对应点的模型预报量(模拟值)，观测点外的状态变量通过插值得到。该方法简单易行，但没有考虑观测数据自身的误差以及与模型状态变量之间的联系，会导致连续模拟过程出现跳跃，使观测点外的模型变量只有靠模式内部自我调整，收敛效果不理想。King 等[40]运用光学(Landsat/TM)与雷达(Radarsat)遥感数据所提供的土地利用分类、植被覆盖度、坡度与坡向、地表粗糙度等作为地表径流侵蚀模型(STREAM)的输入数据，模拟法国西北部某个小流域的径流量，并与一般基于地面实测数据的 STREAM 模型的模拟结果进行比较，表明遥感对流域预测及水土保持来说是一种非常重要的工具。

2. 客观分析法

客观分析法包括多项式拟合、逐步修订法、最优插值法。

多项式拟合是用一个多项式展开去拟合包含数个分析格点的一小块分析区域中的所有观测点，得到观测数据的客观分析场。展开系数用最小二乘拟合确定。但此方法的区域多项式拟合并不稳定，当资料缺测时更是如此，而且会导致分析在拟合的各个区域之间不连续[34]。

逐步订正法的原理是从每个观测中减去背景场得到的观测增量，通过分析观测增量得到分析增量，然后将分析增量加到背景场得到最终分析。每个分析格点上的分析增量通过其周围影响区域内观测增量的线性组合加权，观测权重与观测位置和格点之间的距离成反比。逐步修订法的权重函数仅仅依赖于测站到格点的距离，而与测站的分布无关，这在统计意义上不是最优的。

最优插值法(又称统计内插)是从统计意义上来说均方差最小的线性插值方法。它以线性最小平方估计理论为基础，其优点是能够“自动”地处理精度不同的各种观测数据，其权重考虑了背景场和观测误差的统计特征，即包含观测、预报和分析之间的内在关系。但此方法使模型预报误差独立于模型的状态，不随模型向前积分而改变，因此可能会造成结果偏离模型运行状态[33]。

3. 变分同化法(又称变分约束法)

变分同化法是根据变分原理,利用所有的观测值对模型预报值(模拟结果)进行全局调整(前后向积分),通过最小化代价函数,使分析场达到统计意义上的最优。即首先构造一个目标函数,它的定义域是模式积分的时空域,函数是由观测、分析和模型模拟(预报)三者中两两的方差之和构成的;动态模拟方程作为该函数的约束条件,则观测值的同化问题就转化为具有约束的变分问题。由于约束变分问题往往难以求解,便应用 Lagrange 乘子将模式方程加到方差和目标函数上,构造一个新的函数,并进一步把问题转化为无约束最优化问题,于是问题可解[33]。该方法的优势在于既不需要计算模型预报误差的协方差矩阵,又适于处理非线性问题,但是要构造伴随方程,且不具有对观测值进行序贯同化的特征[53]。Fang 等[54]在区域尺度上采用变分算法将 MODIS-LAI 产品同化进入 CERES 模型,来预测作物的产量、LAI 以及相关的农学变量(作物产量、种植日期、出苗日期及成熟日期等)。Wang 等[55]将 LAI 地面先验信息(地面实测数据与波谱库知识)、遥感观测和作物生长模型都结合到代价函数中,在耦合作物生长模型和辐射传输模型过程中,通过变分算法在作物生长不同时刻序列同化观测资料,在同化过程中用伴随方法求解目标函数,有效提高了冬小麦 LAI 的估算精度。

4. 卡尔曼(Kalman)滤波法

卡尔曼滤波算法(KF)是序贯数据同化的一种,是由 Kalman[56]针对随机过程状态估计提出的。KF 的基本思想是利用前一时刻的状态估计值和当前时刻的观测值来获得动态系统当前时刻状态变量的最优估计,包括预报和分析两个步骤。在预报阶段,根据前一时刻的模式状态生成当前时刻模式状态的预报值。在分析阶段,引入观测数据,利用最小方差估计方法对模式状态进行重新分析。随着模式状态预报的持续进行和新的观测数据的陆续输入,这个过程不断向前推进。即模式随着时间向前积分进行状态预报,当出现观测数据时,根据模式预报误差的协方差矩阵(已知)和观测误差的协方差矩阵(已知)之间相对大小导出状态的最小方差估计,对模式状态进行更新,重新初始化模型,然后继续运行模型。KF 仍属统计学方法,仅限于处理线性问题。Jeffrey 等[57]将实测表层土壤水分和土壤温度同化进入一个一维水热传输模型,对直接插值同化算法和卡尔曼滤波同化算法进行了比较,实验表明卡尔曼滤波同化算法优化效果明显优于直接插值法。他还研究了观测深度和观测频率对同化效果的影响。

5. 集合卡尔曼滤波(EnKF)法

Evensen[58]根据 Epstein 的随机动态预报理论提出集合卡尔曼滤波算法(Ensemble Kalman filter, EnKF),它基于集合预报的思想,用一个模式状态集合(一组叠加了噪声扰动的状态变量和观测值所生成的系统状态场分析值)来表征随机动态预报中的概率密度函数,和描述模型状态的统计特征(如均值和协方差);通过 Monte-Carlo(蒙特卡罗)方法来计算背景场(集合样本)的误差协方差作为预测误差协方差的近似;通过模型向前积分,与新的观测数据进行整合,得到一组分析场集合,通过卡尔曼滤波方程来更新集合;更新后的集合作为下一个时刻的背景场,继续向前作短期预报,与下一个时刻的新观测数据同化,以此类推,循环到最后。

集合卡尔曼滤波算法(EnKF)不仅克服了卡尔曼滤波仅限于处理线性问题的弱点,而且解决了 KF 方法在计算预报误差协方差时对计算资源需求量过大的问题。与变分数据同化相比,集合数据同化方法具有以下几方面的优势[59]:①集合数据同化不仅给出最优估计的分析结果,还给出结果的置信估计区间;②集合数据同化不需要建立预报模式的切线模式和伴随模式,不必在时间上向后积分,具有较强的可移植性,且更容易实现;③集合数据同化可以弥补由于预报模式本身的误差而导致预报的不确定性问题，改善模式的预报精度。黄春林和李新[60]、Han 和 Li[61]对不同集合卡尔曼滤波及其他非线性非高斯滤波算法如无味卡尔曼滤波（UKF）、粒子滤波（SIR-PF）、无味粒子滤波（UPF）、高斯和粒子滤波（GSPF）进行了比较研究，结果表明，综合考虑优化效果和运行效率，集合卡尔曼滤波算法效果最佳，更适于陆面数据同化的应用，因而在中国西部陆面数据同化的实用版本中采用了集合卡尔曼滤波算法。

8.2.3 数据同化的应用实例

数据同化系统主要由驱动数据和参数集、数值过程模型、数据同化方法、观测数据、输出数据等构成。下面简单介绍国内外几个典型的陆面数据同化系统。

1. 陆面数据同化系统（LDAS）

1）北美（全球）陆面数据同化系统

北美陆面数据同化系统（NLDAS）和全球陆面数据同化系统（GLDAS），于 1998 年启动，已建成运行（http://ldas.gsfc.nasa.gov）。主要以北美洲大陆和全球两个不同尺度的陆面状态和通量的建模为目标，强调利用陆面数据同化系统提供全球和区域性的陆面同化数据集，以提高数值天气预报模型（NWP）的预测精度。它由美国国家航空航天局戈达德空间飞行中心（NASA，GSFC）、美国国家海洋和大气管理局的国家环境预报中心（NOAA，NCEP）和水文科学部、普林斯顿大学、华盛顿大学联合开发。其中，NLDAS 的空间分辨率为 0.125°，时间分辨率为 1h；GLDAS 的空间分辨率为 0.25°，时间分辨率为 3h，最终输出北美（全球）的土壤水分、蒸散发、能量通量、径流、积雪等数据集。

北美（全球）陆面数据同化系统包括：①驱动数据，包括 NCEP 全球数据同化系统和 NASA 戈达德的数据同化系统生成的气象驱动数据等；②陆面模型，包括 Mosaic、VIC、NOAH、Sacramento 四种陆面过程模型；③陆面参数集，包括北美和全球的植被分类图、叶面积指数、土壤数据集、高程数据集等；④观测数据，包括 Geostationary IR、SSM/I、TRMM 等遥感数据以及地面站点观测数据；⑤同化算法，包括四维变分、卡尔曼滤波、集合卡尔曼滤波算法；⑥输出数据集，通过同化地表观测和遥感数据，最终将输出土壤水分、蒸散发、能量通量、径流、积雪等数据集。图 8.10 为北美（全球）陆面数据同化系统框架[62]。

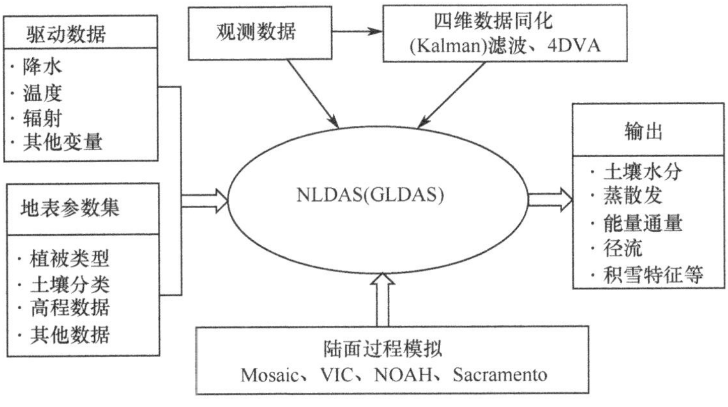

图 8.10 北美（全球）陆面数据同化系统框架

2）中国西部陆面数据同化系统

中国西部陆面数据同化系统（West China land data assimilation system，WCLDAS），由中国科学院寒区旱区环境与工程研究所和兰州大学资源环境学院大气科学系合作研究和开发（http://ldas.westgis.ac.cn）。其目标是：通过建立中国西部陆面数据同化系统，使用陆面过程模型 CLM 和分布式水文模型 VIC 同化被动微波遥感观测资料 SSM/I、TMI 和 AMSR，获得 1991 年以来高分辨率的中国西北干旱区和青藏高原土壤水分、土壤温度、积雪和冻土的同化资料，为研究大尺度和流域尺度的水循环提供具有时空和物理一致性的数据；促进陆面过程、微波遥感、同化算法的基础研究。中国西部陆面数据同化系统包括：①驱动数据，以 GAME、ECMWF 和 NCEP 再分析资料为基础，融入台站观测资料和卫星反演资料，发展一个三维变分分析系统，最终生成中国西部地区 0.25°～0.5°分辨率的辐射、气温、降水、水气压、风速等驱动数据；②陆面模型，分布式水文模型（VIC 模型）、改进的 CLM 模型；③陆面参数集，VIC、CLM 模型所需的陆面参数；④观测数据，SSM/I、TMI 和 AMSR 被动微波观测资料；⑤数据同化算法，四维变分、集合卡尔曼滤波算法、模拟退火算法；⑥输出数据集，通过同化地表观测和遥感数据，最终将输出空间分辨率为 0.25°×0.25°、时间分辨率为 6h 的中国西北干旱区和青藏高原土壤水分、土壤温度、积雪和冻土等数据集[62]。

3）中尺度陆-气耦合卫星数据同化系统

为了改进区域大气模型中下垫面的初始条件，通过使用微波遥感亮温观测资料建立陆-气耦合卫星数据同化系统，即中尺度大气模型和陆面数据同化系统（LDAS）耦合系统。该系统由中尺度大气模型、陆面模型、辐射传输模型、卫星观测数据和最小化方法组成。其中，中尺度大气模型（ARPS）作为“大气驱动器”，为系统提供大尺度的驱动数据；陆面模型（LSS）作为模型算子，选用简单生物圈模型（SiB2），用以描述陆面状态在时间和空间上的变化；辐射传输模型（RTM）作为观测算子，用以描述来自地表、植被冠层等的发射和衰减的能量，并模拟表面亮温；卫星观测数据选用 TRMM/TMI（热带降雨测量卫星的微波成像仪）在低频 10.65GHz 和 19.35GHz 的水平和垂直极化数据；同化算法选用模拟退火算法（SA）的启发式优化算法。考虑到大气过程比地面过程发展得更快，此系统采取递归循环法把陆面数据同化系统（LDAS：SiB2-RTM-SA）和陆-气耦合模型（ARPS-SiB2）结合在一起。

具体步骤如图8.11所示：首先，运行陆-气耦合模型（ARPS-SiB2，黑色粗实线框内）以

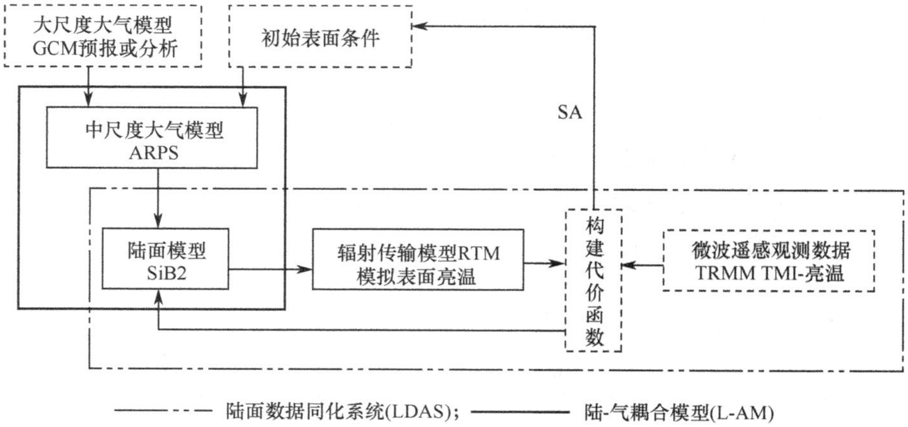

图 8.11　陆-气耦合卫星数据同化系统的框架[63]

保证陆-气相互作用的进行；为了把大尺度 GCM 的输出结果转换为中尺度，考虑到陆-气间的相互作用，引入地面异质性因子来提供更好的地表初始条件，为陆面数据同化系统（LDAS：SiB2-RTM-SA）提供初始值和驱动参数；然后，运行 LDAS（SiB2-RTM-SA，点虚线框内），由陆面模型（SiB2）导出土壤湿度并经辐射传输模型（RTM）转化成亮温；再将此模型模拟的亮温与卫星观测得到的微波亮温数据进行比较，构建代价函数，使两者之间偏差最小化；采用模拟退火算法（SA）不断更新土壤湿度的初始条件得到的最优解；最后，将更准确的地表条件引入地面方案，并将重新初始化的表面条件再返回到陆-气耦合模型中；系统输出最佳的大气结果，以及下一个循环 LDAS 运行所需的驱动参数。

为了评估该耦合系统的优劣，在青藏高原的湿润季风季节，开展了基于中尺度区域的三维空间范围数值实验，选用 GAME 再分析 V1.5 产品和 TRMM TMI 的亮温数据作为初始条件和边界条件，并与实地探空、土壤湿度和地球同步气象卫星（GMS5）红外波段的观测资料进行比较。实验结果表明，与没有经过数据同化处理单纯嵌套陆-气耦合模型（ARPS-SiB2）相比，此同化系统能够提供更好的初始地表条件，它考虑到地表的不均匀性；由同化系统得到的表层土壤含水量及其空间不均匀分布状况与实地观测情况更一致。经卫星云观测资料和当地探空观测资料证实，同化系统提供的地表条件参数，通过对流机制对陆-气相互作用产生影响，从而改善了大气过程预报精度。

2. 遥感数据与作物生长模型的同化

作物生长模型能根据气象条件、土壤条件以及作物栽培管理措施，定量描述作物生长、发育、籽粒形成及产量等动态过程。但模型模拟具有较大的不确定性，且需要大量的输入参数。遥感数据可实时、动态获得大面积作物等相关信息，但遥感反演和遥感产品存在时空不连续性。遥感与作物生长模型的同化，可优势互补，提高作物监测、预报能力和遥感反演精度，实现遥感反演的时空扩展。

1）基于时空知识的遥感数据与作物生长模型同化反演 LAI

主要是指基于空间知识（异质性信息）和时间知识（物候信息）的 MODIS 遥感数据与 WOFOST 作物生长模型同化反演作物叶面积指数 LAI 的方法。同化方案如图 8.12 所示。

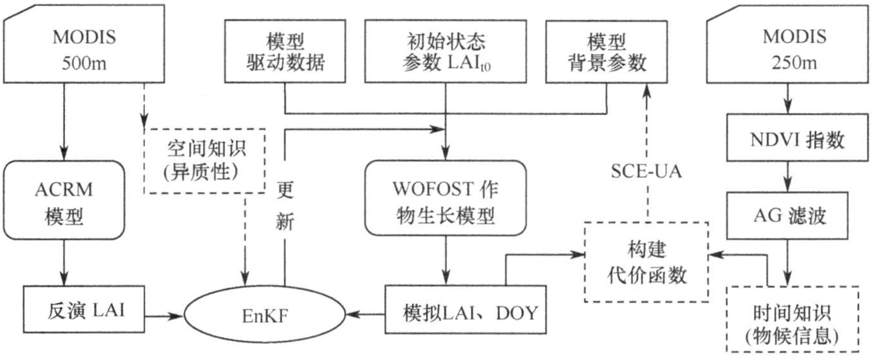

图 8.12　基于知识的 MODIS 遥感数据与 WOFOST 模型同化流程[64]

具体做法如下所述[64]。

(1) 用 MODIS 反射率数据作为观测资料，并在其自身多尺度特征的基础上，利用泰勒级数展开方法提取 MODIS 不同空间分辨率数据之间的异质性信息（参见第 10 章相关内容），引入像元空间知识，将作物生长模型模拟的点数据与遥感模型反演的像元数据对应起来，调整同化过程中“点-面”之间的匹配，修正 ACRM 反射率模型反演 LAI 的结果，作为观测算子。

(2) 用 MODIS 反射率产品 MOD09Q1 计算时序 NDVI 数据，提取作物的物候信息，作为时间知识，即采用非对称性高斯函数拟合法（AG 滤波）对 NDVI 时序数据进行平滑处理；选用能反映植被生长过程的双向 Logistic 数学模型来模拟作物 NDVI 的季节性变化曲线，计算模拟曲线的曲率变化，确定作物关键物候期。

(3) 用 WOFOST 作物生长模型来动态模拟 LAI 随作物生长的变化情况。通过简化不确定性和敏感性矩阵（USM）来评价参数对 LAI 的敏感程度。结果显示，有效积温 TSUM、比叶面积 SLATB、最大光合速率 AMAXTB、同化物转化效率 CVL 等 4 个参数对 LAI 敏感。

(4) 利用 SCE-UA 算法对 WOFOST 作物生长模型的敏感参数进行优化，将先验知识（物候信息）引入，与模型参数的生育日期结合，构建代价函数，即

$$F=\sum_{\mathrm{DVS}=0}^{n}\left[\left(\frac{\mathrm{DAY}_{\mathrm{DVS}}^{\mathrm{cal}}-\mathrm{DAY}_{\mathrm{DVS}}^{\mathrm{pri}}}{\mathrm{DAY}_{\mathrm{DVS}}^{\mathrm{pri}}}\right)^2+\left(\frac{\mathrm{LAI}_{\mathrm{DVS}}^{\mathrm{cal}}-\mathrm{LAI}_{\mathrm{DVS}}^{\mathrm{pri}}}{\mathrm{LAI}_{\mathrm{DVS}}^{\mathrm{pri}}}\right)^2\right] \tag{8.18}$$

式中：DVS 为模型无标度生育期代码；$\mathrm{DAY}_{\mathrm{DVS}}^{\mathrm{cal}}$，$\mathrm{LAI}_{\mathrm{DVS}}^{\mathrm{cal}}$分别为模型计算生育期日序值及对应 LAI 值；$\mathrm{DAY}_{\mathrm{DVS}}^{\mathrm{pri}}$、$\mathrm{LAI}_{\mathrm{DVS}}^{\mathrm{pri}}$为先验生育期日序（即物候信息）和先验 LAI 值。

将优化后的 WOFOST 作物生长模型目标参数 LAI 值作为预报算子。

(5) 基于集合卡尔曼滤波实现 MODIS 遥感数据与作物生长模型的 LAI 同化估算。

(6) 实验与验证。用于同化的 MODIS 反射率产品（8 天合成数据）的时间序列为 129、137、153、161、185、201、225、241，该时间段基本覆盖了农作物玉米和小麦的生长期，取其中间值作为时间序列的儒略日。以 2008 年 4～7 月甘肃黑河综合遥感联合试验的典型农田生态系统为实验区，采用地面实测数据（包括波谱库数据）对计算结果进行分析，并与 MODIS-LAI 产品进行对照。结果表明，基于时空知识的同化方法能明显改善作物叶面积指数的估算，使模拟结果值更接近于地面实测值，生长曲线变化也更加合理，并实现了遥感反演的时间扩展。

2) LAI 的实时反演

为满足环境、灾害监测对高精度 LAI 产品的实时/近实时需求，提出了一种基于集合卡尔曼滤波从遥感观测数据中实时估计 LAI 的方法[65]。基于 LAI 的多年变化趋势，构造 LAI 随时间变化的动态模型；通过 MODIS LAI 产品提取时间知识改进 LAI 的动态模拟；利用集合卡尔曼滤波，综合动态模型的预测和时间序列的多源遥感观测数据，实时地估计叶面积指数。同化方案如图 8.13 所示。

具体做法如下所述。

(1) 利用自适应 SG 滤波对多年的 MODIS LAI 产品进行预处理后，应用统计分析方法分析 LAI 的年内变化规律及年际间的变化趋势，通过 SARIMA 模型获取气候学的 LAI 的变化趋势信息。

(2) 构建描述 LAI 动态变化规律的过程模型，即

$$\mathrm{LAI}_t=F_t\times\mathrm{LAI}_{t-1} \tag{8.19}$$

式中：F_t 为线性状态转移算子，$F_t=1+\dfrac{1}{Z_t+\varepsilon}\times\dfrac{\mathrm{d}Z_t}{\mathrm{d}t}$，其中 Z_t 为 LAI 气候学的时间廓线，$\varepsilon=10^{-3}$，以避免分母空值导致式子无效。

根据当前 LAI 的最优估计值，利用动态模型并对 LAI 进行预测。

(3) 结合过程模型的预报值和时间序列的遥感观测数据，利用集合卡尔曼滤波（EnKF），

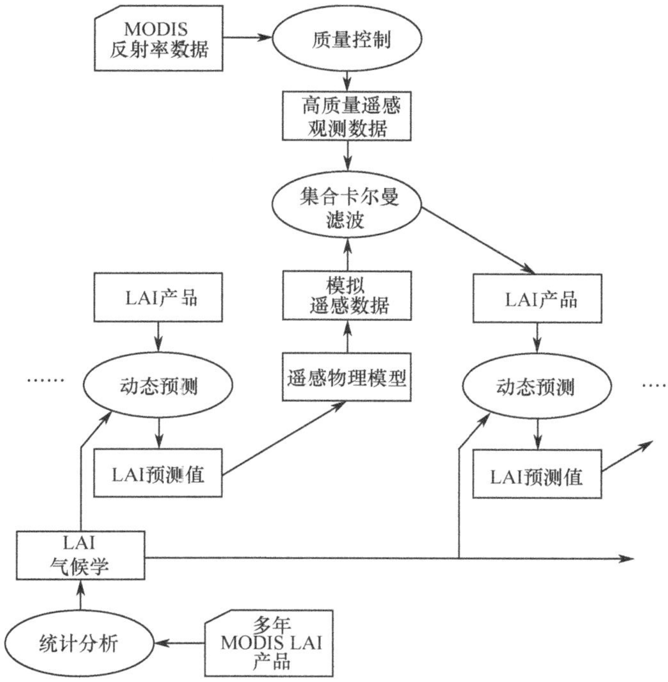

图 8.13　LAI 实时反演方法的流程[65]

实时地估计 LAI。

(4) 分别采用美国农作物和森林两个通量站点数据，对 LAI 实时反演方法进行测试。结果表明，实时反演方法不仅在有观测数据时能比较准确地估计 LAI，在没有观测数据时，也能通过过程模型提供相对合理的 LAI 值，以满足各种实际应用的需求，且实时反演的 LAI 的准确度优于 MODIS LAI 产品。

3. 遥感数据与水文过程模型的同化

在遥感数据与水文过程模型的同化中，水文过程模型为同化系统提供了一个具有物理意义的模型框架，通过模型的向前积分运算，得到表层和根区的模拟土壤水分；遥感模型可以用来正演或反演表层土壤水分；同化算法可以用来最小化模拟值和观测值之间的偏差，获得对土壤水分预测的优化结果。

以热惯量遥感模型与水文过程模型的区域土壤水分同化方法为例加以说明[52]。该方法采用 EnKF 算法，将多时相 ASTER 数据经热惯量遥感模型反演的表层土壤水分同化到分布式水文过程模型(DSHVM)，以获得研究区作物表层与根系层的连续日土壤水分数据。区域同化过程中，对遥感反演与模型模拟的偏差进行判断，选择全局滤波和局部滤波相结合的方法分别对不同网格进行同化；对于采用全局滤波的网格，引入土壤水分空间异质性的先验知识(空间变异函数)自适应地调整同化窗口的大小，以提高土壤水分的模拟精度。同化方案如图 8.14所示。

同化实验以甘肃黑河流域盈科绿洲区为研究区，从 2008 年 5 月 10 日至 2008 年 7 月 11 日展开。具体做法是：采用三景 ASTER 影像(5 月 23 日、6 月 4 日、6 月 13 日)，通过改进型热惯量遥感模型反演表层的土壤水分[图 8.15(a)]；将 DHSVM 模型在同化实验时间之前运行一个月，使模型起转，并自动调整到平衡状态；将遥感反演的土壤水分和 DHSVM 水文模型模拟的表层土壤

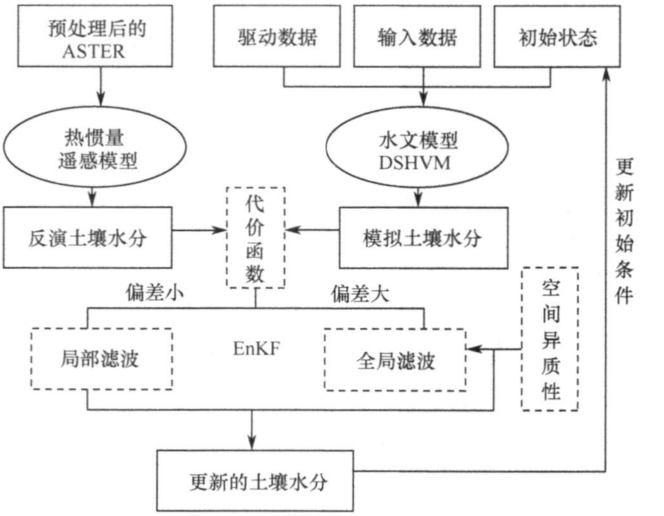

图 8.14　区域土壤水分同化方案[52]

水分进行同化，进而可以间接地对根区的土壤水分模拟进行优化[图 8.15(c)]；在进行同化实验的同时，单独运行 DHSVM 模型，获得表层和根区土壤水分模拟结果[图 8.15(b)]；以 6 月 29 日实验区样地的实测土壤水分(表层和根区)为依据，对同化的结果、模型单独模拟的结果和实测数据进行了比较和验证。结果表明，将 ASTER 遥感热惯量法反演的表层土壤水分同化进入二维水文过程模型 DHSVM，可以改善土壤水分的估算结果，并实现了遥感反演的时空扩展。

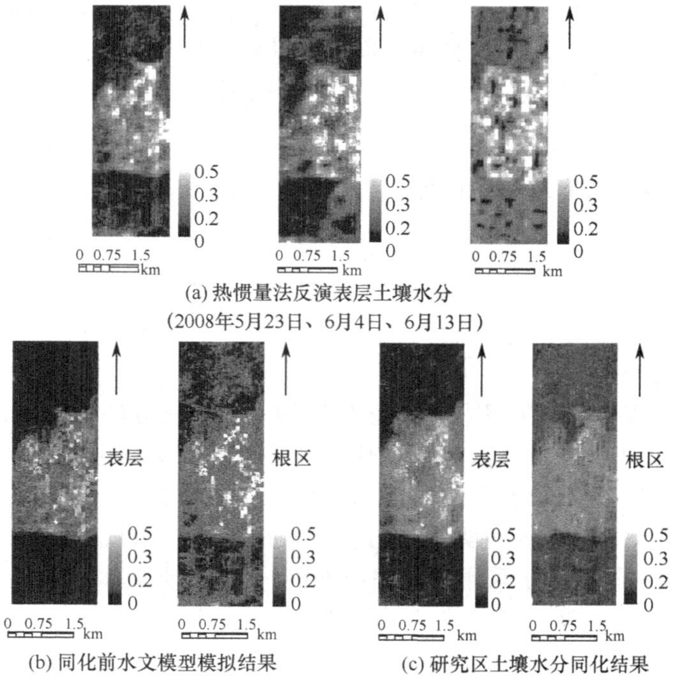

图 8.15　热惯量遥感与水文模型的区域土壤水分同化[52]

(ASTER，黑河流域盈科绿洲区)

参考文献

[1] Pohl C, Van Genderen J L. Multisensor image fusion in remote sensing: concepts, methods and application. Int J Remote Sensing, 1998, 19(5): 823-854.

[2] 于秀兰,钱国蕙,贾晓光. TM 和 SAR 遥感图像特征层融合分类方法研究. 高技术通讯: 1999, 32-37.

[3] Bruzzone L. A Neural-statistical approach to multitemporl and multisource remote sensing image classification. IEEE Transactions on Geoscience and Remote Sensing, 1999, 37 (3) : 1350-1359.

[4] 何国金,李克鲁,胡德永,等. 多卫星遥感数据的信息融合:理论、方法与实践. 中国图像图形学报, 1999, 4(9): 744-749.

[5] Jeon B, Landgrebe D A. Decision fusion approach for multitemporal classification. IEEE Transactions on Geoscience and Remote Sens, 1999, 37(3): 1227-1233.

[6] Koetz B, Sun G Q, Morsdorf F, et al. Fusion of imaging spectrometer and LIDAR data over combined radiative transfer models for forest canopy characterization. Remo te Sensing of Environment, 2007, 106: 449-459.

[7] Vermote E F, Roger J C, Sinyuk X A, et al. Fusion of MODIS-MISR aerosol inversion for estimation of aerosol absorption. Remo te Sensing of Environment , 2007, 107: 81-89.

[8] Harris J R, et al. IHS transform for the integration of radar imagery with Other remotely sensed data. Phote Engin & Remote Sens, 1990, 36(12): 1631-1641.

[9] 尤淑撑,刘顺喜. 一种基于局域统计特征的影像融合方法. 遥感信息, 2007, 87(2): 71-74.

[10] Price J C. Combining panch romatic and multispectral imagery from dual resolution satellite instruments. Remo te Sensing of Environment, 1987, 21: 119-128.

[11] 贾永红,李德仁. 多源遥感影像像素级融合分类与决策级分类融合法的研究. 武汉大学学报(信息科学版), 2001, 26 (5): 430-434.

[12] Genderen J, Van L, Pohl C. Image fusion of optical and microwave satellite data for earth science applications. *In*: Proc of the UN/China / ESA workshop on Microwave Remote sensing Application. Beijing, China, 1994.

[13] 王文杰,唐娉,朱重光. 一种基于小波变换的图像融合算法. 中国图像图形学报, 2001, 6A (11) : 1130-1135.

[14] 孙家柄,刘继林,李军. 多源遥感影像融合. 遥感学报, 1998, 2(1): 17-50.

[15] 李树涛. 多传感器图像信息融合方法与应用研究. 湖南大学博士学位论文, 2001.

[16] 陈正超,罗文斐,张浩,等. 北京一号小卫星多光谱图像波段配准和图像变形评价. 遥感学报, 2006, 10(5): 690-696.

[17] 戴昌达,雷莉萍. TM 图像的光谱信息特征与最佳波段组合. 环境遥感, 1989, 4(4): 282-292.

[18] 张晋,王小蓬. 利用多时相 TM 图像进行土地覆盖的计算机分类研究, 1986, 65-75.

[19] Solberg S, Jain A K, Taxt T. Multisource classification of remotely sensed data: fusion of landsat TM and SAR images. IEEE Transactions on Geoscience and Remote Sensing, 1994, 32(4): 768-778.

[20] 刘纪远,等. 航天飞机成像雷达(SIR-A)图像在土地利用调查中的应用研究. 地理科学, 1985, 5(1): 10-19.

[21] 陈彩芬,舒宁. SAR 影像与 TM 影像的几种融合处理方法. 国土资源遥感, 1999, 42(4): 53-57.

[22] Anne H, Solberg S, Jain A K. Texture fusion and feature selection applied to SAR imagery. IEEE Trans on Geoscience and Remote Sensing, 1997, 35(2): 475-479.

[23] 余凡,赵英时. 基于主被动遥感数据融合的土壤水分信息提取. 农业工程学报, 2011, 27(6): 187-192.

[24] Chen C M, Hepner G F, Forster R R. Fusion of hyperspectral and radar data using the IHS transformation to enhance urban surface features. Photogrammetry & Remote Sensing, 2003, 58: 19-30.

[25] Chibani Y. Additive integration of SAR features into multispectral SPOT images by means of the à trous wavelet decomposition. ISPRS J. of Photogrammetry &Remote Sensing, 2006, 60: 306-314.

[26] 李传荣. Radarsat SAR 和 TM 复合机理. 理论分析技术报告, 1998.

[27] 陈述彭,赵英时. 遥感地学分析(修订本). 台北: 中国文化大学出版部, 1992.

[28] 刘茜,徐希孺. 航空影像与 TM 影像的配准及用航空影像的 TM 进行作物估产方法的精度检验. 环境遥感, 1994, 9(4): 272-278.

[29] Thierry R, Aiazzi B, Alparone L, et al. Image fusion-the ARSIS concept and some successful implementation schemes.

Photogrammetry & Remote Sensing,2003,58:4-18.
[30] 王润生等. 地质勘查图像分析与综合. 北京:地质出版社,1992.
[31] 徐建春,赵英时,刘振华. 利用遥感和 GIS 研究内蒙古中西部地区生态环境变化,2002,6(2):142-149.
[32] 彭望琭,李天杰. 利用多种信息源作盐渍土的数字分析. 北京:万国学术出版社,1992.
[33] Talagrand O. Assimilation of observation, an introduction. J of the Meteorological Society of Japan, 1997, 75(1B): 191-209.
[34] Daley R. Atmospheric data analysis. Cambridge Atmospheric and Space Science Series. Cambridge:Cambridge University Press,1991:457.
[35] 李新,黄春林,车涛,等. 中国陆面数据同化系统研究的进展与前瞻. 自然科学进展,2007,17(2):163-173.
[36] Liang S L. Quantitative Remote Sensing of Land Surface. New York:John Wiley & Sons,2004.
[37] Dorigo W A,Zurita-Milla R,de Wit A J W,et al. A review on reflective remote sensing and data assimilation techniques for enhanced agroecosystem modeling. International Journal of Applied Earth Observation and Geoinformation,2007,9:165-193.
[38] 王东伟. 遥感数据与作物生长模型同化方法及其应用研究. 北京师范大学博士学位论文,2008.
[39] Delecolle R,Guerif M. Introducing spectral data into a plant process model for improving its prediction ability. In:Proceeding of the 4th International Colloquium Signatures Spectrals d'Objets en Teledetection. Aussois,France,1988:125-127.
[40] King C,Lecomte V,Le Bissonnais Y,et al. Remote-sensing data as an alternative input for the STREAM runoff model. Catena,2005,62:125-135.
[41] Feng X M,Zhao Y S. Grazing intensity monitoring in Northern China steppe:integrating CENTURY model and MODIS data. Ecological Indicators,2010,11:175-182.
[42] De Wit A. Regional crop yield forecasting using probabilistic crop growth modelling and remote sensing data assimilation. Wageningen University,2007.
[43] Pellenq J,Boulet G. A methodology to test the pertinence of remote-sensing data assimilation into vegetation models for water and energy exchange at the land surface. Agronomie,2004,24:197-204.
[44] Dente L,Satalino G,Mattia F,et al. Assimilation of leaf area index derived from ASAR and MERIS data into CERES-Wheat model to map wheat yield. Remote Sensing of Environ,2008,112:1395-1407.
[45] 赵艳霞,秦军,周秀骥. 2005. 遥感信息与棉花模型结合反演模型初始值和参数的研究. 棉花学报,17(5):280-284.
[46] Bouman B A M. Linking physical remote sensing models with crop growth simulation models,applied for sugar beet. International Journal of Remote Sensing,1992,13:2565-2581.
[47] Weiss M,Troufleau D,Baret F. Coupling canopy functioning and radiative transfer models for remote sensing data assimilation. Agricultural and Forest Meteorology,2001,108:113-128.
[48] Liu Q,Wang M Y,Zhao Y S. Assimilation of ASAR data with a hydrologic and semi-empirical backscattering coupled model to estimate soil moisture. Chinese Geographical Science,2010,20(3):218-225.
[49] Delecolle R ,Maas S J,Guerif M,et al. Remote sensing and crop production models :present trends. ISPRS Journal of Photogrammet ry and Remote Sensing ,1992,47 :1452161.
[50] 王文,寇小华. 水文数据同化方法及遥感数据在水文数据同化中的应用进展. 河海大学学报(自然科学版),2009,37(5):556-562.
[51] 黄春林. 土壤湿度和温度的数据同化及中国陆面数据同化系统的集成. 中国科学院寒区旱区环境与工程研究所博士学位论文,2007.
[52] 刘茜. 遥感与水文过程模型的土壤水分同化方法研究. 中国科学院研究生院博士学位论文,2010.
[53] Reichle R H,Entekhabi D,McLaughlin D B. Downscaling of radio brightness measurements for soil moisture estimation:a four-dimensional variational data assimilation approach. Water Resource Research,2001,37:2353-2364.
[54] Fang H L,Liang S L,Hoogenboom G. Integration of MODIS LAI and vegetation index products with the CSM-CERES-Maize model for corn yield estimation. International Journal of Remote Sensing,2010,32(4):1039-1065.
[55] Wang D W,Wang J D,Liang S L. Retrieving crop leaf area index by assimilation of MODIS data into crop growth mod-

el. Sci China(Earth Sci),2010,doi:10. 1007/s11430-009-0203-z.
[56] Kalman R E. A new approach to linear filtering and prediction problems. J Basic Eng,1960,82D:35-45.
[57] Jeffrey P W,Garry R W,Jetse D W. One-dimensional soil moisture profile retrieval by assimilation of near-surface observations:a comparison of retrieval algorithms. Advances in Water Resources,2001,(24):631-650.
[58] Evensen G. Sequential data assimilation with a nonlinear quasi-geostrophic model using Monte Carlo methods to forecast error statistics. J Geophy Res,1994,99(C5):10143-10162.
[59] 张学峰,黄大吉,章本照,等. 集合数据同化方法的发展与应用概述. 海洋学研究,2007,3(25):88-94.
[60] 黄春林,李新. 基于集合卡尔曼滤波的土壤水分同化试验. 高原气象,2006,25(4):665-671.
[61] Han X J,Li X. An evaluation of the nonlinear/non-Gaussian filters for the sequential data assimilation. Remote Sensing of Environment,2008,(12):1434-1449.
[62] 黄春林,李新. 陆面数据同化系统的研究综述. 遥感技术与应用,2004,19(5):424-430.
[63] Boussetta S,Koike T,Yang K,et al. Development of a coupled land-atmosphere satellite data assimilation system for improved local atmospheric simulations. Remote Sensing of Environ. ,2007,doi:10. 1016/j. rse. 2007. 06. 002.
[64] Zhu X H,Zhao Y S,Feng X M. A methodology for estimating LAI by assimilating remote sensed data into crop model based on temporal and spatial knowledge. Chinese geographical science,
[65] Xiao Z Q,Liang S L,Wang J D,et al. Real-time inversion of leaf area index from MODIS time series data. Remote Sensing of Environment,2011,115(1):97-106.

第9章 遥感变化检测

§9.1 遥感变化检测的基本概念

随着社会与技术的发展，人类开发资源、改造自然环境的能力不断增强。人类的各种活动每天都在改变着地表景观及其利用方式。人口的快速增长及城市化的发展，加速了这种变化的速度。这种快速发展已导致局部及全球尺度的生态环境恶化，如土地退化、水资源短缺、森林锐减、物种灭绝、温室效应、臭氧层破坏等，这一系列重大问题制约着人类的生存和资源的可持续利用。资源管理与规划、环境保护等部门迫切需要快速而高效地监测这些变化信息，及时更新相关数据库，分析这些动态变化的特点与原因，提出监管与治理的方法；同时需要研究准确、快速地获取与预测这些不同时空尺度变化信息的方法与途径。显然，传统的基于地面台站测量的手段远远不能满足需求，遥感的宏观、动态、实时性的数据获取能力，是获取与监测这些动态变化信息与治理工程效益的最有效方法。

遥感变化检测就是利用多时相遥感图像数据，采用多种图像处理和模式识别方法提取变化信息，并定量分析和确定地表变化的特征与过程。它涉及变化的类型、分布状况与变化量，即需要确定变化前、后的地面类型、界线及变化趋势，进而分析这些动态变化的特点与原因。

近年来，应用多光谱卫星遥感影像对各种变化进行识别和提取已成为遥感研究的热点之一，并形成了一些变化识别与检测的方法。由于陆地表面变化，特别是反映人类活动影响的土地利用/土地覆盖变化在很大程度上控制着地球的能量平衡、生物化学循环及水循环，对区域与全球气候、地球系统的生物化学过程以及全球环境变化起着重要的作用，因此对土地覆盖变化的定量化研究、监测与制图，已成为目前遥感变化检测的重点。

遥感变化检测的工作对象是同一区域不同时期的图像。由于遥感图像信息的获取过程受到各种因素的影响，且对不同时间的遥感图像其影响程度有差异，如轨道、平台、太阳照射角和观测角、成像机理、大气条件、遥感器定标方法以及目标反射率的变化等，这使不同影像之间存在着几何与辐射的明显差异，因此不同瞬间获取的遥感图像所反映的当时环境背景是不同的。在变化检测时必须充分考虑这些因素在不同时间的具体情况及其对于图像的影响，并尽可能消除这种影响，进行多个时相影像的配准和辐射校正，使这种检测建立在一个比较统一的基准上，以获得比较客观的变化检测结果。

1. 遥感变化检测的影响因素

1) 遥感系统因素的影响

不同遥感系统的时间、空间、光谱和辐射分辨率不同。在变化检测之前，一方面需要对检测区域内的主要问题进行调查，充分认识被检测对象的空间分布特征、波谱反射与辐射特征及时相变化特征；另一方面需要充分了解遥感数据本身的特征，并将两者联系起来，以选择合适的遥感数据源。这是变化检测能否成功的前提。

(1) 时间分辨率：这里需要根据检测对象的时相变化特点来确定遥感监测的频率，如需要一年一次、一季度一次还是一月一次等。Lunett 等[1]研究了遥感图像(TM)采集的时间频率在土地覆盖(LC)变化监测中的作用。在对美国北卡罗来纳州某区进行的13年(1987～2000年)土地覆盖变化研究中,选择比较了三种时间频率(3年、7年、10年间隔)的变化检测结果。结果表明,时间频率为3年的LC变化检测效果(精度达到86.3%)要优于7年和10年(精度达到37.2%)。显然,变化检测精度与遥感数据收集的时间频率有很大关系。也就是说,遥感数据收集的时间频率要与生态系统的时间变化规律相匹配,因而需要对研究区重要的生态系统变量——尺度、复杂度、时间频率进行调查研究。其中,尺度与景观斑块大小有关,能够突出生态系统的重要组分和评价其条件与功能;复杂度与景观多样性有关(包括植被多样性和/或土地利用活动);时间频率是指(生态系统和/或人类活动)发生变化的速度。若在土地覆盖变化较复杂的地区(如城市周边或再生林区等),时间频率间隔过大往往会丢失掉一些重要的变化过程,而时间频率间隔过小又可能检测到一些伪变化,使变化检测结果失真。

同时,在选择多时相遥感数据进行变化检测时需要考虑三个时间条件。一是应当尽可能选用每天同一时刻或者相近时刻的遥感图像,以消除因太阳高度角不同引起的图像反射特性差异;二是尽可能选用不同年份同一时期(同一季节,甚至同一日期)的遥感数据,以尽量减少或消除季节性太阳高度角不同和植物物候差异的影响;三是选择目标变化最大的对应时间段,以获得更为丰富的变化信息,可通过对不同时间间隔数据的比较分析,确定研究目标的最小或最佳时间频率。

(2) 空间分辨率:首先要考虑检测对象的空间尺度及空间变异的情况,以确定其对于遥感数据的空间分辨率要求。变化检测还要求保证不同时段遥感图像之间的精确配准。因此,最好是采用具有相同空间分辨率的遥感数据;当然也可以使用不同遥感系统获取的不同空间分辨率数据,如某一日期的TM图像(30m×30m)与另一日期的SPOT图像(20m×20m),来进行变化检测。在这种情况下需要确定一个最小制图单元(20m×20m),并对两个图像数据进行重采样,使之具有一致的像元大小。

一些遥感系统按不同的视场角拍摄地面图像。例如,SPOT的视场角达到±27°。在变化检测中若简单地使用观测角度明显不同的两幅遥感图像,有可能导致错误的分析结果。例如,对于一个空间分布不均匀的林区,以观测天顶角0°获得的SPOT图像反映的是树冠顶的信息,而以20°观测角获得的SPOT图像所记录的实际是树冠侧面的光谱反射信息。因此,在变化检测分析中必须考虑到所用遥感图像观测角度的影响,而且应当尽可能采用具有相同或相近观测角的数据。

(3) 光谱分辨率:应当根据检测对象的类型与相应的光谱特性选择合适的遥感数据类型及相应波段。变化检测分析的一个基本假设是,如果在两个不同时段之间瞬时视场内地面物质发生了变化,则不同时段图像对应像元的光谱响应也就会存在差别。所选择遥感系统的光谱分辨率应当足以记录光谱区内反射的辐射通量,从而最有效地描述有关对象的光谱属性。但实际上不同的遥感系统并未严格地按照相同的电磁谱段记录能量。比较理想的是采用相同的遥感系统来获取多时相数据。若不具备此条件,则应选择相接近的波段进行分析。例如,SPOT卫星的波段1(绿)、波段2(红)和波段3(近红外)可以成功地用来与TM的波段2(绿)、波段3(红)和波段4(近红外)进行对比。

(4) 辐射分辨率:变化检测中一般还应采用具有相同辐射分辨率的不同日期遥感图像。如果采用具有不同辐射分辨率的图像进行比较的话,需要把低辐射分辨率遥感图像数据转换为较高辐射分辨率的图像数据。当然这种转换并没有提高其原始数据的亮度值精度。

2) 环境因素影响及其消除

充分理解各种环境因子对变化检测的影响,尽量使云、土壤湿度、太阳高度角、物候等外部因素所带来的误差最小化，也是变化检测能够成功的基本条件。

(1) 大气状况：用于变化检测的遥感图像应尽量无云(至少云覆盖不能超过 20%)或没有很浓的水汽。即使很薄的雾气也会影响图像的光谱信号，以至造成光谱变化的假象。在变化检测分析中应判断云及其阴影的影响范围，并确定可替代的数据。若用于变化检测的不同日期遥感图像的大气状况存在明显的差异，且难以找到可替代的数据，则需要应用大气辐射传输模型进行处理，以消除图像上的大气衰减影响。

(2) 土壤湿度状况：土壤湿度条件对地物反射特性有很大的影响。在一些变化检测应用中，不仅需要检测图像获取时的土壤湿度，还需要检测前几天或前几周的雨量记录，以确定土壤湿度变化对光谱特性的影响。如果研究区内仅某些地段的土壤湿度差异明显，则需要对这些地段进行遥感图像分层分类处理。

(3) 物候特征：地球上的任何对象都存在时相变化，不管是自然生态系统还是人文现象，只是变化的速度和过程有所不同。植物按照日、旬、季节、周年物候生长，不同季节的植被生长状况是不一样的。除非研究年内的季节变化，否则若采用不同季节的遥感图像进行年变化比较，就有可能得出错误的结论。因此，只有通过对地面对象的物候变化特征的理解，选择目标变化最大的对应时间段，才有可能选择合适时间的遥感数据，并从中获得丰富的变化信息。

考虑到遥感变化检测的影响因素，为了有效提取目标变化信息，排除非目标变化信息的干扰，遥感数据源的选择必须在时间、空间、光谱等方面与检测目标对应，并以同一遥感系统获得的数据为最佳；若无法获得来自同一遥感系统的不同时段数据，则需要选择观测角和光谱波段相近的遥感数据。另外，为尽可能减小或消除这些外部影响的误差，必须进行多时相遥感数据的空间配准和辐射归一化处理，以确保数据的可比性和变化检测的可靠性。

2. 不同时相遥感数据的预处理

由多时相遥感数据分析地表变化过程需要进行一系列图像预处理，包括几何配准处理、辐射度匹配与归一化处理等。其目的是使变化检测分析建立在一个尽可能可靠的空间位置与光谱辐射基准上。

1) 空间配准

遥感变化检测是在不同时相的遥感图像之间进行的，有时并不要求非常严格的图像几何校正，但必须要求不同时相图像之间的精确配准。研究表明，对于变化检测来说，图像之间的配准误差(平均均方误差)应小于半个像元。Townshend 等[2]的研究表明，对于自动分类，一个像元的空间配准误差将导致 50%的虚假变化，要想将错误率控制在 10%，图像配准误差就必须小于 0.2 个像元或者更小。为了减少配准误差，可将像元重采样为较大像元，使变化分析建立在更大的最小制图单元基础上，以减少配准误差的影响及变化信息的失真。有关“几何校正与空间配准”请参看第 6 章的相关内容。

2) 辐射度匹配与归一化处理

遥感变化检测是根据不同时相遥感图像之间辐射特征的差异来判断的。由于遥感器的定标方法与工作状态、太阳辐射状况、大气的散射与吸收、云的出现、太阳照射角和观测角等都随时间而变化，即使由同一遥感器在不同时间获取的图像也往往不具备辐射一致性，更何况用不同的遥感系统所获得的图像。因此，当用不同时相数据进行地物辐射信息变化的定量分析时，必须进行辐射处理。对于一般的变化检测而言，往往并不要求图像的绝对辐射定标，但即使对于那些已分别作过辐射校正处理的图像来说，不同时相遥感图像之间的辐射度匹配与归一化处理仍然是必要的。这样可以减小不同图像之间大气及其他因素引起的变化，以保证不同时段图像上像元亮度值的可对比性。

图像之间的辐射度匹配与归一化是一个相对校正过程，一般采用基于图像的辐射校正方法。它避开了实际地面光谱、大气参数测量和遥感器校正，仅利用图像自身存在的"基本不随时间变化"的地物信息，通过调整目标图像的辐射特性，实现目标图像与参考图像的辐射匹配。

A. 不变特征点 PIF 方法

PIF 方法的前提是假定图像上存在不变特征点(pseudo-invariant features，PIFs)。不变特征点有几个基本假设[3]：①在观测的时段内，这些点的反射特性不发生变化；②不同时间、不同波段的图像上，这些点的像素值变化是线性的；③整幅图像大气条件水平均一(忽略其空间变化)；④引起这些点在不同时间图像上像素值变化的因素是相互独立的，总的影响是这些因素的线性累加；⑤图像中 PIFs 具有一定的数量。

选择假定不变的特征点，可通过地面参考资料或目视确定，也可通过统计方法确定，如直方图匹配法、自动散点控制回归法、主成分分析法等，以确立同一地区多时相影像 PIFs 间的线性关系。

(1) 直方图匹配法。以一幅图像的直方图为基础，使原图像的灰度(亮度值)分布与参考图像的灰度分布情况相近(即转换一幅图像的直方图，使其和另一幅图像的直方图形状相似)。从算法设计上是寻找一个灰度级变换的函数。一般是建立两个图像均值和方差之间的线性关系。如

$$DN_{corr}=\mu_1+(DN_2-\mu_2)\cdot\sigma_1/\sigma_2 \tag{9.1}$$

式中：DN_{corr} 为纠正后图像的亮度值；DN_2 为参考图像的亮度值；μ_1 和 σ_1 分别为原始图像的均值和方差；μ_2 和 σ_2 分别为参考图像的均值和方差。

(2) 自动散点控制回归法。此法由 Elvidge 等(1995)提出[4]。假设两个时间的同一地点的像素值之间为线性关系，用两个时间同一光谱波段的数据绘制散点图，并拟合回归线；再用散点图定义不变点和无变化区，即将靠近回归线的像元视为在两个时段内的不变特征像元(其线性相关系数高，如阈值取相关系数为 0.9)；绘制两个时相内不变特征像元点的亮度数据集(DN)的直方图(计算其均值、方差)，并用直方图匹配法进行图像对图像的相对辐射归一化。

(3) 主成分分析法。不同时相图像经几何校正，选择同一感兴趣的研究区；先利用阈值法滤去云和水体；用主成分分析法来确立同一地区多时相影像间的线性关系，即通过多时相影像的主成分分析主轴的斜率(散点图)，确定线性相关系数的阈值(如 0.9)产生候选的不变点数据集；再用参考图像的均值和方差来计算不变点数据集的均值和方差，从而获得每幅图像的增益值和偏移量；最后，进行质量检验，若"否"，则修改选择点的阈值，若"确认"，则利用获得的增益值和偏移量进行图像的辐射校正。该方法对于"不变点"的选择简单、实用、较客观，但仍然是基于统计和线性相关的假设，还是一种近似[3]。

B. TIC 方法

TIC(temporally invariant cluster)法是一种改进的 PIF 法。它与 PIF 法有相似的假设：①多时相图像上，至少有两个不随时间变化的地表特征，且这两个特征的光谱特性明显可区分，如水体与裸地，它们光谱特性比较稳定，且明显可区分；②目标图像和参考图像对应的不变像元之间辐射关系是线性的，并且一幅图中的大气较均匀。两种方法的不同之处在于，TIC 法是将不变特征在密度图中局部密度最高的点作为 TIC 中心，并不在乎其像元的绝对数量，也不要求大部分像元不变，只要求有两个光谱明显可分的不变特征就可以了，且方法简单、有效，尤其适用于不变像元少的情况。

以 2000 年、2001 年的 ETM/NDVI 数据为例加以说明[5]，直接对植被指数进行归一化，可降低大气效应、遥感器噪声、太阳角、观测角的影响。具体步骤如下：①输入目标图像和参考图像的数据，转化成散点图[图 9.1(a)]；②根据散点图生成密度图，至少有两个不随时间变化的特征，并在光谱上可区分；③观察密度图，利用原图的信息和其他辅助信息，找出两个不变特征的聚类中心(水、城市/裸地)，确定归一化回归线[图 9.1(b)]；④根据回归函数(斜率＝0.8921，截距＝0.0023)重新计算目标图像(2001 年)的像元值，完成归一化。归一化后的密度图[图 9.1(c)]，多数像元值更接近回归线，说明多时相数据已归一化到统一尺度，可以进行下一步的定量比较。

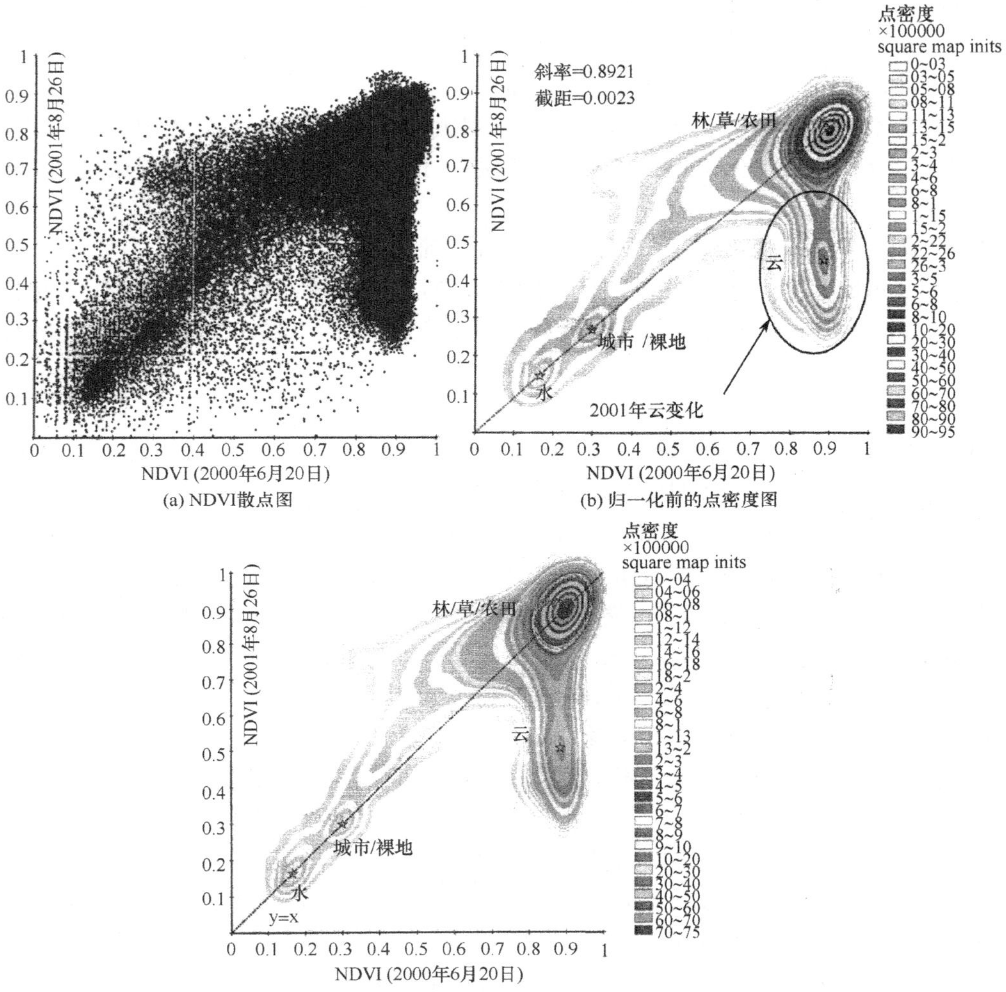

(a) NDVI散点图

(b) 归一化前的点密度图

(c) 归一化后的点密度图

图 9.1　NDVI 散点图和点密度图[5]

§ 9.2　遥感变化检测方法

不同时相的遥感图像经过以上的几何配准和辐射校正处理后，就需要选取不同的算法来增强和区分出相对变化的区域。利用遥感多光谱影像数据进行地面类型变化检测有多种方法(图9.2)，可把它们归为光谱类型特征分析、光谱变化向量分析和时间序列分析、遥感与GIS

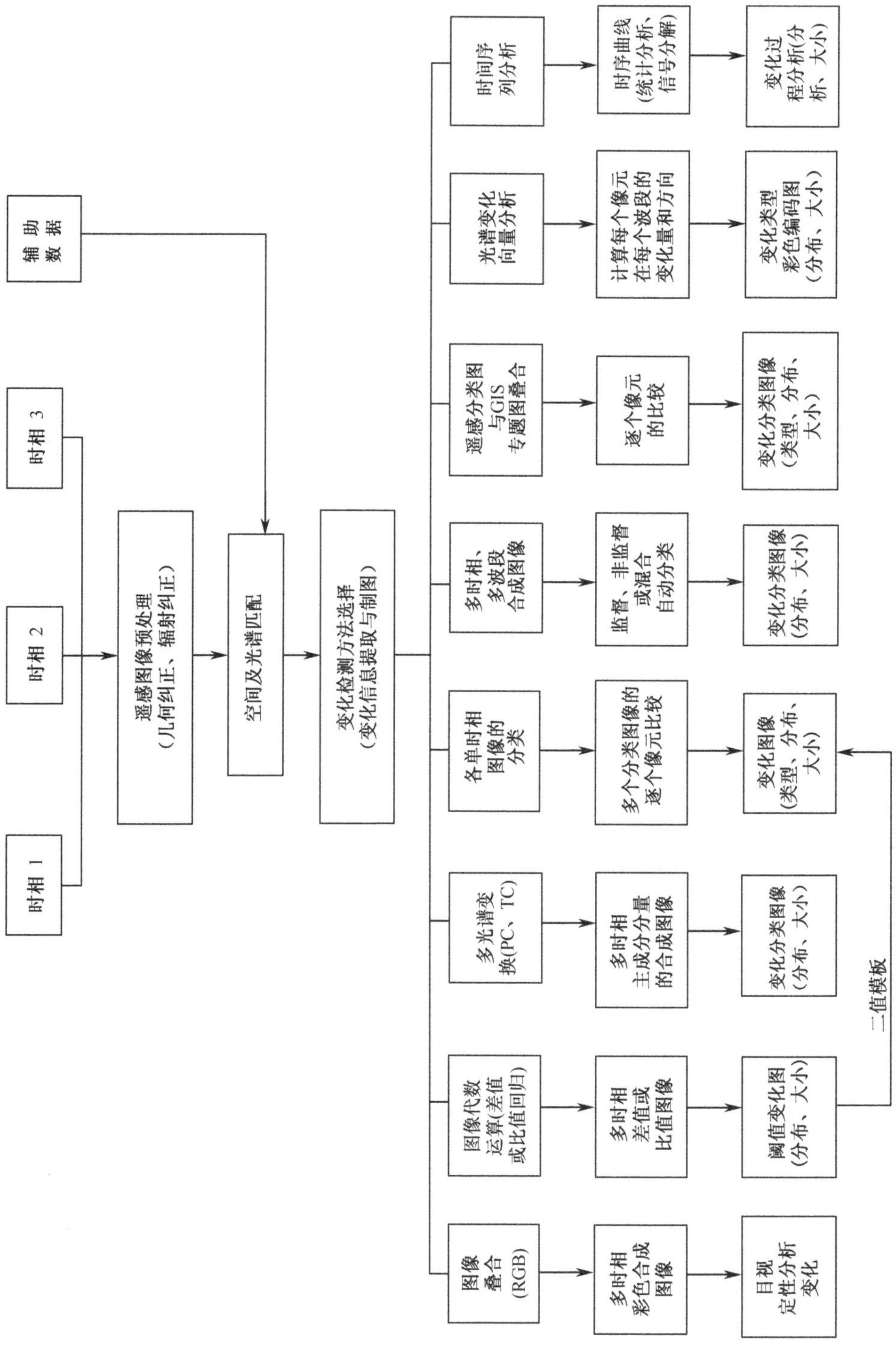
遥感数据
时相 1
时相 2
时相 3
辅助数据
遥感图像预处理
（几何纠正、辐射纠正）
空间及光谱匹配
变化检测方法选择
（变化信息提取与制图）
图像叠合(RGB)
多时相彩色合成图像
目视定性分析变化
图像代数运算(差值或比值回归)
多时相差值或比值图像
阈值变化图(分布、大小)
二值模板
多光谱变换(PC、TC)
多时相主成分分量的合成图像
变化分类图像(分布、大小)
各单时相图像的分类
多个分类图像的逐个像元比较
变化图像(类型、分布、大小)
多时相、多波段合成图像
监督、非监督或混合自动分类
变化分类图像(分布、大小)
遥感分类图与GIS专题图叠合
逐个像元的比较
变化分类图像(类型、分布、大小)
光谱变化向量分析
计算每个像元在每个波段的变化量和方向
变化类型彩色编码图(分布、大小)
时间序列分析
时序曲线(统计分析、信号分解)
变化过程分析(分析、大小)

图9.2 变化检测方法

的综合分析等。光谱类型特征分析方法主要基于不同时相遥感图像的光谱增强、分类和计算，确定变化的分布和类型特征，包括多时相图像叠合方法、图像代数运算法(图像差值、比值、回归等)、多光谱变换法(PC、TC 变换)、光谱分类方法(分类前增强、分类后比较等)；光谱变化向量分析方法基于不同时间图像之间的辐射变化，着重对各波段的差异进行分析，确定变化的强度与方向特征；时间序列分析则是强调利用遥感连续观测数据分析地面监测对象的变化过程与变化趋势；遥感与 GIS 的综合分析就是基于 GIS 知识的遥感变化监测，是利用 GIS 提供的环境本底数据，与遥感信息进行比较，从而分析变化特征。此外，考虑到不同时相遥感图像的边缘、纹理、梯度等空间特征，较光谱特征更为稳定，一些变化检测方法侧重于从不同时相遥感数据在光谱空间上的分布形态分析入手，通过提取边缘检测、纹理相似度、梯度变化等特征等来提高变化检测的精度与效率[6]。

9.2.1 光谱特征分析方法

1. 多时相图像叠合

多时相图像叠合法是在图像处理过程中将不同时相遥感图像的各波段数据分别以 R(红)、G(绿)、B(蓝)图像存储，从而对相对变化的区域进行显示增强与识别。例如，在土地利用变化检测中，将三个时相的 SPOT-Pan 图像分别赋予红、绿、蓝色。若早期的 SPOT 图像用红色表示，后期的图像用绿色和蓝色表示，往往由低反射率到高反射率的地表变化(如植被到裸地)显示为青色，而由高反射率到低反射率的地表变化(如裸地到居住区)则可显示为红色。变化区域由于其对应的亮度值变化，可以在叠合图像上得到清楚的显示。一般反射率变化越大，对应的亮度值变化也越大，可指示对应的土地利用方式已经发生了变化；而没有变化的地表常显示为灰色调。这种叠合分析方法可以直观地显示 2～3 个不同时相的变化区域，便于目视解译，但是无法定量提供变化的类型和大小。尽管如此，多时相图像彩色叠合的目标识别依然是一种简易有效的定性变化监测方法。

2. 图像代数运算

图像代数运算法是一种较简单的变化区域及变化量识别方法，包括图像差值、比值运算、图像回归等。

1) 图像差值

图像差值是将两个不同时期、同一波段图像的对应像元值相减，生成差值图像，来推断变化状况。在差值图像中，图像值为正或为负则是辐射值变化的区域，而没有变化的区域图像值为 0。在 8bit 图像中，像元值范围为 0～255，其图像差值的范围为－255～255。由于差值往往为负值，故可加一个常量 C，或者直接取差值的绝对值。差值图像的亮度值常近似于高斯分布，未发生辐射变化的像元多集中在均值周围，而发生变化的像元主要分布在直方图的两翼[7]。

为了压抑大气、地形效应等因素对辐射的影响，更好地突出植被信息，可直接用两个不同时相的植被指数的差值来获得变化信息。研究表明，多时相图像差值法能更好地检测出植被特征在不同时间段的变化，定量地反映植被覆盖的总体变化趋势，但不能揭示变化过程的详细信息以及不同植被覆盖类型之间的转换[8]。此外，差值法经简单的对应像元值相减处理，往往会造成不同类别数值相减却得相同的差值的现象，从而产生信息丢失或误差。

2）图像比值

图像比值是将两个不同时期、同一波段图像的对应像元值相除，生成比值图像，来推断变化状况。新生成的比值图像的值域范围为 0～255，没有变化的区域图像值为 1。比值处理能很好地抑制太阳角、阴影及地形的影响。

3）图像回归

首先假定两个不同时期图像的像元值之间存在线性关系，线性回归得出关系式；然后用回归函数计算出 t_2 时相的像元预测值；再用此预测值减去 t_1 时相的原始像元值，从而获得两时相的回归残差图像；最后以阈值法确定变化区域。该方法削弱了大气条件、太阳高度角带来的影响；但对于大区域而言，两个时相图像间的相关性不高，该方法不宜使用。

以上的图像代数方法相对简单、直接，易于执行和解释，但不能提供变化信息的完整描述，仅反映变化的分布和大小，无法表达如何变化及变化类型。其共同特点是需要设置一个阈值（threshold）来提取变化区域，即确定变化/无变化或者正变化/负变化的界限。然而，选择合适的阈值却是一件相当困难的事（关于"选择阈值"将在本章后面专门论述）。因此，运用此方法时有两点尤其重要，一是选择合适的图像波段或植被指数；二是选择合适的阈值，以识别变化区域。

3. 多光谱变换

由于多光谱图像存在一定程度上的相关性和数据冗余，对多时相、多光谱图像的线性变换（如主成分分析 PC、穗帽变换 TC 等），使光谱空间坐标按一定规律进行旋转，产生一组新的组分图像，将原多波段中的有用信息集中到尽可能少的新组分中，以突出和提取变化信息。

1）主成分分析

主成分分析的最大特点在于"去相关"，使各主成分间具信息独立性，因而它起到"信息分离、信息压缩、信息集中"的效果（参看第 6 章相关部分）。在假设多时相数据间存在高度相关，且主成分变换后的新组分能突出变化信息的基础上，应用主成分分析进行变化检测有不同的途径。

一是将经几何配准的多时相图像组成一个数据集，再对该数据集进行主成分分析（PCA），生成新的互不相关的新分量。一般说来，经 PCA 变换后的第一主成分 PC_1 集中了多时相数据的主要信息，代表着整个多时相数据的方差，主要包含不变信息；而后 1～2 个主成分（如 PC_2、PC_3）多反映了原始数据集的差异信息，代表着不同时期间图像方差的变化，因此可以从次要组分图像中获得变化信息；更高的主成分（如 PC_3、PC_4 等）则包含细微变化信息和图像噪声[9,10]；或者，考虑到各主成分分量所含的变化信息不同，可通过对各主成分图像信息的对比分析，生成多时相不同主成分分量的合成图像，从中提取变化信息；也可以仅选择多时相图像的两个波段作为输入代替多时相影像中的所有波段，两个波段共有的信息被归并到第一主成分，每个波段独有的变化信息被归并到第二主成分中。

二是对经几何配准的多时相图像分别进行 PCA，再用时相 t_2 的 PC_i 减去时相 t_1 相应的 PC_i（i 为组分编号），取差值的绝对值生成两时相主成分的差值图像，并提取变化信息，即"主成分差异法"[11]。

三是先对两个时相、对应波段的图像进行差值处理，取绝对值得数个差值图像。这些差值图像里集中了原两时相图像中绝大部分的变化信息，并滤除了图像中的相同背景部分。因此，对这些差值图像作主成分变换后的第一分量(PC_1)集中了两时相数据的主要变化信息,可进一步从该 PC_1 图像中提取变化信息,即"差异主成分法"[12]。

主成分由一个方差-协方差矩阵计算得到,通常需要将协方差矩阵标准化,即除以一个适当的标准偏差,以消除不同变量尺度差异产生的影响,提高图像的信噪比。主成分变化检测方法虽然简便,但它仅基于数据的统计特性,其物理意义与景观意义并不明确,且它只能反映变化的分布和大小,难以表达由某种类型向另一种类型变化的特征。因而限制了它在不同时间和不同区域的应用。

2) 穗帽变换

穗帽变换(又称 TC 变换、K-T 变换)是基于图像物理特征上的固定转换,与主成分变换(PC)相比,其各分量具有更明确的物理意义,更易于解读和具有一致性,有利于数据分析(参看第 6、12 章相关部分)。因此,多时相 K-T 变换法已经在很多研究中使用,并显示在土地覆盖变化的良好指标。经 TC 变换的前三个分量集中了多波段中的有用信息,且与地物有明确对应关系,分别表示亮度(TC_1)、绿度(TC_2)、湿度(TC_3)。应用 K-T 变换进行变化检测有不同的途径。

一是对经几何配准的多时相图像分别进行 K-T 变换,各产生四个分量,取其前三个分量(亮度 B、绿度 G、湿度 W 分量,集中了绝大部分信息且与地物有明确对应关系);再对各分量进行差值运算,求得每个像元的变化值(ΔB、ΔG、ΔW);再根据三者的特征进行分类(阈值法),以识别变化信息,生成变化图像。

二是多时相 K-T 变换(MKT),是基于对多波段、多时相数据集的正交变换。例如,MKT 可以对 12 个波段的多时相 TM 数据集产生 6 个输出特性:①稳定亮度;②稳定绿度;③稳定湿度;④亮度变化;⑤绿度变化;⑥湿度变化[3]。

Rogan 等(2002)[13]利用多时相 TM 数据(1990 年 6 月 24 日和 1996 年 6 月 8 日),运用多时相 K-T 变换法,获得像元级的变化亮度(ΔB)、变化绿度(ΔG)、变化湿度(ΔW);由于像元级的变化检测往往受不同亚像元的干扰,因此又运用多时相混合光谱分析法(MSMA)("混合光谱分析"可参看第 10 章的相关内容),获得亚像元级的变化绿色植被(ΔGV)、变化阴影(ΔShade)、变化土壤(ΔSoil)和变化非光合作用硬木植被(ΔNPV);再将提取的这些变化信息一起进行分类(最大似然法 ML、决策树法 DT),在此基础上进一步分析研究区植被的变化状况。

基于多光谱变换的变化检测方法多是通过不同的图像变换方法提取变化信息,再对变化信息进行分类处理,以获得变化信息的分布、大小、类型等特征,又称"分类前比较法"。它操作简便,检测速度较快,但由于存在同谱异物和同物异谱现象,往往会出现虚假变化信息,造成判断错误。此外,它对图像辐射度匹配与归一化处理的精度要求高,且要求选取成像时间尽可能接近的图像,使成像条件基本一致,以削弱或消除物候变化等因素的影响。

4. 分类后比较

分类后比较法(post-classification comparison,PCC)主要基于不同时相遥感图像(经几何配准)的光谱分类,并对分类结果进行逐个像元的比较,确定变化信息的分布和类型特征,生成变化图像。此方法可以有两种情况。

一是对经过几何配准的不同时相遥感图像(两个或多个)用统一的分类体系、相同的分类标准分别进行光谱分类处理,获得两个(或多个)分类图像,并逐个像元进行比较,确定变化信息的特征(分布、大小、类型),生成变化图像;或对分类后的图像基于一定算法,如主成分分析、比值、差值、光谱变化向量等方法，提取变化信息。

此方法的优点在于除了确定变化的空间范围(分布、大小)外，还可提供关于变化性质的信息，如由何类型向何类型变化等，且不必强调影像系列时相("季相")一致，以及影像间辐射校正等问题；其缺点在于不能检测到类型的细微变化，且变化检测的最终精度依赖于单个图像分类的精度，图像分类的可靠性严重影响着变化检测的准确性。

二是直接对多时相、多波段的多维数据集进行光谱自动分类，生成变化分类图像。由于变化与未变化区域辐射亮度的统计特征显著不同，因此可以识别与检测变化信息的分布与大小，并利于获得变化区域内部的信息[14]。

9.2.2 光谱变化向量分析方法

光谱变化向量分析法(change vector analysis，CVA)是基于不同时相图像之间的辐射变化，是在相对辐射归一化校正的基础上进行的。它着重对各波段的差异进行分析，计算与确定变化的强度与方向特征，是一种特征向量空间变化检测方法。它通过对两个不同时间遥感图像的光谱量测与计算，来描述从第一时间到第二时间的光谱变化的方向和数量；每个像元可以生成一个具有变化方向和变化强度(大小)两个特征上的变化向量；最终输出变化强度和变化方向两幅图像，并由此生成变化类型图(分布、大小)，以提取区域变化信息。

变化强度(CM_{pixel})通过确定 n 维空间中两个数据点之间的距离(欧氏距离)求得(图 9.3)，即

$$CM_{pixel} = \sum_{k=1}^{n} [BV_{ijk(t_2)} - BV_{ijk(t_1)}]^2 \quad (9.2)$$

式中：$BV_{ijk(t_1)}$ 和 $BV_{ijk(t_2)}$ 为像元(i,j)分别对于时间 t_1 和 t_2，在波段 k 的光谱值，$k=1,2,\cdots,n$，n 为选用的波段数。

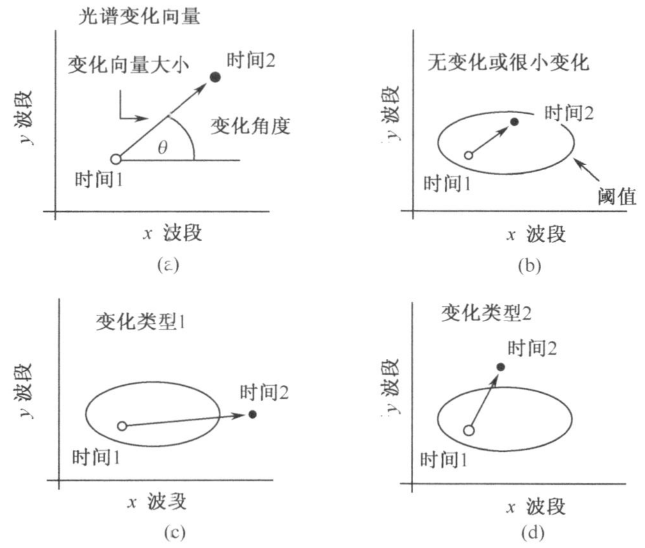

图 9.3 光谱变化向量的大小(强度)与方向[15]

对于每个像元来说，其变化方向反映了该点在每个波段的变化是正向还是负向的，可根据变化向量的方向和角度(θ)来确定。每个像元的变化方向可归为 2^n 种模式。在选用的各波段

分别计算得到 BV 变化值[$BV_{ijk(t_2)} - BV_{ijk(t_1)}$]及其变化模式。图 9.4 表示当选用 3 个波段、两个时相的图像进行变化检测时设定的 $2^3=8$ 种变化模式(方向码)。

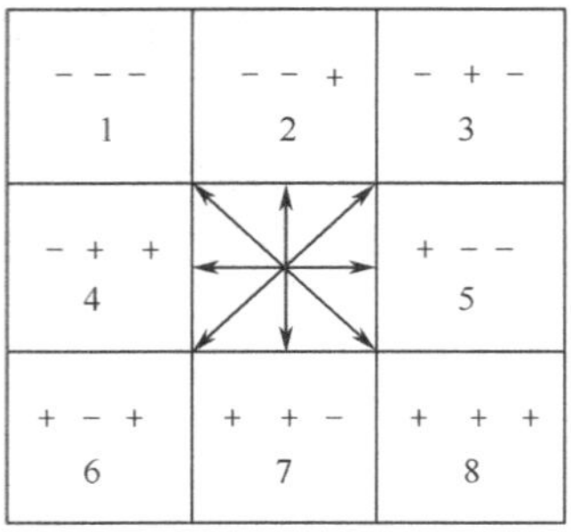

图 9.4　某个像元可能的变化模式(方向)[15]

假定对于像元(i,j),其在波段 1,时间 2 图像上的光谱值为 45,在时间 1 图像上的光谱值为 38,光谱变化值为 45−38=7;其在波段 2,时间 2 图像上的光谱值为 20,在日期 1 图像上的光谱值为 10,光谱变化值为 20−10=10;其在波段 3,时间 2 图像上的光谱值为 25,在时间 1 图像上的光谱值为 30,光谱变化值为 25−30=−5。其变化模式为"+,+,−",可列入第七类方向码。同时计算出其变化强度为 $7^2+10^2+5^2=174$。显然,此方法随着计算波段的增加,变化模式将呈几何级数增加,使多种变化类型的判断变得困难。因此,可针对区域特点和具体研究对象,通过 3 个正负号不同组合所对应的不同情况进行编码,生成栅格图像,再结合所确定的变化阈值,提取变化信息[16]。计算变化向量还可有多种方法,如从一条基线(一个稳定的图像日期)计算 Gramm-Schmidt 正交距离[17]等。这些方法都产生了有实际意义的大小和方向图,并获得了成功的分析结果。

变化向量分析的优点在于,在计算变化强度和变化方向的同时,进行了变化类型确定,能提供详细的变化信息;对需处理的波段数量不限,可以是原始波段,也可以是变换的结果,如 K-T 变换所得的亮度、绿度分量,或 NDVI 值等。但是,变化向量分析需要通过设定阈值来确定变化与未变化以及变化的类型。在实际应用中,可根据区域具体情况对变化强度设定一个阈值。若像元的变化强度在此阈值范围内,可以认为该点未发生类型变化,若超出此阈值范围,则可判断该点已经发生了类型变化(图 9.3)。将变化向量信息与其他图像特征结合起来可进一步分析区域内有关专题类型变化的规律,提取区域变化信息。

Oetter 等(2001)[18]用年内(1992 年)作物全生长期 5 个时相的 TM 图像数据进行区域农业土地覆盖分类,为了突出作物生长信息,减少数据量,先将各个时相 TM 数据分别进行穗帽变换;取穗帽变换的前三个成分[亮度(B)、绿度(G)和湿度(W)],它不仅集中了该时段 TM 影像 6 个反射波段的主要信息,且内含明确的涵义;再运用这些遥感指数的变化向量分析,来确定土地覆盖的类型(图 9.5)。由图可见,土地覆盖类型自动分类时,只用单时相数据在 B-G 二维空间中各类别像元虽形成不同点集,但相互间有重叠,容易产生混淆[图 9.5(a)、(b)];而用整个生长季(5 个时相)的 TC 数据集(亮度、绿度、湿度),在多维(15 维)特征空间(非 TC 数据的三维空间)里,各类别像元的时间轨迹被画成随时间变动的向量,突出了各类别本身光谱特征的变化信息[图 9.5(c)、(d)],通过对 B、G、W 变化的明确解译,可以推断出更多有用的信息(如被洪水掩盖与沼泽、果园与郁闭硬木等),提高了分类精度。

Lunett 等(2004)[1]通过穗帽变换选取前两个分量(亮度和绿度)用于土地覆盖变化监测;对每一个时间段进行亮度、绿度差值运算,获得四个时段差值图;用二维图形表示绿度和亮度的差异与关系;为了更形象地表示土地覆盖变化,将笛卡儿坐标系转换成为极坐标系来表示亮度和绿度变化,其中变化强度用向量大小 CM 表示为 CM=SQRT($亮度^2+绿度^2$);而变化方向用相位角θ表示为$\theta=TAN^{-1}$(绿度/亮度);再进行分类和标记,并生成一幅 IHS 图像,用明度(I)反映变化的强度大小,色调(H)反映相位角(类型)的变化,饱和度层(S)取 TM2(绿波段),用以增加图像纹理;最后经 IHS 反变换输出 RGB 彩色图像。通过变化向量的可视化处理,更逼真地表达土地覆盖变化。

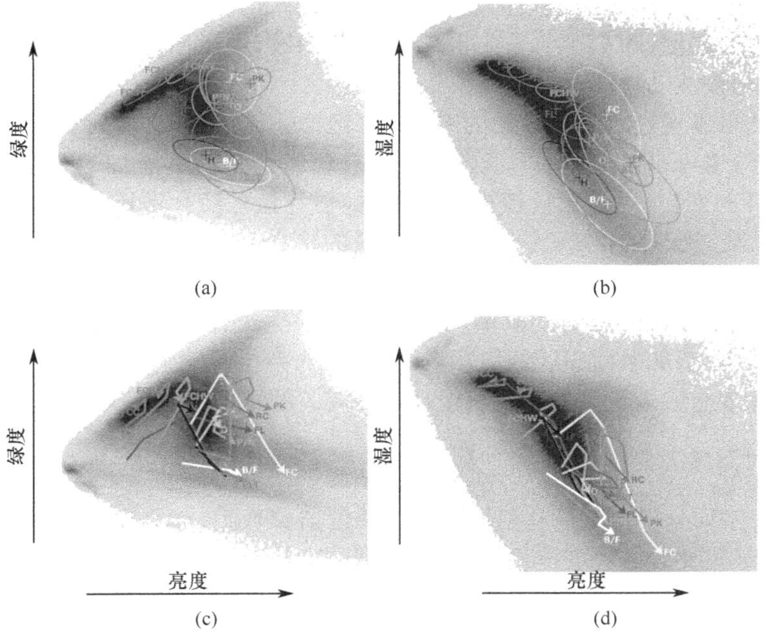

图 9.5　单时相与多时相数据在多维特征空间的表现[18]

9.2.3　时间序列分析方法

这里所说的时间序列分析(time series analysis)方法,强调的是通过对一个区域进行一定时间段内的连续遥感观测,提取图像有关特征,并分析其变化过程与发展规律。当然,首先需要根据检测对象的时相变化特点来确定遥感监测的周期,从而选择合适的遥感数据。为了实现时间序列分析,就要求遥感监测数据有一定的时间积累。例如,进行区域生态环境变化、土地退化或沙漠化的监测就需要有若干年甚至数十年的遥感数据,才能得出有价值的连续变化结果。

1. 变化特征的确定

由于遥感时间序列分析是通过相关图像特征的变化检测来分析地面环境变化的过程与趋势,因此图像特征的选择是重要的。它应当是比较灵敏地反映地面变化的环境指数,如各种植被指数,尤其是经归一化处理后的NDVI值介于(－1,＋1)之间,典型情况下的NDVI值:水＜0、裸土 0～0.1、植被＞0.1。NDVI 值在一定程度上能反映像元所对应区域的土地覆盖类型的综合情况。因此,在生态环境变化研究中常常采用 NDVI 或相关的其他环境指数作为时间序列分析的图像特征。区域 NDVI 随时间周期性的升高和降低是植被生长周期的典型体现,可以用来测定区域的植被生长状况和总体态势,不同地区 NDVI 之间的差异也可以反映其植被、降水量、土壤类型、地势地形以及土地利用情况(参看第 12 章的相关内容)。因而,分析区域植被变化的一个有效方法就是观察像元 NDVI 曲线的时序变化:植被生长,NDVI 增加;植被死亡,NDVI 降低。

Weiss 等(2001)[19]在评估沙特阿拉伯草原土地沙漠化状况时发现,由于地处干旱区,区域内植被覆盖稀疏,植被的季节变化并不明显,利用 NDVI 难以确定植被覆盖逐渐衰退的趋势。因此提出了利用时序列数据中每月或年植被指数(NDVI)的变化系数(coefficient of variation,COV)作为干旱区植被覆盖、生物量的变化指标。COV 被定义为某一像元 NDVI 的标准差(σ)和均值(μ)之比,即 COV=σ/μ,是一个无量纲数,主要用来表示 NDVI 在一时间段内(年内/年际)的植被波动特征。

运用此方法可以通过对每个像元的 COV 变化特征值绘制时间序列变化曲线,来分析其变化过程与趋势;也可以根据不同时间段的 NDVI 值组合生成一幅 COV 图像,表示像元所在时间段内 NDVI 的变化,用于测量植被动态变化,估计植被变化范围。例如,干旱、半干旱区 NDVI 的变化系数 COV 的下降,或反映该区雨量的减少,或反映该区生物生产力的降低。在此基础上还可以进一步进行定量化变化检测。例如,对每个像元的 COV 作一个线性回归,以反映变化趋势。如果 COV 随时间减小,可能是与植被生长有关的 NDVI 降低,即表明该像元代表的地区土地退化;如果回归线的斜率增加,可以认为与植被生长有关的 NDVI 增大,可能是降雨量的增加或者农业灌溉发展造成植被密度变大的结果。

2. NDVI 时间序列分析

NDVI 时间序列分析主要是利用长时间序列的遥感数据,建立研究区域内 NDVI 随时间的变化曲线,并通过比较各种变化检测指标的年际曲线或生长期曲线的差异获取覆盖变化信息;或采用拟合线性函数的斜率来反映植被覆盖变化趋势;或采用频谱分析对 NDVI 时间序列曲线进行分解,从而检测出土地覆盖的变化,以及地表植被生态系统的物候变化,进而分析植被长时序变化与气候、环境变化的关系。

1) NDVI 时序曲线重建

由于遥感器、云层大气干扰、数据传输误差、地表 BRDF 等影响,遥感时间序列数据存在严重噪声,NDVI 时序曲线受到干扰,常出现突变点,需要进行去噪声平滑处理,重新获得时序拟合曲线,又称"重建"。这里所指的"时序 NDVI 曲线"可以是多时相(数年)融合的 NDVI(TINDVI),也可以是某年内的 NDVI 变化曲线。平滑处理可有多种方法,如最大值合成法(MVC)、最佳指数斜率提取(BISE)、非对称高斯函数拟合(AG 滤波)、Savitzky-Golay 滤波拟合、离散傅里叶拟合等[20,21]。目前 MODIS、NOAA/AVHRR、SPOT/VGT 等的 NDVI 时序数据集主要是通过最大值合成法(MVC),即 7~10 天的数据取每点的最大值合成而成的,可以最小化云和大气散射的影响,并拟合缺损值。

最佳指数斜率提取(BISE)法:在一个滑动时间窗口内,进行域值评判,并考虑数据在局部的变化斜率,以防止选择虚假的最大值,从而降低 NDVI 时间序列的噪声干扰。此方法需要依据研究区特点,不断调整 NDVI 变化率的域值和滑动窗口的大小。

非对称高斯函数拟合法:使用分段高斯函数(曲线)组合来模拟植被季相生长(物候)规律,一个组合代表一次植被盛衰过程,最后通过平滑连接各高斯拟合曲线,实现时间序列重建。具体过程包括:区间提取(在时间维选择一最大值或最小值区间作为局部拟合区间)、局部拟合(使用高斯拟合函数对局部区间数据进行拟合)、整体连接(将局部拟合结果合并)。

Savitzky-Golay 滤波拟合法:根据 NDVI 时间序列曲线的平均趋势,确定合适的滤波参数,用多项式实现滑动窗内的最小二乘拟合;利用 Savitzky-Golay 滤波方法(基于最小二乘的卷积拟合算法)进行迭代运算,模拟整个 NDVI 时序数据获得长期变化趋势;通过局部循环 S-G 滤波的方法使拟合的数据更接近于 NDVI 时序数据的上包络线,当该拟合效果指数达到局部最小时,标志 NDVI 时间序列数据拟合效果最佳。基于 Savitzky-Golay 滤波方法只需要确定两组参数(滑动窗口大小和多项式次数),就能获得 NDVI 时间序列拟合曲线,清晰地描述 NDVI 时序的长期变化趋势以及局部的突变信息,且不受数据时间、空间尺度和遥感器的限制。

离散傅里叶拟合法：是基于离散傅里叶变换的谐波分析法（有现成的软件），可对呈周期性波动 NDVI 时间序列的波动特征进行分析，并可对高噪声的 NDVI 时间序列数据进行降噪。

2）NDVI 时序曲线参数化

图 9.6 为 NDVI 时序曲线的参数化表达，将 NDVI 时间序列曲线分解成一系列的参量，即分解成时间和 NDVI 响应的量化值，如光滑曲线上提取最大/最小值、均值、标准方差、条件概率等统计特征参数，或提取植被生长始末时间及时间平均、生长峰值、生长期时段等关键物候信息，或提取曲线斜率、包络线等。此外，也可以用多时相整合的 NDVI（$TINDVI=\sum NDVI_i$），或用标准化的月植被指数等作为指标[24]，来提取植被和土地覆盖的物候信息，用于植被季节变化的研究。表 9.1 为 NDVI 时序曲线的参数说明。

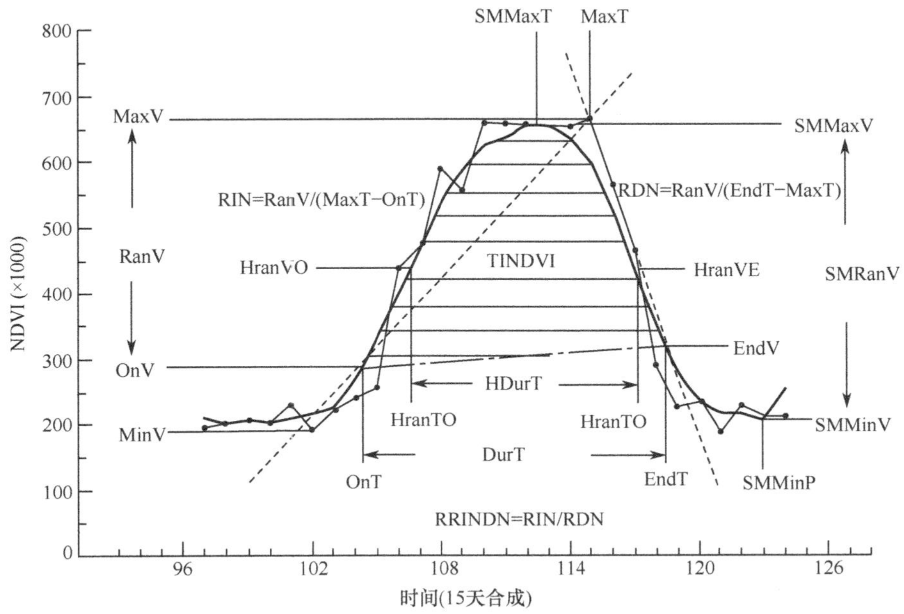

图 9.6 NDVI 时间序列曲线的参数化[22,23]

表 9.1 NDVI 时间序列曲线的参数说明[22]

参 数		定 义	含 义
基本参数	OnT	前滞与平滑曲线的交点	生长期起点
	OnV	前向交点的 NDVI 值	生长期起点的 NDVI 值
	EndT	后滞与平滑曲线的交点	生长期终点
	EndV	后向交点的 NDVI 值	生长期终点的 NDVI 值
	MaxT	粗 NDVI 最大值的时间	NDVI 最大值的时间
	MaxV	粗 NDVI 的最大值	NDVI 的最大值
	DurT	从前向交点到后向交点的时间间隔 DurT=EndT-OnT	生长期的持续时间(长度)
	RanV	粗 NDVI 最大值与最小值的差值 RanV=MaxV-OnV	生长季的幅度

续表

参数		定义	含义
基本参数	RIN	从前向交点到粗 NDVI 最大值的斜率 RIN=RanV/(MaxT−OnT)	NDVI 增加速率
	RDN	从粗 NDVI 最大值到后向交点的斜率 RDN=RanV/(EndT−MaxT)	NDVI 减少速率
	TINDVI	NDVI 平滑曲线下的积分面积	生长季的大小
辅助参数	RRINDN	RRINDN= RIN / RDN	生长期的质量特征
	HRanTO	起点半值的时间	活跃生长季起点
	HRanVO	起点半值 HRanVO=OnV+(RanV/2)	活跃生长季起点的 NDVI 值
	HRanTE	终点半值的时间	活跃生长季终点
	HRanVE	终点半值 HRanVE=EndV+(RanV/2)	活跃生长季终点的 NDVI 值
	HDurT	从 HRanTO 到 HRanTE 的持续时间	活跃生长季的长度
	SMMaxT	NDVI 平滑曲线最大值的时间	生长季峰值的时间
	SMMaxV	NDVI 平滑曲线最大值	生长季的峰值
	SMMinT	NDVI 平滑曲线最小值的时间	生长季最小值的时间
	SMMinV	NDVI 平滑曲线最小值	生长季的最小值
	SMRanV	NDVI 平滑曲线最大值与最小值的差值 SMRanV=SMMaxV−SMMinV	

3）NDVI 时序数据统计分析

回归分析法：即对 NDVI 长时序数据，采用最小二乘法线性拟合得到相应的线性方程（$y=a+kx_i+\varepsilon_i$），方程的斜率 k 反映 NDVI 值的多年度变化趋势，可表示为[19]

$$k=\frac{\sum_{i=1}^{n}(x_i-\bar{x})(y_i-\bar{y})}{\sum_{i=1}^{n}(x_i-\bar{x})^2} \tag{9.3}$$

式中：x 为时间序列；y 为 NDVI 时序数据。$k>0$ 表示植被活动增强；$k<0$ 表示植被活动减弱。

相关系数法：即建立 NDVI 序列与时间序列之间的相关系数，以表达植被长时序变化特征和趋势。正相关反映 NDVI 呈现整体变高趋势；负相关反映 NDVI 呈现整体降低趋势；相关系数的绝对值越接近 1，表示 NDVI 的变化趋势越强[25]。

回归分析法与相关系数法两者极为相似，它们不仅可以定量反映多年变化趋势，还可以结合地理空间数据分析变化发生的具体空间位置，且方法简便、结果直观、易于解释，应用广泛。但是，数据正态分布的前提条件往往难以满足。

Hill 等(2003)[22]运用 8 年(1991～1999)的 NOAA/NDVI 时间序列数据，进行澳大利亚西部重要农牧区农业生产力时空模式分析。首先，对 NDVI 时间序列曲线参数化，所得的一系列参量可用于反映植被季节气候条件和植被响应及覆盖的变化。图 9.7 是根据 1996～1998 年地面站点数据绘制的，图中显示了 NDVI 原曲线（锯齿状）、5 个时间间隔的 NDVI 平滑曲线（NDVI 时序标准化曲线）及 13 个时间间隔的前、后滞曲线（滞后期对应于非生长季的长度）之间的关系，并用相应时段的双月降雨量变化表征气候的季节变化。时间序列平滑曲线与前后滞曲线的交点表示 NDVI 生长季的始末。然后，选择反映 NDVI 空间异质性和时间特征的 3 个参数——TINDVI、生长季持续期 HdurT、活跃生长季起始日期 HranTO，利用这 3 个参数进行最大似然法的非监督分类，分出与农业生产系统、土地利用、气候相关的 8 个典型的农业气候生产区；分析典型 NDVI 的时空分布特征，以及农业区 TINDVI 与农业生产力之间的相关关系。研究结果表明，TINDVI 与季节产量或总产量是相关的，可作为农业生产力的一个指标；但生产力与 TINDVI 的相关关系很大程度上还受土地利用及气候特征的影响；对 NDVI 时序曲线的量化及相关分析，可用于描述植被季节和年际变化，是区域时空特征提取和变化检测的有效方法。

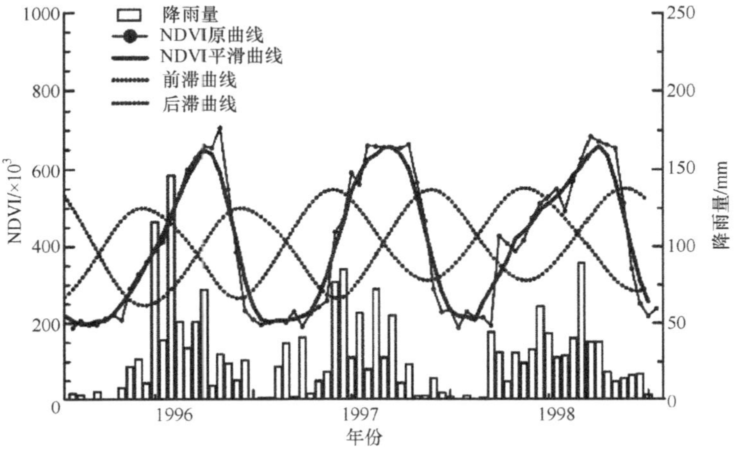

图 9.7　NDVI 原曲线、平滑曲线、前后滞曲线及月降雨量的关系[22]

4) NDVI 时间序列信号分解

遥感时间序列信号可以通过不同方法被分解出独立的不同周期的波动信息。

(1) 傅里叶变换：通过傅里叶变换将原始时序数据(NDVI 时序曲线)构成的时间域信号变换到频率域中；利用频率域对信号进行分解，得到一系列不同频率的正弦或余弦波，即不同频率分量的振幅、周期、相位等信息；选取部分频率分量，根据拟合波的振幅、相位信息，来分析植被季节(物候)/年际的波动变化规律。例如，Azzali 等[26]对非洲南部的 AVHRR-NDVI 时序数据进行快速傅里叶变换，将频域分解得到的不同频率分量的幅度和相位信息，进行物候特征提取和植被-土壤-气候系统波动变换模式研究。研究表明，傅里叶分析法既能很好地去噪声，又能利用代表不同植被不同生长周期的谐波，很好地反映植被生长曲线内部蕴涵的周期性规律。

(2) 小波变换：通过小波变换可以检测和提取长时序的多尺度特征，以分析植被年际变化的周期特征。与傅里叶变换所不同的是，小波变换同时具有时域和频域的良好局部化性质，且随着信号不同，频率成分在时空域取样的疏密自动调节，因而可以在任意尺度观察信号的任意细节并加以分析[27]。

(3) 主成分分析：能够从整个时间序列中整体地把握 NDVI 的变化特征及其影响因素。其生成的主成分空间在某个空间方向可以对原始数据空间进行最优描述，以揭示 NDVI 的空间分布特征及植被信号中潜在的气候波动[28]。例如，Eastman 等[29]运用主成分分析法分析了非洲 1986～1988 年的 NDVI 时间序列数据，研究发现 PC1 代表与季节无关的 NDVI 特征；PC2、3、4 表征了季节因素引起的 NDVI 的变化；PC5、6 解释了遥感器引起的 NDVI 的变异；PC7、8 则揭示了厄尔尼诺和南方涛动等重大气候事件引起的NDVI的变动。

需要说明的是,NDVI时序分析方法多以区域内或地类内NDVI平均值为基本单元,忽视了地域或地类间的空间异质性,往往因局部NDVI异常,造成最终植被变化分析的偏差或错误。为了弥补以上的问题,一方面研究以像元为基本单元,或进一步通过混合像元分解从亚像元入手的方法;另一方面研究中引入空间异质性因子,以减少地表空间异质性对分析结果的影响。

9.2.4 基于GIS知识的遥感变化检测

遥感是一种空间数据采集、识别与分类的工具;地理信息系统(GIS)是一种管理和分析空间数据的工具。两者的工作对象都是空间实体,它们之间存在着十分密切的关系。遥感系统的特点在于其动态、多时相采集空间信息的能力,它是获取、建立与更新GIS空间数据库的重要手段。从广义讲,可以把遥感系统视为GIS的一个数据获取与更新系统。但从另一方面看,GIS提供的多种空间与属性数据也是遥感信息识别与分类的辅助知识,有利于提高遥感目标识别的精度与效率。两者优势互补,相辅相成。特别是在区域资源环境长时间尺度的遥感变化检测与快速制图中,一方面离不开历史图件、数据、各类专题图等资料的运用,而这些历史资料往往存储在GIS背景数据库中;另一方面离不开大数据量运算及多功能的空间分析。也就是说,在遥感与GIS结合研究变化检测过程中,GIS为分析提供了各种相关的专题信息,即各相关算法所需要的知识、数据,以及空间分析、动态更新、快速制图能力。因此,遥感与GIS的结合已成为遥感变化监测重要的研究手段。

1. GIS知识的表现形式

GIS数据库作为遥感数据与非遥感辅助数据的存储、管理平台,为变化监测研究提供各种不同时相、不同类型、统一坐标的数据与专题图层。GIS专题信息包括地形图、专题图(如土壤图、植被图),构成GIS空间数据库中的不同图层。GIS专题数据通常是被转换为数字栅格格式,用作数字图像分析的辅助层。遥感信息通常是由不同时相遥感图像分类处理并转换的专题信息,在GIS数据库中按时间序列构成不同的专题图层,供动态监测与综合分析使用。参与变化监测的GIS专题信息和遥感信息要求具有统一的几何基础。遥感数据为地理信息系统动态连续地提供资源、环境等区域空间信息,更新了GIS数据库,增强了系统进行动态分析、趋势分析与区域发展辅助决策的能力。

2. GIS知识在变化监测中的应用

在遥感变化监测中,所利用的GIS知识就是在某一时间范围内相关区域的专题信息。它在变化监测中的作用体现在以下三个方面。

1) 参与遥感图像的分类

通常,GIS中包含的专题地图数据作为对区域与地类特征的一种认识,在遥感图像监督分类中可成为选定训练区的重要参考,直接参与类别训练区的圈定。在进行分类结果的精度评价时,除了地面实况验证外,常常以地理信息系统提供的基础地理信息、定位信息、专题地图数据作为评价的依据,以提高遥感变化监测精度。

GIS信息一般可以有两种参与方式,一是将辅助层看成是一个图像波段,并将辅助层与现有的光谱数据复合,用于图像分类;二是使用分层分类策略,将光谱图像先进行分类,然后利用辅助数据将其分成几个层,将每个层按照一定的规则重新分类或者精确化初始的分类结果。

这种方法将辅助信息作为图像分类的一种先验知识，可以根据辅助数据将所研究的重点类别或者难以区分的类别分出来。这样有可能针对不同的地物类型分别运用有效的分类算法，从而提高分类精度。例如，第七章分层分类法中对湿地植被的分类，由于低位湿地与高位湿地的植被类型往往光谱特征相似，采用光谱数据与 DTM 等辅助信息相结合的分层分类法后分类结果明显改善。再如，用 DTM 数据直接参与森林、土壤、土地利用、高山雪被等分类提高分类精度。这样的例子很多，这里不再赘述。

此外，在城市遥感变化检测中常常借助 GIS 数据（主要指几何特征）进行线形目标或人工地物的识别和提取。例如，参考 GIS 数据库的数据或知识（道路网的布设规律、道路所对应的影像灰度等），在遥感图像中提取道路或建筑物；也可用 GIS 的功能，提取遥感图像中道路或路旁树木的中心线，再建立线形缓冲区，以提取遥感图像中的道路和行树等。

2）作为变化的参考基准

在变化检测分析中，可以选择某个时间的 GIS 专题信息作为变化检测的参考基准，与相关动态遥感专题信息进行比较，分析变化的范围与类型。

遥感栅格影像与 GIS 线划图形的叠合，即影像细节与专题图的结合，利于对专题信息的理解。也就是同时显示影像数据和矢量数据，并能在 GIS 内，进行两者的联合空间分析、空间统计，直接检测变化图斑，生成变化分类图像（类型、分布、大小）。例如，遥感图像（多光谱或雷达）所固定的洪水淹没区域与该区域的 GIS 数据进行叠置分析，可得洪水淹没的图件和损失数据——淹没的农田、房屋、厂矿、人口的统计数据等。

3）提供变化分析模型中所需的参数

GIS 数据库中储存的不同类型、不同时间的专题信息为变化检测提供相关模型分析所需的各种参数，参与计算。GIS 主要通过两种方式提供相关模型参数：一是直接在数据库中提取实体属性用作模型参数，二是利用 GIS 分析功能计算求得相关模型参数，如河网密度、坡度、坡向等。

以下是两个利用 GIS 知识的遥感变化检测应用实例。

Ayad（2005）[30]运用遥感数据和 GIS 栅格模型，对埃及西南沿海地区 20 世纪 50～90 年代快速发展期的土地利用/土地覆盖变化进行分析评估。具体做法如下所述。

（1）数据采集与预处理。选用的数据包括 1987 年 4 月 10 日和 1992 年 9 月 2 日 SPOT 卫星数据（三个波段、空间分辨率 20m）、1955 年 9 月和 1977 年 11 月航空像片（比例尺 1：2.5 万）以及 1：5 万地形图（1977 年），并以 5m 为间隔从地形图上提取数字高程模型 DEM，再将 DEM 划分成 20m 大小的栅格单元，以便与 SPOT 数据集相匹配（由 Arc/Info 的 GRID 模块完成）。通过对 SPOT 卫星影像自动分类，对历史航片解译生成土地利用/土地覆盖矢量多边形，并栅格化，获得不同时期的土地利用/土地覆盖图。

（2）属性定义与计算。属性计算以 100m×100m（5×5 像元）的小区域为单位。利用从遥感提取的土地利用/土地覆盖类型，根据研究区的景观特点，选取了四个可视化属性：①多样性，用来衡量土地利用/土地覆盖的种类；②活跃性，用来描述土地覆盖的自然程度（自然、半自然、人工）；③与海岸线的靠近程度；④地形变化。利用 GIS 的计算能力分别对四种属性建立相应的计算方法，并划分等级。其中，多样性和活跃性通过遥感提取的土地利用/土地覆盖信息来获得；另两种属性可以从研究区的 DEM 数据中提取。

（3）GIS 的综合检索与变化检测。将以上四种属性值综合成一个统一的索引表，利用 GIS 的查询、空间分析功能可以测定与识别每种属性的空间定位、变化特征及变化大小。显然，在区域尺度上，同时应用遥感数据和 GIS 技术可以提供更客观、快捷的决策支持。

Ning 等(2005)[31]在 GIS 支持下，运用多时相 SPOT 卫星影像和数值模型模拟，对台湾南部 Kao-Ping 河流域 10 年(1991～2001 年)的土壤侵蚀与非点源污染进行评价。首先，在对不同时期 SPOT 遥感图像辐射校正、空间配准的基础上，对其分别进行监督分类，分出农田、甘蔗地、果园、森林、草地、荒地、居民地、水体等 8 种土地利用类型，并利用正射校正的航空像片和 GPS 特征点来检验土地利用分类结果的有效性。这些地类可用 ArcView 的不同图层表示；再进行流域内土地利用类型的变化检测分析；然后，应用 GIS 中的空间分析和计算功能，利用通用土壤流失模型(GWLF)模拟估算研究区不同地类每种非点源污染物的量，土壤侵蚀、沉积物输移和由此而导致的养分(如总磷量和总氮量)的流失量，对所有土地利用类型的土壤侵蚀和非点源污染的总影响加以综合，并对不同年间土壤侵蚀和非点源污染进行长期的变化检测分析。研究结果表明，流域 10 年土地利用类型的变化：果园占地急剧增加，畜牧业发展迅速，草地和居民地的总面积也表现出增长的趋势，而林地面积却大大减少；总结 10 年间营养负荷的总量变化和土壤侵蚀的影响认为，由人类活动、土地利用模式改变以及农业活动和种植模式的改变而造成的复杂环境过程导致了几年来非点源污染的影响。从长远来看，1991～2001 年，非点源污染作为 Kao-Ping 河下游水质退化的一个原因，已经给土地完整性带来了严重影响。

§9.3 变化检测的精度评价

9.3.1 阈 值 确 定

上述的遥感变化检测方法中，除了分类后比较法外，无论是图像叠合、图像代数运算(图像差值、比值、回归)，还是图像变换(主成分分析 PC、穗帽变换 TC)、变化向量分析、时序分析等，都需要对变化图像设置一个阈值(thresholds)来提取变化区域，确定变化与未变化，正变化还是负变化的界限。阈值选择得是否合适、科学，直接决定着各种方法变化检测精度的高低。阈值的选择必须根据研究目标与对象以及周围环境的特点来确定。在不同的区域、不同的时间、不同的图像上采用的阈值会有所不同。目前，变化检测阈值(全局或局部)确定主要有两种方式，一是人工交互式(如直方图、边界特征提取等)；一是自动、半自动阈值确定法。

1. 直方图阈值确定法

直方图法是一种人工交互式的阈值确定方法(图 9.8)。考虑到直方图边界上的点的灰度值出现次数较少，则取直方图谷底的最小灰度值作为阈值，如取谷底最小值[图 9.8(a)]、取两个波形的交叉点[图 9.8(b)]、弓弦法取顶点(小目标、大背景)[图 9.8(c)]。选谷底点法易受到噪声的干扰，最小值往往并非预期的阈值；而后两种方法一般比前者更可靠，可排除噪声的干扰。阈值确定后，凡大于等于该阈值的像元作为提取的对象，可赋值 255(白色)或赋予某一特定色彩；凡小于该阈值的像元作为背景，可赋值 0(黑色)或赋予某一特定色彩，则可生成一幅黑白或彩色的二值图像。

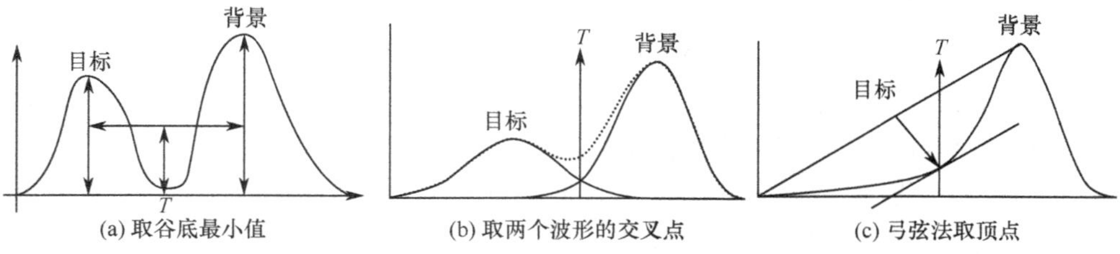

图 9.8 直方图选取阈值法

在多数情况下，阈值被设为距离像元亮度均值等距离的标准差处，如均值 $\mu\pm1\sigma$ 标准差，或$\mu\pm n\sigma$，其中 n 为常数，但随着研究区、研究对象的不同，取值各异。这是一个多次反复试验的过程。例如，先求出所有直方图的均值和标准差，其次以 0.25 个标准差为步长，在 0.25～2.0 个标准差的区间内逐步试验，直到找出能产生最高变化检测精度的阈值；或根据对研究区的先验知识选择一个经验阈值，然后根据检测精度不断调整取值直至满意为止。这种阈值选取方法主观性较强，且是基于像元的亮度值服从正态分布的假设，不发生变化的像元在图像亮度均值附近，而发生变化的像元分布在两侧的尾部。但若像元的亮度值的分布不是标准正态分布，而是偏向一侧（如差值图像），则在像元亮度均值等距离处选取阈值，显然不合适，会对最终的分类精度产生较大的负面影响。因此，为了获得最佳阈值，需要在直方图两端（低端和高端）分别进行交互式的多次试验，寻找能使变化分类精度达到最优的阈值 L_1 与 L_2，即双步骤阈值法（图 9.9）。首先，在直方图低端，亮度值低于阈值 L_1 的像元，为变化像元；介于 L_1 与均值 M 之间的像元，被分为未变化像元[图 9.9(a)]；然后，在直方图高端，亮度值高于阈值 L_2 的像元，为变化像元；介于 L_2 与均值 M 之间的像元，被分为未变化像元[图 9.9(b)][14]。

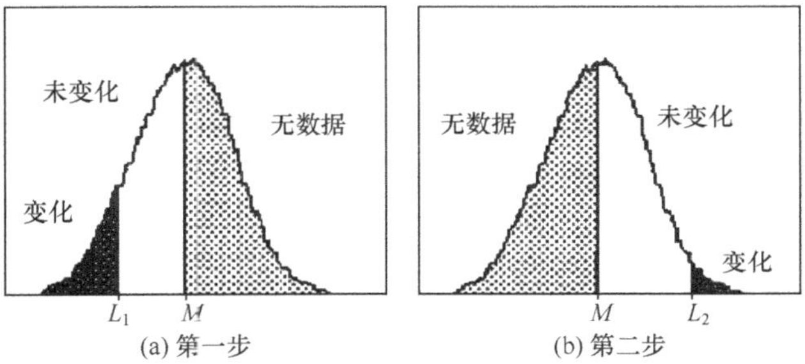

图 9.9　双步骤阈值法[14]

L_1：直方图低端的阈值；M：均值；L_2：直方图高端的阈值

另外，还可以采用精度评估指标（参看第 6 章的相关内容）来选取最佳阈值[11]。例如，采用 Kappa 系数（K 值）来设定阈值，不同的 K 值对应着阈值不同的水平，最大 K 值被设定为变化分析的最佳阈值。但若像元的亮度值的分布不是标准正态分布，由于直方图低端、高端的阈值与均值的距离不同，对 K 值的计算会变得比较繁琐。于是，采用累计用户精度和制图精度来设定阈值。此方法把变化区域分成反射值增加和反射值降低两类。若像元亮度值比下限阈值低，则为反射降低的变化像元；反之，若像元亮度值比上限阈值高，则为反射增加的变化像元；若像元亮度值在两个阈值之间，则为未变化像元。对于变化类别而言，分类结果的用户精度和制图精度的累计达到最大值时的阈值被认为是最佳阈值。显然，最佳阈值应该位于一个区间，其外边界是变化类别的用户精度达到 100%的位置；其内边界是变化类别的制图精度达到 100%的位置，如图 9.10 所示。也就是说在设定阈值时，不考虑图像的 Kappa 系数（K 值），只考虑每一种变化类别的用户精度和制图精度的累计和。但是，这种方法对于细微的变化（如季节变化引起的植被生长周期变化）和由于干湿条件不同引起的不同年份生物量的差异难以区分。

2. 自动、半自动阈值确定法

人工交互式的阈值确定方法通常是一个反复的、主观的过程。阈值确定正确与否，直接影响变化检测的精度。若阈值过小，变化信息将被夸大；反之，若阈值过大，部分变化信息将会被遗漏。遥感变化检测多是局部逐像元进行的，而单一阈值却是全局确定的，也就是说，所确定的阈值可能并不适合部分区域，这就导致变化检测结果的误差。近年来，提出了一些基于贝叶

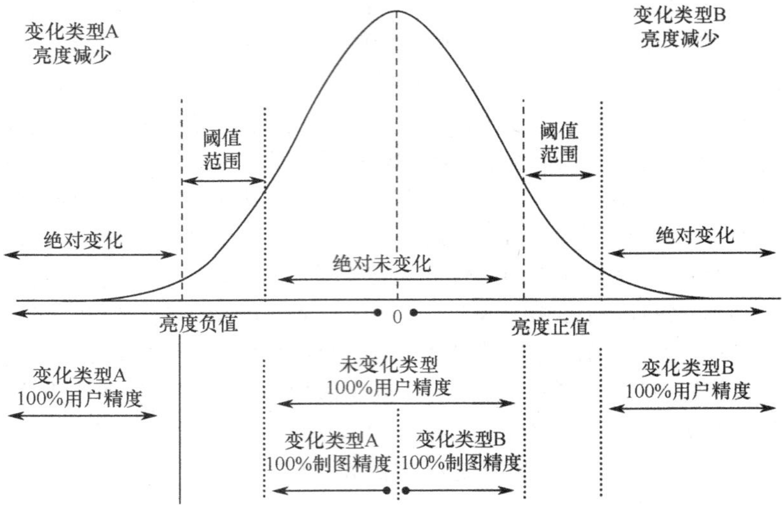

图 9.10 精度指标选取阈值法[11]

斯理论、马尔可夫随机场模型等自动、半自动阈值确定方法、自适应阈值确定方法（如迭代算法、最佳熵自动阈值分割法、局部阈值法等）。

1）基于贝叶斯理论的最小误差、最小成本的自动阈值确定法

假设差值图像的直方图为混合高斯分布，首先根据直方图中值确定出最可能变化（S_c）和最可能没有变化（S_n）的区域（图 9.11）；再利用 S_c 和 S_n 初始化混合高斯分布函数的参数，通过 EM 算法估计出最佳参数，利用最小错误率判别准则求出检测阈值[32]。尽管自动阈值确定方法较为复杂，但是能够克服传统人工交互式经验阈值法的缺点，在一定程度上提高了变化检测的精度，具有更强的适用性[33]。

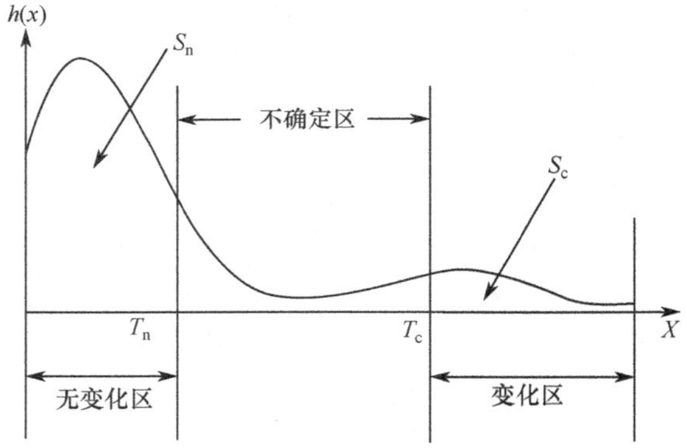

图 9.11 基于贝叶斯理论的自动阈值确定法[32]

2）基于马尔可夫随机场模型的自动、半自动阈值确定法

由于马尔可夫随机场（Markov random fields，MRF）可以描述邻近像元之间的局部相互作用，因此被用来解释邻近像元间发生的各种现象。一般来说，变化往往更可能发生在连通区域中，而不是彼此分离的点，由此在遥感变化检测中引入马尔可夫随机场模型以研究邻近像元间强度值的统计相关性，根据局部区域的纹理信息来调整阈值。也就是说，变化检测可以在严

格的最优化条件下进行。尽管如此,马尔可夫随机场模型变化检测方法依赖于所采用的优化算法的收敛性,但它的阈值设定相对较为合理,精度较高;在图像具有不同来源的不确定性情况(如噪声、配准不良、模型误差)下,也具有很好的稳定性[34]。

3)自适应阈值确定法

在变化图像基础上,进行综合影像像元离散程度的自适应迭代运算,计算出准确的阈值范围,从而得到最佳变化阈值,以提高影像变化检测的自动化程度、稳定性和检测精度。首先对融合处理后的变化图像进行满足终止判定条件的自适应迭代运算,如判断式为 $\left|\frac{(A_m+A_n)}{2}-T\right|<e$ (其中 T 为一个将融合图像分为两部分的随机值,A_m、A_n 为两部分像元的平均值;e 为确定的判断终止值),满足判断式要求,则迭代收敛,得到初步变化阈值范围;然后通过分析该阈值边界两侧影像像元的灰度分布情况(离散程度),结合影像像元的标准差,计算最终阈值范围;最后通过对获得的最终阈值范围求中值,得出最佳变化阈值,提取变化区域[35]。

9.3.2 精度评价

精度评价对于理解变化检测结果和选择合适的方法、评价各种方法有效性是至关重要的。现有的精度评价方法和指标多是针对单时相遥感数据设计的。在变化检测中,精度评价的困难之处在于两方面。一是由于变化检测是多时相的,变化初期的地面实况数据获取是困难的。当然,可以用变化前期的土地利用图等专题地图和相关专题数据作为精度评价的额外参考信息。但是,总的说来,要准确获得变化前的地面“真值”是困难的。二是不同时相遥感图像或不同来源的参考地图具有不同的规格和空间特征,需要特别关注这些多时相数据在位置与属性上的误差传递和累积效应。

目前,最常用的变化检测结果评价方法仍是误差矩阵。首先,分别对变化或未变化的样区随机抽取足够数量的样本;然后,运用误差矩阵及由误差矩阵计算出每个单时相的总体精度、用户精度、制图精度和 Kappa 系数等常用精度评价指标,来判断它们是否被正确地分类(参看第 6 章的相关内容);在确定分类精度达标的基础上,最简单的方法可将不同时相的分类图总体精度两两相乘,则得到这两个时相间的变化检测精度,如 1986 年、1991 年、1998 年、2002 年的分类图总体精度分别是 95.5%、94.6%、92.6%、93.2%,则变化检测精度 1986～1991 年为 90.3%、1991～1998 年为 87.6%、1998～2002 年为 86.3%、1986～2002 年为 89.0%。也可采用标准公式确定样本数量:$N=Z^2\cdot P\cdot(1-P)/E^2$,其中 Z 为置信度(如 95%),P 为期望精度,E 为允许误差(如 5%)。从每个类别中选取足够量的像元样本(剔除变化区边界的像元);再将每个样本点与高分辨率图像或大比例尺专题图或其他参考数据进行比较来确定变化检测结果的真实性[36]。当然也可在确定分类精度达标的基础上,就分类图本身对感兴趣的地类进行不同年份的比较或转换成 GIS 图层进行空间叠合等处理,提取变化信息,以分析其变化[37,38]。除了常用的误差矩阵外,还可利用精度评价曲线分析基于遥感数据的变化检测结果[39];或采用基于面积的土地覆盖变化检测精度评价方法[40]等。

§9.4 遥感变化检测的应用实例

9.4.1 MODIS-VCC 产品的变化检测算法

MODIS-VCC(vegetative cover conversion)产品由 MODIS 250m 数据自动生成,用以反

映由人类活动以及自然事件引起的土地覆盖变化状况，而土地覆盖变化将导致区域甚至全球的气候变化。植被覆盖产品（VCC）的变化检测选用 5 种算法，其中，3 种基于光谱差异，2 种基于纹理变化，分别简单介绍如下[41]。

1. Red-NIR 特征空间分割法

在 Red-NIR 特征空间对各种地面覆盖类型进行分割的方法。该方法用查找表（LUTs）来描绘覆盖类型，即借助于某一覆盖类型在 R-NIR 特征空间的位置（由给定的 R 与 NIR 反射值对组成）进行识别，由此判断随着时间推移（t_1、t_2），某一覆盖类型的像元值是否变化为另一覆盖类型（图 9.12）。

2. Red-NIR 特征空间变化向量法

在 Red-NIR 特征空间，通过时间 t_1 到 t_2 的像元值，来定义变化向量的角度 θ 与大小 A，即

$$\theta = \arctan(\Delta\rho_{\text{red}}/\Delta\rho_{\text{NIR}}) \qquad A=\sqrt{(\Delta\rho_{\text{res}})^2/(\Delta\rho_{\text{NIR}})^2} \tag{9.4}$$

式中：$\Delta\rho_{\text{red}}$、$\Delta\rho_{\text{NIR}}$分别为红与近红外波段反射率差值。

用 LUTs 来描述每对可能发生变化的地类的角度与亮度值大小，并用 LUTs 来定义每个特定变化类型的变化向量方向、大小、起止点位置的范围，落到范围内的像元被认为是变化像元（图 9.12）。

3. 改进的三角空间阈值法

利用由两个时间点像素值（R 与 NIR）的差值定义的空间（未变化出现在原点），通过原点和初始状态像元的角度 θ 和距离 A 来确定覆盖类型的变化（图 9.13），即

$$\theta=\arctan(d\rho_{\text{red}}/d\rho_{\text{NIR}}) \qquad A=\sqrt{(d\rho_{\text{red}})^2/(d\rho_{\text{NIR}})^2} \tag{9.5}$$

式中：$d\rho_{\text{red}}$、$d\rho_{\text{NIR}}$分别为经平均季节变化修订的红与近红外波段反射率差值。

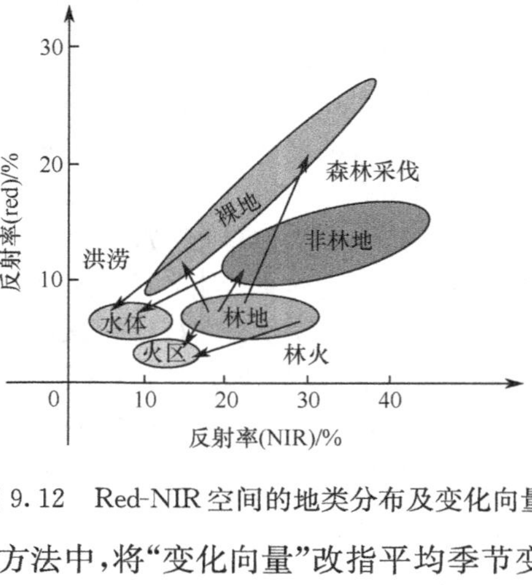

图 9.12　Red-NIR 空间的地类分布及变化向量

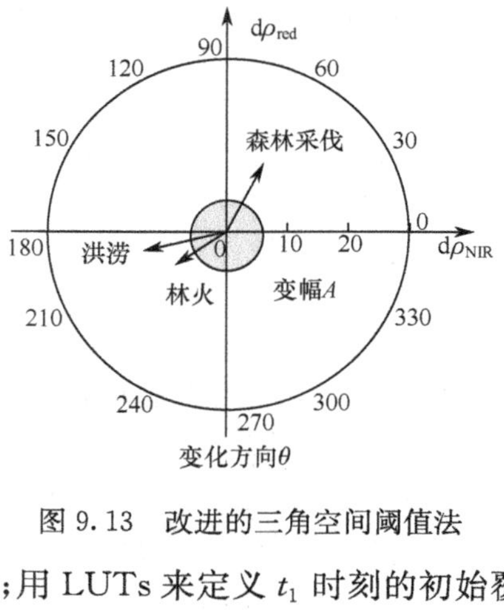

图 9.13　改进的三角空间阈值法

在该方法中，将“变化向量”改指平均季节变化；用 LUTs 来定义 t_1 时刻的初始覆盖类型和 t_2 时刻像元所处的三角空间分区；并用 LUTs 来定义每个特定变化类型的“变化向量”方向、大小的阈值（图 9.13 中的内圈）；用阈值来标识像元变化或未变化。

4. 空间纹理变化检测法

用 LUTs 来定义两时间点每种覆盖类型的变化阈值；计算两个时间点（t_1、t_2）3×3 模板内

的 NDVI 变化系数；当变化超过阈值时，则变化被检测记录。

5. 线性特征变化检测法

在 3×3 模板内，对每个相邻像元计算其绝对差值的均值；用阈值来测定是否存在线性特征的变化。

这些方法的实施依赖于查找表 LUTs。该 LUTs 来自 AVHRR 和 TM 数据，并经过 MODIS 250m 数据的校正，决策树法用以更新 LUTs。

Zhan 等[41]选用森林火灾、洪涝灾害、森林采伐等极端自然事件及几个典型区域，利用一年不同时相(t_1 到 t_2)MODIS 红与近红外波段(波段 1、2)250m 数据，经遥感图像处理与决策树分类，分别获得 5 种主要土地覆盖类型(林地、非林地植被、裸地、水体、火区)；利用上述 5 种算法进行变化检测；通过有效的地面数据(或变化参考图)，研究评价了 MODIS/VCC 产品的 5 种变化检测算法。具体做法如下所述。

(1) 分别建立 5 种地类(森林、非林地植被、裸地、水体、火区)的训练区；若图像有云及云的阴影，则作为附加类别考虑。

(2) 准备 5 种算法所需的训练数据，如各地类 t_1 和 t_2 的 MODIS 红波段及近红外波段数据、空间变化向量的角度和大小、t_1 和 t_2 的 NDVI 变化系数等。

(3) 根据训练数据(包括变化向量、纹理及线性特征)，建立决策树，以识别变化像元。

(4) 决策树分类，并根据专业知识检验分类结果，最终生成 5 种算法的 VCC 产品。

(5) 利用获取的地面观测数据对生成的 5 种 VCC 产品进行评价。以 Idaho-Montana 天然火灾事件为例，通过美国农业部提供的火灾发生地区的面积、位置数据来验证，结果发现，这 5 种方法及其综合后对燃烧区域的识别效果都较好。至于其他事件，与经像片解译生成的变化图相比，VCC 输出结果的像元监测准确率为 55%～90%。总的结果表明，5 种方法中前 4 种方法对火灾、洪水及森林采伐的监测是令人满意的，其中 Red-NIR 特征空间变化向量法的结果最佳，而第 5 种方法更加适合监测线性地物的变化；将上述 5 种算法综合运用的“综合检测算法”效果令人满意，这表明各方法具有一定的互补性。

9.4.2 多时相变化向量分析法检测土地覆盖变化

Lambin 和 Strahler[42]利用 1987 年 7 月至 1989 年 7 月两年的 AVHRR/NDVI 月数据(采用最大合成法获得，共 24 维)，结合植被物候、降雨量及分布等信息，采用多时相变化向量分析(CVA)和主成分分析(PCA)结合的方法，研究西非撒哈拉地区土地覆盖变化。第一步，考虑到年内 12 个月的 NDVI 时序曲线可看成一个多维空间，图像中的每个像元构成一个多维向量，它对应于多维空间上的一个点，年际动态变化将导致像元点在多维空间的位移，可用变化向量来表示；则采用多时相变化向量分析法(CVA)计算两年 NDVI 时间序列曲线的变化向量，用变化向量两个位置的欧式距离来表示变化向量的大小，它反映土地覆盖年际变化的强度；用变化向量的方向角来表示变化向量的方向，它反映土地覆盖变化过程的特征；用不同的阈值表征各种有意义的变化，获得不同变化类型图，但难以刻画具体变化过程。第二步，将两年对应月份的月 NDVI 值进行差值处理，得 NDVI 月差值图像集，这相当于变化向量的组分；对这些 NDVI 月差值图像集(去除 8 月)进行主成分分析，并计算各主成分分量的特征值与方差百分比，11 个主成分图像占总方差的 90%以上；通过这些图像及它们之间相关关系的分析，显示前 4 个主成分分量图像分别对应于 4 种类型的特殊变化过程。例如，第一主成分分量(PC1)中 5 月、6 月的信息贡献最大(其特征值分别为 0.837、0.889)，或者说它主要反映 5 月、

6 月的变化，即表征植被生长期开始阶段植被生长的差异；PC2 主要反映的是干旱季节 12 月、1 月（包含部分 2 月、3 月）的变化，即表征树木和灌丛、热带草原的植被景观差异；PC3 主要反映 11 月的变化（其特征值为 0.773），即表征草原植被景观的差异；PC4 主要反映 7 月的变化（其特征值为0.763），即表征去云和雾霾的差异。研究表明，该方法能定量给出土地覆盖变化强度，且由于利用了丰富的季节信息，因此能探测出植被物候、初级生产力以及生态系统动力学方面的细微变化；同时它能提供土地覆盖变化过程特征。

参 考 文 献

[1] Lunett R S, Johnson D M, Lyon J G, et al. Impacts of imagery temporal frequency on land-cover change detection monitoring. Remote Sensing of Environ, 2004, 89: 444-454.

[2] Townshend J R G, Justice C D, Gurney C, et al. The effect of mis-registration on the detection of vegetation change. IEEE Trans Geosci Remote Sensing, 1992, 30: 1054-1060.

[3] Du Y, Teillet P M, Cihlar J. Radiometric normalization of multitemporal high-resolution satellite images with quality control for land cover change detection. Remote Sensing of Environ, 2002, 82(1): 123-134.

[4] Elvidge C D, Yuan D, Weerackoon R D, et al. Relative radiometric normalization of Landsat Multispectral Scanner (MSS) data using an automatic scattergram-controlled regression. Photogrammetric Engineering and Remote Sensing, 1995, 61: 1255-1260.

[5] Chen X X, Lee V L, Don D. A simple and effective radiometric correction method to improve landscape change detection across sensors and across time. Remote Sensing of Environ, 2005, 98: 63-79.

[6] 汪闽，张星月. 多特征证据融合的遥感图像变化检测. 遥感学报，2010，14(3)：564 -570.

[7] Singh A. Change detection in the tropical forest environment of northeastern India using Landsat. *In*: Eden M J, Parry J T. Remote Sensing and Land Management, 1986, 237-253.

[8] Guo W Q, Yang T B, Dai J G, et al. Vegetation cover changes and their relationship to climate variation in the source region of the Yellow River, China, 1990-2000. Int J Remote Sensing, 2008, 29(7): 2085-2103.

[9] Lu D, Mausel P, Brondizio E, et al. Change detection techniques. Int J Remote Sensing, 2004, 25(12): 2365-2407.

[10] Rogan J, Chen D M. Remote sensing technology for mapping and monitoring land-cover and land-use change. Progress in Planning, 2004, 61: 301-325.

[11] Cakir H I, Khorram S, Nelson S A C. Correspondence analysis for detecting land cover change. Remote Sensing of Environ, 2006, 102(3-4): 306-317.

[12] 刘鹰，张继贤，林宗坚. 土地利用动态遥感监测中变化信息提取方法的研究. 遥感信息，1999，(4)：21-24.

[13] Rogan J, Franklin J, Roberts D A. A comparison of methods for monitoring multitemporal vegetation change using Thematic Mapper imagery. Remote Sensing of Environ, 2002, 80(1): 143-156.

[14] Mas J F. Monitoring land-cover changes: a comparison of change detection techniques. Int J Remote Sensing, 1999, 20(1): 139-152.

[15] Jensen J R. Introductory Digital Image Processing: A Remote Sensing Perspective(2nd). Englewood Cliffs, New Jersey: Prentice-Hall, 1996, 257-279.

[16] Bayarjargala Y, Karnielia A, Bayasgalanb M, et al. A comparative study of NOAA-AVHRR derived drought indices using change vector analysis. Remote Sensing of Environ, 2006, 105: 9-22.

[17] Cohen W B, Fiorella M. Comparison of methods for detecting conifer forest change with Thematic Mapper imagery. In: Lunetta R S, Elvidge C D. Remote Sensing Change Detection: Environmental Monitoring Methods and Applications. Chelsea: Ann Arbor Press, 1998.

[18] Oetter D R, Cohen W B, Berterretche M, et al. Land cover mapping in an agricultural setting using multiseasonal Thematic Mapper data. Remote Sensing of Environ, 2001, 76(2): 139-155.

[19] Weiss E, Marsh S E, Pfirman E S. Application of NOAA-AVHRR NDVI time series data to assess changes in Saudi Arabia's ranglands. Int J Remote Sensing, 2001, 22(6): 1005-1027.

[20] Chen J, Jonsson P, Tamura M, et al. A simple method for reconstructing a high-quality NDVI time-series data set based on the Savitzky-Golay filter. Remote Sensing of Environ, 2004, 91: 332-344.

[21] 李儒，张霞，刘波，等. 遥感时间序列数据滤波重建算法发展综述. 遥感学报，2009，13(2)：335-341.
[22] Hill M J，Donald G E. Estimating spatio-temporal patterns of agricultural productivity in fragmented landscapes using AVHRR NDVI time series. Remote Sensing of Environ，2003，84 (3)：367-384.
[23] Reed B C，Brown J F，Vander Zee D，et al. Measuring phonological variability from satellite imagery. Journal of Vegetation Science，1994，5：703-714.
[24] Plisnier P，Serneels S，Lambin E. Impact of ENSO on East African ecosystems：multivariate analysis based on climatologic and remote sensing data. Global Ecology and Biogeography Letters，2000，9：481-497.
[25] Herrmann S M，Anyamba A，Tucker C J. Recent trends in vegetation dynamics in the African Sahel and their relationship to climate. Global Environmental Chang Part A，2005，15(4)：394-404.
[26] Azzali S，Mementi M. Mapping vegetation-soil-climate complexes in southern Africa using temporal Fourier analysis of NOAA-AVHRR NDVI data. Int J Remote Sensing，2000，21：972-996.
[27] 蔡博峰，于嵘. 基于遥感的植被长时序趋势特征研究进展及评价. 遥感学报，2009，13(6)：1177-1186.
[28] Li Z ，Kafatos M. Interannual variability of vegetation in the United States and its relation to ElNino/Southern Oscillation. Remote Sensing of Environ，2000，71：239-247.
[29] Eastman J R，Fulk M. Long sequence time series evaluation using standardized principal components. PE & RS，1993，59：991-996.
[30] Ayad Y M. Remote sensing and GIS in modeling visual landscape change：a case study of the northwestern arid coast of Egypt Landscape and Urban Planning，2005，73：307-325.
[31] Ning S K，Chang N B，Jeng K Y，et al. Soil erosion and non-point source pollution impacts assessment with the aid of multi-temporal remote sensing images. Journal of Environmental Management，2005，79(1)：88-101.
[32] Bruzzone L，Fernandez P D. Automatic analysis of the difference image for unsupervised change detection. IEEE Trans Geosci Remote Sensing，2000，38：1171-1182.
[33] 李月臣，杨华，刘春霞，等. 土地覆盖变化遥感检测方法. 水土保持学研究，2006，1：209-216.
[34] Kasetkasem T，Varshney P K. An image change detection algorithm based on markov random field models. IEEE Trans Geosci Remote Sensing，2002，40：1815-1823.
[35] 魏立飞，钟燕飞，张良培，等. 遥感影像融合的自适应变化检测. 遥感学报，2010，14(6)：1204-1211.
[36] Yuan F ，Sawaya K E，Loeffelholz B C，et al. Land cover classification and change analysis of the Twin Cities(Minnesota) Metropolitan Area by multitemporal Landsat remote sensing. Remote Sensing of Environ，2005，98：317 -328.
[37] Tømmervik H，Høgda K A，Solheim I. Monitoring vegetation changes in Pasvik (Norway) and Pechenga in Kola Peninsula (Russia) using multitemporal Landsat MSS/TM data. Remote Sensing of Environ，2003，85(3)：370-388.
[38] Siddiqui M N，Jamil Z，Afsar J. Monitoring changes in riverine forests of Sindh-Pakistan using remote sensing and GIS techniques. Advances in Space Reseach，2004，33：333-337.
[39] Morisette J ，Khorram S，Mace T. Land-cover change detection enhanced with generalized linear models. Int J Remote Sensing，1999，20：2703-2721.
[40] Lowell K. An area-based accuracy assessment methodology for digital change maps. Int J Remote Sensing，2001，22：3571-3596.
[41] Zhan X，Sohlberg R A，Townshend J R G，et al. Detection of land cover changes using MODIS 250 m data. Remote Sensing of Environ，2002，83(1-2)：336-350.
[42] Lambin E F，Strahler A H. Change vector analysis in multi-temporal space：a tool to detect and Categorize landcover change processes using high temporal resolution satellite data. Remote Sensing of Environ，1994，48：231-244.

第 10 章　定量遥感

§10.1　定量遥感分析

遥感以不同的时空尺度不断地提供多种地表特征信息。这相对于传统的以稀疏离散点为基础的对地观测手段来说是一场革命性的变化。但目前面临的问题是，一方面，大量的遥感数据仍未得到真正有效的利用；而另一方面，应用所需求的有效信息又十分匮乏。例如，尽管气象卫星云图能直观地显示各种气团的运动趋势，为数值天气预报奠定基础，但中长期天气预报和全球大气环流模型(GCM)所需要的是宏观、动态、精确的大气下垫面参数——包括影响地气温度的表面温度、反照率和影响气流运动的地表粗糙度、植物覆盖度和结构信息等，而目前遥感所能提供的仅是垂直方向或个别方向上的反射率，以及非常有限的地表结构参数，显然难以满足模型精度要求[1]。再如，农业丰收关键在于作物生长过程的监控，其中的关键参数有叶面积指数 LAI、叶绿素含量、植物覆盖度 f、植物根系层的土壤水分 W_s、植冠水分 W_v、胁迫因子等参数。而目前遥感所能提供的植被指数 VI、植物缺水指数 CWSI 等较粗糙的指标难以满足农学、生态学模型的需求。出现这种供需矛盾，除了遥感本身的原因(如遥感数据的质量和专题信息提取水平等问题)外，一个相当重要的原因在于对遥感应用研究中的一些基本理论问题尚缺乏深入的研究，导致人们对于遥感数据的认识与理解还很不充分。例如，遥感参数 VI 与农学参数 LAI、f、DM(干生物量) 之间，CWSI 与 W_s、W_v 之间的关系从理论上认识不足，这必然影响遥感定量应用的精度。

随着遥感科学的发展、遥感应用的深入，人们越来越体会到定量遥感的必要性。而 EOS-MODIS/MISR、ADEOS-POLDER、SPOT、ASTER、ERS-ASTR 等多角度遥感器的陆续进入轨道、大量多角度遥感数据的问世，不仅使地物反射、辐射方向性的研究以及目标空间结构参数的定量反演成为可能，而且已成为目前研究的热点。

为了更好地理解电磁波与地表特征间的相互作用，国内外学者们将经典的数学物理理论与遥感实践相结合，建立了近百种不同的定量遥感模型。这些模型大体可分为统计模型、物理模型、半经验模型三种。

所谓经验统计模型，一般是描述性的，即对一系列观测数据作经验性的统计描述，或者进行相关分析，建立遥感数据(辐射亮度、遥感指数)与地面观测数据(地表参数)之间的线性回归方程不解答为什么会具有这样的相关或统计结果这类问题。统计模型的主要优点是简便易行，一般仅包含 3～6 个参数。但其理论基础不完备，缺乏对物理机理的足够理解和认识，参数之间缺乏逻辑关系，时空外延性不强。对于不同地区、不同条件，往往可以得出多种统计规律，所建立的经验模型缺乏广泛的普适性。此外，许多遥感参数与地面参数之间并非简单的线性关系，还需要考虑方向反射、结构变化的非线性影响等。当然，在地面实况不清或遥感信号产生机理过于复杂的情况下，统计模型应该是一种较合适的描述工具。但是随着地面知识的积累和遥感观测波段数的增加，它的优势则明显减弱。例如，Walthall 模型[2]用于单波段时仅 3 个参数，但用于 7 波段时，由于不同波段的参数之间没有逻辑关系，则参数增加到 21 个。而此时一个用 5 个结构参数、7 个波段数据的土壤反射率物理模型仅需 12 个参数[1]。

物理模型理论基础完善，模型参数具有明确的物理意义，并试图对作用机理进行数学描述，如描述植被二向性反射的辐射传输模型、几何光学模型，描述作物生长过程的动力学模型等。此类模型通常是非线性的，输入参数多、方程复杂、实用性较差，且常对非主要因素有过多的忽略或假定。

半经验模型综合了统计模型和物理模型的优点。模型所用的参数往往虽有经验参数，但又具有一定的物理意义，且模型表达也较为简洁，如 Rahman 地表二向反射模型、Ambrals 核驱动线性模型等。

遥感理论模型与遥感应用分析模型的深化是定量遥感迫切要解决的问题，有待遥感与地球科学工作者的共同努力。

10.1.1 定量遥感的基本概念

遥感成像经历了从辐射源到大气层到地球表面再到探测器等的复杂过程。这里的每一个环节都涉及非常多的参数，而且许多参数间又是密切关联的。以植被遥感系统为例，Goel (1988)、李小文等(1995)把整个植被遥感系统分为以下 5 部分[1,3]。

(1) 辐射源$\{a\}$，包括太阳辐射和天空散射，用$\{a\}$表示其特性和参数集合，它们包括谱密度(I_λ)和方向(θ_1,φ_1)，其中 λ 为波长，θ_1 和 φ_1 分别表示入射方向的天顶角和方位角。

(2) 大气$\{b\}$，包括大气中的悬浮微粒、水蒸气、臭氧等的空间密度分布和本身因波长而异的吸收和反射特性，用$\{b\}$表示其特性和参数集合。

(3) 植被$\{c\}$，包括植被组分(叶、茎、干等)的光学参数(反射、透射)、结构参数(几何形状、植株密度)及环境参数(温度、湿度、风速、降雨量等)，用$\{c\}$表示其特性和参数集合。一般来说，这些参数都可能随波长、时间和空间位置而变。

(4) 地面或土壤$\{d\}$，包括其反射、吸收、表面粗糙度、表面结构及所含水量等，用$\{d\}$表示其特性和参数集合。

(5) 探测器$\{e\}$，包括频率响应、孔径、校准、位置及观察方向的天顶角 θ_2、方位角 φ_2 等，用$\{e\}$表示其特性和参数集合。

用$\{R\}$表示探测器所得到的辐射信号，即观测值——它可以是多光谱、多时相、多角度等数据，也可以考虑为由这些观测值所派生出的综合指数(如绿度、亮度等)。它随辐射源、大气、植被、地面、探测器的特性而变化。一般可表示为

$$R = f(a,b,c,d,e) + \varepsilon \tag{10.1}$$

函数 f 反映了产生$\{R\}$的辐射转换过程。ε 为误差，它描述了模型模拟值和测量值之间的不确定性。若从给定系统参数$\{a\cdots e\}$来产生$\{R\}$，则为正演问题，即前向建模问题。“正演”是从机理出发，研究因果关系，通过对原因的描述来发现结果，并用数学物理模型来描述地学过程。相反，若从测量值$\{R\}$来产生$\{a\cdots e\}$中的任一个或任几个参数，则属于反演问题。“反演”是从测量到的现象推求未知的原因或参数。

例如，若要从测量值$\{R\}$中反推植被参数$\{C\}$，则可以定义或导出一个函数或算法 g，即

$$C = g(R,a,b,d,e) + \varepsilon \tag{10.2}$$

为了求出$\{C\}$，往往需要对系统参数$\{a,b,d,e\}$都假设为可测或已知。但事实上，在遥感数据的反演过程中，上述的每个参数都包含了若干因子，其中很多是未知的或目前难以精确测量的。由此看来，“前向模型”的建立是“反演”的先决条件，而“反演”具有更实际的应用价值，

但难度更大。因而，要实现遥感的定量反演，就不可避免地要作些过程的简化或条件的假设，这就必然存在着“无定解”(underdetermined)问题[4]。对于复杂过程的分解简化，往往可以或单独处理$\{e\}$的影响(辐射纠正)，或单独处理$\{b\}$的影响(大气校正)等。值得注意的是，对于辐射源$\{a\}$的处理，由于可见光—近红外波段的辐射源为太阳，若是水平的地面，仅给定太阳的方位和探测器的光谱响应，则不难将$\{a\}$与$\{c\}$和$\{d\}$分开；但对于热红外波段，其主要辐射源是地面目标的热发射，它与地表的发射率和温度的分布以及地表结构有关，此时的$\{a\}$和$\{c\}$、$\{d\}$有密切的联系。若是崎岖的山地，则无论是可见光—近红外波段还是热红外波段，均要考虑地形的影响进行地形纠正。另外，精确的大气校正也需要知道大气下垫面方向反射及地表结构的情况，也就是说，$\{b\}$与$\{c\}$和$\{d\}$也是相关联的。

定量遥感不仅要进行遥感机理与各种前向模型的研究，还要进行各种反演模型和反演策略与方法、尺度转换、真实性检验等方面的研究。

10.1.2 定量遥感的基本问题

1. 方向性问题

传统的遥感主要采取垂直对地观测方式，以获取地表二维信息，对获取的数据则基于地面目标漫反射的假定——即简单化、理想化地把地表看作各种同性的、均匀的表面——“朗伯体”(Lambertian)，地表与电磁波的相互作用是各向同性的；遥感的研究也主要是从地物目标的波谱特征入手，进行分析、判读或分类。

但事实上，地球表面并非朗伯体。大量事实证明，地物与电磁波的相互作用也非各向同性，而具有明显的方向性。这种反射的方向性信息中既包含了地物的波谱特征信息，又包含着其空间结构特征信息；而辐射的方向性信息也是由物质的热特征及几何结构等决定的。因而，随着太阳高度角及观测角度的变化，地物的反射、辐射特征及地物瞬时所表现出的空间结构特征都会随之变化。这种变化记录在遥感图像上，则将可能产生同一地物反射、辐射信息的很大差异。Kimes 和 Seller(1985)的研究认为，朗伯表面的假设会在反照率(albedo)计算中引起高达 45%的误差，而随着观测天顶角从 0°～80°变化，观测到的作物表面亮度温度可以产生 13℃的变化[5]。正因为传统遥感缺乏足够的信息来同时推断像元的组分光谱和空间结构，遥感的定量精度受到很大的限制。随着多角度遥感的发展，实现了对地面目标的多方向观测，通过对目标方向信息的提取，可获得更丰富的目标信息——组分光谱和空间结构参数(地表粗糙度、植被覆盖度、植冠的叶面倾角分布等)，为地面目标的方向性研究提供了可能。很明显，地表反射与发射辐射的方向性模型研究和应用，是定量遥感必须首先解决的关键问题。

2. 尺度效应与尺度转换

尺度是一个广泛使用的术语，在不同的领域有着不同的内涵。尺度既可以表征研究的幅度(如地理范围)，也可以作为刻画细节的度量(如分辨率)[6]。很显然，若将研究对象简单地看成是在空间均匀分布的，则尽管观察尺度不同，也无需研究尺度问题，只需简单平均即可。然而，我们面对的自然与人文环境是十分复杂的，所要研究的对象也是多种多样的，它们在空间特征上差异性大(空间异质性)，这些差异又往往是非线性的，不能简单平均。也就是说，自然单元、人文单元是以不同空间尺度客观存在着的。所谓尺度效应，是指不同尺度间的地学对象、地表现象与过程表现出不同的特征差异。正是由于尺度效应的存在，使不同尺度的观测数据、遥感反演产品不具有可比性，不同尺度的遥感反演模型也不能混用。可见，对于这些不同地学对象、地表现象与过程的地学描述和研究，需要按不同的尺度进行。这里便存在着不同尺度间的对比、转换、误差分析等问题。多层次遥感对地观测系统为地学分析提供了多空间分辨率、多时间分辨率的遥感数据，可以为不同空间尺度、不同时间尺度地学对象的应用研究提供适合的信息。地面观测与不同层次遥感数据之间、各个层次遥感数据之间的“尺度转换”研究，是提高遥感应用的效率与实用性的关键之一。

1)“尺度效应与尺度转换”的含义

所谓遥感尺度效应与尺度转换，可以理解有四层含义。

A. 定律、算法的尺度适用性

定律、算法的尺度适用性指那些立足于点或均一表面(在给定微观尺度上)的基本物理定理、定律、概念，直接用于遥感像元尺度的面状信息(多为非均一的)时，有个适应性问题。即随着尺度的变化，原有的原理、规律可能有效，也可能需要修正，于是存在尺度效应与尺度转换问题。李小文等[7~9]提出并研究了这类问题，以下举例说明。

(1) 像元的漫反射性问题，即像元内处处漫反射，但像元未必为漫反射。假想一个遥感像元对应于地面一个90°谷地的顶部，太阳与遥感器位于与谷的走向垂直的主平面上。尽管两坡面均为朗伯反射面，但因入射光的方向及多次散射，则在遥感器视场内两坡的亮度不一，而亮、暗的面积比随观测角而变化。这个像元作为整体，不再具有朗伯特性(图 10.1)。

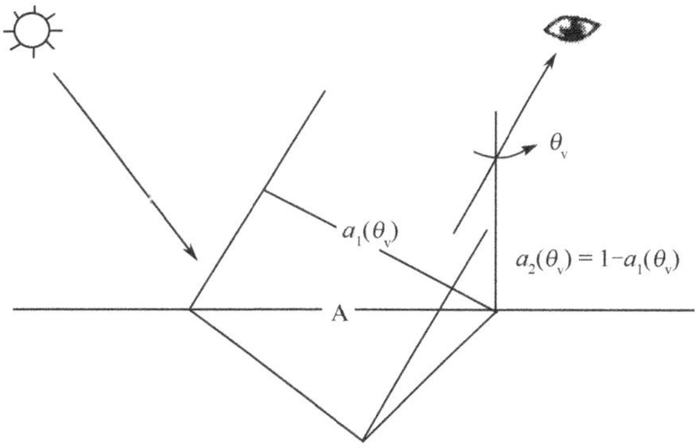

图 10.1　朗伯性的尺度效应[8]

(A 为谷顶部，一个像元大小)

Li-Strahler 几何光学模型本身也涉及像元的漫反射问题。该模型在假定树冠表面与地面处处具有朗伯特性的条件下，用四分量(承照植被、承照地面、阴影植被、阴影地面)向不同方向投影的差异，来解释地表的三维结构导致的像元内亮度的不均匀。因而，虽然像元尺度的微观部分具朗伯性(各向同性)，但是像元作为一个整体是非朗伯特征(各向异性)[8]。

(2) 普朗克定律是现代物理学的基石之一。它的适用条件是对于同温(T)的平面地面(给定温度的黑体表面)，仅有发射率(ε_0)的空间变化时，可以认为是尺度不变(即热辐射各向同性)。因而长期以来，地表热辐射可表达为

$$L_\lambda = \bar{\varepsilon}_\lambda \cdot B_\lambda(\overline{T}) \tag{10.3}$$

式中：$\overline{T}$ 为平均地温；$\bar{\varepsilon}_\lambda$ 为平均发射率。普朗克定律给热红外遥感带来极大的便利。但是遥感像元尺度上往往非同温，则 $\bar{\varepsilon}_\lambda$ 和 $\overline{T}$ 也就难以实际应用。更何况像元内除了非同温外，还往往并非平面，而且有一定的空间结构，那么像元内就存在着内部的反射与多次散射。李小文等[7,8]认为假定像元内处处为黑体表面，满足普朗克定律，像元作为一个整体可以不满足普朗克定律所要求的条件，并导出了考虑空间结构、温差分布、材料发射率等的概念性模型，把普朗克定律修正到像元的尺度(参见第 4 章有关内容)。

(3) 赫姆霍兹(Helmholtz)互易原理是电磁学、光学的基本假设之一，是辐射传输理论的基础。但对于遥感像元而言，即使像元内每一点都满足互易原理，那么整个像元是否满足？李小文等指出，事实上如果空间均匀地入照，由于像元内的多次散射形成空间不均一的反射，则像元作为一个整体，可以不满足所谓源与遥感器的互易原理，并给出了像元尺度上互易原理失效的条件[9]。

B. 地面"点"与遥感"面"数据的代表性

常规地学手段对地表信息的采集多是以稀疏的地面观测点方式进行的，而遥感数据的采集是以面状"连续" 像元方式记录。遥感数据是其空间位置的函数，是像元尺度上积分统计的结果。这种二维扩展的面状变量具有空间异质性。由离散观测的点数据来标定遥感像元面数据，再由遥感像元面数据扩展到"区域"甚至"全球"，是完全不同的空间尺度。事实上，每一级尺度转换可以归结为以"点"代"面"的代表性、扩展性问题。这种不同尺度信息之间往往是非线性或不均匀的、不确定的，两者链接中必然存在着空间扩展、数据转换、误差分析和是否具有"代表性"等一系列问题。研究表明：对于平坦均匀的下垫面，一个站点的近地面观测，其代表性可达到几千米到 10km；而对于非均匀复杂下垫面(如地形起伏、林网地带、不同作物间作等)，一个站点观测的代表性就可能只有几百米或更小[10]。

既然人们把地面观测点数据作为遥感模型建立、定量遥感反演产品的"真值"，用以检验遥感模型与产品的合理性、精度，那么必然存在点的代表性问题，"点-面扩展"一方面需要借助适当的数学方法(如最邻近法、双线性法、立方卷积法、克里格法、趋势面法、泰森多边形法，以及神经网络、分形几何、模糊集、元胞自动机等)进行线性或非线性的内插与外推，或采用分数维法、泰勒级数展开法、变异函数、回归分析等方法研究"点-面扩展"的可行性和适用性；另一方面考虑到地表的非均匀性，运用空间异质性因子、DTM 等先验知识来描述地表特征分布变化与尺度变化，进行空间尺度转换，获得对应于像元尺度的地面"相对真值"，以提高遥感数据产品、遥感模型及反演算法验证的可靠性。此外，还需要加强卫星-飞机-地面同步观测试验和真实性检验的方法研究[11~13]。

C. 遥感数据的空间域

遥感可以多平台、多遥感器方式采集地面数据，它本身是多空间分辨率的。也就是说，遥感图像像元所对应的面状信息本身具有空间分辨率从小于 1m 到数千米的不同尺度。这些不同尺度的像元各表征不同的"量"，它们之间不是简单平均关系，而是与地表状况(空间异质性)和目标(地学)参数的性质密切相关。不同尺度间的遥感数据、定量遥感模型、模型反演的遥感产品均存在尺度效应。Leprieur 等(2000)对半干旱地区(尼日尔)，运用不同尺度的 NOAA/AVHRR、SPOT 卫星遥感数据，通过不同植被指数(NDVI、MSAVI、GEMI)进行了区域尺度上的植被变化监测和评估。研究表明[4]，对于同一剖面，若用 AVHRR 数据(相当于 50×50 个 SPOT 像元)估计的覆盖度的变化范围为 0～22%，而用 SPOT 数据估计的覆盖度的变化范围则为 0～63%。可见，由于观测尺度不同，像元所对应目标的均匀度不同，研究结果会有很大差异。Chen 等[15]的研究表明，细分辨率的 NDVI 或 RVI 用于粗分辨率 LAI 估算时会出现负偏差，偏差的大小与地表的不均匀性有关。对于纯像元，偏差小，尺度效应问题可忽略；但对于混合像元，无论是采用线性还是非线性反演算法，若不考虑尺度效应，均会带来很大偏差。例如，在植被与开放水体混合的情况下，尺度效应带来的偏差可高达 45%。由此可见，由于植被的关键生理和物理过程发生在一系列空间尺度(单个分子、叶片、冠层、区域、全球尺度)上，这些物理和生理过程的关系往往是非线性的，空间异质性的差异会造成相当大的误差。因而，某个尺度的特征、规律在另一尺度上不一定有效，需要验证与修正，进行不同尺度信息间的尺度效应与尺度转换研究，并借助于先验知识的支持与补充。

D. 遥感数据的时间域

“尺度”问题除了上述的“空间域”的含义外，还应包含“时间域”的转换。遥感数据是瞬时的，定量遥感反演的地表反照率、表面温度等能量平衡参数也只是瞬时值，但实际应用中往往需要一定时间尺度或任意时刻的参数，这就需要进行“时间扩展”。例如，热量平衡各分量的日总量，需要对比地面的气象站、生态站的热量平衡各分量时间过程数据的日积分值和遥感方法所获得的瞬时值，求出它们的转换系数[16]；或考虑到温度日变化规律，建立不同的温度日变化模型来获得任意时刻的温度值等。此外，遥感数据与地表过程模型的同化也是“时间扩展”的有效方法(参见第 8 章的相关内容)。

综上所述，无论是在不同尺度数据的解译、融合、转换，还是在不同尺度遥感反演算法和模型的应用，以及不同尺度地面实测点数据对遥感反演参数面数据的真实性检验等方面，都需要进行尺度效应分析与尺度转换研究。在地球不同尺度时空信息的“尺度效应与尺度转换”研究中，首先需要明确遥感数据和模型的“尺度效应”是客观存在的，以及尺度变化对信息量、信息分析模型和信息处理结果的影响，因而根据应用需求确定不同的研究尺度和空间分辨率的信息源；其次需要解决不同尺度信息的空间异质性及尺度效应的定量化表达问题；最后需要借助相关先验知识(空间异质性因子、DEM 等)建立相应的尺度转换模型，在此过程中还需要特别关注地表参数的非均匀性(异质性)、地表参数间的非线性、模型非线性的影响等。

2) 空间异质性的定量化表达

空间异质性是指某种变量在空间分布上的不均匀性及复杂程度。它是自然景观、地表特征参数的固有性质，对它的研究是不同尺度遥感数据转换的基础。空间异质性的定量化表达，一般采用参数化法，即定义不同的参数来描述不同尺度地表特征的空间异质性，测量实际影像数据的空间结构。例如，用均值、方差、变异函数、空间自相关性指数等来描述空间异质性[17]；用尺度方差、局部方差法、半方差法(即变差图)等地统计学法[18~20]，以及纹理分析、分形几何、小波分析、神经网络等方法描述空间异质性，并进行尺度分析与转换[21]；或用直方变差图及直方图分解的图谱法[22]定义驻点、边界点等来描述空间不同尺度地表特征的空间关系、分布格局、破碎程度等；或计算不同空间分辨率遥感数据的空间距离(如变换离散度和 J-M 距离等)进行统计可分性度量[23]等。其中，基于变异函数的半方差法(变差图)可用于描述与测度相邻地物(空间样点)之间的空间相关性，可通过互不相关的地物类别之间的距离来定义，能较好地实现空间异质性的估算。变差图分析被广泛应用于探测和描述遥感数据及地面数据的空间异质性，确定影像数据和地面数据的最佳采样点，评估纹理分类中适合的窗口大小等。Woodcock 等(1988)从实际的数字影像计算了变差图，发现：①地面覆盖物的密度影响着变差图的高度；②物体的大小影响变差图的变程；③地面物体大小在空间分布上的差异影响着变差图的形状(也就是说，随异质性增加，变差图越平滑)。

半方差可定义为

$$\gamma(h)=\frac{1}{2N(h)}\sum_{i=1}^{N(h)}[Z(x_i)-Z(x_i+h)]^2 \tag{10.4}$$

式中：h 为抽样间隔距离，是一个矢量(既有方向又有大小)；N 为采样点对(即空间点 x_i 和 x_i+h) 的数目；$N(h)$是抽样间距为 h 时的样本对总数；$Z(x_i)$和 $Z(x_i+h)$分别为随机变量 z 在空间采样点 x_i 和 x_i+h 处的样本值(反射率值)。半方差反映相隔距离 h 的数据差值平方的数学期望，是抽样间距 h 的函数，是随机变量 Z 在抽样间距 h 上各样本变异的量度，可用来描述和估测空间数据的自相关关系。

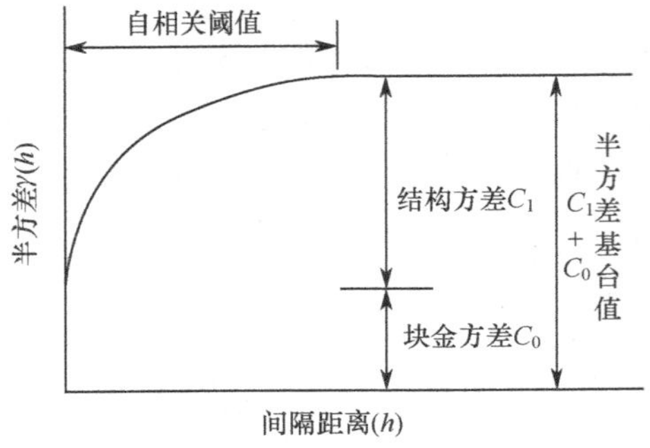

图 10.2　半方差图

半方差图以半方差 $\gamma(h)$ 为纵坐标，抽样间隔 h 为横坐标（图 10.2）。半方差图通过变程（range）和基台值（sill）两个参数来描述数据集。当数据中存在空间依赖性时，半方差值一般随抽样间距 h 的增加而增加；当距离值到达一定程度时，半方差曲线达到饱和（出现一个平稳区），此半方差值被称为基台值，是半方差图中的理论最大方差，表示区域化属性的固有变异。到达基台值的抽样间隔距离值称为变程，是空间自相关阈值，被用来判定两个像元空间自相关与否。如果两个像元间的距离大于变程，它们很可能是相互独立的样本；否则，它们可能是自相关的。块金方差 C_0 是半方差图中正的截距；结构方差 C_1 反映了该变量空间自相关的变化特征。

3）尺度转换方法

在尺度转换研究中有几个概念需要明确。尺度转换（scaling），指跨越不同尺度的辨识、推断、预测或推绎[24]；尺度推绎（scaling process），指在一个尺度上获取信息，并用它推究其他尺度的过程；尺度上推或称尺度扩展（scaling up），指利用小尺度获取的信息（观测、模拟结果）来外推大尺度信息的过程；尺度下推（scaling down），指利用大尺度获取的信息（观测、模拟结果）来分解得到小尺度信息的过程。

尺度上推的升尺度（从小到大）为“信息归并、像元聚合”的过程，一般采用基于统计分析和经验回归的方法，包括局部平均及各种重采样法等，通过简单的线性加权，实现从高空间分辨率（如 SPOT、ASTER 等）向低空间分辨率（如 MODIS 等）的转换，或从小尺度建立的局地模型扩展到大区域。倘若地表特征复杂，呈非均匀、非线性关系，则需要从机理出发，常运用泰勒级数展开法、计算几何法、分形和自相似法等数学方法，建立各种尺度转换模型，实现由小尺度到大尺度的尺度扩展。例如，为了检验低分辨率遥感产品（如 1km 的 MODIS-LAI 产品）真实性，一般需要 2×2 个像元大小（约 $4km^2$）的均质区域作为样地（真值），这在多数情况下是很困难的。也就是说，地面点测量值往往难以直接用于 MODIS 产品的验证。因而，人们往往借助于高分辨率遥感数据（如 30m 的 TM）作为中间过渡，运用同样的算法获得 30m 的 TM-LAI；经地面测量数据验证后，再将它们归并到 1km，与 MODIS-LAI 产品进行比较分析。Liang[25] 研究了从 30m 到 1km 的反射率、反照率、叶面积指数的升尺度规律。研究表明，对于表达同一非线性地表参数，任何两种尺度均存在一定差异。这种差异随着非线性地表参数结构和空间分布的离散程度的变化而变化（即这种差异与参数的方差有关）。

尺度下推的降尺度（从大到小）为“信息分解”的过程，常用各种内插法、或通过线性、非线性方法分解像元，实现从低空间分辨率向高空间分辨率的转换。这类似于混合像元的分解问题，将在§10.2 节专门讨论。此外，应用线性或非线性回归分析方法建立大尺度特征信息与小尺度特征信息之间的相关关系[26,27]，以及将高分辨率图像的细节部分（高频信息，或小尺度分类结果对应于大尺度像元的地类面积百分比）融合到低空间分辨率图像上[28]，均可认为是一种降尺度处理（参见第 8 章的“数据融合”）。

图 10.3 反映了遥感观测数据、反演模型和地表特征参数在不同尺度下的关系。图中包含 5 个过程：①由遥感观测数据 r（小尺度）通过小尺度反演模型 $P_n = f(r_n)$，反演输出地

表特征参数 P；②由 5×5 个像元的反演输出参数 P（小尺度），经尺度上推，聚合平均后得参数均值 $\langle P\rangle_1$（大尺度）；③由 5×5 个像元观测数据 r（小尺度），经尺度上推，聚合平均后得 $\langle R\rangle_2$（大尺度观测数据）；④由大尺度输入数据 $\langle R\rangle_2$，经大尺度反演模型 $\langle P\rangle_2=g(\langle R\rangle_2)$，反演输出地表参数 $\langle P\rangle_2$（大尺度）；⑤对 $\langle P\rangle_1$ 进行反演函数求逆 $\langle R\rangle_1=g^{-1}(\langle P\rangle_1)$，则可以得到大尺度的有效遥感观测数据 $\langle R\rangle_1$。由此可见，采用两种不同的尺度上推处理方式，反演后平均（$\langle P\rangle_1$）与平均后反演（$\langle P\rangle_2$）所得的遥感反演结果并不相等，存在尺度效应问题。

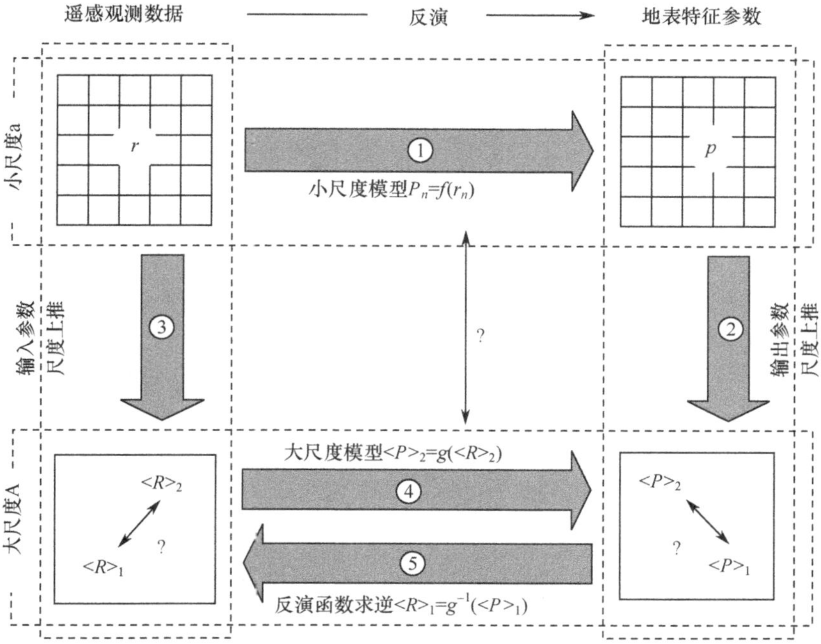

图 10.3　空间尺度效应分析[29]

尺度效应产生的主要原因可以归结为：①观测手段的尺度相对性，即遥感观测数据有自身的测量尺度，不同尺度数据的内涵不同；②定律和算法（反演模型）的尺度适用性，即某一尺度（如叶片尺度）上总结的原理、规律及构建的模型，对另一尺度（如冠层尺度）未必有效，可能需要修正；③地表特征参数的非均匀性（空间异质性）和地表特征参数之间的非线性关系，借助数学上的泰勒级数展开等方法，可以将地表特征参数的非均匀性、非线性程度同尺度效应联系起来。

在对空间尺度效应进行机理分析的基础上，李召良和吴骅等[29,30]以空间尺度上推像元聚合过程为基础，从遥感观测数据、反演模型和反演产品（地表特征参数）三个层次，抽象表述了空间尺度效应，并提出了具有一定普适性的尺度转换模型。

A. 基于遥感观测数据的尺度转换模型

假设反演函数可导，且小尺度聚合过程为线性，利用泰勒级数展开法和中值定理可以构建基于遥感观测数据的尺度转换模型，即

$$\mathscr{R}(\overline{P}) = f\left(\overline{P} + \frac{1}{2}\varphi\psi\right) \tag{10.5}$$

式中：$\overline{P}$ 为大尺度输入参数均值；φ 表示空间异质性（可由遥感观测数据的方差、协方差体现）；ψ 表示反演函数非线性（可由反演函数的二阶导、二阶偏导体现）。

B. 基于地表特征参数的尺度转换模型

假设反演函数可导，且小尺度聚合过程为线性，与A节采用相同方法，借助泰勒级数展开法可以构建基于地表特征参数的尺度转换模型，即

$$\mathscr{R}(\bar{P}) = f(\bar{P}) + \frac{1}{2}kV \tag{10.6}$$

式中：$\bar{P}$ 为大尺度输入参数均值；k 表示反演函数非线性；V 表示空间异质性。

通过叶面积指数LAI尺度转换模型的初步验证表明，所建立的上述两个模型具有较好的适用性。其优点在于，原理简单，且相对而言，模型的二阶导数以及参数的方差、协方差都便于计算；缺点在于，只适合于连续可导的反演函数，且对于非线性程度很大的反演函数，计算误差较大。

C. 基于遥感反演模型的尺度转换模型

假设小尺度聚合过程为线性，基于几何学中凸集理论可以构建相应的基于遥感反演模型的尺度转换模型，即

$$\mathscr{R}(\bar{P}) \approx af_{\vee}(\bar{P}) + bf^{\wedge}(\bar{P}) \tag{10.7}$$

式中：$f^{\wedge}$、$f_{\vee}$ 分别表示反演函数 f 在空间域中所对应的上、下包络线(面)；a、b 为权重系数，且满足 $a+b=1$，$a>0$、$b<1$。

此模型优点在于，适用于任意模型，不管模型是否连续、非线性程度是否很强；缺点在于，当变量维数大于1时，上、下包络面的确定相当困难，且计算耗时；权重值不具有唯一性，权重系数同实际地物的分布关系紧密，在某一区域或者某一尺度下确定的权重系数可能不适合于另一区域或另一尺度。

Zhang等(2004)在模拟试验中发现，对于某些以分数形式计算的地表参数，如反射率、比辐射率、植被指数等，从亚像元到像元的尺度转换，遵循如下的普适公式，即[31]

$$\Delta \boldsymbol{F} = \boldsymbol{F}_1 - \boldsymbol{F}_2 = \frac{\sum_{i=1}^{n} \boldsymbol{a}_i \dfrac{\boldsymbol{x}_i}{\boldsymbol{y}_i} \sum_{i=1}^{n} \boldsymbol{a}_i \boldsymbol{y}_i - \sum_{i=1}^{n} \boldsymbol{a}_i \boldsymbol{x}_i}{\sum_{i=1}^{n} \boldsymbol{a}_i \boldsymbol{y}_i} \tag{10.8}$$

式中：$\boldsymbol{F}_1$ 为由亚像元地表参数加权求和所得的像元地表参数值；$\boldsymbol{F}_2$ 为由亚像元数据以能量加权求和方式所得的像元尺度地表参数值；x、y 分别为地表函数的分子与分母；$\boldsymbol{a}$ 为亚像元占混合像元面积的加权系数；$i(i=1,2,\cdots,n)$ 为混合像元中的亚像元类型(组分)数目。

以叶面积指数LAI反演为例，尺度效应的定量化表达及尺度转换可有多种形式[32~34]。例如，通过同一遥感数据源(如Hyperion)、同一冠层反射率模型(如ACRM)两种升尺度方式(反演再聚合、聚合再反演)来获得由细尺度LAI(30m)直接均值化所得的 LAI_{mean}(300m)，以及由原数据(30m)线性聚合后，再经模型反演所得的 LAI_p(300m)。两者之差 $err = LAI_p - LAI_{mean}$ 作为尺度偏差，可被定义为升尺度后遥感影像反演LAI的误差因子，其中 LAI_{mean} 作为低分辨率LAI的真值，LAI_p 作为低分辨率LAI反演值。在LAI-NDVI回归方程的基础上，利用二阶泰勒级数展开法可获得多尺度参数间的偏差信息，即[32]

$$err = LAI_p - LAI_{mean} = -\frac{1}{2}\sigma_{NDVI} \times g''(m\text{NDVI}) \tag{10.9}$$

式中：mNDVI、σ_{NDVI} 分别为较高分辨率 n 个像元NDVI的均值与方差。

由式(10.9)可见，大尺度数据反演LAI的误差可以通过聚合前图像NDVI的方差和相关函数 g 的二阶微分方程进行调整。也就是说，可以通过式(10.9)进行尺度转换。经甘肃黑河

综合遥感试验数据的验证表明，所得的误差纠正因子可以较好地实现低分辨率 LAI 反演结果的纠正。

考虑到混合像元普遍存在于低分辨率遥感图像中，即低分辨率图像的一个像元可以认为是高分辨率图像对应部位的多个像元的混合像元，而高分辨率图像的这些像元可以认为是对应低分辨率图像的亚像元，则根据线性混合像元分解原理(参看本章“混合像元分解”的内容)，低分辨率图像在某一波段的像元亮度值(光谱反射率)可以认为是高分辨率图像对应部位的各地表覆盖类型(或目标参数)的亮度值以其所占像元面积比例为权重系数的线性组合。因此，可以利用这种关系，通过计算高分辨率图像地表参数在低分辨率图像对应像元中所占的面积比例，用“面积比例权重法”来获得不同分辨率下的地表参数，进行基于混合像元结构分析的空间尺度误差纠正[35,36]。

Tian 等[37]研究了反射率数据的尺度(或空间分辨率)对植被叶面积指数(LAI)反演的影响。为避免获取不同分辨率数据过程中的各种误差，将 1km 的 AVHRR 数据聚合成 4km、8km、16km、32km、64km 不同分辨率的数据，并将 1km 像元定义为“子像元”(作为纯像元)，聚合后的像元或定义为“同质”像元(仅含一种地类)，或为“异质”像元(含一种以上地类)；采用三维辐射传输方程以两种方式模拟反演 LAI，一是以 1km 数据所反演的 LAI 的不同平均值，分别代表 4km、8km、16km、32km 和 64km 的像元 LAI(Lt)，二是分别用 4km、8km、16km、32km 和 64km 的地表反射率数据直接反演 LAI(Lc)；两者的差值被看作是 LAI 反演算法对介质异质性的响应，用 RDL＝|Lt－Lc| / Lt 来量化尺度对反演的影响程度；在此基础上，建立考虑异质性的尺度转换模型，即将像元异质性引入计算单次散射反射率 ω，其表达式为

$$\bar{\omega}=\frac{1}{1-\mathrm{pf}_7}\sum_{j=1}^{6}\omega_j\,\mathrm{pf}_j \tag{10.10}$$

式中：pf_j 指一个像元内土地覆盖类型 j(1～7)的子像元所占的百分比，即 $\mathrm{pf}_j=n_j/m\times100\%$($n_j$ 为一个像元内第 j 类群系子像元所占个数，m 为子像元的总个数)。

由式(10.10)可见，只要给定每一个低分辨率像元内的百分比函数 pf_j 值，就能够由高分辨率的 ω_j 计算出低分辨率的 $\bar{\omega}$；使得生物物理参数(LAI)的尺度转换可以通过多重分辨率数据的运算完成。经检验，用该尺度转换方法所得的反射率数据来反演 LAI，其 RDL 值在所有情况下都明显减小，包括在异质性较高的像元内。这说明该方法能够有效地减小空间尺度效应中尺度转换的误差。

3. 反演策略与方法

遥感的本质是将获取的大量遥感数据转化为人们所需要的各种地面信息(或参数)，是一个反演的过程。它需要利用数学、物理、计算机等手段通过遥感模型反演来实现。因此，遥感反演必须研究模型，研究那些描述遥感数据(R)与地学参数(a、b、c、d、e)之间关系的遥感模型，$R=f(a、b、c、d、e)+\varepsilon$，即根据观测信息和前向物理模型，求解或推算描述地面实况的应用参数(或目标参数)。

地球表面是一个非常复杂、开放的巨系统。人们对它的认识需要用多种参数加以描述，这种未知参数几乎是无穷的，而遥感数据总是有限的。尽管各种遥感反演模型都要固定一些参数(假设条件)或简化一些过程，要抓住起决定作用的关键参数，但遥感信息的有限性、相关性和地表状况的复杂多变，使得在遥感实践中往往只能得到少量观测数据，却要估计复杂多变地表系统的当前状态。要真正满足观测数据量 n 大于待反演的模型参数量 m 是十分困难的。也就是说遥感反演的信息量通常是不足的，互不相关的信息更少。因而，遥感的许多反演问题

本质上是“病态”的，是“无定解”的问题。显然，在遥感病态反演中，必须注意：①尽可能引入先验知识作为补充，以增加信息量，寻求在特定先验知识和测量条件下的最优解（这部分内容将在 10.1.6 节专门讨论）；②尽量增加有效的数据源，如综合利用多源遥感数据的融合反演，或主被动遥感（如光学和微波）协同反演，或引入多角度遥感数据参与反演，以补充观测数据量，弥补单一遥感观测数据的不足，提高反演精度（参看第 8 章“数据融合”的内容）；③遥感观测数据与描述地表参数时间变化的地表过程模型的同化，用过程模型作为遥感反演的附加约束条件，以获得时空连续的地表参数（参看第 8 章“数据同化”的内容）；④采用合适的反演策略与方法。

针对遥感模型反演的“病态”特点，学者们对模型反演成功的要素进行总结，指出在模型反演中应注意以下问题[1,38,39]。

（1）模型本身的数学可反演性及特点。注意模型中部分参数以“同形态”出现以及参数的相关性。所谓参数以“同形态”出现，指不是独立参数，而是以函数组合的形式出现，如 λR^2 只能作为一个参数来反演。

（2）观测数据的信息量的充足性。由于测量数据本身含有噪声，而且或多或少不完全独立，成功反演的必要条件已不是数据的数量，而是观测数据中的信息量至少大于等于待反演参数的信息量（不确定性的减少）。也就是要使测量数据包含的信息量尽可能多，数据之间的相关性尽可能小。增加信息量的方式可以有多种，如对某些参数的值域加以限定，或增加观测数量或利用先验知识等。李小文等[1]提出基于先验知识的积累解决地学反演无定解问题，强调先验知识的合理利用，可以大大提高反演的效果；指出对未知参数不确定性的（先验）统计描述（即对某些参数的值域加以限定）和如何根据新的观测值对这种统计描述进行修正，适用于对观测信息量不足、方程组无定解情况下的地学反演问题。

（3）观测数据中的噪声。Goel 和 Thompson[38]在反演 LAI 的模拟实验中，用 25 个角度数据反演 Suits 模型的 6 个参数，观测数据中 1%的误差将导致 LAI 的反演误差为 75%；反演 SAIL 模型的 7 个参数，也产生类似情况。可见，观测数据中噪声对反演结果的影响十分显著，降低数据噪声、提高数据质量（信噪比），对模型成功反演是十分重要的。

（4）地表观测数据（地面实况下观测值）对待反演的模型参数（地表未知参数）的敏感性。参数的敏感性意味着不同的参数在模型中的不同作用，这对反演的作用也是不可忽视的。当地面实况使一个或几个反演参数变得不敏感时，这种不敏感参数的反演结果极不稳定，可能会使反演失败。因而需要进行模型参数敏感性分析，通过先验知识的积累，或采用给参数增加一个小小改变量（噪声）的方法对参数敏感性进行判断，并事先对不敏感参数有所了解，对其可能的取值范围作出估计，强行赋予它一个合理的值，加以固定，而不让不敏感参数参与反演。

对参数敏感性的判断可以有不同的方法。例如，在模拟值与观测值比较的基础上，进行参数敏感性分析，也就是将所得的模拟结果与观测值进行对比分析。其敏感指数可表示为[40]

$$I=\left|\frac{[y(x+\Delta x)-y(x-\Delta x)]/y(x)}{2\Delta x/x}\right| \tag{10.11}$$

式中：x 为模型参数中的某一参数值；Δx 为该参数的改变量；$y(x)$ 及 $y(x+\Delta x)$、$y(x-\Delta x)$ 分别为参数改变前后的模拟输出量。I 值越大表示该参数越敏感，反之越不敏感。

为了进一步提高遥感模型反演精度，学者们还提出了一些反演策略与技巧。例如，Goel 等[41]的重建式反演策略，即先利用测量数据反演简单的二向性反射模型，再利用反演的参数重构半球空间的二向性反射数据，然后利用这些重构的数据反演复杂的冠层模型。

李小文等[42]为了让数据和模型中的信息能最大程度地转换到被反演参数中，提高参数反演精度，提出基于先验知识的多阶段目标决策反演方法。对于参数敏感性，提出“参数的不确定性和敏感性矩阵”(uncertainty & sensitivity matrix，USM)的概念，用以描述模型各参数在采样方向/波段上的敏感性。USM 被表达为

$$\mathrm{USM}(i,j)=\frac{\Delta\rho(i,j)}{\rho_{\exp}(i)} \tag{10.12}$$

式中：$\Delta\rho(i,j)$为第 i 个采样方向或波段在其他参数固定在期待值时，第 j 个参数在其不确定范围内导致反射率 ρ 最大值和最小值之差；$\rho_{\exp}(i)$为所有参数固定在期望值时第 i 个采样方向或波段处的反射率 ρ 值。USM 把数据对参数的敏感性与参数先验知识的不确定性结合起来，为数据集和参数集的分割提供分析判断依据。

(5) 基于知识的多阶段反演策略。USM 概念的引入可将一个复杂的模型简化为若干个子模型，制定出基于知识的多阶段目标决策反演策略。即在信息量有限的条件下，将观测数据和模型参数分成不同的子集，分阶段反演，以达到反演目的[42,43]。在多阶段决策中，先计算参数的 USM，根据 USM 来决定每个阶段用于反演的数据集和待反演的参数集，即以最不确定的参数作为首选反演参数(每次反演参数不超过 4 个，其余的参数可简单固定或忽略)，在每个阶段反演中选用最敏感的观测数据去反演最不确定的参数，并将前一阶段的反演结果作为后一阶段反演的先验知识，直至反演结果满意为止。该方法实现了数据集和参数集的分割，并根据参数敏感性的不同，分阶段地将知识注入到下一次反演中，这种反演策略可使不敏感参数的反演成功率大大提高。基于 USM 的多阶段目标决策提供了一个较为客观的模型参数反演过程，在地面实测数据和遥感数据应用中均得到较好的反演结果[44~46]。

在遥感模型反演过程中，除了以上的反演策略与技巧外，可靠的反演方法尤为重要。由于多数遥感机理模型(前向物理模型)很复杂、参数过多，而观测数据又不足，则在遥感模型反演中很难直接得到参数的严格解析解，只能用数值分析方法求解特定条件下的最优解(即近似数值解)。因此在一般的模型反演算法中，首先需要在模拟值(模型变量)和测量值之间构建一个代价函数(cost function)，针对不同研究目标、不同数据源，可有不同的代价函数形式；然后利用各种优化算法(最小二乘法、牛顿迭代、遗传算法、神经网络、贝叶斯网络、模拟退火、蒙特卡罗算法等)调整和选择模型参数取值，使得代价函数最小化，由此获得模型反演的最优解[47~49]。

解决反演问题较普遍的算法是迭代优化法、查找表法(LUT)和神经网络法(NNT)等，以下分别作简要介绍。

第一，迭代优化法是一种寻找最优解的有效方法，多采用最小二乘法进行迭代计算，来得到最小化代价函数。即依据最小二乘法定义代价函数的形式为

$$J(x)=\sum_{i=1}^{k}W_i[y_i-f(x_j)]^2 \tag{10.13}$$

式中：y_i 为第i 波段的观测数据；x_j 为模型参数；$f(x_j)$ 为由 x_j 得到的模型模拟结果；W_i 为相应于第 i 个观测的权重。通过最小化 $J(x_i)$ 可得到参数 x_j 的值，在计算机领域属无约束最优化范畴。传统的迭代法计算量较大，对于需逐个像元计算的遥感数据集而言，往往需要简化模型或算法，从而影响到反演精度。最小二乘法虽是从大量数据中反演少量未知参数的成熟方法，但对于无定解的方程组最小二乘法并不合适。为了考虑参数物理边界的限制，李小文和 Strahler[50] 提出 WSSEWP(weighted sum of square error with penalty)，非常类似于约束最优化方法中的外罚函数法。

第二，查找表法(LUT)。它首先通过前向物理模型(如 SAIL)正演模拟出输入参数(如叶面积指数、叶倾角、叶反射率、叶透射率、土壤反射率等)的各种不同组合下的输出值(冠层反射

率),建立起遥感数据与反演参数之间的关系表;反演时,根据均方根误差 RMSE(简单的代价函数)最小原则,只需在 LUT 中查找最佳拟合的反射率(与被测目标最相似的数值),也就是使代价函数最小的一组参数组合就是待反演的参数值(即最终的反演结果)。LUT 法相当于先正演建立 LUT,然后由 LUT 反演模型参数,在反演过程中不需要再运行前向模型,提高了反演速度,并可以克服迭代过程可能出现的不收敛现象。但是,建立 LUT 需足够的信息对遥感观测和被反演参数之间进行描述,且 LUT 法往往需要固定某些参数(取值范围),以避免查找表过大,提高在线搜索速度,这将影响到它的反演精度。LUT 法可克服传统迭代优化法计算量大的缺陷,简单易行,已在遥感产品反演中得到普遍应用[12,51]。

第三,神经网络法(NNT)是一种连接物理模型和非参数统计模型的方法。假定一组给定的输入变量和一组输出变量之间存在隐含关系,不考虑两者之间任何已知的函数关系,NNT 能将两者联系起来。通过前向物理模型或地面测量数据产生训练数据集,再设计相应的网络结构,通过神经元之间的作用,使用特定的转换函数,将遥感数据(输入值)转换成反演参数(输出值),即用神经网络法建立起遥感数据与反演参数之间的联系。NNT 方法与迭代优化和 LUT 方法相比,对模型不确定性不敏感,被普遍应用于遥感模型反演中(参见第 11 章的相关内容)。

遥感模型反演的解并不唯一,可以有一组解使测量值和模拟值之间近似匹配,即存在误差与不确定性。这种不确定性或误差来自多个方面,有测量的不确定性,包括由于遥感器输出信号转换成数据过程的有关噪声(信号数字化、辐射标度、大气纠正、地球参考面等),地面测量本身的误差和噪声(仪器、操作、方向、波段等)以及观测的数量与分布的局限等;有模型的不确定性,包括对实际物理过程理解的局限,使模型物理结构(对过程的简化和抽象)和假设条件与实际的不一致,以及模型参数、驱动和初始条件等的不确定性所造成的;有求解运算的不确定性,包括算法的选择、计算精度等;还有尺度的不确定性等。显然,只有对遥感模型反演的误差及不确定性有更深刻的理解,才有可能不断提高遥感定量反演与应用的水平。

4. 遥感模型与应用模型的链接

在遥感应用研究中,遥感所获得的大量数据必须转换为有用的信息。这里的关键在于通过各种处理、各种模型运算,从海量遥感数据中提取或反演出“实用”的专题信息、特征指标和地表参数。为此,人们发展了大量的遥感模型。这些模型中有简单算术运算的遥感指数模型,如归一化植被指数 NDVI 等;有运用数学、物理学的理论与算法(如线性与非线性回归分析、因子分析、主成分分析、小波分析、Bayes 理论、分形、分数维理论等),发展的较为复杂的遥感前向模型和地表参数反演模型,如各种地表二向反射模型、地表真实温度反演模型、大气纠正模型等;也有遥感与 GIS 结合的应用分析模型,如土壤侵蚀模型、作物估产模型等。

面对各种各样的遥感模型,对于实际应用来说,还存在着遥感模型与应用模型相互链接的问题,这是定量遥感实用化的关键。以遥感界应用最为广泛的 NDVI 为例,一方面人们根据不同的地域特征,经改造、修正的 NDVI 模型就不下数十种;另一方面,人们致力于研究 NDVI 与植被覆盖度、生物量、叶面积指数、叶绿素含量、农学参数(穗数、粒数、千粒重等)的相互关系,建立起两者间的相关分析模型,以适应实际应用的需求。然而遥感参数 NDVI 与这些植被参数之间的关系并非简单的线性关系。例如,随着 LAI 的增加,植物叶子的红光反射减小,近红外反射率增加,因而在植物生长的早、中期,NDVI 与 LAI 呈线性增长关系;但是,对于水平均匀植被而言,当 LAI 增加到一定程度(约大于 3)时,两者间的线性关系开始变差,而当 LAI 继续增加,则趋于饱和,即 LAI 的增加不再影响植被的反射特征。当然,这是一个非常粗略的概括,精确的定量描述还需考虑太阳的角度、叶面积密度(FAVD)与叶倾角(LAD)的空间分布，并要有足够的样本数。Curran 和 Williamson(1986)用遥感的比值植被指数(RVI)估算草地的 LAI，发现要达到 5%的估算精度和 95%的置信度，至少需要 142～293 个样本，这对于遥感而言是难以达到的。

再如，遥感通过热惯量法(裸地或植被稀疏情况下)或植物蒸腾法(植被覆盖区)——作物缺水指数等方法反演土壤表层含水量。但由于植株(包括农作物)根系深扎(其根系层可达 1m 左右)，"土壤表层水分"这一参数已意义不大，而实际应用中，特别是精准农业应用中，更需要植物根系层的土壤含水量以及植株(尤其是植冠层)含水量，并要求能及时监控以指导农业生产，确保节水丰产。遥感定量反演的土壤表层含水量(遥感参数)与土壤根系层含水量(应用参数)、植被冠层温度(遥感参数)与植株含水量(应用参数)之间的关系是十分复杂的。可见，遥感模型与各类应用模型的"链接"不够，而两者"链接"涉及对遥感数据和地学过程的理解、遥感机理研究、遥感模型的精度、遥感与非遥感数据的融合、数据与模型同化，以及地表时空多变要素的反演等一系列复杂问题。

此外，对于遥感定量反演地表参数而言，定量遥感试验研究、地面实测数据的准确获取对于遥感机理研究、模型构建、结果验证、先验知识获取等都是至关重要、不可或缺的。地面数据获取的仪器设备与野外工作方法也应是定量遥感应用与应用基础研究的一个重要组成部分，由于涉及内容较多，这里不做专门论述，请参看相关论著[11,52]。

10.1.3 前向模型

二向性反射是自然界中物体表面的基本现象。这里以植被的二向性反射(BRDF)前向模型为例加以说明。植被的二向性反射(BRDF)前向模型包括辐射传输模型(RT 模型)、几何光学模型(GO 模型)、几何光学-辐射传输混合模型(GO-RT 混合模型)等。研究植被的 BRDF 模型的目的在于，能通过遥感观测的 BRDF 来估算地表参数(如反射率 ρ、反照率 α 等)和植-土系统中的相关因子(如植被结构参数——叶面积指数、平均叶倾角、覆盖度等)，即通过模型反演获得相关的应用参数。

1. 辐射传输模型

辐射传输模型(radiative transfer model，RT)的理论基础是辐射传输理论和冠层平均透射理论，即在植被冠层中任一高度上，总辐照度是由到达该高度的直接太阳辐射、天空散射辐射以及植被各组分(叶、茎、花等)所截获辐射的反射和透射部分的总和组成的。所谓冠层平均透射理论，即冠层的向上和向下透射相等，取其算术平均值作为平均冠层透射值。为了计算群体中辐射的空间分布，需确定群体中任一高度上的间隙率(即辐射通过群体时未被截获的概率)，它通常是通过植被组分的倾角分布函数来描述的。对于各种类型的水平均匀群体，只要已知各组分的倾角分布函数，即可计算出直接透入群体的辐照度。

辐射传输理论的核心是辐射传输方程。它的基本假设是冠层(散射介质)水平方向是均匀的，垂直方向上介质的密度、性质有变化，植被组分在同一高度上随机分布。因而它把植被冠层近似分解为无限大的水平均匀的薄层，每一层中的植被单元可以当作小的吸收和散射体，以研究辐射在冠层薄层中或单元中的传输过程为基础，通过引入光学路径和散射相函数(表征冠层的散射特征)的概念，建立它们与群体结构参数之间的物理联系，来求解辐射传输方程，推算辐射与冠层的相互作用，并进而得到冠层及下垫面对入射辐射的多次散射、吸收、透射和反射的方向、分布和光谱特性。

在冠层辐射传输研究中，植被的主要散射体是叶子，需要对叶的物理特性（叶面积指数、叶面倾角/叶面方向及其分布、叶表面粗糙度等）、叶的光学性质（如反射、透射、吸收等）以及植被群体（植被冠层）结构和光学特征进行参数化描述，如叶面积密度分布（指叶面积密度的垂直分布形式）、叶取向 G 函数（指叶法向分布概率密度）、冠层厚度、冠层密度、冠层中各组成的基本散射特性等。它们均为 RT 模型所采用的参量[1,53]。

RT 模型的优点在于，从辐射传输理论角度解决植被遥感的定量化问题，充分考虑了多次散射作用，对均匀植被尤其在红外和微波波段较重要。但是，由于 RT 方程假设水平均匀植被组分在同一高度上是随机分布的，因此它仅适用于植被组分与群体密度相比很小的群体（如作物群体），以及稠密、水平均匀的群体。也就是说，它适用于连续植被冠层的反射状况，或者植被个体间虽有间断，但却均匀分布，如垄状特征不明显的作物或处于生长期的作物、大面积生长茂盛的草地等，而对复杂的不连续的植被冠层，如行种作物、不密闭的森林等是不适用的。应该说，在遥感像元尺度上，地球陆地表面大量呈现出非均匀的复杂结构，且以表面散射为主，这是用辐射传输理论难以合理解释的[1]。

典型的 RT 模型有 Suits（1972）、SAIL（Verhoef，1984）、Nilson-Kuusk（1989）[56]、PROSPECT（Jacquemond，1990）等模型。每个模型都有各自的特点和局限性。其中，SAIL 冠层辐射传输模型[54]描述了在水平均匀冠层中上行和下行通量的辐射传输过程。SAIL 模型输入参数有：5 个结构参数——叶面积指数 LAI、叶倾角分布 LAD，及入射与观测角（$\theta_S, \theta_0, \varphi_0$）；4 个组分光谱参数——叶反射率 ρ_l、叶透射率 τ_l、土壤（背景）反射率 ρ_s、天空散射光在总入射光中的比例 SKYL（是波段的函数，可由大气校正模型得到，常以水平能见度 vis 来表示）；以及输出冠层反射率 ρ。

SAIL 模型的概念表达式为

$$\rho = \mathrm{SAIL}(\mathrm{LAI}, \mathrm{LAD}, \rho_l, \tau_l, \rho_s, \mathrm{SKYL}, \theta_S, \theta_0, \varphi_0) \tag{10.14}$$

SAIL 模型较好地反映了水平均匀植被的叶面积指数与叶倾角分布对 BRDF 变化趋势的影响，可用于计算一定叶结构、光照条件下均一叶冠层的反射，或反演冠层结构参数等。但是，它没考虑热点效应（即当遥感器与太阳位于同一方向时，视场内目标物的亮度达到最大）及叶的镜面反射的影响[55]。而 Nilson-Kuusk（1989）模型[56]较好地解释叶尺度上“热点”现象，它把群体的 BRDF 分为植冠的一次散射（散射与镜面反射）、土壤的一次散射、群体和土壤的多次散射三部分，分别进行计算。

由式（10.14）可见，冠层辐射传输模型中需要叶的组分光谱（ρ_l, τ_l）。这依赖于叶的材料特性和微观结构，可通过测量或叶光学模型模拟求得。

PROSPECT 叶辐射传输模型可表达为[57]

$$(\rho_l, \tau_l) = \mathrm{PROSPECT}(\mathrm{chl}_{a,b}, C_w, C_m, N) \tag{10.15}$$

式中：输入参数有叶绿素 a、b 浓度 $\mathrm{chl}_{a,b}$（μg/cm²）、叶水吸收深 C_w（cm^{-1}），叶干物质含量 C_m（g/cm²）等生化组分浓度（生化参数），以及叶层数 N（结构参数）等；输出参数为叶反射率 ρ_l、叶透射率 τ_l。

PROSPECT 的修改模型[58]通过一些特定光谱吸收系数作为参数来预测叶的光学特征，这些针对色素（pigments）、氮（nitrogen）、碳（carbon）、纤维质（cellulose）、木质素（lignim）、水分（water）的光谱吸收系数可通过一些已知的叶光谱数据集获得。

将 SAIL 模型[式（10.14）]与 PROSPECT 模型[式（10.15）]结合，用 PROSPECT 模型模拟输出的叶反射率、叶透射率（400～2500nm）作为 SAIL 模型的输入，则得 PROSAIL 辐射传输模型，表示为[59]

$$\rho(\lambda) = f[\theta_S, \varphi_S, \theta_V, \varphi_V, \mathrm{LAI}, \mathrm{LAD}, N, C_{a+b}, C_w, C_m, S, \mathrm{vis}, \rho_s(\lambda)] \tag{10.16}$$

式中：$\rho(\lambda)$为波长λ的冠层反射率，$\rho_s(\lambda)$为土壤反射率；C_{a+b}为叶绿素 a+b 含量；θ_S、φ_S为太阳天顶角和方位角；θ_V、φ_V为观测天顶角和方位角；S为热点效应参数；vis 为能见度(km)，用于表示漫射天空光；其他参数同上。其中，C_m与C_w有关，可假设为一个常数关系，C_m是C_w的80%；LAI 多为模型中的可控调节变量。PROSAIL 耦合模型反演生化组分的基本策略是将遥感器所获得的冠层反射率，先用 SAIL 冠层模型反演出叶反射率、叶透射率，再用 PROSPECT 叶模型反演出各种生化组分。

Kuusk(1994)提出的多光谱冠层反射模型 MSRM(又称 Kuusk 模型)，可以计算波谱范围400～2500nm 的反射光谱，并且能够较好地解释叶表面的镜面反射和叶尺度上的"热点"现象，同时具有较高的计算效率。由于直射入射的太阳光和散射入射的天空光在冠层内部的传输过程有很大的差别，因此将它们分别考虑，模型为[60]

$$C(\theta_S,\theta_0,\varphi)=f_dC_d(\theta_S,\theta_0,\varphi)+(1-f_d)C_f(\theta_S,\theta_0,\varphi) \tag{10.17}$$

式中：C为冠层的半球-方向反射率；f_d为直射入射光所占比例，与大气的状况有关；C_d为冠层对直射太阳光的反射；C_f为冠层对散射天空光的反射。C_d和C_f随着入射角和观测角的变化而变化，可分别表示为

$$\begin{aligned}C_d&=C_d^C+C_d^G+C_d^{C\leftrightarrow C}+C_d^{C\leftrightarrow G}\\C_f&=C_f^C+C_f^G+C_f^{C\leftrightarrow C}+C_f^{C\leftrightarrow G}\end{aligned} \tag{10.18}$$

式中：C_d^C、C_f^C为冠层对入射的单次反射；C_d^G、C_f^G为土壤背景对入射的单次反射；$C_d^{C\leftrightarrow C}$、$C_f^{C\leftrightarrow C}$为冠层内部的多次散射；$C_d^{C\leftrightarrow G}$、$C_f^{C\leftrightarrow G}$为冠层与土壤背景之间的多次散射。上述均为θ_s、θ_0、ϕ的函数。

在原 Kuusk 模型的基础上，Kuusk[62]提出基于辐射传输理论模拟双层结构冠层的 ACRM 模型。该模型嵌套了 PROSPECT 叶反射率模型，通过叶结构参数和叶生化参数的函数关系，模拟叶反射率和透射率；在漫散射通量计算中，引入了 SAIL 模型采用四流参数化方案计算多次散射；在土壤反射率的计算上，引入了 Price 模型[63]采用四个向量的线性组合近似计算土壤反射率光谱；将植被冠层分层处理，可更好地描述植被冠层的垂直分布特征。ACRM 模型在给定冠层结构参数和环境参数时，可以计算出任意太阳高度和观测方向的冠层反射率(波谱范围 400～2500nm，波谱分辨率 1nm)。该模型不依赖于植被的具体类型或背景环境变化，具有较好的普适性，且输入参数相对减少，更适用于大面积区域的遥感参数反演。

对于森林来说，由于其冠层不均匀，具各向异性，且簇叶群叶的存在使树冠间空隙大量存在等特性，使其内部的辐射传输更为复杂。显然，基于冠层水平均匀的辐射传输模型已不适用。面对植被冠层本身复杂多样的三维特征，许多学者发展了三维辐射传输模型，如 PARCINOPY 模型(Chelle，1997)、DART(Discrete Anisotropic Radiative Transfer)离散各向异性辐射传输模型(Gastellu-Etchegorry et al.，1998)等，这些模型在进行辐射传输模拟的同时考虑到森林结构特征、光照和观测条件等因素[64]。

2. 几何光学模型

几何光学模型(geometric optical model，GO)把几何光学理论与模型引入到植被的 BRDF 研究中。它主要考虑地物的宏观几何结构，把地面目标假定为具有已知几何形状和光学性质、按一定方式排列的几何体。通过分析这些几何体对光线的截获和遮阴及地表面的反射来确定植冠的方向反射。几何模型的离散植被，通常被模拟为一定的几何形状，如圆锥形(针叶林)、圆柱形(树干)、半球形以及椭球形(树冠)等。因此，GO 模型首先要解决的是植被几何结构参数化表达(如株密度、树冠大小、高度等)，以及空间分布模型化(在一定范围内呈一定形状的随机分布)问题；其次要解决的是利用几何光学理论来计算植被的方向反射函数。

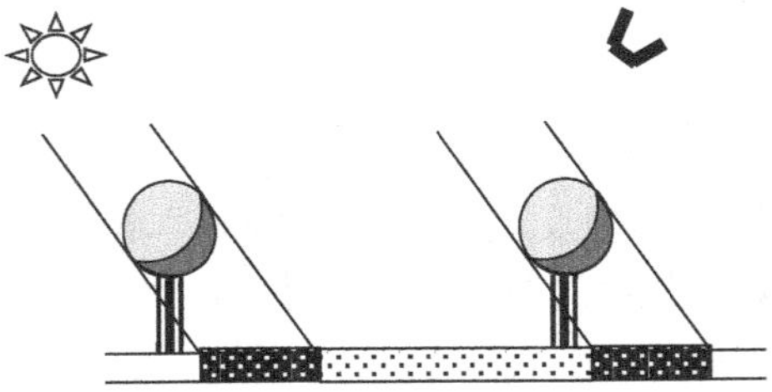

图 10.4　几何光学模型图示

几何光学模型基于“景合成模型”，即在观测视场内，分为阳光承照面与阴影两个基本部分。它们又可以进一步分解为光照植被、光照地面、阴影植被、阴影地面 4 个分量（图 10.4）。这 4 个分量随着太阳角与观测角的变化而变化，而观测结果则是这 4 个分量亮度的面积加权和。

假定观测视场内只有地面和树冠的反射，加上考虑天空光和多次散射，则遥感器接收的辐射亮度 S 为 4 个分量的面积加权和，即

$$S=K_g \cdot G+K_c \cdot C+K_z \cdot Z+K_t \cdot T \tag{10.19}$$

式中：K_g 为视场 A 内地面受阳光承照部分的面积与 A 之比；K_c 为视场 A 内树冠光照表面的投影面积比；K_z 和 K_t 分别为视场内阴影中地面和树冠与面积 A 之比；G、C、Z、T 分别是光照地面、光照树冠、阴影地面、阴影树冠这 4 个分量在给定日照条件下的实际亮度（假设均为朗伯反射），可由野外测量或从遥感图像上获得（可被认为是已知的）。

式(10.19)中，关键在于根据假设条件，求取 K_g、K_c、K_z、K_t 的表达式，条件不同，表达式也不同。若已知各波段的 G、C、Z、T 和相应 S，则通过解线性方程组不难得到 K_g、K_c、K_z、K_t。然而实际应用中，情况要复杂得多。以光照树冠的亮度 C 为例，它本身与叶面反射率 ρ、叶面积指数 LAI、天空光等直接相关，往往需要通过建立模型方能获得。因此，研究 G、C、Z、T 的参数化是 GO 模型必须解决的问题。

几何光学模型一般有如下几个假设[53]：①G、C、Z、T 具有朗伯体性质；②天空晴朗，天空散射光照的比例很小或可以忽略，在平行入射光照射下产生 4 分量；③忽略各组分之间的多次散射；④树冠有一定的几何形状，在像元内取某种概率分布，叶片在树冠内均匀分布并取一定的叶倾角分布。几何光学模型认为遥感器在 2π 空间中从不同的方向观测像元会得到不同的亮度值，其主要原因是视场内 K_g、K_c、K_z、K_t 的比例在变化。

最具代表性的 GO 模型为 Li-Strahler GOMS 模型。该模型把树冠当作椭球体，共有 8 个参数，其中有 4 个结构参数（nR^2、b/R、h/b、$\Delta h/b$）和 4 个光谱组分参数（G、C、Z、T）。其中 n 为单位面积内树冠的数目，R 为椭球的水平半径，b 为垂直半径，h 为球心离地表的距离，Δh 为树冠中心高度均匀分布时最高值与最低值之差（图 10.5）。结构参数：nR^2 反映垂直方向上树冠覆盖度；b/R 为树冠形态参数，主要影响非天顶方向观测的覆盖度；h/b 为树冠离地高度参数，主要影响地面反射对热点贡献的宽度；$\Delta h/b$ 为树冠高度分布离散程度，主要影响 BRDF 碗边效应的形状。Li-Strahler GOMS 模型有几个基本假设：①植物体（针叶林或稀疏森林）随机分布；②像元中树木密度服从泊松分布；③锥体、椭球体的高度和基底半径服从固定均值、方差和变异系数的对数正态分布；④锥体本身为半透明体，辐射透过时呈指数衰减等。“四分量”的权重系数可按几何光学原理和平均透射理论计算得出。GOMS 模型表示为

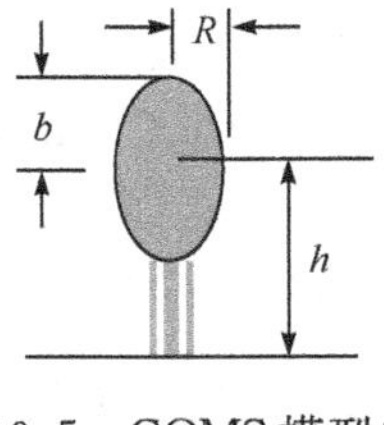

图 10.5　GOMS 模型参数

$$\mathrm{BRDF}=\frac{\int_A R(s) \cdot \langle r,s\rangle \cdot I_i(s) \cdot \langle i,s\rangle \cdot I_r(s)\mathrm{d}s}{A \cdot \cos\theta_r \cos\theta_i} \tag{10.20}$$

式中：$\mathrm{d}s$ 为地表或树冠表面的面积元；$R(s)$ 为该面积元（假设是朗伯表面）的反射率；$\langle i,s\rangle$ 和 $\langle r,s\rangle$ 分别为 $\mathrm{d}s$ 的法矢量与入射及观测的方向矢量夹角的余弦；$I_i(s)$ 为 $\mathrm{d}s$ 受阳光直照与否的

指数，数值为1(受直照)或0(不受直照)；相应地，$I_r(s)$为ds是否直接在观测者视场内的指数，为1(直接可见)或0(不直接可见)；A为视场(FOV)在水平地面的投影。

Li-Strahler GOMS模型的特点在于：通过植被的结构和入射角、观测角，根据概率几何学可以解决树冠阴影随机分布时K_g的计算问题；并找出了影响较稀疏植被BRDF的关键因素——光照阴影、观测"阴影"、"重叠函数"和影响较密闭离散植被BRDF的关键因素——树冠光照表面沿高度分布及其被观测到的概率，以及两者之间的关系。

几何光学模型由于抓住了地物散射(以表面散射为主)与大气散射(体散射、水平均匀)的主要差别，在解释复杂地表的反射特征时有简单、明晰的优点，适用于处理不连续植被(如灌木林、稀疏森林，针叶林，果园)及粗糙地表等RT模型难以适用的地物。其不足之处在于，迄今尚未考虑多次散射对构成"阴影区"地物反射强度的影响，也不考虑植被-土壤系统的非朗伯辐射特性，以及对群体结构假设的局限性等，使其计算精度受到影响。尤其是在低太阳高度角(小于30°)时结果偏低，误差较大，因而在植被趋于连续、阴影区与非阴影区反差较小时，不及加入几何光学修正的RT模型严密。

四尺度模型(4-scale模型)[53,67,68]是一个几何光学二向反射模型，用以模拟树冠层反射。它将冠层结构分为4个尺度：树群、树冠、枝和叶。该模型采用A型纽曼分布(又可称双泊松分布)模拟树的非随机分布，用角度分布模式定义叶结构，用冠层间隙率计算地面和叶冠的热点，将树的表面考虑为一个复杂的介质(锥体、圆柱体、椭圆体)，而不是平滑表面。这些详细的结构参数对获得冠层间隙率以及光照/阴影比尤为重要。变换不同的输入参数值，可以模拟不同生长期(LAI、树冠半径、树密度等)、不同背景条件下的树冠层反射，包括光照冠层、光照背景、阴影冠层、阴影背景。

随着热红外遥感研究的深入，几何光学模型也被成功地应用于地表热辐射方向性研究中。冠层被假定为一个不透光的实体，热辐射只来自植被冠层和土壤的表面；每一个组分的表面被假定为具有一致的热辐射特性；方向性热辐射的角度变化来自于组分在视场内的可视面积比，随着观测角度的变化而变化；并把间隙率模型引入热辐射模型中[69]。

3. 几何光学-辐射传输混合模型

如前所述，GO模型和RT模型分别在不同尺度上具有各自的优势，但又有各自的不足。Li等[10]进一步提出了几何光学-辐射传输(GO-RT)混合模型，即利用GO模型在解释阴影投影面积和地物表面空间相关性上的基本优势，同时引入RT模型在解释均匀介质中多次散射上的优势，分两个层次来建立光照面与阴影区反射强度的RT模型。在GO-RT模型中，群体仍像GO模型那样被处理成具有一定几何形状(特定水平、垂直半径和中心高度)和空间分布特征(在一定范围内呈椭圆形的随机分布)的植株的集合；在观测视场内，仍像GO模型那样分为光照面与阴影两个基本部分；但植株的每一组分又类似于RT模型，被认为是光学性质已知的吸收和散射体，同时还考虑群体的多次散射作用。联系两者的关键是间隙率模型，可表示为[71]

$$P_{\text{gap}} = P_0 + \sum_{i=1}^{\infty} P(i) \mathrm{e}^{-\tau s_i} \tag{10.21}$$

式中：$P(i)$为从给定方向光线穿越i个树冠的概率，是由树冠的宏观大小和分布确定的统计量；s_i为光线穿越树冠的平均路径；τ为由树冠内部构造(如树叶大小、密度)等决定的衰减常数。

GO-RT混合模型是通用模型，它较好地描述了冠层中复杂的辐射传递过程，既适用于稀疏群体，也适用于密闭群体。研究表明[61,72]将它用于反演不同太阳高度的森林、草场反照率和BRDF，均获得了较好的结果。

4. 计算机模拟模型

上述的三种模型在处理植被结构时大多不考虑植被各组分的尺寸大小、各组分间距离以及它们非随机的空间分布特性。对于自然植被来说，这显然是不真实的。例如，传统的辐射传输方法中植被冠层已被微体积元切割混合成一团"均匀介质"，这种切割的不合理性在计算机模拟中非常直观。计算机模拟模型给出了描述植被冠层的结构模型以及在给定的视角和入射条件下不同结构面之间的辐射传输解法，以便对主要植被的一组给定的辐射特征进行模拟。因此，它可以比上述模型更灵活、更详细、更真实地处理非均匀群体问题。计算机模拟模型不仅能同时考虑植被各组分的大小、形状和任意的空间分布方式对群体 BRDF 的影响，模拟出群体内、外辐射场的统计特性；而且能研究群体中辐射与植株间的相互作用过程，以及这些过程与群体结构参数之间的关系。计算机模拟模型可大致分为统计方法(Monte-Carlo 方法)和真实结构模型。

蒙特卡罗(Monte-Carlo)方法是在计算机上为所研究的物理过程构造一些概率模型的基础上，进行随机模拟和统计试验，以估算这些模型的近似解，即模拟给定分布函数的随机变量的统计特征的一种数学方法。由于光子在植被冠层中的传输与碰撞过程是一个随机过程，因此蒙特卡罗方法对其结果作出统计，已被广泛用于植被冠层方向反射(BRDF)和热辐射的模拟计算中[73]。

真实结构模型是基于计算机图形学产生植被的三维真实结构，并利用光子追踪法(ray-tracing)或辐射度法(又称辐射通量法，radiosity)来计算植被的反射。因此真实结构模型可看成由两大部分组成。

一是逼真植被结构的产生(场景模拟)。即在计算机图形学原理的基础上，根据植被的生长规律以及叶倾角分布(LAD)、叶面积指数(LAI)、植株高度等结构参数，利用 L 系统生成植被三维真实结构场景。其中，L 系统方法(成熟的图形软件)侧重于植物拓扑结构的知识表达，试图用抽象出来的规则描述植物的形态及生长规律，具有定义简洁、结构化程度高、易于实现的特点，被广泛应用于生物形态设计、景观模拟、线路设计等多个方面。

二是模拟光与植被的相互作用。即利用光子追踪法或辐射度法模拟场景冠层方向反射率以及半球反照率。其中，辐射度方法是建立在对植被进行三维模拟的基础上，通过模拟光子在植物冠层内的传输、反射和透射等，计算场景面元之间的辐射能量交换的方法。它能精确计算每片叶对光的反射率以及叶子间的能量传输，从而得到整个冠层的二向反射特性。而光子追踪法对单个细胞和它们在组织内的排列作了详尽的描述，基于反射、折射、吸收定律，确定入射到叶面上的单个光子的传播过程，以及多个光子在叶内的辐射传输过程。

计算机模拟模型除了逼真模拟植被结构外，还可以方便地改变植被结构的假设，估计不同植被结构特征对植被方向反射的影响，一定程度上可作为验证其他模型的工具。计算机真实结构模拟由于需要参数太多、计算量大等特点不能直接反演，但其模拟的数据与真实数据接近，当实测数据不足时，可以代替实测数据进行方法分析。

10.1.4 遥感模型反演

遥感应用的本质是通过遥感原始观测数据来"反演"地表有价值的信息。它涉及一系列地表时空多变要素的反演，如地表温度(参见第 4 章有关内容)、植物叶面积指数、叶绿素含量、生物量(参见第 12 章有关内容)、地表反照率、地表土壤水分含量(参见第 14、15 章有关内容)等。在 10.1.3 节里我们已经提到了遥感定量反演本质上是"病态"的。要使反演成功，有许多策略与方法，并有许多遥感模型可供选择，其中的统计模型简单，是建立各种光谱数据与地表参数之间的经验统计关系；物理模型复杂、参数多，需构建代价函数，并通过优化算法求解。它们的具体应用将在下面的应用章节中体现。这里我们以两个典型的地表方向反射半经验模型为例，较详细地说明 BRDF 模型反演过程。

1. Ambrals 核驱动的地表二向反射半经验模型

Ambrals 算法（algorithm for MODIS bidirectional reflectance anisotropies of land surface）的理论基础是核驱动的线性模型，该模型用有一定物理意义的核的线性组合来拟合（描述）地表的二向性反射特征。Ambrals 模型将混合像元的反射率模拟为"体散射＋面散射＋各向同性项"的和。即在异质地面覆盖的一个像元里，模型参数变为各向均匀散射（各向同性）、体散射、几何光学散射（景观阴影）等成分（项）权重的结合。

核驱动模型可用表示为[75]

$$R(\theta_i,\theta_v,\varphi) = f_{iso} + f_{geo}K_{geo}(\theta_i,\theta_v,\varphi) + f_{vol}K_{vol}(\theta_i,\theta_v,\varphi) \tag{10.22}$$

式中：R 为二向反射率；K_{geo}为几何光学核；K_{vol}为体散射核，都是光线入射角（θ_i）和观测角（θ_v）的函数；φ 为相对方位角；f_{iso}、f_{geo}、f_{vol}分别表示各向均匀散射、几何光学散射、体散射在这三部分中所占的比例（权重）。

Ambrals 算法通过线性回归，反演出拟合观测数据最优的 f_{iso}、f_{geo}、f_{vol}，然后通过核的外推，可求出任意光线入射角和观测角的二向反射。

Ambrals 模型计算反照率时，因为核是与待反演参数无关的函数，核的积分可预先求出，只要把核的积分以 f_{iso}、f_{geo}、f_{vol}为权重相加，就得到相应的方向-半球或双半球反照率。

Ambrals 模型提供两个核函数：体散射核（Ross-Thin、Ross-Thick）与几何光学核（Li-Sparse、Li-Dense）。体散射核描述水平均匀植被的各向异性散射。其中，Ross-厚核（Ross-Thick）由 Roujean 等（1992）描述为[76]

$$K_{thick} = \frac{(\pi/2-\zeta)\cos\zeta + \sin\zeta}{\cos\theta_i + \cos\theta_v} - \frac{\pi}{4} \tag{10.23}$$

式中：θ_i 和 θ_v 分别为光照天顶角和观测天顶角；ζ 为散射相角，$\cos\zeta = \cos\theta_i\cos\theta_v + \sin\theta_i\sin\theta_v\cos\varphi$，$\varphi$ 为上述两个角度的相对方位角。

根据小叶面指数近似简化 Ross 方程得到 Ross-薄核（Ross-Thin），即

$$K_{thin} = \frac{(\pi/2-\zeta)\cdot\cos\zeta + \sin\zeta}{\cos\theta_i \cdot \cos\theta_v} - \frac{\pi}{2} \tag{10.24}$$

几何光学核（即面散射核）描述从观测方向上地物三维结构及其相互投射阴影等作用产生的几何光学散射。由李小文和 Strahler 描述的几何光学核模拟法得到，此法把地表看成被随机投影物（如树冠）覆盖，投影物类似球体。从半球观测植冠和背景，BRDF 被模拟为太阳光照射面和阴影面相对面积的函数。Li-稀疏核（Li-Sparse）为

$$K_{sparse} = 0(\theta_i,\theta_v,\varphi) - \sec\theta'_i - \sec\theta'_v + \frac{1}{2}(1+\cos\zeta)\sec\theta'_v\sec\theta'_i \tag{10.25}$$

其中，

$$0 = \frac{1}{\pi}(t - \sin t \cdot \cos t)(\sec\theta'_i + \sec\theta'_v)$$

$$\cos t = \frac{h}{b}\frac{\sqrt{D^2(\tan\theta'_i\tan\theta'_v\sin\varphi)^2}}{\sec\theta'_i + \sec\theta'_v}$$

$$D = \sqrt{\tan^2\theta'_i + \tan^2\theta'_v - 2\tan\theta'_i\tan\theta'_v\cos\varphi}$$

$$\cos\zeta' = \cos\theta'_i\cos\theta'_v + \sin\theta'_i\sin\theta'_v\cos\varphi$$

$$\theta'_i = \arctan\left(\frac{b}{r}\tan\theta_i\right) \quad \theta'_v = \arctan\left(\frac{b}{r}\tan\theta_v\right)$$

式中:b 为球体垂直半径(代表植冠的垂直半径);r 为球体水平半径(代表植冠的水平半径);h 为球心高度(代表植被高度)。

模式中用两个参数来描述植冠形状和相对高度:$C_1 = C\lambda\pi r^2$,$C_2 = C$。其中,C 为光照表面照度,C 依赖于太阳天顶角,近似为 $C = \cos\theta_i$;λ 为球体数密度。

Li-密集核为

$$K_{\text{dense}} = \frac{(1+\cos\zeta')\cdot\sec\theta'}{\sec\theta'_i + \sec\theta'_v - O(\theta'_i, \theta'_v)} - 2 \tag{10.26}$$

$$C_1 = \frac{C}{2}(1-x); \quad C_2 = C + (G-C)x$$

对 Li-稀疏核用球形地表面来固定每个参数($b/R=1, h/b=2$),被用于稀少植被覆盖,显示灌木区、林地的几何光学投影效应,也适用于粗糙表面如耕地;而对 Li-密集核用椭圆形固定($b/R=2.5, h/b=2$),被用于发生在针叶林和其他高植被覆盖区的三维相互投影效应。

核函数仅依赖于观测和光照的几何关系。对于不同类型的表面,需选择不同的核组合(表 10.1)。大量验证发现,Ross-Thick 与 Li-Sparse 核组合对实测数据的拟合能力最佳[1]。其中,Ross-Thick 适于描述稠密水平均匀植被、叶倾角球型分布的情况,它刻画了"浅碗状"的方向反射;Li-Sparse 为几何光学核,描述稀疏分布不均匀的树冠或其他不透明几何体,它刻画了"丘状"的方向反射、热点在后向散射方向[77]。

表 10.1 半经验权重公式

核 组 合	权 重 公 式
Ross-Thin+Li-Sparse	$f_{\text{iso}} = aC + (1-a)\left(\frac{\text{SLAI}}{3} + \rho_s\right)\Gamma$ $f_{\text{geo}} = aC\lambda\pi r^2\Gamma$ $f_{\text{vol}} = (1-a)\frac{2S\cdot\text{LAI}}{3\pi}$
Ross-Thick+Li-Sparse	$f_{\text{iso}} = aC + (1-a)\left[\frac{S}{3} + e^{-\text{LAI}\cdot B}\left(\rho_v - \frac{S}{3}\right)\right]\Gamma$ $f_{\text{geo}} = aC\lambda\pi r^2\Gamma$ $f_{\text{vol}} = (1-a)\frac{4S}{3\pi}(1-e^{-\text{LAI}\cdot B})$
Ross-Thin+Li-Dense	$f_{\text{iso}} = aC + (1-a)\left(\frac{S\cdot\text{LAI}}{3} + \rho_s\right)\Gamma$ $f_{\text{geo}} = a\frac{C}{2}\Gamma$ $f_{\text{vol}} = (1-a)\frac{2S\cdot\text{LAI}}{3\pi}$
Ross-Thick+Li-Dense	$f_{\text{iso}} = aC + (1-a)\left[\frac{S}{3} + e^{-\text{LAI}\cdot B}\left(\rho_v - \frac{s}{3}\right)\right]\Gamma$ $f_{\text{geo}} = a\frac{C}{2}\Gamma$ $f_{\text{vol}} = (1-a)\frac{4S}{3\pi}(1-e^{-\text{LAI}\cdot B})$

注:S 为叶面反照率(等于叶面透射比);ρ_s 为土壤或下层地表反射率;LAI 为叶面积指数;B 为观测天顶角和光照天顶角正切的平均。Ambrals 核驱动半经验模型中,权重 f 的估计值由二向反射率反演获得

模型用"最小二乘法"选择最佳"核",选核的依据是最终的均方根误差(RMSE)最小。若 RMSE 超过门限值或角度采样太少或采样覆盖范围太小,则需要有附加参数来限制反演。附

加参数包括以前反演的 BRDF、土地覆盖类型、地形图等[1]。

Ambrals 模型的优点如下所述。

(1) 简捷，该模型仅用 3 个参数，只解线性方程组，故简便、高速，且数据拟合能力强，适用于大范围全球尺度的反演。

(2) 具有线性空间扩展性。模型中的几何光学核与体散射核都有一定物理意义，使外推模型到无观测值的方向时，可解释和控制外推结果；模型用线性关系来描述其空间尺度，即用各个核组分的比例来处理不同的空间尺度问题，因此能够适用于各种空间尺度的数据。

(3) 一般仅需多角度采样数据，不必附加先验知识，并与野外测量数据有较好的拟合。但当观测值太少或数据中噪声太大时，线性回归结果不稳定。因此在核选择中需要利用附加信息、先验知识加以改善。

正因为 Ambrals 模型较好地描述了观测 BRDF，则 EOS/MODIS 的 BRDF/Albedo 产品，主要选用了 Ambrals 模型。Li-Sparse 核拟合能力虽强，但当外推到大的天顶角时，可能出现负反射率。为了解决此问题，又提出了新的几何光学核(Li-Transit)，即对于小的天顶角，用 Li-Sparse 核；当天顶角大时，自动过渡到 Li-Dense 核，且拟合能力强，Li-Transit 核表示为[78,79]

$$K_{\text{Transit}} = \begin{cases} K_{\text{Sparse}} \\ K_{\text{Dense}} = \dfrac{2}{B} K_{\text{Sparse}} \quad 若\ B(\theta_i, \theta_v, \varphi) \leqslant 2 \end{cases} \tag{10.27}$$

试验证明，改进后的 Li-Transit 核具有与 Li-Sparse 核相当的数据拟合能力，外推能力却优于 Li-Sparse 核。

图 10.6 为对内蒙古某研究区 TM 图像经 Ambrals 模型反演结果的 3 个参数图。模型反演中选用了 Ross-Thick 与 Li-Sparse 的核函数组合，调整植被冠层的形态，通过线性回归，反演出拟合观测数据最优的 f_{iso}、f_{vol}、f_{geo}，然后通过核的外推求出任意光线入射角和观测角的二向反射，得各种地类的 3 个参数图和多个角度图像[80]。

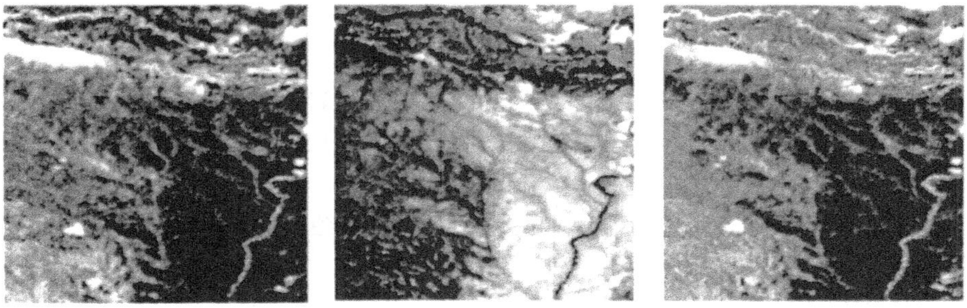

f_{iso}值图像　　f_{vol}值图像　　f_{geo}值图像

图 10.6　Ambrals 模型反演结果图[80]

2. Rahman 地表二向反射半经验模型

Rahman 的地表二向反射模型是一个半经验模型，它通过 ρ_0、k、h 三个参数来描述特定地表的二向反射。它无需对地表性质与结构作严格的限制性假设，与地表的复杂组成无关，而仅与三个参数有关。这三个经验参数虽无明确的物理意义，也不能直接测量，但都有自身的含义，且可以通过不同角度的观测值求得。ρ_0 表征地表覆盖的反射辐射强度，与角度变化无关，而与具体地物或植被指数有关；k 是描述地物结构的参数，表征地表各向异性的程度；h 描述地物的前向散射与后向散射特性，是相位函数的不对称因子。这三个参数可以用于识别不同表面二向反射的差异。

模型为[81]

$$\rho_s(\theta_1,\theta_2,\varphi)=\rho_0\frac{\cos^{k-1}\theta_1\cos^{k-1}\theta_2}{(\cos\theta_1+\cos\theta_2)^{1-k}}F(g)[1+R(G)] \tag{10.28}$$

式中：ρ_s为 θ_1、θ_2、φ 观测条件下地面的反射率；ρ_0、k、h 为地表经验参数。

为了提高模型在表现三维方向反射率不均匀性时的灵敏度，引入 $F(g)$ 函数以调整前向、后向散射的总贡献，可表示为

$$F(g)=\frac{1-h^2}{[1+h^2-2h\cos(\pi-g)]^{1.5}} \tag{10.29}$$

式中：g 为相角，$\cos g=\cos\theta_1\cos\theta_2+\sin\theta_1\sin\theta_2\cos(\varphi)$。

热点效应表示为

$$1+R(G)=\frac{1-\rho_0}{1+G}+1, \tag{10.30}$$

式中：G 为几何因子，$G=[\tan^2\theta_1+\tan^2\theta_2-2\tan\theta_1\tan\theta_2\cos(\varphi)]^{\frac{1}{2}}$。

不同观测角度的遥感数据反映了辐射传输过程的差异，需要通过多次观测值对数学模型反演来获得所需的参数。假定 $Z=f(x_1x_2\cdots x_n,y_1y_2\cdots y_m)$，其中，$Z$ 代表观测值，$y_j(j=1,\cdots,m)$描述地表物理特性，$x_i(i=1,\cdots,n)$描述观测条件。

对于多次观测 M(M 为观测次数)，有

$$\begin{aligned}
Z_1 &= f(x_{11}x_{12}\cdots x_{1n},y_{11}y_{12}\cdots y_{1m})\\
Z_2 &= f(x_{21}x_{22}\cdots x_{2n},y_{21}y_{22}\cdots y_{2m})\\
&\vdots\\
Z_M &= f(x_{M1}x_{M2}\cdots x_{Mn},y_{M1}y_{M2}\cdots y_{Mn})
\end{aligned}$$

为了求解方程，必须要满足以下条件：

(1) 目标在观测期间不允许有明显变化，也就是说要求函数形式 f 与参数 y_j 的值在整个观测期间不允许有明显变化。

(2) 独立变量 x_i 对不同的观测必须有明显的变化。

(3) 对不同的观测条件 x_i，观测次数 M 要大于反演参数 m，否则反演不可信。

模型反演是一个反复迭代寻求目标函数最优值的过程(王介民等，2003)，即反演中求算参数使观测值与模型反演值之间的误差平方和(RMSE)最小。

图 10.7 为内蒙古某研究区天顶方向的 TM 图像以及经 Rahman 模型反演结果的ρ_0、k、h 三个参数图[82]。有了各种地表类型每个像元的三个参数(ρ_0、k、h)，代入 Rahman 地表二向反射模型，则可得方向反射率和角度图像。

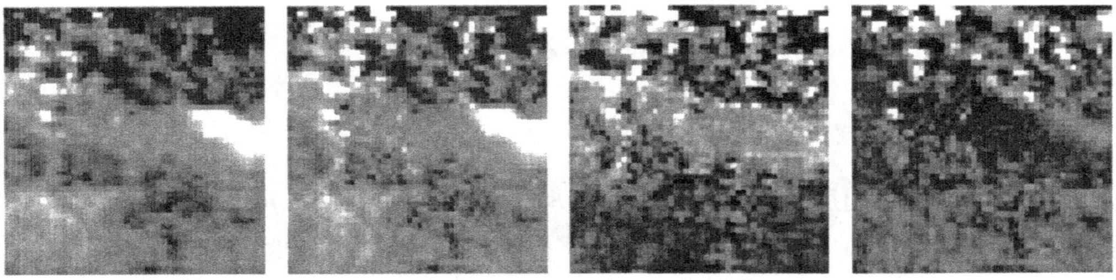

TM图像(天顶方向)　　ρ_0值图像　　k值图像　　h值图像

图 10.7　Rahman 模型反演结果图[82]

10.1.5 先验知识在遥感定量反演中的应用

遥感成像过程受到多方面随机变化因素的影响，包括成像中的随机因素以及成像对象的复杂性、不确定性等，因此遥感数据在很大程度上是一种随机变量。它是地学规律复杂性、不确定性、相关性的综合反映。

目前对遥感数据的处理与应用多是基于数理统计理论，建立一些参数化或非参数化的统计分析模型。例如，贝叶斯(Bayes)最大似然法分类模型，其前提条件是假设各类别在特征空间上的密度分布服从高斯密度分布，即参数化概率密度分布单峰形式，只有一个极大值。但实际的复杂概率密度分布可能包含多峰形式。例如，水体可能因深浅、浑浊程度、表面波浪状况等因素的差异，其概率密度分布呈多峰状。另外，不同类别的地物在特征空间中的分布也可能存在重叠或相互交错等现象。当然也可以避开高斯密度分布的假设，在非参数统计分析模型中，根据样本模式来估计密度分布函数或直接求算决策函数，如最邻近法等。但这往往需要从大量的样本数据中估计概率分布，易受到干扰噪声影响，且计算量大，难以获得最优解[83]。

可见，面对如此复杂的地面系统，以及考虑地球表面时空多变要素的相互关联性，要描述其特征和分布规律仅用简单的数理统计方法或一般的参数模型是难以表达的，必须要有先验知识的介入。先验信息的合理使用是解决遥感病态反演问题很有效的方法，是反演成败的关键。在地球物理与大气模型反演中，先验知识的介入已有了较成熟的经验。例如，在大气温度和水汽垂直廓线的反演中，充分利用了长期积累的先验知识，因而可以从气象卫星云图和气象台站的有限观测值中推算(反演)大气温度、水汽含量等变化大且不确定性强的参数。遥感模型反演中先验知识的介入，尚有一系列问题有待研究，如先验知识的涵义与表达、先验知识在反演中的作用，先验知识的引入方法等。

1. 先验知识的涵义与表达

李小文等[2]认为，在遥感模型反演中可将先验知识分为两类：一是对模型参数的物理限制，称为硬边界，即按各参数的物理意义决定其取值范围，在数学中可表示为约束条件，如反照率只能在 0～1 取值，叶片大小只能是正值等；二是对研究对象的观测数据的积累，称为软边界，其不确定性较大，如气象、水文、DEM、植被、土壤、土地利用、社会经济等非遥感信息(地学辅助信息)，以及先期的遥感知识积累，如各种室内、野外地物波谱测量数据、不同地类的 BRDF 测量值、NDVI 等，还有对研究对象的了解及专家经验等。人们可以根据不同研究对象及地面实况等，选择不同类型模型和不同参数，并根据具体地面目标，确定模型参数的物理边界(取值范围)。实际上，在前面的章节(如第 7 章)的例子中已涉及光谱知识、空间知识、地域知识等参与遥感专题提取与分类。

在对地遥感反演中，以植被遥感为例。先验知识可以分为四类[43,51]：①有关地物类型的知识，包括地面站点测量数据、遥感观测数据，以及对大量、有限观测数据的(先验)统计描述等，如作物不同生长期的生物物理变量(如叶面积指数 LAI、植被覆盖度 f、生物量 BI 等)、生物化学变量(如叶绿素、氮含量等)、结构变量(如平均叶倾角等)，也可扩展到对未知参数不确定性的(先验)统计描述，以及对模型各参数的物理限制(取值范围，或约束条件)。这里先验信息被认为是地物类别的函数，一般有较高的置信度，但也总包含着不确定性和相关性以及季相变化规律等。参数的先验知识在给定反演代价函数的条件下，可以用参数可能取值区间的期望值和不确定性来表达。②冠层结构类型的知识，即是属于水平均匀型还是离散型等。依据对此类先验知识的认识，来选择所用模型的种类(辐射传输 RT 模型、几何光学 GO 模型、混合模型)。

③植被生长参数的知识，如植被类型、生长阶段等，来自多年观测数据的积累。④模型输入参数（冠层生物物理变量）的典型分布，如叶倾角分布 LAD 的类型（喜平型，或倾斜型，或球面型等），它在很大程度上取决于冠层类型及生长阶段，可由专家提供，或通过实验数据整理编辑得到。先验知识的信息量和置信度取决于精确测量，以及适用模型反映客观事物本质的能力。

先验知识的表达可以有多种形式：①直接用数学符号或数值形式表达（即参数取值的“硬边界”），如模型参数的先验初始值（可能取值的估计值）、反射率非负且小于 1（$0\leqslant\rho<1$）等；②以对遥感数据（随机变量）的统计特征或地统计学处理结果作为先验知识，如均值、方差、协方差矩阵或分布密度、变异函数等；③以逻辑形式表达，如“if … then …”等，以对遥感数据的统计处理结果进行知识层的确认和纠正；④以概率密度分布函数形式表达，将地表参数在不同条件下的概率密度分布（连续变量）或分布率（离散变量）作为地表参数反演的先验知识等。

Tarantola[64]指出，先验知识最好的表达就是构造 m 维参数空间 S 上的概率密度分布函数 $P_s(P_1,P_2,\cdots,P_m,S_1,S_2,\cdots,S_m)$，参数的不确定性和相关性、模型及测量数据的误差均可用概率分布（又称先验分布）来描述。先验分布的应用符合贝叶斯理论。贝叶斯方法的关键是使用概率表示各种形式的不确定性，即根据新的信息从先验概率得到后验概率的一种方法。贝叶斯公式可表达为

$$P(X/Y_{\text{obs}})=\frac{P(Y_{\text{obs}}/X)P(X)}{P(Y_{\text{obs}})} \tag{10.31}$$

式中：X 为模型参数；Y_{obs} 为观测数据；$P(Y_{\text{obs}}/X)$ 为在给定 X 时 Y_{obs} 的条件概率，$P(Y_{\text{obs}})=\int_M P(Y_{\text{obs}}/X)P(X)\mathrm{d}X$；$M$ 为模型参数 X 的取值空间；$P(X)$ 为关于 X 的先验分布，在高斯分布假设的前提下，可由先验初始值及协方差矩阵表示；$P(X/Y_{\text{obs}})$ 为 X 的后验概率，又称为 X 的后验分布。后验分布综合了先验知识与观测数据 Y_{obs} 所提供的信息，是获取样本之后对 X 的全部知识。

在地表参数反演中，贝叶斯反演是将地表参数和观测数据分别看作有一定概率分布的随机变量，先验知识由变量的概率分布函数表示，若用多维高斯分布来近似，则先验分布函数（先验知识）可用参数的平均值和方差、协方差矩阵等统计特征来描述。贝叶斯反演的本质是用观测数据提供的信息对未知参数的先验分布的更新。它提供了把有关参数的先验知识和有关模型本身及测量误差的先验知识注入反演过程的途径，有很强的适应性。贝叶斯反演只根据观测数据提供的信息量，对先验知识进行修正，没有什么预先设定的数据信息量的要求，因而特别适合于通过遥感手段来积累对地观测的知识以及利用先验知识参与反演。

在植被与生态环境遥感中，植被时间序列的变化规律（即季相节律）常作为一个植被参数反演中十分重要的先验知识。一般通过地物波谱库或长时间序列的遥感数据、产品（如 MODIS-NDVI、LAI）曲线的参数化处理，提取植被波谱变化的特征信息，如最大/最小值、均值、标准方差等统计参数，或植被生长期的始末、生长峰值、生长期大小等关键物候信息等（参看第 9 章相关内容）。这些反映植被生长变化规律的信息可作为植被的时间序列先验知识，被引入到遥感定量模型分析、代价函数构建、同化过程研究中[85,86]，参与地表参数反演，以提高模型反演精度，或用于遥感反演产品的优化及植被季节变化的研究（参见第 8 章相关内容）。

图 10.8 和表 10.2 是从我国典型地物波谱数据库 2 万余条农作物测量数据中整理提取出我国五种农作物（冬小麦、玉米、水稻、棉花、油菜）叶面积指数在主要生育期的统计均值和方差，可作为参数反演中时间序列先验知识的参考。然而，这些作物生长参数的先验知识是建立在实验站点时间序列的测量数据统计的基础上，应用于遥感图像大面积的参数估计时，需要进行空

间尺度的扩展。王锦地等[87]以北京地区的冬小麦 LAI 为例，基于地表分类、物候期数据对农作物生长参数先验知识进行空间扩展。通过 1∶10 万的土地利用分类图选择 ETM 遥感图像对应的冬小麦农作样区，以 NDVI 为联系纽带，建立冬小麦农作区 LAI 测量数据的统计均值与 ETM 对应样区 NDVI 的线性回归关系；并以此为基准，对影像上同为冬小麦地类的像元赋予 LAI 均值，得到冬小麦农田类别的 LAI 先验知识均值的空间分布。显然，上述先验知识的空间扩展方法是针对波谱库已有的数据源提出的，随着观测数据和参数反演结果的不断积累，先验知识也需不断更新。

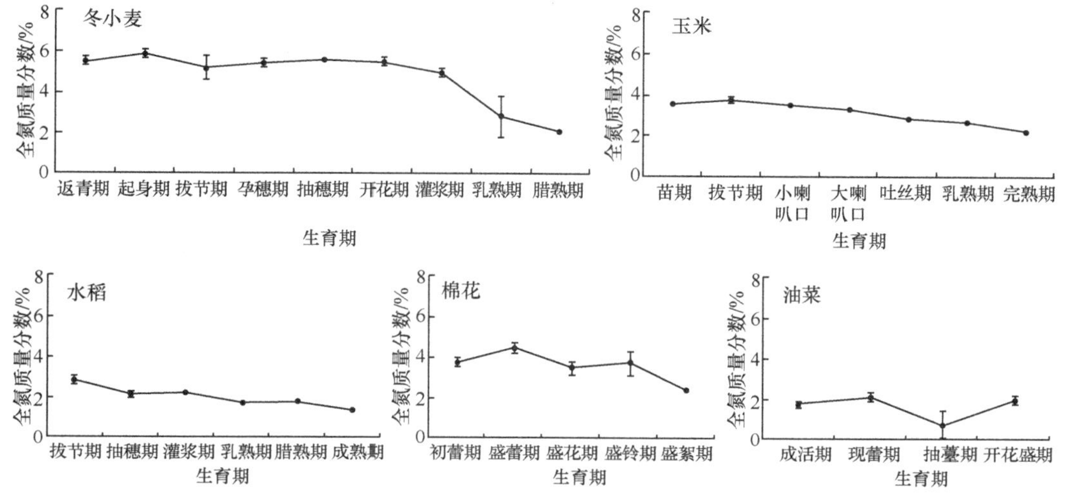

图 10.8　五种农作物的全氮质量分数随生育期变化的统计均值与方差图[87]

表 10.2　五种农作物叶面积指数随生育期变化的统计结果[87]

冬小麦			玉米			水稻			棉花			油菜		
生育期	均值	方差	生育期	均值	方差	生育期	均值	方差	生育期	均值	方差	生育期	均值	方差
越冬期	1.162	0.067	苗期	0.824	0.054	分蘖期	2.187	0.902	初蕾期	0.820	0.052	成活期	1.132	0.573
返青期	0.912	0.157	拔节期	3.320	1.181	拔节期	5.008	2.110	盛蕾期	1.520	0.559	现蕾期	1.680	0.591
起身期	1.510	0.696	小喇叭口	5.080	1.647	抽穗期	4.941	4.204	盛花期	1.845	0.654	抽薹期	0.626	0.120
拔节期	2.596	1.114	大喇叭口	6.040	1.537	灌浆期	5.424	1.076	盛铃期	2.435	0.592	开花盛期	0.694	0.172
孕穗期	2.989	0.972	抽穗扬花	4.642	0.120	乳熟期	4.420	2.775	盛絮期	2.552	1.004			
抽穗期	2.444	0.519	吐丝期	5.798	1.739	腊熟期	4.829	1.144						
开花期	2.193	0.699	灌浆期	4.891	0.346	成熟期	2.347	2.049						
灌浆期	2.090	0.447	乳熟期	5.461	0.939									
乳熟期	1.958	0.464	完熟期	5.461	0.939									
腊熟期	0.600	0.083												

2. 先验知识在反演中的作用

先验知识在反演中的作用可概括为以下三方面[2,88]。

(1) 判断反演结果的置信度。即反演结果与先验知识库的参数比较，以衡量反演结果是否可信。

(2) 检测数据质量及平滑噪声。检验数据质量，可根据参数的先验知识得出每个观测方

向的数据的先验最大概率估计(先验估计值),以及实际数据与先验估计值的马氏距离,可表示为

$$D = | r - r_0 | / \sigma \tag{10.32}$$

式中:r 为实际数值;r_0 为先验估计值;σ 为先验分布的标准差。

D 越大,说明先验分布中出现该数据值的概率越小,则数据噪声较大,具有较小的置信度。噪声的参数若删除,数据量减少,也影响反演结果。

此外,可用先验知识来平滑噪声,恢复数据,即求出特定采样条件的先验参考数据,研究它与观测值之间的关系;再把判断为误差大的数据与相同采样条件的先验参考数据作平均,则可达到平滑噪声的目的,这也可理解为在原数据集中添加先验参考数据。

(3) 采样数据不足情况下,模拟数据以获得合理结果。通过添加模拟数据的方法来引入先验知识,即可利用线性回归的成熟算法,来实现贝叶斯最大似然解估计[2],也可通过计算机图形法模拟真实自然植被,作为先验知识引入模型反演中等。

先验知识引入遥感模型反演中可有多种方法与途径,需要根据具体情况加以选择。

Combal 等[51]在辐射传输模型(SAIL、PARCINOPY)反演冠层生物物理变量中,使用先验信息来减少反演过程的不确定性。根据 3 种不同反演算法(查找表法 LUT、准牛顿算法 QNT、神经网络法 NNT)各自的特点,选用了 3 种引入先验信息的方法,并评估反演中考虑先验信息的效果。结果证明,先验信息的使用大大改进了冠层生物物理变量的估算。其 3 种引入先验信息的方法如下所述。①在构建查找表过程中,通过大量实验数据直接给出某些变量(如叶面积指数、叶倾角、热点参数、叶片结构参数等)的分布函数,即对某些参数规定约束条件,缩小取值范围,减少样本数量,以提高反演精度。这是反演过程中输入先验信息的最简单方法。②在准牛顿算法 QNT 中,通过 SAIL 模拟的冠层反射率及冠层变量的初始值(由 LUT 获得),寻找冠层变量的概率密度函数的最大似然(即冠层变量的先验估计);在构建代价函数时引入变量的先验估计,可有效地向代价函数最小值收敛,以提高反演精度。也就是说,将提取的先验信息直接参与代价函数的构建中。③在神经网络法 NNT 中,需要通过 LUT 中的样本对 NNT 进行训练。先验知识的应用体现在建立 LUT 时既考虑参数的约束条件,又通过增加噪声(如样本增加 2.5%的偏差),在系统中引入不确定性误差的先验信息,使 NNT 的结果更可靠、反演精度提高。

阎广建等[43]在植被结构遥感反演中,针对绿色植被反射光谱存在着较为确定的位置关系,即 3 个极值区——绿波段峰值、近红外波段峰值、红波段谷值,把植被反射光谱曲线的相对位置关系(3 个极值)用差值或比值及相应的标准偏差来表示;将重构的光谱参数作为光谱先验知识,引入代价函数中,参与树冠结构参数反演;最后,运用模拟和实测的多角度遥感数据、Li-Strahler GOMS 模型、4 种反演方案进行反演实验。结果表明,加入光谱先验知识后的反演结果得到明显的改善。Qu 等[89]利用波谱库知识,从历史数据中挖掘提取不同条件下的地表参数概率分布的先验知识,构建了基于先验知识的表达与推理的贝叶斯网络,用贝叶斯方法将新观测数据带来的新信息更新先验信息,完成知识的不断更新和积累,实现了先验知识提取和物理模型反演的集成,提高了反演结果的准确性和可靠性。

§ 10.2 混合像元分解

10.2.1 概　　念

遥感器所获取的地面反射或发射光谱信号是以像元为单位记录的。它是像元所对应的地

表物质光谱信号的综合。图像中每个像元所对应的地表往往包含不同的覆盖类型，它们有着不同的光谱响应特征。而每个像元则仅用一个信号记录这些“异质”成分。若该像元仅包含一种地物类型，则为纯像元(pure pixel)，它所记录的正是该类型的光谱响应特征或光谱信号；若该像元包含不止一种土地覆盖类型，则称为混合像元(mixed pixel)，它记录的是所对应的不同土地覆盖类型光谱响应特征的综合。例如，MODIS图像的某个像元(1km×1km)可能包含小麦田、村庄、裸地、水体、道路等多种不同的覆盖类型，为一个混合像元，其亮度值是所对应的不同地物类型光谱、时间、角度等特征的综合；野外测得的植物光谱多为植物及其下垫面土壤的混合光谱(往往还包含有阴影)，即使裸露的地表(无植被或少植被覆盖)也是不同类型土壤、矿物质等的混合光谱。

从理论上讲，混合光谱的形成主要有以下原因[90]：①单一成分物质的光谱、几何结构及在像元中的分布；②大气传输过程中的混合效应；③遥感仪器本身的混合效应。其中，②、③为非线性效应，第②部分大气的影响可以通过大气纠正加以部分克服；第③部分仪器的影响可以通过仪器的校准、定标加以部分克服，这里不予讨论；第①部分则是我们将要讨论的内容。

混合像元的存在是传统的像元级遥感分类和面积量测精度难以达到实用要求的主要原因。为了提高遥感应用的精度，就必须解决混合像元的分解问题，使遥感应用由像元级达到亚像元级，进入像元内部，将混合像元分解为不同的“基本组分”或称“端元”(endmember)，并求得这些基本组分所占的比例。这就是所谓的混合像元分解过程。

多年来国内外学者们探索遥感光谱成像机理，模拟光谱的混合过程，研究和发展了多种混合光谱分解方法，提出不同的光谱混合模型，如线性模型、概率模型、几何光学模型、随机几何模型、模糊模型、神经网络模型等，并进行较好的应用[90~97]。

10.2.2 光谱混合模型

1. 线性模型

在线性模型中，将像元在某一波段的光谱反射率表示为占一定比例的各个基本组分(endmember)反射率的线性组合。它基于以下假设：在瞬时视场下，各组分光谱线性混合，其比例由相关组分光谱的丰度决定。即遥感器瞬间视场内的地面目标辐射亮度仅与各组分所占的比例有关，而与它的形状及分布等无关。通过分析残差，使残差最小，完成对混合像元的分解(后面将详细介绍)。

2. 几何光学模型

如前所述，在几何光学模型中，将像元表示为光照植被(C)、阴影植被(T)、光照地面(G)、阴影地面(Z)共4个基本组分。像元反射率表示为各组分所占面积比为权重的线性组合。模型可表达为

$$R = (A_c R_c + A_t R_t + A_g R_g + A_z R_z)/A \tag{10.33}$$

式中：R为混合像元的反射率；A为混合像元面积；R_c、R_t、R_g、R_z分别为4个基本组分的反射率；A_c、A_t、A_g、A_z分别为不同类型的4个基本组分在像元中所占的面积，是一个与树冠、树高、树密度、地面坡度、太阳入射角、观测角有关的函数。

实际应用中，往往要对这些几何特征进行适当简化。例如，树冠由占主要地位的树种的形状、大小来替代，树冠假设为具有相同的规则几何形状，观测角有时设为星下点的观测角，树木的分布假设遵循泊松分布，即在像元中或像元间随机分布，树高已知等。几何光学模型是基于分析景观的几何特征。它需要有树的形状、大小、分布、太阳入射角、观测角等参数。

3. 随机几何模型

随机几何模型与几何光学模型相似，是几何模型的特例。它也把像元分成光照植被、阴影植被、光照地面、阴影地面共 4 个基本组分。模型可表达为

$$R(\lambda,\underline{x}) = \sum_i f_i(\underline{x}) R_i(\lambda,\underline{x}) \tag{10.34}$$

式中：λ 为波长；$\underline{x}$ 为像元中心点坐标；$R_i(\lambda,\underline{x})$ 为中心点为 $\underline{x}$ 的像元中覆盖类型 i 的平均反射率；$f_i(\underline{x})$ 为中心点为 $\underline{x}$ 的像元中覆盖类型 i 所占的面积比例。

与几何光学模型不同的是，随机几何模型把景观的几何参数作为随机变量。此处的 i 表示为：$i=1$ 为太阳照射下的绿色植被；$i=2$ 为阴影下的绿色植被；$i=3$ 为太阳照射下的土壤背景；$i=4$ 为阴影下的土壤背景，同时要满足 $\sum_i f_i(\underline{x}) = 1$ 。

以上的线性模型与几何模型都是基于相同的假设，即某一像元的反射率是其各个基本组分反射率的线性组合。只不过线性模型处理的是二维实体，而几何模型处理的是三维几何特征。也正因为几何模型需引入当地景观几何参数，所以它也就复杂得多。

4. 概率模型

概率模型以概率统计方法为基础，如最大似然法等，基于统计特征分析计算方差、协方差矩阵等统计值，以及利用简单的马氏距离来判定类型的(endmember)比例。

若仅有 2 种类型 x、y，则 y 类在混合像元中的面积比例 P_y 可表达为

$$P_y = 0.5 + 0.5\,\frac{\mathrm{d}(m,x) - \mathrm{d}(m,y)}{\mathrm{d}(x,y)} \tag{10.35}$$

式中：$\mathrm{d}(m,x)$、$\mathrm{d}(m,y)$、$\mathrm{d}(x,y)$ 分别为混合像元 m 及 x、y 之间的马氏距离，$\mathrm{d}(m,x) = (m-x)^{\mathrm{T}}(\Sigma x)^{-1}(m-x)$，其中 Σx 为 x 类在各波段的协方差矩阵。

若 $P_y<0$，则取 $P_y=0$；若 $P_y>1$，则取 $P_y=1$。据此判断，就可以把混合像元分解为组分类型 X 或 Y。

5. 模糊模型

模糊模型以模糊集理论为基础，也是基于统计特征分析，只是每个像元不单分为某一类别(硬分类)，而是分到几个类型中。每个像元与几个类型相关，并与每一类的相关程度由 0～1 的值来表示。这种分类称为光谱空间的模糊分类。该模型是将各种地物类别看成模糊集合，像元为模糊集合的元素，每一像元均与一组隶属度值相对应。也就是采用模糊聚类法来确定任一像元对各种类别的隶属度，从而推算该像元内某类地物所占比例。

光谱空间的模糊分类可表达为 X 域上的一组模糊集合 $F_1, F_2, \cdots, F_m$，即

$$\begin{aligned} &\forall x \in X \\ &0 \leqslant f_{F_i}(x) \leqslant 1 \\ &\sum_{x\in X} f_{F_i}(x) > 0 \\ &\sum_{i=1}^{m} f_{F_i}(x) = 1 \end{aligned} \tag{10.36}$$

式中：$F_1, F_2, \cdots, F_m$ 为光谱类别；m 为预定类别数；X 为图像中所有像元集合；x 为像元光谱

量测值向量；f_{F_i} 为模糊集 F_i 的从属关系函数。

这些模型的共同点在于都对已知反射光谱值的混合像元进行两个主要方面的描述。一是基本组分的光谱值，此为模型的已知量，可以通过图像或光谱数据库采集或实地测量、查资料等获得。它可以说是模型最重要的参数，它的精度在很大程度上决定了模型的准确性；二是基本组分在像元中占的比例，即估计亚像元的比例，此为模型反解的未知数，即模型的求解。而差别在于，在考虑组分光谱和比例的同时，如何考虑其他地面特性和影像特征的影响。在线性模型中，地面差异性由随机残差来表达；在几何光学模型和随机几何模型中，地面特性是基于地面几何形状参数化来表达；在概率模型和模糊模型中，地面差异性是基于概率考虑，通过散点图和最大似然法等统计方法来表达[98]。

对于基本组分类型的数目(n)，几何模型已经确定，即树冠、阴影下的树、阴影下的地面、地面 4 种类型($n=4$)；其他模型的 n，可根据人们对环境特征的先验知识或根据可分性原则，从图像数据集的分析中获得。

至于波段数(m)的选择，每个模型至少要两个独立性强、相关性小的波段(即 $m\geqslant 2$)，且要使不同类别的地物光谱差异大。对于线性模型要求 $n\leqslant m+1$，以便于利用最小二乘法求解；对于概率模型，若 $n>2$，则 m 也应相应增加，否则仅用少量的波段数 m 去分解多个类型 n，是不合理的(尽管理论上行得通)；对于几何模型，要求 $m\geqslant 2$，但往往仅用可见光红波段与近红外波段 2 个；对于模糊分类模型，基本组分类型数 n 不受光谱波段数 m 的限制，但若 $n\gg m$，正确率也许会受到影响。

10.2.3 线性光谱混合模型

1. LSMM 模型

线性光谱混合模型(LSMM)是混合像元分解的常用方法。它被定义为：像元在某一光谱波段的反射率(亮度值)是由构成像元的基本组分的反射率(光谱亮度值)以其所占像元面积比例为权重系数的线性组合。可表达为

$$
\begin{aligned}
R_{i\lambda} &= \sum_{K=1}^{n} f_{ki} C_{k\lambda} + \varepsilon_{i\lambda} \\
\sum_{k=1}^{n} f_{ki} &= 1 \quad (k = 1,2,3,\cdots,n)
\end{aligned}
\tag{10.37}
$$

式中：$R_{i\lambda}$ 为第 λ 波段第 i 混合像元的光谱反射率(已知)；f_{ki} 为对应于 i 像元的第 k 个基本组分所占的分量值，又称丰度(待求)；$C_{k\lambda}$ 为第 k 个基本组分在第 λ 波段的光谱反射率；$\varepsilon_{i\lambda}$ 为残余误差值(即光谱的非模型化部分)；n 为基本组分的数目；m 为可用波段数，波段数要大于 $n(n\leqslant m+1)$，以便利用最小二乘法求解。

评价模型用残差 $\varepsilon_{i\lambda}$ 或均方根误差 RMS 表示为

$$
\mathrm{RMS} = \left[\sum_{k=1}^{n} (\varepsilon_{i\lambda})^2 / n\right]^{1/2} \tag{10.38}
$$

LSMM 模型从混合像元 $R_{i\lambda}$ 中分离和提取出各基本组分的平均光谱响应 $C_{k\lambda}$，通过求解线性方程来反解基本组分在像元中所占的面积比例 f_{ki}，从而将所有像元分解成这些基本组分的分量。模型计算的结果表现为各基本组分的分量值(图像)和以均方根误差表示的残余误差图像。

2. 模型分析

混合像元的分解总是针对特定的区域、特定的应用目标以及特定的遥感图像进行的。应用线性光谱混合模型(LSMM)分析数据时，选择哪些类型的基本组分、多少数量的基本组分、取什么样的基本组分光谱值是决定混合像元分解成败的关键。通常以均方根误差 RMS 和残余误差尽可能小，以及像元分解后的分量 f，应满足 $0\leqslant f\leqslant 1$ 的标准，来衡量和评价基本组分(endmember)选择的好坏。

1) 基本组分(endmember)类型和数量的确定

基本组分类型的确定应当具有代表性，是影像所对应区域内的大多数像元的一个有效组成成分。

至于基本组分数量的确定，应当符合影像所对应区域内的大多数像元的实际。基本组分的数量少，会把非典型的 Endmember 分入分量中，产生分量误差，增加 RMS;基本组分的数量多，可以解释较多的光谱变化，但会使模型对设备噪声、大气污染物及光谱本身的可变性敏感，会使模型对基本组分的选择更加敏感，导致分量误差。在许多应用研究中，一般选择 3～4 个基本组分的线性混合模型较为合适。

在实际操作中，基本组分的类型和数量的确定往往是一起考虑，同步进行的。根据研究目标、区域特点，结合实地调查和先验知识，考虑到遥感数据(多维)信息量以及端元组分之间的差异(即可分性大小)，通过图像数据集的分析，先初选区域内具普遍意义的 2～4 个典型地面覆盖类型;再根据 RMS 最小、$0\leqslant f\leqslant 1$ 的原则，反复试验加以确定。例如，意大利南部丘陵、山区，以土壤侵蚀为主的土地退化研究中[91]，选择了绿色植被(光合植被 PV)、非绿色硬木植被(灌丛等非光合植被 NPV)、裸土 3 种基本组分;而我国内蒙古半干旱地区，以土地沙化、土地盐碱化为主的土地退化研究中[92]，根据 RMS 最小、$0\leqslant f\leqslant 1$ 的原则，在初选 2～3 类基本组分的基础上，进行了二次分解，最终选择了沙地、农地、盐碱裸地、林草地 4 种基本组分。

图 10.9 显示了研究区 TM 图像(1987 年)经 LSMM 分解后的结果。图中分别为 4-Endmember 混合模型的分量图——沙地、农地、盐碱裸地、林草地。其中，农地与林草地分量图主要反映了区域在不同环境条件下的植被分布;而沙地与盐碱裸地分量图更多地反映该区的土地退化状况。此外，分别对 2-、3-、4-Endmember 混合模型分解后的 3 个残余误差 RMS 图进行比较，结果表明，研究区随着基本组分数量的增加(2→4)，误差图像信息越来越少，误差越来越小。四元分解后的误差图像，已基本不含有用信息，主要表现为由大气状况和遥感器等造成的噪声误差。

事实上，各混合像元的 Endmember 是变化的，虽然在一般模型中未能体现这种变化，但是在类型和数量的选择时，要考虑到这种变化因素。Roberts 等[93]考虑到由于像元内的许多物质间光谱对比度是可变的，因而针对不同地类特点，选择的不同数量的基本组分，分别进行模型分解。例如，茂密林地可描述为绿叶与阴影的混合(2-Endmember);而灌丛地倒可能需要4-Endmember，可先从图像得出 2-Endmember 混合模型，再用这个模型构成 3-Endmember 模型。

2) 基本组分(endmember)代表值的确定

如何选择合适的基本组分的代表值，是决定最终分析精度的关键。混合像元内基本组分

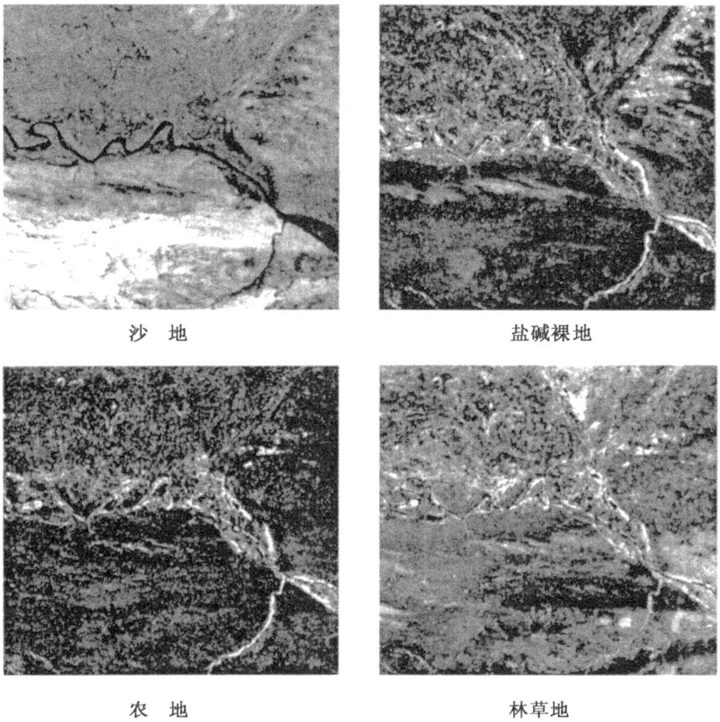

图 10.9　内蒙古地区 TM 图像 LSMM 分量图(1987 年)[92]

的光谱值确定一般有两条途径。

一是实地测量或直接从光谱数据库获得。但是,考虑到地物光谱的时空变化,需特别注意基本组分(endmember)取值的代表性问题,如植被的光谱属性是由叶、茎和冠组成,但整个植被冠层的光谱属性还与植被的结构(叶面积指数、叶倾角分布,孔隙度)以及入射与观测角等密切相关。此外,野外或实验室测得的光谱与遥感图像多波段光谱值还存在复杂的对应问题。

二是从遥感图像数据分析中获得。例如,用监督分类的训练区采样,样点在各波段的均值作为各波段的取值;或用主成分分析方法,利用它的信息集中、信息分离、信息压缩的特点来指导基本组分的选择;或绘制主要分量的散点图,再通过不同类别基本组分在特征空间(如 TM1-7、PC1-3 等)中的分布,圈定出样本区域,以样点的均值作为各波段的取值等。这种基于图像的基本组分(endmember)光谱值确定方法,由于是基于对图像实际数据及基本组分的全面分析,具有较强的可靠性。当然,这种建立在“纯”像元基础上的统计分析,其代表性直接取决于遥感影像的空间分辨率的大小,在分辨率较低的影像上是无法直接获取端元组分光谱的。

图 10.10 为研究区 TM 图像第一、二主成分分量构成的二维散点图。图中散点的分布反映出不同的地面覆盖类型。它不仅可以帮助我们选择基本组分的类型和数量,而且可以通过不同基本组分在特征空间中的分布,结合图像和区内土地利用图等专题图件,圈定出特定样本区,并对每个基本组分选择一定数量的像元作为取样点,计算样点的均值,作为基本组分在各波段的取值。

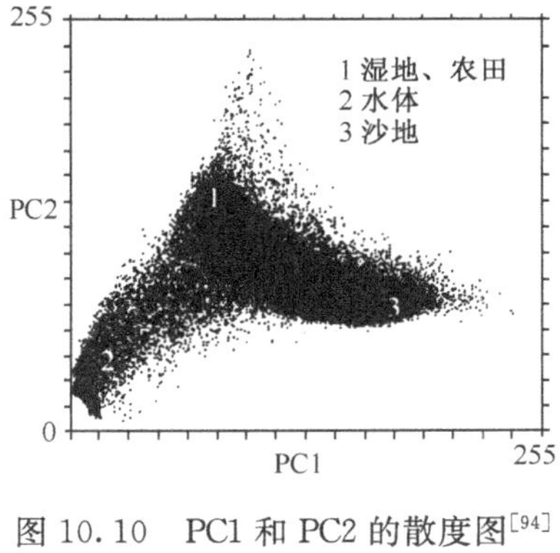

图 10.10　PC1 和 PC2 的散度图[94]

3）最佳波段的选择

最佳波段的选择应是独立性强、相关性小、地类可分性大，即不同地类光谱差异大的波段，以保证丰富的信息、一定的精度，以及避免数据冗余，减少计算量。Asner 和 Heidebrecht[99] 运用 AVIRIS、ASTER、TM、MODIS 等遥感数据，对干旱-半干旱区草地-灌木生态系统的混合像元进行光谱混合分析，选择了光合植被（PV）、非光合植被（NPV）、裸土 3 种类别组分。图 10.11显示了 3 种类别组分经大量高光谱和多光谱野外测试的光谱曲线。由图可见，光合植被 PV 光谱变化[图(a)、(b)]在 NIR 波段(0.7～1.3μm)最显著，而在 SWIR2 波段(2.1～2.4μm)光谱变化最不显著；非光合植被 NPV 光谱[图(c)、(d)]在可见光-近红外(VIS-NIR)波段单调增加，干碳的光谱吸收特征在 SWIR 波段表现的很清楚，2.1～2.4μm 处的特征与植物纤维素、淀粉、植物油含量等有关；土壤光谱[图(e)、(f)]相似性很强，在 2.2μm 附近能很好地体现 OH^- 的吸收特征等。结果表明，在干旱区草地-灌木生态系统中，用 VIS-NIR-SWIR 全波段(0.4～2.5μm)或 VIS-NIR 波段(0.4～1.3μm)数据效果均有限；而在 2.0～2.3μm 的 SWIR 波段 PV、NPV、裸土的光谱间存在明显差异，最有利于 PV、NPV、裸土的区分，且对植被、干碳、土壤时空变化分析具有潜力。

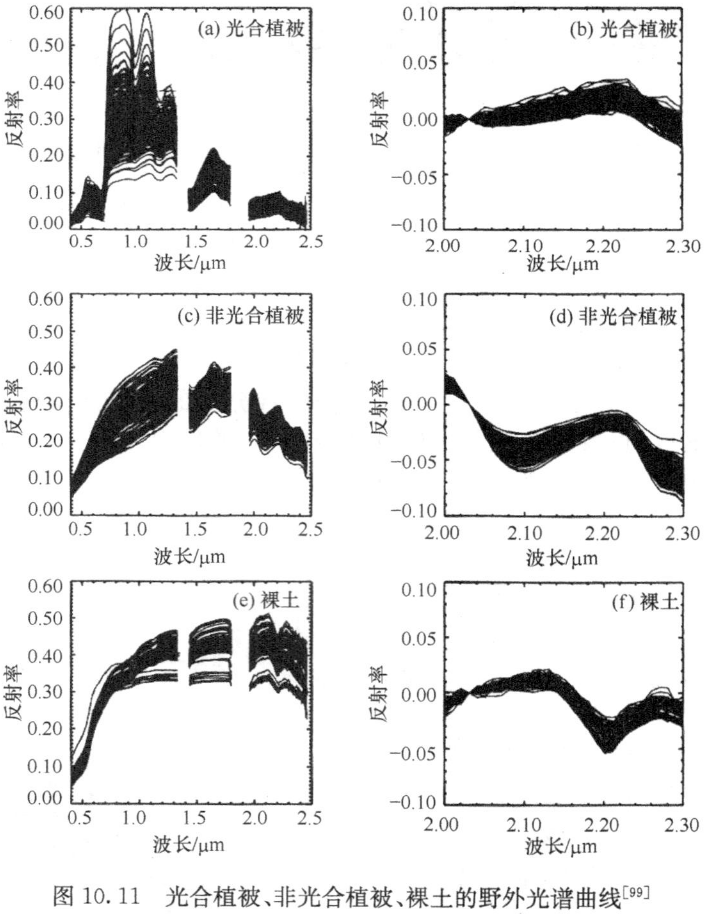

图 10.11　光合植被、非光合植被、裸土的野外光谱曲线[99]

4）模型求解

这实际上是个遥感数据的模型反演问题，即求算基本组分(endmember)在像元中的比例。

混合像元被分解为具有不同分量的亚像元，则需要对具有不同分量(f)的亚像元进行识别、分类。这需要结合先验知识(实地检验样本或专题地图等)，用简单的"阈值法"或"概率统计方法——最大似然估计"，即在特征空间中找出各个基本组分(endmember)类中心的相对位置给出其百分含量的一个最大似然估计。此分类依据已不是原有的亮度值，而是混合像元分解后的基本组分分量值。

线性光谱混合模型的基本假设条件是遥感器瞬间视场内的地面目标辐射亮度值，只与各组分所占的面积比例有关，而与它的形状及分布等其他性质无关。因此，它最后输出的是各基本组分的分量值，而不是分布图。对于植被而言，输出的结果不是植被分布图(其精确位置无法通过分解确定)，而是植被分量在每个像元的面积比例(f_v)经量化后的图像。这一结果可以与一系列生态学变量(如地表植被覆盖、叶面积指数等)建立联系。

3. 精度分析与评价

模型反演的精度主要取决于对上述模型分析中 3 个关键问题的处理，即选取的 Endmember 类型与数量的合理性，以及选取的 Endmember 光谱值的代表性。具体表现在：①像元反射率与基本组分反射率(光谱值)的精度，即各类地物(endmember)的参照光谱值的获取精度；②遥感数据集(波段组合)的选取，不同的遥感数据集，各基本组分反射率存在差异，而各基本组分之间光谱差别(可分性)越大，反演精度越高；③模型中的误差项主要是由于遥感数据误差、混合像元中非模型化部分的贡献以及其他随机误差引起的。

线性光谱混合模型的一个基本假设是某一像元的光谱反射率仅为各组分光谱反射率的简单相加，即它建立在光谱线性可加性的基础上。简单来说，在视场内，当电磁波与目标相互作用时，这个混合像元可被认为是占一定比例(f)的每个基本组分的线性组合。但是事实上，电磁波与目标的相互作用是十分复杂的。光谱的混合过程也并非简单的线性组合关系；而是十分复杂的非线性过程。例如，植被(尤其是树冠)在近红外波段的多次散射，其混合像元便不是线性关系。再考虑到目标的几何结构、阴影以及随太阳和观测方向的变化等就更不是简单的线性关系。可见，线性混合模型只是非线性混合模型的一个简单化的特例。

线性光谱混合模型的另一个基本假设是每个组分类别(endmember)的光谱特征相同。然而，在很多情况下任一"组分类别"很可能本身就是由几种不同光谱响应的特征组成，或某些特征同时对应不同类别，难以把它们清晰分开。有时 Endmember 并非同类，而含几个类别。例如，某干旱地区中被认为是"裸地"的，却反映出某些植被的光谱特性。这是因为"裸地"上长有一些很矮小的旱生草类，它们虽与高大植物相比意义不大，但是它们与其他植物一样进行着光合作用，表现出植物的特征。因此，若将图像上这些含矮小植物的"裸地"用光谱库里的土壤光谱作为它们的光谱值，则会产生错误。此外，地表粗糙度、坡度、坡向、天气条件等均会影响到基本组分类型的反射光谱值。所以从本质上讲，Endmember 绝不是同类、均质的，它的特征光谱值也绝不是不变的常数。

研究表明[100]，在实际应用中，同物异谱、非线性混合所带来的光谱不确定性比系统和机器噪声所带来的影响还要大。为了减少这些影响，人们采用了一些方法，如把类型相似的土壤归为一类，以减少土壤类型的不确定性；或通过增加混合模型中 Endmember 的数量，以克服光谱类型变异的影响；或通过对光谱的标准化来消除反照率的影响等。

正因为混合像元内的各组分之间并非简单的线性关系，所以除线性混合模型以外，又发展了许多其他的混合像元分解模型。表 10.3 列出各类混合像元分解模型在不同应用领域"可行性"的对照表。从表中可见，各类混合像元分解模型互不相同、各有特点和一定的应用范围。其中，线性光谱混合模型对多数应用问题(除了计算树高、树密度、树尺寸等外)均能取得有效的结果。这说明尽管 LSMM 从理论和实际操作上都存在一定缺陷，但是对于多数应用来说多次散射和几何结构等的变化是可以被忽略的。而由于线性光谱混合模型具有一定的理论依据和实验验证基础、一定的精度保证，且操作运算较简单、便利，因而被广泛应用。

表 10.3　不同混合像元分解模型的可行性

应用	混合模型的可行性				
估算不同类型的比例	线性	光学几何	随机几何	概率	模糊
浓密森林的植被与裸地	☑	×	×	√	√
稀疏森林的植被与裸地	√	☑	√	√	√
不同植被群落	☑	×	×	√	√
平均树高、树密度、树尺寸		√	×	×	×
不同作物	☑	×	×	√	√
不同土壤或岩石	☑	×	×	√	√
不同矿物	☑	×	×	√	√
混合土地覆盖类型	☑	×	×	√	√

注：表中的☑表示最有效，√表示可行、×表示不可行

长期以来，混合像元的普遍存在以及基于像元级的遥感应用研究，严重制约了遥感应用的水平与精度。上述的各类混合像元分解模型都已进入像元内部，估算亚像元的比例，这种以亚像元为单元的遥感应用显然要比以像元为单元的常规遥感分类精度有很大的提高。可见，混合像元分解方法对资源与环境研究是一种十分有效的好方法。目前，随着定量遥感研究的深入，混合像元分解方法也得以发展，人们已不仅采用单一的某种方法，而是将它们有机地联系起来；并引入尺度转换的概念，将高、低空间分辨率遥感数据结合来提取组分面积比例；或引入先验知识（地形、土地覆盖分类等）参与像元分解；或引入遗传-神经网络等优化算法等。

参考文献

[1] 李小文，王锦地. 植被光学遥感模型与植被结构参数化. 北京：科学出版社，1995.

[2] Walhall et al. Simple equation to approximate the bidirectional reflectance from vegetative canopies and bare soil surfaces. Appl opt，1985，24：383-387.

[3] Goel N S. Models of vegetation canopy reflectance and their use in estimation of biophysical parameters from reflectance data. Remote Sensing Reviews，1988，4：1-212.

[4] 李小文，王锦地，胡宝新，等. 先验知识在遥感反演中的作用. 中国科学（D辑），1998，28(1)：67-72.

[5] Kimes D S，Seller P J. Inferring hemispherical reflectance of earth's surface for global energy budgets from remotely sensed nadir or directional radiance values. Remote Sensing of Environ，1985，18：205-223.

[6] Goodchild M F，Quattrochi D A. Introduction：Scale，Multiscaling，Remote Sensing，and GIS.，In：Quattrochi D A GoodchildM F Scale in Remote Sensing and GIS. 1997，1-11.

[7] 李小文，王锦地，Strahler A. 非同温黑体表面上普朗克定律的尺度效应. 中国科学（E辑），1999，29(5)：422-426.

[8] 李小文，王锦地，Strahler A. 尺度效应及几何光学模型用于尺度纠正. 中国科学（E辑），2000，30（增刊）：12-17.

[9] 李小文，万正明. 互易原理在二向反射研究中的适用性. 自然科学进展，1998，8(2)：354-358.

[10] 王介民，高峰，刘绍民. 流域尺度ET的遥感反演. 遥感技术与应用，2003，18(5)：332-338.

[11] Zhang R H，Tian J，Li Z L，et al. Principles and methods for the validation of quantitative remote sensing products. Science in China (Series D)，2010，53(5)：741-751.

[12] Liang S L. Quantitative Remote Sensing of Land Surface. New York：John Wiley & Sons，Inc，2004.

[13] 刘振华，赵英时，文雅. 基于克里格法的土壤水遥感尺度转换初探. 地球信息科学学报，2012，14(4)：1-9.

[14] Leprieur C，Kerr Y H，Mastorchio S，et al. Monitoring vegetation cover across semi-arid regions：comparison of remote observations from various scales. Remote Sensing，2000，21(2)：281-300.

[15] Chen J M. Spatial scaling of a remotely sensed surface parameter by contexture. Remote Sensing of Environ，1999，69：30-42.

[16] Treitz P, Howarth P. High spatial resolution remote sensing data for forest ecosystem classification-an examination of spatial scale. Remote Rensing of Environ, 2000, 72(3): 268-289.
[17] 陈健,倪绍祥,李静静,等. 植被叶面积指数遥感反演的尺度效应及空间变异性. 生态学报,2006,26(5):1502-1509.
[18] Wu J, Jelinski D E, Luck M, et al. Multiscale analysis of landscape heterogeneity: scale variance and pattern metrics. Geographic Information Sciences, 2000, 6(1): 6-19.
[19] Garrigues S, Allard D, Baret F, et al. Quantifying spatial heterogeneity at the landscape scale using variograrn models. Remote Sensing of Environ, 2006, 103: 81-96.
[20] Rahman A F, Gamon J A, Sims D A, et al. Optimum pixel size for hyperspectral studies of ecosystem function in southern California chaparral and grassland. Remote Sensing of Environ, 2003, 84(2): 192-207.
[21] Hu Z L, Chen Y Z, Islam S. Multiscaling properties of soil moisture images and decomposition of large-and small-scale features using wavelet transforms. Int J Remote Sensing, 1998, 19: 2451-2467.
[22] 张颢,焦子锑,杨华,等. 直方图尺度效应研究. 中国科学(D辑),2002,32(2):307-316.
[23] 柏延臣,王劲峰. 基于特征统计可分性的遥感数据专题分类尺度效应分析. 遥感技术与应用,2004,19(6):443-449.
[24] Jarvis P G. Scaling processes and problems. Plant, Cell & Environment, 1995, 18: 1079-1089.
[25] Liang S L. Numerical experiments on the spatial scaling of land surface albedo and leaf area index. Remote Sensing Review, 2000, 19: 225-242.
[26] 曹明奎,于贵瑞,刘纪远,等. 陆地生态系统碳循环的多尺度试验观测和跨尺度机理模拟. 中国科学(D辑),2004,34(增刊Ⅱ):1-14.
[27] Braswell B H, Hagen S C, Frolking S E, et al. A multivariable approach for mapping sub-pixel land cover distributions using MISR and MODIS: application in the Brazilian Amazon region. Remote Sensing of Environ, 2003, 87: 243-256.
[28] 万华伟,王锦地,肖志强,等. 融合 MODIS 与 ASTER 数据生成高空间分辨率时间序列 LAI 方法研究. 北京师范大学学报(自然科学版),2007,43 (3):303-308.
[29] Wu H, Li Z L. Scale issues in remote sensing: a review on analysis, processing and modeling. Sensors, 2009, 9: 1768-1793.
[30] 吴骅,姜小光,习晓环,等. 两种普适性尺度转换方法比较与分析研究. 遥感学报,2009,13(2):183-189.
[31] Zhang R H, Li Z L, Tang X Z, et al. Study of emissivity scaling and relative of homogeneity of surface temperature. Int J Remote Sensing, 2004, 25: 245-259.
[32] 朱小华,冯晓明,赵英时,等. 作物 LAI 的遥感尺度效应与误差分析. 遥感学报,2010,14(3):579-592.
[33] 徐希孺,范闻捷,陶欣. 遥感反演连续植被叶面积指数的空间尺度效应. 中国科学(D辑),2009,39(1):79-87.
[34] 姚延娟,刘强,柳钦火,等. 异质性地表的叶面积指数反演的不确定性分析. 遥感学报,2007,11(6):763-770.
[35] Anita S, Chen J M, Liu J. Spatial scaling of net primary productivity using subpixel information. Remote Sensing of Environ, 2004, 93(1-2): 246-258.
[36] 辛晓洲,刘雅妮,柳钦火,等. MODIS 数据估算区域蒸散量的空间尺度误差纠正. 遥感学报,2012,16(2):220-231
[37] Tian Y H, Wang Y J, Zhang Y, et al. Radiative transfer based scaling of LAI retrievals from reflectance data of different resolutions. Remote Sensing of Environ, 2003, 84 (1): 143-159.
[38] Goel N S, Thompson R L. Inversion of vegetation canopy reflectance model for estimating agronomic IV: total Inversion of the SAIL Model. Remote Sensing Environ, 1984, 15: 237-253.
[39] Jacquemoud S, Bacour C, Poilve H, et al. Comparison of four radiative transfer models to simulate plant canopies reflectance: direct and inverse model. Remote Sensing of Environment, 2000, 74: 471-481.
[40] Favis-Mortlock D T, Smith F R. A sensitivity analysis of EPIC. epic-erosion-productivity impact calculator. 1. Model documentation. Temple, Texas, USA: USDA-ARS Grassland, Soil and Water Research Laboratory, 1990, 8: 178-190.
[41] Goel N S, Grier T. Estimation of canopy parameters for inhomogeneous vegetation canopies form reflectance data3: a model for radiative transfer in heterogeneous three-dimensional canopies. Remote Sensing of Environ, 1987, 22: 180-191.
[42] 李小文,高峰,王锦地,等. 遥感反演中参数的不确定性与敏感性矩阵. 遥感学报,1997,1(1):1-14.
[43] 阎广建,吴均,王锦地,等. 光谱先验知识在植被结构遥感反演中的应用. 遥感学报,2002,6(1):1-6.
[44] 高峰,李小文,夏宗国,等. 基于知识的分阶段不确定性多角度遥感反演. 中国科学(D辑),1998,28(4): 346-350.
[45] Feng X M, Zhao Y S. On MSDT inversion with multi-angle remote sensing data. Science in China (Series D Earth Sciences), 2007, 50(3): 422-429.
[46] Zhu X H, Feng X M, Zhao Y S. Multi-scale MSDT inversion based on LAI spatial knowledge. Science in China (Series D Earth Sciences), 2012, 55(8): 1297-1305.

[47] 唐世浩,朱启疆,阎广建,等. 遗传算法及其在遥感线性,非线性模型反演中的应用效果分析. 北京师范大学学报(自然科学版),2002,38 (2):266-272.
[48] Walthall C,Dulaney W,Anderson M,et al. A comparison of empirical and neural network approaches for estimating corn and soybean leaf area index from Landsat ETM+ imagery. Remote Sensing of Environ,2004,92:465-474.
[49] 余凡,赵英时,李海涛. 基于遗传 BP 神经网络算法的主被动遥感协同反演地表土壤水分. 红外与毫米波学报,2012,31 (3):283-288.
[50] Li X,Strahler A H. A knowledge-based inversion of physical BRDF model and three examples. Proc Geosci Remote Sens Symp,1996,96:2173-2176.
[51] Combal B,Baret F,Weiss M,et al. Retrieval of canopy biophysical variables from bidirectional reflectance: Using prior information to solve the ill-posed inverse problem. Remote Sensing of Environ,2002,84 (2): 1-15.
[52] 王纪华,赵春江,黄文江,等. 农业定量遥感基础与应用. 北京:科学出版社,2008.
[53] 徐希孺. 遥感物理. 北京:北京大学出版社,2005.
[54] Verhoef W. Light scattering by leaf layers with application to canopy reflectance modeling: the SAIL modeling. Remote Sens Environ,1984,16:125-141.
[55] 刘强,李小文,项月琴,等. 水平均匀植被结构参数的贝叶斯反演. 遥感学报,2000,4(增刊):16-24.
[56] Nilson T,Kuusk A. A reflectance model for the homogeneous plant canopy and its inversion. Remote Sensing of Environ,1989,31:183-191.
[57] Jacquemoud S,Baret F. PROSPECT a model of leaf optical properties spectra. Remote Sensing of Environ,1990,34: 75-91.
[58] Jacquemoud S,et. al. Estimating leaf biochemistry using the PROSPECT leaf optical properties model. Remote Sens Environ,1996,56:194-202.
[59] Jacquemoud S. Inversion of the PROSPECT+SAIL canopy reflectance model from AVIRIS equivalent spectra:theoretical study. Remote Sensing of Environ,1993,44: 281-292.
[60] Kuusk A. A multispectral canopy reflectance model. Remote Sensing of Environ,1994,50: 75-82.
[61] 冯晓明,赵英时. 半干旱草场的多角度多波段反射率遥感模型. 遥感学报,2005,9(4):337-342.
[62] Kuusk A. A two-layer canopy reflectance model. J Quant Spectrosc Radiat Transfer,2001,71: 1-9.
[63] Price J C. On the information content of soil reflectance spectra. Remote Sensing of Environ,1990,33: 113-121.
[64] Gastellu-Etchegorry J P,Trichon V. A modeling approach of PAR environment in a tropical rain forest in Sumatra :application to remote sensing. Ecological Modelling,1998,108:237-264.
[65] Li X,Strahler A. Geometric-optical bidirectional reflectance modeling of a conifer forest canopy,IEEE trans. Geosci Remote Sens,1986,24:906-919.
[66] Li X,Strahler A. Geometric-optical bidirectional reflectance modeling of the discrete crown vegetation canopy:effect of crown shape and mutual shadowing. IEEE Trans Geosci Remote Sens,1992,30(2):276-292.
[67] Chen J M,Leblance S G. A four-scale bi-directional reflectance model based on canopy architecture. IEEE Trans Geosci Remote Sens,1997,35:1316-1337.
[68] Leblance S G,Bicheron P,et al. Investigation of directional reflectance in boreal forests using an improved 4-scale model and airborne POLDER data. IEEE Trans Geosci Remote Sens,1999,37(3):1396-1414.
[69] 柳钦火,唐勇,李静,等. 遥感辐射传输建模与反演研究进展. 遥感学报,2009,13(增刊):168-182
[70] Li X,et al. A hybrid geometric optical radiative transfer approach for modeling albedo and directional reflectance of discontinuous canopy. IEEE Trans Geosci,Remote Sens,1995,33:466-480.
[71] Li X,Strahler A. Modeling the gap probability of a discontinuours vegetation canopy. IEEE Trans Geosci,Remote Sens,1988,26:161-170.
[72] Gilabert M A,García-Haro F J,Meliá J. 2000,A mixture modeling approach to estimate vegetation parameters for heterogeneous canopies in remote sensing. Remote Sensing of Environ,2000,72(3): 328-345.
[73] 陈良富,庄家礼,徐希孺,等. 用 Monte Carlo 方法模拟连续植被热辐射方向性. 遥感学报,2000,4(4):261-265.
[74] 宋金玲. 植被冠层的多尺度计算机模拟及参数敏感性分析. 北京师范大学博士学位论文,2006.
[75] Wanner W,Li X,Strahler A. On the derivation of kernels and kernel-driven models of bi-directional reflectance. J Geophics Res,1995,100(D10): 20455-20468.
[76] Roujean J L,et al. A bidirectional reflectance model of the Earth's surface for the correction of remote sensing data. J Geophics Res,1992,97(D18): 21077-21089.

[77] 李小文,王锦地,朱重光. 遥感模型的定量反演研究,遥感科学新进展. 北京:科学出版社,1995.
[78] 李小文,高峰,刘强,等. 新几何光学核的验证以及用核驱动模型反演地表反照率(之一). 遥感学报,2000,4(增刊):1-7.
[79] 李小文,高峰,刘强,等. 新几何光学核的验证以及用核驱动模型反演地表反照率(之二). 遥感学报,2000,4(增刊):8-15.
[80] 龙飞,赵英时. NOAA 卫星角度信息在分类中的有效性研究. 中国科学院研究生院学报,2002,19(1):69-74.
[81] Rahman H,Verstratete M M,Pinty B. Coupledsurface-atmosphere reflectance(CSAR) model 1. model description and inversion on synthetic data. J Geophys Res,1993,98:20779-20789.
[82] 龙飞,赵英时,徐建春. 多角度 NOAA 数据方向信息提取的方法研究. 遥感学报,2000,4(增刊):101-105.
[83] 周成虎,骆剑承,杨晓梅,等. 遥感影像地学理解与分析. 北京:科学出版社,1999.
[84] Tarantola A. Inverse problem theory-methods for data fitting and model parameter estimation. Physics of The Earth and Planetary Interiors,1987,57(3-4):350-351.
[85] 王东伟,王锦地,梁顺林. 作物生长模型同化 MODIS 反射率方法提取作物叶面积指数. 中国科学(D 辑),2010,40(1):73-83.
[86] Zhu X H,Zhao Y S,Feng X M. A methodology for estimating LAI by assimilating remote sensed data into crop model based on temporal and spatial knowledge. Chinese geographical science. 2013,doi:10. 1007/s11769-013-0000-0
[87] 王锦地,张戈,肖月庭,等. 基于地物波谱库构造农作物生长参数的时空分布先验知识. 北京师范大学学报(自然科学版),2007,43 (3):284-291.
[88] Li X W,Gao F ,Wang J D,et al. A priori knowledge accomulation and application to linear BRDF model inversion. J Geophys Res,2001,106(D11):11926-11935.
[89] Qu Y H,Wang J D,Wan H W,et al. A bayesian network algorithm for retrieving the characterization of land surface vegetation. Remote Sensing of Environ,2008,112:613-622.
[90] 徐希孺,周莲芳,朱晓红,等. 混合像元的因子分析方法及其在大面积冬小麦面积估算中的应用. 科学通报,1990,35(4):317-320.
[91] Zhou X T,Folving S. Application of spectral mixture modeling to regional assessment of land degration:a case study from Basilicata. Italy,Land Degradation & ReHabilitation,1994,5:215-222.
[92] 张熙川,赵英时. 应用线性光谱混合模型快速评价土地退化的方法研究. 中国科学院研究生院学报,1999,16(2):169-176.
[93] Roberts D A,et al. Mapping chaparral in the santa monica mountains using multiple endmember spectral Mixture Models. Remote Sensing of Environ,1998,65:267-279.
[94] 赵英时. 美国中西部沙山地区环境变化的遥感研究. 地理研究,2001,20(2):213-219.
[95] Ju J C,Kolaczyk E D,Gopal S. Gaussian mixture discriminant analysis and sub-pixel land cover characterization in remote sensing. Remote Sensing of Environ,2003,84(4):550-560.
[96] 唐世浩,朱启疆,李小文,等. 高光谱与多角度数据联合进行混合像元分解研究. 遥感学报,2003,7(3):182-189.
[97] 庄家礼,陈良富,徐希孺. 利用遗传算法优化神经网络实现混合像元组分参数的反演. 遥感学报,2000,4(增刊):31-37.
[98] Ichoku C,Karnieli A. A review of mixture modeling techniques for sub-pixel landcover estimation. Remote Sensing Reviews,1996,13:161-186.
[99] Asner G P,Heidebrecht K B. Spectral unmixing vegetation,siol,and dry carbon cover in arid regions:comparing multispectral and hyperspectral observations. Int J Remote Sensing,2002,23(19):3939-3958.
[100] Small C. Estimation of urban vegetation abundance by spectral mixture analysis. Int J Remote Sensing,2001,22(7):1305-1334.

第 11 章　土地遥感

土地是一个综合的自然地理学概念，是地表某一地段各种自然要素(地质、地貌、气候、水文、植被、土壤等)相互作用及人类活动影响在内的自然综合体。它处于地圈-生物圈与大气圈相互作用的界面，是各种自然过程(物理、化学、生物、地学过程)及人类活动最活跃的场所。因而，对它的研究涉及土壤母质层、地表、植被冠层等多方面内容，并与气候、环境变化等密切相关。

土地是人类生存的基础。合理利用土地、保护和珍惜土地资源是全人类共同的事。我国幅员辽阔(国土面积居世界第 3 位)、土地资源丰富(耕地占世界第 4 位)，但我国人均土地面积不足世界平均数的 1/3，加之土地退化现象严重，土地资源更为紧缺，人地矛盾十分尖锐。

遥感反映的是地表及地下一定深度环境信息的综合特征，是地表景观的缩影。土地这一界面是遥感图像上反映的最直接的环境信息，同时也是研究其他环境要素的基础。土地遥感是研究土地及其变化的最重要的手段之一。遥感对土地的宏观研究主要包括土地覆盖(land cover)、土地利用(land use)、土地资源评价(land resource assessment)以及土地退化动态监测(land degradation monitoring)等内容。

§11.1　土地覆盖遥感制图

11.1.1　概　　况

土地覆盖是随遥感技术发展而出现和发展的一个较新的概念，不同于传统的土地类型。传统的土地类型主要研究土地本身的自然属性，集中反映土壤母质层—地表—植被这一界面的自然地理过程，多采用地貌-土壤-植被三名法，如山地-棕壤-阔叶林地等，具有立体、多层次复合结构的特点。随着遥感的发展，仅着重于土地类型的分析解译和相应光学特征的描述，已显得不能满足客观需求，其结果也往往因时空变化或人为因素，而难以相互比较和转换。

为了更好地反映地球表面的自然状态(即各地土地覆盖的状况)，仅研究单一的土地类型显然是不够的，还必须考虑与土地类型相关的因素。土地覆盖是指地球表面当前所具有的自然和人为影响所形成的覆盖物，如地表植被、土壤、冰川、湖泊、沼泽湿地等。虽然土地覆盖也侧重于土地本身属性的研究，但它不仅仅是单一的土地和植被类型，而是以土地类型为主体，并具有的一系列自然属性和特征的综合体。

土地覆盖作为这种综合体，它包括的因素可以很多，如：①土地类型、植被类型；②植被冠层的密度、植被生长季节的动态特征；③生长季节的累积生物量；④地表覆盖的生物物理特征量，如地表反照率、地表粗糙度、植物叶面积指数、叶面及冠层的阻抗系数、有效光合作用辐射等；⑤与土地覆盖类型密切相关的生态环境要素，如植被所处的生态区域、地形与气候条件、土壤的理化性质、土地利用状况等。

这种土地覆盖的概念是以土地类型和植被类型为核心的，多要素、多维空间信息的综合体。它不仅可从理论上更准确、更完整地刻画地表覆盖和利用特征，而且能为气候、生态环境、生物量、地表能量交换、人类活动及全球变化等方面的研究提供直接信息和有关参数，具有明确的科学性和实际意义。

土地覆盖有它特定的时间和空间属性，其形态和状态可在多种时空尺度上变化，而且产生变化的原因也复杂多样。由于土地覆盖和土地利用与人类的生活、生产息息相关，而人类活动正以空前的速度、幅度和规模改变着陆地环境。人类对土地资源的利用引起的土地利用/土地覆盖的变化是全球环境变化的重要因素之一，也是地球表面科学研究领域中的一个重要分支。因此，土地覆盖/土地利用的动态监测是国内外研究的热点，是当前全球变化研究计划的重要组成部分，如 IGBP-LUCC 计划等。这种遥感宏观土地资源变化研究，须借助 GIS 的定量研究，建立全球或区域尺度的土地覆盖数据库。目前大面积土地覆盖数据库主要有利用 NOAA/AVHRR数据开发的全球 1km 空间分辨率的土地覆盖数据库、全球 1 个经纬度间距地表生物物理量数据库、全球 1 个经纬度间距土地覆盖类型图、利用陆地资源卫星数据开发的美国本土 48 个州的土地覆盖和利用数据库；利用 Landsat/TM 数据研制的中国土地覆盖、土地利用监测系统以及其他区域性的土地资源和植被遥感应用的重要项目[1~5]等。

全球和区域尺度土地覆盖及地表生物物理特征数据库的建立，推动了全球气候与环境变化的研究。例如，利用 AVHRR 1km 季节性土地覆盖数据库改进中尺度区域天气与气候模拟，以深入了解地表覆盖及其复杂的组合对中尺度大气环流和区域天气的影响[6]；利用土地覆盖数据库作为全球环流模型（GCM）的输入，检验和分析气候干湿变化及季节降水、温度和蒸发变化对于地表植被及其动态变化的依赖性和敏感性[7]。此外，地表覆盖数据库也应用于研究生物地球化学过程模拟，因为许多重要的化学元素在地球-大气-海洋系统中的交换依赖于地表覆盖及土地利用，如二氧化碳（CO_2）、一氧化氮（NO）、甲烷（CH_4）、挥发性有机合成物（VOC）等的迁移和转化。全球及区域尺度的土地覆盖数据还广泛应用于各类生态系统模拟、草原生物量估算及其与气候的关系[8]、森林火灾危情监测预报、流域水资源及质量评估、农药使用监测、森林普查和监测、农作物面积估算以及土地资源管理等。有关土地覆盖、土地利用及其变化的研究成果还被用于监督有关全球环境变化国际公约的执行，如有关地球系统碳循环和温室气体增加导致的地-气间相互作用的改变以及世界各国对此所承担义务的履行情况。

随着一系列新对地观测计划的实施，卫星数据在星上校准、辐射与几何纠正等方面明显改进，使土地覆盖及属性特征的数据产品更为准确可靠。这不仅将为大区域土地覆盖监测提供重要、准确的数据基础，并将促进有关方面理论与方法的发展，而且使土地覆盖、土地利用的遥感应用更为科学化、定量化、实用化。

伴随新的全球和区域尺度土地覆盖及其特征数据产品的出现，人们将更加关心产品精度检验的理论和方法问题[9,10]。许多理论问题还有待研究并取得共识。例如，如何建立适于应用目标且在实践中可行的抽样方案，如何选择和建立统计上可靠并与抽样相适应的统计量，怎样对精度评价的结果进行分析等[11]。如何在大面积范围内获取地面实况资料以用于精度检验也是一个重要问题。在这方面，新一代卫星具有的多种空间分辨率、高光谱的组合，结合有限的地面资料进行多维空间的复合分析，对大面积土地覆盖的数据开发和精度检验具有相当的潜力。

11.1.2 研究方法

1. 目视解译定性分析方法

此法着重于土地类型的遥感图像的分析解译以及相应的光谱特征的描述。通过分类系统的确定、解译标志的建立、图像的判读、绘制专题图等工作流程，完成土地覆盖的分类与遥感制图。这里很少涉及土地覆盖与其他自然景观要素的联系。

2. 计算机分类方法

此法在数理统计的基础上，进行遥感图像数据的自动分类(监督分类、非监督分类等)。它具有算法成熟、充分利用人机交互等特点，但用时多，对解译分析人员的依赖性强，其结果往往因地因时因人而异，难以相互比较和转换，很大程度上不具备可重复性等。这些局限性影响了迅速、准确、客观地获取大面积土地覆盖信息。例如，在 IGBP 的全球土地覆盖图中，大洲之间的分类精度可有 20%的差异。尽管如此，这一方法仍是目前大尺度土地覆盖遥感分类的主导方法。在前面第 6 章的图像分类中，已经讨论了监督与非监督分类法，这里就不再重复，仅就其用于土地覆盖自动分类的特点加以论述。

1) 土地覆盖非监督分类

其核心是按照图像的光谱特征(地物反射率)进行划分和聚类。通过计算机分类将数字图像转化为集群图像后，再将集群归入相应的土地覆盖和土地利用类型。这些集群有时可能与某些重要的土地覆盖和土地利用类型相对应(如果园、城市内用地)。分类所需要输入的初始参数较少，往往仅需要给出所要分出的集群数量、计算迭代次数、分类误差的阈值等。由于分类完全依赖于计算机进行光谱聚类，有些集群不一定与土地覆盖、土地利用类型相对应。另外，土地类型的光谱特征往往随时间和空间而变化，即使同一土地类型的光谱特征也有可能随季节和地区的不同而改变。这种“同物异谱”及“异物同谱”的现象增加了将非监督分类集群归入相应土地覆盖及土地利用类型的难度。基于以上原因，对非监督分类的结果往往需要进行大量的分析解译以及后处理，才能得到可靠的土地类型分类结果。

2) 土地覆盖监督分类

它利用已知的有关训练区的土地类型、光谱特征数据和其他辅助数据对计算机进行训练，计算出对应于各种土地类型的多元统计特征(如均值、方差和协方差矩阵等)，并以此建立分类判定规则，对未知地区进行计算机自动分类。其主要特点在于，可充分利用对所需分类地区的先验知识和有关信息，预先制定出所要分出的土地覆盖及土地利用的类型；若选择的训练区土地类型的特征明确具代表性，可对整个地区的分类起重要保证作用。分类后的结果可以对训练区的代表性反复进行检验，找出问题后进一步修正以提高分类精度。

训练区的选择是分类成功与否的关键。训练区的选取应与分类地区的特点和分类系统相适应。对训练区的统计特征应进行详细分析，以选择最有效的参数变量(谱段)参与后续的分类。此外，应对训练区特征指标的外延性进行评估。

由于事先人为确定分类的数量与类别，从而会间接影响所要参与分类的数据结构。另外，训练区的选取有时不一定能够代表整体地区的状况，特别是当分类地区土地覆盖类型复杂并且会有某些预先未知的特征类型时。基于以上这些限制，有时可采用非监督与监督分类相结合的方法，如先利用光谱数据进行非监督聚类以取得光谱特征较为均一的集群，在此基础上再对集群进行监督分类以获得所需的土地类型图。

3) 分类树方法

分类树方法是多元统计分类中的一种方法。它利用树结构原则，按一定的分割原则把数据分为特征更为均质的子集，这些子集在树结构中称为结点。分类树方法的基本思路是利用一组自变量来预测每个样本最可能对应的类型因变量。自变量既可以是连续变量，也可以是离散或类型变量。分类树对分类总体进行逐级分割。首先将总体划分为相互差异最大的两个子集。这种差异的大小是由相应的统计量确定给出的。所划分出的子集可再次被分割成次一级的子集，如此逐级划分，以确定最佳的分类结构(参见第 7 章有关内容)。

分类树在每一级的分割中都可以重复应用上一级已经采用过的变量，当所有选择的变量与指标确定后，因变量(或类型因变量)与自变量的关系便建立了，即这些变量在分类树中的位置被确定了(图 11.1)。在分类树的任意层次上，这种方法可以给出哪些自变量对某种类型因变量是最为重要的，并可确定在概率意义上的可信程度以及所划分出的分类结果的准确度。分类树的结果还有助于理解自变量群体中非线性和等级型的内部结构，以及它们与类型变量之间可能存在的联系。

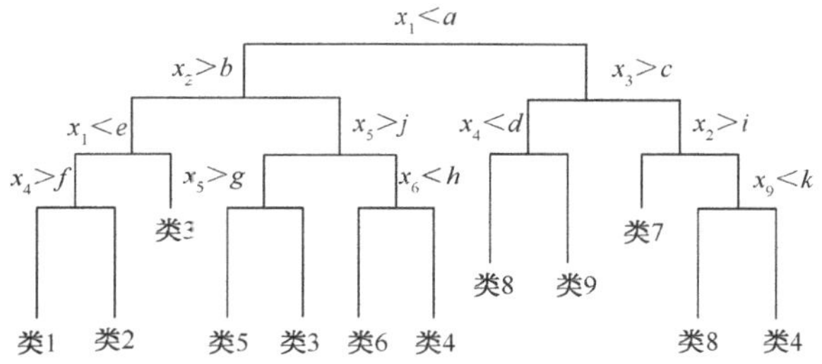

图 11.1　分类树结构示意图

在土地类型分类过程中引入分类树方法，可将一组可能与土地类型有关的连续自变量视为 x_i，类型自变量视为 y_i，与之相关的待预测的土地类型因变量为 z，则分类树的法则可概括表达为

假设：$(x_i \in \{a, b\})$，$(y_i \in \{A, B\})$　则：z 最有可能是类型 M。

分类树方法与传统的统计分类方法(如最大似然法)相比具有一些优越之处。首先，分类树方法不要求自变量遵从正态随机分布并具有中心趋势和正态近似。例如，每一种类型可出现在分类树的多个终端点(树梢)，反映出同一类型内部存在的非正态分布状况。分类树的另一优越性在于它允许类型自变量与连续数字型自变量共存，并可作为一组自变量进入分类过程。与常规统计分类方法相比，分类树还能更有效地处理数据缺失的问题。

分类树方法也有助于简化自变量数据的维数，选择其中最为重要的自变量作为分类的输入变量，从而大大减少了数据的运算量。在简化数据维数的过程中由于没有做任何有关数据结构的假设(如线性和正态分布)，该方法比其他常用的统计压缩数据方法(如主成分方法)更少局限性。

分类树法潜在的一个问题是有可能形成巨大复杂的树体，即包括过多的枝叶层。这些过多枝叶的存在往往加大了原始数据的“噪声”的作用，影响真实信息的提取，并对整体分类结果产生副作用。对分类树生成的多层次(树枝)、多终端(树梢)结构往往需要进行“去枝叶”修改，从而使得树的结构更为合理，并使其预测能力更为稳定。常采用的“去枝叶”方法包括以下几种。

(1)剪枝法：剪枝法按次序将最不重要的分枝从分类树中去掉。每一个分枝的重要性可由一个损失程度指标进行度量，即

$$D_k(T') = D(T') + k_1 \cdot \mathrm{size}(T') \tag{11.1}$$

式中：$D(T')$为某一分枝 T' 的偏离程度指数；$\mathrm{size}(T')$为分枝 T' 具有的终端点(树梢)数；k_1 为损失程度系数。

在剪枝过程中，先去掉损失程度指标 $D_k(T')$ 最小的分枝。剪去枝叶的数量可人为确定，主要依据研究对象和专业知识来判断。

(2)缩减法：缩减法从树最底层的终端点依次向上一级归并，可采用缩减拟合值作为度量，即

$$\hat{y}(\text{枝}) = k_s \cdot \bar{y}(\text{枝}) + (1 - k_s) \cdot \hat{y}(\text{上一级枝}) \tag{11.2}$$

式中：$\bar{y}$(枝)为在该枝的拟合值；$\hat{y}$(上一级枝)为上一级枝的缩减拟合值；k_s 为缩减参数。

在缩减过程中将根据本级树枝与其上一级枝拟合值差异的大小来决定先缩减哪一枝。与剪枝法类似，最终合并的程度需要根据研究对象及专业知识来确定。

4) 人工神经元网络方法

人工神经元网络方法简称神经网络方法(ANN)。ANN 算法进行土地覆盖类型分类的主要优势在于：并行结构运行速度快；对于缺失或噪声信息有更强的抵御能力；不为统计假设所约束，是完全非参数化的。一般的神经网络由处理单元、拓扑结构和自行学习规则等主要部分组成。

每个处理单元是神经网络最基本的操作元素，由多个基本处理单元组合成层。拓扑结构确立网络的构架并且定义处理单元的相互作用关系。最为典型的神经元网络是三层网络结构，即输入层、隐含层和输出层。输入层的功能是向神经网络计算机提供信号；隐含层是输入与输出层之间的层次，为神经网络提供记忆和计算功能；输出层输出神经网络的计算结果，由输出处理元素实现其功能。

学习规则主要确定人工神经网络如何获取确定认知型式，并以此指导分类的操作和运行。以下就神经网络在分类中的应用进行简要介绍[12]。

A. 反向传播法

这是一种常用的多层神经网络的学习算法。该算法通过从输出到输入的逆向误差信息传播对连接权值进行修订以改进分类结果。在网络的训练过程中，前向与后向的传播在不同层次中进行。由几个输入元素组成一个输入矢量，输入层将输入矢量中的每一个元素传输给隐含层中的每一个元素。输出层的每一个单元接收隐含层中各元素所输出的信号，即所对应的类别。每一个输出类别将对照已知的类别，将对比误差反向传回给隐含层中的每一个单元以进行修正。这样反复多次进行训练，直至所得出的输出类型与真实类型相符并使误差值减至最小，如图 11.2(a)所示。

B. 模块化方法

模块化方法是利用在主网络中引入子网络的办法对数据空间进行分解处理。由子网络提取建立详细的数据模式，由门户网络对处理结果进行加权评定以确定最终的网络结构。该方法将复杂的网络结构分析过程化为几个相对简单并且互相独立的过程。一般模块法由一组局部网络组成，每一个局部网络又可以看作为一个独立的反向传播网络。局部网络间相互竞争，学习所需目标的不同方面。门户网络控制各局部网的竞争，有选择地赋给不同的局部网络所需的数据空间，如图 11.2(b)所示。

门户网络与局部网络均全部与输入层相连接。与门户网络和局部网络相连接的输出单元的数目也是相同的。门户网络输出的结果将用于权衡和评估其所对应的局部网络的输出矢量。模块法网络的输出是局部网络输出的加权合成。这种方法的优点在于可以鼓励各局部网络的竞争。门户网络通过度量和评判每一局部网络的输出误差确定其在总体网络中的权重，

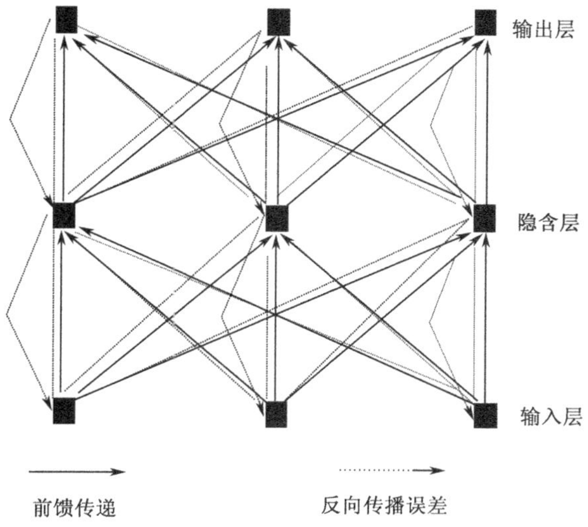

(a) 反向传播法

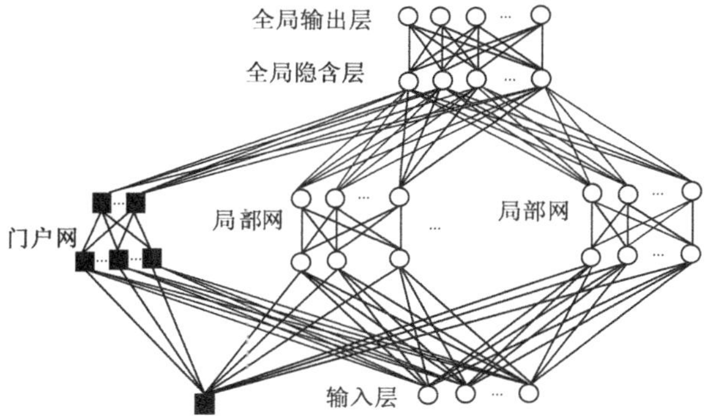

(b) 模块化方法

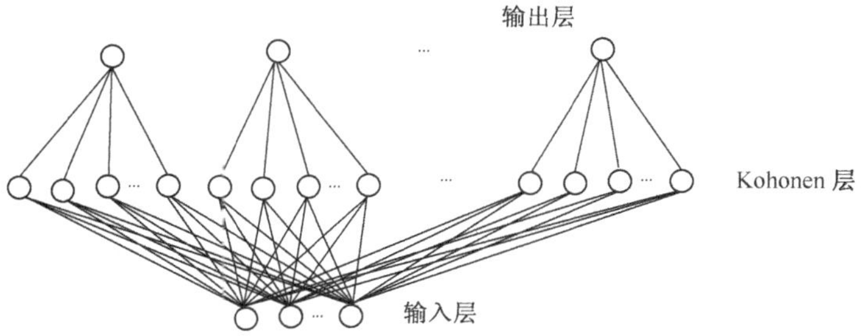

(c) 矢量驯化方法

图 11.2 人工神经网络方法

以实现最优化组合。

C. 矢量驯化方法

这是一种最邻近分类的神经网络方法。矢量驯化网络包括输入层、Kohonen 层和输出层,如图 11.2(c)所示。

Kohonen网络的训练不同于反向传播，该网络对每一个训练过程所输出的处理单元采取相互竞争、择优选取的原则，一般优胜者所对应的处理单元可继续学习。矢量驯化法根据每一个处理单元的权重矢量来决定取胜的单元。但有时会出现某一单元过多被采用而抵消其他处理单元作用的问题。为解决这一问题，在实现驯化方法中常引入偏离系数以控制处理单元获胜的次数。另外一个控制机制是，如果取胜的单元没有落在训练矢量中，则由排名在下一位且落在训练矢量域内的处理单元获取优先权。这些控制机制可对类型之间的边界进行调整，以获得更为接近真实的分类结果。

5）基于知识的土地覆盖分类

McIver和Friedl[13]在基于遥感的土地覆盖分类中，通过辅助信息获得先验概率，再将先验概率参与到监督决策树分类中，以提取难区分的类别。该方法运用boosting技术的无参监督分类法推算出各类别成员的条件概率；再结合贝叶斯规则，借助辅助信息，将难区分的类别区分出来。在训练样本没有很好的代表性的时候，先验概率能帮助区分混淆的类别，并能减小偏差。

所用的农田空间分布有关的先验知识，是由全球农业密度图的农田密度所提取的AVHRR每个像元农田的先验概率（似然估计——每一类型的类成员概率）；再对包含先验概率的农田密度应用贝叶斯（Bayes）规则，来限制只用光谱信息的分类预测，以提高区分农作物和自然植被的精度。TM和AVHRR数据在北美地区的应用试验表明，无论对TM，还是AVHRR图像数据，加入农田先验概率后，解决了大部分农田和自然植被的混淆问题，分类精度明显得以改善。

该方法的优势在于合适的先验概率的引入，可以有效地去除由于训练样本的不当采样所造成的误差。其局限性在于不易获得有效的辅助信息和先验概率。因此，人们引入置信度参数，通过减小外部信息的影响，来减少分类误差。

11.1.3 应用实例

1. 全球1km空间分辨率土地覆盖数据库

“全球1km空间分辨率土地覆盖数据库”由美国EROS（国家地质调查局）地球资源观测卫星数据中心和美国内布拉斯加大学的科学家主持，并与美国国家航空航天局（NASA）、美国国家环境保护署（EPA）、美国农业部森林服务局、联合国环境规划署、欧洲联盟共同研究中心以及其他机构合作开发而成（以下简称“全球土地覆盖数据库”）。

1）数据的采集与处理

从1991年起，在IGBP的组织协调下，由几十个国家参与对世界各地1992年4月至1993年3月间的美国NOAA极轨气象卫星数据进行接收和预处理。对每日AVHRR的图像进行轨道拼接、辐射订正、几何校正和大气校正，并将每10天的图像进行合成，制作以10天为间隔的合成图，以消除云的影响。最终的数据产品包括全球陆地1km空间分辨率的AVHRR的5个光谱波段的卫星数据以及反映卫星-地面-太阳之间几何关系的有关参数。这为全球土地覆盖数据库的开发提供了宝贵的基础资料。

2）全球土地覆盖数据库分类系统的建立

全球土地覆盖数据库的分类系统不同于传统的土地分类系统。考虑到这一数据库用户的多种需要和广泛的应用领域，研制者采用了“灵活土地覆盖分类”策略[14]。根据植物生长季内获得的多时相遥感数据和其他辅助数据（如地形、生态区、气候、主要土地资源面积等），利用非监督分类和反复的人机交互、解译分析，依据地表覆盖的动态过程将图像像元划分为“基本土地覆盖类型单元——季节土地覆盖单元”。这些季节土地覆盖单元形成的主要依据是生长季中植被或土壤的光谱特征（由植被指数 NDVI 代表，它与多种生物物理参数有关，如光合作用的水平、初期生产力、叶面积、CO_2 流等）及其时间变化，以及与之相关的其他自然环境要素特征，包括生态区、地形、气候、土地利用状况等。每个单元内的像元具有相似的物候期和生长期，类似的年累积生物量（年初期生产力）以及相似的植被（类型）组合和生态环境。每一单元的自身特征构成了与其他单元的本质区别。“季节性土地覆盖单元”构成“灵活土地覆盖数据库”的基本成分，辅之以一系列有关光谱、地形、生态区、气候等属性特征，成为分类系统中最底部的一层。这种主要利用遥感数据衍生出的土地覆盖类型，具有明显的时间和空间上的属性[1]。

采用建立在季节性土地覆盖单元基础上的灵活分类系统，不仅可以使得由遥感资料得到的土地覆盖信息得以最大程度的保留，而且可以依据区域特点和用户不同的应用需求，根据土地覆盖单元的类型和一系列属性特征（所在地的自然环境特点），进行季节性单元的调整和逐级归并，并纳入不同的分类系统中，从而十分灵活地满足不同研究和应用的需求。图 11.3 是这种转换过程的一个应用实例。

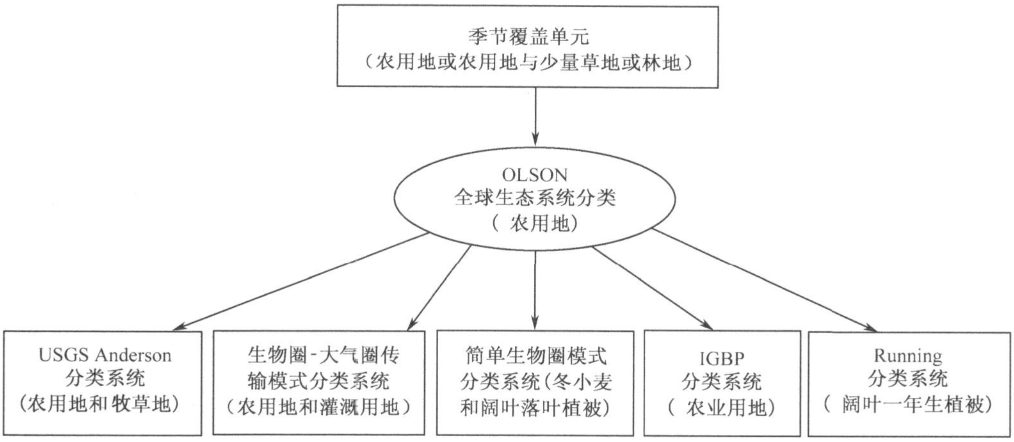

图 11.3　全球土地覆盖分类系统转换

3）全球土地覆盖数据库的基本要素和特征

全球土地覆盖数据库包括以下基本要素：①土地覆盖类型及描述；②季节特征，包括地物光谱和植被指数的时间序列，如季节反照率、绿度开始、峰值、绿度期等；③地理环境要素，包括地形、高程、所处地理生态区。

全球土地覆盖数据库共包括 961 个季节土地覆盖单元，以及以此为基础推导出的 7 种全球土地覆盖分类图。这7种图的土地分类系统是近年来全球变化研究中经常采用的分类系统(表11.1)。季节土地覆盖单元是有关全球土地景观特征的基本单元,而其他10种分类系统是将基本单元归入到某一统一的全球分类系统中,以揭示出全球土地覆盖总体分布特征。

表11.1 全球土地覆盖和植被类型常用分类系统[1]

分类系统	类型数目	主要应用范围	备注
Olson全球生态系统	94	全球碳素循环	(Olson,1994)
IGBP Discover土地覆盖类型	17	全球变化研究	(Belward,1996)
生物圈-大气圈传输模型分类	20	地-气相互作用气候模拟	(Dickinson et al.,1986)
简单生物圈模型	10	地-气相互作用气候模拟	(Sellers et al.,1996)
USGS土地覆盖土地利用分类系统	24	多种用途	(Anderson et al.,1976)
全球遥感应用土地覆盖分类	8	生物地球化学模型	(Running et al.,1994)

根据全球土地覆盖数据库,全球陆地的总面积约为145696845km²。其中近28%为森林和疏林,24%为非植被覆盖区(包括荒漠和半荒漠,积雪和冰),19%为农业或农牧用地,14%为灌丛,14%为草原或稀树草原,城市用地近0.2%,湿地约占1%。应当指出,由AVHRR卫星数据估算的湿地面积很可能偏低,这和卫星本身的空间分辨率有关。城市用地面积是从非卫星影像数据估算的,因此可能有一定误差[1]。

利用遥感和辅助数据,采用不同的分类方法所获得的土地覆盖信息是否准确可靠是一个十分重要的问题。有关土地覆盖分类结果精度检验的理论和方法近年来成为人们所关注的一个重要课题。这部分内容请参看第6章中的"误差和精度评价"。

2. 土地覆盖特征图的编制[19]

1) 项目目标

- 运用多源数据——多时相遥感数据(NDVI、反照率)、相关的地学/气候数据(地形、气候、生态区、土地资源面积)。
- 建立土地覆盖特征数据库——包括不同季相特征的土地覆盖区、土地覆盖/植被(LC/Veg.)类型、季节生长条件(绿度开始、峰值、绿度期——生长期长度)、季节反照率、地形、气候参数、生态特征等。
- 应用于土地管理(LU/LC、森林覆盖、农业状况)、气候模型(反照率、碳循环、地表粗糙度)、环境监测(地表变化、资源条件、生态脆弱)。
- 评价该数据库在全球气候等研究中的实用性和局限性。

2) 设计思想

- 大尺度、可重复、多目标用户、大数据量、数据更新能力。
- 反映季相、生态、人文等信息和变量。
- 反映景观特征、遥感器特征与分析方法之间的关系。

3) 数据库的数据源

- AVHRR数据——NDVI、亮度。
- 地形数据。
- 气候数据(NOAA提供)——月平均气温、月平均降水、无霜期等。

• 生态区(EPA 提供)。
• 主要土地资源面积(USDA 提供)。
• 土地利用/土地覆盖(LU/LC)数据(USGS 提供)。

4) 分析程序

• AVHRR 数据(1990 年 3～10 月)生成 NDVI 月最大值(去云)。
• 非监督分类——生成 70 种季相特征不同的区域(波谱-时间类别)。
• 数字化辅助数据(地形、气候、生态区、土地资源面积)参与——标识出 70 种中间土地类别(季节土地覆盖单元)。
• 描述各类别的季相特征和生产力水平——NDVI 变化、NDVI 与高程/无霜期的关系、NDVI 与不同植被的关系,绿度开始、峰值、绿度期等生物气候学特征。
• 最终结果——159 种土地覆盖类别(相似的植被组合、生物气候学特征、相对生物量、其他景观参数)和相关的属性描述。

5) 分类后处理

不同植被、土地覆盖类型的绿度变化(图 11.4、图 11.5);绘制绿度开始、峰值、绿度期、总绿度值图(图 11.6)和植被条件图;NDVI 与气候的关系(温度、降水、无霜期等)、与高程的关系(图 11.7)。

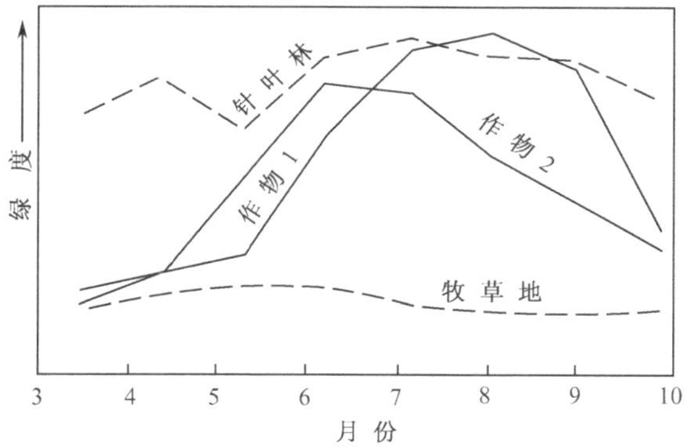

图 11.4 不同植被类型的绿度变化曲线[19]

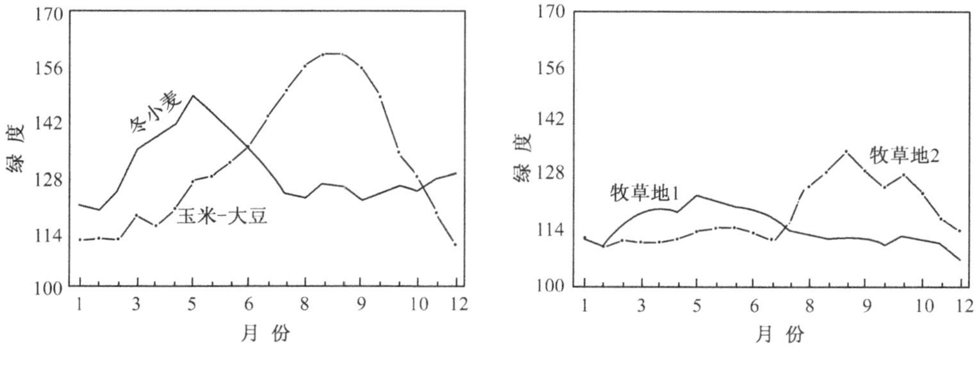

图 11.5 不同土地覆盖类型区绿度特征曲线[19]

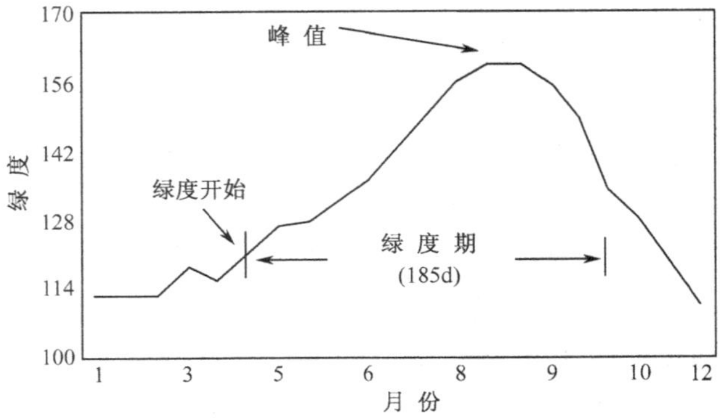

图 11.6 作物的绿度时间剖面[19]

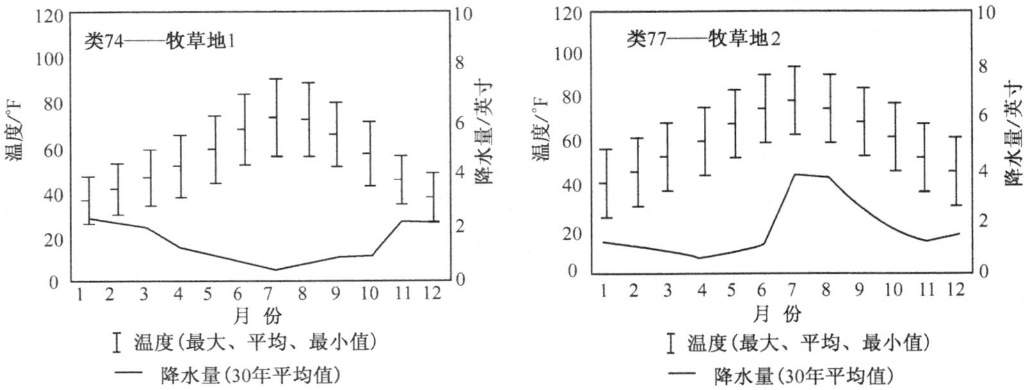

图 11.7 不同土地覆盖类型区的气候参数曲线[19]

对于具有相似季相 NDVI 剖面但具不同植被组分的类别，进一步划分为内部均质的不同土地覆盖区。例如，南部大平原的冬小麦与西海岸的天然草场被指定为同一NDVI类别，出现混乱。若像元位于冬季降水最大区域则为天然草场，否则为冬小麦；其他证据包括地理位置、生态区、高程等。

6）数据库多层结构

- AVHRR 源数据层。
- 辅助数据层(高程、气候、生态区、LU/LC、土地资源面积)。
- 159 种土地覆盖特征区(分类结果)。
- 表数据(类别与相关的属性描述的对照表)。
- 变换表(LC 分区与其他已有土地分类方案转换表)。其分析产品为一种多层次、多级别、数字化、地理参考的土地覆盖数据库，以上各种数据、表、分类结果等均可根据用户的多种需求，相互分析、综合、转换。

7）应用

- 土地覆盖制图——LU/LC、森林覆盖、农业状况调查 / 监测 / 管理。

• 生态区划——LU/LC类型、空间结构、生物气候参数(季相特征:绿度开始、峰值、绿度期等)。

• 气候模型(如CCM、MM4、GCM等)——反照率、磁循环、地表粗糙度。

• 资源模型(如水资源评估、生态模型、作物发育等)——生物物理参数、LU/LC类型、植被类型等。

• 环境与灾害监测——地表变化、资源条件、生态脆弱等。

此方法的最大特点在于:依据植被组合、生物气候学特征、相对生物量、其他景观参数等进行分类,既提供了土地覆盖的区域表达、空间分布,又提供了土地覆盖的季相特征(通过绿度的开始、峰值、绿度期的长度等来表达植被发育的季相差异)和土地覆盖特征的变化量。正因为它以评价生物物理、生物气候条件的明确方式来定义和描述土地覆盖区的特征,且这种土地覆盖特征分区过程具有可重复性、灵活、便于管理等特点,故特别适于全球研究及大尺度环境应用。

§11.2 土地利用分析

土地利用主要研究各种土地的利用现状(包括人为和天然状况),一般指地球表面的社会利用状态,如工业用地、住宅地、商业用地等,反映土地资源的社会经济属性。以林地为例,从其利用目的和方向出发,分为用材林地、经济林地、薪炭林地、防护林地等,仅反映土地实际用途,而不表示它的潜在用途和适用性。而土地覆盖是指地球表面的自然状态,如森林、草场、农田等,反映土地资源的自然属性。对于林地,则根据林地生态环境的不同,分为针叶林地、阔叶林地、针阔叶混交林地等,以反映林地所处的生境、分布特征及地带性分布规律。应该说,遥感直接获得土地覆盖信息,而要确定具体利用情况,还需其他辅助信息支持。

土地利用状况是人们依据土地本身的自然属性以及社会需求,经过长期改造和利用的结果。依据不同的土地用途和利用方式,土地利用的分类系统有不同的类别和等级。一级分类以土地用途为划分依据,如耕地、园地、林地、草地、城乡居民及工矿用地、交通用地、水域、特殊用地、未利用土地等;二级分类以利用方式为主要标准,如耕地又分水田、水浇地、旱地、菜地等。一、二级分类按国家标准统一命名及编码排序。但为了反映土地利用的地域差异,允许因地制宜地作适当增删。第三级分类则是根据区域特点,由地方自定,但要考虑与相邻地区的协调。例如,旱地在华北平原可分为麦地、大田作物(杂粮)、经济作物(花生等),而在黄土高原可分为坡耕地、川耕地、沟耕地等。

11.2.1 土地利用调查与制图

运用遥感技术进行土地利用现状调查,以摸清土地的数量及分布状况,是遥感应用中最早、研究最多的一项基础性工作。在这一方面,无论是利用航空像片,还是卫星像片(MSS或TM),从遥感图像的选取→图像分析→解译标志的建立→判读与制图→面积量算→误差的平赋→精度分析等,已形成一套比较成熟的技术路线。无论目视判读还是数字图像处理,对于光谱特征、空间结构特征等专题信息提取、分类方法选择等方面,均积累了许多经验。具体方法简述如下。

1) 遥感数据及辅助资料的采集

(1) 根据区域特点及详查、概查的要求，进行地类可判读性及判对率的研究、评价，以确定遥感图像的空间分辨率。实验研究表明，1∶10万的Landsat/TM图像(空间分辨率30m)可以解译出85%～92%的二级类型(不同地域及地类复杂程度下解译的判对率有差异)及个别三级类型；而Landsat/MSS图像(空间分辨率80m)一般仅能识别一级类型和极少数二级类型；1∶12万超小比例尺彩红外航空像片可以识别出95%左右的二级类型和部分三级类型；1∶5万彩红外航空像片可以判对90%左右的三级类型。

(2) 根据研究区的作物的农事历、自然植被的物候期及环境因素的变化确定遥感图像的时间分辨率。例如，三北(东北、西北、华北)防护林地区遥感调查的最佳时相是春末夏初和秋中季节[20]，此季相的耕地、林地、草地及居民点用地之间色调差异明显，且同一类型内部色调差异也大(主要是植被长势及土壤水分差异大所致)，易于判读。

(3) 根据遥感数据、信息量及相关性等研究，选择其最佳波段及波段组合(参见第8章有关内容)。

(4) 辅助资料，包括地形图、各类专题图、生物、地学要素、社会经济统计数据、历史资料等。

2) 遥感图像的预处理

主要指遥感图像的几何纠正、辐射纠正以及图像增强。其中，图像增强多采用线性灰度拉伸、比值处理、主成分分析及彩色合成等，以便获得最佳视觉效果的假彩色合成图像(参见第6章有关内容)。

3) 解译标志的建立

首先，根据区域特点，确定以国家一、二级分类系统为基础的研究区土地利用分类系统。其次，根据各地类的影像特征(色调、形状、纹理结构等)，通过图像分析，包括目视解译或对部分数字图像训练区的专题特征提取，建立各地类的"初步解译标志"。再通过野外调研对"初步解译标志"进行实地检验、修正以及对初判中的疑难点进行实地属性确认，以最终建立全区各土地利用类型的解译标志(参见第6章有关内容)。

4) 室内遥感图像判读成图

根据已建立的解译标志，以目视判读为主，辅以数字图像处理，进行逐级的地类判读及界线勾绘。判读中注意先整体后局部，先易后难，并注意运用地学相关分析、对比研究以及先验知识的加入和逻辑推理等，以确保解译内容和图斑勾绘的正确性。

5) 地类面积量算

按"层层控制、分级量算、按面积比例平差"的原则，进行地类面积量算和统计。由于一些线状地物如道路、沟渠、田埂、林带等，往往在遥感图像上难以独立勾绘和量算，而混入耕地中。为了提高耕地面积的准确度，多通过系数扣除法或建立线状地物实测(宽度)数据与对应的图像(宽度)数据间的回归方程，来进行耕地中线状地物面积的扣除。

6) 成果总结

成果总结包括专业制图、数据整理汇总、建数据库、土地利用现状分析以及提交研究报告等。

11.2.2 土地利用变化分析

由于地球表面的土地利用/土地覆盖状况处于频繁的动态变化中，因而及时了解其变化就显得尤为重要。利用遥感技术进行土地利用/土地覆盖变化的动态监测关键在于多时相遥感数据的选择、不同时相数据的空间及光谱的匹配、变化检测方法的选择以及变化信息的提取与制图等。有关"遥感变化检测"在第 9 章有专门论述，这里仅就土地利用的变化监测作简单说明。

遥感对土地利用变化的监测，过去大量的工作还是运用目视分析对比不同时相土地利用图的差异，或用新的遥感分类图与旧的土地利用专题图比较，以求得变化区域和变化量，其效率与精度往往不能满足用户的要求。即使是对不同时相遥感图像先分类后再逐个像元地对比、检测变化信息，也因各自分类标准不一，精度、可信度难以满足实用需求。随着 GIS 的发展，人们借助于 GIS 的支持，进行专题信息的空间分析，可直接检测变化图斑，输出动态变化图和统计数据，满足用户的不同需求。随着定量遥感研究的深入和快速监测的急切需求，人们直接从动态遥感信息中提取变化因子，如不同时相遥感复合数据的分类提取、不同时相数据的植被指数变化信息提取、不同时相遥感数据的地表参数反演等，以实现土地利用变化的快速动态监测。

在国家重大遥感项目支持下建立的"中国资源环境数据库"，以 1：10 万土地利用数据为核心，包括 30 多种主要资源环境要素，这些要素多数是通过遥感图像数据提取或反演获得的，且具有统一的数据标准、数据格式。刘纪远[21~24]在中国资源环境数据库的基础上，借助 GIS 和各种数学模型方法，通过计算土地类型面积变化的幅度、速率等数量化指标，如土地利用动态度、土地利用程度变化、相对变化率指数、土地利用转移矩阵、垦殖指数变化率等(表 11.2)，在全国及区域的土地利用时空变化及驱动力、土地资源生态环境质量、耕地变化等方面进行了系统的研究，为我国土地资源的利用保护及土地资源利用的宏观战略决策提供科学参考。

表 11.2 土地利用变化的分析方法[21~25]

指标	计算公式	含义
单一土地利用类型动态度	$k=\frac{\mathrm{LU}_b-\mathrm{LU}_a}{\mathrm{LU}_a}\times\frac{1}{T}\times 100\%$	直接反映 T 时段内某一地类变化的幅度和速率(变化速率)
综合土地利用动态度	$\mathrm{LC}=\frac{\sum_{i=1}^{n}\Delta\mathrm{LU}_{i-j}}{2\sum_{i=1}^{n}\mathrm{LU}_i}\times\frac{1}{T}\times 100\%$	综合动态度用于表述某研究区 T 时段内，土地利用的数量变化程度； LU_i 指监测期始第 i 地类的面积；$\triangle\mathrm{LU}_{i-j}$ 指监测期内第 i 地类转为非 i 地类的面积
土地利用程度综合指数	$L_j=100\times\sum_{i=1}^{n}A_i\times C_i$	表示某研究区土地利用的综合程度（总体水平）
土地利用程度变化指标	$\Delta L=L_b-L_a$ $=100\times\left(\sum_{i=1}^{n}A_i\times C_{ib}-\sum_{i=1}^{n}A_i\times C_{ia}\right)$ $R=\frac{\sum_{i=1}^{n}A_i\times C_{ib}-\sum_{i=1}^{n}A_i\times C_{ia}}{\sum_{i=1}^{n}A_i\times C_{ia}}$	ΔL 为土地利用程度变化量，ΔL 为正，则该区土地利用处于发展期，否则处于衰退期；ΔL 并不反映生态环境的好坏； R 为土地利用程度变化率； ΔL、R 共同度量研究区内土地利用的综合水平和变化趋势

续表

指标	计算公式	含义
相对变化率指数	$k=\frac{\lvert LU_b-LU_a\rvert \times L_b}{LU_a\times \lvert L_b-L_a\rvert}$	将局部区域的类型变化率与全区的类型变化率相比较，以反映土地利用变化的区域差异；LU 指局部区域某地类的面积；L 指全研究区某地类的面积
土地利用转移矩阵	$LC_j=k\times LC_i$	反映在一定时间间隔内，i 土地利用类型转化为 j 类型的数量
垦殖指数变化模型	$\Delta I=I_b-I_a=\left\{\frac{\sum a_{ib}-\sum a_{ia}}{A}\right\}\times 100$	ΔI 为垦殖指数变化量(垦殖指数 I 指耕地在一定区域面积上所占的比例)

注：A_i 指区域内第 i 级土地利用程度分级指数(即将土地利用程度按照土地自然综合体在社会因素影响下，自然平衡状态分为四级并分级赋予指数)；C_i 指区域内第 i 级土地利用程度分级面积百分比；LU_i 指某区域内第 i 地类的面积；n 为土地利用程度分级数；下标 a、b 指时间先后；T 为时间段

11.2.3 城市土地利用分类

城市是人口最集中，政治、经济、文化活动最频繁，人类对自然环境改造最强烈的地方。随着世界城市化进程和我国改革开放的深入，城市规模不断扩大，经济高速发展，城市已成为研究人口、资源、环境问题的焦点，出现了一系列资源、环境的新问题，如大量可耕作土地和绿地丧失，生态环境遭到破坏，城市垃圾、工厂灰渣废料的堆放使环境污染加剧等，以及城市热岛现象等。其中，城郊(城市边缘区)是土地利用变化最为剧烈、频繁的地方。

遥感信息的周期性、宏观性、现势性的特点，使之成为及时获取变化信息，进行城市动态监测、环境分析等研究的必不可少的手段。遥感研究城市土地利用的特点在于：①城市主要被人造物覆盖(水泥、砖瓦等建筑材料)，其光谱特征与天然植被、水、土壤、岩石等明显不同，且建筑群间的光谱差异小，需要高光谱遥感图像；②城市内各地物及其类型的轮廓明显、边界清晰，因而城市用地分类更多地利用其几何形态特征(纹理结构)，需要提取道路、房屋等的空间结构专题信息；③城市是典型的非均质地域，地物的质地、几何形态等均可能在较小范围(地域)内产生很大的变化，因而混合像元的问题尤为突出，需要高空间分辨率的遥感图像，如 SPOT / “P+xs”、航空像片等；④城市环境污染较重，热岛效应明显(城市下垫面性质的变化、大气成分的改变、人为热排放的增加，使地表反照率、大气逆辐射及地表热辐射增强)，因此在波段的选择上除可见光、近红外波段外，还需要利用热红外波段，以便研究居民地类型、房屋质量与密度等；⑤城市系统是一个人类活动与生态环境交织耦合的多成分、多层次、多功能的复杂系统，城市土地利用变化的遥感研究需要 GIS 的支持。

传统城市土地利用分类采用 1∶10 万的 Landsat/TM 图像(空间分辨率 30m)，可分辨出城市内部的道路网等信息，但无法获得城市详细的土地利用分类信息。随着遥感器空间分辨率的提高，直接应用高分辨率图像数据(如 IKONOS 1～4m 数据)进行城市土地利用分类与制图成为了可能。但是，随着空间分辨率的提高，类间光谱混合和类内光谱变化增加。例如，居民用地往往是房顶、草地、道路、树木等几种不同土地覆盖类型的集合体；而同一种土地覆盖类型(如草地)可以存在于商业用地、工业用地、教育及娱乐用地等多个土地利用类别中。因此，

如何充分挖掘图像数据的空间纹理结构信息，使其参与图像光谱分类，对城市土地利用研究尤为重要。以基于知识的高分辨率影像城市土地利用分类为例加以说明[26]。

(1) 选择样区与子区：选择36块有代表性的图像样区(图11.8)、1个子区；土地利用类型包括居住用地、商业用地、工业用地、教育用地、娱乐用地、林业用地及农业用地；目视解译各样区中每种土地利用类型的图像特点。

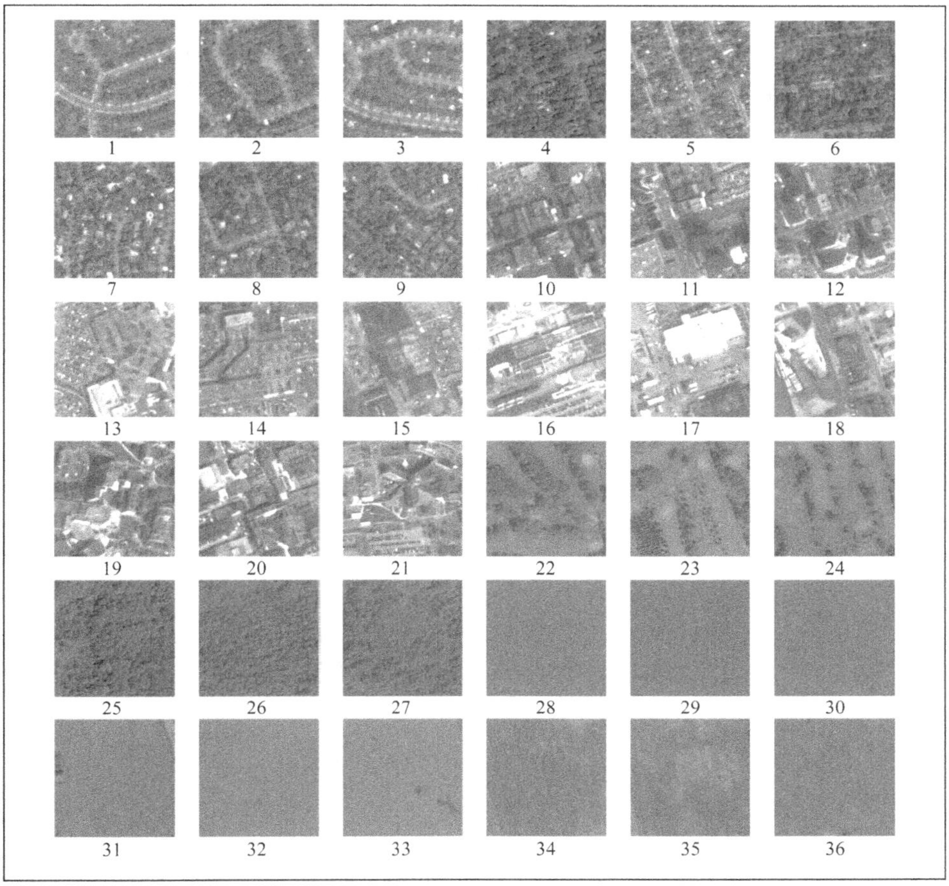

图11.8 典型土地利用类型的样图[26]

(IKONOS，绿波段，1m分辨率，256×256像元)

(1～3新居住用地；4～9旧居住用地；10～12城镇商业用地；13～15城郊的商场；16～18工业用地；19～21公共机构；22～24高尔夫球场；25～27林地；28～30玉米地；31～33大豆地；34～36收获后的裸地)

(2) 非监督分类：①采用ISODATA算法对IKONOS图像进行分类，得到185个集群，通过目视判断和参考实地数据，生成基本的土地覆盖类型图(7～15类)，包括阴影、林地、草地/稀疏草地、暗屋顶、道路、混凝土路面/街道路面、裸土地、农田(玉米/大豆)等[图11.9(a)]；②生成每种土地覆被类型的二值图，如在屋顶二值图中，255代表“屋顶”、0代表“非屋顶”；③在每种地类的二值图上，利用不同大小过滤器(49×49、75×75)，通过移动窗口生成密度图(即所占的面积百分比)。例如，屋顶密度图中，0～255的域值代表屋顶的覆盖类型在整个区域中所占的百分比。

(3) 基于知识规则的城市土地利用信息提取：通过邻域内土地覆盖类型的大小、形状、纹理结构等空间知识，以及区内不同土地利用类型的经验值，用一系列的逻辑运算如“if…and…then”、“与”、“或”、“否”等的叠加，建立每种土地利用类型的判别准则，来提取城市土地利用信息。例如，草地密度为 4.0%～21.5%，且街道路面密度为 3.0%～15.5%，且暗屋顶密度为 8.5%～31.0%，且混凝土路面密度<25.5%，则属于新居住地；如暗屋顶密度>7.8%，且树的密度为 13.7%～50.0%，且阴影密度>14.9%，则属于独立的旧别墅等[图 11.9(b)]。

(4) 合并所有的土地利用类型得到一个完整的土地利用图[图 11.9(a)]。

(5) 后处理：对较小的未分类的“洞”或“多边形”用相邻的土地利用类型来填充。

(6) 结果验证与精度评价：最终产生的土地利用图可以根据实地踏勘和图像解译的结果进行估计。验证结果表明，此方法对于区分 36 个典型地类的精度达 90%；对于子区图精度达 88.5%。研究还表明，详细准确的城市土地利用类型只能通过小于 5m 的空间分辨率的影像数据来获得。

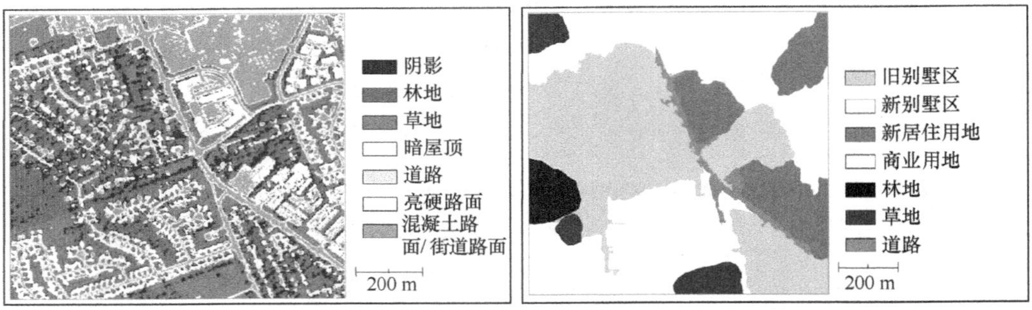

(a) (b)

图 11.9 土地覆被分类与土地利用识别结果图[26]
(IKONOS，子区，1000×1000 像元)

§11.3 土地资源评价

土地资源评价是关系到土地资源管理和有效利用的一个十分重要的问题。它主要研究土地农林牧的生产潜力，包括适宜性、限制性(对农林牧的限制程度)，来进行综合评价——即鉴别土地对某种用地类型的好与坏，按土地生产力的高低划分土地质量等级(如多宜类、双宜类、单宜类、不宜类，并进一步划分为一等地、二等地……)。土地资源评价是以土地质量评价为核心，以土地类型和土地利用现状为基础，主要借助于土地的性状与利用类型对土地条件的要求来鉴定各类土地的质量等级，包括质量鉴定和数量估算两个基本内容。

上述的土地类型主要是指土地的生态自然因素(即环境属性)，如气候(温度、降水)、地表形态、植被等。土地资源类型是在土地类型基础上，考虑土地的生产性因素(即资源属性)，如气候因素中与作物生长密切相关的因子——≥10℃积温、降水量与时段分布、地下水供求能力、地形部位与坡度坡向、土壤性状与土层厚度、盐碱化程度、水渍程度、植物本身的生态习性和群落机理等。土地质量的高低主要取决于这些生产性因子相互作用所制约的土地生产潜力。这是土地资源评价的基础。

过去的土地利用规划主要是从土地利用要求和土地的自然条件及特征分析来进行，较少考虑它是否顺应自然规律、生态规律和经济规律。随着生产、社会发展和市场需求，须适时进行土地评价和利用规划。这种土地资源的评价需遵循一些基本原则，如土地利用的要求与土地质量相适应、投入与产出相协调、因地制宜、以土地持久利用为前提等。它涉及许多因素，包括土地用途、土地属性、土地持续发展、社会经济条件和时空因素等。利用遥感来进行土地资源评价的核心思想是要基于遥感快速获取和处理有关因子，并在土地资源评价科学理论与模型的基础上，结合地理信息系统数据库与系统分析功能的支持，来达到快速、客观、科学评价的目的，为决策服务。

11.3.1 研究方法

遥感进行土地资源数量化分析评价，首先要考虑评价的主要目标、区域特点与涉及的因素，以及通过遥感手段获取土地资源评价有关因子数据的可能性，在此基础上确定评价方案。主要涉及以下内容。

1. 评价因子的选择与遥感提取

土地的质量等级是由若干限制因子决定的。所谓限制因子，是指土地内涵的某些因素在某种临界限度内对农林牧业生产力产生的制约作用。由于土地资源具有内在复杂性，在土地资源评价中要考虑的因素很多，如地形因子——海拔(影响到水热条件)、坡度与坡长(与土壤侵蚀等有关)、地貌部位(包括坡向)，气象气候因子——净辐射、温度、降水(包括分布与强度)、蒸发、风速(影响蒸发、蒸腾)、雹或雪，水文因子——地下水埋深、排水条件、水源保证状况，土壤因子——土层厚度、质地、颜色、结构、土壤养分(肥力)、土壤侵蚀程度、土壤湿度、盐渍化程度、沙漠化程度、沼泽化程度、风蚀-风积程度，植被因子——植被覆盖度、植物群落、作物类别，社会经济因子——利用方式、作物产量、投入水平、管理水平、经济效益(生产成本、产品价格)等。土地资源的定量遥感评价与常规的土地资源评价的最大不同在于：大多数评价因子是通过遥感手段获取的，可以通过遥感图像数据的判读、专题提取、定量反演，或专题图的数字化获得，部分也可通过采样分析或统计、调查资料获得。

评价因子的选择是十分关键的。选择中应注意根据区域特点因地制宜地选择具有代表性的典型因子，同时要考虑到不同的利用方式(农、林、牧)，其评价因子是有差异的，以及各土地评价因子对某种土地利用方式的作用是相关的。例如，土壤侵蚀强度不仅与地形坡度有关，还与坡长、土壤质地、降雨强度等有关。

2. 评价指标体系的建立

根据区域特点对每个评价因子进一步划分不同的评价指标(分级标准)。表 11.3 为三北防护林地区土地资源评价因子及评价指标。表中选取 11 种评价因子，每个因子均分为 6 个级别，分别用 0～5 表示。有些评价因子如坡度、细土层厚度，或植被覆盖度、积温、地下水埋深等，均可用不同的取值范围来区分；有些因子如土壤质地(粒度组成)、土壤侵蚀(细沟、浅沟、切沟、冲沟发育状况及密度)、土壤养分(颜色、有机质含量)、盐渍化程度(颜色、含盐度)等，则是通过对其特征、状态的描述加以区分。

表 11.3　三北防护林地区土地资源评价因子及评价指标[20]

限制性因素 指标 强度级	坡度 P	水源保证率 r	积水程度 W	沼泽化程度 h	细土层厚度 d	土壤质地	障碍土层分布深度 I	盐渍化程度 S	土壤侵蚀 C	风蚀风积程度 V	温度状况	量化赋值
0	<3°	水源充足	不积水	潜育层距地面80cm以下	>50cm	中-轻壤	无	无	无	无	温暖	10
1	3°～7°	水源有保证	偶尔有积水	潜育层距地面50cm以下	30～50cm	轻壤中壤	>50cm	轻微	微	无	温和	8
2	7°～15°	水源基本有保证	短期积水	潜育层距地面30cm以下	15～30cm	沙壤重壤	50～40cm	轻-中	轻	不明显	温凉	6
3	15°～25°	水源保证率差	季节性积水	潜育层距地面15cm以下	<15cm	细沙土、黏土	40～30cm	中-重	中	有明显特征，根系出露，有薄层浮沙	寒温	4
4	25°～35°	水源无保证	长年积水	潜育层接近地表	无细土层，但局部有细土	细沙土、重黏土	30～20cm	重	强	风蚀风积中等，有沙砾或出现低矮沙丘	亚寒	2
5	>35°	无水源极端干旱	水体		裸岩	沙砾	<20cm	盐土	特强	风蚀风积强烈，地表有流动沙丘	寒冷	0

3. 评价指标的量化

评价指标的量化是将众多模糊的地理环境因子指标定义为具体的量化指标，也就是对不同评价指标的等级赋值——给各因子指标赋予相应的数值或记分。例如，最优的赋予 10，最差的赋予 0 或 2，其余依次类推。因为各要素对土地资源的限制影响程度不同(即重要性不一致)，且这种影响又因地而异，如黄土高原区以土壤侵蚀程度为主，黄淮海平原以盐碱化为主，所以在量化中必须对各要素(评价指标)按其作用的大小赋以不同的权重或计分。至于“权重”的确定，可有以下多种方法，如经验系数法、线性回归分析法、层次分析法、主成分分析法等。

1) 经验系数法

为了避免主观片面性，可采用专家咨询评定法来确定各评价因子的权重。表 11.4 为新疆某地土地资源评价因子及权重表，表中反映对于不同的土地利用方式(如宜农、宜林、宜牧)各评价因子的权重是变化的。例如，对于宜农地而言，灌溉条件、土层厚度、地下水矿化度是主要的；而对于宜牧地而言，则植被覆盖度是最主要的。

表 11.4　新疆阿克苏流域土地资源评价因子及权重[20]

限制因素 / 权重 / 利用方式	地面起伏度	地下水深	地下水矿化度	灌溉条件	土层厚度	土壤质地	有机质	盐化程度	植被覆盖度	牧草质量	≥10℃积温
宜农	0.05	0.05	0.20	0.25	0.20	0.07	0.03	0.10			0.05
宜林		0.10	0.20	0.25	0.20	0.10		0.15			
宜牧	0.02	0.20		0.20		0.02	0.03	0.15	0.28	0.10	

2）线性回归分析法

在土地资源评价中，应用回归分析法可以近似地确定土地生产力与诸评价因素的相关关系，以及土地评价因素之间的主次关系，从而达到筛选评价因素及确定它们权重的目的。

其多元线性回归方程表示为

$$y = b_0 + b_1x_1 + b_2x_2 + \cdots + b_mx_m \tag{11.3}$$

式中：y 为评价单元的土地生产力（产量）；$x_1, x_2, \cdots, x_m$ 为评价因子；$b_0, b_1, b_2, \cdots, b_m$ 为回归系数，表示随自变量 x 的变化，因变量 y 的增长量。式中 x、y 是已知的，求回归系数。

$$b = \frac{L_{xy}}{L_{xx}} \tag{11.4}$$

式中：L_{xx} 为自变量平方和，$L_{xx}=S_x^2(n-1)$，其中，S_x 为自变量标准差，n 为样点对的数目；L_{xy} 为 x、y 乘积的平方和，$L_{xy} = \sum xy - \dfrac{\sum x \cdot \sum y}{n}$。

一般用复相关系数 R 和 F 检验值表示 y 与评价因子 x 之间的线性关系的密切程度，以进行回归效果分析。当 R 越接近 1，表明线性回归效果越好。

$$F = \frac{\text{回归方差}}{\text{离回归方差}} \tag{11.5}$$

式中：回归方差$=\dfrac{(L_{xy})^2}{L_{xx}}$；离回归方差$=L_{yy}-\dfrac{(L_{xy})^2}{L_{xx}}=L_{yy}-$回归方差；$L_{yy}$ 为因变量平方和；$L_{yy}=S_b^2(n-1)$；S_b 为回归系数标准差。

当计算的 F 值大于等于表中的 F 理论值时，则表明 y 与 x 之间总的回归效果显著，线性相关关系密切，回归系数可靠。

各自变量（评价因子）的重要性和评价因子的权重 P_i 用偏相关系数 r 及 t 检验。

$$r = \frac{L_{xy}}{\sqrt{L_{xx} \cdot L_{xy}}} \tag{11.6}$$

$|r|$ 越大，说明此 x 对于 y 的作用越显著，不可把 x 剔除。

权重 P_i 的计算公式为

$$P_i = \frac{b_i}{\sum\limits_{l}^{i} b_i} \times 100 \tag{11.7}$$

回归分析法不仅可用于筛选参评因素，而且可以用数学方法确定这些参评因素的权重。

因而有助于减少土地评价中的主观随意性，提高其科学性。但它要求有足够的、具有代表性的样本数量，且计算量较大。

3) 层次分析法

层次分析法(AHP)是一种多层次权重分析决策方法。它避免专家咨询的随机性、模糊性，理论严谨，便于操作。AHP 法的基本原理是把所要研究的复杂问题看作一个大系统，通过对系统的多个因素的分析，划分出各因素间相互联系的有序层次(构建多层次指标体系)；再由上而下逐层对各因子进行判断，相应给出相对重要性的定量表示；进而建立数学模型，计算各因子的权重，并加以排序；最后计算总排序，进行决策。AHP 确定因子权重的具体步骤如下所述。

(1) 确定决策目标 U 和评价因子 P_i(共 n 个)。

(2) 构建判断矩阵 $\mathbf{A}$(即 P_i 对 U 重要性权数比的矩阵)，即

$$\mathbf{A}=\begin{bmatrix} w_1/w_1 & w_1/w_2 & \cdots & w_1/w_n \\ w_2/w_1 & w_2/w_2 & \cdots & w_2/w_n \\ \vdots & \vdots & & \vdots \\ w_n/w_1 & w_n/w_2 & \cdots & w_n/w_n \end{bmatrix}=(a_{ij})_{n\times n} \tag{11.8}$$

当判断矩阵 $\mathbf{A}$ 中元素满足 a_{ij}/a_{jk} $(i、j、k=1,2,\cdots,n)$时，称 $\mathbf{A}$ 为完全一致性矩阵。

(3) 计算权数，通过求矩阵特征向量得出各评价因子 P_i 的重要性排序，即权数(W_1，W_2，$\cdots$，W_n)。

(4) 检验：用 CR=CI/RI 来检验。CR 为判断矩阵的随机一致性比例；CI 为矩阵的一致性指标，CI=$(\lambda_{\max}-n)/(n-1)$，$\lambda_{\max}$为 P 的最大特征值；RI 为矩阵的平均随机一致性指标。当 CR<0.10 时，可认为有满意的一致性，说明权数分配合理；否则，需要对判断矩阵重新调整。

4) 主成分分析法

主成分分析(PC)利用波段之间的相互关系，通过数学变换将相关的多波段信息压缩到比原波段更有效的、互不相关的少数几个主成分上。各主成分是由以各波段协方差矩阵的特征向量为加权系数的线性组合而成。PC 变换使新变量与原变量的总方差相等(信息不丢失)，但方差重新分配，使 PC1 占主要方差量(对总量的贡献最大)，其他变量占次要方差量。它起到信息分离、信息压缩、信息集中的效果，被广泛应用于数据压缩、特征提取、变化检测、数据融合、信息量估算等方面(参见第 6 章相关内容)。对于多种评价指标量化而言，主成分分析法不仅能去相关性，而且能依据所采用的数学方法来确定权重，定权较客观，方法简单实用。具体步骤如下。

(1) 数据标准化：为了排除各指标数量级和量纲不同带来的影响，需要对原始变量为 x 进行标准化处理：$x'_{ij}=\dfrac{x_{ij}-\overline{x}_j}{\sigma_j}$，$i=1,2,\cdots,n$；$j=1,2,\cdots,p$，$x_{ij}$表示第 i 个点的第 j 个指标，$\overline{x}_j$ 和 σ_j 分别表示第 j 个指标的样本均值和标准差。

(2) 计算协方差矩阵，并求出协方差矩阵的特征值 λ_i $(i=1,2,\cdots,p)$和特征向量 u_i $(i=1,2,\cdots,p)$。其中每一特征值即为对应主成分的方差，方差越大，则对总量的贡献越大；每一特征向量则是对应主成分的线性表达式中原始指标的加权系数。

(3) 计算贡献率：令 $e_k=\lambda_k/\sum\limits_{i=1}^{p}\lambda_i$ 为主成分 z_k 的方差贡献率(权重)，$l_m=\sum\limits_{k=1}^{m}\lambda_k/\sum\limits_{i=1}^{p}\lambda_i$ 为主成分 $z_1,z_2,\cdots,z_m(m<n)$的累计贡献率。通常选取累计贡献率 $l_m>85\%$的 m 个主成分来进行综合评价。

4. 建立土地资源评价模型

根据大量实况和室内资料的分析、归纳和量化，按一定的约束条件及各限制因素对土地适宜性的影响(即已确定的评价因子和它们的权重大小)，建立反映各评价指标间数量关系的数学表达式，即不同的土地资源评价模型。例如，记分模型计算评价单元的总分值，可表示为

$$A = \sum_{i=1}^{n} P_i A_i \quad (i = 1,2,\cdots,n) \tag{11.9}$$

式中：A 为评价单元中参评因子的指数和，即总分值；P_i 为第 i 个评价因子的权重；A_i 为第 i 个评价因子的评价指数(即得分)；n 为评价因子数。

由式(11.9)计算出土地对农林牧不同适宜程度的总分标准，以及各评价因素不同限制程度的数值标准；再按 A 值的大小、规定等级的总分区间，进行土地资源的评定——划分土地适宜性类别和土地质量等级，包括多宜类(宜农林牧类)、双宜类(宜农林、宜农牧、宜林牧类)、单宜类(宜农、宜林、宜牧地)、不宜类(暂不宜农林牧地)，以及各种类别的土地等级：一等地、二等地……八等地。最后输出土地资源评价图和相应的数据。

5. 土地合理利用空间配置

土地资源评价并非最终目的。它不仅要为土地资源管理和有效利用提供科学依据，还要为土地合理布局、利用提出具体方案，因而需对土地利用现状与土地生产潜力进行对比研究。

(1) 图形叠合分析。在 GIS 支持下，将土地利用现状图与土地资源评价图进行叠合分析，可得两者的复合图。此图反映了该区土地利用与土地生产力之间的不同关系，据此可划分出不同的组合类别。

(2) 土地合理利用的空间配置。从土地资源的质量特点出发，考虑土地利用的社会效益、经济效益、生态效益，对上述的不同组合类别进行归纳、分析，划分出利用合理、不需要进行调整的土地(包括农、林、牧等)以及目前的利用不合理、需要作进一步调整的土地(即土地利用现状与土地质量特点不协调部分)，后者又可进一步分为逐步退耕还林牧地、退耕还林地、退耕还牧地等。最终输出土地资源合理利用空间配置图和相应的图表、数据、文字等，为进一步决策规划服务。

11.3.2 应用实例

以土地资源生态环境质量综合评价研究——环境评价模型为例加以说明[21]。

1. 指标选择

以土地资源生态环境质量评价为目标，选择了水热、地形地貌、土壤植被和土地利用/土地覆盖 4 组共 13 个指标。①水热，包括>0℃年积温、年平均温度、年降水量、湿润度，由站点数据转换为栅格数据；②地形地貌，包括平均海拔、坡度、坡向、地貌类型，由专题图数字化获得矢量数据；③土壤植被，包括土壤类型、植被类型，由专题图数字化获得矢量数据；④LU/LC，包括土地利用程度指数、土地垦殖率、NDVI(AVHRR 遥感数据)，由计算值转换为栅格数据。

其中，土地利用程度综合指数(U_{index})可表达为

$$U_{\text{index}} = 100 \times \sum_{i=1}^{n} A_i \times C_i \quad (U_{\text{index}} \in [100,400]) \tag{11.10}$$

式中：A_i为第 i 级土地利用程度分级指数，可从生态学的角度出发，按土地利用程度的分级原则给出定量表达，如城镇、工矿、交通用地为 4 级，农业用地（耕、园、人工草地）为 3 级，林、草、水用地为 2 级，未利用地为 1 级；C_i为第 i 级土地利用程度分级面积百分比。

2. 评价指标量化分级

由于各指标间的量纲不统一，必须对参评指标因子进行量化分级处理。根据它们对土地资源利用中正向影响的大小，从高到低分为若干级，以反映环境从优到劣的变化。

对水热与土地因子，统一用标准化公式赋值 [赋值$=(x_i - x_{\min})/(x_{\max} - x_{\min}) \times 10$]，其中 x_i 为样本值，$x_{\max}$，$x_{\min}$分别为样本最大值和最小值。

由于 NDVI 值过小，且有负值，因此采用 GVI＝（NDVI×100）＋100。对于植被类型，分别赋值：农业植被（10）、自然植被/林（7）、灌（6）、草（5）、荒漠植被（4）、湖泊/水生植被（2）、无植被地段（1）。

对地形地貌与土壤植被的定性指标，根据它们对土地资源利用和生态环境的正向影响情况分别赋值。

3. 确定权重

采用层次分析法确定权重（参见 11.3.1 相关内容）确定评价指标体系及权系数（图 11.10）。

- 水热（0.333）
  - 热量（0.5）
    - >0℃年积温（0.66）
    - 平均温度（0.34）
  - 水分（0.5）
    - 湿润度（0.75）
    - 年降水量（0.25）
- 地形地貌（0.167）
  - 海拔（0.35）
  - 坡度（0.19）
  - 坡向（0.11）
  - 地貌类型（0.35）
- 土壤植被（0.167）
  - 土壤类型（0.66）
  - 植被类型（0.34）
- LU/LC（0.333）
  - 植被指数（0.16）
  - 垦殖率（0.30）
  - 土地利用程度指数（0.54）

图 11.10　土地资源生态环境评价的指标体系及权系数[21]

4. 模型评价——综合评价指数

将整个生态环境分为四个子系统，它们相互影响、相互作用。其中，水热子系统为 LU/LC 生态系统提供水分和能源；地形地貌子系统为整个生态系统演化和相应作用提供空间和骨架；土壤植被子系统是本生态系统作用的实体；LU/LC 子系统是土壤植被子系统在自然和人为因子作用下的结果，是本生态环境系统相互作用的结果和核心。根据以上各子系统的相互关系，利用各指标的等级量值和权重系数，得评价指数，即

$$\text{index} = \sum_{i=1}^{n} W_i \times C_i \tag{11.11}$$

式中：W_i 为指标量值；C_i 对应指标的权重；n 为某子系统的指标数。

土地资源生态环境质量综合评价指数：$\text{enindex} = Aa + Bb + Cc + Dd$。其中 A、B、C、D 分别为水热、地形地貌、土壤植被、LU/LC 子系统的指标量值；a、b、c、d 为权系数。最后生成综合评价指标图。综合评价分 10 级，其中 10～7 级为 A 等；7～6 为 B 等；5～1 为 C 等。

5. 结果分析

从质量等级面积空间分布特点，以及环境质量的相关关系两个方面进行结果分析。评价指标标准化后，作环境质量指数与其他指标的关系曲线，研究结果表明，生态环境质量指数(enindex)与人口数、人口密度、土地资源利用程度、土地生产潜力有明显相关性。

§11.4 土地退化的遥感动态监测

土地资源是人类生存的基础，它随时随地发生着自然及人为的变化。随着世界人口的剧增和全球气候环境变化，人类对土地造成的压力明显增加，土地退化问题也越来越危及到人类的生存。特别是在发展中国家，由于有限的土地资源上负载力过大，经济的快速发展占用土地过多，加之土地管理制度不够健全、土地经营粗放，土地资源利用的不合理现象普遍存在，如土地的过度开发耕种、森林的过度砍伐、草原的过度放牧、水资源的不合理利用等。土地利用形式的变化，不仅能改变局地的能量平衡和物质交换，即改变了地表蒸发、蒸散，影响自然界的水循环，而且破坏了自然界的生态平衡、改变着自然界的碳循环，还使土壤肥力和持水能力下降，导致土地贫瘠化、盐碱化、沙漠化、沼泽化、石漠化、钙积化以及水土流失等现象，统称为土地退化。

尽管世界各国采取了大量措施，并颁布了一系列法规保护土地、生态环境，但环境的改造、退化的逆转是个非常长的过程，何况有的破坏是难以全面恢复的，因而对土地退化现象的研究始终是十分重要的。

遥感与 GIS 的结合是进行土地退化监测和动态分析必不可少的重要手段。它不仅可以提供对土地退化现状的及时定量分析，还能从时空的不同尺度上提供对土地退化状况的动态监测和快速评价，为进一步控制、预测提供科学依据。

11.4.1 土地荒漠化

土地退化中，尤以土地荒漠化危害最大。《联合国防治荒漠化公约》(1994)中，荒漠化(desertification)被定义为“指包括气候变化和人类活动在内的种种因素造成的干旱、半干旱和干旱亚湿润地区的土地退化”。荒漠化包括沙漠化、砾漠化、盐漠化等，其中土地沙漠化是最突出的威胁。沙漠化是干旱、半干旱地区(包括有干季的半湿润地区)土地生产力衰退的环境退化过程，是衡量荒漠化的重要指标之一。据联合国分析资料，全球约有 35%的土地处在沙漠化威胁之下，每年约有 2000 万 hm^2 耕地沙化，有 500 万～700 万 hm^2 变为沙漠，粮食减产 12%～21%，年损失 260 亿美元。它改变着整个地球环境。我国荒漠化土地占全国国土的 27.3%，近 20 年来沙漠化土地以每年 2400km^2 的速度继续扩展。

1. 影像特征

沙漠化是自然和人为因素长期共同作用的结果，是人类活动与环境、资源之间不协调的产物。丰富的"沙源"(地表松散沉积物)及干旱多风的气候是沙化形成的自然因素；而滥垦耕地、超载放牧、过度樵采及水资源利用不当等人类活动是沙化形成的人为因素。正是这种人类对土地的超强度利用及其与干旱多风的沙质地表环境的相互作用，使脆弱的生态平衡遭到破坏，地表植被覆盖度减少，土地风蚀粗化，地面出现以风沙作用为主的类似沙漠的环境退化现象，如流沙再起、沙丘活化、沙漠边缘向外扩张、风沙堆积和降尘作用导致部分耕地、草地退化而呈裸地或被沙土覆盖等[27]。

土地沙漠化具体表现出以下四方面的变化。

(1) 地表形态的变化，指出现以风成地貌为主的景观——斑点状流沙、灌丛沙堆、各种类型的沙丘、沙地外延等风积地貌以及风蚀劣地、风蚀坑、风蚀雅丹等风蚀地貌空间分布范围的扩大。

(2) 地表组成物质的变化，指疏松地表物质在风力作用下，细粒物质吹失、粗粒物质富集，土壤养分及微量元素等减少，土壤性能变差、肥力丧失，导致土地生产力下降、土壤粗化、贫瘠化。

(3) 植被生境的变化，指植被覆盖度、植物群落结构和种群组成的变化，如从草原到疏林草原到荒漠草原演化，植株矮化、植被盖度减小、植物属种组合变化、生物量降低等。

(4) 人类活动程度和土地利用方式的变化，指土地的农林牧利用方式及人类利用强度如过度放牧(牧畜超载率)、过度开垦(人口超载率)等负面效应以及利用改造、防护林带建设等正面效应。

以上的分析表明，土地沙漠化集中地反映在土地沙化与植被退化的相互演替上。在遥感图像上则多以风沙信息的增强和植被信息的衰减为特色。根据不同的区域特征，两者各有所侧重，并相互印证。土地沙漠化的这些表现，将会引起地表反照率、地表温度、地表湿度、植被覆盖度等发生一系列的变化，遥感方法可以有效地捕捉到这些信息及其变化。

所谓风沙信息的增强，指片状流沙、灌丛沙堆、各种类型沙丘、风蚀地、砾质化地表(裸地)等的大范围出现。它们多呈浅色调、条带或斑块状、界线不清、边缘有晕化现象，总体上常表现出一定的方向性，其延伸方向基本表征该地的主风向。所谓植被信息的衰减，主要指植被覆盖度减小、生物量降低，并在较为均一的植被背景影像中出现了一些不规则的"天窗"——浅色斑块，多为弃耕地、退化草地、风蚀地等。

2. 研究方法

遥感进行土地荒漠化的定量研究，以土地沙漠化为例，除遥感数据的获取、预处理外，主要涉及以下内容。

1) 评价指标的确定

土地沙漠化是个动态过程，其影像特征及变化可以用不同的指标对其发展程度加以判断、分级(表 11.5)。其中有诊断意义的直接评价指标为流沙(包括风蚀地)面积——面积百分比、变化速率，以及植被覆盖度。此外还有些辅助指标，如风蚀、风积厚度，土壤吹蚀量，沙丘类型、高度、密度、活动程度，人口、牲畜超载率，地表形态组成特征，土地利用方式等。此外，也可以通过反照率(α)、植被指数(NDVI、SAVI、EVI 等)、植被覆盖度(f)、地表温度(LST)、地表水分指数(LSWI)等遥感定量指标来表达。

表 11.5 土地沙漠化发展程度分级指标

级别	类 型	流沙占该地面积比例/%	流沙年均扩大面积占该地面积比例/%	植被覆盖/%	地表形态组成特征	土地利用方式
Ⅰ	潜在沙化	<5	<0.25	>50	覆沙黄土,结皮固定沙地,偶见流沙点和风蚀地	具良性生态结构,以放牧为主,有部分耕地
Ⅱ	正在发展中	5~25	0.25~1.0	50~15	平地风沙土,片状流沙、灌丛沙堆、半固定沙地、风蚀地相结合分布	退化草地、弃耕地,生态结构变得不稳定
Ⅲ	强烈发展中	25~50	1.0~2.0	15~5	风沙土,半固定沙地或风蚀地大面积分布,灌丛沙堆密集,沙丘高度小于1m	严重退化草地、沙生灌丛,生态结构濒临解体
Ⅳ	严重沙化	>50	>2.0	<5	密集流动沙地或风蚀劣地占绝对优势,新月形沙丘高度大于1m	少量疏林、矮小沙生植被,生态结构已解体

2) 专题信息特征提取

沙漠化指标均可以通过遥感和地面调查结合的方法获得,如遥感监测土壤亮度、植被盖度、土壤湿度、沙地面积等信息,地面调查植被覆盖度、土壤质地、沙丘类型、土壤吹蚀量、人类活动情况等。在遥感专题信息提取中,可采用多种定量分析方法。

(1) 指数提取法。通过不同波段亮度值的算术运算,提取对土壤或植被信息有特征意义的指数,如植被指数、沙化指数,或通过谱系图聚类法[28]、建立判别函数等来区分不同的类别,为分区监测、控制和治理提供依据(参见第 12 章有关内容)。

(2) K-T 变换法(即穗帽变换 TC)。运用 K-T 变换能有效分离土壤与植被信息的特点,对变换后的第一主成分(KT_1)(反映土壤亮度的图像)和第二主成分(KT_2)(反映植被分量的图像)分别进行再分类或阈值分割,从而得到具体划分指标。

(3) 混合像元分析法。采用线性光谱混合模型,获得像元基本组分——土壤(包括沙地、风蚀裸地等)与植被等在各像元所占比例的分量图和数据[29](参见第 10 章有关内容)。

此外,还可利用多种遥感数字图像处理方法进行专题提取,以获得有关沙地、植被等的空间分布及面积变化信息,绘制土地沙漠化的等级图表。

3) 分析与评价

通过不同时相遥感数据的专题提取,在 GIS 支持下进行变化检测和模型分析,如可以用时间序列预测、趋势外推预测、回归分析预测等,建立沙漠化发展、沙漠化灾害预测模型,或运用模糊数学、系统动力学理论等,建立沙漠化灾害的评价模型(变化检测方法请参看第 9 章有关内容);研究区域土地沙漠化的现状、总体分布规律、时空变化趋势,为进一步规划和提出防治、改造方案提供科学依据。

11.4.2 土壤盐渍化

土地退化中,除土地荒漠化外,土壤盐渍化(或盐碱化)也有相当大的危害。土壤盐渍化是指土壤发生各种盐化和碱化过程。全球原生盐渍化的面积大约 9.55 亿 hm^2,次生盐渍化面积约 0.77 亿 hm^2,其中 58%集中在灌溉区[30]。全国范围内因盐渍化而废弃的土地每年达 1500 万~2250 万亩①。在干旱、半干旱和半湿润地区,气候干旱、不良灌溉或缺乏必要的排水条件

① 1 亩=1/15 hm^2

等均会导致发生土壤盐渍化及次生盐渍化现象。土壤盐渍化是一个复杂的动力学过程，是气候、地形、水文地质、农业灌溉等自然、人为因素相互作用的结果，将引起土壤性质的改变，并导致土壤潜在生产力的降低，对资源环境构成严重威胁。

1. 成像机理

土壤盐渍化(soil salinization)因处于不同季节，或因化学成分不同，或因对作物生长的抑制作用强弱差异等，致使在遥感图像上形成不同的影像模式。例如，春季为泛盐季节，干旱多风，地下盐分运移到地表，盐渍土表层出现盐霜、盐壳、盐皮，使地表反射率高，影像色调变浅，而多呈白色、灰白色花斑状影纹；秋季多雨，土壤中可溶性盐分淋溶，但碱土中的 Na^+ 吸附于土壤黏粒中不易淋溶，且透水性、通气性差，土壤易于板结，地面较光滑坚实，反射率较高，也呈浅色调；但是，在一些排水不畅或土壤质地较黏重的地段，会发生苏打或镁盐的积累，钙离子、氯化镁的吸湿性使土壤湿度增大，呈暗色调，或某些碱化土壤能发生有机质的胶溶作用，地表反射率低，也发暗色[31]。

地面观测和实验室研究表明，土壤盐分的组分和含量、土壤湿度、有机质、土质、土壤颜色以及地表状况(地表粗糙度、覆盖物等)，是影响盐渍化土壤反射率和光谱特征的主要因素。Mougenot 等[32]指出，盐分结构会带来地表粗糙度的变化，如薄于 1mm 到 1m 厚的盐皮，因盐土结块、盐分结晶(0.5～5mm)构成的膨胀结构，以及被风侵蚀后的膨胀结构(土壤表面出现裂缝)等；不同盐分矿物学特征会造成不同的宏观地表特征，如含硫酸钠高的土壤会生成膨胀硬皮，而氯化物的存在会形成平整的盐盖。大多数盐分矿物都具有它的诊断性特征光谱吸收带，可以通过识别与提取特征光谱吸收带来研究盐分矿物的成分与含量。因而，许多研究工作集中于光谱吸收带和土壤结皮的识别与提取研究。

在可见光-短波红外波段(400～2500nm)范围内，盐分矿物光谱的多数特征可归因于某些分子团内部的振动方式，尤其是碳酸盐、硼酸盐、羟基阴离子团和中性水分子。这些盐分的反射率可通过实验室或野外光谱仪测量。图 11.11 显示了受不同盐分影响的土壤波谱曲线。由图可见，在波长 400～2500nm 区间内，不同盐分土壤在 1415nm、1915nm、2205nm、2350nm 附近都有吸收特征峰。在 2200nm 处有羟基(氢氧基)吸收，吸收强度随着盐渍度的提高而减弱；在 2350nm 附近有明显的碳酸盐吸收，可与干的氯化物(石盐)和硫酸盐区分；1415nm、1915nm 处为水分子吸收[33]。

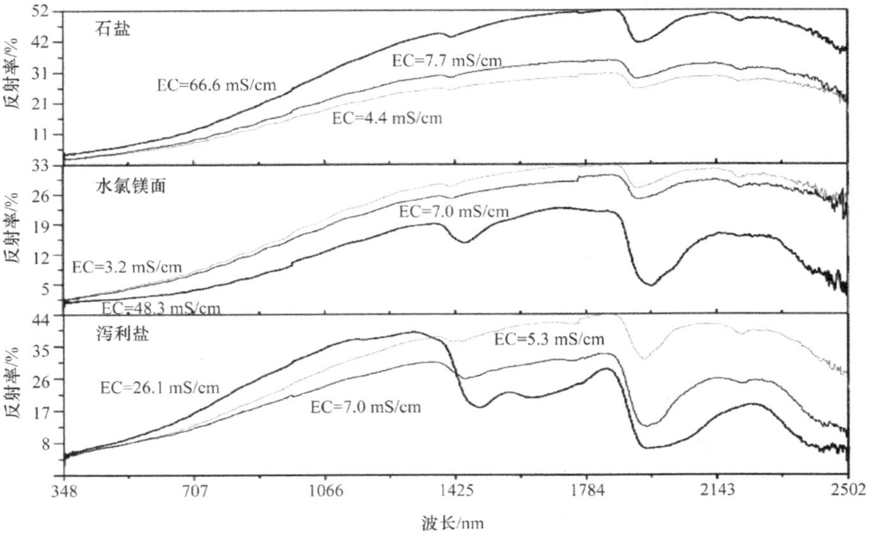

图 11.11 受不同盐分影响的土壤波谱曲线[33]

(实验室测得，EC 为电导率)

盐渍土中通常含有 Na^+、K^+、Mg^{2+}、Ca^{2+}、Cl^- 和 SO_4^{2-}、CO_3^{2-} 等。蒸发让这些化学物质在土壤表面聚集成盐壳和盐晶。不同化学成分的盐，如含水氯化钠、硫酸钠、硫酸钾、硫酸钙、硫酸镁等都吸收太阳辐射，它们与水在晶格结构上的结合方式不同，会引起吸收峰位置微妙且较稳定的变动[34]。图 11.12 显示不同盐分矿物的实验室光谱，上图分别为氯化物(a)、硼酸盐(b)、碳酸盐(c)、硫酸盐(d)在可见光-短波红外(348～2502nm)波段的反射率[33]；下图为碳酸盐、氯化物、硫酸盐在热红外(6～20μm)波段的发射率[30]。Hunt 等[33]发现，纯石盐(NaCl)是透明的，它的化学组成和结构阻碍了可见光和近-热红外波段的吸收。研究表明，1330～1650nm 波段存在一个水分宽吸收带，使石膏性土壤和非石膏性土壤能区分开来；碳酸根离子 CO_3^{2-} 内部的振动导致在 2250nm、2350nm、2380nm、2465nm 波段处都有很强的吸收带，使钙质土壤更为复杂。研究还表明，短波红外波段反映水和 OH^- 离子吸收，可用以区分干燥土壤中的氯化物(如石盐)和硫酸盐。由于碳酸根离子 CO_3^{2-} 内部的振动，碳酸盐在热红外波段(11～12μm)有吸收，硫酸根离子在 10.2μm 处有一个吸收波段，可用以区分碱土和盐土[30]。Stoner(1979)发现，土壤一般都有很高的溶解性盐分，在 520～900nm 波段平均反射率最高；当湿度较低时，盐在可见光(尤其是蓝光)区域有高反射率；低反射出现在短波红外波段，这是由于盐分中吸持的水或新鲜盐的高湿度造成的。

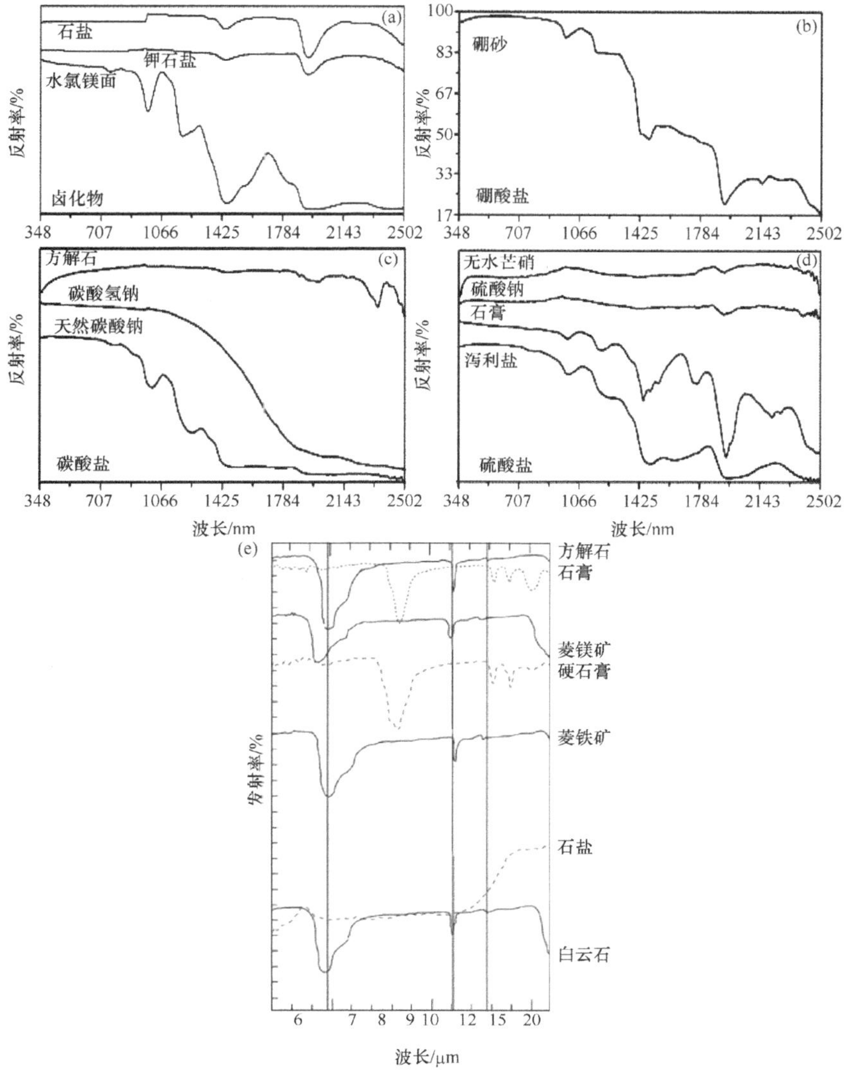

图 11.12　不同盐分矿物的实验室光谱[30,33]

总的看来，地表反射随着含盐量的增加而增加，特别是在蓝光波段，在这个波段铁氧化物引起的干涉被掩盖。盐化土壤也在近红外和可见光波段比非盐化土壤有更高的反射率，并且含钠盐高的土壤比含钠盐低的土壤的光谱反射率高。相反地，当湿度上升时，在铁氧化物存在或有黏性土时，反射率下降，盐分也难以识别[30]。热红外波段通常被用来估计湿度和盐度。它记录了不同盐分如硫酸盐、磷酸盐、氯化物对能量的吸收造成的光谱特征[36]。Csillag 等[37]研究表明，在实验室条件下，用以确定不同盐渍化过程中积盐状态特征的 6 个光谱区间为：可见光（0.55～0.77μm）、近红外（0.9～1.3μm）、短波红外（1.94～2.15μm、2.15～2.3μm、2.33～2.4μm）波段。

土壤盐渍化程度还与土地覆盖和利用模式、耐盐-盐生植被类型和生长状况等密切相关。在土壤盐渍化区，若浓度不是很高，一般总有些耐盐植被存在（如蓬子属植物等），或有些耐盐作物如大麦、棉花、紫花苜蓿也可以种植。土壤盐渍化使植物吸水能力减弱，植物含水性降低，蒸腾减少，叶面温度升高，植物生长发育受到抑制，叶面变小、生长稀疏、植被覆盖度减小，且近红外反射率下降。也就是说，土壤盐渍化会使植物的光谱特征、形态结构、色彩光泽、生长状态等均发生明显变化。因而，植物可作为识别土壤盐渍化程度和区分盐碱区与非盐碱区、盐化与碱化土壤很好的间接标志。

土壤积盐过程主要是因地下水或地下水与地表水强烈蒸发使可溶性盐类在地表积累而致。它与地下水埋深及矿化度等密切相关，而地下水状况又是与地貌部位相关的。例如，黄淮海平原的低平洼地边缘及缓平坡地受地下水垂向和侧向运动的影响，地面蒸发强烈，土壤易于盐渍化。因而，根据土壤盐渍化的成像机理、图像特征，并结合特定地貌部位等影响因素的分析，可以从遥感图像上识别出盐渍化区域，并通过图像处理方法提取出盐渍化的专题信息，研究地表盐分的时空分布。

2. 研究方法

土壤盐渍化与土地利用/土地覆盖模式、植被类型、土壤湿度、地貌形态、地下水埋深及矿化度、土壤类型等因素密切。遥感研究土壤盐渍化就需要综合考虑这些因素，采用遥感与非遥感辅助信息（地形图、各种专题图——土地利用图、地质图、地貌图、植被图、土壤图等，地下水质、埋深和盐化的历史数据，地面调查与测量数据，以及地球物理的深部探测数据等），运用目视解译和计算机图像处理方法，结合 GIS 的背景数据库和空间分析优势，结合地面调查与验证，有效地提取土壤盐渍化的信息，监测土壤盐渍化的动态变化。这里，遥感图像时段的选择是很重要的，一般选择干旱期末，或作物收获后裸地高比例出露期，或作物生长旺季，利用盐渍化与非盐渍化在图像上差异最大的时段。由于土壤盐分多趋向于土壤表层聚集，并随着土壤盐度的增加，土壤盐渍化现象更突出地出现在土壤表层，这十分利于遥感探测。

1）*数据源与波段组合的选择*

对于光学遥感而言，识别盐化土壤主要依赖于图像的光谱特征、空间形态、时间变化，它决定于土壤湿度、盐的纯度、覆盖物以及与其他地物光学特征的对比。而对于雷达遥感，识别盐化土壤主要取决于土壤复介电常数，即土壤的电阻和电容，它主要由湿度、化学组成和生物组分决定[32]。介电常数的实部与虚部对土壤盐化有着不同的表现，介电常数的实部与土壤盐度和碱度无关，而介电常数的虚部与不同的土壤电导率高度相关，但与碱度无关，可用以识别盐化土壤[38]。

另外，热红外波段通常被用来估计湿度和盐度。这一波段的电磁波记录了不同盐分如硫酸盐、磷酸盐和氯化物对能量的吸收造成的光谱特征，可以利用作物水胁迫与作物冠层温度之间的关系，来检测盐渍化地区；由于棉花与土壤电导率有很强的关联性，因此可利用耐盐作物棉花的健康状态和棉花产量作为盐化的指示器[30]。

需要说明的是，盐化矿物的诊断性光谱特征吸收带是很窄的，常规的遥感宽波段数据难以识别，因此对于土壤盐渍化的精细分类，需要采用机载或星载的高光谱遥感数据。此外，遥感数据具有多波段、多尺度、多时相、多极化等特点，在土壤盐渍化遥感监测中，选择什么样的数据源，需要针对不同地区、不同对象、不同的精度要求而定。至于最佳波段组合的具体选择方法，可参考第 7、8 章的相关内容，这里不再重复。

Metternicht[39]在玻利维亚的科恰巴马地区盐碱化遥感研究中，对盐碱化土的光谱可分离性进行了评价，结果表明：①可见光波段可以很好地区分盐化土、盐碱化土和非盐化土；②在区分盐碱化地区和纯碱化地区时，红外区具有最低的光谱模糊；③热红外区可以促进碱化土识别，因为碱度取决于自由碳酸根的数量，而碳酸根在 TM6 波段有一个强吸收；④总的来说，微波波段(L-band)最适合于区分盐化土和碱化土、非盐碱化土和盐碱化土，以及盐化土和盐碱化土。可见，不同的光谱波段相互补充，进行多源遥感数据的融合，有助于盐碱化土的光谱区分，可以比 Landsat TM 或 JERS-1 SAR 单独区分精度提高 35%～40%。

2）土壤盐渍化专题信息特征提取与分类

充分利用各种遥感图像处理方法，包括代数运算方法(如图像比值、图像差分等)、数据变换方法(如主成分变换、穗帽变换、彩色变换等)、图像分类方法(如最大似然法、辅助信息参与的光谱分类、神经网络法、分层决策法、模糊分类法等)、数据融合、混合像元分解法、定量遥感模型反演等，以及遥感与 GIS 的结合，充分利用先验信息，进行区域尺度的时空分布与变化监测。请参考第 6、8、10 章的相关内容，这里不再重复。

另外，NDVI 与土壤电导率之间有很好的相关性，可以用以判别盐渍土；还可以利用地表粗糙度和植被类型与盐度相关联来判别盐化水平，然后利用这一信息作为补助信息来估计盐化在区域上的分布。

3）综合分析方法

遥感应用于土壤盐渍化研究，由于它的探测仅限于表层，难以反映地表以下的盐分，且光谱信息受到多因素的干扰，因而限制了它的应用效果。溶质运移模型可用于预测各种条件下土壤垂直与水平方向上盐分的分布与运动变化。地球物理探测能采集地表以下一定深度的土壤信息(如传导率等)，而土壤传导率(电阻系数)与盐化程度有关，能高效地应用于地表盐分表现不明显的区域。地面观测数据，如地物光谱、土壤类型、地下水埋深与矿化度、盐度数据等，可用于模型输入与地面验证。它们都是遥感方法的很好的补充。土壤盐渍化探测技术的综合集成能够在很大程度上解决单一方法的局限性。鉴于此，Farifteh 等[33]提出一种将光学遥感、地球物理勘测与模型模拟结合来预测不同水平(低、适度、严重)盐渍化的综合分析方法(图 11.13)。遥感提供表层土壤盐渍化信息，与土壤含盐量相关的土壤电阻率由地球物理传感器测量，GIS 提供把各种不同尺度、时间、来源和结构的数据综合在一起的工具，并结合溶质模型用来获得土壤剖面中盐分运动信息。最终，在 GIS 环境下，综合土壤表层与近表层信息，进行土壤盐渍化的分析、预测、制图。

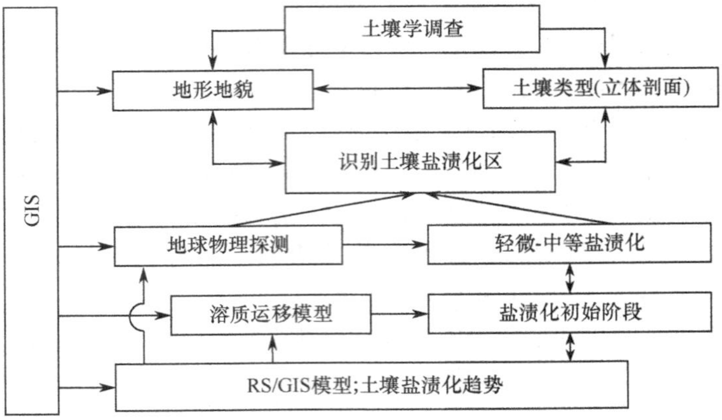

图 11.13　土壤盐渍化的综合分析方法[33]

11.4.3　应用实例

1. 基于影像纹理统计特征的荒漠化遥感监测

荒漠化地区一般微地貌形态较为粗糙(即空间变异性较大),因此荒漠化遥感研究中,除了光谱特征变化外,地表空间结构的差异(影像纹理)是必须要考虑的。影像纹理分析可有多种方法,如空间卷积、傅里叶变换(参见第 6 章相关内容)、分形维、地统计学法等。其中,地统计学处理的对象是区域化变量,即空间分布的变量。由于区域化变量的随机性和结构性特点,地统计学方法引入随机函数及其概率分布模型作为研究基础,根据样本点来确定研究对象(某一变量)随空间位置变化的规律(变异函数),并进一步推算未知点的属性值。

廖楚江等[40]通过引入地统计学影像纹理(变异函数)和地统计学模型纹理参数(变差距离、基台值)进行科尔沁沙地荒漠化动态监测。首先,选用 TM 可见光(TM1,2,3)和红外波段(TM4,5,7)的第一主成分作为纹理计算的基础;采用方向变异函数、绝对半变异函数、交叉变异函数、虚拟半变异函数四种修正变异函数来计算影像纹理。然后,将不同地类的变异函数值(曲线),采用加权多项式回归拟合到球状模型,分别得到不同地类的变差距离、基台值两种纹理参数;由变差距离来决定计算窗口的大小。最后,选用5×5窗口,步长取 1,四个方向取平均后得到 TM 影像的四种纹理图,即四种类型的变异函数纹理波段;再将此纹理波段与原始光谱波段结合起来进行分类,以提高荒漠化地区的分类精度。但对于荒漠化治理和生态恢复而言,以上的分类还不能满足需求,一些地类(如不同类型耕地、不同级别荒漠化分类)容易混淆。因此,在对研究区植被群落空间结构特征分析的基础上,重新求取 TM 可见光和红外波段第一主成分的变异函数模型纹理参数(变差距离、基台值);再进一步应用这四幅纹理参数影像来改善和提高植被分类的精度。研究结果表明,增加表征空间结构参数的变差距离、基台值后,这些易混淆地类的样本分离度均得到了不同程度的提高,总分类精度可达 94.13%。

2. 基于模型模拟的遥感土壤侵蚀研究

土壤侵蚀是自然因素与人为因素综合作用的结果。它不仅破坏土地资源,造成土地退化,而且产生大量泥沙淤积下游河道,造成水质污染和洪涝灾害。土壤侵蚀受降雨量、植被覆盖度、地形因子(坡度、坡长)、成土母岩、土地利用类型以及人为活动等多因素的影响。同时,土壤侵蚀区地表被切割呈现出独特的图像形态特征。例如，黄土地区，因黄土具有质地均一、细腻、沉积厚、垂直节理发育等特点，极易受流水作用侵蚀，而呈现“塬、梁、峁”及沟谷纵横的地貌景观。在遥感图像上，以在浅色、均匀、细腻的面状图形的背景上，发育大量的树枝状水系为其特色。遥感在研究水土流失及建立土壤侵蚀遥感模型方面，已有许多有价值成果。一般说来，土壤侵蚀强度的分级是以实地调查所获得的侵蚀模数（即侵蚀量）、年均侵蚀模数为依据划分的，而侵蚀模数无法从遥感影像数据中直接加以识别与提取。因此，土壤侵蚀强度的遥感研究多依赖于从遥感影像上识别与提取那些与土壤侵蚀密切相关的环境因子，如植被覆盖度、土地利用现状、地表组成物质与水系结构关系、地形地貌等，并建立这些环境因子与地面定位观测所得的土壤侵蚀量之间的相关关系；或通过数字地形数据（DTM）所计算的定量地形因子（如平均坡度、高程偏差、水网密度等）、土壤、植被等专题图的数字化信息，以及气象台站的降雨量、降雨强度等信息，在 GIS 环境下确定区域的计算单元，将这些相关因子输入土壤侵蚀模型中，通过模型运算，最后输出土壤侵蚀量以及土壤侵蚀强度的分级图。

通用土壤流失方程（USLE）可表达为

$$A=R\cdot K\cdot \mathrm{LS}\cdot C\cdot P \tag{11.12}$$

式中：A 为年均土壤侵蚀模数[$\mathrm{t/(hm^2\cdot a)}$]；R 为降雨侵蚀力因子[$\mathrm{MJ\cdot mm/(hm^2\cdot h\cdot a)}$]，反映降雨导致土壤侵蚀的潜在能力（可采用模型或经验公式来确定）；K 为土壤可侵蚀性因子[$\mathrm{t\cdot h/(MJ\cdot mm)}$]，反映不同类型土壤抵抗侵蚀力的高低，与土壤物理性质，如机械组成、有机质含量、土壤结构、土壤渗透性等有关（可通过土壤的颗粒组成和土壤中的有机质含量来计算得出）；LS 为坡长、坡度因子，反映地形地貌特征对土壤侵蚀的影响（可通过遥感提取的 DEM 获得）；C 为植被覆盖因子，指在同等条件（地形、土壤、降水）下，植被覆盖地（作物或林草）与连续休闲地（裸地）的土壤流失量的比值，取值范围为 0～1，反映了植被对土壤侵蚀的抑制作用（可通过遥感获得）；P 为水土保持措施因子（可查找相关经验资料）。其中，土壤流失率指在同等条件（地形、土壤、降水）下，某特定植被（作物或林草）的土壤流失量与连续休闲地（裸地）的土壤流失量的比值，其物理意义指地面覆盖物对土壤侵蚀的综合作用。

植被能降低降雨对土壤的冲击力，减缓地表径流的速度，增加土壤入渗量等，而这些作用与植被种类、覆盖度密切相关。遥感提取植被覆盖因子一般是通过建立与 NDVI 经验关系，或混合像元分解提取植被端元组分等方法，来获得植被覆盖度。尽管植被覆盖因子与植被覆盖度密切相关，但植被对土壤侵蚀的抑制作用，还受侵蚀性降雨季节分布规律以及地表植被覆盖度季节变化规律的影响。Song 等（2011）[41]运用多时相 Landsat TM 遥感数据和气候模拟相结合的方法来估算不同生长阶段植被覆盖因子，并借助 GIS 进行潮河上游流域土壤侵蚀定量研究。首先，根据时间分辨率粗糙的气象观测数据，采用 CLIGEN 模型模拟历史降雨事件，得雨强分布曲线。根据降雨事件的雨强分布曲线，计算降雨过程的降雨总动能与最大雨强，从而获得降雨侵蚀指数的时间分布曲线；并与研究区内水文观测站的地理坐标关联，插值得降雨侵蚀指数 R 的时空分布图，作为计算植被因子时的加权系数时间序列图层。其次，采用 LSMM 线性光谱混合模型提取植被、土壤、非光合作用物质、水体（阴影）4 个端元组分，计算各类地面覆盖物的组分分量（丰度或盖度），其基本步骤可参考第 10 章相关内容。然后，将遥感提取的亚像元组分分量，用以估算植被不同生长期的潜在土壤流失率；再使用正则化的降雨侵蚀指数加权平均潜在土壤流失率，以估算不同生长阶段的植被因子值。最后，在 GIS 支持下，采用 USLE 模型估算流域的土壤侵蚀量及侵蚀等级图。

参考文献

[1] Loveland T R, Reed B C, Brown J F, et al. Development of a global land cover characteristics database and IGBP DIS-

Cover from 1-km AVHRR data. Int J Remote Sens, 1998,21: 1303-1330.
[2] Sellers P J, Los S O, et al. A revised land surface parameterization (SiB2) for atmospheric GCMs-Part II: the generation of global fields of terrestrial biophysical parameters from satellite data. Journal of Climate, 1996,9:706-737.
[3] Defries R S.. NDVI-Derived Land cover classification at a Global Scale. Int J Remote sens, 1994,15(17): 3567-3586.
[4] Vogelmann J E, Sohl T, Howard S M. Regional characterization of land cover using multiple sources of data. Photo Engin & Remote Sens, 1998,64(1):45-57.
[5] 刘纪远. 中国资源环境遥感宏观调查与动态研究. 北京:中国科学技术出版社,1996.
[6] Lee P R,Copeland T J, et al. The use of USGS-Provided Data to improve weather and climate simulations. Ecological Applications, 1997,7(1):3-21.
[7] Fennessy M J, Xue Y. Impact of USGS vegetation map on GCM simulations over the United States. Ecological Applications, 1997,7(1): 22-33.
[8] Yang L, Weily B K, Tieszen L L, et al. An analysis of relationships among climate forcing and time-integrated NDVI of Grasslands over the U. S. Northern and Central Great Plains. Remote Sens Environ, 1998,65:25-37.
[9] Belward A S. The IGBP-DIS global 1km land cover data set (DISCover): proposal and implementation plans. IGBP-DIS working paper 13. IGBP-DIS office, Toulouse, France,1996: 61.
[10] Zhu, Z, Yang L, Stehman S V, et al. Designing an accuracy assessment for USGS regional land cover mapping program. *In*: Kim L, Annick J. Spatial Accuracy Assessment: Land Information Uncertainty in Natural Resources, Michigan:Ann Arbor Press, Inc,1999.
[11] Stehman S V,Czaplewski R L. Design and analysis for thematic map accuracy assessment: fundamental principles. Remote Sens Environ,1998, 64(3):331-343.
[12] Wang Y, Civco D L. Three artificial neural network paradigms in high dimensional multisource spatial data classification. Geographic Information Sciences, 1995,1(2):73-87.
[13] McIver D K, Friedl M A. Using prior probabilities in decision-tree classification of remotely sensed data. Remote Sens Environ,2002,81:253-261.
[14] Loveland T R, Merchant J W, et al. Development of a land cover characteristics database for the conterminous U. S. Photo Engin & Remote Sens, 1991,57: 1453-1463.
[15] Olson J S. Global Ecosystems Framework: Definitions, USGS EROS Data Center Internal Report, Sioux Falls, SD, 1994:37.
[16] Dickinson R E, Henderson-Sellers A, Kennedy P J, et al. Biosphere-Atmosphere Transfer Scheme(BATS) for the NCAR Community Climate Model, NC Technical Note, NCAR /TN -275 +STR, Boulder, Co,1986.
[17] Anderson J R,et al. A land use and land cover classification system for use with remote sensor data. U. S. Geological Survery Professional Paper 946. Washington D C: USGPO,1976.
[18] Running S W, Loveland T R, Pierce L L.. A vegetation classification logic based on remote sensing for use in global scale biogeochemical models. Ambio,1994, 2:77-81.
[19] Michaelson J, Schmiel D S, et al. . Regression tree analysis of satellite and terrain data to guide vegetation sampling and survey. Journal of Vegetation Science, 1994,5: 673-686.
[20] 徐冠华. 再生资源遥感的理论及其技术应用. 北京:中国林业出版社,1994.
[21] 刘纪远. 中国土地利用变化的遥感时空信息研究. 北京:科学出版社,2005.
[22] 刘纪远,布和敖斯尔. 中国土地利用变化现代过程时空特征的研究. 第四纪研究,2000,20(3):229-239.
[23] 王思远,刘纪远,张增祥,等. 中国土地利用时空特征分析. 地理学报,2001,56(6): 631-639.
[24] Liu J Y,Liu M L,Zhuang D F,et al. Study on spatial pattern of land-use change in China during 1995-2000,Science in China (Series D),2003,46(4): 373-384.
[25] 朱会义,李秀彬. 关于区域土地利用变化指数模型方法的讨论. 地理学报,2003,58(5):643-650.
[26] Zhang Q F,Wang J F. A rule-based urban land use inferring method for fine-resolution multispectral imagery. Can J Remote Sensing, 2003,29(1):1-13.
[27] 陈述彭,赵英时. 遥感地学分析(修订本). 台北:中国文化大学出版部,1992.
[28] 王熙章. 王涛,等. 沙漠化灾害监测与评价信息系统,重大自然灾害遥感监测与评估研究进展. 北京:北京中国科学技术出版社,1993.
[29] 张熙川,赵英时. 应用线性光谱混合模型快速评价土地退化的方法研究. 中国科学院研究生院学报,1999,16(2):

169-176.
[30] Metternicht G I, Zinck J A. Remote sensing of soil salinity: potentials and constraints. Remote Sens Environ,2003,85: 1-20.
[31] 郑威,陈述彭.资源遥感纲要.北京:中国科学技术出版社,1995.
[32] Mougenot B,et al. Effets des sels sur la re′flectance et te′le′de′tection des sols sale′s. Cahiers ORSTOM,Se′rie Pe′dologie,1993, 28: 45-54.
[33] Farifteh J, Farshad A,George R J. Assessing salt-affected soils using remote sensing, solute modelling, and geophysics. Science Direct,Geoderma, 2006,130(3-4):191-206.
[34] Dehaan R L,Taylor G R. Field-derived spectra of salinized soils and vegetation as indicators of irrigation- indued siol satinization. Remote Sens Environ,2002,80:406-418.
[35] Hunt G,Salisbury J,Lenhoff C. Visibleand near infrared spectra of minerals and rocks: Halides V. Phosphates,arsenates,ven-adates and borates. Modern Geology, 1972,3:121-132.
[36] Mulders M. Remote Sensing in Soil Science. Development in Soil Science. Amsterdam, The Netherlands: Elsevier,1987.
[37] Csillag F,Pa′sztor L,Biehl L. Spectral band selection for the characterization of salinity status of soils. Remote Sens Environ, 1993,43:231-242.
[38] Sreenivas K, Venkataratnam L, Rao P V N. Dielectric properties of salt-affected soils. International Journal of Remote Sensing,1995,16:641-649.
[39] Metternicht G I. Detecting and monitoring land degradation features and processes in the Cochabamba valleys,Bolivia:a synergistic approach. ITC Publication, vol. 36. Enschede, The Netherlands: International Institute for Aerospace Survey and Earth Sciences,1996:390.
[40] 廖楚江.科尔沁沙地荒漠化遥感监测研究.中国科学院遥感应用研究所博士学位论文.2007.
[41] Song X F, Duan Z, Kono Y, et al. Integration of remotely sensed C factor into SWAT for modeling sediment yield. Hydrological Processes,2011,25(22): 3387-3398.

第 12 章　植 被 遥 感

植被在地球表面占有很大的比例，是地-气系统物质能量交换的主要载体，是研究地球辐射收支平衡及碳、氮、水循环的关键因子。陆地表面的植被常是遥感观测和记录的第一表层，是遥感图像反映的最直接的信息，也是人们研究的重要对象。人们可通过遥感提供的植被信息及其变化来提取与反演各种植被参数，监测它的变化过程与规律，研究它与生态环境其他因子间的相互作用和整体效应等。此外，作为地理环境重要组成部分的植被，与一定的气候、地貌、土壤条件相适应，受多种因素控制，对地理环境的依赖性最大，对其他因素的变化也最敏感。因此，人们往往可以通过遥感所获得的植被信息的差异来分析那些图像上并非直接记录的隐含在植被冠层以下的其他信息，如水土资源、气候资源、蚀变带与矿藏、地质构造、自然历史环境演变遗留的痕迹等。

第 2 章我们已讨论过植物内部所含的色素、水分以及它的结构等控制着植物特殊的光谱响应。同时，我们还知道植被在生长发育的不同阶段(发芽—生长—衰老)，从其内部成分结构到外部形态特征均会发生一系列周期性的变化。这变化是以季节为循环周期的，故称之为植物季相节律。植物季相节律在植物细胞的微观结构到植物群体的宏观结构上均会有所反应，致使植物单体或群体的物理光学特征也发生周期性变化，因此有可能通过多光谱遥感信息获得植物及其变化的信息，直接监测植被长势、病虫害以及进行森林、草场制图、生物量估算等多方面研究。

植被遥感研究由来已久。早期的研究主要集中在植被及土地覆盖类型的识别、分类与专题制图等。随后，则致力于植被专题信息的提取与表达方式上，提出了多种植被指数，并利用植被指数进行植被宏观监测，以及各种植被参数(叶面积指数、叶绿素含量、植被覆盖度、生物量等)的估算。随着定量遥感的逐步深入，植被遥感研究已向更加实用化、定量化的方向发展，建立了多种植被遥感模型定量反演地表植被参数(生物物理参数——叶面积指数 LAI、叶倾角分布 LAD、植被覆盖度 f、绿色生物量 BI、植被净第一性生产力 NPP、光合有效辐射吸收系数 FPAR、光能利用率等；生化组分——叶绿素、水分、氮、木质素、纤维素等)，及其与地表生态环境参数(气温、降水、蒸发量、土壤水分等)的关系，以提高植被遥感的应用精度，并深入探讨植被在地表物质能量交换中的作用。

§12.1　植被遥感基础

12.1.1　植被生理基础

植物遥感依赖于对植物叶子和植被冠层光谱特性的认识，因而需要首先了解植物叶子和植被的结构。

1. 叶的内部结构

图 12.1 显示了植物叶的内部结构[1]。叶片的最上层为上表皮，由较密集的细胞组成，并被半透明的薄膜（阻止水分丢失）覆盖；最下层为下表皮，含气孔可与外界进行气体、水分交换，这是植物光合作用和植物生长的根本保证；上下表皮之间为栅栏组织和海绵组织，其中，栅栏组织由长透镜状细胞平行排列而成，它又叫叶绿体，由叶绿素和其他色素组成；海绵叶肉组织由相互分离的不规则状细胞组成，叶肉细胞的较大表面积保证光合作用中 O_2 与 CO_2 的充分交换。

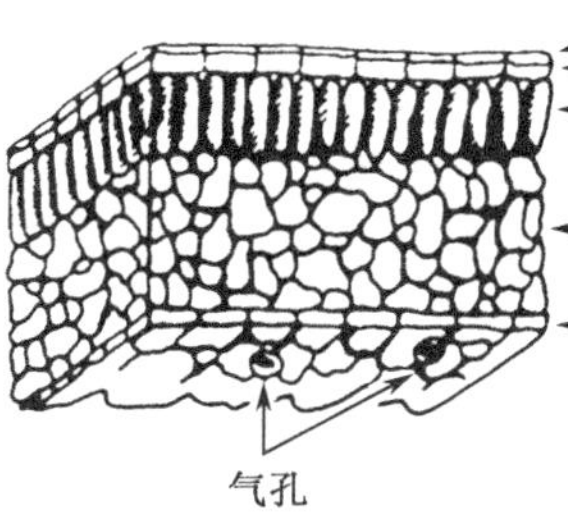

图 12.1　叶片的内部结构

2. 植被结构

植株是由叶、叶柄、茎、枝、花等不同组分组成。从植被遥感——植被与光（辐射）的相互作用出发，植被结构主要指植物叶子的形状（用叶倾角分布表示）、大小（用叶面积指数表示），植被冠层的形状、大小以及空间结构——包括成层现象（涉及多次散射）、覆盖度（涉及间隙率、阴影）等。

植被结构是随着植物的种类、生长阶段、分布方式的变化而变化的。在定量遥感中，它大致可分为水平均匀植被（连续植被）和离散植被（不连续植被）两种。两者之间并无严格界线。草地、幼林、生长茂盛的农作物等多属前者，而稀疏林地、果园、灌丛等多属后者。两者需用不同的模型方法加以研究，前者适用于辐射传输模型（RT），后者适用于几何光学模型（GO）。植被结构可通过一组特征参数来描述和表达，如叶面积指数（定义为单位地表面积上方植物单面叶面积的总和）、叶面积体密度 FAVD（定义为某一高度上单位体积内叶面积的总和）、间隙率（或孔隙率，可通过野外测量或间隙率模型反演）、叶倾角分布（它确定了沿入照方向和观测方向叶子的不同平均投影面积，用分布函数表征，可分为喜平型、喜直型、均匀型、球面型、倾斜型等）[2]。

3. 植物的光合作用

植物的光合作用是指植物叶内的叶绿素吸收光能和转换光能的过程。它所利用的仅是太阳光的可见光部分（0.4～0.76μm），即称之为光合有效辐射（PAR），约占太阳辐射的 47%～50%，其强度随着时间、地点、大气条件等变化。植物叶所吸收的光合有效辐射（APAR）的大小及其变化取决于太阳辐射的强度和植物叶的光合面积。而光合面积不仅与叶面积指数有关，还与叶倾角、叶间排列方式、太阳高度角等有关。光合面积与叶绿素浓度结合可以反映作物群体参与光合作用的叶绿素数量。而水、热、气、肥等环境因素直接影响 PAR 向干物质转换的效率。例如，叶子缺水、气孔减小，直接影响作为光合作用原料的 CO_2 的吸收。Monteith (1997) 提出了干物质生产效率模型，从理论上描述了作物干物质生产过程。该模型表示为

$$W = \int \varepsilon \cdot i \cdot Q \cdot \mathrm{d}t \tag{12.1}$$

式中：ε 为截获光合有效辐射转换为干物质的效率；i 为太阳光合有效辐射截获率；Q 为太阳光合有效辐射；t 为光合时间；W 为作物光合作用生产的所有干物质数量。

射入叶子的可见光部分中的蓝光、红光及少部分绿光可被叶绿素吸收，用于光合作用。叶子的光合作用过程总是伴随着叶子的呼吸作用和水分蒸腾作用进行的。叶子通过其下表皮层的气孔吸入 CO_2，并扩散到叶腔内；在光能的作用下，叶内的二氧化碳（CO_2）与水分（H_2O）结合，经光合作用过程生成碳水化合物（$C_6H_{12}O_6$）和呼出氧气（O_2）。可简单表示为

$$6CO_2 + 6H_2O \xrightarrow[\text{叶绿素}]{\text{光}} C_6H_{12}O_6 + 6O_2 \uparrow$$

植物在光合作用过程中将转换和消耗光能。被叶吸收的光能除了大部分用于光合作用转化为干物质（仅占入射光能的 5%被转变成碳水化合物）和产生氧气外，同时还有一部分光能会转变成热能散失和以荧光的形式发射。此外，射入植被的光能除了被叶子吸收外，还有部分发生反射和透射（部分透射能可达地表）。部分阳光投射到植物体的非光合器官上，因而光合作用的潜力受植物类型、结构、生态环境等多方面因素的影响。

12.1.2 植被遥感原理

1. 叶的反射与发射

在第 2 章中，我们已详细介绍了绿色植物叶片的光谱反射特征及其影响因素。其中特别提到近红外波段在植被遥感中的重要作用。这是因为近红外区的反射是受叶内复杂的叶腔结构和腔内对近红外辐射的多次散射控制，以及近红外光对叶片有近 50%的透射和重复反射的原因。随着植物的生长、发育或受病虫害胁迫状态或水分亏缺状态等的不同，植物叶片的叶绿素含量、叶腔的组织结构、水分含量均会发生变化，致使叶片的光谱特性发生变化。虽然这种变化在可见光和近红外区同步出现，但近红外的反射变化更为明显。这对于植物/非植物的区分、不同植被类型的识别、植被长势监测等是很有价值的。

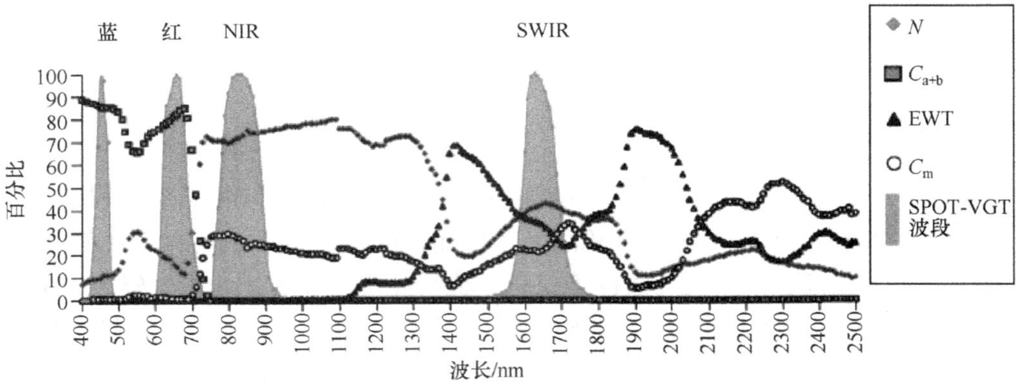

图 12.2 叶反射率对叶片特征（N、C_{a+b}、EWT、C_m）的敏感性分析[3]

（Y 轴表示每个变量引起反射率变化的百分比）

图 12.2 显示了由 PROSPECT 模型模拟的一组叶光谱反射率对叶片特征（EWT、N、C_m、C_{a+b}）的敏感性分析结果。叶含水量 EWT、叶层数 N、干物质含量 C_m、叶绿素含量 C_{a+b} 等因子对反射率变化的作用以百分数形式在 Y 轴上表示。分析结果表明，在 400～710nm 谱段，反射率主要受叶绿素含量影响，其次是叶的结构因素影响；在近红外 NIR 谱段，反射率主要受叶结构和干

物质含量因素的影响，其中叶结构因素是最主要的，占 70%～80%，其余的为干物质含量的影响，占 30%～20%。在短波红外 SWTR 谱段内，叶含水量 EWT 对叶反射率的影响随波长变化而变化，同时叶结构 N 和干物质含量 C_m 仍有一定的影响。可见，仅用 SWIR 一个谱段数据反演 EWT 是不够的，还需要借助能反映叶结构和干物质含量的谱段数据来获得 N 和 C_m，方可将 SWIR 波段反演的 EWT 偏差降到最低[3]。

绿色植物光合作用过程中会释放能量，并在红光（中心波长 690nm）和近红外光（中心波长 730nm）处出现双峰特征的叶绿素荧光现象（chlorophyll fluorescence，CF）。图 12.3 显示了用差值法所提取的冠层反射率的荧光信号。稳定状态下叶绿素荧光效应（690～730 nm光谱区间的双峰特征）能用以监测温度和相对湿度的变化。一般胁迫过程中荧光值的变化与温度变化成反比，与湿度变化成正比[4]。光合作用和 CF 间是互相依赖的。通常情况下，稳定状态下的 CF 和光合作用的速度呈负相关。当植被光照过度时，CF（叶绿素荧光）起一个保护植被的作用，叶绿体通过它耗散光能引起的过度光合作用，减弱过量光引起的对植被的氧化伤害[4,5]。因此，植物的荧光信号包含了植物和环境相互作用的有用信息。

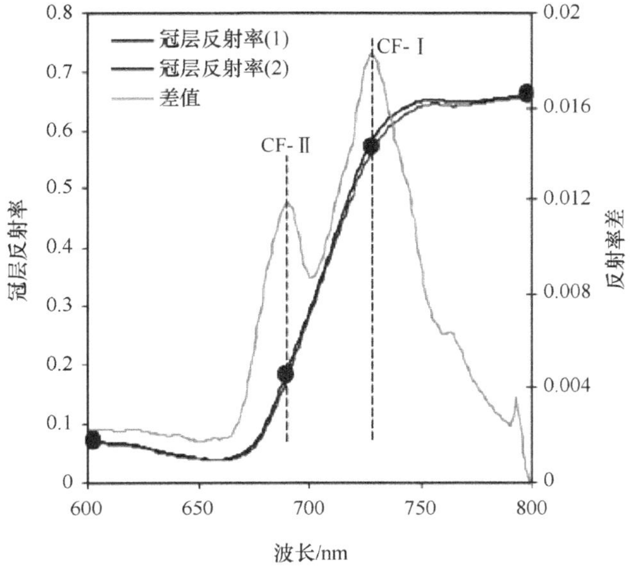

图 12.3　植被双峰特征的叶绿素荧光现象[4]

植物的发射特征主要表现在热红外波段和微波谱段。植物在热红外谱段的发射特征遵循普朗克（Planck）黑体辐射定律，与植物温度直接相关。植物是灰体而非黑体，因而研究它的热辐射特征必须考虑植物的发射率。植物的发射率随植物类别、水分含量等的变化而变化。健康绿色植物的发射率一般为 0.96～0.99，常取 0.97～0.98；干植物的发射率变幅较大，一般为 0.88～0.94。植物的生理过程，如物质（水、盐类）的吸收、有机质的合成和运输、呼吸作用等，都包含许多复杂的物理和化学的综合反应，它们的反应速度随温度上升而加快，但超过最适点后反应速度则下降，先后出现最高、最适和最低温度。通过植被冠层温度可计算植被水分蒸腾量，推算作物的干物质产量、作物缺水指数、二氧化碳消耗量等[6]。

植物的微波辐射特征能量较低，受大气干扰较小，也可用黑体辐射定律来描述。植物的微波辐射能量（即微波亮度温度）与植物及土壤的水分含量有关。而植物的雷达后向散射强度（即主动微波辐射）与其介电常数和表面粗糙度有关。它反映了植物水分含量和植物群体的几何结构，同样传达了大量植物的信息。研究表明可以用多波段雷达数据估算作物叶面积指数。可见，植物的发射特征（热红外和微波）和微波散射特征信息是光学反射遥感数据的重要补充。

正如 Boochs[7] 所指出的，植被对电磁波的响应，即植被的光谱反射或发射特性是由其化学和形态学特征决定的。而这种特征与植被的发育、健康状况以及生长条件密切相关。因此，可以采用多波段遥感数据来揭示植物活动的信息，进行植物状态监测等。Curran[8] 从微观化学键角度，总结归纳出植物叶在可见光-短波红外波段内的 42 个光谱吸收特性与叶生化组分的关系（表 12.1）。

表 12.1　可见光-短波红外波段内光谱吸收特征与叶生化组分的关系[8]

波长/μm	电子跃迁或化学键振动	生化组分	遥感考虑
0.43	电子跃迁	叶绿素 a	大气散射
0.46	电子跃迁	叶绿素 b	
0.64	电子跃迁	叶绿素 b	
0.66	电子跃迁	叶绿素 a	
0.91	C—H 拉伸，三级谐波	蛋白质	
0.93	C—H 拉伸，三级谐波	油类	
0.97	O—H 弯曲，一级谐波	水，淀粉	
0.99	O—H 拉伸，二级谐波	淀粉	
1.02	N—H 拉伸	蛋白质	
1.04	C—H 拉伸，C—H 形变	油类	
1.12	C—H 拉伸，二级谐波	木质素	
1.20	O—H 弯曲，一级谐波	水、纤维素、淀粉、木质素	
1.40	O—H 弯曲，一级谐波	水	
1.42	C—H 拉伸，C—H 形变	木质素	大气吸收
1.45	O—H 拉伸，一级谐波 C—H 拉伸，C—H 形变	淀粉、糖、木质素、水	
1.49	O—H 拉伸，一级谐波	纤维素、糖	
1.51	N—H 拉伸，一级谐波	蛋白质、氮	
1.53	O—H 拉伸，一级谐波	淀粉	
1.54	O—H 拉伸，一级谐波	淀粉、纤维素	
1.58	O—H 拉伸，一级谐波	淀粉、糖	

续表

波长/μm	电子跃迁或化学键振动	生化组分	遥感考虑
1.69	C—H 拉伸,一级谐波	木质素、淀粉、蛋白质、氮	大气吸收
1.78	C—H 拉伸,一级谐波/O—H 拉伸/H—O—H 形变	纤维素、糖、淀粉	
1.82	O—H 拉伸/C—O 拉伸, 二级谐波	纤维素	
1.90	O—H 拉伸,C—O 拉伸	淀粉	
1.94	O—H 拉伸,O—H 形变	水、木质素、蛋白质、氮、淀粉、纤维素	
1.96	O—H 拉伸/O—H 弯曲	糖、淀粉	
1.98	N—H 不对称	蛋白质	
2.00	O—H 形变,C—O 形变	淀粉	
2.06	N=H 弯曲,二级谐波/N=H 弯曲/N—H 拉伸	蛋白质、氮	
2.08	O—H 拉伸/O—H 形变	糖、淀粉	遥感器信噪比快速衰减↓
2.10	O=H 弯曲/C—O 拉伸/C—O—C 拉伸、三级谐波	淀粉、纤维素	
2.13	N—H 拉伸	蛋白质	
2.18	N—H 弯曲,二级谐波/ C—H 拉伸/C—O 拉伸/C=O 拉伸/C—N 拉伸	蛋白质、氮	
2.24	C—H 拉伸	蛋白质	
2.25	O—H 拉伸,O—H 形变	淀粉	
2.27	C—H 拉伸/O—H 拉伸 CH_2 弯曲/CH_2 拉伸	纤维素、糖、淀粉	
2.28	C—H 拉伸/CH_2 形变	淀粉、纤维素	
2.30	N—H 拉伸,C=O 拉伸 C—H 弯曲,二级谐波	蛋白质、氮	
2.31	C—H 弯曲,二级谐波	油类	
2.32	C—H 拉伸/CH_2 形变	淀粉	
2.34	C—H 拉伸/O—H 形变 C—H 形变/O—H 拉伸	纤维素	
2.35	CH_2 弯曲,二级谐波 C—H 形变,二级谐波	纤维素、蛋白质、氮	

2. 植被冠层的反射与 BRDF

单叶的光谱行为对植被冠层光谱特性是重要的,但并不能完全解释植被冠层的光谱反射。植被冠层由许多离散的叶子组成,这些叶子的大小、形状、方位、覆盖范围是变化的。

自然状态下的植被冠层(如一片森林或作物)是由多重叶层组成的,上层叶的阴影挡住了下层叶，整个冠层的反射是由叶的多次反射和阴影的共同作用而成的，而阴影所占的比例受光照角度、叶的形状、大小、倾角等的影响。一般说来，由于阴影的影响，往往冠层的反射低于单叶的实验室测量的反射值，但在近红外谱段冠层的反射更强。这是由于植物叶子透射50%～60%的近红外辐射能，透射到下层的近红外辐射能被下层叶反射，并透过上层叶，导致冠层红外反射的增强，如图12.4所示。

在植被冠层中，多层叶提供了多次透射、反射的机会。因此，冠部整个反射光谱随叶子层数 N 的增加而增加，且层数 N 对光谱的影响程度则随着 N 的增大而减小(图12.5)，这在近红外波段尤为明显。试验证明，约8层叶的近红外反射率达最大值[9]。

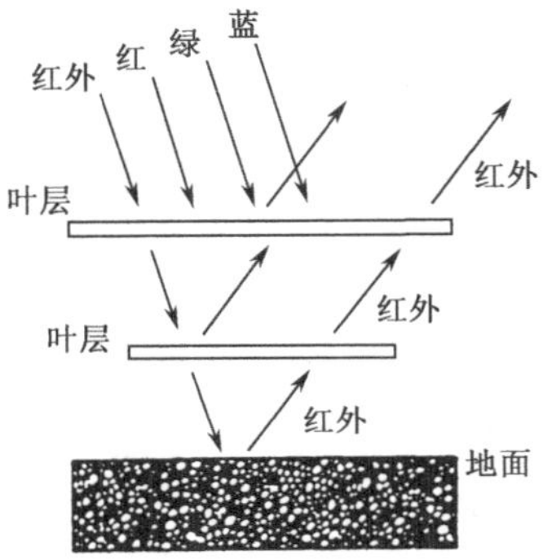

图12.4　植被冠层的多次反射

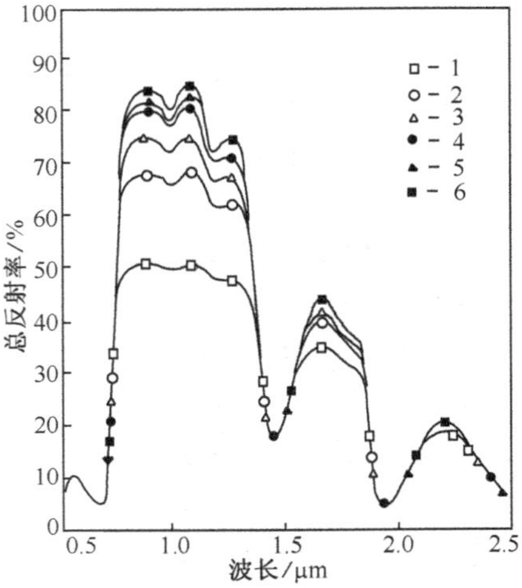

图12.5　多层棉叶的总反射率[9]

植被冠层的光谱特性，除了受植被冠层本身组分——叶的光学特性的控制外，还受植被冠层的形状结构、辐照及观测方向、背景光谱等的影响。因此，植被的光谱特性与植被的空间结构、覆盖度、生物量密切相关。图12.6显示紫苜蓿在整个生长周期光谱反射率的变化。植被覆盖度从0(裸地)到近100(几乎全覆盖)，光谱特征从裸地光谱到植物光谱占主导地位，生物量也逐渐增加。原则上，生物量可以通过比较近红外区(0.8～1.1μm)与绿光区(0.4μm)的反射率求得。

有关二向反射分布函数(BRDF)、二向反射因子(BRF)的含义与表达式，在第1章已有论述，这里仅就植被冠层的方向反射特征(BRDF)作一简单介绍。大量实验表明[2,11]，对于均匀介质，在太阳入射的主平面，其反射率会产生“碗边效应”，即反射率在星下点最小(碗底最小)，随着观测天顶角的增大而增大，呈“碗形”；在垂直主平面，BRDF呈对称分布。至于植被冠层的方向谱是呈现“碗形”还是“丘形”取决于背景反射率对植被方向反射的影响程度。对于水平均匀分布的植被，若叶面积指数足够大(土壤背景的影响可以忽略)，则反射率呈“浅碗形”的各向异性分布；若植被较为稀疏、背景反射率较高，则反射率可能出现“丘形”分布(反射率随观测天顶角的增大而减小)[12]。

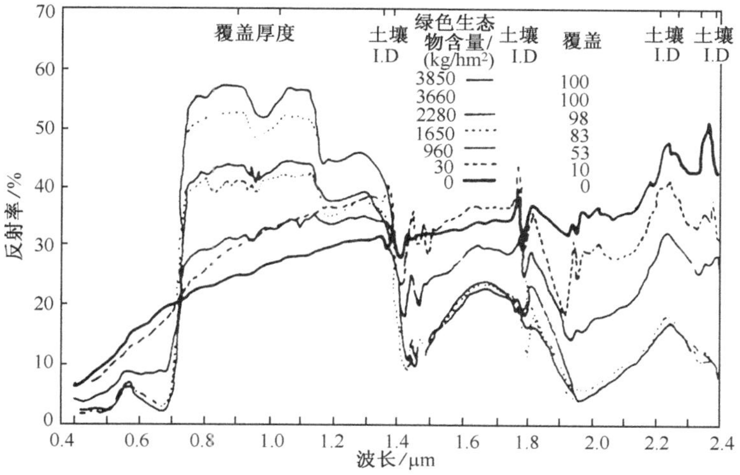

图 12.6 不同生长期紫苜蓿生物量、覆盖度与反射率的关系[16]

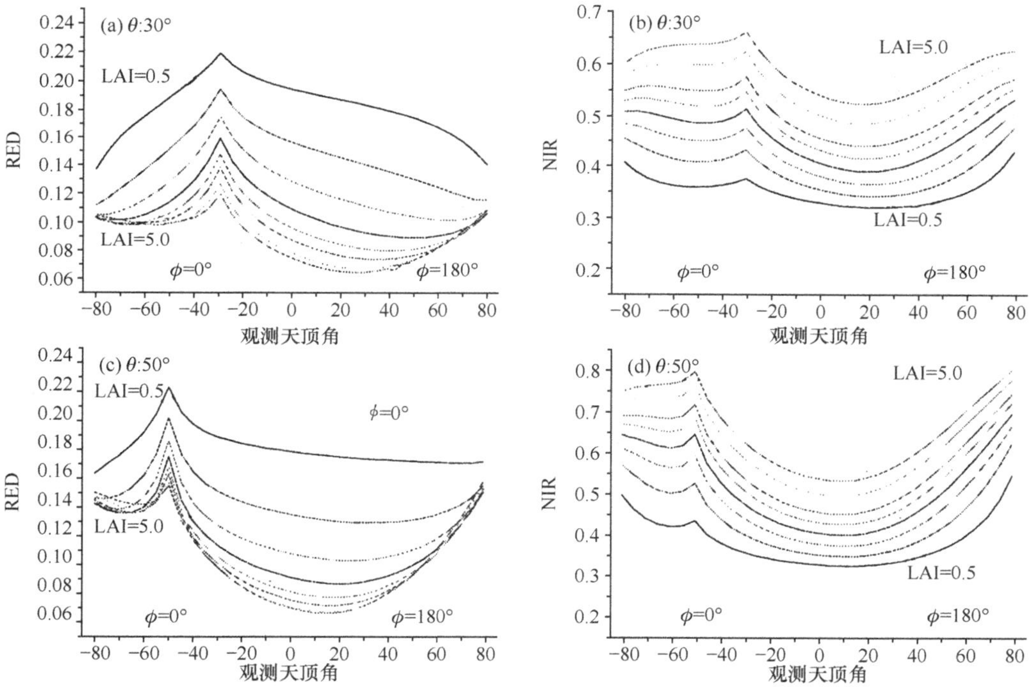

图 12.7 玉米冠层主平面 RED、NIR 方向反射率[12]

此外,植被冠层的方向反射还存在热点效应。热点是指观测方向(通过观测天顶角、观测方位角描述)与太阳入射方向一致时所对应的点。热点效应是指热点附近的反射率出现最高峰值。这是因为此时看不到阴影,测得的辐射达到局部最大。观测到的仅有太阳光照射部分,而不含任何阴影部分。

图 12.7 是运用 SAILH 模型模拟的不同叶面积指数下,玉米冠层在太阳入射的主平面上,红波段和近红外波段反射率随着观测天顶角的变化情况。图中显示了"热点效应"、红波段的"丘地效应"和近红外波段的"碗边效应"[12]。

§ 12.2 植被特征信息遥感提取

12.2.1 植被指数模型

遥感图像上的植被信息主要通过绿色植物叶子和植被冠层的光谱特性及其差异、变化反映。不同光谱通道所获得的植被信息与植被的不同要素或某种特征状态有各种不同的相关性。例如，叶光谱特性中，可见光谱段受叶内叶绿素含量的控制，近红外谱段受叶内细胞结构的控制，短波红外谱段受叶细胞内水分含量的控制。再如，可见光中绿光波段对区分植物类别敏感；红光波段对植被覆盖度、植物生长状况敏感等。但是，对于复杂的植被遥感，仅用个别波段或多个单波段数据分析对比来提取植被信息是有明显局限性，因而往往选用多光谱遥感数据经分析运算（加、减、乘、除等线性或非线性组合方式），产生某些对植被长势、生物量等具有一定指示意义的数值，即所谓的植被指数。它用一种简单而有效的形式——仅用光谱信号，不需其他辅助资料，来实现对植物状态信息的表达，以定性和定量地评价植被覆盖、生长活力及生物量等。

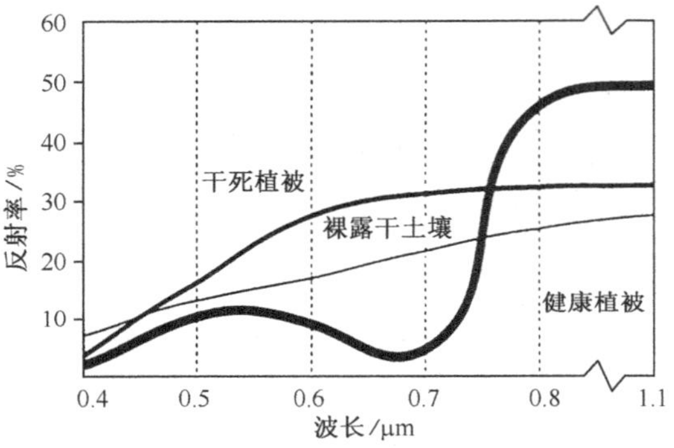

图 12.8 植被与土壤的典型光谱特征

图 12.8 分别显示了健康绿色植被、干死或枯萎植被、裸露土壤的典型光谱反射特征曲线。健康植被在近红外波段（0.7～1.1μm）通常反射 40%～50%的能量，而在可见光范围内（0.4～0.7μm）只能反射 10%～20%的能量，因为植被中的叶绿素吸收多数的可见光。而枯萎及干死植被中叶绿素含量大量减少，因此在可见光波段，其反射率比健康植被高；但在近红外波段，其反射率比健康植被低。而裸露土壤的反射率通常在可见光高于健康植被，但低于干死及枯萎植被；在近红外，则明显低于健康植被。这三条曲线在不同波段上形状的差异是建立许多植被指数的基础。

在植被指数中，通常选用对绿色植物（叶绿素引起的）强吸收的可见光红波段（0.6～0.7μm）及对绿色植物（叶内组织引起的）高反射和高透射的近红外波段（0.7～1.1μm）。这两个波段不仅是植物光谱中反映光合作用最重要的波段，而且它们对同一生物物理现象的光谱响应截然相反，形成明显反差，这种反差随着叶冠结构、植被覆盖度而变化，因此可以对它们用比值、差分、线性组合等多种组合来增强或揭示隐含的植物信息。建立植被指数 VI 的关键在于，如何有效地综合各有关的光谱信号，在增强植被信息的同时，使非植被信号最小化。

由于植被光谱受到植被本身、环境条件、大气状况等多种因素的影响，因此植被指数往往具有明显的地域性和时效性。多年来，国内外学者已研究发展了几十种不同的植被指数模型。大致可归纳如下。

1. 比值与差值植被指数

1）比值植被指数

比值植被指数(ratio vegetation index,RVI)可表达为

$$RVI=\rho_{NIR}/\rho_R \tag{12.2}$$

式中：ρ_{NIR}、ρ_R分别为近红外、红波段的地表反射率，也可用两波段的灰度值(DN 值)表示，$RVI=DN_{NIR}/DN_R$。

绿色植物 RVI 值高；而无植被的地面包括裸土、人工特征物、水体以及枯死或受胁迫植被，则 RVI 值低。因此，RVI 能增强植被与土壤背景之间的辐射差异。土壤一般有近于 1 的比值，而植被则会表现出高于 2 的比值。可见，RVI 是植被长势、丰度的灵敏的指示参数。同理，可见光绿波段(叶绿素引起的反射)与红波段之比 G/R 也是有效的。RVI 对大气状况很敏感，大气效应大大地降低了它对植被检测的灵敏度，尤其是当 RVI 值高时。因此，最好运用经大气纠正的数据，或将两波段的灰度值(DN)转换成反射率(ρ)后再计算 RVI，以消除大气对两波段不同非线性衰减的影响。

2）差值植被指数

差值植被指数(difference vegetation index,DVI)可表达为

$$DVI=\rho_{NIR}-\rho_R \tag{12.3}$$

DVI 对土壤背景的变化极为敏感，有利于对植被生态环境的监测，因此又被称为环境植被指数(EVI)。一般说来，当植被覆盖浓密(≥80%)时，它对植被的灵敏度下降，适用于植被发育早—中期或低—中覆盖度的植被检测。

2. 归一化植被指数

针对浓密植被的红光反射很小，其 RVI 值将无界增长，Deering(1978)首先提出将简单的比值被指数 RVI，经非线性归一化处理得归一化植被指数 NDVI，使其比值限定在[−1,1]范围内。即

$$NDVI=\frac{\rho_{NIR}-\rho_R}{\rho_{NIR}+\rho_R} \quad 或 \quad NDVI=\frac{DN_{NIR}-DN_R}{DN_{NIR}+DN_R} \tag{12.4}$$

在植被遥感中，NDVI 的应用最为广泛。原因在于以下几点。①NDVI 是植被生长状态及植被覆盖度的最佳指示因子。许多研究表明，NDVI 与 LAI、绿色生物量、植被覆盖度、光合作用等植被参数有关。例如，NDVI 与光合有效吸收辐射(FAPAR)呈近线性关系，与 LAI 呈非线性相关；NDVI 的时序变化曲线可反映季节和人为活动的变化，而 NDVI 在生长季节内的时间积分与净第一生产力(NPP)相关等。因此 NDVI 被认为是监测地区或全球植被和生态环境变化的有效指标。②NDVI 经比值处理，可以部分消除太阳高度角、卫星观测角、地形变化、云/阴影和大气衰减等的影响。同时 NDVI 的归一化处理，可减小遥感器标定衰退(即仪器标定误差)对单波段的影响，并使由地表二向反射和大气效应造成的角度影响减小。因此 NDVI 增强了对植被的响应能力。③对于陆地表面主要覆盖而言，云、水、雪在可见光波段比近红外波段有更高的反射作用，则 NDVI 值为负值(<0)；岩石、裸土在两波段有相似的反射作用，则 NDVI 值近于 0；而在有植被覆盖的情况下，NDVI 为正值(>0)，且随植被覆盖度的增大而增大。几种典型的地面覆盖类型在大尺度 NDVI 图像上区分鲜明，植被得到有效的突出。因此，它特别适用于全球或

各大陆等大尺度的植被动态监测。但是，当利用中低分辨率、宽视域的遥感器数据（如 MOIDS、Sea WIFS 等）时，太阳光照角度和观测视角以及云的条件变化大，植被指数的研究应考虑方向辐射的角度效应和大气效应的影响，进行 BRDF 的大气校正。

Gallo 等[13]进行了 2002～2003 年相同时段的 MODIS（Terra 和 Aqua 平台）与 NOAA 的 NDVI 数据进行对比分析。研究表明，16 天合成的 NDVI 值十分相似，且不同遥感器获取的 NDVI 值之间存在着线性关系；NOAA/NDVI 在排除了云层、水汽、气溶胶等影响之后，与 MODIS NDVI 基本上是一致的。对于多种土地覆盖类型分析，NOAA 与 MODIS 的 NDVI 变化范围的关联度达到 89％或者更高。因此，可以对早期的 NOAA 数据进行再加工，使 NOAA/NDVI 产品在时间序列上保持连续性。

NDVI 除了有以上优势外，也有明显的局限性。即在植被高覆盖区 NDVI 值趋近于饱和，导致低植被覆盖区的植被指数被夸大，高覆盖区的植被指数被压缩；NDVI对植冠背景的影响较为敏感，其中包括土壤背景、潮湿地面、雪、枯叶、粗糙度等因素的变化，这种影响是相当复杂的，它随波长、土壤特征（含水量、有机质含量、表面粗糙度等）及植被覆盖度、作物排列方向等的变化而变化，其敏感性与植被覆盖度密切相关。实验证明，当植被覆盖度小于 15％时，植被可以被检测出来，但若植被覆盖度很低，如干旱-半干旱地区，则其 NDVI 很难指示区域的植物生物量；当植被覆盖度达 25％～80％时，其 NDVI 值随植物量的增加呈线性迅速增加；当植被覆盖度大于 80％时，其 NDVI 值增加延缓而呈现饱和状态，对植被检测灵敏度下降。一般说来，作物生长初期 NDVI 将过高估计植被覆盖度，而在作物生长的后期 NDVI 值偏低。因此，NDVI 更适用于植被发育中期或中等覆盖度（低～中等叶面积指数）的植被检测[14]。另外，NDVI 对大气状况敏感。

为了更好地理解和改进植被指数，描述植被信号与背景信号的关系，有必要讨论一下“土壤线、植被等值线、植被指数等值线”等概念[15～17]。

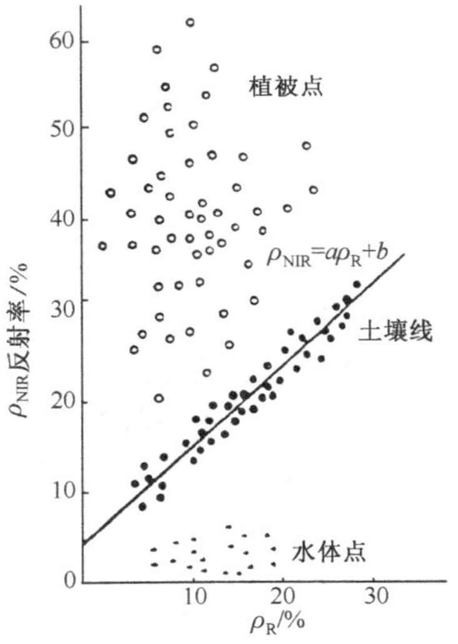

图 12.9　二维土壤光谱线

1）土壤线

研究表明，土壤在可见光红波段（R）与近红外波段（NIR）的反射率具有线性关系，则在 NIR-R 通道的二维坐标中，土壤（植被背景）光谱特性的变化表现为一个由近于原点发射的直线，称为土壤线，可表示为：$\rho_{NIR}=a\rho_R+b$（其中 a、b 分别为土壤线的斜率和截距）。所有植被背景包括水体（暗色）、雪（亮色）、各种类型土壤（砂土较亮、腐殖土较暗）、落叶等非光合作用目标及其变化均表现在基线上。而所有的植被像元均分布在基线上的 NIR 一侧。或者说，所有植被像元均落在植被的背景“基线”（水、雪两个底点）和植被的绿色顶点（近红外反射率极大值——红光反射率极小值点）之间的三角形区域内（图 12.9）。在 NIR-R 空间域中，植被像元的表现特征是叶子光学特性、生物量、叶冠结构参数的函数，植被像元点与土壤线之间的距离（根据欧氏距离或角距离都可测定）与植被量有关，绿色光合作用越强，离“土壤线”越远。由于植被冠层反射率（ρ_{NIR}、ρ_R）是随土壤参数和植被参数的变化而变化的，而对于土壤线来说植被参数为 0，则土壤参数的调整就可以通过土壤线的斜率和截距来实现。

2）植被等值线

植被等值线是在一定的叶面积指数和叶倾角分布及一定的外部条件（太阳角、视角、大气条件）下，改变背景的光学性质时所观测到的叶冠反射率的点对（即一对 ρ_{NIR} 与 ρ_R 值）所组成的线。也就是有着一系列相同的冠层光学结构和特性（植被参数相等），却有不同的背景条件的 ρ_{NIR} 与 ρ_R 的连线。它可以从辐射传输模式或观测数据获得。它既不汇聚原点，也不与土壤线平行，图 12.10 中植被等值线用虚线表示，一般用斜率与截距来描述。

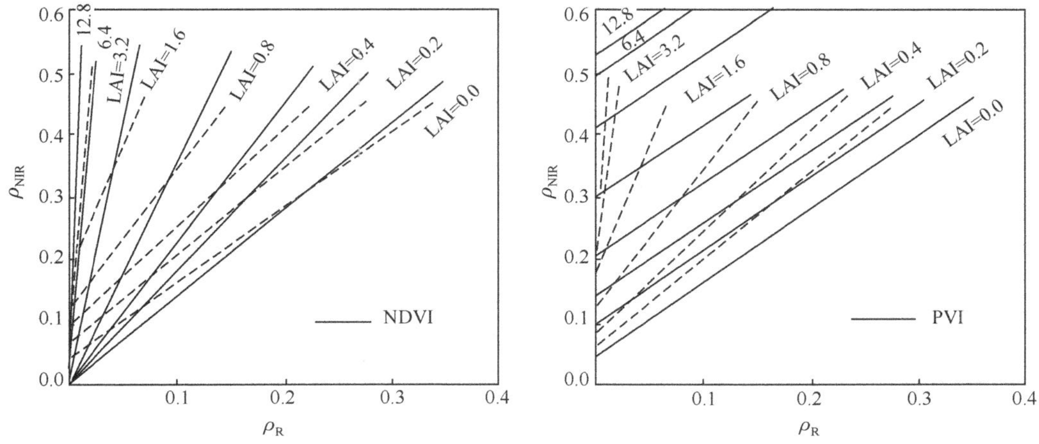

图 12.10　植被等值线与植被指数等值线[18]

（虚线为不同叶面积的植被等值线，实线为植被指数等值线；LAI 采用 SAIL 模式计算值，土壤红光反射率 ρ_s = 0.20）

植被等值线的特征（即在近红外区的斜率和截距）是叶冠光学特性和土壤线参数的函数。"斜率"依赖于土壤亮度线的斜率、LAI，以及红光、近红外光的冠层消光系数 K，可通过简单的反射率模式得到；"截距"描述的是距离土壤线的位移量，是植被密度的函数，并与植被类型、LAI 等有关。随着植被信号的增加（LAI 的增加），植被等值线的斜率与截距增加（但当 LAI 约为 2.0 时截距就不再增加，这与 LAD 有关）。当 LAI 是唯一变量时，斜率和近红外坐标轴的截距是 LAI 的函数，而不是背景亮度的函数。这时，植被等值线表明 ρ_{NIR}、ρ_R 与固定 LAI 时的背景亮度变化的关系，则可以建立土壤-植被光谱行为模式，将叶冠背景信息与植被层信息分离开来。

3）植被指数等值线

植被指数等值线反映导致植被指数相同的 ρ_{NIR} 与 ρ_R 响应的集合，反映一定的植被条件下植被指数随叶冠背景条件变化的真实特点，图 12.10 中用实线表示。它由植被冠层的光学特性独立获得。每一种植被指数有它自己的等值线，而且这些等值线通常不与植被等值线重叠。由于两者之间的差异，在 NIR-R 空间域中很容易求出在不变的冠层光学特性条件下，由冠层背景不同产生的指数变化。由比值处理构成的植被等值线由原点向外发散，斜率随植被量的增加而增加，截距为 0。NDVI 有效地反映了从"基线"向绿色顶点的增量。而当 LAI 固定时，NDVI 的变化则依赖于 ρ_R 的变化，这也说明 NDVI 随背景变化而变化明显。通常大多数植被指数与土壤亮度线密切相关。

为了获得不随背景亮度变化的植被指数 VI，植被指数等值线必须与"真实"的植被等值线一致。也就是说，去除土壤噪声等同于将植被指数等值线叠加在植被等值线上。此外，针对不同的区域特点和不同的植被类型，人们又发展了不同的归一化植被指数，如用于检验植被不同生长活力的归一化差异绿度指数 NDGI=$(\rho_G-\rho_R)/(\rho_G+\rho_R)$，用于建立光谱的反射率与棉花作物残余物的表面覆盖率关系的归一化差异指数 NDI=$(\rho_{NIR}-\rho_{MIR})/(\rho_{NIR}+\rho_{MIR})$等。

3. 土壤调整植被指数

为了解释背景的光学特征变化并修正 NDVI 对土壤背景的敏感性，Huete 等(1988)提出了可适当描述土壤-植被系统的简单模型，即土壤调整植被指数(soil-adjusted vegetation index，SAVI)，其表达式为[18]

$$\text{SAVI}=\left(\frac{\rho_{NIR}-\rho_R}{\rho_{NIR}+\rho_R+L}\right)(1+L) \quad 或 \quad \text{SAVI}=\left(\frac{\text{DN}_{NIR}-\text{DN}_R}{\text{DN}_{NIR}+\text{DN}_R+L}\right)(1+L) \tag{12.5}$$

式中：L 为土壤调节系数，随植被盖度而变化，用来减小植被指数对不同土壤反射变化的敏感性，其取决于植被的先验知识。当 $L=0$ 时，SAVI 就是 NDVI；当 $L=1$ 时，土壤的影响几乎消失。对于中等植被盖度区，L 一般接近于 0.5。随着植被盖度的增加，调节系数 L 降低。乘法因子$(1+L)$主要是用来保证最后的 SAVI 值与 NDVI 值一样介于-1 和$+1$ 之间。大量试验证明，土壤调整植被指数 SAVI 降低了土壤背景的影响，改善了植被指数与叶面积指数的线性关系。

一般说来，SAVI 仅在土壤线参数为 $a=1$、$b=0$ 时适用。于是，学者们针对土壤线实际的斜率 a 和截距 b 对 SAVI 进行调整。Baret 等[19,20]提出了转换型土壤调整指数(TSAVI)和改进的 ATSAVI，分别表示为

$$\text{TSAVI}=[a(\rho_{NIR}-a\rho_R-b)]/(a\rho_{NIR}+\rho_R-ab) \tag{12.6}$$

$$\text{ATSAVI}=[a(\rho_{NIR}-a\rho_R-b)]/[a\rho_{NIR}+\rho_R-ab+x(1+a^2)] \tag{12.7}$$

式中：x 为调节因子，用于将背景效应最小化(在 Baret 和 Guyot[20]的原文中 $x=0.08$)。

Major 等[21] 用 b/a 作为土壤调节因子，给出了 SAVI 的第二种形式，即 $\text{SAVI}_2=\rho_{NIR}/(\rho_R+b/a)$，并依据土壤干湿强度及太阳入射角的变化等，给出 SAVI 的其他形式(SAVI_3、SAVI_4)等。

为了使 SAVI 能适用于不同的土壤背景，Qi 等[22]提出了改进型土壤调整植被指数(MSAVI)，表示为

$$\text{MSAVI}=\left[(2\rho_{NIR}+1)-\sqrt{(2\rho_{NIR}+1)^2-8(\rho_{NIR}-\rho_R)}\right]/2 \tag{12.8}$$

MSAVI 用一个自动调节因子 L'取代了 SAVI 中的 L，$L'=1-2a\cdot\text{NDVI}\cdot\text{WDVI}$。其中，$a$ 为土壤线的斜率；WDVI 为权重差植被指数，WDVI=$\rho_{NIR}-(a\cdot\rho_R)$；但 L'并不出现在公式中。研究表明，MSAVI 受冠层参数变化和土壤光谱性质的影响最小，是很好的 LAI 估计函数。

作为植被背景的土壤对组成植被指数的红与近红外波段有不同的影响。叶子对红光的作用主要是吸收，其透射、反射均很小，而土壤背景对红光的反射较强。因此在植被非完全覆盖的情况下，冠层的红光反射辐射中，土壤背景的影响较大，且随着覆盖度的变化而变化。但近红外波段情况完全不同，叶子对近红外光的反射、透射均高(约各占 50%)，吸收极少，土壤对近红外光的反射虽明显小于叶的反射，但仍较强(大于红光的反射)。因而在植被非完全覆盖的情况下，冠层的近红外反射辐射中，叶层的多次反射及与土壤的相互作用是复杂的，土壤背景的影响仍较大。上述这些指数考虑到土壤和植被间的相互作用，均通过土壤调整因子，来减

小土壤亮度的影响。这些因子(L、X、L'等)通常依赖于植被量,尽管可以测量和模拟,但主要还是根据经验值确定。它们各有利弊,需要根据研究目标、地域特征、数据特点等判断确定。

4. 大气修正植被指数

大气对组成植被指数的红与近红外波段有不同的衰减系数。大气的吸收与散射一般使植被的红光辐射增强(因散射、上行程辐射中大气的贡献)、近红外辐射降低(因散射和水汽吸收等衰减作用),两者对比度下降,导致植被指数发生变化。

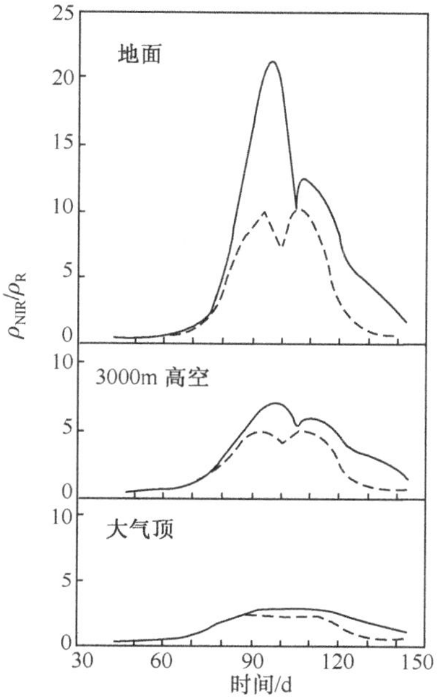

图 12.11 比值植被指数的大气效应[23]
(虚线为缺水植物,实线为不缺水植物)

尽管大气效应影响各种植被指数,且总效果往往使植被指数信号下降,但其影响的程度却有很大的不同。差值植被指数在浑浊和晴朗的天气条件下变化很小,而比值植被指数数值可下降 50%,其他指数位于上述两者之间[23]。图 12.11 显示在地面及卫星数据所测得的比值植被指数全生长期变化过程比较。从图中可见,地面光谱所测得比值植被指数 RVI,在植物全生长期起伏明显;在航高 3000m 所得的 RVI 变化幅度已明显减小;而在卫星(大气顶)所得的 RVI 变化起伏已显模糊。大气效应对 NDVI 的影响以气溶胶最严重,水汽次之,再次是瑞利散射。大气气溶胶对植被指数的影响主要表现为光程辐射(附加效应)和透过率(多重效应)。前者与背景无关,易于修正;后者依赖于地面亮度较难修正。研究表明,对可见光和近红外波段遥感数据的大气纠正,若选用的气溶胶和水汽含量不合适,则必然会对地表参数反演产生很大影响。但是,影响的程度是不同的,在近红外波段反演参数的精度比可见光高;对低覆盖度植被参数反演的精度比高覆盖度反演要高,在高覆盖度的情况下,对土壤反射率和叶面积指数的反演有很大影响[24]。研究还表明,厚云与云的阴影降低 NDVI 值;卷云的干扰可以使 NDVI 值产生 15%的明显差异。这些均说明大气效应使植被指数变化。这种变化限制了对植被的检测和对植被胁迫现象的探测。甚至有的研究发现,不确定的大气影响所产生的冠层光谱变化有时超过植被自身的变化[24~26]。因此,在计算 NDVI、RVI 等植被指数之前,需要对大气效应进行修正。

考虑到大气作用对于不同波段的影响是不一样的,且对红波段反射率的影响要比近红外波段反射率的影响大得多,因此,对于 NDVI 的修正,主要集中在减少大气作用对于红波段的影响。Kanfman 和 Janre 提出大气修正植被指数(atmospherically resistant vegetation index,ARVI),即利用可见光的蓝光(B)与红光(R)对大气响应的差异,用红蓝波段组合(RB)替代了 NDVI 的红波段(R),以减少植被指数 VI 对大气性质的依赖。ARVI 可表示为[27]

$$\mathrm{ARVI}=\frac{\rho_{NIR}-\rho_{RB}}{\rho_{NIR}+\rho_{RB}} \tag{12.9}$$

式中:$\rho_{RB}=\rho_R-\gamma(\rho_B-\rho_R)$,$\gamma$ 为光学路径效应因子,依赖于气溶胶的类型,通过对 R、B 波段的自动调节获得。ARVI 的性能取决于 γ,目前的研究表明,$\gamma=1$(即 $\rho_{RB}=2\rho_R-\rho_B$),基本上可以满足大部分遥感应用研究。考虑到冠层背景的影响,又改进为 SARVI,表示为[28]:$\mathrm{SARVI}=(1+L)(\rho_{NIR}-\rho_{RB})/(\rho_{NIR}+\rho_{RB}+L)$。

该方法减小了由于大气气溶胶引起的大气散射对红波段的影响，减小植被指数(VI)因大气条件变化而引起的变化。通过用大气辐射传输模型在各种大气条件下模拟自然表面光谱，发现 ARVI 与 NDVI 有同样的动态范围，但对大气的敏感性比 NDVI 小 4 倍[29]。

Pinty 和 Verstraete[30]针对大气效应，对 AVHRR 数据进行了自纠正处理，提出了一个 NIR 与 R 波段反射率的非线性组合指数—— 全球环境监测指数(GEMI)，可表示为

$$\text{GEMI} = \eta(1-0.25\eta) - \frac{\rho_R - 0.125}{1-\rho_R} \tag{12.10}$$

$$\eta = [2(\rho_{NIR}^2 - \rho_R^2) + 1.5\rho_{NIR} + 0.5\rho_R]/(\rho_{NIR} + \rho_R + 0.5)$$

应该说明的是，叶冠背景对植被指数的影响也与大气有关。研究表明，随着大气气溶胶的增加，背景值对植被指数(VI)的影响减小。对水平能见度为 5km 的浑浊大气，背景的影响接近于 0[31]。Liu 和 Huete[32]发展了"改进型土壤大气修正植被指数(EVI)"，将背景调整和大气修正结合起来(又称增强型植被指数)。EVI 被简化为

$$\text{EVI} = G\left[\frac{\rho_{NIR} - \rho_R}{\rho_{NIR} + C_1\rho_R + C_2\rho_B + L}\right] \tag{12.11}$$

式中：ρ 为大气层顶或经大气纠正的地表反射率；L 为背景(土壤)调整系数；C_1、C_2 为拟合系数。它利用蓝波段来修正红波段所受的大气气溶胶影响。EVI 算法中，取 $L=1$、$C_1=6$、$C_2=7.5$、$G=2.5$。EVI 在高生物量地区通过减弱冠层背景信号和降低大气影响，用来优化植被信号和加强植被监测[33]。

5. 穗帽变换中的绿度植被指数

为了排除或减弱土壤背景值对植物光谱或植被指数的影响，除了前述的出现一些调整、修正土壤亮度的植被指数(如 SAVI、TSAVI、MSAVI 等)以及修正大气效应的植被指数(ARVI、SARVI、EVI 等)外，研究者还广泛采用了光谱数值的穗帽变换技术。该技术由 Kauth 和 Thomas[34]首先提出，故又称之为 KT 变换(参见第 6 章的相关内容)。

穗帽变换是指在多维光谱空间中，通过线性变换、多维空间的旋转，将植物、土壤信息投影到多维空间的一个平面上，在这个平面上使植被生长状况的时间轨迹(光谱图形)和土壤亮度轴相互垂直。也就是，通过坐标变换使植被与土壤的光谱特征分离。植被生长过程的光谱图形呈所谓的穗帽图形；而土壤光谱则构成一条土壤亮度线，有关土壤特征(含水量、有机质含量、粒度大小、土壤矿物成分、土壤表面粗糙度等)的光谱变化都沿土壤亮度线方向产生(图 12.12)。

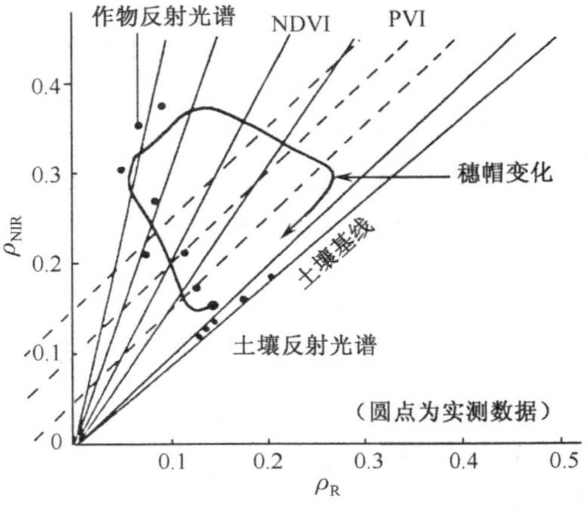

图 12.12　二维光谱坐标中土壤基线和植被指标[17]

K-T 变换(穗帽变换)和 K-L 变换(主成分变换)均是对原始数据进行线性变换,不同的是,K-T 变换的转换系数是固定的,不同图像产生的土壤亮度和绿度可以互相比较。但对于不同遥感器和地区特点,系数是变化的。尽管这 4 个新波段没有直接的物理意义,但此信息与地面景物是有关联的。其中第一分量(TC_1)表征土壤亮度,反映土壤亮度信息;第二分量(TC_2)表征绿度,与绿色植被长势、覆盖度等信息直接相关。第一、二分量往往集中了 95%或更多的信息。因此,植被、土壤信息主要集中在由 TC_1、TC_2 组成的二维图形中。

对于 TM 而言,可见光-红外 6 个波段数据蕴涵着很丰富的植被信息,经穗帽变换的前三个分量主要反映土壤亮度、绿度、湿度特征,第四分量主要为噪声(包含系统噪声和大气信息)。以 Landsat 5 为例,可表示为[4]

$$\begin{aligned}
BI &= 0.2909\ TM1 + 0.2493\ TM2 + 0.4806\ TM3 + 0.5568\ TM4 \\
&\quad + 0.4438\ TM5 + 0.1706\ TM7 \\
GVI &= -0.2728\ TM1 - 0.2174\ TM2 - 0.5508\ TM3 + 0.7721\ TM4 \\
&\quad + 0.0733\ TM5 - 0.1648\ TM7 \\
WI &= 0.1446\ TM1 + 0.1761\ TM2 + 0.3322\ TM3 + 0.3396\ TM4 \\
&\quad - 0.6210\ TM5 - 0.4186 TM7
\end{aligned} \tag{12.12}$$

TC 变换是以各波段的辐射亮度值为变量的,这些亮度值中包含了太阳辐射、大气辐射、环境辐射等多要素的综合信息,因而 TC 变换所得的图形和数值,因大气浊度、光照角度等外界条件的变化而波动。

在作物研究中,为了突出作物本身的光谱特征的动态信息,尽量排除大气、环境等因素的影响,则在 TC 变换中选用反射率来替代亮度值,将典型的穗帽变换图形进一步发展为 $G-\bar{\rho}$ 转换图形,即绿度转换图形(图 12.13)。图形中的一维是作物在红波段(R)与近红外波段(NIR)组合的绿度模型(绿度变量 G),另一维是作物在 0.4~1.1μm 的平均反射率($\bar{\rho}$),每一种作物在由这两个变量组成的二维空间里均有各自独特的变化图形和不同的空间位置。

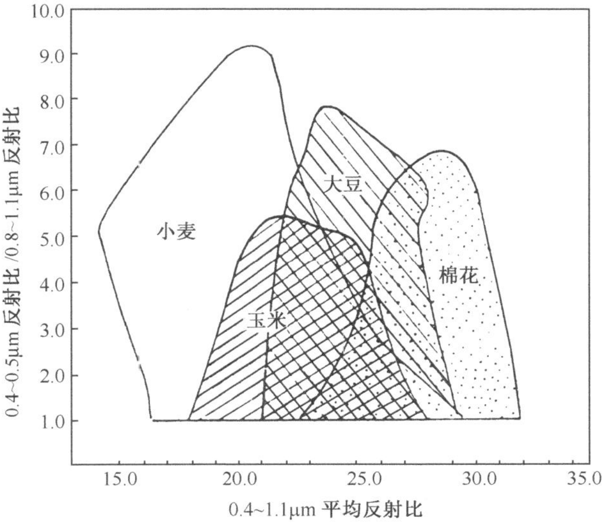

图 12.13 农作物的 $G-\bar{\rho}$ 绿度转换图形[17]

在绿度转换图形上,土壤与植被光谱特征互不相干,植被的绿度测量可排除土壤背景的干扰，一个通过植被光谱图形反映植被的生长状况，另一个通过土壤亮度线反映植被的生长条件。绿度转换图形可以直观形象地反映 G、$\bar{\rho}$ 两维变量的变化规律和植被发育过程中空间结构的变化，且信息量得到压缩。尽管图形反映了作物生长过程，但它缺乏具体的时间变量，不能描述作物生长期的长短。特别是当两种作物在图形和空间位置上相近，需用时间参数加以鉴别时，该图形反映出一定的局限性。为了弥补这一不足，往往运用多时相动态资料，绘制绿度时间剖面曲线，以显示作物不同生长期中的显著差异。

张仁华[17]在山东禹城试验站对黄淮海地区小麦、玉米、大豆、棉花等四种主要作物进行整个生长期较频繁的观测，这些作物在可见光-近红外波段的反射率差异较小，难以区分。但是若绘制各作物的反射光谱特征的绿度转换图形和绿度时间剖面曲线(图 12.14)，则各具特色，易于区分。在绿度转换图形上(图 12.13)，作物在土壤平面上开始生长，随生长阶段的发展，逐渐离开土壤平面，以曲线的轨迹向绿要素区域接近，然后聚集在黄要素区，最后又以各种不同路径返回到初始的土壤平面上。原来不易区分的作物在这二维的绿度转换图形上差异明显，再配以绿度时间剖面曲线分析，则易于识别。可见，运用动态遥感信息和相应的动态植被指数是进行作物识别与监测的有效方法。

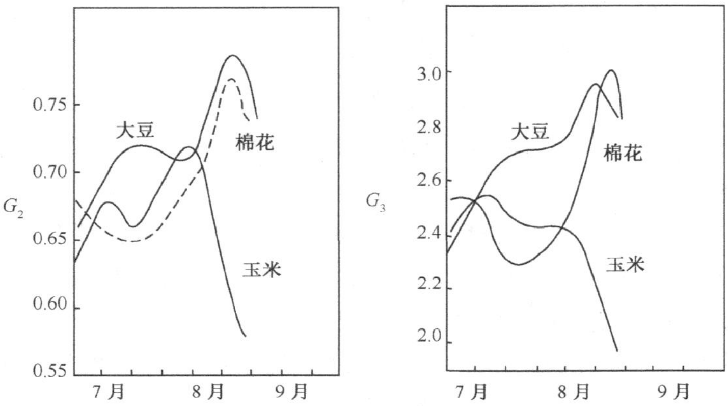

图 12.14　作物不同绿度的时间剖面曲线对比[17]

6. 垂直植被指数

在 R-NIR 的二维坐标系内，不同植被与土壤亮度线的距离不同(参见图 12.9)。于是，Richardson 和 Wiegand 把植物像元到土壤亮度线的垂直距离定义为垂直植被指数(perpendicular vegetation index，PVI)，表示为[35]

$$\mathrm{PVI} = \sqrt{(\rho_{\mathrm{R_s}} - \rho_{\mathrm{R_v}})^2 + (\rho_{\mathrm{NIR_s}} - \rho_{\mathrm{NIR_v}})^2} \tag{12.13}$$

式中：ρ_{R}、ρ_{NIR}分别表示红、近红外波段反射率；下标 s、v 分别表示土壤和植被。PVI 表征着在土壤背景上存在的植被的生物量，距离越大，生物量越大，也可将 PVI 定量表达为[17]

$$\mathrm{PVI} = (R_{\mathrm{NIR}} - b)\cos\theta - R_{\mathrm{R}} \cdot \sin\theta \tag{12.14}$$

式中：R_{NIR}、R_{R} 分别为 NIR、R 两波段的反射辐射亮度值；b 为土壤基线与 NIR 反射率纵轴的截距；θ 为土壤基线与 R 光反射率横轴的夹角。

或

$$\mathrm{PVI} = \frac{1}{\sqrt{a^2+1}}(R_{\mathrm{NIR}} - a \times R_{\mathrm{R}} - b) \tag{12.15}$$

式中：a、b 分别为土壤线的斜率和截距。

PVI 的显著特点是较好地滤除了土壤背景的影响，且对大气效应的敏感程度也小于其他植被指数。正因为它减弱和消除了大气、土壤的干扰，所以被广泛应用于大面积作物估产。

一般而言，比值植被指数（RVI、NDVI）增强了土壤与植物的反射对比，同时最小化照度状况的影响，但它们对土壤亮度敏感，尤其在低植被覆盖情况下；垂直、差值植被指数（PVI 和 DVI）与比值植被指数不同，它们只在低 LAI 值表现较好（如在相对稀疏的植被），但随着 LAI 的增加它们变得对土壤背景敏感。为了使植被指数与植被生物物理变量呈线性关系，Roujean 和 Broen[36] 提出了一个介于 DVI 与 NDVI 之间的重归一植被指数 RDVI，它取 DVI、NDVI 两者之长，可用于高、低不同植被覆盖情况下，RDVI 可表示为

$$\mathrm{RDVI}=\sqrt{\mathrm{NDVI}\times\mathrm{DVI}} \tag{12.16}$$

此外，气象卫星 AVHRR 的绿度模式在实际应用中得到发展，常见以下的几种形式：

$$\begin{aligned} &G_1=M(\mathrm{CH2}/\mathrm{CH1})^N && G_2=[(\mathrm{CH2}-\mathrm{CH1})/(\mathrm{CH2}+\mathrm{CH1})]^N+C \\ &G_3=\sqrt{\frac{\mathrm{CH2}-\mathrm{CH1}}{\mathrm{CH2}+\mathrm{CH1}}+0.5} && G_4=M(\mathrm{CH2}/\mathrm{CH1})^2+C \\ &G_5=\log(\mathrm{CH2}/\mathrm{CH1}) && G_6=M(\mathrm{CH2}-\mathrm{CH1}) \end{aligned} \tag{12.17}$$

式中：M、N、C 均为经验常数；$N=\frac{1}{2},1,2$；$M=1,2,3,\cdots,10,20,\cdots$；$C=0,\frac{1}{2}$。

7. 高光谱植被指数

植物光谱响应曲线中的红边转折点（REIP）被定义在波长 720nm 附近，此处光谱反射曲线的一阶导数达到最大值，是植物敏感的光谱响应波段。REIP 点的红移与蓝移与植物生长条件密切相关，反映了叶绿素含量、健康状况及类别等多种信息。人们可以利用高光谱反射数据，采用不同方法测定 REIP，通过红边的参数化来表征高光谱植被指数。即通过一个适合光谱数据的函数来近似计算红边的光谱形状，如二阶导数正负最大值之间的零值点、线性插值、高斯模型反演等方法。例如，Clevers 等[37]利用 4 个波段反射率确定红边位置（REP），即

$$\mathrm{REP}=700+40[(R_{\text{red edge}}-R_{700})/(R_{740}-R_{700})] \tag{12.18}$$

式中：$R_{\text{red edge}}=(R_{670}+R_{780})/2$，为红边反射率。

Miller 等[38]用一个逆向的 Gaussian 模型将反射的变化描述成一个波长的函数 $R(\lambda)$，即

$$R(\lambda)=R_{\mathrm{S}}-(R_{\mathrm{S}}-R_0)\exp\left[-\frac{(\lambda-\lambda_0)^2}{2\sigma^2}\right] \tag{12.19}$$

式中：R_{S} 为 NIR 反射“肩”通常位于波长 780～800nm 处的反射值；R_0 为大约 670nm 处叶绿素的最小反射值；λ_0 为最小值时的波长；σ 为高斯模型的形状参数。$\mathrm{REIP}_{\mathrm{Gaus}}=\lambda_0+\sigma$ 是红边曲线的反射点。此函数通过调节 R_{S}、R_0、λ_0和 σ 的值，使均方根误差（RMSE）最小化。

此类描述红边（REIP）特征与位置的高光谱植被指数与植被覆盖度、叶面积指数等相关。另外，利用高光谱遥感数据波段窄和连续的特点，研究植被参数的敏感谱段，构建与植物叶面积指数、绿色生物量、叶绿素含量、FPAR 等生物物理、生化参数密切相关的植被指数，以提高高光谱数据提取植被参数的水平和精度。这部分内容将在本章的“植被参数反演”中论述。

此外，鉴于微波可穿透较厚的植被层，探测到植被冠层以下的植被结构信息，且受天气影

响较小，学者们利用被动微波遥感观测数据建立植被指数，作为光学植被指数的重要补充。例如，Shi 等[39]利用 $\omega-\tau$ 辐射传输模型，通过数值模拟，构建了微波植被指数(MVIs)。在给定频率和极化方式的条件下，观测亮温与土壤表层发射率之间呈线性相关，其线性关系的斜率 V_t 和截距 V_e 都是植被信号的函数；借助于地表发射率数据库(Chen et al.，2003)，可建立裸土表面发射率与 AMSR-E 两个相邻频率之间的回归关系，以尽量减小地表发射信号的影响；经数值运算，在 p 极化方式下，AMSR-E 两个相邻频率所观测的亮温之间呈线性关系，可表示为

$$\begin{aligned} T_{B_p}(f_2) &= A_p(f_1,f_2)+B_p(f_1,f_2)\cdot T_{B_p}(f_1) \\ A_p(f_1,f_2) &= a(f_1,f_2)\cdot V_t(f_2)+V_e(f_2)-B_p(f_1,f_2)\cdot V_e(f_1) \\ B_p(f_1,f_2) &= b(f_1,f_2)\cdot [V_t(f_2)/V_t(f_1)] \end{aligned} \tag{12.20}$$

式中：a、b 参数与极化方式无关，只依赖于频率 f，可直接从双频率、双极化测量中获得；线性方程的截距 $A_p(f_1,f_2)$ 和斜率 $B_p(f_1,f_2)$ 即为基于 $\omega-\tau$ 辐射传输模型推导得到的微波植被指数。该指标是光学厚度和单散射反照率的函数。它不受土壤背景信号的影响，仅反映植被特性，如植被覆盖度、生物量、植被含水量、散射体大小形状和植被冠层的几何结构，为长期全球植被状况监测提供了一个新的途径。但该微波植被指数仅适用于低频波段和低矮植被覆盖的情况。随着土壤水分和海洋盐度卫星(SMOS)的发射，利用 L 波段双极化多角度微波辐射数据组合，可最小化地表辐射的影响，建立微波植被指数。

12.2.2 植被物候信息提取

植物在其生长周期中，从发芽生长、开花结果到衰老死亡，它的生理、外形、结构上均会变化，这使它的化学、物理、生物性质出现季节性变化——季相节律，其光谱特征也随之发生相应变化。例如，中纬度地区的落叶林的林冠层季相变化是十分明显的，秋冬时节叶子全部脱落，到第二年开春又恢复生机；常绿林虽不如落叶林那么明显，却有更精细的物候循环，它的叶子先后生长、脱落，而整体外观保持常绿。植物衰老时叶肉组织的细胞壁遭破坏，使近红外反射率下降而可见光亮度增高，叶绿素的变化产生"红边红移"现象等。因此通过遥感可以监测植物的物候变化。Dethier 等(1973)曾用不同时相的遥感图像和数据，观察北半球春季植被刚生长发绿时出现的地理界线"绿波"，和秋末植被成熟、干枯时出现的"褐波"，研究绿波、褐波的推移规律等宏观物候现象。

对于农作区，物候期表现为地方农事历，即耕作、播种、发芽、生长、成熟、收获、休闲等季相循环周期。每个地区、每种作物均有它自身的农事历，这是由作物的生长特点、地方气候、地方农业耕作方式与习惯等决定的。表 12.2 显示对全国上千个县的物候历进行调查所得的我国各大区的农耕期和主要作物(冬小麦、玉米、棉花)的农事历状况[41]。

表 12.2(a) 中国各大区的农事历(日/月)

地 区	始 日	终 日
东北西北部，内蒙古锡林郭勒盟	1/5 以后	1/10 以前
东北其他部分，华北北部，内蒙古，北疆	1/4～1/5	1/10～1/11
旅大、北京、陕北一线以南，杭州、武汉、汉中一线以北，南疆	1/3～1/4	1/11～1/12
江南其他部分	1/2～1/3	1/12～1/1
福州、桂林、昆明一线以南	全年	

表 12.2(b)　各地农耕起止日期(日/月)

地　　区	始　　日	终　　日
东北北部，内蒙古东部，新疆北部，青藏高原大部	1/4 以后	1/11 以前
华北北部，东北南部，晋陕高原，南疆，甘，宁，藏南河谷	1/3～1/4	1/11～1/12
华北平原、江淮平原，泾渭谷地	1/2～1/3	1/12～1/1
长江汉水以南，浙江、闽北、皖南、赣北、湘北、黔、川	1/1～1/2	1/12～1/1
南岭以南	全年	

表 12.2(c)　棉花物候期(旬/月)

地　区	出苗—现蕾	现蕾—开花	开花—吐絮	吐絮以后
西北	中/5～中、下/6	下/6～中/7	下/7～上/9	中/9～上/11
华北	上/5～上、中/6	中/6～上/7	中/7～下/8	上/9～中/11
华中、华东	下/4～中/6	下/6～上/7	中/7～下/8	上/9～下/11

表 12.2(d)　冬小麦物候期(旬/月)

地　区	播种—分蘖	分蘖—越冬	返青—拔节	拔节—抽穗	抽穗—成熟
华北南部、关中盆地	上/10～上/11	中/11～12	上/3～下/3	上/4～下/4	上/5～下/6
华北北部	下/9～下/10	上/11	上/4	中/4～上/5	中/5～中/6
西　北	中、下/9～中、下/10	上/11	上/5	中/5～上/6	中/6～上/7
长江沿岸	下/10～上/12	中/12	中/3	下/3～中/4	下/4～下/5
长江以南	中/11～中/12	下/12	下/2	上/3～上/4	中/4～中/5

表 12.2(e)　玉米物候期(旬/月)

作物	地　区	播种—出苗	拔节—抽穗	抽穗—灌浆	腊熟—收获	全生长期
春玉米	东　北	上/5～中/5	下/7	中/8	上/9	上/5～上/9
	华　北	下/4～上/5	中/7	上/8	上/9	下/4～上/9
	西北内陆、南疆	中/4～下/4	中/7		上、中/9	中/4～上、中/9
	北　疆	上/5～中/5	下/7		上、中/9	上/5～上、中/9
	西南高原	下/4			下/9	下/4～下/9
夏玉米	华　北	中/6～下/6	下/7		中/9	中/6～中/9
	长江流域	下/6	中/8		中/9	下/6～中/9
	西南高原	下/5～上/6	上/8		上/10	下/5～上/10

植被的季相节律和物候变化与气候等环境因素息息相关，是揭示陆地生态系统、气候、环境变化的重要指标。植被物候信息的遥感提取，多采用植被指数曲线反演法，即运用 NOAA/AVHRR、MODIS 等多时间序列的植被指数(NDVI 应用最广，MODIS/EVI 次之)，经植被指

数曲线的平滑处理和参数化分析，提取物候信息，以反映植物群落季相特征，用于时空分析（参见第 9 章“时序分析”内容）。该方法的基本假设是，NDVI 值较大的变化是植被光合作用显著变化的信号，表明地表植被生长状况的显著变化，预示着植被物候的来临或结束。通常有两种主要的分析途径：①信号分解以提取主要的季节和年内变化响应；②NDVI 曲线特征的量化（时间和 NDVI 值）以获得植被物候信息[42,43]。

§12.3 植被参数的遥感反演

植被、大气、土壤间的相互作用可以简单地分为生物物理作用（能量和水分交换）和生物化学作用（碳交换）。对这些过程的模拟是评估全球气候环境变化过程中植被作用以及碳氮循环的重要工具。在第 10 章中，以植被系统为例介绍了模型正演与反演的概念以及植被遥感模型。这里主要讨论植被参数的遥感定量反演问题。

目前利用遥感数据反演植被生物物理、生物化学参数，主要采用两种方法。

一种是植被指数反演方法，又称统计模型法，主要是根据大量实测数据，包括不同地面条件、不同植物生长阶段的植被与土壤光谱反射辐射特征数据，以及相应的植物生物物理、生化组分测量数据，建立遥感植被指数与植物参数之间不同的线性、非线性统计相关模型（多变量回归方程）。也就是说，可以利用植被指数或不同波段的光谱反射率与某些感兴趣的生物物理、生物化学特征间的相关关系，作为获取这些植物参数的“中间变量”，或得到两者之间的转换系数。植被指数反演方法的最大问题在于：①植被指数受到大气效应、土壤背景、物候期、作物排列方向、太阳高度角与方位角、地形效应及遥感器等多因素的影响，尽管人们进行了大量研究，从遥感数据预处理和排除大气、土壤等干扰的角度，不断改进与设计新的指数，但是植被指数仍有其固有的局限性，因而要慎重使用；②构成植被指数的基本数据来源于冠层在可见光和近红外波段的反射，其主要依赖冠层结构和生物物化属性，且在一定波谱范围（550～750nm）内，往往植物参数（如 LAI 和叶绿素含量）对植被反射有相似的影响，易于相互干扰；③ 建立植被指数与植物参数之间的统计模型，需要有先验知识，且所建立的经验关系随着地域、植被类型、生长季节等的变化而变化，普适性较差。尽管如此，植被指数反演方法抓住植被光谱这一本质，简便易行，对植物遥感是个很有效的方法，被广泛应用。除了各种植被指数以外，人们还利用光谱和空间特征信息，建立起导数光谱、光谱吸收谷/反射峰特征参数、光谱特征位置等光谱参数与植被参数的统计相关模型。

另一种是遥感物理模型反演方法，即在分析光在植物体内外的辐射传输过程的基础上，建立植物光谱（叶、冠层反射率）与生物物理参数（叶面积指数、叶倾角/叶面方向及分布、绿色生物量、覆盖度等）、生物化学参数（叶绿素浓度、叶的干物质——木质素、纤维素、氮素含量，水分等）、群体结构参数（冠层厚度、密度、植株高度等）、土壤特征（质地、组分、含水量）等之间的物理模型，如辐射传输模型（SAIL、Kuusk、PROSPECT 模型等）、几何光学模型（Li-Strahler GOMS、4-scale 模型）等（参见第 10 章相关内容）。一般可简单表示为[44]：$R=M(V,C)+\varepsilon$。其中，R 为遥感数据（反射率）；M 为模型；ε 为误差（测量和模型的不确定性）；V 为与生物物化特征有关的参数（叶面积指数、叶内叶绿素含量 C_{ab}、植被覆盖度 f、绿色生物量、PAR、NPP、叶的水吸收深 C_w、土壤亮度参数 S 等）；C 为与结构特征有关的参数（平均叶倾角 θ_1、结构变量 N、热点参数 h、太阳辐射方向、观测角、波长等）。模型 M 需要一组（n 个）输入变量及相应的结构参数 C 的测量值。若输入 R 值（已知）可得 V 值或 C 值（一系列参数）即为参数反演过程；反之，已知 V 值或 C 值求 R 值为正演过程。

遥感物理模型反演方法的物理意义明确，描述了植被方向反射与植物冠层结构之间的关系，可定量反演各种类型植被的生物物理、生物化学参数；但模型反演复杂，需要的参数较多，且模型与参数测量所带来的不确定性在一定程度上限制了它的应用。鉴于两类模型各自的特点，有的学者提出了两类模型结合的方法，即适当简化物理模型，融入更多的先验知识，建立介于统计模型与物理模型之间的半经验模型；或在物理机制上的统计方法，如 Monte-Carlo 方法，或查找表方法、神经网络方法等。

叶子生物化学变量和冠层生物物理变量的定量估计是植被遥感应用的一个关键因素。通过遥感对叶内色素、氮、干物质、水分含量和叶面积指数的准确估计，可以帮助了解植被生理状况、受水胁迫状况（植被水含量）以及对种类和季节性依赖等。事实上，绿叶光合作用中的叶绿素引起光合有效辐射（PAR）吸收，而冠层光吸收与绿叶 LAI 紧密相关。也就是说，自然生态系统中冠层生物物理变量（冠层光合速率、LAI、APAR）与叶子生物化学变量（叶绿素浓度）之间存在高度相关性。因此，可用植物光谱反射数据（或光谱植被指数）与光吸收、或最大光合作用能力结合的方法，实现遥感数据对光合速率、LAI、APAR、生物量以及叶内叶绿素和氮含量等的预测。但是，由于冠层反射率的测量受 LAI、背景（土壤）反射、太阳角（观测角）、冠层几何结构和大气状况等许多因素的影响，因此在叶尺度上研究所得的方程不能应用于冠层水平，而往往应用反射率比值或指数进行研究，可以部分消除这些因素的影响[45]。

12.3.1 植被生物物理参数的遥感反演

1. 叶面积指数

叶面积指数 LAI 是指单位地表面积上方植物单面叶面积之和，是个无量纲的量。它作为表征植被生长状况的关键物理量，是描述植物光合作用和物质能量交换不可缺少的参数。绿叶的叶绿素在光照条件下发生光合作用，产生植物干物质积累，并使叶面积增大。叶面积越大，则光合作用越强，植物干物质积累越多，生物量越大。正因为叶面积指数 LAI 与植被生态生理、叶片生物化学性质、蒸散、冠层光截获、地表净第一生产力等密切相关，所以它成为研究陆地生态系统一个十分重要的变量。

1）植被指数法

Price[46]的实验证明，当作物群体 LAI 大于 3 时，其反射率可达太阳总辐射的 20%；当正常稻田 LAI 为 4 时，其能量透过率为太阳总辐射的 20%或低于 20%；对草本植物而言，叶片倾角较大，光很容易透过冠层直达底部，直至土壤，则当 LAI 高达 7.5 时，有 5%的入射光可到达土壤表面。可见，叶面积指数的变化与叶的光学性质的变化相关联，可利用植被指数来估算叶面积指数，并监测植被长势。

张仁华等[1]在 15m 塔上准垂直向下测量小麦全生育期的 NDVI 和 RVI 值，并同地面所测得的叶面积指数进行全过程对比。实验证明，NDVI 与 RVI 表达 LAI 的效果基本一致，与 LAI 的相关系数都很高，且与 LAI 呈非线性函数关系，可表示为

$$\mathrm{NDVI} = A[1 - B\exp(-C\mathrm{LAI})] \tag{12.21}$$

式中：A、B、C 均为经验系数、实验常数，A、B 通常接近于 1，对于小麦，叶角为球形分布（即各方向的叶倾角都相等），C 通常为 0.5。其中，A 值由植物本身的光谱反射确定；B 值与叶倾

角、观测角有关；C 值取决于叶子对辐射的衰减，这种衰减呈非线性的指数函数变化。

$$\mathrm{LAI} = K^{-1} \cdot \ln(1-f)^{-1} \tag{12.22}$$

式中：K 为作物群体消光系数，如冬小麦拔节前 $K \approx 0.28$，拔节后 $K \approx 0.35$；f 为作物覆盖度。

观测实验表明，NDVI 与 LAI 呈非线性相关，且存在饱和现象，即绿色生物量的增加达到一定程度后，NDVI 不再增长，而处于“饱和”状态，饱和主要是由比值的非线性转换过程引起的，它使得 NDVI 对红色反射率信号过度敏感，而红波段对叶绿素的强吸收很快达到饱和。当 LAI 超过 2 或 3 时，NDVI 对 LAI 的变化不敏感。实验还表明：观测角度不同所引起的植土比差异，以及作物类别不同所引起的叶形、叶角差异（大豆叶偏椭圆形、叶角基本上呈水平状分布；小麦叶呈长条形，叶角基本上呈球状分布），均使 NDVI 与 LAI 的关系曲线存在差异（图 12.15）。图 12.16 是由模拟计算结果所显示的在 VI-LAI 关系中叶角分布 LAD、土壤反射率 ρ_s 的作用。由图可见，NDVI 对背景土壤、LAD 影响的消除能力较差。NDVI 与 LAI 的关系除了随不同物候期植物生理状况的变化而变化以外，还依赖于太阳高度角和方位角变化对植冠反射的影响，以及生态系统的类型，如冠层密度、下垫面类型等。鉴于此，人们致力于研究改进植被指数，以提高它们与 LAI 的线性关系和对其的敏感度，并减少土壤负面效应。

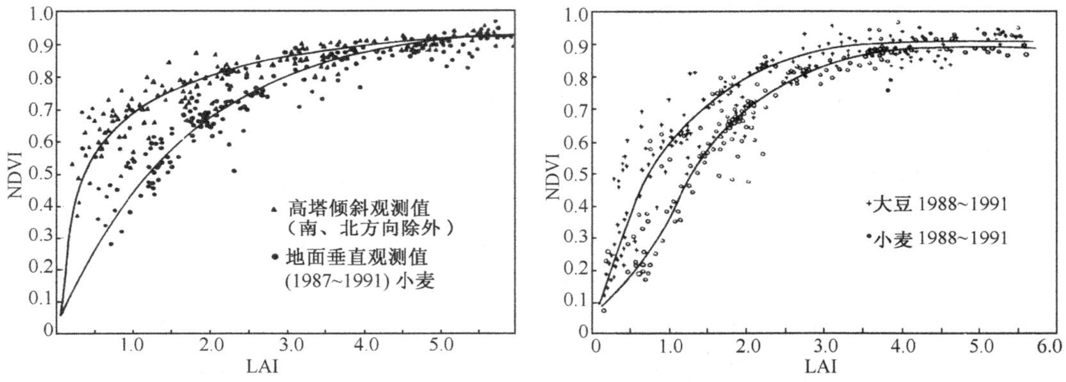

图 12.15　NDVI 与 LAI 的关系[17]

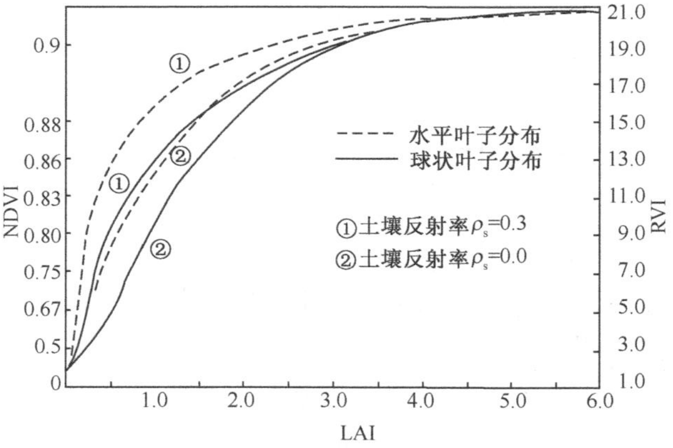

图 12.16　LAD、ρ_s 对 VI-LAI 关系的影响[17]

Lymburner 等[47]研究了 Landsat TM 的可见光、近红外、短波红外数据与有效叶面积(SLA)的关系。大量试验研究表明，可见光的绿、红波段与 SLA 之间存在极强的相关性，叶片表皮上的异物(如表皮毛、蜡质层等)和低叶绿素含量、低 SLA 相联系,它们减少了绿光的吸收,增加了绿光反射率;近红外波段反射率与 SLA 之间存在正相关关系,这是因为非同化作用的碳化合物,如纤维素、半纤维素和细胞壁中的木质素等的存在减少了 SLA,也降低了近红外波段的反射率;短波红外波段反射率与 SLA 之间存在极强的负相关,这是因为叶片含水量在这一波段影响反射率,高土壤含水量与高 SLA 相关联,而叶片含水量的提高会降低反射率。鉴于红波段、近红外、短波红外波段反射率与 SLA 之间的关系,可以产生一个新的植被指数——有效叶面积植被指数(SLAVI),表示为

$$\mathrm{SLAVI} = \rho_{\mathrm{NIR}}/(\rho_{\mathrm{R}} + \rho_{\mathrm{MIR}}) \tag{12.23}$$

Leonard 等[48]利用 Landsat TM 的短波红外数据(TM5)改进了对林地叶面积指数的反演。采用 4-SCALE 模型来模拟冠层反射率,用短波红外反射辐射来确定林冠郁闭度,并运用短波红外反射辐射的归一化处理来修正简化比值植被指数(SR),得到 SR 值减小的比值植被指数(reduced SR,RSR),表示为

$$\mathrm{RSR} = \mathrm{SR}[1 - (\mathrm{SWIR} - \mathrm{SWIR}_{\min})/(\mathrm{SWIR}_{\max} - \mathrm{SWIR}_{\min})] \tag{12.24}$$

式中:$\mathrm{SWIR}_{\min}$为完全郁闭冠层的最小 SWIR 反射值;$\mathrm{SWIR}_{\max}$为开放冠层的最大 SWIR 反射值。研究结果表明,在应用 RSR 进行 LAI 反演时,无需考虑覆盖类型的差异(如白杨、松、云杉等),也可不考虑分层覆盖类型(如树群、树冠、树枝及叶等)。同基于红光和近红光反射所获得植被指数进行 LAI 反演的不确定性相比,RSR 能提高对 LAI 的敏感度及减少背景对针叶冠层的影响。

Broge 和 Leblanc[49]运用相对平等噪声法分析了多种植被指数对外部因子的敏感性。结果表明,RVI 和 NDVI 分别是低-中等 LAI 的最好指数,而对于高 LAI 特征的浓密冠层,就对冠层效应的敏感性而言,MSAVI_2 是最好的估计指数,但它对大气效应也非常敏感;若同时考虑大气的影响,则 CACI 指数也是一种很好的选择。研究还表明,对于 LAI 的估计,几乎所有的宽波段指数比窄波段指数更易受照度(太阳天顶角)、冠层结构(LAI、LAD)、叶子生物化学特征(叶绿素浓度)影响,由此,发展了窄波段的高光谱植被指数。

NDVI 在高密度和多层植被情况下会出现饱和现象,与 LAI 间呈非线性关系。为了使其呈线性关系,则结合 DVI(差值植被指数)对高 LAI 值敏感以及 NDVI 对低 LAI 敏感的特点,提出 RDVI(重归一化差异指数),表示为[28]

$$\mathrm{RDVI} = (R_{800} - R_{670})/\sqrt{(R_{800} + R_{670})} \tag{12.25}$$

为了提高 RDVI 对植被生物物理参数的敏感度,又引入比值指数 SR,得改进型比值指数 MSR,表示为

$$\mathrm{MSR} = \left(\frac{R_{800}}{R_{670}} - 1\right)\Big/\sqrt{\left(\frac{R_{800}}{R_{670}} + 1\right)} \tag{12.26}$$

为了进一步提高对 LAI 变化的敏感度,降低对叶绿素的影响,可去掉比值部分,获得改进的 LAI 植被指数(参见下面的"叶绿素反演"),可表示为

$$\begin{aligned} \mathrm{MCARI1} &= 1.2[2.5(R_{800} - R_{670}) - 1.3(R_{800} - R_{550})] \\ \mathrm{MTVI1} &= 1.2[1.2(R_{800} - R_{550}) - 2.5(R_{670} - R_{550})] \end{aligned} \tag{12.27}$$

或减少土壤负面效应,引进土壤调整因子,改进为

$$\mathrm{MCARI2}=\frac{1.5[2.5(R_{800}-R_{670})-1.3(R_{800}-R_{550})]}{\sqrt{(2R_{800}+1)^2-(6R_{800}-5\sqrt{R_{670}})-0.5}}$$

$$\mathrm{MTVI2}=\frac{1.5[1.2(R_{800}-R_{550})-2.5(R_{670}-R_{550})]}{\sqrt{(2R_{800}+1)^2-(6R_{800}-5\sqrt{R_{670}})-0.5}} \qquad (12.28)$$

试验表明[28]，改进的 MCARI 和 MTVI 是最适 LAI 预测指数。实际上，植被指数法估算 LAI 面临两个主要问题：一是当 LAI 超过 2～5 时，植被指数会出现饱和现象；二是所选的指数 VI 与 LAI 间并非单一关系，还受土壤、大气等其他因素的影响。因此在实际应用中需要特别注意排除干扰，提高植被指数 VI 对 LAI 的敏感度。

2) *物理模型反演法*

在第 10 章中已介绍了植被遥感物理模型以及反演策略。这里仅以 ACRM 模型反演 LAI 为例加以简要说明，进一步的研究参看相关文献[50～55]。Kuusk[50] 的 ACRM 模型基于辐射传输理论模拟双层结构冠层（均一植被冠层和近地面几何薄层）反射率。该模型嵌套了 PROSPECT 叶光学模型，通过叶结构参数和叶生化参数的函数关系，模拟了叶子 400～2500nm 的反射率和透射率；以 PROSPECT 模型的输出作为 SAIL 模型的输入参数，再结合土壤反射率、植被结构参数（LAI 等）以及外部参数（太阳天顶角等），就可以得到任意太阳高度和观测方向的植被冠层反射率和透射率。它不依赖于植被的具体类型或背景环境变化，具有较好的普适性。

ACRM 模型可简单表示为

$$\rho=f(\phi,\mathrm{LAI},\mathrm{LAD},N,C_{\mathrm{ab}},C_{\mathrm{w}},C_{\mathrm{other}},\rho_{\mathrm{s}}) \qquad (12.29)$$

式中：ρ 为冠层反射率；ϕ 为外部参数，如太阳天顶角等；N 为叶结构参数；C_{ab} 为叶绿素 a、b 含量；C_{w} 为叶含水量；C_{other}为叶子其他生化参数；ρ_{s} 为土壤反射率。

反演的一般过程为：先对选择的遥感数据进行预处理（包括大气纠正、几何纠正等），获得地表反射率图像；再根据研究区特点，通过高质量的地面同步实测数据和相关参考资料，设置模型迭代反演的具体输入参数值；由于涉及的参数过多，为获得反演成功，必须要对这些模型参数进行敏感性分析，固定一些对目标参数不敏感或不重要的参数（如太阳天顶角等），仅留下关键的敏感参数；由于遥感数据是有限的、相关的，模型反演是“病态”的，需要先验知识的支持；最后选择优化算法（如贝叶斯网络、神经网络等），以建立输入数据与输出参数之间的非线性映射，并注意反演策略，实现叶面积指数的定量遥感反演。

全球 LAI 产品应用较广的为 MODIS-LAI 产品（MOD15A2），空间分辨率为 1km，时间分辨率为 8 天，可从地球资源观测系统（earth resources observation system）的数据发布中心（data active archive center）获取。其反演算法为：将全球植被分 6 大类，利用植被类型图作为先验知识；采用三维辐射传输模型作为前向模型，对不同生物群特征采用不同的输入参数，模拟计算出不同观测几何以及不同土壤下垫面（即各种不同组合条件下）的各波段反射率，构建查找表；采用查找表方法进行反演，即用波段反射率的观测值与模型模拟值进行比较，查找与被测目标最相似的数值，即为所求的 LAI 值。当算法中一些输入参数的不确定值较大或缺少某些参数信息时，查找表失效。此时则采用各种生物群的LAI-NDVI经验模型代替[53]。研究表明，MODIS 的 LAI 产品在我国华北地区经初步验证发现普遍偏低[54,55]。可见，由于地表分类过粗，在区域尺度上 MODIS-LAI 产品需要进行地域校正。

2. 植被覆盖度

植被覆盖度(f)指植被冠层的垂直投影面积与土壤总面积之比，即植土比。它是植被冠层形态(LAI、LAD)、空间分布、太阳入射角与观测角等的函数。遥感研究植被覆盖度涉及植被、土壤的反射光谱及其随光照-视角几何关系、大气条件等因素不同的变化。由于地表大多非全覆盖，因而一般可以采用线性光谱混合原理来分离植被与土壤，获得植被覆盖度 f，可表示为

$$R=fR_v+(1-f)R_s \tag{12.30}$$

$$f=(R-R_s)/(R_v-R_s) \quad 或 \quad f=(\rho-\rho_s)/(\rho_v-\rho_s)$$

式中：R 为遥感器所测得的反射辐射；R_v、R_s 分别为纯植被、纯土壤的反射辐射；ρ 为植被与土壤混合光谱反射率；ρ_v、ρ_s 分别为纯植被和纯土壤宽波段反射率。

也可用植被指数 NDVI 表示为

$$f=\frac{\mathrm{NDVI}-\mathrm{NDVI_s}}{\mathrm{NDVI_v}-\mathrm{NDVI_s}} \quad 或 \quad f=\frac{\mathrm{NDVI}-\mathrm{NDVI_{min}}}{\mathrm{NDVI_{max}}-\mathrm{NDVI_{min}}} \tag{12.31}$$

式中：NDVI 为所求地块或像元的植被指数；$\mathrm{NDVI_v}$、$\mathrm{NDVI_s}$ 分别为纯植被和纯土壤的植被指数；$\mathrm{NDVI_{min}}$、$\mathrm{NDVI_{max}}$分别为研究区内 NDVI 的最小值、最大值。对于稀疏植被覆盖区，常用土壤调节植被指数 SAVI 系列来替代 NDVI，以减少土壤背景的影响。

实际上，植土比(f)和叶面积指数同时随时间、空间而变化，因此，需综合考虑植被指数与两者的关系。据理论推导，RVI、NDVI 与植土比分别呈指数($y=a^x$)和幂函数($y=x^a$)关系，当 LAI 较小时，它们对植土比的变化反应不敏感。而 PVI 与植土比呈直线相关，但对植土比的感应能力随 LAI 的减小而降低。就作物估产而言，PVI 较为优越，只是应选 LAI 较大的时期。

遥感参数反演中，也可利用 Beer 定律，建立植被覆盖度 f 与叶面积指数等植被结构参数的函数关系。如

$$f=1-\mathrm{e}^{-K\times \mathrm{LAI}} 或 f=1-\mathrm{e}^{-\lambda m\pi r^2} \tag{12.32}$$

式中：K 为植物群体消光系数；λ 为泊松参数；m 为单位面积内植株的平均个数；r 为植株的平均半径。

3. 生物量与植被净初级生产力

1) 生物量

生物量(biomass，BI)是表征植被生命活动的重要指示因子，在植被生产力评价和碳循环研究中被广泛应用。生物量指的是植物组织的重量，是由植物光合作用的干物质积累所致。显然，叶面积指数与植被盖度均是生物量的重要指标。一般说来，作物长势越好，叶面积指数越大，作物产量就越高。研究表明，冬小麦的理论产量与抽穗期叶面积指数呈很好的线性相关关系。因此，可以把一个地区的平均叶面积指数($\overline{\mathrm{LAI}}$)与该地区植土比(f)的乘积作为该地区作物总产量的线性相关因子。目前，遥感估算生物量还主要是建立不同生长阶段植被指数与生物量之间的统计关系模型，当然也可以通过遥感物理模型反演。

Peddle 等[56]对植被指数法研究生物量进行了系统的研究，选用约 10 种植被指数分别建立它们与生物量的相关关系。研究结果表明，不同的植被指数尽管在形式上表现不同，但功能是类似的；并得出结论：植被指数所能提供的信息是像元尺度的，利用亚像元的信息（如像元阴影面积）则能够大大提高生物量计算的精度。

王艳荣[57]在内蒙古半干旱草原地上生物量研究中，运用 3 种植被指数（RVI、NDVI 和 PVI）分别与地上生物量进行 4 种类型的相关分析：直线、幂函数、指数函数和对数函数；根据回归分析中相关系数和方差的大小，评价不同植被指数对于估测草原地上生物量的优劣性。研究结果表明，地上生物量和植被指数的相关性大小、相关形式及植被指数的类型受空间尺度和草原群落类型的影响。未退化的典型草原用含有红光和近红外波段的植被指数为佳；而地上生物量较低的草原用包含蓝光、绿光波段的植被指数效果更好。地上生物量和植被指数两者的相关系数达到了极显著水平，但估产对象的空间尺度越大，相关性越小。相关的形式随草原覆盖度的降低由线性关系转为非线性关系。

Anderson 等[58]用 TM/NDVI 估算半干旱区牧草地的绿生物量的试验表明，在半干旱牧区，用遥感植被指数来估算草地生物量，关键在于遥感像元与地面样点两种不同尺度信息源关联的方法。他们选用 3 种方法进行比较：①样点法，由于地面样点一般难以对应图像数个像元组成的取样区内的平均绿度值，而影响 VI 与生物量 BI 的关系；②光谱分类法，因纯光谱分类结果依赖于植被盖度及反照率，而半干旱区，土壤背景的影响大，光谱分类所生成的各类别平均植被指数也不能很好地反映它与 BI 的关系；③绿度分层法，在特定生育期选用多变量植被指数能弥补土壤亮度条件变化的干扰和光谱分类的不足。只需通过“阈值法”将植被指数（绿度）分割为不同绿度层，每层对应多个地面观测结果的平均值，构成绿度与绿生物量的高度相关。用此法可以估算草地绿生物量。

Moleele 等[59]通过 TM 影像数据，结合野外实地调查，分析评价传统植被指数（如 NDVI 等）与基于短波红外（TM5、TM7 波段）的植被指数在半干旱地区生物量估算中的适用性。研究结果表明，大多数植被指数能够被用于区分大范围内空间上在 0.3～1.5m 的枝叶层的生物量。NDVI 与较低的枝叶层有较高的相关，而与其他层则无相关性，但与不同枝叶层的总绿色生物量不相关；而只有基于短波红外的植被指数与所有枝叶层中的每个层的生物量有较高的相关，可用于估算草层和枝叶层的总绿色生物量。

此外，生物量不仅与植被指数呈明显的正相关关系，而且与温度之间也具有强相关性。因此，生物量可以通过植被指数与温度指数获得。其中用得较多的是植被状态指数 VCI 和温度状态指数 TCI。首先通过计算各个像元点的 NDVI 和温度 T 的最大值及最小值，划分生态系统类型；再计算植被状态指数 VCI[$VCI=(NDVI-NDVI_{min})/(NDVI_{max}-NDVI_{min})$]和温度状态指数 TCI[$TCI=(T_{max}-T)/(T_{max}-T_{min})$]；然后通过线性回归运算，建立生物量与 TCI、VCI 之间的回归方程，以估算最终生物量。研究表明，利用反映温度的有关指数（TCI），能有效地表征因气候波动、土壤湿度条件变化而造成的产量变化，且 TCI 比 VCI 对作物产量估计表现得更为敏感[60]。

2) 净初级生产力

植被净初级生产力（net primary productivity，NPP），又称第一性生产力，指绿色植物在单位时间、单位面积上由光合作用所产生的有机物质总量中扣除自养呼吸后的剩余部分。它既由光合能量决定，又受温度、水分、营养状况制约。NPP 是表示植被活动的关键变量，对全球气候和环境变化、全球碳循环具有很大影响。遥感估算 NPP 大致可分为 3 种方法：植被指数法、遥感光能利用率模型法、遥感与生态模型结合方法。

A. 植被指数法

即直接将遥感获取的植被指数(VI)与 NPP 进行相关分析，得到 NPP 与 VI 的回归方程。例如，肖乾广等[61]研究得到

$$NPP = A \cdot [-\ln(1 - B \cdot \Upsilon_{NDVI})] \tag{12.33}$$

式中：A、B 为常数，由植被类型决定；Υ_{NDVI}为 NDVI 的年积分值。

植被指数法简便易行，能实现对各种植被的快速区域监测，但需要足够量的 NPP 地面实测数据，方能建立有意义的 NPP 与 NDVI 的统计关系，而模型精度直接取决于 NPP 实测数据的测定精度和密度。

B. 遥感光能利用率模型

基于资源平衡假设的光能利用率模型，假定植物的生长是各种可利用资源组合的结果，在其生理、生长和进化过程中，所有资源趋向于对植物生长有平等的限制作用。遥感光能利用率模型利用资源平衡的概念将植被初级生产力表示为植物吸收光合有效辐射(APAR)与植物将所吸收的光合有效辐射转化为有机物的效率(ε，光能利用率)的乘积，通过遥感数据直接获取植被吸收光合有效辐射的相关信息(NDVI、PAR、FPAR、ε 等)及间接获取一些环境影响因子(温度、土壤水分、植物水胁迫、LAI、BI 等)，从而估算总第一性生产力 GPP 和净初级生产力 NPP，NPP 可由 Monteith 方程表示为

$$\begin{aligned} NPP &= APAR \cdot \varepsilon \\ APAR &= FPAR \cdot PAR \end{aligned} \tag{12.34}$$

总第一性生产力 GPP 代表了单位面积、单位时间内通过光合作用所累积的有机物的总量，为 NPP 与自养呼吸消耗量 R_a 之和，则 NPP 也可表示为

$$NPP = GPP - R_a \tag{12.35}$$

式中：ε 为光能利用率，指植物截获光合有效辐射转换为干物质(有机碳)的效率(gC/MJ)，主要受植被类型、温度、水分、土壤等因素的影响，可通过遥感获得；R_a 为植物的呼吸消耗，是温度和生物量的函数；PAR 为入射的光合有效辐射[MJ/(m^2 · d)]，指太阳辐射的可见光部分 0.4～0.76μm，即可被植物光合作用所利用的部分，约占太阳辐射的 47%～50%，其强度随时间、地点、大气条件等变化，可通过遥感与地面观测获得；FPAR 为植被光合有效辐射的吸收系数，与冠层的绿色叶面积、冠层结构相关，它随植被类型及演替阶段、季节的不同而变化。一般情况下，FPAR 与 NDVI、LAI 之间存在相关关系，可通过遥感获取的 NDVI 或 LAI 获得，如 $FPAR = a \cdot (1 - e^{k \cdot LAI})$。其中 k 为消光系数，a 是一个经验常数，但要注意植被类型、地面背景、大气状况等的影响[62,63]。

在生长季节内，光能利用率 ε 受温度、大气及土壤中的水分的可利用程度来调节，可表示为

$$\varepsilon = \varepsilon_{max} \cdot f(T) \cdot f(W) \tag{12.36}$$

式中：ε_{max}为最大光能利用率，即植被最佳生长状态下的光能利用率；$f(T)$、$f(W)$分别为温度、水分胁迫对 ε_{max}的影响，可通过热红外遥感反演或遥感指数(温度植被指数 TVX、陆表水分指

数 LSWI 等)或地面观测获得的地表温度、土壤水分等相关参数反演;温度胁迫因子 $f(T)$ 也可通过植物生长的最高、最低、最适宜温度表示为[64]

$$f(T)=\frac{(T-T_{\min})(T-T_{\max})}{(T-T_{\min})(T-T_{\max})-(T-T_{\mathrm{opt}})^2} \tag{12.37}$$

式中:T 为气温;$T_{\max}$,$T_{\min}$,T_{opt} 分别为植物光合作用的最高、最低和最适宜温度,最适宜温度可以用生长旺季的平均气温替代。

至于植物的呼吸消耗 R_a,包括光呼吸 R_l 和暗呼吸 R_d,即 $R_a=R_l+R_d$。其中,光呼吸 R_l 是绿色植物细胞在光下吸收氧气释放二氧化碳的过程;而暗呼吸 R_d 又包括生长呼吸 R_c 和维持呼吸 R_m;前者 R_c 是新物质合成、植物增长、新陈代谢所造成的呼吸消耗,与总生产力有关;后者 R_m 是植物用于维持现有物质的正常状态所造成的呼吸(所需的能量),与活生物量、温度有关;它们均可以通过遥感获得的叶面积指数、生物量等参数间接表达。

光能利用率模型是目前研究和应用最多的一种 NPP 遥感模型,如 CASA 模型、GLO-PEM模型等。其突出特点是以植被光合作用机理为理论基础,模型简单,输入参数少,关键参数可以通过遥感方法获取,因而能提供大范围的 GPP/NPP 以及时空动态变化。

上述基于 FPAR 的方法是假设 NPP 与 APAR 呈线性关系。但实际上,太阳光分太阳直射光与天空散射光,光在冠层中的传输受冠层结构、冠层内的多次散射的影响,其受光叶片和遮光叶片的辐射作用是不同的。也就是说,NPP 与 APAR 并非简单的线性关系。显然需要对冠层结构进行描述,通过多角度遥感所获得的冠层结构参数如 LAI、叶聚集指数 Ω(foliage clumping index)等的介入,来提高遥感估算 NPP 的精度。

Chen 等[65]运用多角度 POLDER 数据,引入叶聚集指数、角度指数来区分受光叶片和被遮阴叶片,对北半球森林的 NPP 和陆地碳循环进行研究。表征植被冠层二向性反射的角度指数 HDS(热点-暗点指数)与 NDHD(热点-暗点间的归一化差值指数)分别表示为

$$\begin{aligned}\mathrm{HDS}&=(\rho_{\mathrm{HS}}-\rho_{\mathrm{DS}})/\rho_{\mathrm{DS}}\\ \mathrm{NDHD}&=(\rho_{\mathrm{HS}}-\rho_{\mathrm{DS}})/(\rho_{\mathrm{HS}}+\rho_{\mathrm{DS}})\end{aligned} \tag{12.38}$$

式中:ρ_{HS} 是在热点的反射率(即光线和观察方向重合处,反射率最大);ρ_{DS} 是在暗点的反射率(即阴影最大处,反射率最小),暗点反射率的值决定于冠层结构和冠层多次散射的光学属性。

研究表明,表征叶子空间分布特征的叶聚集指数 Ω 与 NDHD 之间呈线性关系,即 $\Omega=a+b\mathrm{NDHD}$,其中 a 和 b 为线性回归系数。因此,叶聚集指数可从多角度遥感中获得。然后,可用 Ω 来改进 LAI 的结果,表示为[65]

$$L_{\mathrm{sun}}=\frac{\cos\theta}{G(\theta)}\left[1-\exp(-G(\theta)\Omega L/\cos\theta)\right] \tag{12.39}$$

式中:L_{sun} 为受光叶的 LAI,遮光叶的 LAI 为 $L_{\mathrm{shade}}=L-L_{\mathrm{sun}}$;$\theta$ 为入射角;$G(\theta)$ 为叶角度分布函数,由叶倾角分布决定;聚集指数 Ω 为叶空间分布函数。

冠层总的光合作用(A)应是受光叶片和遮光叶片贡献的总和,表示为[66]

$$A=A_{\mathrm{sun}}\cdot L_{\mathrm{sun}}+A_{\mathrm{shade}}\cdot L_{\mathrm{shade}} \tag{12.40}$$

式中:A_{sun} 和 A_{shade} 分别为受光叶和遮光叶的单位面积光合作用速率。

研究表明,若用 FPAR 从 APAR 计算 NPP,则仅是一种粗略的近似;但若仅用 LAI 来计算 APAR,也不会有太大的改进;而用多角度光学遥感,不仅能获得正确的 LAI,而且能获得

聚集指数 Ω，引入 LAI、Ω 这两个冠层结构参数，使冠层尺度的光合作用是从受光叶片和遮光叶片的 PAR 辐照度中计算得到，其结果要比基于 FPAR 的方法更精确。

C. 遥感生态过程模型

遥感生态过程模型从机理上对植物的生物物理过程（包括光合作用、呼吸作用、蒸腾蒸发、土壤水分散失等过程）以及影响因子进行分析和模拟，通过对土壤-植被-大气系统各层物质、能量交换的分析、建模来估算陆地植被 NPP。遥感技术用于获取或反演过程模型所需的地表植被信息和相关生物物理参数（如 FPAR、地表覆盖类型、植物生长状态信息——LAI、BI、f、T、土壤水分等）。其突出特点是综合考虑了温度、光合有效辐射、大气 CO_2 浓度、土壤水分、大气水分等影响光合作用和生长生理过程的因子，有利于研究全球变化对陆地植被 NPP 的影响、植被分布变化对气候的反馈以及预测生态环境的变化等。但是模型比较复杂，参数较多，且有些参数不易获得，因此限制了它的遥感应用[67~69]。

应该指出的是，植被指数与生物物理参数之间的关系是复杂的，且受植被类型、结构和郁闭度及地形、土壤等因素的影响。Gao 等[70]考虑到植被指数与生物物理参数间关系受到多种因素的影响，用一个三维冠层辐射传输模型和几何光学-辐射传输混合模型（GORT）来模拟作物、草地、森林（分窄叶与阔叶）冠层的方向半球反射。通过大量实验，分别建立三种不同土壤背景（植物全覆盖、浅色土壤、深色土壤）条件下，不同植物的三种植被指数 NDVI、SAVI、EVI 与 LAI、APAR、f 等生物物理参数之间的关系。研究结果表明，NDVI 对土壤敏感，可用来评估植被量的变化，但 NDVI 难以推断 FPAR；而 SAVI 与生物物理参数之间的关系较为可靠，但 SAVI 对冠层结构敏感。因而，在建立 SAVI、EVI 与生物物理参数关系时，应该注意引入地表土地覆盖类型等先验知识。

全球 MODIS-NPP 产品（MOD17），空间分辨率为 1km，时间分辨率为 8d，可从地球资源观测系统的数据发布中心获取。

图 12.17 为 MODIS-NPP 产品（MOD17）的算法流程图，可分 4 步。①确定光合有效辐射的转换系数 ε（即光能利用率），来推算每天的总第一性生产力 GPP：利用 BIOME-BGC 生态系统模型模拟计算出全球的 NPP，构建生化参数查找表（BPLUT），表内有每种生态群系类型中代表性植被的叶面积、呼吸系数、碳储量、生命周期等；借助查找表可计算光能转换率 ε；利用 MOD17 产品的光合有效辐射吸收系数 FPAR、PAR 可估算 APAR；则得 GPP$=\varepsilon\times$APAR。②计算每天的维持呼吸和净光合速率：借助查找表和 DAO（data assimulate office）气象数据集的异速生长率和每天的平均温度，可得每天的维持呼吸；从 GPP 中减去植被的维持呼吸，则得每天的净光合速率。③计算每年的维持呼吸：鉴于活有机质生物量全年为常数且与每年植被叶片的最大生物量有关的假设，若活有机质的质量被确定（相关数据可从查找表获得），则可用其来估算植被每年的维持呼吸。④计算每年的生长呼吸，得到年总 NPP：采用查找表法计算每年的生长呼吸，分为叶片、根、活有机质及枯枝、朽木 4 部分的生长呼吸；最后从 GPP 中扣除植被的维持呼吸和生长呼吸，就得到植物每年的净第一性生产力 NPP。研究表明，MODIS 的 NPP 产品在计算过程中，一方面利用了 MODIS 的多个其他产品，如土地覆盖分类（MOD12）、LAI、FPAR、PAR（MOD15）、GPP、净光合速率（MOD17A1、A2）等，这些产品多为 8 天合成的最大值，且各自均有精度误差；另一方面构建的查找表中生化参数被设定为不随时间、空间变化的常数，其代表性和合理性需要进一步验证。因此，MODIS-NPP 产品的全球和区域尺度应用均需要进行地域校正。

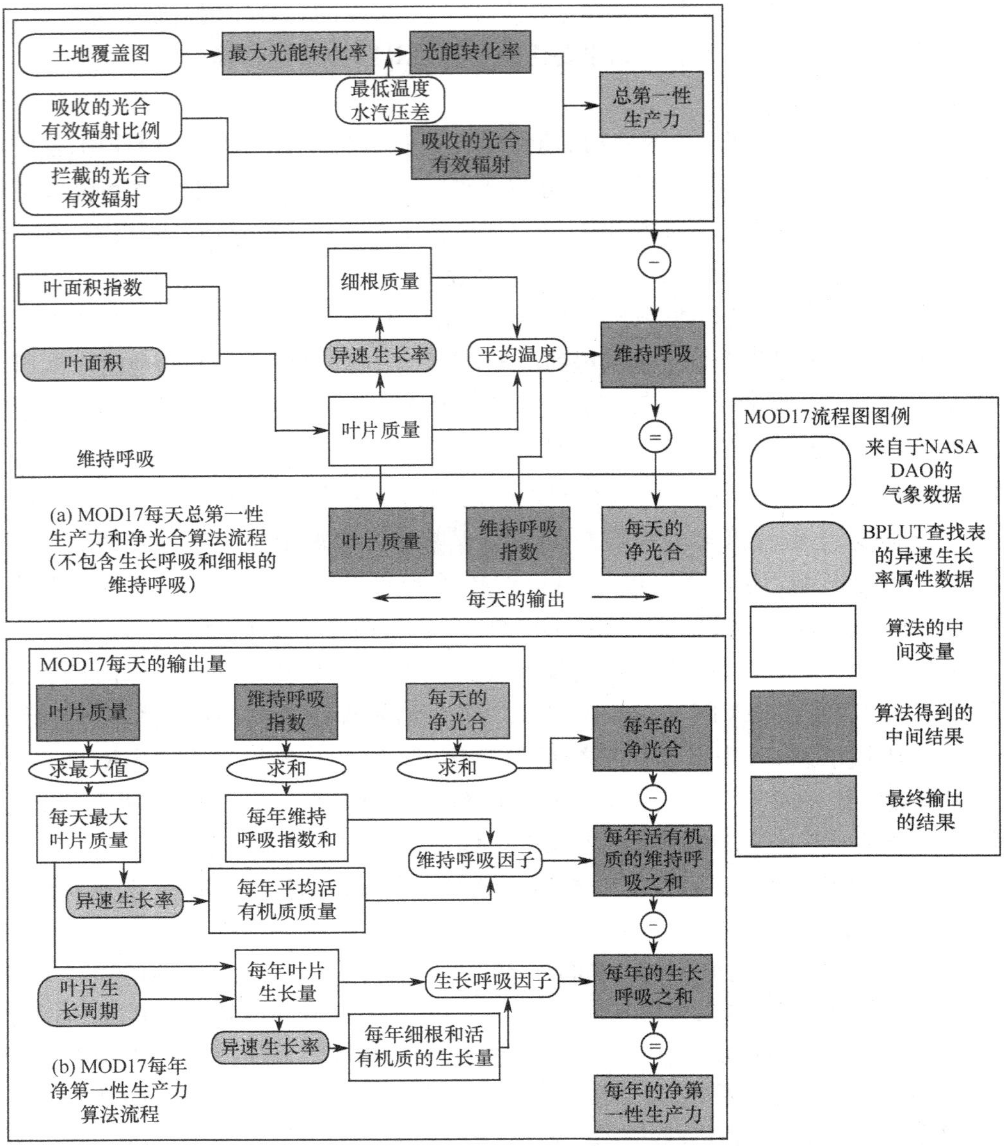

图 12.17　MODIS-NPP 产品(MOD17)的算法流程图[71]

(资料来自 MOD17 用户手册)

12.3.2　植被生化组分的遥感反演

植物的生化组分(plant biochemical concentrations)——叶绿素、氮、木质素、纤维素等的含量,与叶、冠层的生物物理和生物化学过程密切相关,是研究植物光合作用、营养状况的重要参数。遥感研究植物的生化组分,主要是从分析植物光谱特征与植物的生化组分含量之间的成因关系入手,利用植物高光谱遥感数据,发展与植物生化组分高度相关的多种光谱指数、反射率导数、波形参数等光谱变换形式,来构建植物反射光谱与植物样本生化组分之间的统计回归模型。这种经验与半经验统计方法简便实用,但由于受到多种因素的影响,如大气效应、冠层结构、植被类型、背景植被及土壤等,所建立的关系方程通用性较差;且需要足够量的样本,以保证植物光谱反演叶生化组分含量的精度。另一种方法是通过建立各种遥感物理模型定量反演植被的生化组分。这种物理模型(辐射传输模型 RT、几何光学模型 GO、混合模型 RT-GO 等)描述了植被冠层内部辐射传输作用,建立了生理生化变量与冠层反射率之间的联系。但是物理模型反演方法涉及一系列复杂问题,如模型简化、参数敏感性分析、病态反演、先验知识引入等,这一切所带来的结果不确定性和误差,均影响到实际应用效果(参见第 10 章相关内容)。

在第 2 章"地物波谱特征"中已详细论述了绿色植物的反射光谱特征(图 2.12~图 2.17),在第 3 章"高光谱遥感"中也提及绿叶与干植物的光谱差异(图 3.18)。本章第 1 部分讨论了叶、冠层结构与反射光谱特征(图 12.1~图 12.7)。当谈及植被生化组分遥感反演时,有必要特别关注一下植物各种生化组分的典型吸收特征(图 12.18、表 12.1、表 12.3)。图 12.18显示 400~2500nm 范围内植物各种生化组分的典型吸收波谱。由图可见,叶绿素等色素的吸收峰主要在可见光波谱范围[图 12.18(a)~(c)],而水、蛋白质和干物质(木质素、纤维素等)的吸收峰主要在短波红外波谱范围内[图 12.18(d)~(f)]。这些特征吸收峰的宽度,只有利用高光谱分辨率的遥感数据(<10nm)才能检测和提取出来。表 12.3 具体列出植物叶主要生化组分与光谱吸收特征的波长位置。

表 12.3 植物叶主要生化组分与光谱吸收特征[8,74,75]

生化组分	吸收特征的中心波长位置/nm
叶绿素 a	430(380~450)、660、675
叶绿素 b	460(410~470)、610、640
蛋白质	910、1020、1510、1680、1740、1940、2050、2130、2170、2240、2300、2350、2470
氮	1020、1510、1690、1730、1940、1980、2060、2130、2180、2240、2300、2350
纤维素	1480、1490、1540、1780、1820、1930、1940、2100、2270、2280、2340、2350、2480
半纤维素	1450、1770、1930、2090、2330、2500
木质素	1120、1200、1420、1450、1680、1754、1940、2140、2262、2330、2380、2500
水	970、1200、1400、1450、1940、2500

1. 叶绿素

叶内的叶绿素(chloroplasts)是植物光合作用的基础。叶子生长初期,叶绿素含量与辐射能吸收间几乎直线相关,即叶绿素含量增多,蓝、红波段吸收增强,绿波段反射率降低,近红外反射率增强;但当叶绿素含量增加到一定程度后,吸收率近于饱和,反射率变化小。图 12.19 显示随着氮施肥量的变化(0~180kg/hm^2),即叶绿素浓度的变化,在 550nm、715nm、>750nm 处宽波段的玉米反射率的明显差异。在蓝波段(450nm)和红波段(670nm),虽然叶绿素浓度相差很大,可是它们之间的反射率差异很小(<1%),叶绿素几乎吸收全部的红光和蓝光辐射;在绿波段(550nm)和红边区(715nm),随叶绿素浓度的降低,反射率显著增加;在近红外(大于 750nm)处,反射率同叶绿素不相关,而是与叶子的结构相关。

不同作物由于植土比的差异,其表达叶绿素含量的光谱模型也不同。图 12.20 显示小麦 5 种植被指数模型($G_1 \sim G_5$)与叶绿素含量的时间剖面曲线的关系。其绿度模型分别为 $G_1 = \mathrm{RVI} = \mathrm{NIR/R}$、$G_2 = \sqrt{(\mathrm{NIR/R})}$、$G_3 = \sqrt{(\mathrm{NIR-R})/(\mathrm{NIR+R})}$、$G_4 = \sqrt{\frac{\mathrm{NIR-R}}{\mathrm{NIR+R}} + 0.5}$、$G_5 = \mathrm{NIR/R^2}$。从图中可见,$G_5$ 曲线与叶绿素含量相当吻合。实验证明,对于小麦而言,G_5 光谱模型表达叶绿素含量最佳;而对于大豆而言,因叶子较早封垄,土壤影响较小,则 G_3 光谱模型反映叶绿素含量最佳[17]。

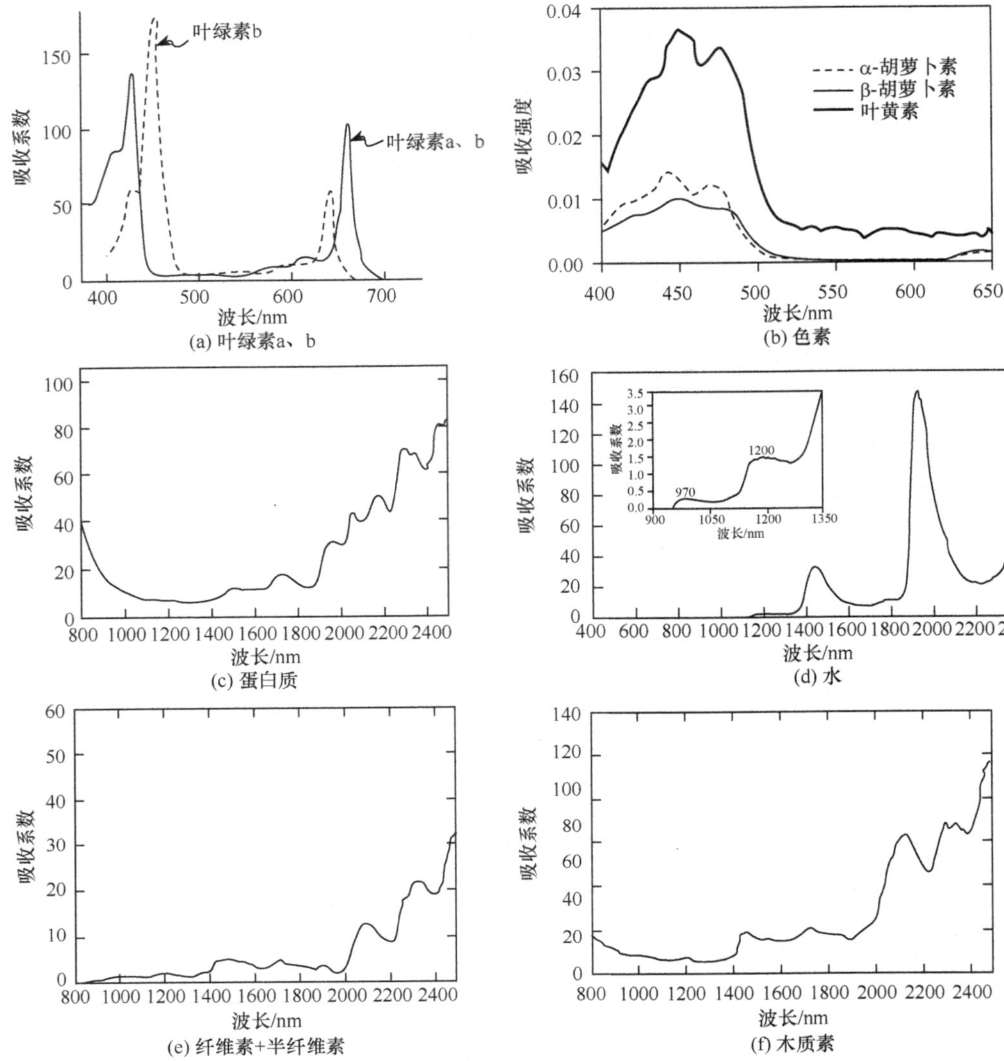

图 12.18　植物各种生化组分的吸收特征

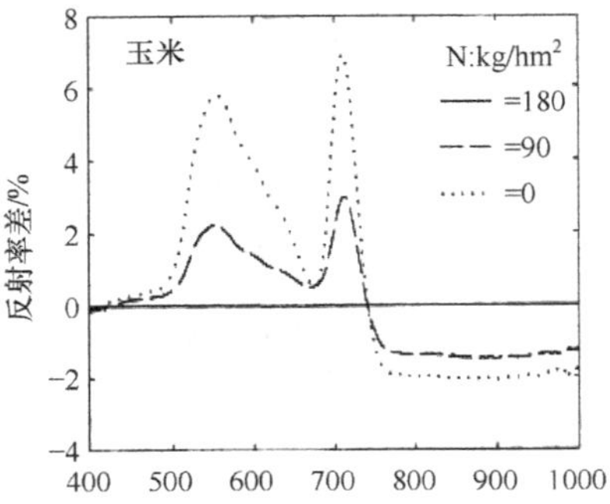

图 12.19　玉米反射率与叶绿素浓度的关系[76]

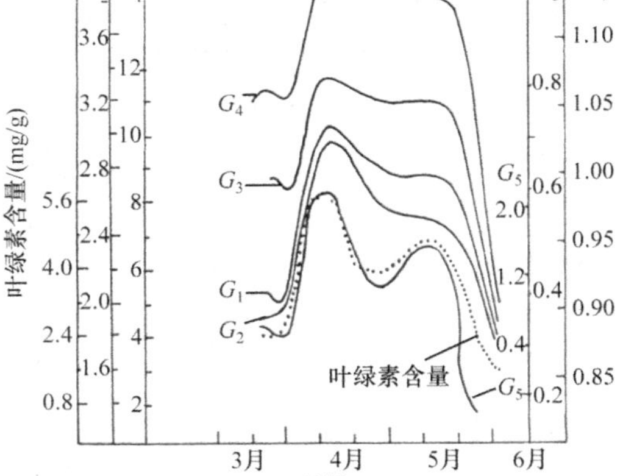

图 12.20　小麦光谱模型和叶绿素含量的时间剖面曲线[17]

研究还表明，可以根据红边拐点对应的反射光谱值来估计冠层叶绿素含量(Chl_f)，叶绿素含量增加，拐点值相应增加。也就是，建立冠层光谱的红边位置与实测的冠层叶绿素含量(又称叶绿素密度)之间的统计回归方程。其中，叶绿素密度为单位面积的叶绿素含量，可表示为：叶绿素密度=叶绿素干重含量×比叶重×叶面积指数。这里的比叶重为单位面积的干物质质量[77]。Demarez 等[78]指出，林冠层叶绿素含量 Chl_f 除了以红边拐点对应的波长 λ_i 来确定外，还受叶面积指数、观测方向、下垫面反射和冠层结构等因素的影响。若不考虑冠层结构(如成熟林型或杆状林型等)，林冠层叶绿素含量的估计误差可达 $23\mu g/cm^2$。因此，需要充分考虑 LAI、视角、下垫面反射、冠层结构等因素，通过 BRDF 模型求解冠层反射，进行森林叶绿素含量的估计。

Kim 等[79]发现对于叶片而言，即使叶绿素含量有差异，其 550nm 和 700nm 的反射率之比也是恒定的。基于此关系和叶绿素在 670nm 的吸收，引进了 R_{700}/R_{670} 的比值来减小下垫面土壤的反射和植被非叶绿素物质的联合效应；提出了叶绿素吸收比值指数 CARI，用以描述叶绿素红波段(670nm)吸收谷底值与绿波段(550nm)反射峰值、700nm 反射值的相关性。CARI 表示为

$$\mathrm{CARI}=\mathrm{CAR}(R_{700}/R_{670}) \tag{12.41}$$

式中：$\mathrm{CAR}=|(a\times 670+R_{670}+b)|/(a^2+1)^{0.5}$，$a=(R_{700}-R_{550})/150$，$b=R_{550}-(a\times 550)$。CARI 可在评估吸收的光合有效辐射(APAR)时减小非光合物质的作用。

Gitelson 等[80]考虑到叶绿素浓度与反射率比值(R_{750}/R_{550})、(R_{750}/R_{700})之间呈强线性相关，提出了三角植被指数(TVI)。该指数由绿波段反射峰、红波段吸收谷和近红外高反射肩所构成的三角形面积来表示，可表示为

$$\mathrm{TVI}=0.5[120(R_{750}-R_{550})-200(R_{670}-R_{550})] \tag{12.42}$$

TVI 依据的基本事实是三角形(绿、红、近红外)的面积随叶绿素吸收的增加而增加；尽管超过 700nm 就没有叶绿素吸收，但随着叶绿素含量增加，其吸收带变宽，引起红边红移。因此，750nm 处的植被反射率仍受叶绿素含量的间接影响。

此外，通过计算绿色植物连续光谱中叶绿素吸收谷(550～730nm)的形状和面积，获得高光谱植物指数，如叶绿素吸收连续指数(CACI)。它与 TVI 相类似，只是计算 CACI 时，用到绿波反射峰至近红外“肩”之间的所有波段，表示为[81]

$$\mathrm{CACI}=\sum_{\lambda_i}^{\lambda_n}(\rho_i^c-\rho_i)\Delta\lambda_i \quad \rho_i^c=\rho_1+i\frac{\mathrm{d}\rho^c}{\mathrm{d}\lambda}\Delta\lambda_i \tag{12.43}$$

表 12.4 列出了一些用于估算叶绿素含量的窄波段植被指数。由表可见，许多研究着眼于使植被指数对叶绿素含量尽量敏感，而对干扰因素(冠层结构、土壤背景等)尽量不敏感，以最大程度地减少干扰因素的影响，扩大其应用范围。除了利用植被指数、导数光谱、红边参数等反演叶绿素含量外，由遥感获得的植被冠层反射率，通过各种遥感物理模型可定量反演植物叶片或冠层的叶绿素含量。这里就不再论述，可参考第 10 章的相关内容。

表 12.4 估算叶绿素含量的窄波段植被指数

植被指数	公式	描述	参考文献
修正的标准化指数	$\mathrm{NDVI}_{670}=(\rho_{800}-\rho_{670})/(\rho_{800}+\rho_{670})$	670nm 反射率随叶绿素变化迅速饱和	Sims and Gamon，2002
红边标准化指数	$\mathrm{NDVI}_{705}=(\rho_{750}-\rho_{705})/(\rho_{750}+\rho_{705})$	利用红边处的反射率	Gitelson 等，1994
修正的红边标准化指数	$\mathrm{MNDVI}_{705}=\dfrac{\rho_{750}-\rho_{705}}{\rho_{750}+\rho_{705}-2\rho_{445}}$	对 NDVI_{705} 修正结合叶片蓝光镜面反射校正	Sims and Gamon，2002
修正的红边比值指数	$\mathrm{MSR}_{705}=\dfrac{(\rho_{750}/\rho_{705})-1}{\sqrt{(\rho_{750}/\rho_{705})+1}}$	减少大气、土壤背景等因素的影响	Sims and Gamon，2002

续表

植被指数	公式	描述	参考文献
叶绿素指数	$CI=(\rho_{640}-\rho_{673})/\rho_{673}$	640nm、673nm 分别代表叶绿素 b、a 的吸收峰	Gupta 等，2001
陆面叶绿素指数	$MTCI=(\rho_{753}-\rho_{708})/(\rho_{708}-\rho_{681})$	对高值叶绿素更敏感	Dash and Curran，2004
红边的叶绿素指数	$CI_{red\ edge}=(\rho_{750}/\rho_{710})-1$	与冠层叶绿素含量敏感	Gitelson 等，2005
红边位置(REP)	690～740nm 最大斜率的波长，即反射率一阶导数最大值对应的波长	对叶绿素含量敏感	Curran，1995
Vogelman 红边指数	$VOG=\rho_{740}/\rho_{720}$	对叶绿素含量、含水量敏感	Vogelman，1993
修正的叶绿素吸收比指数	$MCARI=[(\rho_{700}-\rho_{670})-0.2(\rho_{700}-\rho_{550})]\cdot(\rho_{700}/\rho_{670})$	最小化土壤反射率和植被非光合物质的影响	Daughtry 等，2000
混合植被指数	$\frac{TCARI}{OSAVI}=\frac{3[(\rho_{700}-\rho_{670})-0.2(\rho_{700}-\rho_{550})](\rho_{700}/\rho_{670})}{(1+0.16)(\rho_{800}-\rho_{670})/(\rho_{800}+\rho_{670}+0.16)}$ $\frac{MCARI}{OSAVI}=\frac{[(\rho_{700}-\rho_{670})-0.2(\rho_{700}-\rho_{550})](\rho_{700}/\rho_{670})}{(1+0.16)(\rho_{800}-\rho_{670})/(\rho_{800}+\rho_{670}+0.16)}$	与 OSAVI 的结合，可有效降低对背景的敏感性，增加对冠层低叶绿素的敏感性[76]。或用 750、705nm 替代 800、670nm[87]	Daughtry 等，2000

注：参考袁金国[82]、Wu 等[87]

2. 氮、木质素、纤维素

许多重要的生态系统过程都和植物的生化组分，特别是氮和木质素的浓度有关。叶内氮的浓度与最大光合速率和最大光合能力以及与地上部分的净生产力有关；叶内的木质素浓度与废物的分解速度有关。因此，植物的生化组分与控制生长和分解的因子有关，它提供了有关植物和碳、氮循环等生态系统过程的信息[88]。

植物的氮(nitrogen)主要指蛋白质(protein)。除了蛋白质外，叶绿素是另一个主要的含氮植物组分。叶内的氮多存在于叶绿素分子中，因此叶内的叶绿素含量和含氮量密切相关(尤其是当植株缺氮时)，可用叶绿素含量间接地指示植物的氮素含量。尽管蛋白质和叶绿素这两种物质都含氮，但由于两者的化学结构(叶绿素不带氢，叶绿素 a 和 b 不含氨基化合物)有很大不同，两者的光谱特征有很大的差异。叶绿素在可见光区域有很强的吸收，而蛋白质在短波红外区域有明显的吸收。叶绿素和蛋白质不同的吸收特征可以作为进一步区分它们和估计氮含量的理论依据。

研究表明，许多植物在缺氮时，叶和冠层的可见光波段反射率都有增加，对氮含量变化最敏感的波段在 530～560nm 区段，通过光谱测定及其变量的运算，可以区分不同氮素营养水平。例如，Fernandez 等[89]发现用红(660nm)和绿(545nm)两波段的线性组合可以预估小麦的氮含量，不受氮肥处理的影响；薛利红等[90]对水稻的研究表明，叶氮积累量(单位土地面积上的叶氮素总量)在整个生育期内都与 R_{810}/R_{560} 呈极显著线性正相关，且不受施氮水平以及品种的影响，模拟值与实测值的相关程度在 90%以上。

Kokaly(2001)研究表明，在木质素和纤维素不变的情况下，随着氮含量的增加，2.1μm 处的光谱吸收特征带加宽。这种加宽主要出现在以 2.055μm 和 2.172μm 为中心的光谱吸收带处。这两处吸收带正好与蛋白质中的含氮氨基化学键(尤其是碳—氮和氮—氢化学键)的吸收特征相吻合。蛋白质以 2.055μm 和 2.172μm 为中心的吸收特征是唯一的,吸收位置的偏移反映了叶中氮含量的变化,可作为估计植物的氮含量的依据(图 12.21)。

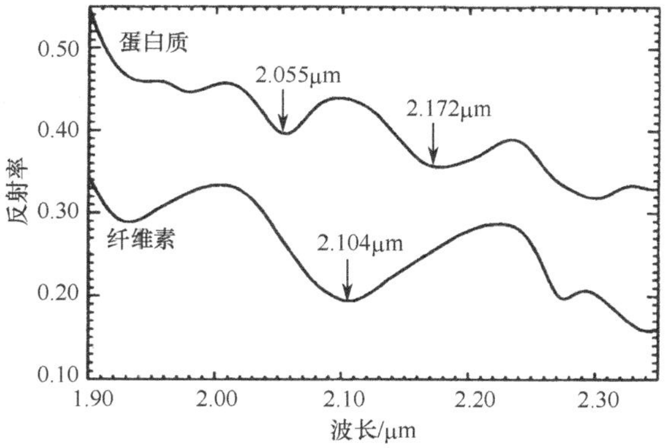

图 12.21　干叶蛋白质和纤维素的反射光谱[91]

多项研究表明,采用逐步多元线性回归的方法可以获得干叶样品的红外反射率(或冠层反射率)与它们的氮含量之间的相关关系,且多个红外波长的反射率(R)、log(1/R)及 log(1/R)的导数都和生化组分含量密切相关。当然,由于大气、冠层结构、植被类型、氮素水平、波段选择、背景植被以及土壤等的影响,所得的统计关系具有局域性。王纪华等[92]对冬小麦田间冠层光谱反射率与叶含氮量(单位干叶片中的氮含量)作相关分析,结果表明,小麦叶反射率与含氮量在可见光波段呈负相关,在近红外波段呈正相关,在短波红外波段呈负相关,其中820～1100nm 和 1150～1300nm 波段的光谱反射率与叶含氮量呈显著正相关,这两波段为叶全氮的敏感波段。在此基础上建立了不同生育期(返青、拔节、灌浆、成熟期)叶全氮与光谱反射率的回归方程,并分别讨论各生育时期叶全氮与其他生化组分、生物量(叶绿素 LCHL、叶内可溶性糖 LSS、叶内淀粉 LS、叶含水量 LWC、叶面积指数、叶干重 LDW、干重 SDW、干重 PDW)的相关性。研究表明,小麦叶含氮量可以用于估算其他生化组分及干物质指标含量,开花期叶含氮量可用于估测籽粒蛋白质和干面筋等品质指标含量。这些研究为高光谱遥感应用于精准农业提供科学参考。

植物的碳主要指木质素(lignin)、纤维素(cellulose)。其中,纤维素(一种葡萄糖聚合物,是植被干重的主要组成)的光谱吸收中心波长位于 2.1μm 附近;淀粉(另一种葡萄糖聚合物)与纤维素有很相似的吸收特征。纤维素、淀粉和半纤维素都是碳水化合物,虽然在化学键的组合结构上有一点不同,但是具有很相似的光谱吸收特征,对其含量的估计往往会出现较大的误差。而木质素的光谱吸收中心波长位于 1.754μm 和 2.262μm 附近。利用高光谱遥感数据可以大面积评估植被状况和预测植被冠层的木质素、纤维素等生化组分(图 12.18、表 12.3)。

Serrano 等[75]运用 AVIRIS 数据通过专题指数提取(归一化氮指数 NDNI、归一化木质素指数 NDLI),进行山区密林冠层中氮和木质素浓度的调查与估算。其中,专题指数分别表示为:$\mathrm{NDNI}=[\log(1/R_{1510})-\log(1/R_{1680})]/[\log(1/R_{1510})+\log(1/R_{1680})]$和 $\mathrm{NDLI}=[\log(1/R_{1754})-\log(1/R_{1680})]/[\log(1/R_{1754})+\log(1/R_{1680})]$。结果表明,在景观尺度上,波段比值和标准化处理直接增加植被生化组分的吸收信号,抑制背景的影响,且用 log(1/R)来代替 R 会得到更好的结果;利用 NDNI、NDLI 指数能够很好地估测绿色连续冠层氮和木质素含量,但其不适用于估算衰老期叶或冠层的氮和木质素含量。

Kokaly 等[91,93]采用连续线去除(包络线去除)及波深中心归一化等方法提取光谱特征参数，在此基础上，采用逐步多元回归方法对植物氮、木质素、纤维素含量进行估测。通过分析 840 种针叶、落叶等干叶样本的反射光谱所表现的吸收特征，来估计生化组分含量。结果表明，叶光谱 2.1μm 宽吸收峰中有 5 处的反射率经背景线去除和波深归一化处理后所得到的曲线深度与叶含氮量密切相关。图 12.22 显示植物干叶样本的红外反射光谱特征的提取过程。其中，图 12.22(a)显示了干叶(白松)样本红外反射光谱的 3 个主要吸收特征(1.73μm、2.10μm、2.30μm)和它们的“背景线”。为了描述光谱吸收带形状以及比较不同样本间光谱吸收带形状的差异，需要对光谱数据进行预处理，先对反射率光谱去包络，消除背景的干扰，则得除去背景线的光谱特征[图 12.22(b)]。在此基础上，再利用吸收深度进行归一化，则得两种地面干叶样本(水稻与树叶)经“基线标准化”和“深度标准化”后的 2.1μm 吸收特征之间的比较[图 12.22(c)]。一般说来，氮含量高的样本的吸收特征曲线要比氮含量低的吸收特征曲线宽。

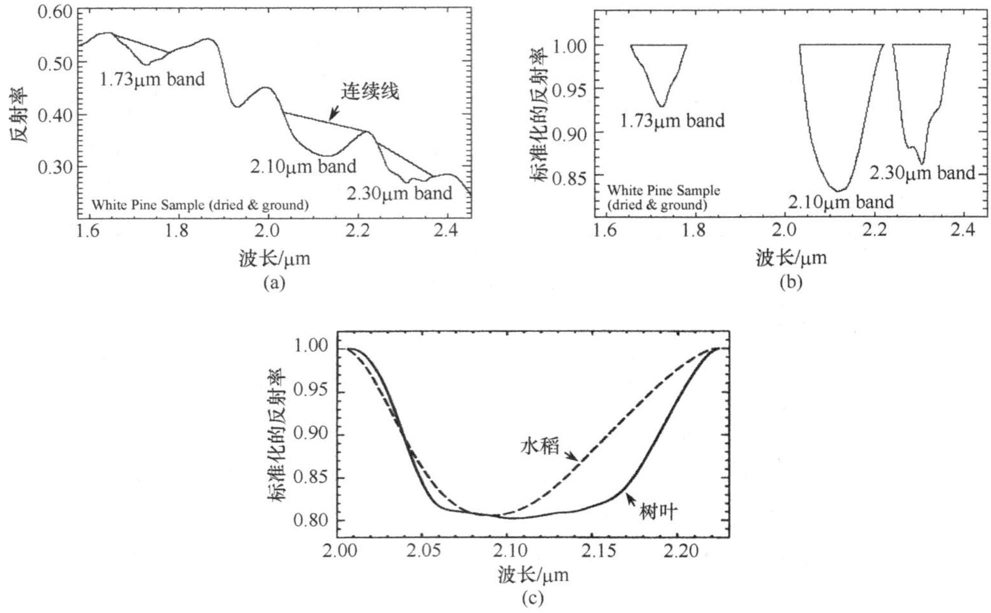

图 12.22　干叶样本的红外反射光谱特征的提取[91]

3. 水分

水分是植物的重要组成，是控制植物光合作用、呼吸作用和生物量的主要因素之一，是作物长势监测、旱情和火灾评价的关键因子。植物水分含量的变化直接影响植物的生理生化过程，导致叶及植物内外形态结构、温度、光谱特征均发生一系列变化(图 2.15)。目前，对植被水分含量的研究采用多种方法。除可见光-近红外、短波红外波段外，热红外、微波波段对检测植物水分含量也是十分有用的。

对于叶尺度而言，一是从叶子水吸收带(970nm、1200nm、1450nm、1940nm、2500nm 等)入手，设计各种提取植被水含量的光谱指数，或将光谱水吸收带、红边参数化；二是运用逐步多元回归分析方法，即在地面实测数据基础上，建立叶反射和叶水分含量之间的统计关系，或通过叶水分与各种植被水分指数、植被温度、土壤水分、特征光谱形态指数(吸收宽度、深度、面积)等之间的统计相关关系,建立统计回归方程来估算水分信息;三是通过模型模拟方法,即叶水分作为 PROSPECT 叶光学模型、PROSAIL 辐射传输模型、ACRM 模型等的模型参数,可以通过模型反演中优化代价函数的方式获得。许多研究表明,通过光谱指数、回归分析和辐射传输模拟后的叶反射(400~2500nm)和叶水分含量之间存在着关联。在叶反射中,叶水分含量的敏感性最主要集中在 1450nm、1940nm、2500nm 的光谱带中,在 400nm、700nm 的红边和 NDVI 也发现有间接影响[94]。这里,叶水分含量(foliar water content,FWC)多以叶等效水厚度(equivalent water thickness,EWT)来表达。EWT 被定义为叶含水量与叶面面积的比值,即单位叶面积的水分含量(g/cm^2)。FMC 被定义为叶水分含量(叶鲜重-叶干重)与叶鲜重的比值(%),为无量纲的量。

对于冠层尺度而言,一是在地面实测数据基础上,研究植被冠层含水量与光谱指数之间的关系;二是通过辐射传输模型,由叶水分含量模拟扩展到冠层水分含量 CWC 或 EWT_C,即采用叶水分含量与冠层结构参数的结合来模拟冠层水分含量(单位面积冠层含水量),通常可采用单位叶面积的水分含量和叶面积指数的乘积来表示。遥感估计冠层水分含量时,主要难题在于植被冠层反射率、BRDF 与观测几何方位有关;植被冠层含水量与叶面含水量、叶面积指数和覆盖率呈一定比率;而 LAI 和方向覆盖度又随空间、时间、观测角度的变化而变化。至于大气中水汽的干扰,可以利用水蒸汽和液态水在近红外波段的两个吸收峰之间存在约 30nm 的波长间隔这一特点,通过高光谱数据从地表液态水中分离出大气中的水汽。

Ceccato 等[95]以 SPOT-VGT 和辅助数据为数据源,利用 PROSPECT-Semi discrete-6S三种辐射传输模型,模拟反演植被反射率,并分析植被含水量对植被叶、冠层、及大气光谱特征的影响,用蓝波段反射值对 NIR 模拟值进行修正,以消除 NIR 波段中大气的干扰因素;再用修正的 NIR 波段和 SWIR 波段模拟值组成全球植被湿度指数(GVMI),用以反演区域到全球尺度的植被水分含量,并对 GVMI 进行了敏感性分析。全球植被湿度指数 GVMI 可表示为[3]

$$\mathrm{GVMI}=\frac{(\mathrm{NIR}_{\mathrm{rect}}+0.1)-(\mathrm{SWIR}+0.02)}{(\mathrm{NIR}_{\mathrm{rect}}+0.1)+(\mathrm{SWIR}+0.02)} \tag{12.44}$$

其值变化范围是 0.0~0.9。尽管 GVMI 是专门针对 SPOT-VGT 光谱特性而设计的模型,但是,理论方法和实践结果表明它也能被用于其他遥感器。

叶水含量和 SWIR、NIR 的液态水吸收波长的光谱反射率相关,而红外波段的液态水吸收波段对冠层水分含量估计具有一定的适用性,且所构建的水分指数可以较为灵敏地反映冠层水分含量,如归一化水分指数 NDWI[$\mathrm{NDWI}=(R_{860}-R_{1240})/(R_{860}+R_{1240})$]、水分指数 WI($\mathrm{WI}=R_{900}/R_{970}$)、NDII[$\mathrm{NDII}=(R_{819}-R_{1649})/(R_{819}+R_{1649})$]、WBI($\mathrm{WBI}=R_{1300}/R_{1450}$)等。表 12.5 显示由近红外与短波红外构建,并去除土壤背景影响的各种植被水分指数。研究表明,众多指数中,NDWI 和 WI 被认为是对叶和冠层水分最为敏感的指数,但它们对叶水分含量(FMC)和等效水厚度(EWT)的监测能力有所不同;短波红外波段对叶等效水厚度十分敏感,但较容易受到叶干物质含量和叶结构参数的干扰[96,97]。

表 12.5 去除土壤背景影响的植被水分指数[71]

名称	公式
垂直植被水分指数(PWI)	$\text{PWI}=\frac{\text{NIR}-a\text{SWIR}-b}{\sqrt{1+a^2}}$
土壤调整植被水分指数(SAWI)	$\text{SAWI}=\left(\frac{\text{NIR}-\text{SWIR}}{\text{NIR}+\text{SWIR}+L}\right)(1+L)$
转换型土壤调整植被水分指数(TSAWI)	$\text{TSAWI}=[a(\text{NIR}-a\text{SWIR}-b)]/(a\text{NIR}+\text{SWIR}-ab)$
修改型土壤调整植被水分指数(MSAWI)	$\text{MSAWI}=(2\text{NIR}+1)-\sqrt{(2\text{NIR}+1)^2-8(\text{NIR}-\text{SWIR})}/2$
优化型土壤调整植被水分指数(OSAWI)	$\text{OSAWI}=\frac{\text{NIR}-\text{SWIR}}{\text{NIR}+\text{SWIR}+X}$
角度型植被水分指数(θ_{SAWI})	$\theta_{\text{SAWI}}=2\arctan(\text{SAWI}/1.5)$

注:NIR、SWIR 分别为近红外、短波红外波段反射率值;a、b 分别为土壤背景线的斜率和截距;L 为土壤调整系数;X 为减少土壤背景影响的优化值

12.3.3 植被指数与生态环境参数的关系

以植被指数 NDVI 为例,NDVI 常被认为是气候、地形、植被/生态系统和土壤/水文变量的函数。从概念上讲,可用这些环境因子建立 NDVI 模型[98],即

$$\text{NDVI}=F(C\cdot V\cdot P\cdot S)+E \tag{12.45}$$

式中:C 为气候子模型;V 为植被/生态子模型;P 为地形子模型;S 为土壤/水文子模型。这些子模型又可表示为各自主因子的函数:

$$\begin{aligned}
C&=F_1(\text{降水、气温、日照})+E_1\\
V&=F_2(\text{生态系统类型、植被类型})+E_2\\
P&=F_3(\text{高程、坡度、坡向})+E_3\\
S&=F_4(\text{土壤持水性、养分、透水性、地表水利用率、地下水})+E_4
\end{aligned} \tag{12.46}$$

上述的 E、E_1、E_2、E_3、E_4 为模型误差,由未考虑的环境变量或潜在的测量误差引起。可以看出上述模型涉及的因子很多,许多因子也难以具体量化。但是由于其中一些环境变量并非完全独立,具有相关性,如日照与气温常与高度相关、土壤持水性与透水性呈负相关。因此,模型可以被简化,有些变量可以由其他变量描述,则用有限的环境变量建立 NDVI 模型是可能的。

很显然,描述 NDVI 的这些环境变量均随时间/空间变化,则可以认为 NDVI 具有三维或四维的变化。但是对于一个特定的地理位置和一定的时间尺度(如年或 10 年),地形子模型可认为是常量,植被/生态系统子模型及土壤/水文子模型也可认为变化不大。那么,应该说变化较大的是气候子模型,或者说,对一个具体时间(t)和一个具体地点而言,NDVI 主要成为相关气候变量的函数,即

$$\text{NDVI}(t)=F(\text{气候变量})+E \tag{12.47}$$

我们首先讨论植被指数与气候因子的关系。

1. 植被指数与气候参数的关系

影响植被指数的气候参数主要指降水、气温和日照，因此式(12.47)可表示为

$$\mathrm{NDVI}(t) = F[\text{降水}(T_t),\text{气温}(T_t),\text{日照}(T_t)] + E \tag{12.48}$$

式中：T_t 表示在具体时间 t 之前一段时间某个因子的累计影响。一般说来，气温和日照是与同一年度的季节密切相关，而季节可用日期来加以描述。因此，可用一个指定变量——日期(j)，作为表示气候季节的变量，则式(12.48)可简化为

$$\mathrm{NDVI}(t) = F[\text{降水}(T_t), j] + E$$

对于一个时间分辨率为天的 NDVI 模型，上式的 t 为 j，则

$$\mathrm{NDVI}(j) = F[\text{降水}(T_j), j] + E \tag{12.49}$$

也就是说，日期为 j 的 NDVI 为降水(T_j)和日期 j 的函数。它受日期(表征气温与日照)以及该日期前一时间段(T_j)降水的影响。Di 等[98]进一步研究了在植物缺水条件(即干旱-半干旱环境)下植被指数 NDVI 与降水的关系，建立了植物生长期内降水-植被响应模型，来描述一次降水事件带来的随时间变化的 NDVI 响应曲线和对总的 NDVI 响应延续时间，以说明植被如何响应降水事件。研究结果证实了 NDVI 与两三个月的累计降水有很好的相关关系；一次降水将引起 NDVI 峰值出现，峰值出现时间滞后 15～25 天。这种滞后现象可解释为降水到达植物根部，被根系吸收并输送到叶部，并影响到叶的色素和结构所需要的时间。当然，这个响应时间是随植物生长模式、日期、土壤特性等而变化的。由于不同植被类型在环境变化条件下结构调整或抗干扰能力不同，“滞后”现象的反应快慢有别。

不少学者对植被指数 NDVI 与降水的关系进行研究，指出 NDVI 与降水的空间分布及年内、年际变化有关，并建立了 NDVI 与降水之间的统计性关系，以说明 NDVI 是识别气候干旱程度的一种方法。例如，Kogan[99] 利用 VI 在相距很远的气象台站之间建立降水模型，当影响植被长势的其他因素一致或可推测时，比较气象台站周围和远离台站地区的植被指数，并利用它们的相似性来估计降雨量。

植被指数与表面温度的关系也被许多学者研究。在完全相同的气象条件下，冠层的 NDVI 与地表温度呈负相关，随着 NDVI 值的增加，地表温度降低。Gallo 等[100]在研究城市热岛效应时，发现由多种地表环境因子组成的城市和郊区的 NDVI，与所观测的城市和郊区地表最小温度差呈线性关系；Yang 等[101]通过对美国北部和中部大平原的 NOAA/AVHRR 数据所得的多时相融合的归一化植被指数 TINDVI(time-integrated)和地面气象站气象数据所派生的 2 个月间隔的气候变量——表面气温 T_a、土壤温度 T_s、太阳辐射 SR、降水量 PT、大气相对湿度 RH、GDD 生长期温度(被定义为日平均温度与基本温度 10℃之差)、潜在蒸散 $\mathrm{ET_p}$(通过方程计算)；建立两者间的关系模型，即

$$\mathrm{TINDVI} = F\{T(t), \mathrm{GDD}(t), \mathrm{PT}(t), \mathrm{ET_p}(t), \mathrm{SR}(t), \mathrm{RH}(t)\} \tag{12.50}$$

以多年的 TINDVI 为自变量，以 7 个季节性气候数据为因变量进行多元线性回归分析。结果表明，PT、$\mathrm{ET_p}$、GDD 是草场长势和生产力的最主要控制因素。其中 TINDVI 与春、夏季的降水量呈正相关，与初春的潜在蒸散呈负相关。对不同类型草场分别研究表明，北方混合牧场光合作用的路径是决定草地长势的重要因素，而对于南部草场，TINDVI 受生长季节的水热条件的影响。

Kawashima[102]利用冬季日本东京地区经大气纠正的昼夜 TM 图像数据，对不同城区与郊区的地表组成结构(建筑群与植被的比例)，分别计算了其平均 NDVI、昼夜平均地表温度(T_{SD}、T_{SN})及日温差($\Delta T_S = T_{SD} - T_{SN}$)，并通过计算 T_S/NDVI，研究不同地表类型表面温度的植被效应。

Salinas-Zavala 等[103]通过观测墨西哥西北部的降雨量和 700mbar 大气环流，研究这一地区在南方涛动(ENSO)的冷暖期间(冬天和夏天)气候与 NDVI 年际变化的关系。以 NDVI 为植物活力的表征，依据植被对 ENSO 年际变化和区域气候变化的不同响应，分析"气候变量-植物活力"关系、降雨量的生态学含义，并按主要植被类型将 NDVI 分为 8 组：灌木丛与乔木、针灌木丛、热带落叶林、喜旱性的灌木丛且无乔木、亚热带松林、海岸线丛林、内部丛林、松林和丛林等地带，分别研究干湿不同年份、冬夏不同季节的大气环流模式与 NDVI 的关系。

2. 植被指数与植物蒸散、土壤水分的关系

一般说来，NDVI 能反映植被状况，而植被状况与植被蒸发量、土壤水分是有关的。Cihlar 等[104]通过作物生长季节每 15 天的 NDVI、气象站点的气象数据，由土壤水分模型(VSMB、SWOM)反演计算了根系不同深度水含量以及生态、土壤等信息，并在 GIS 支持下研究 NOAA/AVHRR 的 NDVI 与生态变量的关系以及用 NDVI 来估算蒸发量的可能性。研究发现，不同的植被/土壤组合显示不同的 NDVI 变化轨迹，它与潜在的蒸发量(PE)曲线的趋势密切相关。实际蒸发量(AE)与相应的 NDVI 间相关系数为 0.77；NDVI 与前 15 天的潜在蒸发量间相关系数为 0.86；整个生长季节的累计 NDVI 与累计蒸发量高度相关，相关系数达 0.96。研究表明，用 NDVI 和潜在蒸发量(PE)可以估算 15 天周期的实际蒸发量，估算误差为 10%～15%。这个结果说明 NDVI 的变化轨迹除了可提供植物季相变化的重要信息外，还能较好地估算实际蒸发量。

不少学者研究了不同的干旱-半干旱地区植被指数与土壤水分的关系，发现植被指数与各种测量所得的土壤水分有效性之间有密切的经验关系，且植被指数与土壤水分胁迫的关系与植被类型有关。这些研究表明，NDVI 可以作为一种有用的土壤含水量指示指标(参见第 15 章的相关内容)。

§12.4 植被遥感应用实例

12.4.1 作物估产遥感研究

利用遥感技术监测农作物长势和进行大面积作物估产，是植被遥感应用的突出例子。传统的作物估产主要是单因子的产量模型，即传统的统计分析与气象因子综合估算法，如农学-气象产量预测模型、作物生长模拟模型、经验统计模型等。由于气象站点空间分布的局限性，气象气候数据难以有效反映大范围农作区内气候状况以及作物估产所必需的生长环境状况，而遥感数据能够及时提供高质量的作物长势、生长环境状况等时空信息。遥感估产则是把遥感信息作为输入变量，建立遥感估产模型。在理论上，探讨植物光合作用与作物光谱特征间的内在联系，以及作物的生物学特性与产量形成的复杂关系；在方法上，从单纯建立光谱参数与产量间的统计关系，发展到考虑作物生长的全过程，将光谱的遥感物理机理与作物生理过程统一起来，建立基于成因分析的遥感估产模型，估产精度不断提高。

1. 作物产量形成因素

遥感对作物产量形成因素的理解是综合的、宏观的、多因素的。它包括作物本身的生物学因素，以及土地、土壤、气候、农业管理等综合因素。这些因素有的是受人类控制的因子，有的是受自然条件影响的因子，必须加以分析。

1）生物学因素

生物学因素指作物本身的光谱特征、水分含量、叶绿素含量、作物的品种、类别等。作物产量的实质是绿色植物利用光能，把 CO_2 和水转化为各种碳水化合物的过程，即光合作用过程。其中，叶绿素是植物产生干物质的基础，单位面积内叶绿素含量（即叶绿素浓度）与产量直接相关。植物光谱信息能在一定程度上反映叶绿素的多寡，而水、热、气、肥等环境因素直接影响光合有效辐射（PAR）向干物质转换的效率，于是发展了相关模型，如光谱-产量模型、绿度-产量模型等，建立一些农学参数（单位面积的总茎数 SJ、有效穗数 head、叶面积指数、鲜生物量 BM、干物质重量 DM 等）与光谱植被指数（NDVI、RVI、PVI 等）间的定量关系，以实现遥感对植物生长状况的动态监测与估产。

2）水、土等环境因素

水、土等环境因素包括土壤、地形、地下水、排灌条件、土壤肥力等。它提供作物基本的生长条件如一定的酸碱度、营养物质、根系通气状况、水分供应等，是决定一个地区产量的主要和基础因素。其中部分因素是可以人为控制的。水、土等环境信息可以通过遥感信息加以识别和提取。

3）气象因素

气象因素主要指日照条件（日照强度和时数）、温度、降水量等因子，多为不可控制因素。作物必须在一定的物质供应（光合辐射、二氧化碳、水分等）和外界环境条件（热量等）下才能进行正常的生理活动。作物生长需要充分的阳光，如小麦生物产量的90％～95％来自光合作用形成的光合产物。当小麦扬花、灌浆时，若阴天多，光照不足，会影响籽粒形成。温度是作物生长发育必不可少的生存条件，是决定作物各生长阶段的关键。例如，冬小麦的生育期在南方与北方可差 1 倍以上——广东冬小麦全生育期约 136 天（11 月至翌年 3 月底），华北一带冬小麦全生育期约 260 天（9 月下旬至翌年 6 月中上旬），西藏小麦全生育期则要 340 天左右，但积温却相差无几，一般在 2000～2200℃。在作物生长过程中，只有当温度条件达到所需的指标时，才能转入下一个生长阶段。例如，冬小麦有播种、出苗、返青、起身、拔节、孕穗、抽穗、扬花、灌浆、成熟 10 个生长期。

降水量影响土壤和空气中的水分含量。作物通过根系吸收土壤中的水分，输入到蒸腾器官；在蒸腾作用过程中，又把水分失掉，保持植株内的水分收支平衡，以达到正常生长的目的。干旱缺水直接影响产量，而降水和温度可由气象卫星数据和气象台站观测的常规数据或通过一定的气象模式来推导。

实际上,光照、温度、降水的气象因素以及土壤因素决定了一个地区作物的自然生产潜力,也是进行作物估产分区的基本指标。

4)农业管理因素

农业管理因素指在当地条件下逐步形成的,具有相对稳定性,可通过逐年统计而得,如间作、轮作、一年两作以及施肥、水利条件等。

可见,遥感估产是综合以上因素的"环境遥感估产"。

2. 主要农学参数与遥感的关系

实践证明,尽管作物产量受环境因素的影响,但是产量高低最终仍集中反映在作物的穗数 S、粒数 L、千粒重 T 这三者的构成上,即单位面积产量=单位面积的 $S \cdot L \cdot T$。以冬小麦为例[105]。

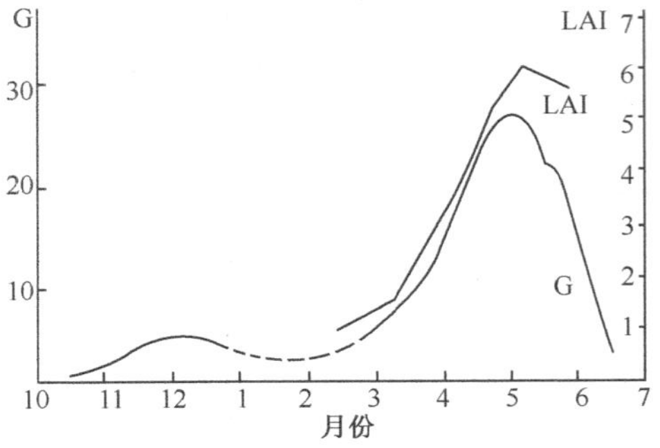

图 12.23 冬小麦绿度、叶面积指数曲线

(1) 穗数 S 决定于返青—抽穗期单位面积上有效光合作用强弱,取决于冬前的水肥条件(土壤水分含量、土壤肥力水平等)与积温(日照辐射量等)。抽穗期终结,茎苗数(穗数)方成定局。在这一生长阶段,冬小麦生长主要体现为叶面积的增长。即冬小麦在抽穗的同时,叶面积在不断地增大,最大叶面积指数 LAI_{max} 与穗数间存在线性关系。抽穗期的 PVI 与 LAI 相关性最好。图 12.23 显示返青—抽穗期(3 月初至 4 月中旬)植被指数(G)与 LAI 相关性最好,其他时段相关性不明显。PVI 反映当时单位面积上植被有效光合作用能量大小的物理量,与 LAI 存在着对数函数关系(可通过地面试验得到),再考虑相应的日积温值,便可得 LAI_{max}。因而,通过遥感数据所得的 PVI 可以估算冬小麦穗数。

(2) 粒数 L 决定于抽穗—扬花期单株光合作用的强弱。它与土壤水分含量、有效分蘖状况以及温度、湿度、土壤肥力水平、风速等有关。扬花期后,每穗粒数已定。PVI/S 表示单株冬小麦获得的平均光合作用能量。它与单位长度茎干质量成正比,而单位长度茎干质量又与每穗平均粒数呈线性关系。可见粒数也可从遥感数据中估算获得。

(3) 千粒重 T 决定于扬花—乳熟期单株光合作用的强弱及能量的转移速度。这与植株的含水量及温度、土壤含水量、干热风等有关,也可通过千粒重与 PVI/S 建立的相关关系求得。

以上分析说明,遥感估产有以下几个特点。

(1) 遥感估产需要作物生长全过程的光谱参数。由于构成产量的 3 个要素分别与作物不同生长期的植被指数 PVI 有关,因此必须掌握作物生长全过程的光谱参数才能正确估产。可见,遥感估产除用 TM 外,还离不开短时间周期 NOAA/AVHRR、MOIDS 数据。

(2) 遥感估产主要运用遥感数据中反映植物光合作用的代表波段——可见光红波段和近红外波段,它不仅抓住"光合作用"这一事物的本质,而且能给出定量分析数据——各种植被指数,它是单位面积光合作用的有效描述。同时,遥感作物估产提供作物空间分布的细节,且避开许多复杂的中间过程,如病虫害、灌溉、施肥等,而直接抓最终结果——产量。

这里,垂直植被指数(PVI)(消除或减弱了大气、土壤的干扰)更具有高度综合能力。根据

PVI 与产量构成三要素间的内在关系，可建立起包括遥感光谱参数、土壤含水量、日照、积温、叶面积指数等有关参数在内的估产方法。此外也可以建立其他植被指数（NDVI、RVI、EVI、GVI 等）与作物参数（与产量有关的作物参数——LAI、BM、DM、SJ 等）之间的相关关系，建立植被指数与作物参数及产量间的数学模型，以便实现作物长势动态遥感监测和遥感估产。

（3）遥感估产离不开地面实况的配合。遥感估产是建立遥感数据与产量构成要素间的内在联系。而这种内在联系是以地面样点试验为依据的。一方面遥感估产中遥感数据需要地面样点的定标，以建立模式；另一方面遥感估产的结果又需要地面样点的检验，所以遥感估产离不开地面实况的配合。

（4）遥感估产还需要积温值、日照时数、播种量、土壤含水量等非遥感的农学参数、气象参数的支持，所以在 GIS 支持下进行遥感与非遥感数据的综合分析是提高遥感估产精度的必要途径。

3. 大面积作物估产涉及的内容

大面积作物指一个较大区域内的某种单一作物，如小麦、玉米、水稻等。尤其是冬小麦，它的栽培日程独特，与其他众多作物不同，因而它在每个生长期的形态、光谱特征均与周围的环境背景有明显差异。这就相当于遥感影像中的“单一”作物。田块较大且形态较为规整的空间分布特征，以及作物单一、内部较为均匀的光谱分布特征，是进行遥感宏观研究的前提。

遥感大面积作物估产主要涉及三方面内容：作物识别、作物面积提取、作物长势分析。在这三方面内容综合的基础上，建立不同条件的多种估产模式，进行作物的遥感估产。

1）作物识别与作物面积提取

作物识别与作物面积提取往往是相结合进行的。其基本过程如下所述。

A. 遥感数据的采集与预处理

根据区域分布、作物类别、农事历等特点，选择空间、波谱、时间分辨率相对应的遥感图像数据。易于获得的短时间周期 NOAA/AVHRR、MODIS 数据，对监测作物全生长期的长势动态变化有明显优势，是作物估产不可缺少的信息，但其空间分辨率较低，对作物识别与面积提取不利；而陆地卫星 TM 空间分辨率高，两者的结合才更为有利。同时，它们的多光谱数据可以保证作物估产中的波谱分辨率要求。

另外，在遥感数据时相的选择上，还要注意选择不同作物最易识别或对产量最有意义的生长期。以华北冬小麦为例，9 月中下旬播种，6 月中上旬收获，其中 11 月中旬至 12 月中旬为出苗期，及 3 月上旬至 4 月上旬为返青—拔节—抽穗期，冬小麦与背景差异最大，最易识别；4 至 6 月为拔节—抽穗—扬花—灌浆期（生长期的 180～240 天），是构成产量的关键时段。

遥感数据的预处理包括辐射纠正、大气纠正、几何纠正、空间配准、加行政界线等。

B. 作物专题信息提取

人们常采用植被指数法提取作物估产所需的专题信息。例如，NDVI 与作物覆盖度关系密切，可以有效提取面积信息；RVI 反映作物长势，可以提取生物量信息；PVI 有效地滤去土壤背景及大气的干扰等。同时，运用多种图像增强处理技术，如主成分分析、穗帽变换、图像分类、混合像元分解等，进行作物专题信息提取方法的研究。

由于不同自然地理单元内，作物的生长条件（光照、温度、降水、土壤等）和生长状况（包括自然与人为因素)会有很大差异。为了提高遥感估产的准确性,人们常按照作物生长环境及作物产量的区域分异规律,进行影像的分区、分类,以尽量保证同一区域内作物生长环境的一致性,并在分区的基础上进行作物专题信息的提取。分区的方法很多,如基于先验知识(专题图、地形图、地面调查等)的遥感分区分类;基于 GIS 背景数据库的作物估产综合区划;基于多年 AVHRR/NDVI 年均值曲线空间差异的作物生长环境分区。

C. 作物面积提取

(1) 遥感数据的自动分类:利用多波段、多时相、高空间分辨率的 TM 数据,结合地面样方,进行遥感数据的自动分类(监督分类、非监督分类等);并进行碎小图斑归并及非耕地的剔除处理,最终生成分类图,获得作物信息与作物面积数。

遥感和 GIS 结合的多元复合分析是提取作物面积的又一有效方法,即在 GIS 支持下,利用 GIS 的辅助数据——DEM、水系、居民点、生态区(农区、非植被区)、土壤图等,参与遥感的自动分类,以提高自动分类的精度和效率。例如,采用"分区分层法"提取面积,对不同自然景观区(平原、丘陵、盐碱、风沙地等)、不同作物生长环境分区,分别进行分类处理,提高作物面积提取的准确性。

(2) 遥感与抽样相结合的方法:即植被指数法与种植成数估算法结合进行作物面积的监测。例如,考虑到我国地块破碎、种植结构复杂、插花种植现象明显,采用基于两个独立抽样的农作物种植面积监测技术[106],即在整群抽样理论支持下,利用高分辨率遥感图像(TM 或 CBERS 等)提取农作物总播种面积,来估算农作物种植成数(即所有作物的种植面积占耕地面积的比例);再利用样条采样框架和农情采样系统调查农作物分类成数(即某类农作物种植面积占所有作物种植面积的比例),以保证农作物种植面积的估算精度。

(3) 绿度分层技术自动提取作物面积[107]:例如,根据冬小麦生长发育特征,选择 TM 图像数据的适宜时相(11 月中旬至 12 月中旬、3 月上旬至 4 月上旬,小麦地与背景差异较大时段的图像),经 TM 数据的几何纠正、投影变换后,构建以红波段(R)、近红外波段(NIR)及差值绿度植被指数(G)的多维绿度图;采用模式识别技术,确定区分麦地/非麦地判别阈值 G_i;再分层自动提取纯麦地、套种麦地等。

(4) 高低空间分辨率遥感数据结合提取作物面积:以高空间分辨率的 TM 为主要信息源,在获取一次准确的本底面积后,在保证精度的前提下,用 MODIS、NOAA 数据(周期短、成本低、易获取,但空间分辨率低)和快视 TM 数据(QLTM——隔 16 点采样压缩而成,空间分辨率为 480m)作为辅助信息源来更新面积,以保证作物估产系统的低成本、高效率运行。

D. 精度评价

遥感作物估产采用 NOAA/AVHRR、MODIS 数据和 TM 数据的结合。一方面,这两种数据源本身空间尺度差异大,存在尺度代表性与尺度转换问题;另一方面,我国种植制度较复杂,地块较破碎,作物类别多样,且作物面积变动大、随机性强。因此,就我国国情,即使选用 TM 数据进行作物识别和面积提取,应该说大部分像元仍属混合像元,存在混合像元分解问题(参见第 10 章的相关内容)。遥感作物估产结果需要与统计数据进行线性回归分析与平差处理,以及通过地面实测数据的验证与精度评价,精度评价方法参见第 6 章的相关内容。

2) 作物长势分析

作物长势分析是一个动态过程,需要多时相遥感信息来反映植物生长过程的节律特点。

通常利用高时间分辨率的 NOAA/AVHRR、MODIS 信息对地面植被进行光谱分析，结合地面实况、作物的生物节律，建立作物长势监测模式，并发布苗情监测通报，指导农业生产。

人们常以数量化的植被指数作为评价作物生长状态的定量标准。某一时刻的植被指数(绿度)是该时刻作物长势和面积的函数。当面积相对稳定(即土地种植结构变化很小)时，植被指数的变化主要与作物长势有关，能直接建立绿度与作物长势的关系。利用年际间或多时序遥感数据生成的作物生长过程曲线的对比分析，以及差值影像的分级显示，来实时监测与评价作物生长状况，进行作物长势的等级划分，为下一步作物估产提供依据。

通过以上的作物遥感识别、作物面积提取、作物长势分析，提取了作物生长及与产量有关的参数，结合地面样地的实测数据，则可以建立起各种不同条件下多种遥感估产模型。

遥感估产模型可以通过作物光谱信息所表达的各类植被指数及推算的叶面积指数对作物长势进行监测。它综合体现了作物肥力、水分、温度等外界生长环境条件。但是，由于作物生长全过程是十分复杂的、多因子、多变化的，遥感植被指数及推算的叶面积指数主要反映某个时间段的状况，并不能反映它的全部，特别是作物后期的生长状况。因此，遥感估产往往需要非遥感的气象因子的加入(如利用实际蒸散与潜在蒸散比作为作物缺水的气象干旱指标等)，生成遥感-气象综合估产模型；或生成描述作物生理过程与作物干物质积累关系的半经验模型；还可以在一定理论假设条件下，利用作物生长过程的观测资料和环境气象资料，构建作物生长过程和生态过程结合的物理模型，来模拟作物生长发育的基本生理过程——光合作用、呼吸作用、蒸腾作用、干物质转移与分配等，最终模拟作物产量的形成和累积等。

在作物遥感估产中，由于区域环境因素复杂多变，往往需要对所建立的估产模型进行区域订正。区域订正内容如下所述。

(1) 农学参数的修正，即考虑到各种农学参数均与特定时间段的温度与水肥条件有关。例如，穗数 S 与冬前的水肥条件及返青—抽穗期的土壤水肥条件、积温、叶面积指数、分蘖强度等有关；粒数 L 与小麦抽穗—扬花期的气温、湿度、土壤水肥条件、风速等有关；千粒重 T 与小麦扬花—乳熟期的气温、土壤水分、日照、干热风等有关。根据各农学参数的主要影响因素分别加以修正，得 S'、L'、T'。

(2) 总绿度值的校正，即通过地面调查或大比例尺土地利用图扣除混合像元中非作物因素(如树、草、菜等)对绿度值产生的误差。

(3) 绿度值用积温校正，即为了消除因不同生育期而产生的绿度误差，需要将不同时段的绿度值校正到同一生长期，以利于对比分析。作物的生长期主要受积温控制。它决定了植株的生长速度和各发育阶段的起止时间与进程，也就是说小麦全生育期的积温分配基本上是固定不变的。只有积温达到一定指标才能转入下一个生育期。因此用积温值来校正因生育期不同而造成的绿度误差。

(4) 农业管理方面的区域订正。生产措施、种植方式等不同，如有的早春重施肥水，苗旺，但产量并非高，而有的春季施肥 2 次，后劲足、产量高等，造成的区域差异需要订正。绿度订正值用 ΔG 表示，$\Delta G=\overline{G}-G$，其中 $\overline{G}$ 为几个生长时段绿度的区域平均值，G 为当前值。

此外，由于南方水稻品种复杂，田块小而不规则，生长期较短(一般 100 天左右)，且与其他作物生长期重叠，易于混淆。人们一方面系统研究水稻的地面光谱特征，研究遥感估产的农学机理，结合水稻生长发育和产量形成的基本规律，揭示出遥感信息与水稻产量有密切关系的农学参数之间的相关性，建立光谱参数与水稻长势、产量结构的关系模式及诊断指标，为遥感水稻监测与估产提供理论依据。另一方面在水稻面积提取方法上，结合水稻自身的特点，采用以水稻土分布为框架的分层分类法或混合像元定向分解技术等方法提取水稻信息。遥感估产精度可达85%以上。同时开展了SAR图像水稻、棉花识别和面积测算研究，建立各个时相微波后向散射系数与作物产量之间的相关模型，以解决我国多云地区的遥感估产问题等。

目前，我国"农作物遥感估产系统"(农业部)已具有对全国冬小麦、春小麦、早稻、晚稻、双季稻、玉米、大豆等农作物的估产及长势监测能力，每10天提供一次作物长势监测结果，在作物收割前2～4周提供作物播种面积和总产数据。除了应用气象卫星建立农学、气象、遥感三种估产模型及利用高分辨率卫星数据进行播种面积的群体抽样外，还建立了农作物采样系统。中国农情遥感速报系统(中国科学院)[106]包括作物长势监测、主要作物产量预测、粮食产量预测、时空结构监测和粮食供需平衡预警等5个子系统，为及时了解农情及国家粮食宏观调控决策提供科学参考。

12.4.2 遥感与生态系统模型的耦合

生态系统过程模型(简称生态系统模型，ecosystem models，EM)能描述重要的生态过程和变量，如植物生长、土壤水分收支平衡等。但是，由于生态系统过程发生在不同时空尺度上，受许多复杂因素制约，对它的模拟需要大量的输入参数以及对一些复杂过程的必要简化，而常规途径难以提供模型所需的大量参数、初始状态、空间分布，因而在一定程度限制了它的有效应用。卫星遥感的时空优势，使遥感数据、遥感模型与生态系统模型耦合，构建遥感生态系统链接模型，成为当今的研究方向。人们利用遥感时空信息来修正模型参数、优化生态模型。

1. 遥感草地生态系统链接模型

草地在地球上覆盖一定的面积，而且在全球碳循环中起着重要的作用。据估计，大部分草地碳存储在土壤中，而这一部分的碳存储量估计占全球土壤碳的10%～30%。

1) 草地生态系统模型

以撒哈拉草地生态系统模型STEP为例[108]，STEP模型描述土壤-植被-大气系统过程，用以模拟植被生长和土壤水动力的相关过程，以及地上生物量的变化(以天为周期、区域尺度)。模型可分为：①植物生长模型，包括光合作用模型(涉及PAR、ε、LAI、f、冠层高度h、叶水势ψ、温度T等参数)、呼吸作用模型(涉及C、BI等参数)、衰老模型(涉及衰老率等参数)、枯叶产出和分解；②水分收支平衡模型，包括土壤水迁移(涉及降雨、地形、土壤质地、结构、植被覆盖度等参数)、裸土蒸发、植被蒸散。这些子模型多采用常规的生态学方法，需要输入许多参数。其中一些参数可以通过遥感定量反演获得，如热红外遥感数据用于水、碳储量预算；用植被指数NDVI估测总的光合能量PAR；可见光-近红外反射模型与微波模型耦合来反演冠层结构参数(植被盖度f、叶面积指数LAI、冠层高度h等)，或通过生物量与冠层结构参数之间的关系来反演物理模型所需的基本结构参数；或运用数据直接提取相关参数及其变化等。

2) 景观反射模型

冠层反射是一个植物、土壤、阴影反射的合成。在干旱-半干旱地区，草本冠层不高，阴影可忽略;则冠层反射可看作土壤和植被这两种独立成分的反射以它们各自的覆盖度为权重的加权和。植冠一般由新叶、老叶、枯叶混杂而成,其中绿叶和枯叶光学特性相反,可作为两个独立组分;凋落物和土壤混杂在一起,可看成土壤的一部分。则在整个生长期内对给定的波段和时间的景观反射率 R 可表达为

$$R=f_{VD}\cdot R_D+f_{VG}\cdot R_G+(1-f_{VD}-f_{VG})\cdot R_S \tag{12.51}$$

式中:D、G、S 分别代表枯叶、绿叶、土壤。

景观反射模型基于现有的土壤和冠层反射模型,可分为:①土壤反射模型(SOILSPECT 模型),用以模拟土壤的光谱和二向反射特征。②绿、枯植被冠层反射模型(SAIL 模型),用以描述植冠的参变量(LAI、LAD、叶子的光学特征等),其中绿、枯植被组分的反射率通过 LAI/f 来估算;LAD 可以球形随机分布方式模拟(在缺少大量信息的情况下);通过 PROSPECT 模型来测定叶的光学特征;SAIL 模型对作物冠层二向反射的估测较好,且模型所需的参数能与生态系统模拟的植被结构变量很好地协调。③大气纠正模型,通过简单的辐射传输模型对大气的影响进行纠正。

3) 景观反射模型与草地生态系统模型的结合[109]

这里生态系统模型(STEP 模型)可模拟出区域内目标植被结构变量——f_V(绿、枯),LAI、裸土百分比;并为景观反射模型提供如植被覆盖、叶面积指数等输入变量,来描述植被的现状。遥感数据可用以驱动 STEP 模型或控制它的模拟。例如,STEP 模型所需的日降雨量,可用遥感数据——全球气象卫星获得时间间隔小于 10 天的降雨量来替代。同时,景观反射模型可用以计算出景观反射和大气层顶的反射值(VIS-NIR 波段),将模拟结果与从卫星(NOAA)获得的数据进行比较,测定出不同组分对卫星信号的贡献,并模拟出植被指数,进而估算 PAR、ε,并反演植被参数 LAI、NPP,模拟地上生物量的动态变化等。图 12.24 显示生态系统模型与景观反射模型结合的遥感草地生态系统链接模型框架。

2. 遥感森林生态系统链接模型

森林生态系统通过对碳循环、氮循环、水循环、能量平衡的调节影响着整个生物圈的动态变化。将森林生态系统动态模型与野外观测、遥感数据分析、地理信息系统(GIS)相结合,可用于模拟森林动态、预测森林生长状况,并探讨森林对全球环境变化的响应。这里以遥感与森林动态模型耦合来研究森林动态为例加以说明[110]。

1) 遥感图像产品——森林类型图和生物量图

森林类型图:选用不同时相、4 个极化方式、3 个波段(C、L、P)的机载合成孔径雷达(AIRSAR)图像数据,空间分辨率 8.3m。经图像配准,并通过森林覆盖图、航空像片、野外观测,在 SAR 影像上选择各类型的训练区,进行遥感监督分类,生成森林类型图,共分出水体、沼泽、湿地、草地、采伐迹地、再生林、混交林、阔叶林和针叶林等 9 种土地覆盖类型,将森林类型图存入 GIS。

生物量图:研究表明,对于不同森林群落,其生物量与雷达后向散射系数有较好的相关性,其中 HV 极化的 P 波段与 C 波段的结合对总的地上生物量较为敏感。通过野外不同林种生物量测量,建立生物量与 AIRSAR 遥感数据之间的线性回归方程,以估算生物量,生成地上生物量图,将生物量图存入 GIS 。

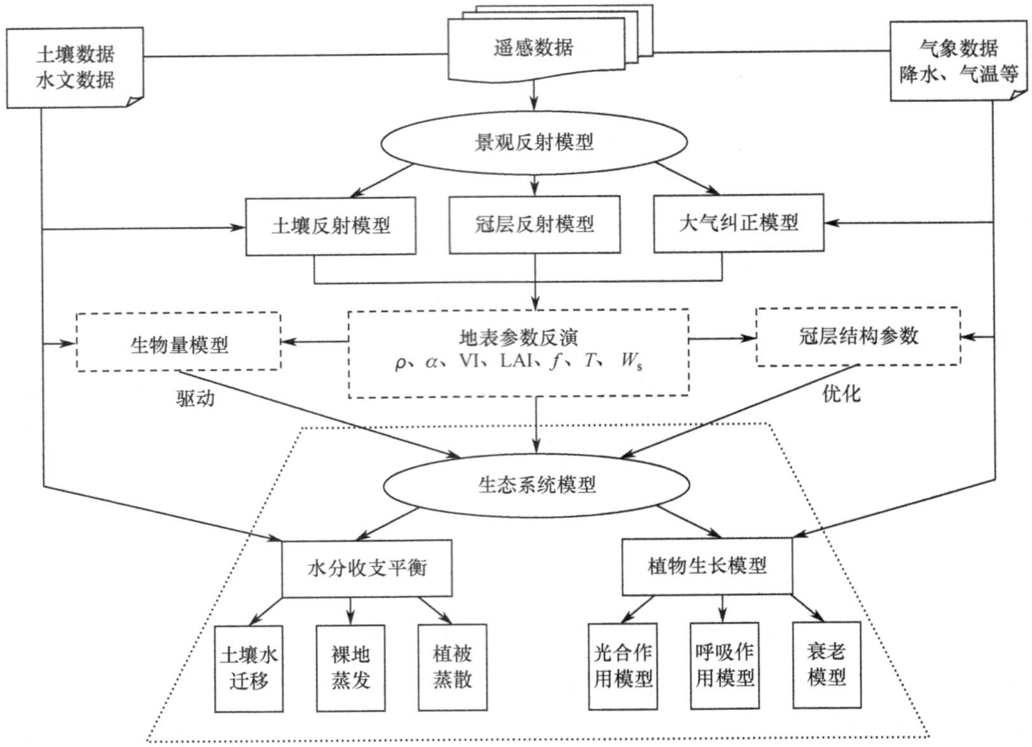

图 12.24 遥感生态系统链接模型——生态系统模型+景观反射模型

2) 森林动态模型与土壤物理模型的耦合

考虑土壤湿度是决定森林类型结构的主要因子，将森林动态模型(ZELIG)与土壤物理模型(FrosT)耦合，用以模拟森林动态。

森林动态模型(ZELIG)能定量预测与森林种类、结构相关的演替模式，也可显示特定土壤中可能生长的森林类型，这些信息可提高遥感影像的分类。

土壤物理模型(FrosT)模拟森林下的土壤系统，目的是了解土壤中以及土壤与森林环境间的相互控制与反馈，这包括土壤中的物理、生物、化学、矿物特性与机制在短、中、长时间尺度上的变化。

ZELIG 和 FrosT 模型耦合到森林生态系统动态模拟环境中，在 GIS 平台的支持下，模型之间可相互查询、支持变量传输等。

3) 遥感森林生态系统链接模型模拟森林动态

在 GIS 支持下，把遥感的森林类型图和生物量图上的单个像元以及土壤类型图与森林动态模型模拟结果比较，确定像元代表的森林林龄。这些林龄和森林状况用作模型的初始条件。链接模型的运行需要输入立地参数(土地肥力、月均温、月降水)和个体生物学参数(树高、最大直径等)，这些参数可从经验资料和文献中得到；模型执行还需要 FrosT 模型派生出的地下水位深度和土壤含水量，以及土壤图中的一些参数；模型运行所需的林龄参数可通过已知的土壤类型、森林类型和生物量估算，也可通过野外调查获得。最终，模型模拟了 10 种土壤类型条件下，0～500 年每 5 年间隔的森林演替，包括森林类型、林高、森林郁闭度、生物量等。通过 GIS

把遥感生成的森林类型图、生物量图以及土壤类型图中的属性知识等辅助资料一起作为森林动态模型的输入参数，并验证森林动态模型模拟结果。结果表明，遥感与森林生态系统模型链接，不仅能提高遥感森林分类精度（森林的识别准确率达 100%，森林类型中针叶林识别率 94%，阔叶林 86.5%，混交林 84%），生物量估计与野外观测结果也基本一致（呈线性关系）；而且可以模拟、评价森林动态，即一段时间里内森林类型和生物量的变化。

参考文献

[1] Campbell J B. Introduction to Remote Sensing . New York:Guilford Press,1987.

[2] 李小文，王锦地. 植被光学遥感模型与植被结构参数化. 北京:科学出版社，1995.

[3] Ceccato P,Gobron N,Flasse S,et al. Designing a spectral index to estimate vegetation water content from remote sensing data: Part 1: Theoretical approach. Remote Sensing of Environ,2002,82(2-3): 188-197.

[4] Zarco-Tejada P J,Pushnik J C, Dobrowski S,et al. Steady-state chlorophyll a fluorescence detection from canopy derivative reflectance and double-peak red-edge effects. Remote Sensing of Environ,2003,84 (2): 283-294.

[5] 刘良云，张永江，王纪华，等. 利用夫琅和费暗线探测自然光条件下的植被光合作用荧光研究 . 遥感学报，2006，10(1): 147-154.

[6] Jackson R D. Canopy temperature and crop water stress,Irrigation Science,1984,5:43-80.

[7] Boochs F. Shape of the red edge as vitality indicator for plants. J. Remote Sens,1990,11(10):1741-1753.

[8] Curran P J. Remote sensing of foliar chemistry. Remote Sensing of Environ,1989,30: 271-278.

[9] Lillesand T M, Kiefer R W. Remote sensing and image interpretation (3rd). New York: John Wiley & Sons,Inc,1994.

[10] Jensen J R. Introductory Digital Image Processing : A Remote Sensing Perspective (2nd),Englewood Cliffs,N. J. :Prentice-Hall,1996.

[11] 徐希孺. 遥感物理. 北京:北京大学出版社，2005.

[12] 万华伟. 融合多源遥感数据反演地表参数的方法研究. 北京师范大学博士学位论文，2007.

[13] Gallo K,Ji L,Reed B,et al. Multi-platform Comparisons of MODIS and AVHRR normalized difference vegetation index data. Remote Sensing of Environ,2005,99:221-231.

[14] 陈述彭，赵英时. 遥感地学分析(修订本). 台北:中国文化大学出版部，1992.

[15] Yoshioka H,Miura T,Huete A R,et al. Analysis of vegetation isolines in Red-NIR reflectance space. Remote Sensing of Environ,2000,74(2): 313-326.

[16] 刘玉洁，杨忠东，等. MODIS 遥感信息处理原理与算法. 北京:科学出版社，2001.

[17] 张仁华. 定量热红外遥感模型及地面实验基础. 北京:科学出版社，2009.

[18] Huete A R. A Soil-adjusted vegetation indix (SAVI). Remote Sens Environ,1988,25:295-309.

[19] Baret F. Guyot G, Major D. TSAVI: a vegetation index which minimizes soil brightness effects on LAI and APAR estimation,in 12th Canadian Symp. on Remote Sensing and IGARSS'90,Vanconver Canada,July,1989,10-14 .

[20] Baret F,Guyot G. Potentials and limits of vegetation indices for LAI and APAR assessment. Remote Sensing of Environ,1991,35 :161-173.

[21] Major D T,Baret F,Guyot G. A ratio vegetation index adjusted for soil brighness. Int J Remote Sens,1990,11:727-740.

[22] Qi J,Chehbouni A,Huete A R,et al. A modified soil adjusted vegetation index. Remote Sensing of Environ,1994,48: 119-126.

[23] Slater P N,Jackson R D. Atmospheric effects on radiation reflected from soil and vegetation as measured by orbital sensors using various scanning directions. Applied Optics,1982,21:3923.

[24] Rahman H. Influence of atmospheric correction on the estimation of biophysical parameters of crop canopy using satellite remote sensing. Int J Remote Sens ,2001,22(7): 1245-1268 .

[25] Gao B C,Li R R. Quantitative improvement in the estimates of NDVI values from remotely sensed data by correcting thin cirrus scattering effects. Remote Sensing of Environ,2000,74(3): 494-502 .

[26] Chappell A,Seaquist J W,Eklundh L. Improving the estimation of noise from NOAA AVHRR NDVI for Africa using geostatistics. int J Remote Sens ,2001,22(6): 1067-1080.

[27] Kaufman Y J, Janre D. Atmospherically resistant vegetation index (ARVI) for EOS-MODIS. IEEE Trans Geosci Remote Sens, 1992, 30(2): 261-270.
[28] Haboudane D, Miller J R, Pattey E, et al. Hyperspectral vegetation indices and novel algorithms for predicting green LAI of crop canopies: modeling and validation in the context of precision agriculture. Remote Sensing of Environ, 2004, 90: 337-352.
[29] Myneni R B, Asrar G. Atmospheric effects and spectral vegetation indices. Remote Sens Environ, 1993, 17: 390-402.
[30] Pinty B, Verstraete M M. GEMI: a nonlinear index to monitor global vegetation from satelites. Vegetation, 1992, 101: 15-20.
[31] Huete A, Justice C, Liu H. Development of vegetation and soil indices for MODIS-EOS. Remote Sensing of Environ, 1994, 49: 224-234.
[32] Liu H Q, Huete A R. A feedback based modification of the NDVI to minimize canopy background and atmospheric noise. IEEE Trans. Geosci Remote Sens, 1995, 33: 457-465.
[33] Huete A, Didan K, Miura L. et al.. Overview of the radiometric and biophysical performance of the MODIS vegetation indices. Remote Sensing of Environ, 2002, 83: 195-213.
[34] Kauth R J, Thomas G S. The Tasseled cap-A Graphic Description of the Spectral-Temporal Development of Agricultural Crops as Seen by Landsat. *In*: Proceedings of Symposium on Machine Processing of Remotely Sensed Data. West Lafayette, IN Laboratory for Application of Remote Sensing, 1976: 41-51.
[35] Richardson A J, Wiegand C L. Distinguishing vegetation from soil background information. Phote Engin & R emote Sens, 1977, 43(12): 1541-1552.
[36] Roujean J L, Breon F M. Estimating PAR absorbed by vegetation from bidirectional reflectance measurements. Remote Sensing of Environ, 1995, 51: 375-384 .
[37] Clevers J G P W, et al. A framework for monitoring crop growth by combining directional and spectral remote sensing information. Remote Sensing of Environ, 1994, 50: 161-170.
[38] Miller J R, Hare E V, Wu J. Quantitative characterization of the vegetation red edge reflectance. International Journal of Remote Sensing, 1990, 11: 1755-1773.
[39] Shi J C, Jackson T, Tao J, et al. Microwave vegetation indices for short vegetation covers from satellite passive microwave sensor AMSR-E. Remote Sensing of Environ, 2008, 112: 4285-4300.
[40] Chen K S , Wu T D, Tsang L, et al. The emission of rough surfaces calculated by the integral equation method with a comparison to a three-dimensional moment method simulations. IEEE Transactions on Geoscience and Remote Sensing, 2003, 41(1): 90-101.
[41] 肖钛，寇有观. 物候与遥感解译. 遥感信息，1987, 3: 14-17.
[42] Toshihiro S, Masayuki Y, Hitoshi T, et al. A crop phenology detection method using time-series MODIS data. Remote Sensing of Environ, 2005, 96: 366-374.
[43] Zhang X Y, Friedl M A, Schaaf C B, et al. Monitoring vegetation phenology using MODIS, Remote Sensing of Environment, 2003, 84: 471-475.
[44] Combal B, Baret F, Weiss M, et al. Retrieval of canopy biophysical variables from bidirectional reflectance: using prior information to solve the ill-posed inverse problem. Remote Sensing of Environ, 2003, 84 (2): 1-15.
[45] Boegh E, Soegaard H, Broge N, et al.. Airborne multispectral data for quantifying leaf area index, nitrogen concentration, and photosynthetic efficiency in agriculture. Remote Sensing of Environ, 2002, 81(2-3): 179-193.
[46] Price J C. Estimating leaf area index from satellite data. IEEE Trams, Geosci Remote Sens, 1993, 31: 727-734.
[47] Lymburner L, Paul J B, et al. Estimation of canopy-average surface-specific leaf area using landsat TM data. Photo Engin & R S, 2000 , 66(2): 183-191.
[48] Leonard B, Chen J M, et al. A shortwave infrared modification to the simple ratio for LAI retrieval in boreal forests-an image and model analysis. Remote Sensing of Environ, 2000, 71(1): 16-25.
[49] Broge N H, Leblanc E. Comparing prediction power and stability of broadband and hyperspectral vegetation indices for estimation of green leaf area index and canopy chlorophyll density. Remote Sensing of Environ, 2000, 76(2): 156-172.
[50] Kuusk A. A two-layer canopy reflectance model. Journal of Quantitative Spectroscopy & Radiative Transfer, 2001,

71：1-9.

[51] 冯晓明，赵英时. 半干旱草场的多角度多波段反射率遥感模型. 遥感学报，2005，9(4)：337-342.

[52] Zhang N，Zhao Y S. Estimating leaf area index by inversion of reflectance model for semiarid natural grasslands. Science in China (Series D Earth Sciences)，2009，52(1)：66-84.

[53] Myneni R B，Hoffmans S，et al. Global products of vegetation leaf area and fraction absorbed PAR from year one of MODIS data. Remote Sensing of Environment ，2002，83(1)：214-231.

[54] 王东伟. 遥感数据与作物生长模型同化方法及其应用研究 . 北京师范大学博士学位论文，2008.

[55] Liang S，Fang H，Monisha K，et al. Estimation and validation of land surface broadband albedos and leaf area index from EO-1 ALI data. IEEE Trans Geosci Remote Sens，2003，41(6)：1260-1267.

[56] Peddle D R，Brunke S P，Hall E G. A comparison of spectral mixture analysis and ten vegetation indices for estimating boreal forest biophysical information from Airborne Data. Canadian Journal of Remote Sensing，2001，27(6)：627-635.

[57] 王艳荣. 内蒙古草原植被近地面反射波谱特征与地上生物量相关关系的研究 . 植物生态学报，2004，28(2)：178-185.

[58] Anderson G L，et al. Evaluating landsat thematic mapper derived vegetation indices for estimating above-ground biomass on semiarid rangelands. Remote Sens Environ，1993，45：165-175.

[59] Moleele N，Ringrose S，Arnberg W，et al. Assessment of vegetation indexes useful for browse (forage) prediction in semi-arid rangeland. Int J Remote Sens，2001，22(5)：741-756.

[60] Dabrowska-Zielinska K，Kogan F，Ciolkosz A，et al. Modelling of crop growth conditions and crop yield in Poland using AVHRR-based indices，International Journal of Remote Sensing，2002，23(6)：1109-1123.

[61] 肖乾广，陈维英. 用 NOAA 气象卫星的 AVHRR 遥感资料估算中国的净第一性生产力，植物学报，英文版，1996，38：35-39.

[62] 刘岩，赵英时，冯晓明. 半干旱草地净第一生产力遥感模型 . 中国科学院研究生院学报，2006，23(5)：620-627.

[63] 李世华. 基于数据-模型融合方法植被初级生产力遥感监测研究 . 中国科学院遥感应用研究所博士学位论文，2007.

[64] Raich J W，Rastetter E B，Melillo J M，et al. Potential net primary productivity in South America：application of a global model. Ecological Applications，1991，1：399-429.

[65] Chen J M，Liu J，Leblanc S G，et al. Multi-angular optical remote sensing for assessing vegetation structure and carbon absorption，Remote Sensing of Environment，2003，84：516-525.

[66] Norman J M. Scaling processed between leaf and canopy levels. In：Ehleringer J R，Field C B. Scaling physiological processes：leaf to globe ：41-76. San Diego：Academic Press，1993.

[67] Zhang N，Zhao Y S，Yu G R. Simulated annual carbon fluxes of grassland ecosystems in extremely arid conditions. Ecological Research，Japan，2009，24：185-206.

[68] 冯险峰，刘高焕，陈述彭，等. 陆地生态系统 NPP 过程模型研究综述 . 自然资源学报，2004，19(3)：369-378.

[69] Zhou X，Zhao Y S，Liang W G. Estimating the net primary productivity of grassland in Poyang lake wetland with a modified atmosphere-vegetation interaction model. International Journal of Geoinformatics，2009，5(2)：75-83.

[70] Gao X，Alfredo R H，Ni W G，et al. Optical-biophysical relationships of vegetation spectra without background contamination. Remote Sensing of Environ，2000，74(3)：609-620.

[71] 张佳华，张国平，王培娟，等. 植被与生态遥感. 北京：科学出版社，2010.

[72] 牛铮，陈永华，隋洪智，等. 叶片化学组分成像光谱遥感探测机理分析. 遥感学报，2000，4 (2)：125-130.

[73] 颜春燕，刘强，牛铮，等. 植物生化组分的遥感反演方法研究. 遥感学报，2004，8(4)：300-308.

[74] 施润和. 高光谱数据定量反演植物生化组分研究. 中国科学院地理科学与资源研究所博士学位论文，2006.

[75] Serrano L，Penuelas J，Ustin S L. Remote sensing of nitrogen and lignin in Mediterranean vegetation from AVIRIS data：decomposing biochemical from structural signals. Remote sensing of Environ，2002，81：355-364.

[76] Daughtry C S T，Walthall C L，Kim M S，et al. Estimating corn leaf chlorophyll concentration from leaf and canopy reflectance. Remote Sensing of Environ，2000，74(2)：229-239.

[77] 王纪华，赵春江，黄文江，等. 农业定量遥感基础与应用. 北京：科学出版社，2008.

[78] Demarez V，Gastellu-Etchegorry J P. A modeling approach for studying forest chlorophyll content . Remote Sensing of Environ，2000，71(1)：226-238.

[79] Kim M S，Daughtry C S T，Chappelle E W，et al. The use of high spectral resolution bands for estimating Absorbed Photosynthetically Active Radiation (APAR). *In*：Proc. ISPRS'94 Val d'Isere，France (pp. 299-306) .

[80] Gitelson A A, Merzlyak M N, Lichtenthaler H K. Detection of red edge position and chlorophyll content by reflectance measurements near 700nm. Journal of Plant Physiology, 1996, 148: 501-508.

[81] Ben-dor E, Kruse F A. Surface mineral mapping of Makhtesh Ramon, Negev, Israel using GER 63 Channel scanner data. International Journal of Remote Sensing, 1995, 16, 3529-3553.

[82] 袁金国. 基于多源遥感数据的植被生化参数提取研究. 中国科学院遥感应用研究所博士学位论文, 2008.

[83] Sims D A, Gamon J A. Relationships between leaf pigment content and spectral reflectance across a wide range of species, leaf structures and developmental stages. Remote Sensing of Environ, 2002, 81: 337-354.

[84] Gupta R K, Vijayan D, Prasad T S. New hyperspectral vegetation characterization paramenters. Adv Space Res, 2001, 28(1): 201-206.

[85] Dash J, Curran P J. The MERIS terrestrial chlorophyll index. International Journal of Remote Sensing, 2004, 25: 5403-5413.

[86] Gitelson A A, Vina A, Ciganda V, et al. Remote estimation of canopy chlorophyll content in crops. Geophysical Research, 2005, doi: 10. 1029/2005GL022688.

[87] Wu C Y, Niu Z, Tang Q. et al. Estimating chlorophyll content from hyperspectral vegetation indices: modeling and validation. Agricultural and Forest Meteorology, 2008, 148: 1230-1241.

[88] Aber J D, Federer C A. A generalized, lumped-parameter model of photosynthesis. evapotranspiration and net primary production in temperate and boreal forest ecosystems. Oecologia, 1992, 92: 463-474.

[89] Fernandez S, Vidal D, Simon E, et al. Radiometric characteristics of Triticum aestivum cv. Astral under water and nitrogen stress. International Journal of Remote Sensing, 1994, 15(9): 1867-1884.

[90] 薛利红, 罗卫红, 曹卫星, 等. 作物水分和氮素光谱诊断研究进展. 遥感学报, 2003, 7(1): 73-80.

[91] Kokaly R F. Investigating a physical basis for spectroscopic estimates of leaf nitrogen concentration. Remote Sensing of Environ, 2001, 75(2): 153-161.

[92] 王纪华, 黄文江, 赵春江, 等, 利用光谱反射率估算叶片生化组分和籽粒品质指标研究. 遥感学报, 2003, 7(4): 277-284.

[93] Kokaly R F, Clark R N. Spectroscopic determination of leaf biochemistry using band-depth analysis of absorption features and stepwise multiple linear regression. RemoteSens Environ, 1999, 67: 267-287.

[94] Zarco-Tejada P J, Rueda C A, Ustin S L. Water content estimation in vegetation with MODIS reflectance data and model inversion methods. Remote Sensing of Environ, 2003, 85(1): 109-124.

[95] Ceccto P, Flasse S, Gregoire J M, et al. Designing a spectral index to estimate vegetation water content from remote sensing data: Part 2. Validation and applications. Remote Sensing of Environ, 2002, 82(2-3): 198-207.

[96] 刘良云, 王纪华, 张永江, 等. 叶片辐射等效水厚度计算与叶片水分定量反演研究. 遥感学报, 2007, 11(3): 289-295.

[97] Chen D Y, Huang J F. Vegetation water content estimation for corn and soybeans using spectral indices derived from MODIS near-and short-wave infrared bands. Remote Sens. Environ, 2005, 98(2-3): 225-236.

[98] Di L, Rundquist D C, Han L. Modelling Relationships between NDVI and Precipitation during Vegetative growth cycles. Int J Remote Sens, 1994, 15(10): 2121-2136.

[99] Kogan F. Remote sensing of weather impacts on vegetation in non-homogeneous areas. Int J Remote Sens, 1990, 11: 1405-1419.

[100] Gallo K P, et al. The use of NOAA AVHRR data for assessment of the urban\heat island effect. J Appl Meteorol, 1993, 32: 899-908.

[101] Yang L M, et al. An analysis of relationships among climate forcing and time-integrated NDVI of grasslands over the U. S. northern and central great plains. Remote Sens Environ, 1998, 65: 25-37.

[102] Kawashima S. Relation between vegetation, surface temperature, and surface composition in the Tokyo region during winter. Remote Sens Environ, 1994, 50: 52-60.

[103] Salinas-Zavala C A, Douglas A V, Diaz H F. Interannual variability of NDVI in northwest Mexico associated climatic mechanisms and ecological implications. Remote Sensing of Environ, 2002, 82 (2-3): 417-430.

[104] Cihlar J, et al. Relation between the normalized difference vegetation index and ecological variables, Remote Sensing of Environ, 1991, 35(1): 279-298.

[105] 徐希孺, 朱晓红. 冬小麦遥感估产模型. 见: 环境监测与作物估产论文集. 北京: 北京大学出版社, 1990.

[106] 吴炳方. 中国农情遥感速报系统. 遥感学报,2004,8(6):481-497.
[107] 王乃斌. 中国小麦遥感动态监测与估产. 北京:中国科学技术出版社,1996.
[108] Mougin E, Seen D L, Rambal S, et al. A regional sahelian grassland model to be coupled with mulitspectral satellite data. I: Model Description and Validation. Remote Sensing of Environ, 1995, 52: 181-193.
[109] Seen D L, Mougin E, Rambal S, et al. A reagional sahelian grassland model to be coupled with mulitspectral satellite data. II: Toward the Contral of Its Simulations by Remotely Sensed Indices. Remote Sens Environ, 1995, 52: 194-206.
[110] Ranson K J, Sun G, Knox R G, et al. Northern forest ecosystem dynamics using coupled models and remote sensing. Remote Sens Environ, 2001, 75: 291-3C2.

第 13 章　水体与海洋遥感

地球表面开放水体约占全球面积的 74%，其中海洋面积最大，约占 95%，约占水体体积的 97%。淡水中，有约 77%以固态形式分布在南、北极冰盖和山区冰川；人类可利用的主要水资源包括地下水在内的河流和湖泊等，仅占地球水体面积的 0.4%，占水体体积的0.7%。表 13.1显示了地球开放水体各部分所占的面积和体积百分比。图 13.1 说明全球水循环过程(包括固态、液态、气态形式的水)。大气降水、降雪到达地面，部分转为地表、地下径流水，流入海洋，并蒸发返回大气；部分被植物、土壤吸收，并蒸发、蒸腾返回大气；大气层的水——凝聚为云和大气中的水汽，构成全球水循环。

表 13.1　地球水体的组成[1]

地球的水体	占水体面积%	占水体体积%
海　　洋	94.90	97.1
固定的冰盖和冰川	4.69	2.13
地　下　水	—	0.68
河流和湖泊	0.40	0.02
地球大气层	—	0.001

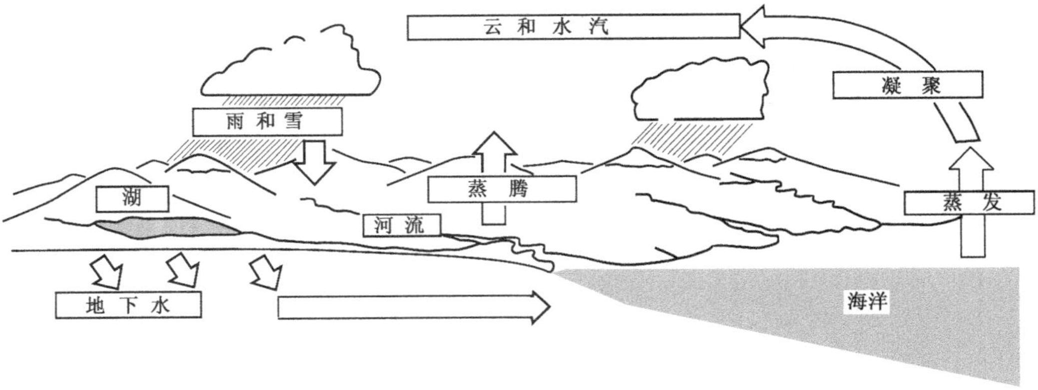

图 13.1　全球水循环过程示意[1]

水循环是联系地球系统地圈-生物圈-大气圈的纽带。水循环与地表过程——气候、生态、环境变化及人类生存活动等息息相关。水又是研究地表物质能量交换的重要载体和关键因子。光学遥感研究水体主要是通过水的光谱反射辐射特征(反射率、辐射温度，或遥感专题指数)与准同步实测的各种水体参数(叶绿素含量、悬浮泥沙浓度、水深、水温等)的关系，建立一系列相关模型来提取或反演水体参数；而微波遥感则是建立水体微波辐射、散射特征(亮度温度、后向散射系数)与准同步实测的水面温度、含盐量、水面形态等水体参数之间的定量关系模型，以实现对水面温度、海洋渔业、水面风浪等现象的监测与预报。

§13.1 水体遥感原理

13.1.1 电磁波与水体的相互作用

在第1章中介绍了电磁波与地表的相互作用，水体是地球表面的主要组成部分，电磁波与水体的相互作用同样经历了反射、散射、吸收、透射过程。

图13.2反映了电磁波与水体相互作用的辐射传输过程。从图中可见，到达水面的入射光——包括太阳直射光和天空散射光（天空光），其中约3.5%被水面直接反射返回大气，形成水面散射光 L_S。这种水面反射辐射带有少量水体本身的信息，它的强度与水面性质有关，如表面粗糙度、水面浮游生物、水面冰层、泡沫带等；其余的光经折射、透射进入水中，大部分被水分子吸收和散射，以及被水中悬浮物质、浮游生物等散射、反射、衍射形成水中散射光（体辐射），它的强度与水的混浊度相关，即与悬浮粒子的浓度和大小有关（随粒径相对于光辐射波长的大小，可以产生瑞利和米氏不同的散射），水体混浊度越大，水下散射光越强，两者呈正相关；衰减后的水中散射光的向下部分，在水深不大的前提下，可到达水体底部（固体物质）形成水底部反射光 L_B，它的强度与水深呈负相关，且随着水体混浊度的增大而减小，能反映水底的相关信息。水中散射光的向上部分 L_V 及水底反射光 L_B 共同组成水中光或称离水反射辐射 L_W。因此，空中遥感器所接收的总辐射亮度 $L(\lambda)$，可表示为

$$L(\lambda)=\tau[L_S(\lambda)+L_V(\lambda)+L_B(\lambda)+L_P(\lambda)] \tag{13.1}$$

式中：$L_S(\lambda)$ 为水面对太阳直射光及天空光（大气散射光的向下部分）的水面反射光；$L_V(\lambda)$ 为水中散射光的向上部分；$L_B(\lambda)$ 为水底反射光；$L_P(\lambda)$ 为大气散射光的向上部分（又称程辐射）；τ 为大气透过率，L_P 与 τ 均可通过大气校正模型获得。它们都是波长、高度、入射角、观测角的函数，以下的表述中将省略波长 λ。式(13.1)中前三部分包含有水的信息，因而可以通过高空遥感手段探测离水反射辐亮度（$L_W=L_V+L_B$）和水面反射光（L_S），获得水色、水温、水面形态等信息，并由此推测有关浮游生物、混浊水、污水等的质量和数量以及水面风、浪等有关信息。这是水色遥感的基础。但遗憾的是，即使在晴天（大气能见度超过23km）的条件下对蓝绿波段而言，L_W 也仅占遥感器所测得的总辐射亮度 L 的不到10%；而 L_P 代表太阳辐射经大气层中的大气分子和气溶胶散射而进入遥感器的能量（不含任何水的信息），占总辐射亮度 L 的90%以上[2]。可见，要在这些弱信息中进行水色遥感研究的难度，同时也说明水色遥感研究必须首先进行大气效应的纠正。为了方便起见，以下的论述以已进行过大气纠正为前提。

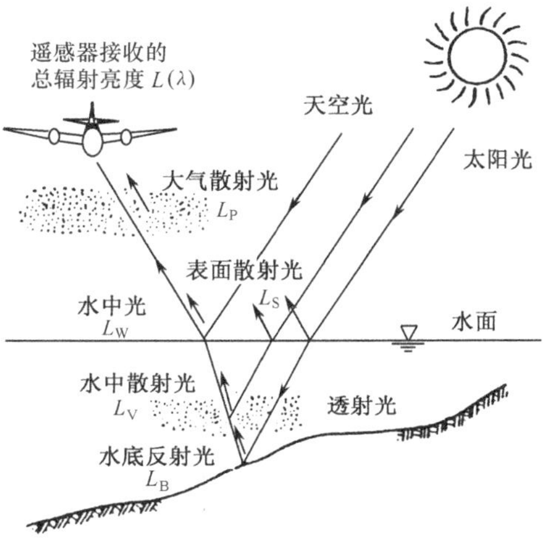

图13.2 电磁波与水体的相互作用

这里需要说明几点。①水面反射光 L_S 包括对太阳直射光 L_{dir} 及天空光 L_{sky} 的反射两部分，其中太阳直射光 L_{dir} 的反射能量较大，可导致遥感器失去对海色的观测能力，多通过控制遥感器的观测视角来避免太阳直射辐射的干扰；而天空光 L_{sky} 的反射能量可应用斯涅耳定律计算[2]。②上述水体的散射与

反射主要出现在一定深度的水体中，称之为“体散射”。水体的光谱特性(即水色)主要表现为体散射而非表面反射。这与陆地特征不同，水体的光谱性质主要是通过透射率，而不仅是通过表面特征确定的，它包含了一定深度水体的信息，且这个深度及反映的光谱特性是随时空而变化的。③所谓水色，是指水体在可见光、近红外波段的光谱特性。它主要取决于水体中浮游生物含量(叶绿素浓度)、悬浮泥沙含量(混浊度大小)、营养盐含量(黄色物质指使水体呈黄色的溶解性有机物质、盐度指标)以及其他污染物(油类物质、热释放物等)、底部形态(水下地形)、水深等因素。大量研究表明，叶绿素、悬浮泥沙等主要水色要素的垂直分布并非均匀(图 13.3)。水体中的水分子和细小悬浮质(粒径远小于波长)造成大部分短波光的瑞利散射(散射系数与波长的 4 次方呈反比，波长越短，散射越强)，因此较清的水或深水体呈蓝或蓝绿色(清水光的最大透射率出现在 0.45～0.55μm，其峰值波长约 0.48μm)。④离开水面的辐射部分(即水中光经折射出水面的部分)，除了水中散射光的向上部分外，还应包含在日光激励下水中叶绿素经光合作用所发出的荧光。⑤水面入射光谱中，仅有可见光(0.4～0.76μm)才透射入水，其他波段的入射光或被大气吸收或被水体表层吸收，如图 13.4 所示。该图中还显示蓝光(0.4～0.5μm)水的透射性最好，对于清洁水可达几十米。入水的透射光，对水分子和溶解性物质微粒产生瑞利散射，其峰值位于蓝波段；对较大悬浮物质颗粒产生米氏散射，其峰值位于黄橙波段；由于水中物质分子吸收光后再发射而引起的拉曼发射，其峰值位于橙红波段；由于海底(浅海)反射，其峰值位于蓝绿波段。

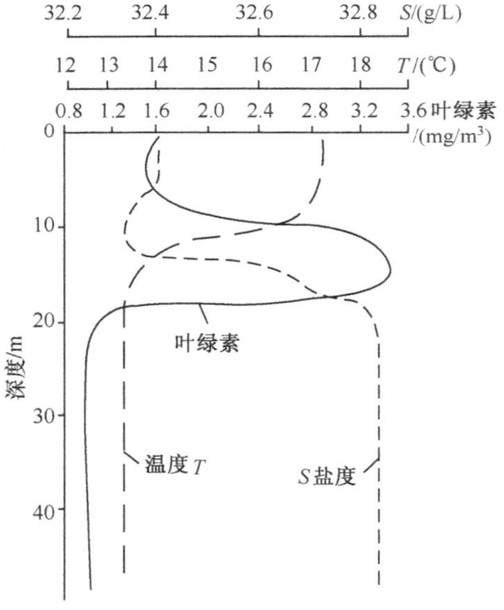

图 13.3　长江口外叶绿素 a、温度和盐度垂直分布[3]

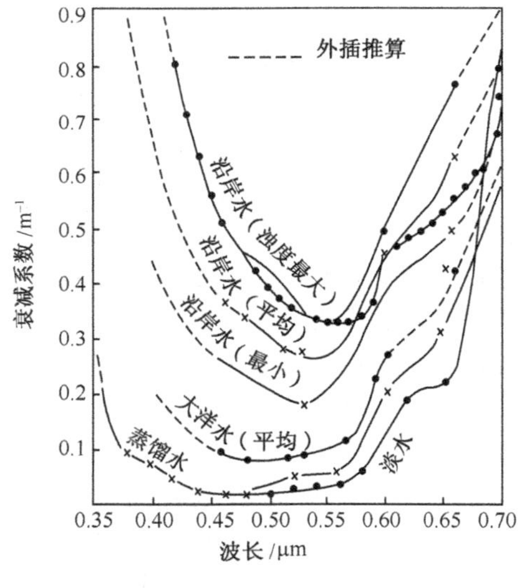

图 13.4　水的光谱衰减特性[4]

13.1.2　水体的光谱特征

对于水体来说，其光谱特征主要是由水本身物质组成对光辐射的吸收和散射性质决定的，同时又受到各种水状态的影响。在可见光波段 0.6μm 之前，水的吸收少，反射率较低，大量透射。其中，水面反射率约 5%，并随着太阳高度角的变化呈 3%～10%不等的变化；水体可见光反射包含水表面反射、水体底部物质反射及水中悬浮物质(浮游生物或叶绿素、泥沙及其他物质)的反射共三方面的贡献。对于清水,在蓝-绿光波段反射率为4%~5%,波长0.6μm以下的红光部分反射率降到2%~3%,在近红外-短波红外部分几乎吸收全部的入射能量,因此水体在这两个波段的反射能量很小。这一特征与植被和土壤光谱形成十分明显的差异,因而在红外波段识别水体是较容易的[5]。图13.5反映了水的光谱递减规律,由于水在红外波段(NIR、SWIR)的强吸收,水体的光学特征集中表现在可见光在水体中的辐射传输过程。它包括界面的反射、折射、吸收、水中悬浮物质的多次散射(体散射特征)等。而这些过程及水体"最终"表现出的光谱特征涉及水面的入射辐射、水的光学性质、表面粗糙度、日照角度与观测角度、气-水界面的相对折射率等因素,在某些情况下还与水底反射光等有关。对于自然水体,由于受水体中不同组成物质的吸收和散射作用影响,水体的光谱反射率曲线呈现峰值和谷值的不同形态。

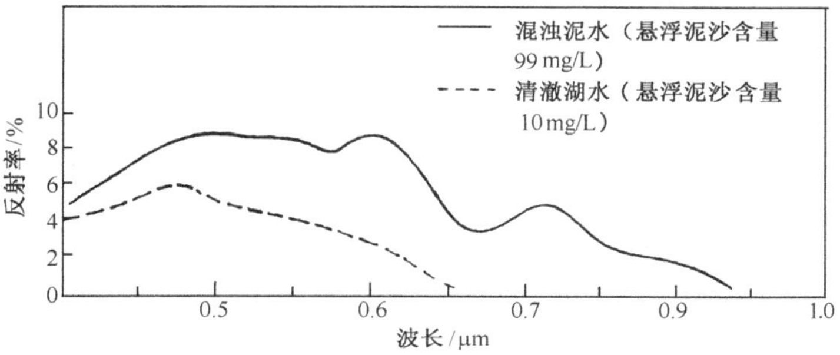

图13.5 水的反射光谱特征[6]

除了水体的共性外,内陆水体与海洋水体各有自身的特性。Morel 和 Prieur[7]从水体光学研究出发,提出了Ⅰ类水体和Ⅱ类水体的概念。一般来说,Ⅰ类水体是指影响其固有光学特性(吸收、散射等)的物质组成较为简单,水色要素主要由浮游生物所含的叶绿素a及其降解物(褐色素a)等组成,可用叶绿素浓度(Chl)来描述,大洋开阔水体属于Ⅰ类水体;Ⅱ类水体是指影响其固有光学特性的物质组成(水色要素)包含叶绿素、悬浮泥沙、黄色物质等多种成分,较为复杂,近岸水体、内陆水体(湖泊、河流)多属于Ⅱ类水体。

13.1.3 水体的微波辐射特征

下面主要以海洋水体为对象说明水体微波辐射特征。海水的微波辐射取决于两个主要因素:海面及一定深度的复介电常数(ε)和海面粗糙度。复介电常数(ε)反映海水的电学性质,由表层物质组成及温度决定。海水是由各种盐类、有机质、悬浮粒等组成的复杂水体。从微波辐射角度,海水可视为含NaCl等盐类的导电溶液。海水的介电常数ε是海水温度、盐度的函数。因而海洋微波遥感可以测得海面及水面下一定深度的温度和含盐度等信息。海面粗糙度反映海面至一定深度内的几何形状结构。从这一角度可将海面分为4类。

(1) 平静海面:海面无风或风速很小,可用物理光学理论处理,当水面粗糙度较微波波长小得多时,可视为平坦表面,以镜面反射为主。

(2) 风浪海面:海面有波浪而成为一个随机起伏的粗糙面。此时电磁波在界面上产生复杂多变的多次反散和散射,散射回波增强。同时,大风浪海面往往伴有泡沫带(含大量气泡和水滴)。它的特征除与辐射亮度温度有关外,还与海浪谱、海面风速等有关。

(3) 污染海面：一般指油污染等形成两层介质，引起亮度温度的显著差异。油膜使海面趋于平滑，减弱回波强度，而呈黑色。

(4) 冻结海面：海面有海冰、冰山等，由于冰雪的介电常数较水体小，引起亮度温度的明显差异。

主动的雷达遥感完全不同于被动的光学遥感：一是雷达信号不受云雾的影响；二是雷达后向散射信号仅表达水体表面的表面散射，不同于光学遥感（主要是可见光遥感）的体散射和表面反射。因此，雷达遥感主要反映的是水面信息，即表面形态（水面粗糙度-波浪和波痕）、物质组成（与叶绿素-α 或油脂及水面上的其他废弃物相关）、介电常数。相应地发展了一系列的雷达遥感器，如合成孔径雷达（SAR）、雷达高度计、雷达散射计等，在海洋遥感中得到了有效应用（参看以下“海洋遥感器”的相关内容）。

§13.2 水体参数的遥感反演

利用遥感技术可以直接或间接探测的水体参数，包括叶绿素 a 浓度（Chl-a）、悬浮泥沙含量、水深（水体透明度 SD）、水温、黄色物质（溶解性有机物 DOM）等。通常把水色遥感反演方法划分为经验统计方法、半经验分析方法、辐射传输模型 3 类。

(1) 经验统计方法。通过多波段、多时相遥感数据（离水辐亮度或反射率）与（准）同步的地面实测数据（水色、水质参数）之间的统计关系，即在表观光学参数（遥感反射率、漫射衰减系数）与所求物理量之间建立经验-统计回归分析模型，进行水体参数的估测。常用的统计方法有线性回归、聚类分析和主成分分析等。统计方法虽简便快捷，但地域性强，通用性较差。不过，统计方法至今仍是水体参数的遥感提取与反演的主流。表 13.2 显示水色反演的各种统计模式。

表 13.2 水色反演的各种统计模式[8]

算法	类型	公式	波段比值与公式系数
全球处理 (global processing)	幂函数型 (power)	$C_{13}=10^{(a_0+a_1R_1)}$ $C_{23}=10^{(a_2+a_3R_1)}$ $[C+P]=C_{13}$； 如 $C_{13},C_{23}>1.5\ \mu g/L$， 则 $[C+P]=C_{23}$	$R_1=\ln(L_{wn}443/L_{wn}550)$ $R_2=\ln(L_{wn}520/L_{wn}550)$ $a=[0.053,-1.705,0.522,-2.440]$
Clark 3-波长	幂(power)	$[C+P]=10^{(a_0+a_1R)}$	$R=\lg[(L_{wn}443+L_{wn}520)/L_{wn}550]$ $a=[0.745,-2.252]$
Aiken-C	双曲型 (hyperbolic) +幂(power)	$C_{21}=\exp(a_0+a_1\ln R)$ $C_{23}=(R+a_2)/(a_3+a_4R)$ $C=C_{21}$；如 $C<2.0\ \mu g/L$， 则 $C=C_{23}$	$R=L_{wn}490/L_{wn}555$ $a=[0.464,-1.989,-5.29,0.719,-4.23]$
Aiken-P	双曲线 (hyperbolic) +幂(power)	$C_{22}=\exp(a_0+a_1\ln R)$ $C_{24}=(R+a_2)/(a_3+a_4R)$ $[C+P]=C_{22}$； 如 $[C+P]<2.0\ \mu g/L$， 则 $[C+P]=C_{24}$	$R=L_{wn}490/L_{wn}555$ $a=[0.696,-2.085,-5.29,0.592,-3.48]$
OCTS-C	幂(power)	$C=10^{(a_0+a_1R)}$	$R=\lg[(L_{wn}520+L_{wn}565)/L_{wn}490]$ $a=[-0.550\,06,3.497]$

续表

算法	类型	公式	波段比值与公式系数
OCTS-P	多元回归(multiple regression)	$[C+P]=10^{(a_0+a_1R_1+a_2R_2)}$	$R_1=\lg(L_{wn}443/L_{wn}520)$ $R_2=\lg(L_{wn}490/L_{wn}520)$ $a=[0.19535,-2.079,-3.497]$
POLDER	三次方(cubic)	$C=10^{(a_0+a_1R+a_1R^2+a_3R^3)}$	$R=\lg(R_{rs}443/R_{rs}565)$ $a=[0.438,-2.114,0.916,-0.851]$
CalCOFI 2-波段,线性	幂函数型(power)	$C=10^{(a_0+a_1R)}$	$R=\lg(R_{rs}490/R_{rs}555)$ $a=[0.444,-2.431]$
CalCOFI 2-波段,三次方	三次方(cubic)	$C=10^{(a_0+a_1R+a_2R^2+a_3R^3)}$	$R=\lg(R_{rs}490/R_{rs}555)$ $a=[0.450,-2.860,0.996,-0.3674]$
CalCOFI 3-波段	多元回归(multiple regression)	$C=\exp(a_0+a_1R_1+a_2R_3)$	$R_1=\lg(R_{rs}490/R_{rs}555)$ $R_2=\lg(R_{rs}510/R_{rs}555)$ $a=[1.025,-1.622,-1.238]$
CalCOFI 4-波段	多元回归(multiple regression)	$C=\exp(a_0+a_1R_1+a_2R_2)$	$R_1=\lg(R_{rs}443/R_{rs}555)$ $R_2=\lg(R_{rs}412/R_{rs}510)$ $a=[0.753,-2.583,1.389]$
Morel-1	幂(power)	$C=10^{(a_0+a_1R)}$	$R=\lg(R_{rs}443/R_{rs}555)$ $a=[0.2492,-1.768]$
Morel-2	幂(power)	$C=\exp(a_0+a_1R_1)$	$R=\lg(R_{rs}490/R_{rs}555)$ $a=[1.077835,-2.542605]$
Morel-3	三次方(cubic)	$C=10^{(a_0+a_1R+a_2R^2+a_3R^3)}$	$R=\lg(R_{rs}443/R_{rs}555)$ $a=[0.20766,-1.82878,$ $0.75885,-0.73979]$
Morel-4	三次方(cubic)	$C=10^{(a_0+a_1R+a_2R^2+a_3R^3)}$	$R=\lg(R_{rs}490/R_{rs}555)$ $a=[1.03117,-2.40134,$ $0.3219897,-0.291066]$

(2) 半经验分析方法。由于固有光学参数(吸收系数、散射系数、体散射函数)与水体成分浓度之间有直接的物理关系,同时固有光学参数(IOPs)与表观光学参量(AOPs)之间存在经验关系,因此可将固有光学参数作为水体成分反演的中介。在表观光学参量与固有光学参数之间的经验函数关系基础上,加入固有光学参数与所求物理量之间的解析模型,最终建立表观光学参量与被测物理量之间的对应关系,达到反演的目的[2]。例如,唐军武等[9]由多波段的光谱反射比值导出水体的固有光学参数吸收系数 a 和后向散射系数 b_b;再由固有光学参数与叶绿素 a、悬浮泥沙、黄色物质浓度的关系,建立线性方程组,反演水体成分浓度。也可利用人工神经网络将多种遥感数据源(包括不同类型的遥感数据或波段组合)作为多层 BP 神经网络模型的输入,而把待反演的水体参数作为模型的输出。例如,Zhang 等[10]在芬兰海湾的海水富营养化研究中,考虑到光学遥感与雷达遥感各自的优势与不足,用光学(Landsat TM 7 个波段)和雷达(ERS-2 SAR)数据组合,运用神经网络算法在隐含层中设置 5 个结点,估测出叶绿素 a、悬浮物、透明度等主要水质参数。经同步实测数据验证,神经网络模拟非线性传输函数的精度要高于回归分析。

(3) 辐射传输模型。以水体上行辐射与水体成分的吸收、散射特性之间的辐射传输理论为基础,通过多种辐射传输方程的近似求解,建立反演模型。

随着获取水体光谱特征的仪器与方法的不断改善，基于水色机理的生物光学模型分析方法得到发展。它以辐射在水中传输的理论为基础，利用遥感测得的水体反射率或离水辐亮度推演水体中各组分(主要考虑叶绿素 a、悬浮物和黄色物质)的特征吸收系数和后向散射系数，再通过水体中各组分浓度与其特征吸收系数、后向散射系数相关联，来估算水体中各组分的浓度。此物理分析方法具有较高的反演精度和较好的通用性，且在一定程度上降低了对(准)同步地面实测数据的依赖度；但它是基于已知水体中各组分的吸收、散射特征的假设，必须对相应水域作大量的先期测量与分析工作，由于受测量手段和测量数据的限制，目前这种方法的实用效果还不够理想，尚待水体光谱特征基础数据和高质量遥感水色数据源的不断积累而逐步完善。

事实上，影响水体光谱反射率(水色或水质)的物质主要是浮游植物(叶绿素 a)、总悬浮物和黄色物质。在水色(水质)遥感监测中，人们最感兴趣的是水体中的叶绿素和悬浮物含量，也就是，式(13.1)中的 L_V(水中散射光的向上部分)，即 $L_V=L-(L_P+L_S+L_B)$。这就需要从遥感器记录的总辐射 L 中，去除大气效应的影响 L_P、水面反射 L_S、水底的反射 L_B。因此，首先需要对遥感数据进行精确的大气纠正，再进行表面太阳耀斑和表面其他反射消除。至于水底反射 L_B，因水中光的 L_V 和 L_B 很难真正分离，则在实际应用中，通常使用 L_V 和 L_B 的总和，即离水辐射亮度 L_W。对于内陆浑浊水体或海水的可见光-近红外波段水质监测中，L_B 通常可以忽略不计。因此，可以认为 L_W 近似等于 L_V。它是纯水(W)、悬浮物(SM)、叶绿素 a 浓度(Chl-a)和黄色物质(DOM)浓度的函数，可表示为[11]

$$L_V=f[\mathrm{W},\mathrm{SM},\mathrm{Chl},\mathrm{DOM}] \tag{13.2}$$

离水辐射亮度可以在去掉大气效应后从空间上推演得到，其大小、光谱变化、角度分布依赖于入射光的强度与角度分布，以及水体的吸收系数 $a(\lambda)$和后向散射吸收系数 $b_b(\lambda)$，后者反映水体及其组成所固有的光学属性，与入射光无关。

利用遥感得到的离水辐射，可以计算水体反射率 R_{rs}[12]，即

$$R_{rs}=L_W(F_0\cos\theta\tau)^{-1} \tag{13.3}$$

式中：F_0 是地球大气层外的太阳辐照度；θ 是太阳天顶角；τ 是光穿过气-水界面的透射率。

基于辐射传输理论，通过不同水体的反射率与吸收系数 a、后向散射系数 b_b 之间的近似关系，可以由水体组分的吸收和散射特征来表征水体反射率模型，如[13]

$$R_{rs}=\frac{f\tau}{Q(\lambda)n^2}\cdot\frac{b_b}{(a+b_b)} \tag{13.4}$$

式中：f 为经验参数，依赖于太阳天顶角、海水光学特性和波长，其平均值为 0.32～0.33；$Q(\lambda)$ 为水体光场分布参数，被定义为处于水面以下的上行辐照度和上行辐亮度的比值[Eu (λ)/Lu (λ)]，受不同水体、太阳角度、观测角度影响，通常取值 4.0；对于同一水体，在特定的太阳天顶角与方位角测量时，f/Q 可视为常数；τ 为光穿过水-气界面的透射率；n 为水体折射系数；a、b_b 分别为水体各组分(纯水、叶绿素 a、悬浮物、黄色物质)的总吸收系数、总后向散射系数。

Morel 和 Gentili[14]研究表明，f/Q 相对独立于太阳天顶角和波长，通常取值 0.0945；τ/n^2 也相对独立于波长，其值接近于 0.54，则式(13.4)可以简化为[15]

$$R_{rs}\approx K\cdot\frac{b_b}{a+b_b} \tag{13.5}$$

式中：K 为不受太阳天顶角和波长影响的常数，经验值为 0.051(Gordon)。

由式(13.5)可知，水体反射率 R_{rs} 可简化为仅与 a、b_b 有关，而 a、b_b 分别是水体中各个组分(纯水、叶绿素 a、悬浮物和黄色物质)的吸收系数和散射系数之和，是水体的固有光学特性，其

特性与数值只与水体成分有关而不随光照条件而变，可通过仪器精确测量或利用模型计算获得。a、b_b 可表示为[15]

$$a=a_w+a_c+a_x+a_y \quad b_b=b_{bw}+b_{bc}+b_{bx} \tag{13.6}$$

式中：w 表示纯水；c 表示浮游植物(叶绿素)；x 表示无机悬浮微粒(悬浮泥沙)；y 表示黄色物质。其中，黄色物质是一种溶解于水的物质，其后向散射非常弱，通常可忽略；但黄色物质的吸收作用不可忽略，其吸收系数随着波长的增大呈指数规律衰减，因而它对水体光谱特征的影响主要在短波谱段[16]。

图 13.6 显示水体各主要组分(纯水、叶绿素、悬浮泥沙、黄色物质)的归一化光谱吸收系数与波长之间的关系曲线。其中，a_w 为纯海水的吸收系数；a'_c、a'_x、a'_y 为 c、x、y 的归一化吸收系数，以 400nm 处的值进行归一化处理。

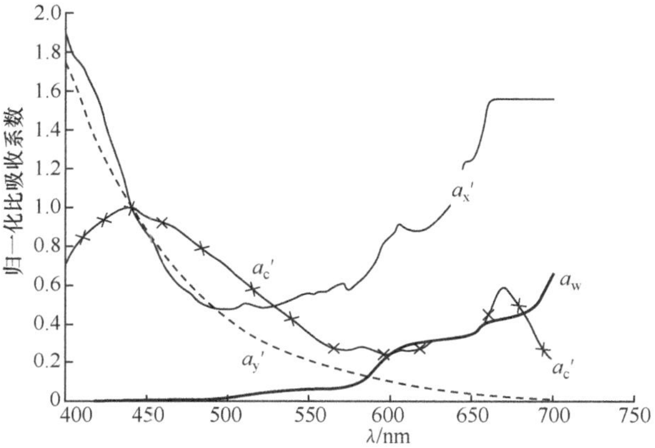

图 13.6　水体成分归一化光谱吸收系数曲线[8]

由此可见，水体各组分(c、x、y)的浓度和分布，与水体固有光学特性(吸收系数、散射系数、体散射函数)和表观光学特性(遥感反射率和漫射衰减系数)有着密切的关系；且水体固有光学参数和表观光学参量之间呈近似线性关系[17]。若能精确测量或用模型计算出每个组分的吸收和后向散射系数，并确定组分浓度与其吸收和散射系数之间的函数关系，则利用遥感器 4 个波段记录的离水辐射和下行辐射，通过建立线性方程组便可求得水体的各个组分含量(叶绿素、悬浮物和黄色物质)。

13.2.1　水体光谱特征与水中叶绿素含量

水中叶绿素浓度是浮游生物分布的指标，是衡量水体初级生产力(水生植物的生物量)和富营养化作用的最基本的指标。它与水体光谱响应间关系的研究是十分重要的。当然，这种指示作用的有效性还与浮游植物光合作用的环境因素(如营养盐、温度、透明度等)以及叶绿素含量变化的制约条件有关[18]。叶绿素可分为叶绿素 a 和叶绿素 b，而叶绿素 a 是藻类植物中最丰富的色素，是水质遥感监测中最重要的参数之一。这里所表述的叶绿素主指叶绿素 a。常规的叶绿素 a 测定采用分光光度计法，通过采集水样、过滤、萃取以及分光光度计检测分析，获得叶绿素浓度；也可通过激光-荧光法现场实测。

一般说来，叶绿素 a 在可见光 0.43～0.70μm 光谱段内，有两个显著的吸收峰(蓝波段的 440nm 和红波段的 675nm 附近)和两个显著的反射峰(550～570nm 的绿波峰和 685nm 附近的荧光峰)，且随着叶绿素含量的不同，其光谱特征会出现较明显的差异(图 13.7)。其中，

550～570nm范围的反射峰是由于叶绿素和胡萝卜素弱吸收和细胞的散射作用造成的，该绿反射峰值与色素组成有关，可以作为叶绿素定量标志[19]；685nm附近的荧光峰是浮游植物分子吸收光后，再发射引起的拉曼效应，即进行水分子破裂和氧分子生成的光合作用，激发出的能量荧光化的结果。Gitelson[20]研究表明，含藻类水体最显著的光谱特征是在700nm附近出现反射峰，当叶绿素a的浓度从一个很低的值增加到100μg/L时，叶绿素的诊断波段向长波方向移动，荧光峰值从685nm附近移动到715nm附近，峰值大小与叶绿素a的浓度相关。这些光谱特征波段用于定量识别水中叶绿素含量。

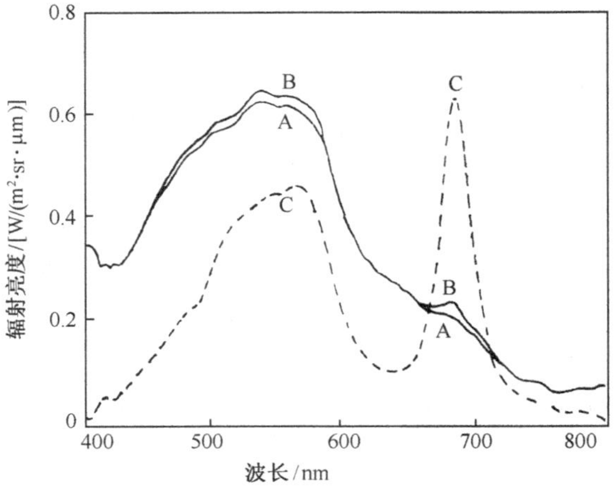

图13.7　不同叶绿素含量水面光谱和荧光峰

图13.8显示不同叶绿素含量水面波谱曲线。从图中可见，在波长0.44μm处有个吸收峰。0.4～0.48μm(蓝光)反射辐射随叶绿素浓度的加大而明显降低；在波长0.52μm处出现

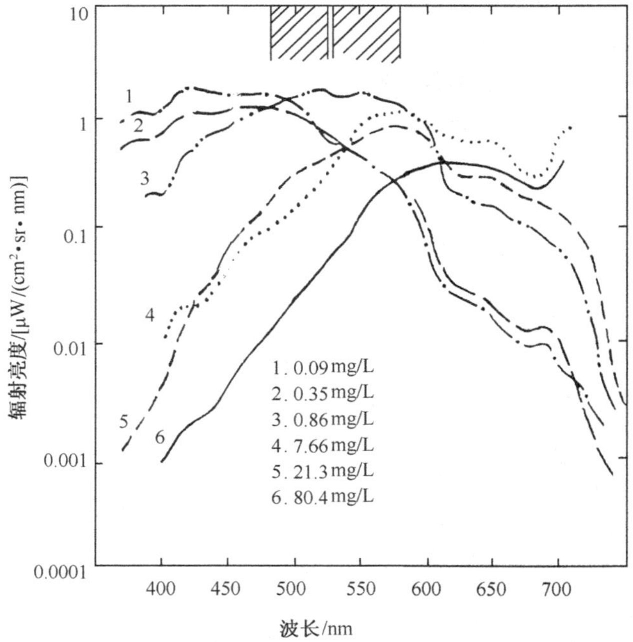

图13.8　不同叶绿素含量水面波谱曲线

“节点”，即该处的辐射值不随叶绿素含量变化；在波长 0.55μm 处出现反射辐射峰，并随着叶绿素含量增加，反射辐射上升；在波长 0.685μm 附近有明显的荧光峰。从图中可知，以上的波峰-波谷带宽较窄，为获取这些有指示意义的信息，需要选择的波段间隔不宜宽，最好小于或等于±5nm。图 13.9 为不同叶绿素 a 浓度的水体波谱曲线。由图可见，叶绿素 a 浓度对水体反射光谱的影响明显，尤其是在 550nm 附近的反射峰和近红外谱段。当浓度很高（100μg/L 以上）时，出现近红外波段反射率高于红波段的现象，且这种现象随着叶绿素 a 浓度值的增高而越来越明显[21]。

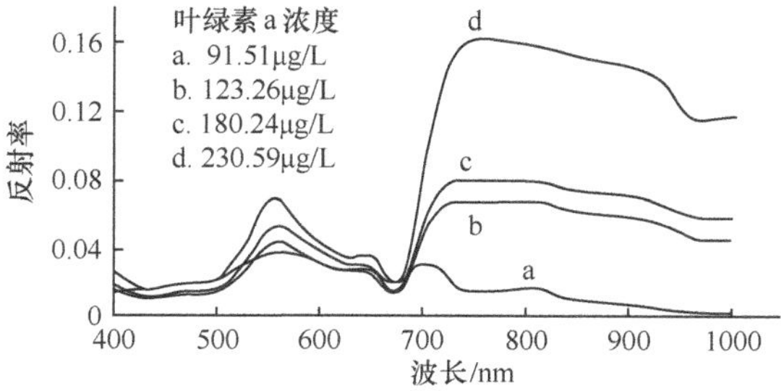

图 13.9 不同叶绿素浓度的水体波谱曲线[21]

研究表明，随着海水中悬浮物质浓度的增加，在 0.52μm 附近的叶绿素光谱“节点”会向长波方向移动。国外有关研究认为，当海水中悬浮物质浓度为 0.1mg/L 时，节点移至 0.57μm；当海水中悬浮物质浓度达 0.5mg/L 时，节点可移到 0.69μm。因此，在含较高悬浮物质的沿岸水，由于叶绿素光谱“节点”向长波方向漂移，随水中叶绿素浓度的增加，近红外波段的光谱值增高。可见，近红外波段也可作为提取沿岸流叶绿素浓度的重要信息源。

利用叶绿素浓度与光谱响应间的这些明显特征，人们采用不同波段比值法或比值回归法等，以扩大叶绿素吸收（0.44μm 附近蓝光波段、0.675μm 附近红光波段）与叶绿素反射峰（0.55μm 附近的绿光波段）或荧光峰（0.685μm 附近的红光波段）间的差异，提取叶绿素浓度信息，以指示并遥感监测水体（海洋）的初级生产力水平。采用比值法可以消除因太阳高度角、观测角不同而造成的误差，可以部分地消除水表面光滑程度和微小波浪随时间和空间变化的干扰[22]，使具有相似性质的噪声和干扰得到消除或部分抑制；还可以部分抵消大气效应。研究表明，近红外与红波段的反射比值，或红波段与蓝波段的反射比值均可用来很好地估测叶绿素 a 浓度。例如，选用 TM1（0.45～0.52μm）和 TM2（0.52～0.60μm）、TM3（0.63～0.69μm）、TM4（0.76～0.90μm）波段数据，或直接比值法，TM3/TM1、TM2/TM1、TM4/TM3 或建立比值回归方程。

$$C=b(\mathrm{TM3}/\mathrm{TM1})+a \tag{13.7}$$

式中：C 为叶绿素（Chl-a）相对浓度；a、b 为待定系数，可通过同步（准同步）观测求得，即由实测数据与遥感数据统计相关分析所得。也可以采用高光谱数据，用叶绿素吸收峰和反射峰的波段反射比 R_{705}/R_{675}，或叶绿素荧光峰和叶绿素吸收峰的波段反射比求对数 $\ln(R_{710}/R_{490})$，或 660～680nm 和 685～715nm 附近的波段的各种组合等[23]。美国 NASA 利用 SeaWiFS 等不同波段遥感反射率的比值与叶绿素 a 浓度之间的统计关系，建立反演全球海洋叶绿素 a 浓度的 OC2 和 OC4 算法，其中 OC2 选用 R_{490}/R_{555} 建立的一个三次多项式算法；OC4 则选用 R_{443}/R_{555}、R_{490}/R_{555} 及 R_{520}/R_{555} 的比值中的最大值来建立的一个四次多项式算法。但这两套算法是针对全球海域，对于局地海域，则需要发展本地化的海洋水色遥感算法[24～26]。

除了上述统计分析方法外，国内外学者还建立了不少遥感数据与不同叶绿素浓度的水体光谱间的数学模型(如基于灰色系统理论的模型、基于人工神经网络的模型、遥感与计算流体动力学耦合模型[27]等)。但因水中叶绿素的光谱信号相对较弱,加上水中悬浮泥沙、黄色物质等污染物质光学效应的干扰,均会影响到遥感估算水中叶绿素含量的精度。

对于叶绿素遥感提取,Ⅱ类水体较Ⅰ类水体复杂得多。学者们针对内陆水体组成成分的复杂性,综合考虑水体各组分对总遥感信号的贡献,排除其他水体物质的干扰,选择受其他物质干扰小而与叶绿素 a 显著相关的波段组合,并提出相应算法,以提取混浊水体的叶绿素信息[28~30]。例如,周冠华等(2008)基于对内陆水体组分的光谱特征分析,从半分析生物光学模型出发,考虑到黄色物质、叶绿素 a、无机悬浮物的吸收光谱在蓝绿波段具有很强的相似性,选用叶绿素 a 在红光波段 670nm 附近(660～690nm)的最大吸收峰波段 λ_1;为了最大程度地减小总后向散射系数 b 与吸收系数 $a(\lambda_1)$ 的影响,以便分离叶绿素吸收系数 $a_{\mathrm{Chl}}(\lambda_1)$ 的贡献,引入叶绿素 a 的荧光峰波段 λ_2(680～710nm);为了消除水体光场分布参数 Q、f 与总后向散射系数 b 的影响,引入近红外波段 λ_3(730～800nm),在该波段附近,叶绿素 a、悬浮物、黄色物质的吸收系数都接近于 0;利用太湖实测的水面高光谱数据三个特征波段组合,进行迭代优化,得到与叶绿素浓度密切相关而受悬浮物与黄色物质影响小的最优波段组合,建立高光谱遥感数据与实测叶绿素 a 浓度的统计回归方程,定量反演高浓度悬浮物水体的叶绿素 a 浓度。

为了有效地研究海洋水色的初级生产力——叶绿素浓度,海洋遥感卫星携带了专门研究海洋水色的高光谱分辨率仪器(如海岸带水色扫描仪 CZCS、海洋水色水温扫描仪 OCTS 等),以及一系列成像光谱仪;选取更为合适的中心波长,且波段间隔很窄(10～20nm);高光谱或荧光水色扫描仪(0.43～0.80μm 内共 288 个波段,波段间隔高达 2.5nm),可以获得单个像元近似连续的光谱曲线,使观测精度大大提高。

13.2.2 水体光谱特征与悬浮泥沙含量

水体悬浮物指所有悬浮在水体中的颗粒物质,除了悬浮泥沙物质(无机悬浮颗粒)外,还包括生物活体有机物质(主要是浮游藻类)、浮游植物死亡而产生的有机碎屑等。这里主要讨论水中悬浮泥沙物质。由于自然因素和人类活动造成水土流失、河流侵蚀等,河流带走了大量泥沙入湖、入海,是水中悬浮泥沙物质的主要来源。这些泥沙物质进入水体,引起水体的光谱特性的变化。水体中悬浮物含量、类型、颗粒大小、水底亮度及遥感器观测角等都直接影响悬浮物的光谱反射率和水体反射率,即水色等光学性质。

随着水中悬浮泥沙浓度的增加,即水的混浊度的增加,水体在整个可见光谱段的反射亮度增加,水体由暗变得越来越亮,同时反射峰值波长向长波方向移动,即从蓝(B)到绿(G)到更长波段(0.5μm 以上)移动,而且反射峰值本身形态变得更宽。清水在 0.75μm 处反射率接近于零,而含泥沙的混浊水至 0.93μm 处反射率才接近于零。

如图 13.5 所示,自然环境下测量的清水(清澈湖水,悬浮泥沙含量 10mg/L)和浊水(混浊泥水,悬浮泥沙含量达 99mg/L)的反射光谱响应曲线有着明显的差异,浊水的反射率比清水高得多,且反射峰值都出现在更长的波段。正因为水色与泥沙含量关系密切,水色成为泥沙含量的较精确的一种指标。水色随混浊度的增加,由蓝色到绿色到黄色变化,当水中泥沙含量近于饱和时,水色也接近于泥沙本身的光谱。

图 13.10 为长春遥感试验对 7 种不同悬浮泥沙浓度的水库进行反射率测定所得的水体反射光谱曲线与泥沙浓度的关系。如图所示,随着水中悬浮泥沙浓度的增加及泥沙粒径的增大,几乎所有可见光波段的水体反射率都增大,且反射峰值向长波方向移动,但由于受到

0.93μm、1.13μm 红外强吸收的影响，反射峰值移到 0.8μm 终止(可能有系统误差)。

图 13.11 显示法国吉伦河口不同悬浮物浓度的水体反射波谱曲线。由图可见，在 400～900nm 波段范围，水体的反射率值(R_{rs})随着悬浮物浓度的增加而增加，并在 560～590nm(黄光波段)和 800nm 附近(近红外波段)形成明显的反射峰，且反射峰值随悬浮物浓度的提高(35～1797mg/L)向长波方向移动(从绿光移向黄光到红光到近红外)。图中还说明在可见光波段(400～700nm)，当悬浮物浓度超过 250mg/L，其反射率随混浊度增加差异不明显，即趋于饱和状态；而在近红外波段(750～900nm)，高浓度的浑浊水体反射率增加明显，易于区分与识别。因而可以利用反射率与混浊水体光谱的内在特性与差异，建立不同波段的反射率比率与悬浮物浓度之间的关系。

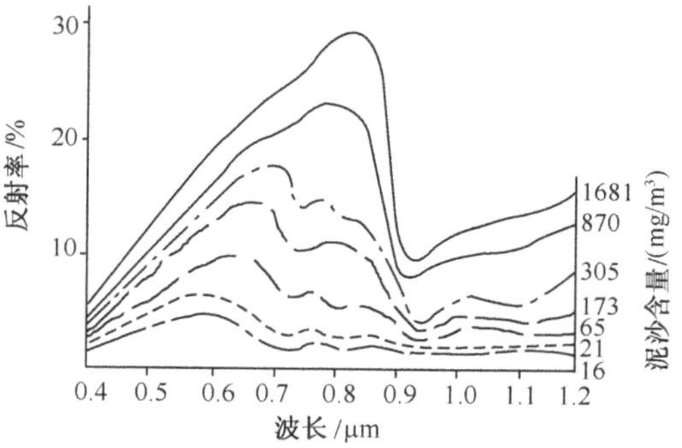

图 13.10 水库中不同泥沙浓度水体的反射率
(引自 1979 年长春遥感试验论文集)

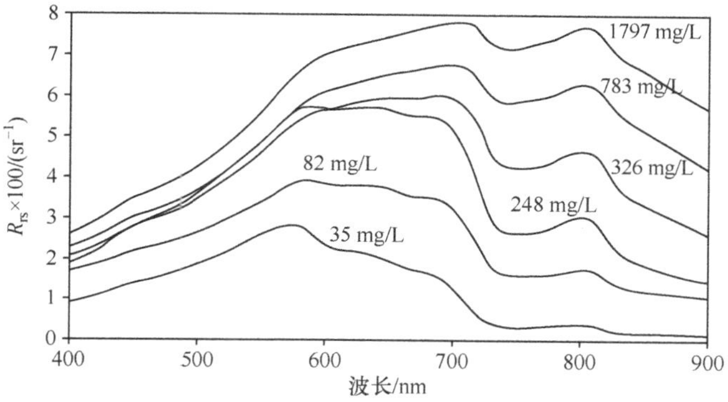

图 13.11 不同悬浮物浓度的水体反射波谱曲线[31]

研究表明，当悬浮物浓度在 0～50mg/L 的范围时，任何波段的反射率和悬浮物浓度都是显著相关的。但是随着水体中悬浮物浓度的增加，由悬浮物引起的反射辐射将会达到饱和，在不同的波段范围，悬浮物的饱和浓度是不一样的，在短波段区域，悬浮物的饱和浓度低。因此当水体中悬浮物浓度很高的时候，构建模型时应该选择长波范围的波段[32]。

一般说来，对于可见光遥感而言，0.43～0.65μm 为测量水中叶绿素含量的最佳波段；0.58～0.68μm 对不同泥沙浓度出现辐射峰值，即对水中泥沙反映最敏感，是遥感监测水体混浊度的最佳波段，被 NOAA、风云气象卫星及海洋卫星选择。因此调查水色，多选用 0.45～0.65μm 谱段。而对于近红外遥感而言，0.70～0.90μm 波段范围反射率对悬浮物浓度变化敏感，是遥感悬浮物的最佳波段[33～35]。

当然，泥沙含量的多寡具有多谱段响应的特性。因而水中悬浮泥沙含量信息的提取，除用可见光红波段数据外还多用近红外波段数据(与红波段数据正相反，其光谱反射率较低，且受水体悬浮泥沙含量的影响不大)，利用两波段的明显差异，选用不同组合可以更好地表现出海水中悬浮泥沙分布的相对等级。

从理论上讲，水体的光谱特性，包含了水中向上的散射光(水中光)，它是透射的入水光与水中悬浮物质相互作用的结果，与水中的悬浮泥沙含量直接相关。因而，水体的反射辐射与水中悬浮物质含量之间存在着密切的关系。对于如何运用遥感获取的水体光谱数据提取出悬浮泥沙的专题信息的问题，许多国内外学者进行了长期的研究，分别建立起不同的理论或半经验模型，来定量表达悬浮泥沙含量与遥感数据间的关系，反演悬浮泥沙含量。下面是水中悬浮泥沙信息提取的几种常用方法。

1）基于统计分析的经验-半经验模型

即通过遥感数据与同步实测样点数据间的统计相关分析，确定两者间的相关系数，建立相关模型。

（1）线性关系式 $L=A+BS$，此式为有限线性区间内的近似表达式，即 L 随着 S 的增加而增加。其关系简单，并不能反映随含沙量增加、变化率减小的特点，误差较大。

（2）对数关系式 $L=A+B\ln S$，此式能反映随含沙量增加、变化率减小的特点，较简单线性关系更接近实际。但在悬浮泥沙浓度不高时，精度较高；而对高浓度水域误差较大。

（3）Gordon 关系式[36]

$$R=C+S/(A+BS) \tag{13.8}$$

此式根据准单散射近似公式得到。当含沙量较大时，非线性项的影响很明显，误差较大。

（4）负指数关系式[37]

$$R=A+B(1-\mathrm{e}^{-DS})\text{或 }S=A+B\ln(D-L) \tag{13.9}$$

式中：R 为反射率；L 为遥感测量所得的亮度值（可以是单波段值、多波段值或各波段的比值）；S 为悬浮泥沙含量；A、B、C、D 为待定系数。

此式假设水和水中黄色物质的吸收很小，并考虑到含沙水体的光学性质随水深变化，即辐射在水中向下传输时随深度 z 按负指数规律衰减。式中 D 与水深、颗粒直径等有关。水中黄色物质对短波辐射吸收很强，随着波长的增大，其吸收系数呈指数规律衰减，因此遥感波段的选择十分重要。

（5）统一关系式，即 Gordon 关系式和负指数关系式的综合，并可简化得[38]

$$L=\mathrm{Gordon}(S)\cdot\mathrm{Index}(S)=A+B[S/(G+S)]+C[S/(G+S)]\mathrm{e}^{-DS} \tag{13.10}$$

式中：A、B、C 为相关式的待定系数，即由遥感数据与实测数据经统计回归分析所得；D、G 为待定参数。在具体应用中，往往先暂固定 D 值，寻找 G 值，使相关系数最高；然后固定 G 值，寻找 D 值，使相关系数最高；一旦确定了最佳 G、D 参数，则待定系数 A、B、C 也就同时被确定。实验证明，该模式效果最好。

由于单波段遥感数据的局限性，人们常利用不同波段对泥沙水体光谱响应特征的差异进行研究，提取反映水体泥沙含量的不同遥感指数。例如，由可见光与近红外波段数据组成的归一化泥沙指数[39]等，以提高遥感反演的精度。但是，此类利用遥感数据与少量同步实测数据的相关性而建立的模型，随机性大，关系不稳定，缺乏普适性，难以对比与推广。此外，对遥感数据的大气干扰消除的程度也直接影响到最终的反演精度。

2）基于灰色系统理论的模型

以上基于统计相关分析的模型，要求样本数据量大，且数据分布典型。对于浩瀚、多变的大海中海洋调查船的取样，要满足上述条件尤为困难。而若样本数量不足或分布不典型，则难以从中寻找出统计规律，或引起较大误差，往往会因增加或减少一两个样点而引起相关系数出现较大的变化幅度。显然，这种不稳定的相关系数用于外推，误差一定不小。

地学现象与规律往往是多因子的综合效果。这些多因素往往交织在一起，难以分离，且部分变量或信息是已知的，部分是未知的。这本身具有灰色系统的特点。为了避免统计分析的不足，可以运用灰色系统理论中的灰色数学方法-关联度分析方法，通过少量已知样本外推求取误差较小的估算效果。所谓关联度分析，是对事态变化趋势的量化分析，其实质是对曲线间几何形状贴近程度的分析比较。即①对各因素作无量化处理，即标准化处理，如初始化、均值化等，以排除遥感数据[$x(i)$]与各种实测数据[$y(i)$]间量纲不同引起的干扰，使之成为可比较的无量纲数列。②对各因素（子因素 x 与基准母因素 y）序列数据作累加处理产生平滑效果的新线性序列，方可使线性化遥感数据与线性分布的实测数据进行关联分析。③把样点值作为母因素（基准因素）、遥感数据作为子因素，分析两者间的关联度。关联度（r）由关联函数值求平均决定，而序列的关联函数值——斜关联函数[$\xi_j(i_t)$]，由计算各序列与基准序列的斜率变化关系求得

$$r = \frac{1}{N}\sum_{i=1}^{N}\xi_j(i_t) \tag{13.11}$$

式中：i 为实测样品变量；j 为不同遥感数据；t 为样品序号。r 值越大，说明遥感数据与实测数据间关系越密切，即遥感数据或由遥感数据计算的含沙量曲线与实测的含沙量曲线间的几何形状越贴近。④确定关联变换系数后，以此为依据进行遥感图像数据（悬浮泥沙含量）的外推计算处理。

以上灰色数学方法与统计分析方法相比，后者反映的是一个平均水平；而前者反映的是序列间的分布误差水平及平均水平，其反映的规律性更明显，结果稳定。此方法能够较好地应用于海水悬浮泥沙及叶绿素浓度、水深等海洋专题信息提取[40]。

3）主成分分析方法

考虑到水色遥感数据是叶绿素、悬浮泥沙、黄色物质等信息的综合，从分析它们的吸收与散射模式入手，寻找其差异，并对遥感数据集采用主成分分析方法，根据各因子对总方差的贡献率的大小，确定合适的波段组合对叶绿素浓度、泥沙含量、黄色物质浓度进行分离反演[2,41]。图 13.12(a)、(b)、(c)分别显示不同叶绿素浓度(Chl)、泥沙含量(x)、黄色物质浓度(y)而引起的水体反射率(R)的变化。由图可见，三者的敏感波段是有区别的，叶绿素浓度对 $\lambda \approx 440$nm 反应敏感；泥沙含量对 $\lambda > 500$ nm 反应敏感；黄色物质对 $\lambda < 550$nm 反应敏感。这为从混合光谱中区分三者提供可能。图中还显示 R 与 Chl 浓度值均有近似指数的变化趋势，可以估计 $\lg R$ 与 lgChl、$\lg x$、$\lg y$ 之间存在近似线性关系，因此经验正交分析应在参数的对数变换基础上进行。为了选择有效波段（最大限度地包含有用信息，去除相关的冗余信息），分别对 5、10、14、23、27 个波段五种波段组合进行 R 值的主成分分析(PC)，获得各主成分的表达式：$W_i = \sum_{j=1}^{N} B_{ij}R_{ij}$（$j$ 代表波段数）。再求取各反演成分浓度与各主成分之间的统计相关关系，可表达为：lgChl（或 $\lg x$ 或 $\lg y$）$= A_0 + \sum A_i W_i$，取前 5 个主成分（其信息量占总信息量的 99%以上），则获得回归系数 A_i 与 lgChl、$\lg x$、$\lg y$ 之间的关系。研究表明：①泥沙含量与第一主成分(PC1)的相关系数最大，表明泥沙含量最易被反演；②5 个波段（400nm、445nm、520nm、565nm、640nm）的选择已包含了 Chl、x、y 的足够信息，与 27 个波段几乎没什么差别；③10 个波段（400nm、410nm、420nm、430nm、440nm、450nm、460nm、470nm、480nm 和 700nm）的选择强调了短波段，较有利于区分叶绿素浓度和黄色物质浓度；④叶绿素浓度和黄色物质浓度都与第二主成分(PC2)有较好的相关关系，与泥沙含量相比，较难区分。

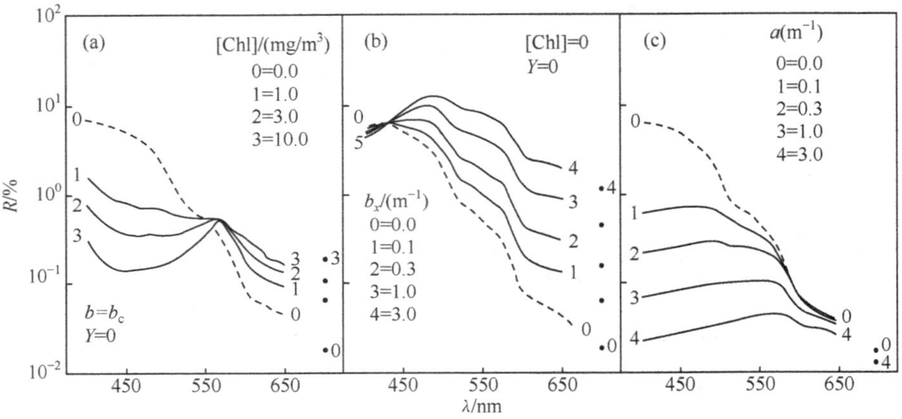

图 13.12 叶绿素浓度(Chl)、泥沙含量(x)、黄色物质浓度(y)与水体反射率(R)的关系[41]

此外,学者们还运用神经网络模型、光谱混合分析等方法以及从辐射机理分析出发,建立具有一定普遍意义的理论模式[42~44]。

13.2.3 水体光谱特征与水深

水深指水的穿深能力,即水体的透光性能,是由衰减长度来衡量的。衰减长度是表示水中能见度的一个量度单位,一个衰减长度被定义为向下辐照度等于表面辐照度的 1/e(或 37%)的长度。水体本身的光谱特性是与水深相关的。图 13.13 显示随水深的增加(0~0.2~2~20m),清澈水体光谱特征的变化,即阳光透入清水的光谱特征,近水面的曲线形态近似于太阳辐射,但随着水深的增大,水体对光谱组成的影响增大。在水深 20m 处,由于水体对红外波段光的有效吸收,近红外波段的能量已几乎不存在,仅保留了蓝、绿波段能量。所以蓝绿波段对研究水深和水底特征是有效的。

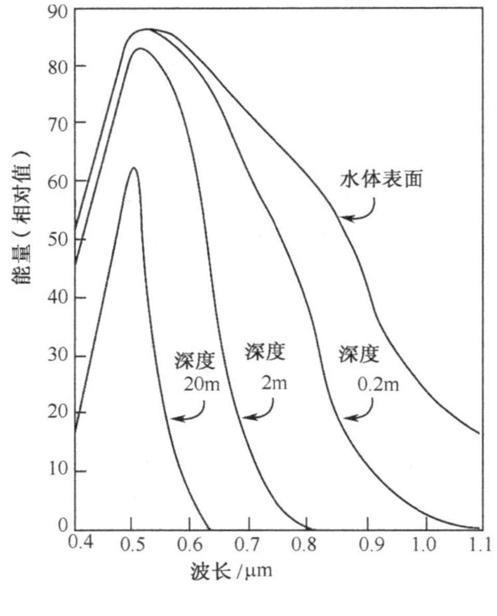

图 13.13 清水不同深度的光谱特征[1]

对于清水,光的最大透射波长为 0.45~0.55μm,其峰值波长约 0.48μm,位于蓝绿波长区。水体在此波段,散射最弱,衰减系数最小,穿深能力(即透明度)最强,记录水体底部特征的可能性最大;在红光区,由于水的吸收作用较大,透射相应减小,仅能探测水体浅部特征;在近红外区,由于水的强吸收作用,仅能反映水陆差异。正因为不同波长的光对水体的透射作用和穿深能力不同,所以水体不同波段的光谱信息中,实际上反映了不同厚度水体的信息特征,包含"水深"的概念。例如,一般蓝绿波段(如 TM1、TM2)穿透深度约 10~20m,则水体对应的像元可能反映了 10~20m 厚度水体的综合光谱特性(清水则可能穿深 30m);而红波段(如 TM3)穿透深度约 2m,则可能反映了约 2m 厚度水体的综合光谱信息;波长超过 0.76μm(如 TM4),对清水的穿透能力几乎为零。正如前述，水体的光谱特性主要是通过体散射，而不是表面反射测定的，这与陆地截然不同。

光对水的穿透能力，除了受波长的制约外，还受到水体混浊度的影响。图 13.14 显示不同混浊度水体的不同光谱衰减特征。从图中可见，随着水中悬浮物质含量(混浊度)的增加，反射率明显增强，透射率明显下降，衰减系数增大，光对水的穿深能力减弱，最大透射波长(即最大穿透深度的波长)向长波方向移动。

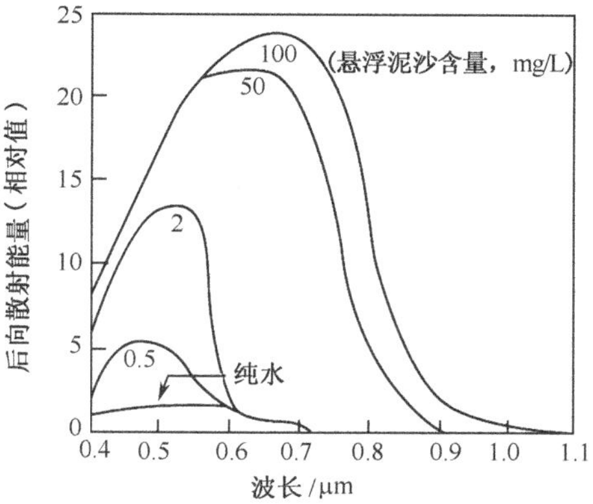

图 13.14　浊水不同深度的光谱特征[1]

实际上，遥感探测水深还与水面太阳辐照度 $E(\lambda)$——太阳天顶角 θ、太阳方位角 ϕ 的函数，水体的衰减系数 $k(\lambda)$、水体底质的反射率 $\rho(\lambda)$、海况、大气效应等因素有关。

Polcyn 曾提出海面的离水反射辐射 L_W 与水深 Z 的关系式[45]，即

$$L_w(\lambda)=E(\lambda)/\pi\times\rho(\lambda)/n^2\times\exp[-k(\lambda)(\sec\phi+\sec\theta)Z] \tag{13.12}$$

式中：n 为底质的折射系数；$k(\lambda)$ 为衰减系数，是吸收系数与散射系数之和，它与水中的可溶性有机质及悬浮物有关，而水体中悬浮泥沙的垂直、水平分布又受到地球重力场、风场、海流、潮汐等的影响。同一水区水体底质不同，其反射率 $\rho(\lambda)$ 不同，遥感器所接收到的信号大小及信噪比也不同。例如，试验表明，在 $k=0.05\text{m}^{-1}$ 的清晰海水中，底质为砂质($\rho=26\%$)或底质为泥沙质($\rho=20\%$)，对于相同的遥感图像数据，前者的最大入水深度明显大于后者。

但实验证明[18]，遥感图像数据所能显示的水深信息、入水深度要比理论推算得大，而且与水深实际测量值的相关程度往往随泥沙含量的增加而增大。这说明水中泥沙虽减少了太阳光的入水深度，但同时又从水动力作用关系上，通过水下地形与悬浮泥沙的分布运动，来传递部分水深信息。这在河口附近的浅海区尤为明显。

上述的衰减系数指随着深度增加，光变得暗淡的速率，有时又用透射率或透明度来表示或度量。透明度表征随深度增加，漫散光沿垂直方向的衰减量。传统测量方法则用直径 30cm 的白色圆板垂直沉入水中所能看到的最大深度表示。衰减系数 k 与透视水深 z_m 成反比，即 $k=1/z_m$。在许多海区，透明度 z_m 与表层水的线性衰减系数 k 的关系可表示为[18]

$$k=l/e=(2.7-3.5)/z_m \tag{13.13}$$

式中：l 为衰减长度，即水中能见度的度量(m)。衰减系数、透射率、透明度均可以表征水体的能见度。

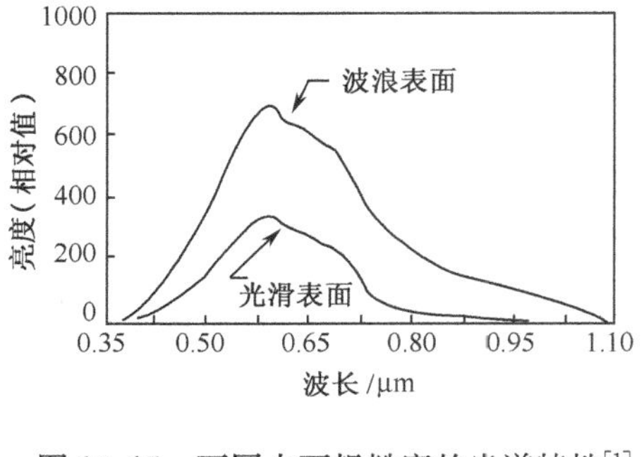

图 13.15　不同水面粗糙度的光谱特性[1]

此外，水体的光谱特性还与水面粗糙度有关。图 13.15 显示在可见光-近红外范围内，平静水面与波浪引起的粗糙水面的光谱特性。平静光滑的水面仅有体反射辐射部分的能量进入遥感器，而粗糙波浪水面有表面反射和体反射两部分能量进入遥感器，因此后者比前者亮度更高。

大量研究表明，虽然水体的衰减系数和底部反射率的绝对值随水体类型和底质种类

不同而有很大差异，然而两个波段的底部反射率比值 ρ_1/ρ_2 却不随底部物质的种类而变化；两个波段的衰减系数差值 k_1-k_2 对于不同类型的水体基本保持恒定。因而可以利用两个波段的比值统计模式求取水深，即[46]

$$Z=A\ln(\rho_1/\rho_2)-B \tag{13.14}$$

式中：A、B 为待定系数。

13.2.4 水体热特征与水温

水体表面温度是由来自太阳的热辐射通量与来自水-空气的显热通量以及水汽蒸发和凝结引起的潜热通量之间热量平衡的结果。水体表面温度一般被认为是水体顶层 1～10cm 处测量的温度；也有人将船测或浮标站测得到的 1m 厚水层的平均温度作为水面温度，认为这更能反映水团的热状况。但由于水体对热红外辐射具有强烈的吸收作用，热遥感器测得的水面温度只是来自水体上表层几微米的热辐射亮度，即表皮温度，又称皮肤温度（skin temperature）[47]，它受多种因素控制，昼夜变化大。太阳短波辐射是水面增温的主要能源，海水对太阳短波辐射具有较高的透明度，则吸收太阳短波辐射的增温现象发生在水体的一定深度，如图 13.16 所示。白天，在水面下 1 米到几米范围内有一个水温的峰值，并通过水体内的湍流运动使能量不断向下传递；夜间，无太阳照射，峰值被等温层代替[2]。由于受风速、太阳辐射、局地气候条件的影响，水体表皮温度与表面温度之间是有区别的，只是往往被忽略。一般说来，白天“皮肤”效应使水表皮温度低于水表面温度；夜间因辐射和潜热通量降低，水表面温度主要由显热通量控制，则水表皮温度近似等于水表面温度[48]。

遥感器所探测的热红外辐射强度而得到的水体温度是水体表面的亮度温度（辐射温度），本应考虑水的比辐射率，方可得到水体的真实温度（物理温度）。但在实际观测中由于水的比辐射率接近于 1（近似黑体），在波长 6～14μm 段尤为如此（图 13.17），因此往往用所测的亮度温度表示水体温度。

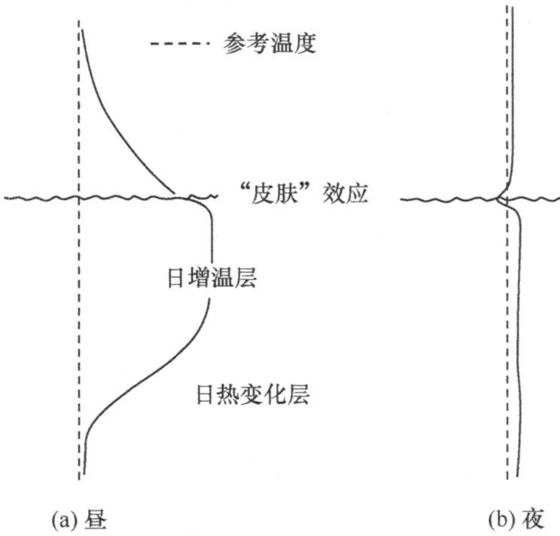

图 13.16 水温昼夜垂直廓线[2]

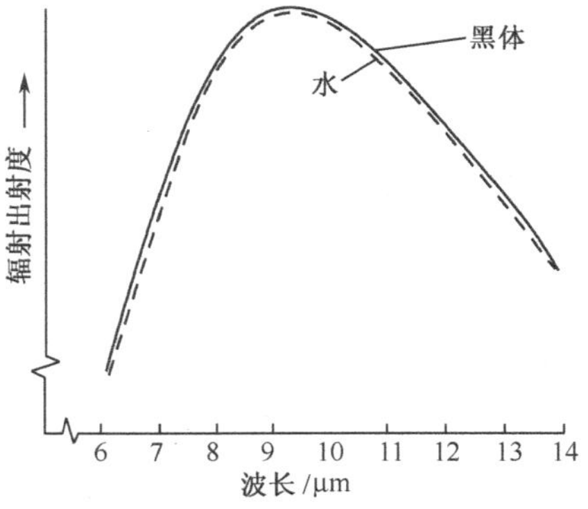

图 13.17 水体与黑体辐射特征[49]

另外，由于水体热容量大、热惯量大、昼夜温差小，且水体内部以热对流方式传输热量，因此水体表面温度较为均一，空间变化小；但是大气效应，特别是大气中水汽含量，对水温测算精度影响较大，因此，遥感估算水温时，必须进行大气纠正。水面遥感测温及水面大气纠正均比陆地表面的简单和成熟（遥感温度反演请参看第 4 章有关内容）。

水体的光学衰减主要是由水中浮游植物、悬浮颗粒（无机或有机）、溶解性物质的光学复杂性而造成的。由于水体中叶绿素、混浊度、表面形态、表面热特征不一，使水体具有不同的光谱特征。不同波谱段对水体有不同穿透能力，同一谱段对不同类型水体有不同穿透能力等，也造成水体光谱特征的差异。但是，水体整体反射率低（<10%），相互之间的光谱差异小，与陆地上地物光谱特征间差异相比要小得多，因而所得的水体遥感图像反差很低，可以获得的信息是十分有限的。再加上，水体信息的获取还受到多变的自然与人为环境的干扰，如太阳入射角、观察高度、水-气条件（云层、海冰、波浪、传播方向等）、底质条件、水深以及水体本身不同的生物、化学、物理因素等。因此，对水体遥感（尤其是海洋遥感）来说，仅利用光学遥感（主要指可见光遥感）显然是不够的，除了采用可见光、红外波段以外，还需要开辟新的电磁波谱段，如微波等。

§13.3 海洋遥感应用

研究全球环境，不能脱离了占全球面积71%的海洋。海洋是人类最大的资源宝库。它蕴藏极为丰富的矿物资源、生物、化学资源和能源，尤其在人口增长、陆上资源大量消耗的情况下，海洋将日益成为人类获得食品、能源、水源、原材料等的基地，对海洋的开发利用已是全世界十分关注的问题。

海洋是由不断运动着的海水组成的一个庞大的、完整的动力系统，并具有相当的深度；海洋现象具有范围广、幅度大、变化速度快，且变化具有随机性的特点。常规的海洋调查依赖于海洋调查船穿航线“稀疏”取样。定位样点测量虽然准确，但对于茫茫大海，它无论在规模、范围、频度上均是十分有限的。而遥感能提供大尺度（宏观）、动态的观测，且不受地理位置、天气和人为条件限制，特别是对海流、海浪、海风、海洋污染等大面积海洋现象，更显示了它的优越性。应该说遥感是研究海洋最重要的探测手段之一，所以美国、前苏联、欧洲空间局、日本、加拿大等均先后发射了海洋卫星，我国也发射了自己的海洋卫星。

针对上述的水体光谱特性及海洋的特点，海洋遥感需要有自己独特的研究手段和遥感器，归纳起来海洋遥感有以下特点。

(1) 大尺度、同步覆盖。由于海洋现象（如海面风场、海浪、潮汐、风暴潮、内波、溢油、漂浮海冰、厄尔尼诺现象等）范围大、幅度大、变速快，因而海洋遥感需航天高平台的宏观大尺度、短周期同步观察。

(2) 在海洋光学遥感中，海洋向上反射的能量仅是陆地的5%～10%，且动态范围很小。海洋的光谱特征差异小，并受干扰因素大，因此要获得海洋环境的光学信息，其光学遥感器必须具有：①较高的信噪比和数据量化等级，以保证数据精度；②较窄的光谱谱段（带宽），以捕捉有指示意义的特征谱段；③较大的瞬时视场角（IFOV），以保证有足够的接收能量，因而其空间分辨率较低。例如，海岸带水色扫描仪（CZCS）的可见光波段中，光谱带宽20nm，瞬时视场角0.05°，相应的空间分辨率为800m。

(3) 在卫星遥感中，由于水体向上的反射辐射能太低，卫星探测器所接收的辐射能量中85%来自大气的干扰，即大气程辐射远大于离水反射辐射，因此对水体（海洋）遥感而言，排除大气的干扰尤为重要。

(4) 海洋微波遥感。一方面，海洋光谱特征差异小，且大气干扰大，使海洋光学遥感受到很大限制，需要具有穿云破雾能力的微波，来获取全天时、全天候的海洋信息；另一方面，海洋光学遥感对于海面形态等海况研究已显得无能为力，需要能提供大量海温、海水含盐度、海面形态结构等信息的海洋微波遥感。

(5) 海洋有一定深度。海水对可见光波段有一定的透明度,但微波在水中急速衰减,微波穿透海水的深度也仅有厘米的量级,这对海洋而言显然是不够的,必须开拓新的探测途径。激光的使用使遥测水深有了扩展;而声波在水中传播性能好(约1500m/s),可以克服遥感在深度上的局限。声呐用于探测海底。目前能测的最大范围距船 22km(侧视)、分辨率约 7m。我国自制的海底剖面仪、侧向扫描声呐最大作用深度为 50m,均为回声信号自记,可为研究水下地貌、沉积类型、结构等为水利施工提供可靠依据。

(6) 海洋遥感需要海洋调查船、海洋浮标、海洋潜水器等海洋实测资料的支持,以作为海洋遥感探测器标定的依据。

13.3.1 海洋卫星系列

1978 年 6 月美国发射了第一颗海洋卫星 Seasat,开创了海洋卫星遥感的新纪元。随后许多国家陆续研制和发射了海洋卫星,大致可分为专题目的明确的海洋水色卫星(如美国的 SeaStar/SeaWIFS、欧洲空间局的 ENVISAT/MERIS、日本的 ADEOS/GLI、印度的 IRS/OCM、韩国的 Kompsat/OSMI、中国台湾的 Rocsat-1/OCI、中国的 HY-I/COCTS 等)、海洋地形卫星(如美法合作的 Topex/Poseidon 和 GFO,美国的 LaserALT-1、ALT-2 等),以及海、陆、空多目标的海洋环境卫星(如欧洲空间局的 ERS-1、ERS-2,我国的 HY-2 等)。随着一系列国际或全球海洋计划的实施,除了部分已发射的海洋卫星尚有后续计划外,还将有多颗海洋卫星及海洋探测器计划发射。

我国首颗海洋探测卫星"海洋一号"(HY-1)与"风云-1D"气象卫星,于 2002 年 5 月 15 日同时发射送入太空。HY-1A 及 HY-1B 卫星载有一台 10 波段海洋水色水温扫描仪(COCTS)和一台 4 波段海岸带成像仪(CZI)(表 13.3)。以可见光、红外探测水色、水温为主,为海洋环境监测、海洋生物资源合理开发利用、海岸带资源调查与开发、海洋科学研究等提供基础数据和科学依据。我国海洋二号卫星(HY-2)为海洋动力环境卫星,于 2011 年 8 月 16 日发射升空。HY-2 卫星集主、被动微波遥感器于一体,载有雷达高度计、微波散射计、扫描微波辐射计和校正微波辐射计以及 DORIS、双频 GPS 和激光测距仪,具有高精度测轨、定轨能力与全天候、全天时、全球探测能力。其主要使命是监测和调查海洋环境,获得包括海面风场、浪高、海流、海面温度等在内的多种海洋动力环境参数,直接为灾害性海况预警预报提供实测数据,为海洋防灾减灾、海洋权益维护、海洋资源开发、海洋环境保护、海洋科学研究以及国防建设等提供支撑服务。

表 13.3 HY-1 卫星遥感器的波段与应用领域

COCTS 海洋水色水温扫描仪		CZI 海岸带成像仪	
波段/μm	主要应用领域	波段/μm	主要应用领域
0.402～0.422	黄色物质、水体污染	0.433～0.453	悬浮泥沙、水色、水质污染、海冰、植被、水下地形
0.433～0.453	叶绿素吸收	0.555～0.575	悬浮泥沙、水色、水质污染、海冰、潮间带、滩涂、植被
0.480～0.500	叶绿素、海冰、污染、浅海地形	0.660～0.680	大气校正、悬浮泥沙、污染、冰、滩涂、潮间带、植被

续表

COCTS 海洋水色水温扫描仪		CZI 海岸带成像仪	
波段/μm	主要应用领域	波段/μm	主要应用领域
0.510～0.530	叶绿素、水深、污染、悬浮泥沙	0.845～0.885	大气校正、水汽总量
0.555～0.575	叶绿素、低含量泥沙、滩涂、植被		
0.660～0.680	叶绿素、荧光、高含量泥沙、大气校正、污染、气溶胶		
0.745～0.785	大气校正、高含量泥沙、植被		
0.845～0.885	大气校正、水汽总量		
10.30～11.40	水温、海冰、地表温度、云顶温度、卷云		
11.40～12.50	水温、海冰、地表温度、云顶温度、卷云		

13.3.2 海洋遥感器

1. 海洋水色水温扫描仪

除了我国的 HY-1/COCTS 外，已发射的主要水色水温仪有美国的 Nimbus-7/CZCS (0.4～12.5μm，6 波段，空间分辨率 800m)、SeaStar/SeaWIFS(0.4～0.9μm，8 波段，空间分辨率 1.1km)、MOIDS；日本的 ADEOS/OCTS(0.4～12.5μm，10 波段，空间分辨率 700m)、ADEOS/POLDER(法)(0.4～0.9μm，9 波段，空间分辨率 6km)；印度的 IRS-P3/MOS(德)(0.4～1.6μm，18 波段，空间分辨率 500m)，中国台湾的 Rocsat-1/OCI(0.4～12.5μm，6 波段，空间分辨率 800m)，韩国的 Kompsat/OSMI(0.4～0.9μm，6 波段，空间分辨率 850m)；欧洲空间局的 ENVISAT/MERIS(0.4～1.0μm，15 波段，空间分辨率 0.3～1.2km)等。此外，新一代的水色遥感器，其辐射探测的亮度动态范围及信噪比增大，波段增多、谱带宽度变窄(约 10nm 甚至更高)，增强多角度观测能力，改善了辐射定标手段，以增强遥感数据的稳定性。

根据决定海洋水色的叶绿素及其他色素的时空、光谱特征的要求，特别是海洋生物过程——海洋叶绿素场的时空变化，遥感器的时空尺度选择一般认为时间尺度 3～5 天为宜；空间尺度为 4～5km，但对于海岸带环境研究则需 1km 或更小。至于波段的选择，水色信息的提取应该至少 3 个可见光波段，即叶绿素吸收峰(0.44μm)、叶绿素反射峰(0.55μm)，以及对悬浮泥沙含量的敏感波长(0.62μm)，波段的带宽以 20nm 为宜。

但对于Ⅱ类水体(含泥沙)中叶绿素的提取，应有荧光峰(0.68μm)以区别于其他物质对吸收和散射的影响。为进一步区分黄色物质，可增加黄色物质的吸收峰(0.41μm)。而对于大气纠正而言，特别是对大气气溶胶散射的纠正，一般避开水汽和臭氧吸收带而至少选用 0.704～0.713μm 及 0.855～0.89μm 两个波段[50]。

海洋水色水温仪(可见光—红外光多谱扫描辐射仪)主要应用如下。

(1) 海洋水色测定。通过可见光—红外波段数据，测定作为浮游生物分布指标的叶绿素浓度，作为沉积物(泥沙)分布指标的海水混浊度(即悬浮沉积物含量)，以及作为盐度指标的黄色浓度(即黄色物质——可溶、不可溶有机质及污染物质)；监测海洋初级生产力分布，研究海洋生物过程、海洋生态系统以及在全球碳循环中的贡献；监测海洋及海洋带环境，开展近岸水体水色要素反演算法研究；通过海洋水色/水温等海洋生态环境参数，指导海洋渔业、养殖业生产，监测海洋污染等。

(2) 海洋水温测定。运用热红外波段数据，观测海面温度场，以研究海冰、海流等海洋现象。这里的一个关键问题是排除云顶低温的干扰，主要有两种方法。一是时间云区排除法。考虑到云层每天是变化的，一般说来，在正常的天气情况下，同一地点连续几天有云的概率很小。对同一地区用连续几天的云图，选取每个点这几天的最高温度值，便可把大部分的云排除(云顶为低温)，图像上仍保留的低温区则多为冰雪或寒潮区。我国气象卫星处理中心提供7天最小亮度合成法消除云的影响处理后的产品，以供环境科学(地学)应用。但在结冰期、融冰期，海冰面与水面温度变化不大，在红外云图上往往冰水边界不清，可通过微波辐射图像加以弥补。时间云区排除法在连续坏天气下不适用。二是空间云区排除法，即把一天的图像数据统计处理成每个经纬度为1°的网格，每个1°网格内的数据中，取其最高温度值作为该网格的代表值(云的低温则可能自然排除)，绘制粗化的温度分布图。此温度图仅根据1天数据，且每1°网格内仅对应一个水温值，水温分布被简化，复杂曲折的海流，水团边界被平滑化，掩盖了许多细微的变化。

海面热红外数据，经大气纠正和去云处理后，其辐射亮度值可反演海面温度SST，无云时的海面温度精度可达0.5℃。利用海洋表层与次表层信息的物理关系、统计关系及海洋模型，通过参数化模式，可获得海温垂直剖面和海洋三维热结构信息。海面温度反映海洋热状况。海面温度场的变化既直接影响海洋动力变化，即海水密度变化，产生水平、垂直方向的热交换，构成海水中不同的流系、水团；又直接影响海洋生物变化，即温度的分布特征与海洋生物分布密切相关，成为海洋生产力的一个重要环境因素；还直接影响到海-气相互作用及海洋气象变化。

(3) 通过水色差异测水深。

(4) 通过多光谱图像分析，研究海冰、泥沙流、海面污染、海岸带及陆地等。

2. 合成孔径成像雷达

合成孔径成像雷达是一种高方位分辨率的相干成像雷达。在第5章“微波遥感”中，我们已讨论了雷达的成像原理，指出雷达回波强度与雷达系统参数及目标的物理性质有关，而雷达系统确定后，则主要取决于目标的表面粗糙度、复介电常数。

雷达所提供的海面粗糙度信息是海洋动力学与海洋气象学的一个重要指标。由它可以推断海浪、海流、潮汐、水下地形等，而海浪与海面风场——风速、风向等密切相关；冰面粗糙度与冰类型直接关联。因此，SAR可以提供大量海况信息，监测与预报大量海洋动力、气象现象及海洋环境质量。

合成孔径成像雷达SAR主要应用如下。

(1) 海洋动力环境研究。SAR可测定海面结构、波浪状况(即通过对SAR图像作快速傅里叶变换，可确定二维的海浪谱及海表面波的波长、波向、波高、波形和内波等)以及海面风场，以观测大中尺度的海洋动力现象(洋流、涡旋等)，测定船位、航向、航速等。由于海面粗糙度与海浪、海流、海风、海温等参数有关，因而反演波浪参数时既要考虑排除其他因素的干扰，又要考虑运动着的波浪与卫星的多普勒效应的修正。

(2) 浅海水下地形和水深测绘。SAR对监测海面结构、波浪状况是有效的，而重力波的状况(波长、波向、波高、波形等)与水深关系密切。也就是说，水下地形能间接地改变海面的后向散射特性，因而可以从对重力波的分析来获得水下地形、水深信息，进行浅海制图。实践证明，SAR图像上的亮暗分布与海底地形、地貌间有一种直接的相关关系。

研究表明[51]，雷达波长越长，SAR浅海水下地形和水深的成像越好。星载SAR中，P波为测水下地形的最佳波段，L 波段次之，C 波段也有一定的测水下地形和水深的能力；雷达的极化方式与测水下地形关系不大，但 VV 极化优于 HH 极化方式，且 20°～40°是星载 SAR 测浅海水下地形和水深的最佳入射角范围。

(3) 海洋油膜污染等监测。油膜对于风浪海面起着阻尼作用，改变了局部海面粗糙度，减弱雷达回波强度，使油水界面明显。当然这种阻尼作用与油膜厚度及风浪大小有关，油膜的扩散或风浪大均影响雷达监测油膜污染的效果。此外，油膜与水体的介电常数不同，亮度温度有显著差异，也使油水界面明显，利于雷达对油膜污染的监测。

(4) 海岸带及陆地环境监测。SAR 图像可以通过地表介电常数和地面粗糙度的不同，提供大量地表组成、地表湿度、地表结构等重要信息。

3. 雷达高度计

雷达高度计(ALT)是不成像主动式微波遥感器。它通过测量仪器向星下点发射脉冲经海面回波反射后的往返时间，可测得卫星平台(高度计天线)至星下点(范围约 10km)海面的垂直距离，推导海面大地水准面与海面形态参数等。

所谓“海面大地水准面”，指在仅有重力和地转偏向力作用下的(不运动的均匀)海面，仅反映出重力和向心力效应。它与地下物质密度分布、洋中脊、断裂带、海沟等有关，由它可反演地球重力场。由于地球重力场不均匀，大地水准面并非均匀的球面，而是有起伏的不规则的曲面(有沟有谷等)。对它的研究对大地测量、天体测量、海洋测绘等意义重大。而“海面形态”同时还受到大尺度海水运动、地转流(洋流、涡旋等)、潮流、波浪等的影响，因而使海面偏离了大地水准面。

雷达高度计测得的是卫星到海面的距离 H。若卫星轨道相对于地球参考椭球面(这里指平均海平面)已知，即卫星高度已知，则海面相对于地球参考椭球面的高度 H_o，可表示为

$$H_o = H_g + H_d \tag{13.15}$$

式中：H_o 为海面高度(海面相对参考椭球面)；H_g 为大地水准面高度(相对于参考椭球面)；H_d 为海面动力高度(海面相对于大地水准面)。H_g 已知，则 H_d 可求得。

由 ALT 测得的 H，可通过对海面回波信号(波形和强度)的分析与处理，提取海面有效波高(SWH)及后向散射系数(σ^o)；再经过重力和卫星轨道的精确测量(这里指精确定轨、路径延迟校正和重力场校正)，获得星下轨迹的海面形态特征；而海面起伏形态与大地水准面有关，由海面形态参数可以推导出使海面与大地水准面偏离的作用力(如潮汐、海流、科氏力、风力、压力、波力等)，进而消除波浪等因素的干扰，获得海面高度相对于大地水准面的起伏，则可得理论上的海面大地水准面。

由于测高误差中包含了仪器自身热噪声误差、轨道误差、大气效应，因而除遥感器本身外，还需精确测量和预报轨道高度和进行大气纠正。ALT 的测高精度用均方根误差来表示，一般可达 10cm。随着采用 GPS 定位、激光测距、Doppler 跟踪等定轨技术和改进算法，测轨精度有了很大提高。例如，利用 SLR(卫星激光测距)技术确定的 TOPEX 卫星轨道的径向精度达 2.8cm[52]。这里的大气影响主要指由于电离层、对流层引起的脉冲时延以及由于海况偏移(如潮汐)带来的误差。目前大气校正模式已较成熟，校正后的测高精度可达 1～3cm。

从海面(动力)高度的时间序列，可以推算海流流速(如湾流、潮流、涡旋等)，精度达 20cm/s；可以估算海面风速，在 0～10m/s 风速范围内，估算误差低于 1m/s。流体力学研究表明：500km 以上尺度的海面形态特征的变化可反映深达 500～1000m 深海水的运动。因此高度计的数据可用以分析中大尺度的海洋动力现象、海洋环境和变化特征，预报与监测风暴潮、“厄尔

尼诺”等海况现象，以及研究全球海平面变化等。

雷达高度计反演海面风速，是依据海面在风的作用下能产生厘米尺度的波浪，从而引起海面粗糙度(海面均方斜率)的变化。雷达高度计对于大于或等于其工作波长(一般为 2cm 左右)的海面粗糙度变化有敏感的响应。实验观测表明，海面均方斜率(海面粗糙度)与海面风速近似线性关系。随着风速的增大，海面粗糙度会增加，使雷达脉冲的侧向散射能量增加，后向散射能量减少，从而导致后向散射截面 σ_0 下降[53]。

我国海洋二号(HY-2)卫星上的雷达高度计用于测量海面高度、有效波高及风速等海洋基本要素。工作频率为 13.58GHz、5.25GHz，脉冲有限足迹小于等于 2km，测高精度小于等于 4cm(海洋星下点)；有效波高测量范围为 0.5～20m。

4. 雷达散射计

雷达散射计(又称微波散射计)是不成像主动式(斜视观测)微波遥感器，主要测量海面风场的风速与风向。它是根据风生成的浪和粗糙海面对雷达信号的后向散射回波信号来估算的。也就是，把微波散射与波浪发展这两个物理过程结合起来。一般说来，后向散射强度随风速增加而增加，并与波速方向与风向的交角有关。

目前已发展了一系列有关海面雷达散射截面与海面风场的理论模型与经验模型，可直接反演海面风场参数——海面风速、风向、风应力以及海面波浪场。其测量精度与散射计的工作频率、观测角、天线极化方式、大气校正以及所用的反演算法有关。一般测量精度风速误差为 ±2m/s、风向误差的 ±20°。其中判断风向是测风的难点之一。海面散射截面 σ_0 与微波入射角和风向有关，当入射方向与风向平行时，σ_0 最大；当两者正交时，σ_0 最小。因而靠一个波束是无法判别风向的，需要多个波束。例如，NSCAT 采用 3 个不同方向波束。

海面风场是海洋动力学的基本参数，是海气间的热量、物质和水汽交换的重要动能。它影响着海气相互作用过程。例如，厄尔尼诺(EI Nino)/拉尼娜(La Nina)现象是热带海洋和大气强烈耦合的结果。它不仅影响了区域或全球气候，而且对海洋生态环境等均有影响。因此，研究海面风场，对于天气和海洋预报、风暴监测、海上航行、海岸工程及全球变化研究，具有重要价值。

我国海洋二号(HY-2)卫星上的微波散射计工作频率为 13.256GHz，HH、VV 极化，地面足迹优于 50km，刈幅 H-优于 1350km、V-优于 1700km，风速测量精度 2m/s，风速测量范围 2～24m/s，风向测量精度 20°。

5. 微波辐射计

微波辐射计是成像被动式微波遥感器，它接收的是地球表面(海面、陆面)物质在微波波段的热辐射亮度。通过测量由海面发射的热辐射温度来反演海面温度、绘制等温线图、研究海面温度场、海冰、流冰分布等。

根据普朗克辐射定律，理想黑体的热辐射功率是波长和温度的函数。当黑体的温度增加时，辐射功率也增强，随着波长的增加，辐射量减小。其微波辐射功率与温度基本上呈线性关系。微波辐射计所测得的物体辐射亮度 T_b 反演物理温度 T 时，需进行发射率 e 的修正，即 $T=eT_b$。其中发射率 e 通常为 $0<e<1$，且随物体的复介电常数、表面粗糙度等物理性质以及频率、极化方式、入射角等参数的变化而变化，因而亮度温度也随这些性质和条件而变化。海冰的发射率要大于海水的发射率。

从理论上讲，电磁波在介质中的传播，其传播方向上的功率按指数衰减，则所接收到的辐射能量与传播距离(中间介质厚度)有关。因而可以运用辐射传输原理和相关模型研究冰体和水体的辐射在穿过冰层后其能量与路径(冰厚)的关系,以推出冰厚,并研究冰水界面、冰的位置、分布范围、冰的结构、类型、含水量等。

微波辐射计还可用于测海面风。依据发射率 e 是介电常数 ε 的函数,并随海水中盐度、海面粗糙度、水温、水花(泡沫带等)而变化,可以从测得的亮度温度推算出海面风。

此外,微波辐射计还可测量大气中的水汽含量,用以大气纠正,往往与雷达高度计配合,有效地改正大气中水汽的延迟效应。

我国海洋二号(HY-2)卫星上的扫描微波辐射计主要用于获取全球海面温度、海面风场、大气水蒸气含量、云中水含量、海冰和降雨量等。表 13.4 列出 HY-2 扫描微波辐射计的技术指标。另有校正微波辐射计主要用于为辐射计提供大气水汽校正服务。工作频率为 18.7GHz、23.8GHz、37GHz,线极化,定标精度 1.0K(180~320K),动态范围3~300K。

表 13.4 扫描微波辐射计技术指标

工作频率/GHz	6.6	10.7	18.7	23.8	37.0
极化方式	VH	VH	VH	V	VH
扫描刈幅/km	优于 1600				
地面足迹/km	100	70	40	35	25
灵敏度/K	优于 0.5				优于 0.8
动态范围	3~350K				
定标精度	1.0K(180~320K)				

参考文献

[1] Campbell J B. Introduction to Remote sensing. New York: The Gulford Press, 1987.

[2] 徐希孺. 遥感物理. 北京:北京大学出版社,2005.

[3] 李武,等. 混浊水体光谱特性研究在水色遥感发展中作用的探讨. 见:遥感新进展与发展战略. 北京:中国科学技术出版社,1996.

[4] 卡农公司图像研究室. 遥感-遥感技术的发展及其应用研究. 北京:科学出版社,1983.

[5] 陈述彭,赵英时. 遥感地学分析(修订本). 台北:中国文化大学出版部,1992.

[6] Swain P H, Davis S M. Remote Sensing: The Quantitative Approach. New York: McGraw-Hill, 1978.

[7] Morel A, Prieur L. Analysis of Variation in ocean color. Limnology and Oceanography, 1977, 22: 709-722.

[8] 唐军武. 海洋光学特性模拟与遥感模型. 中国科学院遥感应用研究所博士学位论文,1999.

[9] 唐军武,田国良. 水色光谱分析与多成分反演算法. 遥感学报,1997,1(4):252-256.

[10] Zhang Y Z, Pulliainen J, Koponen S, et al. Application of an empirical neural network to surface water quality estimation in the Gulf of Finland using combined optical data and microwave data. Remote Sensing of Environment, 2002, 81: 327-336.

[11] Gitelson A A, Garbuzov G. Quantitative remote sensing methods for real-time monitoring of inland waters quality. INT J Remote Sensing, 1993, 14(7): 1269-1295.

[12] Gordon H R, Wang M. Retrieval of water-leaving radiance and aerosol optical thickness over the oceans with SeaWiFS: a preliminary algorithm. Applied Optics, 1994, 33(3): 443-452.

[13] Lee Z P, Carder K L, Hawes S H, et al. A model for interpretation of hyperspectral remote sensing reflectance. Appl Opt, 1994, 33: 5721-5732.

[14] Morel A B, Gentili D. Diffuse reflectance of oceanic waters, Ⅱ. Bidirectional aspects. Applied Optics, 1993, 32(33): 6864-6879.

[15] Dekker A G, Peters S W. The use of the Thematic Mapper for the analysis of eutrophic lakes: a case study in the Netherlands. INT J Remote Sensing, 1993, 14(5): 799-821.
[16] Froidefond J M, Gardel L, Guiral D, et al. Spectral remote sensing reflectances of coastal waters in French Guiana under the Amazon influence. Remote Sensing of Environ, 2002, 81(1): 225-232.
[17] Eurico J D, Richard L M. Bio-optical properties in waters influenced by the Mississippi River during low flow conditions. Remote Sensing of Environ, 2003, 84(4): 538-549.
[18] 李铁芳,徐秉正,易建春. 卫星海洋遥感信息提取和应用. 北京:海洋出版社,1990.
[19] 疏小舟,尹球,匡定波. 内陆水体藻类叶绿素浓度与反射光谱特征的关系. 遥感学报,2000,4(1):41-45.
[20] Gitelson A A. The peak near 700nm on radiance spectra of algae and water relationship of its magnitude and position with chlo rophyll concentration. Int J Remote Sensing, 1992, 13: 3367-3373.
[21] 祝令亚. 湖泊水质遥感监测与评价方法研究. 中国科学院遥感应用所博士学位论文,2006.
[22] Koponen S, Pulliainen J. Lake water quality classification with airborne hyperspectral spectrometer and simulated MERIS data. Remote Sensing of Environment, 2002, 79: 51-59.
[23] Pinkerton M H, Richardson K M, Boyd P W, et al. Intercomparison of ocean colour band-ratio algorithms for chlorophyll concentration in the Subtropical Front east of New Zealand. Remote Sensing of Environ, 2005, 97: 382-402.
[24] 詹海刚,施平,陈楚群. 利用神经网络反演海水叶绿素浓度. 科学通报,2000,45(17):1879-1884.
[25] 唐军武,丁静,田纪伟,等. 黄东海二类水体三要素浓度反演的神经网络模型. 高技术通讯,2003,15 (3) :83-88.
[26] 许大志,曹文熙,王桂芬. 南海北部水体叶绿素 a 浓度反演的生物光学模型. 热带海洋学报,2007,26(2):15-21.
[27] Hedger R D, Olsen N R B. Coupling remote sensing with computational fluid dynamics modeling to estimate lake chlorophyll-a concentration. Remote Sensing Environ, 2002, 79: 116-122.
[28] 周冠华,柳钦火,马荣华,等. 半分析模型反演混浊太湖水体叶绿素 a. 湖泊科学,2008,20(2):153-159.
[29] Dall 'Olmo G, Gitelson A. Effect of bio-optical parameter variability on the remote estimation of chlorophyll—a concentration in turbid productive waters: experimental results. Applied Optics, 2005, 44 (3): 412-422.
[30] Gitelson A A, Dall O G, Moses W, et al. A Simple semi-analytical model for remote estimation of chlorophyll-a in turbid water: Validation. Remote Sensing of Environ, 2008, 112: 3582-3593.
[31] Doxaran D, Froidefond J M, Lavender S, et al. Spectral signature of highly turbid waters: application with SPOT data to quantify suspended particulate matter concentrations. Remote Sensing of Environ, 2002, 81(1): 149-161.
[32] Ritchie J C, Cooper C M. An algorithm for estimating surface suspended sediment concentrations with landsat MSS digital data. Water Resources Research, 1991, 27: 373-379.
[33] Han L H, Rundquist D C. The response of both surface reflectance and the underwater light field to various levels of suspended sediments: preliminary results. Photogramm Engin Remote Sens, 1994, 60(12) : 1463-1471.
[34] Dekker A G. Detection of optical water quality parameters for eutrophic waters by high resolution remote sensing. Institute of Earth Sciences, Amsterdam, The Netherlands, 1993.
[35] Choubey V K. Laboratory experiment, field and remotely sended data analysis for the assessment of suspended solids concentration and secchi depth of the reservoir surface water. INT J Remote Sensing, 1998, 19(17): 3349-3360.
[36] Gordon H R, Morel A Y. Remote Assessment of Ocean Color for interpretation of Satellite Visible Imagery, A Review. New York: Springer-Verlag, 1983.
[37] 马蔼乃. 遥感信息模型. 北京:北京大学出版社,1997.
[38] 黎夏. 悬浮泥沙遥感定量的统一模式及其在珠江口中的应用. 环境遥感,1992,7(2):106-113.
[39] 李四海,恽才兴. 河口表层悬浮泥沙气象卫星遥感定量模式研究. 遥感学报,2001,5(2):154-160.
[40] 陈楚群,施平,毛庆文. 应用 TM 数据估算沿岸海水表层叶绿素浓度模型研究. 环境遥感,1996,11(3):168-175.
[41] Salomonson V V, Barnes W L, Maymon P W, et al. MODIS: advanced facility instrument for studies of the Earth as a system. IEEE Geosci Remote Sens, 1989, 27: 145-152.
[42] 李炎,李京. 基于海面-遥感器光谱反射率斜率传递现象的悬浮泥沙遥感算法. 科学通报 ,1999,44(17) :1892-1898.
[43] 汪小钦,王钦敏,邬群勇,等. 遥感在悬浮物质浓度提取中的应用——以福建闽江口为例. 遥感学报,2003,7 (1):54-57.
[44] Han L H, Rundquist D C. Spectral characterization of suspend sediments generated from two classes of clay soil. Int J R

S,1996,17(3):643-649.
[45] Polcyn F C. Final Report on NASA/Cousteau Bathymetry Experiment. NASA -CR-ERIM-118500-1-F,1976.
[46] 王国兴,李士鸿. SPOT 卫星资料在水深信息中的应用研究. 河海大学学报(自然科学版),1998,26(6):77-81.
[47] Minnett P. Radiometric measurements of the sea-surface skin temperature :the competing roles of the diurnal thermocline and the cool skin. International Journal of Remote Sensing,2003,24(24):5033-5047.
[48] Becker M W,Daw A. Influence of lake morphology and clarity on water surface temperature as measured by EOS ASTER. Remote Sensing of Environment,2005,99:288-294.
[49] Lillesand T M,Kiefer R W. Remote Sensing and Image Interpretation (3rd). New York:John Wiley & Sons,Inc,1994.
[50] 李四海,王宏,许卫东. 海洋水色卫星遥感研究与进展. 地球科学进展,2000,15(2):190-196.
[51] 黄韦艮,傅斌,周长宝,等. 星载 SAR 水下地形和水深遥感的最佳雷达系统参数模拟. 遥感学报,2000,4(3):172-177.
[52] Tapley B D,et al. Report of the ASG to NASA headquarters and the EOS payload panel. 1994.
[53] 陈戈. 卫星高度计反演海面风速. 遥感学报,1999,3(4):305-311.

第 14 章 地表能量与辐射平衡遥感

§14.1 地表能量平衡遥感基础

在第 1 章中，我们已讨论了作为地表与大气的最主要能源——太阳辐射，以及相伴的地球辐射。太阳发射的电磁波短波辐射，除了 30%被大气层顶反射回太空以及约 17%被大气吸收外，其余部分以直射与漫射的形式到达地表。

依据能量守恒与转换定律，地表接收的能量以不同方式转换为其他运动形式，使能量保持平衡。这一能量交换过程可用地表能量平衡方程来表示，即

$$R_n = H + LE + G + \cdots \quad (14.1)$$

式中：R_n 为地表的净辐射通量；H 为从下垫面到大气的显热通量（又称感热通量），即下垫面与大气间湍流形式的热交换；LE 为从下垫面到大气的潜热通量，即下垫面与大气间水分的热交换，其中 L 为水汽蒸发的汽化潜热，E 为蒸散量；G 为土壤热通量，即下垫面土壤中的热交换。上述所有的通量单位为 W/m^2。

从式(14.1)可见，地表能量交换是以净辐射通量、显热通量、潜热通量、土壤热通量等来定量表达的，它们又各受不同地物参数的影响和控制。实际上，式(14.1)还应包含部分用于植物光合作用和植被冠层热存储的能量，只是这部分能量很小（约占太阳总辐射能量的 1%～3%），虽然它是人类和生物生存的基础，但是对于地表能量平衡而言，常可以忽略。地表能量平衡正说明了入射太阳能、地表吸收能以及地表反射与发射回大气的能量之间的关系，表达太阳能直射、传导、转换的复杂过程。图 14.1 为地表能量收支平衡示意图。由图中可见，地表输入能量主要来源于太阳辐射（R_{sun}）、天空散射（R_{env}）、大气逆辐射（R_{atm}），而地表能量又以吸收、反射（R_r）、发射（R_{em}）等方式传递与存储能量。同时，地表所获得的净辐射能量又通过加热大气（H_{air}，显热交换）、水分蒸发（H_{ev}，潜热交换）、加热土壤（H_{soil}，土壤热通量）等达到能量收支平衡。

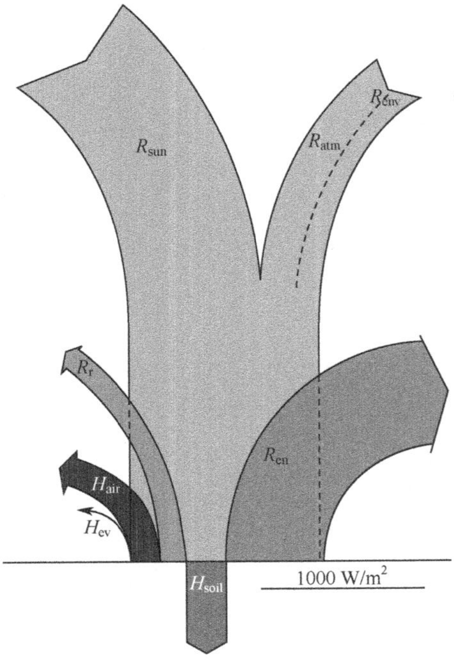

图 14.1 地表能量收支平衡[1]

图 14.2 为草地、喷灌草地、干湖底三种典型地类的地表能量收支各分量的日变化特征的比较。图中显示各典型地类的能量收支各项均有明显的日变化差异。典型草地呈现 LE>H>G 的形式，且一般在正午前后达到最大值。喷灌草地因地表湿度大、蒸散量大，则潜热通量 LE 明显增加处于最大值；而显热通量 H 呈负值，尤其在中午至傍晚时段，热量由上向下传递，近地面出现逆温（气温高于地

温)；土壤热通量 G 近乎于零。干湖底因地表干燥，LE 普遍小，近乎为零；而地面与大气间的湍流交换 H 最大，G 的最大值提前到上午 10 时左右。

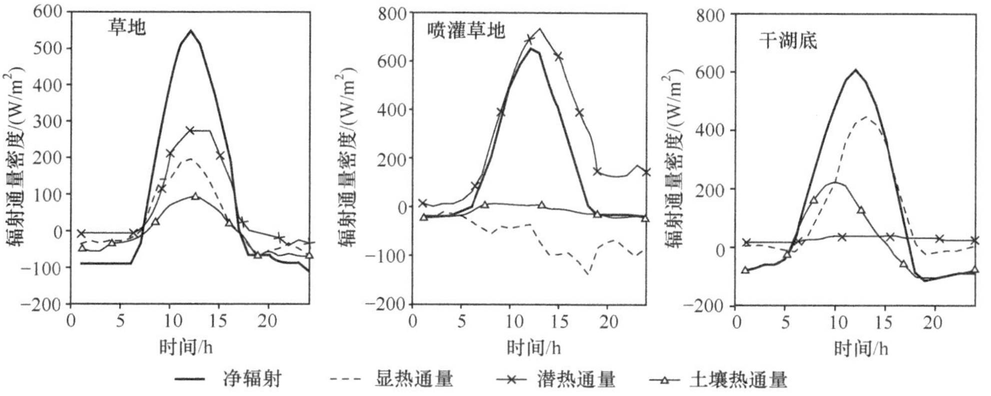

图 14.2 几种典型地类的地表能量收支各分量的日变化特征比较[1]

地球陆地表面的性质在很大程度上制约着地表与大气间的能量交换。这些能量交换是在地表辐射过程和能量平衡过程中进行的，而且能量交换被一系列复杂的因素控制着。这些因素包括贴近地表的大气的状态、地表反照率、地表温度、地表粗糙度、植被覆盖度与植被性质、土壤水分含量与蒸发等。地表能量交换信息的获取与模型分析是全球环境变化研究中最基本和最重要的问题之一，是研究区域与全球环境变化必不可少的前提条件，并直接影响到水、碳循环、热传输、生态环境变化、生物量变化等。许多学者在这方面做了很大的努力，并开展了一系列有关地表-大气相互作用的不同尺度的野外实验与研究。无论是对地表与大气之间相互作用的理解，还是在地-气耦合模型中地表过程参数的确定，都取得了许多重要进展。可以看到，在地表能量交换过程的研究中迫切需要利用遥感手段来快速、及时地获取这些关键参数。事实上，对于多数基于遥感的能量平衡研究来说，净辐射通量 R_n 是已知或者可以较容易计算的；土壤热通量 G 也是已知或者直接被参数化的；最难估算的应该是显热通量 H 和潜热通量 LE，一般采用一维通量梯度表达式来模拟，并通过地面台站的涡动相关仪(EC)、波文比-能量平衡装置、空气动力学方法等仪器所测得的单点或斑块尺度(几十至几百米)地表水热通量加以验证。对于大尺度地表水热通量的观测，可采用大孔径光学闪烁仪(空间尺度 1～10km)直接测量卫星遥感像元尺度的显热通量，并通过能量平衡方程余项法推算出潜热通量；也可结合无线电波闪烁仪直接测量潜热通量，以进行卫星遥感产品和遥感模型的验证[2]。但是，目前的问题是，对于土壤-植被-大气传输(SVAT)过程中地表状态变量的定量遥感反演，无论在研究方法还是在研究精度上均尚未达到实用要求。也就是说，目前基于遥感反演的地表参数尚不足以作为大尺度水文和大气循环模型所需的地表状态变量的初始值、更新值或验证值，服务于地表能量平衡研究。因此，要实现遥感在这一领域的深入应用还需要引入新的理论方法和技术手段。

§14.2 地表辐射平衡遥感

14.2.1 地表净辐射

地表净辐射通量(net radiaticn)又称辐射平衡(radiation balance)或辐射差额(radiation budget)。它指地表面净得的短波辐射与长波辐射的和，即指地表辐射能量收支的差额，是地表面能量、动量、水分输送与交换过程中的主要能源。

地表辐射平衡方程可表示为

$$\begin{aligned} R_n &= R_s\downarrow - R_s\uparrow + R_L\downarrow - R_L\uparrow \\ &= (1-\alpha)R_s\downarrow + \varepsilon_a\sigma T_a^4 - \varepsilon_s\sigma T_s^4 \end{aligned} \tag{14.2}$$

式中：R_n 为地表净辐射；$R_s\downarrow$ 为入射到地表的太阳短波辐射，即太阳总辐射（Q）；$R_s\uparrow$ 为地表反射的太阳短波辐射，即地表反射辐射；$R_L\downarrow$ 为来自大气的长波辐射，即大气逆辐射；$R_L\uparrow$ 为地表发射至大气的长波辐射，即地表发射辐射；ε_a 为无云天气的大气有效发射率；ε_s 为地表发射率；T_a 为参考高度（一般距地面 2m）的空气温度；T_s 为地表温度；α 为地表反照率；σ 为斯蒂芬-玻耳兹曼常数，取 $5.67\times10^{-8}\mathrm{W/(m^2\cdot K^4)}$；其中，$R_s\downarrow - R_s\uparrow$ 为地表对太阳短波辐射的净收入（R_{ns}），即地表的短波辐射平衡；$R_L\downarrow - R_L\uparrow$ 为地表的长波辐射平衡（R_{nL}），又称地表有效辐射（I）。一般说来，地表净短波辐射（R_{ns}）约是地表净长波辐射（R_{nL}）的 5 倍。地表辐射平衡（净辐射 R_n）是以上两者的代数和。

图 14.3 显示了地表辐射平衡的日变化。一般说来，R_n 日出后从负值转为正值；正午出现最大值，午后又逐渐减小；日落后由正值转为负值，夜间为负值。

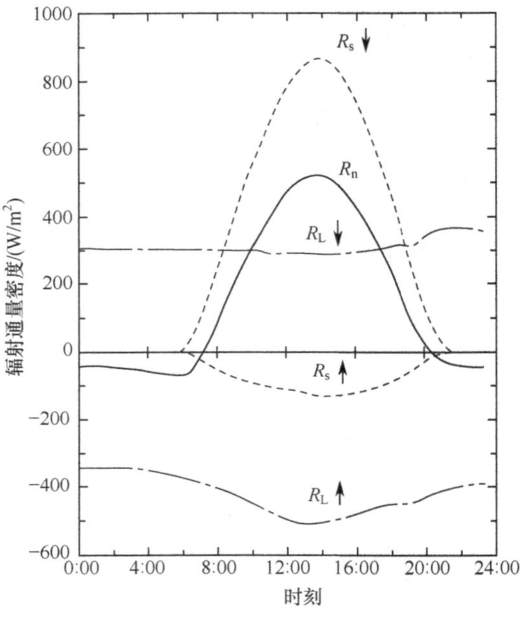

图 14.3　地表辐射平衡的日变化[1]

$R_s\downarrow$ 又称太阳总辐射 Q，是纬度、时间及云的函数，是地球的主要能源。它包括紫外-短波红外波段（0.3～3μm）入射到地面的太阳辐射总量，由太阳直射辐射（即太阳直射光）和大气散射辐射（天空散射光）两部分组成，可以利用气象台站或辐射台站的太阳光度计、太阳直射辐射表、天空辐射表来确定；也可通过理论太阳辐射及日照率的计算获得[式(1.19)]。一般说来，在晴天和稳定的天气条件下，一个地面观测站的 $R_s\downarrow$ 数据可以代表 10km² 的面积[4]。

$R_L\downarrow$ 即大气、云发射至地表的长波辐射，是大气温度和大气湿度（及云）的函数，可表示为：$R_L\downarrow = \varepsilon_a\sigma T_a^4$。其中 ε_a 为大气发射率，它是空气水汽压 e_a 与空气温度 T_a 的函数，可利用红外测温仪对天空（多角度）测量的温度来推算。无云情况下，$\varepsilon_a = 1.24(e_a/T_a)^{1/7}$；有云情况下，$\varepsilon_a(c) = (1-0.84c)\varepsilon_a + 0.84c$，$c$ 为云量百分比。事实上，大气本身对太阳辐射的吸收很少

(17%～19%)，主要是吸收地面辐射(吸收地面辐射能的75%以上)，以维持其一定的温度，可见下垫面是大气的直接能源。

地表净辐射 R_n 也可表示为

$$R_n = Q(1-\alpha) + I \tag{14.3}$$

式中：$Q(1-\alpha)$ 又称为吸收辐射，指地表接收的来自太阳的短波净辐射值($R_s\downarrow - R_s\uparrow$)，可以通过可见光—近红外遥感定量反演的地表反照率 α 来推算；I 为地面有效辐射，即地表长波辐射($R_L\downarrow - R_L\uparrow$)，则可通过热红外、微波遥感定量反演的地表温度 T_s 来推算(参看第4章的相关内容)，或利用遥感数据、地面辅助数据及大气探空数据来计算。事实上，净辐射 R_n 还可以通过已有的大气环流模型、数值天气预报模型和中尺度模型计算得到[5]。

值得注意的是，利用遥感所得的向上辐射分量(包括 $R_s\uparrow$ 和 $R_L\uparrow$)来反演 α 和 T_s 时，其所测得的数据是非连续、窄波段、窄视场的；而自然界地物的反射与发射具有全波段、半球视场及各向异性的特点，两者间的差异是造成遥感反演精度不够的重要原因。为了确保能得到全波段、半球视场的反射或发射辐射分量，国内外学者主要围绕三个方面开展了大量的研究工作。①通过大气校正模型，把大气层顶(TOA)的辐射值直接转换为地表光谱反射率或地表辐射温度。②通过BRDF角度模型，建立两者间的数学关系，把地表方向反射率 ρ 转换为地表反照率 α，如半经验的核驱动模型等(参看第10章的相关内容)。③基于地面测量或辐射转换的模拟。通过大量野外(同步)试验，建立多种宽波段反射或发射辐射值与窄波段遥感数据间的统计模型，即经验关系式。

14.2.2 地表反照率

第1章已介绍了地表反照率(albedo)的概念。地表反照率(α)指以太阳光为入射光的地表半球反射率。它作为地表辐射平衡中不可或缺的重要参数，是定量遥感反演地表几大关键参数之一。这里着重从地表辐射平衡的角度，讨论地表反照率的几种测量与反演方法。

1. 地面测量

(1) 反射率 $\rho(\lambda)$ 测量：运用野外光谱仪(如ASD)，分别测量自然条件和遮阳条件下的标准板测量值 $L_s(\lambda)$ 与地面目标测量值 $L(\lambda)$。$\rho(\lambda)=[L(\lambda)/L_s(\lambda)]\rho_s(\lambda)$，其中 $\rho_s(\lambda)$ 为标准板的反射率(已知)。

(2) BRDF测量：观测天顶角 θ 以10°为间隔测到70°，观测方位角 φ 以30°为间隔，测得地面目标的BRDF值。

(3) 地表辐射仪或反照率表测量：依据地表辐射平衡原理，利用地表辐射仪——四分量法或反照率表+高塔，获得地表辐射(地面以上1.5m处)的四分量：太阳总辐射 $R_s\downarrow$、地表反射辐射 $R_s\uparrow$、大气逆辐射 $R_L\downarrow$、地表发射辐射 $R_L\uparrow$，及净辐射 R_n，再通过式(14.2)计算获得。

2. 地表反照率的遥感反演

1) 统计方法

(1) 假设地表为朗伯体，直接根据遥感各窄波段反射率在太阳辐射中所占的权重，建立与宽波段反照率之间的线性关系。以积雪覆盖地区表面反照率全波段反演为例[6]。图14.4为雪被的反射光谱曲线。由图可见，雪被的反射辐射几乎都集中在短波光谱区；在近紫外—可见

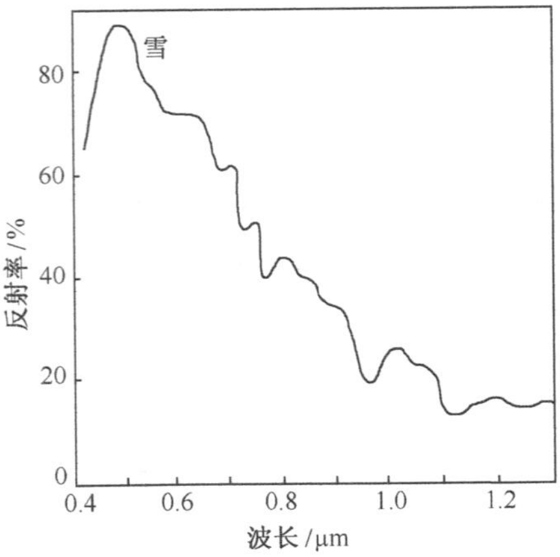

图 14.4 雪被的反射光谱曲线

光谱区(0.3～0.7μm)反射率为 80%～90%；在近红外区(0.8～1.5μm)反射率则随波长的增大而迅速减小，在短波红外区反射很弱。这就是说对于雪被表面反照率(0.30～4.0μm)而言，各谱段所作的贡献是不同的，因此可将可见光—短波红外谱段划分为 4 个部分：0.30～0.725μm 谱段，占总入射能的 52.6%；0.725～1.0μm 谱段，占总入射能的 23.2%；1.0～1.4μm 谱段，占总入射能的 13.0%；1.4～4.0μm 谱段，占总入射能的 11.2%。其中，反演中所选用的 NOAA/AVHRR 的 CH1、CH2 只代表前两个部分的反射率，而据 Brest 的研究，后两部分的反射率分别为第 2 通道反射率的 63.0%和 6.5%。假设地表为朗伯体，则可将雪被表面反照率的反演模型表示为以各谱段在太阳辐射中的贡献大小为权重的各谱段反射率的线性加权组合，即

$$A = 0.526\rho_{\mathrm{CH1}} + 0.232\rho_{\mathrm{CH2}} + 0.130(0.630\rho_{\mathrm{CH2}}) + 0.112(0.065\rho_{\mathrm{CH2}}) \tag{14.4}$$

式中：A 为 0～4.0μm 谱段的反照率；ρ_{CH1}、ρ_{CH2} 分别为经过大气校正后 CH1、CH2 的反射率。

(2) 通过大量野外(同步)试验，建立多种宽波段反射率与窄波段遥感数据间的统计模型，即经验关系式。此法简单易行且可信。但这种线性回归系数是随着表面特征的变化而变化的。

2) 角度或光谱能量积分法

利用 BRDF 模型反演，在半球方向上对 BRDF 模型进行数值积分，得反照率。区域地表反照率反演大致有三个步骤[7,8]。

A. 遥感数据的大气校正

将遥感获得的大气层顶(TOA)辐射亮度值 $L(\lambda)$，通过辐射定标或大气校正模型(Modtran、6S 大气校正模型等)，直接转换为窄波段的地表光谱反射率 $\rho(\lambda)$ 或地表方向反射率 BRDF(λ)。

B. 地表窄波段反射率反演地表窄波段反照率

将大气校正后的地表窄波段反射率 $\rho(\lambda)$ 或 BRDF(λ)，通过角度或光谱能量积分法(如核驱动 BRDF 角度模型，或光谱能量积分)，转换为地表窄波段反照率 $\alpha(\lambda)$。

例如，从地表反照率 $\alpha(\lambda)$定义出发，可通过光谱能量积分的比值来表示，即

$$\alpha(\lambda) = \frac{\int_{\lambda_1}^{\lambda_2} F_{\mathrm{u}}(\lambda)\mathrm{d}\lambda}{\int_{\lambda_1}^{\lambda_2} F_{\mathrm{d}}(\lambda)\mathrm{d}\lambda} = \frac{\int_{\lambda_1}^{\lambda_2} \rho_{\mathrm{s}}(\lambda)F_{\mathrm{d}}(\lambda)\mathrm{d}\lambda}{\int_{\lambda_1}^{\lambda_2} F_{\mathrm{d}}(\lambda)\mathrm{d}\lambda} \tag{14.5}$$

式中：F_{u} 为地表反射辐射通量；F_{d} 为地表接受的入射辐射通量。

运用 Modtran 模型提供的光谱辐照度模式，可得到地表每个窄波段的各点的入射辐射通量；再与其地表反射率 $\rho(\lambda)$结合，获取各窄波段的各点的地表反射辐射通量；从反照率定义出发，把各点的反射辐射通量之和与其入射辐射能量之和相比，则可得窄波段的光谱反照率 $\alpha(\lambda)$。

考虑到地表反照率可以看作是地表反射各方向的积分，MODIS 等多种遥感数据的地表反照率产品算法中，采用角度积分法，通过 BRDF 角度模型将窄波段反射率转换为光谱反照率。例如，利用三参数的半经验核驱动 BRDF 模型来描述 MODIS 地表反射率随卫星和太阳角度变化而变化的情况，假定地表反照率 16 天内的变化可以忽略，拟合三个参数，积分 BRDF 函数得光谱反照率(窄波段)。

C. 由地表窄波段反照率反演地表宽波段反照率

宽波段反照率可以由宽波段遥感器(如地球辐射能量收支传感器 ERBR、GOES 等)测量计算获得；也可将地表窄波段反照率 $\alpha(\lambda)$ 通过统计关系转换为地表宽波段反照率 α。例如，基于窄-宽波段反照率为线性关系的前提，可从能量平衡角度出发，直接利用 Modtran 反演的单一波段的入射光通量占整个宽波段的入射光通量的比例作为其换算系数，求得地表宽波段反照率。以 MODIS 数据为例，考虑到太阳光以短波(0.31～2.5μm)为主，占全部能量的 95%以上，反演中选择了 MODIS1～7 波段(0.459～2.153μm)，建立线性方程[8]，即

$$\alpha=\kappa_1\alpha_1+\kappa_2\alpha_2+\kappa_3\alpha_3+\kappa_4\alpha_4+\kappa_5\alpha_5+\kappa_6\alpha_6+\kappa_7\alpha_7 \tag{14.6}$$

式中：α 为地表宽波段反照率；α_1～α_7 分别为 MODIS1～7 的地表窄波段反照率；κ_1～κ_7 为由窄波段反照率计算宽波段反照率的关系参数。在野外数据较少且有定标数据的条件下，可直接利用 MODTRAN4.0 反演的各单一波段的入射光通量占总的入射光通量的比例作为其换算系数，求得地表宽波段反照率。

MODIS 的地表反照率产品算法中，利用半经验 BRDF 核驱动模型及多天合成的多角度、多波段数据，通过半球积分得黑空反照率(black-sky)，或双半球积分得白空反照率(white-sky)，实现地表反照率由窄波段向宽波段的转换，反演得到 16 天时间分辨率，1km/500m 空间分辨率的全球 BRDF/Albedo 产品。

3) 从大气层顶(TOA)辐射亮度值直接估算地表宽波段反照率的方法

由于地表宽波段反照率不仅取决于地表反射特性，还取决于大气条件，在某特定大气条件下，由遥感数据计算的地表宽波段反照率并不适用于其他大气条件；且上述由窄波段反照率计算宽波段反照率的转换系数多受到特定地表的地面测量和模型模拟数据的限制。因此，学者们舍去依赖经验拟合方式进行窄-宽波段反照率转换的中间过程和大气校正过程，直接建立从大气层顶(TOA)观测值与地表宽波段反照率之间的关系。Liang[9] 用了包括土壤、植被、水、雪、雾、湿地、沙滩、城市、道路、岩石等在内的 256 种地表反射率光谱，11 种大气能见度来描述气溶胶，用 MODTRAN 的 5 种大气廓线来描述不同的水汽含量，同时使用了其他气体含量及垂直分布；太阳天顶角取 0°～80°，间隔为 10°的 9 个值；输入模型的光谱，短波波段间隔为 2.5nm，近红外波段间隔为 25nm；针对以上有代表性的大气条件和地物类型，用 MODTRAN4 进行辐射传输模拟出大气层顶(TOA)反射率和地表宽波段反照率，并建立数据库；再用投影追踪回归(PPP)或神经网络(ANN)等非参数回归方法来建立模拟大气层顶反射率和地表宽波段反照率关系，最终估算出地表宽波段反照率。Liu 等[11] 基于 BRDF 核驱动模型，通过引入组分光谱，把波谱信息放到核函数中，重组几何光学核和体散射核，构建多角度、多波段的核函数，使新核的积分不仅在角度空间上进行，同时扩展到波谱维上，从而利用独立于波长的核系数与新积分核的加权求和，直接得到宽波段反照率。

§14.3 地表水热通量的遥感反演

14.3.1 土壤热通量

土壤热通量(soil heat flex)是指土壤内部的热交换,应等于地面以下单位面积、单位厚度、单位时间内的热焓量的变化值,用 G 表示。土壤热通量与热流方向的土温梯度、土壤热容量、热扩散率成正比,对土壤蒸发、地表能量交换均有影响。白天,地表净辐射(R_n)为正值,地表热量部分用于潜热(LE)与显热(H),剩余热量进入土壤;夜间,地表净辐射(R_n)为负值,地表热量由潜热(LE)、显热(H)和土壤热通量(G)来补偿。土壤热通量的日变化的最大值出现在地面最高温度出现前 2~3 小时,最低值出现在 18~19 时[1]。土壤热通量一般可以通过地面点埋设土壤热流板观测,或用土壤温度和含水量梯度资料加上已知的土壤热参数计算[12],或被直接参数化为植被结构参数(叶面积指数、植被覆盖度、植物高度)和净辐射的函数,也可通过土壤遥感热惯量法加以确定。遥感热惯量法将在下章"土壤水分遥感"中论述。

Reginato 等[13]建立了土壤热通量(G)与净辐射(R_n)、植物高度(h)三者间的经验关系式,即

$$G=(0.1-0.042h)R_n \tag{14.7}$$

式中:作物高度 h 可根据不同的植物类型取值。例如,假设小麦成熟时 h 为 1.2m。h 也可通过作物的叶面积指数 LAI 及作物覆盖度 f 表示,如 $h=A(\mathrm{LAI}/f)+B$,其中的 LAI、f 可通过遥感植被指数求得,A、B 为待定系数,由实验确定。

Moran 等[14]建立了土壤热通量(G)与遥感信息(NDVI)、净辐射(R_n)三者间的经验关系式,即

$$G=0.583\exp(-2.13\mathrm{NDVI})R_n \tag{14.8}$$

研究表明,土壤热通量(G)与土壤表面净辐射通量(R_n^s)之间有一比例关系,该比例关系是日期和时间的函数,可表示为[15]

$$G=K_G R_n^s \mu \tag{14.9}$$

式中:K_G 为 0.2~0.5 的常数,其值取决于土壤类型和湿度条件;μ 为太阳天顶角的余弦值。通常 G 约为 R_n^s 的 40%,即 $G=0.4R_n^s$。

根据比尔定律(Beer),可给出用于估算土壤表面净辐射 R_n^s 的方程[15,16],即

$$R_n^s=R_n\exp(-C\mathrm{LAI}/\mu) \tag{14.10}$$

式中:C 为净辐射在植被冠层中的消减系数,其值取决于冠层结构,值域为 0.3~0.7,对于具有球形(随机)叶面角度分布的冠层,$C=0.5$。R_n^s 也可简单地表示为 $R_n^s=(1-f)R_n$。

结合式(14.10)可得

$$G=0.4R_n\exp(-0.5\mathrm{LAI}/\mu) \tag{14.11}$$

张仁华[4]根据多年实验观测也证明:土壤热通量(G)与净辐射通量(R_n)间有一定的相关性——对于裸露土壤,G 可达 R_n 的 20%~50%;而在作物覆盖下,G 为 R_n 的 5%~20%。

14.3.2 显热通量

在土壤-植被-大气系统(SPAC)中,当把土壤、植被简单地处理为同一层界面时,显热通量(sensible heat flux)表征下垫面与大气间湍流形式的热交换,又称感热通量(H),通常用一个

一维通量梯度表达式来模拟，可表达为

$$H = \rho c_p (T_c - T_a)/r_{ac} \tag{14.12}$$

式中：ρ 为空气密度(kg/m^3)；c_p 为空气比定压热容[$J/(kg \cdot ℃)$]；ρc_p 表征空气的体积热容量[$J/(m^3 \cdot ℃)$]；T_c 为下垫面表面温度(℃)；T_a 为参考高度的空气温度(℃)；r_{ac} 为空气动力学阻抗(s/m)，它与近地层湍流状况有关，表征下垫面-参考高度之间大气对显热传输的阻力。

事实上，湍流指空气运动处于不规则状态，它在粗糙层中产生，并由风速传输到上层，其传输速度可用相似性理论计算，但这里与湍流热通量传输直接相关的应该是空气动力学温度 T_{aero}[即土壤和植被水热汇(源)处的空气温度，被定义为在热量交换表面的有效温度]，而不是遥感所得的地表温度 T_c，二者的物理含义不同，且对不同的下垫面有着完全不同的表现。但由于 T_{aero} 难以测量，故一般用遥感器测得的地表辐射温度(T_c)来代替，这往往会导致对稀疏植被上显热通量 H 的高估。因此常引入一订正项，或在空气动力学阻抗中加一项“剩余阻抗”，或直接调整辐射温度和空气动力学温度的温差，或通过“组分面积比”将任意角度下观测到的辐射温度订正为空气动力学温度[17~20]。此外，利用地表温度与气温之差来计算通量，气温由点测量值的内插得到，地表温度由遥感反演获得，两者的误差往往会影响到通量的估算精度。

空气动力学阻抗 r_{ac} 可由湍流模式给出。它随地表风速、地表粗糙度和大气层结(空气密度梯度)等因素的变化而变化。若没有地表特性的详细先验知识，要获取 r_{ac} 是很困难的。在中性(空气运动处于规则的片流状态)条件下，r_{ac} 可表达为[16]

$$r_a = \{\ln[(z-d)/z_0]\}^2/(k^2 u) \tag{14.13}$$

式中：r_a 为中性条件下的空气动力学阻抗(s/m)；z 为地表以上参考高度(2m)，又称有效高度；d 为零平面位移高度(m)，即近地面平均风速为零处的高度；k 为卡曼(Karman)常数(0.4)；u 为 z 处的风速(m/s)，$u(z)=(\mu^*/k)\ln[(z-d)/z_0]$，$\mu^*$ 为摩擦速度；z_0 为决定地表湍流交换强度的表面粗糙度(m)，为地表的一种空气动力学参数，能够方便地描述地-气之间的湍流交换强度，它一般与气流无关，而主要取决于地表粗糙单元的几何形状、大小、排列等。就植被下垫面而言，植被表面粗糙度 z_0 与植被的高度 h 和郁闭度直接相关。对于作物，一般取 $d=0.65h$，$z_0=0.13h$；对于草地，一般取 $d=0.5h$，$z_0=0.05h$[21]；而对于林木，一般取 $z_0=0.075h$。均匀地表的空气动力学粗糙度 z_0 一般采用风速和气温梯度来确定；区域尺度的非均匀地表的空气动力学粗糙度可利用地表分类信息的经验查找表进行粗略估算；而起伏地形的粗糙度可通过等效几何粗糙度估算模型来确定[22]。

由式(14.13)可知，r_a 的取值反比于风速 u 和表面粗糙度 z_0 的对数值。z_0 的大小依赖于地面的阻滞性质，其取值大小约为10%的植被高度。用大气稳定度来校正对流对 r_a 的影响，因为 H 大的时候，湍流输送大，r_a 就小[23]。Hatfield 等[24]提出了空气动力学阻力的稳定度订正方法，在不稳定条件下(空气运动处于不规则湍流状态)，r_{ac} 可表达为

$$r_{ac} = r_a[1 - n(z-d)g(T_c - T_a)/(T_0 u^2)] \tag{14.14}$$

式中：n 为常数(假定为5)；g 为转换系数，即重力加速度，取值 $9.8m/s^2$；$T_0=(T_c+T_a)/2$。

为了避免在风速小、冠层温度与气温差($T_c - T_a$)很大时，出现不合理结果，人们对式(14.14)又作了进一步改进[25,26]。

14.3.3 潜热通量

潜热通量(latent heat flux)指下垫面与大气间水分的热交换，即地表吸收辐射能与蒸发耗热的热交换，包括地面蒸发或植被蒸腾、蒸发的能量，又称蒸散(evapotranspiration)。

Rosenberg 等[27]指出降落到地球表面的降水有 70%通过蒸发或蒸散作用回到大气中，在干旱区这个数据达到 90%。可见，潜热交换是地-气间能量转换的重要组成，是地表水分循环的重要环节之一。同时，它与植物的光合作用——CO_2 的吸收与释放、干物质的积累以及与气候环境变化等密切相关。

对于潜热通量(蒸散发)的计算，目前有多种模型方法，如空气动力学阻抗法、Penman-Monteith 法、Priestly-Taylor 法、Shuttleworth-Wallace 法等。后几种方法既考虑了地表的能量收支平衡(辐射项)，又考虑了表层大气的动力学过程(空气动力项)。应该说，它们比仅考虑空气动力学原理的空气动力学法(湍流过程等)更接近实际，但参数更多，计算结果的精度在很大程度上受到这些参数取值的制约。常规的地面观测可以获得部分模型所需的地表和大气参数。但是，在区域尺度上则是需要运用遥感手段方能获得地-气界面上的能量信息(如地表温度、水分等)。因此，人们多采用遥感数据与地面观测数据的结合来估算地表潜热通量。遥感研究地表潜热通量(蒸散)，主要基于地表的热量平衡与水分平衡，运用遥感技术方法，并结合地面气象台站的相关资料，提取土壤-植被-大气界面的能量信息。例如，用多时相热红外遥感提取土壤-植被的温度和水分状况信息，用多光谱、多角度遥感提取下垫面几何结构的信息等。目前，应用遥感估算地表蒸散的方法主要有余项法、指数法及遥感蒸散模型等。

1. 余项法

余项法(residual methods)指基于地表能量平衡方程[式(14.1)]，通过结合遥感方法(地表温度、反照率等)和相应的地面观测(气温、风速、土壤温度等)来估算净辐射 R_n、土壤热通量 G 和显热通量 H。其中，显热通量用地-气温度梯度和空气动力学阻抗计算[式(14.12)]，G 可用 NDVI 和 R_n 参数化获得，而把潜热通量 LE(蒸散量)作为能量平衡公式的剩余项求出，即 $\mathrm{LE}=R_n-(H+G)$。此方法物理意义明确，较易于实现，且精度比较高，被广泛应用；虽涉及的参数多，但可以通过遥感、地表气象数据与土壤-植被-大气传输(SVAT)模型的结合，将遥感获得的参数直接作为模型输入值，或用遥感数据来调整一些模型参数，以起到驱动或校正模型的作用。

2. 指数法

1) *蒸散比法*

Nishida 等[28]基于地表能量平衡，提出蒸散比(evapotranspiration fraction，EF)参数，用以评价陆地表面水分状况，并成功用于 MOD16 数据产品中。蒸散比(EF)在数值上等于实际蒸散(LE)与可利用能量(R_n-G)的比值。因此，可先通过遥感数据计算净辐射、土壤热通量，再采用不同的方法求得蒸散比，则可获得潜热通量 LE，即

$$\mathrm{LE}=\mathrm{EF}\times(R_n-G) \tag{14.15}$$

由于 EF 白天的大部分时间能基本保持稳定，此方法不受卫星观测时间变化的影响，便于在时间尺度上扩展；且可避开计算潜在蒸散所需要的大量气象参数。

Roerink 等[29]采用极干温度 T_H、极湿温度 T_{LE}来估算蒸散比，表示为

$$\mathrm{EF}=(T_H-T_{LE})/(T_H+T_{LE}) \tag{14.16}$$

式中：T_H、T_{LE} 根据具体遥感图像建立表面反射率与表面温度的关系，如 $T_H=59.81-37.78\rho_0$，$T_{LE}=17.15+10.97\rho_0$。该法的前提是遥感图像中能找到极干和极湿的像元，因此模型的应用范围受到限制。

2）地表能量平衡指数法

基于地表能量平衡，先求得地表能量平衡指数(SEBI)，表示为[30]

$$\mathrm{SEBI}=(H-H_{\mathrm{wet}})/(H_{\mathrm{dry}}-H_{\mathrm{wet}}) \tag{14.17}$$

式中：H_{dry}、H_{wet}分别为极干、极湿显热通量。

则潜热通量 LE 可表达为

$$\mathrm{LE}=(1-\mathrm{SEBI})\times \mathrm{LE}_{\mathrm{p}} \tag{14.18}$$

式中：LE_{p} 为潜在蒸散；其他同上。

3）温度-植被指数法

Tucker 等[31]用遥感数据得到的归一化植被指数(NDVI)与地表温度(T_{s})的空间分布关系来获得地表不同像元的湿度系数，以直接推算区域蒸散。Gutman[32]认为实际蒸发(LE)与潜在蒸发(LE_{p})之间存在一个系数。该系数β可表示为$\beta=a+b\times \mathrm{NDVI}$，其中，$a$、$b$ 是与研究区域有关的系数；而潜在蒸发可利用卫星数据得到的 NDVI、T_{s} 及气象站资料，通过 Thornthwaite 经验公式计算获得；则实际蒸发量 $\mathrm{LE}=\beta\times \mathrm{LE}_{\mathrm{p}}$。Chen 等[33]对于多种下垫面覆盖区，利用卫星数据所得的植被指数(NDVI)和地表温度日变化(DSTV)，构成 NDVI-DSTV 特征空间内的三角形关系，其三角形的三个顶点分别代表全植被覆盖、湿裸土、干裸土；遥感图像上每一个像元在 NDVI-DSTV 二维空间的位置，反映全植被覆盖、湿裸土、干裸土三组分的综合贡献，则可求得每一像元上这三者的权重；引出植被水分系数(vegetation and moisture coefficient，VMC)概念，它被定义为实际蒸散与潜在蒸散之比，依赖于植被类型和土壤水分，某地类的 VMC 相应于 NDVI-DSTV 特征空间内的一个点。可通过对三组分的权重 w 计算，即 $\mathrm{VMC}(\mathrm{DSTV}_i,\mathrm{NDVI}_i)=w_1$ VMC(植被)$+w_2$ VMC(湿裸土)$+w_3$ VMC(干裸土)，进而通过植被水分系数计算区域实际蒸散量。

Wang 等[34]在分析地基观测蒸发的基础上，提出利用地表净辐射(R_{n})、地表温度(T)、植被指数(VI)直接计算蒸发的方法，即

$$\mathrm{ET}=R_{\mathrm{n}}(a_0+a_1\mathrm{VI}+a_2T)\text{或}\ \mathrm{ET}=R_{\mathrm{n}}(a_0+a_1\mathrm{VI}+a_2T+a_3\mathrm{DTsR}) \tag{14.19}$$

后者考虑了土壤水分含量对蒸发的影响，增加了地表温度日温差项(DTsR)。该方法已经用于全球 10 年(1986～1995 年)月平均 1°×1°地表蒸散发的估计。

通过揭示植被指数(如 NDVI)和地表温度(T_{s})的关系来估算区域蒸散发或土壤水分已成重要的研究方向之一(参见第十五章“土壤水分遥感”的相关内容)。此类方法一般用半经验模型直接从遥感表面温度、植被指数估算地表潜热通量，简洁易行，但定量精度受到一定的限制。

4）波文比-能量平衡法

波文比(β)被定义为地表显热通量(H)与潜热通量(E)的比值，即$\beta=H/E$。从能量平衡方程可得：$R_{\mathrm{n}}-G=H+\mathrm{LE}$。已知，$H=\rho c_p K_H\dfrac{\mathrm{d}T}{\mathrm{d}z}$，$\mathrm{LE}=\dfrac{\rho c_p}{\gamma}K_{\mathrm{V}}\dfrac{\mathrm{d}e}{\mathrm{d}z}$；

因 $K_{\mathrm{H}}=K_{\mathrm{V}}$，则 $\beta=\dfrac{H}{\mathrm{LE}}=\gamma\dfrac{\mathrm{d}T}{\mathrm{d}e}$；可得

$$\mathrm{LE}=\frac{R_{\mathrm{n}}-G}{1+\beta};H=\frac{R_{\mathrm{n}}-G}{1+\beta^{-1}} \tag{14.20}$$

3. 遥感蒸散模型

1) 单层模型

彭曼(Penman)蒸散方程把植被覆盖的地表看作一个整体(不分土壤与植被),假定能量交换界面为一片大叶,潜热交换发生在叶面上,则其潜热通量可表达为

$$\mathrm{LE} = \rho c_p(e_s^* - e_a)/[\gamma(r_a + r_c)] \tag{14.21}$$

式中:e_s^* 为地表温度为 T_s 时的下垫面饱和水汽压(hPa);e_a 为与空气温度 T_a 同高度处的空气水汽压(hPa);r_a 为空气动力学阻抗(s/m),是与扩散相关的量,它阻碍地面向大气的热量与质量的输送,是风速、粗糙度等的函数;r_c 为下垫面表面阻抗(s/m),是大气、植被、土壤因子的函数;γ 为干湿球常数(hPa/℃)。式中的 ρ、c_p、γ 均为常数。

此 LE 方程与 H 方程相似,仅用水汽压代替了温度,且假设地面处在饱和状态下,引入饱和水汽压对空气温度变化的斜率 Δ。

$$\Delta = (e_s^* - e_a^*)/(T_c - T_a) \tag{14.22}$$

在表面温度与空气温度接近的假设下,结合能量平衡公式,可由式(14.21)推出 Penman-Monteith 实际蒸散方程(PM 式)为

$$\mathrm{LE} = [\Delta(R_n - G) + \rho c_p(e_a^* - e_a)/r_a]/[\Delta + \gamma(1 + r_c/r_a)] \tag{14.23}$$

在潜在蒸散情况下(水分充足),表面阻抗 r_c 近似取零,则潜在蒸散 $\mathrm{LE_p}$ 为

$$\mathrm{LE_p} = [\Delta(R_n - G) + \rho c_p(e_a^* - e_a)/r_a]/(\Delta + \gamma) \tag{14.24}$$

其中,$R_n - G = \mathrm{LE} + H$,为植被冠层所接受的可供潜热和显热交换的能量。

实际蒸散 E 与潜在蒸散 E_p 之比(反映表面水分利用率),即式(14.23)/式(14.24)得

$$E/E_p = (\Delta + \gamma)/[\Delta + \gamma(1 + r_c/r_a)] \tag{14.25}$$

式中:空气动力学阻抗 r_a 可通过测风速、粗糙度并代入湍流模型求得[参见式(14.13)、式(14.14)];下垫面表面阻抗 r_c 可通过 LAI(对植被全覆盖)、叶子水势 ϕ 或地面干湿(对裸土)的标定资料求得;对于植被部分覆盖,则 r_c 可通过由植被指数推算的植被覆盖度 f 求得[参见式(14.26)]。

(1)下垫面为植物全覆盖时,植被冠层表面阻抗(r_v)可表示为[35]

$$r_v = \{1000[1 + (-\phi/231)^{5.5}]\}/(L + 0.025R_n) \tag{14.26}$$

式中:ϕ 为叶子的水势;L 为叶面积指数;R_n 为净辐射通量。以上均为群体的平均值。

(2)下垫面为裸露土壤时,土壤表面阻抗(r_s)可表示为[36]

$$r_s = 805 + 4140(\theta_s - \theta) \tag{14.27}$$

式中:θ_s 为土壤水分饱和状态下(单位体积)的土壤湿度(m^3/m^3);θ 为 0~5mm 表层的(单位体积的)土壤湿度(m^3/m^3)。

(3)下垫面为部分植被覆盖时,表面阻抗(r_c)可表示为

$$1/r_c = (f/r_v) + [(1 - f)/r_s] \tag{14.28}$$

式中:f 为植被覆盖度,当 r_s 为负值时假设为 0。

PM 方程[式(14.23)]是以净辐射通量 R_n 为主的蒸散模型,即热量平衡模型,并将气孔阻抗或表面阻抗参数化。它综合了能量平衡法与空气动力学法的特点,被学术界广泛应用于区域或全球尺度的气候和生态系统研究。但是,它涉及不少难以精确测定或估算的非遥感参数,尤其表面阻抗对环境因素变化的反应具有滞后性和不确定性,对其准确计算的难度很大。而且,严格地说,由于忽略土壤蒸发,基于"大叶"假设的 PM 式适用于稠密植被状态下的单层模

型，而并不适用于稀疏植被和作物全生长期的蒸散计算。

事实上，研究地-气界面热量平衡的一个十分重要的信息是界面的表面温度。遥感研究地表水热状况、地表蒸发，主要通过获取界面温度与空气温度的差值信息，而这种温差受到土壤和大气的耦合影响。于是发展了一些与红外遥感相关的能量平衡-空气动力学阻抗模型、表面温度-光谱模型等，如 Jackson 等[37]建立的日蒸散(LE_d)与冠层-空气温度差(T_c-T_a)的蒸散模型。表面温度-光谱模型是以表面温度为主的蒸散模型。该模型可将潜热通量式(14.23)转换为[4]

$$LE \approx \rho c_p[\Delta(T_c-T_a)+d]/[\gamma(r_a+r_c)] \tag{14.29}$$

式中：d 为参考高度处的水汽饱和差；T_c 为下垫面表面温度；T_a 为空气温度；Δ 为饱和水汽压对温度的斜率，以式(14.22)表达。其他符号的含义同前。

式(14.29)的关键参数为下垫面表面温度 T_c 以及下垫面表面阻抗 r_c——这里指冠层群体表面阻力。已知 r_c 与叶子水势 ϕ(指液态水在叶细胞中的化学能量，与作物缺水指数或土壤水分含量有关)、光照强度 I 及作物群体结构——叶面积指数 LAI 有关，其中 ϕ、I、LAI 均可通过多光谱遥感数据及相关模型来推算。至于表面温度 T_c，可以由热红外遥感数据经模型反演求得。模拟试验表明[4]：由于模型中的 r_a、r_c 随着风速的变化而改变对蒸发的影响，因而模型的选择应根据实际情况而定。一般说来，在大风条件下，以选用表面温度-光谱模型为宜；在小风条件下，以选用热量平衡模型为宜。

2) 双层模型

上述的单层蒸散模型是把土壤和植被作为一个整体、一个边界层来研究其传输过程，它未考虑植被冠层和土壤表面各自的能量平衡、温度及水汽压之间的区别。但在植被部分覆盖情况下，由于土壤和植被的热特性不同，能量、温度和蒸发等在土壤和植被中的分配不一，两者对下垫面总蒸散的贡献不一，情况复杂得多。其中植被冠层对地气界面的气流来说是粗糙的，且是可穿透的面。植被的粗糙性使湍流增强，使感热和潜热的动量输送比裸露地面要强。植物叶子的水汽蒸发为生物物理过程，叶面的水汽导流率($g_c=1/r_c$)与环境状态参数(环境温度、叶子水势、水汽压的损耗等)有关。因此，对于植被覆盖区，尤其是稀疏植被区，必须依据能量平衡原理，将蒸散分为土壤蒸发和植物蒸散两部分，将土壤和植物冠层作为两个边界层，建立双层模型来研究其传输过程。

图 14.5 显示了部分植被覆盖下的土壤-植被-大气系统里热量和物质的交换。对于土壤-大气和植被-大气两个界面，共有 6 个基本要素：土壤表面温度(T_s)、土壤表面水汽压(e_s)、植被冠层表面温度(T_v)和水汽压(e_v^*)，以及位于热交换有效高度处的空气温度(T_b)和水汽压(e_b)。

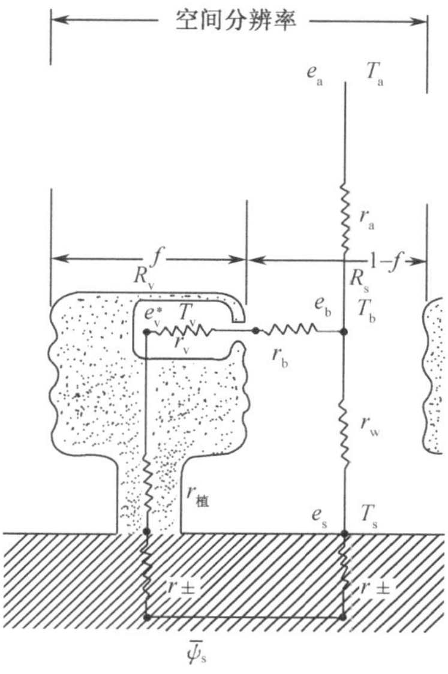

图 14.5 部分植被覆盖下的土壤-植被-大气系统[4]

双层模型又分为串联(series)与并联(parallel)两种模式。串联模式(又称双源模型)将土壤和植被冠层看作上下叠加的两层，彼此存在通量的相互作用，底层的水与热量只能通过顶层离开或进入，从整个冠层发散的总显热通量是各层显热通量之和[38,39]。并联模式(又称马赛克模型)假设土壤与冠层各自独立与外界大气进行湍流交换,二者的通量互相平行,只有与空气的垂直作用,而无相互作用。其前提是认为在植被稀疏且分布不均匀(半干旱地区常见)或行播作物时,冠层与土壤的相互作用比在致密条件下小。在中等风速下,冠层上部的温度、水汽梯度很小,土壤蒸发与植物蒸腾之间只有微弱的耦合关系,因而用平行假设可以使方程更易求解[40]。但实际上,当植被稀疏、土壤较干燥时,土壤温度往往要比植被温度高得多,土壤的热辐射和显热交换将对冠层温度和显热通量影响较大,平行模式简化省略了土壤与植物之间的热交换,将会使地表通量计算误差增大。事实上,对于行播作物而言,土壤和植被是不可以完全分开的,二者间的辐射和湍流是有相互影响的,不可忽视[41]。

双层能量平衡模型一般都将表面净辐射(R_n)用 Beer 定律的方程分配给植被冠层和土壤表面,即把表面净辐射(R_n)分解为植物冠层表面辐射(R_n^v)和土壤表面辐射(R_n^s)的和,并分别定义一个能量平衡方程。再用一组联立的方程模拟每一能级的热交换,解出能量平衡方程的两个最优解,一个是植被冠层的最优解,一个是土壤表面的最优解。植物冠层表面和土壤表面的热量平衡方程分别为

$$\mathrm{LE}_v + H_v + G = R_n^v = \frac{\rho c_p (e_v^* - e_b)}{\gamma (r_v + r_b)} + \frac{\rho c_p}{r_b}(T_v - T_b) + G \tag{14.30}$$

以及

$$\mathrm{LE}_s + H_s + G = R_n^s = \frac{\rho c_p (e_s - e_b)}{\gamma r_w} \frac{\rho c_p}{r_b}(T_s - T_b) + G \tag{14.31}$$

$$R_n = R_n^s + R_n^v, \quad \mathrm{LE} = \mathrm{LE}_s + \mathrm{LE}_v, \quad H = H_s + H_v \tag{14.32}$$

式中:R_n、R_n^s、R_n^v 分别为地表(包括土壤和植物)、土壤、植物冠层表面的净辐射通量;r_w 为土壤和空气的热汽交换阻抗;r_a 为冠层表面与冠层中空气的热气交换阻抗;r_v 为水气从叶内气孔扩散到叶子表面的阻抗。式(14.30)、式(14.31)的前项表示潜热通量(LE)、后项表示显热通量(H)。对遥感而言,关键在于对非均匀地表混合像元如何分解表面温度与净辐射通量,一般采用植被盖度或热惯量信息等不同混合像元分解方法分离植被与土壤的相关信息。

假设叶气孔腔内水汽是饱和的,则冠层表面的水汽压可写成[42]

$$e_v^* = 0.611\exp\frac{17.27(T_v - 273.2)}{T_v - 35.86} \tag{14.33}$$

土壤表层的水汽压可写成[43]

$$e_s = e_s^* \exp(g\psi_s / R' T_s) \tag{14.34}$$

式中:e_s^* 为温度为 T_s 时土壤表面的饱和水汽压,由式(14.33)计算;R'为水汽的气体常数,为 $461\mathrm{m^2/(s^2 \cdot K)}$;$g$ 为重力加速度,为 $9.8\mathrm{m/s^2}$;ψ_s 为土壤水势(m),是一个变量。

根据能量守恒原理,从冠层输送到冠层间空气中的热量和水汽应该等于从这冠层间空气输送到参考高度的热量、水汽,则

$$\frac{\rho c_p}{\gamma r_a}(e_b - e_a) = \frac{\rho c_p}{\gamma r_w}(e_s - e_b) + \frac{\rho c_p (e_v^* - e_b)}{\gamma (r_v + r_b)} \tag{14.35}$$

$$\frac{\rho c_p}{r_a}(T_b - T_a) = \frac{\rho c_p}{r_w}(T_s - T_b) + \frac{\rho c_p}{r_b}(T_v - T_b) \tag{14.36}$$

式中:r_a 为从冠层间的平均高度到冠层上空的参考高度的水汽热量输送阻抗。

Choudhury 等[44]给出 r_b、r_w 的表达式为

$$
\begin{aligned}
r_b &= \frac{50\alpha}{L\left[1-\exp\left(\frac{-\alpha}{2}\right)\right]}\left|\frac{w}{u_h}\right|^{1/2} \\
r_w &= \frac{h\exp(\alpha)}{\alpha k_h}\left\{\exp\left(-\alpha\frac{z_{0s}}{h}\right)-\exp\left[\frac{-\alpha(d+z_0)}{h}\right]\right\} \\
r_a &= r_{a0}\varphi
\end{aligned}
\tag{14.37}
$$

式中：w 为叶子的宽度(m)；φ 为经验常值；z_{0s}为土壤表面粗糙度；u_h 为在作物高度 h 处的风速(m/s)，$u_h=1.5u\ln[(h-d)/z_0]/\ln[(z-d)/z_0]$；$K_h$ 为作物高度处的涡度扩散系数，$K_h=1.5K^2(h-d)u/\ln[(z-d)/z_0]$；$r_{a0}$ 为在中性层结下动量的阻抗，$r_{a0}=\{\ln[(z-d)/z_0]\}^2/(K^2u)$；$\alpha$ 值为经验值，在 0.3～3 区间内变化，一般果园为 0.5，成熟的玉米、向日葵为 1～2，未成熟作物 α 值取决于作物高度处的风速，$\alpha=1.5+0.6u_h$，对于适中密度的作物，则$\alpha=\{(d/h)\ln[(h-d)/z_0]\}^{-1}$；若零平面位移高度 $d=0.65h$，显热交换的粗糙度 $z_0=0.13h$，则 $\alpha=2.2$。

由式(14.32)、式(14.36)可得

$$
\mathrm{LE}=R_n-G-\frac{\rho c_p}{r_a}(T_b-T_a) \tag{14.38}
$$

$$
T_b=\frac{r\gamma_b r_a T_s+r_w r_a T_v+r_w r_b T_a}{r_a r_b+r_w r_a+r_w+r_b} \tag{14.39}
$$

从以上一系列公式[式(14.30)～式(14.39)]可知，通过定量遥感可以反演下垫面表面温度(T_s、T_v)以及由植被结构、密度、光学性质所决定的地表反照率 α、粗糙度 z_0、植被冠层表面阻抗 r_v、植物参数(如叶面积指数 LAI、植被覆盖度 f)等；再加上地面观测的参考高度的温度和湿度等，便可以求出各种关键参数——阻抗、土壤或植物冠层表面的净辐射通量等，从而运用双层蒸散模型，推算出潜热通量，即界面的蒸散发量。

上述模型都是冠层尺度的模型，只能用于较小的局地范围，并假设在此尺度上冠层空气是水平均匀的，所有叶子都是在相同的环境水汽压差条件下进行水分蒸腾。但事实上，对于复杂地表(地表几何与物理状态非均匀和不连续)，水平均匀的假设并不成立。尤其在地表状态发生突变的边界上，温差和湿度差均会引起小尺度的环流和热量交换。Chen 等[45]对绿洲与沙漠交界地带的观测分析表明，边界层中水平平流的作用可达地面与边界层顶垂直热通量的1/3以上。热平流输送使局地的能量平衡结构发生改变，考虑到局地微平流的影响，学者们采用了多种方法，或在能量平衡方程中加入一平流项，或进行适当的订正，以减小由此引起的误差[46,47]。

无论利用地表温度与近地面气温之差计算显热通量的梯度模式，还是利用 Monin-Obuhkov 相似理论计算地气显热交换的阻抗，都需要大量的地表气象观测数据，如风速、气温、粗糙度等。目前还不能依靠遥感手段来获得如空气动力学阻抗力、表面水汽阻力等关键参数，且气温等非遥感数据与遥感数据的时空尺度差异大，使梯度模式的应用受到局限。因而，学者们又研究出一系列遥感蒸散模型与方法。例如，热惯量法抓住了影响地表通量的水热两个最主要的因子，通过地表土壤对吸收辐射的响应计算显热和潜热通量，使反演方法不再依赖气温和风速等非遥感数据，在缺乏气象资料的地区有着很好的应用前景[48]；混合像元组分排序对比法(pixel component arranging and comparing algorithm，PCACA)[4]利用遥感植被覆盖度与混合像元辐射温度之间的信息联系，先求出遥感图像中干、湿裸地及干、湿植被 4 个极点的表面温度值，以构建由 4 个极点和绝对干湿线组成的梯形框架，再运用分层能量分割法来估算每个像元的波文比，进而获得每个像元的显热通量和潜热通量，方法简洁，可操作性强。

§14.4 应用实例

14.4.1 区域地表蒸散量的遥感估算

针对区域地表蒸散量的时空尺度，一般选用 MODIS、NOAA/AVHRR 等短时间分辨率、中空间分辨率的遥感数据源，并需要星-地同步地面观测数据的支持。图 14.6 显示区域地表蒸散量遥感估算的基本过程。

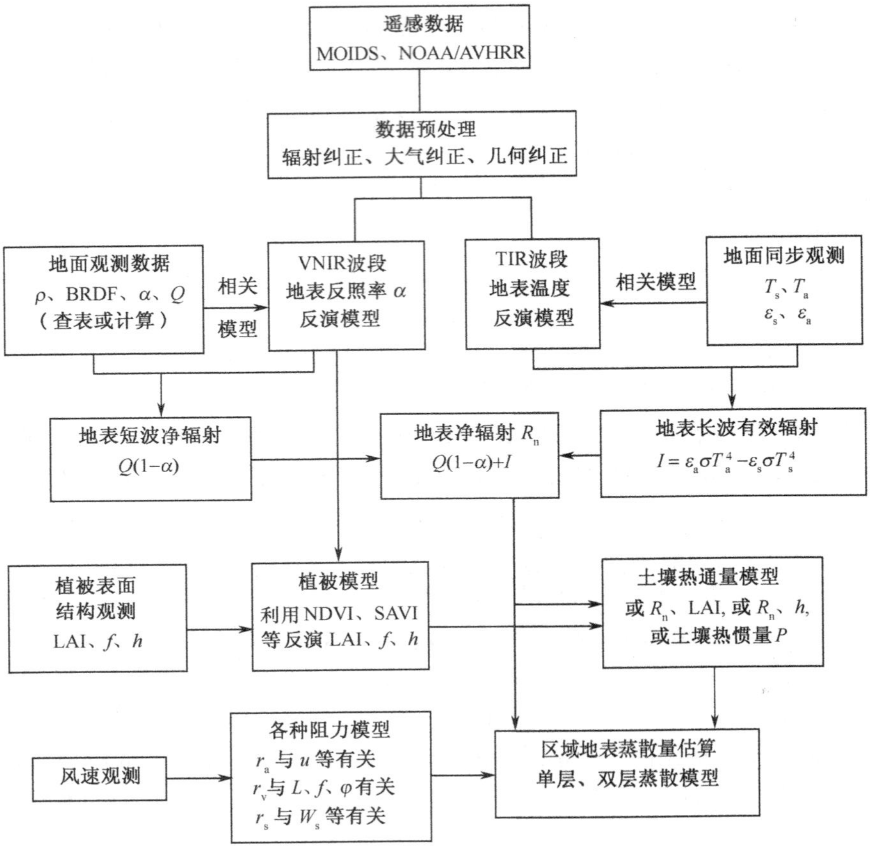

图 14.6　区域地表蒸散量遥感估算过程的示意

1) 求算地表反照率

利用可见光-近红外（VNIR）波段的多光谱遥感数据，结合地面样点地物反照率的同步测量，建立遥感数据与地面信息之间的相关关系式（经验关系式或理论模型），以推算地表反照率（α）。

2) 求算地表短波净辐射（R_{ns}）

（1）利用地面仪器测量或直接查找辐射台站的太阳直射辐射表和天空辐射表，以推算入射到地面的太阳入射辐射（$R_s\downarrow$，即 Q）；

(2) 由以上所得的 Q、α 求算地表反射辐射($R_s\uparrow$,即 αQ);

(3) 由(1)－(2)得地表短波净辐射[$(Q-(1-\alpha)$]。

3) 求算地表温度

(1) 用红外测温仪、红外辐射扫描仪等进行地面样点地物辐射温度的同步测量;

(2) 建立热红外遥感数据与地面同步测量值之间的线性回归方程,以推算地表辐射温度(T_r),并反演地表真实温度 T_s(参见第 4 章有关内容);

(3) 地面测量典型地类的比辐射率(ε_s)。

4) 求算地表长波净辐射(R_{nL})

(1) 利用红外测温仪对着天空"多角度"直接测量所得的天空温度(T_a),求算来自大气的长波辐射,即 $R_L\downarrow=\varepsilon_a\sigma T_a^4$;

(2) 由以上所得的 T_s、ε_s,求算地表发射辐射,即 $R_L\uparrow=\varepsilon_s\sigma T_s^4$;

(3) 由(1)－(2)得地表长波净辐射($R_L\downarrow-R_L\uparrow$),即地表长波有效辐射($I$)为负数。

5) 求算地表净辐射通量(R_n)

以上 2)＋4),即式(14.3)。

6) 求算叶面积指数、植被覆盖度、作物高度

(1) 运用可见光-近红外遥感数据,主要是可见光红波段和近红外波段数据计算植被指数,如 NDVI、RVI、SAVI 等;

(2) 地面同步测量植物的叶面积指数 LAI、植被覆盖度 f、作物高度 h;

(3) 建立遥感植被指数与地面样点 LAI、f、h 之间的相应模型,以便通过遥感所得的植被指数直接反演叶面积指数、植被覆盖度及作物高度;也可通过物理模型反演。

7) 求算土壤热通量

(1) 从土壤热通量(G)与净辐射(R_n)及植被参数(LAI、f、h)的相关性入手,需要地面点同步测量的配合,采用式(14.7)或式(14.11)得土壤热通量 G;

(2) 从遥感热惯量法入手。

8) 求算相关阻抗信息

(1) 地面测风速(u),可以推算空气动力学阻抗(r_a),参看式(14.13)、式(14.14);

(2) 通过叶面积指数 L、植被覆盖度 f 和叶子的水势 φ 或地面干湿的标定资料,参看式(14.26)～式(14.28),得空气动力学阻抗(r_a)与表面阻抗(r_c)。

9) 区域蒸散量估算

将以上数据代入单层或双层蒸散模型[参看式 14.21)至式(14.32)],则可估算区域蒸散量,以及研究其空间分布规律。

Jiang 等[5]提出了一种利用遥感数据估算大面积非均匀区域地表蒸散量的方法。该方法改进了 Priestley-Tayley 方程,避开地表通量估算中包括空气动力学阻抗在内的复杂参数的确

定，利用由遥感测得的地表温度（T_s）和植被指数（NDVI）之间的关联（空间三角形的暖边描述），得到蒸散量的空间分布图。其简化蒸散模型可表达为

$$\mathrm{LE}=\Phi\left[(R_n-G)\frac{\Delta}{\Delta+\gamma}\right] \tag{14.40}$$

式中：R_n-G 为可利用能量，是蒸散的驱动因子；$(R_n-G)[\Delta/(\Delta+\gamma)]$ 为均衡蒸散量；Δ 为饱和水汽压随空气温度 T_a 变化的斜率；γ 为湿度计常数；φ 为综合作用参数。需要注意的是，在没有显著平流和对流的情况下，潜热通量不可能超过 R_n-G，因此 φ 被限定在 0 到$(\Delta+\gamma)/\Delta$ 之间。当 φ 值为 0 时，相应的各个像元没有蒸散量，即 $H=R_n-G$；当 φ 值为$(\Delta+\gamma)/\Delta$，相应的各个像元蒸散量最大，即 $\lambda E=R_n-G$。φ 可由遥感的植被指数（NDVI）和地表温度（T_s）两次插值求得：给定了 φ 值的下限（NDVI=0，$\varphi_{\min}$）、上限（NDVI=$\mathrm{NDVI}_{\max}$，$\varphi_{\max}$）和 NDVI 的取值范围，其间用插值取值；然后在每个 NDVI 类中的最低温度像元（即最大蒸散量的像元 $T_i^{\min}$、$\varphi_i^{\max}$）和最高温度像元（即最小蒸散量的像元 $T_i^{\max}$、$\varphi_i^{\min}$）之间进行插值。使用参数 φ 的优点在于估算非均匀地表时不需要知道明确的空气动力和冠层阻抗。

通过利用 NOAA/AVHRR 遥感数据和多个地面站点的观测数据，对美国中部大平原大面积非均匀区域地表蒸散量的应用研究表明：此方法与传统的 Priestley-Taylor 方法相比，在地表蒸散量估算上的精度提高；与传统的基于空气动力学阻抗理论的余项法相比，在估算大面积范围内地表蒸散量时参数减少、复杂性降低。此简化蒸散模型的主要优点在于能适用于大范围的地表状况和各种像元尺度，且模型中的所有的 4 个量——R_n、G、φ、Δ，都可以主要由遥感数据估算。

14.4.2 城市/乡村地表能量平衡的遥感定量分析

随着城镇化进程，人类对地球环境，特别是局地环境的影响越来越大。研究城乡地区地-气相互作用界面的复杂气候过程，人们常从地表能量平衡出发，用一个边界层数值模型来模拟或表达。这需要准确地输入表面温度和辐射特性等地表生物物理参数。尽管此类数值模型不断改进，但由于难以准确地模拟复杂地表的湍流热通量和长波辐射过程，便直接影响到对冠层水分条件的参数化，从而影响到对冠层温度和蒸散的模拟。

Yang[52]利用 NOAA AVHRR 数据和地表微气象观测数据的结合，反演地表生物物理参数（地表反照率、地表辐射温度、地表蒸散等），并代入以地表能量交换为基础的边界层气候模型中，以改善地表过程的模拟。这种遥感与地面数据的结合，为研究各种空间尺度和时间尺度的边界层气候提供可能。研究区选在美国中西部内布拉斯加州的 Omata 和林肯市及周边地区（面积约 1 万 km^2）。区内地形起伏小，土地利用/土地覆盖类型多样，是研究地表能量交换的较理想场所。具体做法如下所述。

1) 数据的采集及预处理

遥感数据：选用 1990 年 3～11 月的 NOAA/AVHRR 白天的图像数据，经辐射纠正、大气纠正、几何纠正、投影变换等预处理。

气象数据：选用内布拉斯加州 38 个气象站点 1990 年生长季节的微气象数据。包括每小时观测的最高/最低气温、风速、风向、相对湿度、太阳辐射、土壤温度、日降水量以及各种土地覆盖类型的潜在蒸散和实际蒸散等。

土地利用/土地覆盖数据：根据 1990 年 AVHRR 的归一化植被指数 NDVI 和其他辅助

数据所得的土地利用/土地覆盖(LU/LC)数据,经归并得到城市建筑区、居民区、工业区、耕地、草地、耕地/草地混合区、耕地/林地混合区、沿岸林地、森林地等 9 种土地利用/土地覆盖类型。

2）地表生物物理参数反演

A. 地表辐射温度(T_R)

AVHRR 遥感器接收的辐射能量 E,与其热红外通道的数值(DN)之间的关系(即辐射定标)可表示为

$$E = a + b(\mathrm{DN}) \tag{14.41}$$

式中:a 为经验常数;b 为遥感器增益系数。

依据普朗克(Planck)辐射方程,可将遥感器接收的辐射能量 E 转换为亮度温度(同辐射能量的黑体温度)T'_b,表示为

$$T'_b = \frac{c_2 v}{\ln(1 + c_1 v^3 / E)} \tag{14.42}$$

式中:v 为 AVHRR 热红外通道(CH4、CH5)的中心波数(cm^{-1});c_1、c_2 为常数。

通过 McClain 等(1983)的分裂窗口算法,可由 T'_b 得经大气纠正后的表面亮度温度 T_b(黑体温度)为

$$T_b = 1.035 T'_{b4} + 0.3046(T'_{b4} - T'_{b5}) - 283.934 \tag{14.43}$$

式中:T'_{b4}、T'_{b5} 分别为 AVHRR 第 4、5 通道定标后的黑体温度。

地表辐射温度 T_R 与黑体温度 T_b 的关系为

$$\sigma \varepsilon T_R^4 = \sigma T_b^4; \quad T_R = \varepsilon^{1/4} T_b$$

式中:ε 为地表发射率(从数据库或测量获取);σ 为斯蒂芬-波耳兹曼常数。

B. 地表反照率(α_s)

大气层顶(TOA)的宽波段(0.4～1.1μm)地球反照率(planetary albedo)α,可由定标后的 AVHRR 第 1、2 通道反射率 R_1、R_2 按一定比例组成,近似求得

$$\alpha = 2.7872 + 0.4889 R_1 + 0.4605 R_2$$

依据 Koepke(1989)算法,可将 α 转换为相应的地表反照率 α_s,即

$$\alpha_s = m\alpha + n \tag{14.44}$$

式中:m 为大气光程中水汽含量、O_3 含量的函数;n 为大气光程。这里选用中纬度夏季的标准大气条件(则 m、n 已知)。

C. 潜在蒸散($\mathrm{ET_p}$)与实际蒸散(ET)

选用彭曼(Penman)模型计算潜在蒸散 $\mathrm{ET_p}$,表示为

$$\rho_w L_v \mathrm{ET_p} = [\Delta(R_n - G) + \gamma f(v)(e^* - e_a)]/(\Delta + \gamma) \tag{14.45}$$

式中:R_n 为全波段净辐射;G 为土壤热通量;$f(v)$ 为风函数(风速、风向);ρ_w 为固态水密度;L_v 为蒸发潜热(汽化潜热);e^* 为空气饱和水汽压;e_a 为空气实际水汽压;Δ 为饱和水汽压/温度(曲线)的斜率(在平均空气和地表温度下);γ 为干湿球常数。

实际蒸散 ET 表示为

$$\mathrm{ET} = \mathrm{ET_p} K(c_i) \tag{14.46}$$

式中:$K(c_i)$为植被类型及生长阶段的函数,该作物系数由气候中心提供(由野外实际观测的 $\mathrm{ET_p}$、ET 及生长阶段得到)。

3）地表能量平衡模型分析

A. 模型描述

选用 Carlson 一维边界层气候模型，它由 4 层组成，自下而上的分别为：①具有热均匀性的地面层；②辐射、传导、对流交换共存的大气过渡层（贴地面层）；③热通量、水汽通量随高度保持不变（假设）的表面层（近地面层）；④混合层，其高度依赖于下方的表面层作用。

表面层的能量平衡方程为

$$R_n = G + H + \mathrm{LE}$$

式中：R_n 为表面层全波段净辐射；H 为显热通量；LE 为潜热通量；G 为地面热通量。

方程中各分量，又可分别表示为

$$\begin{aligned} &R_n = R\downarrow(1-\alpha_s) - \varepsilon\sigma T_s^4 + \varepsilon_a\sigma T_a^4 \\ &H = -c_n\frac{\partial\theta}{\partial z} - \rho c_p K_n\frac{\partial\theta}{\partial z} \\ &\mathrm{LE} = -(\rho L_v/I_q)\mathrm{SMA}[q_{0s}(T_s) - q_a] \\ &\mathrm{SMA} = \mathrm{ET}/\mathrm{ET}_p \end{aligned} \tag{14.47}$$

式中：$R\downarrow$ 为太阳辐射（直射光和漫射光）；T_s 为地表温度；T_a 为表面层顶部的空气温度；ε_a 为空气发射率；θ 为潜在温度；c_n 为热交换系数；K_n 为热湍流扩散率；c_p 为空气比定压热容；ρ 为空气密度；q_{0s}为饱和比湿；q_a 为空气比湿；I_q 为水汽阻力系数；SMA 为表面水分利用率，在模型中用以表示当温度为 T_s 时饱和表面的最大可能蒸发速率，与表面水饱和度有关，一天中 SMA 为常数。

B. 表面水分利用率的参数化

表面水分利用率（SMA）是模拟地表能量平衡组分的关键参数。考虑到对区域实际蒸散 ET 的模拟，必须计算 SMA 的时空变量。因此，通过遥感植被指数 NDVI 与所测的地表微气象数据的关联使 SMA 参数化。

在太阳能与土壤养分充分供给的条件下，植物光合作用和生物量主要由植物水分利用率控制。当植物受水分胁迫（stress）、叶孔封闭时，植被生物量积累速率降低。此时植物水分利用率和生物量与植物光谱响应密切相关，因此，可以借助植物光谱所得的植被指数来推断植物冠层 SMA（或蒸散）。

通过耕地、草地的 SMA 与 NDVI 的大量采集和线性回归分析，确认两者关系密切（r^2 为 0.81～0.93）。但 SMA 的变化滞后于 NDVI 的变化（时间滞后约 4 周）。由于不同生长期、不同植物类别对水分需求存在差异，回归系数也会变化，因此对所测的“SMA 与 NDVI 数据对”进行了地类的适当归并，这样其 r^2 大于 0.90。用遥感参数NDVI来参数化 SMA 将利于计算图像中每个像素的 SMA。

C. 模型计算

输入模型参数包括遥感所得的地表反照率 α_s、SMA、土地利用/土地覆盖（LU/LC）类型，以及表面粗糙度（z_0）、热惯量（T_1）、田间持水量（查表）、边界层大气条件参数，如气温 T_a、气压 e、风速、风向 $f(v)$、太阳辐射（θ）等。其中一部分输入值被假定为空间不变或仅依赖土地类型变化，则被分类输入模型；另一部分输入数据时空变化显著，必须被指定到像素尺度。模型的初始值和边界参数输入后，则进行上述边界层气候模型像素对像素的迭代计算，最终输出净辐射 R_n、地表温度 T（有别于潜热反演的 T_R）、潜热通量 LE、显热通量 H 等数据和相应的图像。

D. 模型评估

对于模型所得的和卫星数据反演的表面温度和净辐射值，通过统计法的均方根误差(RMSE)和 d 指数法，来评估模型在像素尺度的优劣。其中 d 指数反映观测变量被模型变量准确模拟的程度，被定义为

$$d = 1 - \left\{ \sum_{i=1}^{n} (P_i - O_i)^2 \Big/ \sum_{i=1}^{n} [\,|\,P'_i\,| + |\,O'_i\,|\,]^2 \right\} \tag{14.48}$$

式中：P_i 和 O_i 分别为 i 像元的预测值和观测值；$P'_i = P_i - O$，$O'_i = O_i - O$，其中 O 为平均观测值。

通过模型计算模拟的表面温度 T_s 与遥感定标后的地表辐射温度 T_R，两者空间分布相似，数值上的差异为±0.1～2.4K。城市热岛的强度与范围被较好地模拟，工业区与建筑区的模拟值优于卫星观测值。这些差异可能是由于高估了 SMA 或气象卫星空间分辨率等多种因素造成的。

研究表明：利用多时相、多波段的遥感数据和辅助数据结合，反演地表生物物理参数引入边界层气候模型，扩展时空尺度，可以改善对地表能量平衡过程的模拟。

参 考 文 献

[1] Campbell G S, Norman J M. An Introduction to Environmental Biophysics (2nd). New York: Springer, 1998.

[2] 刘绍民，李小文，施生锦，等. 大尺度地表水热通量的观测、分析与应用. 地球科学进展，2010，25(11)：1113-1127.

[3] Liang S L, Wang K C, Zhang X T, et al. Review on estimation of land surface radiation and energy budgets from ground measurement. Remote Sensing and Model Simulations, 2010, 3(3): 225-240.

[4] 张仁华. 定量热红外遥感模型及地面实验基础. 北京：科学出版社，2009.

[5] Jiang L, Islam S. Estimation of surface evaporation map over southern great plains using remote sensing data. Water Resource Rearch, 2001, 37(2): 329-340.

[6] 徐兴奎，田国良. 中国地表积雪动态发布及反照率的变化. 遥感学报，2000，4(3)：178-182.

[7] Liang S L. Quantitative Remote Sensing of Land Surface. New York: John Wiley & Sons, Inc, 2004.

[8] 刘振华，赵英时，宋小宁. MODIS卫星数据地表反照率反演的简化模式. 遥感技术与应用，2004，19(6)：508-511.

[9] Liang S. A direct algorithm for estimating land surface broadband albedos from MODIS imagery. IEEE Trans Geosci Remote Sens, 2003, 41(1): 136-145.

[10] 焦子锑. 应用 MODIS BRDF 和反照率产品进行地表特性的研究. 北京师范大学博士学位论文，2008.

[11] Liu S H, Liu Q, Liu Q H, et al. The Angular and spectral kernel model for BRDF and albedo retrieval. IEEE journal of selected topics in applied earth observations and Remote Sensing, 2010, 3(3): 241-256.

[12] 王介民，王维真，刘绍民，等. 近地层能量平衡闭合问题-综述及个例分析. 地球科学进展，2009，24(7)：705-713.

[13] Reginato R J, et al. Evapotranspiration calculated from remote multispectral and ground station meteorological data. Remotesens. Environ, 1985, 18: 75-89.

[14] Moran M S, Jackson R D, Raymond L H, et al. Mapping surface energy balance components by combining landsat thematic mapper and ground-based meteorological data. Remotesens Environ, 1989, 30: 77-87.

[15] Friedl M A. Relationships among remotely sensed data, surface energy balance, and area-averaged fluxes over partially vegetated land surfaces J. of Applied Meteorology, 1996, 35(11): 2091-2103.

[16] Choudhury B. Estimating Evaporation and Carbon Assimilation Using Infrared Temperature Data: Vistas in Modeling. *In*: Asrar. G. Theory and Application of Remote sensing. New York: Wiley, 1989.

[17] Chehbouni A, LoSeen D, Njoku E G, et al. Examination of the difference between radiative and aerodynamic surface Temperatures over sparsely vegetated surface. Remote Sens Environ, 1996, 58 : 177-186.

[18] 辛晓洲. 用定量遥感方法计算地表蒸散. 中国科学院遥感应用所博士学位论文，2003.

[19] 王开存，周秀骥，李维亮，等. 利用卫星遥感资料反演地气间感热和潜热通量的研究综述. 地球科学进展，2005，20(1)，42-48.

[20] Stewart J B, Kustas W P, Humes K S, et al. Sensible heat flux-radiometric Surface temperature relationship for eight semi-arid areas. J Appl Meteorol, 1994, 33 : 1110-1117.

[21] Friedl M A. Modeling land surface fluxes using asparse canopy model and radiometric surface temperature measurements. J Geophys Res, 1995, 100: 25435-25446.

[22] Zhang R H, Wang J F, Zhu C Y, et al. The retrieval of two-dimensional distribution of the earth's surface aerodynamic roughness using SAR image and TM thermal infrared image. Science of China Ser D, 2004, 47(12): 1134-1146.

[23] Pamlson C A. Mathematical representation of wind speed and temperature profile in the unstable atmospheric surface layer. J Appl Meteorol, 1985, 9(6): 857-861.

[24] Halfield J L, Perrier A, Jackson K D. Estimation of Evaporation at one time of day using remotely sensed surface temperature. Agric Water Mgt, 1983, 7: 341-350.

[25] 谢贤群. 一个改进的计算麦田总蒸发量的能量平衡——空气动力学阻抗模式. 气象学报, 1988, 46(1): 102-106.

[26] 陈镜明. 现用遥感蒸散模式中的一个重要缺点及改进. 科学通报, 1988, 6: 454-457.

[27] Rosenberg N J, Blad B L, Verma S B. Microclimate the Biological Environment of Plants. New York. John wiley & sens, 1983.

[28] Nishida K, Nemani R R, Glassy J M, et al. Development of an evapotranspiration index from Aqua/MODIS for monitoring surface moisture status. IEEE trans Geosci Remote Sens, 2003, 41(2): 1-9.

[29] Roerink G J, Su Z, Menenti M S. SEBI: a simple remote sensing algorithm to estimate the surface energy balance. Physics Chemistry of Earth (B), 2000, 25(2): 147-157.

[30] Menenti M, Choudhury B J. Parametrization of land surface evapotranspiration using a location-dependent potential evapotranspiration and surface temperature range. *In*: Bolle H J, et al. Exchange processes at the land surface for a range of space and time scales. IAHS Publications, 1993, 212: 561-568.

[31] Tucker C J, Holben B N, Elgin J H, et al. Remote sensing of total dry matter accumulation in winter wheat. Remote Sensing of Environment, 1981, 11: 171-190.

[32] Gutman R. Towards satellite-derived global estimation of monthly evapotranspiration over land surfaces. Advances in Space Research, 1996, 18(7): 67-71.

[33] Chen J H, Kan C E, Tan C H, et al. Use of spectral information for wetland evapotranspiration assessment. Agricultural Water Management, 2002, 55: 239-248.

[34] Wang K, Wang P, Li Z, et al. A simple method to estimate actual evapotranspiration from a combination of net radiation, vegetation index and temperature. Journal Geophysical Research, 2007, 112: D15107.

[35] Choudhury B J, Idso S B. An empirical model for stomatal resistance of wheat. Agric for Meteorol, 1985, 36: 65-82.

[36] Jordan W R, Ritchie J T. Influence of soil water stress on evaporation, root absorption, and internal water status of cotton. Plant Physiol, 1971, 48: 783-788.

[37] Jackson R D, Reginato R J, Idso S B. Wheat canopy temperature: a practical tool for evaluating water requikements. Water Resour Res, 1977, 13: 651-656.

[38] Shuttleworth W J, Wallace J S. Evaporation from sparse crops-an energy combination theory. Quarterly Journal of the Royal Meteorological Society, 1985, 111: 839-855.

[39] Lhomme J P, Chehbouni A. Comments on the vegetation-atmosphere transfer models. Agriculture and Forest Meteorology, 1999, 94 : 269-273.

[40] Norman J M, Kustas W P, Humes K S. Source approach for estimating soil and vegetation energy fluxes in observations of directional radiometric surface temperature. Agriculture and Forest Meteorology, 1995, 77 : 263-293.

[41] Kustas W P, Norman J M. Evaluation of soil and vegetation flux predictions using a simple two-source model with radiometric temperatures for partial canopy cover. Agricultural and Forest Meteorology, 1999, 94: 13-29.

[42] Murray F W. on the computation of saturation vapor pressure. J Appl Meteorol, 1967, 6: 203-204

[43] Camillo P J, Gurney R J. A resistance parameter for bare-soil evaporation models. Soil sci, 1986, 141: 95-105.

[44] Choudhury B J, Monteith J L. A four-layer model for the heat budget of homogeneous land surfaces. Q J R Meteorol Soc, 1988, 114: 373-398.

[45] Chen J, Pan L L, Mitsuta Y, et al. The heat budget in mixed layer over transitional area between Gobi and oasis. In proc.

International symposium on HEIFE, Kyoto University, Kyoto, Japan, 1993, (8-11): 412-423.
[46] 莫兴国. 用平流-干旱模型估算麦田潜热及平流. 中国农业气象, 1995, 16: 1-4.
[47] 占车生. 中国陆面蒸散发量的遥感反演及时空格局. 中国科学院地理科学与资源研究所博士学位论文, 2005.
[48] Zhang R H, Sun X M, Zhu Z L, et al. A remote sensing model for monitoring soil evaporation based on thermal inertia and its validation. Science in China (D), 2003, 46 (4): 342-355.
[49] Zhang R H, Sun X M, Wang W M, et al. An operational two-layer remote sensing model to estimate surface flux in regional scale: physical background. Science in China (D), 2005, 48 Supp. 225-244.
[50] Li Z L, Tang R L, Wan Z M, et al. A review of current methodologies for regional evapotranspiration estimation from remotely sensed data. Sensors, 2009, 9: 3801-3853.
[51] Friedl M A. Forward and inverse modeling of land surface energy balance using surface temperature measurements. Remote Sensing of Environ, 2002, 79(2-3): 344-354.
[52] Yang L M. Integration of a numerical model and remotely sensed data to study urban/rural land surface climate processes. Computers & Geosciences, 2000, 26: 451-468.

第 15 章 土壤水分遥感

土壤水分(土壤湿度、土壤含水量),作为陆面水资源形成、转化、消耗过程研究中的基本参数,是联系地表水与地下水的纽带,也是研究地表能量交换的基本要素,并对气候变化起着非常重要的作用。土壤水分的变化能影响其本身的水热过程,使地表参数发生变化,如地表反照率、土壤热容量、地表蒸发和植被生长状况等。这就导致地表能量、水分的再分配,并通过改变地表向大气输送的显热、潜热辐射通量,影响到气候变化;气候变化又能引起土壤含水量的变化。两者相互作用,其中包含复杂的反馈过程。此外,土壤水分作为陆面生态系统水循环的重要组成部分,是植物生长发育的基本条件,也是研究植物水分胁迫、进行作物旱情监测的最基本因子。然而,自然环境下土壤水分的较大时空变动性,使得难以连续地、大范围地精确测量和监测它的时空变化。显然,遥感是监测区域尺度土壤湿度状况时空变化的有效途径。

土壤水分遥感取决于对土壤表面反射或发射的电磁辐射能的测量。而土壤水分的电磁辐射强度的变化取决于其反射率、发射率、电介特性、温度等。土壤水分特性在不同波段有不同的反应,人们可以依据土壤的物理特性和辐射理论,利用可见光、近红外(VIS-NIR)、热红外(TIR)、微波(MW)不同波段遥感资料、研究方法以及与环境因素(地貌、植被等)的相关分析,来监测土壤水分。

可见光-近红外方法主要依赖于地物的反射光谱特性。由于影响地物光谱的因素很多,如表面粗糙度、土壤结构、有机质含量等,因此借助于地物反射光谱差异来估算土壤水分,在精度上受到一定的限制。当然,随着高光谱遥感数据的应用,可见光-近红外法估算土壤水分的精度有所提高,并被应用于大尺度的土壤水分遥感监测中。

由于热红外和微波信号与土壤水分含量之间存在成因上的联系,因此在某些特定条件下,这两个波段均具有较强的监测土壤水分的潜力。热红外遥感主要是依据土壤水分平衡及热量平衡原理,通过地表热通量方程及地表能量平衡边界条件,从遥感成像机理出发,运用热红外遥感的土壤热惯量、植物蒸散、作物缺水指数等方法监测土壤水分;而微波遥感则是通过土壤辐射亮温、土壤介电常数与土壤水分的关系,建立遥感数据与地面测量值间的经验-半经验统计回归模型、数值模拟方程(如水热耦合传输方程)等来监测土壤水分,并借助 GIS 的支持,通过引入辅助参数,以提高遥感土壤水分、旱情监测的精度和时效。随着对土壤-植被-大气系统(soil-plant-atmosphere continum,SPAC)的研究,以及 SPAC 模拟扩展到地下水(GSPAC)的模拟,遥感土壤水分研究有了很大的发展。尽管研究有不少的突破,但土壤水分遥感一直是遥感研究与应用的难点。显然,运用任何单一的测定法记录的电磁辐射信息研究土壤水分总有其机理上的局限性,综合应用多种遥感信息源与方法协同反演可以得到更好的应用效果。当然,协同反演涉及多种遥感数据的辐射传输机制、参数表达、时空尺度等一系列亟待解决的科学问题。

§15.1 可见光-红外遥感反演土壤水分

可见光-红外遥感反演土壤水分,是在地物波谱特征分析和遥感成像机理研究的基础上,直接运用遥感数据(不需要其他辅助数据),通过简单的数值运算,获得对地表水分信息有指示意义的各种遥感指数，避开了微气象等一系列难以得到的参数，是遥感监测区域土壤水分、作物旱情的一种简便有效的方法，被国内外学者广泛采用。

15.1.1 遥感指数法

1. 植被指数法

可见光-近红外方法主要利用土壤及土壤上覆植被的光谱反射特性来估算土壤水分。干燥土壤的反射率较高，而同类的湿润土壤在各波段的反射率相应下降，它们反映了土壤表面干湿程度。土壤水分也在一定程度上影响到植被冠层的光谱。当光照、温度条件变化不大时，植被生长状况主要与水分有关。而植被胁迫状况(即缺水状况)可以通过不同的遥感植被指数来表征。因此可以通过植被指数法(如植被状态指数、距平植被指数等)间接估算土壤水分。例如，通过多年遥感资料的积累，计算出常年旬平均植被指数与当年旬植被指数的差异，用距平植被指数来判断当年植被(作物)的长势和旱灾程度，如旬距平植被指数 ATNDVI 被定义为[1]

$$\mathrm{ATNDVI} = (\mathrm{TNDVI} - \overline{\mathrm{TNDVI}}) \tag{15.1}$$

$$\mathrm{TNDVI} = \max[\mathrm{NDVI}(t)] \qquad t = 1,2,3,\cdots,10$$

式中：$\overline{\mathrm{TNDVI}}$为同旬各年的归一化植被指数平均值；$t$ 为天数；NDVI(t)为第 t 天的植被指数值；TNDVI 为当年该旬的植被指数，也是 10 天内最大的 NDVI 值。

Kogan[2]基于多年 NOAA/AVHRR 数据集，运用植被状态指数 VCI(vegetation condition index)，反映植被在不同年份间的生长波动情况，以表征植被受胁程度。VCI 被定义为

$$\mathrm{VCI} = 100(\mathrm{NDVI} - \mathrm{NDVI}_{\min})/(\mathrm{NDVI}_{\max} - \mathrm{NDVI}_{\min}) \tag{15.2}$$

式中：NDVI、$\mathrm{NDVI}_{\max}$、$\mathrm{NDVI}_{\min}$分别为经平滑的当周、多年绝对最大、多年绝对最小的归一化植被指数。其分母反映了当地植被的生境，其分子反映了特定时期的气象信息；若 NDVI 与 $\mathrm{NDVI}_{\min}$之间差值小，则表示该时段植被生长状况差。VCI 与 NDVI 呈正相关关系。可见，VCI 既可反映 NDVI 因气候变化而产生的变化，又可反映植被的缺水状况，可用于土壤水分与旱情的遥感监测。

纯植被指数法(NDVI、ATNDVI、VCI 等)虽能在一定程度上反映植物的受胁状况，但忽略了气温、降水等环境因素对植被指数的影响。从地表能量平衡的角度，蒸散量能很大程度地控制地表温度。当植物受水分胁迫时，为了减少因蒸腾所造成的水分损失，植物叶片气孔关闭，蒸散量(潜热通量)降低，则可使显热能量增强，而显热能量增加可导致冠层温度升高。可见，植物冠层温度升高是植物受水分胁迫和干旱的直接指标。

也就是说，土壤水分与植被指数之间呈正相关，而与表面温度之间呈负相关。因此，可以利用植被指数、冠层与土壤表面温度、土壤与植被水分状况三者之间的相互关系，建立各种相关指标，以进行土壤水分的遥感监测。

2. 植被-温度指数法

考虑到植被冠层温度的变化(升高)与植物受水分胁迫直接相关，植被冠层温度 $T\mathrm{c}$ 和 NDVI 的结合能够提供地表植被和水分条件信息。Kogan[2]在植被状态指数 VCI 的基础上，同时提出了用于监测与水和温度有关的植被胁迫时的两个指标 VCI-TCI、VCI/T_4，其中温度状态指数 TCI 反映温度与植物生长的不同响应，被定义为

$$\mathrm{TCI}=100(T_{\max}-T)/(T_{\max}-T_{\min}) \tag{15.3}$$

式中：T、T_{max}、T_{min}分别为由 AVHRR/CH4 推导出的，经平滑的当周、多年绝对最大、多年绝对最小的亮度温度（T_B）。TCI 与 T 呈负相关关系。

VCI-TCI 相似于 NDVI 和 T_B 的分量，其值从 0 变化到 100，反映了植被生长条件从最差到最好的变化；而另一个指标 VCI/T_4，用来表达土壤缺水对植被胁迫的近似作用。Kogan[3]在旱灾遥感监测研究中，又提出植被-温度混合状态指数 VTCI 的概念，表示为

$$\mathrm{VTCI}=\alpha\cdot\mathrm{VCI}+\beta\cdot\mathrm{TCI} \tag{15.4}$$

$$\mathrm{VCI}=(\mathrm{NDVI}-\mathrm{NDVI}_{min})/(\mathrm{NDVI}_{max}-\mathrm{NDVI}_{min})$$

$$\mathrm{TCI}=(T-T_{min})(T_{max}-T_{min})$$

式中：NDVI、NDVI_{max}、NDVI_{min}分别为平滑后的月（或旬、年）的 NDVI 值、最大值、最小值；T、T_{max}、T_{min}是 AVHRR 第 4、5 通道数据的亮度温度；α、β为权重系数，与植被类型、生长阶段、地理位置等有关。

运用上述这些指标（VCI、TCI、VCI-TCI、VCI/T_4 等）可以对全球或区域尺度的干旱和植被胁迫进行有效监测，但它们用的是多年遥感数据的统计值，且忽略了植被月、旬、季节的变化，这在一定程度上限制了它在遥感估算土壤水分中的应用。

此外，考虑到卫星遥感反演的归一化植被指数 NDVI 和植被冠层温度 T_c 是反映植被覆盖地表干旱程度的两个重要指标。结合这两个指标，定义 NDVI 与 T_c 的比值为植被供水指数 VSWI（VSWI = NDVI / T_c 或 VSWI=T_c/NDVI）来监测土壤水分的变化[4,5]。植被供水指数的物理意义为：当植被供水正常时，NDVI 在一定的生长期内保持在一定的范围；若遇到干旱，土壤水分低于正常范围，作物供水不足，一方面植物的生长受到影响，NDVI 降低；另一方面缺水导致植物部分气孔关闭，植物冠层温度升高。该方法适用于具有中等以上植被覆盖度地区的旱情遥感监测。

张仁华[6]通过对观测数据的分析发现，凌晨的地温与午后的地温差，干土比湿土大，表层比深层大；随着湿土变干，干湿不同的地块其地温垂直分布逐渐趋向一致，说明土壤含水量是引起干湿地块温度差别的主要因素。于是，从地表能量平衡出发，对表面温度进行归一化处理，得相对温差模型：$K(T_{max}-T_{min})/(T_{max}+T_{min})$。其中，$K$ 是地表热传导系数，它与天气类型（风速、太阳辐射、空气湿度、温度）、季节、土壤类型等有关。研究表明：$(T_{max}-T_{min})$较好地反映了土壤热通量 G 所造成的地表温度日振幅；而$(T_{max}+T_{min})$较好地表达了土壤热量日收入；土壤表面温度归一化处理能中和掉一些不可测因素。因而，它是一种表达土壤含水量信息的遥感指标。

3. 湿度指数法

在宏观生态环境快速评价中，往往需要提取反映环境状况的湿度信息，但并非需要十分准确的湿度值。从这一点出发，可以从地物波谱特性入手，构建反映地表湿度信息的遥感湿度指数，如归一化水分指数 NDWI=（NIR－SWIR）/（NIR＋SWIR）[7]、归一化湿度指数 NDMI=（G－SWIR）/（G＋SWIR）[8]等。以陆地卫星 TM 数据研究内蒙古中西部地区生态环境变化为例，考虑到短波红外 TM5 波段（1.55～1.75μm）处于水的吸收带（1.4μm～1.9μm）之间，受水吸收带的影响，TM5 对湿度、含水量信息非常敏感；而水在绿光 TM2 波段亮度值相对较高，经非线性的归一化处理，得归一化湿度指数 NDMI=（TM2－TM5）/（TM2＋TM5）。研究表明，在 NDMI 图像上，水体 NDMI 值最大；农地、草地、林地次之，且植被随含水量降低 TM5 亮度值升高，NDMI 值变小；沙地、盐碱地 NDMI 值最小。此方法简便易行，提取地表湿度信息层次分明，效果好。

此外，在第 2 章中，我们曾介绍了植物、土壤的波谱反射特性和它们所具有的多个光谱水吸收带（如植物光谱以 0.97μm、1.2μm、1.4μm、1.9μm、2.7μm 为中心的水吸收带），以及干湿植物、土壤对反射光谱的影响。运用遥感高光谱数据，对植被、土壤光谱反射曲线水吸收峰形态特征进行参数化描述，也是遥感监测区域土壤水分、作物旱情的一种有效方法。

15.1.2 温度-植被指数特征空间分析

1. TVX 法

许多研究表明：在 8～14um 光谱范围内测得的地表辐射温度（T_s），与在可见光—近红外波段的植被指数（如 NDVI）之间具有相关性。考虑到植被指数（VI）与地表温度（T_s）之间的相关性以及它们各自与地表水分的相关性，Goward 等[9] 提出了基于温度-植被指数空间分析，估算近地表土壤水分状态的温度/植被指数测定法（the temperature/vegetation index，TVX）。图 15.1 显示地表温度 T_s 与植被指数 NDVI 的相关关系，其拟合线的两个极点分别是裸地（即土壤）温度 T_g 和植物全覆盖的冠层温度 T_c。在多数情况下，NDVI 与 T_s 呈显著负相关，随着 NDVI 值的增加地表温度降低。斜度[$K=\Delta T_{c\cdot g}/(\mathrm{NDVI}_{max}-\mathrm{NDVI}_{min})$]越大，地表越干燥，土壤湿度越低。同等大气和地表湿度条件下，不同的地表类型会有不同 T_s-NDVI 斜率和截距；不同地区所得到的曲线斜率和截距也有差异。这主要与植被覆盖度、地表蒸散量、地表热特征（导热性和热容量）、地表土壤湿度状况等有关。大量研究表明[10]，TVX 法不仅在评价区域土壤水分条件中具有一定的应用潜力，而且可以较好地反映近地表 2cm 的土壤水分日变化以及近地表 10cm 的土壤水分的季节变化趋势。其中最关键参数——裸地温度的变化对于评价土壤水分状态有重要的指示作用，而冠层温度起到植物气孔关闭的指示作用。利用裸地与冠层的温度差（$\Delta T_{c\cdot g}$），可提高土壤水分条件的评价精度。研究还表明，导致温度与植被指数关系变化的影响因素，除了近地表（2cm）土壤水分外，还有入射辐射、风速等环境要素。因此，运用 TVX 方法评价土壤湿度时，要同时考虑决定温度、植物因子相关性的其他变量的作用，进行相应的敏感性与不确定性分析。

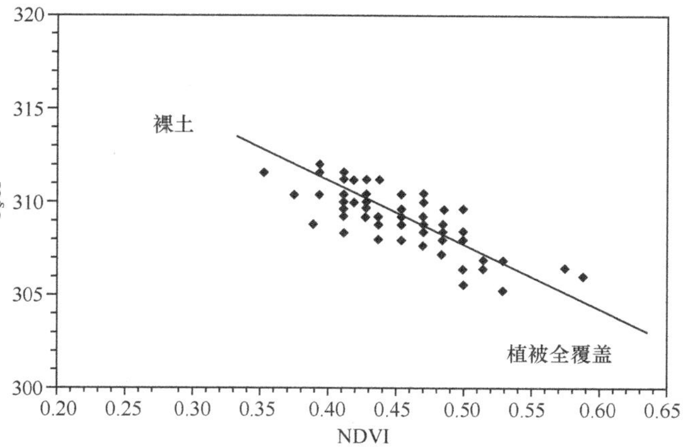

图 15.1 地表温度 T_s 与 NDVI 的相关关系[10]

2. 基于 T_s-NDVI 特征空间的温度植被干旱指数（TVDI）

假如研究区域的遥感数据涵盖了从裸土到植被全覆盖以及地表水分从干到湿的变化，则以通过遥感获得的地表温度 T_s 为纵坐标(代表在相同的地表植被覆盖率下,土壤湿度差异造成的地表温度变化),以植被指数 NDVI 为横坐标(代表地表植被覆盖率的变化)构成的像元散点图,呈三角形状(大部分限定在一个三角形区域内)[5,11]或呈梯形[12],如图 15.2所示。图中,在 T_s-NDVI 特征空间,将湿边(T_{smin})处理为与 NDVI 轴平行的直线,干边(T_{smax})与 NDVI 呈线性关系。图的左边(顶—底)代表裸土从干到湿、地表温度从高到低的变化;当沿着 X 轴(NDVI)绿色植被数量增加时,地表吸收的辐射能通过植被蒸腾作用转化为潜热的能力加强,而转化为显热的能力相对减弱,地表温度下降。其特征空间的顶点(最大地表温度)或干湿边的确定建立在对遥感数据统计的结果上,只要求地表覆盖从裸土到密闭植被和地表水分从干到湿的变化,不需要其他辅助数据,仅利用遥感数据便可以进行大范围的地表土壤水分监测,方法简便易行。这条干边与地表模型相结合能用来推导土壤湿度。

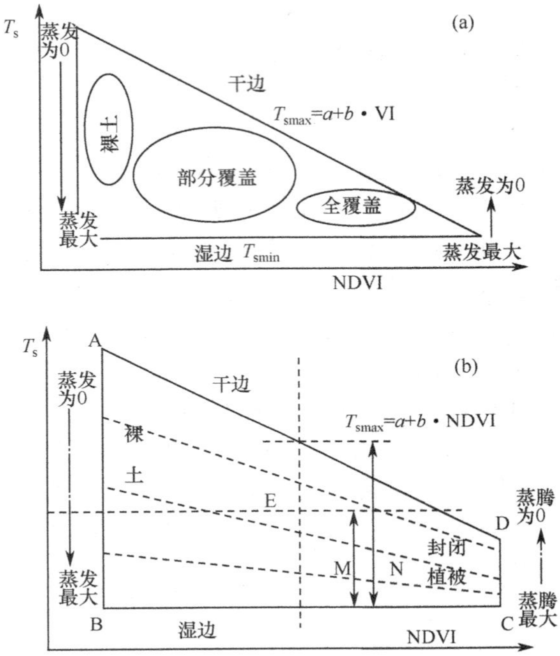

图 15.2 简化的 T_s-NDVI 空间[13]

Sandholt 等[13]基于 T_s-NDVI 特征空间,提出了一种简化的温度植被干旱指数 TVDI,它以卫星数据所得的地表温度(T_s)与植被指数(NDVI)为基础,TVDI 与土壤湿度直接相关,是表征植被受水分胁迫指标,可表示为

$$\text{TVDI}=\frac{T_s-T_{smin}}{T_{smax}-T_{smin}} \text{或 TVDI}=\frac{T_s-T_{smin}}{a+b\text{NDVI}-T_{smin}} \tag{15.5}$$

式中:T_s 为在给定的像素条件下观测到的地表温度;T_{smin}为 T_s-NDVI 特征空间的最低地表温度,对应着特征空间的"湿边"(TVDI=0);T_{smax}是在给定 NDVI 值条件下的最高地表温度($T_{smax}=a+b$NDVI),对应着特征空间的"干边"(TVDI=1);a 和 b 为系数,可由 T_s-NDVI 特征空间的"干边"线性拟合得到。对于每个像元,利用 NDVI 确定 T_{smax},根据 T 在 T_s-NDVI 特征空间中的位置,计算 TVDI。T 越接近干边,TVDI 越大,土壤湿度越低;反之,T 越接近湿边,TVDI 越小,土壤湿度越高。NDVI 的值越高,TVDI 的不确定性越大。图 15.2(b)梯形空间内任意点 E 的 TVDI 值为线段 M 与 N 的长度比值。基于 TVDI 与土壤含水量这种对应关

系，在地面实测数据的支持下可以拟合出两者的函数关系，实现土壤水分的反演。在实际操作中，为了对干边参数化，可以在 T_s-NDVI 比率中提取短间隔 NDVI 的最大温度值，并在上边线的斜边上用最小二乘法线性回归找到参数 a 和 b。

以上讨论的 TVX 和 TVDI 方法的最大优点在于它们完全不依赖辅助性数据，仅通过大量遥感数据即可应用。

此外，在植被覆盖区，土壤水分的估算常通过对植被含水量的监测来实现。同时，植被含水量的测定是监测植被受干旱胁迫的关键。目前，对植被含水量的研究采用多种方法，涉及可见光-近红外、短波红外、热红外、微波几乎各个波段范畴，可参看第 12 章中的相关内容。只不过在第 12 章中强调的是如何去除土壤背景对植被水分监测的影响，而在这里侧重于通过植被水分变化来监测土壤水分的变化。

VIS-IR 遥感指数法监测土壤水分的不足之处在于：一方面，影响地物反射与发射光谱的因素很多，如大气状况、光照条件、土壤结构、表面糙度、有机质含量等，因此影响到用遥感指数法估算土壤水分的精度；另一方面，遥感指数法难以表达土壤中水分的运动形式、运动规律等，这于对旱情监测而言是很不够的。

§15.2 热红外遥感反演土壤水分

热红外遥感监测土壤水分依赖于土壤表面发射率与表面温度。图 15.3 显示某一农作区的航空热扫描(晚间 9 点)图像。图右上角暗黑色方块为金属材料屋顶的农舍，其上方规则形状的浅灰色为牛圈，图中的深浅花斑状表征由土壤湿度差异造成的温度差异。湿地因水分蒸发的冷却效应呈暗灰色。

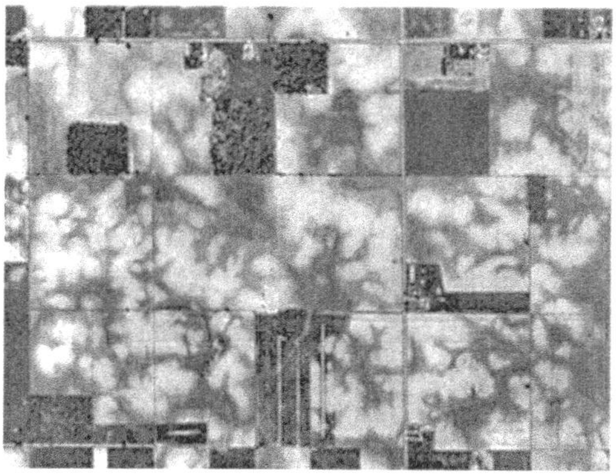

图 15.3 航空热扫描图像监测土壤水[14]

热红外遥感监测土壤水分一般采用两种方法：热惯量法、植物蒸散与植物缺水指数法。

15.2.1 遥感热惯量法

在第 4 章“热红外遥感”中，曾经提到过热惯量的概念。热惯量是量度物质热惰性大小的物理量。它是物质热特性的一种综合量度，反映了物质与周围环境能量交换的能力，即反映物质阻止热变化的能力。在自然条件下，由于多种环境因素的影响，不同物质的热惯量存在很大差异，这种差异对该物质的温度变幅起决定作用。热惯量 P 被定义为

$$P = [K\rho c]^{1/2} \tag{15.6}$$

式中：K 为热传导率，指热通过物体的速率[J/(cm·s·K)]；c 为物质比热容，指物质储存热的能力[J/(g·K)]；ρ 为物质密度(g/cm^3)。

对于大多数物质而言，热惯量 P 随着物质热传导率 K、比热容 c 和物质密度 ρ 的增加而增加。由于土壤密度、热传导率、热容量等特性的变化在一定条件下主要取决于土壤含水量的变化，因此土壤热惯量与土壤含水量之间存在一定的相关性。土壤的热传导率、热容量随土壤含水量的增加而增大，土壤热惯量 P 也随着土壤含水量的增加而增大。此外，土壤表面温度的日变化幅度(日变幅)是由土壤内、外部因素决定的。其内部因素主要指反映土壤传热能力的热导率(K)和反映土壤储热能力的热容量(C)；外部因素主要指太阳辐射、空气温度、相对湿度、云、雾、风等。其中，土壤湿度强烈控制着土壤温度的日变幅(日较差)，土壤表层昼夜日温差随土壤含水量的增加而减小。而土壤温度日较差可以通过热红外遥感数据获得。因此，对于裸土或低植被覆盖区，可以用遥感热惯量法来研究和监测土壤水分。这里的关键在于必须建立热红外遥感数据与土壤热惯量的关系模型、土壤热惯量与土壤水分含量的关系模型，以及土壤表层水分含量与一定深度土壤水分含量的数值模拟模型。

根据地表热量平衡方程和热传导方程，人们建立了各种热惯量模型。这些模型除了考虑太阳辐射、大气吸收和辐射、土壤热辐射和热传导等效应外，还考虑到蒸发和凝结、地气间对热流交换等效应，因而所需的参数较多，计算较为复杂。一般情况下，地表热惯量可以近似表示为地面温度的线性函数。地表热惯量可以通过对土壤反照率和反映周日温度变化的日最大、最小温度的测量来获得。Price[15]在地表能量平衡方程的基础上，简化潜热蒸发(散)形式，引入地表综合参数 B 的概念，通过对热惯量法及热惯量的遥感成像机理的系统研究，提出以下热模型，即

$$T_{午后} - T_{夜间} = \frac{2S\tau C_1(1-\alpha)}{\omega P^2 + B^2 + \sqrt{\omega}PB} \tag{15.7}$$

式中：P 为地表热惯量 ($J \cdot m^{-2} \cdot s^{-\frac{1}{2}} \cdot K^{-1}$)；$\alpha$ 为地表反照率；$T_{午后}$、$T_{夜间}$ 分别表示午后(13:30)和夜间(2:30)的地表温度(K)，ΔT 为昼夜温差，$\Delta T = T_{午后} - T_{夜间}$；$S$ 为太阳常数($1.37\times 10^3\ J/m^2$)；τ 为大气透过率(假设约为 0.75)；C_1 为太阳赤纬(δ)和当地纬度(φ)的函数，$C_1 = 1/\pi[\sin\delta\cos\varphi(1-\tan^2\delta\tan^2\varphi)^{1/2} + \arccos(-\tan\delta\tan\varphi)\cos\delta\cos\varphi]$；$\omega$ 为地球自转角速度；B 为表征土壤发射率、空气比湿、土壤比湿等天气与地面实况的地表综合参数，可由地面实测数据得到。

根据式(15.7)，可得到表观热惯量(apparent thermal inertia，ATI)的近似方程

$$P = 2S\tau C_1(1-\alpha)/[\sqrt{\omega}(T_{午后} - T_{夜间})] - 0.9B/\sqrt{\omega} \tag{15.8}$$

式中：$S\tau C_1$ 为入射到达地面的太阳总辐射量，可用 Q 表示。而对于一般均匀的大气条件、平坦的地表来说，大气透过率 τ 和大气-土壤界面的综合因子 B 均可认为是常数，则式(15.8)可简化为

$$P = 2Q(1-\alpha)/\Delta T \tag{15.9}$$

式中的 $Q(1-\alpha)$ 表征地表对太阳辐射的净收入 R_n。若不考虑测地的纬度、太阳偏角、日照时数、日地距离，而只考虑反照率和温差，则式(15.9)又可简化为

$$P = (1-\alpha)/\Delta T \tag{15.10}$$

可见，$(1-\alpha)/\Delta T$ 值唯一由地物的热惯量 P 的相对大小决定，即 $(1-\alpha)/\Delta T$ 值大，P 也大；反之，P 就小。若不同物体 $(1-\alpha)$ 相同，即吸收太阳能量相同，则热惯量大的物体，昼夜温

差小；反之，热惯量小的物体，昼夜温差大。可见，热惯量是决定地物日温差大小的物理量。

以上推导表明，地表热惯量的计算关键在于获得地表反照率和昼夜温度变化。其中，地表反照率 α 可通过多波段遥感的反射值反演获得（参看 14.2.2 的相关内容）；昼夜温差（$\Delta T = T_{午后} - T_{夜间}$）可通过昼夜不同时相热红外波段的发射值反演获得，代入式（15.10）则得表观热惯量。再利用热惯量与土壤水分的关系，以及由多波段遥感数据所获得的土壤质地等信息，来估算大面积的土壤水分。

需要注意以下几点。

（1）若不需要计算热惯量的绝对值，而只要求热惯量的相对大小，则求算表观热惯量即可。倘若需要计算地表“真实”热惯量，即由表观热惯量推算地表“真实”热惯量，需要确定入射到地面的太阳总辐射量 Q、大气透过率 τ，以及与气象-地面条件有关的参数 B［参见式（15.7）］。Q 可通过式（1.19）的理论计算获得，也可以从气象台站或辐射台站的太阳直射辐射表和天空辐射表测得；大气-土壤界面的综合因子 B 可根据各地的自然条件和大气条件的特定情况求得；再代入式（15.7），则得某地自然条件和大气状况下的地表热惯量（P）。

（2）遥感测得的地物辐射温度不等于实际温度。但实验证明：地物辐射温度的昼夜温差（ΔT_r）与其实际温度的昼夜温差（ΔT）之间误差很小，即 $|\Delta T_r - \Delta T| < 1\text{K}$，因而可以用 ΔT_r 近似替代 ΔT。物体实际温度的昼夜温差（ΔT）则为午后（全天最高）和夜间（全天最低）热红外辐射温度之差。由于遥感数据是某个瞬间的信息，研究中可将当地积累的不同季节的标准日温度变化曲线（近似正弦曲线）作为先验知识引入遥感温度反演中。

以上方法简便易行，被广泛应用于裸土或低植被覆盖区的土壤水分研究，但对植被覆盖区误差较大，限制了该方法在监测区域土壤表层水分时的应用。为了提高遥感热惯量法监测区域表层土壤水分的精度和扩大其应用范围，学者们从不同的方面对遥感真实热惯量模型与方法作了各种改进[16~20]。一方面，从地表辐射能量平衡热传导理论出发，将遥感的显热（H）和潜热（LE）加入边界条件，以进一步扩展表面信息；另一方面，从土壤热能量平衡条件出发，对地表土壤组分温度、土壤潜热、土壤显热进行求解，使遥感热惯量法的应用由裸地和低植被覆盖区逐步扩展到植被覆盖较大的区域。

假设地面物质为均匀介质，以地球表面辐射能量平衡为边界条件的热传导方程为[16]

$$\begin{cases} \dfrac{\partial T(x,t)}{\partial t} = D_{\mathrm{H}} \dfrac{\partial^2 T(x,t)}{\partial x^2} \\ -k\dfrac{\partial T(x,t)}{\partial x}\bigg|_{x=0} = (1-\alpha)S_0 C_\tau \cos\theta - [A_{\mathrm{C}} + BT(0,t)] \end{cases} \tag{15.11}$$

式中：D_{H} 为热扩散系数，$D_{\mathrm{H}} = k/(c\rho)$；$\alpha$ 为地表反照率；A_{C} 和 B 为与气象条件和地表状况有关的参数，其前提条件是地表平坦，面积较小，气象条件均一。考虑地表显热 H、潜热 LE 后的方程为

$$\begin{cases} \dfrac{\partial T(x,t)}{\partial t} = D_{\mathrm{H}} \dfrac{\partial^2 T(x,t)}{\partial x^2} \\ -k\dfrac{\partial T(x,t)}{\partial x}\bigg|_{x=0} = (1-\alpha)S_0 C_\tau \cos\theta - [\mathrm{LE} + H + BT(0,t)] \end{cases} \tag{15.12}$$

利用 Carlaw 等的积分法，由式（15.12）求出表面温度 $T(0,t)$[17]，即

$$T(0,t) = -\frac{\mathrm{LE}+H}{B} + (1-\alpha)S_0 C_\tau \frac{A_n \cos(n\omega t - \delta_n)}{\sqrt{B^2 + n\omega P^2 + \sqrt{2n\omega}BP}} \tag{15.13}$$

式中：$\delta_n = \arctan[\frac{P\sqrt{n\omega}}{\sqrt{2}B + P\sqrt{n\omega}}]$；$A_n$ 为 $\cos\theta$ 的傅里叶展开式各简谐分量的振幅，随 n 的增大而减小，当 $n\to\infty$ 时，$A_n = 0$。则式(15.13)可简化为

$$T(0,t) = -\frac{\mathrm{LE}+H}{B} + (1-\alpha)S_0C_\tau \frac{A_1\cos(\omega t - \delta_1)}{\sqrt{B^2 + \omega P^2 + \sqrt{2\omega}BP}} \tag{15.14}$$

式中：$\delta_1 = \arctan\left[\frac{P\sqrt{\omega}}{\sqrt{2}B + P\sqrt{\omega}}\right]$。由式(15.14)可知，当 $\omega t = \delta_1$ 时，其地表温度值达到最大，即 $\cos(\omega t - \delta_1) = 1$，地表温度最大值的方程为

$$T(0,t) = -\frac{\mathrm{LE}+H}{B} + (1-\alpha)S_0C_\tau \frac{A_1}{\sqrt{B^2 + \omega P^2 + \sqrt{2\omega}BP}} \tag{15.15}$$

由此，Liu 等[20]提出了改进的遥感真实热惯量模型为

$$P = \left[\sqrt{\left(\frac{A_1(1-\alpha)S_0C_\tau}{T(0,t) + (\mathrm{LE}+H)/B}\right)^2 - \frac{B^2}{2}} - \frac{B}{\sqrt{2}}\right] / \sqrt{w} \tag{15.16}$$

以往的土壤真实热惯量模型是通过地表温差（最高温度和最低温度的差值）来求取的。在实际应用中，要获得同一研究区昼夜无云的图像还是相当有难度的。而改进模型[式(15.16)]由于加入地表潜热和地表显热，根据实际情况求得 $(\mathrm{LE}+H)/B$，因而，只需已知地表温度最大值（热红外遥感可以提供），便可直接求得土壤热惯量。

对于植被覆盖区，关键在于获得植被覆盖下的土壤显热与潜热通量，以有效剥离植被的影响，提高热惯量法反演土壤水的精度。因而，在求解改进的遥感真实热惯量模型[式(15.16)]时[22]，一方面采用串联的双层模型，分离植被、土壤信息。在串联的双层模型中，地表的显热、潜热应分别看作植被和土壤的显热、潜热之和，也就是说从界面输送到参考高度的显热通量等同于从土壤到界面与从叶面到界面的显热通量之和，地表潜热也是如此。另一方面通过对非同温像元进行植被、植被下的土壤、裸土组分温度的有效分解，根据组分温度分解获取土壤在各个像元所占的权重，再运用土壤热量平衡方程，获取植被覆盖下的土壤显热与潜热通量。同时，为了扩大热惯量法的应用范围，减小因气象和地表因素引起的反演误差，方程中的 B 值也不再看作常量，而是由机理模型导出，表示为[22]

$$B = \frac{\Gamma R_n - (1-\alpha)S_0C_\tau\cos\theta + \mathrm{LE} + H}{T(0,t)} \tag{15.17}$$

最后，为了可以部分消除大气和地表结构影响，并避免无界现象，将热惯量进行了非线性归一化处理，建立归一化热惯量与地表土壤水关系，实现表层土壤水的反演。

许多研究表明，土壤热惯量(P)与土壤水分(W)之间存在着密切的关系，对于土壤含水量的细微变化，热惯量均有响应。两者关系的建立一般通过实测数据采用线性统计回归分析的方法，建立经验公式，多为一些线性关系($W = a + b\times P$)，或指数模型($W = a\times P^b$)；而前苏联的实验公式是一个复合的指数模型（统计模型），即热传导系数 K、热扩散系数 D_{H} 与土壤水分之间呈非线性指数关系，可表示为[16]

$$\begin{aligned} 10^3 D_{\mathrm{H}} &= 2.1\rho_{\mathrm{s}}^{(1.2-0.2\varphi_{\mathrm{w,s}})} \times \exp[-0.007(\varphi_{\mathrm{w,s}} - 20)^2] + \rho_{\mathrm{s}}^{(0.8+0.02\varphi_{\mathrm{w,s}})} \\ 10^3 K &= \{2.1\rho_{\mathrm{s}}^{(1.2-0.2\varphi_{\mathrm{w,s}})} \times \exp[-0.007(\varphi_{\mathrm{w,s}} - 20)^2] + \rho_{\mathrm{s}}^{(0.8+0.02\varphi_{\mathrm{w,s}})}\} \\ &\quad \times \left(0.2 + \frac{\varphi_{\mathrm{w,s}}}{100}\right)\rho_{\mathrm{s}} \end{aligned} \tag{15.18}$$

式中：ρ_{s} 为土壤的质量密度（反映土质变化）；K 为热传导系数；$\varphi_{\mathrm{w,s}}$ 为土壤含水量的体积分数；D_{H}

为热扩散系数。若考虑到水的密度 ρ_w 为 $1g/cm^3$，则以土壤含水量的质量百分比(即质量分数，被定义为孔隙中水的质量与土粒质量之比)代替原式中的容积百分比(即体积分数，被定义为孔隙中水的体积与土粒体积之比)，经推导可得

$$P=\{2.1d_s^{(1.2-0.2d_pW_{w,s})}\times\exp[-0.007(d_pW_{w,s}-20)^2]+d_p^{(0.8+0.02d_sW_{w,s})}\}^{\frac{1}{2}}\times\left(0.2+\frac{d_pW_{w,s}}{100}\right)d_p\times\sqrt{\frac{1}{1000}} \tag{15.19}$$

式中：d_p 为土粒相对密度，一般为 2.65；$W_{w,s}$ 为土壤含水量质量分数。可见，d_p、P 与 $W_{w,s}$、d_s 存在一一对应关系。若土壤相对密度 d_s 已知，可建立 P 与 $W_{w,s}$ 的对应查找表。

土壤热惯量还受多种因素的影响，如土壤粒度、结构、密度、环境温度等。田国良等(1993)对黄淮海平原 5 种不同土类(褐土、潮土、盐化潮土、滨海盐土、砂姜黑土)的土壤含水量与其热惯量关系所作的实验结果表明，土壤含水量与其热惯量之间存在着良好的线性关系；土壤类型和土壤质地对热惯量与水分含量关系均有直接影响，且影响程度处于同一量级上；此外，土壤空间结构(松紧、孔隙状况)以及测量时的环境温度对数值测量也有一定影响。

由于土壤水分运动的复杂性，遥感热惯量法仅能监测土壤表层水分的分布。然而，在实际应用中，植物根系层的土壤水分往往更有价值。为了实现一定时空范围内的土壤水分遥感监测，学者们进行了多方面的研究。例如，Biswas 等[24]指出土壤水分随着深度呈非线性变化趋势，并提出根据表层土壤水分确定深层土壤水分的模式，即

$$S=A\times(d-d_0)+S_0\times[1+B(d-d_0)^2]+S_c \tag{15.20}$$

式中：S 为 0～d cm 土层的水分储量；S_0 为土壤表层 0～d_0 cm 的水分储量；A、B、S_c 为常数。当 $d=d_0$ 且 d 不趋于 0 时，$S=S_0$，且令 $S_c=0$；当 $d\neq d_0$ 时，S_c 为一常数。

土壤表层水分含量影响着土壤对太阳辐射的吸收、散发以及地-气间的热量交换；地表的热梯度及土壤不同深度温度的分布又影响土壤水分的运移和分布规律，因而土壤中的水、热因子是相互耦合的。人们根据土壤-大气界面能量传递和转换过程中水-气-热耦合运移理论，利用遥感数据反演的大气透过率、地表反射率、辐射温度、植被覆盖度等参数，建立土壤表层水分含量与一定深度土壤水分含量的数值模拟模型——土壤水热耦合方程、非饱和土壤水运动方程等，并采用遗传算法与二维有限元算法相结合的方法来反演土壤水热耦合方程的边界土壤温度和边界土壤水分[25]，或采用遥感数据、地面观测数据与水文过程模型的同化等，以实现对区域土壤水分(由表层至深层)的时空监测。

15.2.2 植物蒸散与植物缺水指数法

植物蒸散包括蒸腾和蒸发两部分。植物蒸腾指土壤水分经植物体内，通过气孔扩散进入大气，它与植物体内生理过程密切相关，并受生理变化控制；植物蒸发指水分不经过植物体内，直接由植物表面扩散进入大气，它与植物生理过程无关。显然，植物体内的水分平衡、水分散发(即传输养分和调节体温)只与蒸腾密切相关，而与蒸发关系不大。何况，与植物蒸腾相比，植物蒸发的量小，往往可以忽略。

采用植物蒸散与植物缺水指数法的基本思想是：植物冠部温度与植物对水分的提取有关。作物缺水指数(crop water stress index，CWSI)或植物缺水指数(VWSI)是依据植物叶冠表面温度(T_c)和周围空气温度(T_a)的测量差值，以及太阳净辐射值计算得出的，实质上反映出植物(或作物)蒸散与最大可能蒸散的比值。它可作为植物(或作物)对水分提取的一个有价值的定量指标，

在一定程度上反映植物根系范围内土壤水分的信息，被定义为[26]

$$\mathrm{CWSI}=1-E/E_{\mathrm{p}} \tag{15.21}$$

式中：E 为实际蒸散；E_{p} 为潜在蒸散。在具体应用时，对式(15.21)又作了进一步发展，建立在作物冠层能量平衡基础之上的作物缺水指数，它与作物供水状态、作物长势有很好的相关性，用以反映作物的水分状况，可表示为[6]

$$\mathrm{CWSI}=1-\frac{E}{E_{\mathrm{p}}}=\left[(T_{\mathrm{c}}-T_{\mathrm{a}})(\gamma+\Delta)+d+\frac{(1-\delta)R_{\mathrm{n}}r_{\mathrm{a}}\gamma}{\rho\, c_{\rho}}\right]\Big/\left[d+\Delta(T_{\mathrm{c}}-T_{\mathrm{a}})\right] \tag{15.22}$$

式中：T_{c} 为作物冠层温度；T_{a} 为与作物冠层同高度的空气温度；γ 为通风干湿表常数；Δ 为饱和水汽压与温度关系曲线的斜率；d 为作物冠层上部空气饱和差；δ 为与作物最热点的显热通量之比；R_{n} 为净辐射通量；r_{a} 为空气动力学阻力；ρ 为空气密度；c_{ρ} 为空气定压比热容。其中的关键因子——作物冠层表面温度可由遥感数据反演，冠层上空的气象参数可通过地面气象台站及地面实况测定。

从这一指导思想出发，以能量平衡为基础，运用遥感数据反演的地表反照率和地表辐射温度，以及地面气象站的有关资料，把冠层温度与气温之差和空气动力阻抗等结合起来，利用 Penman-Monteith 方程[式(14.23)、式(14.24)]计算 E 和 E_{p}，或采用余项法、指数法等估算地表蒸散，进而估算土壤水分。此方法物理概念明确，适用性广，可以克服经验模型的局限性。

需要注意的是：蒸散的计算为一天的量，需用每小时的值，而遥感获得的仅是一天某一瞬时的信息，因而需求算每小时的地表辐射温度，寻找地表温度日变化规律；求算日总辐射 Q，以及日总辐射 Q 与日净辐射 R_{n} 的关系；最后建立作物缺水指数 CWSI 与土壤水分的关系。

(1) 求算每小时的地表辐射温度：通常需要进行大量野外测试工作，选择不同覆盖度、不同高度的地块(样地)，实测一天中样地辐射温度的逐时值，再将数据进行归一化处理，便可获得经多项式拟合的地表温度日变化轨迹曲线。有了这条“标准”曲线，则可用卫星过境所提供的辐射温度值，计算每小时的地表辐射温度和日蒸散量。

(2) 求算日总辐射 Q：可以从少数气象台站的太阳直射辐射表和天空辐射表测得，但多数气象台站并无此数据，可用理论式(1.19)或彭曼等经验公式求得。

(3) 日总辐射 Q 与日净辐射 R_{n} 的关系：人们可以通过每小时实测的净辐射值，经梯度积分法得日净辐射值。再根据样本数(N)实测的日净辐射值和日总辐射值进行统计分析，可得两者间有如下关系：$R_{\mathrm{n}}=A+BQ$。其中，A、B 为经验系数。也可以利用静止气象卫星，如 GMS、FY-2 等，每隔 2 小时的观测数据，利用其可见光的反射率、红外波段的亮度温度以及水汽波段的亮度温度等，经精确分析，定量估算水汽和气溶胶的吸收系数以及大气微粒和气溶胶的散射系数，确定观测时间的天气状况，模拟天气的日变化，以估算到达地面的日太阳辐射值。

(4) 作物缺水指数 CWSI 与土壤水分的关系：据国内外学者研究表明，CWSI(或实际蒸散与潜在蒸散相比——E/E_{p})与土壤水分关系密切，可表示为

$$E/E_{\mathrm{p}}=\begin{cases}1 & \text{当 } W>W_{\mathrm{k}} \text{ 时}\\ f(w) & \text{当 } W<W_{\mathrm{k}} \text{ 时}\end{cases} \tag{15.23}$$

式中：W 为土壤水分含量；W_{k} 为临界土壤水分含量。当 $W>W_{\mathrm{k}}$ 时，水分供应充足，作物不缺水；反之，当 $W<W_{\mathrm{k}}$ 时，作物出现缺水现象。隋洪智等[27]通过实测 5～50cm 土壤含水量的平均值(它可反映主要根系层的水分状况)，建立实测土壤水分(SM)与作物缺水指数(CWSI)之间的统计关系，并用此法计算了河南 72 个县的土壤水分分布。

§15.3 微波遥感反演土壤水分

微波遥感具有全天时、全天候、多极化、高分辨率、穿透性及对水分含量的敏感反应等优势，是目前监测土壤水分的一种很有效的手段。尽管微波遥感监测土壤水分有其独特的优势，但因微波信号受地表参数影响较大，许多理论问题尚待解决，且数据获取较难，因而目前实际应用并不很多。随着一系列带有微波遥感器的卫星(如 ERS 系列、Radarsat、ENVISAT-ASAR、ADEOS、ALOS/PALSAR 等)以及以地表土壤水分为主要探测目标的星载微波遥感器的不断升空，如美日于 2002 年联合发射的 AMSR-E(advanced microwave scanning radiometer for EOS)，提供多波段的地表被动微波亮温观测，其土壤水分产品已在气候气象预报等方面发挥作用；欧洲空间局于 2009 年发射的 SMOS(soil moisture and ocean salinity)卫星提供 L 波段的多角度观测，能探测全球地表土壤水分和海水盐度等；以及即将实施的美国 SMAP(soil moisture active and passive)计划，都将推动微波遥感土壤水分的研究。微波遥感反演土壤水分可以分为主动和被动微波遥感两种。

15.3.1 主动微波遥感方法

主动微波遥感监测土壤水分(0～5cm)的物理基础是土壤的介电特性和它的水分含量间有密切关系，即水和干土间的介电常数相差很大——水的介电常数约为 80dB，而干土介电常数仅 3～5dB；随着物体含水量的增加，其介电常数几乎呈线性增加，可产生 20～80dB 的变化；土壤水分含量不同，介电特性不同，回波信号不一(图 15.4)。正因为土壤水分是影响雷达后向散射强度的最重要因素之一，故主动微波遥感对土壤水分很敏感。

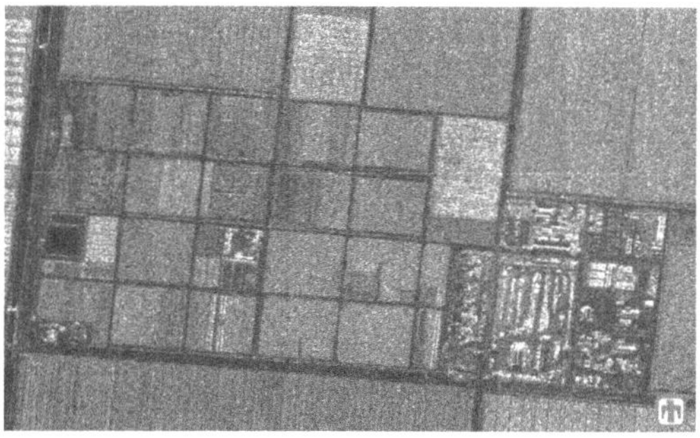

图 15.4 雷达监测农田土壤水分[14]

机载 SAR-C 波段

许多国内外学者对雷达后向散射系数和土壤水分的关系进行系统研究。例如，Weimann 等[28]通过 ERS-1 的 SAR 图像与地面土壤水分实测值的对比分析，发现在一定条件下，土壤含水量与雷达后向散射系数间呈线性关系。由遥感与实测数据的线性回归所建立起的后向散射系数与土壤含水量的经验关系模型虽然简单，但物理意义不够明确，公式不具普遍适用性。于是人们进一步根据土壤后向散射系数依赖于土壤介电常数，而土壤介电常数与土壤水分间密切相关的这一事实，通过面散射理论模型与介电常数模型，从理论上建立后向散射系数与土壤水分之间的定量关系。事实上，主动微波探测土壤水分的主要难点是，土壤表面的后向散射信号强度与土壤水分之间并非呈简单的线性关系。它除了与土壤水分含量有关外，还与地表粗糙度、介电特性、土壤物理特性(结构、成分等)、植被(数量、结构)以及雷达系统参数(如入射角和频率)相关。研究表明:在频率和入射角一定的情况下,表面粗糙度的差异能够使雷达后向散射系数(σ^0)产生达22dB的变化[29];植被覆盖度的变化亦可以使σ^0产生高达15dB的变化[30];采用较陡的入射角有利于SAR图像较少地受到粗糙表面和植被的影响[31];P波段(波长68cm)的后向散射受植被几何特征的影响较小,而在C波段(波长5.8cm),植被冠层对后向散射的削弱作用可能很强。也有研究表明,C波段(约5GHz)、入射角10°~20°的雷达系统,估计0~5cm层的土壤水分可达较好精度,且HV极化比HH极化效果更好[32]。

若不考虑雷达系统参数的影响,雷达后向散射系数σ_s与土壤复介电常数ε_m、地表粗糙度Sr、地表植被覆盖V_{eg}等直接相关,可用概念模型表达为

$$\sigma_s = f(\varepsilon_m, \mathrm{Sr}, V_{eg}) \tag{15.24}$$

Dobson等[33]在前人研究的基础上,发展了土壤介电常数模型,即对于体积含水量为m_v的土壤,在入射电磁波频率为1~18G Hz时,其复介电常数为

$$\varepsilon_m^\alpha = 1 + \frac{\rho_b}{\rho_s}(\varepsilon_s^\alpha - 1) + m_v^\beta \varepsilon_{fw}^\alpha - m_v \tag{15.25}$$

式中:α、β为系数;m_v为土壤体积含水量;ρ_b为土壤容重(g/cm^3);ρ_s为土壤比重(g/cm^3),对于不同类型土壤,ρ_s差别不大,一般取$\rho_s=2.66$;ε_s为土壤颗粒的介电常数,且$\varepsilon_s=(1.01+0.44\rho_s)^2-0.062\approx4.7$;$\varepsilon_{fw}$为自由水的介电常数。

由式(15.25)可知,土壤水分含量越大,地表的介电常数越大。可见,土壤介电常数ε_m与土壤水分间关系十分密切,因而可将式(15.24)简化为$\sigma_s=f(m_v,\mathrm{Sr},V_{eg})$。显然,雷达的后向散射系数与土壤湿度$m_v$、地表粗糙度Sr、植被$V_{eg}$等直接相关。若要提高微波土壤水分遥感的精度就必须弄清并分离出地表粗糙度、植被因素对后向散射的影响。于是,学者们又进一步探讨土壤的介电特性、土壤性状(糙度、质地)及植被对散射的影响,研究后向散射系数、极化方式与土壤水分、土壤粗糙度、植被覆盖度之间的定量关系,并发展了相关后向散射和发射模型。由于雷达反演土壤水分中,雷达回波信号受植被因素影响较大,则一般将裸露地表和植被覆盖地表分开进行研究。

1. 裸露地表雷达反演土壤水分方法

1) 经验-半经验模型

对于裸土而言,式(15.24)雷达后向散射系数仅与土壤介电常数、表面粗糙度两个未知量有关。显然,求解土壤介电常数(或土壤水分),仅靠单一雷达观测数据是不够的,需要运用多极化或多波段数据,且需要对不同极化条件下的介电常数和粗糙度有很好的描述。目前,大多数研究是利用地表散射计或多波段、多极化、可变入射角的雷达数据,通过粗糙度高度、介电常数,以及引入同极化率(hh/vv)、交叉极化率(hv/vv)等参数,建立雷达后向散射系数与频率、极化、入射角及地表参数(介电常数、表面均方根高度、相关长度)间的相关关系,得到经验-半经验模型,来同时反演介电常数和地表粗糙度,进而反演地表土壤水含量。这些模型具有一定的物理意义,同时又是建立在一定的统计规律上的,因此能获得较好的精度,如Oh模型[34]、Dubois模型[35]和Shi模型[36]等。对于单频率、单极化的SAR数据,绝大多数的土壤水分估算模型中,运用自相关函数来表征地表剖面的表面粗糙度[32],或用多时相SAR数据之间的差异来降低表面粗糙度的影响[37]。显然,在大区域研究中,仅用一个函数是不足以表达表面粗糙状况的。

Oh模型是建立在理论散射模型和地表参数实际测量基础之上的,所依据的电磁波后向散射

系数包括车载散射计以及星载合成孔径雷达(SAR)对地观测的结果。Oh 等[34]利用三种极化雷达对裸土进行测量,入射角为 10°~70°,波段为 L、C 和 X,提出后向散射系数与同极化比、交叉极化比、介电常数、地表粗糙度相联系的雷达散射半经验模型。其土壤的后向散射系数可以表达为

$$\sigma^o_{\mathrm{vvs}}=\frac{g\cos^3\theta[\Gamma_{\mathrm{v}}(\theta)+\Gamma_{\mathrm{h}}(\theta)]}{\sqrt{p}} \tag{15.26}$$

$$\sigma^o_{\mathrm{hhs}}=p\sigma^o_{\mathrm{vvs}};\sigma^o_{\mathrm{hvs}}=q\sigma^o_{\mathrm{vvs}}$$

式中:σ^o_{vvs}、σ^o_{hhs}、σ^o_{hvs}为三种不同极化方式下的土壤后向散射系数,下标 v 和 h 分别代表垂直和水平极化方式;θ 为雷达入射角;$\Gamma_{\mathrm{v}}(\theta)$和$\Gamma_{\mathrm{h}}(\theta)$分别为 v 极化和 h 极化地表 Fresnel 反射系数;p、q、g 为经验系数,$p=\frac{\sigma^0_{\mathrm{hh}}}{\sigma^0_{\mathrm{vv}}}=\left\{1-\left(\frac{2\theta}{\pi}\right)^{1/3\Gamma_0}\cdot\exp(-ks)\right\}^2$、$q=\frac{\sigma^0_{\mathrm{hv}}}{\sigma^0_{\mathrm{vv}}}=0.23\sqrt{\Gamma_0}\cdot[1-\exp(-ks)]$、$\Gamma_0=\left|\frac{1-\sqrt{\varepsilon}}{1+\sqrt{\varepsilon}}\right|$,其中,$k$ 为自由空间波数;s 为土壤表面均方根高度。该模型在表面均方根高度 0.1~0.6 和相关长度 2.6~19.7 的地表粗糙度范围内,能较好地反演土壤体积含水量。

对裸土的极化测量研究表明[34~36],随着介电常数、入射角的增大,HH 和 VV 的极化差异增大;随着表面粗糙度(特别是均方根高度)的增大,HH 和 VV 的极化差异减小。Shi 等[36]在 IEM 模型基础上,通过模拟不同表面粗糙度和土壤体积含水量条件下裸露表面后向散射特性,建立了在 L 波段两个同极化组合后向散射系数与介电常数和地表粗糙度功率谱之间的关系。Shi 模型的表达式为

$$10\lg\left[\frac{|a_{\mathrm{pp}}|^2}{\sigma^0_{\mathrm{pp}}}\right]=a_{\mathrm{pp}}(\theta)+b_{\mathrm{pp}}(\theta)10\lg\left[\frac{1}{S_{\mathrm{R}}}\right] \tag{15.27}$$

$$10\lg\left[\frac{|a_{\mathrm{vv}}|^2+|a_{\mathrm{hh}}|^2}{\sigma^0_{\mathrm{vv}}+\sigma^0_{\mathrm{hh}}}\right]=a_{\mathrm{vh}}(\theta)+b_{\mathrm{vh}}(\theta)10\lg\left[\frac{|a_{\mathrm{vv}}|\times|a_{\mathrm{hh}}|}{\sqrt{\sigma^0_{\mathrm{vv}}+\sigma^0_{\mathrm{hh}}}}\right]$$

式中:a_{pp} 为极化状态下的极化幅度,$a_{\mathrm{hh}}=\frac{\varepsilon_{\mathrm{s}}-1}{(\cos\theta+\sqrt{\varepsilon_{\mathrm{s}}-\sin^2\theta})^2}$,$a_{\mathrm{vv}}=\frac{(\varepsilon_{\mathrm{s}}-1)[\sin^2\theta-\varepsilon_{\mathrm{s}}(1+\sin^2\theta)]}{(\varepsilon_{\mathrm{s}}\cos\theta+\sqrt{\varepsilon_{\mathrm{s}}-\sin^2\theta})^2}$;$S_{\mathrm{R}}$ 为粗糙度谱,$S_{\mathrm{R}}=(ks)^2W$;ε_{s} 为复介电常数;a、b 均为与入射角 θ 有关的经验系数。由于模型中考虑了地表粗糙度谱对后向散射系数的影响,该模型的实际应用效果较好。

2) 微波散射理论模型

微波散射理论模型是通过建立后向散射系数与地表物理和几何参数之间的数学关系来研究粗糙表面的散射,以求解介电常数和土壤水分。其主要有几何光学模型(GO)、物理光学模型(POM)、小波扰动模型(SPM)以及积分方程模型(IEM)。其中,GO、POM 都是基于基尔霍夫模型,只是前者是在驻留相位近似下得到的,后者是在标量的近似下得到的。基尔霍夫模型要求地表相关长度大于一个电磁波波长;而小波扰动模型是针对当表面相关长度小于波长时提出来的。

为了更好地模拟地表的散射和辐射,Fung[38]提出了积分方程模型(integrated equation model,IEM)。IEM 模型是基于电磁波辐射传输方程的地表散射模型,能在一个很宽的地表粗糙度范围内,对地表后向散射和辐射进行模拟,并经过了许多试验验证。IEM 模型把未知的表面场描述为两部分,即保留的原始基尔霍夫场(即切面近似场)以及引进补偿场,用来对基尔霍夫场进行纠正。其后向散射系数 σ^0_{pq} 可以表示为基尔霍夫项(σ^k_{pq})、基尔霍夫项的补偿项(σ^c_{pq})和二者交叉

项(σ_{pq}^{kc})之和，即

$$\sigma_{pq}^{0}=\sigma_{pq}^{k}+\sigma_{pq}^{c}+\sigma_{pq}^{kc} \tag{15.28}$$

Chen 和 Wu[39,40]提出了改进的积分方程模型(AIEM)，重新推导补偿场系数，使之能够更精确地模拟较光滑表面到粗糙地表的散射和辐射特征，并经过试验数据验证，已被广泛应用于微波地表散射、辐射的模拟和分析中。但计算量大，限制了其直接应用于地表参数的反演。

对于裸露地表而言，雷达后向散射系数可归结为

$$\sigma_{pp}(\theta)=R_{pp}(\varepsilon_r,\theta)\cdot \mathrm{Sr}_{pp}(s,l,\theta) \tag{15.29}$$

这里的关键在于要对不同极化条件下的介电常数函数 $R_{pp}(\varepsilon_r,\theta)$和粗糙度函数$\mathrm{Sr}_{pp}(s,l,\theta)$进行很好的描述，并设法排除粗糙度效应，才可能有效反演土壤水分。研究表明[41]，在不同极化条件下，介电常数函数较为稳定，可用小扰动模型在 L 波段近似；而粗糙度函数在不同极化条件下变化大，仅依赖单个传统的粗糙度参数(s 或 s/l)很难描述粗糙度效应，需要同时考虑多个粗糙度参数，如不同极化下的粗糙度系数($\mathrm{Sr}_{index}=\mathrm{Sr}_{hh}/\mathrm{Sr}_{vvhh}^{B}$)、粗糙度差异($\mathrm{Sr}_{hh}^{C}-\mathrm{Sr}_{vvhh}^{D}$)，其中 $\mathrm{Sr}_{vvhh}=\sqrt{\mathrm{Sr}_{vv}\cdot \mathrm{Sr}_{hh}}$，$B$、$C$、$D$ 为系数，且仅依赖于入射角。

2. 植被覆盖地表雷达反演土壤水分方法

植被对主动微波的影响主要是吸收和散射到达冠层的微波信号。吸收主要是由于植被本身所含的水分引起的，而植被的散射则受以下因素的影响[42]：①植被本身的介电常数，它决定于植被的含水量；②冠层中散射体的尺度大小及分布；③冠层中散射体的几何形状及分布；④冠层中散射体的取向及分布；⑤植被冠层的几何形状，包括植被的行向和间距、郁闭度等；⑥植被底层土壤的粗糙度和介电常数。此外，除了植被本身的影响因素外，植被对微波信号的作用程度还受频率、极化方式和入射角等系统参数的影响。植被覆盖下地表的后向散射应包括：①植被层的单次体散射；②经植被衰减的地表单次面散射；③植被和地表的相互作用。

在植被覆盖区，虽然可以在特定的波长、入射角、极化方式和特定的植被环境下，将后向散射系数直接与土壤湿度相联系，建立两者之间的线性或非线性经验模型，但是所建立的经验模型往往只适用于特定植被类型和特定植被生长期。要建立广泛适用于不同植被条件的散射模型，还需从植被-土壤间的微波辐射传输理论出发，分析与表达植被-土壤的微波散射过程，建立各种相应模型。因此，多数研究还是基于植被散射理论的植被散射模型，如 MIMICS 模型[43]、KARAM 模型[44]，以及基于理论模型发展的半经验模型，如 Roo 模型[45]、水云模型。它们通过估算植被的后向散射，并在总散射中消除植被影响，从而得到地表土壤水分含量。目前应用最为广泛的是 MIMICS 模型和水云模型。

1) MIMICS 模型

MIMICS 模型是基于微波辐射传输方程一阶解的植被散射理论模型[43]。它将植被覆盖地表分为 3 部分：冠层、茎秆层、下垫面地表。冠层由枝条和叶子组成，并且枝条、叶子、树干等散射体用概率分布函数(PDF)来表述，地表粗糙度用相关函数来表示。MIMICS 模型将总的微波后向散射 σ_{pq}^{0}分为 5 个部分，即

$$\sigma_{pq}^{0}=\sigma_{pq1}^{0}+\sigma_{pq2}^{0}+\sigma_{pq3}^{0}+\sigma_{pq4}^{0}+\sigma_{pq5}^{0} \tag{15.30}$$

式中：pq 代表不同极化状态，p 表示发射极化，q 表示接收极化；σ_{pq1}^{0}为植被冠层直接后向散射、σ_{pq2}^{0}为植被冠层-地表和地表-植被冠层相互耦合作用的后向散射、σ_{pq3}^{0}为地表-植被-地表相互耦合作用的后向散射、σ_{pq4}^{0}为秆层-地表和地表-秆层二面角反射、σ_{pq5}^{0}为地表的直接后向散射。总的后向散射 σ_{pq}^{0}由它们的直接散射或者相互间多次散射组成。

图 15.5 显示 MIMICS 模型中森林覆盖地表不同雷达后向散射机制。该模型通过对植被层较为细致的描述，较为真实地模拟了任意极化状态下植被覆盖地表入射的微波和目标之间的相互作用。但是，模型所需的输入参数较多，提取这些参数的难度较大，且主要是针对森林等高大植被建立的，并不适用于农作区矮小植被。

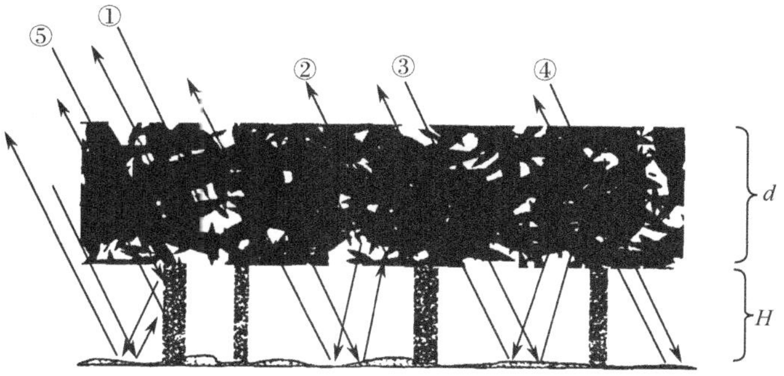

图 15.5　MIMICS 模型中森林覆盖地表不同雷达后向散射机制[45]

① 植被冠层直接后向散射；②植被层-下垫面地表和下垫面地表-植被层相互耦合作用的后向散射；③ 下垫面地表-植被层-下垫面地表相互耦合作用的后向散射；④经过植被层双程衰减的下垫面地表的直接后向散射；⑤经过植被冠层衰减的树干层-地表和地表-树干层二面角反射。d 为植被冠层高度；H 为植被树干高度

2）水云模型

水云模型将植被层处理成一层同质的水平均匀介质，具有一定的消光能力。总的后向散射由植被冠层的直接后向散射和经植被层双程衰减之后的地表后向散射组成，适用于农作物等低矮的植被，表达式为[29]

$$\sigma_{pp}^{0}=\sigma_{ppv}^{0}+L_{pp}^{2}\sigma_{pps}^{0} \tag{15.31}$$

式中：σ_{ppv}^{0} 为同极化雷达波（HH 或 VV）经植被冠层的直接后向散射，$\sigma_{ppv}^{0}=A\cos(B)(1-L_{pp}^{2})$，$A$、$B$ 的值取决于植被类型及入射电磁波的频率；σ_{pps}^{0} 为同极化雷达波的地表后向散射；L_{pp} 为雷达波穿透植被层的双层衰减因子，$L_{pp}^{2}=\exp(-2\tau\sec(\theta))$，其中，$\tau$ 为植被层的光学厚度，θ 为雷达波入射角。

水云模型忽略了植被和地表的交互散射项，对农作区的雷达散射机制描述得较为简单实用，但对于具有一定高度的植被（如玉米和高粱等）是不合适的。

考虑到一般自然植被表面的情况，Shi 等[46]建立了近似于水云模型的离散植被一阶物理散射模型。该模型可表示为

$$\sigma_{t}^{pp}=f_{v}\sigma_{v}^{pp}(\theta)+f_{v}\sigma_{sv}^{pp}(\theta)+f_{v}\sigma_{s}^{pp}(\theta)L_{pp}^{2}+(1-f_{v})\sigma_{s}^{pp}(\theta) \tag{15.32}$$

式中：f_{v} 为给定像元的植被所占的比例；θ 为雷达的入射角；上标 pp 代表 VV 或 HH 极化，下标 t、v、s 和 sv 分别为总散射、体散射、面散射和体-面交互散射项。在农作物完全覆盖地区，即 $f_{v}=1$ 时，式(15.32)可表示为

$$\sigma_{t}^{pp}=\sigma_{v}^{pp}(\theta)+\sigma_{sv}^{pp}(\theta)+\sigma_{s}^{pp}(\theta)L_{pp}^{2} \tag{15.33}$$

式中：右边的 3 项分别为雷达后向散射中的植被散射、植被层-土壤表面双次散射以及裸露地表经植被层双次衰减后的散射。对比式(15.31)和式(15.33)可以看到，所建立的一阶离散植被散射模型考虑了研究区植被覆盖度以及植被与地表土壤之间的双次散射，是对水云模型的扩展。研究表明，同极化状态下（HH 和 VV 极化下）一阶离散植被模型中的植被-土壤双次后向散射量

相对于总的后向散射很小，尤其在 VV 极化下，可以忽略土壤-植被层之间的散射贡献[47]。

雷达遥感反演土壤水分理论严密，物理意义明确，反演精度也较高，且具有全天候、高分辨率的特点。但是，一方面，植被冠层结构和冠层水含量也会影响到后向散射系数，尽管许多理论模型将植被看作一个随机介质，使用连续或离散模型方法来计算植被冠层对微波的削弱，但由于植被与土壤之间复杂的相互作用，即使雷达信号能够穿透植被，人们对地表后向散射的解释与分析仍相当困难。另一方面，雷达信号受地表粗糙度的影响很大。在许多情况下，地表粗糙度对后向散射系数的影响要等于或大于土壤湿度的影响[36,48]。因此，雷达遥感土壤湿度评估中需要先确定粗糙度和植被的影响。显然，采用多种遥感数据源和遥感分析方法的综合更为合适与有效（见本章最后部分）。

15.3.2 被动微波遥感方法

被动微波遥感反演土壤水分的物理基础在于，土壤亮温由土壤介电常数和发射率决定，而土壤介电常数与发射率和土壤水分密切有关。因此，被动微波监测土壤水分主要依赖于用微波辐射计对土壤本身的微波发射或亮度温度进行测量。在微波波段，土壤的发射率在湿土的 0.6（30%体积土壤湿度）到干土的 0.9（8%～9%体积土壤湿度）之间变化[49]。在土壤湿度的正常范围内，发射率在 0.95 到 0.6 甚至更低之间变动，约相当于亮温 50K 或更大的变动范围[48]，这有利于土壤湿度的反演。然而，在地表微波辐射测量中，还同时会受到植被覆盖、土壤温度、地表粗糙度、积雪覆盖、地形以及土壤结构、大气效应等的影响。因此，许多国内外学者围绕微波亮度温度与土壤水分之间的关系以及相关的影响因子进行了大量的理论和实验研究。

土壤的微波辐射和土壤表面温度 T_s 与土壤表面发射率 e 成比例，通常微波亮度温度可表示为

$$T_B=(1-\rho_s)T_s=eT_s \tag{15.34}$$

式中：微波亮度温度 T_B 可由微波辐射计获得；ρ_s 为土壤反射率；$e=(1-\rho_s)$ 为土壤发射率，它依赖于土壤的介电常数和表面粗糙度。

对于光滑的土壤表面，在已知土壤介电特性的条件下，土壤微波发射率(e_p)可通过平坦表面的土壤反射率(ρ_{Sp})表达为[51]

$$e_p=1-\rho_{Sp}=1-|R_p(\varepsilon_s,\theta)|^2 \tag{15.35}$$

式中：R_P 为反射系数，可通过土壤介电常数(ε_s)和观测角 θ，由 Fresnel 反射率公式计算得到。

对于粗糙的土壤表面（L 波段），土壤微波发射率(e_p)可表示为[51]

$$e_p=1-\rho_{Sp}\exp(-h_S) \tag{15.36}$$

式中：h_S 为土壤粗糙度校正参数。

对于植被覆盖区，植被的存在削弱了土壤的微波辐射，同时将自身的发射加入到总的辐射通量中。在低频时，这些影响可以通过一个简单的辐射传输模式（$\tau-\omega$ 模型）得到很好的近似。该模型是基于两个参数——光学厚度 τ 和单次散射反照率 ω，它们分别反映植被的衰减特性和与冠层内的散射效应。微波发射率可表示为[51]

$$e_p=(1-\omega_p)(1-\gamma_p)(1+\gamma_p\rho_{Sp})+(1-\rho_{Sp})\gamma_p \tag{15.37}$$

式中：γ_p 为衰减系数，可由光学厚度 τ_p 计算，$\gamma_p=\exp(-\tau/\cos\theta)$，而 τ_p 与总植被含水量 W_C(kg/m^2)线性相关，$\tau_p=b_pW_C$，其中 b_p 参数可由植被类别校正。在微波频率为 1.4GHz 时，大多数农作物的 b_p 值为 0.12 ± 0.03。

常用的被动微波反演土壤水分方法包括统计方法、前向模型反演、神经网络方法。

虽然亮温(或发射率)与土壤湿度的关系有很强的物理基础,但在实际应用中,大多数算法仍依赖于地面数据,采用统计分析方法建立土壤水分与亮度温度之间的经验关系,或引入田间持水力(FC)、前期降水指数(API)、微波极化差值指数(MPDI)等土壤湿度指示因子,建立它们与土壤亮度温度的线性关系[52,53]。随着基于辐射传输方程的理论算法的发展与应用,学者们建立起土壤亮度温度 T_B 和土壤水分之间的各种非线性方程,或用辐射传输理论的离散模型,来计算组成植被的散射个体如叶、茎等对微波的削弱,提高被动微波遥感土壤水分反演的精度[54,55]。

不同土壤水分反演方法考虑了各种参数对地表微波发射的贡献。但总的说来,对于被动微波遥感而言,在比较大的空间尺度上,这些影响被普遍认为是较小的。因此,区分表面土壤水分的反演方法,主要依赖于植被和地表温度两个关键变量。

植被的屏蔽效应(即土壤的贡献衰减和植被自身的贡献增加)对土壤水分反演的影响,取决于植被层特征(含水量、密度等)和微波波长。研究表明:在植被覆盖区,微波辐射测量土壤湿度的有效采样深度为 2～5cm,且选择较长波段更为有利。Kirdiashev 等[56]用 3～30cm 波段范围的微波对不同种类的农作物辐射特性进行了研究,结果表明,对于宽叶农作物(如玉米),当波长大于 30cm 时微波对土壤水分的敏感度相对于裸土下降了 40%,而当波长小于 10cm 时,敏感度下降了 80%以上。研究还表明[57],当土壤水分含量为 0.1～0.4 m^3/m^3,且给定植被生物量时,T_B 与 W_S 之间可近似为线性关系,其斜率和截距是植被特征(冠层类型、生物量、或水分含量)和观测状态(视角、极化、频率)的函数。

在被动微波反演土壤水分研究中,对于植被效应一般采用前向 τ-ω 模型参数化方法。在 L 波段,参数 ω 往往为恒定值,则植被效应仅限于用光学厚度 τ 表达。τ-ω 模型反演基于单通道或多通道微波观测。若用单一测量数据,仅能反演土壤水分,可用土地覆盖分类图(土地覆盖/土壤类别/植被类型)校正植被效应的相关参数(如 b,h,VWC,土壤质地等),或用遥感指数(NDVI 或 MPDI)计算植被效应中的 τ[58];若用多角度和/或多频、双极化观测数据(如 SMMR、AMSR、SMOS),则能反演多个地表变量。其中,对于土壤水分 W_S(或土壤介电常数)和植被特征(τ、或植被含水量 VWC、或植冠温度 T_C)两参数同步反演,可由热红外或高频微波测量获得所需的表面温度[59];而对于土壤水分 W_S、植被光学厚度 τ(或植被含水量 VWC)、有效表面温度 T_S 三参数同步反演,则采用连续方程或 τ-ω 模型与神经网络的结合等方法求解[54,60]。

Thomas[61]在有土壤水分同步测量的试验区内,采集了不同航高的机载 L 波段(1.4GHz)微波辐射计数据,研究微波亮度温度反演土壤水分的尺度问题。研究结果表明:对于亮度温度而言,低分辨率值是高分辨率观测值的算术平均值;通常认为 T_B 对土壤水分的变换是线性的;亚像元的非均一性取决于植被的多样性和它的衰减特征,而对低频率段如 L 波段,非均一性的影响将最小。研究还表明:对应不同的分辨率,亮温与土壤水分之间具有相似的对应关系;也就是说,基于高分辨率数据(1～1000m)开发的土壤水分反演方法可以拓展到星载尺度(10～50km)。

微波遥感监测土壤水分具有坚实的物理基础,无疑是遥感监测土壤水分最有潜力的方法之一。主动、被动微波遥感在监测土壤水分方面各有优势与不足。

· 主动微波遥感:空间分辨率高(10s km),数据量大,处理数据复杂,适于小尺度调查。主动雷达后向散射信号对表面粗糙度(特别是均方根高度)比介电性质更为敏感,且对植被敏感,因而更需要精确地模拟地表特征(地表粗糙度、植被、地形等),以消除其干扰。

· 被动微波遥感:重复观测频率高(几天之内),但空间分辨率低(10s km),数据量小、数据处理简单,适于大尺度调查。被动微波辐射信号对介电性质比表面粗糙度更为敏感,因而对地表特征要求不高。目前用微波辐射信号反演土壤水分的可信度较高。

在实际工作中常利用主动、被动微波遥感数据协同反演土壤水分，即用微波辐射仪测定发射率、亮度温度，用微波散射仪测量地表粗糙度[62]，或用时间序列的主动和被动微波数据来消除植被覆盖的影响[63]，或用雷达交叉极化信号来估计植被体散射部分等，以提高微波遥感反演土壤水分的精度。

应该说，土壤表层水分是遥感定量反演的多个陆地表面重要参数中难度最大的参数之一。尽管遥感土壤水分反演几乎涵盖了遥感的所有电磁波谱段，且这些多源遥感数据及研究方法均有各自的优势。然而，由于土壤水分本身的复杂性以及遥感土壤水分反演中需考虑的影响因素众多，任何单一遥感数据源在反演中均有一定的局限性。因此，学者们研究多源遥感数据的综合反演方法，借助于光学遥感来获取植被特性信息，如叶面积指数(LAI)、归一化植被指数(NDVI)、地表生物量、植被覆盖度等，建立微波/光学协同反演模型，以削弱或消除植被对土壤水分信息的影响[37,64~66]；或采用目标分解等技术方法分离植被散射部分，以削弱植被的影响[67]；或利用土壤质地、粗糙度、植被等随时间变化很小的特点，运用多时相 SAR 数据的变化检测方法使上述的干扰因素最小化[36,48]，以降低地表粗糙度、植被的影响，提高反演土壤水分的精度；或运用热红外数据反演地表温度或组分温度，运用雷达数据估算表面粗糙度等，并将这些由不同遥感数据源获得的地表参数，通过模型耦合、数据同化等不同方法，来提高遥感反演土壤水分的精度[68,69]。此外，由于遥感理论模型都相当复杂，无法反向推导出土壤水分反演的精确表达式，因此也可采用神经网络、遗传算法等优化算法来估算土壤水分[70,71]。

参考文献

[1] 陈维英，肖乾广，盛永伟. 距平植被指数在 1992 年特大干旱监测中的应用. 环境遥感，1994，9(2)：106-112.

[2] Kogan F N. Application of vegetation index and brightness temperature for drought detection. Advances in Space Research，1995，15：91-100.

[3] Kogan F N. Global drought and flood-watch from NOAA polar-orbitting satellites. Advances in Space Research，1998，21(3)：477-480.

[4] 王鹏新，万正明，龚健雅，等. 基于植被指数和土地表面温度的干旱监测模型. 地球科学进展，2003，18(4)：527-533.

[5] Carlson T N，Gillies R R，Perry E M. A method to make use of thermal infrared temperature and NDVI measurement to infer surface soil water content and fractional vegetation cover. Remote Sensing Environment，1994，9：161-173.

[6] 张仁华. 定量热红外遥感模型及地面实验基础. 北京：科学出版社，2009.

[7] Gao B. NDWI-A normalized difference water index for remote sensing of vegetation liquid water from space. Remote Sensing of Environment，1996，58：257-266.

[8] 徐建春，赵英时，刘振华. 利用遥感和 GIS 研究内蒙古中西部地区环境变化. 遥感学报，2002，6(2)：142-149.

[9] Goward S N，Cruickshanks G C，Hope A S. Observed relation between thermal emissions and reflected spectral reflectance from a complex vegetated landscape. Remote Sensing Environment，1985，18：137-146.

[10] Samuel N G，Xue Y K，Kevin P C. Evaluating land surface moisture conditions from the remotely sensed temperature/vegetation index measurements—an exploration with the simplified simple biosphere model. Remote Sensing Environment，2002，79：225-242.

[11] Price J C. Using spatial context in satellite data to infer regional scale evapotranspiration. IEEE Transactions on Geoscience and Remote Sensing，1990，28：940-948.

[12] Moran M S，Clarke T R，et al. Estimating crop water deficit using the relation between surface air temperature and spectral vegetation index. Remote Sensing of Environment，1994，49：246-263.

[13] Sandholt I，Rasmussen K，Andersen J. A simple interpretation of the surface temperature/vegetation index space for assessment of surface moisture status. Remote Sensing of Environment，2002，79：213-224.

[14] Nicholas M S，et al. The Remote Sensing Tutorial，CD-ROM，2000.

[15] Price J C. On the analysis of thermal infrared imagery. The Limited Utility of Apparent Thermal Inertia. Remote Sens Environ，1985，18：59-73.

[16] 马蔼乃. 遥感信息模型. 北京:北京大学出版社,1997.
[17] 张仁华. 土壤含水量的热惯量模型及其应用. 科学通报,1991,36(12):924-927.
[18] Xue Y,Craeknell A P. Advanced thermal inertia modeling. Int J Remote Sensing,1995,16:341-446.
[19] 余涛,田国良. 热惯量法在监测土壤表层水分变化中的研究. 遥感学报,1997,1(1):24-31.
[20] Liu Z H,Zhao Y S. Research on the method for retrieving soil moisture using thermal inertia model. Science in China (Series D Earth Sciences),2006,49(5):539-545.
[21] Carlaw H S,et al. Conductions of Heat in Solids. New York:Oxford university press,1959.
[22] Liu Z H,Zhao Y S. Research on improved thermal inertia model for retrieving soil moisture. International Journal of Remote Sensing,TREW-RAP-2011-0190.
[23] 田国良,余涛,等. 土壤水分的热惯量模型,重大自然灾害遥感监测与评价研究进展. 北京:中国科学技术出版社,1993.
[24] Biswas B C,Dasgupta S K. Estimate of soil moistare at deeper depth from surface layer data. Mausam,1979,30(4):40-45.
[25] 刘振华,赵英时. 土壤水热耦合模型研究. 水土保持通报,2007,27(5):83-88.
[26]Jackson R D,et al. Canopy temperature as a crop water stress indicator. Water Resources Research,1981,17(4):1133-1138.
[27] 隋洪智,田国良,李付琴. 农田蒸散双层模型及其在干旱遥感监测中的应用. 遥感学报,1997,1(3):220-224.
[28] Weimann A,et al. Soil moisture with ERS-1 SAR data in the East-German loess soil area. Int J,Remote Sens,1998,19(2):237-243.
[29] Ulaby F T,Batlivala P P,Dobson M C. Microwave back-scatter dependence on surface roughness,soil moisture and soil texture:Part I. Bare soil. IEEE Transactions on Geoscience and Remote Sensing,1978,16(4):285-295.
[30] Dobson M C,Ulaby F T. Preliminary evaluation of the SIR-B response to soil moisture,surface roughness,and crop canopy cover. IEEE Transactions on Geoscience and Remote Sensing,1986,GE-24(4):517-526.
[31] Schmullius C C,Evans D L. Synthetic aperture radar (SAR) frequency and polarization requirements for applications in ecology,geology,hydrology,and oceanography:a tabular status quo after SIR-C/X-SAR. International Journal of Remote Sensing,1997,18(13):2713-2722.
[32] Ulaby F T,Moore R K,Fung A K. 1982. Microwave remote sensing:active and passive. in:Radar remote sensing and surface scattering and emission theory. Boston:Artech House,1982.
[33] Dobson M C,Ulaby F T,Hallikainen M T,et al. Microwave dielectric behavior of wet soil:PartII. Dielectric mixing models. IEEE Transactionson Geoscience and Remote Sensing,1985,23:35-46.
[34] Oh Y,Sarabandi K,Ulaby F T. An empirical model and an inversion technique for radar scattering from bare soil surfaces. IEEE Transactions on Geoscience and Remote Sensing,1992,30(2):370-381.
[35] Dubois P C,VanZyl J,Engman E T. Measuring soil moisture with imaging radar. IEEE Transactions on Geoscience and Remote Sensing,1995,33(4):915-926.
[36] Shi J C,Wang J,Hsu A Y,et al. Estimation of bare surface soil moisture and roughness parameters using L-band SAR image data. IEEE Transactions on Geoscience and Remote Sensing,1997,35 (5):1254-1266.
[37] Wang C Z,Qi J G Moran S,et al. Soil moisture estimation in a semiarid rangeland using ERS-2 and TM imagery. Remote Sensing of Environment,2004,90:178-189.
[38] Fung A K. Backscattering from a randomly rough dielectric surface. IEEE Trans. Geosci Remote Sensing,1992,30:356-369.
[39] Chen K S,Wu T-D,Tsang L,et al. Emission of rough surfaces calculated by the integral equation method with comparison to three-dimensional moment method simulation. IEEE T ransactions on Geoscience and Remote Sensing,2003,41:90-101.
[40] Wu T D,Chen K S. A reappraisal of the validity of the IEM model for backscattering from rough surface. IEEE Transactions on Geoscience and Remote Sensing,2004,42:743-753.
[41] Shi J,Chen K S,Li Q,et al. A parameterized surface reflectivity model and estimati on of bare surface soil moisture with L-band radiometer. IEEE Trans Geosci Remote Sens,2002,40(12):2674-2686.
[42] Bindlish R,Barros A P. Parameterization of Vegetation Backscattering in Radar-based,Soil Moisture Estimation. Remote Sensing of Environment,2001,76:130-137.
[43] Ulaby F T,Sarahandi K,McDonald K. Michigan microwave canopy scattering model. Int J of Remote Sensing,1990,11:1223-1253.
[44] Karam M A,Fung A K. Scattering from randomly oriented circular discs with application to vegetation. Radio Science,

1983,18:57-565.
[45] Roo D R, Yang D. A semi-empirical backscattering model at L-band and C-band for a soybean canopy with soil moisture inversion. IEEE Trans Geosci Remote Sensing, 2001, 39(4): 864-872.
[46] Shi J C, Lee J, Chen K, et al. Evaluate usage of decomposition techniques in estimation of soil moisture with vegetated surface by multi-temporal measurements. Proceedings IGRASS'00, 2000, IEEE No. CH37120C.
[47] 刘伟,施建成. 应用极化雷达估算农作物覆盖地区土壤水分相对变化. 水科学进展,2005,16(4):596-601.
[48] Hall F G, Townshend J R, Engman E T. Statuses of remote sensing algorithm for estimation of land surface state parameters. Remote Sensing of Environment, 1995, 51: 138-156.
[49] Jackson T J, O'Neil P E. Salinity effects on the microwave emission of soil. Remote Sens Environ, 1990, 31: 161-173.
[50] Kerr Y H, Njoku E G. A semi-empirical model for interpreting microwave emission from semiarid land surfaces as seen from space. IEEE Trans Geosci Remote Sensing, 1990, 28(3): 384-393.
[51] Wignerona J P, Calvet J C, Pellarin T, et al. Retrieving near-surface soil moisture from microwave radiometric observations: current status and future plans. Remote Sens Environ, 2003, 85: 489-506.
[52] Teng W L, Wang J R, Doraiswamy P C. Relationship between satellite microwave radiometric data, antecedent precipitation index, and regional soil-moisture. International Journal of Remote Sensing, 1993, 14: 2483-2500.
[53] Ahmed N U. Estimating soil moisture from 6.6 GHz dual polarization, and / or satellite derived vegetation index. International Journal of Remote Sensing, 1995, 16: 687-708.
[54] Njoku E G, Li L. Retrieval of land surface parameters using passive microwave measurements at 6-18GHz. IEEE Trans Geosci Remote Sensing, 1999, 37(1): 79-93.
[55] 张钟军,孙国清,朱启疆. 植被层对被动微波遥感土壤水分反演影响的研究. 遥感学报,2004,8(3):207-213.
[56] Kirdiashev K P, Chukhlantsev A A. Microwave radiation of the earth's surface in the presence of vegetation cover. Radio Eng Electron, 1979, 24: 256-264.
[57] Wang J R. Effect of vegetation on soil moisture sensing observed from orbiting microwave radiometers. Remote Sensing of Environment, 1985, 17: 141-151.
[58] Van de Griend A A, Owe M. Microwave vegetation optical depth and inverse modeling of soil emissivity using Nimbus/SMMR satellite observations. Meteorology and Atmospheric Physics, 1994, 54: 225-239.
[59] Owe M, deJeu R, Walker J. A methodology for surface soil moisture and vegetation optical depth retrieval using the Microwave Polarization Difference Index. IEEE Trans Geosci Remote Sensing, 2001, 39(8): 1643-1654.
[60] Wigneron J P, Waldteufel P, Chanzy A, et al. Two-D, microwave, interferometer retrieval capabilities of over land surfaces (SMOS Mission). Remote Sensing of Environment, 2000, 73: 270-282.
[61] Jackson T J. Multiple resolution analysis of L-band brightness temperature for soil moisture. IEEE Transactions on Geoscience and Remote Sensing, 2001, 39(1): 151-164.
[62] 赵天杰,张立新,蒋玲梅,等. 利用主被动微波数据联合反演土壤水分. 地球科学进展,2009,24(7):769-775.
[63] 李震,郭东华,施建成. 综合主动和被动微波数据监测土壤水分变化. 遥感学报,2002,6(6):481-483.
[64] Jasinski M, Eagleson P S. Estimation of subpixel vegetation cover using red-infrared scattergrams. IEEE Transactions on Geoscience and Remote Sensing, 1990, 28(2): 253-267.
[65] Qi J, Kerr Y H, Moran M S, et al. Leaf area index estimates using remotely sensed data and BRDF models in a semiarid region. Remote Sensing of Environment, 2000, 73: 18-30.
[66] Yu F, Zhao Y S. A new semi-empirical model for soil moisture content retrieval by ASAR and TM data in vegetated area. Science in China (Series D Earth Sciences), 2011, 54(1): 1-10.
[67] 施建成,李震,李新武. 目标分解技术在植被覆盖条件下土壤水分计算中的应用. 遥感学报,2002,6(6):412-416.
[68] Montaldo N, Albertson J D. Multi-scale assimilation of surface soil moisture data for robust root zone moisture prediction. Advance in Water Resources, 2003, 26: 33-44.
[69] Liu Q, Wang M Y, Zhao Y S. Assimilation of ASAR data with a hydrologic and semi-empirical backscattering coupled model to estimate soil moisture. Chinese Geographical Science, 2010, 20(3): 218-225.
[70] 杨虎,郭华东,王长林,等. 基于神经网络方法的极化雷达地表参数反演. 遥感学报,2002,6(6):451-455.
[71] 余凡,赵英时,李海涛. 基于遗传 BP 神经网络的主被动遥感协同反演土壤水分. 红外与毫米波学报,2012,31(3):283-288.

第 16 章　地质遥感

§16.1　概　　况

地质工作担负着为国家提供矿产资源和地质资料，维护矿产资源的国家所有权，保护地质环境，实施地质勘查工作的科学管理的任务，是国民经济建设的基础性、战略性和公益性工作，具有许多不同于其他工作的特点。遥感方法正在成为地质工作的重要手段。

地质工作，特别是中小比例尺的区域地质调查工作，通常要同时对几千平方千米甚至几十万平方千米范围的区域地质特征进行全面的野外调查和研究，追朔地质历史和各种地质动力过程，解决物质构成、构造等一系列基础地质问题，探讨成矿的条件和规律，为矿产资源勘查、开发提供依据。常规地质工作需要耗费巨大的人力、物力和财力。实践证明，遥感技术可以在短时间内提供大区域的宏观数据，在一定程度上减少野外地质调查工作量，加快地质调查的速度。

地质现象受环境因素，如植被、地貌、气象、人文等因素的影响。地质工作需要在对这些纷繁的环境因素进行综合分析的基础上，透过表象提取实质性的信息，达到认识地质现象本质的目的。遥感方法获取的地面信息是按各种空间分辨率所确定的一定范围的地物综合信息，反映大量地表和浅地表的地质信息，是对物探、化探、钻探等勘探手段的一种有效的补充。它在一定程度上弥补了上述地质勘查技术的不足，为解决地质问题的多解性增添了一种新的科学依据。由于遥感地质研究对象复杂多变性，且目前对地质现象的遥感成像机理的认识及探测手段尚未彻底明确，因而地质遥感信息的提取过程实际上是遥感与地质、地形、地球物理（重力、磁力资料）、地球化学（化探、航空放射性-伽玛能谱）等多种非遥感信息的地学综合处理过程。尤其是遥感地质找矿更需要物探、化探等相关信息的支持。GIS 是进行多源信息综合处理的有效工具。遥感地质找矿不同于遥感进行农、林、土地资源调查。农、林、土地资源在地表出露，在图像上有相对稳定的亮度值分布特征，可用概率密度函数来描述它们，并通过一定的处理直接进行自动分类来加以分析和识别。而遥感地质找矿的关键是在成矿理论指导下，根据遥感影像特征，识别与成矿控矿有关的多个地质信息，如地层岩系、线环形构造、构造交叉部位、蚀变带（岩）以及有关的地貌、土地、植被等相关信息。这些信息往往是复杂多变的，难以用确定的亮度值或概率密度函数来描述。这给遥感地质找矿增加了相当的难度，需要对图像进行多种变换处理，如比值分析、比值合成、K-L 变换、K-T 变换、IHS 彩色空间变换、特征空间变换、滤波分析等，以增强或提取地质专题特征信息。

地质工作不仅要研究地表的地质现象，还要研究那些被第四纪松散沉积物、水体掩盖而未直接出露地表，或隐伏在基岩之下，甚至在地壳深部的地质体和构造现象，如在矿产勘查中寻找隐伏矿体，在区域地质稳定性评价中研究隐伏断裂构造等。这些问题通常都是常规地质工作面临的难题。按电磁辐射理论，遥感数据反映的虽然只是地表与浅地表各种地物的信息，但这些信息中有一部分是那些受地下隐伏地质体、隐伏构造控制和影响的地物的异常信息。遥感方法可以为发现和识别那些隐伏的地质特征提供有用的手段。

大多数地质现象的演变速度是极其缓慢的，但是，有一些地质现象却在以一种可以被人们觉察或借助仪器探测出来的速度发生着变化。例如，地震临震阶段出现的环境变异和震后造成的破坏，崩塌、滑坡、泥石流等地质灾害形成过程中地质体的变形和位移等。与此相关的地质工作需要有一种可以进行连续观测的手段，去获得地质现象的动态信息，以掌握其变化规律。遥感技术的发展，使在同一地区、适宜的时间段内重复获得新的覆盖数据，对地质现象进行监测、预报成为可能。这个时间段可以根据被观测地质现象的变化速率决定。另外，地质遥感也为边远地区和人员难以进入地区的矿产资源快速评价和矿山开发的保护监督工作提供了一个新的技术手段。

§16.2 遥感区域地质调查方法与实例

早在20世纪50年代后期，我国就在1∶20万区域地质调查扫面工作中将航空像片用于路线定位和简单的野外地质联测。80年代组织“1∶5万区域地质调查中遥感、物探、化探应用方法研究”，在全国选择不同构造、地貌、岩类区进行遥感图像应用于岩性识别和地质构造分析等方面的方法试验和评价，总结了遥感地质填图的有效方法。90年代初我国在推广三大岩类新填图方法的同时，分别在内蒙古、山东、江西和四川进行了遥感多幅1∶5万图幅联测的生产性研究。从90年代中起，我国开始实施1∶25万填图计划，按当前国际上普遍采用的现代地质理论及填图新方法，采用“3S”技术(RS、GPS、GIS)、物探、化探信息解释技术和计算机成图技术，以编填相结合的办法，编制高质量的地质图，并按统一的GIS标准建成数字地质图数据库。遥感技术在我国区域地质调查工作中始终作为一种重要的工具，发挥着积极的作用。

16.2.1 遥感区域地质调查填图的工作程序

遥感区域地质调查填图的最大特点是充分利用遥感图像的空间宏观优势，结合地面调查工作进行多层次的影像地质解译，在整体上提高对工作区区域地质特征的全面认识，解决突出的基础地质问题和与成矿有关的关键问题，加快填图速度，提高成图质量。

图16.1为内蒙古苏尼特左旗八幅1∶5万图幅联测中所采用的遥感区域地质调查填图工作程序框图[1]。图中表示出遥感区域地质调查工作的9个主要阶段，即前期准备、野外踏勘与填图方法试验、编制工作设计、遥感解译与野外调查、野外审查验收、专题研究、资料综合整理、最终成果验收、出版归档等。

遥感解译贯穿于整个调查工作的始终，是一个循序渐进、反复进行、逐级深化的过程。根据任务的比例尺要求选定具有合适空间分辨率的遥感数据，通常1∶25万及比例尺更小的区域地质调查可以选用ASTER、TM、SPOT等数据；1∶5万区域地质调查则需选用航空遥感图像或空间分辨率优于10m的卫星遥感数据和图像。在一些多云多雨和植被、雪被覆盖严重的地区可以选用星载SAR等微波遥感数据。

一般说来，在项目准备阶段的初期需要进行全区域的宏观解译，即使用比例尺小于填图比例尺的卫星图像对区域构造格架、地层、岩浆岩带分布等特点作概略了解，针对测区所处的地质环境、预测调查工作可能遇到的主要地质问题，提出详细解译的工作重点。

在野外踏勘和方法试验阶段，则需进行遥感图像的初步解译。通过建立区域性的遥感解译标志，并根据区域地质构造复杂程度、地质体解译标志的显著程度、基岩出露的完整性及产状清晰程度、地表覆盖对地质解译的影响程度、地貌等自然因素与人文活动对地质要素显现的影响程度、前人工作与区域踏勘程度等的差异，进行测区遥感可解译程度的划分，为编制工作设计提供依据。解译通常要在比成图比例尺大一级的遥感图像上进行。例如，1∶5万填图，一般需在

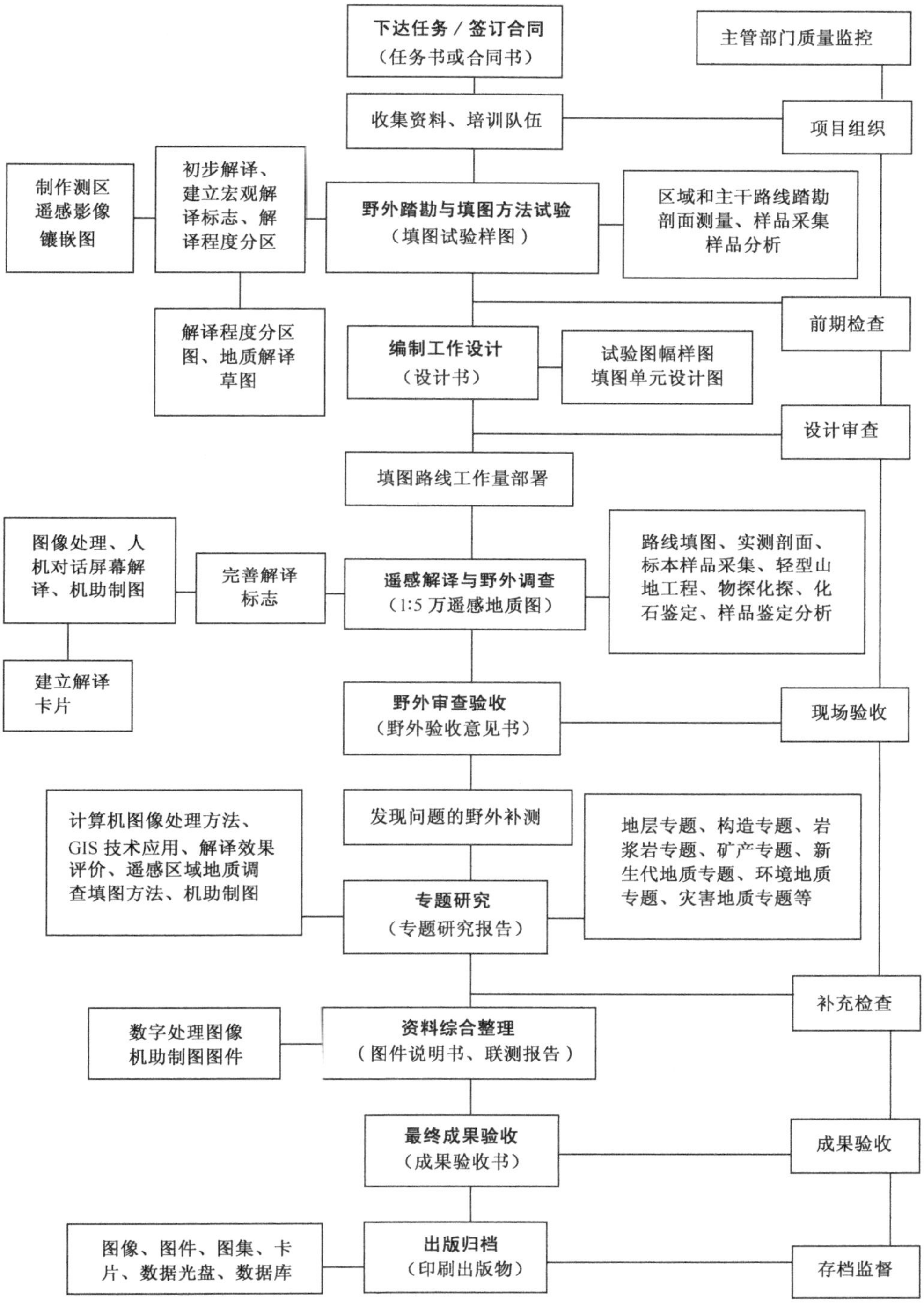

图 16.1　内蒙古苏尼特左旗 1∶5 万区域地质调查联测工作程序框图[1]

1∶2.5万航空遥感图像上进行。解译着重于提取含有地质构造及岩浆、变质、沉积三大岩类时空分布信息的线状、环状、块状影像，并对其特征进行初步研究。

详细解译应在野外地质调查前完成，并在实地调查中不断完善。它着重研究各种遥感地质填图单位的分布，岩性、岩相及其厚度的横向变化情况，褶皱构造的形态及演化特点，断裂构造的展布、性质、规模及相对时序等(表16.1)。

表16.1 遥感地质解译内容简表

解译对象	解译要点	识别和研究要求
线形影像	1. 展布、延伸方向； 2. 波折、弯曲、分叉、复合特征； 3. 影像间的穿插、交切、限制关系； 4. 影像两侧位移、牵引、旋扭等现象； 5. 与邻区构造影像的相互关系	1. 按地质属性分类、命名； 2. 断裂要按构造性质分类，按方向统计分组，按规模划分等级，证据充分时要确定相对时序并划分体系
环形影像	1. 详细研究影像内外色彩、结构、构造特点及变化； 2. 相关联环形影像之间的包容、叠加、切割、镶嵌、串联、辐射等空间分布关系； 3. 与相关线形影像间的交切、限制等同生、衍生关系	1. 按地质属性分类； 2. 与岩浆侵入、喷出活动和热液活动有成因联系的，应尽量鉴别岩体产状、埋深和相对侵入时序； 3. 与构造侵位、底劈等有关的，应查明不同级次的构造控制作用； 4. 与褶皱变形有关的，应据影像边界条件及节理特点探索形变期次
块状影像	1. 详细研究影像的结构、构造特点； 2. 影像内色调的变化及色调异常的分布特点	1. 按地质属性分类； 2. 沉积岩类和浅变质岩类要研究岩层的岩性、岩相、厚度、接触关系和产状变化； 3. 侵入岩类要尽可能分解岩体接触关系，圈定接触变质带的范围； 4. 火山岩类要追踪火山机构，划分不同岩石区带； 5. 深变质岩类要划分岩性分区，研究接触关系和构造形变特点； 6. 第四纪堆积要划分成因类型，确定相对时序

16.2.2 区域构造与岩石单元遥感解译

1. 地质构造形迹的遥感分析

卫星遥感图像直观、综合、宏观的特点，在反映地质构造，特别是线形形迹与环形形迹的分析上，提供了大量新的地质信息。计算机图像处理技术的应用，使这些地质形迹得以突出增强。它客观、形象地反映了区域构造特征与差异，为分析地质构造开拓了一个崭新的技术途径[2]。

1) 地质构造形迹的遥感影像特征

地质构造形迹常表现为线形与环形特征。线形形迹主要指断裂构造，它控制着岩浆活动及矿液的运移、储存，对成矿、导矿、储矿起着重要作用。环形构造多是地球内部热源活动形迹在地壳中的总体表现，与热液成矿密切相关。线形环形构造及构造交叉部位常常是重要的找矿区域。在遥感图像上，多以色调、图形特征、水系展布、地貌形态及组合等得以显示。线形形迹为平直或微弯形的线状条带形迹；环形形迹为圆形、半圆形、椭圆形等环状条带形迹。通过遥感图像处理，如边缘增强、灰度拉伸、方向滤波、比值分析等可以突出有关信息。它们常具有以下识别标志。

A. 色调与形态

包括色调线、色调带、色调界面等线、环形影像特征，是鉴别线、环形构造的首要标志。褶皱带中地层岩性的差异，可清楚地反映出褶皱构造展布的方向。断裂构造两侧地质体、地貌体或地质现象的差异，造成其电磁波辐射的差异，从而形成不同的影像色调与形态。在很多情况下，断裂带本身组成物质与含水性等方面与周围地层的明显差异，使断裂线的形迹在遥感图像上更加突出，易于辨识。影像上环形形迹的出现，常常是由地层圈闭反映的背斜、向斜构造或大面积基底隆起、侵入岩体、火山、盐丘等地质现象引起的。倘若对遥感图像进行处理，如线性对比度拉伸、边缘增强，特别是进行方向滤波分析，对突出图像上的线形形迹效果明显；而比值分析往往对环形形迹，尤其是因侵入岩体所引起的环形形迹增强效果更佳。当然图像上的线形形迹并非与断层完全吻合，环形形迹也并非与上述的环形地质现象一致。除了影像色调和形态标志外，还需其他方面进一步证实以及影像机理的深入研究。

B. 线形特征的错断

它是证明断裂构造存在的直接标志，反映了地层、岩体在断裂构造作用下所引起的相对移动，常常在错动的两侧可以发现地层的牵引变形及扭动现象或破碎带的出现。

C. 特殊的地质体影像组合

指在一定的内、外地质应力作用下，形成的一系列地质体或现象。它们以一定的规律组合在一起，组成特殊的影像结构，如断层崖、断层三角面、侵蚀构造山地、构造盆地、不对称谷地、构造阶地、叠置的扇形体，以及山脊、盆地、湖泊等地貌形态的扭曲变形，如截山切岭、脊移谷错等，在断裂构造附近会出现特有的地质地貌影像组合。

D. 水系格局及其演变

水系类型、水系密度、切割深度、平面形态及流动方向等均受到岩性、构造等地质因素的密切控制，特别是平面形态和摆动方向，更是直接、灵敏地反映了地壳运动的特点。例如，河流平面形态变化为“S”、反“L”、反“Z”形，指示断层为左旋平移性质（反扭）；河流平面形态变化为反“S”、“L”、“Z”形，指示断层为右旋平移性质（顺扭）；放射状、环状水系的影像形迹，指示穹窿构造或岩体侵入的可能；格状水系则暗示隐伏的两组直交断层存在的可能。

E. 活动特征点的线状展布

如侵入岩体、火山口、河道特征点（汇流点、分流点、拐点、河道展宽、变窄点、曲流段和直线段的起止点等）、泉水出露点、地下潜水溢出带、冲洪积扇顶点、湖岸线、海岸线、岛屿等呈线状展布以及山系、平原、盆地等地貌单元的线形边界、湖泊的串珠状分布等，均指示了线形构造形迹穿过。

2）地质构造形迹的遥感宏观分析

A. 地质构造形迹分布的空间模式

遥感图像上，色调、形态、纹理结构等较直观、准确地显示出地质构造的位置、走向及相互切割关系（包括新老关系、主干、伴生、派生构造间关系）等。它不仅可以定性、定位，而且可以启示追索一些大型断裂带的走向延伸及了解其空间展布规律。这是常规方法所无法比拟的。它所提供的大量新的构造信息，也是对已有认识和成果的重要补充和修改。在此基础上，进一步分析线形、环形影像的组合特点，有助于研究与推断区域构造形成机理、力学性质、体系归属等特征。

塔里木盆地柯坪地区古生界—中新生界地层组成的单斜构造，在卫星图像上呈不同色调的条带影纹和软硬相间的垅岗状单面山地貌，著名的柯坪断层 NNW 向将地层错开，出现明显的牵引变形和错位现象，并切开了山体南部的 NE 走向断层。这些地质现象在遥感图像上一目了然（参见图 5.27 的雷达图像）。

这里应该说明的是，一定的几何图形一般反映构造成生时的力学性质。以断裂构造为例，平直线往往代表扭性断裂，并常伴有牵引；舒缓波状曲线往往反映压性断裂；锯齿状曲线往往反映张性断裂；而雁列式、“入”字形交叉，又反映压扭性断裂特征。但是，因受后期改造活动的影响，一定的几何图形又不一定能确切地反映活动断裂的力学性质，还必须结合其所处的地质环境、分析区域应力场、局部应力场、断裂两盘的错动关系及其他的宏观标志，方能得出正确的结论。

B. 隐伏褶皱与断裂构造的识别

这些隐伏构造被新生代松散堆积层覆盖。通过地表岩性、构造地貌、第四纪层含水程度、水系特征、植物生态以及地球物理、地球化学等信息的传递，在遥感影像上显示出它们隐约的形迹，以至于有可能识别各种隐伏构造。

在遥感影像图上，可以见到纵贯华北平原有两条几乎平行隐约出现的 NW 向线形形迹，形迹平直而连续。它控制着沿线的构造地貌、水系的发育[3]。

西边一条为大同—藁城—聊城—济宁—徐州—南京—溧水断裂带。其北段在平型关附近将太行山、五台山错开，代县盆地也被扭曲变形。此 NW 向断裂与 NE 向太行山前大断裂交切并地垒状隆起，构成浑河与壶流河、沙河与唐河的分水岭。断裂进入华北平原后被深厚的第四纪覆盖层掩盖，但在较单调而均匀的浅色调背景下，仍可见到断续 NW 向蓝灰色线形影像痕迹。滹沱河穿过这条线形形迹上的藁城后，流向由 SE 突转为 NE 方向；滏阳河上游的诸条河流原由南向北流，穿过这条线形形迹上的宁晋—宁晋泊一带后，流向突转向 NE 方向；鲁运河基本沿这条线形形迹开挖；黄河过线形形迹后，堤距明显缩小，水面变窄，构成河型上的突变点。线形形迹过黄河往东南方向便构成鲁中、鲁东低山丘陵与华北平原两个地貌单元的 NW 向平直界线；东平湖—蜀山湖—南四湖沿这条断裂线串珠状、线状展布，湖泊的长轴方向与断裂线走向一致。断裂进入苏皖一带，影像形迹不大明显，仅隐约出现 NW 向的线形痕迹。此线以西主要为 NE 向丘陵地，构成淮河与长江的分水岭，以东为苏北河湖平原（包括洪泽湖、高邮湖和里下河地区等）。长江通过线形形迹上的南京后，流向从 NNE 突转为近 EW 方向；秦淮河基本沿线形形迹发育，线形形迹直到溧水一带。这条 NW 向断裂控制着苏皖一带的新近纪和第四纪玄武岩喷发、苏北平原的西部边界以及地震的发育，是一个较新的活动断裂构造。这在地质、地震界得以证实。

东边一条经通县—天津，过鲁中山地延至苏北的盐城、南通一带。在遥感图像上，它有几处较为明显，尤其是通县—天津的隐伏段。断裂带内浅层地下水丰富，造成影像上宽约 5km 的暗色平直条带。北运河、北京排污河沿此条带开挖。永定河的古漯水故道也沿此条带流过。

成都平原上以灌县为顶点的冲积扇平原，由西北向东南方向发育。这里是我国典型的水田农业区和著名的都江堰水利工程。在遥感图像上，可以发现横切扇体有两条几乎平行的 NE 向线形形迹。尽管地表松散沉积物的物质组成并无明显差异，但断裂带内、外含水程度存在明显差异，影响到土壤的发育程度、土壤湿度等，致使地面植被的长势等均有差异。这就是说，地下一定深度的地质信息，通过水、土、植被这些地表信息传递，而在遥感图像上以不同的色调显示出来。

塔里木、柴达木等盆地的周边有不少与隐伏构造有关的环形影像异常，并常伴有河流的绕流现象。它们多是些穹窿构造或短轴背斜、向斜构造，地表常被松散堆积物覆盖，有的已为物探等资料所证实。这些环形隐伏形迹为勘探油气田、寻找地下水，提供了新的重要线索。

C. 地质构造形迹特征的统计分析

在增强提取线环形构造以及绘制解译构造图的基础上进行地质构造形迹的空间分布特征分

析，包括识别、量测、分析。“识别”主要确定线形体、环形体的形态、等级、方向、密度、强度等；“量测”主要通过数理统计、分类处理获得构造要素的优选方位，通常用方位图表法，如总长度/总数量、方位-频率玫瑰图（图 16.2）、密度方位图等，来确定岩石应变的性质、大小和主应变方位等；“分析”主要确定地质构造形迹间的主从关系、新老关系、活动与否、构造组合，建立该地区的构造应力场，寻找构造规律，推测演化发展过程。

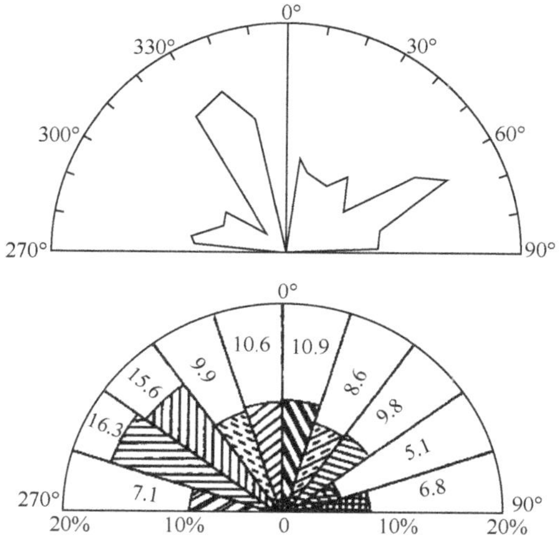

图 16.2　线形体分布的方位-频度玫瑰图

2. 影像岩石单元解译方法

组成岩石的典型矿物光谱特征，已在第 3 章“成像光谱”中作了论述。各类岩石的矿物成分、赋存环境以及抗风化强度决定了它的电磁波谱特征（图 16.3）。岩石的反射光谱特征与岩石本身的矿物成分和颜色密切相关，并受组成岩石的矿物颗粒大小（矿物颗粒较细、表面比较平滑的岩石具有较高的反射率，反之较低）、表面粗糙度、表面湿度、表面覆盖物的影响。正因为野外光谱受地表覆盖（植被、土壤、松散沉积物等）的干扰，因此仅依赖地物光谱特征来识别岩石与岩石单元是困难的，需要借助于非遥感的地面信息（先验知识）和野外验证，并根据岩石组成的色调、纹理、地形地貌特征、水系类型等解译标志加以识别。例如，沉积岩的最大特点是具成层性，胶结良好的沉积岩出露充分时，可在较大范围内呈条带状延伸，坚硬的沉积岩常形成与岩层走向一致的山脊，而松软的沉积岩则形成条带状谷地；火山岩则多呈面状、环形，成层性不明显，如火山熔岩、火山碎屑岩等。

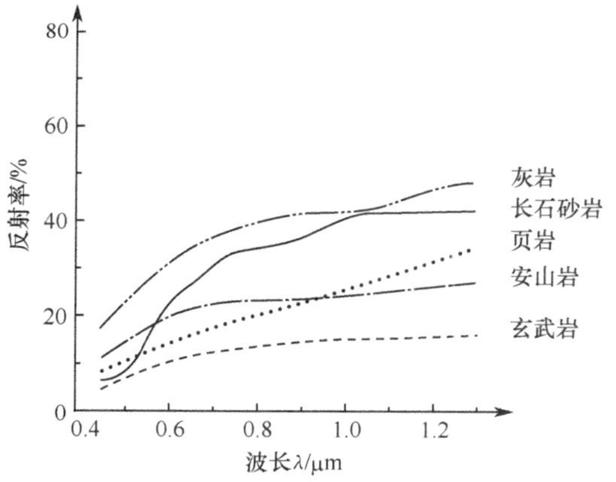

图 16.3　典型火山岩和沉积岩的反射光谱曲线（据 Goctz，1976）

目前，对岩性信息的识别、提取主要运用多光谱和高光谱两种遥感数据源。多光谱遥感岩性识别主要基于图像的空间、光谱特征，通过图像增强处理、分类，或多源数据融合等方法（参见第 6 章相关内容），提取岩性信息。高光谱遥感岩性识别主要基于岩矿诊断性光谱吸收特征参数化或基于地质体光谱的总体波形特征分析实现（参见第 3 章相关内容）。

影像岩石单元法就是以不同地质体反射光谱特征差异所形成的形态、结构、纹理、色调等影像差异作为划分不同岩石类型或岩石组合的依据，并将其作为填图的单位。影像岩石单元反映不同岩石类型或岩石类型组合特征，具有建立或划分填图单位等意义，有清晰边界和一定规模的影像地质体。在实际应用中一般采用影像岩石单元二级划分和建立“标准”单元的方法。

（1）一级影像岩石单元是解译过程中确定的最大级别的影像单元。它在空间上突出三大岩类的分布特征；在时序上对沉积地层往往有群（系）级单位的划分意义，对侵入岩有侵入杂岩集群或超单元序列的划分意义，对变质岩则可起到整体区分的作用；在综合特征方面可准确显示中生代火山—沉积盆地的范围、形态和展布规律。

(2) 二级影像岩石单元是填图单位的基本实体。大多数单元对沉积地层起到组、段级划分的意义，对侵入岩起到划分独立岩体的作用，对深成变质岩起到划分片麻岩单位的作用；有时候可直接代表单一的岩石类型。

(3) 标准影像岩石单元是指在区域上分布稳定、具有明显的影像标志特征、对地层层序的建立和恢复能起指示作用的二级影像岩石单元。由于在影像单元内岩石组合的变化符合组、段级地层单元建立和划分的原则，通常具有作为标准组、段级填图单位的意义。

16.2.3 地质信息遥感提取

在遥感区域地质填图中，除了一般的遥感图像处理方法以外，还需进行多元图形图像的叠置、综合、解析、统计分析等功能处理，并建立一个相应的图形图像数据库。

1. 图像统计

对图像数据进行统计分析将有助于人们定性、定量地认识地物特性。统计的内容通常包括各波段亮度值的分布总态势、有效值域宽窄、均值、标准差、各波段间的相关系数以及各类目标地物亮度值的总体分布特征。针对这些特征，可以有的放矢地选择最为有效的图像增强处理功能(参见第 6 章有关内容)。

2. 波段组合

假彩色合成图像波段组合的选择，根据主要目标地质体的光谱及遥感影像的特征，挑选三个或三个以上相关系数最小而方差最大的波段(或波段比值)，并以生成色调丰富、悦目、利于突出目标地质体的假彩色图像为依据进行赋色排列。

3. 人机交互遥感地质解译

在屏幕显示的遥感图像上直接解译地质信息，或将遥感图像与已有地质图件准确叠合，利用图像信息修正和完善原图件。人机交互解译的精度取决于解译人员对地质信息的理解程度和解译经验、区域地质调查程度及解译标志的正确性。

4. 成图和野外检验

地质图图斑复杂、色阶丰富，几何精度要求高，因此要求有合理的成图流程和误差控制方法，以确保遥感解译图件的精度。成图精度在成图过程中需要严格控制，通常要求绘图仪的误差不大于 0.025mm，图框对角线的误差保持在±(0.1～0.3)mm。

野外调查和检验工作安排在区域地质调查填图的不同阶段进行，分为野外踏勘、野外调查与遥感解译填图、野外复查等三个阶段。其中野外复查是在对工作区各类地学资料进行深入、综合研究的基础上，针对遥感地质解译图中存在的问题进行最后的实地核查，同时检验遥感解译的精度，最终生成遥感解译成果图。

§16.3 遥感地质矿产勘查方法与实例

16.3.1 遥感地质矿产勘查的工作程序

表16.2列出了遥感地质矿产勘查的主要阶段和各阶段的工作内容，供参考。

表16.2 遥感地质矿产勘查各阶段工作内容简表

序号	阶段	工作目的	遥感工作内容
1	资料准备	收集工作区开展遥感综合找矿工作所需的各种资料	1. 收集工作区现有的航空、航天遥感图像及数据； 2. 收集工作区已有各类地质调查和专题研究的文字资料、图件以及物探、化探、钻探数据； 3. 收集合适比例尺的地形图以及地貌、水文、交通等资料
2	成矿远景遥感预测	采用非传统的遥感与多元地学信息综合分析方法预测和确定成矿有利地段	1. 进行工作区及邻近地区小比例尺遥感宏观解译，通过识别和分析主要岩石类型、线形和环形构造、火山机构的影像特征，了解区域构造、岩类分布的总体面貌和成矿背景，建立解译标志； 2. 结合物化探资料，初步判别主要岩类和构造类型的性质； 3. 以遥感图像为依据，确定区域地质构造的格局，分析矿源层分布规律，推断控矿构造及含矿层位，预测成矿远景，选定成矿有利地段； 4. 在要求比例尺的地形图上标绘出预测的成矿有利地段
3	野外调查	对预测的成矿有利地段进行全面的实地调查，为成矿远景评价提供依据	1. 重点检查遥感图像显示的有利于成矿的影像部位所对应地段的地貌、岩性和构造特征； 2. 采集岩矿鉴定、同位素年代测定、构造岩方向测试、元素分析等所需的各种标本； 3. 对重要地段进行野外现场的波谱测试，为进一步的找矿靶区遥感预测提供基础理论依据
4	找矿靶区的预测和靶区研究	通过较大比例尺遥感图像的深入解译、实地调查和采样分析鉴定，对成矿有利地段按成矿条件进行分类，确定最有希望的勘查靶区，并对靶区地表矿体进行调查，对深部地质特征进行研究	1. 对各类标本进行鉴定和分析； 2. 利用以航片为主的高空间分辨率遥感图像（有条件时还应采用高光谱分辨率遥感数据）对已知矿床及成矿有利地段作详细的对比解译，建立有区域意义的含矿岩系和控矿构造的影像标志，把最有找矿远景的成矿有利地段列为勘探靶区； 3. 依据标本鉴定和分析结果，对靶区的岩石、构造、矿产信息作更为深入的野外调查和复核，补充采集各类鉴定和分析样品； 4. 对靶区的遥感、地质、物探、化探资料进行复合处理，增强和提取含矿岩系和控矿构造信息，包括各种矿化蚀变和热源信息，分析地表矿体的分布特征，探讨深部隐伏矿体或岩体的赋存状态以及构造活动的期次与活化状况，提供靶区矿产可靠的定性、定量依据
5	建立遥感找矿模式	通过建立遥感找矿模式，提高调查区找矿工作的程度，为找矿工作的进一步深入提供理论指导	1. 充分运用地质成矿新理论，融合遥感与多源地学信息，建立工作区遥感综合找矿的理论模式； 2. 条件成熟时，应建立遥感与各类地学信息数据库和矿产预测信息系统

16.3.2 遥感矿田构造预测方法

内生金属矿床的形成受岩体、围岩和构造的控制，它们在一定程度上就是与同一范围、同一时期的构造-岩浆活动及矿化作用有时空联系的地质块体。不同级别、序列、强度的线形、环形构造及其组合形式分别控制着成矿带、矿田、矿床的形成规模，也充分体现了金属矿产的分布规律与地质构造间的内在联系。通过对不同比例尺的航天、航空遥感资料的处理和解译，并结合其他地学资料的分析，可以深入了解这种内在联系，有效地实现对金属矿床的预测。

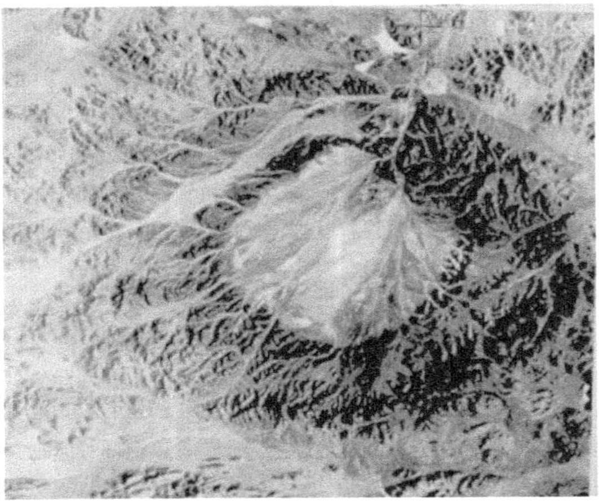

图 16.4　新疆托里宝贝金矿区菱环构造航空影像

20 世纪 70 年代楼性满等[4]在新疆遥感试验中对某些已知矿田的遥感色、线、环影像异常特征进行了分析，总结成矿规律时发现托里宝贝金矿区中心有一个环形岩体，外围是菱形构造蚀变带，组成了醒目的“菱环构造”(图 16.4)。后来相继发现安徽铜官山与狮子山矿田、湖南香花岭矿田、贵州梵净山多金属矿田与万山汞矿田、云南红河断裂南侧金矿带、福建紫金山金铜矿田都具有典型的菱环构造特点。实质上菱块构造代表了成矿前的围岩(盖层)构造，菱形的四边是两组密集发育、形成网络的断裂带，构成了极为有利的成矿空间；而环形构造代表了成矿时的侵入岩体状态，大、小环套合、叠加的现象是成矿母岩体侵入的范围、活动期次和矿化蚀变分带的反映，表明环形构造与提供成矿物质来源的母岩体关系密切。因此遥感菱环构造矿田模式对内生金属矿产的预测有重要的指导意义。

20 世纪 90 年代通过对卫星图像的遥感解译发现，海南省西部有一个大型菱环矿田构造，面积达 1000 余 km^2，比著名的福建紫金山矿田、湖南香花岭矿田面积大两倍多。在这个菱环构造上遥感分析圈定了 12 个找矿靶区。其中 1 号靶区南界有已知的石碌铁矿，2 号靶区有已知的二甲金矿，其余均为新预测靶区。这些靶区都处在构造的有利部位，岩浆活动和矿化蚀变都很强烈，特别是深色调的金矿蚀变影像与 2 号靶区具有明显的一致性，因此找金的希望很大。近年，通过进一步的实地勘查，已在预测的靶区中发现了大型的金矿(图 16.5)。

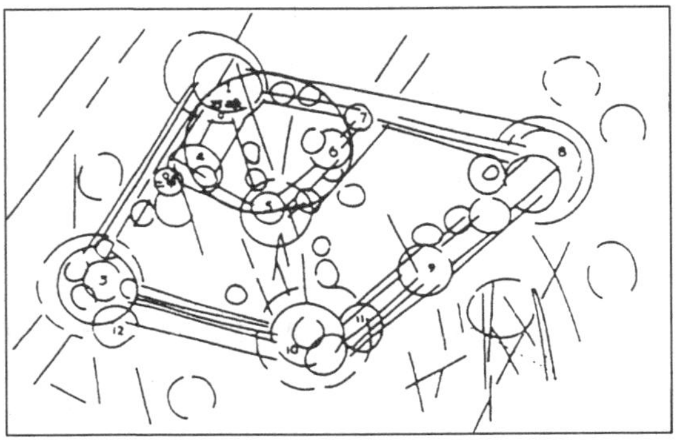

图 16.5　海南省石碌菱形构造矿田解译图[4]

其实，矿田控矿构造模式远不止菱环构造一种，深入的研究发现，遥感图像通过色调和形态显示出的矿田构造模式是多种多样的。表 16.3 列举了最常见的 10 种矿田构造模式。

表 16.3　内生金属矿田遥感构造模式特征表[4]

编号	形式	色线环图形	色线环组合标志	地质背景	矿田实例
1	菱环式		两组斜交断裂构成菱块构造，中心为环形构造，色、形边界清楚	菱形断块构造，中心有岩体侵入，围岩蚀变强烈	湖南香花岭矿田
2	方格式		东西、南北两组近于直交断裂构成格状构造，中心为环形构造，色异常明显	格状断块，中心有岩体侵入，并有强烈蚀变	云南个旧锡矿田
3	三角式		三组断裂相交，并呈三角形	三组断裂相交，中心有岩体侵入，并有强烈蚀变	新疆阿舍勒矿田
4	中心式		两组断裂交叉处有梅花状环形构造	北东、北西向断裂交叉处有岩体侵入，蚀变强烈，黄铁矿化发育	山东牛山顶矿田
5	串珠状		北东向带状断裂、串珠状环形构造	北东向破碎带上有岩体侵入，呈串珠状分布，蚀变强烈	安徽寺门口矿田
6	环状		大环浅色、小环深色，构成大环套小环图形	不同蚀变岩石引起的圆形山包，深部有隐伏岩体	辽宁三合圩矿田
7	条带式		色调较深、平行分布的条带山脊	含金石英脉平行分布	山东邓各庄矿田
8	挠曲式		变质岩带扭曲，明显错位，被北西向线形断裂切断	变质岩带挤压，破碎强烈，蚀变明显	山东潘家庄异常区
9	环放式		水系和山脊呈环形或放射状	环形和放射状断裂，黄铁矿化强烈，有老采金坑	山东牛山顶矿田
10	帚状式		帚状线形影像	扭曲断裂组成帚状构造	甘肃庆阳金矿田

16.3.3　矿产遥感信息形成机理研究和建模

从地质体波谱形成的物理基础和成矿机理着手，结合多种野外测试方法和数字图像处理技术，分析矿产遥感图像特征的形成原因，建立相应的遥感找矿理论模式，指导矿产预测工作，无疑将深化遥感技术的基础理论研究，提高运用遥感方法找矿的科学性、针对性和有效性，促进遥感地质应用向规范化、模式化和定量化方向发展。下面以油气藏遥感信息机理和探矿方法为例予以说明。

1. 油气藏的烃类物质微渗漏现象

通过大量的科学研究和找矿实践发现，深埋于地下的油气藏长期处在高温、强压的地质梯度体内，普遍存在可以被仪器和化学分析检测到的烃类物质的微渗漏现象。烃类物质在微渗漏过程中发生的物理现象和形成的新物质改变了油气藏上方的地球物理场、地球化学场、生物场和生态环境，从而影响了自然景观和地表的电磁波谱特征，使遥感图像出现烃类物质微渗漏的异常影像。识别和提取这些异常影像信息可以为油气藏的预测提供依据(参见第 7 章中的“指示标志分析法”)。

2. 遥感信息探测油气的模式

王福印等[5]在综合多年积累的调查资料基础上,主要依据烃类物质微渗漏过程中发生的化学作用建立了下述遥感信息探测油气的模式(图 16.6):

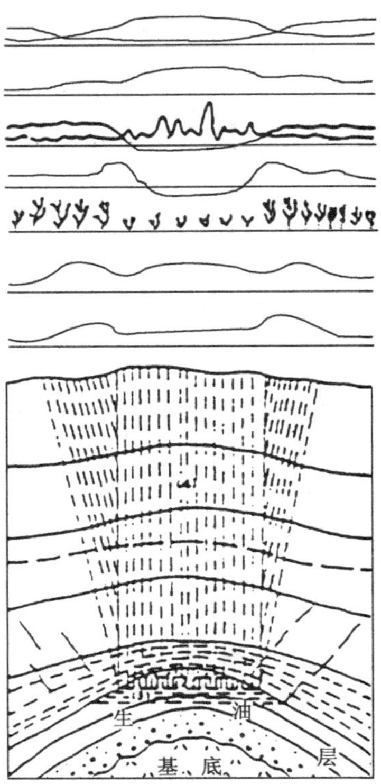

图 16.6 遥感信息探测油气模式[5]

(1) 油气藏大多储集在地下的正向构造中,地面显现正地貌;

(2) 烃类物质微渗漏造成的碳酸盐化蚀变在油气藏上方出现边缘强、中心弱的环形异常带;

(3) 近地表土壤中吸附烃类含量形成边缘高、中间低的环形异常带,渗漏顶部有时有高值异常;

(4) 油气藏上方植被长得矮小、枯黄呈毒化状态,生长期延长,反射率在可见光波段高于背景区,在反射红外区则明显低于背景区;

(5) 油气藏上方出现边缘高值、中心低值或负值的放射性环形异常;

(6) 烃类物质微渗漏范围内高价铁氧化物转化为低价铁氧化物,生成不均匀的微粒磁性物质,一方面形成高频低幅值跳跃式的磁异常,另一方面使地表岩土发生退色蚀变;

(7) 烃类微渗漏区黏土矿物明显增多,颗粒变细,土壤常板结;

(8) 地面辐射温度油藏上方可高于背景区 1～3℃;气藏上方则低于背景区0.5～2℃。

3. 遥感探测油气藏隐伏构造

隐伏于地下的油气构造在垂直与水平的内应力作用下使上覆的地层发生形变，从而引起地表的地貌、物质组成、颗粒度、土壤湿度、水系及植被等的分布发生变化，最终导致地表的电磁波谱特性产生变异。这种变异正是运用遥感方法识别油气藏隐伏构造存在的依据。遥感探测油气藏构造的信息模式如下：①地面为正地形风化剥蚀区；②地面存在特殊的节理、裂隙环、带状裂隙密集区；③顶部土壤粒度从中心向边缘由粗变细，湿度则由小变大，有机质含量由低到高；④水系多呈辐射状、猪背状。

16.3.4 遥感和多源地学数据的综合分析方法

地质体的属性及其内在特点会以各种方式和不同的尺度表露出来，现代科学的发展已经使人们能够用各种手段去感测它们。显然遥感只是利用地质体的电磁辐射特性去识别和区分它们的一种方法，有它的优势，也有它的局限。例如，目前最常用的多光谱遥感技术在植被覆盖区区分岩性的效果差，难以直接识别矿化蚀变带。实践证明，随着地质找矿工作难度的增加，只有将遥感资料与地质、地球物理、地球化学等多源地学信息紧密结合起来，综合应用，才能真正认识地质体的本质及其相互间的联系，获得满意的找矿应用效果。

下面以遥感数据与能谱数据结合应用于矿产预测为例加以说明。主要的天然放射性元素在各类岩石中的分布具有一定规律。一般来说，岩浆岩的放射性元素含量高于沉积岩；岩浆岩随着岩石酸度的增加，放射性元素含量增加；成分相同的岩石，生成年代越晚，放射性元素含量越高；热液等矿化蚀变会使钾含量增加。刘德长等[6]发现，航空γ能谱数据即使在植被覆盖区仍然有很好的区分岩性、识别铀矿化及其蚀变现象的效果。由能谱测量的铀、钍、钾道及总道合成彩色图像（又称铀图）。在铀图上可以看到一些主要由色调差异构成的线形或环形影像。它反映了地质体放射性强度的差异。对铀图进行各种影像增强处理，提取这些线形或环形影像信息，就得到了一幅铀的γ能谱解译图。将它与遥感构造解译图叠合，发现两者有很好的相关性（图 16.7）。进一步的研究表明，凡两图吻合较好的线形和环形体多为与铀成矿有关的断裂和环形构造。利用这种方法在辽宁连山关地区预测了 4 个铀矿远景区，野外验证在其中的 3 个地区确认了 4 条有一定规模的成矿断裂带，发现了多期次的成矿热液脉体和强烈的近矿围岩蚀变，见到了次生和原生的铀矿物及较好的铀矿化带。

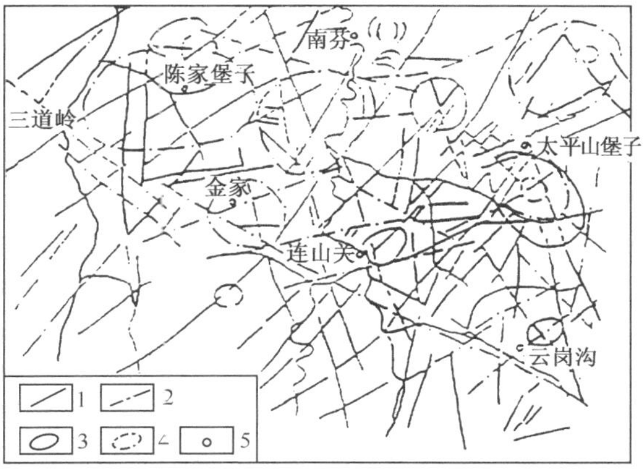

图 16.7 遥感构造解译与γ能谱解译的叠合图[6]

1. 遥感解译线形体；2. 遥感与能谱叠合的线形体；3. 遥感解译环形体；4. 遥感与能谱叠合的环形体；5. 主要村镇

16.3.5 成像光谱岩矿识别

采用成像光谱技术进行对地表观测时，在获得地质体空间信息的同时，对每个像点采集了数十至数百个波段的光谱信息，可获得该像点的连续光谱，其分辨率一般达到 nm 级。这种图谱合一的特点大大缩小了遥感光谱与实验室光谱之间的差距，使研究人员能像分析地质体实验室测试光谱那样对成像光谱数据进行细致的分析处理，发现地质体固有的微弱特征光谱的存在及其变异，定量地研究地质体的光谱特征与它的类型、结构、成分之间的内在联系，达到识别地质体属性和量化其物质组分的目的。因此可以说成像光谱技术比任何一种遥感技术更能真切地通过对地质体电磁波反射、发射特性的探测和分析，反映其物理和化学性质的丰富内涵(参见第 3 章的有关内容)。

大量的光谱测试研究成果表明，地球表面大多数自然物质在 0.4～2.4μm 谱段均具有可判断属性的光谱吸收特征，即“特征光谱”，一般带宽 20～40nm。地表有数千种含有 Fe^{2+}、Fe^{3+}、OH^-、CO_3^{2-}、SO_4^{2-} 和烃类等分子团或金属离子的矿物，它们在 2.0～2.4μm 范围都有特征的光谱吸收峰。例如，黏土矿物的光谱吸收谷在 2.087μm 和 2.000μm(带宽 0.1μm)，碳酸盐矿物在 2.205μm、2.370μm、2.450μm(带宽约 0.1μm)，铁帽在 2.250μm(带宽为 0.5μm)，烃类在 2.275μm、2.300μm、2.330μm(带宽 0.05～0.1μm)等。又如，含 Fe^{2+} 在 0.8～1.2μm 有宽带吸收，1.0μm 附近吸收特征显著，如黄铁矿、磁黄铁矿、钛铁矿、菱铁矿等，主要表现为还原环境；含 Fe^{3+} 在 0.89、1.00μm 处吸收明显，如赤铁矿、褐铁矿、针铁矿等，主要表现为氧化环境。含 Cu^{2+} 离子也在 0.8μm 附近出现强而宽的吸收谱带。Hunt(1982)[7]对地球各大岩类的岩矿成分、电子特征与光谱特征的研究指出，在可见-近红外谱段(0.4～1.3μm)，岩矿吸收光谱主要是由内部金属阳离子的电子跃迁或振动引起；在短波红外谱段(1.3～2.5μm)，岩矿吸收光谱由羟基、水分子和碳酸根等基团的分子振动引起。在实际的地质矿产应用中，只要能检测出这些特征光谱，就有可能识别这些物质，发现与矿化有关的蚀变矿物。

以识别地质体为目标，成像光谱数据的处理技术方法主要涉及以下几个方面。

1. 地质体成像光谱数据的预处理

预处理的主要目的是消除成像光谱数据获取时的各种初始畸变，包括辐射校正和几何校正(参看第 6 章有关内容)。

辐射校正是为了消除数据传输过程中大气效应、地质体非朗伯反射特性、数据采集方式以及遥感器系统特性等因素所造成的边缘辐射畸变和干扰噪声。小波变换和反变换是目前边缘辐射畸变校正最普遍采用的方法。

几何校正是为了消除机载成像光谱仪视场角较大、飞行高度低、飞行姿态不稳定及测区地形条件等因素引起的几何畸变。传统的做法是采用实测控制点和最小二乘法拟合求取多项式系数的转换方法，经插值求得校正图像。近年随着现代惯性导航系统与 GPS 技术的发展，从空中实现像元点定位已成为可能，并开发了相应的机载扫描图像几何畸变的共线方程校正模型，取得了较好效果。

2. 地质体光谱的重建

地质体光谱的重建是指利用成像光谱遥感数据以像元或像元组为单位，建立像元或像元组所对应地质体的光谱曲线，并与实验室标准光谱曲线匹配、对比，为识别地质体提供依据。目前，光谱重建的方法多达十几种，如平滑域纠正法、剩余对数纠正法、经验线性回归法、绝对反射率生成法等。其中经验线性回归法由于主要依据数据本身特征的分析，对环境参数测量和实地调查的要求较低，应用最为普遍，总体效果也较为理想(参见第3章有关内容)。

3. 地质体成像光谱特征的量化分析和识别建模

成像光谱数据量化分析的目的是从中发掘客观、有效的反映地质体光谱特征的指数和参量。目前最常用的方法大致有两类：一类是基于地质体“特征光谱”的分析方法，提取成像光谱曲线上特定光谱吸收峰的位置、深度、宽度、面积、斜率、对称度(偏倚度)等指数；另一类则是基于地质体光谱的总体波形特征分析法，如通过傅里叶变换法、切比雪夫函数波形分析法等，提取地质体光谱曲线的波形特征参数。

根据成像光谱数据辐射分辨率高、光谱段多的特点，应在研究成像光谱特征参量量化和提取方法的基础上，建立对工作区实用而有效的数据分析方法和模型。试验表明，尽管许多模型在地质体识别应用中产生了较好的效果，但由于地质矿产问题普遍具有隐蔽性、不确定性和多解性，各种模型所适用的特征空间和应用方法都带有一定的限制和假设条件，因此这方面的研究仍然是当前成像光谱技术地质应用的重要内容。

§16.4 遥感地质灾害调查方法与实例

地质灾害是指由地球内、外动力作用造成的或由人为因素引发的各种地表环境受到破坏，使经济建设和人民生命财产遭受损失的地质现象。最常见的地质灾害如下：

(1) 地壳变动类，包括火山爆发、地震；

(2) 岩土位移类，包括崩塌、滑坡、泥石流；

(3) 地面变形类，包括地面沉降、地裂缝、岩溶塌陷、煤田采空塌陷；

(4) 其他，包括地下煤层自燃、冻胀、冻裂、冻融等。

其中地震、崩塌、滑坡、泥石流是发生最频繁、造成损失最直接的几种严重地质灾害。

16.4.1 滑坡、泥石流的遥感调查

滑坡、泥石流主要发生在地形条件复杂、交通不便的山区，大多发生突然，历时短暂，来势凶猛，有强大的破坏力，灾后的实地调查难度很大。遥感技术的发展则为灾情调查提供了方便。

1. 滑坡、泥石流调查的主要方法

1) 直接解译方法

滑坡是指斜坡上大量土体、岩体或其他碎屑堆积物沿一个或数个滑动面整体下滑的现象，是由多种因素孕育最终由重力作用造成的地质灾害。泥石流是沟谷中的松散固体堆积物质在一定条件下和水形成混合体沿沟谷或坡面流动的现象，是以流水和重力作用为主的地质灾害。滑坡、泥石流一旦发生，便可形成一系列特殊的地貌特征，遥感图像以其形态、色调、纹理结构等影像特征宏观、真实地显示了这些地貌特征。解译人员可以运用多种图像处理方法，增强和提取这些影像信息，利用相关的专业知识和实践经验，直接地识别灾害体的特征。

2) 动态对比方法

滑坡、泥石流虽然都有突发性，但它们的发生均与物质状况、动力环境和触发诱因等多方

面条件有关，大多有一个难以为人们感官所觉察的缓慢发展过程。运用不同时相遥感资料的对比解译能够识别这种变化的信息，从中发现滑坡、泥石流灾害的现状和活动规律。例如，长江三峡秭归县的新滩镇原位于江北岸一个曾多次活动的古滑坡体上，1985 年 6 月 12 日滑坡发生，新滩镇被全部摧毁。由于该地段地势险峻，交通不便，实地调查困难，运用彩红外航空遥感等方法，通过对 1984 年和 1985 年两期遥感图像的对比解译，结合少量地面调查，确定了滑坡发生前的遥感影像征兆，成功地作出临滑预报，并很快查清了灾情，对滑坡体内部结构、滑坡岩性分区作了详细划分，测量了不同地段位移矢量数据，预测了运动方向和发展趋势，为滑坡形成机制的研究和确定整治措施提供了重要依据。

实践表明，一些过去发生的、当时没有引起足够重视或未及时进行调查的滑坡和泥石流，由于山体、沟谷长期遭受风化剥蚀、植被覆盖和人类活动的影响，已经改变了原来的面貌而不易辨认；或者再次发生滑坡、泥石流，新的灾害体将旧灾害体全部或部分摧毁和掩埋。这种情况下，在新的遥感图像上将难以找到灾害体当初鲜明的地貌特征。只有充分利用以往各个时期的遥感图像，才能了解调查区地质灾害的历史和演变过程。北京市地质研究所利用 20 世纪 50 年代以来摄制的多期航空图像，结合实地调查资料，对北京山区近 50 年中发生的较大规模的灾害性泥石流进行了系统分析，解译出泥石流沟 584 条(其中包括几乎无人知晓的 1959 年形成的近 50 条泥石流沟)；确定这期间共发生过 10 期灾害性泥石流；基本查清了泥石流发生的时空分布规律、活动频率、重现特点、强度和危害状况。

3）遥感图像资料的合理选用

由于滑坡和泥石流的覆盖范围相对较小，而且主要依靠灾害体在遥感图像上反映的形态特征来识别，因此需要遥感资料有较高的空间分辨率，并在可见光和近红外波段有较高的光谱分辨率。目前，地质灾害的遥感调查通常采用航天遥感与航空遥感相结合的方法。航天遥感资料主要用于地质灾害的区域性宏观快速解译，了解地质灾害与区域地质背景等因素的关系，分析灾害展布的空间特征，探讨灾害发生的总体趋势。航空遥感资料则用于分析具体灾害体的形态、规模和运动方式等微观特征，有时还要进行灾害体某些要素的量算。因此，根据任务要求，合理选择遥感资料和工作方法是实现调查目标的重要环节。

4）遥感信息的综合分析方法

滑坡、泥石流等地质灾害是多种地球外营力和人类活动共同作用的结果。这些作用的过程和后果大多能在不同片种、不同波段、不同分辨率水平的遥感图像上以直接或间接的影像标志真实地反映出来。因此，对滑坡、泥石流等灾害的遥感调查实质上就是对这些影像标志的识别和综合分析过程。

2. 滑坡、泥石流的遥感解译内容

1）定性识别滑坡、泥石流

依据滑坡、泥石流发生的最基本的地质、地貌环境和触发条件等原理，从灾害体特殊的总体形态、色调特征识别着手，定性地确定滑坡、泥石流的存在。

2）微地貌结构解译

滑坡、泥石流灾害体有一系列微地貌特征，如滑坡灾害的滑坡体、滑坡壁、滑坡洼地、滑坡阶地、滑坡鼓丘以及伴随滑坡产生的各种裂隙等，泥石流灾害的侵蚀物源区、流通区、扇状或锥状堆积区等。进行微地貌解译的目的是为进一步确定灾害的类型、规模、范围、性质、活动特点提供依据。由于微地貌的尺寸大多较小,解译需要采用具有较高空间分辨率的遥感图像。目视解译时应充分采用像对的立体观察方法。

3）灾害体要素量算

滑坡、泥石流灾害遥感调查时常常需要对某些灾害体要素,如滑坡体的滑动距离、体积及泥石流堆积体的面积和体积等进行量测,以了解灾害的规模、灾情和活动特点。精确的定量计算需要在经过几何校正的航空图像上借助立体量测工具进行,或采用计算机数字测图方法。

Wang[8]在对国内外30多个大型滑坡实测剖面进行分析后提出一种利用遥感图像量算滑坡体体积的简易方法。依据滑坡体表面和滑动面的特征,忽略局部细节,可将滑坡体表面分为A、B两类,将滑动面分为C、D两类。其中,A型滑坡体表面总体上呈缓坡;B型滑坡体表面的中后部较缓,前部较陡;C型滑动面后陡前缓;D型滑动面呈斜坡形。A、B型滑坡体表面和C、D型滑动面可组合成四种类型的滑坡体,它们基本上概括了自然界主要的滑坡体类型。其中,BC型滑坡体呈似平行四面体;AC型滑坡体呈顶边在下的三面体;BD型滑坡体呈顶边在上的三面体;多级型滑坡体由多个BD、AC、BC型滑坡体混合组成。

进行滑坡体体积量算时,首先利用遥感图像和地形图,计算出滑坡体的表面积及其在后缘(或前缘)上的投影面积;然后绘出滑坡体的纵剖面图,确定滑坡体所属类型,按三角函数原理算出滑坡体的平均厚度;滑坡体在后缘(或前缘)上的投影面积与平均厚度的乘积就是滑坡体的体积。

4）灾害特点分析与形成机理探讨

由于所处地貌、地质环境的不同,滑坡、泥石流灾害的特点常常会因地而异。这就需要在对灾害体作细致的定性、定量遥感解译的基础上,对该地区相关的地学资料,包括灾害发生的历史资料作系统的分析研究,结合必要的实地调查,在地质理论的指导下,了解灾害体的具体特点和环境条件,进而探讨灾害孕育、发展和触发的机理,进行灾害趋势的预测预警。

5）灾情调查和损失评估

遥感与GIS的结合是滑坡、泥石流等地质灾害发生后进行灾情调查和损失评估最快速而有效的方法。选择好灾害发生前后的具有足够空间分辨率的遥感图像是进行灾情评估的基础。首先进行遥感图像增强处理、专题信息提取、分类、变化检测等,获得相应的遥感解译图件;然后将栅格格式的遥感解译图转换为GIS矢量文件;在GIS空间分析模块的支持下,结合数字化的地形图、行政区划图等背景图层、表数据及属性数据,进行图形叠合、数据融合、运算等处理,最终获得灾情调查与损失评估的相应图件与数据,为灾后重建提供科学依据。

3. 滑坡、泥石流灾害的遥感调查实例

2000年4月9日,西藏雅鲁藏布江支流易贡河通麦以西河段的北岸突发特大山体滑坡,下滑的高约100m的岩土堆积体堵塞了易贡湖的出口,之后又发生了溃坝成灾。利用多遥感手段有效地监测到山体滑坡与湖泊溃坝情况,为抢险救灾提供了依据。

1）易贡滑坡的遥感监测结果

滑坡发生前的TM图像显示,位于深切河谷的易贡湖盆地总面积约26km^2,并未充满湖水,河谷呈网状分布,集水面积不足10km^2。湖盆周围有多处冰川、古滑坡和泥石流堆积扇分布。

4月13日，即滑坡发生后第4天的CBERS-1图像显示，在湖盆北侧的泥石流沟上出现了浅色调的呈流体形态的滑坡体，出露面积约12.9km^2，其前端明显堵塞了易贡湖的出口。当时正值春末夏初，天气逐渐变暖，湖周边的雪融水不断注入湖中，水位不断抬升，4天内湖盆的集水面积增至约20km^2。5月4日的SPOT卫星图像显示易贡滑坡体的边界清晰，易贡盆地已完全为湖水所充满，集水面积猛增至33km^2。5月9日，即滑坡发生后第30天的CBERS-1图像显示，易贡湖水面已达37.3km^2，滑坡体形状基本未变，但北端有滑坡仍在活动的迹象。滑坡坝体下方的易贡河水呈浅色调，表明坝体已有冲蚀渗水现象，滑坡坝体有溃决的可能。5月20日的ETM图像显示，易贡湖面已没至坝体顶部，湖水面积达到43.6km^2，坝体已岌岌可危。尽管易贡滑坡抢险救灾指挥部组织武警官兵在坝体上开挖泄洪渠，但滑坡坝体仍于6月10日全面溃决。6月16日的SPOT图像显示，大致相当于原易贡河河床位置的坝体被冲开，湖水面积骤降至约20.3km^2。易贡河下游及雅鲁藏布江大拐弯段有明显的高含泥沙的洪水泛滥现象。6月28日SPOT影像显示积水湖面明显缩小，部分地方已可见湖底，汛情已得到缓解。9月20日的IKONOS图像显示，滑坡坝体溃决3个多月后易贡河及雅鲁藏布江大拐弯段两岸的洪水已退至原河道，流水基本恢复正常。

2）滑坡成因遥感分析和灾情评估

易贡大滑坡是青藏高原地貌演变过程中的一次重力侵蚀活动，其性质为高速滑坡碎屑流，由扎木龙沟沟头雪崩触发大规模崩滑，并引发了部分危岩区的滑坡和崩塌。滑坡体形成约3km宽的坝体，堵塞了易贡湖的出口。从滑坡发生到滑坡坝体溃决的两个月期间，易贡湖水面约上升了100m，集水面积扩大了约43km^2，推算洪水总量约达35.2亿m^3。

这次滑坡造成的灾害是巨大的。通过遥感图像解译，并结合地形图的量算，滑坡体毁坏了原堆积扇上约4km^2范围内的一切地物。易贡湖水上涨淹没了2300m高程以下约32.4km^2范围内的全部农田、村庄和道路。滑坡坝体溃决后猛烈的洪水毫不留情地冲毁了易贡湖下游所经之处所有的大桥、林木和道路，影响距离长达130km，并触发了数十处斜坡表层（或浅层）滑坡与坡面泥石流。由于当地特殊的地貌和生态特征，溃坝一个多月后，易贡河和雅鲁藏布江的河道才接近恢复正常。

16.4.2 地下煤层自燃遥感调查

干旱、半干旱地区处于高压下的地下煤层或煤矿开采中残留的末煤、采空区保安煤柱等在有充分供氧通道（如采掘巷道、断裂等）的情况下，经常因氧化聚热，当热量不能及时释放时会发生自燃。地下煤层自燃是一种危害极大的地质灾害，它不仅直接烧失大量煤炭，破坏煤炭资源，而且不断排放有害气体，污染大气，火过之处，土地荒芜，寸草不长，水资源和生态环境遭受严重恶化。目前，地下煤层自燃是煤田开发中的一个世界性难题，各主要采煤国家均受其困扰，尚未找到理想的控制和解决办法。我国是世界上煤田火灾最严重的国家之一。20世纪80年代以来，我国采用遥感和实地调查相结合的方法进行地下煤层自燃调查。结果表明，我国的煤田火区全部集中在“三北”地区，每年直接烧失煤炭1360万t，破坏煤炭资源达2亿t，火区环境严重恶化。

1. 地下煤层自燃遥感探测方法的理论依据

康高峰等[9]研究认为，煤层自燃的整个过程中，火区的地质结构、地球物理场和地球化学场都会发生显著变化，其中尤以地球物理场的变化最为明显。从图16.8中可以看出以下几点。

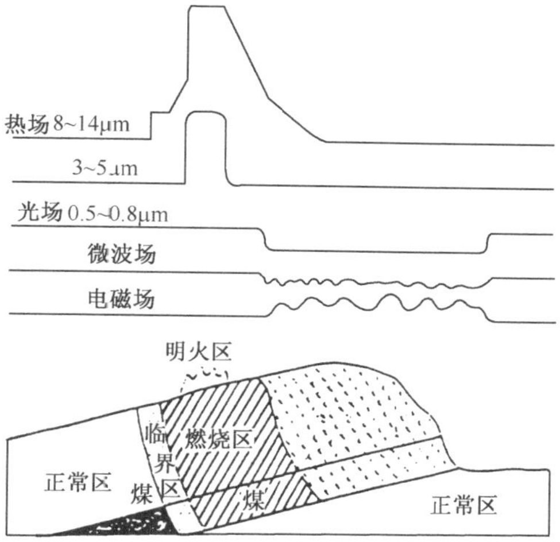

图 16.8　煤层自燃与其电磁波谱特性相关图[9]

（1）煤层着火前氧化增温，处于燃烧临界值的区段的地面辐射温度一般高于背景温度 5～20℃。可见光、近红外和热红外波段地面的电磁波反射或辐射特性曲线有显著的反映。

（2）煤层燃烧时地下热量以明火、沿裂隙对流和通过岩土传导三种方式逸出，并形成不同的辐射温度，热红外辐射曲线将以不同的幅度反映这种温度差异，其峰值位置与燃烧煤层位置相对应。3～5μm 中红外波段辐射曲线的峰值与明火区对应。

（3）煤层燃烧形成烧变岩，在一段时期内仍保持与背景场有一定的温度差。这种温度差随烧变岩与燃烧中心距离的增大有递减的趋势，并随时间的推移逐步减弱，以致最后消失，热红外辐射曲线清晰地反映了这一特点；但是在可见光波段，其反射率比正常煤层平均低 10%。

（4）烧变岩的电磁波谱特性曲线出现明显的波动。

综上所述，利用热红外遥感信息可以很好地探测地下煤层自燃的状况，利用可见光-热红外波段的信息可以探测烧变岩的分布范围。

2. 热红外遥感技术在地下煤层自燃探测中的应用

从 20 世纪 80 年代初开始，原地矿部、煤炭总公司等部门就采用机载和星载热红外遥感技术在宁夏、山西、新疆、内蒙古、辽宁等省区的一些著名煤田开展地下煤层火灾的探测。1993 年起，国家科学技术委员会和欧洲共同体科技发展部合作开展了"中国北方煤田自燃环境监测"的研究。中、荷、英、德四国的 50 多位专家经过 3 年的努力，共发现我国北方有 56 个煤田自燃火区，建立了"1∶500 万中国'三北'地区煤层自燃环境监测信息系统"，形成了一套应用热红外遥感技术探测地下煤层火灾的技术方法和工作程序，查清了各火区的位置、范围和规模，开发了相应的地质和数学模型，提出了煤田火区环境监测和火灾防治的建议。其中的"中国宁夏汝箕沟煤田火区环境监测与治理"科研项目，首次运用了卫星、航空和地面遥感，结合地球物理和 GPS 等技术，在地下、地面、空中和航天四层空间进行同步试验，在理论研究、火区特征信息与传输、动态监测物理模型、动态分析与辅助决策系统、灭火工程与环境治理技术等方面取得了新的进展。

参 考 文 献

[1] 于学政，刘刚，李述靖. 遥感技术在内蒙古苏尼特左旗 1∶5 万区调中的应用. 现代地质，1995，(2)：35-40.
[2] 陈述彭，赵英时. 遥感地学分析(修订本). 台北：中国文化大学出版部，1992.

[3] 黄相宁,赵淑贞,吴舒敏,等. 华北及其邻近地区北北西向断裂带初探. 科学通报,1986,(9):73-79.
[4] 楼性满,杨友爱. 遥感找矿预测方法. 北京:地质出版社,1994.
[5] 王福印. 油气微渗漏遥感影像异常形成的化学机理. 国土资源遥感,1993,(1):81-88.
[6] 刘德长,何建国,欧阳浩. 航天遥感信息应用途径的新进展-光-能谱集成技术在铀资源勘查中的应用,第九届全国遥感技术学术交流会论文集. 成都. 1995.
[7] Hunt G R. Spectroscopic properties of rocks and minerals. In: Handbook of Physical Properties of Rocks. Volume I,Boca Raton. 1982.
[8] Wang Z H. Method of estimating volume of the landslides in the regional landslide remote sensing investigation. In:Proceeding of the 30th International Geological Congress. 1996.
[9] 康高峰,雷学武,万余庆. 遥感技术在煤矿区地质灾害中的应用. 中国煤田地质,2000,(2):15-22.
[10] 韦京莲,董桂芝. 遥感技术在泥石流灾害勘查中的应用. 北京地质,2001,(2):33-37.
[11] 王润生,等. 成像光谱方法技术开发应用研究报告(内部资料). 1999.
[12] Ninomiya Y, Fu B,Cudahy T J. Detecting lithology with advanced spaceborne thermal emission and reflection radiometer(ASTER)multispectral thermal infrared "radiance-at-sensor"data. Remote Sensing of Environ,2005,99:127-139.
[13] Zhang X F,Pazner M,Duke N. Lithologic and mineral information extraction for gold exploration using ASTER data in the south Chocolate Mountains (California). ISPRS Journal of Photogrammetry & Remote Sensing ,2007,62:271-282.
[14] Ramadan T M, Kontny A. Mineralogical and structural characterization of alteration zones detected by orbital remote sensing at Shalatein District. SE Desert,Egypt,African Earth Sciences,2004,40:89-99.
[15] Tralli D M,Blom R G,Zlotnicki V,et al. Satellite remote sensing of earthquake,volcano,flood,landslide and coastal inundation hazards. ISPRS Journal of Photogrammetry & Remote Sensing,2005,59:185-198.